Atomic numbers and atomic masses[a]

| Name | Symbol | Atomic no. | Atomic weight | Name | Symbol | Atomic no. | Atomic weight |
|---|---|---|---|---|---|---|---|
| Actinium[b] | Ac | 89 | (227) | Meitnerium[b] | Mt | 109 | (268) |
| Aluminum | Al | 13 | 26.9815386 | Mendelevium[b] | Md | 101 | (258) |
| Americium[b] | Am | 95 | (243) | Mercury | Hg | 80 | 200.592 |
| Antimony | Sb | 51 | 121.760 | Molybdenum | Mo | 42 | 95.96 |
| Argon | Ar | 18 | 39.948 | Neodymium | Nd | 60 | 144.242 |
| Arsenic | As | 33 | 74.92160 | Neon | Ne | 10 | 20.1797 |
| Astatine[b] | At | 85 | (210) | Neptunium[b] | Np | 93 | (237) |
| Barium | Ba | 56 | 137.327 | Nickel | Ni | 28 | 58.6934 |
| Berkelium[b] | Bk | 97 | (247) | Niobium | Nb | 41 | 92.90638 |
| Beryllium | Be | 4 | 9.012182 | Nitrogen | N | 7 | 14.0069 |
| Bismuth[b] | Bi | 83 | 208.98040 | Nobelium[b] | No | 102 | (259) |
| Bohrium[b] | Bh | 107 | (270) | Osmium | Os | 76 | 190.23 |
| Boron | B | 5 | 10.814 | Oxygen | O | 8 | 15.9994 |
| Bromine | Br | 35 | 79.904 | Protactinium[b] | Pa | 91 | 231.03588 |
| Cadmium | Cd | 48 | 112.411 | Palladium | Pd | 46 | 106.42 |
| Calcium | Ca | 20 | 40.078 | Phosphorous | P | 15 | 30.973762 |
| Californium[b] | Cf | 98 | (251) | Platinum | Pt | 78 | 195.084 |
| Carbon | C | 6 | 12.0106 | Plutonium[b] | Pu | 94 | (244) |
| Cerium | Ce | 58 | 140.116 | Polonium[b] | Po | 84 | (209) |
| Cesium | Cs | 55 | 132.9054519 | Potassium | K | 19 | 39.0983 |
| Chlorine | Cl | 17 | 35.4515 | Praseodymium | Pr | 59 | 140.90765 |
| Chromium | Cr | 24 | 51.9961 | Promethium[b] | Pm | 61 | (145) |
| Cobalt | Co | 27 | 58.933195 | Protactinium[b] | Pa | 91 | 231.03588 |
| Copernicium[b] | Cn | 112 | (285) | Radium[b] | Ra | 88 | (226) |
| Copper | Cu | 29 | 63.546 | Radon[b] | Rn | 86 | (222) |
| Curium[b] | Cm | 96 | (247) | Rhenium | Re | 75 | 186.207 |
| Darmstadtium[b] | Ds | 110 | (281) | Rhodium | Rh | 45 | 102.90550 |
| Dubnium[b] | Db | 105 | (262) | Roentgenium[b] | Rg | 111 | (272) |
| Dysprosium | Dy | 66 | 162.500 | Rubidium | Rb | 37 | 85.4678 |
| Einsteinium[b] | Es | 99 | (252) | Ruthenium | Ru | 44 | 101.07 |
| Erbium | Er | 68 | 167.259 | Rutherfordium[b] | Rf | 104 | (261) |
| Europium | Eu | 63 | 151.964 | Samarium | Sm | 62 | 150.36 |
| Fermium[b] | Fm | 100 | (257) | Scandium | Sc | 21 | 44.955912 |
| Flerovium[b] | Fl | 114 | (289) | Seaborgium[b] | Sg | 106 | (266) |
| Fluorine | F | 9 | 18.9984032 | Selenium | Se | 34 | 78.96 |
| Francium[b] | Fr | 87 | (223) | Silicon | Si | 14 | 28.085 |
| Gadolinium | Gd | 64 | 157.25 | Silver | Ag | 47 | 107.8682 |
| Gallium | Ga | 31 | 69.723 | Sodium | Na | 11 | 22.989769 |
| Germanium | Ge | 32 | 72.630 | Strontium | Sr | 38 | 87.62 |
| Gold | Au | 79 | 196.966569 | Sulfur | S | 16 | 32.0675 |
| Hafnium | Hf | 72 | 178.49 | Tantalum | Ta | 73 | 180.94788 |
| Hassium[b] | Hs | 108 | (277) | Technetium[b] | Tc | 43 | (98) |
| Helium | He | 2 | 4.002602 | Tellurium | Te | 52 | 127.60 |
| Holmium | Ho | 67 | 164.93032 | Terbium | Tb | 65 | 158.92535 |
| Hydrogen | H | 1 | 1.00798 | Thallium | Tl | 81 | 204.3835 |
| Indium | In | 49 | 114.818 | Thorium[b] | Th | 90 | 232.03806 |
| Iodine | I | 53 | 126.90447 | Thulium | Tm | 69 | 168.93421 |
| Iridium | Ir | 77 | 192.217 | Tin | Sn | 50 | 118.710 |
| Iron | Fe | 26 | 55.845 | Titanium | Ti | 22 | 47.867 |
| Krypton | Kr | 36 | 83.798 | Tungsten | W | 74 | 183.84 |
| Lanthanum | La | 57 | 138.90547 | Uranium[b] | U | 92 | 238.02891 |
| Lawrencium[b] | Lr | 103 | (262) | Vanadium | V | 23 | 50.9415 |
| Lead | Pb | 82 | 207.2 | Xenon | Xe | 54 | 131.293 |
| Lithium | Li | 3 | 6.9575 | Ytterbium | Yb | 70 | 173.054 |
| Livermorium[b] | Lv | 116 | (293) | Yttrium | Y | 39 | 88.90585 |
| Lutetium | Lu | 71 | 174.9668 | Zinc | Zn | 30 | 65.38 |
| Magnesium | Mg | 12 | 24.1955 | Zirconium | Zr | 40 | 91.224 |
| Manganese | Mn | 25 | 54.938045 | | | | |

[a] Adapted from Weisner, M.E. et al. (2013) "Atomic weights of the elements 2011," IUPAC Technical Report, *Pure Appl. Chem.*, **85,** 5, 1047–1078. A value in parentheses is the mass number of the longest lived isotope of the element. For the elements with varying atomic weights, the mid-point of the reported interval is shown. Elements which have not been named by IUPAC are not included in the table.

[b] Element has no stable isotopes.

## PHYSICAL CONSTANTS

Acceleration due to gravity (standard),
$\quad g = 9.8066$ m/s$^2$ (32.174 ft/s$^2$) (value varies with latitude)
Avogadro's number, $N_A = 6.0221 \times 10^{23}$ molecules/mole
Boltzmann's constant, $k = 1.3807 \times 10^{-23}$ J/K
Faraday's constant, $F = 96{,}485$ C (abs)/g-eq
Latent heat of fusion of water (0° C and 1 atm) = 333.6 J/g (144 Btu/lb)
Latent heat of vaporization of water (100° C and 1 atm) = 2258 J/g (971 Btu/lb)
Molecular mass of dry air = 28.97 g/mole (lb/lb-mole)
One angstrom, $A = 10^{-10}$ m
One bar = $10^5$ N/m$^2$ (14.504 lbf/in.$^2$)
One hectare, ha = 10,000 m$^2$ (0.4047 ac)
One meter head of water (20°C and 1 atm) = 9.789 kN/m$^2$
One torr (0°C) = 1 mm Hg = 133.322 N/m$^2$(1/760 standard atmosphere)
Plank's constant, $h = 6.6261 \times 10^{-34}$ J·s
Specific heat of water,
$\quad c_p$ (0°C) = 4.2174 J/g·°C
$\quad c_p$ (10°C) = 4.1919 J/g·°C
$\quad c_p$ (20°C) = 4.1816 J/g·°C
Standard atmosphere  = 101.325 kPa (kN/m$^2$) (14.7 lb/in.$^2$)
$\qquad\qquad\qquad\quad$ = 10.333 m (33.899 ft) of water
$\qquad\qquad\qquad\quad$ = 760 mm Hg
Standard conditions
$\quad$ General scientific = 0°C and I atm (32 °F and 14.7 lb/in.$^2$)
$\quad$ Compressors and blowers = 70°F and 14.7 lb/in.$^2$
$\quad$ Natural gas industry = 60°F and 14.7 lb/in.$^2$
Stephen-Boltzman constant, $\sigma = 5.6704 \times 10^{-8}$ W/m$^2$·K$^4$ (0.1713 × 10$^{-8}$ Btu/ft$^2$·h·R$^4$)
Temperature (absolute)
$\quad$ Kelvin,$\quad$ K = 273.15 + °C
$\quad$ Rankine, °R = 459.67 + °F
Universal gas law constant
$\quad R = 1.9872$ cal/mole·K $\qquad\qquad R = 0.000082057$ atm·m$^3$/mole·K
$\quad\; = 8.3144$ J(abs)/mole·K $\qquad\qquad = 0.082057$ atm·L/mole·K
$\quad\; = 8.3130$ J(int)/mole·K $\qquad\qquad\;\; = 62.63$ mm Hg·L/mole·K

$\quad$ R = 1545 ft·lbf/lb-mole·°R (Universal)
$\quad$ R = 53.3 ft·lb/lb-air·°R (Engineering gas constant for air)
$\quad$ R = 0.7302 ft$^3$·atm/lb-mole·°R
Velocity of light, $c = 2.99792 \times 10^8$ m/s
Volume occupied by an ideal gas [0°C (32°F ) and 1 atm] = 22.4140 L/mole
$\qquad\qquad\qquad\qquad\qquad\qquad\qquad\qquad\qquad\quad$ = 359 ft$^3$/lb-mole

## DATA ON THE EARTH

Atmosphere mass = $5.27 \times 10^{21}$ g
Equatorial diameter = $12.756 \times 10^6$ m
Mass (total) = $5.976 \times 10^{27}$ g
Surface area of oceans and seas = $3.611 \times 10^{14}$ m$^2$
Surface area (total) = $5.101 \times 10^{14}$ m$^2$

# 폐수처리공학 II

대표 역자 : 신항식
역자 : 강석태 김상현 김정환 김종오 배병욱 송영채 유규선 이병헌 이병희
　　　 이용운 이원태 이준호 이채영 임경호 장 암 전항배 정종태 홍용석
감수 : 고광백 김영관 윤주환 백병천

# Wastewater Engineering Treatment and Resource Recovery

**Fifth Edition**

**Metcalf & Eddy I AECOM**

Revised by

**George Tchobanoglous**
Professor Emeritus of Civil and
Environmental Engineering
University of California at Davis

**H. David Stensel**
Professor of Civil and Environmental
Engineering
University of Washington, Seattle

**Ryujiro Tsuchihashi**
Wastewater Technical Leader, AECOM

**Franklin Burton**
Consulting Engineer
Los Altos, CA

Contributing Authors:

**Mohammad Abu-Orf**
North America Biosolids Practice
Leader, AECOM

**Gregory Bowden**
Wastewater Technical Leader, AECOM

**William Pfrang**
Wastewater Treatment Technology
Leader, AECOM

McGraw Hill Education

도서출판 동화기술

**Wastewater Engineering, 5th Edition (Volume 2)**

2  3  4  5  6  7  8  9  10  DHT  20  20


Original: Wastewater Engineering, 5th Edition © 2015
      By Metcalf & Eddy, George Tchobanoglous, H. David Stensel, Ryujiro Tsuchihashi,
      Franklin Burton
      ISBN 978-0-07-340118-8

This authorized Korean translation edition is published by Dong Hwa Technology Publishing Co. in arrangement with McGraw-Hill Education Korea, Ltd. This edition is authorized for sale in the Republic of Korea

This book is exclusively distributed by Dong Hwa Technology Publishing Co.

**When ordering this title, please use ISBN 978-89-425-9051-3**


**Printed in Korea**

# About the Authors

**George Tchobanoglous** is Professor Emeritus in the Department of Civil and Environmental Engineering at the University of California, Davis. He received a B.S. degree in civil engineering from the University of the Pacific, an M.S. degree in sanitary engineering from the University of California at Berkeley, and a Ph.D. from Stanford University in 1969. Dr. Tchobanoglous' research interests are in the areas of wastewater treatment and reuse, wastewater filtration, UV disinfection, aquatic wastewater management systems, wastewater management for small and decentralized wastewater management systems, and solid waste management. He has authored or co-authored over 500 technical publications including 22 textbooks and 8 reference works. The textbooks are used in more than 225 colleges and universities, by practicing engineers, and in universities worldwide both in English and in translation. His books are famous for successfully bridging the gap between academia and the day-to-day world of the engineer. He is a Past President of the Association of Environmental Engineers and Science Professors. Among his many honors, in 2003 Professor Tchobanoglous received the Clarke Prize from the National Water Research Institute. In 2004, he received the Distinguished Service Award for Research and Education in Integrated Waste Management from the Waste-To-Energy Research and Technology Council. In 2004, he was also inducted into the National Academy of Engineering. In 2005, he was awarded an honorary Doctor of Engineering from the Colorado School of Mines. In 2007, he received the Frederick George Pohland Medal awarded by AAEE and AEESP. In 2012 he was made a WEF Fellow. He is a registered Civil Engineer in California.

**H. David Stensel** is a Professor in the Civil and Environmental Engineering Department at the University of Washington, Seattle, WA. Prior to his academic positions, he spent 10 years in practice developing and applying industrial and municipal wastewater treatment processes. He received a B.S. degree in civil engineering from Union College, Schenectady, NY, and M.E. and Ph.D. degrees in environmental engineering from Cornell University. His principal research interests are in the areas of wastewater treatment, biological nutrient removal, sludge processing methods, resource recovery, and biodegradation of micropollutants. He is a Past Chair of the Environmental Engineering Division of ASCE, has served on the board of the Association of Environmental Engineering Professors and on various committees for ASCE and the Water Environment Federation. He has authored or coauthored over 150 technical publications and a textbook on biological nutrient removal. Research recognition honors include the ASCE Rudolf Hering Medal, the Water Environment Federation Harrison Prescott Eddy Medal twice, and the Bradley Gascoigne Medal. In 2013, he received the Frederick George Pohland Medal awarded by AAEE and AEESP. He is a registered professional engineer, a diplomate in the American Academy of Environmental Engineers and a life member of the American Society of Civil Engineers and the Water Environment Federation.

**Ryujiro Tsuchihashi** is a technical leader with AECOM. He received his B.S. and M.S. in civil and environmental engineering from Kyoto University, Japan, and a Ph.D. in environmental engineering from the University of California, Davis. The areas of his expertise include wastewater/water reclamation process evaluation and design, evaluation and assessment of water reuse systems, biological nutrient removal, and evaluation of greenhouse gas emission reduction from wastewater treatment processes. He was a co-author of the textbook "Water Reuse: Issues, Technologies and Applications," a companion textbook to this textbook. He is a technical practice coordinator for AECOM's water reuse leadership team. Ryujiro Tsuchihashi is a member of the Water Environment Federation, American Society of Civil Engineer, and International Water Association, and has been an employee of AECOM for 10 years, during which he has worked on various projects in the United State, Australia, Jordan, and Canada.

**Franklin Burton** served as vice president and chief engineer of the western region of Metcalf & Eddy in Palo Alto, California for 30 years. He retired from Metcalf & Eddy in 1986 and has been in private practice in Los Altos, California, specializing in treatment technology evaluation, facilities design review, energy management, and value engineering. He received his B.S. in mechanical engineering from Lehigh University and an M.S. in civil engineering from the University of Michigan. He was co-author of the third and fourth editions of the Metcalf & Eddy textbook "Wastewater Engineering: Treatment and Reuse." He has authored over 30 publications on water and wastewater treatment and energy management in water and wastewater applications. He is a registered civil engineer in California and is a life member of the American Society of Civil Engineers, American Water Works Association, and Water Environment Federation.

**Mohammad Abu-Orf** is AECOM's North America biosolids practice leader and wastewater director. He received his B.S. in civil engineering from Birzeit University, West Bank, Palestine and received his M.S. and Ph.D. in civil and environmental engineering from the University of Delaware. He worked with Siemens Water Technology and Veolia Water as biosolids director of research and development. He is the main inventor on five patents and authored and co-authored more than 120 publications focusing on conditioning, dewatering, stabilization and energy recovery from biosolids. He was awarded first place for Ph.D. in the student paper competition by the Water Environment Federation for two consecutive years in 1993 and 1994. He coauthored manuals of practice and reports for the Water Environment Research Foundation. He served as an editor of the Specialty Group for Sludge Management of the International World Association for six years and served on the editorial board of the biosolids technical bulletin of the Water Environment Federation. Mohammad Abu-Orf has been an employee of AECOM for 6 years.

**Gregory Bowden** is a technical leader with AECOM. He received his B.S. in chemical engineering from Oklahoma State University and a Ph.D. in chemical engineering from the University of Texas at Austin. He worked for Hoechst Celanese (Celanese AG) for 10 years as a senior process engineer, supporting wastewater treatment facility operations at chemical production plants in North America. He also worked as a project manager in the US Filter/Veolia North American Technology Center. His areas of expertise include industrial wastewater treatment, biological and physical/chemical nutrient removal technologies and biological process modeling. Greg Bowden is a member of the Water Environment Federation and has been an AECOM employee for 9 years.

**William Pfrang** is a Vice-President of AECOM and Technical Director of their Metro-New York Water Division. He began his professional career with Metcalf & Eddy, Inc., as a civil engineer in 1968. During his career, he has specialized in municipal wastewater treatment plant design including master planning, alternative process assessments, conceptual, and detailed design. Globally, he has been the lead engineer for wastewater treatment projects in the United States, Southeast Asia, South America, and the Middle East. He received his B.S. and M.S. in civil engineering from Northeastern University. He is a registered professional engineer, a member of the American Academy of Environmental Engineers, and the Water Environment Federation. William Pfrang has been an employee of the firm for over 40 years.

# 역자진

| 대표 역자 | 신항식 | 한국과학기술원 | 건설 및 환경공학과 교수 |

| 역 자 | 강석태 | 한국과학기술원 | 건설 및 환경공학과 교수 |
| | 김상현 | 대구대학교 | 환경공학과 교수 |
| | 김정환 | 인하대학교 | 환경공학과 교수 |
| | 김종오 | 한양대학교 | 건설환경공학과 교수 |
| | 배병욱 | 대전대학교 | 환경공학과 교수 |
| | 송영채 | 한국해양대학교 | 환경공학과 교수 |
| | 유규선 | 전주대학교 | 토목환경공학과 교수 |
| | 이병헌 | 부경대학교 | 환경공학과 교수 |
| | 이병희 | 경기대학교 | 환경에너지공학과 교수 |
| | 이용운 | 전남대학교 | 환경에너지공학과 교수 |
| | 이원태 | 금오공과대학교 | 화학소재융합학부 교수 |
| | 이준호 | 한국교통대학교 | 환경공학과 교수 |
| | 이채영 | 수원대학교 | 토목공학과 교수 |
| | 임경호 | 공주대학교 | 건설환경공학부 교수 |
| | 장 암 | 성균관대학교 | 건설환경공학부 교수 |
| | 전항배 | 충북대학교 | 환경공학과 교수 |
| | 정종태 | 인천대학교 | 도시환경공학부 교수 |
| | 홍용석 | 고려대학교 | 환경시스템공학과 교수 |

| 감수 | 고광백 | 연세대학교 | 사회환경시스템공학부 교수 |
| | 김영관 | 강원대학교 | 환경공학과 교수 |
| | 백병천 | 전남대학교 | 환경시스템공학과 교수 |
| | 윤주환 | 고려대학교 | 환경시스템공학과 교수 |

# 차례Contents

WASTEWATER ENGINEERING Treatment and Resource Recovery

# 10

# 부유 및 부착성장 혐기성 처리공정

*Anaerobic Suspended and Attached Growth Biological Treatment Processes*

## 용어정의

| 용어 | 정의 |
|---|---|
| 암모니아독성(Ammonia toxicity) | 10장에서 암모니아(NH$_3$)의 독성은 주로 초산이용 메탄생성고세균에 대하여 나타나는 독성을 의미한다. |
| 혐기성 팽창상 공정 (anaerobic expanded bed reactor) | 실리카모래 등의 여재가 충진된 혐기성 공정으로서 여재층이 상향류 흐름에 의해서 팽창된 형태로 운전된다. |
| 혐기성 유동상공정 (anaerobic fluidized bed reactor) | 혐기성 팽창상 공정과 유사한 형태의 상향류식 혐기성 공정이며, 여재는 빠른 상향류 흐름에 의하여 유동화된 상태를 유지한다. |
| 혐기성 입상슬러지 (anaerobic granular sludge) | 상향류식 혐기성 공정에서 발견되며, 산발효세균, 메탄생성균 등이 자기고정화에 의해 뭉쳐진 단단한 입자덩어리로서 0.5~4.0 mm 크기를 가진다. |
| 혐기성 연속회분식반응조 (anaerobic sequencing batch reactor) | 한 개의 반응조에서 유기물의 혐기성 분해반응과 고-액 분리가 시간차를 두고 일어나도록 운전하는 형태의 부유성장 혐기성 공정으로서 운전형식이 호기성 연속회분식반응조(aerobic sequencing batch reactor, SBR)와 유사하다. |
| 혐기성 슬러지블랭킷 공정 (anaerobic sludge blanket process) | 유입폐수는 혐기성 반응조 바닥에서 고르게 분배하여 주입하고 혐기성 입상슬러지들로 이루어진 슬러지블랭킷 층을 통과하여 위쪽으로 이동하는 상향류식 혐기성 반응조 |
| 혐기성 부유성장 공정 (anaerobic suspended growth process) | 혐기성산발효세균과 메탄생성고세균이 유입폐수와 혼합되어 부유상태로 존재하도록 한 완전혼합형 혐기성 반응조 |
| 혐기성 처리공정 (anaerobic treatment process) | 혐기성 조건에서 일어나는 일련의 생물학적 반응들로 이루어진 처리공정 |
| 부착성장 혐기성 공정 (attached growth anaerobic process) | 미생물들이 여재의 표면에 부착성장하는 형태의 혐기성 처리공정으로서 여재를 반응조 내에 고정시키거나 여재층을 팽창 또는 유동시켜 운전하며, 유체의 흐름은 상향류 또는 하향류이다. |
| 차폐형 혐기성 라군공정 (covered anaerobic lagoon process) | 육가공폐수와 같은 고농도 유기성 산업폐수처리에 주로 사용하는 혐기성 공정으로서 땅바닥을 굴착하여 만든 반응조의 표면을 기밀재료로 덮은 형태를 가진다. |
| 팽창상 입상 슬러지블랭킷 공정 (expanded granular sludge blanket process, EGSB) | UASB보다 큰 상향류 흐름의 유속을 유지시켜 슬러지블랭킷 층이 팽창한 상태에서 운전하는 상향류식 혐기성 공정 |
| 황화수소(H$_2$S, Hydrogen sulfide) | 혐기성 상태에서 생성되는 악취 가스로서 독성이 있다. 황산염환원세균은 폐수에 존재하는 황함유 화합물을 전자수용체로 사용하고 황화수소를 생성시킨다. |
| 막분리 혐기성 처리공정 (membrane separation anaerobic treatment process) | 부유성장 혐기성 공정에 분리막을 설치하여 처리수를 반응조 내의 고형물과 분리함으로써 부유물질이 없는 깨끗한 처리수를 배출하는 혐기성 처리공정 |
| 메탄(CH$_4$, Methane) | 유기물의 혐기성 분해과정에서 이산화탄소와 더불어 생성되는 최종산물 |
| 유기물 부하율(organic loading rate, OLR) | 혐기성 반응조의 단위부피당 하루에 유입되는 유기물(COD)의 양 |
| 고형물 체류시간(solid retention time, SRT) | 생물반응조에서 미생물 바이오매스의 평균체류시간. |
| UASB 반응조 (upflow anaerobic sludge blanket reactor) | 혐기성 슬러지블랭킷 공정의 가장 일반적인 명칭. |

혐기성 반응은 분자상태의 산소가 없는 환경에서 다양한 전자수용체들을 사용하는 여러 세균들과 고세균들에 의해서 진행된다. 이러한 혐기성 반응들을 이용하는 환경생물공정으로는 질산이온 및 아질산이온을 질소가스로 환원시키는 탈질공정, 휘발성 지방산을 생산하는 산발효, 생물학적인 인 제거 공정에서 초산과 프로피온산을 흡수하기 위한 혐기성접촉공정, 생활하수 및 유기성 산업폐수의 혐기성 처리공정, 폐슬러지 또는 유기성 폐기물의 혐기성 소화공정 등이 있다.

혐기성 폐수처리공정은 부유성장 공정, 상향류식 및 하향류식 부착성장 공정, 유동상식 부착성장 공정, 상향류식 슬러지블랭킷 공정, 혐기성 라군, 막분리 부유성장 혐기성 처리공정 등이 있다. 본 장에서는 13장에서 다루어질 재래식 혐기성 소화공정을 제외한 주요 혐기성 처리공정들에 대한 설계 부하와 처리공정들의 성능들에 대하여 다루었다. 각각의 혐기성 처리공정들을 자세히 살펴보기 전에 혐기성 처리공정을 사용하는 이유, 혐기성 처리기술의 발전, 상업공정에 대한 간단한 조사, 그리고 혐기성 처리공정의 적용에 대한 일반적인 사항들을 먼저 살펴보았다.

## 10-1  혐기성 처리 이론

혐기성 처리공정의 기본 원리와 중요성은 표 10-1에서 정리한 혐기성 공정의 장점과 단점을 살펴봄으로써 쉽게 이해할 수 있다.

### ❱❱ 혐기성 처리공정의 장점

혐기성 처리공정은 유기오염물질의 농도 변화가 큰 폐수의 호기성 처리에 대한 대안 중의 한 가지이다. 표 10-1에서 보여주는 혐기성 처리공정의 장점들 중에서 에너지 절감, 낮은 미생물 성장수율, 낮은 영양분 요구량, 높은 유기물 용적부하, 그리고 효과적인 전처리 등에 대한 내용은 아래에서 자세하게 다루어질 것이며, 13장, 14장 및 17장에서도 다시 다룰 예정이다.

**에너지절감.**  혐기성 공정들은 에너지를 사용하는 호기성 공정들과는 다르게 에너지를 생산하는 공정이다. 혐기성 공정에서 생산할 수 있는 에너지는 폐수의 유기물농도, 운전온도, 에너지회수공정의 설치여부 등에 따라 달라진다. 10-4절에서는 다양한 폐수들을 대상으로 호기성 처리공정과 혐기성 처리공정 사이의 에너지수지를 비교하였다.

**표 10-1**
**호기성 공정과 비교한 혐기성 공정의 장점과 단점**

| 장점 | 단점 |
| --- | --- |
| 1. 낮은 에너지 요구량 | 1. 충분한 혐기성미생물을 확보하기 위하여 긴 초기운전시간이 필요 |
| 2. 낮은 슬러지 발생량 | 2. 알칼리도 보충이 필요할 수 있음 |
| 3. 낮은 영양분 요구량 | 3. 방류수 기준을 만족시키기 위하여 호기성 공정을 이용한 후처리가 필요할 수도 있음 |
| 4. 메탄가스 생산, 잠재적 에너지원 | 4. 생물학적인 질소, 인의 제거가 불가능함 |
| 5. 작은 반응조 부피 | 5. 낮은 온도에 반응속도가 크게 감소함 |
| 6. 배출가스로 인한 대기오염 경감 | 6. 독성물질 유입이나 유입부하변동에 의해 정상적인 운전이 어려워질 수 있음 |
| 7. 장시간 운영중단 후에도 빠른 정상운전 가능 | 7. 바이오가스가 부식성이 있거나 악취를 유발할 수 있음 |
| 8. 효과적인 전처리공정임 | |
| 9. 탄소배출 저감 | |

**낮은 미생물 성장수율.** 혐기성 공정에서는 발생하는 바이오매스량이 호기성 공정에 비하여 6~8배가량 적기 때문에 슬러지처리 및 최종처분 비용이 크게 줄어든다. 호기성 공정에서 발생하는 바이오매스의 재사용이나 처분과 관련된 환경적인 그리고 경제적인 문제들은 14장에서 다루었다. 슬러지 생산량이 적다는 것은 혐기성 처리공정의 가장 큰 장점이다.

**낮은 영양분 요구량.** 산업폐수들은 생물학적 처리에 필요한 영양분이 부족한 경우가 많다. 혐기성 처리의 장점 중 한 가지는 혐기성 처리하는 과정에서 발생하는 슬러지량이 적기 때문에 영양분 요구량도 낮다는 점이다.

**높은 유기물 부하율.** 혐기성 공정들은 호기성 공정에 비하여 높은 유기물 용적부하율에서 운전하기 때문에 처리에 필요한 반응조의 부피와 공간이 상대적으로 작다. 혐기성 처리공정의 유기물 부하율은 일반적으로 3.2~32 kg COD/m$^3 \cdot$ d 정도로 호기성 처리공정의 0.5~3.2 kg COD/m$^3 \cdot$ d보다 상당히 크다(Speece, 1996).

**효율적인 전처리공정.** 혐기성 처리공정은 호기성 처리공정과 결합하여 같이 사용하는 경우가 많다. 고농도 유기성폐수를 혐기성으로 전처리하고 그 유출수를 호기성 공정으로 처리하는 것이 대표적인 예이다. 그림 10-1에서는 혐기성 라군을 호기성 안정화지의 전처리로 사용하는 사례 사진이다. 혐기성 라군에서 발생한 바이오가스는 전력을 생산하기 위하여 사용한다.

## ≫ 혐기성 처리공정의 단점

혐기성 공정의 단점들을 표 10-1에 정리하였다. 이러한 단점들 중에서 혐기성 공정을 운전하는 동안에 확인하여야만 하는 사항들, 알칼리도 보충의 필요성 그리고 후처리의 필요성 등에 대하여 자세하게 살펴본다.

**혐기성 공정을 운전하는 동안 고려하여야 할 사항.** 혐기성 공정을 운전하기 위해서는 호기성 공정의 경우 정상상태 운전에 필요한 초기운전이 수일이면 끝나는 데 반하여 혐기성 공정은 초기운전에 수개월이 소요된다는 점과 처리공정의 효율이 독성물질 유입에

---

**그림 10-1**

**혐기성 라군과 호기성 안정화지가 결합된 폐수처리공정:** (a) 차폐형 혐기성 라군으로 이루어진 대규모 안정화지의 항공전경(원으로 표시된 부분). 흰 점들은 대형의 터빈형 표면포기기에서 나온 거품띠(plume)(좌표 37.9788 S, 144.6417 E). (b) 앞쪽에는 가스회수시설과 부유 분리막 덮개를 보여주고 있으며, 뒤쪽에 대형의 표면포기기를 가진 유입부의 전경이다.

(a)

(b)

대하여 민감하고 불안정하며, 악취발생 가능성이 높고, 발생하는 바이오가스는 부식성이 있을 수 있다는 점 등에 대하여 고려하여야 한다. 그러나, 유입폐수의 특성을 확인하고 이러한 고려사항들을 설계에 반영하면 이러한 문제들을 피하거나 어느 정도 제어할 수 있다. 혐기성 공정은 산생성세균에 의한 휘발성 지방산의 생성률과 메탄고세균에 의한 이용률 사이에 균형이 유지될 때 안정한 상태가 된다. 혐기성 공정을 안정한 상태로 유지하기 위해서는 유입 유량이나 온도 및 pH의 조절, 그리고 운전에 대한 기술지식과 경험이 필요하다.

**알칼리도 보충의 필요성.** 경제적인 측면에서 호기성 처리와 비교하였을 때 혐기성 처리의 불리한 점 중 한 가지는 처리하는 과정에 알칼리도의 보충이 필요할 수도 있다는 점이다. 혐기성 공정에서는 가스상의 이산화탄소 함량이 높기 때문에 적절한 pH를 유지하기 위해서는 최소 2,000~3,000 mg/L as $CaCO_3$ 정도의 알칼리도가 필요하다. 유입수에 알칼리도 성분이 부족하거나 충분한 양의 알칼리도가 단백질이나 아미노산의 분해로부터 생성되지 않는다면 외부에서 알칼리도를 보충하여야 한다. 따라서, 알칼리도의 구입에 상당한 비용이 발생할 수 있으며, 이것은 공정 전체의 경제성에 부정적인 영향을 가져올 수 있다.

**후처리의 필요성.** 혐기성 처리공정의 유출수는 잔류 휘발성지방산과 잔류 고형물 입자들로 인하여 BOD 농도가 50~150 mg/L 정도로 비교적 높은 경우가 많다. 따라서, 최종 처리수의 수질을 향상시키기 위하여 혐기성 공정의 후단에 호기성 공정의 설치가 필요한 경우가 많다. 혐기−호기 연속공정은 슬러지 발생량과 에너지소요량이 적기 때문에 온화한 지역의 경우 생활하수 처리에 적합한 것으로 알려지고 있다(Lew et al., 2003; Chong et al., 2012). 최근에는 여러 가지 혐기−호기 공정들이 개발되고 있다.

## ≫ 요약평가

생활하수는 일반적으로 생분해성 COD 농도와 수온이 낮고 높은 처리수 수질과 더불어 영양염류의 제거가 필요하기 때문에 대부분 호기성 공정을 이용하여 처리하고 있다. 그러나, 생분해성 COD 농도와 온도가 높은 산업폐수일수록 혐기성 공정이 경제적으로 더욱 유리해진다. 혐기성 공정은 처리과정에서 필요한 에너지량이 적으며, 폐기하여야 할 슬러지 생산량이 적다는 장점이 있다. 따라서, 향후에는 다양한 산업폐수들이 혐기성 공정에 의해 처리될 것으로 기대된다.

## 10-2     혐기성 기술의 발전

혐기성 처리기술을 현장에서 활용하기 시작한 1800년대 후반과 1900년대 초반 사이에는 주로 폐수처리를 목적으로 하였다. 이 시기에 도시에서 발생하는 폐수는 생활하수, 가축분뇨 그리고 다양한 산업폐수들의 혼합물로 구성되었다. 본 절에서는 초기의 혐기성 처리기술, 슬러지 처리를 위한 혐기성 기술, 고농도 유기성 폐수처리를 위한 혐기성 기술, 그리고 미래의 혐기성 기술들에 대하여 다룰 예정이다. 또한, 다음 절에서는 현재 이용할 수 있는 혐기성 기술들에 대하여 다룰 것이다.

## ≫ 가수분해기술의 발전

혐기성 처리기술의 발전과정 초기에 이루어진 의미 있는 성과들을 표 10-2에 정리하였다. 이러한 혐기성 처리공정들에 대한 개략도는 그림 10-2에서 설명하였다. 초기의 혐기성 처리기술들은 폐수슬러지를 처리하고 처리수를 후속처리에 적합하도록 만들거나 관개 등으로 재이용할 수 있도록 하는 것을 목적으로 하였으며, 이를 위하여 폐수에 함유된 고형물의 가수분해에 주로 초점이 맞추어졌다. 프랑스의 Mouras에 의해서 1880년대에 특허출원된 자동스캐빈저[automatic scanvenger, 그림 10-2(a) 참조]는 슬러지에 함유된 고형물을 가수분해시킬 수 있는 최초의 기술이었다. 또한, Dortmund 조[그림 10-2(b) 참조]는 연속으로 슬러지의 고형물을 가수분해시키고 잔류물을 제거할 수 있는 기술이었다. Scott Moncrieff 조 및 혐기성 여상[그림 10-2(c)]은 가수분해조로 알려진 최초의 반응조였다. 그림 10-2(c)에 의하면, 폐수는 그리스 수집 및 침전조 역할을 하는 첫 번째 구획으로 들어가고 자갈 조각으로 이루어진 혐기성 여상의 아래쪽 공간으로 이동한다. 폐수는 혐기성 여상을 통과하여 위쪽으로 흘러나가며 혐기성 여상의 자갈 표면에 부착성장하는 세균들에 의해 콜로이드 물질들의 가수분해반응이 일어난다. 폐수는 여상의 여과층 위쪽으로 유입되고 경사진 분배통을 이용하여 9개의 다공성 코크스 여재층으로 이루어진 호기성 여상 위쪽에 공급된다. 폐수가 9개의 호기성 여상을 통과하는 시간은 약 10분 정도였다.

**표 10-2**

**혐기성 기술의 발전에 있어서 중요한 사항들[a]**

| 기간 | 내용 |
| --- | --- |
| **초기** | |
| 1852 | 영국에서 Henry Austin은 바닥에 고형물이 축적되고 상부에는 스컴층이 형성되도록 하는 반응조를 설계하고 설치하였다. 이 반응조에서 액체는 바닥의 고형물층과 상부의 스컴층 사이에서 배출되도록 하였으며, 형상이 현재의 부패조와 상당히 닮았다(Kimmicutt et al., 1913). |
| 1881 | Jean-Louis Mouras는 폐수를 혐기성 처리할 수 있는 특허 "automatic scavenger an automatic and odorless cesspit"을 프랑스에서 등록하였다. 이 특허는 슬러지를 가수분해시키기 위한 최초의 시도이었으며, 생활하수처리시스템의 초기모형이었다[그림 10-1(a) 참조]. (Moigno, 1881,1882; Kinnicutt et al., 1913). |
| 1887 | 최초의 Dormunt 조는 독일의 Kniebuhler에 의해 설계 및 제작되었다. Dormunt 조의 장점은 유체흐름의 중단 없이 슬러지의 제거가 가능하다는 점이었다. Dormunt 조는 오늘날에도 여전히 활용되고 있다[그림 10-1(b) 참조] (Kinnicutt et al., 1913). |
| 1887 | 1890년에 마이애미주 로렌스의 Merrimac 강둑에 설치된 로렌스 실험실에서 생활하수처리역사에서 가장 중요한 문서라고 생각되는 최초의 보고서를 출판하였다(Winslow, 1938). |
| 1887 | 로렌스실험실에서 도시생활하수를 처리하기 위하여 모래층으로 이루어진 상향류식 혐기성 여과지를 만들었으며, 약 14년간 운전하였다(McCarty, 2001). |

(계속)

| 표 10-2 (계속)

| 기간 | 내용 |
|---|---|
| 1891 | 영국의 Scott-Moncrieff는 생활하수를 혐기성으로 처리하기 위하여 2단 조(아래쪽은 텅빈 슬러지 공간이 차지하고 있으며, 위쪽은 상향류식 암석 조각이 채워진 혐기성 여상으로 이루어짐)와 호기성 코크스층으로 이루어진 살수여상을 건설하였다[그림 10-2(c)](Kinnicutt et al., 1913). 이것은 혐기성 여과기와 호기성 처리공정으로 이루어진 최초의 하이브리드 시스템이었다(McCarty, 2001). |

**폐수슬러지 처리**

| 기간 | 내용 |
|---|---|
| 1895 | 영국 남부의 엑세터에서 도날드 카메룬은 폐수를 혐기성방법으로 처리하기 위하여 "부패조"라 불리는 차폐형 수밀성 반응조를 설치하였다[그림 10-2(d) 참조](Kinnicutt et al., 1913). |
| 1899 | 로렌스실험실에서 Clark은 슬러지가 별도의 조에서 발효되어야 한다는 점에 주목하였다. 슬러지 라군은 이 시기까지 사용하여 왔으며, 그 이후에도 사용되고 있다(Imhoff, 1938; Winslow, 1938). |
| 1904 | 트레비스는 슬러지의 가수분해를 위하여 2층으로 이루어진 반응조를 개발하였다[그림 10-1(e)]. 초기모델은 유량의 약 1/6이 아래쪽 반응조를 통과하였다(Kinnicutt et al., 1913). 그러나, 유출수를 혐기성 여상으로 직접 주입하는 경우도 있었다[그림 10-1(f)]. |
| 1906 | 독일의 칼 임호프 박사는 방류하기 전에 고형물을 분리하는 방법으로 생활하수를 혐기성 처리하는 임호프조를 특허 등록하였다[그림 10-1(g)]. 임호프조는 트레비스의 연구결과에 근거를 두었지만 액화조를 통한 흐름은 사용하지 않았다(Imhoff, 1938). |
| 1909~1913 | 1909년 네덜란드에서는 마분지의 메탄발효에 의해서 가연성가스의 생산이 가능하였음을 입증하였으며, 생산된 가스는 발전에 사용하였다. 1912년 유가공 및 도축장 폐수처리장에서 가스를 활용하였으며, 1914년에는 폐수처리장에서 가스를 활용하였다. 이때 가스수집기는 고정식 또는 부유식을 사용하였다(Kessener, 1938). |
| 1914 | 독일의 엠셔협동조합에서는 가스의 수집과 가열을 위한 초기실험을 수행하였다(Imhoff, 1938). |
| 1915 | 네덜란드에서 소화조가온을 통한 가스생산량을 증가시키기 위한 실험을 수행하였다(Kessener, 1938). |
| 1927 | 독일의 물관리협회 Ruhrverband에서는 Essen—Rellinghausen에서 슬러지를 혐기성으로 처리하고 발생하는 가스를 소화조 가온과 발전을 위하여 사용하기 위하여 가온소화조를 건설하였다(Imhoff, 1938). |
| 1929 | 네덜란드에서는 식종, 교반 및 스컴제거를 위하여 수평축과 패달을 가진 긴 직사각형 소화조를 건설하였다(Kessener, 1938). |
| 1930&1932 | 미국의 일리노이주 수로국의 Buswell은 고형물의 혐기성소화 기본원리에 대한 연속보고서를 발표하기 시작하였다(Buswell과 Neave, 1930; Buswell과 Boruff, 1932). |
| 1950 | 남아공화국의 Strander는 고형물을 외부에서 분리하고 소화조로 반송시킴으로써 가지는 장점을 실규모공정에서 입증하였다(Stander, 1950; Standar와 Snyders, 1950). |
| 1950년대초 | Morgan과 Torpey는 혐기성 소화조 내용물을 교반함으로써 성능개선이 개선될 수 있음을 입증하였다(Morgan, 1954; Torpey, 1954). |

**고농도 유기성폐수처리**

| 기간 | 내용 |
|---|---|
| 1955 | Schroepfer와 그의 동료들은 미네소타주에 위치한 육가공공장에 최초의 현장 규모 혐기성 접촉공정을 도입하였다(Schroepfer 등, 1955). |
| 1969 | Young and McCarty는 고농도 유기성 폐수처리를 위하여 부착성장 공정인 혐기성 여상을 개발하였다(Young과 McCarty, 1969; Young, 1991). |
| 1978 | Grethlein은 부패조와 외부 교차흐름 분리막을 사용하여 폐수의 혐기성 처리를 위한 실험을 수행하였다(Grethlein, 1978). |
| 1970년대 후반, 1980년대 초반 | Lettinga는 사탕무우 폐수처리를 위하여 UASB 공정을 개발하였다[그림 10-1(h)](Lettinga 등, 1980). 혐기성 공정에 대한 Lettinga의 연구는 고농도 폐수처리를 위한 여러 가지 상용혐기성 공정 개발에 중요한 역할을 하였다 (표 10-3 참조). |
| 1980 | Switzenbaum과 Jewell은 고농도 유기성폐수처리에 대단히 효과적인 혐기성 유동상공정을 개발하였다(Switzenbaum과 Jewell, 1980). |

[a] Adapted in part from Totzke (2012), McCarty (2001), Metcalf & Eddy (1915).

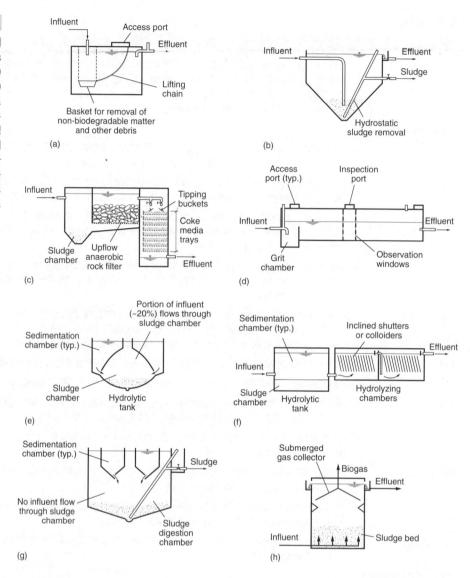

**그림 10-2**

개략도로 살펴본 혐기성 처리 기술의 발전, (a) Mouras의 자동스캐빈저(1881), (b) Dortmund 조(1887), (c) Scott-Moncrieff의 2단조 (1891), (d) Cameron의 부패조(1895, 부패조라는 명칭을 최초로 사용), (e) Tarvis의 2층 가수분해조(1904), (f) 가수분해조를 가진 Tarvis의 2층 가수분해조(1904), (g) 임호프조(1906), (h) USAB 반응조 (1980)

>> **폐수슬러지의 처리**

부패조는 1895년에 영국의 Donald Cameron에 의해서 처음으로 만들어졌다[그림 10-2(d) 참조]. 이후 Travis에 의해 개발된 Travis 가수분해조에 의해 혐기성 기술의 발전이 이루어졌다[그림 10-2(e) 참조]. 1899년 초에 로렌스실험실의 화학자였던 Clark은 슬러지는 별도의 발효조에서 발효되어야 한다고 주장하였다. Travis는 유입수의 일부를 가수분해조를 통과하여 흐르도록 함으로써 가수분해조에 대한 Clark의 아이디어를 일부 활용하였다. 또한, Travis 가수분해조는 초기모델의 경사판 침전설비와 유사한 경사판을 가수분해조에 연속으로 설치하여 추가적인 처리효율을 얻을 수 있도록 하였다[그림 10-2(f) 참조]. 그림 10-2(g)에서 보여주는 임호프조가 Travis의 가수분해조의 개선형이라는 것은 흥미로운 사실이다. Imhoff는 Clark의 아이디어를 이해하였으며, 흐름의 일부가 가수분해조를 통과하여 흐르도록 한 것으로 인해 유출수의 수질이 악화될 수 있음을 알았다. 임호프조는 지금까지도 널리 사용하고 있다. 가스발생을 증가시키기 위하여, 1900년대 초에 독일과 네덜란드에서는 소화조에서 발생하는 가스의 수집과 연소, 이용에 대한 연구를 수행하였으며, 가온한 혐기성소화조는 1927년에 독일에서 처음으로 건설되었다.

## 고농도 유기성 폐수의 처리

1920년대 주식시장의 붕괴와 1930년대의 디플레이션 이후 혐기성 처리기술의 발전이 느렸었다. 그러나 2차 세계대전 이후에 폐수처리에 대한 관심이 급증하였으며, 많은 연구성과들이 1950년대에 만들어졌다(Stander, 1950; Morgan, 1954; Torpey, 1954). 1950년대에 이루어진 Stander, Morgan, Torpey 등의 연구에 의해 혐기성 기술을 생분해성 폐기물 처리에 활용하기 시작하였다. 고농도 유기성폐수의 혐기성 처리와 관련된 주요 기술들은 육가공폐수처리를 위한 혐기성 접촉공정(Schroepher et al., 1955), 1960년대에 개발된 혐기성 여상(Young과 McCarty, 1969; Young, 1991), 그리고 네덜란드의 Wageningen 에서 Lettinga와 그의 동료들에 의해서 개발된 UASB 공정(Lettinga et al., 1980) 등이다. Young과 McCarty가 발표한 논문은 Lettinga가 수행한 연구의 계기가 되었다.

UASB 공정은 가장 발전한 형태의 혐기성 처리기술이다[그림 10-2(h) 참조]. UASB에 대한 Lettinga의 연구성과와 기타 혐기성 공정들에 대한 연구들은 다음 절에서 소개될 다양한 상용 혐기성 처리기술들을 개발하는 데 중요한 역할을 하였으며, 오늘날 혐기성 기술이 상용화되도록 하는 데 크게 기여하였다(Totzke, 2012).

## 미래의 혐기성 기술

1800년대 후반에서 1900년대 초반에 이루어진 혐기성 기술 관련 실험들 중에서 유리모형을 이용하여 Travis에 의해서 만들어진 가수분해조의 내부에서 일어나는 현상을 관찰한 것은 대단히 흥미롭다[그림 10-2(f)와 같음]. 두 번째 및 세 번째 조의 경사진 유리판(colloider라 불림)은 침전과 차단에 의해 콜로이드 물질을 제거하기 위한 것으로, 5장에서 설명한 관형침전지 또는 현대의 얇은 경사판 침전설비의 초기모형과 같다. 자갈, 코크스, 라스(lath)와 슬레이트 등을 사용한 여과기들이 1800년대 후반에서 1900년대 초반의 문헌에서 종종 인용되고 있으며, 이와 같이 초기모형들이나 그 변형들이 오늘날에도 여전히 사용되고 있다는 점은 주목할 만하다. 또한, 오늘날에도 여러 가지 연구들을 진행하고 있지만 가장 중요한 것은 생화학, 분자생물학 그리고 생리학의 기초에 대한 이해이다.

## 10-3 가용한 혐기성 기술

현재 혐기성 처리기술은 대중에게 개방된 기술과 지적재산권을 가진 상용기술로 분류할 수 있다. 개방기술은 경험이 있는 설계자들이 이용할 수 있는 기술을 의미하며, 상용기술은 설계에 필요한 정보들이 제공되지 않거나 제한된 패키지 기술들을 의미한다. 아래에서는 이용 가능한 혐기성 기술들의 형태와 이들의 활용에 대하여 다룬다.

## ≫ 혐기성 기술의 형태

생활하수슬러지의 처리를 위하여 사용하는 재래식 완전혼합 혐기성 소화조를 제외하고 유기성 폐기물을 처리하기 위하여 사용하는 혐기성 기술들을 표 10-3에서 요약하여 설명하였다. 생활하수슬러지의 혐기성소화에 대해서는 13장에서 자세하게 다룬다. 표 10-3에서 제시한 기술들은 이 기술들의 보급 순서대로 정리한 것이다. 표 10-3을 살펴보면 Lettinga의 UASB 류의 기술들이 있다[표 10-3(b) 참조]. 팽창형 입상슬러지 블랭킷[expanded granular sludge blanket, EGSB, 표 10-3(c)] 공정은 유출수를 이용하여 UASB 반응조 내부 유체의 상향유속을 높임으로써 입상슬러지를 유동화시킨 것으로서 UASB 공정의 개량형이다. EGSB 공정은 낮은 농도의 주정폐수를 처리하기 위하여 Lettinga 연구진이 소개한 것이지만 이 공정은 주정폐수보다 더 낮거나 높은 농도의 폐수처리에도 활용할 수 있다(Kato et al., 1999). 또한, 내부순환반응조[internal recycle (IC) reactor, 표 10-3(d)]는 내부순환을 가진 2개의 직렬 UASB 반응조로 이루어져 있으며, 저농도 및 매우 높은 농도의 폐수처리에 성공적으로 활용하여 왔다. EGSB와 IC

## 표 10-3
### 상용 혐기성 기술들의 형태

| 공정의 종류 | 개요 |
|---|---|
| (a) 저부하 혐기성 라군(ANL) 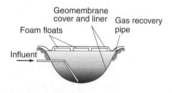 | 수리학적 체류시간 20~50일 및 평균 미생물체류시간 50~100일인 교반이 없는 반응조로서 부유 또는 응집 혐기성 미생물과 침강된 혐기성 미생물을 이용한다. 고형물질과 용해성 물질을 함유한 다양한 영역의 폐기물을 처리하기 위하여 사용하며, 2 kg/m³·d 이하의 낮은 COD 부하율에서 운전하도록 고안되었으며, 발생가스의 포집을 위하여 시스템은 차폐막으로 덮여 있다. |
| (b) UASB 반응조 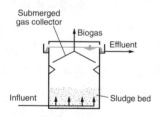 | 반응조 하단에 혐기성 입상슬러지층을 가진 상향류 흐름 반응조로서 발생하는 바이오가스는 상향류 흐름에 의하여 혼합이 잘 이루어진다. 반응조의 유효 혐기성 미생물의 농도는 35~40 kg/m³이다. 반응조 상단에 설치된 기체-고체-액체 분리장치는 유출수로부터 혐기성 입상슬러지를 분리하고 바이오가스를 수집하는 역할을 한다. 통상적인 HRT는 4~8시간이지만 SRT는 30일 이상이다. 특히, 설계 COD 부하율은 5~20 kg COD/m³·d이며, 반응조의 높이와 상향류의 유속은 각각 5~20 m와 1~6 m/h 정도이다. |
| (c) EGSB 반응조 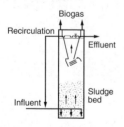 | EGSB는 유출수 재순환율, 직경에 대한 높이의 비가 크고 더욱 빠른 상향류 유속을 사용하는 공정으로서 UASB의 개량형이다. 일반적으로 사용하는 상향류 유속과 반응조 높이는 각각 4~10 m/h 및 25 m이다. 빠른 상향류 유속을 사용함으로 인해 반응조의 교반효율이 개선되고 사영역이 감소하며, 액상에서 입상슬러지 내부로의 기질확산속도가 증가하여 용해성 유기물질의 처리효율이 향상된다. 초기에 이 공정은 저강도 폐수를 처리하기 위하여 개발되었으나 최근에는 고농도 폐수처리 및 10°C의 저온에서 사용하고 있다. 유기물 부하율은 35 kg/m³·d 정도로 높은 값을 사용하지만 콜로이드성 또는 입자성 물질의 제거효율은 UASB 반응조보다 낮다. |

(계속)

**| 표 10-3** (계속)

| 공정의 종류 | 개요 |
|---|---|

**(d) 내부순환 UASB 반응조**
**(Internal circulation UASB, IC UASB)**

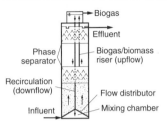

IC-UASB 반응조는 2개의 UASB 반응조가 직렬로 연결된 형태를 가지며, 각각의 반응조는 상부에 가스분리장치가 설치되어 있다. 이 시스템은 아래 UASB 반응조에 물을 순환하여 큰 상향유속을 만들기 위하여 아래의 가스분리장치로부터 수직관을 설치하고 위쪽 반응조에서 바닥의 유입구 쪽으로 설치된 하향류 관을 사용한다. 아래쪽 반응조에서 생성된 가스는 첫 번째 가스분리장치에서 포집되어 수직관에서 물과 바이오매스에 대한 가스리프트 흐름을 만든다. 이 가스는 2번째 반응조의 가스분리장치에서 바이오매스와 분리된다. 바이오매스와 물의 혼합물은 하향류 관으로 유입되어 반응조 바닥으로의 내부순환이 되도록 한다. IC-UASB 반응조에서는 재순환율이 크기 때문에 아래쪽 반응조에서 상향유속은 일반적인 UASB 반응조에 비하여 8~20배 커지게 되고 이로 인하여 반응조 내부에서는 혼합이 잘 이루어지고 효율이 높은 반응조 운전이 가능하게 된다. 위쪽 반응조는 추가적인 COD를 제거하기 위한 2단 혐기성 처리공정으로서 상향유속과 가스발생량이 작아 바이오매스의 포획률이 높다. IC-UASB 반응조의 통상적인 높이는 25 m이다.

**(e) 혐기성 유동상 반응조**
**(Fluidized bed, FB)**

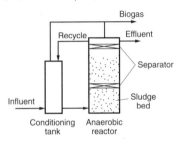

이 시스템은 0.1~0.3 mm 직경의 모래입자, 현무암, 부석 등과 같은 작은 불활성 물질의 표면에 밀도가 높은 혐기성 바이오매스를 부착성장시켜 활용한다. 반응조에서 입자들은 높은 상향유속에 의해 혼합되고 부유상태를 유지한다. 높은 상향유속에 의해 입자층이 25~300%가량 팽창한 상태를 유지하기 때문에 유동상이라 불린다. 그러나, 입자층의 팽창 정도가 15~25%인 경우 팽창상이라 불린다. 이 반응조는 유가공폐수와 같이 생분해성 작은 입자들을 함유하거나 용해성 폐수처리를 위하여 주로 사용한다. 이 반응조의 통상적인 상향유속은 10~20 m/h이며, COD 부하율은 20~40 kg/m$^3$ · d이다.

**(f) 혐기성접촉공정**
**(Anaerobic contact process, ANCP)**

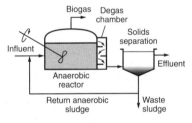

이 시스템은 HRT에 비하여 SRT를 길게 유지하기 위하여 교반/응집 탈기조와 고액분리장치를 이용하여 미생물 바이오매스를 분리시킨 뒤 재순환시키는 부유 혐기성 바이오매스를 사용하는 완전혼합반응조이다. 이 시스템의 설계 COD 부하율은 2~5 kg/m$^3$ · d이다.

**(g) 혐기성 여상(Anaerobic fliter, ANF)**

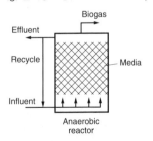

혐기성 여상은 혐기성 바이오매스를 많이 보유하게 하여 긴 SRT를 유지할 수 있도록 충진 매질의 표면에 혐기성 바이오매스를 부착성장시키는 고정생물막법을 사용하는 무교반 시스템이다. 이 시스템의 HRT는 1~3일 정도이며, 설계 COD 부하율은 5~20 kg/m$^3$ · d이다. 혐기성 여상은 상향류 흐름의 ANFU와 하향류 흐름의 ANFD의 2가지 형태가 있다.

(계속)

| 표 10-3 (계속)

| 공정의 종류 | 개요 |
| --- | --- |
| (h) 혐기성 하이브리드공정<br>(Anaerobic hybrid process, ANHYB)<br>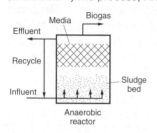 | UASB와 혐기성 여상을 결합한 형태로서 아래쪽의 UASB 반응조에서는 높은 바이오매스 농도에 의해 높은 유기물 부하율에서 운전이 가능하도록 하고 위쪽의 혐기성 여상에서는 추가적인 VFA의 분해 및 부유고형물의 제거가 이루어지도록 한 시스템이다. |
| (i) 막분리 혐기성 공정<br>(Anaerobic membrane reactor, ANMBR)<br>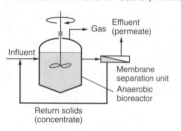 | 혐기성 분리막을 이용하여 고액분리한 고형물을 재순환시킴으로써 짧은 수리학적 체류시간에서도 긴 고형물 체류시간을 제공하도록 한 부유 및 응집형 혐기성 미생물을 사용하는 완전혼합반응조 시스템이다. 설계 COD 부하율은 5~15 kg/m³ · d이다. |
| (j) 혐기성 정류판 반응조<br>(Anaerobic baffled reactor, ABR)<br>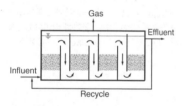 | 정류판은 직렬로 연결된 여러 개의 UASB 반응조를 만들어 물의 흐름을 상향류로 만들기 위하여 사용한다. 반응조 내의 슬러지는 가스의 발생과 흐름에 따라 상승 및 하강을 하며, 반응조들 사이에서 느린 속도로 이동한다. 휘발성 고형물농도는 2~10% 정도이며, 반응조는 6~24시간의 수리학적 체류시간과 30일 이상의 고형물 체류시간에서 운전한다. 설계 유기물 부하율은 5~10 kg/m³ · d이다. ABR 공정의 한계점은 연구들이 실험실 규모와 파일럿 규모 연구에 국한되었다는 점이다. |
| (k) 혐기성 이동블랭킷 반응조<br>(Anaerobic migrating blanket reactor, AMBR)<br>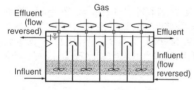 | 이 공정은 침전지와 같은 별도의 장치 없이 반응조 내에 고형물 보유량을 향상시키도록 운전하는 형태로서 각 단계에 기계적 교반장치가 추가된 ABR과 비슷하다. 이 공정에서는 좀 더 균일한 슬러지블랭킷 층을 만들기 위하여 마지막 단에 충분한 양의 고형물이 축적되면 유입수의 주입지점을 유출수 쪽으로 이동시킨다. 통상적인 유기물 부하율과 수리학적 체류시간은 각각 1.0~3.0 kg COD/m³ · d와 4~14시간이다. |
| (l) 혐기성 회분식 반응조<br>(Anaerobic sequencing batch reactor, ANSBR)<br>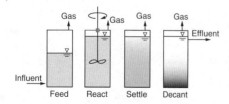 | 동일한 반응조를 이용하여 반응과 고액분리가 이루어지도록 하는 교반이 있는 부유성장 혐기성 공정으로서 8장에서 소개된 호기성 연속회분식반응조와 유사하다(8장 참조). SBR 반응조의 운전은 주입, 반응, 침전 및 유출수 배출의 4단계로 이루어진다. 유출수를 배출하기 전에 이루어지는 침전기간 동안에는 슬러지 침전속도가 대단히 중요하며, 통상적인 침전시간은 30분이다. 오랜 기간 운전한 후에는 밀도가 높은 입상슬러지가 생성되면 고액분리효율이 좋아진다. 수리학적 체류시간이 6~24시간인 경우 고형물 체류시간은 50~200일이 된다. 25℃에서 유기물 부하율이 1.2~2.4 kgCOD/m³ · d일 때 92~98%의 COD 제거효율을 달성할 수 있으며, 5℃에서는 유기물 부하율이 0.9~2.4 kg/m³ · d일 때 85~75%의 COD 제거율을 달성할 수 있다. |

(계속)

**| 표 10–3** (계속)

| 공정의 종류 | 개요 |
|---|---|
| (m) 연속교반 혐기성 반응조 (Anaerobic continuously stirred tank reactor, ANCSTR) 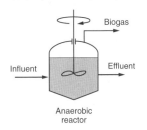 | 부유 혐기성 미생물을 이용하여 준고형 폐기물을 처리하는 완전혼합반응조 시스템으로서 COD 부하율은 4 kg/m³ · d 이하이다. 이 반응조의 체류시간은 15~30일로서 고형물 체류시간과 같다. |
| (n) 플러그 흐름 혐기성 시스템 (Plug flow anaerobic system, ANPF) 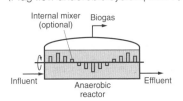 | 총 고형물의 농도가 10~18% 정도로 높은 준고형폐기물을 처리하기 위하여 사용하는 교반이 없는 장방형 반응조 시스템이다. 이러한 장방형 반응조는 약간 경사진 형태를 가지는 경우도 있으며, 유출 고형물은 유입 고형물을 식종하기 위하여 재활용하기도 한다. 유입 고형물의 체류시간은 COD 부하율이 4 kg/m³ · d 이하인 경우 20~30일 정도로서 고형물 체류시간과 같다. |

Adapted from Nicolella et al. (2000), Totzke (2012), Tauseef et al. (2013).

공정의 주요 장점은 유기물용적부하율과 처리효율이 높다는 것이다. 콜로이드성 또는 입자성 물질을 함유한 유기성폐수들을 처리하기 위한 공정들도 개발되고 있다.

**조합 공정들.** 혐기성 공정의 처리수 수질을 2차 처리수의 수준으로 만들기 위하여 하이브리드 혐기성 공정(hybrid anaerobic process) 및 혐기-호기 결합형 공정(combined process)들이 개발되어 왔다. 하이브리드 혐기성 공정들은 표 10-3(h)에서 보는 바와 같이 하단에는 UASB 공정이 설치되어 있고 상단에는 유출수의 수질향상을 위하여 혐기성 부착성장 공정을 설치한 2단 혐기성 처리에 근거를 두고 있다. 초기의 혐기-호기 결합형 공정은 온화한 기후지역에서 혐기성 처리수의 수질을 2차 처리수의 수질로 향상시키기 위하여 1992년에 처음으로 소개되었다(Garuti et al., 1992). 그러나 최근에는 호기성 공정이 단일조로 이루어진 혐기-호기 결합형 공정이 개발되고 있다(Tauseef et al., 2013). 다양한 혐기-호기 결합형 공정이 있지만 본 장에서는 혐기성 공정에 주안점을 두고 설명할 예정이다.

**상용혐기성 기술.** 상업적으로 이용할 수 있는 혐기성 기술들을 다루는 것은 이 책에서 다루는 범위를 벗어나는 내용이다. 표 10-3에서 나열된 기술들의 대부분은 (1) 유기물 부하범주, (2) 희석, pH 조정, 영양분 주입 등과 같이 유입수를 전처리하는 방법, (3) 유입수를 반응조에 주입하고 분배하는 방법, (4) 교반하기 위하여 사용하는 방법, (5) 혐기성 처리공정의 성공적인 운전에서 가장 중요한 인자인 혐기성 미생물을 분리하고 반응조 내에 유지시키기 위한 방법, (6) 생물반응조의 특성, (7) 바이오가스 관리시스템, 그리고

(8) 잔류 고형물의 관리 등이다. 그러나, 상당히 많은 공정들이 새롭게 출현하고 있기 때문에 최근의 문헌을 중심으로 살펴보는 것이 좋다. 혐기성 공정이 새로 설계되었거나 현장에서 활용한 경험이 없는 폐수를 처리하고자 할 때는 파일럿 실험을 하는 것이 좋다. 혐기성 처리를 위해서 사전에 확인하여야 할 사항들은 다음 절에서 다룰 것이다.

### ≫ 혐기성 기술의 활용

표 10-3에서 설명된 기술들은 (1) 고농도 유기성 산업폐수처리, (2) 고농도 폐수의 전처리, (3) 다른 호기성 공정들과 결합한 생활하수처리, (4) 생활하수처리 등을 위하여 사용할 수 있다. 이러한 활용들 중에서 대부분이 고농도 및 특별한 산업폐수를 위한 것이었다. 그러나 생활하수처리를 위하여 설치된 혐기성 공정들도 다수가 있다.

**고농도 유기성 폐수처리를 위한 혐기성 소화공정.**  지난 25~30년 동안 전 세계에서 가동하고 있는 혐기성 소화시설은 10배 이상 증가하였으며, 2013년에는 거의 4,750여 개에 달하고 있다(표 10-4 참조). 혐기성 기술을 사용하는 대표적인 산업들의 목록은 표 10-5와 같다. 그러나, 같은 종류의 산업폐수처리에 다양한 혐기성 공정들이 사용될 수 있다(표 10-6 참조). EGSB와 IC 공정은 산업폐수처리를 위하여 많이 사용하는 공정이며, 그림 10-3은 이들 공정의 예이다. 생활하수와 고농도 산업폐수처리에 사용하는 UASB 공정에 대하여 살펴보자.

방류수 수질기준을 만족시키기 위해서는 고농도 산업폐수의 혐기성 처리공정의 후단에 호기성 처리공정이 필요할 수 있다. 재래식 활성슬러지 및 생물학적인 고도처리공정, 연속회분식반응조, 살수여상, 생물포기여과상, 회전생물접촉조, 습지 등과 같은 다양한 호기성 공정들이 고율혐기성 산업폐수처리공정의 후처리공정으로 사용되어 왔다(Chong et al., 2012). 그림 10-4에서는 생활하수처리장에 설치된 UASB 공정을 이용하여 별도의 전용관로를 통하여 유입하는 고농도 식품가공폐수를 처리하는 사례이다. UASB 공정의 유출수는 생활하수와 혼합하여 생물학적으로 영양염류제거를 위한 활성슬러지공정에서 처리된다. UASB 공정의 유출수에 함유된 잔류 휘발성지방산은 생활하수처리장에서 생물학적인 인 제거 공정의 성능개선에도 기여할 수 있다.

| 표 10 – 4 | 혐기성 공정의 종류 | 혐기성 공정의 수 |
|---|---|---|
| 가동하고 있는 혐기성 | 혐기성 라군 | >50,000 |
| 공정들[a](슬러지처리를 위한 | UASB | 2,000 |
| 재래식 혐기성 소화공정 | EGSB | 2,500 |
| 제외) | 혐기성 접촉공정 | 500 |
| | 혐기성 여상(상향류식, 하향류식) | 250 |
| | 혐기성 혼합공정 | 200 |
| | 막결합형 혐기성 공정 | 50 |
| | 기타 | 250 |

[a]Adapted from Totzke (2012).

**표 10-5**

혐기성으로 처리하는 대표적인 폐수

| 식품 및 음료수 산업 | |
|---|---|
| 알콜증류 | 도축장 및 육류포장 |
| 주정 | 음료수 |
| 우유 및 치즈가공 | 녹말생산 |
| 식품가공 | 설탕가공 |
| 어류 및 해산물가공 | 채소가공 |
| 과일가공 | |
| **기타** | |
| 화학물질 제조 | 매립지 침출수 |
| 오염된 지하수 | 제약 |
| 생활하수 | 펄프 및 제지 |

**표 10-6**

UASB, EGSB 및 혐기성 접촉공정들의 다양한 활용[a]

| 산업 | UASB | EGSB | 혐기성접촉공정 |
|---|---|---|---|
| **식품 및 음료수산업** | | | |
| 음료수 | 305 | 210 | 1 |
| 사탕 | 22 | 13 | |
| 우유 및 치즈 가공 | 36 | 16 | 14 |
| 식품가공 | 61 | 29 | 8 |
| 과일 | 18 | 29 | 3 |
| 육류/가금/어류 가공 | 8 | 1 | 11 |
| 음료수 | 253 | 97 | 49 |
| 전분가공 | 59 | 30 | 13 |
| 설탕가공 | 55 | 18 | 78 |
| 야채가공 | 108 | 63 | 12 |
| 이스트 생산 | 26 | 37 | 9 |
| **기타 응용** | | | |
| 화학물질 제조 | 39 | 87 | 9 |
| 펄프 및 제지 | 101 | 225 | 37 |
| 기타 | 95 | 29 | 15 |
| 합계 | 1186 | 884 | 259 |

[a]Adapted from Totzke (2012).

**혐기성 기술을 이용한 생활하수처리.** 온난한 기후의 개발도상국들을 포함하여 지구상의 많은 지역에서 UASB와 같은 혐기성 기술은 생활하수처리를 위하여 사용할 수 있는 기술이다. UASB 공정은 초기에 고농도 유기성 폐수처리를 위하여 개발되었지만 1980년대 초에 콜롬비아에서 수행한 연구에서 25°C에서 생활하수도를 처리할 수 있음을 증명하였다(Gomec, 2010). 생활하수처리를 위한 현장규모 UASB 공정은 1989년 인도의 칸푸르에서 최초로 설치되었으며, 지금도 5000 m³/d의 생활하수를 처리하고 있다. 2006년에 Aiyuk 등(2006)은 200개 이상의 생활하수처리를 위한 UASB 시설이 전 세계에서

(a)    (b)    (c)

**그림 10-3**

**고농도 유기성 산업폐수처리를 위한 혐기성 반응조.** (a) EGSB 시스템, 좌측부터 (i) 개량조, (ii) EGSB 반응조[표 10-3(c) 참조], (iii) 황화물 산화조(Pharmer Engineering의 로버트파머의 허가); (b) 치즈공장의 EGSB 반응조; (c) IC UASB 반응조[표 10-3(d) 참조] (Paques 허가, BV).

**그림 10-4**

**산업폐수의 전처리를 위한 UASB 반응조 설치.** (a) UASB 반응조의 침전장치 개략도(adapted from Biothane, BV), (b) 건설현장으로 이동된 침전장치, (c) 침전장치의 상부(침전장치 우측의 유출수 웨어에 주의), (d) UASB 반응조에 설치되고 있는 침전장치(미국 워싱턴주 야키마시의 사진허가)

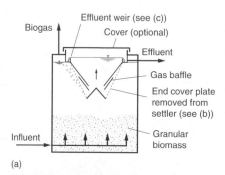

Biogas
Effluent weir (see (c))
Cover (optional)
Effluent
Gas baffle
End cover plate removed from settler (see (b))
Granular biomass
Influent

(a)

(b)

(c)

(d)

운전되고 있다고 보고하였다. 이들 공정의 대부분은 온난한 기후지역에 설치되었지만 일부의 UASB 공정은 10℃ 정도로 낮은 온도에서도 생활하수를 처리하기 위하여 사용하고 있다. Gomec (2010)은 생활하수처리를 위한 UASB 공정 35개 중에서 9개 이상이 15℃ 이하의 낮은 온도에서 운영되고 있다고 보고하였으며, 이러한 시설들 75%의 HRT는 2~10시간이었다. 그림 10-5에서는 UASB 공정과 살수여상 후처리시스템을 사용하

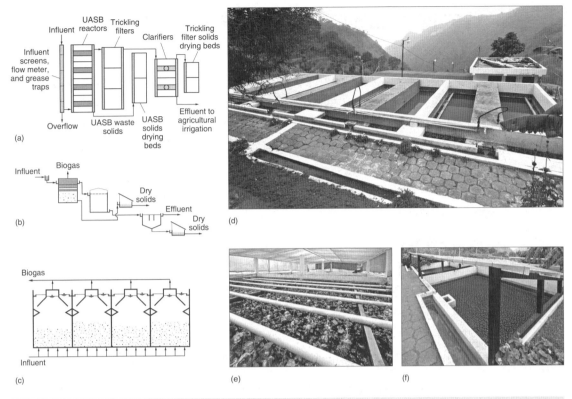

## 그림 10-5

**UASB/살수여상 결합공정** (a) 처리시스템의 개략도, (b) 개략적인 폐수의 흐름도, (c) UASB 반응조의 단면, (d) 4개의 구획을 가진 UASB 반응조, (e) 중력식 살수여상, (f) 슬러지 건조상. 침전된 상수여상 유출수는 농지에 공급된다. (사진은 S. Oakley와 H. Leverenz에 의해 허가됨, 좌표: 14.7722 N, 91.1917 W; 이근의 비슷한 처리장 좌표: W 14.7646 N, 91.1797 W.)

는 저에너지 폐수처리시스템을 보여주고 있다. 살수여상 유출수는 침전 후에 농작물의 관개를 위하여 사용하고 있다. 미래에는 에너지관점에서 유리한 더욱 많은 혐기-호기 혼합공정들이 새롭게 개발되고 사용될 것으로 기대된다.

고율혐기성 처리공정은 상대적으로 작은 크기와 적은 건설비용, 적은 잉여슬러지 생산량, 적은 에너지 요구량 그리고 바이오가스의 회수 가능성 등으로 인하여 생활하수처리를 위한 매력적인 대안 중의 한 가지이다. 물 사용량이 적고 생활하수의 유기물 농도가 높은 나라에서는 이러한 공정들의 장점이 더욱 크게 된다. 그러나, 깨끗한 2차 처리수의 수질이 필요한 곳에서는 혐기성 처리공정 후단에 콜로이드 및 SS 그리고 용해성 BOD의 후처리를 위한 호기성 처리시스템이 있어야 한다(Lew et al., 2002). 다른 대안으로는 긴 SRT에서 운전하는 부유성장 혐기성 처리공정에 분리막을 사용하는 것이다[표 10-3(i) 참조]. 막분리를 사용하면 99% 이상의 SS를 제거하여 2차 처리수 수준의 수질을 가지는 처리수를 얻을 수 있다(Visvanathan와 Abeynayaka, 2012). 현재는 Anammox 공정과 같이 영양염류를 제거하기 위한 공정들도 혐기성 처리 후처리공정으로 연구되고 있다.

| 10-4 | **혐기성 처리공정의 활용을 위해 필요한 고려사항** |

혐기성 공정을 설계하고 평가 및 운전하는 데 있어서 폐수의 종류와 특성은 대단히 중요하다. 폐수의 특성은 혐기성 공정의 경제성, 선호하는 혐기성 공정의 종류 그리고 운전비용과 혐기성 처리공정을 사용하는 데 있어서 주요 관심사들에 영향을 준다. 이번 절에서는 (1) 혐기성 공정의 설계에 고려하여야 할 주요 문제, (2) 전처리, 알칼리도 또는 영양염류 주입의 필요성, (3) 가스발생과 혐기성 공정으로 폐수를 처리하는 동안 생산할 수 있는 에너지의 양에 대한 폐수 특성의 영향 등에 대하여 집중적으로 다룰 것이다. UASB, 부유성장, 부착성장 및 막분리 결합형 혐기성 공정에 대한 내용들은 표 10-3에 제시하였다.

### ▶▶ 폐수의 특성

표 10-5에서 보는 바와 같이, 혐기성 공정을 이용하여 다양한 폐수들을 처리하여 왔다. 혐기성 공정은 포기가 필요 없고 슬러지생산량이 감소하여 에너지절감이 가능하기 때문에 유기물 농도와 온도가 높을수록 더욱 매력적인 기술이 된다. 식품가공산업이나 주정폐수는 COD 농도가 3,000~30,000 g/m³이다. 폐수에 함유된 독성물질이나 일일 유량과 부하변동, 무기물농도 그리고 계절적인 부하변동 등도 고려하여야 한다.

**유량과 부하변동.** 유입유량과 유기물 부하의 큰 변동은 혐기성 공정에서 산생성반응과 메탄생성반응 사이의 균형을 파괴할 수 있다. 산생성반응은 빠르게 진행되기 때문에 pH를 감소시키고 메탄생성반응이 저해를 받을 수 있을 정도까지 수소와 휘발성 지방산 농도를 증가시킬 수 있다. 이러한 상황에 대비하기 위해서는 좀 더 보수적으로 설계를 하거나 유량을 균등화시켜야 한다. 유량균등조는 공장으로부터 간헐적으로 발생하는 폐수를 저장하여 혐기성 처리공정으로 균일한 강도와 유량의 폐수를 공급할 수 있도록 해준다. 혐기성 처리공정으로 유입수를 균일하게 공급하면 혐기성 공정의 안정성은 더욱 커지며, 높은 평균 유기물 부하율에서 혐기성 처리공정의 운전이 가능해진다. 혐기성 공정은 장시간 운전을 중단 후에도 조금씩 폐수 주입량을 증가시키면 빠르게 성능을 회복할 수 있다.

**유기물 농도와 온도.** 10-1절에서 언급한 것과 같이 폐수의 유기물 농도와 온도는 호기성 처리공정과 혐기성 처리공정의 적합성과 경제성에 영향을 미친다. 일반적으로 25~35°C의 반응조 온도는 최적의 생물반응을 유지하여 보다 안정한 처리를 위하여 필요하다. 또한, 상온의 폐수를 외부의 에너지 공급 없이 발생하는 메탄을 이용하여 가온하기 위해서는 1,500~2,000 mg/L 이상의 생분해성 COD가 필요하다.

혐기성 처리는 낮은 온도에서도 가능한데 UASB, 부유성장 및 부착성장공정은 10~20°C의 온도에서도 운전 가능하였다. 그러나, 낮은 온도에서 혐기성 공정을 운전하면 반응속도가 느려지기 때문에 긴 SRT와 큰 반응조 부피 그리고 낮은 유기물 부하에서 운전하여야 한다(Banik et al., 1996; Collins et al., 1998; Alvarez et al., 2008).

긴 SRT가 필요할 때 혐기성반응조에서 고형물의 유실은 공정의 운전에 결정적인 문제가 될 수 있다. 혐기성 반응조는 부유성장 공정의 유출수 TSS 값이 100 mg/L 범위이고 호기성시스템들보다 분산되고 응집성이 낮은 슬러지를 배출한다.

상대적으로 유기물 농도가 낮은 폐수들의 경우 유출수로 TSS의 유실이 일어나면 공정의 SRT 유지가 어려울 수 있다. 이 경우 혐기성 공정의 처리성능이 낮아지거나 원하는 처리효율을 얻기 위해서는 보다 높은 온도에서 공정을 운전해야 할 수도 있다. 따라서, 혐기성 반응조에 고형물 농도를 유지시키기 위한 방법은 전체 혐기성 반응조의 설계와 성능에 중요한 영향을 미친다. 달성 가능한 최대 SRT는 유출수 배출에 의한 미생물의 유실이 생산되는 양과 같을 때로써 식 (8-20)을 이용하여 계산할 수 있다.

$$Q(\text{VSSe}) = \frac{QY_H(b\text{CODr})}{1 + b_H(\text{SRT})} + \frac{(f_d)(b_H)QY_H(b\text{CODr})\text{SRT}}{1 + b_H(\text{SRT})} \tag{10-1}$$

여기서, VSSe는 유출수의 VSS 농도(g/m³)이며, bCODr은 혐기성 반응조에서 분해된 COD (g/m³)이다. 유출수의 VSS 농도, 제거된 생분해 COD, 그리고 성장 및 내생사멸로 인한 감소계수의 함수로서 SRT를 풀면 다음 식 (10-2)와 같다.

$$\text{SRT} = \frac{Y_H(b\text{CODr}) - \text{VSSe}}{(b_H)(\text{VSSe}) - (f_d)(b_H)(Y_H)(b\text{CODr})} \tag{10-2}$$

유출수의 VSS 농도와 분해된 COD 양의 함수로서 혐기성 반응조의 최대 SRT는 그림 10-6과 같다. 30°C에서 SRT 40일을 얻기 위해서는 분해하여야 할 COD 양이 2,400 mg/L(유출수 VSS 농도 100 mg/L)에서 7,400 mg/L(유출수 VSS 농도 300 mg/L)로 증가하여야 한다. 혐기성 공정을 낮은 온도에서 운전하고자 한다면 더 긴 SRT가 필요하며, 이를 위해서는 유입수의 생분해성 COD가 높아야 하며, 폐수의 COD 농도가 낮다면 유출수의 VSS 농도가 낮아야 한다.

**비용해성 유기물.** 폐수의 입자상 및 용해성 유기물의 함량은 선택된 혐기성 소화공정의 종류와 설계에 영향을 미친다. 입자상 유기물의 농도가 높은 경우 부유성장 공정이나 UASB 반응조가 상향류나 하향류식 부착성장 공정보다 유리하다. 입자상물질의 함량이 높은 폐수에서 가수분해반응이 산발효나 메탄생성반응에 비하여 율속단계라면 보다 긴 SRT가 필요할 수도 있다. 이러한 경우는 가수분해 및 산발효반응을 슬러지층이나 교반반

**그림 10-6**

유출수의 VSS 농도와 분해된 COD 양에 따른 혐기성 반응조의 SRT(표 10-13의 성장수율계수 0.08 g VSS/g CODr, 내생감소계수 0.03 g VSS/g VSS·d, $f_d$는 0.10)

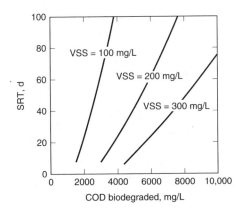

응조에서 진행시키고 UASB와 같은 메탄생성반응을 위한 후속반응조로 이루어진 이상혐기성 처리 공정이 적절할 수 있다(Shuizhou와 Zhou, 2005; Alvarez et al., 2008).

**폐수의 알칼리도.** 혐기성 처리하는 동안 혐기성 발효반응으로부터 생성되는 가스방울의 이산화탄소 함량은 25~35% 정도로서 높기 때문에 혐기성 반응조에 용해되어 있는 이산화탄소의 농도는 상당히 높은 편이다. 일반적으로 용존 이산화탄소의 문제를 상쇄시키고 pH를 중성 범위에서 유지시키기 위해서는 2,000~4,000 mg/L as $CaCO_3$의 알칼리도가 필요하다. 알칼리도가 낮은 폐수의 경우도 단백질이나 아미노산이 분해되어 $NH_4(HCO_3)$ 형태의 알칼리도가 생성되기도 한다. 그러나, 알칼리도가 부족한 경우 pH 조절을 위하여 알칼리도의 주입이 필요하며 이것은 혐기성 처리공정의 경제성에 부정적인 영향을 미친다.

부록 F에서 개략적으로 설명하는 것과 같이 알칼리도와 pH의 관계는 다음과 같이 중탄산염과 관련된 화학식에 의해서 설명된다.

$$\frac{[HCO_3^-][H^+]}{[H_2CO_3]} = K_{a1} \tag{10-3}$$

여기서, $K_{a1}$는 첫 번째 산해리상수로서 이온강도와 온도의 함수이다. 탄산($H_2CO_3$)의 농도는 대기 중의 $CO_2$ 분압과 식 (2-46)의 헨리법칙에 의해서 계산된다.

$$x_g = \frac{P_T}{H} p_g \tag{2-46}$$

여기서, $x_g$는 수중에서 가스의 몰분율(mole gas/mol water)로서 다음 식으로서 계산한다.

$P_T$는 총 압력(일반적으로 1 atm)이며, H는 헨리상수[atm, (mole gas/mole air)/(mole gas/mole water)]이다. $P_g$는 공기 중에서 해당가스의 몰분율(mole gas/mole air)이다. 여기서, 가스의 몰분율은 부피분율에 비례한다는 것에 유의하여야 한다.

탄산의 농도를 안다면 원하는 pH를 유지하기 위하여 필요한 중탄산이온($HCO_3^-$)의 농도를 계산할 수 있다. 예제 10-1에서는 위 수식들의 사용에 대하여 설명하였다.

---

**예제 10-1**    **혐기성 소화공정에서 알칼리도와 pH** 가스상의 이산화탄소가 30%일 때 35°C에서 운전하고 있는 부유성장 혐기성 반응조의 pH를 7.0으로 유지시키기 위해서 필요한 알칼리도를 계산하라. 유입수의 유량은 2000 $m^3$/d이고, 알칼리도는 400 mg/L as $CaCO_3$이다. 35°C에서 식 (2-28)과 표 2-8의 자료를 이용하여 계산한 $CO_2$에 대한 헨리상수는 2092 atm이며, $K_{a1}$는 $4.85 \times 10^{-7}$ (부록 F)이다.

**풀이**    1. pH를 7.0 부근에서 유지시키기 위한 $HCO_3^-$ 농도를 구한다.

     a. 식 (2-46)을 이용하여 $H_2CO_3$의 농도를 구한다.

$$x_{H_2CO_3} = \frac{P_T}{H} P_g = \frac{(1 \text{ atm})(0.30)}{2092 \text{ atm}} = 1.434 \times 10^{-4}$$

1 L의 물은 55.6 mole(= 1000 g/18 g mole)이기 때문에 $H_2CO_3$의 몰분율은

$$x_{H_2CO_3} = \frac{\text{mole gas } (n_g)}{\text{mole gas } (n_g) + \text{mole water } (n_w)}$$

$$1.434 \times 10^{-4} = \frac{[H_2CO_3]}{[H_2CO_3] + (55.6 \text{ mole/L})}$$

물 1 L에 용존가스의 몰수는 물의 몰수보다 상당히 작기 때문에 $H_2CO_3$의 농도는 다음과 같다.

$$[H_2CO_3] \approx (1.434 \times 10^{-4})(55.6 \text{ mole/L}) \approx 7.97 \times 10^{-3} \text{ mole/L}$$

b. 식 (10-1)을 이용하여 pH를 7.0 부근으로 유지시키기 위한 $HCO_3^-$ 농도를 계산한다.

$$[HCO_3^-] = \frac{(4.85 \times 10^{-7})(7.97 \times 10^{-3} \text{ mole/L})}{(10^{-7} \text{ mole/L})}$$

$$= 0.03863 \text{ mole/L}$$

$$HCO_3^- = 0.03863 \text{ mole/L } (61 \text{ g/mole})(10^3 \text{ mg/1 g}) = 2356 \text{ mg/L}$$

2. 1일 동안 필요한 알칼리도 양을 계산한다.

$$HCO_3^- \text{ 당량} = \frac{(2356 \text{ g/L})}{(61 \text{ g/eq})} = 0.03863$$

$$1 \text{ eq. } CaCO_3 = \frac{m.w.}{2} = \frac{(100 \text{ g/mole})}{2} = 50 \text{ g } CaCO_3/\text{eq}$$

$$\text{알칼리도, } CaCO_3 = (0.03863 \text{ eq/L}) (50 \text{ g/eq})(10^3 \text{ mg/1 g})$$

$$= 1931 \text{ mg/L as } CaCO_3$$

$$\text{알칼리도 요구량} = (1931 - 400) \text{ mg/L}$$

$$= 1531 \text{ mg/L as } CaCO_3$$

일일 알칼리도 주입량 :

$$= (1531 \text{ g/m}^3) (2000 \text{ m}^3/\text{d}) (1 \text{ kg/10}^3 \text{ g})$$

$$= 3062 \text{ kg/d}$$

**조언** 위의 해석결과를 바탕으로 하면, 필요한 알칼리도 양이 상당하며 알칼리도 구입을 위해서 큰 비용이 발생할 수 있음을 알 수 있다.

여러 온도와 이산화탄소 함량에서 예제 10-1에서 제시한 것과 비슷한 계산결과들을 표 10-7에 제시하였다. 표 10-7의 자료들은 부록의 표 F-2에 제시한 중탄산이온 해리상수와 2장의 표 2-8에 제시한 자료를 이용하여 계산한 헨리상수를 사용하여 계산한 것이다. 표 10-7의 값들은 혐기성 공정의 알칼리도 요구량을 계산하기 위하여 사용할 수 있다. 총

표 10-7

온도와 바이오가스에 함유된 이산화탄소 분율에 따라 pH 7.0을 유지시키기 위하여 필요한 알칼리도

| 온도(℃) | 바이오가스의 이산화탄소(%) | | | |
|---|---|---|---|---|
| | 25 | 30 | 35 | 40 |
| 20 | 2040 | 2449 | 2857 | 3265 |
| 25 | 1913 | 2295 | 2678 | 3061 |
| 30 | 1761 | 2113 | 2465 | 2817 |
| 35 | 1609 | 1931 | 2253 | 2575 |
| 40 | 1476 | 1771 | 2066 | 2362 |

용존고형물의 농도와 이온강도가 높은 폐수의 경우 알칼리도 요구량은 일반적으로 큰 값을 가진다.

**영양염류.** 혐기성 공정에서는 발생하는 슬러지 양이 적기 때문에 미생물 성장을 위하여 필요한 질소와 인의 양도 적지만 산업폐수들은 영양분들을 거의 함유하지 않은 경우가 많다. 이 경우 유입폐수에 질소와 인을 보충하여 주어야 한다.

**미량 영양소.** 혐기성 공정에서 메탄고세균은 성장을 위하여 미량의 철, 니켈, 코발트 및 몰리브덴 등을 필요로 한다(Demirel와 Scherer, 2011). 미량원소를 주입하였을 때 UASB 반응조(Osuna et al., 2003; Fermoso et al., 2008) 및 음식물쓰레기의 혐기성 처리를 위한 부유성장 공정(Evans 등, 2012)의 COD 제거효율이 증가하였다. Takashima 등(2011)은 효율적인 혐기성분해를 위하여 제거 COD에 대한 철, 니켈, 코발트 및 아연의 비율을 각각 중온 혐기성 공정의 경우 0.20, 0.0063, 0.017 및 0.049로 그리고 고온 혐기성 공정의 경우 0.45, 0.049, 0.054 및 0.24로 제안하였다.

혐기성 소화에서 필요한 미량금속의 정확한 양은 폐수의 종류에 따라 다를 수 있다. 따라서, 고율혐기성 공정의 경우 이러한 물질들의 장점을 평가하기 위하여 연구가 계속되어야 한다.

**유기 및 무기독성물질.** 혐기성 공정으로 처리하고자 하는 폐수에 독성물질이 없다는 것을 확인하기 위해서는 적절한 분석과 처리성능에 대한 연구가 필요하다. 독성물질이 존재한다는 것이 반드시 혐기성 공정이 적절하게 기능할 수 없다는 것을 의미하지는 않는다. 어떤 독성물질은 메탄생성반응을 저해하지만 혐기성 공정의 메탄생성미생물량이 충분히 많고 부하율이 낮다면 이 공정은 성공적으로 운전 가능하다. 혐기성 공정에 독성을 가지거나 저해를 유발하는 유기 및 무기화합물들은 표 10-8 및 표 10-9에 정리하였다. 혐기성 미생물들은 독성물질에 어느 정도 적응할 수 있는 것으로 알려지고 있지만, 혐기성 분해공정에서 독성 문제를 예방하기 위해서는 이러한 물질들을 제거하기 위한 전처리과정이 필요할 수도 있다(Speece, 1996).

**》 폐수의 전처리**

혐기성 처리하기 위하여 필요한 폐수의 전처리 여부는 폐수의 발생원, 혐기성 공정의 종류 그리고 공정의 불안정 예방의 필요성 등을 살펴보고 결정한다. 관심을 가져야 할 전처

표 10-8

독성 및 저해 무기물 및 혐기성 공정에서 메탄고세균에 유해한 농도[a]

| 성분 | 중간 저해농도(mg/L) | 심각한 저해농도(mg/L) |
|---|---|---|
| $Na^+$ | 3,500~5,500 | 8,000 |
| $K^+$ | 2,500~4,500 | 12,000 |
| $Ca^{2+}$ | 2,500~4,500 | 8,000 |
| $Mg^{2+}$ | 1,000~1,500 | 3,000 |
| Ammonia nitrogen | 1,500~3,000 | 3,000 |
| Sulfide, $S^{2-}$ | 200 | 200 |
| Copper, Cu | | 0.5(용해성) |
| | | 50~70(총 농도) |
| Chromium, Cr(VI) | | 3.0(용해성) |
| | | 200~250(총 농도) |
| Chromium, Cr(III) | | 180~420(총 농도) |
| | | 2.0(용해성) |
| Nickel, Ni | | 30.0(총 농도) |
| Zinc, Zn | | 1.0(용해성) |

[a] From Parkin and Owen (1986).

표 10-9

혐기성 공정에서 메탄고세균에 독성으로 작용하거나 저해효과를 유발하는 화합물과 농도[a]

| 화합물 | 50% 활성저해를 유발하는 농도(mM) |
|---|---|
| 1-Chioropropene | 0.1 |
| Nitrobenrene | 0.1 |
| Acrolein | 0.2 |
| 1-Chioropropane | 1.9 |
| Formaldehyde | 2.4 |
| Lauric acid | 2.6 |
| Ethyl benzene | 3.2 |
| Acrylonitrile | 4 |
| 3-Chlorol-1, 2-propandiol | 6 |
| Crotonaldehyde | 6.5 |
| 2-Chioropropionic acid | 8 |
| Vinyl acetate | 8 |
| Acetaldehyde | 10 |
| Ethyl acetate | 11 |
| Acrylic acid | 12 |
| Catechol | 24 |
| Phenol | 26 |
| Aniline | 26 |
| Resorcinol | 29 |
| Propanol | 90 |

[a] Parkin과 Owen (1986).

리 방법으로는 스크린여과, 고형물의 개량 및 감량, pH 및 온도, 영양염류 보충, 지방-기름-그리스 제어(fats, oil, and grease; FOG control) 독성물질의 제거 등이다.

**스크린여과.** 스크린여과는 부착성장 공정의 막힘현상이나 부유성장 공정의 교반문제 그리고 UASB 반응조의 유량분배 등을 방해하는 물질들을 제거하기 위하여 사용한다. 막분리 혐기성 처리공정의 경우 분리막의 막힘현상을 방지하기 위하여 2~3 mm 개공을 가지는 세목스크린을 사용하기도 한다.

**고형물의 개량 및 제거.** 고형물을 개량하기 위한 전처리는 농업폐기물이나 펄프 및 제지공장 폐수와 같은 리그닌 등의 고형물의 농도가 높은 경우 혐기성분해 및 메탄생성속도를 향상시키기 위하여 사용한다. 고형물을 개량하는 방법으로는 기계적, 화학적, 열적 그리고 생물학적 방법이나 이들 방법을 혼합하여 사용한다(Sambusiti et al., 2013). 고형물개량은 폐수슬러지의 13장의 혐기성 소화 부분에서 다시 다룰 예정이다.

고형물의 감량은 후단의 UASB 또는 부착성장공정의 COD 감량과 공정의 안정성을 높이기 위한 전처리공정으로서 고형물감량 또는 고형물감량과 가수분해 공정으로 이루어진다. UASB 반응조 유입수의 높은 SS 농도는 슬러지층에 나타나는 막힘이나 유로현상의 원인이 될 수 있다. 또한, 유입수의 콜로이드물질 및 SS는 슬러지의 입상화과정을 방해하거나 입상슬러지의 밀도를 감소시키기도 한다. 따라서, 충진층 혐기성 공정에서 막힘이나 유로현상을 방지하기 위해서는 유입수의 고형물농도가 낮아야 한다. 유입수의 고형물을 제거하는 한 가지 방법은 중력을 이용하여 침전시키고 별도의 반응조에서 침전 고형물을 농축시키는 것이다.

또 다른 방법으로는 첫 번째 단계에서 가수분해시켜 고형물 농도를 먼저 감소시키는 것이다. van Haandel과 Lettinga(1994)는 첫 번째 단계에서 가수분해시키고 두 번째 단계에서 고형물을 접촉시키는 2단 공정을 제안하였으며, UASB, EGSB 그리고 충전층 혐기성 공정을 이용한 생활하수 및 산업폐수처리에 사용하였다(Seghezzo et al., 1998). 가수분해 상향류 슬러지블랭킷(hydrolysis upflow sludge blanket, HUSB) 반응조 또는 상향류식 고형물제거(upflow anaerobic solids removal, UASR) 반응조는 후속 혐기성 공정에 폐수를 유입시키기에 앞서 고형물을 포획하고 가수분해시키는 공정이다. 이 공정은 HRT 3~10 h에서 14~26°C 수온의 생활하수를 처리하기 위하여 성공적으로 운전되어 왔다(Alvarez et al., 2008; Zeeman et al., 1997). 추운지방의 경우는 가수분해속도가 느리기 때문에 고형물의 축적량이 많아질 수 있으며, 이 경우 고형물을 폐기하거나 별도의 처리가 필요할 수도 있다.

**pH 조정.** pH와 온도의 변화가 거의 없도록 혐기성 공정을 운전하게 되면 혐기성 공정은 더욱 안정되며, 처리 성능이 향상된다. 알칼리도 양은 유입폐수의 특성과 운전조건에 근거를 두고 결정하고 공급하여야 한다. 유입폐수의 유량에 비하여 가스발생량이 상대적으로 적은 저농도 폐수의 경우 고농도 COD를 함유한 폐수에 비하여 바이오가스의 이산화탄소 함량이 적을 수 있다. 따라서, 이 경우 알칼리도 공급이 필요 없을 수 있다. 유입수의 알칼리도는 반응조의 pH를 6.8~7.8을 유지하도록 하여 메탄고세균의 활성이 유지되도록 해야 한다(Leitão 등, 2006).

**온도조정.** 일정한 온도에서 혐기성 공정을 운전하면 pH의 경우와 같이 공정의 안정성이 좋아지고 성능이 향상된다. 혐기성 공정에서 온도의 감소는 증가보다 더 큰 영향을 줄 수 있다. 혐기성 공정의 온도가 급격히 1~2°C가 감소하면 메탄고세균에 의한 초산흡수율이 감소하게 되어 VFA가 축적된다. 이때 혐기성 공정의 알칼리도와 완충력에 따라 pH가 감소할 수 있으며, pH 감소는 메탄고세균의 활성을 더욱 감소시킬 수 있다. 결국 혐기성 공정이 불안정해지며, pH를 곧바로 제어하지 않으면 혐기성 공정은 파괴될 수 있다. 또한, 급격한 온도감소는 UASB, EGSB 및 IC 반응조의 입상슬러지의 순도를 감소시킬 수 있다.

**영양염류의 보충.** 식품가공폐수, 주정폐수, 음료수폐수 등과 같은 고농도 유기성 산업폐수를 혐기성 처리하고자 하는 경우 혐기성미생물의 성장에 필요한 질소와 인을 보충하여야 한다. 초기 운전기간 동안에는 미생물의 빠른 성장이 필요하기 때문에 질소와 인의 보충량이 좀 더 많아야 하며, 내생분해 기간 동안에는 영양분 보충량이 적어도 된다. 초기 운전기간 동안 유입폐수의 추천 C:N:P 비는 600:5:1이며, 정상상태에서는 300:5:1이다(Annachhatre, 1996).

**지방, 기름 및 그리스(FOG) 제어.** 혐기성 공정으로 처리하는 폐수의 FOG는 (1) 긴사슬지방산(long chain fatty acids, LCFAs)이 메탄생성반응을 저해하도록 작용할 수 있으며, (2) FOG 성분의 낮은 밀도와 소수성 때문에 슬러지 부상문제가 발생할 수 있다. LCFAs의 저해는 메탄고세균의 세포벽에 LCFAs가 흡착하여 세포막의 기질 전달을 방해하기 때문이다(Hanaki et al., 1981). 또한, UASB 및 EGSB 반응조의 경우 FOG는 입상슬러지의 순도에 부정적인 영향을 미치며, 막분리 혐기성 처리공정에서는 분리막에 막힘현상을 일으킬 수 있다.

　　1.0 kg FOG/m³ · d의 낮은 유기물 부하에서 운전하는 축산가공폐기물의 혐기성 처리공정에서 FOG의 혐기성생분해가 가능하다는 것을 입증하였지만, 높은 부하율에서는 FOG의 부상 때문에 고형물의 유실이 많았다(Jeganathan et al., 2006). FOG에 노출된 초기에는 상당히 낮은 부하율에서도 메탄생성반응의 저해 현상이 나타났지만 장기간 운전 시에는 FOG에 순응되었다(Evans et al., 2012). 따라서, FOG는 부하변동이 큰 경우 메탄생성반응을 저해할 수 있으며, 혐기성 공정이 불안정해지게 만들 수 있다. 따라서, 고농도 FOG를 함유한 폐수를 처리하기 위해서는 발생원에서 FOG를 제거하거나 용존 공기부상법을 이용한 전처리과정이 필요하다.

**독성 경감.** 표 10-8 및 표 10-9에서 보는 바와 같이, 중금속이나 높은 용존고형물, 유기염소화합물, 고농도 암모니아성질소, 아미노산과 단백질 그리고 산업적으로 활용하는 여러 가지 화학물질을 포함한 다양한 유기 및 무기화합물들이 혐기성 미생물에 독성이 있다. 혐기성 공정에서 이러한 물질들의 독성을 제어하기 위해서는 폐수 특성과 발생원에 대한 조사가 필요하다. 발생원 제어는 가장 먼저 생각할 수 있는 방법이며, 전처리가 필요한 경우 희석, 탈기 그리고 화학적 침전 등의 방법을 사용하여 전처리할 수 있다. 탈기는 돈분뇨와 같이 암모니아성 질소의 농도가 높은 경우 효과적인 방법이다(Zhang과 Jahng, 2010).

2단 혐기성 처리공정의 경우 첫 번째 단계인 가수분해 및 산생성 단계에서 독성물질을 충분한 정도까지 제거하여 독성물질에 더욱 민감한 두 번째 단계의 메탄생성단계가 정상적으로 기능을 하도록 할 수도 있다(Lettinga와 Hulshoff Pol, 1991).

### ⟫ 가스발생량

고농도 유기성 폐수를 혐기성 처리하면 유입폐수를 가온하기 위하여 필요한 것보다 많은 양의 메탄가스를 생산할 수 있다. 바이오가스의 조성과 부피에 대한 내용은 아래에서 다루어진다.

**가스조성.** 유기물이 혐기성 분해되면 메탄($CH_4$), 이산화탄소($CO_2$), 암모니아($NH_3$) 및 황화수소($H_2S$)와 같은 가스상의 물질이 생성된다. 생성된 바이오가스의 에너지 환산 값은 메탄함량에 비례한다. Buswell과 Boruff(1932)는 바이오가스의 조성이 유기물 종류와 조성에 따라 달라진다는 것을 확인하였으며, Buswell과 Mueller(1952)는 유기물이 가진 탄소, 수소 및 산소함량으로부터 혐기성 분해과정에서 발생하는 메탄과 이산화탄소의 부피를 계산할 수 있는 양론식을 제안하였다. 이후 이 양론식은 유기물의 질소와 황함량을 고려하고 발생가스에서도 암모니아와 황화수소의 부피를 계산할 수 있도록 개선하였다(Parkin과 Owen, 1986; Tchobanoglous et al., 2003):

$$C_vH_wO_xN_yS_z + \left(v - \frac{w}{4} - \frac{x}{2} + \frac{3y}{4} + \frac{z}{2}\right)H_2O \rightarrow \tag{10-4}$$

$$\left(\frac{v}{2} + \frac{w}{8} - \frac{x}{4} - \frac{3y}{8} - \frac{z}{4}\right)CH_4 + \left(\frac{v}{2} - \frac{w}{8} + \frac{x}{4} + \frac{3y}{8} + \frac{z}{4}\right)CO_2 + yNH_3 + zH_2S$$

생성된 가스상의 암모니아는 다음 식에서와 같이 이산화탄소와 반응하여 수중에서 암모늄이온과 중탄산이온을 생성한다.

$$NH_3 + H_2O + CO_2 \rightarrow NH_4^+ + HCO_3^- \tag{10-5}$$

식 (10-5)의 반응은 단백질, 펩티드 및 아미노산과 같이 질소를 함유한 유기물의 혐기성 분해에 의해 알칼리도가 생성되는 반응의 대표 사례이다. 메탄과 이산화탄소 그리고 황화수소의 몰분율은 각각 다음 수식으로 나타낼 수 있다. 식 (10-4)에서 생성되는 암모니아는 대부분 암모늄 중탄산이온으로 용해된 상태로 존재하기 때문에 가스 형태로 발생하지는 않는다. 일반적으로 바이오 가스에서 황화수소의 몰분율은 금속착화합물이나 침전물로 형성되기 때문에 다소 낮을 것이다.

$$f_{CO_2} = \frac{4v - w + 2x + 2z}{8(v + z)} \tag{10-6}$$

$$f_{CH_4} = \frac{4v + w - 2x - 2z}{8(v + z)} \tag{10-7}$$

$$f_{H_2S} = \frac{z}{(v + z)} \tag{10-8}$$

지질($C_{18}H_{33}O_2$)과 탄수화물($C_6H_{10}O_5$) 그리고 단백질화합물($C_{11}H_{24}O_5N_4$)에 대한 개략적인 분자식을 사용하여 바이오가스의 메탄함량을 식 (10-7)을 이용하여 각각 계산하면 70, 50 및 66%가 된다. 이 값들은 Li 등(2002)이 보고한 70, 50 및 68%와 비슷하다. 탄수화물, 녹말 및 FOG 함유 폐기물은 혐기성 공정으로 처리하는 동안 암모니아가 생성되지 않기 때문에 알칼리도 부족문제가 발생할 수 있다.

**메탄가스 발생량.** 7장 7-14절의 식 (7-142)에서와 같이 유기물의 혐기성 산화에 의해 생성되는 메탄의 양은 표준상태(0°C, 1기압)에서 0.35 L $CH_4$/g COD이다. 표준상태가 아닐 때는 아래 식 (2-44)의 이상기체 상태방정식을 이용하여 해당온도에서 메탄 1몰이 차지하는 부피를 계산하여 보정하여야 한다.

$$V = \frac{nRT}{P}$$ (2-44)

여기서, $V$는 해당 기체의 부피(L, $m^3$)이며, $n$은 기체의 몰수(mole)이다. $R$은 이상기체상수(0.08205 atm · L/g mole · K)이며, $T$는 캘빈온도, °K (= 273.15 + °C)이며, $P$는 절대압력(atm)이다. 따라서, 1몰의 메탄이 차지하는 35°C에서의 부피는 다음과 같다.

$$V = \frac{(1 \text{ mole})(0.082056 \text{ atm·L/g mole·K})(273.15 + 35)}{1.0 \text{ atm}} = 25.29 \text{ L/mole}$$

1몰의 메탄은 COD 64 g에 해당하기 때문에 35°C에서 COD 1 g으로부터 생산될 수 있는 메탄의 양은 다음 식과 같이 0.4 L이다.

(25.29 L/mole)/(64 g COD/mole $CH_4$) = 0.40 L $CH_4$/g COD

총 가스발생량은 일반적으로 메탄가스 발생량을 바이오가스 중의 메탄함량으로 나누어 계산한다. 바이오가스의 메탄함량은 일반적으로 60~65%이다.

## ➤➤ 에너지생산 가능량

혐기성 처리는 공정에 따라 차이가 있을 수 있지만 대부분 펌프를 이용한 양수와 교반을 위한 에너지만 필요하기 때문에 호기성 처리와 비교하여 전기에너지 사용량이 적다. 혐기성 공정에서 발생하는 메탄가스는 폐수나 슬러지를 혐기성 공정의 운전 온도까지 가온하기 위하여 많이 사용한다. 혐기성시설이 큰 경우는 발전용 엔진이나 터빈을 구동시키기 위하여 사용하기도 한다. 발전하는 동안 생성된 열은 회수하여 가온에 사용하기도 한다. 이러한 에너지생산공정을 열병합발전이라 한다.

에너지 측면에서 20°C의 고농도 유기성 폐수의 혐기성 처리와 호기성 처리를 표 10-

**표 10-10**
혐기성 공정과 호기성 공정의 에너지수지 비교(폐수의 수온은 20°C이며, 유량은 100 $m^3$/d이고 COD는 10,000 g/$m^3$으로 가정)

| Energy | Value, kJ/d | |
| --- | --- | --- |
| | **Anaerobic** | **Aerobic** |
| Aeration | | $-1.9 \times 10^6$ |
| Methane produced | $12.5 \times 10^6$ | |
| Increase wastewater temperature to 30°C | $-5.3 \times 10^6$ | |
| Net energy, kJ/d | $7.2 \times 10^6$ | $-1.9 \times 10^6$ |

10에 비교하였다. 호기성 처리는 $1.9 \times 10^6$ kJ/d의 에너지가 필요하지만, 혐기성 처리공정은 $12.5 \times 10^6$ kJ/d의 에너지를 생산하였다. 혐기성 처리공정에서 생산된 에너지 중에서 약 $5.3 \times 10^6$ kJ/d은 폐수의 수온을 20°C에서 30°C로 가온하기 위하여 필요한 에너지량이다. 이 값은 보일러와 열교환기 및 반응조에서 열손실을 고려하여 에너지효율을 80%로 가정한 값이다. 따라서, 혐기성 처리를 통하여 얻어지는 순에너지 생산량은 $7.2 \times 10^6$ kJ/d이며, 이것은 호기성 처리에서 필요한 에너지의 약 3배에 해당한다. 에너지 수지를 계산하기 위하여 일반적으로 고려하는 내용들은 다음과 같다.

호기성활성슬러지공정에서 필요한 에너지의 가장 큰 부분이 산소공급을 위한 포기과정이며 다음과 같이 계산한다.

$$E_{AER}(kJ/d) = Q(CODr)(A_n)(3600 \text{ kJ/kWh})/AOTE \tag{10-9}$$

여기서, $E_{AER}$는 1일간 산소공급을 위한 에너지요구량(kJ/d)이며, $Q$는 폐수의 유량($m^3$/d)이다. CODr은 생분해과정을 통하여 제거된 COD ($kg/m^3$)이며, $A_n$은 순산소요구량(kg $O_2$/kg CODr)이다. 또한, AOTE는 실제산소전달효율(kg $O_2$/kWh)이다. 활성슬러지의 설계 SRT에 대한 $A_n$ 값은 식 (8-67)을 사용하여 계산할 수 있다. 혐기성 공정은 메탄가스의 형태로 에너지를 생산하지만, 생산된 에너지의 일부는 폐수의 수온을 최적의 혐기성 조건인 30~35°C로 가온하기 위하여 사용되기도 한다. 메탄가스 형태의 에너지 생산과 가온을 위한 에너지 사용을 고려한 순 에너지생산량은 다음 식과 같이 계산할 수 있다.

$$E_{ANAER}, \text{ kJ/d} = (Q)(CODr)\left(\frac{0.35 \text{ m}^3 \text{ CH}_4}{\text{kg CODr}}\right)\left(\frac{35,846 \text{ kJ}}{\text{m}^3 \text{ CH}_4}\right)$$

$$-(Q)(\Delta T)(C_p)\left(\frac{10^3 \text{ kg}}{\text{m}^3 \text{ H}_2\text{O}}\right)\left(\frac{1}{\text{Eff}_{heat}}\right) \tag{10-10}$$

여기서, $E_{ANAER}$는 순에너지 생산량(kJ/d)이며, $\Delta T$는 유입폐수의 가온을 통하여 증가한 온도(°C)이다. $C_p$는 물의 비열(4.2 kJ/°C · kg)이며, $\text{Eff}_{heat}$는 반응조와 열교환기에서 손실되는 열을 제외한 열량의 분율을 의미한다. 호기성 처리와 혐기성 처리 사이에 순에너지 생산 또는 소비에 대한 폐수의 유기물 농도의 영향은 예제 10-2에서 설명한다. 표 10-10에서와 같은 가정을 예제에서도 사용하였다.

---

**예제 10-2**

**호기성 처리와 혐기성 처리에서 에너지생산 및 소비량 비교** 고농도 유기성 폐수를 처리하는 활성슬러지공정에서 포기공정에 필요한 에너지를 혐기성 처리공정의 순에너지 생산량과 비교하라. 혐기성 처리로부터 생산되는 순에너지는 메탄가스의 형태로 생산되는 총 에너지에서 폐수를 20°C에서 30°C로 가온하는 데 필요한 에너지를 제한 값으로 계산한다.

　　a. 폐수 부피를 기준으로 순에너지 생산량(kJ/$m^3$)을 나타내라. 또한, 제거되는 COD

농도가 3800, 4200, 6000, 8000, 10,000 mg/L일 때 호기성 처리와 혐기성 처리에서 순 에너지 생산량을 표로 나타내라. 폐수의 유량이 400 m³/d인 경우 메탄가스 발생량(m³/d)을 구하라.

b. 위와 같은 계산을 이용하여 유입폐수에서 생분해할 수 있는 COD 값의 범위가 1,500~10,000 mg/L라고 할 때 25°C에서 30°C, 20°C에서 30°C 그리고 10°C에서 30°C로 가온이 필요한 경우에 각각에 대하여 혐기성 처리로부터 생산할 수 있는 순 에너지량(kJ/m³)을 나타내는 그래프를 제시하라. 여기서 순에너지 생산량의 세로축 음한계는 −5000 kJ/m³로 하고 다음과 같은 가정을 사용하라.

**풀이**

1. $A_n$ = 0.80 g O₂/g COD removal

2. 실 산소전달효율(aeration actual oxygen transfer efficiency, OTE) = 1.52 kg O₂/kWh

3. 메탄의 열전환 손실율(net heat loss for methane utilization for heating) = 20%

4. 물의 비열 = 4.2 kJ/°C · kg

5. 표준상태에서 메탄의 열량 = 38,846 kJ/m³

6. 표준상태에서 메탄가스 생산량 = 0.35 m³ CH₄/kg CODr(분해되는 COD의 3~4% 정도인 미생물로 전환하는 COD는 무시하라)

1. 식 (10-9)를 사용하여 제거된 COD 농도가 3,800 mg/L일 때 호기성 처리과정에서 폐수의 유량당 포기를 위해 필요한 에너지를 계산하라.

$$\frac{E_{AER}}{Q} = (CODr)(A_n)(3600 \text{ kJ/kWh})/AOTE$$

$$\frac{E_{AER}}{Q} = (3.8 \text{ kg COD/m}^3)(0.8 \text{ kg O}_2/\text{kg COD})\left[\frac{1}{(1.52 \text{ kg O}_2/\text{kWh})}\right](3600 \text{ kJ/kWh})$$

$$= 7200 \text{ kJ/m}^3$$

포기에 필요한 에너지는 제거되는 COD에 직접비례하며, 아래의 4a에 표로 정리하였다.

2. COD 제거량이 3,800 mg/L이고 폐수를 20°C에서 30°C로 높여야 한다고 할 때 식 (10-10)을 이용하여 메탄가스 생산량과 가온에 필요한 에너지량을 고려하여 폐수 유량당 순에너지 생산량을 구하라. 열손실은 20%로 하고 메탄의 열전환효율이 80%라고 가정하라.

a. 제거된 COD 3,800 mg/L의 순에너지량

$$\frac{E_{ANAER}}{Q} = (3.8 \text{ kg COD/m}^3)(0.35 \text{ m}^3 \text{ CH}_4/\text{kg COD})(35,846 \text{ kJ/m}^3 \text{ CH}_4)$$

$$-(10°C)(4.2 \text{ kJ/°C·kg})(10^3 \text{ kg/m}^3 \text{ H}_2\text{O})\left(\frac{1}{0.80}\right)$$

$$= -4825 \text{ kJ/m}^3$$

b. 제거된 COD 4,200 mg/L의 순에너지량

$$\frac{E_{ANAER}}{Q} = (4.2 \text{ kg COD/m}^3)(0.35 \text{ m}^3 \text{ CH}_4/\text{kg COD})(35,846 \text{ kJ/m}^3 \text{ CH}_4)$$

$$-(10°C)(4.2 \text{ kJ/°C·kg})(10^3 \text{ kg/m}^3 \text{ H}_2\text{O})\left(\frac{1}{0.80}\right)$$

$$= 194 \text{ kJ/m}^3$$

같은 방법으로 제거된 COD 6,000, 8,000 및 10,000 mg/L에 대해서도 순에너지 생산량을 구하면 각각 22,777, 47,869, 및 72,961 kJ/m³이 된다.

3. 이상기체법칙을 사용하여 온도의 함수로서 폐수유량 400 m³/d으로부터 생산되는 메탄가스량을 구하라.

a. 30°C에서 제거된 COD 3,800 mg/L의 메탄발생량

이상기체법칙에서, $V_2 = (V_1/T_1)T_2$

$$CH_4 \text{ production at } 30°C = (CODr)Q(0.35 \text{ m}^3 \text{ CH}_4/\text{kg COD})\left(\frac{273.15°C + 30°C}{273.15°C}\right)$$

$$= (3.8 \text{ kg/m}^3)(400 \text{ m}^3/\text{d})(0.35 \text{ m}^3 \text{ CH}_4/\text{kg COD})(1.1098)$$

$$= 590.4 \text{ m}^3 \text{ CH}_4/\text{d}$$

b. 30°C에서 제거된 COD 4,200 mg/L의 메탄발생량

$$CH_4 \text{ production at } 30°C = (CODr)Q(0.35 \text{ m}^3 \text{ CH}_4/\text{kg COD})\left(\frac{273.15°C + 30°C}{273.15°C}\right)$$

$$= (4.2 \text{ kg/m}^3)(400 \text{ m}^3/\text{d})(0.35 \text{ m}^3 \text{ CH}_4/\text{kg COD})(1.1098)$$

$$= 652.6 \text{ m}^3 \text{ CH}_4/\text{d}$$

같은 방법으로 제거된 COD 6000, 8000 및 10,000 mg/L에 대하여 30°C에서 메탄발생량을 각각 구하면 930, 1240 및 1550 m³/d이 된다.

4. 계산결과를 표와 그래프로 설명하라.

a. 결과 정리표

| CODr, mg/L | Aeration energy, kJ/m³ | Net anaerobic treatment energy, kJ/m³ | Methane production, m³/d |
|---|---|---|---|
| 3800 | −7200 | −4830 | 590 |
| 4200 | −7960 | 190 | 650 |
| 6000 | −11,370 | 22,780 | 930 |
| 8000 | −15,160 | 47,870 | 1240 |
| 10,000 | −18,950 | 72,960 | 1550 |

b. 2a에서와 같이 $\Delta T = 5°C$ 및 10°C에 대하여 계산한다. 폐수의 온도함수로서 혐기성 처리에서 생산되는 순에너지를 그래프로 나타내면 다음과 같다.

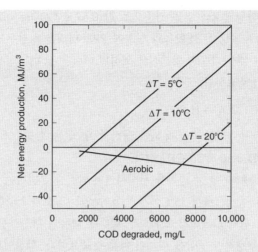

참고사항 혐기성 처리를 위하여 가온이 필요한 경우 유기성 폐수의 농도와 온도는 호기성 처리와의 에너지수지 비교에서 대단히 중요한 사항이다. 요약 정리한 표에서 보면 COD 3,800 mg/L인 폐수에 대해서는 호기성 처리뿐만 아니라 혐기성 처리를 위해서도 에너지가 필요하다. 제거된 COD 농도가 3,640 mg/L인 경우는 호기성 처리와 혐기성 처리를 위해 필요한 에너지소비량이 같다. 폐수의 COD 농도가 낮을 때는 호기성 처리의 에너지 소비가 혐기성 처리에 비하여 작다.

앞의 그래프에서는 혐기성 처리에서 생산되는 순에너지량에 대한 분해되는 COD 및 유입폐수의 수온의 영향을 보여주고 있다. 유입폐수의 온도를 5, 10 및 20°C 높이기 위하여 필요한 에너지를 혐기성 공정에서 생산하기 위해서는 유입폐수의 COD 값이 2,100, 4,200 및 8,400 mg/L 이상이어야 한다. 그러나, 혐기성 공정 유출수에서 열을 회수하는 경우 이 값은 경감될 수 있다. 비록 혐기성 공정에서 생산하는 순에너지량이 없더라도 상대적으로 작은 슬러지 생산량은 혐기성 공정의 큰 장점 중 한 가지이다. 그러나, 혐기성 공정에서는 알칼리도 보충이 필요한지에 대한 검토도 동시에 이루어져야 한다.

## 》》 황화물의 생성

황산이온, 아황산이온 및 티오황산이온과 같은 황산화물은 여러 가지 산업폐수 및 생활하수에 상당한 농도로 존재할 수 있다. 이러한 화합물들은 황산염환원세균에 의해 전자수용체로 사용되며, 혐기성반응조에서 유기물을 소비하고 황화수소($H_2S$)를 생성한다. 예를 들어 전자공여체로서 메탄올을 사용하며, $f_s$ 값이 0.05(7장의 7-4절 참조)일 때 황화수소로 황산염의 환원반응은 다음과 같이 나타낼 수 있다.

$$0.119 SO_4^{2-} + 0.167CH_3OH + 0.010CO_2 + 0.003NH_4^+ + 0.003 HCO_3^- +$$
$$0.178H^+ \rightarrow 0.003C_5H_7NO_2 + 0.060H_2S + 0.060HS^- + 0.331H_2O \qquad (10\text{-}11)$$

식 (10-11)을 이용하면 황산염의 환원에 필요한 COD 양은 0.89 g COD/g sulfate로서 환원된 황산염을 기준으로 한 0.67 g COD/g sulfate reduced보다 많다(Arceivala, 1998). 이것은 메탄올의 산화에 의한 미생물 성장수율이 낮기 때문이다. 황화수소의 산화에 대한 다음의 양론식에 의하면 메탄올 산화의 경우와 같이 황화수소 1몰당 2몰의 산소가 필요하다.

$$H_2S + 2O_2 \rightarrow H_2SO_4 \tag{10-12}$$

따라서, COD를 이용하여 생산할 수 있는 황화수소의 양은 메탄의 양(0.40 L $H_2S$/g COD used at 35℃)과 같다.

황화수소는 금속을 부식시키며 악취를 유발하는 가스이다. 메탄과는 달리 황화수소는 수용성으로서 35℃에서 녹을 수 있는 농도가 2,650 mg/L이다.

혐기성 처리하고자 하는 폐수에 함유된 황산화물의 농도가 높을 때는 혐기성 처리에 부정적인 영향을 미치기 때문에 중요하다. 황산염환원세균은 메탄고세균과 기질경쟁관계에 있으며, 황산화물이 존재하면 메탄가스발생량이 감소할 수 있다. 20 mg/L 이하의 낮은 황화물농도는 메탄고세균의 활성에 도움이 되는 반면 높은 농도는 독성이 있다(Speece, 1996, 2008). 황화수소 농도가 50~250 mg/L 범위일 때 메탄고세균의 활성은 50%까지 감소할 수 있다(Arceivala, 1998). 황산염환원세균과 메탄고세균 사이의 경쟁과 독성효과에 대한 종합적인 평가는 Maillacheruvu 등(1993)에 의해서 이루어졌다.

특히, 이온화되지 않은 황화수소는 이온화된 황화수소보다 독성이 크기 때문에 황화수소의 독성 평가에서 pH는 대단히 중요하다. 황화수소의 독성은 유입폐수의 COD/$SO_4$ 비와 혐기성 미생물의 형태가 입상형인지 또는 부유형인지에 따라 달라진다. 폐수의 COD 농도가 높으면 더 많은 메탄가스가 발생하여 황화수소를 희석하기도 하며, 더 많은 양의 황화수소를 가스상으로 이동시키기도 한다. 수용액에 존재하는 황화수소는 pH에 따라 다음의 평형반응에 따라 황화수소가스, $HS^-$ 이온, $S^{2-}$ 이온 등의 형태로 변한다.

$$H_2S \rightleftarrows HS^- + H^+ \tag{10-13}$$

$$HS^- \rightleftarrows S^{2-} + H^+ \tag{10-14}$$

식 (10-13)을 식 (10-14)에 대입하면

$$\frac{[HS^-][H^+]}{[H_2S]} = K_{a1} \text{ and } \frac{[S^{2-}][H^+]}{[HS^-]} = K_{a2} \tag{10-15}$$

여기서, $K_{a1}$ = 1차 산해리상수($1 \times 10^{-7}$)

$K_{a2}$ = 2차 산해리상수($\sim 10^{-19}$, 값이 확실하지 않음)

pH의 함수로서 황화수소의 함량은 다음 식을 사용하여 계산할 수 있다.

$$H_2S, \% = \frac{[H_2S](100)}{[H_2S] + [HS^-]} = \frac{100}{1 + [HS^-]/H_2S} = \frac{100}{1 + [H^+]/K_{a1}} \tag{10-16}$$

온도의 함수로서 암모니아 및 황하수소의 해리상수 값은 표 10-11과 같다. 그림 10-7에 설명된 바와 같이 30℃에서 pH 7.0인 경우 황화수소의 60%가 가스상으로 존재한다.

**표 10-11**
암모니아(NH₃)와 황화수소(H₂S)의 평형상수

| 온도, ℃ | $K_{NH_3} \times 10^{10}$, mole/L | $K_{H_2S} \times 10^7$, mole/L |
|---|---|---|
| 0 | 7.28 | 0.262 |
| 10 | 6.37 | 0.485 |
| 20 | 5.84 | 0.862 |
| 25 | 5.62 | 1.000 |
| 30 | 5.49 | 1.480 |
| 40 | 5.37 | 2.440 |

## 》 암모니아 독성

암모니아 독성은 암모늄이나 분해되어 암모늄을 생산할 수 있는 단백질이나 아미노산을 고농도로 함유한 폐수를 혐기성 처리하는 경우 문제가 될 수 있다. 유리 암모니아(NH₃)의 농도가 높은 경우 초산이용 메탄고세균에 독성이 있다(Angelidaki와 Arhing, 1994; Steinhaus et al., 2007; Lu et al., 2008). 그러나, 수소이용 메탄고세균에 대한 암모니아의 독성은 상대적으로 작다(Sprott와 Patel, 1986). 2장에서 설명한 것과 같이 암모니아는 약산이며, 수중에서 암모늄(NH₄⁺) 이온과 수산화이온(OH⁻)으로 해리된다. 유리 암모니아의 양은 온도와 pH의 함수이다. 온도의 함수로서 암모니아의 해리상수는 표 10-11과 같다. 표 10-11의 상수 값들을 살펴보면 온도가 20℃에서 35℃까지 증가할 때 유리 암모니아 함량은 pH 7.5에서 1.8~1.7%까지 감소하며, pH 7.8에서는 유리 암모니아 함량이 3.5~3.3%가 된다. 따라서, 견딜수 있는 총 암모늄 이온과 암모니아성 질소농도(TAN)는 유리 암모니아에 의한 독성의 함수이다. 암모니아성 질소의 독성농도 범위는 100~250 mg/L로 알려지고 있다(McCarty, 1964; Garcia와 Angenent, 2009; Wilson 등, 2012). 암모니아성 질소의 농도가 높으면 더 긴 적응시간이 필요한데 이것은 초산이용세균이 적응하거나 유리 암모니아에 강한 혐기성 미생물군이 바뀌어야 하기 때문이다. 이러한 결과들은 혐기성 처리공정이 TAN 농도 3,000~7,000 mg/L까지 견딜 수 있다는 것을 의미한다. 혐기

**그림 10-7**
pH의 함수로서 황화수소(H₂S) 형태의 분율

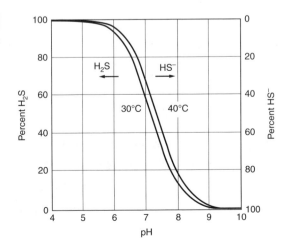

성 처리공정은 장기간 동안 적응시키면 TAN 농도 4,000 mg/L까지는 독성의 영향이 나타나지 않으며(Garcia와 Angement, 2009), van Velsen(1977)과 Parkin과 Miller(1982)는 TAN 농도 5,000~8,000 mg/L 까지 독성이 나타나지 않는다고 보고하였다.

## 10-5 혐기성 처리공정의 설계 시 고려사항

혐기성 처리공정의 설계는 공정요소, 유기물 부하율의 결정, 다른 설계인자들 및 혐기성 공정에 특징적인 조건들에 대한 확인 작업으로 이루어진다. 상용 혐기성 공정들의 경우 공학자들은 처리목표뿐만 아니라 처리할 폐수의 질과 양을 확인하여야 한다. 이 절에서는 혐기성 처리공정을 사용하기 위하여 필요한 설계인자들과 사전 고려사항들을 간략하게 살펴보고자 한다. 여기서는 (1) 처리효율, (2) 일반적인 설계인자와 혐기성 분해동역학, 그리고 (3) 현장적용에서 확인하여야 할 다른 관심사들에 대하여 다룰 예정이다.

### ▶ 처리효율

혐기성 처리공정은 호기성 처리에 비하여 HRT가 상대적으로 짧고 슬러지 생산량이 적기 때문에 COD를 메탄으로 전환하는 효율이 높다. 25°C 이상의 온도에서 고형물을 혐기성 처리하여 높은 메탄 전환효율을 얻기 위해서는 20~50 d 이상의 긴 SRT에서 운전할 수 있는 입상슬러지, 충전층 그리고 분리막을 사용하는 혐기성 반응조가 유리하다. 그러나 혐기성 처리공정 유출수의 SS 농도가 50~150 mg/L 정도이고 잔류 휘발성지방산 농도가 높기 때문에 혐기성 처리 단독으로 2차 처리수의 수질기준을 만족시키는 것은 어렵다. 이러한 문제들은 혐기성 처리공정을 20°C 이하의 온도에서 운전할 경우 더욱 심각해진다. 따라서 혐기성 처리공정 유출수의 수질을 개선하기 위해서는 부유성장 혹은 부착성장 공정을 이용한 호기성 처리가 후단에 필요하다(Chong et al., 2012). 고농도 유기성 산업폐수의 경우 혐기성 처리와 호기성 처리의 조합은 초기시설비와 운전비용에 있어서 상당히 경제적인 방법이다(Obayashi et al., 1981).

### ▶ 일반적인 공정 설계인자

본 장의 서론에서 폐수처리 슬러지의 혐기성소화에 대해서는 13장에서 다룬다고 언급하였다. 아래에서는 상용 가능한 혐기성 기술들을 비교하기 위한 일반적인 지침에 대하여 다룰 것이다. 혐기성 공정의 크기를 결정하기 위한 주요 설계인자는 유기물 부하율, 수리학적 부하율 그리고 SRT이다. 기질제거와 미생물의 성장 사이의 양론관계와 생물학적인 성장동역학은 유출수의 용해성 기질농도와 잉여슬러지 발생량을 계산하는 데 유용하다.

**유기물 부하율.** 유기물 용적부하율은 입상슬러지 및 부착성장 혐기성 처리공정의 반응조 부피를 계산하는 데 사용하는 핵심설계인자이다. 일반적으로 혐기성 처리공정의 유기물 부하율은 호기성 공정보다 상당히 높다. 혐기성 공정의 설계에 사용하는 유기물 부하율은 1~50 kg COD/m³ · d이지만 호기성 공정의 유기물 용적부하율은 0.5~3.2 kg COD/m³ · d이다.

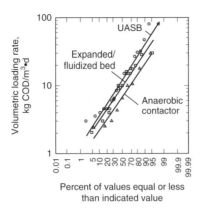

**그림 10-8**

여러 가지 폐수들을 처리하는 UASB, EGSB 및 혐기성 접촉공정에 대한 유기물 부하율 범위 (Tauseef et al., 2013)

유기물 부하율은 혐기성 공정의 형식, 폐수의 종류 그리고 온도에 따라 달라진다. 일반적으로 사용하는 혐기성 공정들의 유기물 부하율 범위를 표 10-3의 공정 설명에 포함시켰다. 그림 10-8에서는 UASB, EGSB 그리고 혐기성 접촉공정에 대한 유기물 부하율의 범위를 보여주고 있다. UASB와 EGSB 공정의 유기물 부하율은 비슷하였으며, 일반적으로 혐기성 접촉공정보다 컸다. 이것은 고밀도 혐기성 미생물들로 이루어진 입상슬러지들을 보유하고 있는 UASB와 EGSB 공정 내에 혐기성 미생물의 농도가 매우 높기 때문이다. EGSB와 IC 공정에서 일어나는 유체의 혼합은 생물막으로 용해성 기질의 물질전달률을 향상시킬 수 있다. 혐기성 접촉공정의 낮은 유기물부하율은 높은 고형물 농도를 가진 폐수처리에 이 공정을 더 자주 활용하기 때문인 것 같다. 혐기성 반응조에서 고형물을 분해시키기 위해서는 긴 SRT가 필요하기 때문에 반응조 부피가 커야 한다. 따라서, 혐기성반응조 내의 고형물은 슬러지 농도를 제한할 수 있으며, 이것은 낮은 유기물 부하율로 이어질 수 있다.

**고형물 체류시간(SRT).** 혐기성 공정들에 있어서 SRT는 가장 중요한 운전, 설계인자이다. 혐기성 공정들의 성능은 다음과 같이 SRT와 관련이 있다. (1) 7-6절에서 언급된 것과 같이 미생물의 성장동역학을 살펴보면 용해성기질농도는 SRT 증가에 따라 감소한다. (2) 긴 SRT는 반응조 내에 더 많은 메탄고세균을 보유하고 있음을 의미하며, 이것은 VFA의 생산과 이용 사이의 균형을 좀 더 쉽게 유지할 수 있도록 해준다. 또한, (3) 혐기성반응조에 주입되는 고형물의 가수분해효율은 긴 SRT에서 증가한다. 30°C에서 20일이상의 SRT 값은 혐기성 공정의 높은 처리성능을 얻기 위하여 필요하다. 낮은 온도에서 더

**표 10-12**

생활하수처리를 위한 UASB 반응조의 권장 SRT (Henze 등에서 van Lier 등, 2011)

| 온도, °C | SRT, d |
|---|---|
| 35 | 25 |
| 30 | 30 |
| 25 | 60 |
| 20 | 100 |
| 15 | 140 |

| Parameter | Unit | Value | |
|---|---|---|---|
| | | Range | Typical |
| Synthesis yield, $Y_H$ | | | |
| Fermentation | g VSS/g COD | 0.06~0.12 | 0.10 |
| Methanogenisis | g VSS/g COD | 0.02~0.06 | 0.04 |
| Overall combined | g VSS/g COD | 0.05~0.10 | 0.08 |
| Decay coefficient, $b_H$ | | | |
| Fermentation | g/g·d | 0.02~0.06 | 0.04 |
| Methanogenisis | g/g·d | 0.01~0.04 | 0.02 |
| Overall combined | g/g·d | 0.02~0.04 | 0.03 |
| Maximum specific growth rate, $\mu_m$ | | | |
| 35°C | g/g·d | 0.03~0.38 | 0.35 |
| 30°C | g/g·d | 0.22~0.28 | 0.25 |
| 25°C | g/g·d | 0.18~0.24 | 0.20 |
| Half-velocity constant, KS | mg COD/L | 60~500 | 120 |
| Methane | | | |
| Production at std. conditions | $m^3$/kg CODr | — | 0.35 |
| Content of gas | % | 60~70 | 65 |
| Energy content at std.conditions | kJ/$m^3$ | — | 38,846 |

[a] Tchobanoglous et al. (2003); Batstone et al. (2002).

욱 긴 SRT가 필요하다. 안정한 생활하수처리를 위한 UASB 반응조의 권장 SRT 값은 온도의 함수로서 표 10-12와 같다. 짧은 SRT는 주로 용해성물질을 함유한 폐수의 혐기성 처리에 사용할 수 있다.

입상슬러지 공정 및 부착성장 공정의 경우 미생물량과 SRT를 정확히 예측하는 것은 어렵다. 또한, 기질제거율은 완전혼합반응조에서처럼 단지 SRT의 함수가 아니며, 기질확산, 물질전달 및 생물막 특성의 함수이다. 따라서, SRT가 길면 낮은 유기물 부하율에서 운전할 수 있기 때문에 유기물 부하율은 혐기성 처리공정의 가장 우선적인 설계인자라고 할 수 있다.

설계인자로서 SRT를 사용하는 것은 혐기성 접촉공정[표 10-3(f) 참조]이나 분리막 혐기성 공정[표 10-3(i) 참조]과 같은 완전혼합 공정에서는 가능한 방법이다. 이러한 경우 유출수의 용해성 기질농도에 대하여 SRT의 영향은 식 (7-56)과 적절한 생물학적 동역학상수를 사용하여 계산할 수 있다. 유기물의 혐기성 분해의 마지막 단계는 초산과 수소가 메탄으로 전환하는 반응이다. 반응조의 초산농도는 SRT와 초산이용 메탄고세균의 동역학적 상수들에 의해서 영향을 받는다. 다양한 온도에서 메탄고세균들에 대한 동역학적 상수 및 산발효세균과 메탄생성고세균에 대한 미생물성장수율과 내생분해계수 값들을 표 10-13에 정리하였다. 메탄고세균의 성장동역학 상수들은 일반적으로 우점하는 초산이용 메탄고세균인 *Methanosaeta*에 대한 값들이다. 그러나, 대단히 높은 유기물 부하율과 같은 특별한 조건에서 *Methanosarcina*가 우점할 수도 있다. 35°C에서 *Methanosarcina*의 성장속도는 *Methanosaeta*의 약 2.5배이며, 초산이용에 대한 반속도 상수는 약 3.5배 크다(Conklin et al., 2006).

표 10-13에 주어진 자료들은 완전혼합 혐기성 반응조 및 SRT 값을 구할 수 있는 혐기성 공정들에 대한 개략적인 미생물량과 잉여슬러지량을 계산하기 위하여 사용할 수 있다. 혐기성 접촉공정의 설계에 사용하는 SRT는 10-6절의 예제 10-4에서 설명하였다.

**수리학적 체류시간(HRT).** 수리학적 체류시간은 혐기성 공정의 유기물 부하율 및 폐수의 유기물농도와 직접 관련이 있다.

$$\tau = S_o/OLR \tag{10-17}$$

고농도 기질을 함유한 폐수는 설계 OLR을 맞추기 위하여 긴 HRT를 필요로 한다.

## ❱❱ 공정의 현장적용 시 관심사들

위에서 다루어진 공정설계 시의 고려사항들과 더불어 혐기성 기술을 현장에 적용하고자 할 때는 고형물 분리, 온도관리, 부식제어, 악취제어와 같이 표 10-14에서 정리한 여러 가지 사항들을 확인하여야 한다.

**고-액분리.** 혐기성 공정에서 고형물 분리는 대단히 중요한 사항이다. 혐기성 공정에서 슬러지를 액체와 분리하는 것은 증발, 슬러지 라군을 이용한 분리, 원심분리 및 전기-탈수 등으로 에너지 사용 정도에서 차이가 있는 여러 가지 방법들이 있다. 슬러지의 탈수 방법들은 14장의 14-2절에 설명하였다. 표 10-3에서 제시한 대부분의 혐기성 공정들은 재래식 침전과 막분리법을 이용하여 고형물을 분리한다. 반응조 내에서 침전법을 사용하여 고형물 분리를 위해서는 슬러지에 부착된 가스를 먼저 제거하여야 한다.

**온도제어.** 혐기성 미생물들은 온도에 민감하며, 혐기성 처리공정들은 일반적으로 상온보다 높은 30~36°C 또는 이보다 높게 온도를 유지시키는 경우가 많다. 반응조의 온도를 높이는 방법으로는 반응조를 직접 가열하거나 열교환기를 이용하여 유입수를 가온하는

| 표 10-14<br>산업폐수의 혐기성 처리를<br>위해 필요한 설계인자들[a] | 설계 과제 | 설명 |
|---|---|---|
| | 유량 균등화 | |
| | 전처리 | TSS 제거, FOG 제거 |
| | 혐기성 공정 | |
| | 부식방지 | 재질 선택 |
| | 온도조절 | 폐수가열, 반응조 가열 |
| | 약품주입 | 알칼리도 조절, 영양물질 조절 |
| | 악취제어 | 악취제거 공정(16장) |
| | 슬러지 폐기 | |
| | 가스포집 | 가스저장, 세정, 사용(17장) |

[a] Adapted, in part, from Totzke (2012).

방법이 있다. 유출수의 열은 일반적으로 열교환기를 통하여 회수하여 유입수를 가온하는 데 재사용한다. 혐기성소화조의 가온은 13상의 13-9절에서 자세하게 다룰 예정이다.

**부식제어.** 혐기성 처리공정에서는 일반적으로 황화수소가 발생하며, 황화수소는 여러 가지 물질들을 부식시키는 성질이 있다. 황화수소는 수분이 존재하는 혐기성조건에서 생물학적 반응에 의해 부식성이 강한 황산으로 바뀔 수 있다(U.S. EPA, 1991). 따라서, 혐기성조건에 노출되는 장비나 황화수소를 함유한 바이오가스를 이송시키는 관은 내식성을 가져야 한다. 가스상의 황화수소제거는 주로 악취제거를 목적으로 행해지는데 16장에서 자세하게 다룰 예정이다. 부식의 위험성을 최소화시키고 부식제어를 위한 약품 사용량을 줄이기 위해서는 내식성 콘크리트, 섬유강화플라스틱(fiber-reinforced plastic, FRP), 폴리염화비닐(polyvinyl chloride, PVC), 고밀도 폴리에틸렌(high density polyethylene, HDPE) 등과 같은 물질을 사용하거나 부식가스에 노출되는 부분을 상기 물질들로 코팅해야 한다.

**냄새제어.** 초기에 혐기성 공정의 활용과 관련된 업무들은 대부분 폐기물 배출법규를 준수하고 악취에 의한 민원을 최소화하는 것이었다. 이후 악취제거 기술이 발전함에 따라서 악취로 인한 문제는 점점 사라졌으나, 악취제어 시설은 혐기성 처리공정의 중요한 부분이 되었다. 혐기성 공정에서는 악취를 유발하는 여러 가지 머캡탄화합물들이 존재하지만 황화수소는 부식을 유발하는 물질일 뿐만 아니라 혐기성 소화에서 발견되는 가장 일반적인 악취물질이다. 이러한 악취물질의 역치는 16장의 16-3절에 정리하였다.

혐기성 공정에서 발생하는 악취물질 제어방법은 퇴비여과법(생물여과기), 직접산화, 탄소흡착, 산세정 그리고 생물살수여과 등이다. 상대적으로 저렴한 퇴비여과법은 작은 시설에서 주로 많이 사용한다. 일부의 폐수처리장에서는 악취 가스들을 활성슬러지공정의 산소확산장치에 주입하여 산화시키기도 한다. 탄소흡착, 산세정 및 생물살수여과 시설들은 9장의 그림 9-9와 같다. 악취제어를 위한 방법들은 16장의 16-3절에서 자세하게 다루었다.

## 10-6 공정 설계의 예시

혐기성 라군과 폐수슬러지 처리를 위한 혐기성 소화조를 제외한 가장 범용적인 상용 혐기성 공정은 (1) UASB, (2) EGSB, 그리고 (3) 혐기성 접촉공정(표 10-4 참조)이다. 폐수슬러지의 혐기성 소화에 사용하는 완전혼합형 공정은 13장에서 그리고 슬러지 처리는 14장에서 다룰 예정이다. 본 절에서는 UASB 공정과 혐기성 접촉공정의 설계에 대하여 설명하고자 한다. 표 10-3에 제시한 대부분의 상용 혐기성 공정들은 특허공정들이며, 이러한 처리시설들은 일반적으로 패키지 형태로 설치하여 제공하는 경우가 많기 때문에 개별 단위공정들을 설계할 기회는 거의 없다.

### ≫ UASB 공정

UASB 공정과 EGSB 및 IC 공정으로의 발전에 대한 사항은 10-3절에서 설명하였다. 공

(a)　　　　　　　　　　(b)　　　　　　　　　　(c)

## 그림 10-9

**입상 슬러지블랭킷 혐기성 처리 시스템:** (a) 모듈식의 강철조 UASB 공정(허가: Pharmer Engineering의 Robert Pharmer); (b) 입상슬러지블랭킷층 위쪽에 여재를 충진한 하이브리드 반응조[표 10-3(h) 참조]. 내부 충진 여부에 관계없이 외부의 물리적 형태는 비슷함 (c) 혐기-호기 단일조 반응조 처리시스템(허가: Paques BV).

공의 목적이나 상업적인 목적으로 설치된 일부 공정들은 그림 10-3, 그림 10-4 및 그림 10-5에서 설명하였다. 기타 UASB 및 UASB 형태의 공정들은 그림 10-9에 제시하였다. 본 절에서는 UASB 공정의 핵심요소와 입상 슬러지공정의 설계 시에 고려하여야 할 사항들을 살펴보고자 하며, 다루어질 주요 주제는 입상슬러지의 개발과 유지, (2) 물리적 설계 항목, 그리고 (3) 공정설계 시 고려사항 등이다.

**공정설명.** 비슷한 공정인 UASB, EGSB 및 IC 반응조에서 가장 중요한 것은 고밀도의 입상슬러지를 이용하여 반응조 내에 미생물 농도를 높게 유지시키는 것이다. 높은 미생물 농도 때문에 이러한 혐기성 공정들은 높은 유기물 부하율에서 운전 가능하다. 입상슬러지 입자의 크기는 일반적으로 1~2 mm이지만 처리하는 폐수의 종류와 물이나 기체에 의한 전단력의 크기에 따라 0.10~8 mm까지 차이를 보이기도 한다. 입자들의 밀도는 1.0~1.05 g/L이며, 침전속도는 15~50 m/h 정도이다(Henze 등, 2011). 입상슬러지로 인하여 반응조 바닥의 고형물 농도는 50~100 kg/m³ 정도가 된다. 슬러지블랭킷 위쪽은 느린 침전속도를 가진 입자들로 이루어진 좀 더 느슨한 층이 존재한다. 이 층에서 고형물 농도는 10~30 kg/m³ 정도이다(Aiyuk 등, 2006).

입상슬러지의 미생물 구성을 살펴보면 표면은 개각충과의 세균들로 이루어진 반면, 내부는 막대형의 *Methanosaeta*로 이루어져 있으며 입상화를 위한 사상성 구조층이 존재한다(O'Flaherty et al., 2006).입상슬러지의 물리적 특성은 메탄생성고세균들이 수소생성세균 및 초산생성세균들과 가깝게 밀접해있는 형태를 보였다. 입상슬러지 입자의 비메탄생성속도는 0.10 g COD/VSS · d 정도이다(Seghezzo et al., 2001).

**입상슬러지 형성과정.** Schmidt와 Ahring(1996)은 입상슬러지가 생성되는 4단계 과정을 (1) 무기물질이나 미생물세포 표면에 미생물의 부착, (2) 물리적 또는 화학적인 힘에 의한 콜로이드 또는 세균입자들의 가역적인 초기 흡착, (3) 미생물이 분비하는 체외고분자 물질들에 의한 비가역적인 미생물들의 흡착, (4) 입상슬러지 내부로 기질확산에 의한 미생물의 증식으로 설명하였다. 입상슬러지 입자의 물질전달 및 기질제거 동역학은 7-7 절에서 설명한 생물막에 대한 것과 비슷하다.

입상슬러지가 만들어지는 과정은 수개월이 걸리지만 다른 UASB 반응조에서 폐기된 입상슬러지를 이용하여 식종할 수도 있다. 입상슬러지는 20°C 이상의 높은 온도와 유입폐수에 쉽게 분해 가능한 용해성 유기물질이 존재하는 경우 더욱 쉽고 빠르게 만들어질 수도 있다. 상향유속이 빠른 경우는 부착되지 않은 미생물들은 대부분 유출되며, 좀 더 견고한 입상슬러지가 생성된다.

**유입폐수 특성의 효과.** 입상슬러지의 생성과 유지는 폐수의 특성에 크게 영향을 받는다. 슬러지의 입상화는 폐수의 탄수화물 및 설탕의 함량이 높을 때 성공적이었지만, 단백질 함량이 높은 폐수의 경우 좀 더 솜털같이 생긴 플럭이 생성되었다(Thaveesri et al., 1994). pH와 2가 양이온, 영양염류 주입 등도 슬러지의 입상화에 미치는 인자들이다(Annachhatre, 1996). 폐수의 pH는 7.0 정도로 유지되어야 하며, 정상상태에서 COD/N/P의 비는 300:5:1 정도가 좋다. 슬러지의 입상화를 촉진시키는 제1철과 칼슘의 농도는 각각 300 mg/L 및 250 mg/L이었다(Yu et al., 2000; Yu et al., 2001).

유입폐수의 SS는 슬러지의 입상화 및 밀도에 부정적인 영향을 미칠 수 있으며, 느린 가수분해속도와 고형물의 축적 때문에 저온에서 이러한 영향은 더욱 컸다(Letting와 Hulshoff-Pol, 1991; Elmitwalli et al., 2002). 유입폐수의 SS 농도가 높고 수온이 낮은 경우 먼저 낮은 상향유속으로 고형물을 포획하고 가수분해시킨 뒤 UASB 공정에 유입시키는 2단공정이 좀 더 안정하고 유연한 운전방법이 될 수 있다. SS 농도가 6 g TSS/L인 폐수의 경우 혐기성접촉공정이 유리할 수 있다.

**물리적 설계인자들.** 주요 물리적 설계인자들은 폐수유입, 가스분리 및 배출 그리고 유출수의 배출 등과 관련된 것들이다. 가스의 분리와 유출수의 배출은 특별한 방법으로 설계된 기체-고형물 분리장치에 의해서 이루어진다. 이러한 부분들의 특별한 설계형태는

---

**표 10-15**

**UASB 반응조의 기체-고형물 분리장치 설계를 위해 필요한 고려사항들**[a]

1. 침전지 바닥과 같은 형태인 기체-고형물 분리장치 벽의 경사는 45~60°로 한다.

2. 기체-고형물 분리장치들 사이의 개공 표면적은 반응조 전체 표면적의 15~20% 이상이어야 한다.

3. 반응조의 높이가 5~7 m일 때 기체-고형물 분리장치의 높이는 1.5~2 m이어야 한다.

4. 스컴층의 생성이 방지되고 가스방울의 배출과 포집이 쉽도록 액체와 기체의 경계면은 기체-고형물 분리장치에서 유지되어야 한다.

5. 작은 구멍 아래쪽의 정류판 겹침은 침전구획으로 들어가는 상향류 가스방울을 피하기 위하여 100~200 mm이어야 한다.

6. 스컴층의 정류판은 유출 웨어 앞쪽에 설치하여야 한다.

7. 배출 가스관의 직경은 거품이 생성되는 경우에도 기체-고형물 분리장치로부터 바이오가스를 쉽게 배출할 수 있을 정도로 충분하여야 한다.

8. 거품이 많이 발생하는 폐수를 처리하는 경우 거품방지 노즐은 기체-고형물 분리장치 뚜껑의 위쪽에 설치하여야 한다.

---

[a] Adapted from Malina and Pohland (1992).

표 10-16

입상슬러지 밀도와 유기물 부하율의 함수로서 UASB 반응조의 폐수 유입관 면적에 대한 지침[a]

| 슬러지의 종류 | COD 부하율(kg/m³ · d) | 폐수 유입관의 면적(m²) |
|---|---|---|
| 고밀도 응집슬러지(> 40 kg TSS/m³) | < 1.0 | 0.5~1 |
| | 1~2 | 1~2 |
| | > 2 | 2~3 |
| 응집슬러지(20~40 kg TSS/m³) | < 1~2 | 1~2 |
| | >2 | 2~5 |
| 입상슬러지 | 1~2 | 0.5~1.0 |
| | 2~4 | 0.5~2.0 |
| | > 4 | >2.0 |

[a] Adapted from Lettinga and Hulshoff Pol (1991).

특허화된 UASB 공정의 공급자들에 의해서 만들어진 것이다. 기체-고형물 분리장치는 슬러지 블랭킷상 위쪽의 액체층 상단에 위치시킨다. 이 장치는 부상 가스방울을 후드 또는 가스수집영역으로 향하도록 하여 포획하기 위한 것이며[표 10-3(b) 및 (c) 참조], 고형물이 침전하여 반응조로 되돌아가도록 하는 영역으로부터 유출수를 만들기 위한 것이다. 유출수의 고형물 포획율은 반응조의 상단에 플라스틱물질을 충진한 하이브리드 UASB 공정을 사용하거나(Tauseef et al., 2013) 유출수 침전구획에 라멜라 형의 경사진 침전판을 사용하여 높일 수 있다(Gomec, 2010). 기체-고형물 분리장치의 설계 시에 고려할 사항은 표 10-15와 같다.

폐수 유입부는 사영역이나 단회로 흐름을 방지하기 위하여 입상슬러지 처리공정의 바닥에 고르게 흐름을 분배시킬 수 있도록 설계하여야 한다. 유입폐수의 분배는 유기물 부하율이 낮은 경우 발생하는 가스에 의한 교반효과를 기대할 수 없기 때문에 더욱 중요하다. 표 10-16에서 보는 바와 같이 유입관들로 이루어진 바닥면적은 바닥의 슬러지층과 유기물 부하율의 함수이다.

**공정설계 시 고려사항.** 공정설계는 혐기성 공정의 공급자가 가진 해당 폐수처리에 대한 경험과 상향류식 입상슬러지 공정의 종류에 의해서 달라진다. 상향류식 입상슬러지공정의 부피는 (1) 허용상향유속, (2) 유기물 부하율에 의해서 결정된다. 이러한 인자들의 한계 값은 온도와 폐수의 종류에 따라 달라진다.

**상향류 유속.** 유입수 유량에 의해서 결정되는 상향류의 유속은 대단히 중요한 설계인자이다. 표 10-17은 UASB 반응조의 권장 설계유속 값을 정리한 것이다. 고농도 유기성

표 10-17

UASB 반응조의 권장 설계 상향류 유속과 반응조의 높이[a]

| 폐수의 종류 | 상향류 유속(m/h) | | 반응조 높이(m) | |
|---|---|---|---|---|
| | 범위 | 대표 값 | 범위 | 대표 값 |
| 거의 100% 용해성인COD | 1.0~3.0 | 1.5 | 6~10 | 8 |
| 부분적으로 용해인 COD | 1.0~1.25 | 1.0 | 3~7 | 6 |
| 생활하수 | 0.8~1.0 | 0.8 | 3~5 | 5 |

[a] Adapted from Lettinga and Hulshoff Pol (1991)

산업폐수를 처리하기 위한 EGSB 및 IC 반응조의 상향류 유속은 UASB 반응조보다 훨씬 더 큰 값을 사용한다. UASB 반응조를 생활하수나 고형물 농도가 높은 폐수처리에 사용하는 경우 유입수의 고형물을 포획하고 가수분해시키는 데 필요한 충분한 시간을 제공하기 위하여 보다 작은 상향류 유속을 사용한다. 반응조의 단면적은 다음 식과 같이 유량을 최대허용 상향류 유속으로 나누어 계산한다.

$$A = \frac{Q}{v} \tag{10-18}$$

여기서, $v$ = 최대 설계 상향류 유속(m/h)

  $A$ = 반응조의 단면적(m²)

  $Q$ = 유입수 유량(m³/h)

반응조의 부피는 반응조의 단면적과 반응조의 높이(H)를 곱하여 계산한다. 여기서, $V_v$는 최대 상향류 유속에 의해서 결정된 반응조 부피(m³)이다.

$$V_v = H(A) \tag{10-19}$$

그러나, 반응조 상단에 기체-고체분리기를 설치하여야 하기 때문에 전체 반응조 높이는 위의 계산 값보다 크다. 공정의 부피는 유기물 부하율이 허용 값을 넘지 않도록 충분히 커야 한다. 따라서, 반응조는 최대 허용 상향류 유속과 유기물 부하율에 의해서 설계하여야 한다. 그러나 저농도 유기성폐수의 경우 상향류 유속이 설계인자가 된다.

**유기물 부하율.**  10-5절에서 다루어진 것과 같이 상향류식 입상슬러지 공정에는 폐수의 특성과 반응조 종류, 온도 등에 따라 넓은 범위의 유기물 부하율을 설계에 사용하여 왔다. Lettinga와 Hulshoff-Pol(1991)은 유출수의 TSS 농도가 허용치 이내라면 높은 유기물 부하율을 사용할 수 있다고 하였다. 특히, 입자성 COD의 함량이 낮은 폐수를 처리하는 경우 높은 유기물 부하율을 사용할 수 있었다. 표 10-3에서 살펴본 것과 같이 UASB 반응조의 유기물 부하율 범위는 5~15 kg COD/m³ · d이며, EGSB 반응조의 경우 10~40 kg COD/m³ · d이다. 그림 10-10은 유기물 부하율에 대한 온도의 영향을 설명하기 위한 예이다. 유기물의 대부분이 용해성 COD로 이루어진 폐수의 경우 15℃에서 처리하는 경우 유기물 부하율은 30℃에서 유기물 부하율의 5배까지 감소하며, 입자성 유

**그림 10-10**

UASB 반응조의 유기물 부하율에 대한 온도영향(Henze et al., 2011)

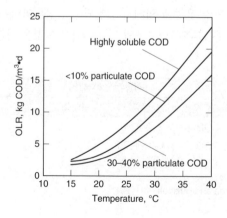

기물이 30~40% 차지하는 폐수의 경우 4.3배까지 감소한다.

반응조의 부피는 다음과 같이 유기물 부하율로부터 구한다.

$$V_{OLR} = \frac{Q(S_o)}{OLR}$$

(10-20)

여기서, $V_{OLR}$ = 유기물 부하율로부터 결정된 반응조 부피(m³)이다. 예제 10-3은 UASB 처리공정의 설계 예이다.

**예제 10-3**

**UASB 처리공정 설계** UASB 공정을 이용하여 아래와 같은 특성을 가지는 사탕무 폐수의 COD를 90% 제거하고자 한다. 다음을 결정하라.

a. 반응조 부피

b. 공정의 HRT

c. 반응조 사양(크기)

d. 반응조 SRT

e. 일 슬러지 발생량(kg VSS/d)

f. 잉여슬러지 부피(m³/d)

g. 메탄생성률(m³/d)

h. 총 가스발생률(m³/d)

i. 메탄으로부터 이용 가능한 에너지(kJ/d)

j. 알칼리도 요구량

폐수의 특성:

| 항목 | 단위 | 값 |
|---|---|---|
| 유량 | m³/d | 500 |
| COD | g/m³ | 12,000 |
| TSS | g/m³ | 600 |
| nbVSS | g/m³ | 500 |
| 알칼리도 | g/m³ as CaCO₃ | 500 |
| 온도 | ℃ | 25 |

설계 값은 아래에서 주어진 값들과 표 10-13을 이용하라.

1. 표 10-14로부터

$Y_H$ = 0.08 g VSS/g COD

$b_H$ = 0.03 g VSS/g VSS · d

2. $f_d$ = 0.10 g VSS cell debris/g VSS biomass decay

3. 메탄발생량(0℃) = 0.35 L CH₄/g COD

4. 메탄의 에너지 함량(0℃) = 38,846 kJ/m³

5. 바이오가스의 메탄 함량 = 65%

6. 반응조의 높이 = 8 m

7. 슬러지 블랭킷층 위쪽 수층의 높이 = 0.50 m

8. 기체-고형물 분리장치의 높이 = 2.5 m

9. 반응조 길이/폭의 비 = 2.0

10. 최대 상향류 유속 = 1.0 m/h

11. 반응조의 평균 고형물 농도 = 30 kg VSS/m³

사탕무 폐수를 처리하는 다른 UASB 시설의 경우 25°C에서 COD 90%를 처리하기 위한 설계 유기물 부하율은 8.0 kg COD/m³ · d이다. 이 폐수는 주로 용해성 탄수화물을 함유하고 있다. 유출수의 VSS는 120 g/m³으로 가정하라.

**풀이**

1. 반응조의 부피를 결정하라.

    a. 식 (10-18) 및 식 (10-19)를 이용하여 최대 상향류 유속으로부터 반응조 부피를 계산한다.

$$A = \frac{Q}{v} = \frac{(500 \text{ m}^3/\text{d})}{(1.0 \text{ m/h})(24 \text{ h/d})} = 20.8 \text{ m}^2$$

$$V_v = A(H) = 20.8 \text{ m}^2(8 \text{ m}) = 166.7 \text{ m}^3$$

    b. 식 (10-20)을 이용하여 유기물 부하율로부터 반응조 부피를 계산한다.

$$V_{\text{OLR}} = \frac{Q \, S_o}{\text{OLR}} = \frac{(500 \text{ m}^3/\text{d})(12 \text{ kg COD/m}^3)}{(8.0 \text{ kg COD/m}^3 \cdot \text{d})} = 750 \text{ m}^3$$

    위의 결과로부터 유기물 부하율에 의해서 반응조 부피가 결정된다.

2. HRT를 결정하라.

$$\frac{V}{Q} = \frac{750 \text{ m}^3}{(500 \text{ m}^3/\text{d})} = 1.5 \text{ d}$$

3. 반응조의 크기를 결정하라.

    a. 반응조 면적 = $(L)(W) = 2W(W) = 2W^2$

$$\text{Area} = \frac{V}{H} = \frac{750 \text{ m}^3}{8 \text{ m}} = 93.75 \text{ m}^2$$

    $2W^2 = 93.75 \text{ m}^2$, $W = 6.85 \text{ m}$, $L = 13.7 \text{ m}$

    b. 전체 반응조 높이

    $H_T$ = 처리구간 높이 + 청정구역 높이 + 기체-고체 분리기 높이

    $H_T = 8 \text{ m} + 0.5 \text{ m} + 2.5 \text{ m} = 11 \text{ m}$

    반응조의 크기 = 13.7 m × 6.85 m × 11 m

4. SRT를 결정하라.

    a. 식 (7-56)으로부터 $X(V) = P_x$SPT

    b. 식 (8-20)으로부터

$$P_x = \frac{Q(Y_H)(S_o - S)}{1 + b_H(SRT)} + \frac{f_d b_H(Q)(Y_H)(S_o - S)(SRT)}{1 + b_H(SRT)} + (nbVSS)Q$$

c. 식 (8-20)을 식 (7-56)에 대입하면

$$X_{VSS}(V) = \frac{Q(Y_H)(S_o - S)(SRT)[1 + f_d b_H(SRT)]}{1 + b_H(SRT)} + (nbVSS)Q(SRT)$$

$$S_o - S = 0.90\,S_o = 0.90(12{,}000 \text{ g COD/m}^3)$$

$$S_o - S = 10{,}800 \text{ g COD/m}^3$$

$$(30{,}000 \text{ g VSS/m}^3)(750 \text{ m}^3) =$$

$$\frac{(500 \text{ m}^3/\text{d})(0.08 \text{ g VSS/g COD})(10{,}800 \text{ g COD/m}^3)(SRT)[1 + 0.10(0.03 \text{ g/g·d})(SRT)]}{1 + (0.03 \text{ g/g·d})(SRT)}$$

$$+\ 500 \text{ g VSS/m}^3\ (500 \text{ m}^3/\text{d})\text{SRT}$$

Solving: SRT = 50.2 d

5. 식 (7-56)으로부터 일 슬러지 발생량을 결정하라.

$$P_{X,\,VSS} = \frac{X_{VSS}(V)}{SRT}$$

$$= \frac{(30{,}000 \text{ g VSS/m}^3)(750 \text{ m}^3)(1 \text{ kg/}10^3 \text{ g})}{50.2 \text{ d}}$$

$$P_{X,\,VSS} = 448.2 \text{ kg VSS/d}$$

6. 일 잉여슬러지 폐기량을 결정하라.

$$P_{X,\,VSS} = Q(X_e) + (X)Q_W$$

$$Q_W = \frac{P_{X,\,VSS} - Q(X_e)}{X}$$

$$= \frac{(448{,}200 \text{ g VSS/d}) - (500 \text{ m}^3/\text{d})(0.120 \text{ g VSS/m}^3)}{(30{,}000 \text{ g VSS/m}^3)}$$

$$Q_W = 14.9 \text{ m}^3/\text{d}$$

7. COD 수지로부터 메탄가스 발생량을 결정하라.

제거된 COD = 메탄으로 전환된 COD + 미생물로 전환된 COD

$$P_{X,\,bio} = P_{X,\,VSS} - nbVSS(Q)$$

$$P_{X,\,bio} = 448{,}200 \text{ g VSS/d} - 500 \text{ g VSS/m}^3\ (500 \text{ m}^3/\text{d})$$

$$P_{X,\,bio} = 448{,}200 \text{ g VSS/d} - 250{,}000 \text{ g VSS/d}$$

$$= 198{,}200 \text{ g VSS/d}$$

메탄으로 전환된 COD = 제거된 COD − 미생물로 전환된 COD

$CH_4$ COD/d

$$= 500 \text{ m}^3/\text{d}(10{,}800 \text{ g COD/m}^3) - 1.42 \text{ g COD/g VSS }(198{,}200 \text{ g VSS/d})$$

$$CH_4 \text{ COD} = 5{,}118{,}556 \text{ g } CH_4 \text{ COD/d}$$

표준상태에서 메탄생성률 = (5,118,556 g CH$_4$ COD/d)(0.35 L CH$_4$/g COD) (1 m$^3$/10$^3$ L)

= 1719.5 m$^3$ CH$_4$/d at 0°C

25°C에서 메탄생성률 =

(1719.5 m$^3$ CH$_4$/d)$\dfrac{(273.15 + 25)°C}{273.15°C}$ = 1955 m$^3$ CH$_4$/d

8. 총 가스생성률을 결정하라(메탄 함량 65% 가정)

총 가스발생률 = $\dfrac{(1955\ m^3\ CH_4d)}{(0.65\ m^3\ CH_4/m^3\ gas)}$ = 3008 m$^3$ gas/d

9. 발생한 메탄의 에너지함량

Energy = (38,846 kJ/m$^3$)(1719.5 m$^3$ CH$_4$/d) = 66.8 × 10$^6$ kJ/d

10. 알칼리도 요구량을 결정하라.

pH = 7.0, T = 25°C를 가정하면,

표 10-7로부터

CO$_2$ 함량 = 35%, 알칼리도 = 2,678 g/m$^3$ as CaCO$_3$

유입수 알칼리도 = 500 g/m$^3$ as CaCO$_3$

알칼리도 요구량 = (2678 − 500)g/m$^3$ as CaCO$_3$ = 2,178 g/m$^3$ as CaCO$_3$

보충하여야 할 알칼리도(kg/d) = (2,178 g/m$^3$)(500 m$^3$/d)(1 kg/10$^3$ g) = 1098 kg/d

11. 결과 정리표

| 인자 | 단위 | 값 |
|---|---|---|
| 반응조 부피 | m$^3$ | 750.0 |
| 반응조 총 높이 | m | 11.0 |
| 반응조 LxW | m | 13.7 × 6.85 |
| HRT | d | 1.5 |
| SRT | d | 50.2 |
| 과잉폐슬러지 | m$^3$/d | 14.9 |
| 총 가스발생률 | m$^3$/d | 3,008 |
| 메탄발생률 | m$^3$/d | 1955 |
| 에너지생산률 | kJ/d | 66.8 × 10$^6$ |
| 알칼리도 요구량 as CaCO$_3$ | kg/d | 1,089 |

**참고** 메탄가스의 형태로 상당히 많은 양의 에너지가 생산된다. 이 에너지를 생산시설의 에너지원으로 사용한다면 혐기성반응조의 pH를 7 내외로 유지시키기 위해서 필요한 알칼리도 비용을 상쇄하는 데 도움이 될 것이다.

## ≫ 혐기성 접촉공정

혐기성 접촉공정은 고액분리한 미생물을 포획하여 반응조로 반송하는 단계를 가진 완전 혼합형 부유 또는 응집 미생물 혐기성 공정이다.

**공정의 개요.**   혐기성 접촉공정의 흐름도는 표 10-3(f)에 설명하였다. 혐기성 접촉공정 은 HRT와 SRT가 같은 완전혼합반응조의 단점을 해결한 공정이다. 이 공정에서는 SRT 가 HRT보다 길도록 만들기 위하여 미생물을 분리하여 완전혼합반응조나 접촉반응조로 재순환시킨다. HRT와 SRT를 분리함으로써 혐기성 반응조의 부피를 감소시킬 수 있다. 중력을 이용하여 고형물을 분리 및 농축하고 농축된 슬러지를 반송시키는 방법이 가장 일반적으로 사용되고 있다. 그러나, 고형물분리의 성공여부는 혐기성 반응조에 존재하는 고형물의 침강특성과 관련이 있다.

반응조의 슬러지는 혐기성 분해에 의해 생성된 가스를 내포하고 있으며, 고형물 분 리과정에서도 가스가 계속하여 발생하기 때문에 고형물 분리효율의 예측이 불가능하 거나 좋지 않을 수 있다. 진공탈기법, 경사판분리기 및 응집제의 사용과 같은 여러 가 지 가스제거 방법들이 침전지에서 슬러지에 부착된 가스의 영향을 줄이기 위하여 사용 되어 왔다. 침전지의 수리학적 부하율은 0.5~1.0 m/h이며, 실제 반응조의 MLVSS는 4,000~8,000 mg/L이다(Malina와 Pohland, 1992). 표 10-3(f)에서 보여주는 것과 같이 유기물 부하율은 일반적으로 4.0 kg COD/m³ · d이고 SRT는 15~30 d을 사용한다.

**혐기성 접촉공정의 설계 시 고려사항.**   혐기성 접촉공정은 수리학적인 특성과 미생물 농도를 알 수 있기 때문에 완전혼합형 활성슬러지공정과 비슷한 방법으로 설계할 수 있 다. 설계 절차는 다음과 같다.

1. 목표로 하는 유출수의 COD 농도와 COD 제거율을 달성하기 위한 SRT를 선택한다.
2. 일 고형물생산량과 SRT를 유지하기 위하여 필요한 시스템의 고형물 질량을 구한다.
3. 반응조에서 기대되는 고형물 농도와 반응조 부피를 선택한다.
4. 가스발생률을 결정한다.
5. 폐기되는 잉여슬러지 양과 영양염류 요구량을 결정한다.
6. 유기물 용적부하율을 확인한다.
7. 알칼리도 요구량을 결정한다.

다른 형식의 혐기성 처리공정과 비교하여 이와 같은 설계 시 고려사항들의 가장 큰 차이는 유기물 부하율 대신에 반응조의 부피에 따른 SRT를 사용하는 것이다.

표 10-13의 자료들은 동역학적 상수들과 대부분 용해성 생분해 COD를 함유한 폐 수를 처리하는 혐기성 접촉공정을 설계하기 위하여 사용하는 설계 값들이다. 고형물 농 도가 높은 폐수는 13장에서 제시한 설계방법을 사용할 수 있다. 폐수의 용해성 및 입자성 물질 함량에 따라 큰 차이가 있을 수 있기 때문에 설계하기 전에 실험실 규모의 처리실험 이나 파일럿실험을 수행하는 것이 좋다. 예제 10-4는 혐기성 접촉공정의 설계 예이다.

| 예제 10-4 | **부유성장 혐기성 접촉공정** 혐기성접촉공정을 이용한 반응조의 부피와 HRT, 가스발생률 및 이용 가능한 에너지량, 고형물생산율, 알칼리도 및 알칼리도 요구량[표 10-3(f)]을 결정하라. 폐수의 특성은 아래와 같고 COD 제거율은 90%로 가정하라. |

| 항목 | 단위 | 값 |
|------|------|-----|
| 유량 | m³/d | 500 |
| COD | g/m³ | 6,000 |
| 용해성 COD | g/m³ | 4,000 |
| COD/VSS 비 | g/g | 1.8 |
| VSS의 분해성 물질 비율 | % | 80 |
| 질소 | g/m³ | 10 |
| 인 | g/m³ | 20 |
| 알칼리도 | g CaCO₃/m³ | 500 |
| 온도 | ℃ | 25 |

설계 가정치:

1. 유출수 VSS 농도 = 150 g/m³.

2. SRT 안전계수 = 3.0

3. $f_d$ = 0.15 g VSS cell debris /g VSS biomass decay

4. SRT ≥ 30 d에서 분해성 VSS 전환율 99% 이상

5. MLVSS = 6,000 g/m³

6. 침전속도 = 24 m/d

7. 바이오가스 조성: 메탄 65%, 이산화탄소 35%

8. 표 10-13의 동역학적 상수들과 메탄생성에 대한 가정을 사용하라.

9. 미생물세포의 영양분 함량: 질소 12%, 인 2.4%

**풀이**

1. 25℃에서 설계 SRT를 결정하라.

　　COD 제거율이 90%이며, 유출수 COD는

　　= (1.0 − 0.90) (6,000 mg/L) = 600 g/m³

　　유출수의 VSS 농도를 150 g/m³로 가정하면

　　VSS의 유출수 COD = (150 g/m³L) 1.8 g COD/g VSS = 270 g/m³

　　유출수의 허용 용해성 COD = (600 − 270) g/m³ = 330 g/m³

　　식 (7-46)을 SRT에 대하여 풀고 $\mu_{max} = Y_H k$를 대입하면

$$S = \frac{K_s[1 + b_H(\text{SRT})]}{\text{SRT}(\mu_{max} - b_H) - 1}$$

$$\text{SRT} = \left[\frac{\mu_{max}(S)}{K_s + S} - b_H\right]^{-1}$$

　　표 10-13의 동역학적 상수들을 이용하면

$\mu_{\max} = 0.20$ g/g·d

$K_s = 120$ g/m³

$b_H = 0.03$ g/g·d

$$SRT = \left[ \frac{(0.20 \text{ g/g·d})(330 \text{ g COD/m}^3)}{(120 + 330)\text{g COD m}^3} - (0.03 \text{ g/g·d}) \right]^{-1} = 8.6 \text{ d}$$

안전계수 3.0을 사용하면

최소 설계 SRT = 3.0 (8.6) = 25.7 d

VSS의 안전한 분해를 위한 실제 사용 SRT = 30 d

2. 슬러지생산량을 결정하라.

   비분해성 VSS 농도를 계산하면

   비용해성 COD = (6000 − 4000) g/m³ = 2000 g/m³

   비용해성 COD as VSS = (2000 g/m³ COD) / (1.8 g COD/g VSS)
   = 1,110 g/m³ VSS

   VSS 분해성 분율 = 0.8 (given)

   비분해성 VSS = 0.20 (1110) = 222 g VSS/m³

   식 (8-20)을 이용하여 슬러지생산량을 결정하면

   $$P_{X,\text{vss}} = \frac{Q(Y_H)(S_o - S)}{1 + b_H(\text{SRT})} + \frac{f_d b_H (Q)(Y_H)(S_o - S)(\text{SRT})}{1 + b_H(\text{SRT})} + (\text{nbVSS})Q$$

   $S_o - S$ = COD degraded

   = Influent COD − nondegraded VSS COD − effluent soluble COD

   = 6000 g COD/m³ − 222 g VSS/m³ − 330 g COD/m³ = 5270 g COD/m³

   표 10-14의 다음 계수들을 사용하고 다음의 값들을 가정하라.

   $Y_H = 0.08$ g VSS/g COD

   $b_H = 0.03$ g/g·d

   $$P_{X,\text{vss}} = \frac{Q(Y_H)(S_o - S)[1 + f_d b_H(\text{SRT})]}{1 + b_H(\text{SRT})} + (\text{nbVSS})Q$$

   $$P_{X,\text{vss}} = \frac{(500 \text{ m}^3/\text{d})(0.08 \text{ g VSS/g COD})(5270 \text{ g COD/m}^3)[1 + 0.15(0.03 \text{ g/g·d})(30.0 \text{ d})]}{[1 + (0.03 \text{ g/g·d})(30.0 \text{ d})]}$$
   $$+ (222 \text{ g VSS/m}^3)(500 \text{ m}^3/\text{d})$$

$P_{X,\text{vss}} = 125,925$ g VSS/d + 111,000 g VSS/d = 236,925 g VSS/d

3. 반응조의 부피와 τ를 결정하라.

   a. 식 (7-56)을 사용하여 반응조 부피를 결정하면

   $$V = \frac{(P_{X,\text{vss}})\text{SRT}}{\text{MLVSS}} = \frac{(236,925 \text{ g VSS/d})(30 \text{ d})}{6000 \text{ g/m}^3} = 1184.6 \text{ m}^3$$

b. HRT($\tau$)를 계산하면

$$\tau = \frac{V}{Q} = \frac{1184.6 \text{ m}^3}{(500 \text{ m}^3/\text{d})} = 2.4 \text{ d}$$

4. 메탄과 총 가스발생량 그리고 에너지생산량을 결정하라.

  a. 메탄가스 발생량을 계산한다.

    표 10−13로부터, 0°C에서 0.35 m³ CH₄/kg COD을 이용하면

    제거된 COD = 메탄으로 전환된 COD + 미생물로 전환된 COD

    미생물로 전환된 COD = (1.42 g COD/g VSS)($P_{x,\text{bio}}$)

    $P_{x,\text{bio}} = P_{X,\text{VSS}}$의 첫 항 = 125,925 g VSS/d

    메탄으로 전환된 COD = 제거된 COD − 미생물로 전환된 COD

    gCH₄ COD/d

    = 500 m³/d (5,270 g COD/m³) − 1.42 g COD/g VSS (125,925 g VSS/d)

    = 2,456,186 g CH₄ COD/d

    표준상태(0°C)에서, 메탄생성률 =

    (2,456,186 g CH₄ COD/d)(0.35 L CH₄/g COD)(1 m³/10³ L)

    = 859.7 m³ CH₄/d

    25°C에서 메탄생성률 =

    $(859.7 \text{ m}^3 \text{ CH}_4/\text{d})\dfrac{(273.15 + 25 \text{°C})\text{°K}}{273.15\text{°K}} = 938.3 \text{ m}^3 \text{ CH}_4/\text{d}$

  b. 총 가스발생률을 결정한다.

    바이오가스의 메탄함량은 65%로 가정하면

    $25\text{°C에서 총 가스발생률} = \dfrac{(938.3 \text{ m}^3 \text{ CH}_4/\text{d})}{(0.65 \text{ m}^3 \text{ CH}_4/\text{m}^3 \text{ gas})} = 1443.6 \text{ m}^3 \text{ gas/d}$

    (주의: 유입폐수 유량에 대한 가스발생률의 비 = 1443.6/500 = 2.9)

  c. 에너지생산율을 결정한다.

    표 10−13으로부터, 메탄의 에너지함량 = 38,846 kJ/m³ at 0°C.

    에너지생산율 = (859.7 m³ CH₄/d)(38,846 kJ/m³) = 33.4 × 10⁶ kJ/d

5. 영양염류 요구량

  슬러지 생산율 = 125,925 gVSS/d

  (미생물 바이오매스 VSS 기준 질소함량 12%, 인함량 2.4% 가정)

  $N$ 요구량 = (125,925)(0.12) = 15,111 g/d

  $P$ 요구량 = (125,925)(0.024) = 3022 g/d

유입수의 영양염류 함량:

$$N = (10 \text{ g/m}^3)(500 \text{ m}^3/\text{d}) = 5000 \text{ g/d}$$

$$P = (20 \text{ g/m}^3)(500 \text{ m}^3/\text{d}) = 10,000 \text{ g/d}$$

유입수에 인은 충분히 존재하지만 질소는 보충하여야 한다.

$$N \text{ 보충량} = (15,111 - 5000) \text{ g N/d} = 10,111 \text{ g N/d} = 10.1 \text{ kg N/d}$$

6. 알칼리도 요구량을 결정하라.

pH = 7.0, $T$ = 25°C, $CO_2$ = 35%, 알칼리도 = 2,678 g/m$^3$ as $CaCO_3$일 때 표 10-7로부터

유입수 알칼리도 = 500 g/m$^3$ as $CaCO_3$

알칼리도 요구량 = (2,678 − 500) g/m$^3$ as $CaCO_3$ = 2178 g/m$^3$ as $CaCO_3$

$$\text{As NaHCO}_3 = \left[ \frac{(2178 \text{ g as CaCO}_3/\text{m}^3)}{(50 \text{ mg/meq CaCO}_3)} \right] (84 \text{ mg NaHCO}_3/\text{meq}) = 3659 \text{ g NaHCO}_3/\text{m}^3$$

$$\text{NaHCO}_3/\text{d} = (3659 \text{ g/m}^3)(500 \text{ m}^3/\text{d})(1 \text{ kg}/10^3 \text{ g}) = 1830 \text{ kg/d}$$

7. 침전지의 직경을 결정하라(침전지 전에 탈기장치를 사용하는 것으로 가정하라.)

$$\text{Area} = \frac{(Q, \text{m}^3/\text{d})}{(\text{settling rate, m/d})} = \frac{(500 \text{ m}^3/\text{d})}{(24 \text{ m/d})} = 20.83 \text{ m}^2$$

Diameter = 5.2 m

**참고**  메탄의 형태로 많은 양의 에너지가 생산된다. 메탄을 이용하여 혐기성 공정을 가온시키면 반응속도가 빨라져 혐기성 반응조 크기를 줄일 수 있다.

## 》 시뮬레이션 모델의 사용

위에서 설명한 상대적으로 쉬운 설계방법들은 반응조의 부피, 유출수의 용해성 bCOD 그리고 가스생산량을 구하기 위하여 사용할 수 있다. 그러나, 활성슬러지공정에 대하여 8장의 8-5절에서 다루어진 것과 같이 컴퓨터를 이용한 동적거동을 모사하는 모델이 개발되었으며, 혐기성 반응조에도 활용되어 왔다. 혐기성 소화공정을 위하여 개발된 가장 일반적인 모델은 국제물학회(IWA)의 ADM1이다(Batstone et al., 2002a). ADM1은 돈분(Girault et al., 2011), 용해성 및 입자성 혼합폐기물(Batstone et al., 2002b; Fezzani와 Cheikh, 2008) 등과 같은 고농도 고형물함유 폐기물들을 대상으로 활용하여 왔다.

ADM1 모델은 그림 7-26에서 보여주는 경로에 따른 유입 COD의 분해 거동뿐만 아니라 비분해성 용존 COD와 휘발성 고형물의 거동에 대해서도 설명할 수 있다. 폐기물의 생분해성 고형물과 용해성 COD 성분 그리고 중간 생성물들의 농도 변화들을 혐기성 분해반응의 여러 가지 경로들에 대한 생물학적 동역학 식들로부터 계산할 수 있다. 이러한 혐기성 분해반응의 경로들은 미생물의 종류, 온도와 pH에 의해서 결정된다. 입자성

COD는 탄수화물, 지방, 단백질의 균질혼합물인 것으로 가정하였다. 동역학적 관계식들을 이용하면 탄수화물, 지방, 단백질 성분들을 생산하는 입자성 유기물의 분해속도를 설명할 수 있다. 또 다른 식들은 탄수화물, 지방 , 단백질이 설탕, 아미노산 및 긴사슬지방산(LCFA)으로 가수분해하는 속도를 설명하기 위하여 사용된다. Mond 식에 기초한 생분해 동역학 식들은 설탕과 아미노산으로부터 휘발성 지방산과 수소를 생성시키는 산생성반응과 LCFA와 휘발성지방산으로부터 초산을 생성시키는 초산생성반응을 설명하기 위하여 사용된다. Monod 식을 기초로 한 별도의 식이 초산과 수소를 이용하는 미생물에 의한 메탄생성반응을 설명하기 위하여 사용된다.

이 모델에는 (1) 알칼리도와 VFA 농도 그리고 가스상의 이산화탄소 함량의 함수로서 pH 계산과 (2) 혐기성분해과정에서 발생하는 이산화탄소, 메탄 및 황화수소에 대한 가스-액체 사이의 전달현상을 설명하기 위한 물리화학적 공정도 포함되어 있다. 이 모델은 32개의 동적 농도 상태변수와 관련된 미분방정식들로 이루어져 있다. 또한, 유입수나 유입부하의 변동은 VFA 생산속도와 초산이용 메탄고세균에 의한 이용속도 사이의 불균형을 초래할 경우 소화조가 불안정해질 수 있다(Straub et al., 2006). 이때 이 모델은 유입수나 부하변동에 따라 VFA와 수소 농도 변화를 해석하여 반응조의 상태를 동적으로 모사하고자 할 때 대단히 유용하다.

## 10-7 유기성 폐기물과 생활하수슬러지의 혐기성 혼합소화

혐기성 혼합소화는 2개 이상의 서로 다른 발생원의 폐기물을 혼합하여 1개의 혐기성 반응조에서 처리하는 혐기성 소화공정을 의미한다. 주로 도시하수슬러지 혐기성 소화조를 이용하여 혼합소화를 하고 있다. 생활하수슬러지의 혐기성 소화시설이 여유용량이 있다면 어떤 행정구역에서 다른 폐기물과 혼합하여 소화함으로써 메탄생산량을 증가시켜 생활하수처리시설이나 가스 이용 자동차 등과 같이 다른 다양한 목적으로 사용할 수 있는 에너지를 생산할 수 있는 방법이 될 수 있다. 지금까지 혼합소화는 음식물쓰레기와 FOG 폐기물의 처리를 위하여 많이 사용하여 왔다. 생활하수슬러지와의 혼합소화에 대해서는 13장에서 별도로 다룰 예정이다.

**혐기성 혼합소화의 장점.** 혐기성 혼합소화의 주요 장점은 폐기물을 에너지원으로 변환시키는 능력에 있으며, 폐기물을 혐기성 소화시켜 얻을 수 있는 메탄을 연료로 사용함으로써 이산화탄소 배출량을 감소시키는 동시에 다른 방법에 의해 폐기물을 분해할 때 발생하는 이산화탄소량을 줄인다는 것이다(Rosso와 Stenstrom, 2008). 소규모 도시에서도 혐기성 혼합소화를 할 수 있는 다양한 종류의 폐기물들이 발생할 수 있다. 표 10-18에서는 혐기성 혼합소화에 사용할 수 있는 소규모 도시의 다양한 폐기물들을 보여주고 있다 (Muller 등, 2009).

혐기성 혼합소화는 시설규모의 경제성, 현장에서 발생할 수 있는 운전상의 문제들을 피할 수 있으며, 탄수화물의 함량이 높아 알칼리도와 영양염류의 보충에 필요한 경비를

| 표 10 – 18 | 유기성폐기물의 종류 | 참고 |
|---|---|---|
| 혐기성혼합소화에 사용할 수 있는 생분해성이 높은 유기성폐기물의 예[a] | 화훼 및 야채 폐기물 | 영양염류와 알칼리도 보충이 필요함 |
| | 육가공폐기물 | 질소농도가 높음 |
| | 렌더링산업의 용존공기부상슬러지 | 질소농도가 높음 |
| | 갈색그리스 | 단독으로 분해하기 어려우며, 영양염류와 알칼리도 보충이 필요함 |
| | 고추, 비누 및 샐러드 드레싱 가공폐기물 | 영양염류와 알칼리도 보충이 필요함 |
| | 사탕제조 폐기물 | 영양염류와 알칼리도 보충이 필요함 |
| | 맥주, 와인, 소다 및 주스생산 폐기물 | 영양염류와 알칼리도 보충이 필요함 |

[a] Muller 등(2009).

절약할 수 있다. 예를 들어 식료품가공폐기물의 경우 현장에서 처리하기 위하여 단독 혐기성 처리공정을 건설하지 않고 혐기성 혼합소화공정을 활용하는 것은 상당히 매력적인 처리방법이 될 수 있다. 이것은 식료품가공폐기물에 단백질이나 아미노산의 함량이 낮아 혐기성 처리에서 적절한 pH를 유지시키기 위하여 필요한 정도의 중탄산 암모늄을 생산할 수 없는 경우 단독 혐기성 처리공정을 사용한다면 알칼리도 보충을 위하여 상당한 비용이 추가로 필요하기 때문이다.

**소화공정의 운전.** 생활하수슬러지를 혐기성 소화하는 경우 일반적으로 1차슬러지와 폐활성슬러지에 함유된 유기 질소가 분해되기 때문에 충분한 양의 알칼리도가 생산된다. 기름성분을 함유한 폐수(Jeganathan et al., 2006)의 경우는 단독으로 혐기성 처리하기가 어렵지만, 생활하수슬러지 혐기성 소화조를 이용하여 혼합소화하면 일정한 양의 범위에서 처리가 가능하다. 그러나 혐기성 혼합소화를 위해서는 경제성 관점에서 스크린, 가온 그리고 저장 등과 같이 대상 물질을 전처리하고 가공하는 과정에서 증가하는 비용도 함께 고려하여야 한다.

## 문제 및 토의과제

10-1  30°C에서 운전하고 있는 부유성장형 혐기성 소화조의 알칼리도가 2,200, 2,600, 또는 2,800 mg as CaCO₃/L(택일)이고, 바이오가스의 이산화탄소 함량이 35%이며, 기체와 액체 사이에는 평형상태를 유지하고 있다고 가정할 때 소화조의 pH를 계산하라.

10-2  유량이 4,000 m³/d인 산업폐수의 용해성 bdCOD가 10,000, 5,000 및 2,500 mg/L(택일)이며, 수온이 20°C이고 알칼리도는 200 mg/L as CaCO₃이다. 다음의 가정들과 인자들을 기초로 하여 혐기성 처리와 호기성 처리의 수익과 순수 운전비용을 계산하고 비교하라. 단, 인건비와 유지관리비는 무시하라.

**혐기성 공정:** 혐기성 처리에서 운전비용은 메탄생산으로 인한 수익과 알칼리도 보충과 가온에 소요되는 비용으로부터 결정할 수 있다. 다음의 가정을 사용하라.

1. 반응조 온도 = 35°C

2. 가온을 위해 사용되는 열교환기의 효율 = 80%

3. COD 제거효율 = 95%

4. 바이오가스의 $CO_2$ 함량 = 35%, pH = 7.0

5. 메탄의 가격 = $5/10^6$ kJ

6. 알칼리도는 $NaHCO_3$($0.90/kg) 형태로 공급함

**호기성 공정:** 호기성 처리에서는 포기에 필요한 에너지와 슬러지의 처리 및 처분에 필요한 비용이 주요 운전비용이다. 다음의 가정을 사용하라.

1. COD 제거효율 = 99%

2. $gO_2$/g COD removal = 1.2

3. 실제 포기효율 = 1.2 $kgO_2$/kWh

4. 전력가격 = $0.08/kWh

5. 순슬러지 생산량 = 0.3 g TSS/g COD removed

6. 슬러지처리/처분비용 = $0.10/kg dry solids

10-3 유량이 1,000, 2,000 또는 3,000 m³/d(택일)인 폐수의 COD 값이 4,000 mg/L이며, 유기물의 개략적 조성식은 $C_{50}H_{75}O_{20}N_5S$이다. 혐기성 처리공정을 통하여 COD 제거율 95%를 달성하고자 할 때 (a) 알칼리도 생성량(mg/L as $CaCO_3$)과 (b) 바이오가스에 함유된 $CO_2$, $CH_4$ 및 $H_2S$의 개략적인 몰분율을 구하라.

10-4 유량이 2,000 m³/d인 산업폐수의 COD 값이 4,000, 6,000 및 8,000 mg/L이며(택일), 황산염의 농도가 500 mg/L이다. 혐기성 처리공정을 35°C에서 운전한다고 할 때 COD 제거율이 95%이고, 황산염환원율이 98%이다. (a) 메탄생산량(m³/d), (b) 황산염의 존재를 고려하지 않았을 때 메탄생산량(m³/d), (c) pH 7.0에서 가스상의 $H_2S$ 양을 결정하라.

10-5 부유성장 혐기성반응조를 30°C에서 SRT 30 d로 운전하고 있다. 정상상태에서 운전 중이던 혐기성반응조의 메탄생산량이 어느 날 갑자기 30% 감소하였다. 메탄가스 발생량 감소의 원인이 될 수 있는 4가지 이상의 상황과 이유에 대하여 설명하라.

10-6 용해성 유기물만으로 이루어진 산업폐수를 차폐한 혐기성반응조, 탈기장치 및 중력식 침전지로 이루어진 혐기성접촉반응조에서 처리하고 있다. 침전조의 유출수 TSS 농도가 120 mg/L라고 할 때 다음의 폐수 특성과 설계인자를 사용하여 유출수의 용해성 COD 농도 50 mg/L를 달성하기 위한 설계인자들을 25°C와 35°C에서 구하고 비교하라.

a. 설계 SRT, d

b. 반응조 부피, m³

c. HRT($\tau$), d

d. 메탄생산율, m³/d

e. 총 가스생산율, m³/d

f. 일 고형물 폐기량, kg/d

g. 질소와 인의 요구량, kg/d

폐수의 특성:

| 항목 | 단위 | 값 |
|---|---|---|
| 유량 | m³/d | 2,000 |
| 분해성 COD | mg/L | |
| 폐수 1 | 1 | 4,000 |
| 폐수 2 | 2 | 6,000 |
| 폐수 3 | 3 | 8,000 |

| sCOD 분율(%) | % | 100 |
|---|---|---|
| 알칼리도 | mg/L as $CaCO_3$ | 500 |

참조: 폐수 1, 2 및 3 중에서(택일)

다른 설계가정:

1. 반응조 MLSS 농도 = 5000 mg/L

2. SRT 안전계수 = 1.5

3. VSS/TSS 비 = 0.85

4. $f_d$ = 0.15 g VSS cell debris/g VSS biomass decay

5. 바이오가스 메탄함량 = 65%

6. 미생물의 질소함량 = 0.12 g N/g VSS5

7. 미생물의 인함량 = 0.02 g P/g VSS

8. 표 10-13에서 제시한 적절한 동역학적 상수들과 설계에 필요한 자료들을 이용하라.

10-7 혐기성 공정을 이용하여 30°C에서 용해성 산업폐수를 처리하고 있으며, 설계 SRT 30 d에서 95%의 COD 제거효율을 달성할 수 있다고 한다. 미생물의 성장으로 인한 유출수의 VSS 농도가 100, 150 및 200 mg/L(택일)라고 가정하고, 표 10-13에서 제시한 동역학적 상수들을 이용하여 SRT 30 d을 유지하기 위하여 필요한 유입수의 COD 농도를 계산하라. 단, 미생물의 유실은 유출수를 통하여 이루어진다고 가정하라.

10-8 다음의 특성을 가지는 산업폐수를 30°C에서 UASB 반응로를 이용하여 처리하고 있다. 용해성 COD의 분해율이 97%이며, 입자성 COD 분해율이 60%이고 유출수 VSS 농도 200 mg/L라고 할 때 다음을 계산하라.

1. 반응조 부피, $m^3$

2. 반응조 면적(원형반응조라고 가정), $m^2$

3. 반응조의 직경과 전체 높이, m

4. HRT, d

5. 평균 SRT, d

6. 일 고형물 폐기량, kg VSS/d

7. 메탄생산율, $m^3/d$

8. 바이오가스의 에너지생산량, kJ/d

9. 알칼리도 요구량, kg as $CaCO_3/d$

설계에 사용된 가정들:

1. 동역학적 상수(표 10-13)

2. $f_d$ = 0.15 g VSS/g VSS biomass decayed

3. 최대 유기물 부하율 = 6.0 kg COD/$m^3 \cdot$ d

4. 최대 상향류 유속 = 0.50 m/h

5. pH = 7.0

6. 바이오가스의 $CO_2$ 함량 = 35%

7. 반응조의 액체 높이 = 8 m

8. 반응조의 평균 고형물 농도 = 50 g VSS/L

폐수의 특성:

| 항목 | 단위 | 값 |
|---|---|---|
| 유량 | m³/d | 500 |
| 총 bCOD | mg/L | |
| 　폐수 1 | | 6000 |
| 　폐수 2 | | 7000 |
| 　폐수 3 | | 8000 |
| 입자성 COD | % | 40 |
| 입자성 COD/VSS 비 | g/g | 1.8 |
| 입자성 VSS/TSS 비 | g/g | 0.85 |
| 알칼리도 | mg/L as CaCO₃ | 300 |

참조: 폐수 1, 2 또는 3 중에서 택일

10-9 생활하수를 25℃에서 UASB 반응조를 이용하여 처리하고 있다. 생활하수의 특성이 아래의 표와 같을 때 (a) HRT(hrs), (b) COD 부하율(kg COD/m³ · d) 그리고 (c) 반응조의 유효높이(m)와 직경(m)을 구하라. UASB 방응조에서 기대할 수 있는 유출수의 BOD와 TSS 농도는 얼마인가? 유출수의 BOD 방류수기준인 20 mg/L 이하를 만족시키기 위하여 UASB 반응조 후단에 호기성 2차 처리 공정을 설치하여야 하는지 설명하라. pH를 7.0 부근으로 유지시키기 위하여 UASB 반응조에 알칼리도를 보충하여야 하는가? 폐수의 특성은 아래 표와 같다.

| 항목 | 단위 | 값 |
|---|---|---|
| 유량 | m³/d | |
| 　생활하수 1 | | 3000 |
| 　생활하수 2 | | 4000 |
| 　생활하수 3 | | 5000 |
| COD | mg/L | 450 |
| BOD | mg/L | 180 |
| TSS | mg/L | 180 |
| 알칼리도 | mg/L as CaCO₃ | 150 |

주의: 생활하수 1, 2 또는 3 중에서 택일

10-10 주로 용해성 유기물로 이루어진 맥주양조 폐수의 COD는 4,000 mg/L이며, 유량은 1,000 m³/d이다. 이 폐수를 35℃에서 교차흐름 플라스틱 여재들로 충진된 높이 4 m의 상향류식 부착성장공정에서 처리하여 90%의 COD 제거효율을 달성하고 있다. 부착성장 공정의 SRT가 30d라고 할 때 (a) 반응조의 부피(m³)와 치수, (b) 메탄가스 생산량(m³/d), (c) 유출수의 TSS 농도(mg/L)를 구하라.

10-11 분해성 COD 8,000 mg/L와 생분해도가 50%인 VSS 4,000 mg/L를 함유한 산업폐수에 대하여 다음의 공정을 이용하여 처리할 때 반응조의 운전과 성능에 대한 유입수 고형물의 영향과 처리의 적합성에 대하여 논하라.

　UASB
　혐기성 유동상반응조
　혐기성정류판반응조
　상향류식 충진상 반응조

하향류식 부착성장 반응조

차폐형 혐기성 라군

**10-12** 최근 3년 이내의 문헌자료로부터 분리막 혐기성 공정에 대하여 정리하고 설명하라. 설명에는 처리 대상폐수, 반응조 설계, 유기물 부하율, 온도, 막의 막힘문제 제어전략, 시간경과에 따른 막의 플럭스변화, 반응조의 고형물농도, 막의 세정과 재생 그리고 기타 운전 및 성능에 영향을 주는 요소들에 대한 내용을 포함시켜야 한다.

**10-13** 문헌자료를 이용하여 UASB, EGSB 및 혐기성 접촉공정(택일)의 성능, 운전조건과 설계, 폐수의 형태와 특성에 대하여 요약 정리하라.

## 참고문헌

Aiyuk, S., I. Forrez, D. K. Lieven, A. van Haandel, and W. Verstraete (2006) "Anaerobic, and a Complementary Treatment of Domestic Sewage in Regions with Hot Climates—A Review," *Bioresource Technol.*, **97**, 17, 2225–2241.

Alvarez, J. A., E. Armstrong, M. Gomez, and M. Soto (2008) "Anaerobic Treatment of Low-Strength Municipal Wastewater by a Two-Stage Pilot Plant Under Psychrophilic Conditions," *Bioresource Technol.*, **99**, 4, 7051–7062.

Angelidaki, I., and B. K. Ahring, (1994) "Anaerobic Thermophilic Digestion of Manure at Different Ammonia Loads – Effect of Temperature," *Water Res.* **28**, 3, 727–731.

Annachhatre, A. P. (1996) "Anaerobic Treatment of Industrial Wastewaters," *Resources, Conversation, and Recycling*, **16**, 1–4, 161–166.

Arceivala, S. J. (1998) *Wastewater Treatment for Pollution Control*, 2nd ed., Tata McGraw-Hill Publishing Company Limited, New Delhi.

Banik, G. C., and R. R. Dague (1996) "ASBR Treatment of Dilute Wastewater at Psychrophilic Temperatures," *Proceedings of the WEF 81st ACE*, Chicago, IL.

Batstone, D. J., J. Keller, I. Angelidaki, S. V. Kalyuzhnyi, S. G. Pavlostathis, A. Rossi, W. T. M. Sanders, H. Siegrist, and V. A. Vavilin (2002a) *The IWA Anaerobic Digestion Model No. 1 (ADM1); Scientific and Technical Report 13*, IWA Publishing, London.

Batstone, D. J. , J. Keller, I. Angelidaki, S. V. Kalyuzhnyi, S. G. Pavlostathis, A. Rossi, W. T. M. Sanders, H. Siegrist, and V. A. Vavilin (2002b). "The IWA Anaerobic Digestion Model No 1 (ADM1)," *Water Sci. Technol.*, **45**, 10, 65–73.

Buswell, A. M. and S. L. Neave (1930) *Illinois State Water Survey Bulletin No. 32.*

Buswell, A. M., and C. B. Boruff (1932) "The Relationship Between Chemical Composition of Organic Matter and the Quality and Quantity of Gas Production During Digestion," *Sewage Works J.*, **4**, 3, 454–460.

Buswell, A. M., and H. F. Mueller (1952) "Mechanism of Methane Fermentation," *Ind. Eng. Chem.*, **44**, 3, 550–552.

Chong, S., T. K. Sen, A. Kayaalp, and H. M. Ang (2012) "The Performance Enhancements of Upflow Anaerobic Sludge Blanket (UASB) Reactors for Domestic Sludge Treatment—A State-of-the Art Review," *Water Res.*, **46**, 11, 3434–3470.

Collins, A. G., T. L. Theis, S. Kilambi, L. He, and S. G. Pavlostathis (1998) "Anaerobic Treatment of Low-Strength Domestic Wastewater Using an Anaerobic Expanded Bed Reactor," *J. Environ. Eng.*, **124**, 7, 652–655.

Conklin, A., H. D. Stensel, and J. F. Ferguson (2006) "The Growth Kinetics and Competition Between *Methanosarcina* and *Methanosaeta* in Mesophilic Anaerobic Digestion," *Water Environ. Res.*, **78**, 5, 486–496.

Demirel, B. and P. Scherer (2011) "Trace Element Requirements of Agricultural Biogas Digesters During Biological Conversion of Renewable Biomass to Methane," *Biomass and Bioenergy*, **35**, 3, 992–998.

Elmitwalli, T. A., K. L. T. Oahn, G. Zeeman, and G. Lettinga (2002) "Treatment of Domestic Sewage in a Two-Step Anaerobic Filter/Anaerobic Hybrid System at Low Temperature," *Water Res.*, **36**, 9 2225–2232.

Evans, P. J., J. Amadori, D. Nelsen, D. Parry, and H. D. Stensel (2012) "Factors Controlling Stable Anaerobic Digestion of Food Waste and FOG," *Proceedings of the WEF 85th ACE*, New Orleans, LA.

Fermoso, F. G., G. Collins, J. Bartacek, V. O'Flaherty, and P. N. L. Lens (2008) "Role of Nickel in High Rate Methanol Degradation in Anaerobic Granular Sludge Bioreactors," *Biodegradation*, **19**, 5, 725–737.

Fezzani, B., and R. B. Cheikh (2008) "Implementation of IWA Anaerobic Digestion Model No. 1 (ADM1) for Simulating the Thermophilic Anaerobic Codigestion of Olive Mill Wastewater with Olive Mill Solid Waste in a Semi-Continuous Tubular Digester," *Chem. Eng. J.,* **141**, 1–3, 75–88.

Garcia, M. L. and L. T. Angenent (2009) "Interaction Between Temperature and Ammonia in Mesophilic Digesters for Animal Waste Treatment," *Water Res.,* **43**, 9, 2373–2382.

Girault, R., P. Rousseau, J. P. Steyer, N. Bernet, and F. Beline (2011) "Combination of Batch Experiments with Continuous Reactor Data for ADM1 Calibration: Application to Anaerobic Digestion of Pig Slurry," *Water Sci. Technol.,* **63**, 11, 2575–2582.

Gomec, C. Y. (2010) "High Rate Anaerobic Treatment of Domestic Wastewater at Ambient Operating Temperatures: A Review on Benefits and Drawbacks," *J. Environ. Sci. Health Part A*, **45**, 10, 1169–1184.

Grethlein, H. E. (1978) "Anaerobic Digestion and Membrane Separation of Domestic Wastewater," *J. WPCF*, **50**, 4, 754–763.

Hanaki, K., T. Matsuo, and M. Nagase (1981). "Mechanism of Inhibition Caused by Long-Chain Fatty-Acids in Anaerobic-Digestion Process." *Biotechnol. Bioeng.* **23**, 7, 1591–1610.

Henze, M., M. C. M. van Loosdrecht, G. A. Ekama, and D. Brdjanovic (2011) *Biological Wastewater Treatment Principles, Modeling and Design*, IWA Publishing, London.

Imhoff, K. (1938) "Sedimentation and Digestion in Germany," in L. Pease (ed.) *Modern Sewage Disposal*, Federation of Sewage Works Associations, New York.

Jeganathan, J., G. Nakhla, and A. Bassi (2006) "Long-Term Performance of High-Rate Anaerobic Reactors for the Treatment of Oily Wastewater," *Environ. Sci. Technol.*, **40**, 20, 6466–6472.

Kato, M. T., S. Rebac, and G. Lettinga, (1999) "Anaerobic Treatment of Low-Strength Brewery Wastewater in Expanded Granular Sludge Bed Reactor," *Appl. Biochem. Biotechnol.*, **76**, 1, 15–32.

Kessener, H. J. N. H. (1938) "Sewage Treatment in the Netherlands," in L. Pease (ed.) *Modern Sewage Disposal*, Federation of Sewage Works Associations, New York.

Kinnicutt L. P., C. E. A. Winslow, and R. W. Pratt (1913) *Sewage Disposal*, John Wiley & Sons, Inc., New York.

Leitão, R. C., A. C. van Haandel, G. Zeeman, and G. Lettinga (2006) "The Effects of Operational and Environmental Variations on Anaerobic Wastewater Treatment Systems: A Review," *Bioresource Technol.*, **97**, 9, 1105–1118.

Lettinga, G., A. F. M. Van Velsen, S. W. Hobma, W. J. de Zeeuw, and A. Klapwijk (1980) "Use of the Upflow Sludge Blanket (USB) Reactor Concept for Biological Wastewater Treatment," *Biotechnol. Bioeng.*, **22**, 4, 699–734.

Lettinga, G., and L. W. Hulshoff Pol (1991) "UASB-Process Designs for Various Types of Wastewaters," *Water Sci. Technol.*, **24**, 8, 87–107.

Lew, B., M. Belavski, S. Admon, S. Tarre, and M. Green (2003) "Temperature Effect on UASB Reactor Operation for Domestic Wastewater Treatment and Temperate Climate Regions," *Water Sci. Technol.*, **48**, 3, 25–30.

Li, Y. Y., H. Sasaki, K. Yamashita, K. Saki, and K. Kamigochi (2002) "High-Rate Methane Fermentation of Lipid-Rich Food Wastes by a High-Solids Codigestion Process," *Water Sci. Technol.*, **45**, 12, 143–150.

Lu, F., M. Chen, P. J. He, and L. M. Shao (2008) "Effects of Ammonia on Acidogenesis of Protein-Rich Organic Wastes," *Environ. Eng. Sci.* **25**, 1, 114–122.

Maillacheruvu, K. Y., G. F. Parkin, C. Y. Peng, W. C. Kuo, Z. I. Oonge, and V. Lebduschka (1993) "Sulfide Toxicity in Anaerobic Systems Fed Sulfate and Various Organics," *Water Environ. Res.,* **65**, 2, 100–109.

Malina, J. F., and F. G. Pohland (1992) *Design of Anaerobic Processes for the Treatment of Industrial and Municipal Wastes*, Water Quality Management Library, Vol. 7, CRC Press, Boca Raton, FL.

McCarty, P. L. (1964) "Anaerobic Waste Treatment Fundamentals: I. Chemistry and Microbiology; II. Environmental Requirements and Control; III. Toxic Materials and Their Control; IV. Process Design," *Public Works*, **95**, 9, 107–112; 10, 123–126; 11, 91–94; 12, 95–99.

McCarty, P. L. (2001) "The Development of Anaerobic Treatment and Its Future," *Water Sci. Technol.*, **44**, 8, 159–156.

Metcalf, L., and H. P. Eddy (1915) *American Sewerage Practice, III, Disposal of Sewage* (1st ed.), McGraw-Hill Book Company, Inc., New York.

Moigno, A. F. (1881) "Mouras' Automatic Scavenger," *Cosmos*, 622.

Moigno, A. F. (1882) "Mouras' Automatic Scavenger," *Cosmos*, 97.

Morgan, P. W. (1954) "Studies of Accelerated Digestion of Sewage Sludge," *Sewage Ind. Wastes,* **26**, 4, 462–478.

Muller, C. D., H. L. Gough, D. Nelson, J. F. Ferguson, H. D. Stensel, and P. Randolph (2009) "Investigating the Process Constraints of the Addition of Codigestion Substrates to Temperature Phased Anaerobic Digestion," *Proceedings of the WEF 82nd ACE,* October, 13, 2009. Orlando, FL.

Nicolella, C., M. C. M. van Loosdrecht, and J. J. Heijnen (2000) "Wastewater Treatment with Particulate Biofilm Reactors," *J. Biotechnol.*, **80**, 1, 1–33.

Obayashi, A. W., E. G. Kominek, and H. D. Stensel, (1981) "Anaerobic Treatment of High Strength Industrial Wastewater," *Chem. Eng. Prog.*, **77**, 4, 68–73.

O'Flaherty V, G. Collins, and T. Mahony (2006) "The Microbiology and Biochemistry of Anaerobic Bioreactors with Relevance to Domestic Sewage Treatment," *Rev. in Environ. Sci. and Biotechnol.*, **5**, 1, 39–55.

Osuna, M. B., M. H. Zandvoort, J. M. Iza, G. Lettinga, and P. N. L. Lens (2003) "Effects of Trace Element Addition on Volatile Fatty Acid Conversions in Anaerobic Granular Sludge Reactors," *Environ. Technol.* **24**, 5, 573–587.

Parkin, G. F., and S. W. Miller (1982) "Response of Methane Fermentation to Continuous Addition of Selected Industrial Toxicants," *Proceedings of the 37th Purdue Industrial Waste Conference*, Lafayette, IN.

Parkin, G. F., and W. E. Owen (1986) "Fundamentals of Anaerobic Digestion of Wastewater Sludges," *J. Environ. Eng.*, **112**, 5, 867–920.

Rosso, D., and M. K. Stenstrom (2008) "The Carbon-Sequestration Potential of Municipal Wastewater Treatment," *Chemosphere*, **70**, 8, 1468–1475.

Sambusiti, C., F. Monlau, E. Ficara, H. Carrere, and F. Malpei (2013) "A Comparison of Different PreTreatments to Increase Methane Production from Two Agricultural Substrates," *Applied Energy*, **104**, 62–70.

Schmidt, J. E., and B. K. Ahring (1996) "Granular Sludge Formation in Upflow Anaerobic Sludge Blanket (UASB) Reactors," *Biotechnol. Bioeng.*, **49**, 3, 229–246.

Schroepfer, G. J., W. Fullen, A. Johnson, N. Ziemke, and J. Anderson (1955) "The Anaerobic Contact Process as Applied to Packinghouse Wastes," *Sewage Ind. Wastes*, **27**, 4, 460–486.

Seghezzo, L., G. Zeeman, J. B. van Lier, H. V. M. Hamelers, and G. Lettinga (1998) "A Review: The Anaerobic Treatment of Sewage in UASB and EGSB Reactors," *Bioresource Technol.,* **65**, 3, 175–190.

Shuizhou, K., and S. Zhou (2005) "Applications of Two-Phase Anaerobic Degradation in Industrial Wastewater Treatment," *Int. J. Environment and Pollution*, **23**, 1, 65–80.

Speece, R. E. (1996) *Anaerobic Biotechnology for Industrial Wastewaters*, Archae Press, Nashville, TN.

Speece, R. E. (2008) *Anaerobic Biotechnology and Odor/Corrosion Control for Municipalities and Industries,* Fields Publishing, Inc., Nashville, TN.

Sprott, G. D., and G. B. Patel (1986) "Ammonia Toxicity in Pure Cultures of Methanogenic Bacteria," *Syst. Appl. Microbiol.* **7**, 2–3, 358–363.

Stander, G. J. (1950) "Effluents from Fermentation Industries, Part IV, A New method for Increasing and Maintaining Efficiency in the Anaerobic Digestion of Fermentation Effluents," *J. Inst. Sewage Purification*, **4**, 438.

Stander, G. J., and R. Snyders (1950) "Effluents from Fermentation Industries, Part V, Re-Inoculation as an Integral Part of the Anaerobic Digestion Method of Purification of Fermentation effluents," *J. Inst. Sewage Purification*, **4**, 447.

Steinhaus, B., M. L. Garcia, A. Q. Shen, and L. T. Angenent (2007) "A Portable Anaerobic Microbioreactor Reveals Optimum Growth Conditions for the Methanogen Methanosaeta Concilii," *Appl. Environ. Microbiol.* **73**, 5, 1653–1658.

Straub, A. J., A. S. Q. Conklin, J. F. Ferguson, and H. D. Stensel (2006) "Use of the ADM1 to Investigate the Effects of Acetoclastic Methanogenic Population Dynamics on Mesophilic Digester Stability" *Water Sci. Technol.*, **54**, 4, 59–66.

Switzenbaum, M. S., and W. J. Jewell (1980) "Anaerobic-Attached Film Expanded-Bed Reactor Treatment," *J. WPCF*, **52**, 7, 1953–1965.

Takashima, M., K. Shimada, and R. E. Speece (2011) "Minimum Requirements for Trace Metals (Iron, Nickel, Cobalt, and Zinc) in Thermophilic and Mesophilic Methane Fermentation from Glucose," *Water Environ. Res.* **83**, 4, 339–346.

Tauseef, S. M., T. Abbasi, and S. A. Abbasi (2013) "Energy Recovery from Wastewater with High Rate Anaerobic Digesters," *Renewable and Sustainable Energy Reviews,* **19**, 704–741.

Tchobanoglous, G., H. D. Stensel, and F. L. Burton (2003) *Wastewater Engineering: Treatment and Reuse*, 4th ed., Metcalf & Eddy, Inc., McGraw-Hill, New York.

Thaveesri, J., K. Gernaey, B. Kaonga, G. Boucneau, and W. Verstraete (1994) "Organic and Ammonium Nitrogen and Oxygen in Relation to Granular Sludge Growth in Lab-Scale UASB Reactors," *Water Sci. Technol.*, **30**, 12, 43–53.

Torpey, W. N. (1954) "High Rate Digestion of Concentrated Primary and Activated Sludge," *Sewage Ind. Wastes*, **26**, 4, 479–496.

Totzke, D. (2012) "2012 *Anaerobic Treatment Technology Overview*, Applied Technologies, Inc., Brookford, WI.

U.S. EPA (1991) *Hydrogen Sulfide Corrosion in Wastewater Collection and Treatment Systems*, EPA 430/09-91-010, Report to Congress, Office of Water, U.S. Environmental Protection Agency, Washington, DC.

van Haandel, A. C. and G. Lettinga (1994) *Anaerobic Sewage Treatment: A Practical Guide for Regions with a Hot Climate.* John Wiley & Sons, Chichester, UK.

van Velsen, A. F. M. (1977) "Anaerobic Digestion of Piggery Waste," *Netherlands J. Agri. Sci.*, **25**, 3, 151–169.

Visvanathan, C. and A. Abeynayaka (2012) "Developments and Future Potentials of Anaerobic Membrane Bioreactors (AnMBRs)," *Membrane Water Treat.*, **3**, 1, 1–23.

Winslow, C. E. A. (1938) "Pioneers of Sewage Disposal in New England," in L. Pease (ed.) *Modern Sewage Disposal*, Federation of Sewage Works Associations, New York.

Wilson, C. A., J. Novak, I. Takacs, B. Wett, and S. Murthy (2012) "The Kinetics of Process Dependent Ammonia Inhibition of Methanogenesis from Acetic Acid," *Water Res.*, **46**, 19, 6247–6256.

Young, J. C. and P. L. McCarty (1969) "The Anaerobic Filter for Waste Treatment," *J. WPCF*, **41**, 5, Research Supplement to: **41**, 5, Part II, R160–R173.

Young, J. C. (1991) "Factors Affecting the Design and Performance of Upflow Anaerobic Filters," *Water Sci. Technol.,* **24**, 8, 133–155.

Yu, H. Q., H. H. P. Fang, and J. H. Tay (2000) "Effects of $Fe^{2+}$ on Sludge Granulation in Upflow Anaerobic Sludge Blanket Reactors," *Water Sci. Technol.,* **41**, 12, 199–205.

Yu, H. Q., J. H. Tay, and H. H. P. Fang (2001) "The Roles of Calcium in Sludge Granulation During UASB Reactor Start-Up," *Water Res.,* **35**, 4, 1052–1060.

Zeeman, G., W. T. M. Sanders, K. Y. Wang, and G. Lettinga (1997) "Anaerobic Treatment of Complex Wastewater and Waste Activated Sludge–Application of an Upflow Anaerobic Solid Removal (UASR) Reactor for the Removal and Pre-Hydrolysis of Suspended COD," *Water Sci. Technol.,* **35**, 10, 121–128.

Zhang, L., and D. Jahng (2010) "Enhanced Anaerobic Digestion of Piggery Wastewater by Ammonia Stripping: Effects of Alkali Types," *J. Hazard. Mater.*, **182,** 1–3, 536–543.

# 11

# 잔류성분 제거를 위한 분리 공정

*Separation Processes for Removal of Residual Constituents*

# 용어정의

| 용어 | 정의 |
|---|---|
| 흡수(absorption) | 원자, 이온, 분자 및 기타 성분이 하나의 상에서 이동하여 다른 상으로 균일하게 분산되는 공정(흡착 참조) |
| 활성탄 (activated carbon) | 수중 미량 물질과 대기 중 오염물질 제거를 위한 흡착공정에 널리 사용되는 재료. 유기물을 고온 열분해를 통해 탄화한 후 증기를 이용한 고온 으로 물질 전달에 적합하게 활성화 |
| 흡착(adsorption) | 원자, 이온, 분자 및 기타성분이 하나의 상에서 이동하여 다른 상의 표면에 축적되는 공정(흡수 참조) |
| 역세척(backwash) | 공기나 깨끗한 물을 반대방향으로 흘려 흡착 여상에 축적된 고형물을 제거하는 과정 |
| 염수(brine) | 고농도의 용존고형물을 포함하고 있는 농축수 |
| 심층여과 (depth filtration) | 모래나 안트라사이트와 같은 입상여재에 통과시켜 액체 내의 입자를 제거하는 공정 |
| 전기투석(electrodialysis, ED) | 액체 내의 이온(전하를 띤 분자)을 전위차를 구동력으로 하여 반투과성막을 경계로 하는 다른 액체로 이동시키는 공정 |
| 플럭스(flux) | 막표면을 통과하는 시간당 질량 또는 부피이며 단위는 통상 m3/m2·h 또는 L/m2·h (gal/ft2·d) |
| 막오염(fouling) | 고형물이 막 표면 또는 공극 내에 축적되어 막유량을 감소시키는 현상 |
| 공기탈기(gas stripping) | 충진탑에서 공기와 액체를 반대 방향으로 통과시켜 액체 내에 있는 휘발성 및 반휘발성(Semi-volatile) 오염 물질을 제거하는 방법 |
| 이온교환(ion exchange) | 용존 이온을 고체상과 결합한 다른 이온으로 교환시켜 제거하는 공정 |
| 등온식(isotherm) | 주어진 온도에서 특정 물질의 수중 농도와 흡착한 양과의 관계에 대한 함수 |
| 막(membrane) | 물리적 크기나 분자량에 의해 물과 특정 물질은 투과시키지만 다른 물질은 통과시키지 않는 장치로 보통 유기 고분자로 만듦 |
| 정밀여과(microfiltration, MF) | 공극 크기가 약 0.05~2 μm이며 수중의 일반적인 입자성 물질을 제거하는 막 |
| 나노여과(nanofiltration, NF) | 콜로이드 물질과 0.001 μm 수준의 용존성 물질을 제거하는 압력 구동막 |
| 잔류물(residuals) | 폐수처리 과정에서 발생하는 잔재물. 예를 들어 심층 및 표면여과의 잔류물은 역세수이며, 막 공정의 잔류물은 역세수, 농축수, 화학세정액 |
| 역삼투(reverse osmosis, RO) | 선택적 확산을 통해 용존물질을 투과시키지 않는 압력 구동, 반투과막 |
| 반투과막(semipermeable mebrane) | 물질 별로 투과 여부가 다른 막 |
| 분리 공정(separation process) | 입자물질을 제거하는 물리, 화학적 수처리 공정. 제거된 입자물질은 잔류물 형태로 농축되므로 별도의 관리 필요 |
| 소듐 흡착 분율(sodium adsorption ratio, SAR) | 흙의 염분 함량 기준으로 소듐 이온과 칼슘 및 마그네슘 이온의 비 |
| 표면여과(surface filtration) | 보통 섬유나 금속으로 된 얇은 격벽에 통과시켜 액체 내의 입자를 제거하는 공정 |
| 합성 유기화합물(synthetic organic compounds, SOCs) | 산업 공정에서 광범위하게 사용되고 다양한 공산품 및 소비재에 포함되어 있는 합성 유기물. 독성과 밝혀지지 않은 영향으로 인해 음용수 및 재이용수 내에 포함된 합성 유기화합물이 관심사임 |
| 한외여과(ultrafiltration, UF) | 공극 크기가 0.005~0.1μm인 것을 제외하면 정밀여과와 유사한 막. 세균, 바이러스를 포함한 미세입자의 분리 수준이 정밀여과에 비해 높음 |

재래식 2차 처리 유출수에는 부유물질, 콜로이드, 용존 성분들이 다양한 농도로 잔류한다. 부유 및 콜로이드 물질은 후단 소독 공정의 효율을 저하하고 유출수를 방류 및 재이용하기에 부적절하게 한다. 용존 성분은 칼슘(calcium), 포타슘(potassium), 황산이온(sulfate), 질산이온(nitrate), 인산이온(phosphate) 같이 상대적으로 간단한 무기이온들로부터 갈수록 증가하는 매우 복잡한 합성 유기성 화합물까지 다양하게 존재한다. 폐수 내의 잠재적인 독성물질과 생물학적 활성 물질이 환경에 미치는 영향과 이러한 물질들을 표준 및 고도처리공정으로 제거할 수 있는지는 주요한 연구 분야 중 하나이며, 최근 들어 이러한 물질들이 환경에 미치는 영향이 좀더 명확하게 이해되고 있다. 이에 따라 이러한 물질들의 유출 농도를 제한하는 방향으로 폐수처리에 대한 요구사항이 더욱 엄격해지는 추세이다.

이러한 새로운 요구를 충족시키기 위해서는 기존의 다수의 2차 처리시설들은 개선되어야 하고 새로운 고도처리공정을 건설 되어야 할 것이다. 본 장의 목표는 처리수에 존재하는 부유, 콜로이드, 용존 잔류성분을 처리하는 단위 공정들을 소개하는 데 있다. 개별 단위 공정들을 논하기 전에 추가폐수처리의 필요성과 특정성분이 관심을 받는 이유에 대해 먼저 살펴보기로 한다.

## 11-1  추가폐수처리 필요성

2차 처리 유출수 내 잔류성분은 (1) 유/무기 부유 및 콜로이드 입자 물질, (2) 용존 유기 성분, (3) 용존 무기 성분, (4) 생물학적 성분의 네 범주로 나뉘며 각 범주별 성분 및 처리 필요성을 표 11-1에 나타내었다. 표 11-1에 기재된 잔류성분들의 잠재 영향은 방류 지역의 상황에 따라 상당히 달라질 수 있다. 이 목록의 물질들은 완벽히 제거되어야 하는 대상이기보다는 유출수 배출기준을 설정하고 관리할 때 고려되어야 하는 요소로 이해되어야 한다. 또한 2차 처리 후의 유출수에서 발견되는 잔류물의 영향에 대한 실험실 수준 연구와 환경의 모니터링에 의해 과학 지식이 증가함에 따라, 현재 3차 또는 고도처리공정으로 분류되는 기술들의 다수가 10년 내지 20년 이내에 표준공정으로 분류될 것이다. 예를 들어 과거 20년 동안에 유출수 여과는 전보다 더 많이 설치 되어 있는 처리방법이 되어 있다.

## 11-2  입자 및 용존 잔류성분 제거 기술 개요

지난 20년 동안 2차 및 3차 처리수 내 잔류성분을 제거하기 위한 다양한 처리 기술들이 연구, 개발, 적용되었다. 잔류성분 제거 단위 공정은 크게 (1) 물질전달에 의한 분리 공정과 (2) 화학 및 생물학적 전환 공정으로 나뉜다.

### ≫ 물질전달에 의한 분리 공정

하나의 상에서 다른 상으로의 물질전달 또는 같은 상 내에서의 농축에 의한 잔류성분 제거는 다양한 단위 공정에서 이루어진다. 잔류성분의 분리(제거)에 사용되는 주요 물질전달 공정들을 표 11-2에 요약하였다. 대부분 분리 공정들의 주요 특징은 후속 관리(처리,

**표 11-1**

폐수 유출수 내 잔류성분 및 추가폐수처리 필요성

| 잔류성분 | 영향 및 추가처리 필요성 |
|---|---|
| **유·무기 부유 및 콜로이드 입자 물질** | |
| 부유물질 | • 미생물을 보호하여 소독 효과 저하 |
| | • 슬러지 침적물 발생 및 방류수 수질 저하 |
| | • 방류수 탁도 유발 |
| 콜로이드 물질 | • 방류수 탁도 유발 |
| 유기물질(입자성) | • 소독 효과 저하 및 산소 고갈 |
| **용존 유기물** | |
| 총 유기탄소 | • 산소 고갈 |
| 난분해성 유기물 | • 인간에게 유해; 발암물질 |
| 휘발성 유기화합물 | • 인간에게 유해; 발암물질; 광화학 산화물 형성 |
| 제약 화합물 | • 수중생물에게 영향을 줌(내분비선 파괴, 성 변이) |
| 계면활성제 | • 거품 유발 및 응집 저해 |
| **용존 무기물** | |
| 암모니아 | • 염소요구량 증가 |
| | • 질산이온으로 전환되면서 산소 고갈 |
| | • 인과 함께 바람직하지 않은 수중 생물 성장 촉진 |
| | • 물고기에게 유해 |
| 질산이온 | • 조류와 수중 생물 성장 촉진 |
| | • 유아에게 청색증(methemoglobinemia) 유발 |
| 인 | • 조류와 수중 생물 성장 촉진 |
| | • 화학약품 요구량 증대 |
| | • 석회-소다 연수화를 저해 |
| 칼슘, 마그네슘 | • 경도와 총 용존고형물 증가 |
| | • 소듐 흡착 분율 증가 |
| 염화이온, 황산이온 | • 짠맛 유발 |
| 총 용존고형물 | • 농업과 산업 공정 저해 |
| | • 응집 저해 |
| **생물학적** | |
| 세균 | • 질병 유발 |
| 원생동물 cyst와 oocysts | • 질병 유발 |
| 바이러스 | • 질병 유발 |

처분, 재이용)를 필요로 하는 폐기물을 배출한다는 점을 주목할 필요가 있다. 각각의 폐기물은 분리 공정의 종류와 성능에 따라 다를 것 이다. 예를 들어 흡착공정은 오염물질로 포화된 흡착제를, 화학 침전은 약품과 함께 공침된 오염물질을 함유하는 슬러지를, 역삼투는 오염물질이 농축된 액체 폐기물인 농축수를 배출한다. 15장에서 서술한 대로, 많은 경우 이러한 폐기물의 처리는 상당한 기술적 난관과 비용을 초래할 수 있다.

**표 11-2**

폐수처리와 물재생 시 입자 및 용존 성분 제거에 사용되는 물질전달 기반 단위 공정

| 단위 공정 | 상 | 적용 |
|---|---|---|
| 흡수 | 기체 → 액체 | 포기, 산소 전달, $SO_2$ 스크러빙, 염소소독, 이산화염소 및 암모니아 주입, 오존처리 |
| 흡착 | 기체 → 고체<br>액체 → 고체 | 활성탄, 활성 알루미나, 입상 수산화제이철 등 흡착제를 이용한 유무기 화합물 제거 |
| 증류 | 액체 → 기체 | 탈이온, 폐 농축액 추가 농축 |
| 전기투석 | 액체 → 액체 | 용존 성분 및 이온 제거 |
| 심층여과 | 액체 → 고체 | 입자 물질 제거 |
| 표면여과 | 액체 → 고체 | 입자 물질 제거 |
| 부상 | 액체 → 고체 | 입자 물질 제거 |
| 탈기 | 액체 → 기체 | $NH_3$ 및 휘발성 유무기 화합물 제거 |
| 이온교환 | 액체 → 고체 | 탈이온, 특정 성분 제거, 연수화 |
| 정밀여과, 한외여과 | 액체 → 액체 | 입자 및 콜로이드 성분 제거 |
| 나노여과 | 액체 → 액체 | 용존 및 콜로이드 성분 제거, 연수화 |
| 화학 침전 | 액체 → 고체 | 용존 및 콜로이드 성분 제거, 연수화 |
| 역삼투 | 액체 → 액체 | 용존 성분 제거 |
| 침전 | 액체 → 고체 | 입자 성분 제거 |

[a] Adapted in part from Crittenden et al. (2012)

## ⟫ 화학 및 생물학적 공정에 의한 전환

두번째 공정 그룹에서는 미량 성분을 산화, 환원 반응을 통해 전환 또는 파괴시키는 화학적 및 생물학적 공정들을 활용한다. 전환에 사용되는 일반적인 화학 산화제에는 과산화수소, 오존, 염소, 이산화염소, 과망간산포타슘 등이 있으며, 미량 성분의 전환 및 분해에는 OH라디칼을 이용하는 고도산화공정(AOP)과 UV 광분해가 특히 효과적이며, 종종 유기물을 이산화탄소와 무기산으로 완전 무기화시킬 수 있다. 고도산화공정과 광분해는 6장에서 언급되었으며, 화학 소독은 12장에서 별도로 서술되었다. 생물학적 처리 및 전환 공정은 7~10장에서 다루어진다.

## ⟫ 잔류성분 제거를 위한 단위 공정 적용

표 11-2에 나열한 단위 공정의 적용에 대한 정보를 표 11-3에 나타내었다. 단위 공정의 선택 또는 조합은 (1) 처리된 유출수의 용도, (2) 관심 대상 성분, (3) 공정들의 조화 가능성, (4) 처리 후 발생 폐기물의 관리 방안, (5) 환경적 경제적 타당성을 고려하여 결정되어야 한다. 처리공정 선택시 고려 되어야 할 특정한 요소들은 앞의 4장의 표 4-2에 제시 및 논의되었다. 고도 폐수처리공정을 설계함에 있어 종종 경제적 타당성보다 환경 보호 또는 방류수 수질 기준 부합 여부가 결정적인 요소가 됨을 유의해야 한다. 설치 지역에 적합한 처리 성능 자료 및 설계 인자 도출 시, 현장에서는 성능 차이가 있기 때문에 연구실 및 파일럿 플랜트 실험의 선행이 권장된다. 표 11-3에 나타낸 해당 절에서 각 기술의 대표적인 처리 성능 자료를 찾을 수 있다.

## 11-3 입자 및 용존 잔류성분 제거 단위 공정

입자성 잔류성분 제거에 사용되는 주요 단위 공정 중 본 장은 (1) 심층여과(입상 또는 신축성 여재로 충진된 여상을 통한 액체 통과), (2) 표면여과(기계적 체거름을 유발하는 얇은 격벽을 통한 액체 통과), (3) 막여과(0.005~2.0 μm 크기의 입자를 제거하기 위해 다공성 물질에 액체 통과)를 다룬다. 각 공정은 표 11-4에 도시 및 요약 설명되었다. 표 11-4에 언급된 단위 공정 중 부상(기포를 입자에 부착시켜 부력에 의해 입자를 띄운 후 걷어냄)은 5장에서 다루어졌다.

용존 잔류성분 제거에 사용되는 주요 단위 공정들에는 이장에서 논의되는 것과 같이 (1) 역삼투(반투과성 막에 액체를 통과하여 0.0001~0.001 μm 크기의 분자 제거), (2) 전기투석(이온 선택성 막을 통한 이온 이동), (3) 흡착(고체상으로의 물질 농축), (4) 탈기(액체상에서 기체상으로의 물질 이동), (5) 이온교환(이온종 교환), (6) 증류(증발에 의한 물질 분리)가 포함된다.

### ▶▶ 전형적인 공정 흐름도

위에서 언급한 단위 공정들을 포함하는 일반적인 처리공정 흐름도를 그림 11-1에 도시하였다. 단위 공정의 조합은 처리 목적에 좌우된다. 예를 들어 그림 11-1(b)의 전기투석은 유출수 내 총 용존고형물 저감을 위한 이온 제거에 사용된다. 그림 11-1(d)의 음용수를 생산하기 위해 많은 단위 공정들이 조합되었다. 역삼투가 사용될 경우에는 다른 막공정이 역삼투막의 막힘을 유발하기 쉬운 입자 물질의 영향을 저감하기 위해 전단에 위치된다. 그림 11-1(f)의 이단 역삼투는 고압 보일러 용수 생산을 위해 조합되었다. 개별 요구사항에 따라 다양한 처리공정 흐름도가 개발될 수 있으며, 다른 흐름도들은 본 장에서 다루어진다.

### ▶▶ 공정 성능 예측

유출수 방류 기준을 충족하고 후속 처리공정을 선택하기 위해서는 주어진 단위 공정이 배출하는 유출수 내 주요 물질 농도의 일반적인 평균과 분포에 대한 파악이 필요하다. 다양한 생물학적 처리 후단에 심층, 표면, 막여과를 설치할 경우 얻을 수 있는 일반적인 유출수 수질을 표 11-5에 나타내었다. TSS와 탁도 제거에 관한 입자 제거 공정별 성능 차이는 심층, 표면, 막여과를 다루는 절에서 논의된다.

## 11-4 심층여과 개론

비 압축성 여재를 이용한 심층여과는 가장 오래된 음용수 처리 기술 중 하나이면서 현재는 폐수처리 유출수 여과, 특히 저농도 영양물질 제거와 물 재사용에 널리 사용된다. 심층여과는 보통 (1) 잔류 SS(입자성 BOD와 인 포함) 추가 제거, (2) 고형물 부하 저감, (3) 후단 소독(특히 UV) 공정 전처리(12장 참조) 목적으로 사용된다. 단상 및 이상 여과는 화학 침전 인을 제거하는 데 활용된다. 심층여과와 다른 여과 형태와의 관계를 그림 11-2에

**표 11-3**

**처리된 폐수 유출수 내 입자 및 용존 잔류성분 제거를 위한 단위 공정 적용**

| 잔류물질 | 단위 공정(해당 절) | | | | | |
|---|---|---|---|---|---|---|
| | 심층여과<br>(11-4) | 표면여과<br>(11-5) | 정밀 및 한외여과<br>(11-6) | 역삼투<br>(11-6) | 전기투석<br>(11-7) | 흡착<br>(11-8) |
| 유무기 부유 및 콜로이드 입자 물질 | | | | | | |
| 부유물질 | ✔ | ✔ | ✔ | ✔ | | ✔ |
| 콜로이드 물질 | ✔ | ✔ | ✔ | ✔ | | ✔ |
| 용존유기물 | | | | | | |
| 총 유기탄소 | | | | ✔ | ✔ | ✔ |
| 난분해성 유기물 | | | | ✔ | ✔ | ✔ |
| 휘발성 유기화합물 | | | | ✔ | ✔ | ✔ |
| 용존무기물 | | | | | | |
| 암모니아[a] | | | | ✔ | ✔ | |
| 질산이온[a] | | | | ✔ | ✔ | |
| 인[a] | ✔[b] | | | ✔ | ✔ | |
| 총 용존고형물 | | | | ✔ | ✔ | |
| 생물학적 | | | | | | |
| 세균 | | | ✔ | ✔ | ✔ | |
| 원생동물 cyst와 oocyst | ✔ | | ✔ | ✔ | ✔ | ✔ |
| 바이러스 | | | | ✔ | ✔ | |

[a] 질소와 인의 생물학적 제거는 7~10장에서 설명

[b] 인은 2단 여과 공정으로 제거

[c] 약간의 월류 발생

도시하였다. 과거에는 심층여과가 유출수 처리에 독보적으로 사용되었지만, 현재는 11-5절에서 기술된 표면여과 기술의 발달로 인해 주도적인 기술로서의 지위는 상실한 상태이다.

심층여과를 소개하기 위해 본 절에서는 (1) 심층여과 공정의 일반적 소개, (2) 오염물이 없는 여재에서의 수리학, (3) 여과 공정의 분석을 다루고자 한다. 파일럿 플랜트 연구 필요성에 대한 토의를 포함한 여재의 선택과 설계에 관련된 문제들 그리고 가용한 여재 형태는 다음 절에서 다루기로 한다.

## ≫ 여과 공정 개요

심층여과를 이해하는 데는 다음과 같은 기초사항을 이해하는 것이 유용하다. (1) 표준 입상여재 심층여과의 물리적 특징, (2) 여재의 특성, (3) 액체로부터 부유물질이 제거되는 여과과정, (4) 여재 안에 남아 있던 부유물질들이 제거되는 역세척 공정

**심층여과의 물리적 특성.** 표준 입상여재 심층여과를 그림 11-3에 도시하였다. 자갈층이 여재(이 경우 모래)를 지지하고, 자갈층은 여재 배수장치에 의해 지지된다. 여과될 물은 입구를 통해 여재로 들어온다. 여과된 물은 배수장치를 통해 수집되는데, 이때 사용되

**표 11-3** (계속)

| 탈기 (11-9) | 이온교환 (11-10) | 증류 (11-11) | 화학침전 (6-3, 4, 5) | 화학산화 (6-7) | 고도산화 (6-8) | 열분해 (6-9) |
|---|---|---|---|---|---|---|
| | ✔ | ✔ | ✔ | | | |
| | ✔ | ✔ | ✔ | | | |
| | | | | | | |
| | ✔ | ✔ | ✔ | ✔ | ✔ | ✔ |
| | | ✔ | | ✔ | ✔ | ✔ |
| ✔ | | ✔ | | ✔ | ✔ | ✔ |
| | | | | | | |
| ✔ | ✔ | ✔ | | | | |
| | ✔ | ✔ | | | | |
| | | ✔ | ✔ | | | |
| | ✔ | ✔ | | | | |
| | | | | | | |
| | | ✔ | | | | |
| | ✔ | ✔ | ✔ | | | |
| | | ✔ | | ✔ | ✔ | ✔ |

는 배수장치는 여재를 역세척하기 위해 흐름을 반대로 돌릴 때에도 이용된다. 여과된 물은 자연환경으로 방류되기 전에 보통 소독된다. 만일 여과된 물을 재이용하려면 저류조나 개선된 물 분배계통으로 방류하여야 한다. 여재의 수리학적 제어는 다음 절에서 다루기로 한다.

**여재 특성.** 여재 입자 크기는 입자 및 콜로이드 물질 제거, 손실수두, 여과 운전 시 손실수두 증가를 포함한 여과 공정 운전에 영향을 주는 주요한 특성이다. 입경이 너무 작은 여재를 사용하면 추진력의 대부분이 여상의 마찰저항을 극복하는 데 소모된다. 반대로 입경이 너무 크면, 유입수에 있는 입자들이 너무 많이 여재를 통과할 것이다. 따라서 여재입자 크기의 선택은 목표 유출 수질과 수두손실 정도를 고려하여 결정되어야 한다. 여재의 크기 분포는 보통 크기가 다른 여러 개의 체를 이용하는 체분석을 통해 구한다. 흔히 사용되는 U.S. sieve 규격을 표 11-6에 나타내었다. 체분석 결과는 보통 주어진 체 크기를 통과한 누적 퍼센트를 산술-로그 또는 확률-로그지에 작도하여 분석한다(예제 11-1 참조).

여재의 유효경($d_{10}$)은 질량으로 10%를 차지하는 크기로 정의된다. 모래의 경우 질

## 표 11-4

### 부유 및 콜로이드 잔류성분 제거에 널리 쓰이는 단위 공정

| 단위 공정 | 설명 |
|---|---|
| (a) 심층여과 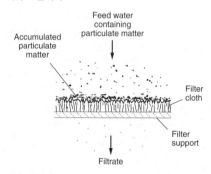 | 심층여과는 원래 지표수의 음용수 이용을 위한 처리방법으로 개발된 것으로 폐수처리에도 적용되고 있다. 심층여과는 다음의 목적으로 SS(입자성 BOD 포함)의 추가적인 제거에 사용된다. (1) 소독 효율 증대, (2) 활성탄 흡착, 막여과, 고도산화 전처리, (3) 화학침전 인 제거 |
| (b) 표면여과 | 표면여과는 2차 처리 또는 안정화지 유출수의 잔류 SS 제거 시 심층여과에 대한 대안으로 사용된다. 상대적으로 새로운 기술인 표면여과는 싱크대의 체와 유사한 체 거름 기작을 통해 SS를 제거한다. |
| (c) 막여과 | 정밀여과(MF)와 한외여과(UF) 막을 상수와 폐수처리에 적용하는 사례가 증가하고 있다. MF와 UF 막여과 역시 표면여과 장치의 일종이나 여재의 공극 크기(0.005~2.0μm)에서 차이가 있다. 물 재이용 시, MF와 UF는 보통 생물학적 처리 후단에 위치하여 2차 침전에서 제거되지 않는 병원균, 유기물, 영양염류 등 입자 물질을 제거하는 데 사용된다. MF와 UF 유출수는 다양한 용도의 재이용수로 직접(소독 후) 활용되거나 후단의 나노여과(NF) 또는 역삼투(RO) 공정으로 유입된다. |
| (d) 가압 부상 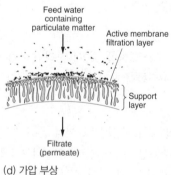 | 가압 부상(DAF)은 고형물 입자의 비중이 부착된 기포에 의해 물보다 낮아져 떠오르게 하는 중력 분리 공정이다. 물 재이용 시, DAF는 주로 조류를 함유한 안정화지 유출수 처리와 중력 침전으로 제거하기 어려운 낮은 비중의 입자를 처리함에 있어 1차 침전을 대체하거나 심층 또는 표면여과의 전처리로 사용된다. DAF는 5장의 5-7절에서 다루었다. |

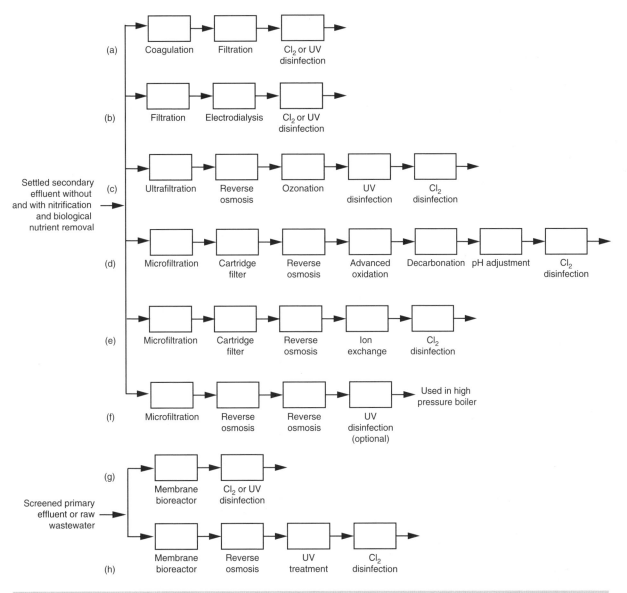

#### 그림 11-1

**일반적인 고도처리공정 흐름도.** 각 흐름도에 나오는 기술들은 한 가지 용도 또는 여러 가지 용도로 이용될 수 있다. 예를 들면, 흐름도 (d)의 고도산화는 NDMA 파괴에, (e)의 이온교환은 질산이온 제거에 사용된다.

량 10%는 입자수 기준으로는 약 50%에 해당한다. 균등계수(uniformity coefficient, UC)는 10% 크기에 대한 60% 크기의 비로 정의된다(US $= d_{60}/d_{10}$). 각 여재에 대한 단계곡선(gradation curve)을 더욱 정확하게 정의하기 위해 때때로 99%가 통과되는 크기와 1%만 통과하는 크기를 알 필요가 있다. 여재의 특성에 대한 추가적인 정보는 여과 공정을 설계하는 다음 절에서 다룬다.

**여과 공정.** 표준 하향류 심층여과에서는, 여과 시 부유물질을 포함한 폐수가 여상의 윗

**표 11-5**
**다양한 수준의 처리에서의 일반적인 유출수질**

| 성분 | Unit | 유출수질 범위 | | | | | | |
|---|---|---|---|---|---|---|---|---|
| | | 미처리수[a] | 활성슬러지[b] | 활성슬러지[b] + 여과 | BNR 활성슬러지[c] | BNR 활성슬러지[c] + 여과 | MBR | 활성슬러지 + 정밀여과 + 역삼투 |
| 총 부유고형물(TSS) | mg/L | 130~389 | 5~25 | 2~8 | 5~20 | 1~4 | <1~5 | ≤1 |
| 콜로이드 | mg/L | | 5~25 | 5~20 | 5~10 | 1~5 | 0.5~4 | ≤1 |
| 생물학적 산소요구량(BOD) | mg/L | 133~400 | 5~25 | <5~20 | 5~15 | 1~5 | <1~5 | ≤1 |
| 화학적 산소요구량(COD) | mg/L | 339~1016 | 40~80 | 30~70 | 20~40 | 20~30 | <10~30 | ≤2~10 |
| 총 유기탄소(TOC) | mg/L | 109~328 | 20~40 | 15~30 | 10~20 | 1~5 | <0.5~5 | 0.1~1 |
| 암모니아성 질소 | mg N/L | 14~41 | 1~10 | 1~6 | 1~3 | 1~2 | <1~5 | ≤0.1 |
| 질산성 질소 | mg N/L | 0~trace | 5~30 | 5~30 | <2~8 | 1~8 | <8[d] | ≤1 |
| 아질산성 질소 | mg N/L | 0~trace | 0~trace | 0~trace | 0~trace | 0.001~0.1 | 0~trace | ≤0.001 |
| 총 질소 | mg N/L | 23~69 | 15~35 | 15~35 | 3~8 | 2~5 | <10[d] | ≤1 |
| 총 인 | mg P/L | 3.7~11 | 3~10 | 3~8 | 1~2 | ≤2 | <0.3[e]~5 | ≤0.5 |
| 탁도 | NTU | 2~15 | 2~15 | 0.5~4 | 2~8 | 0.3~2 | 0.1~1 | 0.01~1 |
| 휘발성 유기 화합물(VOCs) | μg/L | <100~>400 | 10~40 | 10~40 | 10~20 | 10~20 | 10~20 | ≤1 |
| 금속 | mg/L | 1~2.5 | 1~1.5 | 1~1.4 | 1~1.5 | 1~1.5 | trace | trace |
| 계면활성제 | mg/L | 4~10 | 0.5~2 | 0.5~1.5 | 0.1~1 | 0.1~1 | 0.1~0.5 | ≤1 |
| 총 용존고형물(TDS) | mg/L | 374~1121 | 500~700 | 500~700 | 500~700 | 500~700 | 500~700 | ≤5~40 |
| 미량 성분[f] | μg/L | 10~50 | 5 to 40 | 5~30 | 5~30 | 5~30 | 0.5~20 | ~0.1 |
| 총 대장균군 | No./100 mL | $10^6$~$10^{10}$ | $10^4$~$10^5$ | $10^3$~$10^5$ | $10^4$~$10^5$ | $10^4$~$10^5$ | <100 | ~0 |
| Protozoan cysts and oocysts | No./100 mL | $10^1$~$10^5$ | $10^1$~$10^2$ | 0~10 | 0~10 | 0~1 | 0~1 | ~0 |
| 바이러스 | PFU/100 mL[g] | $10^1$~$10^4$ | $10^1$~$10^3$ | $10^1$~$10^3$ | $10^1$~$10^3$ | $10^1$~$10^3$ | $10^0$~$10^3$ | ~0 |

a 3장의 표 3-18
b 질산화를 포함한 표준 활성슬러지 처리
c BNR은 질소와 인 제거를 위한 생물학적 영양염류 처리를 의미한다.
d 무산소 단계 적용 시
e 응집제 적용 시
f 예를 들어 난연제, 개인 보호 물질, 약 등(2장 표 2-16 참조)
g PFU = plaque forming units

**그림 11-2**

**폐수관리에 사용되는 여과의 분류.** 간헐 및 순환형 다공성 여재를 이용한 소규모 처리용 여과는 본 교재에서는 다루지 않음.

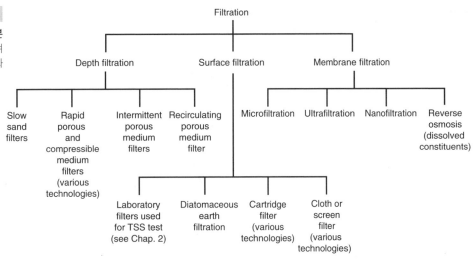

부분으로 도입된다[그림 11-3(a)]. 물이 여상을 통과하면서 부유물질(탁도를 측정)은 아래에 설명될 다양한 제거기작에 의해 제거된다. 시간이 경과하면서 입상여재의 틈에 물질들이 축적되고 여재 내의 수두손실이 그림 11-4에 나타난 바와 같이 초기값을 넘어 축적되기 시작한다.

**손실수두 및 탁도 고려.** 어느 정도 시간 경과 후에 운전 손실수두 또는 유출수 탁도가 미리 설정한 손실수두나 탁도 값에 도달하면 여재를 세척해야 한다. 이상적인 조건하에서는 축적된 손실수두가 미리 설정한 최종값에 도달하는 데 걸리는 시간은 유출수 내의 탁도 또는 부유물질 농도가 미리 설정한 허용치에 도달하는 데 걸리는 시간과 일치하여야 한다. 탁도 파과는 여상 내 틈새가 입자로 채워져서 여상을 통과하는 액체의 전단력이 농축된 물질과 여과되는물질간의 결합강도를 초과하는 시점에서 발생한다. 파과 시, 여재에 농축된 물질이 새로운 물질로 교체되어 평형이 유지된다. 실제 상황에서는 수두손실과 유출수 탁도 중 하나의 인자에 의해 역세척 시기를 결정한다.

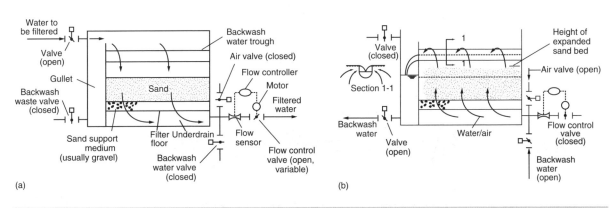

(a)

(b)

**그림 11-3**

**표준 급속 입상여재 심층여과 도식도.** (a) 여과 단계 흐름, (b) 역세척 단계 흐름(Tchobanoglous and Schroeder, 1985)

**표 11 – 6**

**U.S. sieve 명칭 및 크기[a]**

| 체 크기 또는 숫자 | 입경 | |
| --- | --- | --- |
| | in | mm |
| 3/8 in | 0.375[b] | 9.51[b] |
| 1/4 in | 0.250[b] | 6.35[b] |
| 4 | 0.187 | 4.76 |
| 6 | 0.132 | 3.36 |
| 8 | 0.0937 | 2.38 |
| 10 | 0.0787[b] | 2.00[b] |
| 12 | 0.0661 | 1.68 |
| 14 | 0.0555[b] | 1.41[b] |
| 16 | 0.0469 | 1.19 |
| 18 | 0.0394[b] | 1.00[b] |
| 20 | 0.0331 | 0.841 |
| 25 | 0.0280[b] | 0.710[b] |
| 30 | 0.0234 | 0.595 |
| 35 | 0.0197[b] | 0.500[b] |
| 40 | 0.0165 | 0.420 |
| 45 | 0.0138[b] | 0.350[b] |
| 50 | 0.0117 | 0.297 |
| 60 | 0.0098[b] | 0.250[b] |
| 70 | 0.0083 | 0.210 |
| 80 | 0.0070[b] | 0.177[b] |
| 100 | 0.0059 | 0.149 |
| 140 | 0.0041 | 0.105 |
| 200 | 0.0029 | 0.074 |

[a] Adapted from ASTM (2001b)

[b] 크기는 $(2)^{0.5}$의 비율을 따르지 않음

**그림 11–4**

(a) 손실수두와 (b) 유출수 탁도에 근거한 여과 주기 개념도

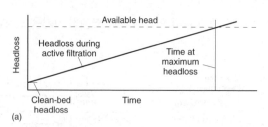

(a)

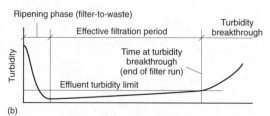

(b)

Note: Ripening period is the time required to reach an acceptable effluent turbidity value after the backwash cycle is completed. Backwash water during this period is typically returned to the process or plant inflow.

**입자 제거 기작.** 입상여재 여과에서 입자제거에 기여한다고 여겨지는 주요한 입자제거 기작들이 표 11-7에 나와 있으며, 그중 처음 5개 기작의 개념도를 그림 11-5에 도시하였다. 거름 작용은 생물학적 처리와 침전(2차 처리)으로 처리된 유출수를 여과할 때 부유물질이 제거되는 데 가장 중요한 기작으로 알려져 있다(Tchobonoglous and Eliassen, 1970; Tchbanoglous, 1988).

충돌, 차단, 부착 등과 같은 그 밖의 기작들도 입자를 제거하지만 그 영향은 대체로 거름작용에 비해 작다. 폐수 내의 더 작은 물질들을 제거하기 위해서는(그림 11-5 참조) (1) 입자들을 제거하고자 하는 표면 또는 주위로 이동시키고, (2) 하나 이상의 기작으로 입자를 제거하는 것을 포함하는 두 단계가 이루어져야 한다. 이 두 단계의 공정은 이동 및 부착으로 알려져 있다(O'Melia and Stumm, 1967).

부유물질의 여과가 여상 내보다 깊은 곳에서 일어나게 하기 위해 이중 및 다중 여재(그림 11-6) 또는 심층여과가 개발되었다. 보다 깊은 곳에서 여과가 진행될수록 손실수두의 증가가 천천히 일어나 여과 운전 기간이 길어진다. 반면, 얕은 단일여재 여과에서는 제거의 대부분이 여재 상부 수 mm 내에서 진행된다.

**역세척 공정.** 여과 운전(여과 단계) 종료 시기는 유출수 내의 부유물질 농도 또는 손실수두가 허용치 이상으로 증가하기 시작할 때이다(그림 11-4 참조). 두 조건 중 어느 하

**표 11-7**

**입상여재 심층여과에서의 물질 제거 주요 기작 및 현상**

| 기작/현상 | 설명 |
|---|---|
| 1. 거름작용 | |
|    a. 기계적인 부분 | 여재의 공극보다 큰 입자는 기계적으로 걸러진다. |
|    b. 우연한 접촉 | 여재의 공극보다 작은 입자가 우연한 접촉에 의해 여재 내에 포집된다. |
| 2. 침전 또는 충돌 | 유체 흐름을 따르지 않는 무거운 입자들이 여재 위에 가라앉는다. |
| 3. 차단 | 유체 흐름을 따라 움직이는 많은 입자들이 여재 표면과 접촉하면서 제거된다. |
| 4. 부착 | 입자들이 여재를 지나면서 여재 표면에 붙게 된다. 유체의 힘 때문에 어떤 입자들은 표면에 단단히 붙기 전에 씻겨나가 여상의 더 깊은 곳까지 밀려간다. 여상이 폐색되면, 표면 전단응력이 증가하여 더 이상 물질을 제거할 수 없는 지점까지 도달한다. 어떤 입자들은 여과지 밑바닥에서 누출되어 유출수의 탁도가 갑자기 증가하기도 한다. |
| 5. 응결 | 응집은 여재의 틈새에서 일어날 수 있다. 여과지 내에서 속도구배에 의해 형성된 큰 입자들은 위에서 기술한 제거 기작의 하나 또는 여럿에 의해 제거된다. |
| 6. 화학적 흡착 | |
|    a. 결합 | |
|    b. 화학적 작용 | 입자가 일단 여재의 표면이나 다른 입자와 접촉하면 화학적 흡착과 물리적 흡착 중의 하나 또는 두 개 모두의 기작에 의해 붙어있게 된다. |
| 7. 물리적 흡착 | |
|    a. 정전기력 | |
|    b. 동전기력 | |
|    c. van der waals 힘 | |
| 8. 생물학적 증식 | 여과지 내에서 생물학적 증식은 공극의 부피를 감소시켜 위의 제거 기작(1-5)에 의한 입자제거를 증진시킨다. |

**그림 11-5**

**입상여과에서의 부유물질 제거 기작.** (a) 거름, (b) 침전 또는 관성충돌, (c) 차단, (d) 흡착, (e) 응결(Tchobanoglous and Shroeder, 1985)

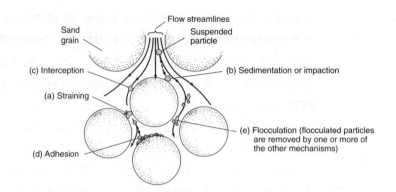

나에 도달하면, 여과 단계를 종료하고 여상 내에 축적된 부유물질들을 제거하기 위해 여재를 청소(역세척)해야 한다. 역세척은 여재를 통과하는 물의 흐름을 거꾸로 하는 것으로 진행된다[그림 11-3(b) 참조]. 입상여재가 유동화(또는 팽창)되어 여재 내 물질들이 서로 비벼져서 떨어지도록 충분한 역세 유량을 공급해야 한다. 필요 역세 유량은 수온과 요구되는 여재 팽창 정도에 따라 결정된다. 여상이 충분히 세척되지 않으면 미세 물질, 기름, 세균성 점질 물질(bacterial slime)이 여상 내에 축적되고 궁극적으로 머드볼(mud-ball)이 생성된다.

세척수가 확산된 여상을 움직이면서 발생시킨 전단력에 의해 여재 내에 갇혀있던 부유물질이 제거되고 여상 내에 축적되었던 물질들이 씻겨 나간다. 종종 여상의 세척효과를 높이기 위해 물로 역세척하면서 동시에 물과 공기로 표면을 세척하기도 한다. 특히 공기 표면 세척은 많은 경우 역세 주기를 단축시켜 폐수 발생량을 저감할 수 있다. 대부분의 폐수처리장 흐름도를 보면, 여재를 빠져나온 부유물질을 포함한 폐수(역세수)가 1차 침전지나 생물학적 처리조로 반송된다. 최근에는 규모가 큰 처리장을 중심으로 역세수 처리를 위한 별도의 처리 시설의 설치가 증가하고 있다.

## ≫ 여과 수리학

지난 60년 동안 여과 공정의 모델링에 상당한 노력이 기울여졌다. 모델은 입상여재 여상을 통과하는 맑은 물(부유입자가 없는 물) 손실수두와 역세척 시 여재 팽창을 예측하는 범주와 여재의 부유물질 제거능을 예측하는 범주로 크게 나뉘어진다. 지금부터 손실수두와 역세에 대한 수리학을 다루기로 한다.

**그림 11-6**

**여과 용량 증가를 위해 고안된 여상 도식도.** (a) 단일여재, (b) 이중여재, (c) 다중여재

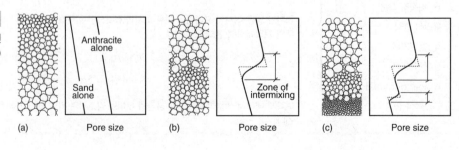

**맑은 물에서 손실수두.** 다공성 여재를 통과하는 맑은 물의 흐름을 표현하기 위하여 오랜 시간에 걸쳐 여러 가지의 식들이 개발되었으며(Kozeny-Carman, 1937; Fair and Hatch, 1933; Hazen, 1905; Rose, 1945; Ergun 1952), 이를 표 11-8에 요약하였다. 대부분의 경우에 다공성 여재를 통과하는 맑은 물의 흐름에 대한 식들은 닫힌 관? 흐름에 관한 Darcy-Weisbach 식[식 (5-78)]과 차원해석법으로부터 유도되었다.

**손실수두 계산식의 활용.** 표 11-8의 식들은 서로 적용되는 유동 영역이 다르다. Reynolds 수 6 이하의 층류에는 어떤 식이든 적용될 수 있다. 그러나 층류, 전이, 난류 전체에 대해서는 Rose와 Ergun에 의해 제안된 식들만이 적용될 수 있다. 최근에 개발된 여과 공정이 예전에 비해 깊고, 여재를 많이 충진하며, 여과 속도가 빠르므로, 전이 또는 난류 영역이 중요하다. Rose 식[식 (11-5)]에서는 저항 계수[$C_d$, 식 (11-7)]의 사용을 통해 점성에서 관성까지의 유동 영역의 변화 영향을 반영한다. Ergun의 마찰력 식[식 (11-10)]에서는 첫째 항과 둘째 항이 각각 점성 에너지 감소와 관성 에너지 감소를 각각 반영한다. Trussell and Chang(1999)은 Ergun 식[식(11-10)]을 사용시 모래와 안트라사이트에 대한 다른 계수를 제안하였다.

여재에서 발생하는 층화현상(stratification)을 고려하여 식 (11-3)과 (11-6)의 식에는 합계항이 포함되어 있다. 층화현상을 고려하기 위해서는 연속적인 인근 체 크기 사이에 걸러진 입자 평균 크기가 해당 체 크기(표 11-6)와 동일하며, 각 체에 걸러진 입자들의 크기가 균일하다고 가정한다(Fair and Hatch, 1933). Ergun 식[식 (11-9)] 역시 층화된 여과 공정의 각 층에 적용될 수 있다.

**구형도, 비표면적, 형상계수.** 표 11-8의 식들을 적용할 때, 구형도(sphericity) $\psi$, 비표면적(specific surface area, $S_v$), 형태인자(shape factor, S)의 정의에 대해 혼동의 여지가 있다. 구형도는 입자와 동일한 부피를 갖는 구의 표면적과 실제 입자의 표면적의 비로 정의된다(Wadell, 1935).

$$\psi = \frac{\pi^{1/3}(6V_p)^{2/3}}{A_p} \qquad (11\text{-}11)$$

여기서, $\psi$ = 구형도, 무차원

　　$V_p$ = 대응 입자 부피, L³ (m³)

　　$A_p$ = 실제 입자 표면적, L² (m²)

그러므로, 구형 입자의 구형도는 1.0이다. 구형도는 일반적으로 개별 입자에 적용될 수 있으며, 1.0 (구형 입자)에서 0.7 (깨진 모래) 범위에 있다. 구형도는 측정이 어려우므로, 실험적 관찰에 의한 일반값이 도출되어 있다(Carman, 1937).

구형 입자와 비구형(비정형) 입자에 대한 비표면적은 각각 다음의 식으로 정의된다.

**구형입자의 경우** $\qquad\qquad S_v = \dfrac{A_p}{V_p} = \dfrac{\pi d^2}{(\pi d^3/6)} = \dfrac{6}{d}, \text{ and} \qquad (11\text{-}12a)$

## 표 11-8

### 입자상 다공성 여재를 통과하는 맑은 물 손실수두 계산식

| 식 | 번호 | 용어 정의 |
|---|---|---|
| Hazen (Hazen, 1905)<br><br>$h = \dfrac{1}{C}\left(\dfrac{60}{T+10}\right)\dfrac{L}{d_{10}^2}v_h$ | (11-1) | $C$ = 충진계수(단단히 충진된 모래의 600에서 균일하고 깨끗한 모래의 1200 사이값) <br><br>$C_d$ = 저항계수 혹은 항력계수 |
| Fair-Hatch (Fair and Hatch, 1933)<br><br>$h = kvS^2\dfrac{(1-\alpha)^2}{\alpha^3}\dfrac{L}{d^2}\dfrac{v_s}{g}$ | (11-2) | $d$ = 자갈크기 지름, m (ft)<br><br>$d_g = d_1,$과 $d_2, \sqrt{d, d_2}$체 크기 사이의 기하학적인 평균 지름, mm (in) |
| $h = kv\dfrac{(1-\alpha)^2}{\alpha^3}\dfrac{Lv_s}{g}\left(\dfrac{6}{\psi}\right)^2\Sigma\dfrac{p}{d_g^2}$ | (11-3) | $d_{10}$ = 유효 여재 지름, mm |
| Kozeny-Carman (Carman, 1937)<br><br>$h = \dfrac{k\,\mu}{g\,\rho}\dfrac{(1-\alpha)^2}{\alpha^3}(S_v)^2 L\,v_s \ (k=5)$ | (11-4) | $f$ = 마찰계수<br><br>$g$ = 중력가속도, 9.81 m/s² (32.2 ft/s²)<br><br>$h$ = 손실수두, m (ft) |
| Rose (Rose, 1945)<br><br>$h = \dfrac{1.067}{\psi}C_d\dfrac{1}{\alpha^4}\dfrac{L}{d}\dfrac{v_s^2}{g}$ | (11-5) | $k$ = 여과상수(체눈은 5, 분리크기는 6)<br><br>$L$ = 여과 하상 혹은 여과층의 깊이, m (ft) |
| $h = \dfrac{1.067}{\psi}\dfrac{L\,v_s^2}{\alpha^4 g}\Sigma C_d\dfrac{p}{d_g}$ | (11-6) | $N_R$ = 레이놀즈 수 |
| $C_d = \dfrac{24}{N_R} + \dfrac{3}{\sqrt{N_R}} + 0.34$ | (11-7) | $p$ = 인근 체 크기 안의 입자 질량 분율<br><br>$S$ = 모양인자 |
| $N_R = \dfrac{\psi d v_s \rho}{\mu}$ | (11-8) | $S_v$ = specific surface area (A$_p$/V$_p$) is equal to 6/d for spheres and 6/d $\psi$ for nonshperical particles<br><br>$T$ = 온도, ℃ (℉)<br><br>$v_h$ = 표면상 여과속도, m/d (ft/d) |
| Ergun (Ergun, 1952)<br><br>$h = \dfrac{f}{\psi}\dfrac{(1-\alpha)}{\alpha^3}\dfrac{L}{d}\dfrac{v_s^2}{g}$ | (11-9) | $v_s$ = 표면상 여과속도, m/s (ft/d)<br><br>$\alpha$ = 공극율<br><br>$v$ = 점도, N·s/m² (lb·s/ft²) |
| $f = 150\dfrac{(1-\alpha)}{N_R} + 1.75$ | (11-10) | $\rho$ = 밀도 = kg/m³ (sulg/ft³,lb·s²/ft⁴) |
| NR = See Eq.(11-8) | | $\psi$ = 구형도(구 1, 닳은 모래 0.94, 날카로운 모래 0.81, 각진 모래 0.78, 분쇄된 석탄 및 모래 0.70) |

[a] Although known as the Kozeny–Carman equation, Blake (1922) should also be credited with its development

비구형(비정형)입자의 경우      $S_v = \dfrac{A_p}{V_p} = \dfrac{6}{\psi d}$      (11-12b)

여기서, $S_v$ = 비표면적, (m, mm)

$A_p$ = 여재 입자 표면적, L² (m²,mm²)

$V_p$ = 여재 입자 부피, L³ (m³,mm³)

$d$ = 여재 입자 직경 L (m, mm)

$\psi$ = 구형도(무차원)

문헌상에서는 숫자 6이 구형 입자의 형태인자 S이며, 비구형 입자에 대해서는 6/$\psi$로 표현되어 있다[표 11-8의 식 (11-2) 참조](Fair et al., 1968). 여재에 대한 맑은 물의 수두손실 계산이 예제 11-1에 설명되어 있다.

| 예제 11-1 | **입상 다공성 여재에서의 맑은 물 손실수두 결정** 여과속도가 160 L/m² · min이고 입자 분포가 아래와 같은 균등한 모래로 구성된 0.75 m의 여상에서의 유효경, 균등계수, 맑은 물의 수두손실을 계산하시오. 수온은 20°C로 가정하시오. 수두손실 계산 시 표 11-8의 Rose 식[식(11-6)]을 이용하시오. 여러 층에 있는 모래의 공극률은 0.4로 가정하고 모래의 형태인자값은 0.85를 이용하시오. |

| 체 크기 또는<br>번호 | 체 안에 남아있는<br>모래의 비율 | 누적 통과율 | 기하학적<br>평균 크기[a], mm |
|---|---|---|---|
| 6~8 | 0 | 100 | |
| 8~10 | 1 | 99 | 2.18 |
| 10~12 | 3 | 96 | 1.83 |
| 12~18 | 16 | 80 | 1.30 |
| 18~20 | 16 | 64 | 0.92 |
| 20~30 | 30 | 34 | 0.71 |
| 30~40 | 22 | 12 | 0.50 |
| 40~50 | 12 | | 0.35 |

[a] 표 11-6의 체 크기 자료를 이용한 기하학적 평균 $d_g$, $= \sqrt{d, d_2}$

**풀이**

1. 모래의 유효경과 균등계수를 계산한다. 누적통과율과 그에 대응하는 체의 크기에 대한 그래프를 작도한다. 두 가지의 다른 방법으로 자료를 작도한 그래프가 아래에 나타나 있다.

   a. $d_{10}$은 0.40 mm

   b. 균등계수는

   $$\text{UC} = \frac{d_{60}}{d_{10}} = \frac{0.80 \text{ mm}}{0.40 \text{ mm}} = 2.0$$

2. 식 (11-6)을 이용하여 맑은 물의 손실수두를 계산한다.

   $$h = \frac{1.067}{\psi} \frac{L v_s^2}{\alpha^4 g} \sum C_d \frac{p}{d_g}$$

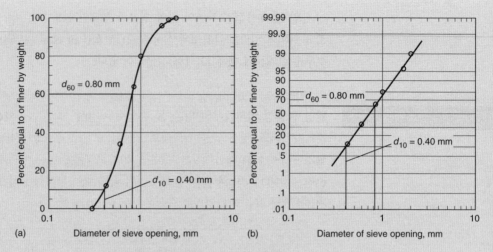

a. 식 (11-6)의 합계항을 계산하기 위해 계산표를 작성한다.

| 체 크기 또는 번호 | 체류되어 있는 모래의 분율 | 기하학적 평균, $d_g \times$ m | Reynolds 수, $N_R$ | $C_d$ | $C_d\left(\frac{p}{d}\right)$, m$^{-1}$ |
|---|---|---|---|---|---|
| 8~10 | 0.01 | 2.18 | 4.93 | 6.56 | 30 |
| 10~12 | 0.03 | 1.83 | 4.15 | 7.60 | 124 |
| 12~18 | 0.16 | 1.30 | 2.93 | 10.28 | 1,268 |
| 18~20 | 0.16 | 0.92 | 2.08 | 13.99 | 2,441 |
| 20~30 | 0.30 | 0.71 | 1.60 | 17.71 | 7,509 |
| 30~40 | 0.22 | 0.50 | 1.13 | 24.38 | 10,729 |
| 40~50 | 0.12 | 0.35 | 0.80 | 33.73 | 11,459 |
| 합 계 | | | | | 33,560 |

b. Reynolds 수를 구한다.

$$N_R = \frac{\psi d v_s \rho}{\mu} = \frac{\psi d v_s}{\nu}$$

$d = 2.18$ mm

$$v_s = \left(\frac{160\,\text{L}}{\text{m}^2 \cdot \text{min}}\right)\left(\frac{1\,\text{m}^3}{1000\,\text{L}}\right)\left(\frac{1\,\text{min}}{60\,\text{s}}\right) = 0.00267\,\text{m/s}$$

$\nu = 1.003 \times 10^{-6}$ m$^2$/s (부록 C 참조)

$$N_R = \frac{(0.85)(0.00218\,\text{m})(0.00267\,\text{m/s})}{(1.003 \times 10^{-6}\,\text{m}^2/\text{s})}$$

$N_R = 4.93$

c. 식 (11-7)을 이용해서 $C_d$ 값을 계산한다.

$$C_d = \frac{24}{N_R} + \frac{3}{\sqrt{N_R}} + 0.34$$

$$C_d = \frac{24}{4.93} + \frac{3}{\sqrt{4.93}} + 0.34 = 6.56$$

d. 층화된 여상에 대한 손실수두를 식 (11-6)을 사용하여 계산한다.

$L = 0.75$ m
$v_s = 0.00267$ m/s
$\psi = 0.85$
$\alpha = 0.40$
$g = 9.81$ m/s$^2$

$$h = \frac{1.067(0.75\,\text{m})(0.00267\,\text{m/s})^2}{(0.85)(0.4)^4(9.81\,\text{m/s}^2)}(33{,}560/\text{m})$$

$h = 0.90$ m

 Reynolds 수가 6보다 작은 본 예제의 경우, 손실수두는 대부분 식 (11-7)의 첫 번째 항에 해당하는 층류 영역에서의 점성에 기인한다. 보다 큰 여재가 사용되고 유량이 증가하면, 둘째 및 셋째 항의 비중이 커지게 된다. 그동안 많은 식들이 제안되었지만, Rose 식이 입상여재 여과의 광범위한 흐름 영역에서 맑은 물의 손실수두를 예측하는 데 유효하다는 것이 검증되었다.

**역세척 수리학.** 역세척 공정에서 일어나는 현상을 이해하기 위해서는 상향의 역세척 속도가 증가하면서 나타나는 압력 강하를 설명한 그림 11-7을 참조하는 것이 도움이 된다. $A$점과 $B$점 사이에서 여상은 안정되고 압력 강하와 Reynolds 수($N_R$) 사이에 선형 관계가 성립한다. $B$점에서 압력 강하가 여재의 무게와 균형을 맞추게 된다. $B$점과 $C$점 사이에서 여상은 불안정하게 되고 여재를 구성하는 입자들은 가급적 흐름에 덜 저항하도록 자리를 잡는다. $C$점에서 입자배치가 가장 느슨해지나, 입자들은 여전히 서로 접촉하고 있는 상태이다. $C$점을 지나면 입자들은 자유롭게 이동하기 시작하나 입자들끼리 자주 충돌하여 간섭침전에서의 움직임과 유사하다. $C$점은 "유동점(point of fluidization)"이라 불리운다. $D$점에 도달할 즈음에는 입자가 모두 유동상태이고, 이 점을 넘어서는 여상

**그림 11-7**

여상 유동화 개념도(Foust et al., 1960)

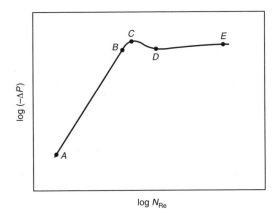

이 계속해서 팽창되고 입자들이 더욱 빨리 그리고 자유롭게 움직임에 따라 $N_R$이 증가해도 압력강하량의 증가는 미미하다. 궁극적으로 입자들이 유체와 함께 움직이고, $E$점에서는 여상 형태가 사라진다.

    균등한 여재로 이루어진 여상을 수리학적으로 팽창시키기 위해서는 손실수두가 유체 내에서의 입상여재의 부유 질량(buoyant mass)과 같아야 한다. 수학적으로 이 관계식은 다음과 같다.

$$h = L_e(1 - \alpha_e)\left(\frac{\rho_m - \rho_w}{\rho_w}\right) \tag{11-13}$$

여기서, $h$ = 여상 팽창에 필요한 손실수두

    $L_e$ = 팽창 깊이

    $\alpha_e$ = 팽창 시 공극율

    $\rho_m$ = 여재 밀도

    $\rho_w$ = 물 밀도

    위 방향의 흐름에 의해 생긴 저항력 때문에 각 입자들이 부유상태로 있으므로, 침전이론 (5-5절 참조)으로부터 다음과 같이 나타낼 수 있으며 다른 항들은 앞에서 정의되어 있다.

$$C_D A_p \rho_w \frac{v^2}{2}\phi(\alpha_e) = (\rho_m - \rho_w)g v_p \tag{11-14}$$

여기서, $v$ = 역세척수 상승 속도, m/s

    $\phi(\alpha_e)$ = 역세척수 상승 속도가 입자 침전 속도인 $v_p$와 다름을 의미하는 보정계수

    Reynolds 수를 대략 1이라 가정할 때, 실험 결과들(Fair, 1951; Richardson and Zaki, 1954)로부터 팽창상의 공극율을 다음 관계식으로부터 구할 수 있다.

$$\phi(\alpha_e) = \left(\frac{v_s}{v}\right)^2 = \left(\frac{1}{\alpha_e}\right)^9 \tag{11-15}$$

그러므로,

$$\alpha_e = \left(\frac{v}{v_s}\right)^{0.22} \tag{11-16}$$

또는,

$$v = v_s \alpha_e^{4.5} \tag{11-17}$$

여기서, $v_s$ = 입자 침강 속도, m/s

    단위 면적당의 여재 부피가 일정하기 때문에 $(1 - \alpha)L$은 $(1 - \alpha_e)L_e$과 같으므로,

$$\frac{L_e}{L} = \frac{1 - \alpha}{1 - \alpha_e} = \frac{1 - \alpha}{1 - (v/v_s)^{0.22}} \tag{11-18}$$

    여재가 층화된 경우에는 상층의 작은 입자들이 먼저 팽창한다. 전체 여상이 팽창하기 위해서는 역세척 속도가 가장 큰 입자를 들어 올릴 수 있을 만큼 충분히 커야 한다. 여

상의 층화를 설명하기 위해서 체 거름 분포별 입자들의 크기가 균일하다는 가정하에(Fair and Hatch, 1933) 식 (11−18)을 다음과 같이 수정해야 한다.

$$\frac{L_e}{L} = (1 - \alpha) \sum \frac{p}{(1 - \alpha_e)} \tag{11-19}$$

Where $p$ = 체 크기 사이에 걸러진 여재의 분율

따라서, 예제 11-2에서 설명한 바와 같이, 필요한 역세척 속도와 팽창 깊이를 각각 식 (11−18)과 (11−19)를 이용하여 구할 수 있다. 여상 팽창에 대한 추가적인 사항은 Amirtharajah(1978), Cleasby and Fan(1982), Dhamarajah and Cleasby(1986), Kawamura(2000), Leva(1959), Richardson and Zaki(1954) 등에서 찾아볼 수 있다.

---

**예제 11 − 2**  **여재 세척을 위한 역세척 속도 결정**  층화된 모래 여상을 0.75 m³/m² min의 속도로 역세척하고자 한다. 팽창 정도를 계산하고 제안된 역세척 속도가 여상 내의 여재 모두를 팽창시킬 수 있는지를 결정하시오. 자료는 다음과 같다고 가정하시오.

| 체 크기<br>또는 번호 | 체 안에 남아있는<br>모래비율 | 기하학적<br>평균[a], mm |
|---|---|---|
| 6~8 | 0 | 2.83 |
| 8~10 | 1 | 2.18[b] |
| 10~12 | 3 | 1.83 |
| 12~18 | 16 | 1.30 |
| 18~20 | 16 | 0.92 |
| 20~30 | 30 | 0.71 |
| 30~40 | 22 | 0.50 |
| 40~50 | 12 | 0.35 |

[a] 표 11-6의 체 크기 자료 이용

[b] $2.18 = \sqrt{2.38 \times 2.0}$

1. 입상여재 = 모래
2. 모래의 비중 = 2.65
3. 여상의 깊이 = 0.90 m
4. 온도 = 20

**풀이**  1. 식 (11-19)의 합계항을 계산하기 위해 계산표 작성

$$\frac{L_e}{L} = (1 - \alpha) \sum \frac{p}{(1 - \alpha_e)}$$

| 체 크기 또는 번호 | 체류된 모래의 분율[a] | 기하학적 평균 크기, mm | $v_s$, m/s | $v/v_s$ | $\alpha_e$ | $p/(1 - \alpha_e)$ |
|---|---|---|---|---|---|---|
| 8~10 | 1 | 2.18 | 0.304 | 0.041 | 0.496 | 1.98 |
| 10~12 | 3 | 1.83 | 0.270 | 0.046 | 0.509 | 6.11 |
| 12~18 | 16 | 1.30 | 0.210 | 0.060 | 0.538 | 34.62 |
| 18~20 | 16 | 0.92 | 0.157 | 0.080 | 0.573 | 37.51 |
| 20~30 | 30 | 0.71 | 0.123 | 0.102 | 0.605 | 75.97 |
| 30~40 | 22 | 0.50 | 0.085 | 0.146 | 0.655 | 63.81 |
| 40~50 | 12 | 0.35 | 0.055 | 0.227 | 0.722 | 43.15 |
| 합 계 | | | | | | 263.15 |

[a] 계산 편의를 위해 % 값 사용

    a. 그림 5-20을 이용하여 입자 침강 속도를 구한다. 또는 예제 5-5에서 설명한 바와 같이 입자의 침강 속도를 계산한다.

    b. $v/v_s$를 구한다($v = 0.75$ m/min = 0.0125 m/s)

    c. $\alpha_e$를 구한다.

$$\alpha_e = \left(\frac{v}{v_s}\right)^{0.22} = \left(\frac{0.0125}{0.304}\right)^{0.22} = 0.496$$

    d. $p/(1 - e)$를 구한다.

$$\frac{p}{1 - \alpha_e} = \frac{0.01}{1 - 0.496} = 0.02$$

2. 식 (11-19)를 이용하여 팽창상 깊이를 구한다.

$$\frac{L_e}{L} = (1 - \alpha) \sum \frac{p}{(1 - \alpha_e)}\left(\frac{1}{100}\right)$$

$$L_e = (0.9 \text{ m})(1 - 0.4)(263.15)(1/100) = 1.42 \text{ m}$$

3. 가장 큰 입자 분율의 팽창 시 공극률(0.496)이 여재의 평상 시 공극률(0.4)보다 크기 때문에 전 여상이 팽창될 것이다.

 팽창 여상표면 위의 세척수 물받이(trough) 최소 높이를 결정하려면 팽창깊이를 알아야 한다. 실제로는 세척수 물받이가 팽창된 여상 50~150 mm (2~6 in) 위에 놓여진다. 물받이의 폭과 깊이는 여상을 청소하는 데 쓸 역세척수가 충분히 공급될 만큼 충분히 커야 하며, 물받이 상부 끝에 최소 600 mm (24 in)의 받침대(freeboard)가 있어야 한다.

## ≫ 여과 공정 모델링

여과 공정 모델링은 (1) 시간과 여상 내 거리에 따른 부유물질 제거와 (2) 부유물질 제거에 따른 손실수두 증가를 설명하는 식들의 개발을 포함한다.

**그림 11-8**

여과 공정 해석 개념도

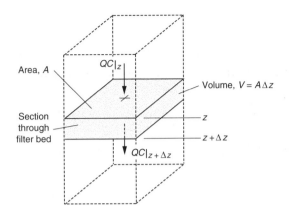

**부유물질 제거.** 일반적으로, 여재 내 입자의 시·공간적 제거에 대한 수학적 특성은 기타의 속도식과 함께 연속 방정식에 기초하고 있다. 흐름방향으로 측정된 단면적 A와 두께 $\Delta z$를 갖는 단면에 대한 부유물질의 물질수지를 고려함으로써 여과 공정에 대한 연속 방정식을 세울 수 있다(그림 11-8 참조). 1장에서 기술된 접근방식에 따르면, 연속 방정식은 다음과 같다.

$$-v\frac{\partial C}{\partial z} = \frac{\partial q}{\partial t} + \alpha(t)\frac{\partial \overline{C}}{\partial t} \tag{11-20}$$

여기서,  $v$ = 여과 속도, L/m²·min

   $\partial C/\partial z$ = 거리에 따른 액체 내 부유물질 농도 변화량, g/m³ m

   $\partial q/\partial t$ = 시간에 따른 고형물 축적량 변화량, g/m³ min

   $\alpha(t)$ = 시간에 따른 평균 공극율

   $\partial \overline{C}/\partial t$ = 시간에 따른 공극 내 부유물질 평균 농도 변화량, g/m³ min

   식 (11-20)에서 첫째 항은 단면으로의 유입과 유출 부유물질 질량차를 의미한다. 둘째 항은 여재 틈 사이에 축적된 부유물질 질량의 시간에 따른 변화율을 나타낸다. 셋째 항은 여재 내 공극에서의 부유물질 농도의 시간에 따른 변화율을 나타낸다.

   흐름 공정에 있어서, 여상 안의 유체 양은 여상을 통과한 양에 비해 상대적으로 작다. 이런 경우 물질수지식은 다음과 같이 쓸 수 있다.

$$-v\frac{\partial C}{\partial z} = \frac{\partial q}{\partial t} \tag{11-21}$$

식 (11-21)은 여과이론을 다루는 문헌들에서 가장 흔하게 나타나는 식이다.

   식 (11-21)를 풀기 위해 추가적인 독립식이 필요하다. 가장 직접적인 방법은 다음과 같이 거리에 따른 부유물질 농도 변화를 표현하기 위한 관계식을 세우는 것이다.

$$\frac{\partial C}{\partial z} = \phi(V_1, V_2, V_3 \ldots) \tag{11-22}$$

여기서, $V_1$, $V_2$, $V_3$는 세척수에서 부유물질 제거에 관여하는 변수들이다. 또 다른 방법은 여재 내 여러 깊이에 축적된 물질량과 관련된 공정변수들을 설명할 수 있는 보완식을 세우는 것으로 다음과 같다

$$\frac{\partial q}{\partial t} = \phi(V_1, V_2, V_3 \ldots) \tag{11-23}$$

식 (11-21) 또는 (11-22)을 이용한 많은 해법들이 식 (11-21)의 연속 방정식을 풀기 위해 제안되었다(Caliskaner and Tchobanoglous, 2000).

**손실수두 전개.** 과거에는 막힌 여재 내의 손실수두를 계산하기 위해 변형된 맑은 물 손실수두 계산식(표 11-8 참조)을 사용하였다. 어떤 식을 사용하더라도 막힘 정도에 따라 공극율을 달리 구해야 하는 어려움에 직면한다. 불행히도 이 문제 때문에 위 접근 방법들은 사용하기 어렵고 실용성이 거의 없었다. 대안은 손실수두의 발생과 여재에 의해 제거되는 물질의 양을 연결짓는 것이다. 이 경우 수두손실은 다음 식에 의해 구할 수 있다.

$$H_t = H_o + \sum_{i=i}^{n} (h_i)_t \tag{11-24}$$

여기서, $H_t$ = 총 손실수두, m (ft)

   $H_0$ = 총 초기 손실수두, m (ft)

   $(h_i)_t$ = 시간 $t$, 여재 내 $i$번째 층의 손실수두, m (ft)

균일한 모래와 안트라사이트의 수두손실 증가곡선을 살펴보면, 여재 각 층 안에서 축적된 수두손실들은 층 안에 있는 물질의 양과 관계가 있다. $i$번째 층의 수두손실에 대한 결과 식은 다음과 같다.

$$(h_i)_t = a(q_i)_t^b \tag{11-25}$$

여기서, $(q_i)t$ = 시간 $t$에, $i$번째 층 안에 축적되어 있는 물질의 양, mg/cm$^3$

   $a, b$ = 상수

위 식에서 손실수두 증가는 물질 제거량 만의 함수로 가정한다. 이러한 수식들의 적용은 본 교재의 3판과 4판에 상세히 서술되어 있다.

## 11-5 심층여과: 선택 및 설계 시 고려사항

여과 기술의 선택과 설계는 (1) 가용한 여과 형태에 대한 지식, (2) 공정별 운전 특성에 대한 일반적 이해, (3) 심층여과를 제어하는 공정변수들에 대한 이해에 기초해야 한다. 처리수 여과 시스템을 설계할 때 고려해야 할 중요 사항에는 (1) 여과 유입수 특성, (2) 생물학적 처리공정의 설계 및 운전 사양, (3) 사용할 여과 기술의 유형, (4) 가용한 유량 제어 기법, (5) 사용할 역세척 시스템 유형, (6) 필요한 여과 장비, (7) 여과 제어시스템 및 장비(이 교재에서는 다루지 않음)등이 있다. 부가적으로 약품 첨가, 현장에서 발생하는 문제 유형, 파일럿 규모 연구의 중요성 등에 대한 이해도 필요하다. 이러한 주제에 대해 이 절에서 논의하고자 한다.

### ≫ 이용 가능한 여과 기술

폐수 여과에 사용되고 있는 주요 심층여과 유형은 표 11-9에 나타낸 바와 같이 운전방식에 따라 크게 연속과 반연속으로 분류된다. 역세척을 위해 주기적으로 운전을 중단해야 하는 여과는 반연속, 여과와 역세척이 동시에 일어나는 여과는 연속이다. 이 두 분류 내에서도 여상 깊이, 사용된 여재의 수(단일, 이중, 다중), 여재의 층화여부, 운전 유형(상향 또는 하향), 고형물이 축적되는 장소(표면 또는 여재 내 축적) 등에 따라 다양한 유형의 여과가 존재한다. 단상 및 이상 반연속식 여과의 경우, 하수처리에 적용되는 여과의 대부분은 중력에 의한 흐름이지만 구동력(중력 또는 가압)에 따라 더 자세한 분류가 가능하다. 표 11−9에 나와있는 여과에 대하여 지적해야 할 중요한 구분은 이 여과가 특허된 설계인지를 확인해야 한다.

규모 1,000 m³/d 이상의 폐수처리장에서 가장 일반적으로 사용되는 심층여과의 여섯 가지 유형은 (1) 재래식 하향 여과, (2) 심층여상 하향 여과, (3) 심층여상 상향 연속−역세척 여과, (4) 합성 여재 여과, (5) 맥동상(pulsed bed) 여과, (6) 이동가교(traveling-bridge) 여과이다. 인 제거 시에는 이단(two-stage) 여과도 사용된다. 보다 작은 규모 처리장에서는 가압 여과가 사용된다. 다수의 여과 공정이 특허 등록되어 있고 일체형 장치로 판매된다. 위에서 언급한 8개의 공정을 표 11−10에 상술하였으며, 일부는 그림 11−9에 도시하였다.

## ▶▶ 심층여과 유형별 성능

여과 공정 선택 시 가장 중요한 것은 예상되는 성능이다. 심층여과의 성능은 (1) 수리학적 부하, (2) 탁도 및 부유물질(SS) 제거 효율, (3) 탁도 및 부유물질 제거 변동량, (4) 입자 크기 별 제거 효율, (5) 미생물 제거 효율, (6) 역세수 요구량 등으로 평가된다.

**수리학적 부하.** 심층여과 주요 운전 고려사항 중 하나는 해당 수질과 역세수량에서의 일정 시간동안 여과 유량이다. 여과 유량은 손실수두와 주로 탁도로 측정되는 여과 성능과 관련있다(그림 11−4 참조). 안정된 여과 공정 설계의 목적은 한계 손실수두와 탁도 파과가 거의 동시에 발생하도록 하는 것이다. 소규모 처리장에서는 여과 숙성(filter ripening) 단계의 여과 유출수는 처리장 유입수로 반송한다(filter-to-waste step). 다수의 여상을 보유한 대규모 처리장에서는 filter-to-waste step이 종종 생략된다. 파과 시간을 늘리고 인, 금속이온, 휴믹물질 등 특정 오염물질을 제거하는 목적으로 다양한 유기 고분자, alum, 염화제2철 등의 약품을 투입하기도 한다. 다만, 약품 오남용 시 손실수두가 오히려 증가하고 머드볼이 생길 수 있음을 명심해야 한다.

대표적인 폐수 심층여과 공정들에 일반적으로 허용되는 수리학적 부하율과 캘리포니아 공중보건과(California Department of Public Health)의 재이용 시 최대 허용 수리학적 부하율을 표 11−11에 나타내었다. 일반적으로 허용되는 부하율의 범위가 넓으므로 개별 폐수유출수에 대한 실제 적용 시 파일럿 플랜트 연구가 권장된다.

**탁도 및 총 부유물질 제거.** 약품을 첨가하지 않은 동일한 활성슬러지 공정(SRT > 8일) 처리수를 대상으로 7가지 형태의 파일럿 규모 여과 공정을 장기간 운전한 결과를 그림 11−10에 나타내었다. 다른 재생시설에서의 장기간 자료도 역시 나타내었다. 그림

**표 11-9**

임상 및 합성 여재 여과 주요 유형별 특징 비교

| 여과유형 | 운전형태 | 여상에 관한 세부사항[a] | | 일반적 여상흐름 | 역세척 | 여과지 유량 | 고형물 축적 장소 | 설계 형태 | 비고 |
| --- | --- | --- | --- | --- | --- | --- | --- | --- | --- |
| | | 형태 | 여재 | | | | | | |
| 표준형 | 반연속식 | 단일여재(성층) 또는 비성층 | 모래 또는 안트라사이트 | 하향류 | 회분식 | 일정/가변 | 표면과 여상상부 | 급격한 수두손실 축적 | 개인적 |
| 표준형 | 반연속식 | 이중여재(성층) | 모래와 안트라사이트 | 하향류 | 회분식 | 일정/가변 | 내부 | 여과지 운전기간을 연장하기 위해 이중여재설계 | 개인적 |
| 표준형 | 반연속식 | 다중여재(성층) | 모래, 안트라사이트, 석류석 | 하향류 | 회분식 | 일정/가변 | 내부 | 여과지 운전기간을 연장하기 위해 다중여재설계 | 개인적 |
| 심층여과 | 반연속식 | 단일여재(성층) 또는 비성층 | 모래 또는 무연탄 | 하향류 | 회분식 | 일정/가변 | 내부 | 고형물을 저장하고 운전기간을 연장하기 위해 심층 여과 사용 | 개인적 |
| 심층여과 | 반연속식 | 단일여재(성층) | 모래 또는 안트라사이트 | 상향류 | 회분식 | 일정 | 내부 | 고형물을 저장하고 운전기간을 연장하기 위해 심층 여과 사용 | 특허 |
| 심층여과 | 연속식 | 단일여재(비성층) | 모래 | 상향류 | 연속식 | 일정 | 내부 | 여과상이 유재의 흐름과 반대로 이동 | 특허 |
| 맥동상 | 반연속식 | 단일여재(성층) | 모래 | 하향류 | 회분식 | 일정 | 표면과 여상 상부 | 표면층을 부수고 운전기간을 연장하기 위해 공기 주입 | 특허 |
| 합성여재 여과 | 반연속식 | 단일여재(비성층) | 합성 섬유 | 상향류 | 회분식 | 일정 | 내부 | 역세척 시 여재 버 유를 위해 전공판 사용 | 특허 |
| 이동기교 | 연속식 | 단일여재(성층) | 모래 | 하향류 | 반연속식 | 일정 | 표면과 여상 상부 | 각 여과지 셀이 순차적으로 역세척됨 | 특허 |
| 이동기교 | 연속식 | 이중여재(성층) | 모래와 안트라사이트 | 하향류 | 반연속식 | 일정 | 표면과 여상 상부 | 각 여과지 셀이 순차적으로 역세척됨 | 특허 |
| 기압여과 | 반연속식 | 단일 또는 이중여재 | 모래와 안트라사이트 | 하향류 | 회분식 | 일정/가변 | 표면과 여상 상부 | 개인적/특허 | 소규모 처리장 예 사용 |

a 여상 깊이는 표 11-15, 11-16 참조

## 표 11-10

**폐수 재생 용도에 일반적으로 사용되는 심층여과에 대한 서술**

| 여과 유형 | 설명 |
|---|---|
| (a) 표준 하향류 여과<br>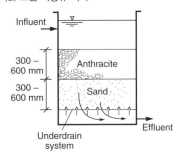 | SS를 함유한 폐수가 여상 상부로 유입된다. 단일, 이중, 다중여재가 사용된다. 단일여재로는 일반적으로 모래 또는 안트라사이트가 사용된다. 이중여재는 모래층 위에 안트라사이트층을 배치하는 것이 일반적이며 활성탄과 모래, 수지 구슬과 모래, 수지 구슬과 안트라사이트도 사용된다. 다중여재는 일반적으로 석류석(garnet) 또는 타이타늄철석(ilmenite) 층, 모래층, 안트라사이트 층으로 구성된다. 다른 조합에는(활성탄, 안트라사이트, 모래), (가중 구형 수지 구슬, 안트라사이트, 모래), (활성탄, 모래, 석류석) 등이 있다. |
| (b) 심층여상 하향류 여과<br>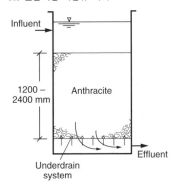 | 심층여상 하향류 여과는 여상 깊이와 여재(일반적으로 안트라사이트) 크기를 제외하고는 표준 하향류 여과와 유사하다. 여재 깊이와 여재 크기가 표준 하향류에 비해 크므로 여상 내에 보다 많은 고형물을 함유할 수 있어 운전 가능 기간이 길다. 여재 최대 크기는 여과 역세척능에 좌우된다. 일반적으로 심층여상 여재는 역세척 시 완전히 유동화되지 못한다. 효과적인 역세척을 위해 물을 동반한 공기세척이 사용된다. |
| (c) 심층여상상향류 연속 역세척<br>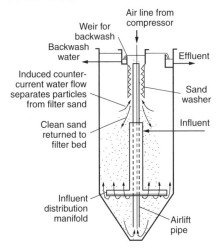 | 관을 통해 여상 하부로 들어온 폐수는 유입 분배 후드를 통해 모래상으로 균일하게 유입되어 아래로 움직이는 모래를 거슬러 상향류로 흐른다. 모래상에서 나온 깨끗한 여과수는 위어를 통해 유출된다. 모래는 포집된 고형물과 함께 가라앉아 에어리프트 관 유입부로 이동한다. 에어리프트 하부로 유입된 소량의 압축 공기가 물보다 가벼운 비중을 유발하여 모래, 고형물, 물을 관을 따라 상향류로 이동시킨다.<br><br>이 과정에서 발생하는 난류가 모래에 부착된 불순물을 씻어낸다. 에어리프트 상부에 도달하면 오염된 현탁액은 중앙 배제칸(central reject compartment)으로 넘어간다. 세척 영역에서는 깨끗한 여과수가 모래와 역방향인 상향류로 이동한다. 상향류는 고형물과 세척액을 배제칸으로 이동시키는 역할을 한다. 모래가 제거되는 고형물에 비해 침강 속도가 크므로 모래는 여과지 밖으로 유출되지 않는다. 세척된 모래는 모래상 위로 재분배되어 여과수와 세척수의 연속적인 흐름이 방해받지 않게 한다. |

(계속)

| **표 11-10** (계속) |

| 여과 유형 | 설명 |
|---|---|
| (d) 합성여재 여과 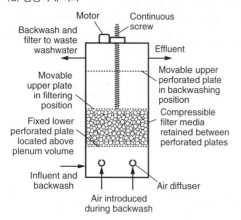 | 합성여재 여과는 물 재이용 목적으로 일본에서 개발되었다. 이 공정의 특이점은 여재를 압축함에 따라 여상의 공극을 조절할 수 있고, 역세척을 위해 여상 크기를 기계적으로 증가시킬 수 있다는 점이다. 모래와 안트라사이트에서 물이 여재 주위로 흐르는 것과는 달리 polyvaniladene으로 만든 공극이 큰 합성 여재는 물이 여재 입자 내부로 통과할 수 있게 한다. 압축되지 않은 유사 구형 여재의 공극률은 88~90%이며 여상의 공극률은 약 94%이다. <br><br> 여과 시 2차 처리수는 여과지 하부로 유입된다. 폐수는 두 개의 공극판 사이에 위치한 여재를 상향류로 통과하여 상부로 유출된다. 여재 역세척 시에는 폐수 흐름이 계속되는 도중에 상부 다공성 판이 기계적으로 위로 올라가고 하부 공극판 아래에 위치한 두 개의 산기관을 통해 공기가 유입되어 여재가 회전하게 된다. 여재는 역세척 흐름에 의한 전단력과 여재의 움직임에 의한 마모로 인해 세척된다. 고형물을 함유한 역세척수는 별도의 처리공정으로 이송된다. 역세척 완료 후 여상을 원래대로 돌려놓기 위해 상부 다공성 판이 제자리로 돌아오고 유출 밸브가 다시 열린다. |
| (e) 맥동상 여과 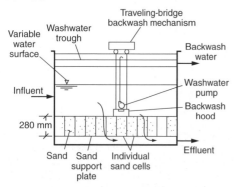 | 맥동상 여과는 특허로 등록된 하향류 중력 여과로 비성층화된 천층 모래상을 여재로 사용한다. 고형물을 모래 표면에 부착하여 제거하는 다른 천층여상과는 달리 이 공정은 고형물을 여상 내부에 체류시킨다. 이 공정의 특이점은 공기 파동으로 모래 표면을 교란하여 입자성 물질이 여상 내부로 침투할 수 있게 하는 데 있다. 공기 맥동 과정은 여상 하부로 주입된 공기가 배수장치에 갇혀 있다가 천층여상을 통해 상승하면서 고형물 층을 깨뜨리고 모래 표면을 재생하는 것을 반복하면서 진행된다. 고형물층이 교란될 때 일부는 부유하지만 대부분은 여상 내부로 축적된다. 간헐적인 공기 파동은 모래 표면을 포개고 고형물을 여상 내부로 보내면서 여상 표면을 재생하며 손실수두가 설정치에 도달할 때까지 반복된다. 이후 여상 내의 고형물을 제거하기 위해 일반적인 역세척이 수행된다. 일반적인 여과와는 달리 평소 운전 시 여과 배수장치에서 물이 범람하지 않는다. |
| (f) 이동가교 여과 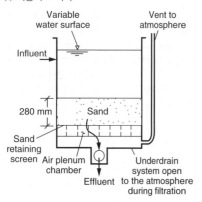 | 이동가교 여과는 특허받은 연속 하향식, 자동 역세척, 저수두, 입상여재 심층 여과이다. 여상은 긴 독립적인 여과지 cell로 수평하게 나뉘어져 있다. 각 여과지 cell에는 약 280 mm (11 in)의 여재가 채워져 있다. <br><br> 처리된 폐수가 중력에 의해 여재를 통과하고 다공성 판과 폴리에틸렌 배수장치를 통해 정수지(clearwell plenum)로 빠져나간다. 각 cell은 상부의 이동가교 구조물에 독립적으로 역세척된다. 역세척에 사용되는 물은 정수지로부터 여재를 통과해 위로 직접 공급되어 역세척 물받이에 저장된다. <br><br> 하나의 cell이 역세척되는 동안 다른 cell들에서는 여과가 계속 진행된다. 역세척 기작은 표면 세척 펌프가 표면층을 분산시키고 뭉쳐진 머드볼을 분쇄하는 것을 포함한다. 역세척 운전은 필요시에만 하기 때문에 역세척 주기는 반연속적으로 규정된다. |

(계속)

| **표 11–10** (계속) | |
| --- | --- |
| **여과 유형** | **설명** |

(g) 이상 여과

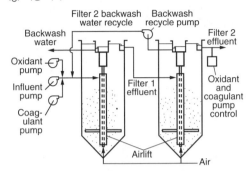

특허 등록된 공정으로 탁도, SS, 인 제거에 이용된다. 양질의 유출수를 방류하기 위해 두 개의 심층여상 상향식 연속 역세척 여과지가 직렬로 연결된다. 입경이 큰 모래는 접촉시간을 증가시키고 막힘을 최소화하기 위해 첫 번째 여과지에서 사용한다. 작은 입경의 모래는 두 번째 여과지에서 사용되며 첫 번째 여과지에서 나온 입자들을 제거하는 데 사용된다. 두 번째 여과지에서 발생하는 역세척수는 작은 입자들과 잔류 응집제를 포함하고 있는데 이 세척수들을 첫 번째 여과지로 반송시켜서 첫 번째 여과지의 응집형성을 증진시키고 유입수/배제수의 비를 증가시키도록 한다. 실제 규모에서의 실험 결과 배제율은 5% 미만인 것으로 나타났다. 여과지 최종유출수의 인 농도는 0.02 mg/L 이하였다.

(h) 가압 여과

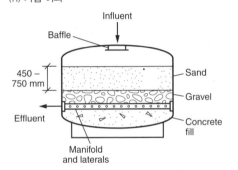

가압 여과는 중력 여과와 동일한 방법보다 작은 처리장에서 사용된다. 유일한 차이점은 닫힌 용기 내에서 펌프에 의해 조성된 가압에 의해 운전된다는 점이다. 가압 여과는 보통 허용 손실수두가 높아 운전기간이 길고 역세척 요구량이 작다. 하지만 역세척이 정기적으로 수행되지 않으면 머드볼 생성과 같은 문제들이 생길 수 있다.

11-10에 제시된 자료의 분석에서 얻을 수 있는 주요 결론은 (1) 양질의 유입수가 공급되면(탁도가 5~7 NTU 미만) 모든 형태의 여과 공정이 2 NTU 이하의 평균 탁도를 가진 유출수를 생산할 수 있고, (2) 유입수의 탁도가 7~10 NTU보다 클 경우, 유출수의 탁도를 2 NTU 이하로 유지하려면 모든 형태의 여과 공정에 약품을 투입해야 하며, (3) 약품 투입이 없는 경우 유출 수질은 유입 수질에 직접적으로 영향을 받는다는 것이다. 입상 여재 심층여과에서의 일반적인 유출 탁도 및 SS 농도를 표 11-12에, 막공법과 같은 타고도 여과 공정과의 비교를 11-7절의 표 11-31에 나타내었다.

탁도 측정 범위의 한계를 고려할 때, 측정된 탁도로부터 TSS 값을 대략적으로 다음 관계식을 사용하여 구할 수 있다

침전된 2차 처리수

$$\text{TSS, mg/L} = (2.0\sim2.4)\times(\text{탁도, NTU}) \tag{11-26}$$

여과지 유출수

$$\text{TSS, mg/L} = (1.3\sim1.6)\times(\text{탁도, NTU}) \tag{11-27}$$

위의 근사식을 이용하면 5~7 NTU의 유입수 탁도는 10~17 mg SS/L에 해당하고, 2 NTU의 유출수 탁도는 2.8~3.2 mg SS/L의 총 부유물질 농도에 해당된다.

## 그림 11-9

여과 공정 사진. (a) 암거 계통 없이 물받이만 설치된 일반 중력 여과(그림 11-20 참조), (b) 이동 가교 여과, (c) 심층여재 탈질 여과, (d) 연속 역세척 상향 여과(Austep, Italy), (e) 여섯 개 필터로 구성된 합성여재 여과 (fuzzy filter), (f) 소형 폐수처리 장용 소형 가압 필터. 공정별 정보는 표 11-9 및 11-10 참조

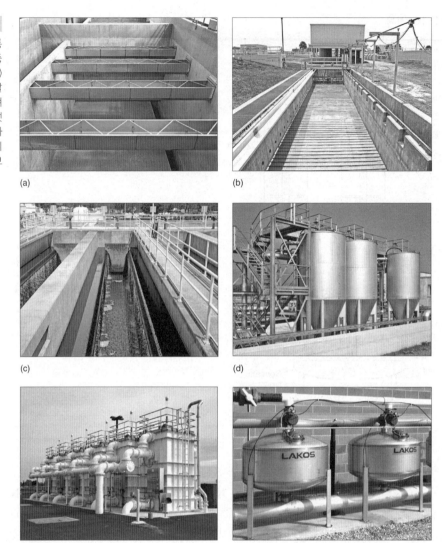

(a) (b) (c) (d) (e) (f)

## 그림 11-10

동일한 활성슬러지 공정 유출수를 주입한 7가지 심층여과 성능 자료. 여과율 160 L/m² · d (Fuzzy filter의 경우 800 L/m² · d)

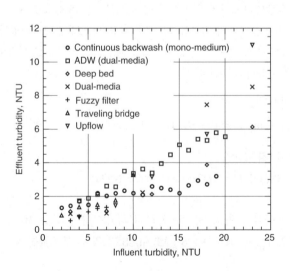

**표 11–11**

2차 처리 유출수 심층여과 시 공정별 운전 조건 비교

| 여과 유형 | 여상[a] | | 전형적 운전 여과율 | | CDPH[c,d] 인증 최대 여과율 | | 역세척 분율 |
| | 유형 | 여재[b] | gal/ft² · min | m³/m² · min | gal/ft² · min | m³/m² · min | |
|---|---|---|---|---|---|---|---|
| 표준 천층 | 단일여재 | S | 2~6 | 0.08~0.24 | 5 | 0.20 | 4~8 |
| 표준 | 이중여재 | S and A | 2~6 | 0.08~0.24 | 5 | 0.20 | 4~8 |
| 표준 | 다중여재 | S, A, and G | 2~6 | 0.08~0.24 | 5 | 0.20 | 4~8 |
| 심층 | 단일여재 | S | 5~8 | 0.20~0.33 | 5 | 0.20 | 4~8 |
| 심층 | 단일여재 | A | 5~8 | 0.20~0.33 | 5 | 0.20 | 4~8 |
| 심층, 상향류 | 단일여재 | S | 4~6 | 0.16~0.15 | 5 | 0.20 | 8.15 |
| 합성여재 | 단일여재 | SM | 15~40 | 0.60~1.60 | 40 | 1.60 | 2~5 |
| 맥동상 | 단일여재 | S | 2~6 | 0.08~0.24 | 5 | 0.08 | 4~8 |
| 이동가교 | 단일여재 | S | 2~5 | 0.08~0.2 | 2 | 0.08 | 4~8 |
| 이동가교 | 이중여재 | S and A | 2~5 | 0.08~0.2 | 2 | 0.08 | 4~8 |
| 가압 여과 | 단일여재, 이중여재 | S and A, A | 2~6 | 0.08~0.24 | 5 | 0.20 | 4~8 |

[a] 여상 깊이는 표 11–15, 11–16 참조
[b] S = 모래, A = 안트라사이트, G = 석류석, SM = 합성여재
[c] California Department of public health
[d] 22개 폐수 재이용 적용

**탁도 및 총 부유물질 제거 변동량.** 물 재이용 시, 탁도를 한계 농도로 일정하게 유지하는 것이 중요하기 때문에, 여과 성능의 변동 여부가 매우 중요하다. 예를 들어, 캘리포니아주의 경우 용도 제한 없는 재이용수의 탁도 기준은 2 NTU 이하(탁도 기준에 소수점이 없으므로 실제로는 2.49 NTU 이하)이다. 대형 폐수 재이용 시설의 2010, 2011년 운영 데이터에서 나타나는 수질 변동 정도를 그림 11–11에 도시하였다.

2010년과 2011년의 탁도와 SS 평균을 비교해 보면, SS/탁도 비율은 각각 1.51, 1.32였으며 식 (11–27)의 범주에 부합하는 값이다. 탁도의 기하 표준 편차, $s_g$는 1.26, 1.23이었고, SS의 기하 표준 편차는 1.37, 1.42로 표 11–12의 범위 안에 있었다($s_g$를 이용한 통계적 분석은 부록 D 참조). 표 11–12의 수치 활용 방법은 예제 11–3과 같다.

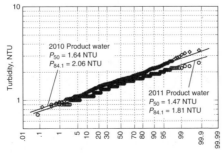
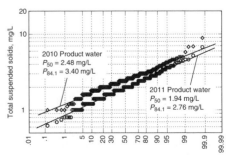

**그림 11–11**

대형 폐수 재이용 시설의 2차 처리수 여과 성능 확률 분포. (a) 탁도, (b) SS

표 11-12

입자 제거 공정에서의 일반적인 유출 수질 범위

| 입자 제거 공정 | 단위 | 전형적 유출수질 범위 | 기하학적 표준 편차, $s_g$[a] | |
|---|---|---|---|---|
| | | | 범위 | 일반적 수치 |
| 심층여과 + 활성슬러지 | | | | |
| 탁도 | NTU | 0.5~4 | 1.2~1.4 | 1.25 |
| TSS | mg/L | 2~8 | 1.3~1.5 | 1.4 |
| 심층여과 + BNR 활성슬러지 | | | | |
| 탁도 | NTU | 0.3~2 | 1.2~1.4 | 1.25 |
| TSS | mg/L | 1~4 | 1.3~1.5 | 1.35 |
| 표면여과 + 활성슬러지 | | | | |
| 탁도 | NTU | 0.5~2 | 1.2~1.4 | 1.25 |
| TSS | mg/L | 1~4 | 1.3~1.5 | 1.25 |

[a] $s_g$ = 기하학적 표준 편차; $s_g = P_{84.1}/P_{50}$

**예제 11-3**

**활성슬러지 처리수 단상 여과 수질 안정성 분석** 평균 유출 탁도가 2 NTU인 활성슬러지 처리수 단상 여과 공정이 있다. (a) 1년 주기, (b) 3년 주기 최대 유출 탁도와 유출 탁도 기준이 2.49 NTU일 때의 기준 초과 발생 확률을 구하시오.

**풀이**

1. 표 11-12에서 활성슬러지 유출수 여과에 해당하는 탁도 $S_g$ 값을 선정한다(이 경우 1.25).

2. 유출수 탁도 확률 분포를 결정한다.

   a. $P_{84.1}$에 해당하는 탁도를 구한다.

   $$P_{84.1} = S_g \times P_{50} = 1.25 \times 2 \text{ NTU} = 2.5 \text{ NTU}$$

   b. $P_{84.1}$과 $P_{50}$을 이용하여 유출 탁도 확률 분포를 산정한다. 대수 정규 분포를 따른다고 가정하면, $P_{84.1}$과 $P_{50}$을 이용한 선형선을 다음 그림과 같이 그릴 수 있다.

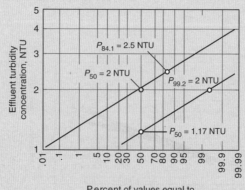

3. 구하고자 하는 확률에 해당하는 탁도를 구한다.

    a. 1년 주기 최대 탁도에 해당하는 확률은 (1/365) = 0.3%이다. Step 2에서 도출된 직선에서, 상위 0.3% (P99.7)에 해당하는 탁도는 3.5 NTU이다.

    b. 3년 주기 최대 탁도에 해당하는 확률은 0.1%이다. 상위 0.1% (P99.9)에 해당하는 탁도는 3.7 NTU이다.

4. 기준(2.49 NTU) 초과 발생 확률은 16%이다.

여과 성능의 표준편차를 고려할 때, 여과 공정의 평균 제거 성능은 수질 기준보다 상당히 강화된 상태로 운전될 필요가 있다. 예를 들어, 탁도 기준이 2.0 NTU인 경우 99.2% 신뢰성(1년 중 3일 초과)을 확보하기 위해서는 평균 유출 탁도가 1.17 NTU여야 한다. 대부분의 경우 1.17 NTU를 확보하기 위해서는 약품 투입이 필요하다.

**입도별 제거.** 그림 11-10에 도시한 모든 여과 공정이 2차 처리수를 평균 탁도 2 이하로 여과할 수 있지만, 여과 유출수 내 입도 분포는 공정에 따라 다르다. 활성슬러지 처리수 심층여과 시 일반적인 입도별 제거 자료를 그림 11-12에 도시하였다. 그림에서와 같이 110~260 L/m²·min 범위의 여과율은 입도별 제거 효율에 영향을 주지 않는다. 대부분의 심층여과에서 15~20 μm보다 큰 입자가 일부 유출됨을 명심해야 한다.

침전된 2차 처리수 수질에 따라, 탁도로 표현되는 여과 성능을 향상하기 위해 약품 투입이 사용되어 왔다. 약품 투입에 따른 활성슬러지 처리수 심층여과 유출수의 입도 분포를 그림 11-13에 도시하였다. (a)는 원자료이며 (b) 멱법칙에 따른 해석을 추가한 자료이다(2장 예제2-4참조). 그림 11-13(a)와 같이 여과 공정 단독으로는 큰 입자만 제거하지만, 약품이 투입된 경우 전체 입도에서 입자가 고르게 제거됨을 알 수 있다. 그림 11-13(b)와 같이, 입도별 많은 입자들이 1/10정도로 제거되었지만 상당히 많은 입자들이 남게된다.

---

**그림 11-12**

활성슬러지 처리수 심층여과 시 입도별 제거 효율

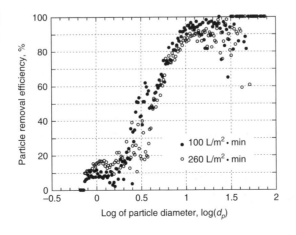

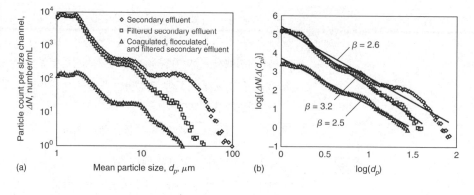

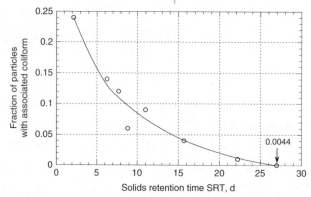

**미생물 제거.** 약품이 사용되지 않는 경우, 2차 처리수로부터의 대장균군과 바이러스 제거효율은 각각 0~1.0, 0~0.5로그 정도이다. 여과 공정의 미생물 제거 효율은 전단 생물학적 공정의 SRT와 관련이 있다. 그림 11-14에 나타낸 바와 같이 SRT가 길어지면 대장균군과 결합하는 입자 비율이 줄어든다. 박테리오파지 MS2의 일반적인 제거 효율 자료를 그림 11-15에 도시하였다. 그림과 같이 여과 시 MS2의 평균 제거 효율은 약 0.3로그이다. 그러나 더 중요한 것은 제거 자료의 분포이다. 전형적인 대장균제거시의 분포라고 할 수 있는 그림 11-15에서의 분포를 기준으로 할 때 대장균군 평균 제거 효율을 1.0로그로 산정한다 하더라도 여과 공정만을 활용하는 재이용수 생산은 공중보건 측면에서 적합하지 않을 수 있다. 약품이 투입될 경우 미생물 제거 자료는 통계적으로 혼동될 수 있고, 일반적으로 여과성능으로부터 약품투입의 효과를 독립적으로 평가할 수 없다

**역세수 요구량.** 여상 세척을 위한 역세수 요구량은 유입수 대비 퍼센트로 표현되며, 유입수질과 여과 공정 설계에 의해 결정된다. 표 11-11에 도시한 심층 여과 공정들의 역세수 요구량은 일반적으로 4~15%이다. 11-6절에서 다룰 표면여과의 역세수 요구량은 1~4%이다. 처리수 여과를 기존 처리장에 추가할 경우, 역세수가 처리장 수리학에 미치는 영향을 충분히 고려해야 한다. 많은 처리장에서 역세수 요구량은 여과 공정을 결정하는 가장 중요한 요소이다. 역세수 요구량은 여과 면적, 역세 팽창 요구 정도, 여재 크기, 수온과도 관련이 있다.

**그림 11-15**

활성슬러지 공정, 심층여과, 염소소독으로 구성된 공정에서의 MS2 coliphage 제거

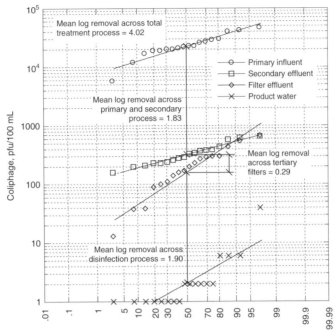

## 폐수처리시설 설계 및 운영 시 고려사항

폐수처리장의 설계 및 운전은 후단에 위치한 심층여과의 성능에 큰 영향을 준다. 기존 및 신규 폐수처리장이냐에 따라 고려사항이 다른데, 두가지 처리시설에서 고려사항을 본 절에 기술하였다.

**기존 폐수처리장.** 기존 폐수처리장에 심층여과를 추가하는 경우, 여과성에 영향을 미칠 수 있는 (1) 2차 침전지 설계 및 운전, (2) 생물학적 처리공정 유형 및 운전, (3) 반송수 관련된 운전, (4) 유량조정조의 사용에 대해 고려해야 한다.

**2차 침전지 설계 및 운전.** 침전지 유출수의 SS와 콜로이드 농도 및 변동량은 침전되는 생물학적 고형물의 성상, 침전조 깊이, 주입부에서의 에너지 분산(그림 8-54 참조), 슬러지 밀도류(5장 참조), 여러 요인에 의한 단락, 유출 위어(weir) 위치에 의해 좌우된다. 일반적으로 활성슬러지 공정과 살수여상의 유출수 SS 농도는 6~30 mg/L이다. 앞 절에서 논의한 대로 이 경우 탁도는 5~15 NTU이다. 적절히 설계된 깊이 6~7 m인 심층 2차 침전조의 유출수 농도를 2 NTU 이하, 경우에 따라서는 1 NTU 이하로 저감할 수 있다. 2차 침전지 유출수의 SS 농도와 변동량에 따라 큰 부하에서도 성능이 지속될 수 있는 여과지를 고려하는 것이 적절하다. 이러한 경우에 하향류 및 상향류 심층 조대 여재 여과, 합성 여재 여과(fuzzy filter), 맥동상 여과 등 연속 운전이 가능한 여과 공정이 사용되어 왔다.

**생물학적 처리공정 유형 및 운전.** 2차 처리에 사용되는 주요 생물학적 처리공정 유형은 활성슬러지로 대표되는 부유성장 공정, 살수여상으로 대표되는 부착성장 공정, 습지공정

(pond process)이다. 각 공정의 플럭(floc) 강도와 여과성은 운전 방식에 따라 다르다. 예를 들어, 활성슬러지 플럭의 강도는 SRT가 길어질수록 증가한다. SRT가 길어질 경우 플럭 강도가 증가하는 원인 중 하나는 체외 고분자 분비량이 많아져서이다. SRT가 15일 이상으로 극단적으로 긴 경우 플럭이 깨져 강도가 감소하는 사례가 있었다. 이렇게 긴 SRT에서 발생되는 유출수는 체외 고분자의 영향으로 인해 여과가 어렵게 되고, 후단의 소독 성능까지도 저하될 수 있다(Emerick, 2012). 뿐만 아니라 생물학적 처리 후단에 화학 침전이 있는 경우, 생물학적 처리만 하는 경우에 비해 플럭 강도가 약하다. 2차 침전 유출수 특성에 대한 정보가 부족하다면 이어서 기술할 파일럿 플랜트 연구가 반드시 수행되어야 한다.

**반송수 관리.** 현재 대부분의 폐수처리장에서 슬러지 농축, 탈수, 소화, 건조 과정에서 배출되는 반송수는 처리장 유입부로 반송된다. 많은 경우, 반송수는 질소, 콜로이드, TDS 등 전반적인 처리 성능을 저하시키는 물질(질소화합물, 콜로이드 충고현물)들을 함유하고 있다. 불행하게도 이러한 반송수는 질소와 콜로이드 제거와 관련된 생물학적 처리공정의 전반적인 성능에 영향을 미친다. 강화된 방류 기준을 만족하기 위해 다수의 처리장에 유량 조정조 및 15장에서 다루어질 별도의 반송수 처리 시설이 설치되고 있다(Tchobanoglous et al., 2011).

**유량 조정.** 유량 조정조의 역할은 후단 공정의 성능과 안정성을 향상시키고 크기와 비용을 줄이는 것이다(3–7절 참조). 고도 처리에서 유량 조정의 장점은 (1) 유입수 성상 변동 저감, (2) 일정 유량 공급에 의한 처리 성능 향상(특히 막공정의 경우), (3) 유량 및 부하 변동에 따른 막 손상 저감이다(Tchobanoglous et al., 2003). 전체 유량에 대한 유량 조정이 추가가 적합하지 못할 경우에는 반송수에 대해서만이라도 유량 조정을 적용되는 것이 검토되어야 한다.

**신규 폐수처리장.** 신규 폐수처리장에는 기존 폐수처리장에 대해 언급한 모든 사항에 대한 고려가 필요하며, 거기에 더해 2차 침전지를 설계하는 데 더욱 세심한 주의를 기울여야 한다. 적절하게 설계된 2차 침전지가 SS 3~4 mg/L 이하, 탁도 1~2 NTU 이하의 유출수를 배출할 경우 여과 공정 선택은 활용 가능한 공간, 여과 기간(계절별 또는 연중 운전), 건설 기간 및 비용 등에 따라 좌우된다. 가장 중요하게 고려할 수질은 SS, 입도 분포, 플럭 강도이다.

## ≫ 여과 기술 선택

여과 기술을 선택할 때 반드시 고려하여야 하는 주요 사항은 (1) 요구 수질, (2) 유입 폐수 특성, (3) 사용할 여과 유형: 특허 등록 여부, (4) 여과율, (5) 여과 구동력, (6) 여과지 개수 및 크기, (7) 역세 요구량, (8) 파일럿 플랜트 연구 필요성, (9) 시스템 보완성 여부이며, 각각에 대한 설명을 표 11–13에 서술하였다. 유입 폐수 특성의 중요성은 앞 절에서 언급된 바 있으며, 본 절에서는 역세, 약품 주입, 파일럿 플랜트 연구 필요성 등이 심층여과 공정 선택에 영향을 미칠 수 있으므로 이들에 대해 보다 자세히 설명한다.

**역세 요구량.** 일반적으로 심층여과는 표면여과에 비해 역세 요구량이 크다. 수리학적 용량에 한계가 있는 기존 폐수처리장에서는 역세 요구량이 여과 공정을 선택하는 가장 중요한 요소가 될 것이다. 정확한 역세 요구량을 미리 산정할 수 없으므로 파일럿 플랜트 연구가 수반되어야 한다.

**약품 주입과 결합된 유출수 여과.** 2차 처리수의 수질에 따라, 여과 성능을 향상시키기 위해 약품 주입이 사용되어 왔다. 약품 주입은 인, 금속 이온, 휴믹 물질 등 특정 오염물

**표 11–13**

**2차 처리수 여과 기술 선택 시 고려사항[a]**

| 고려사항 | 비고 |
| --- | --- |
| 요구되는 유출수 수질 | 보통 유출수 용도에 따라 규정 조건이 정해져 있음 |
| 유입수 특성 | 여과 공정에 따라 주기적인 충격 부하를 견디는 정도가 다르므로 요구되는 유출수 수질이 여과 공정 선택을 좌우한다. 예를 들어 천층 여과는 유출수 수질 변동 폭이 크다. 심층여과의 경우 유출수질이 보다 예측 가능해져, 5~6 m 깊이의 심층여과에서는 통상 2 NTU 이하의 유출 탁도가 일정하게 유지된다. |
| 여과 유형: 특허 또는 개인 | 현재 가용한 여과 기술들은 특허 등록된 것 또는 개인적으로 설계한 것이다. 특허 등록된 여과의 경우, 제조자가 설계 기준과 실행내역을 근거로 하여 완비된 여과 장치와 조종장치를 제공할 책임이 있다. 개인적으로 설계된 여과의 경우에는 설계자가 시스템 부품들을 개발할 때 여러 공급업자들과 일할 책임이 있다. 도급자와 공급업자가 그 다음에 기술자의 설계에 맞추어 장비와 자재를 제공한다. |
| 여과율 | 여과율은 여과지의 실제 크기에 영향을 미치므로 중요하다. 여과 시에, 여과율은 주로 플럭의 강도와 여재의 크기에 달려 있다. 예를 들어, 플럭의 강도가 약하면 여과율이 클 때 플럭입자들이 부서져 많은 양이 여재를 통과한다. 여과율이 80~330 L/m²·min 정도면 침전된 활성슬러지 유출수를 여과해도 유출수의 수질에 영향을 미치지 않는다. |
| 여과 구동력 | 여상에 의해 만들어지는 흐름에 대한 마찰저항을 극복하기 위해 중력이나 압력이 사용된다. 표 8-5의 중력여과는 큰 처리장의 유출수 여과에 가장 많이 사용된다. 압력여과는 중력여과와 같은 방식으로 운전되며 보다 작은 처리장에서 사용된다. 압력여과에서는 펌프에 의해 가압된 상태의 닫힌 용기에서 여과가 행해진다. |
| 여과지 수 및 크기 | 여과지 수는 일반적으로 관거 및 공사 비용을 줄이기 위해 최소로 하나 (1) 역세척량이 지나치게 크지 않고, (2) 한 여과지가 역세척 때문에 쉬고 있을 때 다른 여과지에의 일시 부하가 그다지 높지 않아 여과하려는 물질이 잘 제거될 만큼은 충분해야 한다. 역세척으로 인한 일시 부하는 역세척이 연속적으로 일어나는 여과에서는 문제가 되지 않는다. 예비 여과지는 최소 2개가 필요하다. |
| | 각 여과지의 크기는 배수설비, 세척 물받이, 표면 세척기 등의 장비 크기와 일치해야 한다. 일반적으로, 개인이 설계한 중력여과의 폭–길이 비는 1:1~1:4가량이다. 비록 더 큰 여과지가 제작되기도 하였으나, 각 심층여과지(여과 cell)의 표면적의 실제 한계는 약 100 m² (1075 ft²)이다. |
| | 심층여과 표면적은 첨두 여과 및 처리장 유량에 좌우된다. 허용 첨두 부하는 통상 규제치에 근거하여 설정한다. 각 여과 유형의 운전 영역은 과거 경험, 파일럿 플랜트 연구 결과, 제작자 권장사항, 규제치에 의해 결정된다. |
| 역세척 요구량 | 표 8-4에 나타낸 바와 같이, 심층여과는 반연속적 또는 연속적인 모드로 운전된다. 반연속적인 운전에서는 유출수 수질이 악화되거나 수두손실이 과도하게 많아지기 시작할 때까지 운전하고 그 시점에서 운전을 중단한 채 축적된 고형물을 제거하기 위해 역세척한다. 반연속적으로 운전되는 여과에서는 여재를 청소할 때 사용할 역세척수가 공급되어야 한다. 일반적으로 역세척수는 정수지에서 펌핑되거나 고층 저장 탱크에서 중력식으로 공급된다. 역세를 위한 저장 부피는 각 여과지를 12시간마다 역세하기에 충분해야 한다. 상향식 여과, 이동가교 여과 등 연속적인 운전에서는 여과와 역세척이 동시에 일어난다. 이동가교 여과에서는 역세척 운전을 필요에 따라 연속적 또는 반연속적으로 행할 수 있다. 연속적으로 운전되는 여과에는 탁도의 급작스런 저하나 최종 손실수두가 없다. |
| 약품 첨가 | 경우에 따라 약품 첨가가 필요하다. 재이용수 용도에 따라 약품 투입 장치의 설치가 지자체나 중앙 정부에 의해 규정될 수 있다. |
| 파일럿 플랜트 연구 | 많은 변수가 여과 성능에 영향을 주기 때문에 기존 처리장에 여과 장치를 추가하고자 할 때 종종 파일럿 플랜트 연구가 선행된다. 새로운 처리장의 경우 유사한 설계치의 처리장에서 파일럿 플랜트 연구를 수행한다. |
| 예비 시스템 | 주기적인 관리나 정전과 같은 긴급 상황을 대비하여 예비 시스템이 필요하다. 연속적으로 운전되는 대부분의 물 재이용 공정은 긴급 저장소와 현장 발전 시스템을 보유하고 있다. 일반적으로 1기 이상의 예비 여과지 설치가 권장된다. 공간 등의 이유로 예비 여과지 설치가 불가능할 경우 여과지와 배관은 관리 기간의 주기적인 과부화를 견딜 수 있도록 충분한 크기로 설계되어야 한다. |

[a] Adapted, in part, from Tchobanoglous et al. (2003)

질을 처리하기 위해서도 사용되어 왔다. 약품 주입을 통한 인 제거는 6장에서 다루어진 바 있다. 많은 국가에서 부영양화를 제어하기 위해 민감한 수체로 방류하는 폐수처리장에 접촉 여과를 이용한 인 제거 공정이 사용되고 있다. 표 11-10에서 서술한 이상 여과 공정은 인 농도를 0.2 mg/L 이하로 낮추는 데 효과적인 것으로 입증되었다. 유출수 여과에 흔히 사용되는 약품은 다양한 유기 고분자, 알럼, 염화제2철 등이다. 본 절에서는 유기 고분자와 알럼에 대해 다룬다.

**유기 고분자 사용.**  여과에 사용되는 유기 고분자는 일반적으로 분자량 $10^4$~$10^6$의 사슬형 유기물이며, 전하에 따라 양이온성, 음이온성, 비이온성으로 분류된다. 6장에서 언급된 바와 같이 고분자는 입자간 가교 역할을 하여 더 큰 입자가 형성되도록 작용한다. 고분자의 성능은 폐수 성상에 크게 좌우되므로, 여과 보조재로서의 고분자 유형의 선택은 자 테스트 등의 실험에 의해 결정되어야 한다.

폴리머에 대한 일반적인 실험순서는 주어진 폴리머의 초기 주입량(주로 1.0 mg/L)을 첨가하고 그 영향을 관찰하는 것이다. 관측된 영향에 따라, 주입량을 0.5 mg/L씩 증가시키거나 0.25 mg/L씩 감소시켜 운전범위를 산출한다. 운전범위가 결정된 후, 최적의 주입량을 알기 위해 추가실험을 진행한다. 머드볼이 형성되지 않도록 고분자가 여상에 닿기 전에 잘 분산시킬 수 있어야 한다.

최근에는 저분자량의 폴리머가 알럼 대용으로 사용되고 있다. 이 경우 주입량(10 mg/L) 이상이 고분자량 폴리머(0.25~1.25 mg/L)보다 상당히 높다. 알럼의 교반에서와 마찬가지로, 주어진 폴리머의 최대 효율을 얻기 위해서는 초기교반단계가 중요하다. 일반적으로 3500 $s^{-1}$ 이상의 G값에서의 1초 미만의 교반이 추천된다(5장의 표 5-9 참조). 실질적인 문제로서 처리장이 커질수록 여러 개의 교반장치를 사용하지 않으면 1초 미만의 교반속도를 갖기가 어려움을 명심해야 한다.

**폐수의 화학적 특성이 알럼 주입에 미치는 영향.**  폴리머와 마찬가지로, 처리된 폐수 유출수의 화학적 특성이 알럼의 여과보조제로서의 효과에 큰 영향을 줄 수 있다. 예를 들어, 알럼의 효율은 pH와 관계가 있다(6장의 그림 6-9). 비록 그림 6-9는 수처리에 적용하기 위해 개발되었으나, 약간만 변화시키면 대부분의 폐수 유출수 여과에 적용할 수 있다. 그림 6-9에 나타난 바와 같이, 알럼 주입량과 pH에 따라 침전 및 여과 공정에서 입자가 어떻게 제거되는지가 좌우된다. 예를 들어, sweep floc에 의한 최적의 입자제거는 알럼 주입량 20~60 mg/L, pH 7~8에서 일어난다. 일반적으로, 높은 pH (7.3~8.5)를 가지는 많은 폐수 유출수의 경우, 낮은 농도(5~10 mg/L)의 알럼 주입은 거의 효과가 없다. 낮은 알럼주입량에서 운전하려면 pH 조절이 필요하다.

**연구실 규모 및 파일럿 플랜트 연구의 필요성.**  비록 이 절의 앞부분과 11-3절에서 설명한 내용들이 2차 침전지 유출수를 여과할 때 여과 공정의 운전을 이해하는 데는 도움이 되지만, 실제 규모의 여과지를 설계할 때는 일반화된 방법이 없음을 유념해야 한다. 그 주요 원인은 여과할 유입수의 부유물질 특성이 본질적으로 다양하다는 데 있다. 예를 들어, 2차 침전지의 부유물질의 플럭 형성 정도가 변화하면 유출수의 입자 크기 및 분포

**그림 11-16**

**여과 파일럿 시설 사진.** (a) 여과 칼럼, (b) 탁도와 입도 분포 측정을 포함한 여과 성능 모니터링 장비

가 크게 변하고, 그 결과 여과지의 성능에 영향을 미친다. 또한 유출수의 부유물질 특성이 하루 중의 시간과 공정 중의 유기물 부하에 따라서도 변하기 때문에 폭넓은 운전조건하에서 운전될 수 있도록 여과지를 설계해야 한다. 여과지가 잘 작동하도록 하는 가장 확실한 방법은 파일럿 시설의 실험을 하는 것이다(그림 11-16 참조).

분석해야 할 변수가 많기 때문에 통계적으로 결과를 혼동하지 않으려면, 한 번에 두 개 이상의 변수를 바꾸지 않도록 주의해야 한다. 여과할 유출수 특성의 계절별 변동을 고려할 때, 여러 기간 동안(이상적으로는 일 년에 걸쳐) 연구실 및 파일럿 플랜트 연구를 수행해야 하고, 이 모든 결과는 적절한 해석을 보장하기 위하여 다각도로 평가되어야 한다. 각 조사 프로그램의 세부 사항들이 다르기 때문에 최상의 분석방법이 일반화될 수는 없다.

## ›› 입상여재 여과 설계 고려사항

표 11-9에서 서술한대로, 현재 적용 가능한 여과 기술은 특허 등록된 것과 개인적으로 설계되는 것으로 나뉜다. 특허 등록된 여과 기술은 제작자가 완전한 여과 공정 일체와 기본 설계 기준과 성능 사양에 기초한 제어 방법을 제공할 의무가 있다. 개인적으로 설계된 여과 기술은 설계자가 공정 요소 설계 개발 시 여러 공급사와 협력할 의무가 있다. 그러면 시공사와 공급사는 기술사의 설계에 따라 재료와 장비를 제공한다.

입상여재 여과 공정은 여전히 개인적으로 설계되기 때문에, 심층여과를 위한 주요 고려사항을 표 11-14에 요약하였다. 표 11-14 내용 중 일부 요소는 앞에서 이미 논의된 바 있고, 일부 요소는 본 교재의 범위를 벗어난다. 그럼에도 불구하고, 이 중 본 절에서는 여상 유형, 여재, 역세척 운전, 부속 장치의 선택에 대한 고려가 중요하다.

**여상 형태 및 여재.**   개인적으로 설계한 심층여과에서 중요하게 고려할 사항은 여상형태 및 여재의 선택이다

**여상 형태 선택.**   현재 폐수여과에 사용되고 있는 특허등록되지 않은 주요한 여과지 형태 유형들은 단일여재, 이중여재, 다중여재 등과 같이 여재의 수에 의해 분류될 수 있다

**표 11-14**

**2차 처리수 입상여재 여과 설계 고려사항**

| 변수 | 중요성 |
|---|---|
| 1. 요구되는 유출수 수질 | 보통 유출수 용도에 따라 규정 조건이 정해져 있음 |
| 2. 유입폐수 특성 | 앞 절에서 다룸 |
| 3. 여재 특성 | 맑은 물 손실수두, 입자 제거효율, 손실수두 축적에 영향을 미침 |
|   a. 유효 입경, $d_{10}$ | |
|   b. 균등계수, UC | |
|   c. 유형, 형태, 밀도 및 조성 | |
| 4. 여과상 특성 | 공극률은 여과지 내에 저장될 수 있는 고형물의 양에 영향을 미침. 여과상 깊이는 초기 손실수두, |
|   a. 여과상 깊이 | 운전주기에 영향을 미침. 혼합 정도는 여과상 성능에 영향을 미침 |
|   b. 공극률 | |
|   c. 성층화 | |
|   d. 여재 혼합 정도 | |
| 5. 여과율 | 2, 3, 4 변수와 함께 맑은 물 손실수두 계산에 사용됨. 최규제 부처에 의해 일반적으로 설정되는 최대 여과율은 일반적으로 규제 기관에 의해 설정됨(표 11-1) |
| 6. 여과율 조절 | 하향류 중력 여과의 여과율을 조절하는 주요 방법에는 (1) 고정수두 정속여과, (2) 가변수두 정속여과, (3) 변속감쇄여과가 있으며, 다른 방법도 존재한다. |
| 7. 허용 손실수두 | 구동력이 중력인지 가압인지에 따라 좌우되는 설계변수 |
| 8. 역세척 요구사항 | 입상여재 여상에서 일반적으로 사용되는 반연속식 역세척 방법은 (1) 표면 세척 교반기를 보조로 이용하는 물 역세척, (2) 공기세척을 보조로 이용하는 물 역세척, (3) 공기와 물의 혼합 역세척이다. (1)과 (2)를 위해서는 효과적인 세척을 위해 입상여재의 유동화가 필요하다. 다양한 여상의 유동화에 사용되는 전형적인 역세척 유량을 표 11-11에 나타내었다. |
| 9. 역세척 요구량 | 여과지에 사용되는 관 크기와 배열에 영향을 미침 |
| 10. 여과 부속장치 | (1) 여재 지지, 여과수 수집, 역세척 수 및 공기 분배에 사용되는 하부 배수 시스템, (2) 역세수 제거에 사용되는 세척수 물받이, (3) 여재에 부착된 물질의 제거에 사용되는 표면 세척 시스템 |

**그림 11-17**

이중여재 심층여과에 사용되는 모래와 안트라사이트의 일반적인 입도 분포 영역. 모래의 경우 질량 기준 10%에 해당하는 입도가 입자 개수 기준으로는 50%에 해당함

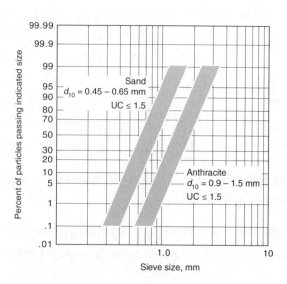

**표 11 – 15**

단일여재 심층여과의

일반적인 설계자료[a]

| 특성 | 값 | | |
|---|---|---|---|
| | 단위 | 범위 | 전형적인 값 |
| 얇은 여상(성층화된) | | | |
| 무연탄(anthracite) | | | |
| 깊이 | mm | 300~500 | 400 |
| 유효경 | mm | 0.8~1.5 | 1.3 |
| 균등계수 | 단위 없음 | 1.3~1.8 | ≤ 1.5 |
| 여과율 | m³/m²·min | 0.08~0.24 | |
| 모래 | | | |
| 깊이 | mm | 300~360 | 330 |
| 유효경 | mm | 0.45~0.65 | 0.45 |
| 균등계수 | 단위 없음 | 1.2~1.6 | ≤ 1.5 |
| 여과율 | m³/m²·min | 0.08~0.24 | |
| 표준 여상(성층화된) | | | |
| 무연탄 | | | |
| 깊이 | mm | 600~900 | 750 |
| 유효경 | mm | 0.8~2.0 | 1.3 |
| 균등계수 | 단위 없음 | 1.3~1.8 | ≤ 1.5 |
| 여과율 | m³/m²·min | 0.08~0.24 | |
| 모래 | | | |
| 깊이 | mm | 500~750 | 600 |
| 유효경 | mm | 0.4~0.8 | 0.65 |
| 균등계수 | 단위 없음 | 1.2~1.6 | ≤ 1.5 |
| 여과율 | m³/m²·min | 0.08~0.24 | |
| 심층여상(성층화된) | | | |
| 무연탄 | | | |
| 깊이 | mm | 900~2100 | 1500 |
| 유효경 | mm | 2~4 | 2.7 |
| 균등계수 | 단위 없음 | 1.3~1.8 | ≤ 1.5 |
| 여과율 | m³/m²·min | 0.08~0.24 | |
| 모래 | | | |
| 깊이 | mm | 900~1,800 | 1200 |
| 유효경 | mm | 2~3 | 2.5 |
| 균등계수 | 단위 없음 | 1.2~1.6 | ≤ 1.5 |
| 여과율 | m³/m²·min | 0.08~0.24 | |
| 합성여재 여과 | | | |
| 깊이 | mm | 600~1,080 | 800 |
| 유효경 | mm | 25~30 | 28 |
| 균등계수 | 단위 없음 | 1.1~1.2 | 1.1 |
| 여과율 | m³/m²·min | 0.60~1.60 | |

[a] Adaptde in part from Tchobanoglous (1988). and Tchobanoglous et al.(2003)

Note: m³/m²·min × 24.5424 = gal/ft²·min

표 **11-16**

이중 및 다중여재

심층여과의 일반적인

설계자료

| 특성 | 값[b] | | |
| --- | --- | --- | --- |
| | 단위 | 범위 | 전형적인 값 |
| **이중여재** | | | |
| 무연탄(ρ = 1.60) | | | |
|   깊이 | mm | 360~900 | 720 |
|   유효경 | mm | 0.8~2.0 | 1.3 |
|   균등계수 | 단위 없음 | 1.3~1.6 | ≤1.5 |
| 모래(ρ = 2.65) | | | |
|   깊이 | mm | 180~360 | 360 |
|   유효경 | mm | 0.4~0.8 | 0.65 |
|   균등계수 | 단위 없음 | 1.2~1.6 | ≤1.5 |
| 여과율 | m³/m²·min | 0.08~0.40 | 0.20 |
| **다층 여재** | | | |
| 무연탄(4층 여상의 맨 위층, ρ = 1.60) | | | |
|   깊이 | mm | 240~600 | 480 |
|   유효경 | mm | 1.3~2.0 | 1.6 |
|   균등계수 | 단위 없음 | 1.3~1.6 | ≤1.5 |
| 무연탄(4층 여상의 두 번째 층, ρ = 1.60) | | | |
|   깊이 | mm | 120~480 | 240 |
|   유효경 | mm | 1.0~1.6 | 1.1 |
|   균등계수 | 단위 없음 | 1.5~1.8 | 1.5 |
| 무연탄(3층 여상의 맨 위층, ρ = 1.60) | | | |
|   깊이 | mm | 240~600 | 480 |
|   유효경 | mm | 1.0~2.0 | 1.4 |
|   균등계수 | 단위 없음 | 1.4~1.8 | ≤1.5 |
| 모래(ρ = 2.65) | | | |
|   깊이 | mm | 240~480 | 300 |
|   유효경 | mm | 0.4~0.8 | 0.5 |
|   균등계수 | 단위 없음 | 1.3~1.8 | ≤1.5 |
| 석류석(ρ = 4.2) | | | |
|   깊이 | mm | 50~150 | 100 |
|   유효경 | mm | 0.2~0.6 | 0.35 |
|   균등계수 | 단위 없음 | 1.5~1.8 | ≤1.5 |
| 여과율 | m³/m²·min | 0.08~0.40 | 0.20 |

[a] Adapted from Tchobanoglous (1988) and Tchobanoglous et al.(2003)

[b] 무연탄, 모래, 석류석 크기들은 내부혼합 정도를 조절하도록 선택하였음. 식 (11-28)을 이용하여 밀도 ρ 외의 값들을 구함

Note: m³/m²·min·24.5424 = gal/ft²·min

(그림 11-6 참조). 일반적인 하향식 여과의 경우 역세척 후의 여재가 크기 순으로 분포하게 된다. 단일여재, 이중여재, 다중여재 여과에 대한 일반적인 설계자료를 표 11-15와 11-16에 나타내었다.

**표 11-17**

심층여과에 사용되는

여재의 일반적인 특성

| 여재 | 비중 | 공극률, α | 구형도 (Sphericity) |
|---|---|---|---|
| 무연탄(anthracite) | 1.4~1.75 | 0.56~0.60 | |
| 모래 | 2.55~2.65 | 0.40~0.46 | 0.75~0.85 |
| 석류석(garnet) | 3.8~4.3 | 0.42~0.55 | 0.60~0.80 |
| 티탄철광(ilmenite) | 4.5 | 0.40~0.55 | |
| 합성여재 | | 0.87~0.89 | |

[a] Adapted in part from Cleasby and Logsdon (1999)

**여재 선택.** 여과지 유형을 정한 다음 단계는 이에 적합한 여재를 선택해야 한다. 일반적으로 유효경 $d_{10}$으로 표시되는 입자 크기, 균등계수 UC, 90% 크기 $d_{90}$, 비중, 용해도, 경도, 여상에 이용되는 물질들의 깊이 등을 결정해야 한다. 모래와 무연탄(anthracite)의 일반적인 입자 크기 분포를 그림 11-17 도시하였다. $d_{90}$은 심층여과의 역세척률을 결정할 때 주로 사용된다. 심층여과에서 사용되는 여재의 일반적인 물리적 성질을 표 11-17에 요약하였다.

다중여상에서 각 여재의 과도한 혼합을 방지하기 위해 이중 및 다중 여과 각 층 내 여재의 침강 속도가 가능한 균일해야 한다. 어느 정도의 층간 혼합은 불가피하며, 이중 및 다중여상의 층간 혼합 정도는 각 층간 여재의 밀도 및 입도 분포에 따라 좌우된다. 적절한 입자 크기를 정하기 위해 다음 식이 제안되었다(Kawamura, 2000).

$$\frac{d_1}{d_2} = \left( \frac{\rho_2 - \rho_w}{\rho_1 - \rho_w} \right)^{0.667} \tag{11-28}$$

여기서, $d_1, d_2$ = 여재 유효경

$\rho_1, \rho_2$ = 여재 밀도

$\rho_w$ = 물 밀도

식 (11-28)를 이용한 예가 예제 11-4에 나와 있다.

---

**예제 11-4** | **여재 크기 결정.** 모래와 안트라사이트로 구성된 이중여재 여상을 2차 처리 유출수 여과에 사용하고자 한다. 이중여재 중 모래의 유효경이 0.55 mm라면, 층 내 혼합이 심하게 일어나지 않게 하기 위한 안트라사이트의 유효경을 구하시오.

**풀이** | 1. 여재 특성 요약

    a. 모래

        i. 유효경 = 0.55 mm

        ii. 비중 = 2.65(표 11-17 참조)

    b. 안트라사이트

        ii. 비중 = 1.7(표 11-17 참조)

2. 식 (11-28)을 이용한 계산

$$d_1 = d_2 \left( \frac{\rho_2 - \rho_w}{\rho_1 - \rho_w} \right)^{0.667}$$

$$d_1 = 0.55 \text{ mm} \left( \frac{2.65 - 1}{1.7 - 1} \right)^{0.667}$$

$$d_1 = 0.97 \text{ mm}$$

**조언** 층 내 혼합이 일어나는지를 알아보기 위한 또 다른 방법은 인접한 두 층이 유동화되었을 때의 겉보기 밀도(bulk density)를 비교해 보는 것이다(모래층의 윗부분 450 mm와 무연탄의 아래 부분 100 mm).

**여과 유량 제어.** 하향식 중력 여과의 여과 유량을 제어하는 데 현재 사용하는 방법들은 (1) 고정수두 정속여과, (2) 가변수두 정속여과, (3) 변속감쇄여과로 분류될 수 있다. 다른 다양한 방법들도 사용되고 있다(Cleasby and Logsdon, 1999; Kawumura, 2000).

**고정수두 정속여과.** 고정수두 정속여과에서는[그림 11-18(a) 참조] 여재를 통과하는 유량이 같은 속도로 유지된다. 정속여과는 유입수 또는 유출수를 조절하여 제어된다. 유입수 조절에는 펌프나 위어가 이용되는 반면, 유출수 조절에는 자동 또는 기계적으로 작

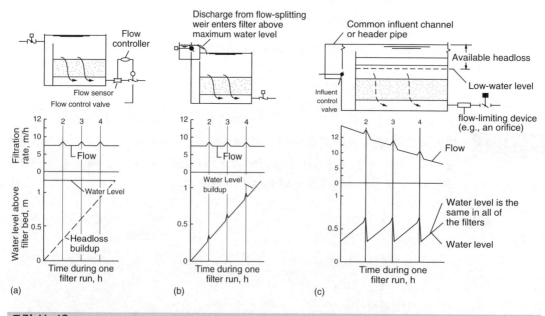

(a) (b) (c)

**그림 11-18**

**여과 유량 조정 방법.** (a) 고정수두, (b) 가변수두, (c) 변속 가변수두(Tchobanoglous and Schroeder, 1985)

CHAPTER 11 잔류성분 제거를 위한 분리 공정 ◀ 1195

**표 11-18**

다양한 여과 공정별
유동화에 필요한
20°C에서의
역세 유량 범위

| 여재 종류 | 입상여재의 유효경, mm | 여상의 유동화에 필요한 최소 역세척 속도[a] | |
|---|---|---|---|
| | | gal/ft²·min | m³/m²·min |
| 모래 | 1 | 24~27 | 1.0~1.2 |
| 모래 | 2 | 44~50 | 1.8~2.0 |
| 안트라사이트 | 1.7 | 22~24 | 0.9~1.0 |
| 모래와 안트라사이트 | 1.5 (A) and 0.65 (S) | 15~30 | 0.8~1.2 |
| 안트라사이트, 모래, 석류석 | 1.4 (A),0.5 (S),and 0.35 (G) | 15~30 | 0.6~1.2 |
| 합성여재 | 28~30 | 10~15 | 0.4~0.6 |

[a] 여재의 크기, 모양, 비중 그리고 역세척수의 수온에 따라 변함

참조: m³/m²·min × 5424 = gal/ft²·min

동하는 유출수 조절밸브가 이용된다. 유출수 조절시스템의 운전초기에는 밸브를 거의 닫아 구동력을 분산시키고, 운전 중 여과지 내의 수두손실이 축적됨에 따라 점차적으로 밸브를 열게 된다. 조절밸브의 가격이 비싸고 종종 오작동하기 때문에, 펌프와 위어를 이용하여 유입수 유량을 조절하는 다른 방법도 널리 사용되고 있다.

**가변수두 정속여과.** 가변수두 정속여과에서도[그림 11-18(b) 참조] 여재를 통과하는 유량이 같은 속도로 유지된다. 유입수를 조절하기 위하여 펌프나 위어가 이용된다. 수두나 유출수 탁도가 정해진 수준에 도달되면 여재를 역세척한다.

**변속감쇄여과.** 변속감쇄여과에서는[그림 11-18(c) 참조], 시간에 따라 손실수두가 증가함에 따라 여재 통과 유량을 감소시킨다. 변속감쇄여과 시스템에서는 유입수 또는 유출수를 조절하여 제어한다. 여과 유량이 최소 설계치로 감소하면 여과를 중단하고 역세척을 수행한다.

**역세척 시스템.** 반연속식 입상여재여상을 역세척하는 데 많이 사용하는 방법들로는 (1) 물만을 이용한 역세척, (2) 표면 세척 교반기를 보조로 이용하는 물 역세척, (3) 공기세척을 보조로 이용하는 물 역세척, (4) 공기와 물의 병합역세척이 있다. 처음 세가지 방법의 경우 운전 후 여상을 효과적으로 세척하기 위해 입상여재의 유동층화가 필요하다. 네 번째 방법에서는 유동층화가 불필요하다.

**물만을 이용한 역세척.** 여과지 내에 축적된 물질을 세척하기 위해 과거에 흔히 사용되었던 방법은 여과된 물을 이용한 역세였다. 실험결과에 따르면 표준 여과 공정 최적 역세는 팽창 공극률 값이 0.65~0.70일 때인 것으로 나타났다(Amirtharajah, 1978). 이정도 수준의 팽창이 진행될 때, 여재 내에 축적된 입자를 제거하는 기작인 상향 역세수의 전단력과 입자 간의 마찰이 가장 효과적인 것으로 나타났다. 다양한 여상별로 유동화에 필요한 대략적인 역세 유량을 표 11-18에 정리하였다. 현재는 머드볼 생성을 방지하고 세척효율을 향상시키기 위해 표면 세척, 공기세척 방법이 물을 이용한 역세척과 병행하여 사

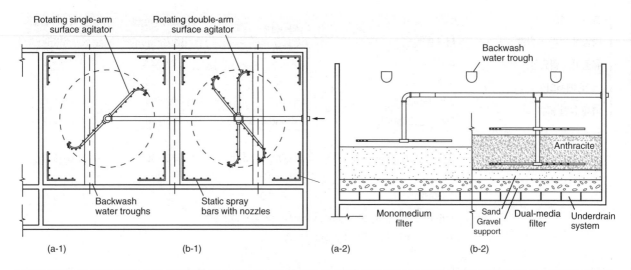

**그림 11-19**

표준 입상여재 여과지 세척에 사용되는 표면 세척 장치. (a-1), (a-2) 단일여재 여상에 적용되는 single arm, (b-1),(b-2) 이중여재 여상에 적용되는 dual arm

용되고 있다.

**표면 세척 교반기를 보조로 이용하는 물 역세척.** 폐수여과에 사용된 여재 입자들을 세척하는 데 필요한 전단력을 공급하기 위해 표면 세척기(그림 11-19 참조)가 종종 쓰인다. 표면 세척기에는 크게 고정식과 회전식이 있으며, 일반적으로 회전식이 보다 우수한 것으로 알려져 있다. 역세척 주기가 시작하기 1~2분 전에 표면 세척 주기가 시작된다. 두 주기 모두 약 2분간 지속되면 표면세척은 중단된다. 물 사용량은 다음과 같다. 일회 세척식 표면 역세척 시스템에서는 20~40 L/m²·min (0.5~1.0 gal/ft²·min)을 사용하고 2회 세척식 표면 역세척 시스템에서는 60~80 L/m²·min (1.5~2.0 gal/ft²·min)을 사용한다.

**공기세척을 보조로 이용하는 물 역세척.** 여과지를 공기를 이용하여 세척하면 물만을 사용하였을 때보다 더욱 강도 높은 세척을 할 수 있다. 운전 시, 역세척 주기가 시작하기 전에 수두가 여상 위 150 mm (6 in)로 낮아지고 낮은 역세척 유량 주기 개시 전 3~4분가량 공기가 공급된다. 어떤 장치에서는 물세척 주기의 초기단계에 공기가 주입되기도 하며 이것이 뒤에서 설명할 공기와 물의 병합 역세척이다. 일반적인 공기량은 0.9~1.6 m³/m²·min (3~5 ft³/ft²·min) 정도이다. 이중여재 여상의 일반적인 공기-물 역세율량 및 운전 순서는 표 11-19와 같다. 역세를 위해 과도하게 주입된 공기가 일으킬 수 있는 공기 결합(air binding)을 차단하기 위해 공기-물 역세 마지막에는 여과수를 이용해서 여재를 씻어낸다. 공기-물 병합 역세척을 통해 저감되는 물의 양은 표 11-18의 값과 표 11-19의 값을 비교해 보면 알 수 있다.

**공기와 물의 병합 역세척.** 공기와 물의 병합역세척 시스템은 층화되지 않은 단일여재 여상에 사용되며, 역세 시 공기와 물이 수분 간 동시에 공급된다. 병합 역세척의 지속시간은 여상 설계에 따라 다르다. 이상적으로는 역세척 공정 동안 여상이 충분히 교반되

표 11-19

다양한 여과 공정별 역세에 사용되는 공기-물 역세유량 및 운전 순서

| | 여재 특성 | | | 역세척률 m³/m²·min | |
|---|---|---|---|---|---|
| 여재 | 유효경, mm | 균등계수 | backwash sequence | 공기 | 물 |
| 모래 | 1 | 1.4 | 1st-air + water | 0.8~1.3 | 0.25~0.3 |
| | | | 2nd-water | | 0.5~0.6 |
| 모래 | 2 | 1.4 | 1st-air + water | 1.8~2.4 | 0.4~0.6 |
| | | | 2nd-water | | 0.8~1.2 |
| 안트라사이트 | 1.7 | 1.4 | 1st-air + water | 1.0~1.5 | 0.35~0.5 |
| | | | 2nd-water | | 0.6~0.8 |
| 모래와 안트라사이트[b] | 0.65(S) | 1.4 | 1st-air | 0.8~1.6 | |
| | 1.5(A) | 1.4 | 2nd-air + water | 0.8~1.6 | 0.3~0.5 |
| | | | 3rd-water | | 0.6~0.9 |

[a] Adapted in part from Dehab and Young (1977). and Cleasby and Logsdon (2000)

[b] 이중여재 여상 팽창

참조: m³/m²·min × 5424 = gal/ft²·min

　　 m³/m²·min × 2808 = ft³/ft²·min

어 공기와 물이 여상을 통해 위로 흐를 때 여재 입자들이 여과지의 위부터 아래까지 원형으로 움직여야 한다. 공기와 물의 소요량에 대한 일반적인 자료가 표 11-19에 나타나 있다. 공기-물 병합역세척의 마지막 단계에 2~3분간 유동화 속도 이하(보통 0.2 m³/m²·min (5 gal/ft²·min))의 물로 역세척하여 여상 내에 남아 있는 공기방울을 제거하여 여상 내 공기결합 가능성을 차단한다. 이 단계는 여과지 내에서의 공기결합의 가능성을 배제하기 위하여 필요하다. 보통 역세 후 저속 역세 후 고속 역세를 수행한다. 고속 역세는 일반적으로 0.6~0.8 m³/m²·min (15~20 gal/ft²·min)에서 수행한다. 고속 역세 시에는 여재의 과도 팽창에 따른 여재 유실을 우려하여 공기세척은 함께하지 않는다.

**여과 부속장치.** 주요한 여과 부속장치로는 (1) 여재를 지지하고, 여과된 유출수를 모으고, 역세척수와 공기(사용되는 경우)를 배분하여 주는 하부배수장치, (2) 사용된 배제수를 여과지로부터 제거하기 위해 사용되는 세척수 물받이, (3) 여재에 부착된 이물질을 제거하는 데 보조적으로 사용되는 표면 세척 장치가 있다.

**하부배수장치.** 하부배수장치의 형태는 역세척 방식에 따라 다르다. 공기세척이 없는 표준 역세척 여과에서는 보통 여재를 몇 개의 크기가 다른 자갈층으로 구성된 지지층 위에 놓는다. 입상여재의 자갈 지지층 설계는 AWWA Standard for Filtering Material B 100-96에 기술되어 있다(AWWA, 1996). 일반적인 배수장치를 그림 11-20에 도시하였다. 자갈은 여과를 수행하기보다는 배수장치에 여재가 들어가는 것을 방지할 목적으로 배치한다. 자갈 지지층이 있는 여과지를 공기세척 할 경우 어려울 수 있으며, 보통 공기 주입관을 자갈층 위에 설치한다. 자갈이 깨질 경우 여재가 배수장치로 유입되거나 배수

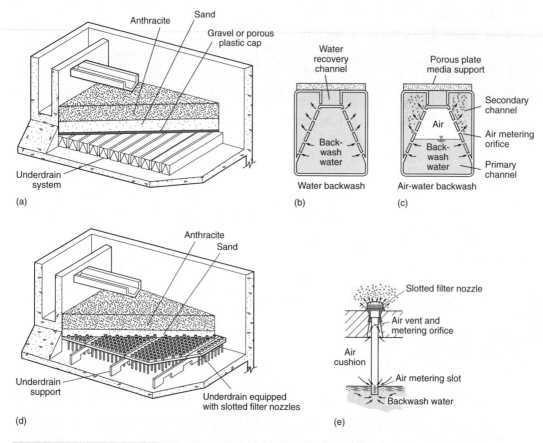

## 그림 11-20

**여과에 사용되는 일반적인? 폐수배수장치.** (a) 여재로 자갈이나 다공성 플라스틱 지지판을 가진 폐수배수장치, (b) 물 역세 시의 (a) 장치, (c) 공기-물 역세 시의 (a) 장치, (d) 자갈 지지층이 없고 공기-물 노즐이 설치된 폐수배수장치, (e) (d) 장치에서 사용되는 공기-물 노즐[(b)와 (c)는 Leopold, (e)는 Infilco-Degremont 사 협조]

## 그림 11-21

**단일여재의 층화되지 않은 여상에서 역세척 동안 여재의 유실을 최소화하기 위해 개발된 격벽의 상세 그림.** (a) 공기-물 역세척 공정 동안의 흐름 패턴을 보여주는 단면도, (b) 두 개의 날개와 측벽으로 구성된 보다 정교한 격벽

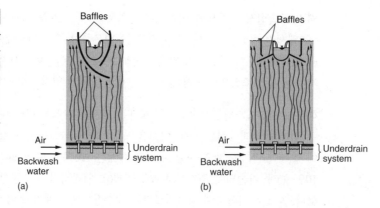

**표 11-20**

폐수 심층여과 시 직면하는 일반적인 문제들과 제어 방안

| 문제점 | 현상/대책 |
|---|---|
| 탁도급증<br>(turbidity breakthrough)[a] | 최종 수두손실에 도달하지 않아도, 여과지의 유출수 탁도가 허용치 이상 기록된다. 유출수의 탁도 축적을 조절하기 위해서 여과지에 화학약품과 폴리머가 첨가된다. 화학약품이나 폴리머의 주입시점은 실험에 의해 결정되어야 한다. |
| 머드볼 형성<br>(mudball formation) | 머드볼은 생물학적 플럭, 먼지, 여재의 응집체이다. 머드볼을 제거하지 않으면, 이것이 큰 덩어리로 커져서 여상에 가라앉아 여과나 역세척 공정의 효율을 감소시키게 된다. 머드볼의 형성은 공기세척이나 표면세척을 물세척과 함께 하거나 또는 물세척후에 행함으로써 조절할 수 있다. |
| 유화 지질(emulsified grease)의 축적 | 여상 내에 유화된 그리스가 축적되면 수두손실이 증가하고 여과 운전주기가 감소한다. 공기세척과 물표면 세척에 의해 그리스의 축적을 제어할 수 있다. 극단적인 경우, 여과를 증기로 청소하거나 특별한 세척장치가 필요하기도 한다. |
| 여상의 균열 및 수축 | 여상이 잘 청소되지 않으면, 여재 알갱이가 여상에 쌓이게 된다. 여상이 압축되면서 균열이 발생하는데 특히 여과지 벽에 잘 발생한다. 이 문제는 적절한 역세척과 세척에 의해 제어될 수 있다. |
| 여재 손실(기계적) | 가끔 여재 일부가 역세척 기간 중 또는 폐수집수장치를 통해 손실될 수 있다(자갈 지지층이 뒤집히거나 폐수집수장치가 잘못 설치된 경우). 세척수 통로와 폐수집수장치를 잘 설치함으로써 여재 손실을 최소화할 수 있다. |
| 여재 손실(운전상) | 생물학적 플럭의 특성에 따라, 여재 알갱이가 플럭에 달라붙어 역세척 동안 부상할 수 있을 정도로 가벼운 응집을 형성하기도 한다. 이 문제는 보조의 공기/물 세척장치를 첨가함으로써 최소화할 수 있다. |
| 자갈 쌓임(gravel mounding) | 자갈 쌓임 현상은 역세척 동안 유량이 과도하여 여러 자갈 지지층들이 붕괴될 때 발생한다. 석류석(garnet)이나 ilmenite와 같은 무거운 자갈 지지층을 50~70 mm (2~3 inch) 가량 추가함으로써 이 문제를 극복할 수 있다. |

[a] 연속여과지에서는 탁도급증(turbidity breakrough) 현상이 발생하지 않음

장치를 폐색시키는 일이 발생할 수 있다. 자갈의 대안으로 최근에는 25 mm (1 inch) 두께의 다공성 HDPE 여재 지지판이 사용되고 있다. 이 경우 자갈이 필요 없기 때문에 여재 깊이를 더 깊게 할 수 있다.

**세척수 물받이.**  세척수 물받이는 유리섬유, 플라스틱, 금속판 또는 콘크리트로 만들어지며, 조절 가능한 위어판을 가지고 있다. 물받이 설계 사양은 어느 정도는 여과 공정의 설계와 시공에 사용되는 다른 장치에 좌우된다. 역세척 동안 여재를 유실하는 것이 흔한 운전상의 문제점이다. 이 문제를 줄이기 위해, 그림 11-21에 보여지는 바와 같이 집수 홈통 아랫부분에 격벽(baffle)을 설치할 수 있다.

**심층여과 시 운전상의 문제.**  폐수 심층여과 시 직면하게 되는 주요한 운전상 어려움은 (1) 탁도 파과, (2) 머드볼 생성, (3) 유화 지질(emulsified grease) 축적, (4) 여상 균열 및 수축, (5) 여재 손실, (6) 자갈 융기(gravel mounding)가 있으며 표 11-20에 보다 상세하게 서술하였다. 이러한 문제들이 여과 공정의 성능과 운전에 영향을 주므로, 설계 과정에서 이러한 영향을 최소화할 장치들을 제공하기 위한 주의가 있어야 한다. 폐수의 성상과 성상이 설계와 운전에 미치는 영향이 변동이 있을 수밖에 없으므로, 적용 대상에 적합한 여과 공정을 선택하는 최선의 방법은 운전 조건 영역에 대해 대표성을 가지는 파일럿 플랜트 연구를 수행하는 것이다.

| 표 11-21 |
|---|
| **유출수 여과에 적용되는 표면여과 기술** |

| 유형 | 설명 |
|---|---|

(a) 섬유여재 여과(CMF)

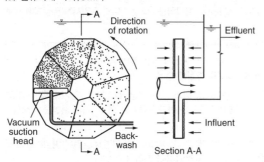

Aqua-Aerobic Systems의 AquaDisk® 라는 상표명으로 알려진 섬유여재 여과는 반응조 내 수직축에 물린 여러 디스크로 구성된 공정이다. 각 디스크는 여섯 개의 동일한 segment로 구성된다. 운전 시 유입수가 중력에 의해 디스크 밖으로부터 여재를 통과해 내부의 수집 시스템으로 흐른다. 일반적으로 (1) 폴리에스터 니들펠트 또는 (2) 합성 파일직물 섬유가 사용된다. 손실수두가 설정값에 도달할 경우 디스크 양면에 위치한 진공 흡입 헤드가 작동하여 디스크 회전에 의해 축적된 고형물을 제거한다.

(b) 다이아몬드형 섬유여재 여과(DCMF)

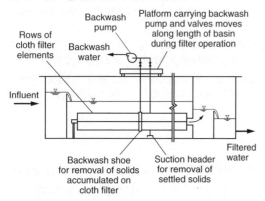

Aqua-Aerobic Systems의 AquaDisk® 라는 상표명으로 알려진 다이아몬드형 섬유여재 여과는 다이아몬드 모양의 단면을 가진 섬유여과 요소로 구성된다. 설정된 손실수두에 도달한 섬유여과 요소들은 필터 길이 방향으로 전후 이동하는 진공 청소기에 의해 세척된다. 여과 요소 하단의 반응조 하부에 침전된 고형물은 주기적으로 진공 헤더에 의해 제거된다. 다이아몬드 모양의 여과기를 이용함으로써 대기에 노출된 면적 대비 섬유여재 면적을 증가시킬 수 있다. 면적 대비 여과 부피가 높기 때문에 신설 처리장 및 기존 모래 여과의 대체용으로 많이 공급되고 있다.

(c) 디스크필터(Discfilter®, DF)

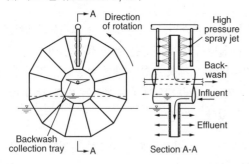

Hydrotech가 개발하고 미국에서는 Veolia Water Systems의 Discfilter®라는 상표명으로 알려진 디스크필터는 두 개의 수직으로 세워진 평행한 디스크 양면에 여과 섬유를 댄 여러 개의 디스크로 구성된다. 각 디스크는 중앙 유입관에 연결된다. 섬유 스크린 물질은 폴리에스터나 스테인레스(type 304 또는 316)로 만든다. 스크린에 축적된 고형물은 고압 물 분사기로 제거된다. 디스크필터는 독립된 반응조 또는 콘크리트 조 내에 설치될 수 있다. 기온이 낮은 지역이나 악취가 문제가 될 경우 밀폐 운전할 수 있다.

(계속)

| 표 11−21 (계속)

| 유형 | 설명 |
|---|---|
| (d) Ultrascreen® 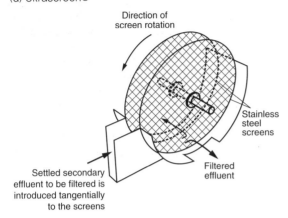 | Nova Water technologies의 Ultra-screen®는 두 개의 연속 회전 직조 스테인레스 스틸 원형 스크린으로 구성된다. 유입수는 두 스크린 사이로 들어와서 스크린을 지나 스크린 외부 하단의 수집조로 모인다. 다른 디스크 유형 스크린과는 달리 물이 스크린에서 중력에 의해 유출되므로 유출되는 면의 스크린은 물과 닿지 않는다. 스크린에 축적된 고형물을 세척하는 데는 고압 물 분사기가 사용된다. |
| (e) 드럼 필터(DF)[a] 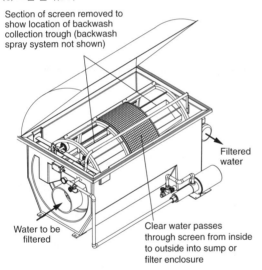 | 이름 그대로 드럼 모양이다. 유입수는 드럼 내부로 들어와 폴리에스터, 폴리프로필렌, 또는 스테인레스 섬유 여재를 지나 드럼 옆면으로 유출되며 이때 드럼은 천천히 회전한다. 드럼 내부의 수위가 설정값에 도달하면 축적된 고형물을 제거하기 위한 역세척 주기가 시작된다. 드럼이 회전하는 동안 고압 물 분사가 축적된 고형물을 제거하고 세척수는 드럼 내부의 수집 물받이를 이용하여 수집한다. 드럼필터는 콘크리트, 스테인레스, 또는 유리섬유 반응조 내에 설치될 수 있다. 섬유 여과기의 공극 크기는 1~10 mm이다. |
| (f) 경사 섬유 여재 스크린 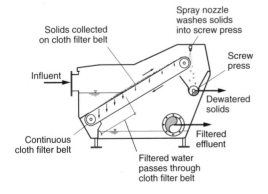 | M2 Renewables이 개발한 경사 스크린은 미처리 폐수에 적용된다. 이동 스크린 회전 시 고형물이 스크린에 축적된다. 스크린이 수면 위로 올라오면 중력에 의해 축적된 고형물과 함께 있던 물의 일부가 떨어진다. 축적된 고형물은 상부의 롤러를 지나면서 제거된다. 고압 물 분사기 역시 사용된다. 5장에서 언급된 바와 같이 스크린은 후단 공정에서 제거할 입자 크기 분포를 변화시키며, 표준 1차 침전에 비해 상대적으로 소요 부지 면적이 작다. |

(계속)

| 표 11-21 (계속)

| 유형 | 설명 |
|---|---|
| (g) 카트리지 필터 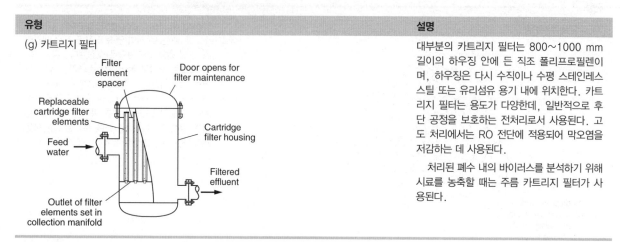 | 대부분의 카트리지 필터는 800~1000 mm 길이의 하우징 안에 든 직조 폴리프로필렌이며, 하우징은 다시 수직이나 수평 스테인레스 스틸 또는 유리섬유 용기 내에 위치한다. 카트리지 필터는 용도가 다양한데, 일반적으로 후단 공정을 보호하는 전처리로서 사용된다. 고도 처리에서는 RO 전단에 적용되어 막오염을 저감하는 데 사용된다.<br><br>처리된 폐수 내의 바이러스를 분석하기 위해 시료를 농축할 때는 주름 카트리지 필터가 사용된다. |

[a] Xylem 제공

## 11-6    표면여과

표 11-4에 나타난 바와 같이, 표면여과는 얇은 격벽(septum; 여재)을 통해 액체를 통과시켜 기계적 체거름에 의해 액체 안의 부유입자들을 제거하는 것이다. 표면여과의 기계적 체거름 작용은 주방 싱크대의 여과기와 유사하다. 여과 격벽으로 사용되는 물질에는 엮여진 금속 직물, 섬유 직물, 합성물질 등이 있다. 다음 절에서 설명할 막여과(미세여과와 한외여과)도 일종의 표면여과이긴 하지만, 여재의 공극 크기(pore size)가 다르다. 섬유 여재(Cloth-medium) 표면여과의 공극 크기가 5~30 μm 정도인 데 반해, 미세여과와 한외여과의 공극 크기는 각각 0.05~2.0 μm, 0.005~0.1 μm이다.

표면여과는 (1) 심층여과를 대체한 2차 처리 유출수 내 잔류 부유물질 제거, (2) 안정화지 유출수의 부유물질 및 조류 제거, (3) 미세여과 또는 UV 소독의 전처리 등 다양한 용도로 활용되어왔다. 최근 들어 표면여과의 우수한 유출수 수질, 작은 부지 사용량, 낮은 역세척 요구량, 관리의 용이성으로 인해 이에 대한 관심이 더욱 증가하고 있다. 본 절에서는 표면여과 기술, 성능, 설계 고려사항을 다룬다.

### ▶▶ 이용 가능한 여과 기술

주요 표면여과 장치 유형을 표 11-21에 서술하였다. 경사 표면여과와 카트리지 여과를 제외한 유형들은 2차 처리수에 적용되어 왔다. 또한 이중 일부는 라군 유출수의 조류 여과에 적용된다. 5-9에서 논의된 경사 표면여과[표 11-21(f)]는 조대 스크린을 거친 미처리된 폐수 여과에 적용된다. 카트리지 여과[표 11-21(g)]는 역삼투 등 막여과 전단에 전처리용으로 사용된다.

### ▶▶ 표면여과 개요

표면여과 핵심 요소인 (1) 여과기 형태, (2) 여재, (3) 여과경로, (4) 세척 방법, (5) 고형

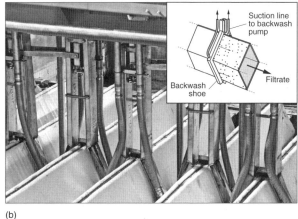

(a)                                                    (b)

## 그림 11-22

**다이아몬드형 섬유여재 여과 사진.** (a) 기존 모래여과지에 설치된 섬유여재, (b) 역세척 물받이

물 축적에 대해 다룬다.

**여과기 형태.** 다양한 표면여과기 중 가장 흔한 유형은 중앙축에 여러 개의 디스크가 부착된 형태이다. 각각의 디스크는 표 11-21(a), (c)와 같이 금속 지지대에 부착된 양면의 표면여과로 구성된다. 비교적 최근에 개발된 다이아몬드형 섬유여재 여과(diamond cloth-media filter, DCMF)를 표 11-21(b)과 그림 11-22에 나타내었다.

**여재.** 표면여과 여재는 크게 이차원과 삼차원으로 나뉜다. 이차원 여재는 일반적으로 여러 직물과 직조금속망의 합성 섬유로 만든다. 합성 재료의 가장 흔한 직조 방법은 브로드클로스(broadcloth)와 유사한 평직이다. 스테인레스 스틸의 직조에는 평직(plain weave), 능직(twilled weave), 첩직(Dutch weave)이 사용될 수 있다. 삼차원 여재에는 폴리에스테르 니들펠트(polyester needle felt cloth)와 합성 파일직물 섬유(pile fabric cloth)등이 있다.

**여과 경로.** 여과 경로 역시 표면여과를 분류하는 데 사용되며, 기본적으로 두 가지 유형이 있다. 한 가지 경로는 유입수가 표면으로 들어와서 여재를 거쳐 중앙 수로로 유출되는 (out-in) 유형이다[표 11-21(a), (b), (f)]. 다른 경로는 두 표면 사이의 중앙 수로로 유입수가 들어와서 여재를 거쳐 표면으로 유출되는(in-out) 유형이다[표 11-21 (c), (d), (e)]. 어떤 경우든 고형물은 유입방향에 축적된다. 여과 경로는 축적물질 제거, 침수 정도(유효 여과면적), 공정 전체 깊이에 영향을 준다.

**여재 세척.** 여재에 축적된 물질을 제거하는 방법은 진공 제거와 간헐 및 연속 고압분사 제거의 두 가지 유형이 있다. 진공 제거 시스템은 out-in 경로에, 고압분사 노즐은 in-out 경로에 적용된다.

**진공 제거.** 섬유여재 여과의 손실수두가 설정치에 다다르면 세척이 시작된다. 디스크가

**그림 11-23**

디스크형 표면여과에서 입자에 대한 크기 배제와 더 작은 입자에 대한 자기여과를 포함한 여과 단계의 일반적인 운전 개념도. (a) 부분 침지형 표면여과, (b) 침지형 표면여과

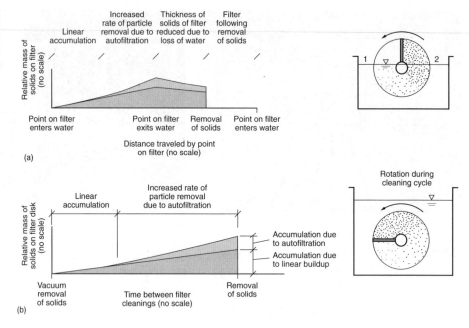

회전을 계속하는 동안 양 표면에 설치된 액체 진공 헤드(liquid vacuum suction head)가 표면 방향으로 여과수를 빨아들이면서, 역방향 흐름이 여재 표면 및 내부에 갇힌 입자를 제거한다. 다이아몬드형 여과 역시 진공 장치를 여과기 길이 방향으로 이동되면서 세척되며, 장치 하단에 침전된 고형물은 주기적으로 진공 헤더(vacuum header)를 통해 제거된다.

장기 운전 시에는 여재 내에 일반적인 역세척으로는 제거되지 않는 입자들이 축적되며, 이는 손실수두와 역세척 압력을 증가시키고 운전 주기를 단축시킨다. 역세척 압력 또는 운전 주기가 설정치에 도달하면 가압분사 세척이 자동으로 시작된다. 고압분사 세척은 디스크가 두 번 회전하는 동안 여재 내에 축적된 입자를 제거한다. 고압분사 주기는 유입 수질에 의해 결정된다.

**고압 물 분사.** In-out 경로로 운전되는 표면여과에서는 디스크 내부의 축적물을 제거하기 위해 고압분사가 사용된다. 대부분의 고압분사 세척 시스템은 간헐식과 연속식 역세척 중 어디에도 적용될 수 있다. 간헐식에서는 고압 역세척 분사가 설정된 손실수두값 또는 시간에 도달할 때만 작동을 시작한다. 작동이 시작되면 디스크가 회전을 하면서 세척수가 표면의 노즐로부터 중앙 수로로 분사되고 침전 고형물은 여재로부터 분리되어 수집 물받이로 모인다. 연속식에서는 여과와 역세가 동시에 진행된다. 고압분사 노즐과 고형물 수집 물받이의 위치와 형태는 제작사에 따라 다르다.

**고형물 축적이 공정 성능에 미치는 영향.** 부분 및 완전 침지 표면여과에서의 입자 제거를 그림 11-23에 도식화하였다. 부분 침지 표면여과[그림 11-23(a)]에서는 깨끗한 여재가 액체와 접촉하는 시점(point 1)과 수면 위로 올라오는 시점(point 2) 사이에 고형물 축적이 발생한다. 완전 침지 표면여과[그림 11-23(b)]에서는 역세척을 할 손실수두에 도달할때까지 진행되기까지 고형물 축적이 진행되는데 이때 여재가 세척된다. 두 경우 모두,

| 표 11-22 |
| --- |

표면여과 공정별 운전 특성 비교

| 운전 인자 | 단위 | Cloth media filter® | Diamond cloth media filter® | Diskfilter® | Ultrascreen® | Drumfilter® |
| --- | --- | --- | --- | --- | --- | --- |
| 수리학적 부하 (HLR) | m³/m²·min | 0.08~0.20 | 0.08~0.20 | 0.08~0.20 | 0.20~0.65 | 0.08~0.26 |
| | gal/ft²·min | 2~5 | 2~5 | 2~5 | 5~16 | 2~6.5 |
| 최대 HLR | m³/m²·min | 0.26 | 0.26 | 0.24 | 0.65 | 0.26 |
| | gal/ft²·min | 6.5 | 6.5 | 6 | 16 | 6.5 |
| CDPH[a] 허용 평균 HLR | m³/m²·min | — | — | — | 0.32 | — |
| | gal/ft²·min | — | — | — | 8 | — |
| CDPH 허용 최대 HLR | m³/m²·min | 0.24 | 0.24 | 0.24 | 0.65 | — |
| | gal/ft²·min | 6 | 6 | 6 | 16 | — |
| 유입 TSS | mg/L | 5~20 | 5~20 | 5~20 | 5~20 | 5~20 |
| 여과 소재 | 유형 | Nylon and/or Polyester | Nylon and/or Polyester | Polyester or stainless steel | Stainless steel | Polyester or stainless steel |
| 체 명목 크기 | μm | 5~10 | 5~10 | 10~40 | 10~20 | 10~40 |
| 흐름 방향 | | out-in | out-in | in-out | in-out | in-out |
| 침지 정도 | % | 100 | 100 | 60~70 | 45 | 60~70 |
| 손실수두 | mm | 50~300 | 50~300 | 75~300 | 650 | 300 |
| 디스크 직경 | m | 0.90 or 1.80 | na | 1.75~3.0 | 1.6 | |
| 역세척 요구량 | % | 2~5 | 2~5 | 2~4 | 2~4 | 2~4 |

[a] CDPH = California Department of Public Health

여과기 표면에 축적된 물질은 일종의 여재로 작용하며, 이를 **자기여과**(*autofiltration*)라고 한다. 두 가지 표면 여과유형에서 자기여과는 여재 공극 크기보다 작은 물질이 제거되는 이유를 설명할 수 있는 현상이다. 자기여과의 시작시점 및 추가적인 제거 정도는 여재 공극 크기, 유입수질, 여과유량에 의해 좌우된다.

## ≫ 표면여과 성능

2차 유출수 여과에 있어 표면여과와 입상여재 여과를 비교한 연구들에 의하면(Riess et al., 2001 and Olivier et al., 2003), 탁도 및 입자 제거 효율, 표면여과율, 역세척 요구량에서 표면여과가 보다 우수한 것으로 조사되었다. (1) 수리학적 부하율, (2) 탁도 및 부유물질 제거, (3) 탁도 및 부유물질 제거 효율 변동량, (4) 입도별 제거, (5) 미생물 제거, (6) 역세척 요구량 측면에서 표면여과 성능을 다음에 서술하였다.

**수리학적 부하율.** 표면여과 유형에 따라 수리학적 부하율은 상당히 차이가 나며, 주요 유형별로 일반적으로 적용되는 부하율을 표 11-22에 정리하였다. 예를 들어, 2 NTU 이하인 동일한 수준의 여과수를 생산하기 위해 수리학적 부하율이 4~5배 차이날 수 있다. 심층여과와 마찬가지로 표면여과의 수리학적 부하율과 역세척 요구량은 비용과 탄소배

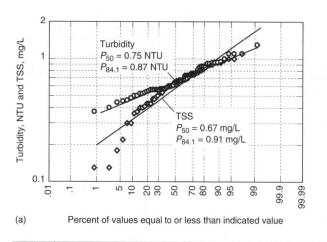
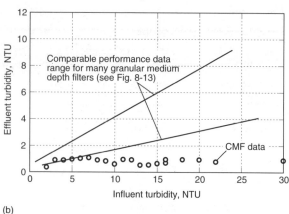

**그림 11-24**

**2차 유출수 표면여과 성능 자료.** (a) 유입 탁도에 따른 유출 탁도(여과유량 176 L/m²·min), (b) 유출 탁도 및 부유물질 확률분포

출량에 크게 영향을 준다.

**탁도 및 부유물질 제거.** 표면여과 성능 용량을 평가하기 위하여 고형물 체류시간이 15일 이상인 장기포기 활성슬러지 시스템 2차 유출수를 이용하여 완전 혼합 파일럿시험이 수행되었다. 부유물질 농도와 탁도가 각각 3.9~30 mg/L와 2~30 NTU였다. 장기간 운전 결과에 따르면 92%의 운전일에서 SS 1mg/L 및 1 NTU 이하인 여과수 수질이 획득되었으며(Riess et al., 2001), 동일 2차 유출수에 적용된 심층여과에 비해 성능이 우수함을 알 수 있으며 그림 11-24(b)와 같다. 30 NTU 이하의 탁도는 여과수 탁도에 영향을 주지 않았다. 2차 유출수 표면여과의 부유물질 제거 정도는 심층여과와 마찬가지로 생물학적 공정의 SRT에 좌우된다. 다른 표면여과 기술에서도 유사한 결과가 보고된 바 있다.

**탁도 및 부유물질 제거 변동량.** 표면여과 성능의 변동량은 최대 유출수 탁도가 규제되는 경우 대단히 중요한 요소이다. 표면여과 운전 자료에 의거한 변동량은 표 11-12에 나타낸 바와 같이 심층여과와 유사하다. 그러나 평균탁도와 TSS가 낮아지는 경향을 지적할 필요가 있다.

**그림 11-25**

2차 처리 유출수, 입상여재 여과수, 섬유여재 여과수 내 입자 크기 비교(Oliver et al., 2003)

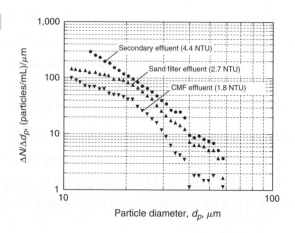

**그림 11-26**

**파일럿 섬유여과 시험 장치 사진.** 섬유여재 디스크는 실규모 시설과 동일한 크기임

(a)

(b)

**입도별 제거.** 동일 2차 유출수에 대한 연구 결과에 의하면 모든 입도에서 표면여과가 입상여재 여과에 비해 제거율이 우수하였다(그림 11-25). 입자 크기가 작으면 UV 소독이 병행되는 경우 대장균군 비활성화 효율에도 큰 영향을 주었다(Olivier et al., 2002, 2003).

**미생물 제거.** 약품이 사용되지 않는 경우, 2차 유출수 내 대장균군와 바이러스의 표면여과 제거효율은 각각 0~1.0 log, 0~0.5 log로 심층여과와 유사하다.

**역세척 요구량.** 표면여과 세척을 위한 역세수의 양은 공정 유입수에 대한 백분율로 표현되며, 유입 수질과 표면여과 설계에 의해 좌우된다. 표 11-22에 나타낸 바와 같이 표면여과에서의 일반적인 역세척 요구량은 1~4%이다.

### 》 설계 고려사항

표면여과 공정을 신규로 설계하고 운전 조건을 도출함에 있어 파일럿 연구가 권장된다. 설계를 위한 자료는 (1) 여과 유입수 특성 변동량, (2) 정상 운전시 역세수 요구량 등이 있다. 역세척 요구량은 여과 유입수 부유물질 농도와 여과 고형물 부하의 함수이다. 전단의 2차 처리에서 부유물질이 효과적으로 제거된다면 역세척 요구량은 상당히 감소될 수 있다.

섬유여재 표면여과가 비교적 새로운 기술이기 때문에 섬유여재의 수명에 대한 장기 운전 결과는 드문 편이다. 표면여과를 고려할 경우 유사한 유형의 섬유여재를 사용한 사례의 운전 성능으로부터 평가되어야 한다. 운전관점에서 섬유여재 여과의 한가지 장점은 여재를 분리해서 고부하 세탁기(heavy-duty washing machine)로 세척할 수 있다는 점이다.

### 》 파일럿 플랜트 연구

입상여재 여과에서처럼, 폐수처리용 실규모 표면여과 설계에 적용될 수 있는 보편적인 접근 방법은 없다. 입상여재 여과의 파일럿 플랜트에 대한 논의 사항이 섬유여재 여과에도 동일하게 적용될 수 있다. 통상적인 섬유여재 시험 설비는 그림 11-26과 같다. 그림 11-26(b)의 디스크는 실규모에서 사용되는 크기와 동일하며, 규모가 큰 시설에서는 여러개의 디스크가 중앙축에 설치된다.

| 11-7 | 막여과 공정 |

11-3절과 11-5절에서 정의한 바와 같이, 여과는 입자성과 콜로이드성 물질을 액체로부터 분리(제거)하는 공정이다. 막여과에서는 제거하는 입자 크기가 용존물질까지로(일반적으로) 확장된다. 표 11-4에서 보인바와 같이 막의 역할은 액체 안의 어떤 성분은 통과시키고 다른 성분은 막는 선택벽(selective barrier)으로 작용하는 것이다. 막기술 및 그 적용성을 소개하기 위해 이 절에서는 (1) 막공정 용어, (2) 막공정 분류, (3) 막 형태, (4) 막기술 적용, (5) 파일럿 플랜트 연구 필요성을 다룬다. 용존 성분의 제거에 사용되는 막공정의 한 종류인 전기투석은 막여과 공정 설명 다음에 11-7절에서 다룬다.

### ❱❱ 막공정 용어

막공정에서 자주 접하는 용어에는 그림 11-27에 도시한 바와 같이 유입수(*feed water*), 투과수(*permeate*), 농축수(*retentate*) 등이 있다. 막 모듈로 유입되는 물을 유입수라고 한다. 막을 통과하는 액체는 투과수, 남겨진 입자를 포함하고 있는 액체는 농축수(또는 concentrate, reject, waste stream)라고 한다. 투과수가 막을 투과하는 속도를 플럭스라 하며 L/m²·h 또는 L/m²·d로 나타낸다. 플럭스는 심층여과 및 표면여과의 수리학적 부하와 같은 개념이다.

### ❱❱ 막공정 분류

막공정에는 정밀여과(microfiltration, MF), 한외여과(ultrafiltration, UF), 나노여과(nanofiltration, NF), 역삼투(reverse osmosis, RO), 전기투석(electrodialysis, ED)이 있다. 막공정은 다음과 같은 여러 가지 방법으로 분류할 수 있다; (1) 막 형태, (2) 막 재질, (3) 구동력, (4) 분리 기작, (5) 분리 공칭 크기(the nominal size of the separation). 막공정별 일반적인 특성과 운전 범위를 표 11-23에 요약하였다. 본 절에서는 부유물질, 콜로이드, 용존물질을 제거하기 위한 압력 구동 막공정을 주로 다룬다. 압력 구동 막공정은 다시 MF와 UF를 포함하는 "저압" 공정과 NF와 RO를 포함하는 "고압" 공정으로 나뉜다.

**막 형태.** 막에서 모듈(*module*)이란 용어는 막, 막 압력 지지구조물, 유입부, 투과수 유출부, 농축수 유출부, 전체 지지구조물로 이루어진 하나의 단위를 의미한다. 폐수처리에 사용되는 주요 막 모듈은 (1) 관형(tubular), (2) 중공사형(hollow fine-fiber), (3) 나선형

### 그림 11-27

막공정 운전 개념도

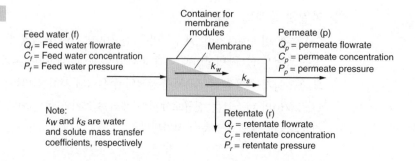

Feed water (f)
$Q_f$ = Feed water flowrate
$C_f$ = Feed water concentration
$P_f$ = Feed water pressure

Container for membrane modules

Membrane

Permeate (p)
$Q_p$ = permeate flowrate
$C_p$ = permeate concentration
$P_p$ = permeate pressure

$k_w$

$k_s$

Note:
$k_W$ and $k_S$ are water and solute mass transfer coefficients, respectively

Retentate (r)
$Q_r$ = retentate flowrate
$C_r$ = retentate concentration
$P_r$ = retentate pressure

표 11-23
막공정별 일반적인 운전 특성

| 막공정 | 막 구동력 | 일반적 분리 메커니즘 | 운전 구조 (공극 크기 μm) | 일반적 운전 범위, μm | 막 상세사항 재료 | 형태 |
|---|---|---|---|---|---|---|
| 정밀여과 | 개방 용기에서의 정역학 압력차 또는 진공 | 체 | 큰 공극 (>50 nm) | 0.08~2.0 | Acrylonitrile, ceramic (various materials), polypropylene (PP), polysulfone (PS), polytetrafluorethylene (PTFE), polyvinylidene fluoride (PVDF), nylon | 나선형, 중공사, 판과 프레임 |
| 한외여과 | 개방 용기에서의 정역학 압력차 또는 개방 연진공 | 체 | 중간 공극 (2~50 nm) | 0.005~0.2 | Aromatic polyamides, ceramic (various materials) cellulose acetate (CA), polypropylene (PP), polysulfone (PS), polyvinylidene fluoride (PVDF), Teflon | 나선형, 중공사, 판과 프레임 |
| 나노여과 | 폐쇄 용기에서의 정역학 압력차 | 체 + 용해/확산 + 배제(exclusion) | 작은 공극 (<2 nm) | 0.001~0.01 | Cellulosic, aromatic polyamide, polysulfone (PS), polyvinylidene fluoride (PVDF), thin-film composite (TFC) | 나선형, 중공사, 박막 복합형 |
| 역삼투 | 폐쇄 용기에서의 정역학 압력차 | 용해/확산 + 배제 | 치밀함 (<2 nm) | 0.0001~0.001 | Cellulosic, aromatic polyamide, thin-film composite (TFC) | 나선형, 중공사, 박막 복합형 |
| 전기투석 | 전기력(electromotive force) | 이온교환 | 이온교환 | 0.0003~0.0002 | Ion exchange resin cast as a sheet | 판과 프레임 |

**표 11-24**

**막공정별 일반적인 운전 특성**

| 유형 | 설명 |
|---|---|
| (a) 관형 막공정 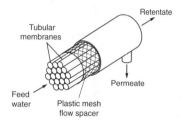 | 관형 막공정에서는 막이 지지관의 내부에 주조되어 있다. 여러 지지관들(한 개씩 또는 다발로)은 다시 적합한 압력용기 내에 놓여진다. 유입수가 유입관을 통해 펌핑되고 생산수는 관의 외부로 집수된다. 농축수는 유입관을 통해 연속적으로 흘러 나간다. 이 장치는 보통 부유물질의 농도가 높거나 막힐 가능성이 있는 경우에 사용된다. 관형 모듈은 가장 청소하기가 쉬운데 청소는 기계적으로 막을 닦기 위해 화학약품을 순환시키고 "거품덩어리(foamball)"나 "스폰지볼(spongeball)"을 펌핑시킴으로써 이루어진다. 관형 모듈은 부피에 비해 상대적으로 낮은 생산율을 보이며 막이 일반적으로 비싼 편이다. <br><br> 관 내경은 6~40 mm, 길이는 최대 3.66 m (12 ft)이다. |
| (b) 중공사 막 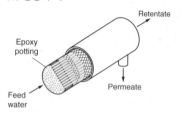 | 중공사막 모듈은 수백에서 수천 개의 중공사 다발로 구성되며 이것들이 압력용기 안에 삽입된다. 유입수는 중공사의 내부(insidie-out) 또는 외부(outside-in)에서 도입된다. 중공사막 모듈은 7장에서 소개된 막생물반응기(MBR)에 사용된다. <br><br> 개별 중공사막의 전형적인 내경과 외경은 각각 35~45 μm와 90~100 μm이고 길이는 약 1.2 m (4 ft)이다. 직경이 100 mm (4 in)인 다발은 최대 650,000개의 중공사로 구성된다. 막 다발 직경은 100~200 mm (4~8 in)이다. 다발 크기에 따라 단일 압력 용기 내에 최대 7개의 다발이 위치할 수 있다[그림 11-28(b)]. |
| (c) 나선형 막 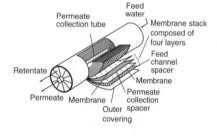 | 나선형 막에서는 신축성 있는 투과수 통로(permeate spacer)가 두 평판막 사이에 놓여지고 막은 세 면에서 밀봉된다. 열린 면은 구멍 뚫린 관에 부착된다. 신축성 있는 유입수 통로가 첨가되고 평판은 단단한 원형모양으로 감겨진다. 보통 얇은 피막의 합성재가 나선형 막 모듈에 사용된다. 막과 지지층이 말려져서 흐름이 나선형으로 이루어지므로 나선형이란 용어가 사용되었다. <br><br> 나선형 막 단위 직경은 일반적으로 100~200 mm(4~8 in), 최대 300 mm(12 in)이다. 접착선 사이의 유효 막 단위 길이는 150 mm (6 in)~1.5 mm (5 ft) 범위 내에 있으며 전형적인 값은 0.9m(3ft)이다. 운전 시 단일 압력 용기 내에 2~6개의 막 단위가 사용된다[그림 11-28(c)]. RO에는 보통 6개 막 단위가 사용된다. 예를 들어 직경 100 mm (4 in), 0.9 m (3 ft)길이의 막 단위를 4개 사용하는 압력 용기의 막 표면적은 약 8.53 m² (90 ft²)이다. |
| (d) 판과 프레임 막 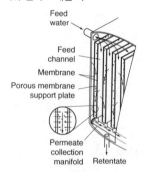 | 판과 프레임 막 모듈은 일련의 평판막과 지지판으로 구성된다. 처리될 물이 두 개의 인접한 막 세트(판과 프레임) 사이를 흐른다. 판은 막을 지지하며 투과수가 장치 밖으로 나가는 통로로 이용된다. <br><br> 일반적으로 개별 판의 크기는 약 20 × 40 mm (7.5 × 1.5 in)이며 충진 밀도는 100~400 m²/m³이다. |

**그림 11-28**

**막운전 유형별 개념도.** (a)
Outside-in 중공사막, (b)
Inside-out 중공사막, (c) 막용
기 내 나선형막

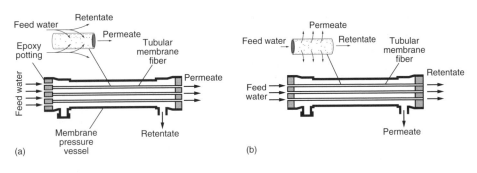

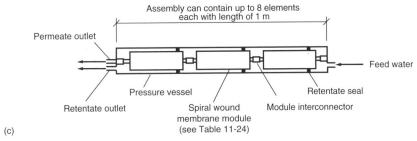

(spiral wound)이 있다. 판과 프레임(plate and frame), 주름진 카트릿지형 필터(pleated
-cartridge filter)도 있으나 이들은 주로 산업시설에서 활용된다.

　　막 형태별 개념도와 상세 설명은 표 11-24와 같다. 여과 경로는 크게 outside-in[그
림 11-28(a)]와 inside-out[그림 11-28(b)]가 있다. 중공사막과 나선형이 주로 사용되는
폐수처리에서는 대부분 outside-in 경로를 채택한다. Outside-in 경로는 공기, 물, 또는
공기와 물을 함께 사용하여 막을 역세척할 수 있으며, 고농도의 부유물질 및 탁도를 처리
하는데도 유리하다.

**막 재질.** 대부분의 상용 막은 관형, 중공사형, 평판형으로 생산된다. 일반적으로 대칭형
(symmetric), 비대칭형(asymmetric), 박막 복합형(thin-film composite, TFC)의 세 유형
으로 생산된다.(그림 11-29). 대칭형은 막 단면의 구성이 일정하며, 다공질막(micropo-
rous)과 비다공질막(nonporous 또는 dense)으로 다시 나뉜다[그림 11-29 (a), (b)]. 비
대칭형 막[그림 11-29(c)]은 하나의 제조 공정에 의해 만들어지며 여과를 담당하는 아주
얇은 층(thin layer, 1 μm 미만)과 지지를 담당하는 보다 두꺼운(100 μm 이하) 다공질층
으로 구성된다.

　　박막 복합형 막[그림 11-29(d)]은 셀룰로스아세테이트, 폴리아미드, 또는 다른 활
성층 박막(일반적으로 0.15~0.25 μm 두께)을 두꺼운 다공질 물질에 결합하여 제조한
다. 비대칭형막과 마찬가지로 다공질 물질은 구조적 안정성을 높이는 역할을 한다. 표

**그림 11-29**

**막 구조 유형.** (a) 미세다공질
대칭형 막, (b) 비다공질 대칭
형 막, (c) 비대칭형 막, (d) 박
막 복합형(때로는 비대칭형으로
분류)

(a)　　　　　　　　(b)　　　　　　　　(c)　　　　　　　　(d)

**그림 11-30**

**폐수 내 성분 제거 개념도.** (a) 체거름 기작에 의한 큰 분자 및 입자 제거, (b) 흡착된 수층에 의한 이온 배제

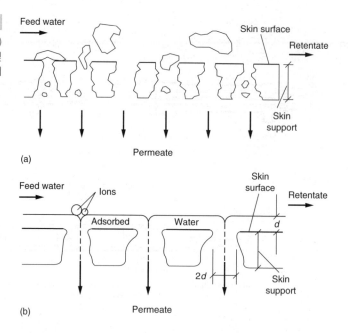

11-23에서 정리한 바와 같이 막은 다양한 유기 및 무기물질로부터 만들 수 있다. 폐수처리에 사용되는 막은 보통 유기물질이지만 세라믹 막도 일부 사용된다. 막과 시스템 형태를 선택할 때는 막 막힘과 파손을 최소화하는 것을 최우선으로 고려해야 하며, 일반적으로 파일럿 플랜트 연구를 바탕으로 결정된다.

**구동력.** 표 11-23의 첫 번째 네 가지 막공정(MF, UF, NF, RO)의 뚜렷한 특징은 분리에 수리학적 압력 또는 진공을 사용한다는 점이다. 전기투석은 기전력(electromotive force)과 이온 선택성 막을 이용하여 하전된 이온의 분리를 달성한다.

**제거 기작.** MF와 UF에서의 입자의 분리는 그림 11-30(a)에 나타낸 바와 같이 주로 거름작용(체거름)에 의해 이루어진다. NF와 RO에서는 체거름에 더해 막 표면에 흡착된 수층에 의해 작은 입자들을 통과하지 못하게 한다[그림 11-30(b)]. $Na^+$, $Cl^-$ 등 이온들은 막을 구성하는 큰 분자 크기의 공극을 통해 확산작용으로 이동한다. 보통 NF는 0.001 μm 이상의 입자들을 배제할 수 있는 반면 RO는 0.0001 μm 크기의 입자도 배제할 수 있다.

**분리 크기.** 막 공극 크기는 macropores (> 50 nm), mesopores (2~50 nm), micropores (< 2 nm)로 나뉜다. RO 막은 간극 크기가 작기 때문에 치밀(dense)하다고 정의된다. 분리 크기에 의한 막공정의 분류를 그림 11-31과 표 11-23에 나타내었다. 그림 11-31을 보면 제거되는 입자들 크기가 상당히 중복되는데, 특히 NF와 RO에서 중복이 많이 된다. NF는 물의 연수화 공정에서 화학적 침전 대신 가장 흔하게 사용되고 있다.

## ≫ 막 용기

막 모듈에 사용되는 두 가지의 용기는 가압형과 침지형으로 나뉜다.

**그림 11–31**

폐수 내 성분 및 막 기술별(심층 여과 포함) 분리 크기 비교

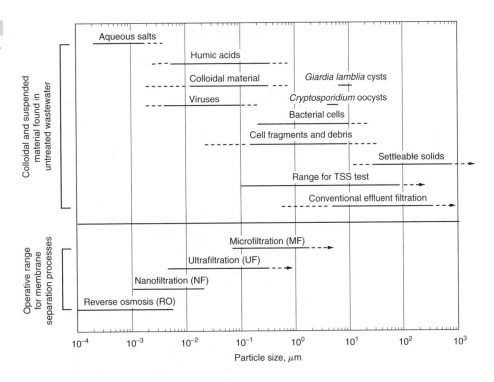

**가압형.** 가압형 용기(또는 관)의 가장 큰 용도는 막 모듈을 지지하고 유입수와 투과수를 분리하는 것이다. 용기는 누출과 압력 손실이 없고 염(saet)의 축적이나 부착(foul:ug)을 최소화하도록 설계해야 한다. MF와 UF 모듈은 일반적으로 크기가 지름 100~300 mm, 길이 0.9~5.5 m이며, 각 모듈은 랙(rack) 또는 스키드(skid) 형태의 가압형 용기에 배열된다. 각 모듈은 개별적인 배관을 통해 유입수 및 투과수가 흐르게 하여야 한다. 일반적인 가압형 MF 막 모듈을 그림 11- 32(a) 및 (b)에 나타내었다. NF 및 RO 모듈은 지름 100~300mm, 길이 0.9~5.5m이며, 2~8개의 모듈이 가로 또는 세로 랙 형태의 가압형 용기에 배열된다[그림 11-32(d) 및 (f)]. 세로 배열은 배관(pipe)과 피팅(fitting), 그리고 전체 소요면적을 감소시킬 수 있다.

가압형 형태에서는 유입수 유입 및 순환에 펌프가 사용된다[그림 11-33(a) 및 (c)]. 원심펌프(centrigufal pump)는 MF, UF, NF에 사용될 수 있다. RO에는 용적펌프(positive displacement pump) 또는 고압터빈펌프(high-pressure turbine pump)가 필요하다. 운전 압력과 유입수 특성에 따라 플라스틱 및 유리섬유 배관 부품을 비롯한 다양한 재료들이 사용된다. 일부 RO시설에는 철 압력 배관이 필요하고, TDS가 높은 해수 및 염수의 경우에는 스테인레스가 필요하다.

**침지진공형.** 침지형 형태에서는 막 구성요소들이 유입수조 내에 들어 있다[그림 11- 32(c)]. 보통 원심펌프 흡입으로 발생한 진공을 통해 투과수를 빼낸다[그림 11-33(e)]. 투과수 펌프의 유효 흡입 수두(net positive suction head, NPSH) 한계에 의해 침지형 막 공정의 막간압(transmembrane pressure)은 50 kPa 이하이며, 통상적으로는 20~40 kPa에서 운전된다(진공으로는 -28~-100 kPa).

**그림 11-32**

**다양한 막 장치 사진.** (a) 가압형 MF, (b) 2차 유출수 가압형 UF, (c) 개방 용기 내 침지형 MF 막 모듈, (d) (c)에 사용된 개방 용기 내 막 모듈, (e) RO 전단에 사용되는 일반적인 카트리지 필터, (f) 활성슬러지 유출수 처리용 대형 RO 시설 더미 (bank). 전단에 MF, 약품 주입, 카트리지 필터 처리를 거침. 더미별 용량과 전체 시설 용량은 각각 19,000 m³/d (5 Mgal/d), 265,000 m³/d (70 Mgal/d)

## ⟫ 가압형 운전 방식

가압형 MF와 UF는 (1) 직교류(cross-flow) 또는 (2) 직접유입(dead-end) 방식으로 운전된다.

**직교류 방식(cross-flow mode).** 직교류 방식[그림 11-33(a)]에서 유입수는 막에 접선 방향으로 유입된다. 표면에 입자가 축적되는 현상은 유속에 의한 전단력을 통해 제어될 수 있다. 유입수가 막을 투과하는 분율은 막간압에 의해 좌우된다. 막을 통과하지 않는 물의 일부는 유입수와 합쳐져서 막으로 다시 유입되고 일부는 농축수로 폐기된다[그림 11-33(a)]. 나선형막은 직교류 방식으로 운전된다.

**직접유입 방식(dead-end mode).** 직접유입(direct-feed or perpendicular feed) 방식[그림 11-33(c)]에서는 투과가 진행될 때는 농축수가 발생하지 않는다. 막으로 유입된 물은 모두 막을 통과하고 막 공극을 통과하지 못하는 입자는 막 표면에 축적된다. Dead-end 여과는 입자 농도가 낮거나 축적된 물질이 급격한 손실수두의 증가를 유발하지 않는 경우에 효과적이다. Dead-end 여과는 전처리와 여과수 재이용에 모두 사용된다.

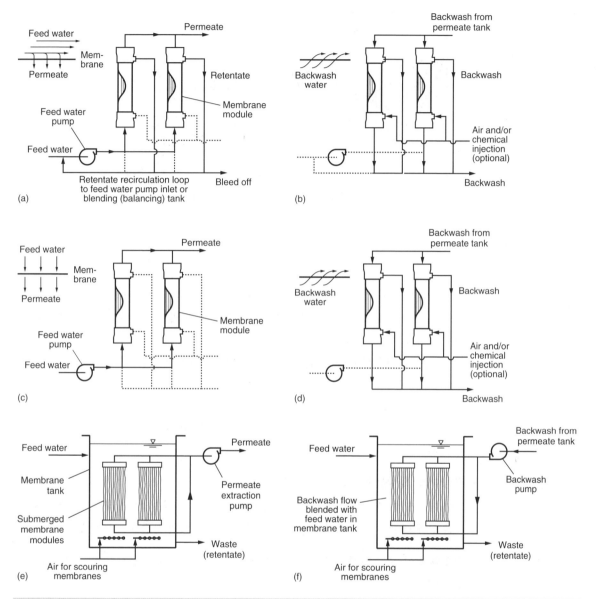

**그림 11-33**

**막 시스템 개요.** (a) 가압형 직교(cross-flow) 막 시스템, (b) 가압형 직교 시스템 역세척, (c) 가압형 직접유입(dead-end) 막 시스템[그림 8-32(a)], (d) 가압형 직접유입 시스템 역세척, (e) 침지형 막 시스템[그림 11-32(c)], (f) 침지형 시스템 역세척

**막 세정.** 유입수 내 성분들이 막에 농축됨에 따라, 종종 "membrane fouling"이라고 불린다. 유입수쪽의 압력이 증가하고 막 플럭스가 감소하고 유출수 내 특정 성분의 함량이 높아진다(그림 11-34). 플럭스가 설정치 이하로 낮아지면 막 모듈은 꺼내어져서 역세척, 주기적으로 화학 세척된다[그림 11-33(b), (d), (f)]. 일반적으로 가압형 막 세척 시 발생하는 폐수의 양은 침지형에 비해 적다.

화학적 세척은 막 성능을 최초 투과성능과 유사하게 회복하는 데 사용된다. 화학세

**그림 11-34**

운전시간과 적절한 세척 유무에 따른 막여과 시스템의 성능 변화 개념도

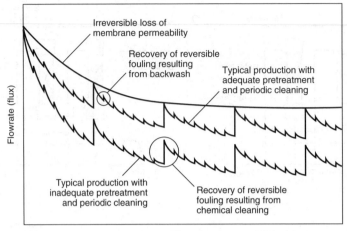

정 방법에는 제자리 세정(clean-in-place, CIP)과 화학물질 첨가 역세척(chemically enhanced backwash, CEB)이 있다. CIP에서는 막을 세척 약품조에 담그고, CEB에서는 세척 약품이 주기적으로 역세수에 주입된다. 경우에 따라서는 정기적으로 CEB를 사용하다가 막 성능이 설정값 이하로 감소될 때 CIP가 사용되기도 한다.

공정이 운전되는 동안 비가역적 투과성능의 감소 역시 발생한다(그림 11-34). 비가역적 투과성능 감소의 발생 정도는 (1) 막 재료의 사용기간, (2) 높은 운전압력에서의 기계적 압밀 및 변형, (3) pH와 관련된 가수분해반응, (4) 유입수 내 특정 성분과의 반응 등 막재료 및 운전조건에 따라 좌우된다.

**》 정밀여과 및 한외여과 공정 분석**

그림 11-27에 나타낸 바와 같이, MF와 UF 공정 해석은 운전압력, 투과유량, 회수율, 배제율 등에 대한 고려를 포함한다. 막 성능은 성분과 유량의 물질수지를 통해 평가한다.

**직교류 방식 운전 압력.** 직교류 방식에서 막간압과 모듈 통과 강하 압력은 다음과 같이 정의된다.

$$P_{tm} = \left( \frac{P_f + P_r}{2} \right) - P_p \tag{11-29}$$

여기서, $P_{tm}$ = 막간압 구배, bar (1 bar = $10^5$ Pa)

$P_f$ = 유입압력, bar

$P_r$ = 농축압력, bar

$P_p$ = 투과압력, bar

직교류 방식 운전에서의 모듈에서 발생되는 전체적인 압력강하는 다음과 같다

$$P = P_f - P_p \tag{11-30}$$

여기서, $P$ = 모듈 통과 압력 강하, bar

$P_f$, $P_s$: 위에서의 정의와 같다.

**직접유입 방식 운전 압력.** 직접유입 방식에서 막간압은 다음과 같이 표시된다.

$$P_{tm} = P_f - P_p \tag{11-31}$$

**투과 유량.** 막 시스템에서의 총 투과량은 다음과 같이 표시된다.

$$Q_p = F_w A \tag{11-32}$$

여기서, $Q_p$ = 투과유량, m³/h

$F_w$ = 막간 물 플럭스, m³/m²·h

$A$ = 막면적, m²

예상한 바와 같이, 막간 물 플럭스는 유입수 수질 및 온도, 전처리 정도, 막 특성, 시스템 운전 변수의 함수이다. 막 면적은 막 모듈의 단면적이 아니라 막 재질의 유효 표면적임을 기억해야 한다. 예를 들어, 직경 200 mm, 길이 1020 mm (8 in × 40 in)의 표준 RO 모듈의 막 면적은 37 m² (400 ft²)이다.

**회수율.** 회수율 $r$은 여과 시 유입유량 대비순 투과유량으로 정의되며 백분율 또는 단위가 없는 분율로 표시된다. 순 투과량은 역세척량이 고려된 값이다.

$$r,\% = \frac{V_p}{V_f} \times 100 \tag{11-33}$$

여기서, $V_p$ = 순 투과유량, kg/s

$V_f$ = 유입유량, kg/s

**배제율.** 배제율 $R$은 유입수 내 용질의 제거비율로 정의되며 백분율 또는 단위가 없는 분율로 표시된다. $r$이 유량에 대한 지표임에 비해, $R$은 농도에 대한 지표임을 기억해야 한다.

$$R,\% = \frac{C_f - C_p}{C_f} \times 100 = \left( 1 - \frac{C_p}{C_f} \right) \times 100 \tag{11-34}$$

여기서, $C_f$ = 유입수농도, g/m³, mg/L

$C_p$ = 투과수농도, g/m³, mg/L

**Log 감소.** 배제에 대한 또다른 표현으로 아래와 같이 log 감소, $LR$도 흔히 사용된다.

**그림 11-35**

**플럭스와 막간압에 기초한 세 가지 막 운전 방식.** (a) 일정 플럭스, (b) 일정 막간압, (c) 가변 플럭스 및 막간압(Bourgeous et al., 1999)

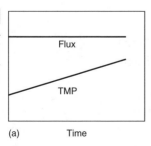
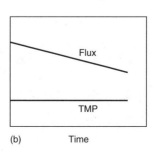
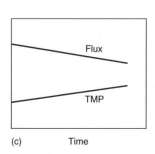

$$LR = -\log(1 - R) = \log\left(\frac{C_f}{C_p}\right) \tag{11-35}$$

**물질수지.** 가압형 cross-flow 막의 물과 성분에 대한 물질수지는 다음과 같다.

유량수지: $Q_f = Q_p + Q_c$ (11-36)

성분물질수지: $Q_f C_f = Q_p C_p + Q_r C_r$ (11-37)

여기서, $Q_f$ = 유입유량, m³/h, m³/s

$Q_r$ = 농축유량, m³/h, m³/s

$C_r$ = 농축농도, g/m³, mg/L

## ≫ 정밀여과 및 한외여과 운전 전략

막 운전전략은 막간압과 플럭스에 기초하며, 플럭스와 막간압에 근거한 막공정운전에는 세가지 전략이 사용가능하다. 그림 11-35에 나타낸 바와 같이 이 두 운전인자를 통해 막공정을 제어하는 것에는 (1) 일정 플럭스(constant flux)하에 시간에 따라 막간압이 증가하는 방식, (2) 일정 막간압(constant TMP)하에 시간에 따라 플럭스가 감소하는 방식, (3) 시간에 따라 플럭스 감소와 막간압 증가가 함께 진행되는 방식이 있다. 전통적으로 일정 플럭스 방식이 사용되었으나, 다양한 폐수처리수를 대상으로 한 연구에 의하면 시간에 따라 플럭스 감소와 막간압 증가가 함께 진행되게 하는 방식이 가장 효과적일 수 있음이 보고된 바 있다(Bourgeous et al., 1999). 그림 11-35에 비가역적 투과성 감소는 고려되지 않았음을 명심해야 한다. 어떤 막 운전 전략에서든 중요한 운전 사안은 막섬유 파손이다. 막섬유 파손의 영향은 예제 11-5에서 다루었다.

---

**예제 11-5**

**막섬유 파손이 막여과 유출수질에 미치는 영향** 막여과는 폐수 재이용에 활용될 수 있다. 폐수처리장 유출수(막여과 유입수)의 탁도와 종속영양 평판집락수(heterotrophic plate count, HPC)는 각각 5 NTU와 $10^6$ microorganisms/L이고, 정상운전 시 막여과 유출수의 탁도와 HPC는 각각 0.2 NTU와 10 microorganisms/L이다. 정상운전 시의 미생물 log 감소는 얼마인가? 6000개의 막섬유 중 6개(0.1%)가 파손되었을 대, 유출수 내 HPC와 탁도는 얼마가 되겠는가? 역세척에 의한 회수율 감소는 무시한다.

**풀이**

1. 정상운전 시 log 감소 계산

$$LR = \log\left(\frac{C_f}{C_p}\right) = \log\left[\frac{(10^6 \text{ org/L})}{(10 \text{ org/L})}\right] = 5.0$$

2. 0.1% 파손 시 log 감소 계산

a. 파손을 고려한 물질수지도 수립

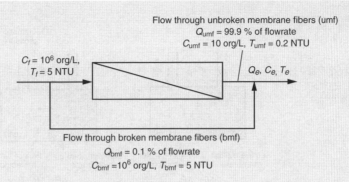

b. 미생물에 대한 물질수지 계산

$$C_e = \frac{C_{umf}Q_{umf} + C_{bmf}Q_{bmf}}{Q_e}$$

$$= \frac{(10 \text{ org/L})(0.999) + (10^6 \text{ org/L})(0.001)}{1} = 1010 \text{ org/L}$$

c. 파손 시 log 감소

$$R_{log} = \log\left(\frac{C_p}{C_f}\right) = \log\left[\frac{(10^6 \text{ org/L})}{(1010 \text{ org/L})}\right] = 3.0$$

3. NTU에 대한 물질수지 계산

$$T_e = \frac{T_{umf}Q_{umf} + T_{bmf}Q_{bmf}}{Q_e}$$

$$= \frac{(0.2 \text{ NTU})(0.999) + (5 \text{ NTU})(0.001)}{1} = 0.205 \text{ NTU}$$

 본 예제에서와 같이 막파손 시 미생물 농도는 크게 높아졌지만 탁도는 크게 높아지지 않았다. 따라서 탁도는 세균수를 대체하는 지표가 되기 어렵고 정밀여과 유출수의 소독이 필요함을 알 수 있다. 탁도 모니터링은 막이 온전한지를 평가하는 압력 감소 시험(pressure decay testing), 입자 계수(particle counting)와 자주 병행된다.

## ≫ 역삼투 공정 분석

RO 공정 해석은 물 플럭스, 질량 플럭스, 회수율, 배제계수, 물질수지에 대한 고려를 포함한다. RO 공정 해석의 세부사항을 이해하기 위해 RO의 기본사항을 먼저 알아보는 것이 유용하다.

**역삼투 개요.** 다른 용질 농도를 가진 두 용액이 반투과막에 의해 분리되어 있을 때, 막양편에 화학 포텐셜의 차이가 존재하게 된다(그림 11-36). 물은 저농도(높은 포텐셜)에서 고농도(낮은 포텐셜)로 막을 통해 확산하는 경향이 있으며, 이러한 현상을 삼투라고 한다[그림 11-36(a) 참조]. 유한한 부피를 갖는 시스템에서는 압력차가 화학 포텐셜의 차이와 균형이 맞을 때까지 흐름이 계속된다. 이 균형을 이루고자 하는 압력차를 삼투압이라고 하며, 삼투압은 용질의 특성 및 농도, 그리고 온도의 함수이다. 만일 반대방향이

**그림 11-36**

**역삼투 개념도.** (a) 삼투(용액 간 압력차가 삼투압보다 낮은 경우), (b) 삼투 평형(용액 간 압력차가 삼투압과 같은 경우), (c) 역삼투(용액 간 압력차가 삼투압보다 높은 경우).

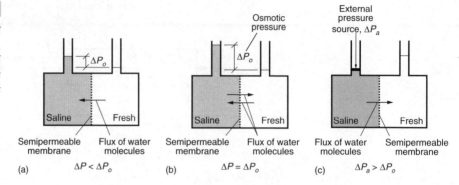

면서 삼투압보다 큰 압력구배가 막을 통해 가해지면 농도가 높은 용액에서 낮은 용액으로 물이 흐르게 되고, 이를 **역삼투**라고 한다[그림 7-36(c)].

**막 플럭스 및 필요 면적.**  필요한 막 표면적과 배열수를 산정하기 위해 다양한 모델들이 개발되었다(그림 11-37 참조). 다양한 모델들을 개발하는 데 사용된 기본 식들은 다음과 같다.

**유입수 플럭스.**  그림 11-27에 의하면, 막을 통과하는 물의 플럭스는 압력구배의 함수이다.

$$F_w = k_w(\Delta P_a - \Delta\Pi) = \frac{Q_p}{A}$$  (11-38)

여기서, $F_w$ = 막간 물 플럭스, L/m²·h

$k_w$ = 온도, 막 특성, 용질 특성을 포함한 물의 물질전달계수, L/m²·h·bar

**그림 11-37**

**전형적인 공정 흐름 개념도.** (a) 심층여과(또는 표면여과)와 나노여과 조합, (b) 정밀여과(또는 한외여과)와 역삼투 조합

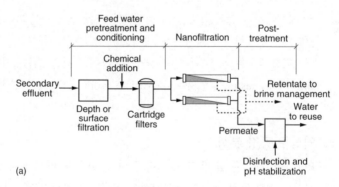

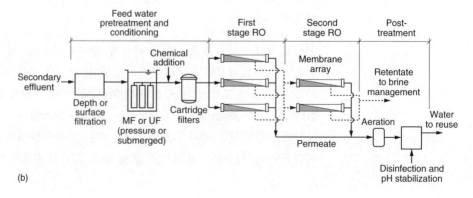

$\Delta P_a$ = 평균압력 구배, bar

$$= \left(\frac{P_f + P_c}{2}\right) - P_p$$

$\Delta \Pi$ = 삼투압 구배, bar

$$= \left(\frac{\Pi_f - \Pi_c}{2}\right) - \Pi_p$$

$P_f$ = inlet pressure of feed water, bar

$P_r$ = pressure of retentate, bar

$P_p$ = pressure of permeate, bar

$\Pi_f$ = osmotic pressure of feed water, bar

$\Pi_r$ = osmotic pressure of retentate, bar

$\Pi_p$ = osmotic pressure of permeate, bar

$Q_p$ = 투과수 유량, L/h

$A$ = 막 면적, m$^2$

**질량(용질) 플럭스.**  모든 경우에 일부 용질들은 막을 통과한다. 용질 플럭스는 다음과 같은 식을 이용하여 적절히 나타낼 수 있다.

$$F_s = k_s\,\Delta C_s = \frac{(Q_p)(10^{-3}\,\mathrm{m^3/L})C_p}{A} \tag{11-39}$$

여기서,  $F_s$ = 용질 플럭스, g/m$^2$·h

$k_s$ = 용질 물질전달계수, m/h

$\Delta C$ = 용질농도 구배, g/m$^3$

$$= \left(\frac{C_f + C_r}{2}\right) - C_p$$

$C_f$ = 유입수 내 용질농도, g/m$^3$

$C_r$ = 농축수 내 용질농도, g/m$^3$

$C_p$ = 투과수 내 용질농도, g/m$^3$

$Q_p$ = 투과유량, L/h

**회수율.**  백분율로 표시되는 회수율 $r$은 유입수 중의 투과수로의 전찬을 나타내며 다음과 같이 정의된다.

$$r, \% = \frac{Q_p}{Q_f} \times 100 \tag{11-40}$$

여기서, $Q_p$ = 투과수 유량, L/h, m$^3$/h, 또는 m$^3$/s

$Q_f$ = 유입수 유량, L/h, m$^3$/h, 또는 m$^3$/s

회수율은 막공정의 시설비와 운영비에 영향을 준다. 설계 회수율은 주어진 투과유량을 얻기 위해 필요한 유입유량뿐 아니라 유입수 시스템 크기, 전처리 시스템 용량, 고압 펌프 크기와 관로를 결정한다. 회수율이 증가하면 유입유량이 감소하고 압력은 다소 증가할 수 있으며 농축수는 농도가 높아져 처리가 어려워질 수 있다.

**그림 11–38**

회수율이 유입압력, 유입유량, 전력소모에 미치는 영향

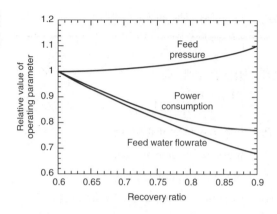

**그림 11–38**

회수율이 유입압력, 유입유량, 전력소모에 미치는 영향

회수율 60~90%인 역삼투 시스템에서 회수율이 유입압력, 전력소모, 유입유량에 미치는 영향을 그림 11–38에 도시하였다. 유입유량은 오직 회수율에 좌우된다. 유입압력은 회수율, 유입농도, 유입수 온도, 막의 특정 투과플럭스에 의해 결정된다. 고압펌프 전력 요구량은 유량 및 압력에 비례한다. 통상적인 운전인자 범위에서 회수율이 증가할 경우 유입유량 감소가 유입압력 증가에 비해 전력소모에 더 큰 영향을 주어 전력 요구량이 감소한다(Wilf, 1998). 역삼투의 경우, 분리 정도와 유출수질을 향상시키기 위해 운전압력을 높게 운전하는 것이 바람직하다.

**배제율.** 배제율 $R$은 유입수 내 용질의 제거비율로 정의된다.

$$R, \% = \left(\frac{C_f - C_p}{C_f}\right) \times 100 = \left(1 - \frac{C_p}{C_f}\right) \times 100 \tag{11-41}$$

where $C_f$ = 유입수 농도, g/m³

$C_p$ = 투과수 농도, g/m³

특정 용질에 대한 역삼투막의 배제율은 보통 85~99.5%이며 통상적으로 제조사에서는 표준 수질 농도에 대한 배제율을 제공한다. 미생물에 대한 배제율은 흔히 log 감소, $LR$로 표현한다.

$$LR = -\log(1 - R) = \log\left(\frac{C_f}{C_p}\right) \tag{11-42}$$

**물질수지.** NF와 RO에 대한 물질수지는 MF 및 UF에서와 동일하다.

유량수지: $Q_f = Q_p + Q_c$ \tag{11-43}

성분물질수지: $Q_f C_f = Q_p C_p + Q_r C_r$ \tag{11-44}

여기서, $Q_r$ = 농축유량, m³/h, m³/s

$C_r$ = 농축농도, g/m³

위 식들을 이용하여 TDS 제거에 필요한 막 면적을 계산한 예를 예제 11–6에 나타내었다.

**예제 11-6**

**염분 제거에 소요되는 막 면적의 산정.** TDS 농도가 3000 g/m³인 염수를 $6 \times 10^{-8}$ m/s 의 물질전달계수 $k_i$와 $9 \times 10^{-9}$ s/m ($9 \times 10^{-7}$ m/s bar)의 플럭스 계수 $k_w$를 갖는 박막 복합형 막을 이용하여 TDS가 200 g/m³인 유출수를 생산하고자 한다. 유입유량은 0.010 m³/s이며 총 운전압력($\Delta P_a - \Delta P$)은 2500 kPa ($2.5 \times 10^6$ kg/m·s²)이다. 회수율을 90% 로 가정할 때, 배제율과 농축수의 농도를 계산하시오.

**풀이**

1. 우선 0.009 m³/s의 투과유량과 투과수의 TDS 농도를 200 g/m³로 생산하는 데 소 요되는 막의 면적을 계산하여야 한다. 투과수의 TDS 농도가 200 g/m³보다 훨씬 낮고 처리하고자 하는 항목이 TDS뿐이라면, 유입수와 투과수를 혼합하여 소요되 는 막 면적을 감소시킬 수 있다.

2. 식 (11-38)을 이용하여 막 면적을 계산한다.

$$F_w = k_w(\Delta P_a - \Delta P)$$

$$= (9 \times 10^{-9} \text{ s/m})( 2.5 \times 10^6 \text{ kg/m·s}^2) = 2.25 \times 10^{-2} \text{ kg/m}^2\text{·s}$$

$$Q_p = F_w \times A, \ Q_p = r \, Q_f, \ Q_p = 0.9 \, Q_f$$

$$A = \frac{(0.9 \times 0.010 \text{ m}^3/\text{s})(10^3 \text{ kg/m}^3)}{(2.25 \times 10^2 \text{ kg/m}^2\text{·s})} = 400 \text{ m}^2$$

3. 식 (11-38)을 이용하여 투과수의 TDS 농도를 계산한다.

$$F_i = k_i \, \Delta C_i = \frac{Q_p C_p}{A}$$

$$C_p = \frac{k_i[(C_f + C_r)/2]A}{Q_p + k_i A}$$

$C_r \approx 10 C_f$ 으로 가정하고, $C_p$에 대해 푼다.

$$C_p = \frac{(6 \times 10^{-8} \text{ m/s})[(3 \text{ kg/m}^3 + 30 \text{ kg/m}^3)/2](400 \text{ m}^2)}{(0.01 \text{ m}^3/\text{s}) + (6 \times 10^{-8} \text{ m/s})(400 \text{ m}^2)} = 0.044 \text{ kg/m}^3$$

4. 식 (11-41)을 이용하여 배제율을 구한다.

$$R,\% = \frac{C_f - C_p}{C_f} \times 100$$

$$R = \frac{(3.0 \text{ kg/m}^3) - (0.044 \text{ kg/m}^3)}{(3.0 \text{ kg/m}^3)} \times 100 = 98.5\%$$

5. 식 (11-44)를 이용하여 농축수의 TDS 농도를 계산한다.

$$C_r = \frac{Q_f C_f - Q_p C_p}{Q_r}$$

$$C_r = \frac{(1.0 \text{ L})(3.0 \text{ kg/m}^3) - (0.9 \text{ L})(0.044 \text{ kg/m}^3)}{(0.1 \text{ L})} = 29.6 \text{ kg/m}^3$$

3번에서의 가정($C_r$ = 30 kg/m³)이 타당했음을 확인할 수 있다.

 TDS 농도가 200 g/m³보다 훨씬 낮은 경우에는 유입수와 투과수를 혼합하여 막 면적을 감소시킬 수 있다. 본 예제에서 계산된 유출수 농도 정도로는 혼합은 불가능하다.

## ≫ 막오염

막오염(fouling)은 막 시스템 설계와 운전에 있어 가장 중요한 고려사항이며, 전처리 필요성, 세척 요구량, 운전 조건, 비용, 성능에 영향을 준다. 막오염 정도는 유입수의 물리, 화학, 생물학적 특성, 막 유형, 운전조건에 의해 좌우된다. 표 11-25에 서술한 바와 같이 네 가지 형태의 막오염이 있다: (1) 유입수 내 성분이 막 표면에 축적됨으로 인해 발생하는 입자성 막오염(particulate fouling), (2) 무기염 침전으로 인한 무기성 스케일(inorganic scales), (3) 유기물에 의한 유기성 막오염(orgnaic fouling), (4) 유입수 내 미생물에 의한 생물학적 막오염(biological fouling). 이 네 가지 막오염은 동시에 진행될 수 있다. 또한, 막과 반응할 수 있는 화학물질의 존재로 인해 막이 손상될 수 있다. 막오염을 유발할 수 있는 일반적인 폐수 내 구성성분을 표 11-25에 정리하였다.

**입자성 막오염.** 입자성 막오염은 유입수 내 입자성 물질에 의해 발생한다. 입자성 막오염으로부터 RO와 NF 막 시스템을 보호하기 위해 카트리지 여과[표 11-21(g) 참조]를 전단에 두는 경우가 많다. 이때 카트리지 여과는 5~15 μm 공극의 직조 여재를 사용하여 상대적으로 큰 입자를 제거한다. 그럼에도 이보다 작은 입자들이 RO와 NF 모듈을 손상 및 오염시킬 수 있다. 표 11-25에 나타낸 바와 같이 입자성 성분에는 유기성 콜로이드, 무기성 콜로이드, 유화유(emulsified oils), 점토 및 실트(clays and silts), 실리카, 금속산화물, 염이 있다. 폐수 내 실리카[$(SiO_2)_n$]는 유입수의 화학 특성에 따라 반응성, 콜로이드성, 입자성 실리카 등으로 다양하게 존재할 수 있다.

물질 축적에 의한 유량 감소에는 (1) 공극 협소화(pore narrowing), (2) 공극 막음(pore plugging), (3) 농도 분극(concentration polarization)에 의한 젤/케이크 형성(gel/cake formation)의 세 가지 기작이 있다(Ahn et al., 1998). 공극 막음과 협소화는 유입수 내 입자성 물질이 막 공극이나 분획 분자량(molecular weight cutoff)보다 작은 경우에만 발생한다. 공극 협소화는 고형물이 막의 내부표면에 부착되어 공극을 좁히는 현상이다. 일단 공극의 크기가 작아지면, 농도 분극화가 더 심해져서 막힘이 증가하는 것으로 추정되고 있다(Crozes et al., 1997).

농도의 분극화에 의한 젤/케이크 형성은 유입수내 대부분의 고형물이 공극의 크기 또는 막의 분획 분자량보다 큰 경우에 발생한다. 농도 분극화는 물질이 막 표면이나 가까이에 축적되어 용매의 막 통과 시 저항을 증가시키는 현상이라고 표현할 수 있다. 어느 정도의 농도 분극화는 막 시스템 운전에 있어 항상 발생한다. 그러나 젤이나 케이크층의

**표 11-25**

**막오염 또는 막손상을 유발할 수 있는 일반적인 폐수 내 구성성분[a]**

| 막오염 유형 | 막손상 유발 구성성분 | 비고 |
|---|---|---|
| 입자 막오염 | 유무기 콜로이드 | 주기적 세척으로 저감 가능 |
| | 유화유 | |
| | 점토 및 실트 | |
| | 실리카 | |
| | 철, 망간 산화물 | |
| | 산화 금속 | |
| | 금속염 응집 화합물 | |
| | PAC | |
| 스케일링 (과포화 염 화학침전) | 황산 바륨 | 염 농도 제한, pH 조절, antiscalant 등 화학처리를 통해 저감 가능 |
| | 탄산 칼슘 | |
| | 불화 칼슘 | |
| | 인산 칼슘 | |
| | 황산 스트론튬 | |
| | 실리카 | |
| 유기물 막오염 | 휴믹산, 펄빅산, 단백질, 탄수화물 등 NOM | 전처리를 통해 저감 가능 |
| | 유화유 | |
| | 처리공정에 사용된 고분자 | |
| 생물학적 막오염 | 죽은 미생물 | 막 표면에서의 세균 증식에 의해 유발 |
| | 살아있는 미생물 | |
| | 미생물 유래 고분자 | |
| 막 손상 | 산 | 유입수 내 유발물질 조절을 통해 저감 가능. 손상 정도는 막 특성에 좌우됨 |
| | 염기 | |
| | 극단적 pH | |
| | 자유 염소 | |
| | 자유 산소 | |

[a] 많은 경우 네 가지 유형의 막오염이 함께 나타남

**그림 11-39**

Modes of membrane fouling: (a) pore narrowing, (b) pore plugging, and (c) gel/cake formation caused by concentration polarization

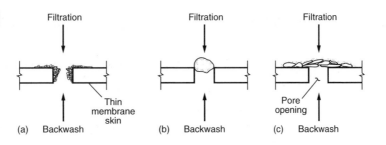

형성은 농도 분극화의 극단적인 경우로, 다량의 물질이 막 표면에 실제로 축적되어 젤이나 케이크를 형성한 경우에 발생한다.

**스케일링.**  유입수 내 화학 성분이 막 표면에서 제거됨에 따라 표면 근처에서 해당 성분의 농도가 높아지게 된다. 개별 성분 농도가 용해도를 넘어설 때, 유입수의 화학적 구성과 온도에 따라 다양한 형태의 염이 침전된다. 화학 침전은 염분 농도가 높은 해수를 RO를 이용해 담수화할 때 특히 중요하다. 막 표면에 형성되는 화학 스케일은 막의 투과율을 감소시키고 비가역적인 막 손상을 유발할 수 있는 매우 중요한 현상이다.

**유기물에 의한 막오염.**  대부분의 2차 처리 유출수는 다양한 농도와 종류의 유기물질을 함유한다. 표 11-25에 나타낸 바와 같이 유기 막오염 물질에는 상수원에 존재하는 NOM, 생물학적 처리과정에서 생성된 NOM, 유화유, 폐수처리과정(주로 여과 및 탈수)에서 사용된 유기 고분자 등이 있다. 이러한 고분자 물질은 접착성이 있어 막 표면에 축적되고 유기 및 무기 입자 물질을 안정화시켜 막오염을 가속시킨다.

**생물학적 막오염.**  생물학적 처리 유출수의 막 적용 시 특별한 문제는 생물학적 막오염이 일어날 수 있다는 점이다. 막 표면은 유기물과 영양물질 농도가 높기 때문에 미생물의 성장에 유리하다. 미생물이 막 표면에서 자라게 되면 막 투과율이 감소하게 된다. 막공정이 간헐적으로 운전되면서 미생물이 막 공극 안에서 자라기 시작하면 막 투과율은 더 감소한다. 미생물 성장은 체외 고분자가 다른 막오염 물질과 결합하여 막오염을 악화시킬 수 있다는 점에서 매우 중요한 현상이다.

## ≫ 막오염 제어

일반적으로 막오염 제어방법에는 (1) 유입수 전처리, (2) 역세척, (3) 화학적 세척의 세 가지가 있다. 전처리는 TSS, 콜로이드 물질, 미생물 농도를 감소시키기 위해 사용되며, 때로는 화학 침전을 방지하기 위해 화학적으로 처리되기도 한다. NF와 RO의 막오염을 제거하기 위해 스케일 방지제, 살균제 등 많은 상용 약품이 시판되고 있다. 저압 막(MF, UF)에서 막 표면에 축적된 물질들을 제거하는 데 가장 흔하게 사용되는 방법은 공기와 물을 단독으로 사용하거나 함께 사용하여 역세척하는 것이다. 일반적으로 역세척에 의해 제거되지 않은 물질들은 화학적으로 처리한다. 화학적 침전물은 유입수의 화학적 특성을 변화시키거나 화학적 처리에 의해 제거될 수 있다. 해로운 성분들에 의한 막 손상이 일단 진행되면 보통 복구될 수 없다. NF와 RO의 전처리 필요성과 방법은 뒤에서 다룬다.

**나노여과 및 역삼투의 전처리 필요성 평가.**  NF와 RO를 이용한 폐수의 처리 가능성을 평가하기 위하여, 수년간에 걸쳐 다양한 막오염 지표가 개발되었다. 세 가지 주요한 지표로는 SDI (silt density index, 막오염 지표), MFI (modified fouling index, 수정 막오염 지표), MPFI (mini plugging factor index, 소형 막힘 인자 지표)가 있다. 막오염 지표들은 간단한 막 실험으로 구한다. 지표 측정 시에는 게이지 압력 210 kPa (30 $lb_f/in^2$)에서 내부 직경이 47 mm인 0.45 $\mu$m Millipore 여과지에 시료를 통과시켜야 한다. 이러한 시험에서 완전한 데이터 수집을 위한 시간은 물의 막힘 특성에 따라 15분에서 2시간 정도이다.

**표 11-26**

**막오염 지표 권장값[a]**

| 막공정 | 막힘 지표 | | |
|---|---|---|---|
| | SDI | MFI, s/L$^2$ | MPFI, L/s$^2$ |
| 나노여과 | 0~2 | 0~10 | 0-1.5 × 10$^{-4}$ |
| 역삼투 중공사 | 0~2 | 0~2 | 0-3 × 10$^{-5}$ |
| 역삼투 나선형 | 0~3[b] | 0~2 | 0-3 × 10$^{-5}$ |

[a] Adapted in part from Taylor and Wiesner (1999), AWWA (1996)

[b] Although a value of 3 is acceptable, the trend is to lower the upper limit to a value of 2 or less.

**막오염 지표(SDI).** 가장 많이 사용하는 지표는 SDI이다(DuPont, 1977; ASTM, 2002). SDI는 다음과 같이 정의된다.

$$SDI = \frac{100[1 - (t_i/t_f)]}{t} \tag{11-45}$$

여기서, $t_i$ = 초기 시료 500 ml를 수집하는 데 소요된 시간

$t_f$ = 최종 시료 500 ml를 수집하는 데 소요된 시간

$t$ = 시험에 소요된 총 시간

SDI는 시험 초기와 마지막의 시간을 측정하는 정적인 측정방법이며, 시험기간 동안의 저항 변화율을 측정하는 것은 아니다. SDI 권장값을 표 11-26에 나타내었으며, 계산예는 예제 11-7과 같다.

**수정 막오염 지표(MFI).** MFI는 SDI에서 사용한 같은 장비와 방법으로 측정하지만, 15분 여과시간 동안 30초마다 부피를 기록한다(Shippers and Verdouw, 1980). MFI는 케이크 여과 연구과정에서 도출되었으며 다음과 같이 정의된다.

$$\frac{1}{Q} = a + MFI \times V \tag{11-46}$$

여기서, $Q$ = 평균유량, L/s

$a$ = 상수

MFI = 수정 막오염 지표(modified fouling index), s/L$^2$

$V$ = 부피, L

MFI 값은 유량의 역수를 누적부피에 따라 나타낸 곡선의 직선부분 기울기로 구한다[그림 11-40(a)].

**소형 막힘 인자 지표(MPFI).** MPFI는 시간에 따른 유량 변화로 측정된다[그림 11-40(b)](Taylor and Jacobs, 1996). 측정장비는 SDI, MFI와 같다. MPFI는 유량을 시간에 따라 나타낸 곡선의 직선부분 기울기로 구하며[그림 11-40(b)], 계산식은 다음과 같다.

$$Q = (MPFI)t + a \tag{11-47}$$

여기서, $Q$ = 30초 간격 평균 유량, L/s

MPFI = 소형 막힘 인자 지표, L/s$^2$

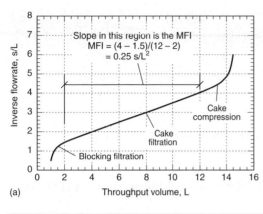
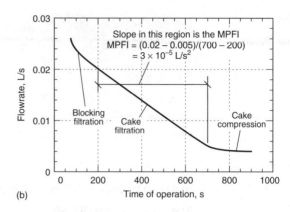

**그림 11 – 40**

**일반적인 막오염 지표 그림.** (a) MFI, (b) MPFI

$$t = 시간, s$$
$$a = 상수$$

전형적인 MPFI 값들은 표 11–26에 정리되어 있으며, MFI가 처리된 부피에 기반하고 있어, MPFI에 비해 보다 오염에 민감한 지표로 여겨진다.

---

**예제 11 – 7** | **역삼투 SDI.** 다음 자료로부터 유입수의 SDI를 구하시오. 나선형 RO 막을 사용하려면, 전처리가 필요한가?

$$시험 운전 시간 = 30분$$
$$초기 500 \text{ mL} = 2분$$
$$최종 500 \text{ mL} = 10분$$

**풀이**  1. 식 (11–45)를 이용하여 SDI를 계산한다.

$$SDI = \frac{100[1 - (t_i/t_f)]}{t}$$

$$SDI = \frac{100[1 - (2/10)]}{30} = 2.67$$

2. SDI 값과 인정기준을 비교한다.

 계산된 SDI 값이 2.67로 표 11–26에서 제시한 3보다 작다. 따라서, 일반적으로 전처리는 필요하지 않다. 그러나 실제적으로는 SDI 값이 3에 가깝기 때문에 여과 주기를 길게 하기 위해서는 약간의 전처리를 고려할 필요가 있다.

| 표 11-27 |
|---|

**나노여과 및 역삼투 시스템의 전처리 방법**

| 제거 물질 | 전처리 방법 | 설명 및 토의 |
|---|---|---|
| 입자 및 콜로이드 | 심층여과, 표면여과, MF, UF | 입자성 물질은 다양한 여과 공정으로 제거할 수 있다. 막오염 유발 물질은 여과로 제거되지 않을 수 있으므로 잠재적인 막오염 가능성을 파일럿 시험을 통해 검증해야 한다. |
| 입자 | 카트리지 필터 | 공극크기 5~15 μm의 카트리지 필터는 RO 전단에 일반적으로 설치되는 공정이다. 카트리지 필터는 RO에 공급되는 상대적으로 큰 입자로부터 막을 보호한다. Antiscalants가 사용될 경우 antiscalant에 포함된 콜로이드 및 불순물을 제거하는 데도 활용된다. 이 방법은 용해성 물질은 제거하지 못한다. 깨끗한 카트리지 필터의 압력 강하는 0~35 kPa이다. 고형물이 축적되고 압력 강하가 70~80 kPa에 도달하면 카트리지를 교체해야 한다(Paranjape et al., 2003). |
| 미생물 | 소독 | 세균 활성도를 제한하기 위한 유입수 소독에는 염소, 오존, UV 조사 등이 사용된다. UF 역시 미생물 농도를 줄일 수 있다. |
| 스케일 유발물질 | pH 조절 | 스케일 형성을 방지하기 위해 유입수 pH를 일반적으로 황산을 이용하여 4.0~7.5로 조절한다. 낮은 pH는 탄산이온을 용해도가 훨씬 높은 중탄산이온으로 바꾼다. 셀룰로스 아세테이트 RO 막의 최적 pH는 5~7이며, pH 5 이하에서는 가수분해될 수 있다. 최근에 개발된 polyamide RO 막은 pH 2~11에서 사용될 수 있다(Paranjape et al., 2003). |
| | Antiscalants | Antiscalants는 스케일 생성을 전체적 또는 부분적으로 방지하는 데 사용된다. 일부 antiscalant는 휴믹산을 함유하여 막오염을 유발할 수 있다(Richard et al., 2001). |
| 철 및 망간 | 이온교환 또는 화학 처리 | 철과 망간의 제거는 스케일 발생을 감소시킬 수 있다. 산소와 망간 산화를 막기 위해 산소를 배제할 필요가 있다. |
| 낮은 용해도 염 | 화학 처리 | 산업 용도로 막이 이용될 때 실리카와 같이 용해도가 낮은 염은 후단의 열교환기에서의 침전을 방지하기 위해 화학 처리로 제거될 수 있다. 화학 처리로는 알루미늄 산화물, 철 산화물, 염화 아연, 산화 마그네슘, 오존(항오존 막 사용 시) 주입 또는 초고도 석회 정화가 사용될 수 있다. 석회 정화는 다른 방법에 비해 막오염 저감 효율이 낮다(Gagliardo, 2000). |

**지표의 한계.** SDI, MFI, 그리고 다른 지표들은 (1) cross-flow 막오염 성능을 예측하는 데 dead-end 방식이 사용되었고, (2) 콜로이드성 입자 영향을 볼 수 없는 0.45 μm 여과지가 사용되었고, (3) cross-flow에서 발생하는 케이크 여과 측정의 대표적인 시험이 아니고, (4) 스케일 생성 경향 측정 불가, (5) 실제 운전 시에는 잘 사용되지 않는 정압 조건에서의 시험 이라는 한계점을 가지고 있다. Millipore 여과지 대신 MF 막 또는 UF 막을 이용하여 콜로이드 및 용존성 물질 영향을 반영하는 여러 다른 지표들이 개발 중에 있다.

**나노여과 및 역삼투의 전처리.** 나노여과나 역삼투 장비를 효과적으로 운전하기 위해서는 매우 양질의 유입수가 필요하다. 역삼투장치의 막 구성성분들은 유입수에 있는 고형물이나 콜로이드 물질들에 의해 오염될 수 있다. 표 11-27에 나타낸 전처리 방법들은 단독으로 또는 조합되어 사용될 수 있다. 한 달에 한번 정도의 주기적인 막 구성 요소의 화학 세척 또한 막 플럭스 회복 및 유지에 필수적이다.

## ≫ 막 적용 및 성능

건강에 대한 관심이 고조되고 새롭고 저렴한 막이 개발되면서 환경공학에서 막 기술의 적용이 지난 5년 사이에 비약적으로 증가하고 있다. 막 사용은 앞으로도 계속 증가할 것으로 전망된다. 지난 10~15년 동안 난분해성 유기물질의 제거에 있어 11-4절과 11-5절에서 설명된 전통적인 여과 기술은 거의 도입되지 않고, 이를 막여과와 표면여과가 대체해 왔다. 폐수처리에 주로 적용되는 다양한 막 기술을 표 11-28에 나타내었다. 폐수에서 발견되는 특정 성분 제거에 사용되는 막 기술들을 표 11-29에 나타내었으며 각 막 기술들은 아래에서 자세히 논의된다.

**정밀여과.**  정밀여과 막은 시장에서 가장 흔하고 저렴하다. 생물학적 처리에 정밀여과를 도입하는 것은 폐수처리 시 가장 중요한 막 적용 방법 중 하나이다. 고도처리 시 미세여과는 탁도 제거, 부유물질 제거, 소독을 위한 미생물 제거, RO 전처리에 있어 심층여과를 대체하는 가장 흔한 방법이다(그림 11-41). 공극 범위, 운전 압력, 플럭스 등 일반적인 정밀여과 운전 자료를 표 11-30에 나타내었다. 일반적인 성능 및 변동량 자료는 각각 표 11-31과 표 11-32에 나타내었다. MF의 성능, 특히 막오염과 관련된 사항들이 적용처에 따라 상이할 수 있으므로 표 11-30에 나타낸 성능 자료를 사용함에 있어 주의가 필요하다.

**한외여과.**  한외여과 막은 정밀여과만큼 널리 사용된다. UF 막은 공극 크기에 따라 콜로이드, 단백질, 탄수화물 등 분자량이 큰 용존물질의 제거에 사용될 수 있으나, 당이나

## 표 11-28

**폐수처리에 적용되는 막 기술[a]**

| 적용 | 설명 |
|---|---|
| **정밀여과와 한외여과** | |
| 호기성 생물학적 처리 | 활성슬러지 공법에서 처리된 폐수와 활성슬러지를 분리하기 위해 막이 사용된다. 막분리 장치는 생물반응조 안에 침지된 내장형 또는 생물반응조 밖에 외장형이 있다(그림 8-2 참조). 이러한 공정을 막결합 생물반응조(membrane bioreactor, MBR) 공정이라 한다. |
| 혐기성 생물학적 처리 | 혐기성 완전혼합조에서 처리된 폐수와 활성 미생물들을 분리하기 위해 막이 사용된다. |
| 막 포기 생물학적 처리 | 막의 외부에 부착된 미생물들에게 순수한 산소를 전달하기 위해 판과 프레임, 관형, 중공사막이 이용된다. 이러한 공정은 막 포기 생물반응조 공정(membrane aeration bioreactor, MABR)이라고 한다. |
| 막 추출 생물학적 처리 | 다음의 생물학적 처리를 위해 분해 가능한 유기성 분자를 폐수내의 산, 염기, 염과 같은 무기 성분으로부터 분리하기 위해 막이 사용된다[그림 11-47(b) 참조]. 이러한 공정은 추출 막 생물반응조(extractive membrane bioreactor, EMBR) 공정이라고 한다. |
| 효과적인 소독을 위한 전처리 | 침전된 2차 침전지 유출수나 심층여과, 표면여과 유출수 내의 잔류 부유물질을 제거함으로써 재이용을 위해 염소소독이나 자외선 소독이 효과적으로 이루어지도록 하는 데 이용된다. |
| 나노여과와 역삼투의 전처리 | 추가 공정을 위한 전처리로서 잔류 부유물질이나 콜로이드 물질을 제거하는 데 정밀여과가 이용된다. |
| **나노여과** | |
| 유출수 재이용 | 지하수에 주입하는 것과 같이 간접적인 음용수로 재이용하기 위해 미리 여과된 유출수(주로 미세여과)를 처리하는 데 사용된다. 나노여과를 사용하는 경우에는 소독의 효과도 있다. |
| 폐수 연수화 | 경도를 유발하는 다가 이온(multivalent ion)의 농도를 감소시켜 특별한 용도로 재이용하는 데 이용된다. |
| **역삼투** | |
| 유출수 재이용 | 지하수에 주입하는 것과 같이 간접적인 음용수로 재이용하기 위해 앞 단계로 미리 여과된 유출수(주로 미세여과)를 처리하는 데 사용된다. 역삼투를 사용하는 경우에는 소독의 효과도 있다. |
| 유출수 처분 | 역삼투가 NDMA 같은 특정 화합물을 상당량 제거할 수 있음이 증명되었다. |
| 보일러 용수로의 사용을 위한 2단계(two stage) 처리 | 2단계 역삼투 공정이 고압의 보일러에 적합한 물을 생산하는 데 이용된다. |

[a] Adapted in part from Stephenson et al. (2000)

**표 11-29**

폐수 내 특정 성분 제거에 사용되는 막 기술

| 물질 | 막 기술 | | | | 비고 |
| --- | --- | --- | --- | --- | --- |
| | MF | UF | NF | RO | |
| 생분해 가능한 유기물 | | ✔ | ✔ | ✔ | |
| 경도 | | | ✔ | ✔ | |
| 중금속 | | | ✔ | ✔ | |
| 질산이온 | | | ✔ | ✔ | |
| 특정 유기오염물 (priority organic pollutants) | | ✔ | ✔ | ✔ | |
| 합성 유기물질 | | | ✔ | ✔ | |
| TDS | | | ✔ | ✔ | |
| TSS | ✔ | ✔ | | | TSS는 NF와 RO의 전처리 과정에서 제거됨 |
| 세균 | ✔[b] | ✔[b] | ✔ | ✔ | 막 소독에 사용됨. NF와 RO의 전처리 단계로 MF와 UF를 사용할 때 제거됨 |
| 원생동물 cysts과 oocysts 그리고 기생충 알 | ✔ | ✔ | ✔ | ✔ | |
| 바이러스 | | | ✔ | ✔ | 막 소독에 사용됨 |

[a] 비제거율(specific removal rate)은 폐수의 조성과 물질의 농도에 달려 있다.

[b] 막 공극 크기와 운전 조건에 따라 성능이 가변적임

**그림 11-41**

여과 스크린, 정밀여과, 카트리지 여과, 역삼투, UV 고도산화, 탈CO₂, 석회 안정화를 사용한 일반적인 폐수 재이용 공정 흐름 모식도 (Adapted from Orange County Water District, CA.)

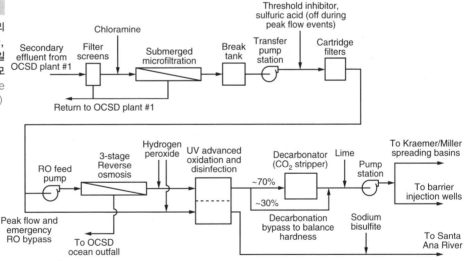

염은 제거할 수 없다. UF와 MF의 주요한 차이점은 바이러스 처리 가능 유무이다. UF는 일반적으로 고순도 공정 세척수를 생산하는 산업시설에서 사용된다.

**나노여과.** "느슨한(loose)" 역삼투, 저압 역삼투라고도 알려진 나노여과는 0.001 μm 크기의 입자까지 제거할 수 있다. 나노여과는 경도를 유발하는 다가 금속 이온($Ca^{2+}$, $Mg^{2+}$ 등)과 같은 폐수 내 특정 용존 성분을 제거하는 데 사용된다. 따라서 막 연수화에 선호된

**표 11–30**

**폐수처리와 담수화에 사용되는 막 기술의 일반적인 운전 특성[a]**

| 막 기술 | 회수율[b] % | 운전 압력[c] | | 플럭스율 | | 에너지 소모[c] | |
|---|---|---|---|---|---|---|---|
| | | lb/in² | kPa | gal/ft²·d | L/m²·h | kWh/10³ gal | kWh/m³ |
| **폐수(TDS 800~1200 mg/L)** | | | | | | | |
| MF(진공형) | 85~95 | -3~-14 | -28~-100 | 15~25 | 25~42 | 0.75~1.1 | 0.2~0.3 |
| MF(가압형) | 85~95 | 5~30 | 34~200 | 24~35 | 40~60 | 0.75~1.1 | 0.2~0.3 |
| UV | 85~95 | 10~35 | 68~350 | 24~35 | 40~60 | 0.75~1.1 | 0.2~0.3 |
| NF | 85~90 | 100~200 | 700~1400 | 8~12 | 14~20 | 1.5~1.9 | 0.4~0.5 |
| RO(에너지 회수 없음) | 80~85 | 125~230 | 800~1900 | 8~12 | 14~20 | 1.9~2.5 | 0.5~0.65 |
| RO(에너지 회수)[d] | 80~85 | 125~230 | 800~1900 | 8~12 | 14~20 | 1.7~2.3 | 0.46~0.6 |
| 전기투석 | 75~95 | | | 20~25 | 33~42 | 4.2~8.4 | 1.1~2.2 |
| **해수(TDS 35,000 mg/L)** | | | | | | | |
| UF(전처리) | 85~95 | 10~35 | 68~350 | 24~47 | 40~80 | 0.75~1.1 | 0.2~0.3 |
| RO(에너지 회수 없음)[e] | 30~55 | 700~1000 | 4800~6900 | 8~12 | 14~20 | 34~45 | 9~12 |
| RO(터빈/펌프 에너지 회수) | 30~55 | 700~1000 | 4800~6900 | 8~12 | 14~20 | 19~26 | 5~7 |
| RO(압력 교환 에너지 회수) | 30~55 | 700~1000 | 4800~6900 | 8~12[f] | 14~20 | 9.5~15 | 2.5~4 |

[a] Patel (2013), Voutchkov (2013), Wetterau (2013)

[b] 직교 방식[그림 11–33(a)]. 직접유입 방식[그림 11–33(c)]에서는 모든 물이 막 통과

[c] 운전 압력과 에너지 소모는 유입수의 수질과 온도에 따라 달라짐

[d] 전체 에너지 저감 효율은 에너지 회수 장치(ERD)와 공정 형태에 따라 6~12% 범위에서 변함

[e] 50% 회수 시, 최소 이론 에너지 요구량은 1.06 kWh/m³. 실제 최소 요구량은 1.56 kWh/m³ (Elimelech and Phillip, 2007)

[f] 개방형 유입 시 플럭스율은 12~17 L/m²·h (7~10 gal/ft²·d )

참고:

$kPa \times 0.1450 = lb/in^2$

$L/m^2 \cdot h \times 0.5890 = gal/ft^2 \cdot d$

$kWh/m^3 \times 3.785 = kWh/10^3\ gal$

$Bar = 100\ kPa$

**표 11-31**
**2차 처리 유출수의**
**정밀여과 및 한외여과**
**예상 성능**

| 성분 | 배제율 | 값 MF | 값 UF |
|------|--------|-------|-------|
| TOC | % | 45~65 | 50~75 |
| BOD | % | 75~90 | 80~90 |
| COD | % | 70~85 | 75~90 |
| TSS | % | 95~98 | 96~99.9 |
| TDS | % | 0~2 | 0~2 |
| $NH_3$-N | % | 5~15 | 5~15 |
| $NO_3$-N | % | 0~2 | 0~2 |
| $PO_4^-$ | % | 0~2 | 0~2 |
| $SO_4^{2-}$ | % | 0~1 | 0~1 |
| $Cl^-$ | % | 0~1 | 0~1 |
| 총대장균군 | log | 2~5 | 3~6 |
| 분원성 대장균군 | log | 2~5 | 3~6 |
| 원생동물 | log | 2~5 | > 6 |
| 바이러스 | log | 0~2 | 2~7[b] |

[a] 실 공정 보고치이며(8장 예제 8-4), 막에 따라 성능 차이가 큼

[b] 같은 물에 네 가지 다른 UF를 적용했을 때의 최소값과 평균은 각각 (2.5, 4.0, 5.3, 6.1)과 (3.8, 5.0, 6.5, 7.5) (Sakaji, R. H., 2006)

**표 11-32**
**폐수 재이용 막공정의 일반**
**적인 유출수질 변동량**

| 제거 공정 | 단위 | 유출값 범위[a] | 기하학적 표준 편차, $s_g^b$ 범위 | 기하학적 표준 편차, $s_g^b$ 일반값 |
|-----------|------|----------------|------|--------|
| MF | | | | |
| 탁도 | NTU | 0.1~0.4 | 1.1~1.4 | 1.3 |
| TSS | mg/L | 0~1 | 1.3~1.9 | 1.5 |
| UF | | | | |
| 탁도 | NTU | 0.1~0.4 | 1.1~1.4 | 1.3 |
| TSS | mg/L | 0~1 | 1.3~1.9 | 1.5 |
| NF | | | | |
| TDS | mg/L | 50~100 | 1.3~1.5 | 1.4 |
| TOC | mg/L | 1~5 | 1.2~1.4 | 1.5 |
| 탁도 | NTU | 0.01~0.1 | 1.5~2.0 | 1.75 |
| RO | | | | |
| TDS | mg/L | 25~50 | 1.3~1.8 | 1.6 |
| TOC | mg/L | 0.1~1 | 1.2~2.0 | 1.8 |
| 탁도 | NTU | 0.01~0.1 | 1.2~2.2 | 1.8 |
| 전기투석 | | | | |
| TDS | mg/L | na | 1.2~1.75 | 1.5 |

[a] 유출수질이 운전 조건과 요구수준에 따라 크게 달라지므로 일반값은 제시하지 않음

[b] $s_g = P_{84.1}/P_{50}$

[c] 측정된 유출값이 일반적으로 검출 한계에 가까우므로 측정 오차가 유출수질 변동에 영향을 줄 수 있음

표 11-33
나노여과와 "느슨한" 역삼
투를 이용한 폐수처리의
일반적인 배제율

| 성분 | 단위 | 배제율 | |
|---|---|---|---|
| | | 나노여과 | 느슨한 역삼투 |
| TDS | % | 40~60 | |
| TOC | % | 90~98 | |
| 색도 | % | 90~96 | |
| 경도 | % | 80~85 | |
| 염화 소듐 | % | 10~50 | 70~95 |
| 황산 소듐 | % | 80~95 | 80~95 |
| 염화 칼슘 | % | 10~50 | 80~95 |
| 황산 마그네슘 | % | 80~95 | 95~98 |
| 질산이온 | % | 80~85 | 85~90 |
| 불소이온 | % | 10~50 | |
| 비소(+5) | % | < 40 | |
| Atrazine | % | 85~90 | |
| 단백질 | log | 3~5 | 3~5 |
| 세균[b] | log | 3~6 | 3~6 |
| 원생동물[b] | log | > 6 | > 6 |
| 바이러스[b] | log | 3~5 | 3~5 |

[a] Adapted in part from www.gewater.com and Wong (2003)

[b] 이론적으로 모든 미생물이 제거되어야 하나 보고치는 다음과 같음(8장 예제 8-4 참조)

다. 석회 연수화에 대한 나노여과를 이용한 막여과의 장점은 유출수질이 높아 재이용에 대한 까다로운 기준을 충족시키기 유리하다는 점이다. 무기 성분, 유기 성분, 세균, 바이러스가 제거되므로 소독 필요성 또한 최소화된다. 표 11-30, 표 11-32, 표 11-33에 나노여과의 일반적인 운전 및 성능 자료를 나타내었다.

**역삼투.** 전 세계적으로, 역삼투는 주로 담수화에 적용된다(Voutchkov, 2013). 폐수처리 시에는 심층여과 또는 정밀여과 후단에서 폐수처리 유출수의 용존 성분을 제거하는 데 사용된다. 역삼투 막은 이온을 제거할 수 있지만, 높은 압력이 필요하다. RO를 이용한 식수 생산용 폐수 재이용 공정의 도식도를 그림 11-41에 나타내었다. 표 11-30에 일반적인 역삼투 공정 정보를 나타내었으며, 이에 해당하는 성능 및 변동량 자료를 각각 표 11-34와 표 11-32에 정리하였다. 역삼투 역시 성능, 특히 막오염과 관련된 사항들이 적용처에 따라 상이할 수 있으므로 표 11-34에 나타낸 성능 자료를 사용함에 있어 주의가 필요하다. NF와 RO 막의 주요 공정 설계 고려사항을 표 11-35에 나타내었다.

용존 성분 제거 정도에 따라 NF와 RO 공정의 유출수는 장치와 관로를 부식시킬 수 있다. 따라서 유출수 안정성을 조절하기 위한 약품 투입, 가스의 제거(그림 11-41 참조) 또는 주입, 소독을 위한 약품 투입 등 후처리가 수반되기도 한다. NF와 RO 공정 유출수 안정화에 사용되는 약품에 대해서는 6장에서 다룬 바 있다. 경우에 따라서는 유출수와의 혼합이 사용되기도 한다.

**표 11-34**

**일반적인 역삼투 성능**[a]

| 성분 | 단위 | 배제율 |
|------|------|--------|
| TDS | % | 90~98 |
| TOC | % | 90~98 |
| 색도 | % | 90~96 |
| 경도 | % | 90~98 |
| 염화 소듐 | % | 90~99 |
| 황산 소듐 | % | 90~99 |
| 염화 칼슘 | % | 90~99 |
| 황산 마그네슘 | % | 95~99 |
| 질산이온 | % | 84~96 |
| 불소이온 | % | 90~98 |
| 비소(+5) | % | 85~95 |
| Atrazine | % | 90~96 |
| 단백질 | log | 4~7 |
| 세균[b] | log | 4~7 |
| 원생동물[b] | log | > 7 |
| 바이러스[b] | log | 4~7 |

[a] Adapted in part from www.gewater.com and Wong (2003)

[b] 이론적으로 모든 미생물이 제거되어야 하나 보고치는 다음과 같음(8장 예제 8-4 참조)

**표 11-35**

**NF와 RO의 주요 설계 고려사항(Calenza, 2000)**[a]

| 설계 고려사항 | 토의 |
|---------------|------|
| 유입수 특성 | 막오염 유발 잠재력이 높은 성분을 판별하기 위해 유입수 수질, 특히 SS를 완벽하게 파악해야 함 |
| 전처리 | 막 수명 연장을 위해 유량 균등, pH 조절, 화학 처리, SS 제거 등의 전처리가 필요할 수 있음 |
| 플럭스율 | 플럭스율은 막 표면적, 분극 조절, 막 수명을 통해 시스템 비용에 영향을 줌 |
| 회수율 | 회수율은 배제율, 막 성능, 농축수량에 영향을 줌 |
| 막오염 | 산, antiscalants, 살균제 등이 막오염 제어에 사용되며 운전인자는 파일럿 시험에 의해 평가 |
| 막 세척 | 세척 절차와 주기를 확립해야 함 |
| 막 수명 | 막 기술의 성공적 적용 여부를 판별하는 결정적인 비용 요소 |
| 운전 및 관리 비용 | 고압 시스템은 에너지 비용, 고압 펌프의 설치 비용, 관리 비용이 고가이며 장비도 쉽게 마모된다. 에너지 비용은 막 교체 비용 다음으로 큰 막공정의 경제적 단점이다. |
| 재순환 유량 | 유출수 일부의 재순환은 막 속도, 유입수 농도, 유입 유량 제어를 위해 필수적임 |
| 농축수 처분 | 전처리나 막 세정에 약품이 사용되고 농축수가 대량으로 발생할 경우 농축수 특성은 특히 중요한 고려사항이 됨 |

[a] Adapted in part from Celenza (2000)

**막 에너지 소비.** 폐수처리 및 해수 담수화에 사용되는 다양한 막 시스템의 회수율과 에너지 요구량은 표 11-30과 같다. 에너지 요구량에 대한 수질의 영향은 TDS 1,000 mg/L인 폐수에서의 0.6 kWh/m³과 TDS 35,000 mg/L인 폐수에서의 10.5 kWh/m³를 비교하면 잘 알 수 있다. 따라서 해수 담수화에서는 에너지 회수의 중요성이 명백하다.

모든 막공정에 있어 표 11-30에 나타낸 운전 압력은 10년 전의 값들에 비해 상당히 낮다. 새로운 막과 운전 기법이 발전함에 따라 운전 압력은 10년 전과 비교하여 지속적으로 낮아질 것으로 예상된다. 현재로서는 폐수처리에 막 도입여부를 검토할 때는 폐수 특성을 주의 깊게 검토해야 한다.

**나노여과와 역삼투에서의 에너지 회수.** NF와 RO(특히 해수 담수화)에서는 고압 농축수를 배출하기 때문에 농축수를 감압하면서 손실되는 에너지를 회수하는 다양한 방법이 개발 중이다. 에너지 회수 장치(energy recovery devices, ERDs)는 농축수로부터 에너지를 회수하여 유입수로 전달하도록 설계되어 있다(그림 11-42). 일반적인 장비는 다음과 같은 원리로 운전된다.

- 역회전 펌프(reverse running pumps)
- 펠톤수차터빈(Pelton wheel turbines)
- 수리학적 터보과급기(hydraulic turbocharger)
- 정압 에너지 회수 피스톤 방식(isobaric energy recovery piston type)
- 정압 에너지 회수 로터리 방식(isobaric energy recovery rotary type)
- 압력 증폭 펌프(pressure amplifying pump)

**펌프, 터빈, 수리학적 터보과급기.** NF와 RO 장치의 에너지 회수를 위해 사용되는 수리학적 기계장치에는 역회전 펌프(Francis 터빈 등), 펠톤수차터빈, 수리학적 터보과급기 등이 있다. 그림 11-42(a)에 나타낸 바와 같이 펠톤수차터빈축은 유입수를 가압하는 펌프를 구동하는 전동기와 연동되어 있다. 수리학적 터보과급기는 펠톤터빈과 유사하지만, 펌프 날개(impeller)가 터빈과 같은 축에 물려 있으며 전동기가 없다.

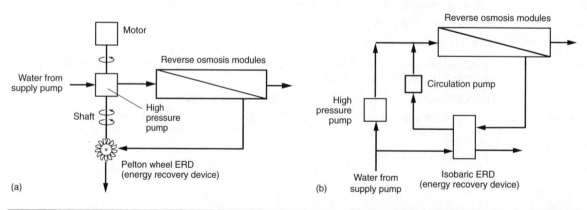

**그림 11-42**

**RO와 결합된 에너지 회수 장치.** (a) 펠톤수차, (b) 정압 피스톤 유형

**정압 장치.** 정압 에너지 회수 장치(흐름 일 교환기, flow work exchangers)는 그림 11-42(b)와 같이 정변위(positive displacement)와 정압 공간(isobaric chamber)의 원리를 이용하여 고압 흐름(NF와 RO에서의 농축수)에서 저압 유입수로 에너지를 전달하는 장치이다(Stover, 2007). 이중 일 교환 에너지 회수(DWEER)는 두 개의 정압 공간과 교호 피스톤(alternating piston)으로 구성되어 있는 반면, PX®은 원심 에너지 회수 장치와 정압 정변위 장치로 구성되어 있고 피스톤이 없다. 정압 에너지 회수 장치는 운전이 쉽고 유연성이 높아 담수화 장치에 세계적으로 광범위하게 사용되고 있으며 원심분리 유형 에너지 회수 장치를 대체하고 있다.

**에너지 회수 장치 성능.** RO에 의한 폐수처리시 유입압력이 상대적으로 낮아 에너지 회수 효율 역시 그만큼 낮다. 펠톤수차와 정압 장치의 일반적인 에너지 회수 효율은 각각 25~45%와 45~65%이며, 전체 공정 에너지 감소량은 장치와 공정 형태에 따라 다르나 대체로 6~12% 이내이다. 반면, 해수 담수화에서의 에너지 회수 장치의 효율은 95%까지 높아질 수 있고(Voutchkov, 2013), 전체 공정 에너지 감소량은 30~75% 수준이다. 상대적으로 작은 규모에서는 Clark® 펌프가 사용되는데, 여기서는 두 개의 마주보는 실린더와 피스톤으로 구성된 증폭 펌프가 소형 유입 펌프와 연결되어 유입수를 가압한다.

## ≫ 정삼투: 새로운 막 기술

지금까지 본 절에서 다룬 막공정은 삼투압 이상의 구동력을 삼투 현상과 반대되는 방향으로 적용하여 정화된 물을 만들었다. 물 정화에 있어 일반적으로 사용되지는 않지만 삼투압을 이용하는 대체 공정들이 개발 중이다. 삼투압을 이용하는 공정을 정삼투(forward osmosis, FO) 또는 직접삼투(direct osmosis, DO)라고 한다[그림 11-43(a)]. FO 공정[그림 11-43(b)]에서는 유입수가 막으로 투과되어 유도용액(draw solution, 또는 osmotic agent, driving agent)의 농도를 희석한다.

유도용액의 삼투압은 유입수보다 높아야 한다. 또한 유도용액은 유입수에 의해 희석된 후 다시 용이하게 농축될 수 있어야 된다. RO를 이용한 농축 시 스케일링과 관련된 문제가 없다는 점에서 흔히 염화 소듐이 유도용액에 사용된다. 다가 이온으로 구성된 유

---

**그림 11-43**

**정삼투 적용.** (a) 정삼투 개념도 (용액 간 압력구배가 삼투압보다 작음), (b) 정삼투 흐름도. 참조: 유도용액이 유입수보다 농도가 높음

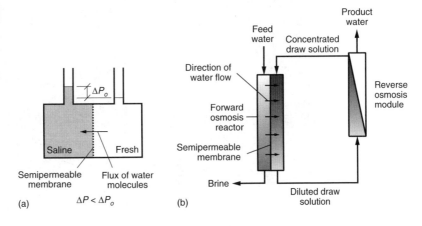

도용액은 높은 배제율이 요구될 때 사용된다. 사전 시험 결과에 의하면, FO의 장점으로는 낮은 압력 요구량, 다양한 성분에 대한 높은 배제율 등이 있다. 막오염이 역시 보다 낮아질 수 있는 가능성이 있으나 최적화 조건 도출에는 더 많은 연구가 필요한 상황이다.

하폐수처리에 있어 FO의 잠재적인 수요처는 저농도 산업폐수 농축, RO 농축수 농축, 소화조 유출수 농축, 슬러지 탈수 반류수 농축 등이다. RO 농축수의 부피가 FO를 통해 감소되면 후단의 증발, 결정화 기술의 타당성이 증대한다. FO에 대한 보다 자세한 사항은 Cath et al. (2006)을 참조하기 바란다.

## ≫ 막 적용을 위한 파일럿 플랜트 연구

모든 폐수들의 화학적 특성이 각기 다르므로 주어진 막공정이 어떠한 성능을 나타낼지를 미리 예측하기는 어렵다. 그 결과, 주어진 용도에 가장 적합한 막의 선정은 주로 파일럿 연구 결과에 기초한다. 막오염 지표(표 11-26)가 전처리의 필요성을 평가하는 데 사용될 수 있다. 어떤 경우에는 막 제조업자가 특정한 물이나 폐수에 가장 적합한 막을 결정하는 데 필요한 시험을 대행해 주기도 한다. NF와 RO 처리공정 성능을 평가하는 일반적인 파일럿 규모 설비를 그림 11-44에 도시하였다.

파일럿 플랜트를 구성하는 요소들은 (1) 전처리 시스템, (2) 유량조정과 세척을 위한 탱크 설비, (3) 가압, 순환, 역세척을 위해 적절한 조절장치를 갖춘 펌프, (4) 막 시험 모듈, (5) 시험 모듈 성능 관찰 시설, (6) 적합한 막 역세척 시스템 등이 있다. 일반적인 막 운전 인자와 수질 관리 척도를 표 11-36에 정리하였다. 평가에 이용될 추가적인 특정인자들은 막 유출수의 최종 사용 목적에 따라 좌우된다.

## ≫ 농축수 관리

농축수의 처분은 막공정을 적용할 때 고려되어야 할 중요한 문제이다. 농축수 처리 및 처분에 적용될 수 있는 방법들을 표 11-37에 정리하였다. 작은 설비의 경우에는 소량의 농축수를 다른 폐수와 함께 혼합할 수도 있지만 이 방법은 큰 설비의 경우에는 적절하지 않다. NF와 RO 설비로부터 배출되는 농축수는 경도, 중금속, 고분자 유기물질, 미생물, 그

---

**그림 11-44**

**막 파일럿 플랜트 시험 장치 사진.** (a) 한외여과, (b) 역삼투. 참조: 막모듈은 실제 크기를 사용

(a)　　　　　　　　　　　　　　　(b)

**표 11-36**

**파일럿 시험 막 설비의 일반적인 막 운전 인자와 수질 관리 척도[a]**

| 막 운전 인자 |
| --- |
| 화학약품 주입 등의 전처리 조건 |
| 운전시간과 연관된 막투과 플럭스 |
| 막투과 압력 |
| 회수율 |
| 세척수 요구량 |
| 순환비 |
| 프로토콜과 화학약품 요구량을 포함한 세척 빈도 |
| 후처리 필요조건 |

| 일반적인 수질 측정 항목 | |
| --- | --- |
| 탁도 | HPC |
| 입자 수 | 다른 세균 인자 |
| TOC | 회수율 제한 성분(실리카, 바륨, 칼슘, 불소, 스트론튬, 황산이온) |
| 영양염류 | |
| 중금속 | |
| 유기성 특정 오염물 | 생물독성 |
| TDS | 막오염인자 |
| pH | |
| 온도 | |

[a] Tchobanoglous et al. (2003)

**표 11-37**

**막공정 농축수의 처리 및 처분 방법**

| 처리 및 처분 방법 | 설명 |
| --- | --- |
| **처리 방법** | |
| 다단 막 배열 농축 | 수분 제거 |
| 강하 박막 증발 | 중력 침강 및 수분 제거 |
| 결정화 | 결정화가 일어나는 농도까지 수분 제거 |
| 정삼투 | 수분 제거 |
| 막 증류 | 수분 제거 |
| 태양 증발 | 중력 침강 및 수분 제거 |
| 분사 건조 | 수분 제거 |
| 증기 압축 증발 | 수분 제거 |
| **처분 방법** | |
| 심정 주입 | 지하의 대수층(subsurface aquifer)이 염수이거나 가정용수로 부적합한 경우에 이용됨 |
| 폐수 수집 시스템으로 주입 | 이 방법은 TDS의 농도가 낮은(20 mg/L 미만) 소량의 배출인 경우에만 적합함 |
| 증발 못 | 미국의 경우 일부 남서부 지역을 제외하고는 대부분 넓은 지표면적이 소요됨 |
| 토지 적용 | 다소 저농도의 염수 용액에 이용 |
| 해양 배출 | 미국의 해안지역에 위치한 시설들에서 선택되는 방법임. 주로 일부 배출업자들에 의해 심해로의 염수(brine) 라인이 사용됨. 플로리다에서는 발전소 냉각수와의 합류식 배출이 이루어짐. 내륙에서는 트럭, 기차, 또는 파이프에 의해 이송됨 |
| 지표수 배출 | 염수 농축수를 처분하는 가장 일반적인 방법은 지표수에 배출하는 것임 |

리고 종종 황화수소 가스를 포함한다. 알칼리도 때문에 pH가 주로 높고 따라서 처분지에서 중금속이 침전될 가능성이 있다. 이 결과 미국과 다른 많은 나라들의 경우, 큰 규모의 탈염 설비들은 해안지역에 위치하는 경우가 많다. 내륙에 위치하는 경우에는 해안지역으로의 긴 수송관도 고려된다. 제어 가능한 증발법도 기술적으로는 가능하나, 고가의 운전 및 유지비로 인해 이 방법은 대안이 없는 곳이나 생산수 비용이 고가인 곳에서 사용된다. 나노여과, 역삼투, 전기투석에서 생기는 농축수의 양과 수질은 예제 11-8에서 설명한 것과 같이 회수율 및 배제율로부터 계산하여 추정할 수 있다.

---

**예제 11-8**

**역삼투 설비에서의 농축수 유량 및 수질 추정** 산업용 냉각 목적으로 사용될 4000 m³/일의 물을 생산하는 역삼투 설비로부터의 농축수 유량 및 수질을 추정하고, 역삼투 설비에 공급해야 할 총 유입수량을 추정하시오. 회수율과 배제율은 모두 90%이고, 유입수 TDS 농도는 400 g/m³이라고 가정하시오.

**풀이**

1. 농축수 유량 및 유입유량을 계산한다.

   a. 식 (11-36)과 (11-40)을 결합하여 다음과 같은 농축수 유량에 대한 식을 세운다.

   $$Q_r = \frac{Q_p(1 - r)}{r}$$

   b. 농축수 유량을 계산한다.

   $$Q_r = \frac{(4000 \text{ m}^3/\text{d})(1 - 0.9)}{0.9} = 444 \text{ m}^3/\text{d}$$

   c. 4000 m³/일의 유출수를 생산하는 데 필요한 물의 양을 구한다. 식 (11-43)을 이용하면, 필요한 유량은

   $$Q_f = Q_p + Q_r = 4000 \text{ m}^3/\text{d} + 444 \text{ m}^3/\text{d} = 4444 \text{ m}^3/\text{d}$$

2. 투과수의 농도를 구한다. 투과수의 농도는 식 (11-41)을 이용하여 구한다.

   $$C_p = C_f(1 - R) = 400 \text{ g/m}^3(1 - 0.9) = 40 \text{ g/m}^3$$

3. 농축수의 농도를 구한다. 식 (11-44)를 풀어서 필요한 값을 구한다.

   $$C_r = \frac{Q_f C_f - Q_p C_p}{Q_r}$$

   $$C_r = \frac{(4444 \text{ m}^3/\text{d})(400 \text{ g/m}^3) C_f - (4000 \text{ m}^3/\text{d})(40 \text{ g/m}^3)}{(444 \text{ m}^3/\text{d})}$$

   $$C_r = 3643 \text{ g/m}^3$$

**조언** 처리해야 할 농축수의 용량을 줄이기 위해 현재 많은 농축방법들이 연구 중이다.

## 11-8　　　전기투석

전기투석(electrodialysis, ED)은 무기 염류를 비롯한 이온 성분들이 직류 기전력을 구동력으로 하여 이온선택성 막을 통해 한 용액에서 다른 용액으로 이동하는 전기화학적 분리 공정이다. 중성 물질을 제거하지 못한다는 점이 NF 및 RO와의 차이이다. 막을 통해 이동한 염류는 농축수에 축적된다. 총 용존고형물 농도 제어에 적용되는 전기투석의 일반적인 흐름도를 그림 11-45에 나타내었다.

### ≫ 전기투석 개요

전기투석의 핵심은 이온교환 수지가 판 형태에 주조된 이온선택성 막이다. 소디움, 포타슘과 같은 양이온의 투과를 허용하는 이온선택성 막을 양이온 막, 염화이온, 인산이온 등 음이온의 투과를 허용하는 이온선택성 막을 음이온 막이라고 한다. 전기투석을 통해 용액의 이온을 제거하기 위해서는 양 단에 양극(산화전극)과 음극(환원전극)을 연결한 적층 구조(stacked configuration)의 플라스틱 스페이서(spacer) 사이에 양이온 막과 음이온 막이 번갈아가면서 배열되어야 한다(그림 11-46). 직류 전압에 의해 발생한 기전력이 이온을 이동시키는 구동력이 되고 막은 반대 전하를 띤 이온에 대해 장벽으로 작용한다. 그러므로 산화전극 쪽으로 이동하고자 하는 음이온은 인접한 음이온 막은 통과하지만 바로 옆에 있는 양이온 막에서 멈추게 되고, 환원전극 쪽 양이온은 반대로 인접한 양이온 막은 통과하지만 음이온 막에 멈추게 된다. 따라서 막들에 의해 묽은 칸과 농축 칸으로 분리된다(www.gewater.com).

전기투석 막 더미는 양극과 음극 사이에 여러 개의 전지 쌍으로 구성되어 있다. 하나의 **전지 쌍**(*cell pair*)은 묽은 칸, 음이온 막, 농축 칸, 양이온 막으로 구성된다. 전기분해 더미는 최대 600개의 전지 쌍으로 구성된다. 전기투석 더미로 유입되는 플럭스는 일반적으로 35~45 L/m²·h이다. 용존고형물 제거율은 (1) 하수 온도, (2) 전류량, (3) 이온의 유형과 양, (4) 막 투과도 및 선택성, (5) 유입수의 막오염 및 스케일링 가능성, (6) 유입유량, (7) 단계의 개수와 형태에 따라 다르다.

**그림 11-45**

2차 유출수 내 TDS 제거에 적용되는 전기투석의 일반적인 흐름도

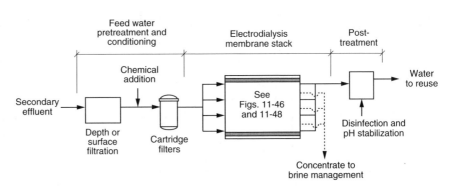

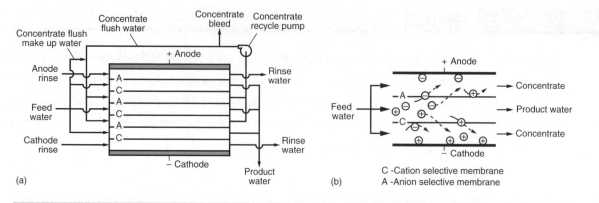

**그림 11-46**

**전통적인 전기투석 도식도.** (a) 양극 음극 세척을 포함한 전기투석 막 더미(membrane stack), (b) 막 더미 내 이온 이동. 전통적인 전기투석은 대부분 EDR(그림 11-47)로 대체되고 있음

### 》》 역전전기투석

역전전기투석(electrodialysis reversal, EDR) 공정은 1970년대 초에 도입되었다. EDR 장비는 유출수와 농축수 수로가 동일하다는 점만 제외하면 전기투석과 동일한 방법으로 운전된다(그림 11-47). EDR에서는 주기적으로 직류 극성을 전환함을 통해 연속적인 자동 세척이 진행되어 회수율을 높일 수 있다. 극성 전환이 농축수와 희석수를 서로 바꾸어 깨끗한 유출수가 농축수로 채워진 수로를 흐르게 됨에 따라 스케일과 점액(slime)을 포함한 오염 인자들이 축적되기 전에 제거된다. 전환 직후의 유출수는 수집되지 않는다.

EDR 시스템은 TDS 10,000~12,000 mg/L의 유입수도 처리할 수 있지만, 에너지 요구량 측면에서는 800~5000 mg/L의 염수 처리에 가장 적합하다. 대략 1 kg의 염을 제거하기 위해 1~1.2 kWh/m³의 전력이 필요하며(표 11-38), 일반적인 제거효율

**그림 11-47**

**EDR 공정 개념도.** (a) 음 극성(negative polarity), (b) 양 극성(positive polarity). 극성이 전환되므로 그림 11-46의 세척 불필요

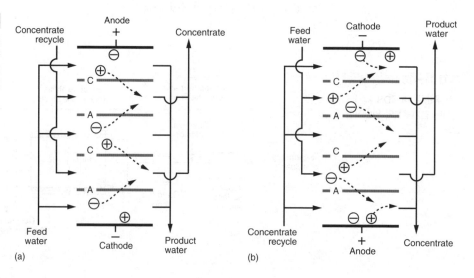

**표 11-38**

**전기투석 단위 공정의 일반적인 운전 인자**

| 운전 인자 | 단위 | 범위 |
|---|---|---|
| 플럭스 | m³/m²·d | 0.8~1.0 |
| 회수율 | % | 75~90 |
| 농축수 유량 | % of feed | 12~20 |
| TDS 제거율 | % | 50~94 |
| CD/N (전류 밀도 대 노르말 농도) | (mA/cm²)/(g-eq/L) | 500~800 |
| 막 저항, Ω | ohms | 4~8 |
| 전류 효율 | % | 85~95 |
| 에너지 소모[a] | kWh/m³ | 1.5~2.6 |
| 염제거에 필요한 대략적인 에너지 소모 | kWh/m³·kg | 1~1.2 |

[a] TDS 1000~2500 mg/L의 하수 재이용 시 적용. TDS 10,000 mg/L 이상에는 적용 불가

은 50~94%이다(www.gewater.com). 캘리포니아 샌디에이고 North City 재이용수 시설 내 농축수(sidestream)의 TDS 제거용 EDR 장치와 막 더미를 그림 11-48에 나타내었다. TDS 농도가 낮아진 EDR 유출수는 재이용수 생산 주공정 유입수와 합쳐져 TDS 1200~1300 mg/L로 공정으로 유입되며, 이와 유사하거나 재이용수 사용자와 계약한 1000 mg/L 이하인 TDS 농도의 유출수를 배출한다.

## 》》 전력 소모

본 절에서는 ED와 EDR 공정에서 이온 이동과 펌프(물 이송)에 사용되는 전력에 대하여 다룬다.

**이온 이동 전력 요구량.** 전기투석에 소요되는 전류는 패러데이 법칙(Faraday's law)으로 추정할 수 있다. 물질 1그램 당량이 한 전극에서 다른 전극으로 이동하는데 1패러데이의 전기가 소모되므로, 단위 시간당 제거되는 그램 당량수는 다음과 같이 주어진다.

$$\text{Gram-eq/unit time} = Q_p(N_{inf} - N_{eff}) = Q_p\Delta N = Q_p N_{inf} E_r \tag{11-48}$$

**그림 11-48**

캘리포니아 샌디에이고 North City 재이용수 시설 내 EDR 공정. (a) 실제 크기 EDR 시설, (b)덮개를 제거한 전기투석막

(a)                    (b)

$$여기서 \ gram/eq = \frac{Mass \ of \ solute, \ g}{Equivalent \ weight \ of \ solute, \ g}$$

$Q_p$ = 유출수 유량, L/s

$N_{inf}$ = 유입수 노르말 농도, g-eq/L

$N_{eff}$ = 유출수 노르말 농도, g-eq/L

$\Delta N$ = 유입수와 유출수 노르말 농도 차, g-eq/L

$E_r$ = 염 제거 효율, %

막 더미의 전류는 다음과 같다.

$$i = \frac{FQ_p(N_{inf} - N_{eff})}{nE_c} = \frac{FQ_pN_{inf}E_r}{nE_c} \tag{11-49}$$

여기서,  $i$ = 전류, A, ampere

$F$ = 페러데이 상수, 96,485 A·s/g-eq

$n$ = 막 더미안의 cell 개수

$E_c$ = 전류 효율, %

전기투석 공정 해석에서 막의 전류 용량은 유입 용액의 전류 밀도(current desity, CD) 및 노르말 농도(N)와 관련있다. 전류 밀도는 전류방향에 수직인 막 1 cm²를 통과하는 전류(mA)로 정의된다. 노르말 농도는 용액 1 L당 용질의 그램 당량 농도이다. 전류 밀도와 용액 노르말 농도 간의 관계를 **전류밀도 대 노르말 농도(CD/N)** 비로 나타낸다.

높은 **CD/N** 비는 전류를 운반할 전하가 부족하다는 것을 뜻한다. 비가 높을 경우, 이온이 막 표면에서 국부적으로 부족하게 되어 **분극**(*polarization*)이라 불리는 조건이 일어나게 된다. 분극이 발생하면 전기저항이 커져 과도하게 전력이 소비되므로, 분극을 피해야 한다. 실제 전기투석에서의 **CD/N** 비는 500~800 (mA/cm²)/(g-eq/L) 범위에서 변화한다. 특정 유입수에 대한 전기투석 단위 공정의 저항은 실험에 의해 측정되어야 한다. 저항 $R$과 전류 $i$가 결정되면 옴의 법칙(Ohm's law)에 의해 전력 요구량을 계산할 수 있으며 한 예를 예제 11−9에 서술하였다.

$$P = E \times i = R(i)^2 \tag{11-50}$$

여기서,  $P$ = 전력량, W

$E$ = 전압, V

   $= R \times i$

$R$ = 저항, Ω

$i$ = 전류, A

**예제 11−9**

**전기투석 막면적 및 전력 요구량 산정** 4,000 m³/d의 처리수를 탈염시켜 산업용 냉각수로 이용하는 데 필요한 면적 및 전력량을 구하시오. 다음 자료를 가정하시오.

1. 더미 내 전지 쌍 개수 = 500
2. TDS 농도 = 2500 mg/L (~0.05 g-eq/L)
3. TDS 제거 효율, $E_r$ = 50%
4. 유출유량 = 유입유량의 90%
5. 전류 효율, Ec = 90%
6. CD/N 비 = (500 mA/cm²)/(g-eq/L)
7. 저항 = 5.0

**풀이**

1. 식 (11−49)를 이용하여 전류를 구한다.

$$i = \frac{FQ_pN_{inf}E_r}{nE_c}$$

$$Q_p = (4000 \text{ m}^3/\text{d})(10^3 \text{ L/1 m}^3)/(86,400 \text{ s/d}) = 46.3 \text{ L/s}$$

$$i = \frac{(96,485 \text{ A·s/g-eq})(46.3 \text{ L/s})(0.05 \text{ g-eq/L})(0.5)}{(500)(0.90)}$$

$$i = 248 \text{ A}$$

2. 식 (11−50)을 이용하여 소요 전력량을 구한다.

$$P = R(i)^2$$
$$P = (5.0 \ \Omega)(248 \text{ A})^2 = 307,520 \text{ W} = 308 \text{ kW}$$

3. 처리량 대비 전력 요구량을 구한다.

$$\text{전력 요구량} = \frac{(308 \text{ kW}) (24 \text{ h/d})}{(4000 \text{ m}^3/\text{d})(0.9)} = 2.05 \text{ kWh/m}^3$$

4. 소요 표면적을 구한다.

$$A = \frac{i, \text{ current}}{CD, \text{ current density}}$$

a. 전류밀도를 구한다.

$$CD = [(500 \text{ mA/cm}^2)/(\text{g-eq/L})](0.05 \text{ g-eq/L}) = 25 \text{ mA/cm}^2$$

b. 소요 면적은

$$\text{면적} = \frac{i}{CD} = \frac{(248 \text{ A})(1000 \text{ mA/A})}{(25 \text{ mA/cm}^2)} = 9920 \text{ cm}^2 = 0.99 \text{ m}^2$$

 실제 성능은 파일럿 조사에 의해 구해야 할 것이다. 계산된 처리량 대비 전력 요구량은 TDS 1000~2500 mg/L 유입수의 일반적인 값(표 11−38, 1.1~2.6 kWh/m³) 범위 안에 있다.

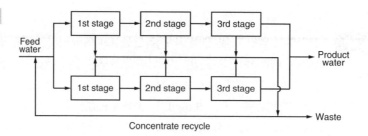

**그림 11−49**

삼단 이열 전기투석 공정의 흐름도

**펌프 전력 요구량.** 펌프 전력 요구량은 농축수 재순환율, 유출수 및 농축수 유량, 펌프 효율에 의해 결정된다(USBR, 2003).

## ≫ 운전 고려사항

전기투석은 연속으로도 회분식으로도 운전될 수 있고, 또한 단위 공정들이 병렬로도 또 직렬로도 연결될 수 있다. 일반적인 삼단 이열 전기투석 공정의 흐름도를 그림 11−49에 도시하였다. 전기투석 공정 전단에는 10 μm 카트리지 여과가 설치되어야 한다[표 11−21(g), 그림 11−45].

단일 전기투석 더미의 TDS 제거효율은 유입수 성상에 따라 다르지만 대체로 25~60%이다. 이 이상의 제거 효율은 둘 이상의 더미를 직렬 연결함으로써 획득될 수 있다(USBR, 2003). 막을 연속적으로 세척하기 위해 일반적으로 유입유량의 10% 수준의 보충수(makeup water)가 필요하다. 각각의 막의 양쪽 면에 유량과 압력을 일정하게 유지하여 시스템 성능을 향상시키기 위해 농축수의 일부가 재순환된다. 전기투석 공정의 일반적인 운전 인자를 표 11−38에 나타내었다.

**운전상의 문제점.** 하수처리에 전기투석 공정을 적용할 때 발생할 수 있는 문제점은 막 표면에서의 무기물 화학침전과 하수처리장 유출수 내의 잔류 콜로이드성 유기물에 의한 막 막힘 등이 있다. 막오염을 줄이기 위해 여과 전처리가 필요할 수 있다. 적절히 설계된 공정에서는 막 세정이 거의 필요 없다. 그러나 ED와 EDR 시스템에는 무기물 스케일 제거를 위한 염산 용액이나 유기물 제거를 위한 pH 조절된 NaCl 용액을 순환시키는 제자리 세정(cleaning-in-place) 시스템이 일반적으로 설치되어 있다(USBR, 2003).

**막과 전극 수명.** ED와 EDR에 적용되는 막의 수명은 약 10년이다. 제자리 세정이 효과적이고 적시에 수행될 경우 막 수명, 유출수 수질, 에너지 효율이 함께 상승한다. 양이온 막은 염소를 비롯한 강력한 산화제에 보다 노출될 확률이 높은 음이온 막에 비해 상대적으로 수명이 길다(USBR, 2003). 전극의 수명은 일반적으로 2~3년이되, 재생 가능하며 양극(anode)의 수명이 음극(cathode)에 비해 짧다(USBR, 2003).

## ≫ 전기투석과 역삼투 비교

재이용수의 TDS를 750 ± 50 mg/L에서 500 mg/L 이하로 감소시키기 위해 MF-RO 공정과 카트리지 여과-EDR 공정을 6개월 동안 비교 평가한 최근 연구 결과가 발표되었다(Adham et al., 2004). 이에 따르면 EDR이 MF/RO에 비해 비용 측면에서 효과적이었다.

**표 11-39**

**탈염 시 전기투석과 역삼투 공정의 장점과 단점 비교 (Adham 등, 2004)[a]**

| 장점 | 단점 |
|---|---|
| **전기투석(EDR)** | |
| • 전처리 필요성 낮음(전처리 시 카트리지 여과 권장) | • 단일 막 더미의 염 배제율은 50%에 불과함 |
| • 저압 운전 | • 소요 면적이 더 큼 |
| • 고압 펌프가 없어 조용함 | • 전기 안전이 요구됨 |
| • Antiscalant 필요 없음 | • 미국에서 하수 탈염에 적용된 사례 부족 |
| • 역전 공정에서 막오염 물질이 연속적으로 제거되므로 막 기대 수명이 김 | • 미생물 및 다수의 인공 유기 오염물 제거 효율 낮음 |
| • 역전 공정에서 RO에 비해 관리 필요성 낮음 | |
| **역삼투(RO)** | |
| • 미생물 및 다수의 인공 유기 오염물 제거 효율 높음 | • 염 배제율을 높이기 위해 고압 필요 |
| • 하수 탈염에 적용된 사례 풍부 | • 스케일링과 막오염을 최소화하기 위해 전처리 필요 |
| • TDS 90% 제거 가능 | • MF와 RO 막오염 제어를 위한 약품 주입 필요 |
| | • 성능 유지를 위해 주기적인 관리 필요 |
| • 재순환 시 공정 크기 감소 가능 | |
| • 유출 수질 조절 가능 | |

[a] Adapted from Adham et al. (2004)

각 공정의 장점과 단점을 표 11-39에 요약하였다.

## 11-9 흡착

하수처리에서 흡착은 수중의 물질을 고체 표면에 축적시켜 제거하는 데 사용된다. 흡착은 액체상의 성분들이 고체로 이동하는 물질전달 작용이다(표 11-2). 흡착질(*adsorbate*)은 액체상으로부터 계면으로 제거되는 물질이다. 흡착제(*adsorbent*)는 흡착질이 축적되는 고체, 액체, 기체상이다. 부상공정(5-8절)에서는 흡착이 기체-액체 경계면에서 일어나지만, 본 절에서는 고체-액체 경계면에서의 흡착 경우만을 다룬다. 흡착공정에서 주로 사용되는 흡착제는 활성탄이다. 본 절에서는 흡착의 기본 개념과 흡착공정 설계 요소 및 한계점에 대해 다룬다.

### 》 흡착 적용

하수의 활성탄 처리는 일반적인 생물학적 처리를 거친 물을 더 깨끗이 하는 공정으로 간주된다. 흡착은 난분해성 유기 성분, 질소, 황화물, 중금속 등 무기 성분, 악취 물질 등을 제거하기 위해 사용된다. 최적 조건에서 흡착은 유출수 COD를 10 mg/L 이하로 줄이는 데 사용될 수 있다. 유출수 재이용 시에는 유기물의 연속 제거와 다른 단위 공정에서의 파과에 대한 방지책으로 사용된다. 몇 가지 경우에는 소독 중 유해물질을 생성할 위험성

| 표 11-40 | 쉽게 흡착되는 유기물 | 잘 흡착되지 않는 유기물 |
|---|---|---|
| 활성탄에 잘 흡착되는 대표적인 물질과 그렇지 않은 물질 | 방향속 용매 | 낮은 분자량의 케톤, 산, 알데히드 |
| | 　벤젠 | |
| | 　톨루엔 | 당과 전분 |
| | 　니트로벤젠 | 아주 높은 분자량 또는 콜로이드성 유기물 |
| | 염소화 방향족 화합물 | |
| | 　PCBs | 낮은 분자량의 지방성 화합물 |
| | 　클로로페놀 | |
| | 다핵성의 방향족 화합물 | |
| | 　Acenaphthene | |
| | 　벤조피렌 | |
| | 살충제 및 제초제 | |
| | 　DDT | |
| | 　알드린 | |
| | 　클로르덴 | |
| | 　아트라진 | |
| | 염소화 비방향족 화합물 | |
| | 　Carbon tetrachloride | |
| | 　클로로알킬 에테르 | |
| | 　트리클로로에텐 | |
| | 　브로모포름 | |
| | 높은 분자량의 탄화수소류 | |
| | 　염료 | |
| | 　휘발유 | |
| | 　아민 | |
| | 　휴믹 | |

[a] From Froelich (1978)

이 있는 전구물질을 제거하는 데 활용된다.

　　활성탄에 잘 흡착되는 대표적인 물질들과 그렇지 않은 물질들을 표 11-40에 정리하였다. 표에서 볼 수 있듯이 활성탄은 저분자량 극성 유기물질과 친화도가 낮다. 이는 생물학적 공정의 활성이 낮아 저분자량 극성 유기물이 유출될 경우 후단의 활성탄으로는 제거하기 어렵다는 것을 의미한다.

## ≫ 흡착제 종류

처리할 물과 흡착제와의 접촉은 (1) 고정상 또는 유동상 반응조에 흡착제층에 물을 통과시키거나 (2) 흡착제를 물에 혼화한 후 침전이나 여과로 고액분리하는 방법으로 구분된다. 주요 흡착제 유형은 활성탄, 입상 수산화제2철(granular ferric hydroxide, GFH), 활성 알루미나 등이며, 하수처리에는 상대적으로 낮은 가격 때문에 활성탄이 주로 사용된다. 그 외에도 망간 녹사(manganese greensand), 이산화망간, 함수 철산화 입자(hydrous iron oxide particle) 등을 활용한 연구가 보고되고 있다. 개별 흡착 적용에 있어 어떤 흡

**표 11-41**

**다양한 흡착제 물질 비교[a]**

| 변수 | 단위 | 활성탄[a] | | 활성 알루미나 | 입상 수산화 제2철 |
| --- | --- | --- | --- | --- | --- |
| | | GAC | PAC | | |
| 총 표면적 | m²/g | 700~1300 | 800~1800 | 280~380 | 250~300 |
| 벌크(Bulk) 밀도 | kg/m³ | 400~500 | 360~740 | 600~800 | 1200~1300 |
| 수중입자 밀도 | kg/L | 1.0~1.5 | 1.3~1.4 | 3.97 | 1.59 |
| 입자 크기 범위 | mm (μm) | 0.1~2.36 | 5~50 | 290~500 | 150~2000 |
| 유효 크기 | mm | 0.6~0.9 | na | | |
| 균등계수 | UC | ≤ 1.9 | na | | |
| 평균 공극지름 | Å | 16~30 | 20~40 | | |
| 요오드 가 | | 600~1100 | 800~1200 | | |
| 마모(abrasion) 계수 | minimum | 75~85 | 70~80 | | |
| 재(ash) | % | ≤ 8 | ≤ 6 | | |
| 포함된 수분(moisture as packed) | % | 2~8 | 3~10 | | |

[a] 위의 값은 활성탄 생산 시 사용되는 기초재료에 따라 변할 수 있다

착제를 쓰든지 공정 성능과 설계 인자를 결정하기 위해 파일럿 시험이 요구된다. 흡착제 물질의 특성을 표 11-41에 요약하였다.

**활성탄.** 활성탄은 목재, 석탄, 아몬드, 코코넛, 호두껍데기 같은 유기물질을 열분해한 후 증기, $CO_2$ 등 산화가스에 노출시켜 활성화하여 제조한다. 활성탄은 그림 11-50과 같이 넓은 내부 표면적의 다공질 구조를 가지고 있다. 공극 크기는 아래와 같이 정의된다.

Macropores > 500 nm

Mesopores > 20 nm and < 500 nm

Micropores < 20 nm

**그림 11-50**

활성탄 입자로의 유기성분 흡착 개념도

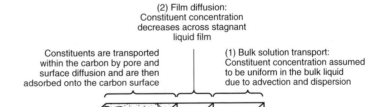
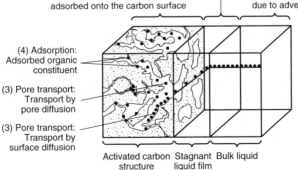

활성탄의 표면 특성, 공극 크기 분포, 재생 특성은 재료와 가공과정에 따라 상이하다. 활성탄은 크게 입상 활성탄(granular activated carbon, GAC)과 0.074 mm (200번 체)보다 작은 직경의 분말활성탄(powdered activated carbon, PAC)으로 구분된다. GAC는 가압 또는 중력 여과에 사용되고, PAC는 활성슬러지공정 등 생물학적 공정에 직접 투입된다.

**입상 수산화제2철.**   GFH는 염화제2철 용액을 수산화소듐으로 중화 및 침전시켜 제조한다. GFH의 흡착용량은 pH, 온도, 처리수의 수질에 좌우된다. GFH는 비소, 크롬, 셀레늄, 구리 및 다른 금속 성분들을 제거할 수 있으며, 이 성능은 부유물질, 철 및 망간 침전물, 유기물질, 인산이온, 규산이온, 황산이온 등이 존재할 경우 저해된다. GFH 흡착제는 비소 등 특정 성분의 제거 관점에서 효과적인 반면, 대형 시스템에서는 종종 비용이 과다할 수 있다. GFH 흡착제의 용량은 재생 이후 심각하게 저해되므로 사용된 흡착제는 보통 매립 처분하고 새 여재로 교체해야 하기 때문이다. 반대로, 재생 과정에서 발생하는 부산물이 유해폐기물로 다루어지는 경우에는 재생하지 않는 것이 재생비용 관련하여 더 유리할 수 있다.

**활성 알루미나.**   활성 알루미나는 보크사이트의 결정 구조에서 물을 제거함으로써 제조된다. 활성 알루미나는 먹는 물 처리 시 비소와 불소 제거용으로 사용되며(Clifford, 1999), 물 재이용 시 특정 성분 제거에도 활용될 수 있다. 활성 알루미나는 강염기-강산으로 재생할 수 있다. 활성 알루미나 재생과 이에 따른 폐기물 관리는 고가의 운전 및 유지 비용을 요구한다. GFH에서 언급한 바와 같이 pH(최적 5.5~6.0), 온도, 경쟁 성분들이 활성 알루미나 흡착 성능에 영향을 준다. 막(MF 및 UF)과 결합한 분말 활성 알루미나의 사용 역시 유망한 공정이다.

## ≫ 흡착공정 원리

그림 11-50에 도시한 바와 같이, 흡착공정은 다음의 네가지, (1) Bulk 용액에서의 이동(bulk solution transport), (2) 박막 확산 이동(film diffusion transport), (3) 공극 및 표면 이동(pore and surface transport), (4) 흡착 또는 수착(adsorption or sorption) 단계로 진행된다. 흡착 단계는 흡착질이 흡착제의 유효 흡착부위에 부착되는 현상을 포함한다(Snoeyink and Summers, 1999). 흡착공정에 관련한 물리적 화학적 힘에 대한 보다 자세한 설명은 Crittenden et al. (2012)을 참조하기 바란다. 흡착은 흡착제의 외부표면, macropores, mesopores, micropores, submicropores에서 일어날 수 있다. 그러나 macropores나 mesopores의 표면적은 micropores 및 submicropores의 표면적에 비해 작고 흡착되는 물질의 양도 무시할 만큼 적다.

흡착공정이 단계적으로 일어나기 때문에 가장 느린 단계를 율속단계(rate limiting step)라 정의한다. 흡착률(adsorption rate)이 탈착률(desorption rate)과 같을 때는 활성탄의 용량이 소진된 상태이며, 평형에 도달한 상태이다. 특정 오염물에 대한 특정 흡착제의 이론적 흡착용량은 흡착등온식을 통해 결정될 수 있다. 고도 하수처리에 사용되는 가장 일반적인 흡착제가 활성탄이므로 이후 논의는 활성탄을 중심으로 진행될 것이다.

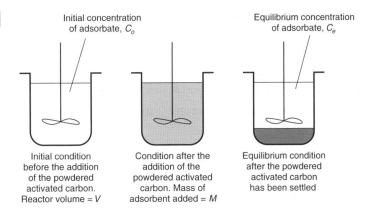

**그림 11–51**

탄소흡착의 물질수지 개념도

## 흡착등온식 전개

흡착제에 흡착되는 물질의 양은 흡착질의 특성, 농도, 온도에 좌우된다. 주요한 흡착질 특성은 용해도, 분자구조, 분자량, 극성, 탄화수소 포화도 등이다. 일반적으로 일정 온도에서의 흡착량은 용액 내 농도의 함수로 결정되며, 이를 흡착등온식이라고 한다. 흡착등온식은 일정 부피, 일정 농도의 흡착질용액에 활성탄을 양을 바꾸어 가면서 투여하여 얻는다. 대체로 10개 이상의 용기가 사용되고, 분말활성탄과 평형을 이루는 최소 시간은 7일 정도이다. 입상활성탄의 경우, 흡착시간을 최소화하기 위해 분말화하여 사용한다.

**물질수지.** 분말활성탄을 투여한 회분식 반응조(그림 11-51)의 물질수지는 다음과 같다.

1. 일반식

$$
\begin{matrix}
\text{(계 경계 내} & & \text{(계 경계 내} & & \text{(계 경계 내} \\
\text{반응물질 흡} & = & \text{초기 반응물} & - & \text{최종 반응물} \\
\text{착량)} & & \text{질량)} & & \text{질량)}
\end{matrix}
\tag{11-51}
$$

2. 간략식

$$\text{(흡착량)} = \text{(초기 반응물질량)} - \text{(최종 반응물질량)}$$

$$\tag{11-52}$$

3. 평형에서의 기호 표현

$$q_e M = V C_o - V C_e \tag{11-53}$$

여기서, $q_e$ = 평형 후 흡착제상(고체상) 농도, mg 흡착질/g 흡착제

$\quad\quad\quad M$ = 흡착제 무게, g

$\quad\quad\quad V$ = 반응조 내의 액체 부피, L

$\quad\quad\quad C_o$ = 흡착질 초기 농도, mg/L

$\quad\quad\quad C_e$ = 흡착질 최종 농도, mg/L

식 (11-53)은 다음과 같이 전환될 수 있다.

$$q_e = -\frac{V}{M}(C_e - C_o) \tag{11-54}$$

식 (11−54)를 이용해 계산된 흡착제상 농도는 아래에 설명할 흡착등온식에 사용된다.

**Freundlich 등온식.** 등온 실험 결과를 설명하는 데 사용되는 식들은 Freundlich, Langmuir, Brunauer-Emmet-Teller (BET 등온식)에 의해 개발되었다(Shaw, 1966). 이 중 Freundlich 등온식이 상수나 하수처리장에서 사용되는 활성탄의 흡착 특성을 설명하는 데 가장 일반적으로 사용된다. 1912년에 개발된 경험식인 Freundlich 등온식은 다음과 같은 식으로 정의된다.

$$\frac{x}{m} = K_f C_e^{1/n} \tag{11-55}$$

여기서, $x/m$ = 흡착제 단위 중량당 흡착된 흡착질 양, mg 흡착질/g 활성탄

$\quad\quad K_f$ = Freundlich 용량 인자(capacity factor)

$\quad\quad\quad$ (mg 흡착질/g 활성탄) $\times$ (L 물/mg 흡착질)$^{1/n}$ = (mg/g)(L/mg)$^{1/n}$

$\quad\quad C_e$ = 흡착질 평형농도, mg/L

$\quad\quad 1/n$ = Freundlich 강도 인자(intensity parameter)

이 식에서 나타난 상수들은 log $(x/m)$과 log $C_e$의 그래프와 식 (11−55)를 사용하여 다음과 같이 나타낼 수 있다.

$$\log\left(\frac{x}{m}\right) = \log K_f + \frac{1}{n}\log C_e \tag{11-56}$$

미국 EPA는 여러 가지 독성 화합물질의 흡착등온식을 개발했는데 그중 일부를 표 11−42에 나타내었다. 표 11−42에서 보는 바와 같이 여러 가지 화합물의 Freundlich 용량 인자의 변화 폭이 매우 크다는 것을 알 수 있다(예를 들어 PCBs는 14,000, N-Dimethylnitrosamine은 $6.8 \times 10^{-5}$). 넓은 변화폭 때문에 Freundlich 용량인자는 새로운 화합물이 생길 때마다 측정해야 한다. Freundlich 흡착등온식의 적용 사례를 예제 11−10에 나타내었다.

---

**예제 11−10**

**폐수처리에 필요한 활성탄 양** 염소 소독 후 유출수의 클로로포름 농도가 0.12 mg/L로 조사되었다. 유량 4,000 m³/d의 유출수 내 클로로포름 농도를 0.05 mg/L로 낮추기 위해 투입되어야 할 PAC 양을 계산하시오. 단, Freundlich 상수는 다음과 같다 $K_f$ = 2.6 (mg/g)(L/mg)$^{1/n}$, $1/n$ = 0.73.

**풀이** 1. 식 (11−54)와 (11−55)를 결합한다.

$$q_e = \frac{V}{M}(C_e - C_o)$$

$$q_e = \frac{x}{m}K_f C_e^{1/n}$$

**표 11 – 42**

특정 유기물질에 대한 Freundlich 흡착등온 상수

| 화합물 | pH | K(mg/g)(L/mg)$^{1/n}$ | 1/n |
|---|---|---|---|
| Benzene | 5.3 | 1.0 | 1.6~2.9 |
| Bromoform | 5.3 | 19.6 | 0.52 |
| Carbon tetrachloride | 5.3 | 11 | 0.83 |
| Chlorobenzene | 7.4 | 91 | 0.99 |
| Chloroethane | 5.3 | 0.59 | 0.98 |
| Chloroform | 5.3 | 2.6 | 0.73 |
| DDT | 5.3 | 322 | 0.50 |
| Dibromochloromethane | 5.3 | 4.8 | 0.34 |
| Dichlorobromomethane | 5.3 | 7.9 | 0.61 |
| 1,2-Dichloroethane | 5.3 | 3.6 | 0.83 |
| Ethylbenzene | 7.3 | 53 | 0.79 |
| Heptachlor | 5.3 | 1,220 | 0.95 |
| Hexachloroethane | 5.3 | 96.5 | 0.38 |
| Methylene chloride | 5.3 | 1.3 | 1.16 |
| N-Dimethylnitrosamine | na | $6.8 \times 10^{-5}$ | 6.60 |
| N-Nitrosodi-n-propylamine | na | 24 | 0.26 |
| N-Nitrosodiphenylamine | 3-9 | 220 | 0.37 |
| PCB | 5.3 | 14,100 | 1.03 |
| PCB 1221 | 5.3 | 242 | 0.70 |
| PCB 1232 | 5.3 | 630 | 0.73 |
| Phenol | 3-9 | 21 | 0.54 |
| Tetrachloroethylene | 5.3 | 51 | 0.56 |
| Toluene | 5.3 | 26.1 | 0.55 |
| 1,1,1-Trichloroethane | 5.3 | 2~2.48 | 0.34 |
| Trichloroethylene | 5.3 | 28 | 0.62 |

[a] Dobbs and Cohen (1980), LaGrega et al. (2001)

[b] 위의 표에 나타난 흡착등온식 상수가 여러 가지 유기화합물에 대해 넓게 변한다는 것을 알 수 있다. 사용된 활성탄의 특성과 개별 화합물의 잔류농도를 분석하는 기술이 특정 유기화합물에 대한 계수에 큰 영향을 미친다는 것을 주목할 필요가 있다.

$$-\frac{V}{M} = \frac{K_f C_e^{1/n}}{(C_e - C_o)}$$

2. M/V를 계산한다.

$$-\frac{V}{M} = \frac{K_f C_e^{1/n}}{(C_e - C_o)} = \frac{2.6(0.05)^{0.73}}{0.05 - 0.12} = -4.17 \text{ L/g}$$

$$M/V = 1/4.17 = 0.24 \text{ g/L}$$

3. 4000 m³/d를 처리하기 위한 활성탄 양을 계산한다.

$$\text{PAC 요구량} = \frac{(0.24 \text{ g/L})(4000 \text{ m}^3/\text{d})(10^3 \text{ L/1 m}^3)}{(10^3 \text{ g/1 kg})} = 960 \text{ kg/d}$$

**조언** PAC 요구량을 고려했을 때, 활성탄 흡착은 클로로포름 제거에 효과적이지 않음을 알 수 있다.

**Langmuir 등온식.** Langmuir 흡착등온식은 다음과 같은 이론식이다.

$$\frac{x}{m} = \frac{abC_e}{1 + bC_e} \tag{11-57}$$

여기서, $x/m$ = 흡착제 단위 중량당 흡착된 흡착질 양, mg 흡착질/g 활성탄

$a, b$ = 실험 상수

$C_e$ = 흡착질 평형농도, mg/L

Langmuir 등온식은 다음과 같은 가정으로 유도된다. (1) 흡착제 표면의 흡착 가능 부위의 수는 고정되어 있고 각 부위는 균일한 에너지를 가지고 있다. (2) 흡착은 가역적이다. 평형상태에서는 분자가 표면에 흡착하는 속도와 분자가 표면으로부터 탈착하는 속도가 같아진다. 흡착이 진행되는 속도는 구동력(driving force)에 비례하는데, 구동력이란 어떤 농도에서 흡착된 양과 그 농도에서 흡착할 수 있는 최대량과의 차이이다. 평형농도에서 이 값은 0이 된다.

Langmuir 등온식이 특정 실험결과를 잘 설명한다고 해서, 위에서 언급한 가정이 성립한다고 단정할 수는 없다. 왜냐하면 위의 가정과 다른 조건들이 서로 상쇄된 결과일 수 있기 때문이다. Langmuir 등온 상수들은 식 (11-57)을 변형시켜 $C_e/(x/m)$과 $C_e$의 그래프의 기울기와 y절편으로부터 도출할 수 있다.

$$\frac{C_e}{(x/m)} = \frac{1}{ab} + \frac{1}{a}C_e \tag{11-58}$$

Langmuir 흡착등온식의 적용 예는 예제 11-11과 같다.

**예제 11-11** **활성탄 흡착 결과 해석.** 다음과 같은 GAC 흡착실험 데이터를 사용하여 Freundlich와 Langmuir 등온식의 상수를 구하라. 회분식 흡착실험에 사용된 용액의 부피는 1 L이다. 용액 중의 초기 흡착질농도는 3.37 mg/L이고 평형은 7일 후에 이루어졌다.

| GAC 질량, m, g | 용액 내 흡착질 평형농도, $C_e$, mg/L |
|---|---|
| 0.0 | 3.37 |
| 0.001 | 3.27 |
| 0.010 | 2.77 |
| 0.100 | 1.86 |
| 0.500 | 1.33 |

**풀이** 1. 회분식 흡착실험 자료를 이용하여 Freundlich와 Langmuir 흡착등온식을 그래프에 그리는 데 필요한 값을 얻는다.

| 흡착질의 농도 mg/L | | | | $x/m^a$ | |
|---|---|---|---|---|---|
| $C_o$ | $C_e$ | $C_o - C_e$ | m.g | mg/g | $Ce/(x/m)$ |
| 3.37 | 3.37 | 0.00 | 0.000 | – | – |
| 3.37 | 3.27 | 0.10 | 0.001 | 100 | 0.0327 |
| 3.37 | 2.77 | 0.60 | 0.010 | 60 | 0.0462 |
| 3.37 | 1.86 | 1.51 | 0.100 | 15.1 | 0.1232 |
| 3.37 | 1.33 | 2.04 | 0.500 | 4.08 | 0.3260 |

$^a \dfrac{x}{m} = \dfrac{(C_o - C_e)V}{m}$

2. 위에서 계산된 값을 이용하여 Freundlich와 Langmuir 흡착등온선을 그린다.

  a. 두 등온선은 다음과 같다.

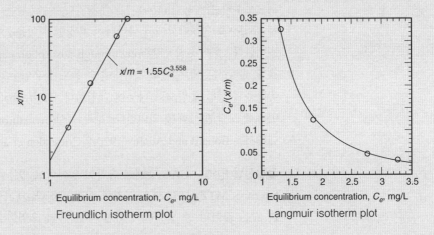

Freundlich isotherm plot          Langmuir isotherm plot

  b. 등온 실험 결과는 Freundlich 등온식으로 설명된다. Langmuir는 선형 결과를 보이지 않아 적합하지 않다.

3. Freundlich 흡착등온식 상수 결정

  a. $x/m$와 $C_e$을 log-log 용지에 그릴 때, 기울기는 $1/n$, $y$ 절편은 $\log K_f$.

  $1/n = 3.6$, $K_f = 1.55$

  $\dfrac{x}{m} = 1.55\, C_e^{3.6}$

  b. When $x/m = 1.0$, $C_e = 0.89$, and $1/n = 3.6$

  c. The form of the resulting isotherm is $\dfrac{x}{m} = 1.55 C_e^{3.6}$

  d. The Freundlich adsorption isotherm equation may also be determined using a power-type best fit through the data.

## ❯❯ 혼합물 흡착

하수처리수 재이용에 흡착공정을 사용할 경우 여러 가지 유기화합물이 혼합되어 있다는 것을 항상 고려해야 한다. 일반적으로 다수의 화합물이 들어있는 용액에서 개개의 화합물의 흡착용량은 떨어지지만, 전체 흡착능력은 단일 화합물에 대한 흡착용량보다 클 수 있다. 경쟁적인 화합물로 인한 흡착 저해 정도는 흡착 대상 분자의 크기, 흡착 선호도, 상대적인 농도에 따라 달라진다. 흡착등온식은 총 유기탄소(TOC), 용존유기탄소(DOC), 화학적 산소요구량(COD), 용존유기할로겐(DOH), UV 흡광도, 형광도 같이 불균질 혼합 화합물의 결정될 수 있다는 것을 주목해야 한다(Snoeyink and Summers, 1999). 혼합물의 흡착은 Crittenden 등(1985, 1987a, 1987b, 1987c)과 Sontheimer(1988)에 의해 더욱 심도 있게 논의되었다.

## ❯❯ 흡착용량

등온식으로부터 흡착제의 용량을 추정할 때는 예제 11-11의 2와 같이 등온 그래프를 그린 후, 그림 11-52에서와 같이 유입 농도 $C_0$에 상응하는 점에서 수직선을 그어서 교차점으로부터 흡착용량$[(x/m)_{C_o}]$을 추정한다. 이 조건은 일반적으로 칼럼을 이용한 처리에서 유입부쪽 활성탄상에서 나타나며 특정한 재이용수에 대한 활성탄의 최대 흡착용량을 의미한다. 파과 흡착용량[breakthrough adsorption capacity, $(x/m)_b$]는 소규모 칼럼실험을 통해 구하는데, 일반적으로 유출수 농도가 유입수의 5%에 도달하는 시간까지 흡착된 총량을 활성탄 총량으로 나누어 계산한다. 고갈(exhaustion)은 유출수 농도가 유입수의 95%에 도달했을 때를 의미한다. 파과 곡선(breakthrough curve)을 서술하는 여러 식에 대해서는 Bohard and Adams(1920)와Crittenden et al. (1987a)를 참고하기 바란다.

**물질전달 영역.** GAC 층에서 흡착이 일어나고 있는 부분을 물질전달 영역(mass transfer zone, MTZ)(그림 11-53 참조)이라고 한다. 제거할 물질이 있는 물이 MTZ의 길이와 같은 깊이의 층 영역을 통과한 후 물속의 오염물질의 농도는 최소값으로 감소한다.

### 그림 11-52

파과 흡착용량 결정을 위한Freundlich등온식작도

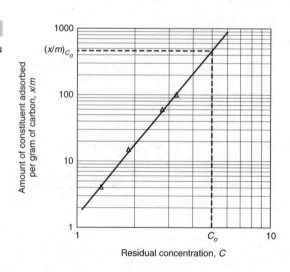

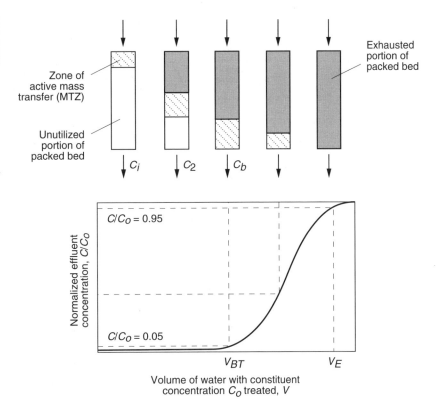

**그림 11-53**

처리량에 따른 활성탄 칼럼의 일반적인 파과 곡선 및 물질전달 영역의이동

MTZ 이하의 층에서는 흡착이 더 이상 일어나지 않는다. 활성탄입자의 상부층이 유기물질로 포화되면 MTZ는 파과가 일어날 때까지 층 아래로 이동한다. 파과와 고갈이 일어날 때까지 유입된 물의 양을 그림 11-53과 같이 $V_{BT}$, $V_E$로 정의한다. MTZ 길이는 일반적으로 HRT와 활성탄 특성의 함수이다. HRT가 극단적으로 짧다면 MTZ가 GAC 층 깊이보다 길어지며, 흡착질이 활성탄에 완전히 흡착되지 못하게 된다. 완전한 고갈이 일어난 후에는 유출수 농도가 유입수 농도와 같아진다.

**파과 곡선.** 파과 곡선의 형태는 수리학적 부하율 외에 액체 내 흡착 불가능 성분과 생분해성 성분의 함량 포함 여부에도 그림 11-54와 같이 영향을 받는다. 액체에 흡착불가능 성분이 있으면 유입수가 칼럼 말단에 도달하는 시점과 동시에 흡착이 불가능한 성분이 유출수에 나타난다. 흡착이 가능하고 생분해 가능한 물질이 적용된 액체에 존재하면 파과 곡선의 $C/C_0$ 값은 1.0에 도달하지 못하고, 측정된 값은 유입성분의 생분해성에 좌우된다. 액체에 흡착이 불가능하고 생분해 가능한 성분들이 있다면 관측된 $C/C_0$ 값은 0에서 시작하지 않고 1.0에서 끝나지도 않을 것이다(Snoeyink and Summers, 1999). 위 결과는 하수 흡착, 특히 COD 제거에서 흔히 관찰된다.

실제로 파과로 인해 유출수 수질에 영향을 주지 않으면서 활성탄 흡착 칼럼 밑부분에 있는 활성탄의 용량을 이용하는 유일한 방법은 두 개 이상의 칼럼을 직렬로 연결하고 성능이 다 되면 순서를 바꾸거나 여러 개의 칼럼을 병렬로 연결하여 하나의 칼럼에

**그림 11-54**

활성탄 파과 곡선 형태에 대한 흡착 가능, 흡착 불가능, 생분해성 유기 성분의 영향 (Snoeyink and Summers, 1999)

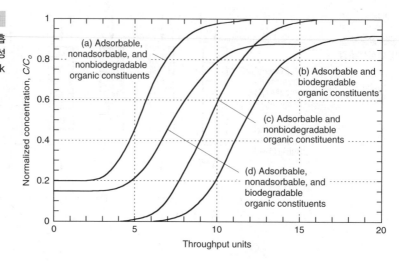

서 파과가 일어나도 전체 유출수 수질에 큰 영향을 미치지 않게 하는 것이다. 이렇게 여러 개의 칼럼을 순환하여 사용하면서 단 하나의 칼럼만 고갈시키는 운전 유형을 carousel technique라고 한다. 칼럼의 직렬 및 병렬 연결 형태를 각각 그림 11-55(a)와 (b)에 나타내었다. 여러 개의 칼럼이 설치된 경우 하나의 칼럼이 점검 및 재생을 위해 운전되지 않을 때에도 다른 칼럼들은 계속 운전된다. 연속처리에 필요한 칼럼의 개수와 치수를 결정하기 위해서는 활성탄 운전 용량뿐 아니라 최적 유량과 층 깊이 역시 알아야 하며, 이러한 인자들은 동역학 칼럼시험(dynamic column tests)으로 결정된다.

**그림 11-55**

활성탄 접촉조 형태. (a) 직렬, (b)병렬

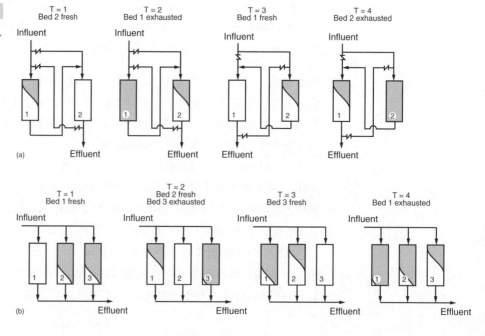

**흡착 접촉조.** 표 11-43에 요약한 바와 같이 고정상, 팽창상, 활성슬러지공정에의 PAC 투입 및 고액분리 등 여러 유형의 활성탄 접촉조가 미량 성분 제거에 사용된다. 일반적인 가압, 하향류 활성탄 접촉조의 개념도 및 사진을 그림 11-56에 도시하였다. 활성탄 접촉조 크기는 표 11-44에 요약한 바와 같은 여러 요소를 고려하여 결정한다. 물질전달 속도가 빠르고 물질전달 영역이 좁을 때 다음과 같은 고정상 활성탄 접촉조에 대한 정상상태 물질수지를 세울 수 있다.

| 표 11-43 | |
|---|---|
| **하수 내 미량 성분을 제외하기 위한 활성탄 적용** | |
| **형태** | **설명** |
| (a) 고정상 GAC 칼럼(하향류)<br>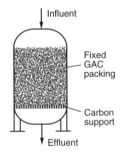 | 고정상 칼럼은 단독, 직렬 또는 병렬로 운전될 수 있다(그림 11-55). 입상여재 여과는 일반적으로 2차 유출수에 존재하는 부유물질과 결합한 유기물질을 제거하는 목적으로 사용되는데 유기물 흡착과 SS 여과가 동시에 진행된다. 하향류 설계 시, 처리하고자 하는 물은 칼럼의 상부에서 공급되어 하부로 배출된다. 활성탄은 칼럼 하부의 배수 시스템 위에 위치한다. 활성탄 칼럼 내에서 입자성 부유물질이 제거됨에 따라 손실수두의 증가를 막기 위하여 일반적으로 하수처리에서는 역세척과 표면세척 설비가 필요하다. 불행히도 역세척은 흡착면을 흡착면을 파괴한다. 상향류 고정상 반응조도 사용되지만 역세척으로 입자성 물질을 제거하기 어려운 층 하부에 입자성 물질이 축적되는 것을 줄이기 위해 하향류 고정상 반응조가 상향류 고정상 반응조보다 더 일반적으로 사용된다. |
| (b) 팽창상 GAC 칼럼(상향류)<br>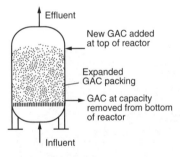 | 팽창상 시스템에서 유입수가 칼럼 하부로부터 들어와서 팽창되며 이는 하향류 칼럼에서 역세척 시 여과상이 팽창되는 것과 비슷하다. 칼럼 하부의 활성탄 흡착능력이 고갈되면 하부의 활성탄을 제거하고 동일한 양의 재생활성탄이나 새로운 활성탄을 칼럼 상부에 주입한다. 이런 시스템에서 손실수두는 운전점(operating point)에 도달하면 더 이상 증가하지 않는다. 일반적으로 팽창상 상향류 접촉조에는 하향류 접촉조에서보다도 유출수에 더 많은 활성탄 입자가 있다. 그 이유는 상의 팽창으로 활성탄 입자가 충돌하고 마모되어질 때 활성탄 미세 입자가 생성되고 팽창상에 의해 형성된 통로를 통하여 이 미세입자가 유출되기 때문이다. 현재 팽창상 접촉조는 하수처리에 거의 사용되지 않지만 연속 역세척 이동상과 맥동상 탄소 접촉조는 간혹 사용된다(표 8-4 참조). |
| (c) 활성슬러지-PAC 주입<br>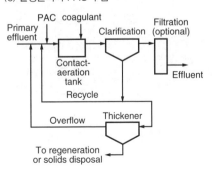 | 포기조에 PAC를 직접 투입할 경우 생물학적 산화와 물리적 흡착이 동시에 진행된다. 이 방법은 별도의 설치비용 없이 기존 활성슬러지 시스템에 적용될 수 있다. 활성슬러지공정에 대한 PAC 주입은 다음과 같은 장점이 있다. (1) 충격 부하 시 시스템 안정성, (2) 난분해성 특정 오염물질 감소, (3) 색도 및 암모니아 제거, (4) 슬러지 침강성 향상. 일부 산업 폐수처리 시 독성 유기물이 질산화를 저해할 경우, PAC가 저해를 완화할 수 있다. |

(계속)

| 표 11-43 (계속)

| 형태 | 설명 |
|---|---|
| (d) PAC 접촉조-중력 분리 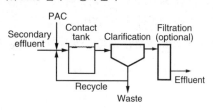 | 생물학적 처리공정의 유출수에 투입하는 경우, PAC는 접촉조 안에 주입된다. 접촉조는 회분식 또는 연속식으로 운전된다. 회분식에서는 일정한 접촉시간이 지난 후 활성탄을 접촉조 내에 가라앉히고 나서 처리수를 접촉조에서 배출한다. 연속 공정은 접촉조와 침전조로 구성되고 침전된 활성탄은 접촉조로 재순환될 수 있다<br><br>활성탄이 매우 미세하기 때문에 고분자 전해질과 같은 응집제나 급속 모래 여과가 활성탄 입자를 제거하는 데 필요할 수 있다. 일부 공정에서는 특정물질을 침전시키기 위해 사용되는 화학약품과 함께 PAC를 사용한다 |
| (e) PAC 접촉조-막 분리 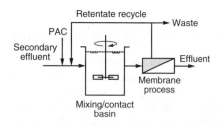 | 미량 오염물질 제거 목적으로 완전 혼합 또는 관형 흐름 PAC 접촉조를 MF나 UF와 결합할 수 있다. PAC는 2차 유출수에 연속 또는 간헐적으로 주입된 후 후단의 막공정에서 농축된다. 막간 손실수두가 설정치에 도달하면 역세척이 시작된다. PAC를 포함하는 역세척수는 폐기되거나 접촉조로 재순환된다. 다수 실규모 처리장이 이 공정을 사용하고 있다 (Snoeyink et al., 2000, Anselme et al., 1997) |

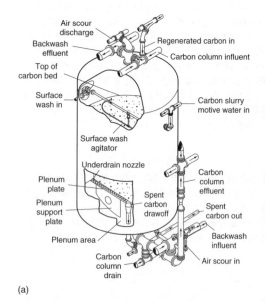

(a)

(b)

**그림 11-56**

**활성탄 접촉조.** (a) 일반적인 가압 접촉조 도해, (b) 2차 처리수 처리에 사용되는 일반적인 병렬 입상 활성탄 접촉조 사진

| 설계치 | 기호 | 단위 | 값 |
|---|---|---|---|
| 유량 | $V$ | m³/h | 50~400 |
| 상 부피 | $V_b$ | m³ | 10~50 |
| 단면적 | $A_b$ | m² | 5~30 |
| 탄소 깊이 | $D$ | m | 1.8~4 |
| 공극률 | $\alpha$ | m³/m³ | 0.38~0.42 |
| GAC 밀도 | $\rho$ | kg/m³ | 350~550 |
| 속도 | $v_f$ | m/h | 5~15 |
| 유효 접촉 시간 | $t$ | min | 2~10 |
| EBCT | EBCT | min | 5~30 |
| 운전 시간 | $t$ | d | 100~600 |
| 투과 부피 | $V_L$ | m³ | 10~100 |
| 비 투과부피 | $V_{sp}$ | m³/kg | 50~200 |
| 상 부피[b] | $BV$ | m³/m³ | 2000~20,000 |

**표 11-44**

GAC 접촉조의 일반적인 설계치[a]

[a] Sontheimer et al. (1988)

[b] 처리수 부피를 단위 반응조 상 부피로 나눈 값

$$(축적) = (유입) - (유출) - (흡착)$$

$$0 = QC_o t - QC_e t - m_{GAC} q_e \tag{11-59}$$

여기서, $Q$ = 유량, L/h

$\quad\quad C_0$ = 흡착질 초기 농도, mg/L

$\quad\quad t$ = 시간, h

$\quad\quad C_e$ = 흡착질 최종 농도, mg/L

$\quad m_{GAC}$ = 흡착제 질량, g

$\quad\quad q_e$ = 흡착제에 흡착된 양, mg 흡착질/g 흡착제

식 (11-59)로부터 흡착제 소모 속도(adsorbent usage rate)는 다음과 같이 정의된다.

$$\frac{m_{GAC}}{Qt} = \frac{C_o - C_e}{q_e} \tag{11-60}$$

공극 내 용액의 흡착질 질량이 흡착량에 비해 작다고 가정하면, 식 (11-60)에서 $QC_e t$를 생략할 수 있다.

$$\frac{m_{GAC}}{Qt} \approx \frac{C_o}{q_e} \tag{11-61}$$

GAC 접촉조의 운전 성능을 정량화하기 위해, 다음 항들이 흔히 사용된다.

**1.** 공상접촉시간(empty bed contact time, EBCT)

$$EBCT = \frac{V_b}{Q} = \frac{A_b D}{v_f A_b} = \frac{D}{v_f} \tag{11-62}$$

여기서,  EBCT = 공상접촉시간, h

$V_b$ = GAC로 충진된 접촉조 부피, m³

$Q$ = 유량, m³/h

$A_b$ = GAC 여재층 단면적, m²

$D$ = GAC 접촉조 깊이, m

$v_f$ = 선 속도, m/h

**2.** 활성탄 밀도(activated carbon density)

활성탄 밀도는 다음과 같이 정의된다.

$$\rho_{GAC} = \frac{m_{GAC}}{V_b}$$  (11-63)

여기서,  $\rho_{GAC}$ = 입상 활성탄 밀도, g/L

$m_{GAC}$ = 입상 활성탄 질량, g

$V_b$ = GAC로 충진된 접촉조 부피, L

**3.** 비 처리량(specific throughput), 단위 활성탄 질량당 처리 부피(m³)

$$비\ 처리량 = \frac{Qt}{m_{GAC}} = \frac{V_b t}{EBCT \times m_{GAC}}$$  (11-64)

식 (11-63)을 이용하면 식 (11-64)는 다음과 같이 교환될 수 있다.

$$비\ 처리량 = \frac{V_b t}{EBCT(\rho_{GAC} \times V_b)} = \frac{t}{EBCT \times \rho_{GAC}}$$  (11-65)

**4.** 활성탄 소모 속도(carbon usage rate, CUR), 단위 처리 부피(m³)당 활성탄 질량(g)

$$CUR, g/m^3 = \frac{m_{GAC}}{Qt} = \frac{1}{비\ 처리량}$$  (11-66)

**5.** EBCT 동안 처리하는 부피(L)

$$처리수\ 부피 = \frac{주어진\ EBCT\ 동안의\ GAC\ 질량}{GAC\ 소모속도}$$  (11-67)

**6.** 층 수명(bed life)

$$층\ 수명, d = \frac{주어진\ EBCT\ 동안의\ 처리된\ 유량}{Q}$$  (11-67)

예제 11-12는 위 항들의 적용 예이다.

| 예제 11-12 | **활성탄 흡착 파과 시간 산정** 고정상 활성탄 흡착제는 빠른 물질전달률을 가지며, 물질전달 영역이 좁다. 다음 사항이 적용된다고 가정할 때 1000 L/min의 유량을 처리하기 위한 활성탄 요구량 및 층 수명을 결정하라. |

1. 화합물 = 트리클로로에틸렌(trichloroethylene, TCE)

2. 초기 농도, $C_o$ = 1.0 mg/L

3. 최종 농도, $C_e$ = 0.005 mg/L

4. 입상 활성탄 밀도 = 450 g/L

5. Freundlich 용량 인자 $K_f$ = 28(mg/g)(L/mg)$^{1/n}$ (표 11-42 참조)

6. Freundlich 강도 인자, $1/n$ = 0.62 (표 11-42 참조)

7. 공상접촉시간 = 10 min

Ignore the effects of biological activity within the column.

**풀이**　1. 식 (11-60)과 (11-55)를 사용하여 TCE에 대한 입상 활성탄의 사용률을 산정한다.

$$\frac{m_{GAC}}{Qt} = \frac{C_o - C_e}{q_e} = \frac{C_o - C_e}{K_f C_o^{1/n}}$$

$$= \frac{(1.0\,\text{mg/L}) - (0.005\,\text{mg/L})}{28\,(\text{mg/g})(\text{L/mg})^{0.62}\,(1.0\,\text{mg/L})^{0.62}}$$

$$= 0.036\ \text{g GAC/L}$$

2. 10분의 공상접촉시간에 대해 필요한 활성탄의 질량을 결정한다.

충전상에서 입상활성탄의 질량 = $V_b\rho_{GAC}$ = (EBCT)(Q)($\rho_{GAC}$)

활성탄 요구량 = 10 min (1000 L/min) (450 g/L) = $4.5 \times 10^6$ g

3. 10분의 공상접촉시간에 대한 처리수의 부피를 결정한다.

$$처리수의\ 부피 = \frac{주어진\ 공상접촉시간에\ 대한\ 입상활성탄의\ 질량}{입상활성탄\ 사용률}$$

$$처리수의\ 부피 = \frac{4.5 \times 10^6\,\text{g}}{(0.036\ \text{g GAC/L})} = 1.26 \times 10^8\ \text{L}$$

4. 층 수명을 결정한다.

$$층\ 수명 = \frac{주어진\ 공상접촉시간에\ 대한\ 처리수의\ 부피}{Q}$$

$$층\ 수명 = \frac{1.26 \times 10^8\ \text{L}}{(1000\ \text{L/min})(1440\ \text{min/d})} = 87.5\ \text{d}$$

 본 예제에서는 두 개의 칼럼이 직렬로 연결된다는 가정하에 접촉조 내 활성탄의 최대 용량이 사용되었다. 단일 칼럼이 사용될 경우 층 수명을 산정하기 위해서는 파과 곡선이 사용되어야 한다. Freundlich 등온식 상수 $K$와 $1/n$은 초기 농도, 활성탄, 유입수 특성(온도, pH)에 의해 영향을 받는다.

## 》 소규모 칼럼실험

실제 크기 반응조 운전 결과를 예측하기 위해 그동안 많은 종류의 소규모 칼림실험이 수행되었다. 초기의 칼럼 시험 중 하나가 고압소형칼럼(high-pressure minicolumn, HPMC)으로 Rosene et al. (1983)에 의하여 개발되었고 그 후 Bilello와 Beaudet(1983)에 의하여 보완되었다. HPMC 시험방법에서는 활성탄이 가득 찬 높은 압력의 액체 크로마토그래피 칼림이 사용된다. 일반적으로 HPMC 시험방법은 활성탄에 대한 휘발성 유기화합물의 흡착능력을 결정하는 데 사용된다. HPMC 시험방법의 주요 장점은 실제와 가까운 조건에서 입상활성탄의 흡착능력을 신속하게 결정할 수 있다는 점이다.

급속소규모칼럼실험(*rapid small-scale column test*, RSSCT)으로 알려진 또 다른 방법은 Crittenden et al. (1986, 1987d, 1991)에 의하여 개발되었다. 이 방법(그림 11-57)은 작은 칼럼에 대한 결과로부터 파일럿 또는 실제 규모의 활성탄 칼럼 과정을 예측하기 위하여 사용한다. 이 방법의 개발과정에서 크거나 작은 칼럼들에 대한 파과 곡선의 관계를 정의하는 데 수학적인 모델들이 사용되었다. 흡착 칼럼들에서 물질전달 영역의 전개를 초래하는 물질전달 메커니즘들은 (1) 분산(dispersion), (2) 박막 확산(film diffusion), 그리고 (3) 입자간 확산(intraparticle diffusion)이다. 일정 확산(constant diffusivity)과 비례 확산(proportional diffusivity)의 개념을 이용한 두 가지의 모델이 개발되었는데, 일정 확산 모델에서는 RSSCT의 HRT가 짧고 물질전달이 필름 확산의 결과로 발생하기 때문에 분산은 무시할 수 있다고 가정한다. 또한 입자간 확산도는 칼럼의 크기와 무관하다고 가정한다. 비례 확산 모델에서는 RSSCT의 HRT가 짧기 때문에 분산은 무시할 수 있다고 가정하고, 물질전달이 입자간 확산에 의해 발생한다고 가정한다. 두 경우에 대한 관계식은 다음과 같이 일반화될 수 있다.

$$\frac{\text{EBCT}_{SC}}{\text{EBCT}_{LC}} = \left(\frac{d_{SC}}{d_{LC}}\right)^{2-x} = \frac{t_{SC}}{t_{LC}} \tag{11-69}$$

### 그림 11-57

파일럿 또는 실규모 활성탄 칼럼 결과 예측을 위한 급속소형칼럼 실험 개념도

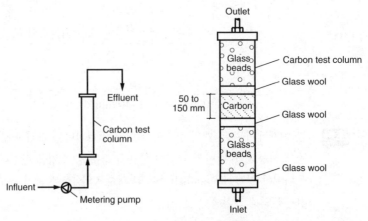

Column to particle diameter = 20:1 (or greater)
Column diameter = 20 to 40 mm
Column length = 300 mm

$$\frac{v_{SC}}{v_{LC}} = \frac{d_{LC}}{d_{SC}} \qquad (11\text{-}70)$$

여기서, $d_{SC}$ = 짧은 칼럼에서의 입자의 직경, mm

$\qquad d_{LC}$ = 긴 칼럼에서의 입자의 직경, mm

$\qquad t_{SC}$ = 짧은 칼럼에서의 시간, min

$\qquad t_{LC}$ = 긴 칼럼에서의 시간, min

$\qquad v_{SC}$ = 짧은 칼럼에서의 선 속도, m/h

$\qquad v_{LC}$ = 긴 칼럼에서의 선 속도, m/h

식 (11−69)에서 지수 중 x의 값은 일정 확산에서는 0, 비례 확산에서는 1이다. 위 식의 적용은 예제 11−13에서 다루었다.

---

**예제 11-13** | **급속소형칼럼실험 인자와 파일럿 규모 인자의 비교** 다음의 파일럿 규모의 칼럼에 대하여 아래에 제시된 자료를 토대로 RSSCT에 상응하는 변수를 결정하라. 필름 확산이 제어 메커니즘이라고 가정한다.

| 변수 | 단위 | 파일럿 칼럼(LC) | RSSCT (SC) |
|---|---|---|---|
| 입자 직경 | mm | 0.5 | 0.1 |
| 활성탄 밀도 | g/L | 450 | 450 |
| 공상접촉시간 | min | 10 | |
| 선 속도 | m/h | 5.0 | |
| 유량 | mL/min | 200 | |
| 칼럼 직경 | mm | 75 | 10[a] |
| 칼럼 길이 | mm | 1000 | |
| 흡착제 질량 | g | | |
| 운전 시간 | d | 100 | |
| 물 부피 | L | 28,800 | |

[a] 작은 칼럼에 대한 값으로 가정

**풀이**

1. RSSCT에 대한 공상접촉시간을 산정한다. 이때, 일정 확산을 가정했으므로, $x = 0$이다.

$$\mathrm{EBCT}_{SC} = \mathrm{EBCT}_{LC}\left(\frac{d_{SC}}{d_{LC}}\right)^2$$

$$\mathrm{EBCT}_{SC} = 10 \ \mathrm{min}\left(\frac{0.1}{0.5}\right)^2 = 0.4 \ \mathrm{min}$$

2. RSSCT에 대한 부하율을 산정한다.

$$v_{SC} = v_{LC}\frac{d_{LC}}{d_{SC}}$$

$$v_{SC} = 5 \text{ m/h}\frac{0.5}{0.1} = 25 \text{ m/h}$$

3. RSSCT에 대한 유량을 산정한다.

$$A = \frac{\pi}{4}d_{SC}^2 = \frac{\pi}{4}(10 \text{ mm})^2 = 78.5 \text{ mm}^2$$

$$Q_{SC} = (v_{SC})(A)$$

$$Q_{SC} = \frac{(25 \text{ m/h})(10^3 \text{ mm/1 m})(78.5 \text{ mm}^2)}{(60 \text{ min/h})(10^3 \text{ mm}^3/1 \text{ mL})} = 32.7 \text{ mL/min}$$

4. RSSCT에 대한 칼럼 길이를 산정한다.

$$L_{SC} = \frac{Q_{SC} \times \text{EBCT}_{SC}}{A} = \frac{(32,700 \text{ mm}^3/\text{min})(0.4 \text{ min})}{78.5 \text{ mm}^2} = 166.7 \text{ mm}$$

5. RSSCT에 대한 흡착제 질량을 산정한다.

$$M_{SC} = \text{EBCT}_{LC}\left(\frac{d_{SC}}{d_{LC}}\right)^2(Q_{SC})(\rho_{SC})$$

$$M_{SC} = 10 \text{ min}\left(\frac{0.1 \text{ mm}}{0.5 \text{ mm}}\right)^2\left[\frac{(32.7 \text{ mL/min})(450 \text{ g/L})}{(10^3 \text{ mL/1 L})}\right] = 5.9 \text{ g}$$

6. RSSCT에 대한 운전시간을 산정한다.

$$t_{SC} = t_{LC}\frac{\text{EBCT}_{SC}}{\text{EBCT}_{LC}}$$

$$t_{SC} = 100 \left(\frac{0.4 \text{ min}}{10 \text{ min}}\right) = 4 \text{ d}$$

7. RSSCT에 요구되는 물의 부피를 산정한다.

$$v_W = Q_{SC} \times t_{SC}$$

$$v_W = \frac{(32.7 \text{ mL/min})(4 \text{ d})(1440 \text{ min/d})}{(10^3 \text{ mL/1 L})} = 188.4 \text{ L}$$

8. RSSCT에 대한 조사결과를 정리한다.

| 변수 | 단위 | 모형 칼럼 | RSSCT |
|---|---|---|---|
| 입자직경 | mm | 0.5 | 0.1 |
| 활성탄 밀도 | g/L | 450 | 450 |
| 공상접촉시간 | min | 10 | 0.4 |
| 부하율 | m/h | 530 | 25.0 |
| 유량 | mL/min | 200 | 32.7 |
| 칼럼 직경 | mm | 75 | 10[a] |

(계속)

| 변수 | 단위 | 모형 칼럼 | RSSCT |
|---|---|---|---|
| 칼럼 길이 | mm | 1000 | 166.7 |
| 흡착제 질량 | g | | 5.9 |
| 운전 시간 | d | 100 | 4 |
| 물의 부피 | L | 28,800 | 188.4 |

ᵃ 작은 칼럼에 대한 값으로 가정

 장치 형태나 활성탄 종류를 다르게 하여 다양한 실험을 수행할 필요가 있을 때, RSSCT 를 통해 파일럿 실험으로 조사해야 할 인자를 줄일 수 있다.

## ≫ 분말활성탄 접촉조 해석

분말활성탄(PAC)를 적용하는 경우, 활성탄 주입량을 추정하기 위해 흡착등온식 자료와 물질수지 분석이 사용된다. 여러 가지 미지수가 있으므로 필요한 설계 자료를 도출하기 위해 칼럼 및 실험실 규모 실험이 추천된다. 평형에 도달한 후의 접촉조를 기준으로 수립된 물질수지는 식 (11-54)와 같다. PAC 주입량 산정 예를 예제 11-14에 나타내었다.

**예제 11-14**  **분말활성탄 흡착 주입량 및 비용 산정.** 1000 L/min 유량의 하수는 잔류 유기물 농도로 측정되는 TOC를 5에서 1 mg/L의 농도로 줄이기 위하여 분말활성탄으로 처리된다. Freundlich 흡착등온식 변수는 앞에서와 같이 전개되었다. 아래에 주어진 자료를 토대로 하수처리에 필요한 분말활성탄의 양을 결정하여라. 분말활성탄의 가격이 $0.50/kg이고, 재생되지 않는다는 가정하에 처리에 필요한 연간 비용을 산정하라.

1. 화합물 = 혼합된 유기물
2. 초기 농도, $C_0$ = 5.0 mg/L
3. 최종 농도, $C_e$ = 1.0 mg/L
4. GAC 밀도 = 450 g/L
5. Freundlich 용량 인자(capacity factor), $K_f$ = 150 (mg/g)(L/mg)$^{1/n}$
6. Freundlich 강도 인자(intensity parameter), 1/n = 0.5

**풀이**  1. 등온식 자료를 기초하여 분말활성탄의 주입량을 산정한다. 분말활성탄의 주입량은 다음 식 (11-54)에 의하여 산정할 수 있다.

$$\frac{m}{V} = \frac{(C_o - C_e)}{q_e} = \frac{(C_o - C_e)}{K_f C_e^{1/n}}$$

$$\frac{m}{V} = \frac{(5\ \text{mg/L} - 1\ \text{mg/L})}{150(\text{mg/g})(\text{L/mg})^{0.5}(1.0\ \text{mg/L})^{0.5}} = 0.0267\,\text{g/L}$$

2. 분말활성탄 처리를 위한 연간비용을 산정한다.

연간비용 =

$$= \frac{(0.0267\ \text{g/L})(1000\ \text{L/min})(1440\ \text{min/d})(365\ \text{d/y})(\$0.50/\text{kg})}{(10^3\ \text{g/1 kg})}$$

연간비용 = \$7008/y

 하수의 흐름이 적을 때 일반적으로 탄소를 재생시키기 위한 계획은 경제적으로 효과적인 방법이 아니다.

### ≫ 활성슬러지−분말활성탄 처리

특허 공정인 분말활성탄을 혼합 사용한 활성슬러지처리(powdered activated carbon treatment, PACT)는 표 11−43에서 서술된 바와 같다. PAC 주입량과 혼합액 부유고형물질(mixed-liquer suspended solids, MLSS) 농도는 다음과 같이 SRT와 관계가 있다.

$$X_p = \frac{X_i\ \text{SRT}}{\tau} \tag{11-71}$$

여기서, $X_p$ = 분말활성탄 MLSS의 평형농도, mg/L

$X_i$ = 분말활성탄 주입량, mg/L

SRT = 고형물 체류시간, d

$\tau$ = 수리학적 체류시간, d

활성탄 주입량은 일반적으로 20~200 mg/L 범위이다. SRT가 높아지면 활성탄 질량 대비 유기물 제거율이 향상되며 이에 따라 공정 효율이 향상된다. 이러한 현상이 일어나는 이유는 (1) 독성 감소에 의한 추가적인 생물학적 분해, (2) 활성탄 흡착을 통해 미생물과의 접촉시간이 증가함에 따른 난분해성 물질의 분해, (3) 저분자량 화합물이 고분자량 화합물로 치환되어 흡착효율이 향상되고 독성이 감소되기 때문이다.

### ≫ 활성탄 재생

많은 경우에 있어 활성탄의 경제적인 적용은 흡착용량이 다한 활성탄의 효과적인 재생 및 재활성 여부에 달려 있다. 재생은 사용한 활성탄의 흡착용량을 회복하는 모든 공정을 의미한다. 일반적으로 재생과정에서의 활성탕의 흡착용량은 약 4~10%(재활성 과정에서 2~5%, 분실, 마모, 관리 소홀로 4~8%) 감소한다. 일반적으로 재생된 활성탄은 잠재적인 유출 가능성으로 인해 물 재이용에는 사용되지 않는다. 활성탄 재활성과 재생에 대한 보다 자세한 사항은 Sontheimer and Crittenden(1988)을 참고 바란다.

## ❯❯ 흡착공정의 한계

물 재이용 시 흡착공정의 활용도는 (1) 다량의 흡착제 이동과 관련된 실행 계획, (2) 탄소 접촉조의 면적 요구량, (3) 재생하기 어렵고 독성물질 함유로 인해 유해폐기물로 처리해야 할 수도 있는 폐흡착제 발생으로 인해 제한된다. 특히 PAC는 잔류물 부하에 직접적으로 기여하므로 잔류물의 처분에 대한 검토가 있어야 한다. 또한 일부 흡착제의 재생은 실행 가능성이 낮아 높은 여재 교체 비용을 초래한다. 활성탄 접촉조 성능이 pH, 온도, 유량에 영향을 받으므로 공정 모니터링과 제어가 필수적이다.

## 11-10 탈기

탈기(gas stripping)는 기체가 액상에서 기상으로 이동하는 물질전달 현상이다. 물질전달은 탈기 시키고자 하는 가스가 들어있는 액체를 공기와 접촉시킴으로써 진행된다. 탈기에 의하여 하수로부터 용해성 가스, 즉 암모니아, 악취 가스, 휘발성 유기화합물(volatile organic compounds, VOCs)의 제거에 많은 주안점이 주어지고 있다. 하수로부터 암모니아를 탈기에 의하여 제거하는 초기의 시도는 캘리포니아의 타호(Tahoe) 호수에서 수행되었다(Culp and Slechta, 1966; Slechta and Culp, 1967). 포기에 의한 VOC의 제거는 16-4절에서 다루었다.

본 절의 목적은 탈기에 관한 기초이론을 소개하고 탈기 원리의 일반적인 적용과 설계 과정에 대하여 설명하는 것이다. 이 단원에 나타난 자료들은 암모니아, 이산화탄소, 산소, 황화수소 및 다양한 VOC에 적용될 수 있다. 본 절의 토의 초점은 악취 가스(16장, 16-3절)제거와 달리 가스상 성분의 제거와 하수의 생물학적 처리를 위해 고안된 포기시스템에서의 VOCs(16장, 16-4절) 제거를 위해 특별히 설계된 시설의 분석에 대한 것이다.

## ❯❯ 탈기 해석

탈기의 해석에 있어서 중요한 요소는 (1) 탈기시키고자 하는 화합물의 특성, (2) 이용되는 접촉조의 유형과 단 수, (3) 탈기탑의 물질수지 해석, (4) 필요한 탈기탑의 물리적 특성과 크기이다.

**탈기시킬 화합물의 특성.** 앞에서 언급하였지만, 탈기에 의한 휘발성 용존 물질의 제거는 해당 화합물이 포함되지 않은 기체를 액체에 접촉시킴으로써 이루어진다. 탈기되는 화합물은 2장에서 언급한 Henry 법칙에 따라 액체로부터 기체로 이동한다. Henry 상수가 500 atm보다 큰 벤젠, 톨루엔 그리고 염화비닐은 특히 쉽게 탈기된다. Henry 상수가 0.1 atm보다 큰 화합물은 휘발성(volatile)으로 구분되고 탈기에 적합한 것으로 간주된다. Henry 상수가 0.001~0.1 atm인 화합물은 반휘발성(semi-volatile)으로 구분되며 탈기가 미미하게 진행된다. Henry 상수가 0.001 atm 이하인 화합물은 탈기에 적합하지 않다.

하수에서의 암모니아 탈기를 위해서는 암모니아가 기체로 존재해야 한다. 하수 속에서 암모늄이온들은 식 (2-38)에 나타난 것과 같이 기체상 암모니아와 평형을 이룬다.

**그림 11-58**

기체 탈기탑의 전형적인 물과 공기 흐름 유형. (a) 역류, (b) 병류, (c) 교차류

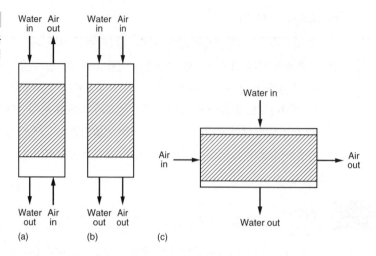

$$NH_4^+ \rightleftarrows NH_3 + H^+ \tag{2-38}$$

하수의 pH가 7 이상으로 증가하면 평형은 오른쪽으로 이동하고 암모늄이온이 암모니아로 변함으로써 탈기에 의하여 제거될 수 있다. 알칼리도의 함수로서 하수의 pH를 올리는 데 필요한 석회의 양을 계산하는 방법은 6장의 그림 6-12에 주어져 있다.

**접촉상 이용 방법.** 탈기 시 물질전달을 위한 상(phase) 사이의 접촉은 (1) 연속 접촉(continuous contact)과 (2) 단계적 접촉(staged contact)의 두 가지 형태로 구현된다. 탈기 시 공기와 액체의 흐름은 그림 11-58에 나타낸 것과 같이 (1) 역류(countercurrent), (2) 병류(cocurrent), (3) 교차류(cross-flow)의 3개의 유형으로 분류된다. 이 외에도 접촉 매체가 고정(fixed)인지 유동상(mobile)인지로 구분할 수도 있다(Crittenden, 1999). 물질전달에서 가장 흔히 사용되는 유형은 액체가 탈기탑 상부로 펌핑되어 충진재로 분사되는 역류이다. 이때 공기는 탈기탑 하부로 주입되어 충진재들을 통과하면서 가압 또는 감압된다. 충진재는 탈기 공정의 효율을 향상시킬 목적으로 액체를 박막 형태로 분포시키기 위해 사용된다. 드물게 사용되는 교차류에서는 공기가 측면에서 유입된다. 탈기탑의 설계 및 운전에서 가장 중요한 요소 중 하나는 충진재 단면적 전체에 있어 공기량을 균일하게 유지하는 것이다. 액체와 기체를 보다 균일하게 분배하기 위해 충진재는 탑 내 유량 재분배판 위 각 단에 충진된다. 다양한 충진재 중에는 Raschig rings (cylinders), Berl saddles를 비롯한 다양한 특허 플라스틱 충진재가 있다. 광범위한 크기의 충진재가 사용 가능하나, 가장 일반적인 크기 범위는 25~50 mm이다. 전형적인 기체 탈기탑의 개념도와 사진을 그림 11-59에 도시하였다.

**연속 탈기탑 물질수지 해석.** 하수내 용해성 가스 제거를 위하여 이용되는 역류 연속 탈기탑의 하부(그림 11-60)에 대한 물질수지는 다음과 같다.

**1.** 일반식:

$$\begin{matrix} \text{액체상으로} \\ \text{들어오는} \\ \text{용질의 몰} \end{matrix} + \begin{matrix} \text{기체상으로} \\ \text{들어오는} \\ \text{용질의 몰} \end{matrix} = \begin{matrix} \text{액체상으로} \\ \text{빠져나가는} \\ \text{용질의 몰} \end{matrix} + \begin{matrix} \text{기체상으로} \\ \text{빠져나가는} \\ \text{용질의 몰} \end{matrix} \tag{11-72}$$

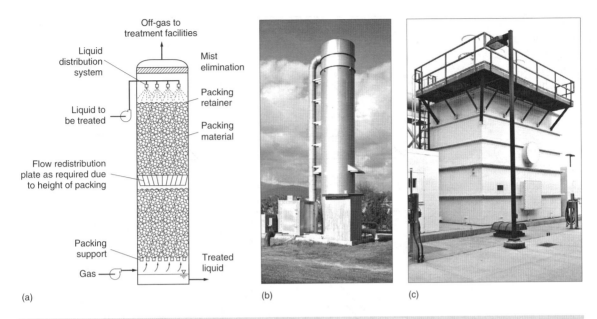

**그림 11-59**

**탈기탑의 전형적인 예.** (a) 수중 휘발성 기체 제거를 위한 충진상 탈기탑 개념도, (b) 개념도 (a)의 탈기탑 사진, (c) RO 처리 후 $CO_2$ 제거를 위한 탈기탑 사진

**그림 11-60**

역류 연속 기체 탈기탑 분석 개념도

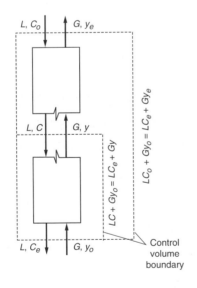

2. 간략식:

$$유입 = 유출 \tag{11-73}$$

3. 기호 표시(그림 11-61 참조)

$$LC + Gy_o = LC_e + G_y \tag{11-74}$$

**그림 11-61**

다양한 탈기 조건의 조작선 (operating lines). (a) 일반적인 경우, (b) $y_o = 0$, (c) $y_o = 0$, $y_e$가 $C_o$와 평형에 도달, (d) $y_o = 0$, $C_e = 0$, $y_e$가 $C_o$와 평형에 도달.

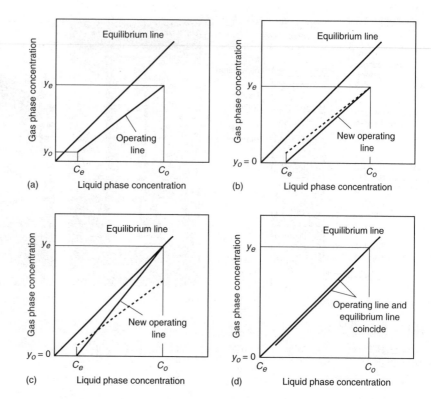

여기서, $L$ = 액체 유량, 단위 시간당 몰 수

$C$ = 탑 내부 특정 높이의 액체 내 용질 농도, mol/mol liquid

$G$ = 기체 유량, 단위 시간당 몰 수

$y_o$ = 탑 하단으로 유입되는 기체 내 용질 농도, mol/mol gas

$C_e$ = 탑 하단으로 유출되는 액체 내 용질 농도, mol/mol liquid

$y$ = 탑 내부 특정 높이의 기체 내 용질 농도, mol/mol gas

식 (11-74)는 다음과 같이 변환될 수 있다.

$$(y_o - y) = L/G(C_e - C) \tag{11-75}$$

전체 탑을 고려한다면, 식 (11-74)은 다음과 같이 쓸 수 있다.

$$LC_o + Gy_o = LC_e + Gy_e \tag{11-76}$$

식 (11-76)을 다시 정리하면,

$$(y_o - y_e) = L/G(C_e - C_o) \tag{11-77}$$

여기서, $C_o$ = 탑 상단으로 유입되는 액체 내 용질 농도, mol/mol liquid

$y_e$ = 탑 상단으로 유출되는 기체 내 용질 농도, mol/mol gas

식 (11-77)은 정상상태에서의 유입과 유출에 대한 물질수지만으로 유도되었으므로, 물질전달에 영향을 줄 수 있는 내부 평형(internal equilibria)과 무관하게 성립된다. 식

**그림 11-62**

Henry 법칙에 의거한 온도에 따른 수중 암모니아에 대한 평형선

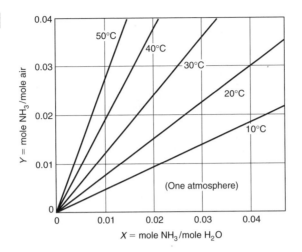

(11-77)은 기울기가 $L/G$이고, 점 $(C_o, y_e)$와 점 $(C_e, y_o)$를 지나는 직선식을 나타낸다. 이 두 점을 지나는 선[그림 11-61(a)]은 조작선(*operating line*)으로 알려져 있으며, 칼럼 내 어떤 부위에서도 조건을 알려 준다. 평형선(equilibrium line)은 Henry 법칙에 기초하고 있는데, 한 예로서 그림 11-62에 온도의 함수로서 암모니아에 대한 Henry 법칙에 따른 선들이 표시되어 있다. 기체가 액체로부터 탈기될 때, 조작선은 평형선 아래에 있게 된다. 가스가 용액으로 흡수된다면 조작선은 평형선 위에 있게 된다.

하부로 유입되는 공기가 해당 용질을 함유하지 않는 경우($y_o = 0$), 식 (11-77)은 다음과 같이 쓰여질 수 있다.

$$y_e = L/G(C_o - C_e) \tag{11-78}$$

식 (11-78) 따른 조건에서의 새로운 조작선을 그림 11-61(b)에 나타내었다. 한편, Henry 법칙[식 (2-46)]을 이용해서 $y_e$를 다음과 같이 나타낼 수 있다.

$$y_e = \frac{H}{P_T} C_o' \tag{11-79}$$

여기서, $y_e$ = 탑 상단으로 유출되는 기체 내 용질 농도, mol / mol gas

$H$ = Henry 상수, $\dfrac{\text{atm (mole gas/mole air)}}{\text{(mole gas/mole water)}}$

$P_T$ = 총 압력, 일반적으로 1 atm

$C_o'$ = 탑에서 유출되는 기체와 평형에 있는 액체의 용질 농도, mol/mol liquid

식 (11-79)를 이용하여 (11-78)을 다음과 같이 변형할 수 있다.

$$C_o' = \frac{P_T}{H} \times \frac{L}{G}(C_o - C_e) \tag{11-80}$$

탑으로 유입되는 액체의 용질 농도가 유출되는 기체와 평형이라고 가정하면, 식 (11-80)은 다음과 같이 된다.

**그림 11–63**

온도에 따른 암모니아 탈기에
필요한 공기 요구량

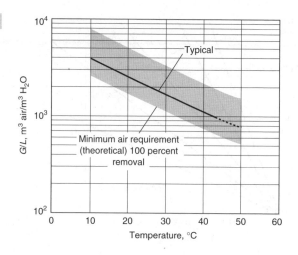

$$\frac{G}{L} = \frac{P_T}{H} \times \frac{(C_o - C_e)}{C_o} \tag{11-81}$$

식 (11-81)에 따른 조건에서의 조작선을 그림 11-61(c)에 나타내었다. 여기에서 $G/L$(공기에 대한 액체의 비율) 값은 주어진 조건(즉, $y_o = 0$이고 $y_e = HC_o/P_T$)에서 탈기에 필요한 최소 공기량이다. 실제로는 효과적인 탈기를 위해 이론적인 최소 값의 1.5~3배에 해당하는 공기량이 적용된다. 이러한 관계의 적용을 예제 11-15에 나타내었다.

만일, 탑에서 유출되는 액체와 탑 하부에서 유입되는 기체가 모두 해당 용질을 포함하지 않는다면, 식 (11-81)은 다음과 같이 된다.

$$\frac{G}{L} = \frac{P_T \times C_o}{H \times C_o} = \frac{P_T}{H} \tag{11-82}$$

이 조건에서 $G/L$ 값은 Henry 법칙에서 정의되는 평형선과 같으며[식 11-61(d)], 이것은 주어진 조건(즉, $y_o = 0$, $C_e = 0$, $y_e = HC_o/P_T$)에서 탈기에 필요한 이론적인 최소 공기량이다. 다양한 온도에서 하수로부터 암모니아를 탈기시키는 이론적 공기-액체 비율(air-to-liquid ratio)을 그림 11-63에 나타내었다. 이론적인 값은 무한대 높이의 탈기탑에서 100% 효율을 나타낸다는 실질적으로는 불가능한 조건을 가정하여 유도되었다. 이론적 공기-액체 비율의 계산을 예제 11-15에 나타내었다.

---

**예제 11–15**  **암모니아의 탈기를 위하여 필요한 공기량** 유량이 4000 m³/d인 하수에서 암모니아의 농도를 40 mg/L에서 1 mg/L로 낮추기 위해 필요한 20℃에서의 이론적 공기량을 구하시오. 20℃에서 암모니아의 Henry 상수는 0.75 atm이며(2장의 표 2-7 참조), 탑의 하부로 유입되는 공기는 암모니아를 함유하지 않고 있다.

**풀이** 1. 식 (2–3)을 이용하여 유입 및 유출 액체 내의 암모니아 농도를 결정한다.

$$x_B = \frac{n_B}{n_A + n_B}$$

여기서, $x_B$ = 용질 B(암모니아)의 몰 분율

$n_B$ = 용질 B의 몰 수

$n_A$ = 용질 A(물)의 몰 수

$$C_o = \frac{[(40 \times 10^{-3})/17]}{[55.5 + (40 \times 10^{-3})/17]} = 4.24 \times 10^{-5}\,\text{mole NH}_3/\text{mole H}_2\text{O}$$

$$C_e = \frac{[(1 \times 10^{-3})/17]}{[55.5 + (1 \times 10^{-3})/17]} = 1.06 \times 10^{-6}\,\text{mole NH}_3/\text{mole H}_2\text{O}$$

2. 식 (11–79)를 이용하여 탑에서 유출되는 기체 내의 암모니아 농도를 결정한다.

$$y_e = \frac{H}{P_T}C_o$$

$$H = \left[\frac{(0.75\,\text{atm})(\text{mole NH}_3/\text{mole air})}{(\text{mole NH}_3/\text{mole H}_2\text{O})}\right] = (0.75\,\text{atm})\left(\frac{\text{mole H}_2\text{O}}{\text{mole air}}\right)$$

$$y_e = \frac{H}{P_T} \times C_o = \frac{0.75\,\text{atm}}{1.0\,\text{atm}}\left(\frac{\text{mole H}_2\text{O}}{\text{mole air}}\right) \times (4.24 \times 10^{-5})\,\text{mole NH}_3/\text{mole H}_2\text{O}$$

$$= 3.18 \times 10^{-5}\,\frac{\text{mole NH}_3}{\text{mole air}}$$

3. 식 (11–81)을 이용하여 공기–액체 비율을 결정한다.

$$\frac{G}{L} = \frac{P_T}{H} \times \frac{(C_o - C_e)}{C_o} = \frac{(C_o - C_e)}{y_e}$$

$$\frac{G}{L} = \frac{(4.24 \times 10^{-5} - 0.106 \times 10^{-5})(\text{mole NH}_3/\text{mole H}_2\text{O})}{(3.18 \times 10^{-6}\,\text{mole NH}_3/\text{mole air})} = 1.3\,\frac{\text{mole air}}{\text{mole H}_2\text{O}}$$

4. 공기–액체 비율을 몰 비에서 부피 비로 환산한다.

20°C의 공기에 대해서는

1.3 mole × 24.1 L/mole = 31.33 L

물은

(1.0 mole H$_2$O)(18 g/mole)(1L/1000 g) = 0.018 L

$$\frac{G}{L} = \frac{31.33\,\text{L air}}{0.018\,\text{L water}} = 1741\,\text{L/L} = 1741\,\text{m}^3/\text{m}^3$$

5. 이상적인 조건에서 필요한 공기의 총량은,

$$필요한 \ 공기량 = \frac{(1741 \ \text{m}^3/\text{m}^3) \ (4000 \ \text{m}^3/\text{d})}{(1440 \ \text{min/d})} = 4835 \ \text{m}^3/\text{min}$$

 탈기탑 높이를 결정하는 과정은 예제 11-14에 나타내었다. 이 공정이 원활하게 진행되게 하기 위해서는 탈기에 앞서 암모늄이온이 암모니아로 전환되어야 한다. 증기 탈기의 경우는 15장에서 설명한다.

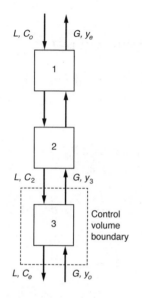

**그림 11-64**

삼단 역류 기체 탈기탑 해석 개념도

**다단 탈기탑 물질수지 해석.** 탈기탑의 해석에 있어서, 여러 참고문헌을 통해 탈기에 필요한 이상적인 단 수(number of ideal stages)에 대한 정보를 얻을 수 있다. 단 수의 해석은 1장에서 설명한 직렬 완전혼합반응기를 이용한 관형 흐름 모사와 유사하다. 구분된 단들은 탈기탑 효율을 향상시키기 위해 사용된다. 탈기탑의 단들은 각각 평형에 도달해 있다고 가정한다. 역류 다단 탈기탑의 하부에 대한 정상상태 물질수지(그림 11-64)는 다음과 같다.

유입 = 유출

$$LC_e + Gy_3 = LC_2 + Gy_o \tag{11-83}$$

또는

$$(y_3 - y_o) = L/G(C_2 - C_e) \tag{11-84}$$

전체 탑에 대하여 물질수지를 적용한다면, 앞에서 도출된 연속탈기탑과 같다[식 (11-76)].

1920년대 초기에 McCabe와 Thiele(1925)는 필요한 이상적인 단수를 계산하기 위한 그래프를 이용한 방법을 개발하였다. 이 방법은 3개의 단으로 구성된 탈기탑에 대하여 그림 11-65에 도시하였다. 특정 성분의 탈기에 필요한 이상적인 단 수는 다음과 같이 얻어진다. 점 $(C_o, y_e)$는 탈기탑 상부로 유출되는 공기 흐름과 유입되는 액체 흐름을 나타낸다. 공기 유량 내 성분 농도와 평형인 액체 농도는 점 $(C_o, y_e)$과 점 $(C_1, y_e)$ 사이의 가로선에서 찾을 수 있다. 점 $(C_1, y_e)$로부터 2단에서 1단으로 유입되는 공기의 농도인 $y_2$를 조작선의 식으로부터 얻을 수 있다. 1단과 2단 사이에서 물질수지를 수행했을 때, $y_2$를 다음과 같이 표현할 수 있다.

$$y_2 = \frac{L}{G}C_1 + \frac{Gy_e - LC_o}{G} \tag{11-85}$$

$y_2$ 값은 그림 11-65에 나타난 것과 같이 점 $(C_1, y_e)$에서 조작선상의 점 $(C_1, y_2)$로 세로선을 그음으로써 얻어진다. 비슷한 방법으로 $C_2$는 점 $(C_1, y_2)$에서 평형선으로 가로선을 그음으로써 얻어진다. 이 과정을 점 $(C_n, y_{n+1})$이 얻어질 때까지 반복한다. 이상적인 단 수는 일반적으로 4.2, 5.6처럼 소수점을 가지게 되며, 실제로는 반올림하여 얻어진 정수를 사용한다.

**그림 11-65**

삼단 역류 기체 탈기탑 조작선

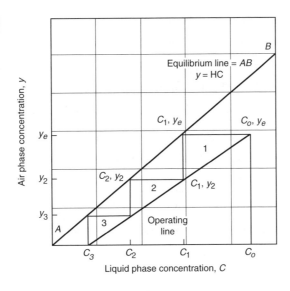

**그림 11-66**

**탈기탑 내부 물질전달 해석 개념도.** 충진재는 도시하지 않음 (Hand et al., 1999)

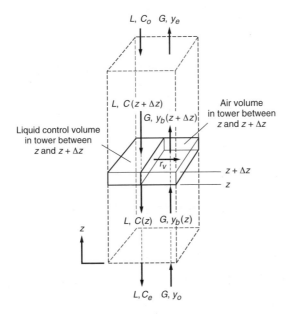

**탈기탑 높이 결정.** 이제 탈기탑 내부 물질수지 해석을 기초로 탑 충전 높이를 결정하는 방법을 설명하고자 한다. 그림 11-66에 도시한 탈기탑 내부에 대해 물질수지를 세우면 다음과 같다.

간략식:

축적 = 유입 − 유출 + 휘발

$$\frac{\partial C}{\partial t}\Delta V = LC|_z - LC|_{z+\Delta z} + r_V \Delta V \tag{11-86}$$

여기서, $\partial C/\partial t$ = 시간에 따른 농도 변화, g/m³·s

$$\Delta V = \text{미분 부피, m}^3$$

$$\Delta z = \text{미분 높이, m}$$

$$L = \text{액체 유량, m}^3/\text{s}$$

$$C = \text{물질 } C \text{의 농도, g/m}^3$$

$$r_V = \text{단위 부피, 단위 시간당 물질전달률, g/m}^3 \cdot \text{s}$$

미분 부피($\Delta V$)를 단면적과 미분 높이의 곱($A\Delta z$)으로 대치하고, 식 (11-86)의 $LC|_{z+\Delta z}$ 항을 다시 쓰면, 다음과 같이 된다.

$$\frac{\partial C}{\partial t} A\Delta z = LC - L\left(C + \frac{\Delta C}{\Delta z}\Delta z\right) + r_V A\Delta z \tag{11-87}$$

식 (11-87)을 단순화하고, $\Delta z$를 0에 접근시키면,

$$\frac{\partial C}{\partial t} = -\frac{L}{A}\frac{\partial C}{\partial z} + r_V \tag{11-88}$$

5장에 표현된 휘발에 의한 물질전달률[식 (5-57) 참조]은,

$$r_V = K_L a(C_b - C_s) \tag{11-89}$$

여기서, $r_V$ = 단위 부피, 단위 시간당 물질전달률, g/m$^3$·s

$\quad\quad\quad K_L a$ = 수질과 온도에 따라 달라지는 부피 물질전달계수, 1/s

$\quad\quad\quad C_b$ = 시간 t에서의 액체 내 농도, g/m$^3$

$\quad\quad\quad C_s$ = Henry 법칙에 의해 기체와 평형을 이루는 액체 내 농도, g/m$^3$

탈기탑 내부의 정상상태($\partial C/\partial t = 0$)를 가정하고 r$_V$를 대체하면 (11-88)은

$$\frac{dC_b}{dz} = \frac{K_L a A}{L}(C_b - C_s) \tag{11-90}$$

탑의 충전 높이는 위 식을 적분하면 구할 수 있다.

$$\int_o^Z dz = \frac{L}{K_L a A}\int_{C_e}^{C_o}\frac{dC_b}{(C_b - C_s)} \tag{11-91}$$

위 식의 우항을 적분하기 위해서는 $C_s$는 탑의 높이를 따라 계속적으로 변하기 때문에 $C_b$와 $C_s$의 관계를 찾아야만 한다. Henry 법칙으로부터,

$$C_s = \frac{P_T}{H}y \tag{11-92}$$

식 (11-78)의 변형된 형태를 식 (11-92)의 y로 치환하면

$$C_s = \frac{P_T}{H} \times \frac{L}{G}(C_b - C_e) \tag{11-93}$$

식 (11-93)을 식 (11-91)에 대입하여 적분하면, 다음과 같은 식이 얻어진다(Hand et al., 1999).

$$Z = \frac{L}{K_L a A}\left(\frac{C_o - C_e}{C_o - C_e - C_o'}\right)\ln\left(\frac{C_o - C_o'}{C_e}\right) \tag{11-94}$$

여기서, $Z$ = 탈기탑 충진 높이, m

$$C_o' = \frac{P_T}{H} \times \frac{L}{G}(C_o - C_e) \; [\text{식 (11-80)}]$$

만일 $C_o' = C_o$ 이면, 식 (11-80)은 식 (11-81)과 같아진다.

**탈기탑 설계식.**  위 식들을 이용하여, 수많은 공정 모델과 설계 식들이 개발되었다. 탈기탑의 높이를 결정하기 위하여 이용할 수 있는 식은 다음과 같다.

$$Z = \text{HTU} \times \text{NTU} \tag{11-95}$$

여기서, Z = 탈기탑 충전 높이, m

　　　HTU = 전달 단 높이, m

　　　NTU = 전달 단 수

　　　전달 단 높이는 다음과 같이 정의된다.

$$\text{HTU} = \frac{L}{K_L a A} \tag{11-96}$$

여기서,　$L$ = 액체 유량, m³/s

　　　$K_L a$ = 부피 물질전달계수, 1/s

　　　　$A$ = 탑 단면적, m²

HTU는 충진재의 물질전달 특성을 의미한다. 물질전달 단 수(NTU)는 다음과 같이 정의된다.

$$\text{NTU} = \left( \frac{C_o - C_e}{C_o - C_e - C_o'} \right) \ln \left( \frac{C_o - C_o'}{C_e} \right) \tag{11-97}$$

식 (11-97)에 식 (11-93)을 대입하면,

$$\text{NTU} = \left( \frac{S}{S-1} \right) \ln \left[ \frac{(C_o/C_e)(S-1)+1}{S} \right] \tag{11-98}$$

여기서, $S$는 탈기인자(stripping factor)로 알려져 있으며, 다음과 같이 정의된다.

$$S = \frac{G}{L} \times \frac{H}{P_T} \tag{11-99}$$

$S = 1$은 탈기를 위하여 필요한 최소 공기량에 대응하는 값이다. $S > 1$이면 공기의 양은 과도하며, 완전한 탈기는 무한대 높이의 탈기탑인 경우에 가능하다. $S < 1$이면 탈기를 위하여 공기량이 부족한 경우이다. 실제 탈기인자 범위는 1.5~5.0이다.

　　특정 화합물에 대한 $K_L a$ 값은 파일럿 플랜트 연구나 16장에 서술한 경험식으로부터 얻을 수 있으며, 편의상 식 (11-100)에 다시 반복되었다. 문헌에서 이에 대한 많은 다양한 상관관계식 얻을 수 있다(Sherwood and Hollaway, 1940 and Onda et al., 1968).

$$K_L a_{\text{VOC}} = K_L a_{O_2} \left( \frac{D_{\text{VOC}}}{D_{O_2}} \right)^n \tag{11-100}$$

여기서, $K_L a_{VOC}$ = 시스템 물질전달계수, 1/h

$K_L a_{O_2}$ = 시스템 산소 물질전달계수, 1/h

$D_{VOC}$ = 물에서의 VOC 확산계수, cm²/s

$D_{O_2}$ = 물에서의 산소 확산계수, cm²/s

$n$ = 계수(탈기탑에서는 0.5)

공기와 물의 온도는 점도(viscosity), Henry 상수, 부피 물질전달계수에 영향을 주기 때문에 탈기탑 설계에서 중요한 요소이다. Henry 상수의 온도영향은 그림 11-62에 설명되어 있다. $K_L a$ 값은 $\theta$ 값으로 1.024를 적용하고 식 (1-44)를 이용하여 조정할 수 있다.

## 》 탈기탑 설계

가장 간단한 형태의 탈기탑은 탑(일반적으로 원기둥 형태), 충진재 지지판, 충진층 위에 위치한 액체 분배 시스템, 탈기탑 하부에 위치한 공기공급장치로 구성된다(그림 11-59). 탈기 공정의 설계 변수에는 (1) 충진재 종류, (2) 탈기인자, (3) 탑 단면적, (4) 충진층 높이 등이 있다. 단면적은 충진층에서의 압력강하에 좌우된다. VOC와 암모니아의 탈기에 사용되는 대표적인 설계치를 표 11-45에 나타내었다. 탈기에 필요한 공기량의 큰 차이로부터 Henry 상수의 중요성을 알 수 있다.

충진층에서의 압력강하는 그림 (11-67)에 도시한 바와 같은 일반적인 가스압력강하 관계(gas pressure drop relationship)를 이용하여 결정된다(Eckert, 1975). 압력강하는 단위 깊이, 단위 면적당 힘 N으로 표현된다[(N/m²)/m]. 그림 11-67에서 근사적 범람 (*approximate flooding*)으로 명명된 상부의 선은 액체와 공기 유량이 너무 커서 공극을

**그림 11-67**

충진상 탈기탑의 일반적인 압력 강하곡선 (Eckert, 1975)

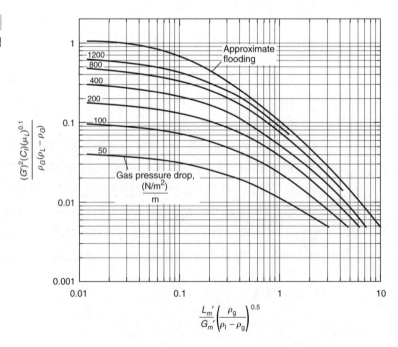

| 표 11-45 |
|---|

**VOC와 암모니아 탈기탑의 일반적인 설계치[a]**

| 항목 | 기호 | 단위 | VOC 제거[b] | 암모니아 제거[c] |
|---|---|---|---|---|
| 액체 부하율 | | L/m²·min | 600~1800 | 40~80 |
| 공기-액체 비율[d] | $G/L$ | m³/m³ | 20~60:1 | 2,000~6,000:1 |
| 탈기인자 | $S$ | 무단위 | 1.5~5.0 | 1.5~5.0 |
| 허용되는 공기압 강하 | $\Delta p$ | (N/m²)/m | 100~400 | 100~400 |
| 높이-직경 비율 | $H/D$ | m/m | ≤ 10:1 | ≤ 10:1 |
| 충진 깊이[e] | $D$ | m | 1~6 | 2~6 |
| 안전인자 | SF | %D,%H | 20~50 | 20~50 |
| 하수의 pH | pH | 무단위 | 5.5~8.5 | 10.8~11.5 |
| 근사적 충진인자 | | | | |
| pall ring, Intalox saddles | | | | |
| 12.5 mm[f] | $C_f$ | 12.5 mm[f] | 180~240 | 180~240 |
| 25 mm[f] | $C_f$ | 25 mm[f] | 30~60 | 30~60 |
| 50 mm[f] | $C_f$ | 50 mm[f] | 20~25 | 20~25 |
| Berl saddles, Raschig rings | | | | |
| 12.5 mm[f] | $C_f$ | 12.5 mm[f] | 300~600 | 300~600 |
| 25 mm[f] | $C_f$ | 25 mm[f] | 120~160 | 120~160 |
| 50 mm[f] | $C_f$ | 50 mm[f] | 45~60 | 45~60 |

[a] Eckert(1970, 1975), Kavanaugh and Trussell(1980), Hang et al.(1999)

[b] Henry 상수가 500 atm(몰 $H_2O$/몰 공기)인 VOC에 대한 자료

[c] Henry 상수가 0.75 atm(몰 $H_2O$/몰 공기)은 부분적으로 탈기되며, 이것은 낮은 부하율과 높은 공기-액체 비율을 나타낸다.

[d] 비율은 온도에 매우 의존한다.

[e] 5~6 m보다 큰 충진 깊이에 있어서 액체 흐름의 재분배를 추천한다.

[f] 충진 물질의 크기

메워 물이 탑 내부에서 범람하기 시작하는 조건을 표현한 것이다. $x$와 $y$축의 단위는 다음과 같다.

$X$축:

$$x = \frac{L'}{G'}\left(\frac{\rho_G}{\rho_L - \rho_G}\right)^{1/2} \approx \frac{L'}{G'}\left(\frac{\rho_G}{\rho_L}\right)^{1/2} \tag{11-101}$$

$Y$축:

$$y = \frac{(G')^2(C_f)(\mu_L)^{0.1}}{(\rho_G)(\rho_L - \rho_G)} \tag{11-102}$$

이것을 다시 쓰면 다음과 같다.

$$G' = \left[\frac{(y축에서의\ 값)\,(\rho_G)(\rho_L - \rho_G)}{(C_f)(\mu_t)^{0.1}}\right]^{1/2} \tag{11-103}$$

여기서, $L'$ = 액체 부하율, kg/m²·s

$\quad\quad G'$ = 가스 부하율, kg/m²·s

$\quad\quad \rho_G$ = 가스의 밀도, kg/m³

$\quad\quad \rho_L$ = 액체의 밀도, kg/m³

$\quad\quad C_f$ = 충진 물질의 충진율, 1/m

$\quad\quad \mu_L$ = 액체의 점도, kg/m·s

충진인자 $C_f$은 충진재 유형과 크기에 따라 달라진다. 사전 평가에 이용되는 충진인자의 일반적인 범위를 표 11-35에 나타내었다. 상세한 설계 계산을 위하여 제조사에서 제공하는 최신 자료를 이용해야 한다.

　　그림 11-67을 이용하기 위하여 $G'/L'$ 값을 선택하고 이에 해당하는 $x$ 값을 계산한다. 계산된 $x$ 값에서 사전선택된 압력강하 곡선까지 수직으로 이동한 후 교차점에서 수평으로 y축으로 이동하고 y축의 값을 찾는다. $y$ 값과 식 (11-103)을 이용하여 가스 부하율 $G'$과 이에 상응하는 액체 부하율 $L'$을 결정한다. 필요한 단면적은 액체유량을 액체 부하율로 나눔으로써 구할 수 있다.

　　일반적인 해석과정은 아래와 같다.

1. 식 (11-101)에 사용할 충진재와 이에 해당되는 충진인자 선택
2. 연속적으로 시도해 볼 몇 개의 탈기인자를 선택(예, 2.5, 3.0, 4.0)
3. 적절한 압력강하 $\Delta P$ 선택(전형적으로 선택된 충진물질의 함수)
4. 그림 11-67이나 다른 적절한 자료를 이용하여 단면적을 결정
5. 식 (11-96)을 이용하여 전달 단위 높이를 결정. $K_L a$는 문헌치를 사용하거나 식 (11-100)를 이용하여 추정
6. 식 (11-98)을 이용하여 전달 단위 수 결정
7. 식 (11-95)를 이용하여 충진층 높이 결정
8. 탈기탑 전체 높이 결정. 상부 여유공간과 유출 공기 포집 시스템을 위해 충진재 높이에 2~3 m를 더하여 산정

　　예제 11-16은 위에서 언급한 과정을 설명하는 예이다. 탈기탑의 대표적인 설계값은 표 11-45에 나타나있다. 탈기과정을 철저하게 평가하기 위하여 상업적으로 이용되는 소프트웨어 패키지를 이용할 수도 있다.

**예제 11-16**　　**암모니아 제거용 탈기탑 높이 결정** 예제 11-15의 하수를 처리하는 데 필요한 탈기탑의 직경과 높이를 결정하시오. 유량이 4,000 m³/d인 하수의 암모니아 농도를 40 mg/L에서 1 mg/L로 제거하고자 한다. 20°C의 암모니아에 대한 Henry 상수는 0.75 atm, 탈기탑 하부로 들어오는 공기는 암모니아를 포함하지 않으며, 암모니아의 $K_L a$값은 0.0125 s⁻¹로 가정한다.

**풀이**  1. 탈기탑의 충진재를 선택한다. 20~50 mm Pall rings을 가정하여 표 11-45에 의해 충진인자를 20으로 가정한다.

2. 탈기인자를 결정한다. 표 11-45에 의해 3으로 가정한다.

3. 적절한 압력강하를 결정한다. 표 11-45에 의하여 400 N/m²/m으로 가정한다.

4. 그림 11-67의 압력강하 자료를 이용하여 탈기탑의 단면적을 결정한다.

  a. 탈기인자 3에 대한 $x$ 값 결정

$$S = \frac{G}{L} \times \frac{H}{P_T} = \frac{G \text{ mole air}}{L \text{ mole water}} \times \frac{0.75 \text{ atm}}{1.0 \text{ atm}} = \frac{G \text{ mole air}}{L \text{ mole water}} \times 0.75$$

$$S = 0.75 \times \left(\frac{G \text{ mole air}}{L \text{ mole water}}\right)\left(\frac{28.8 \text{ g}}{\text{mole air}}\right)\left(\frac{\text{mole water}}{18 \text{ g}}\right) = 1.2 \frac{G \text{ g}}{L \text{ g}} = 1.2 \frac{G' \text{ kg}}{L' \text{ kg}}$$

$$\frac{L'}{G'} = \frac{(1.2 \text{ kg/kg})}{3} = 0.4$$

$$\frac{L'}{G'}\left(\frac{\rho_G}{\rho_L - \rho_G}\right)^{1/2} \approx \frac{L'}{G'}\left(\frac{\rho_G}{\rho_L}\right)^{1/2} = (0.4 \text{ kg/kg})\left[\frac{(1.204 \text{ kg/m}^3)}{(998.2 \text{ kg/m}^3)}\right]^{1/2} = 0.0139$$

  b. $y$ 값 결정. 가로값 0.0139이고 압력강하가 400 (N/m²)/m이므로 $y$ 값은 0.3이 된다.

  c. $y$ 값 0.3과 식 (11-103)을 이용하여 부하율 결정

$$G' = \left[\frac{(\text{value from } y \text{ axis})(\rho_G)(\rho_L - \rho_G)}{(C_f)(\mu_L)^{0.1}}\right]^{1/2}$$

$$G' = \left[\frac{(0.3)(1.204)(998.2 - 1.204)}{(20)(1.002)^{0.1}}\right]^{1/2} = 4.24 \text{ kg/m}^2\cdot\text{s}$$

$$L' = 0.4 \ G' = 0.4 \times 4.24 \text{ kg/m}^2\cdot\text{s} = 1.70 \text{ kg/m}^2\cdot\text{s}$$

  d. 탈기탑의 직경을 결정하기 위하여 알려진 값을 이용하여 풀면,

$$D = \left[\frac{4}{3.14} \times \frac{(4000 \text{ m}^3/\text{d})(998.2 \text{ kg/m}^3)}{(4.24 \text{ kg/m}^2\cdot\text{s})} \times \frac{1 \text{ d}}{86,400 \text{ s}}\right]^{1/2} = 3.73 \text{ m}$$

5. 식 (11-96)을 이용하여 전달단위의 높이를 결정하면,

$$\text{HTU} = \frac{L}{K_L a A}$$

$$\text{HTU} = \frac{L}{K_L a A} = \left[\frac{(4000 \text{ m}^3/\text{d})}{(0.0125/\text{s})[(3.14/4)(3.73)^2]} \times \frac{1 \text{ d}}{86,400 \text{ s}}\right] = 0.34 \text{ m}$$

6. 식 (11-98)을 이용하여 전달단위의 수를 결정하면,

$$\text{NTU} = \left(\frac{S}{S-1}\right) \ln\left[\frac{(C_o/C_e)(S-1) + 1}{S}\right]$$

$$\text{NTU} = \left(\frac{3}{3-1}\right) \ln\left[\frac{(40/1)(3-1)+1}{3}\right] = 4.94$$

7. 식 (11-95)를 이용하여 충진층 높이를 결정하면,

$$Z = \text{HTU} \times \text{NTU} = 0.34 \times 4.94 = 1.68 \text{ m}$$

8. 탈기탑 전체 높이를 계산하기 위해 충진층 상단에 3 m를 추가 설정한다.

$$\text{Hstripper} = \text{Hstripper, m} + 3 \text{ m} = 1.68 \text{ m} + 3 \text{ m} = 4.68 \text{ m}$$

 이 예제에서는 암모니아 $K_L a$ 값에 문헌치를 사용했다. 실제 현장에서는 파일럿 규모 장치를 통해 필요한 $K_L a$ 값을 결정해야 한다. 다른 방법으로는 식 (11-100)으로 $K_L a$ 값을 추정할 수 있다. 경우에 따라 문헌이나 제작사의 자료가 사전 크기 결정에 이용될 수 있다. 암모니아는 Henry 상수가 낮아 암모니아 탈기에 단면적이 크게 소요되므로, 일반적으로 2.6 m²과 5.3 m²의 두 탈기탑을 함께 사용한다. 설계를 최적화하기 위하여 다양한 탈기 비율이 평가되어야 한다. 최적화는 상업적으로 이용 가능한 소프트웨어를 이용할 수 있다. 암모니아는 Henry 상수가 낮아 상온에서의 탈기는 거의 수행되지 않는다. 슬러지 처리에서 발생하는 반류수 내의 고농도 암모니아 처리를 위한 증기 탈기는 15장에서 다룬다.

## ❯❯ 탈기 적용

앞에서 언급하였듯이 탈기는 VOCs, $NH_3$, $CO_2$, $O_2$, $H_2S$ 등 다양한 가스성 물질을 제거하는 데 이용되어진다. 포기에 의한 VOCs 제거와 처리는 16장의 16-4절에서 다룬다. $H_2S$등 악취물질의 제거와 처리는 16장의 16-3절에서 다룬다. 탈기는 하수 유입수 및 처리된 유출수, 소화조 상등액으로부터의 암모니아 제거와, 반류수에서의 암모니아 회수 목적 등으로 활용된다. 반류수의 암모니아 회수는 15장에서 다룬다. 아래에서 하수에서의 암모니아 탈기에 대해 간단히 언급한다.

탈기를 통한 하수 내 암모니아 제거 공정의 전형적인 흐름도를 그림 11-68에 나타내었다. 하수의 암모니아 탈기 시 (1) 효과적인 탈기를 위해 필요한 pH 유지 (2) 탑 내부와 투입라인에서 탄산칼슘 스케일 (3) 추운 날씨에서의 낮은 성능 등 여러 문제점들이 흔히 발생한다. 필요한 pH를 유지하는 것은 여러 개의 센서를 통하여 관리할 수 있다. 생성되는 탄산칼슘의 양과 성질(연한 것부터 단단한 것까지)은 하수의 특성과 지역의 환경 조건에 따라 달라지며, 사전 예측에 어려움이 있다. 영하의 온도에서는 탈기탑의 액체-기체의 접촉형상이 변하게 되고, 이로 인해 전체 효율이 감소된다. 추운 날씨에 대한 최고의 해결책은 탈기탑을 단열재로 둘러싸는 것이다. 이상 언급한 이유들과 비용으로 인해 하수에서 암모니아 제거를 위해 탈기를 사용하는 것은 흔치 않다. 그러나 슬러지 처리 시 발생하는 농축된 반류수에 대해서는 암모니아 탈기가 흔히 사용된다. 황산암모늄 형태로의 질소회수를 위한 암모니아 탈기는 15장에서 다룬다.

**그림 11-68**

하수 내 암모니아 제거를 위한 공기 탈기의 일반적인 흐름도.

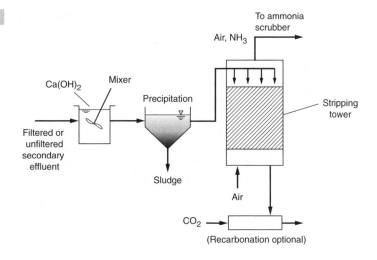

## 11-11    이온교환

이온교환은 수중의 이온이 고상의 교환 물질과 결합된 다른 이온으로 대체되는 단위 공정이다. 이 공정의 일반적인 용도는 상수의 연수화로, 수중의 칼슘과 마그네슘을 양이온 교환수지의 소듐이온으로 치환하여 경도를 낮춘다. 하수처리 시에는 질소, 중금속, 총 용해성 고형물질의 제거에 적용된다.

이온교환 공정은 회분식으로도 연속 방식으로도 운전될 수 있다. 회분식 공정에서는 이온교환수지와 유입수를 반응조 내에서 반응이 끝날 때까지 혼합한다. 사용된 수지는 침전에 의해 제거된 후 재생 및 재사용된다. 연속공정에서는 교환물질이 앞에서 보여줄 그림 11-5b(a)와 유사한 충진된 상이나 충진 칼럼에 유입수를 통과시킨다. 연속 이온교환은 일반적으로 하향류 충진 칼럼형태로 운전된다. 하수는 칼럼 상부로 유입되어 압력에 의해 수지상을 통하여 하향류로 흐르고 하부로 배출된다. 교환 용량이 소진되었을 때 칼럼 내에 축적된 고형물을 제거하기 위하여 역세한 후 이온교환 수지를 재생한다. 상용 이온교환 반응조 두가지를 그림 11-69에 나타내었다.

### 》 이온교환 물질

제올라이트(zeolite)로 알려진 천연 물질은 상수 연수화와 암모늄이온 제거에 이용된다. 상수 연수화에 이용되는 제올라이트는 이동성 이온으로 소듐을 이용하는 복잡한 형태의 알루미노실리케이트이다. 암모늄 제거에는 제올라이트의 한 종류인 클리놉틸로라이트(clinoptilolite)가 사용된다. 합성 알루미노실리케이트들이 생산되기도 하지만, 대부분의 인공 이온교환 물질들은 수지(resin)나 페놀계 고분자이다. 합성 이온교환 수지에는 (1) 강산 양이온, (2) 약산 양이온, (3) 강염기 음이온, (4) 약염기 음이온과 (5) 중금속 선택성 킬레이트 수지의 5가지 유형이 있다. 이들 수지의 특성을 표 11-46에 요약하였다.

대부분의 합성 이온교환 수지들은 스티렌(styrene)와 디비닐벤젠(divinylbenzene)이

**그림 11-69**

**실규모 이온교환 장치 예.** (a) 대형 하향 충진상 칼럼, (b) 회전대(rotating platform)에 위치한 이온교환 통(ion exchange canister). 하나의 통이 재생될 때도 다른 통들이 운전될 수 있다.

(a)                                                    (b)

**표 11-46**

**이온교환 수지 분류**[a]

(Ford, 1992)

| 수지 형태 | 특성 |
|---|---|
| 강산 양이온 수지 | 강산 수지는 강산처럼 작용하며, 전체 pH에 걸쳐 산($R\text{-}SO_3H$)과 염($R\text{-}SO_3Na$) 형태로 강하게 이온화된다. |
| 약산 양이온 수지 | 약산 양이온 교환수지는 일반적으로 카르복실기 약산 작용기(-COOH)를 함유하며, 약하게 해리되어 약 유기산처럼 작용한다. |
| 강염기 음이온 수지 | 강염기 수지는 매우 잘 해리되는 OH와 같은 강염기 작용기를 가지며, 전체 pH에 걸쳐 사용될 수 있다. 초순수 제조 시 수산화기 형태가 사용된다. |
| 약염기 음이온 수지 | 약염기 수지는 pH에 따라 이온화 정도가 달라지는 약염기 작용기를 함유한다. |
| 중금속 선택 킬레이트 수지 | 킬레이트 수지들은 약산 양이온 수지와 유사하게 작용하지만 중금속 양이온에 대하여 높은 선택성을 가진다. 대부분의 작용기 그룹은 EDTA이며, 소듐 형태로 수지의 구조는 R-EDTA-Na이다. |

[a] Adapted in part from Ford(1992)

중합과정을 통해 제조된다. 스티렌은 수지의 기본 골격으로 작용하며, 디비닐벤젠은 불용해성의 강한 수지를 만드는 목적으로 고분자를 교차 결합(cross-link)시키는 역할을 한다. 이온교환 수지의 중요한 성질에는 이온교환 용량, 입자 크기, 안정성 등이 있다. 수지의 이온교환 용량은 흡수할 수 있는 교환 가능한 이온의 양으로 정의된다. 수지의 교환 용량은 eq/L이나 eq/Kg (meq/L, meq/g)으로 표시된다. 수지의 입자 크기는 이온교환 칼럼의 수리학과 이온교환의 동력학 측면에서 중요하다. 일반적으로 이온교환 속도는 입자 직경 제곱의 역수에 비례한다. 수지의 안정성은 수지의 장기간 운전에 있어 중요하다. 과도한 삼투 팽창과 수축, 화학적 마모, 물리적 압박에 의해 일어나게 되는 구조적 변화는 수지의 수명을 제한하는 중요한 요소이다.

## ≫ 전형적인 이온교환 반응

천연 및 합성 이온교환물질의 전형적인 이온교환 반응은 아래와 같다.

천연 제올라이트(Z):

$$ZNa_2 + \begin{bmatrix} Ca^{2+} \\ Mg^{2+} \\ Fe^{2+} \end{bmatrix} \rightleftarrows Z \begin{bmatrix} Ca^{2+} \\ Mg^{2+} \\ Fe^{2+} \end{bmatrix} + 2Na^+ \tag{11-104}$$

합성 수지(R):

강산 양이온 교환:

$$RSO_3H + Na^+ \rightleftarrows RSO_3Na + H^+ \tag{11-105}$$

$$2RSO_3Na + Ca^{2+} \rightleftarrows (RSO_3)_2Ca + 2Na^+ \tag{11-106}$$

약산 양이온 교환:

$$RCOOH + Na^+ \rightleftarrows RCOONa + H^+ \tag{11-107}$$

$$2RCOONa + Ca^{2+} \rightleftarrows (RCOO)_2Ca + 2Na^+ \tag{11-108}$$

강염기 음이온 교환:

$$RR'_3NOH + Cl^- \rightleftarrows RR'_3NCl + OH^- \tag{11-109}$$

약염기 음이온 교환:

$$RNH_3OH + Cl^- \rightleftarrows RNH_3Cl + OH^- \tag{11-110}$$

$$2RNH_3OCl + SO_4^{2-} \rightleftarrows (RNH_3)_2SO_4 + 2Cl^- \tag{11-111}$$

## ≫ 이온교환 수지 용량

알려진 이온교환 용량은 수지를 재생하기 위하여 이용되는 재생액의 종류와 농도에 따라 다양하다(표 11-47). 일반적인 합성 이온교환 수지의 용량은 2에서 10 eq/kg의 범위에 있으며 연수화에 사용되는 제올라이트 양이온 교환 수지는 0.05에서 0.1eq/kg의 용량을 갖는다. 이온교환 용량은 수지를 알려진 이온 형태로 바꾸어 측정한다. 양이온 교환 수지는 강산으로 세척하여 교환 부위를 $H^+$의 형태로 모두 바꾸거나 강한 NaCl로 세척하여 교환 부위를 $Na^+$형태로 바꾼다. 교환되는 이온(예를 들면, $Ca^{2+}$)의 농도를 알고 있는 용액을 교환이 완전히 일어날 때까지 첨가하여 이온교환 용량을 측정하거나, 산의 경우는 강염기를 이용하여 적정한다. 적정을 통하여 이온교환 수지의 용량을 결정하는 방법이 예제 11-17에 나타나있다.

수지의 이온교환 용량은 종종 단위 부피당 $CaCO_3$ 질량($g/m^3$) 혹은 단위 부피당 $CaCO_3$ 당량($g\text{-}eq/m^3$)으로 표현한다. 두 개의 단위 간의 변환은 다음과 같은 방법으로 할 수 있다.

$$\frac{1\,g\text{-}eq}{m^3} = \frac{(1\,g\text{-}eq)\left(\dfrac{100\,g\;CaCO_3}{2\,g\text{-}eq}\right)}{m^3} = 50\,g\;CaCO_3/m^3 \tag{7-112}$$

이온교환 공정에 필요한 수지 부피 계산 예는 예제 11-17과 같다.

**표 11-47**

하수처리공정에 사용되는 이온교환 수지 특성[a]

| 수지 유형 | 약어 | 근본 반응[b] | 재생 이온(X) | pK | 교환능, meq/mL | 제거 성분 |
|---|---|---|---|---|---|---|
| 강산 양이온 | SAC | $n[RSO_3^-]X^+ + M^{n+} \rightleftarrows$ <br> $[nRSO_3^-]M^{n+} + nX^+$ | $H^+$ or $Na^+$ | < 0 | 1.7 to 2.1 | $H^+$: 모든 양이온 <br> $Na^+$: 2가 양이온 |
| 약산 양이온 | WAC | $n[RCOO^-]X^+ + M^{n+} \rightleftarrows$ <br> $[nRCOO^-]M^{n+} + nX^+$ | $H^+$ | 4 to 5 | 4 to 4.5 | 2가 양이온을 먼저 제거한 후 1가 양이온 제거 |
| 강염기 음이온 (type 1) | SBA-1[c] | $n[R(CH_3)_3N^+]X^- + A^{n-} \rightleftarrows$ <br> $[nR(CH_3)_3N^+]A^{n-} + nX^-$ | $OH^-$ or $Cl^-$ | > 13 | 1 to 1.4 | $OH^-$: 모든 음이온 <br> $Cl^-$: 황산이온, 질산이온, 과염소산이온 |
| 강염기 음이온 (type 2) | SBA-2[d] | $n[R(CH_3)_2(CH_3CH_2OH)N^+]X^- + A^{n-} \rightleftarrows$ <br> $[nR(CH_3)_2(CH_3CH_2OH)N^+]A^{n-} + nX^-$ | $OH^-$ or $Cl^-$ | > 13 | 2 to 2.5 | $OH^-$: 모든 음이온 <br> $Cl^-$: 황산이온, 질산이온, 과염소산이온 |
| 약염기 음이온 | WBA | $[R(CH_3)_2N]HX + HA \rightleftarrows$ <br> $[R(CH_3)_2N]HA + HX$ | $OH^-$ | 5.7 to 7.3 | 2 to 3 | 2가 음이온을 먼저 제거한 후 1가 양이온 제거 |

[a] Crittenden et al. (2005)

[b] 대괄호는 수지 고상을 의미

[c] SBA-2에 비해 화학적 안정성 큼

[d] SBA-1에 비해 재생 효율과 용량 큼

**예제 11-17**

**수지를 활용하는 이온교환 용량 결정** 양이온 교환 수지의 용량을 결정하기 위하여 칼럼 연구가 수행되었다. 연구를 수행할 때, 0.1 kg의 수지를 NaCl 용액을 이용하여 R-Na의 형태가 되도록 세척하였다. 수지의 공극에서 염소이온을 제거하기 위하여 증류수로 세척하였다. 수지를 염화칼슘($CaCl_2$)을 이용하여 적정하였으며, 여러 통과 부피에 대하여 염소와 칼슘의 농도를 측정하였다. 측정된 $Cl^-$와 $Ca^{2+}$ 농도는 다음과 같다. 아래의 주어진 자료를 이용하여 수지의 이온교환 용량을 결정하고 암모늄이온($NH_4^+$)의 농도 18 mg/L의 물 4000 m³을 처리하는 데 필요한 수지의 부피를 결정하시오. 수지의 밀도는 700 kg/m³으로 가정한다.

| | 성분, mg/L | |
|---|---|---|
| 통과 부피, L | $Cl^-$ | $Ca^{2+}$ |
| 2 | 0 | 0 |
| 3 | Trace | 0 |
| 5 | 7 | 0 |
| 6 | 18 | 0 |
| 10 | 65 | 0 |
| 12 | 71 | Trace |

(계속)

| 통과 부피, L | 성분, mg/L | |
| --- | --- | --- |
| | Cl⁻ | Ca²⁺ |
| 20 | 71 | 13 |
| 26 | 71 | 32 |
| 28 | 71 | 38 |
| 32 | $C_o = 71$ | $C_o = 40$ |

**풀이**

1. 통과 부피에 함수로서 Cl⁻와 Ca²⁺의 표준화된 농도의 그림을 준비한다. 준비된 그림은 아래와 같다.

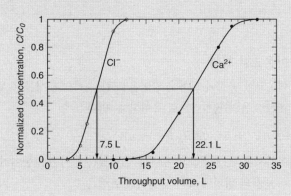

2. 이온교환 용량을 결정한다. 수지의 이온교환 용량(EC)은

$$EC = \frac{VC_o}{R}$$

여기서, $V$ = Cl⁻와 Ca²⁺의 파과 곡선에서 $C/C_o = 0.5$가 되는 통과부피

$C_o$ = 칼슘 초기 농도(meq/L)

$R$ = 수지 양(kg)

$$EC = \frac{(22.1\text{ L} - 7.5\text{ L})\left[\dfrac{(40\text{ mg/L})}{(20\text{ mg/meq})}\right]}{0.1\text{ kg of resin}} = 292\text{ meq/kg of resin}$$

3. 암모늄이온 농도 18 mg/L인 물 4000 m³를 처리하기 위하여 필요한 수지의 양과 부피를 결정

   a. NH₄⁺ 당량 결정

   $$\text{NH}_4^+,\ \text{meq/L} = \frac{(18\text{ mg/L as NH}_4^+)}{(18\text{ mg/meq})} = 1\text{ meq/L}$$

   b. 필요한 이온교환 용량은

   $$(1.0\text{ meq/L})(4000\text{ m}^3)(10^3\text{ L/m}^3) = 4 \times 10^6\text{ meq}$$

c. 수지의 필요 질량은

$$R_{mass}, \text{kg} = \frac{4 \times 10^6 \text{ meq}}{(292 \text{ meq/kg of resin})} = 13,700 \text{ kg}$$

d. 필요한 수지의 부피는

$$R_{vol}, \text{m}^3 = \frac{13,700 \text{ kg of resin}}{(700 \text{ kg/m}^3)} = 19.6 \text{ m}^3$$

 실질적으로, 누출과 여러 가지 운전 및 설계상의 제안 때문에, 수지의 필요한 부피는 이온교환 용량을 기초로 하여 계산된 값의 1.1에서 1.4배를 통상적으로 사용한다. 또한, 위 계산은 수지의 전체 용량이 이용된다는 가정하에서 이루어진 것이다.

## ≫ 이온교환 화학

이온교환 공정의 화학은 양이온 교환 수지의 구성물질 A와 용액상의 물질 B와의 반응에 대한 다음의 평형식으로 표현할 수 있다.

$$nR^-A^+ + B^{n+} \rightleftarrows R_n^-B^{n+} + nA^+ \tag{11-113}$$

여기서 $R^-$는 이온교환 수지에 붙어있는 음이온 그룹이며 A와 B는 용액상의 양이온이다. 위 반응의 평형에 대한 일반적인 표현은

$$\frac{[A^+]_S^n[R_n^-B^{n+}]_R}{[R^-A^+]_R^n[B^{n+}]_S} = K_{A^+ \to B^{n+}} \tag{11-114}$$

여기서, $K_A^+ \to B^{n+}$ = 선택계수

$\qquad [A^+]_s$ = 용액의 $A$ 농도

$\qquad [R^-A^+]_R$ = 교환수지상의 $A$ 농도

강산 합성 양이온 교환수지 R을 이용하여 물로부터 소듐($Na^+$)과 칼슘($Ca^{2+}$)을 제거하는 반응과 소진된 수지를 염산(HCl)과 염화소듐(NaCl)을 이용하여 재생하는 반응은 다음과 같이 표현할 수 있다.

반응:

$$R^-H^+ + Na^+ \rightleftarrows R^-Na^+ + H^+ \tag{11-115}$$

$$2R^-Na^+ + Ca^{2+} \rightleftarrows R_2^-Ca^{2+} + 2Na^+ \tag{11-116}$$

재생:

$$R^-Na^+ + HCl \rightleftarrows R^-H^+ + NaCl \tag{11-117}$$

$$R_2^-Ca^{2+} + 2NaCl \rightleftarrows 2R^-Na^+ + CaCl_2 \tag{11-118}$$

소듐과 칼슘에 대한 평형 표현은 다음과 같다.

소듐의 경우:

$$\frac{[H^+][R^-Na^+]}{[R^-H^+][Na^+]} = K_{H^+ \to Na^+} \tag{11-119}$$

**표 11-48**

8% 교차 결합 강산 양이온 교환 수지의 대략적인 선택계수

| 양이온 | 선택계수 | 양이온 | 선택계수 |
|--------|----------|--------|----------|
| $Li^+$ | 1.0 | $Co^{2+}$ | 3.7 |
| $H^+$ | 1.3 | $Cu^{2+}$ | 3.8 |
| $Na^+$ | 2.0 | $Cd^{2+}$ | 3.9 |
| $NH_4^+$ | 2.6 | $Be^{2+}$ | 4.0 |
| $K^+$ | 2.9 | $Mn^{2+}$ | 4.1 |
| $Rb^+$ | 3.2 | $Ni^{2+}$ | 3.9 |
| $Cs^+$ | 3.3 | $Ca^{2+}$ | 5.2 |
| $Ag^+$ | 8.5 | $Sr^{2+}$ | 6.5 |
| $Mg^{2+}$ | 3.3 | $Pb^{2+}$ | 9.9 |
| $Zn^{2+}$ | 3.5 | $Ba^{2+}$ | 11.5 |

[a] Banner and Smith(1957); Slater(1991)

칼슘의 경우:

$$\frac{[Na^+]^2[R^-Ca^{2+}]}{[R^-Na^+]^2[Ca^{2+}]} = K_{Na^+ \to Ca^{2+}} \tag{11-120}$$

선택계수는 주로 이온의 특성과 원자가, 수지의 형태와 포화도, 하수의 이온 농도에 따라 결정되며, 좁은 pH 범위에서 유효하다. 사실 비슷한 이온의 순서에 있어서 교환 수지의 이온 간 선택성과 친밀도가 상이할 수 있다. 개략적인 양이온 수지나 음이온 수지의 선택계수를 표 11-48과 11-49에 각각 나타내었다. 이 표에 나타난 선택계수의 사용은 예제 11-18에 설명되어 있다.

합성 양이온과 음이온 교환수지에 있어서 선택계수의 전형적인 순서는 다음과 같다.

$$Li^+ < H^+ < Na^+ < NH_4^+ < K^+ < Rb^+ < Ag^+ \tag{11-121}$$

$$Mg^{2+} < Zn^{2+} < Co^{2+} < Cu^{2+} < Ca^{2+} < Sr^{2+} < Ba^{2+} \tag{11-122}$$

$$OH^- < F^- < HCO_3^- < Cl^- < Br^- < NO_3^- < ClO_4^- \tag{11-123}$$

실질적으로, 선택계수들은 실험실에서 측정되며 측정시 조건에서만 유효하다. 낮은

**표 11-49**

강염기 음이온 교환 수지의 대략적인 선택계수

| 음이온 | 선택계수 | 음이온 | 선택계수 |
|--------|----------|--------|----------|
| $HPO_4^{2-}$ | 0.01 | $BrO_3^-$ | 1.0 |
| $CO_3^{2-}$ | 0.03 | $Cl^-$ | 1.0 |
| $OH^-$ (type I) | 0.06 | $CN^-$ | 1.3 |
| $F^-$ | 0.1 | $NO_2^-$ | 1.3 |
| $SO_4^{2-}$ | 0.15 | $HSO_4^-$ | 1.6 |
| $CH_3COO^-$ | 0.2 | $Br^-$ | 3.0 |
| $HCO_3^-$ | 0.4 | $NO_3^-$ | 3.0~4.0 |
| $OH^-$ (type II) | 0.5~0.65 | $I^-$ | 18.0 |

[a] Peterson(1953) and Bard(1966)

농도에서 1가 이온의 2가 이온에 의한 교환에 대한 선택계수는 일반적으로 1가 이온의 1가 이온에 의한 교환보다 크다. 이러한 사실로 암모늄이온 형태의 임모니아와 같은 하수 내 특정 물질의 제거에 합성수지를 사용하는 경우는 제한적이다. 그렇지만 어떤 천연제올라이트는 $NH_4^+$나 $Cu^{2+}$를 선호한다.

Anderson(1975)은 강이온 수지를 이용하여 제안된 이온교환 공정의 효율성 평가에 사용될 수 있는 방법을 개발하였다. Anderson에 의하여 제안된 방법은 이온교환 부하량이 수지 용량의 100%에 도달한 경우에 있어서 물질의 유출수 농도는 유입수와 같다라는 가정에서 시작하였다(즉, 평형상태에 도달하였다). 평형조건은 수지의 한정 운전 교환 용량이나 얻을 수 있는 최대 재생 수준에 대응하는 용량으로 가정한다. 이 가정을 이용하여, 식 (11-114)는 다음의 대입을 통하여 농도단위에서 당량분율 단위로 변환될 수 있다.

$$X_{A^+} = \frac{[A^+]_S}{C} \text{ and } X_{B^+} = \frac{[B^+]_S}{C} \tag{11-124}$$

$$X_{A^+} + X_{B^+} = 1 \tag{11-125}$$

여기서, $X_A^+$와 $X_B^+$는 용액 내 A와 B의 당량분율이며 C는 용액 내 총 양이온 또는 음이온 농도이다.

$$\overline{X}_{A^+} = \frac{[R^- A^+]_R}{\overline{C}} \text{ and } \overline{X}_{B^+} = \frac{[R^- B^+]_R}{\overline{C}} \tag{11-126}$$

$$\overline{X}_{A^+} + \overline{X}_{B^+} = 1 \tag{11-127}$$

여기서, $\overline{X}_A$와 $\overline{X}_B$는 수지의 A와 B의 당량분율이고 $\overline{C}$는 수지의 총 이온농도(즉, 총 이온용량 eq/L)이다. 식 (11-114)에 위 식들을 대입하여 이를 간단히 하면, 다음과 같이 된다.

$$\frac{\overline{X}_{B^+} X_{A^+}}{\overline{X}_{A^+} X_{B^+}} = K_{A^+ \to B^+} \tag{11-128}$$

식 (11-128)에 $\overline{X}_{A^+}$와 $\overline{X}_A$를 대입하면,

$$\frac{\overline{X}_{B^+}}{1 - \overline{X}_{B^+}} = (K_{A^+ \to B^+}) \left( \frac{X_{B^+}}{1 - X_{B^+}} \right) \tag{11-129}$$

여기서 유의해야 할 점은 식 (11-129)는 완전한 이온화된 교환 수지에 1가 이온들 간의 교환이 이루어질 때에만 적용된다는 점이다. 용액과 수지 사이에서 선택계수에 따른 1가 이온 A의 분포는 그림 11-70과 같다. 분포곡선은 선택계수를 바탕으로 특정 이온의 제거를 위하여 수지의 효율성을 평가하는 데 이용된다.

식 (11-129)의 3가지 속성은 Anderson(1975)에 의해 다음과 같이 확인되었다.

1. $\overline{X}_B / (1 - \overline{X}_B)$ 항은 유입수와 유출수의 농도가 같을 경우에 교환 칼럼 수지의 상태를 나타낸다.
2. $\overline{X}_B$ 항은 이온교환 수지가 용액 속에서 $X_B$의 용액과 평형을 이루고 있을 때, $B^+$의 형태로 변환되는 정도를 나타낸다.

**그림 11-70**

여러 선택계수에서 용액과 수지 간 1가 이온의 분포곡선

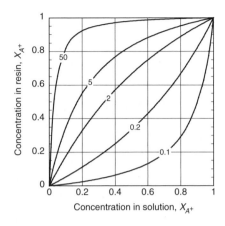

**3.** 또한, $\overline{X}_B$ 항은 재생액 $X_B$로 얻을 수 있는 최대의 재생 정도를 나타낸다.

완전히 이온화된 교환 수지에서 1가 이온과 2가 이온 간의 교환을 나타내는 식

$$\frac{\overline{X}_{B^{+2}}}{(1 - \overline{X}_{B^{+2}})^2} = (K_{A^+ \to B^{+2}})\left(\frac{\overline{C}}{C}\right)\frac{X_{B^{+2}}}{(1 - X_{B^{+2}})^2} \tag{11-130}$$

이 방정식의 적용 예를 예제 11-18에 나타내었다.

## ▶▶ 이온교환 적용

앞에서 언급하였듯이, 하수처리에서 이온교환은 질소, 중금속, 총 용해성 물질의 제거를 위하여 적용된다.

**질소 제어.** 질소 제어와 관련하여 하수처리 시 일반적으로 제거되는 이온은 암모늄이온($NH_4^+$)과 질산성 질소이온($NO_3^-$)이다. 암모늄이온과 치환되는 이온은 상 재생 시 사용된 용액의 성질에 따라 변화한다. 천연 혹은 합성 이온교환 수지가 모두 이용되지만, 내구성 때문에 합성수지가 보다 많이 이용된다. 어떤 천연수지(제올라이트)는 하수의 암모늄이온 제거에 적용되고 있다. 이 제올라이트의 중요한 특징 중의 하나는 적용하는 재생시스템이다. 이온교환 용량이 소진된 후 제올라이트는 석회[$Ca(OH)_2$]를 이용하여 재생할 수 있으며, 제올라이트로부터 제거된 암모늄 이온은 높은 pH 때문에 암모니아로 변하게 된다. 이 공정에 대한 흐름도를 그림 11-71에 나타내었다. 암모니아가 제거된 물은 재사용 목적으로 저장조로 수집된다. 해결해야 하는 문제점은 제올라이트 이온교환 상 내부와 탈기탑 및 파이프 라인에서 형성되는 탄산칼슘 침전물이다. 그림 11-71에 나타내었듯이, 제올라이트 상은 필터 내에 형성된 탄산 침전물을 제거하기 위하여 역세 시설이 부착된다.

질산성 질소를 제거하기 위하여 일반적인 합성 이온교환 수지를 이용할 때 2가지 문제에 직면하게 된다. 첫째는 대부분의 수지들은 염소이온이나 중탄산이온보다 질산성 질소에 대하여 친밀도가 크지만, 이들은 황산이온에 비교하여 질산염에 대하여 매우 낮은 친밀도를 가지며, 이것이 질산성 질소 제거를 위한 유효 용량을 제한한다. 통상적인 수

**제올라이트를 이용한 암모니아 제거 이온교환 공정의 전형적인 흐름도.** 제거된 암모니아는 높은 pH에서의 탈기와 산 스크러빙으로 회수

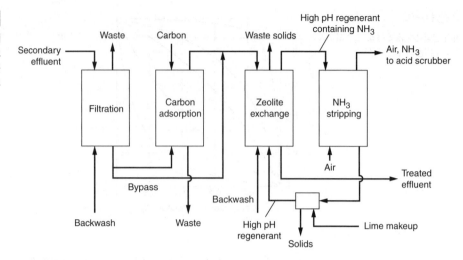

지에서 황산이온이 존재가 질산성 질소의 제거에 미치는 영향은 예제 11-18과 같다. 두 번째는 황산이온보다 질산성 질소에 대한 낮은 친밀도 때문에 **질산성 질소 누출**(*nitrate dumping*) 현상이 나타날 수 있다. 질산성 질소의 누출은 이온교환 칼럼이 질산성 질소의 파기점을 지나 운전될 때 유입수에 있는 황산이온에 의하여 수지 내의 질산성 질소와 치환하게 되면서 일어난다. 낮은 친밀도와 질산성 질소의 파과와 관련된 문제점을 극복하기 위하여 질산성 질소와 황산이온의 친밀도가 수지 내에서 교환되는 새로운 형태의 수지가 개발되었다. 황산이온이 많은 양으로 존재할 때(황산이온 당량이 황산이온 당량과 질산성이온 당량 meq/L) 총량대비 25% 이상일 경우), 질산성 질소 선택 수지를 사용하는 것이 더 낫다. 질산성 질소 선택 수지의 운전은 처리수의 조성에 따라 달라지므로, 일반적으로 파일럿 시험이 필요하다(McGarvey et al., 1989; Dimotsis and McGarvey, 1995). 역삼투 처리수 내의 질산성 질소를 제거하기 위해 사용된 전형적인 이온교환 시험 칼럼은 그림 11-72와 같다.

**전형적인 이온교환 시험 칼럼.** (a) RO 처리수 내 질산성 질소 제거용, (b) 실험실 규모 이온교환 칼럼(David Hand)

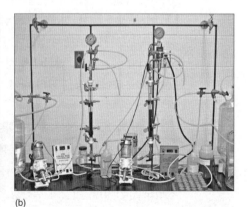

(a)                    (b)

**예제 11-18**  **황산이온이 존재하는 경우와 존재하지 않는 경우에 있어서 질산성 질소 제거를 위한 이온교환** 질산성 질소를 다음과 같은 처리수로부터 제거하고자 한다. 설명의 목적상 통상적인 이온교환 수지가 이용될 것이다.

**하수 A**

| 양이온 | 농도,<br>mg/L | mg/<br>meq | meq/L | 음이온 | 농도,<br>mg/L | mg/<br>meq | meq/L |
|---|---|---|---|---|---|---|---|
| $Ca^{2+}$ | 82.2 | 20.04 | 4.10 | $HCO_3^-$ | 305.1 | 61.02 | 5.00 |
| $Mg^{2+}$ | 17.9 | 12.15 | 1.47 | $SO_4^{2-}$ | 0.00 | 48.03 | 0.00 |
| $Na^+$ | 46.4 | 23.00 | 2.02 | $Cl^-$ | 78.0 | 35.45 | 2.20 |
| $K^+$ | 15.5 | 39.10 | 0.40 | $NO_3^-$ | 50.0 | 62.01 | 0.81 |
| | | Σ양이온 | 7.99 | | | Σ음이온 | 8.01 |

**하수 B**

| 양이온 | 농도,<br>mg/L | mg/<br>meq | meq/L | 음이온 | 농도,<br>mg/L | mg/<br>meq | meq/L |
|---|---|---|---|---|---|---|---|
| $Ca^{2+}$ | 82.2 | 20.04 | 4.10 | $HCO_3^-$ | 220 | 61.02 | 3.61 |
| $Mg^{2+}$ | 17.9 | 12.15 | 1.47 | $SO_4^{2-}$ | 79.2 | 48.03 | 1.65 |
| $Na^+$ | 46.4 | 23.00 | 2.02 | $Cl^-$ | 78.0 | 35.45 | 2.20 |
| $K^+$ | 15.5 | 39.10 | 0.40 | $NO_3^-$ | 50.0 | 62.01 | 0.81 |
| | | Σ양이온 | 7.99 | | | Σ음이온 | 8.27 |

이온교환 용량이 2.0 eq/L인 강염기 음이온 교환 수지 용액 1 L가 처리할 수 있는 최대양을 구하시오.

**풀이: 하수 A**

1. 표 11-49를 이용하여 선택계수를 추정한다. 식 (11-129)를 적용하기 위하여 시스템을 2개의 항목으로 축소해야 한다. 이 목적을 위하여 $HCO_3^-$와 $Cl^-$를 하나의 항으로 결합한다. 질산성 질소의 선택계수가 4인 것을 이용하여 선택계수는 다음과 같이 추정된다.

$$K_{HCO_3^- \to NO_3^-} = \frac{4.0}{0.4} = 10.0$$

$$K_{Cl^- \to NO_3^-} = \frac{4.0}{1.0} = 4.0$$

$$K_{[(HCO_3^-)(Cl^-)] \to NO_3^-} = 7.0 \, (추정)$$

2. 평형조건($C_e/C_o = 1.0$)에서, 용액의 질산성 질소의 당량 비율을 추정한다.

$$X_{NO_3^-} = \frac{0.81}{8.01} = 0.101$$

3. 식 (11-129)를 이용하여 평형상태의 수지 구성을 계산한다.

$$\frac{\overline{X}_{B^+}}{1 - \overline{X}_{B^+}} = (K_{A^+ \to B^+})\left(\frac{X_{B^+}}{1 - X_{B^+}}\right)$$

$$\frac{X_{NO_3^-}}{1 - \overline{X}_{NO_3^-}} = 7.0\left(\frac{0.101}{1 - 0.101}\right)$$

$$\overline{X}_{NO_3^-} = 0.44$$

따라서, 수지의 44%가 질산성 질소를 제거하는 데 사용된다.

4. 질산성 질소를 제거하기 위한 한정된 운전 용량을 결정

   한정된 운전 용량 = (2 eq/L 수지)(0.44) = 0.88 eq/L 수지

5. 운전 주기 동안 처리할 수 있는 물의 부피를 결정

   $$부피 = \frac{(수지의 \ 질산성 \ 질소 \ 제거 \ 용량)}{(용액의 \ 질산성 \ 질소 \ 농도)}$$

   $$= \frac{수지의 \ 0.88eq/L}{물의 \ 0.81 \times 10^{-3} eq/L} = 1086 \frac{물의 \ L}{수지의 \ L}$$

**풀이: 하수 B**

1. 표 11-49를 이용하여 선택계수를 추정한다. 식 (11-130)을 적용하기 위하여 시스템을 2개의 항목으로 축소해야 한다. 이 목적을 위하여 $HCO_3^-$, $Cl^-$과 $NO_3^-$를 하나의 1가 항으로 결합한다. 질산성 질소의 선택계수가 4인 것을 이용하여 선택계수는 다음과 같이 추정된다.

   $$K_{HCO_3^- \to SO_4^{2-}} = \frac{0.15}{0.4} = 0.4$$

   $$K_{Cl^- \to SO_4^{2-}} = \frac{0.15}{1.0} = 0.15$$

   $$K_{NO_3^- \to SO_4^{2-}} = \frac{0.15}{4.0} = 0.04$$

   $$K_{[(NO_3^-)(HCO_3^-)(Cl^-)] \to SO_4^{2-}} = 0.2 \ (추정)$$

2. 평형조건($C_e/C_0 = 1.0$)에서, 용액의 질산성 질소의 당량 비율을 추정한다.

   $$X_{SO_4^{2-}} = \frac{1.65}{8.27} = 0.2$$

3. 식 (11-130)을 이용하여 평형 수지의 구성을 계산한다.

   $$\frac{\overline{X}_{B^{2-}}}{(1 - \overline{X}_{B^{2-}})^2} = (K_{A^- \to B^{2-}})\left(\frac{C}{\overline{C}}\right)\left[\frac{X_{B^{2-}}}{(1 - X_{B^{2-}})^2}\right]$$

   $$\frac{\overline{X}_{SO_4^{2-}}}{(1 - \overline{X}_{SO_4^{2-}})^2} = 0.2\frac{2}{0.00827}\left[\frac{0.2}{(1 - 0.2)^2}\right]$$

   $$\overline{X}_{SO_4^{2-}} = 0.77$$

그러므로 수지의 77%가 평형상태에서 2가의 형태로 존재하게 된다. 평형상태에서 수지의 남아있는 23%가 질산성 질소와 평형을 이루게 된다.

용액상태의 질산성 질소의 당량비는

$$X_{NO_3^-} = \frac{0.81}{6.62} = 0.12$$

이다.

1가 시스템의 선택계수는 다음과 같이 추정된다.

$$K_{HCO_3^- \rightarrow NO_3^-} = \frac{4.0}{0.4} = 10.0$$

$$K_{Cl^- \rightarrow NO_3^-} = \frac{4.0}{1.0} = 4.0$$

$$K_{[(HCO_3^-)(Cl^-)] \rightarrow NO_3^-} = 7.0 (추정)$$

식 (11-129)를 이용하여 평형상태의 수지 구성을 계산하면,

$$\frac{\overline{X}'_{B^+}}{1 - \overline{X}'_{B^+}} = (K_{A^+ \rightarrow B^+})\left(\frac{\overline{X}'_{B^+}}{1 - \overline{X}'_{B^+}}\right)$$

$$\frac{\overline{X}'_{NO_3^-}}{1 - \overline{X}'_{NO_3^-}} = 7.0\left(\frac{0.12}{1 - 0.12}\right)$$

$$\overline{X}'_{NO_3^-} = 0.5$$

질산성 질소의 형태로 전체 수지 용량의 비율은

$$\overline{X}_{NO_3^-} = (1 - \overline{X}_{SO_4^{2-}})(\overline{X}'_{NO_3^-}) = (0.23)(0.5) = 0.115$$

4. 질산성 질소를 제거하기 위한 한정된 운전 용량을 결정

   한정된 운전 용량= (2 eq/L 수지) (0.115)=0.23 eq/L 수지

5. 운전 주기 동안 처리할 수 있는 물의 부피를 결정

$$부피 = \frac{(수지의 \ 질산성 \ 질소 \ 제거 \ 용량)}{(용액의 \ 질산성 \ 질소 \ 농도)}$$

$$= \frac{(수지의 \ 0.23eq/L)}{(물의 \ 0.81 \times 10^{-3}eq/L)} = 284 \ \frac{물의 \ L}{수지의 \ L}$$

 본 예제에서 설명되었듯이, 특히 질산성 질소를 제거함에 있어서 단위 이온교환 수지 부피당 처리할 하수의 양은 하수의 이온성분의 구성에 영향을 받는다. 황산이온이 황산이온과 질산성 이온의 합의 25%를 넘으므로, 질산성 이온-선택이온교환 수지를 사용하는 것이 더 효율적이다. 이 계산의 근사화는 실제 처리 용량을 결정하기 위하여 파일럿 실험을 행하는 것이 매우 중요하다.

**중금속 제거.**   폐수처리 시스템에서 중금속은 도시하수처리시스템으로의 방류 전에 제기되어야 하는 항목이다. 중금속의 잠재적 축적과 독성 때문에, 유출수가 환경으로 배출되기 전에 제거하는 것이 바람직하다. 이온교환은 중금속의 제거를 위해 이용되는 가장 일반적인 형태 중의 하나이다. 고농도의 금속을 함유한 폐수를 배출하는 시설에는 금속 가공, 전기산업(반도체, 인쇄회로기판), 금속 도금, 의약 산업, 연구시설, 자동차 서비스업 등이 있다. 고농도의 금속 농도는 매립지의 침출수, 초기강우 유출수 등에서도 발견된다.

금속 농도의 변화가 큰 폐수를 배출하는 산업시설에서만 이온교환의 타당성을 확보하기 위해 유량 균등조를 설치하는 것이 필요하다. 유가 금속의 회수가 수행될 경우 이온교환 공정의 경제적 타당성이 크게 향상된다. 특정 적용 상황에 따른 맞춤형 수지 생산이 가능해 졌으므로, 필요한 금속에 대한 선택성이 높은 수지를 사용하는 것 역시 이온교환의 경제성을 높일 수 있다.

금속 교환에 이용되는 물질들은 제올라이트, 약 또는 강 음이온 및 양이온 수지, 킬레이트 수지, 미생물과 식물 바이오매스이다. 바이오매스는 다른 상용화된 재료에 비하여 흔하고 저렴하다. 천연 제올라이트 중에서는 clinoptilolite (Cs에 대한 선택성이 높음), chabazite (Cr, Ni, Cu, Zn, Cd, Pb이 혼합된 금속들) 등이 혼합 금속을 함유한 하수를 처리하는 데 이용되어왔다(Ouki and Kavannagh, 1999). Aminosphonic, iminodiacetic 등 킬레이트 수지는 Cu, Ni, Cd, Zn에 대한 높은 선택성을 띄도록 제조되고 있다.

이온교환 공정은 pH에 대한 의존성이 매우 높다. 용액의 pH는 존재하고 있는 금속과 교환하는 이온과 수지 사이의 상호관계에 큰 영향을 준다. 대부분의 금속은 높은 pH에서 높은 결합력을 보이는데, 이는 결합 부위에 대한 수소 이온과의 경쟁이 낮아지기 때문이다. 운전과 하수의 조건들은 수지의 선택성, pH, 온도, 다른 이온성분 및 화학적 배경 성분을 결정한다. 산화제, 입자, 용매와 고분자의 존재 역시 이온교환 수지의 성능에 영향을 준다. 재생 과정에서 생성되는 재생액의 양과 질에 대한 고려도 필요하다.

**총 용존 고형물 제거.**   총 용존성분의 제거를 위해서는 양이온과 음이온 수지가 함께 사용되어야 한다(그림 11-73). 먼저 하수가 양이온 수지를 통과하면서 양이온이 수소 이온으로 치환된다. 양이온 수지 유출수가 후단의 음이온 수지를 통과하면서 음이온이 수산화이온으로 치환한다. 이에 따라 용존 고형물이 물분자로 대체되는 것이다.

총 용존 고형물의 제거는 분리된 교환 칼럼을 직렬로 연결하거나, 단일 반응조에 두 종류의 수지를 혼합함으로써 구현한다. 처리 유량은 $0.20 \sim 0.40 \ m^3/m^2 \cdot min$ (5~10 gal/$ft^2 \cdot min$)이다. 일반적인 수지상의 높이는 0.75~2 m (2.5~6.5 ft)이다. 물 재이용 시에는 이온교환으로 처리되는 부분과 이온교환으로 처리되지 않는 부분을 혼합함으로써 요구되는 수준으로 총 용존 고형물을 낮출 수 있다. 경우에 따라서는 역삼투만큼 경쟁력이 있기도 하다.

### 》 운전 고려사항

하수의 고도처리에 있어 이온교환이 경제성을 가지려면 사용한 수지로부터 무기성 음이온과 유기성 물질을 모두 제거할 수 있는 재생액과 재회복액을 사용하는 것이 바람직하

**그림 11-73**

경도와 총 용존성분 제거를 위한 이온교환 공정의 전형적인 흐름도

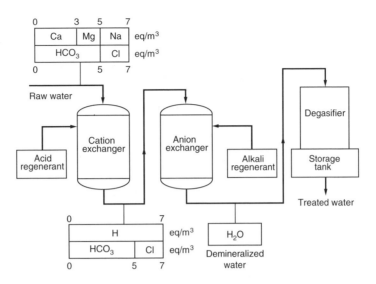

다. 수지로부터 유기물질을 제거하기 위한 효과적인 화학과 물질적인 재회복액은 수산화소듐, 염산, 메탄올과 벤토나이트 등이다. 현재까지 이온교환은 광범위한 전처리 필요성, 이온교환 수지의 수명, 복잡한 재생 시스템 등의 이유로 사용이 제한되고 있다.

유입수의 높은 TSS 농도는 이온교환 상에 높은 손실수두와 비효율적인 운전을 유발시킨다. 생물학적 처리수의 유출수에 발견되는 잔류성 유기물들은 수지의 결합을 일으킬 수 있다. 경우에 따라서는 이온교환 전단에 화학적 처리와 침전이 필요하다. 이 문제를 해결하기 위하여 하수를 여과하거나 방해물질에 대한 교환 수지(scavenger exchange resin)를 이온교환전달에 사용할 수 있다.

## 11-12    증류

증류는 액체 내 성분들을 증발과 응축으로 분리하는 단위 공정으로 역삼투와 함께 물 재이용 시 염의 축적을 제어하는 데 주요하게 이용되고 있다. 증류는 매우 고가이므로, (1) 높은 수준의 처리를 요하는 경우 (2) 다른 방법으로 제거할 수 없는 오염물 (3) 저렴한 열을 얻을 수 있는 경우로 사용처가 제한된다. 이 절의 목적은 증류에 관련된 기본 개념을 소개하는 데 있다. 하수 재이용 시 증류의 사용은 최근 개발되었으므로, 진행되고 있는 결과와 최근의 적용사례에 대해 현재의 문헌을 참고하여야 한다.

### ≫ 증류 공정

지난 20년 동안 다양한 증류기 유형과 열에너지 사용 및 전환을 사용하는 여러 가지 증류 공정이 평가 및 적용되었다. 중요한 증류 공정은 (1) 침수관 열 표면 비등(boiling with submerged-tube heating surface), (2) 장관 수직 증류기 비등(boiling with long-tube vertical evaporator), (3) 플래시 증발(flash evaporation), (4) 증기압축을 이용한 강제 혼

**그림 11–74**

다중 효용 증발 증류 공정 개념도

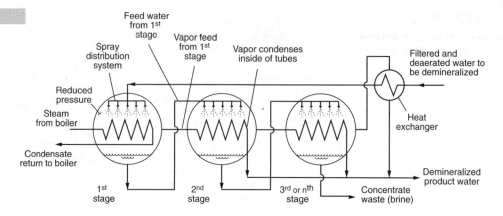

합(forced circulation with vapor compression), (5) 태양열 증발(solar evaporation), (6) 회전 표면 증발(rotating-surface evaporation), (7) 닦인 표면 증발(wiped-surface evaporation), (8) 증기 재가열 공정(vapor reheating process), (9) 섞이지 않는 액체를 이용한 직접 열교환(direct heat transfer using an immiscible liquid), (10) 수증기 외 증기를 이용한 응축–증기–열교환(condensing-vapor-heat transfer by vapor other than steam) 등이 있다. 이들 중 다중 효용 증발, 다단 플래시 증발, 증기–압축 증류가 하수의 재이용 시 가장 적절한 방법이다.

**다중 효용 증발 증류.**  다중 효용 증발 증류에서는 여러 증발기(보일러)를 직렬로 배열하고, 압력을 순차적으로 낮추어 운전한다. 3단 수직 튜브 증류기(그림 11–74)에는 예열한 유입수(preheated influent)를 열교환관(heat exchange tubes) 내의 수증기에 의해 증발이 수행되는 1단 증발기로 유입시킨다. 1단 증발기의 유출 증기는 증발관(evaporation tubes) 내에서 응축이 일어나는 2단 증발기로 유입된다. 1단 증발기에서 배출되는 물은 2단 증발기의 급수(feed water)로 사용되며, 이후의 $n$단에서도 마찬가지이다. 마지막 단의 가열된 증기는 유입수 예열에 사용한다. 2단 및 $n$단 증발기의 급수로 예열한 유입수를 사용하기도 한다. 증발되지 않은 물은 각 단에서 농축수로 유출된다. 비말(air entrainment)이 거의 일어나지 않는다면 비휘발성 유해물질은 단일 증발 단계를 통해 제거될 수 있다. 암모니아, 저분자 유기산 등 휘발성 오염물은 사전 증발 단계를 통해 제거될 수 있으나, 농도가 낮아 최종 생산수의 수질에 영향을 주지 않을 정도라면 비용이 추가되는 이 단계는 무시될 수 있다.

**다단 플래시 증발 증류.**  다단 플래시 증발 증류 시스템은 해수 담수화에 있어 여러 해 동안 상업적으로 이용되어 왔다. 그림 11–75에 도시하였듯이 유입수를 저압상태로 유지된 증류 시스템의 다단 열교환 단위에 펌핑되기 전에 TSS 제거와 탈기가 사전에 수행된다. 압력강하에 의한 증기 생성이나 비등을 "플래싱(*flashing*)"이라 부른다. 압력강하 노즐(pressure reducing nozzle)을 통하여 각 단에 투입된 물의 일부는 플래싱에 의해 증기

**그림 11-75**

다단 플래시 증발 증류 공정 개념도

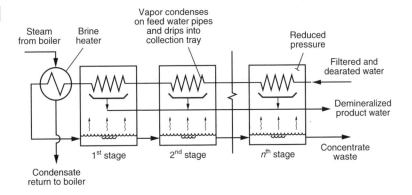

**그림 11-76**

증기-압축 증류 공정 개념도

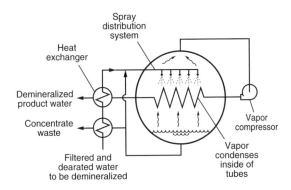

로 변하고, 응축관 외부에서 응축되어 트레이로 수집된다(그림 11-75 참조). 증기가 응축될 때 배출되는 잠열은 폐수가 1단 전단의 주 가열기로 들어가기 전에 예열되는 데 사용된다. 유출수는 가장 압력이 낮은 단에서 배출된다. 열역학적으로는 다단 플래시 증발 증류가 원래의 증류보다 비효율적이다. 그렇지만, 하나의 반응조에 여러 개의 열 교환기를 결합함으로써 외부 파이핑을 없애고 건설비를 줄일 수 있다.

**증기-압축 증류.** 증기-압축 공정에서는 증기압의 증가로 인하여 열교환에 필요한 온도 차이가 조성된다. 증기-압축 증류의 단위의 개념도를 그림 11-76에 도시하였다. 하수를 예열한 후 증기펌프 작동을 통해 고압에서 응축관 내의 증기가 응축되고, 동시에 동일한 양의 증기가 농축수로부터 배출된다. 열교환기가 응축수와 농축수 양측의 열을 보존하므로 운전에 소요되는 에너지는 증기 펌프에 필요한 기계적 에너지뿐이다. 뜨겁게 농축된 하수는 보일러 내부에서 염이 과도하게 농축되는 것을 방지하기 위하여 간헐적으로 배출되어야 한다.

## ❱❱ 재이용 용도 성능 예측

하수 재이용에 증류 공정을 적용하는 데 대한 주요 논점은 하수처리수의 휘발성 성분 포함 여부와 후단의 냉각 및 처리 요구 정도이다. 다중 효용 증류 공정의 전형적인 수질 성능 자료는 Rose 등(1999)이 수행한 파일럿 규모 연구를 통해 제시된 바 있다.

하수 온도 상승 및 증발잠열에 필요한 이론적인 열역학적 최소 에너지는 약 2260 kJ/kg이다. 일반적으로 증발 잠열의 1.25에서 1.35배의 에너지가 필요하다. 불행히도 실제 증류과정에서의 많은 비가역성 때문에, 열역학적 최소 에너지는 증류과정의 실제적인 평가에서는 큰 의미가 없다. 세 가지 증류 공정의 전형적인 에너지 요구량은 다음과 같다 (Voutchkov, 2013):

다중 효용 증발: 5.7~7.8 kWh/m³ (23~30 kWh/10³ gal)
다단 플래시 증발: 12.7~15.0 kWh/m³ (48~57 kWh/10³ gal)
증기 압축: 8~12 kWh/m³ (30~45 kWh/10³ gal)

증류의 에너지 요구량을 표 11-30에 나타낸 RO의 에너지 요구량(에너지 회수가 없을 때 9~12 kWh/m³ (34~45 kWh/10³ gal), 에너지 회수가 있을 때 < 3~4 kWh/m³ (11~32 kWh/10³ gal)과 비교하면, 에너지 회수가 용이한 해수 담수화에서 왜 RO가 증류를 대체하고 있는지를 알 수 있다.

## ❱❱ 운전 애로사항

증류 공정 운전 시 가장 흔히 나타나는 문제는 스케일과 부식이다. 온도 증가 때문에 무기염이 석출되고 파이프와 장치 내부 벽면에 침전된다. 탄산칼슘, 황산칼슘, 수산화마그네슘에 의한 스케일 제어는 증류 공정 설계 및 운전의 가장 중요한 고려사항 중 하나이다. pH 조절은 탄산 및 수산화물 스케일의 발생을 최소화 시킨다. 대부분의 무기 용액은 부식성이다. 해수 증류에는 구리니켈 합금(cupronickel alloy)이 가장 흔히 사용되며, 알루미늄, 동, 티타늄, 모넬(monel) 등도 사용된다.

## ❱❱ 농축수 처분

모든 증류 공정은 유입수의 일부분을 농축수로 배출하므로, 농축수 처분 문제를 가지고 있다. 농축수의 최대 농도치는 용해도, 부식, 하수 증기압 특성에 따라 달라진다. 그러므로 농축수 농도는 공정 최적화에 있어서 가장 중요한 고려사항이 된다. 증류 공정 농축수 처분은 11-5절에서 언급한 막공정에서의 문제점과 동일하다.

## 문제 및 토론과제

**11-1**  4개의 다른 모래로부터 다음과 같은 체분석 결과를 얻었다.

| 체 번호[a] | 체 크기, mm | 누적 통과 비율, % | | | |
|---|---|---|---|---|---|
| | | 모래 샘플 | | | |
| | | 1 | 2 | 3 | 4 |
| 140 | 0.105 | 0.4 | 1.5 | 0.1 | 5.0 |
| 100 | 0.149 | 1.5 | 4.1 | 0.8 | 11.1 |
| 70 | 0.210 | 4.0 | 10.0 | 2.5 | 20.0 |
| 50 | 0.297 | 9.5 | 21.0 | 8.2 | 32.0 |
| 40 | 0.420 | 18.5 | 40.6 | 18.5 | 49.5 |
| 30 | 0.590 | 31.0 | 61.0 | 32.0 | 62.3 |
| 20 | 0.840 | 49.0 | 78.3 | 58.1 | 78.3 |
| 16 | 1.190 | 63.2 | 90.0 | 76.3 | 88.5 |
| 12 | 1.680 | 82.8 | 96.0 | 90.0 | 94.4 |
| 8 | 2.380 | 89.0 | 99.0 | 96.7 | 97.8 |
| 6 | 3.360 | 98.0 | 99.9 | 99.0 | 99.0 |
| 4 | 4.760 | 100.0 | 100.0 | 100.0 | 100.0 |

[a] 체 크기 18번은 1.0 mm의 틈 크기를 갖는다.

  a. 모래 시료 1, 2, 3, 4에서 기하학적 평균 크기, 기하학적인 표준 편차, 유효경과 균등계수를 구하시오.

  b. 유효경이 0.45 mm이고 균등계수가 1.6인 여과사를 만들고자 한다. 여과사 1톤을 얻기 위하여 필요한 모래 양을 결정하시오.

  c. 조대 물질을 제거할 수 있는 체의 크기는 얼마인가?

  d. (c)에서 체작업을 한 후 과도한 미세물질 제거를 위한 역세 상승 비율은 얼마인가?

  e. 이용 가능한 여과사 600 mm를 만들기 위하여 여과기에 부어야 할 체분석된 물질의 깊이는 얼마인가?

  f. 로그–확률지에서, 수정된 모래의 크기 분포도를 그리시오. 필요한 분배와 크기를 확인하시오.

  g. (b)에서 선택한 모래로 여과율이 160 L/m² · min이고 여과의 깊이 600 mm에서 발생하게 되는 손실수두는 얼마인가? 단, 모래의 최대와 최소 크기는 1.68(체 번호 12)과 0.297 mm(체 번호 50)이며, 온도는 20℃ , 모든 층의 $\alpha$ = 0.4, $\psi$ = 0.75로 가정한다. 보관되어 있는 모래로부터 유용한 여과사를 만들어내는 과정에 대한 설명은 Fair 등(1968) 자료에서 찾을 수 있다.

**11-2**  다음 여재의 구형도와 비표면적을 구하라.

| 항목 | 여재 | | | | |
|---|---|---|---|---|---|
| | 1 | 2 | 3 | 4 | 5 |
| 모양 | 타원체 (ellipsoid) | 20면체 (icosahedron) | 육면체 (cube) | 막대형 (rod) | 정사면체 (isosceles tetrahedron) |

(계속)

| 항목 | 여재 | | | | |
|---|---|---|---|---|---|
| | 1 | 2 | 3 | 4 | 5 |
| 크기 | 1 mm × 1.22 mm × 2 mm | 각 면 0.5 mm × 0.5 mm × 0.5 mm | 1 mm × 1 mm × 1 mm | 직경 0.5 mm × 길이 2 mm | 1.2 mm × 1.2 mm × 1.2 mm × 2.5 mm |

**11-3** Kozeny, Rose, Ergun에 의하여 개발된 공식(표 11-8)을 이용하여 600 mm 모래 여상에서의 손실수두를 비교하시오. 여과사는 0.45, 0.55, 0.6 mm의 구형 단일 크기이며, 모래의 공극률은 0.40, 여과율은 240 L/m² · min (5 gal/ft² · min), 온도는 15°C로 가정한다. 15°C의 동점도(kinematic viscosity)는 $1.139 × 10^{-6}$ m²/s이다(표 C-1, 부록 C 참조).

**11-4** Rose에 의해 개발된 식을 이용하여, 여과율 300 L/m² · min로 750 mm 여상을 통해서 만들어지는 손실수두를 결정하시오. 여상은 0.40, 0.45, 0.55, 0.60 mm의 직경을 가진 구형의 단일 모래로 구성되어 있으며, 공극률은 0.40이다. 온도는 10°C로 가정하며, 10°C의 동점도(kinematic viscosity)는 $1.306 × 10^{-6}$ m²/s이다(표 C-1, 부록 C 참조).

**11-5** 여상이 성층화되었다고 가정하고 문제 11-4를 푸시오. 단, 주어진 모래의 크기가 유효경($d_{10}$)에 해당하고, 모든 모래의 균등계수는 1.5이다.

**11-6** 만일 문제 11-3의 여상 위에 0.3 m의 단일 안트라사이트가 놓여 있다면, 안트라사이트에서 의하여 발생되는 손실수두의 비율을 결정하시오. 안트라사이트의 사이즈는 2.0 mm이고 공극률은 0.50이다. 내부 혼합이 일어날 것인가?

**11-7** 주어진 입자 분포 1, 2, 3, 4에서 유효경($d_{10}$), 균등계수, 성층상 600 mm 깊이에서 발생하는 손실수두를 계산하시오. 안트라사이트층이 600 mm 모래상 위에 추가된다면, 내부혼합을 최소화하기 위하여 필요한 유효크기를 결정하시오. 여과율, $\alpha$, $\phi$는 각각 160 L/m² · min, 0.4, 0.85로 가정한다.

| 체 번호 | 모래 비율, % | | | |
|---|---|---|---|---|
| | 입도 분포 | | | |
| | 1 | 2 | 3 | 4 |
| 6~8 | 2 | 0 | 1 | 0.1 |
| 8~10 | 8 | 0.1 | 2 | 0.7 |
| 10~14 | 10 | 0.5 | 4 | 1.2 |
| 14~20 | 30 | 7.4 | 13 | 10 |
| 20~30 | 26 | 32 | 20 | 24 |
| 30~40 | 14 | 30 | 20 | 29 |
| 40~60 | 8 | 25 | 23 | 25 |
| 팬(pan) | 2 | 5 | 17 | 10 |

**11-8** 다음 표와 같은 크기 분포를 가진 성층화된 모래 여상을 0.75 m³/m² · min로 역세척할 때의 팽창도와 모든 여재를 팽창시키기 위한 역세척률을 계산하시오. 모래 비중, 여재 깊이, 온도는 각각 2.65, 0.90 m, 20°C로 가정한다.

| 체 번호 | 모래 비율, % | | | |
|---|---|---|---|---|
| | 성층화된 여상 번호 | | | |
| | 1 | 2 | 3 | 4 |
| 8~10 | 10 | 2 | 0.1 | 0 |
| 10~12 | 10 | 4 | 0.5 | 0 |
| 12~18 | 30 | 14 | 4.4 | 0 |
| 18~20 | 10 | 8 | 7 | 1 |
| 20~30 | 34 | 40 | 48 | 28 |
| 30~40 | 5 | 22 | 30 | 41 |
| 40~50 | 1 | 9 | 9 | 27 |
| 팬(pan) | | 1 | 1 | 3 |

**11-9** 하수처리장에 입상여재 여과를 설치하여 다음과 같은 유출수 탁도를 얻었다. 탁도 평균, 기하학적 표준 편차($S_g$), 2.5 NTU를 초과할 확률을 구하시오.

| 탁도, NTU | | | |
|---|---|---|---|
| 하수처리장 | | | |
| 1 | 2 | 3 | 4 |
| 1.7 | 1.7 | 1.0 | 1.2 |
| 1.8 | 1.1 | 1.8 | 1.4 |
| 2.2 | 0.9 | 1.5 | 1.5 |
| 2.0 | 1.4 | 1.1 | 1.6 |
| | 1.3 | 1.7 | 1.7 |
| | | 1.3 | 1.9 |
| | | | 2.0 |
| | | | 2.1 |

**11-10** 문제 11-9에서 1, 2가 같은 하수처리장에서 얻은 자료라고 가정하고, 각각의 자료를 이용할 때와 비교하시오. 탁도 자료를 보다 많이 얻을 때의 장점과 단점을 논하시오.

**11-11** 중력 여과기가 여과율 200 L/m² · min (5 gal/ft² · min)으로 침전된 유출수 16,000, 20,000, 24,000 m³/일을 처리하기 위하여 사용되었다. 여과지 1기가 역세척될 때 다른 여과지의 여과율은 240 L/m² · min (6 gal/ft² · min)을 넘지 않도록 하였다. 이 조건을 만족시키기 위하여 필요한 단위 수와 각 단위의 면적을 결정하시오. 만약 각 여과지가 매 24시간 운전 시 30분 동안 역세율 960 L/m² · min (24 gal/ft² · min)로 역세된다면, 역세척에 사용되는 처리수 비율을 계산하시오. 만약 40 L/m² · min의 표면세척설비가 설치된다면 역세척에 사용되는 총 처리수 비율은 얼마인가?

**11-12** 다음 MF 성능 자료를 이용하여 각 미생물 군의 배제율을 구하시오.

| 미생물 | 미생물 농도, org/mL | | | |
|---|---|---|---|---|
| | 물 1 | | 물 2 | |
| | 유입수 | 투과수 | 유입수 | 투과수 |
| HPC | $6.5 \times 10^7$ | $3.3 \times 10^2$ | $8.6 \times 10^7$ | $1.5 \times 10^2$ |
| 총 대장균군 | $3.4 \times 10^6$ | 100 | $5 \times 10^5$ | 60 |
| 장내 바이러스 | $7 \times 10^3$ | $6.6 \times 10^3$ | $2.0 \times 10^3$ | $9.1 \times 10^2$ |

11-13 Inside-out, 직교류(cross-flow)의 중공사막 시스템이 있다. 각 모듈은 직경 1.0 mm, 길이 1.25 m의 섬유(fiber) 6,000개로 구성된다(Critten 등, 2012 인용).

    a. 유입수 직교 속도가 1 m/s되는 유입유량을 계산하시오.

    b. 투과 플럭스가 100 L/m² · h되는 투과유량을 계산하시오.

    c. 농축수 직교 속도를 구하시오.

    d. 막 표면에서의 수평 속도와 직교 속도비를 구하시오.

    e. 유입 유량 대비 투과 유량을 구하시오.

11-14 2차 처리수 고도처리에 사용되는 직접유입(dead-end) 막여과 시스템이 있다. 장기간 운전에 따라 HPC (heterotrophic microorganism plate count)가 5 org/L에서 200 org/L로 증가하였다면, 다음 조건에서 손상된 섬유 수를 계산하시오. 유입 유량, 유입 HPC 농도, 모듈 내 섬유수는 각각 4,000 m³/d, $6.7 \times 10^7$ org/L, 5,000이다. 정상 운전 시 유입 및 유출 탁도가 각각 4 NTU, 0.25 NTU일 때 막 손상 시 유출 NTU를 계산하시오.

11-15 심층여과, 표면여과, 정밀여과의 장단점을 2000년 이후 보고된 최신 자료를 세 개 이상 인용하여 비교하시오.

11-16 박막 복합형 막을 이용한 RO 공정으로 다음의 물 1, 2, 3, 4를 탈염할 때 필요한 막 면적, 배제율, 농축액 농도를 결정하시오.

| 항목 | 단위 | 물 | | | |
|---|---|---|---|---|---|
| | | 1 | 2 | 3 | 4 |
| 유량 | m³/d | 4000 | 5500 | 20,000 | 10,000 |
| 유입수 TDS | g/m³ | 2850 | 3200 | 2000 | 2700 |
| 투과수 TDS | g/m³ | 200 | 500 | 400 | 225 |
| 플럭스 계수 $k_w$ | m/s · bar[a] | $1.0 \times 10^{-6a}$ | $1.0 \times 10^{-6a}$ | $1.0 \times 10^{-6a}$ | $1.0 \times 10^{-6a}$ |
| 물질 전달 계수, $k_i$ | m/s | $6.0 \times 10^{-8}$ | $6.0 \times 10^{-8}$ | $6.0 \times 10^{-8}$ | $6.0 \times 10^{-8}$ |
| 순 운전 압력 | kPa | 2750 | 2500 | 2800 | 3000 |
| 회수율 | % | 88 | 90 | 89 | 86 |

[a] $1.0 \times 10^{-6}$ m/s · bar = $1.0 \times 10^{-8}$ s/m

11-17 아래의 자료를 이용하여 역삼투막의 회수율과 배제율을 구하시오.

| 항목 | 단위 | 역삼투 단위 | | | |
|---|---|---|---|---|---|
| | | 1 | 2 | 3 | 4 |
| 유입 유량 | m³/d | 4,000 | 6,000 | 8,000 | 10,000 |
| 농축액 유량 | m³/d | 350 | 600 | 7,500 | 9.000 |
| 투과수 TDS | g/m³ | 65 | 88 | 125 | 175 |
| 농축액 TDS | g/m³ | 1,500 | 2,500 | 1,850 | 2,850 |

11-18 아래의 자료를 이용하여 플럭스 계수와 물질전달률 계수를 구하시오.

| 항목 | 단위 | 역삼투 단위 | | | |
|---|---|---|---|---|---|
| | | 1 | 2 | 3 | 4 |
| 유량, $Q_f$ | m³/d | 4000 | 5500 | 20,000 | 10,000 |
| 유입수 TDS, $C_f$ | g/m³ | 2500 | 3300 | 5300 | 2700 |

(계속)

| 항목 | 단위 | 역삼투 단위 | | | |
|------|------|---|---|---|---|
| | | 1 | 2 | 3 | 4 |
| 유출수 TDS, $C_p$ | g/m³ | 20 | 50 | 40 | 23 |
| 순 운전 압력, $\Delta P$ | bar | 28 | 25 | 28 | 30 |
| 막 면적 | m² | 1600 | 1700 | 9600 | 5500 |
| 회수율, $r$ | % | 88 | 90 | 89 | 86 |

**11-19** 다음과 같이 여과된 하수의 SDI를 추정하시오. 만일 역삼투로 처리하였다면 추가적인 처리가 필요할 것인가?

| 시험 운전 시간, min | 여과 부피, mL | | | |
|------|------|------|------|------|
| | 하수 샘플 번호 | | | |
| | 1 | 2 | 3 | 4 |
| 2 | 315 | 480 | 180 | 500 |
| 5 | 575 | 895 | 395 | 700 |
| 10 | 905 | 1435 | 710 | 890 |
| 20 | 1425 | 2300 | 1280 | 1150 |

**11-20** MF 공정 유출수를 대상으로 한 다음 실험 결과로부터 MFI를 계산하시오.

| 시간, min | 여과 부피, L | | 시간, min | 여과 부피, L | |
|------|------|------|------|------|------|
| | 물 샘플 | | | 물 샘플 | |
| | 1 | 2 | | 1 | 2 |
| 0 | | | 3.5 | 6.78 | 7.17 |
| 0.5 | 1.50 | 1.50 | 4.0 | 7.48 | 8.03 |
| 1.0 | 2.50 | 2.50 | 4.5 | 8.08 | 8.87 |
| 1.5 | 3.45 | 3.48 | 5.0 | 8.57 | 9.67 |
| 2.0 | 4.36 | 4.40 | 5.5 | | 10.34 |
| 2.5 | 5.22 | 5.37 | 6.0 | | 10.97 |
| 3.0 | 6.03 | 6.28 | 6.5 | | 11.47 |

**11-21** 전기 투석을 이용하여 TDS의 농도가 1300 g/m³, 양이온과 음이온 농도가 0.13 g-eq/L인 하수 2500 m³/일을 처리하기 위한 비용을 구하시오. 전기 투석의 운전에 필요한 일반적인 값은 다음과 같다.

유출 유량 = 유입유량의 90%

염 제거 효율 = 50%

전류 효율 = 90%

저항 = 5.0 ohms

더미 내 전지쌍 수 = 350, 400, 450

전력 비용 = $0.13/kWh 24 h/d operation.

**11-22** 나노여과, 역삼투, 전기투석의 농축액 처분에 대한 최근 5년 내의 최신 자료를 세 개 인용하여, 어떤 유형의 공정 조합이 제안되고 주요한 논점이 무엇인지 논하시오.

**11-23** 하수 내 잔류 COD를 활성탄을 이용하여 제거하고자 한다. 1 g의 활성탄을 선택된 COD

값을 갖는 하수 1 L를 가진 비커에 투입하여 실험실 규모의 흡착시험을 하여 아래와 같은 자료를 얻었다. 이들 자료를 이용하여, 이 자료를 적절하게 표현할 수 있는 등온시(Langmuir 혹은 Freundlich)을 구하시오.

| 초기 COD mg/L | 평형 COD, mg/L | | | |
| | 하수 샘플 번호 | | | |
| | 1 | 2 | 3 | 4 |
| --- | --- | --- | --- | --- |
| 140 | 5 | 10 | 0.4 | 5 |
| 250 | 12 | 30 | 0.9 | 18 |
| 300 | 17 | 50 | 2 | 28 |
| 340 | 23 | 70 | 4 | 36 |
| 370 | 29 | 90 | 6 | 42 |
| 400 | 36 | 110 | 10 | 50 |
| 450 | 50 | 150 | 35 | 63 |

**11-24** 다음 등온 시험 결과를 가장 잘 설명하는 모델 유형과 인자를 구하시오. 실험에 사용된 부피는 1 L이다.

| GAC 주입량, mg | 흡착물질 평형 농도, $C_e$, μg/L | | | |
| | 시험 번호 | | | |
| | 1 | 2 | 3 | 4 |
| --- | --- | --- | --- | --- |
| 0 | 5.8 | 26 | 158.2 | 25.3 |
| 0.001 | 3.9 | 10.2 | 26.4 | 15.89 |
| 0.01 | 0.97 | 4.33 | 6.8 | 13.02 |
| 0.1 | 0.12 | 2.76 | 1.33 | 6.15 |
| 0.5 | 0.022 | 0.75 | 0.5 | 2.1 |

**11-25** 문제 11-23을 바탕으로, 2차 처리 후의 COD 농도가 30 mg/L인 하수 4800 m³/일을 최종 COD 농도 2 mg/L로 제거하는 데 필요한 활성탄의 양을 구하시오.

**11-26** 다음 자료를 이용하여 고정상 활성탄 공정의 접촉조 수, 운전 방식, 탄소 요구량, 고정상 수명을 설계하시오. 칼럼의 생물학적 활성 영향은 무시하시오.

| 변수 | 단위 | 화합물 | | | |
| | | Chloroform | Heptachlor | Methylene chloride | NDMA |
| --- | --- | --- | --- | --- | --- |
| 유량 | m³/d | 4000 | 4500 | 5000 | 6000 |
| $C_0$ | ng/L | 500 | 50 | 2000 | 200 |
| $C_e$ | ng/L | 50 | 10 | 10 | 10 |
| GAC 밀도 | g/L | 450 | 450 | 450 | 450 |
| EBCT | min | 10 | 10 | 10 | 10 |

**11-27** 표 11-23의 자료에서 활성탄 흡착에 가장 적합한 물질과 가장 부적합한 물질을 5가지씩 열거하시오.

**11-28** 문제 11-23의 결과를 이용하여 COD 농도가 120 mg/L인 2차 유출수 5,000 m³/d를 COD 20 mg/L로 처리하기 위한 활성탄 양을 계산하시오.

**11-29** 다음과 같은 흡착자료를 이용하여, Freundlich 용량인자 (mg 피흡착제/g 활성탄)와 Freundlich 강도 인자, $1/n$을 구하시오.

| 활성탄 주입량 mg/L | 잔류 농도, mg/L | | | | | |
|---|---|---|---|---|---|---|
| | 샘플 번호 | | | | | |
| | 1 | 2 | 3 | 4 | 5 | 6 |
| 0 | 25.9 | 9.20 | 9.89 | 27.5 | 20.4 | 9.88 |
| 5 | 17.4 | 7.36 | 9.39 | 24.8 | 19.3 | 7.95 |
| 10 | 13.2 | 6.86 | 8.96 | 24.2 | 18.6 | 7.02 |
| 25 | 10.2 | 3.86 | 7.83 | 18.9 | 16.1 | 3.66 |
| 50 | 3.6 | 1.13 | 5.81 | 11.8 | 12.2 | 0.98 |
| 100 | 2.5 | 0.22 | 4.45 | 2.3 | 6.7 | 0.25 |
| 150 | 2.1 | 0.18 | 2.98 | 1.1 | 3.1 | 0.09 |
| 200 | 1.4 | 0.11 | 2.01 | 0.9 | 1.1 | 0.04 |

**11-30** 탈기탑에서 주어진 화합물을 제거하기 위한 공기의 유량을 결정하시오. 또한, 유량 3000 $m^3$/일을 위한 탈기탑의 높이를 추정하시오. Henry 상수는 표 16-12에서 인용하시오.

| 화합물 | $K_La$, $s^{-1}$ | 농도, $\mu g$ | | | |
|---|---|---|---|---|---|
| | | 물 1 | | 물 2 | |
| | | 유입수 | 유출수 | 유입수 | 유출수 |
| 클로로벤젠 | 0.0163 | 100 | 5 | 120 | 7 |
| 클로로에텐 | 0.0141 | 100 | 5 | 150 | 5 |
| TCE[a] | 0.0176 | 100 | 5 | 180 | 10 |
| 톨루엔 | 0.0206 | 100 | 5 | 200 | 15 |

[a] TCE의 Henry 상수는 0.00553 $m^3 \cdot atm/mol$

**11-31** 소듐 형태의 이온교환 수지(5 g)를 염화포타슘 2 meq와 염화소듐 0.5 meq가 있는 물에 첨가하였다. 만일 이온교환 수지의 이온교환용량이 4.0 meq/L · 건조중량이고 선택계수가 1.46이라고 할 때 처리 후의 포타슘 양을 계산하시오.

**11-32** 다음과 같은 이온교환 수지의 이온교환 용량을 구하시오. 4000 $m^3$/일 규모로 $Ca^{2+}$의 농도를 125에서 45 mg/L로 감소하기 위하여 필요한 이온교환 수지의 양을 계산하시오. 아래 표의 자료는 수지 0.1 kg을 이용하여 구해졌다.

| 처리 부피, L | 수지 1 | | 수지 2 | |
|---|---|---|---|---|
| | $Cl^-$ | $Ca^{2+}$ | $Cl^-$ | $Ca^{2+}$ |
| 0 | 0 | 0 | 0 | 0 |
| 5 | 2 | 0 | 2 | 0 |
| 10 | 8 | 0 | 13 | 0 |
| 15 | 44 | 0 | 29 | 0 |
| 20 | 65 | 0 | 45 | 0 |
| 25 | 70 | 0 | 60 | 1 |
| 30 | 71 | 0 | 69 | 8 |
| 35 | 71 | 6 | 71 | 17 |

(계속)

| 처리 부피, L | 수지 1 | | 수지 2 | |
|---|---|---|---|---|
| | $Cl^-$ | $Ca^{2+}$ | $Cl^-$ | $Ca^{2+}$ |
| 40 | 71 | 20 | 71 | 27 |
| 45 | | 34 | 71 | 354 |
| 50 | | 39 | | 39 |
| 55 | | 40 | | 40 |
| 60 | | 40 | | 40 |

**11-33** 문제 11-32에서 주어진 수지 중에서 유량이 5500 $m^3$/일일 때, $Mg^{2+}$의 농도를 115에서 15 mg/L로 줄이기 위해 필요한 수지의 양을 구하시오.

**11-34** 4개의 다른 하수가 다음과 같은 다른 이온성분을 가지고 있다. 선택계수와 강염기 이온교환 수지로 단위 운전 주기당, 질산성 질소를 제거할 수 있는 하수의 양을 결정하시오. 수지의 이온교환 용량은 1.8 eq/L로 가정한다.

| 양이온 | 농도 | 음이온 | 농도, mg/L | | | |
|---|---|---|---|---|---|---|
| | | | 폐수 샘플 번호 | | | |
| | | | 1 | 2 | 3 | 4 |
| $Ca^{2+}$ | 82.2 | $HCO_3^-$ | 304.8 | 152 | 254 | 348 |
| $Mg^{2+}$ | 17.9 | $SO_4^{2-}$ | 0 | 0 | 0 | 0 |
| $Na^+$ | 46.4 | $Cl^-$ | 58.1 | 146.3 | 124 | 60 |
| $K^+$ | 15.5 | $NO_3^-$ | 82.5 | 90 | 21.5 | 42 |

**11-35** 4개의 다른 하수가 다음과 같은 이온조성을 가지고 있다. 선택계수와 강염기 이온교환 수지로 단위 운전주기당, 질산성 질소를 제거할 수 있는 하수의 양을 결정하시오. 수지의 이온교환 용량은 2.5 eq/L로 가정한다.

| 양이온 | 농도 | 음이온 | 농도, mg/L | | | |
|---|---|---|---|---|---|---|
| | | | 폐수 샘플 번호 | | | |
| | | | 1 | 2 | 3 | 4 |
| $Ca^{2+}$ | 82.2 | $HCO_3^-$ | 321 | 180 | 198.5 | 69 |
| $Mg^{2+}$ | 17.9 | $SO_4^{2-}$ | 65 | 36.5 | 124 | 136 |
| $Na^+$ | 46.4 | $Cl^-$ | 22 | 95 | 56 | 87 |
| $K^+$ | 15.5 | $NO_3^-$ | 46 | 93 | 34.5 | 97 |

**11-36** 다음에 열거한 각각의 화합물의 농도를 100 μg/L에서 10 μg/L으로 감소시킬 수 있는 방법을 본 장에서 다룬 공정 중에서 제시하시오.

벤젠
클로로포름
Dieldrin
Heptachlor
N-Nitrosodimethylamine
TCE
Vinyl chloride

# 참고문헌

Adham, S., T. Gillogly, G. Lehman, E. Rosenblum, and E. Hansen, (2004) *Comparison of Advanced Treatment Methods for Partial Desalting of Tertiary Effluents, Desalination and Water Purification Research and Development,* Report No. 97, Agreement No. 99-FC-81–0189, U.S. Department of the Interior, Bureau of Reclamation, Denver, CO.

Ahn, K. H., J. H. Y. Song Cha, K. G. Song, and H. Yoo (1998) "Application of Tubular Ceramic Membranes For Building Wastewater Reuse," *Proceedings IAWQ 19 th International Conference,* Vancouver, p. 137.

Amirtharajah, A. (1978) "Optimum Backwashing of Sand Filters," *J. Environ. Eng. Div., ASCE,* **104**, EE5, 917–932.

Anderson, R. E. (1975) "Estimation Of Ion Exchange Process Limits By Selectivity Calculations," in I. Zwiebel and N. H. Sneed (eds), *Adsorption and Ion Exchange, AICHE Symposium Series,* **71**, 152, 236–242.

Anderson, R. E. (1979) "Ion Exchange Separations," in P. A. Scheitzer (ed), *Handbook of Separation Techniques For Chemical Engineers,* McGraw-Hill, New York.

ASTM (2001a) *C136–01 Standard Test Method for Sieve Analysis of Fine and Coarse Aggregates,* American Society for Testing and Materials, Philadelphia, PA.

ASTM (2001b) *E11–01 Standard Specification for Wire Cloth and Sieves for Testing Purposes,* American Society for Testing and Materials, Philadelphia, PA.

ASTM (2002) *D4189–95 Standard Test Method for Silt Density Index (SDI) of Water,* American Society for Testing and Materials, Philadelphia, PA.

AWWA (1996) *AWWA Standard for Filtering Material, B100–96,* American Water Works Association, Denver, CO.

Bard, A. J. (1966) *Chemical Equilibrium,* Harper & Row, Publishers, New York.

Bilello, L. J., and B. A. Beaudet (1983) "Evaluation of Activated Carbon by the Dynamic Minicolumn Adsorption Technique," in M. J. McGuire and I. H. Suffet (eds.), *Treatment of Water by Granular Activated Carbon,* American Chemical Society, Washington, DC.

Blake F. C., (1922) "The Resistance of Packing to Fluid Flow," *Trans. Am. Inst. Chem. Eng.,* **14**, 415–421.

Bohart, G. S., and E. Q. Adams (1920) "Some Aspects of the Behavior of Charcoal with Respect to Chlorine," *J. Am. Chem. Soc.,* **42**, 3, 523–529.

Bonner, O. D., and L. L. Smith (1957) "A Selectivity Scale For Some Divalent Cations on Dowex 50," *J. Physical Chem.,* 61, 3, 326–329.

Bourgeous, K., G. Tchobanoglous, and J. Darby (1999) "Performance Evaluation of the Koch Ultrafiltration (UF) Membrane System for Wastewater Reclamation," Center For Environmental And Water Resources Engineering, Report No. 99–2, Department of Civil and Environmental Engineering, University of California, Davis, Davis, CA.

Caliskaner, O., and G. Tchobanoglous (2000) "Modeling Depth Filtration of Activated Sludge Effluent Using a Synthetic Compressible Filter Medium," Presented at the 73rd Annual Conference and Exposition on Water Quality and Wastewater Treatment, Water Environment Federation, Anaheim, CA.

Carman, P. C. (1937) "Fluid Flow Through Granular Beds," *Trans. Inst. Chem. Engrs.,* London, **15**, 150–166.

Cath, T. Y., A. E. Childress, and M. Elimelech (2006) "Forward Osmosis: Principles, Applications, and Recent Developments," *J. Mem. Sci.,* **281**, 9, 70–87.

Celenza, G. (2000) *Specialized Treatment Systems, Industrial Wastewater Process Engineering, vol. III,* Technomic Publishing Co., Inc., Lancaster, PA.

Cleasby, J. L., and K. Fan (1982) "Predicting Fluidization and Expansion of Filter Media," *J. Environ. Eng. Div., ASCE,* **107**, EE3, 455–472.

Cleasby, J. L., and G. S. Logsdon (1999) "Granular Bed and Precoat Filtration," Chap. 8, in R. D. Letterman (ed), *Water Quality and Treatment: A Handbook of Community Water Supplies,* 5th ed., American Water Works Association, McGraw-Hill, New York.

Crittenden, J. C., R. R. Trussell, D. W. Hand, K. J. Howe, and G. Tchobanoglous (2005) *Water Treatment: Principles and Design,* 2nd ed., John Wiley & Sons, Inc., Hoboken, NJ.

Crittenden, J. C., R. R. Trussell, D. W. Hand, K. J. Howe, and G. Tchobanoglous (2012) *Water Treatment: Principles and Design,* 3rd ed., John Wiley & Sons, Inc., New York.

Crittenden, J. C., P. Luft, D. W. Hand, J. L. Oravitz, S. W. Loper, and M. Art (1985) "Prediction of Multicomponent Adsorption Equilibria Using Ideal Adsorption Solution Theory," *Environ. Sci, Technol.,* **19**, 11, 1037–1043.

Crittenden, J. C., J. K. Berrigan, and D. W. Hand (1986) "Design of Rapid Small Scale Adsorption Tests for a Constant Diffusivity," *J. WPCF,* **58**, 4, 312–319.

Crittenden, J. C., D. W. Hand, H. Arora, and B. W. Lykins, Jr. (1987a) "Design Considerations for GAC Treatment of Organic Chemicals," *J. AWWA,* **79**, 1, 74–82.

Crittenden, J. C., T F. Speth, D. W. Hand, P. J. Luft, and B. W. Lykins, Jr. (1987b) "Multicomponent Competition in Fixed Beds," *J. Environ. Eng. Div., ASCE,* **113**, EE6, 1364–1375.

Crittenden, J. C., P. J. Luft, and D. W. Hand (1987c) "Prediction of Fixed-Bed Adsorber Removal of Organics in Unknown Mixtures," *J. Environ. Eng. Div., ASCE,* **113**, 3, 486–498.

Crittenden, J. C., J. K. Berrigan, and D. W. Hand (1987d) "Design of Rapid Fixed-bed Adsorption Tests for Nonconstant Diffusivities," *J. Environ. Eng. Div., ASCE,* **113**, 2, 243–259.

Crittenden, J. C., P. S. Reddy, H. Arora, J. Trynoski, D. W. Hand, D. L. Perram, and R. S. Summers (1991) "Predicting GAC Performance With Rapid Small-Scale Column Tests," *J AWWA,* **83**, 1, 77–87.

Crittenden, J. C., K. Vaitheeswaran, D. W. Hand, E. W. Howe, E. M. Aieta, C. H. Tate, M. J. Mcgurie, and M. K. Davis (1993) "Removal of Dissolved Organic Carbon Using Granular Activated Carbon," *Water Res.,* **27**, 4, 715–721.

Crittenden, J. C. (1999) *Class Notes,* Michigan Technological University, Houghton, MI.

Crozes, G. F., J. G. Jacangelo, C. Anselme, and J. M. Laine (1997) "Impact of Ultrafiltration Operating Conditions on Membrane Irreversible Fouling," *J. Membr. Sci.,* **124**, 63–76.

Culp, G. L., and A. Slechta (1966) *Nitrogen Removal From Sewage,* Final Progress Report, U. S. Public Health Service Demonstration Grant 29–01.

Dahab, M. F., and J. C. Young (1977) "Unstratified-Bed Filtration of Wastewater," *J. Environ. Eng. Div., ASCE,* **103**, 1, 21–36.

Darby, J., R. Emerick, F. Loge, and G. Tchobanoglous (1999) "The Effect of Upstream Treatment Processes on UV Disinfection Performance," Project 96-CTS-3, *Water Environment Research Foundation,* Washington DC.

Darcy, H. (1856) *Les fontaines publiques de la ville de Dijon* (in french), Victor Dalmont, Paris.

Dharmarajah, A. H., and J. L. Cleasby (1986) "Predicting the Expansion of Filter Media," *J. AWWA,* **78**, 12, 66–76.

Dimotsis, G. L., and F. McGarvey (1995) "A Comparison of a Selective Resin with a Conventional Resin for Nitrate Removal," IWC, No. 2.

Dobbs, R. A., and J. M. Cohen (1980) *Carbon Adsorption Isotherms for Toxic Organics,* EPA-600/8–80–023, U. S. Environmental Protection Agency, Washington, DC.

Dupont (1977) "Determination of the Silt Density Index," Technical Bulletin No. 491, Dupont de Nemours and Co., Wilmington, DE.

Eckert, J. S. (1970) "Selecting the Proper Distillation Column Packing," *Chem. Eng. Prog.,* **66**, 3, 39–44.

Eckert, J. S. (1975) "How Tower Packings Behave," *Chem. Eng.,* **82**, 4, 70–76.

Elimelech, M., and W. A. Phillip (2007) "The Future of Seawater Desalination: Energy, Technology, and the Environment," *Science,* **333**, 712–717.

Emerick, R. (2012) Personal communication.

Ergun, S. (1952) "Fluid Flow through Packed Columns." *Chem. Eng. Prog.,* **48**, 2, 89–94.

Fair, G. M. (1951) "The Hydraulics of Rapid Sand Filters," *J. Inst. Water Eng.,* **5**, 171–213.

Fair G. M., and L. P. Hatch (1933) "Fundamental Factors Governing the Streamline Flow of Water Through Sand," *J. AWWA,* **25**, 11, 1551–1565.

Fair, G. M., J. C. Geyer, and D. A. Okun (1968) *Water and Wastewater Engineering,* Vol. 2, Wiley, New York.

Ford, D. L. (1992) *Toxicity Reduction: Evaluation and Control,* Technomic Publishing Company, Inc., Lanchester, PA.

Foust, A. S., L. A. Wenzel, C. W. Clump, L. Maus, and L. B. Andersen (1960) *Principles of Unit Operations,* John Wiley & Sons, Inc., New York.

Hand, D. W., J. C. Crittenden, D. R. Hokanson, and J. L. Bulloch (1997) "Predicting the Performance of Fixed-bed Granular Activated Carbon Adsorbers," *Water Sci. Technol.,* **35**, 7, 235–241.

Hand, D. W., D. R. Hokanson, and J. C. Crittenden (1999) "Air Stripping And Aeration," Chap. 6, in R. D. Letterman, ed., *Water Quality And Treatment: A Handbook of Community Water Supplies,* 5th ed., American Water Works Association, McGraw-Hill, New York.

Hazen, A. (1905) *The Filtration of Public Water-Supplies,* 3rd ed, John Wiley & Sons, New York.

Kavanaugh, M. C., and R. R. Trussell (1980) "Design of Stripping Towers to Strip Volatile Contaminants From Drinking Water," *J. AWWA,* **72**, 12, 684–692.

Kozeny, J. (1927) "Uber Grundwasserbewegung," *Wasserkraft und Wasserwirtschaft,* **22**, 5, 67–70, 86–88.

Kawamura, S. (2000) *Intergrated Design And Operation of Water Treatment Facilities,* 2nd ed., John Wiley & Sons, Inc., New York.

LaGrega, M. D., P. L. Buckingham, and J. C. Evans (2001) *Hazardous Waste Management,* McGraw-Hill Book Company, Boston, MA. Reissued in 2010 by Wayland Press, Inc., Long Grove, IL.

Leva, M. (1959) *Fluidization,* McGraw-Hill Book Company, Inc. New York, NY.

McCabe, W. L., and E. W. Thiele (1925) "Graphical Design of Fractionating Columns," *Ind. Eng. Chem.,* **17**, 605–611.

McGarvey, F B. Bachs, and S Ziarkowski (1989) "Removal of Nitrates from Natural Water Supplies," Presented at the American Chemical Society Meeting, Dallas TX.

Olivier, M., and D. Dalton (2002) "Filter Fresh: Cloth-media Filters Improve a Florida Facility's Water Reclamation Efforts," *Water Environ. Technol.,* 14, 11, 43–45.

Olivier, M., J. Perry, C. Phelps, and A. Zacheis (2003) "The Use of Cloth Media Filtration Enhances UV Disinfection through Particle Size Reduction," 2003 WateReuse Symposium, WateReuse Association, Alexandria, VA.

O'Melia, C. R., and W. Stumm (1967) "Theory of Water Filtration," *J AWWA,* **59**, 11, 1393–1412.

Onda, K., H. Takeuchi, and Y. Okumoto (1968) "Mass Transfer Coefficients Between Gas and Liquid Phases in Packed Columns," *J. Chem, Eng.,* Japan, **1**, 1, 56–62.

Ouki, S. K., and M. Kavanagh (1999) "Treatment of Metals-Contaminated Watewaters by Use of Natural Zeolites," *Water Sci., Technol.,* **39**, 10–11, 115–122.

Patel, M. (2013) Personal Communication, Orange County Water District, Fountain Valley, CA.

Peterson, S. (1953) Annuals of the New York Academy of Science, vol. 57, p. 144.

Richardson, J. F., and W. N. Zaki (1954) " Sedimentation and Fluidisation: Part I, *Trans. Instn. Chem. Engrs.,* **32**, 35–53.

Riess, J., K. Bourgeous, G. Tchobanoglous, and J. Darby (2001) *Evaluation of the Aqua-aerobics Cloth Medium Disk Filter (CMDF) for Wastewater Recycling In California,* Center for Environmental and Water Resources Engineering, Report No. 01–2, Department of Civil and Environmental Engineering, University of California, Davis, CA.

Rose, H. E. (1945) "On the Resistance Coefficient-Reynolds Number Relationship for Fluid Flow through a Bed of Granular Material," *Proc. Inst. Mech. Engrs.,* **153**, 154–161, London.

Rose, H. E. (1949) "Further Researches in Fluid Flow through Beds of Granular Material," *Proc. Inst. Mech. Engrs.,* **160**, 493–503, London.

Rose, J., P. Hauch, D. Friedman, and T. Whalen (1999) "The Boiling Effect: Innovation for Achieving Sustainable Clean Water," *Water* 21, No. 9/10.

Rosene, M. R., R. T. Deithun, J. R. Lutchko, and W. J. Wayner, (1980) "High Pressure Technique for Rapid Screening of Activated Carbons for Use in Potable Water," in M. J. McGuire and I. H. Suffet (eds.) *Treatment of Water by Granular Activated Carbon,* American Chemical Society, Washington, DC.

Sakaji, R. H. (2006) "What's New for Membranes in the Regulatory Arena," presented at Microfiltration IV, National Water Research Institute, Anaheim/Orange County, Orange, CA.

Schippers, J. C., and Verdouw, J. (1980) "The Modified Fouling Index, a Method for Determining the Fouling Characteristics of Water," *Desalination,* 32, 137–148.

Shaw, D. J. (1966) *Introduction to Colloid and Surface Chemistry,* Butterworth, London, England.

Sherwood, T. K., and F. A. Hollaway (1940) "Performance of Packed Towers-Liquid Film Data for Several Packings," *Trans. Am. Inst. Chem. Engrs.,* **36**, 39–70.

Slater, M. J. (1991) *Principles of Ion Exchange Technology,* Butterworth Heinemann, New York.

Slechta, A., and G. L. Culp (1967) "Water Reclamation Studies at the South Lake Tahoe Public Utility District," *J. WPCF,* **39**, 5, 787–814.

Snoeyink, V. L., and R. S. Summers (1999) "Adsorption Of Organic Compounds," Chap. 13, in R. D. Letterman (ed.), *Water Quality And Treatment: A Handbook of Community Water Supplies,* 5th ed., American Water Works Association, McGraw-Hill, New York.

Sontheimer, H., J. C. Crittenden, and R. S. Summers (1988) *Activated Carbon For Water Treatment,* 2nd ed., in English, DVGW-Forschungsstelle, Engler-Bunte-Institut, Universitat Karlsruhe, Germany.

Stephenson, T., S. Judd, B. Jefferson, and K. Brindle (2000) *Membrane Bioreactors for Wastewater Treatment,* IWA Publishing, London.

Stover, R. L. (2007) "Seawater Reverse Osmosis with Isobaric Energy Recovery Devices," *Desalination* **203** 168–175.

Taylor, J. S., and M. Wiesner (1999) "Membranes," Chap. 11, in R. D. Letterman, ed., *Water Quality And Treatment: A Handbook of Community Water Supplies,* 5th ed., American Water Works Association, McGraw-Hill, New York.

Taylor, J. S., and E. P. Jacobs (1996) "Reverse Osmosis and Nanofiltration," Chap. 9, in J. Mallevialle, P. E. Odendaal, and M R. Wiesner (eds.) *Water Treatment Membrane Processes,* American Water Works Association, published by McGraw-Hill, New York.

Tchobanoglous, G., and R. Eliassen (1970) "Filtration of Treated Sewage Effluent," *Journal San. Eng. Div., ASCE,* **96**, SA2, 243–265.

Tchobanoglous, G., and E. D. Schroeder (1985) *Water Quality: Characteristics, Modeling, Modification,* Addison-Wesley Publishing Company, Reading, MA.

Tchobanoglous, G. (1988) "Filtration of Secondary Effluent for Reuse Applications," Presented at the 61st Annual Conference of the WPCF, Dallas, TX.

Tchobanoglous, G., F. L. Burton, and H. D. Stensel (2003) *Wastewater Engineering: Treatment and Reuse,* 4th ed., McGraw-Hill, New York.

Tchobanoglous, G., H. Leverenz, M. H. Nellor, and J. Crook (2011) *Direct Potable Reuse: A Path Forward,* WateReuse Research and WateReuse California, Washington, DC.

Trussell, R. R., and M. Chang (1999) "Review of Flow Through Porous Media as Applied to Head Loss in Water Filters, *J. Environ. Eng., ASCE,* **125**, 11, 998–1006.

USBR (2003) *Desalting Handbook for Planners,* 3rd ed., Desalination Research and Development Program Report No. 72, United States Department of the Interior, Bureau of Reclamation.

Voutchkov, N. (2013) *Desalination Engineering Planning and Design,* McGraw-Hill Book Company, New York.

Wadell, H. (1935). "Volume, Shape and Roundness of Quartz Particles". *J. Geol.,* **43**, 3, 250–280.

Wetterau, G. D. (2013) Personal Communication, CDM Smith, Los Angeles, CA.

Wilf, M. (1998) "Reverse Osmosis Membranes for Wastewater Reclamation," In T. Asano (ed.) *Wastewater Reclamation and Reuse,* Chap. 7, pp. 263–344, Water Quality Management Library, vol. 10, CRC Press, Boca Raton, FL.

Wong, J. (2003) "A Survey of Advanced Membrane Technologies and Their Applications in Water Reuse Projects," *Proceedings of the 76th Annual Technical Exhibition & Conference,* Water Environment Federation, Alexandria, VA.

# 12

# 소독공정
*Disinfection Processes*

# 용어정의

| 용어 | 정의 |
|------|------|
| 흡광도 | 용액 및 용액의 성분에 의해 흡수되는 특정 파장에 대한 빛의 양을 측정 |
| 분기점 염소처리 | 충분한 염소를 투입하여 물속의 산화가능한 모든 물질과 반응하게 하고, 추가적으로 투입되는 염소는 유리염소(HOCl + OCl⁻)로서 잔류하는 공정 |
| 잔류 염소 | 투입 이후 지정된 시간 후에 측정된 물속의 유리 또는 결합염소의 농도, 결합잔류 염소는 전류법적정에 의해 가장 일반적으로 측정된다. |
| 결합염소 | 다른 화합물과 결합된 염소[예를 들어 여러 가지 화합물 가운데 모노클로라민($NH_2Cl$), 디클로라민($NHCl_2$), 트리클로라민($NCl_3$)] |
| 결합잔류 염소 | 결합염소화합물[예를 들어 여러 가지 화합물 가운데 모노클로라민($NH_2Cl$), 디클로라민($NHCl_2$), 트리클로라민($NCl_3$)] 로 이루어진 잔류 염소 |
| CT | mg/L로 표현되는 잔류소독제의 농도 C와 min으로 표현되는 접촉시간 T의 곱, CT는 소독공정의 효율성을 평가하기 위해 사용된다. |
| 탈염소화 | 이산화황과 같은 환원제 또는 활성탄소와의 반응에 의해 용액으로부터 잔류 염소를 제거하는 기작 |
| 소독 | 화학약품(예를 들어 염소) 또는 물리적 공정(예를 들어 자외선)을 통해 질병을 일으키는 미생물의 부분적 사멸과 불활성화 |
| 소독부산물(DBPs) | 소독 목적으로 폐수를 처리할 때 염소나 오존 등의 강한 산화제가 잔류 유기물과 반응하여 형성되는 다양한 유기화합물 |
| 반응용량 곡선 | 미생물 불활성화 정도와 소독제 주입량과의 상관관계 |
| 유리염소 | 용액속의 차아염소산(HOCl)과 차아염소산 이온(OCl⁻)의 총량 |
| 불활성화 | 질병의 원인이 되는 미생물을 번식할 수 없도록 만드는 것 |
| 조사 | 자외선 투과에 대한 노출 |
| 자연유기물질(NOM) | 용존성 및 입자성 유기성분으로 다음의 세 가지를 일반적 근원으로 한다. (1) 육지환경(대부분 부식물질), (2) 수생환경(조류와 다른 수생종 및 그들의 부산물), (3) 생물학적 처리공정에서의 미생물 |
| 저온살균법 | 미생물 사멸을 위해 특정한 온도와 시간에서 음식 또는 물을 가열하는 공정 |
| 병원균 | 다양한 질병을 유발할 수 있는 미생물 |
| 광회복/암회복 | 자외선 노출에 의해 야기되는 피해를 회복시키는 미생물의 능력 |
| 복사 | 전도체 또는 특별한 루트 없이 장거리로 전달될 수 있는 빛, 열, 소리와 같은 에너지 |
| 불활성화등가주입량(RED) | UV 소독 시스템을 통해 관찰된 불활성화 정도로서 콜리메이트 빔 주입 반응 연구로부터 얻어진 UV 주입 반응에 대비됨(collimated beam: 레이저에서 사실상 분산이나 집중이 매우 적은 평행광선) |
| 멸균 | 병원성 및 기타 모든 미생물의 사멸 |
| 총 염소 | 유리염소와 결합염소의 합 |
| 투과율 | 빛을 투과할 수 있는 용액의 능력. 투과율은 흡광도와 관계가 있다. |
| 자외선(UV) | 가시광선보다 작은 파장의 전자기 방사선으로 100~400 nm 범위 |
| 자외선 조사 | 미생물 불활성화를 위해 자외선(또는 빛) 조사가 사용되는 소독공정 |

폐수처리와 재이용에 있어 안전성을 확보하기 위해 소독공정이 매우 중요하기 때문에 이 장의 목적은 다양한 소독제에 의한 처리수의 소독에서 고려되어야 하는 중요한 주제들을 독자들에게 소개하는 것이다. 폐수에서 발견되면서 질병을 발생시키는 가장 중요한 인간 분변성 미생물의 4가지 종류는 (1) 세균(bacteria), (2) 원생동물 접합자낭(oocysts)과 낭종(cysts), (3) 바이러스, (4) 기생충 알이다. 수인성 미생물에 의해 야기되는 질병들은 앞의 2장에서 논의되었다. 이 장의 주제인 소독은 병원성 미생물 사멸 또는 불활성화의 특정 수준을 달성하기 위해 사용되는 공정이다. 소독공정을 거치는 동안 모든 미생물들(organisms)이 사멸되지 않기 때문에, 소독은 모든 미생물들을 사멸시키는 멸균과 구별된다.

이 장에서는 소독에 포함된 주제들을 설명하기 위하여 (1) 폐수에 사용되는 소독제의 소개, (2) 소독공정 고려사항, (3) 염소 소독, (4) 이산화염소에 의한 소독, (5) 탈염소화, (6) 염소화 및 탈염소화시설의 설계, (7) 오존 소독, (8) 기타 화학적 소독방법, (9) 자외선(UV) 소독, (10) 저온살균법에 의한 소독에 대해 다루고자 한다.

## 12-1 폐수에 사용되는 소독제의 소개

각 소독 기술의 세부사항 및 소독의 현실적인 측면을 다루기 전에 이상적인 소독제의 특성, 폐수에 사용되는 소독제들의 주요 종류, 그리고 소독제들 사이에 일반적인 비교를 제공하는 것이 적절하다.

### ≫ 이상적인 소독제의 특성

폐수의 소독에 대한 관점을 제공하기 위하여 표 12-1에 주어진 바와 같이 이상적인 소독제의 특성을 고려하는 것은 유용하다. 보고된 바에 따르면 이상적인 소독제는 취급과 적용의 안전성, 저장의 안정성, 미생물에 대한 독성, 고등생물에 대한 무독성, 물이나 세포조직 내에서 용해성 등과 같은 다양한 특성을 갖춰야 한다. 소독제의 세기나 농도를 측정할 수 있는 것 역시 중요하다. 마지막 고려사항은 소독 후에 잔류물이 약간 또는 전혀 없는 오존의 사용 및 잔류물이 측정되지 않는 UV와 저온살균 소독에 관한 주제이다.

### ≫ 소독제와 소독방법

소독은 (1) 화학적 소독제들과 (2) 비전리 복사의 사용에 의해 가장 일반적으로 행해지고 있다. 이러한 각각의 기술들은 아래에서 간략히 언급하였으며 소독이나 불활성화의 다른 방법들도 완성도를 위해 언급되고 있다.

**화학약품.** 염소 및 염소화합물 그리고 오존은 폐수의 소독에 이용되는 주된 화학약품이다. 다른 분야에서 소독제로서 사용되고 있는 기타 화학약품은 (1) 브롬, (2) 요오드, (3) 페놀과 페놀 화합물, (4) 알콜, (5) 중금속과 관련 화합물, (6) 염료, (7) 비누와 합성세제, (8) 제4암모늄 화합물, (9) 과산화수소, (10) 과산화아세트산 (11) 다양한 알칼리, 그리고 (12) 다양한 산 등을 포함한다. pH가 11보다 높거나 3보다 낮은 물은 상대적으로 대부분의 미생물들에

**표 12-1**

이상적인 산화제의 특성

| 특성 | 성질/반응 |
|---|---|
| 용액 특성 변화 | 총 용존 고형물(TDS) 증가와 같은 용액 특성 변화에 최소한이면서, 효율적이어야 한다. |
| 유용성 | 대량으로 입수가 가능하고 가격이 합리적이어야 한다. |
| 무취성 | 소독하는 동안 냄새가 없어야 한다. |
| 균질성 | 구성성분이 균일해야 한다. |
| 외부물질과의 반응성 | 유기물보다는 세균 세포에 의한 흡착이 이루어져야 한다. |
| 비부식/비염색 | 소독제에 의한 시설의 부식이나 염색이 일어나서는 안 된다. |
| 비독성 | 미생물을 제외한 인간이나 다른 동물에 독성이 없어야 한다. |
| 침투성 | 입자의 표면을 침투할 수 있어야 한다. |
| 안전성 | 운반, 저장, 취급 및 사용시 안전해야 한다. |
| 용해성 | 물이나 세포조직 내에서 녹아야 한다. |
| 안정도 | 보관 중에 소독작용의 손실이 적어야 한다. |
| 미생물에 대한 독성 | 희석이 많이 되어도 소독이 효과적이어야 한다. |
| 상온에서의 독성 | 상온에서 소독이 효과적이어야 한다. |

[a] Tchobanoglous et al. (2003)에서 발췌

독성을 나타내기 때문에 강산이나 강알칼리의 물은 병원성 세균을 없앨 수 있다.

**비전리 복사.** 일반적으로 전도체 또는 특별한 루트 없이 장거리로 전달될 수 있는 전자기파 형식의 에너지, 열 그리고 음파를 복사라 한다. 전자기파는 가시광선, 자외선, 마이크로파와 전파를 포함한다. 자외선(UV)은 폐수처리수의 소독에 사용되는 전자기파의 가장 일반적인 형식이다. 예를 들어 끓는점까지 물을 가열시키면 주요한 질병을 유발하는 비포자형성 세균을 파괴할 것이다. 음식 가공 산업에서 일반적으로 사용되고 있는 저온살균법은 새로운 장비의 유효성, 폐열 이용의 기회, 다른 소독제에 따른 에너지의 관심 때문에 최근에 폐수처리 현장에서 많은 관심을 받고 있다. 슬러지의 저온살균법은 유럽에서 광범위하게 사용되고 있다.

**전리 복사.** 충분한 에너지를 갖고 원자를 이온화하는 복사를 전리 복사라 한다. 알파입자, 베타입자, 감마선, X-ray 선과 중성자는 일반적으로 전리 복사의 형태인 것으로 간주한다. 예를 들면 코발트 60과 같은 방사선 동위원소로부터 방출된 감마선이 물과 폐수를 소독(살균)하기 위해 사용되고 있다. 비록 폐수나 슬러지에 높은 에너지를 조사하기 위한 전자파 장치의 사용은 많이 연구되었지만, 상업적인 기구나 작동하고 있는 실물 크기의 장치는 없다.

**기계적인 방법에 의한 제거.** 폐수를 처리하는 동안에 세균과 다른 미생물들의 부가적인 제거는 기계적인 방법에 의해서도 가능하다. 기계적 방법(스크리닝, 침강, 여과 등)을 통해 이루어진 제거는 처리공정의 고유 기능에 의한 부산물들이다. 정밀여과 및 한외여과와 같은 막여과의 사용은 물 재이용을 위하여 병원성 미생물들을 감소시키기 위한 수

**표 12-2**

염소, 오존, UV, 저온살균을 사용한 소독 메커니즘

| 염소 | 오존 | UV | 저온살균 |
|---|---|---|---|
| 1. 세포벽을 직접산화하여 세포구성물을 세포 밖으로 유출시킴<br>2. 세포벽 투수성 변형<br>3. 세포원형질의 변형<br>4. 효소활동 억제<br>5. 세포의 DNA와 RNA 손상 | 1. 세포벽을 직접산화하여 세포구성물을 세포 밖으로 유출시킴<br>2. 오존분해의 라디칼 부산물과 반응<br>3. 핵산 구성요소의 손상(퓨린과 피리미딘)<br>4. 중합반응으로 이어지는 탄소-질소 결합의 파괴 | 1. 미생물 세포 내의 RNA와 DNA(이중결합 형성)의 광화학적 손상<br>2. 미생물의 핵산은 240~280 nm의 파장 범위에서 빛 에너지를 가장 많이 흡수<br>3. RNA와 DNA는 복제 유전 정보를 운반하기 때문에 이들의 손상은 세포 불활성화에 효과적임 | 1. 세포 내의 효소 구조를 열로 변형하여 작동 못하게 함<br>2. 세포벽을 만드는 단백질과 지방산은 열에 의해 손상되고 세포의 내용물이 배출됨<br>3. 세포 내 액체는 세포벽을 확대하거나 파열시켜 세포의 내용물이 방출됨 |

단으로 인식되어 왔다. 감소량은 알고 있는 농도의 지표 미생물을 투입하고 얻어진 불활성화율을 측정함으로써 평가된다. 실물 크기의 처리시설을 운영할 때, 막과 탁도에 영향을 미치는 차압과 같은 대리 매개변수는 막의 온전함을 모니터하는 데 사용된다. 막 공정에 의한 병원성 미생물의 제거는 11장에 더 언급되어 있다.

### ▶▶ 소독제의 역할을 설명하기 위한 메커니즘

소독제의 역할을 설명하기 위해 제시된 다섯 가지의 기본적인 메커니즘은 (1) 세포벽의 손상, (2) 세포투과력의 변경, (3) 세포 내 원형질의 콜로이드 특성 변경, (4) 미생물의 DNA나 RNA의 변경, (5) 원형질 내 효소활동의 방해이다. 염소, 오존, UV 조사, 저온살균을 사용하는 소독 메커니즘은 표 12-2에 비교하여 나타내었다. 다양한 소독제들에 대해 관찰된 성능의 차이는 운영하는 불활성화 메커니즘의 원리를 통해 대부분 설명될 수 있다.

염소, 오존과 같은 화학약품의 산화에 의한 세포벽의 손상, 파괴 또는 변경은 세포의 용해와 사멸을 야기한다. 화학약품의 산화는 또한 효소의 화학적 배열을 변경하고 효소를 불활성화시킬 수 있으며, 일부 산화제는 세균 세포벽의 합성을 방해할 수 있다. UV 조사에의 노출은 DNA 가닥을 해체할 뿐 아니라 미생물 DNA 내에 이중결합을 형성할 수도 있다. UV 광자(photons)가 세균과 원생동물의 DNA 또는 바이러스의 DNA와 RNA에 의해 흡수될 때, DNA 내의 인접 티민(thymines)이나 RNA 내의 우라실(uracils)로부터 공유 2분자체가 형성될 수 있다. 이중결합의 형성은 복제과정을 방해하여 미생물이 더 이상 번식하고 활동하지 못하게 한다. 세포 원형질내 효소의 성질과 세포벽의 구조는 열이 가해질 때 미생물을 재생산할 수 없는 상태로 변형된다.

### ▶▶ 소독제들의 비교

위에서 언급된 자료와 쟁점의 틀로서 표 12-1에 정의된 기준들을 사용하여 폐수에 적용되는 소독제들을 비교하면 표 12-3과 같다. 다양한 소독 기술들의 상대적인 성능에 관한 추가적인 사항은 다음 절에 나타나며, 표 12-3에 언급된 중요한 비교 사항은 안전성(예, 염소가스 대 차아염소산소듐)과 TDS의 증가(예, 염소가스 대 UV 소독)를 포함한다. 이러한 내용들 또한 다음 절에서 언급된다.

## 12-2  소독공정 고려사항

이번 절의 목적은 다음 절에서 고려되는 소독제 각각의 원리를 설명하기 위해 필요한 기초자료를 제시하는 것이다. 설명할 주제들은 (1) 소독에 사용되는 물리적 시설들의 소개, (2) 소독공정의 성과에 영향을 미치는 인자, (3) 소독성능을 예측하기 위한 CT 값(소독제 잔류 농도와 시간의 곱)의 개발, (4) CT 값의 적용, (5) 대체 소독 기술들의 성능 비교, (6) 각 소독 기술에 대한 장·단점의 검토를 포함한다. 설치 및 운영관리의 비용은 많은 위치특성 인자들에 의해 영향을 받고 각각의 사례별 기준에 따라 평가해야 하기 때문에 일반적인 내용 이외의 것은 제공되지 않고 있다.

### ≫ 소독에 사용되는 물리적 시설

일반적으로 소독은 특별히 설계된 반응기들의 분리 단위공정으로 이루어지며, 그 반응기들의 목적은 소독제와 소독 대상 수의 접촉시간을 최대화하는 것이다. 반응기의 구체적인 설계는 소독제의 성질과 작용에 의존한다. 사용되는 반응기들의 종류는 그림 12−1과 12−2에 나타내었고 다음에 간략히 설명하였다.

**염소 및 관련 화합물들.**  그림 12−1(a) 와 12−1(b)에 보이는 바와 같이 칸막이로 된 구불구불한 접촉조 또는 긴 파이프 라인은 희석된 염소와 관련 화합물들의 적용을 위해 사용된다. 두 개의 접촉조 모두 이상적인 플러그 흐름 반응기로서 수행하기 위해 설계되었다. 나중에 언급되겠지만 소독효율은 조 내의 흐름이 이상적이지 않은 정도에 의해 영향을 받는다. 실물 크기의 염소 접촉조의 모습은 그림 12−2(a)와 12−2(b)에 보인다.

**오존.**  오존은 대개 접촉조[그림 12−1(c) 참조] 또는 측류[그림 12−1(d) 참조] 내에 있는 소독대상 액체 사이로 오존가스를 발산시켜 적용하며, 그 후 오존 접촉조로 유입된다 [그림 12−1(d) 참조]. 미세기포 산기관은 액체 내에 오존 전달률을 향상시키기 위해 사용된다. 이덕터(eductor)와 벤추리(venturi) 주입기는 측류(sidestream) 설계에 사용된다. 단일 접촉조 내에서 발생할 수 있는 단회로 유량을 제한하기 위해 도류벽이 연속으로 설치된 조가 사용된다[그림 12−1(c) 참조].

**자외선(UV).**  개방형[그림 12−1(e)와 f) 참조]과 폐쇄형[그림 12−1(g) 참조] 접촉조(반응기) 모두 UV 소독을 위해서 사용된다. 개방형 수로 반응기는 일반적으로 낮은 압력, 낮은 세기와 낮은 압력, 높은 세기의 UV lamp가 사용된다. 폐쇄형 특허 반응기는 낮은 압력, 높은 세기와 중간 압력, 높은 세기의 UV lamp가 사용된다. UV 반응기 내에서 접촉시간이 짧기 때문에 개방형 수로 및 폐쇄형 수로의 설계는 매우 중요하다. 개방형 플러그 흐름과 폐쇄형 수로의 UV 반응기는 그림 12−2(e)와 f)에서 각각 볼 수 있다.

**저온살균.**  저온살균공정은 2개의 반응기 내에서 발생한다[그림 12−1(h) 참조]. 첫 번째 반응기에서는 소독될 액체가 예비 가열되고, 두 번째 반응기에서는 예열된 액체가 특정범위의 시간과 온도로 유지되어지면 저온살균이 일어난다.

## 표 12-3
### 처리폐수의 소독에 사용되는 기술 비교[a]

| 특성[b] | 염소가스[c] | 차아염소산소듐[c] | 결합염소 | 이산화염소 | 오존 | 자외선 | 저온살균 |
|---|---|---|---|---|---|---|---|
| 유용성/비용 | 낮음 | 약간 낮음 | 약간 낮음 | 약간 낮음 | 약간 높음 | 약간 높음 | 보통 |
| 무취성 | 높음 | 보통 | 보통 | 높음 | 높음 | na[d] | na |
| 유기물질과의 상호작용 | 유기물 산화 | 유기물 산화 | 유기물 산화 | 유기물 산화 | 유기물 산화 | 흡수 | na |
| 부식성 | 높은 부식성 | 부식성 | 부식성 | 높은 부식성 | 높은 부식성 | na | na |
| 독성 | 높은 독성 | 높은 독성 | 독성 | 독성 | 독성 | 독성 | 독성 |
| 입자에의 침투성 | 높음 | 높음 | 보통 | 높음 | 높음 | 보통 | 높음 |
| 안전성 | 높음 | 낮음-보통 | 보통-높음[e] | 보통 | 보통 | 낮음 | 낮음 |
| 용해성 | 보통 | 높음 | 높음 | 높음 | 보통 | na | na |
| 안정성 | 안정 | 상당히 불안정 | 상당히 불안정 | 불안정 | 불안정함 | na | na |
| 세균에의 효과 | 뛰어남 | 뛰어남 | 좋음 | 뛰어남 | 뛰어남 | 좋음 | 뛰어남 |
| 원생동물에의 효과 | 나쁨-보통 | 나쁨-보통 | 나쁨 | 좋음 | 좋음 | 뛰어남 | 뛰어남 |
| 바이러스에의 효과 | 뛰어남 | 뛰어남 | 보통 | 뛰어남 | 뛰어남 | 좋음 | 좋음 |
| 부산물 생성 | THMs와 HAAs | THMs와 HAAs[g] | THMs와 HAAs의 극미량, 시안, NDMA | 아염소산염과 염소산염 | 브롬산염 | 측정 가능 농도에서 알려진 물질 없음 | 측정 가능 농도에서 알려진 물질 없음 |
| TDS 증가 | 증가 | 증가 | 증가 | 증가 | 없음 | 없음 | 없음 |
| 소독제로서 사용도 | 일반적임 | 일반적임 | 일반적임 | 전반적 증가 | 전반적 증가 | 빠르게 증가 | 전반적 증가 |

[a] Tchobanoglus(2003)과 Crittenden(2012)로부터 일부분 발췌

[b] 이상적인 소독제의 특성 설명에 대한 표 12-1 참조

[c] 유리염소(HOCl과 OCl⁻)

[d] na = 해당사항 없음

[e] 염소가스나 차아염소산이 질소화합물을 결합할 때에 사용되는가에 따라 달라짐

[f] 사용됨에 따라 나타남

[g] THMs = 트리할로메탄, 그리고 HAAs = 할로 아세트산

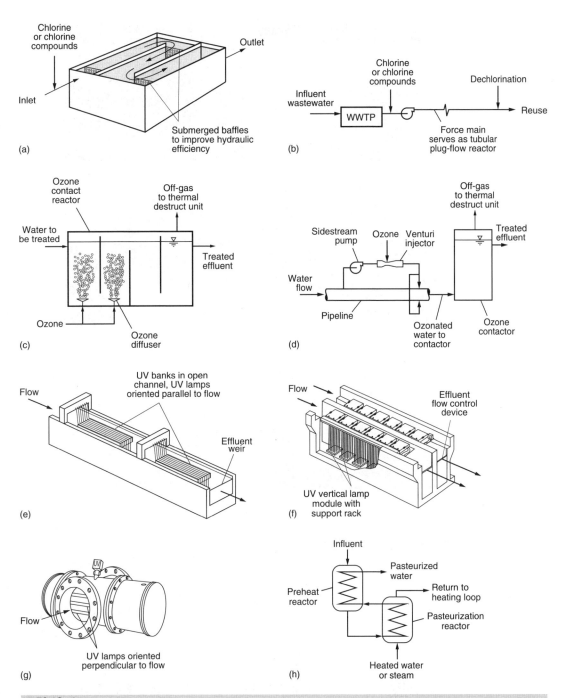

## 그림 12-1

**소독 공정을 수행하기 위해 사용되는 반응기의 종류.** (a) 플러그 흐름 반응기의 전·후 배치형태, (b) 관형 플러그 흐름 반응기로 이용되는 압력관, (c) 직렬 오존 다중 접촉실, (d) 측류 오존 주입 시스템, (e) UV lamp와 평행한 흐름인 두 개의 UV bank내 개방형 수로에서 UV 조사, (f) UV lamp에 수직흐름인 6개의 UV bank내 개방형 수로에서 UV 조사, (g) 폐쇄형 반응기에서 UV 조사, 그리고 (h) 저온살균 반응기

**그림 12-2**

소독을 위해 사용되는 반응기의 모습. (a) 구불구불한 플러그 흐름 염소 접촉조, (b) 둥근 모서리와 흐름 꺾음 배플을 가진 구불구불한 플러그 흐름 염소 접촉조, (c) 전형적인 오존 생성기, (d) 측류 오존 주입과 결합시켜 사용하는 오존 접촉기의 모습, (e) 개방형 수로 플러그 흐름 UV 반응기의 모습, 그리고 (f) 수동 lamp 닦기 장치를 붙인 폐쇄형 수로 UV 반응기의 모습

(a)   (b)   (c)   (d)   (e)   (f)

## ≫ 소독성능에 영향을 미치는 요인

소독제나 물리적 공정을 적용하는 데 고려해야 할 인자는 (1) 접촉조에서의 접촉시간과 수리학적 효율, (2) 소독제의 농도, (3) 물리적 시설 또는 수단의 강도와 특성, (4) 온도, (5) 미생물의 유형, (6) 부유액의 성질(여과되지 않거나 여과된 2차 방류수 등), 그리고 (7) 상류측 처리공정이다. 이번 절에서 소개되는 주제들은 다음 절에서 각각의 소독제에 따라 더 자세히 다루게 된다.

**접촉시간.** 아마도 소독공정에서 접촉시간은 가장 중요한 변수 중 하나이다. 일단 소독제가 추가되면 처리수가 배출되거나 재이용되기 전에 접촉시간은 다른 무엇보다 중요하다. 그림 12-1에 보이는 바와 같이 소독 반응기는 충분한 접촉시간을 제공할 수 있도록 설계된다. 소독반응기의 수리학적 효율은 12-6절에서 고려된다.

  1900년대 초에 영국에서 수행된 연구에 의하여 Harriet Chick는 소독제의 농도가 일정하면 접촉시간이 길수록 소독효과가 커지는 것을 발견하였다(그림 12-3 참조). 이 같은 현상은 1908년에 Chick에 의해 처음 발표되었다. Chick의 법칙을 미분식의 형태로

**그림 12-3**

시간의 함수로서 회분식 반응조 내의 소독 주입량 증가에 따른 분산 미생물의 log 불활성화

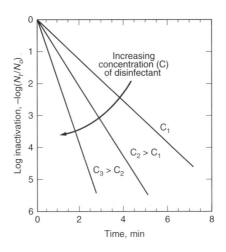

나타내면

$$\frac{dN_t}{dt} = -KN_t \tag{12-1}$$

여기서 $dN_t/dt$ = 시간에 따른 미생물의 개체 수(농도) 변화율

$K$ = 불활성화 속도상수, $T^{-1}$

$N_t$ = 시간 $t$에서의 미생물 개체 수

$t$ = 시간

$N_0$를 시간 $t = 0$에서의 미생물 개체 수라 하고 식 (12−1)을 적분하면

$$\ln \frac{N_t}{N_o} = -Kt \tag{12-2}$$

식 (12−2)의 불활성화 속도상수 값 $K$는 $-\ln(N_t/N_0)$와 접촉시간 $t$의 관계 그래프를 통하여 구할 수 있다.

**화학적 소독제의 주입 농도.** 또한 1900년대 초기의 영국에서 수행한 연구를 통하여 Herbert Watson은 불활성화 속도상수가 식 (12−3)과 같이 주입 농도와 상관성이 있음을 설명하였다(Watson, 1908).

$$K = \Lambda C^n \tag{12-3}$$

여기서, $K$ = 불활성화 속도상수, $T^{-1}$, 지수 $e$

$\Lambda$ = 사멸계수, 단위는 $n$ 값에 따라 달라짐

$C$ = 소독제 농도, mg/L

$n$ = 희석과 관련된 경험 상수(무차원상수)

희석 상수 $n$의 다양한 값에 대한 설명은 다음과 같다.

$n = 1$이면 접촉시간과 주입 농도가 동등하게 중요

$n > 1$이면 주입 농도가 접촉시간보다 중요

$n < 1$이면 접촉시간이 주입 농도보다 중요

$n$의 값은 log-log 용지에 $C$와 $t$의 주어진 불활성화 정도에 대한 관계를 도시하여 구할 수 있다. $n$이 1일 때 데이터는 log 용지에 도시될 수 있다.

Chick과 Watson이 제안한 미분형태의 식을 결합하면(Haas와 Karra, 1984a,b,c)

$$\frac{dN_t}{dt} = -\Lambda C^n N_t \tag{12-4}$$

식 (12-4)를 적분하면

$$\ln \frac{N_t}{N_o} = -\Lambda_{\text{base }e} C^n t \ \text{ or } \ \log \frac{N_t}{N_o} = -\Lambda_{\text{base }10} C^n t \tag{12-5}$$

만약 $n = 1$이면 과거 경험을 바탕으로 Hall(1973)에 의해 만들어진 타당한 경험식 (12-5)가 아래와 같이 쓰여질 수 있다.

$$\log \frac{N_t}{N_o} = -\Lambda_{\text{base }10}(\text{CT}) = -\Lambda_{\text{base }10}(D) \tag{12-6}$$

여기서 $C$ = 소독제 잔류 농도, mg/L

$T$ = 반응기 내의 접촉시간, min

$D$ = 주어진 불활성화 정도에 대응하는 **살균제 주입량**, mg·min/L

나중에 언급되는 바와 같이 주입량(농도3시간)의 개념은 소독제의 성능으로서 중요하며(Morris, 1975), 이러한 개념은 공공 용수 공급의 소독을 위해 U.S. EPA에서 지침을 만드는 데 적용되었다(다음 장의 "소독성능을 예측하기 위한 CT 개념의 개발" 참조).

---

**예제 12-1**  **Chick-watson 식에 기초한 사멸계수의 결정** 아래에 주어진 미생물 불활성화 자료와 식 (12-6)을 이용하여 화학적 소독물질의 사멸계수를 구하시오.

| 농도(C), mg/L | 시간(T), min | 미생물의 수(number/100 mL) |
|:---:|:---:|:---:|
| 0 | 0 | $1.00 \times 10^8$ |
| 4.0 | 2 | $1.59 \times 10^7$ |
| 4.0 | 4.5 | $1.58 \times 10^6$ |
| 4.0 | 8 | $2.01 \times 10^4$ |
| 4.0 | 11.5 | $3.16 \times 10^3$ |

**풀이**  1. 사멸계수를 결정하기 위하여 CT의 함수로서 $\log[N/N_0]$의 그래프를 만들고 데이터를 선형 추세 선으로 맞춘다.

　　　a. $\log[N/N_o]$와 CT 값을 결정한다. 그 요구되는 데이터 표는 아래와 같다.

| C, mg/L | 시간, min | 미생물 수 N/100 mL | CT, mg·min/L | log $(N/N_o)$ |
|---|---|---|---|---|
| 0 | 0 | $1.00 \times 10^8$ | 0 | 0 |
| 4.0 | 2 | $1.59 \times 10^7$ | 8 | −0.8 |
| 4.0 | 4.5 | $1.58 \times 10^6$ | 18 | −1.8 |
| 4.0 | 8 | $2.01 \times 10^4$ | 32 | −3.7 |
| 4.0 | 11.5 | $3.16 \times 10^3$ | 46 | −4.5 |

b. CT의 함수로서 log[$N/N_o$]의 그래프를 만든다. 요구되는 그래프는 아래와 같다.

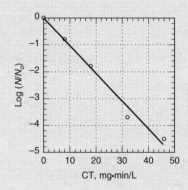

2. 사멸계수를 결정한다. 위 그래프 내의 선형 기울기는 $-\Lambda_{cw}$ (base 10)인 사멸계수와 같다. 그래프로부터

$$-\Lambda_{CW} \text{ (base 10)} = \frac{-5 - 0}{49 - 0}$$

$\Lambda_{CW}$ (base 10) = 0.102 L/mg·min

CT = 46일 때 검토하여 보면

$$\log \frac{N_t}{N_o} = -\Lambda_{\text{base }10}\text{CT} = -0.102(46) = -4.69 \text{ versus} - 4.5 \text{ OK}$$

**온도.** 화학적 소독제 사용시의 사멸률에 대한 온도의 영향은 van't Hoff-Arrhenius 관계식의 형태로 표현될 수 있다. 온도가 증가하면 사멸속도는 빨라진다. 온도의 효율 $\Lambda$는 1장에 언급되었던 다음 관계식에 의해서 얻어진다.

$$\ln \frac{\Lambda_1}{\Lambda_2} = \frac{E(T_2 - T_1)}{RT_1T_2} \tag{12-7}$$

여기서 $\Lambda_1$, $\Lambda_2$ = 온도 $T_1$과 $T_2$에 따른 사멸계수

$\quad\quad E$ = 활성에너지, J/mole

$\quad\quad R$ = 일반적인 기체상수, 8.3144 J/mole·K

여러 가지 pH에서 다양한 염소화합물에 대한 활성에너지의 일반적인 값은 12-3절에 나타내었으며, 온도의 효과는 예제 12-2에서 다루어진다.

| 예제 12-2 | |

**소독시간에 따른 온도의 영향** 20°C에서 0.05 mg/L의 염소 주입을 통해 99%를 사멸시키기 위한 소요시간을 산정하시오. 활성에너지는 26,800 J/mole (12-3절에 표 12-12 참조)이고 다음의 계수들은 5°C에서 회분식 반응조를 이용하여 구해진 것이다.

$\Lambda = 10.5$ L/mg·min

$n = 1$

**풀이**  1. 식 (12-5)를 이용하여 5°C에서 99%를 사멸시키기 위한 소요시간을 산정한다.

$$\log \frac{N_t}{N_o} = -10.5\,CT$$

$$\log \frac{10}{100} = -(10.5\ \text{L/mg·min})(0.05\ \text{mg/L})T$$

$$T = \frac{-6.91}{(-10.5)(0.05)} = 13.2\ \text{min at 5°C}$$

2. van't Hoff-Arrhenius 식[식 (12-7)]을 이용하여 20°C에서 소요시간을 산정한다.

$$\ln\frac{\Lambda_1}{\Lambda_2} = \frac{E(T_2 - T_1)}{RT_1T_2}$$

$$\ln\frac{10.5}{\Lambda_2} = \frac{(26{,}800\ \text{J/mole})(278 - 293)\text{K}}{(8.3144\ \text{J/mole·K})(293)(298)}$$

$$\ln\frac{10.5}{\Lambda_2} = -0.594$$

$$\ln\frac{10.5}{\Lambda_2} = e^{-0.594} = -0.552$$

$$\Lambda_2 = 19.0\ \text{L/mg·min}$$

$$T = \frac{-6.91}{(-19.0)(0.05)} = 7.27\ \text{min at 20°C}$$

**비전리 방사선의 세기와 성질.** 앞서 언급된 바와 같이 자외선(UV) 조사는 물 소독을 위해 일반적으로 사용되며, UV 소독의 효과는 평균 UV 세기(mW/cm²)의 함수라는 것이 발견되었다. 노출시간을 고려할 때 액체 내의 미생물에 노출되는 UV의 조사량은 다음 식에 의해 결정된다.

$$D = I_{avg} \times t \tag{12-8}$$

여기서 $D$ = UV 조사량, mJ/cm² (mJ/cm² = mW · s/cm²)

$I_{avg}$ = 평균 UV 세기, mW/cm²

$t$ = 시간, $s$

UV 조사량은 mW·s/cm²와 같은 mJ/cm²로 표현되므로 조사량의 개념은 화학적 소독제의 사용뿐만 아니라 열이 저온살균에 사용될 때와 비슷한 방식으로 UV 빛의 효과를 정의할 수 있다.

**미생물의 유형.** 여러 가지 소독제의 효과는 미생물의 유형, 성질, 조건에 따라 영향을 받는다. 예를 들어 살아서 성장 중인 세균 세포는 가끔 점액(고분자)으로 도포된 더 오래된 세포보다 더 쉽게 죽거나 불활성화된다. 온도 증가 또는 독성물질과 같은 스트레스 요인이 작용될 때 포자형태로 될 수 있는 세균은 보호적인 상태로 들어간다. 세균 포자는 저항력이 매우 강하고, 많은 화학적 소독제의 경우 이들에 대해 효과가 전혀 없거나 매우 적게 나타난다. 화학적 소독제에 따라 서로 다르게 반응하는 많은 바이러스와 원생동물의 경우도 유사하다. 가열이나 UV 조사와 같은 다른 소독제들이 사용되어지는 경우도 있다. 다른 유형의 미생물군에 대한 불활성화는 다음 절에서 다루어진다.

**부유액의 성질.** 미생물의 불활성화에 대해 Chick과 Watson이 도출한 관계식은 실험실 조건에서 증류수 또는 완충수를 이용하여 회분식 반응조로 대부분의 시험이 수행되었음을 알아야 한다. 현실적인 면에서 부유액의 특성은 신중하게 평가되어야 한다. 폐수 내에 존재하는 3가지 구성요소인 (1) 소독제와 반응할 수 있는 비유기적 구성요소, (2) 자연 유기물질(NOM) 및 기타 유기화합물을 포함하는 유기물질, 그리고 (3) 부유물질은 중요하다.

폐수처리수 내에 존재하는 NOM은 대부분 산화 소독제와 반응할 것이고 소독제의 효과를 저하시키거나 소독효과를 위해서 더 많은 양을 주입하는 결과를 초래한다. NOM은 다음의 3가지 근원인 (1) 육상환경(대부분 휴믹물질), (2) 수중환경(조류 및 다른 수중 생물과 그들의 부산물), 그리고 (3) 생물학적 처리공정 내의 미생물로부터 유래한다. 다른 유기화합물의 근원은 하수도시스템으로 배출되는 성분 물질로부터 발생한다. 부유물질의 존재는 소독제를 흡수하거나 내포된 세균을 차폐함으로써 소독효과를 감소시킬 수 있다.

소독물질과 폐수 구성물질 사이에 발생할 수 있는 상호작용 때문에 Chick-Watson 속도 법칙[식 (12-5)와 (12-6)]에서 벗어나는 것은 그림 12-4에 보이는 바와 같이 일반적이다. 그림 12-4(a)는 부유액의 성분들에 의해 소독반응 초기에 일어나는 영향을 나타낸 것으로서 지체 또는 방해효과를 관찰할 수 있으며, 뒷부분의 log 선형은 소독반응에 부유물질이 악영향을 나타냄을 보여준다. 미생물이 내포된 큰 입자가 소독으로부터 미생물을 보호하여 나타나는 지연효과는 그림 12-4(b) 그리고 지체와 지연의 결합된 효과는 그림 12-4(c)에 나타내었다. 일반적으로 폐수에 적용하기 위한 식 (12-5)는 다양하고 비균일한 성상의 폐수에 적용하기에는 어려움이 있다.

**Chick's law에서 벗어난 예**
. (a) 1차 동역학과 같은 log 선형 반응에서 부유액 성분이 소독제와 먼저 반응하여 나타나는 지체 또는 방해 효과, (b) 분산 미생물의 불활성화 소독에서 미생물을 보호하는 큰 입자의 지연효과가 뒤따르는 log 선형 반응, (c) 지체, log 선형 및 지연 효과의 결합

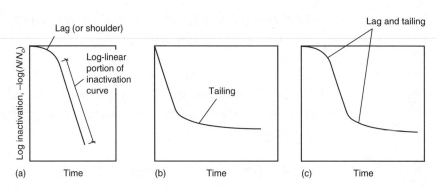

**상류측 처리공정의 효과.** 상류측 공정을 통해 NOM, 다른 유기물질, 부유물질이 제거되는 정도는 소독공정에 많은 영향을 미칠 수 있다. 폐수처리를 하는 동안에 기계적, 생물학적 방법들을 통해서도 세균과 다른 미생물이 부가적으로 제거된다. 다양한 처리 운영과 공정에 따른 주요 제거효율은 표 12-4에 나타내었다. 목록 중에서 처음과 마지막 4개 운영방법은 주로 물리적 처리방법이다. 실제로 얻어진 제거율은 공정의 1차적 기능에 따른 부산물이다.

특히 대장균 군이 규제 지표로 사용될 때에 여과되지 않은 폐수에 대해 염소와 UV 소독의 성능에 영향을 미치는 또 다른 인자는 대장균 군과 관련된 입자들의 수이다. 활성슬러지 시설에서 대장균 군과 관련된 입자들의 수는 고형물 체류시간(SRT)의 함수라는 것이 관찰되었다. 1가지 이상 대장균 군과 관련된 폐수내 입자 분율과 SRT 사이의 관계는 그림 12-5에 나타내었다. 그림과 같이 긴 SRT는 대장균 세균을 포함하는 입자들의 비율이 감소하는 결과를 만들어 낸다. 깊이가 깊은 최종 침전지나 다른 여과 방법들의 사용은 세균을 보호해 줄 수 있는 큰 입자의 수를 감소시킨다[7장에 그림 7-7(b) 참조]. 일반적으로 1~2일과 같이 낮은 SRT 값에서 운영되는 활성슬러지 시설의 침전폐수는 여과장치 없이 대장균 농도를 매우 낮추는 것이 어렵다.

## ≫ 소독성능을 예측하기 위한 CT 개념의 개발

앞에서 언급된 소독모델이 소독 데이터를 분석하기에 유용할지라도 광범위한 범위의 운영조건에서 소독성능을 예측하는 데 사용하는 것은 어려움이 있다. 수처리 분야에서 지표수 처리 규정(SWTR)의 적용(circa 1989)하기 전, 그리고 수인성 질병을 발병시키는 원인물질인 *Cryptosporidium*의 중요성을 인식하기 전에 수질 기준을 충족시키는 게 더 수월했다. 염소와 염소화합물은 그 당시에 먹는 물 수질 기준을 만족시키기 위해서 대장균을 불활성화하는 데 일반적으로 사용되었으며 효과적이었다.

처음 SWTR의 합리성을 전개하기 위하여 U.S. EPA는 뉴욕, 샌프란시스코, 시애틀과 같이 여과되지 않고 공급하는 공공 용수 공급의 안전을 보장하는 방법이 필요했다. 지속적인 연구를 기반으로 U.S. EPA는 소독에 의해 4 log의 바이러스와 3 log의 *Giardia* 감소가 필요하다는 것을 결정했다. 충분한 소독효과를 성취하는 데 어떤 점이 필요한지 알아내기 위하여 U.S. EPA는 바이러스와 *Giardia* 낭종의 소독에 가장 일반적으로 사

**표 12−4**

서로 다른 처리공정에
의한 총 대장균의 제거
또는 사멸률

| 공정 | 제거율 | |
|---|---|---|
| | % | log[a] |
| 조대스크린 | 0~5 | ~0 |
| 미세스크린 | 10~20 | 0~0.1 |
| 침사지 | 10~25 | 0~0.1 |
| 보통침전 | 25~75 | 0.1~0.6 |
| 약품침전 | 40~80 | 0.2~0.7 |
| 살수여상 | 90~95 | 1~1.3 |
| 활성슬러지 | 90~98 | 1~1.7 |
| 심층여과 | – | 0.25~1 |
| 정밀여과 | – | 2~4[b] |
| 한외여과 | – | 2~5[b] |
| 역삼투 | – | 2~6[b] |

[a] 감독기관이 허용하는 10g 감쇄율은 지방정부에 따라 다름.

[b] 막의 특성 및 구성에 따라 달라짐.

용되는 소독제의 평가에 착수했다. 소독성능을 평가하기 위하여 U.S. EPA는 단순화된 Chick-Watson 모델[식 (12−6) 참조]로부터 유래된 CT[잔류소독제 농도 C (mg/L)와 접촉시간 T (min)의 곱]의 개념을 받아들였다. 실험실 규모 크기의 연구에서 주로 얻어진 CT 값은 소독효과의 대체 측정값으로써 사용된다. 그러므로 만약 주어진 CT 값을 만족하였다면 소독 요구 조건을 만족하였다고 일반적으로 가정할 수 있다. Bauman과 Ludwig(1962)는 1962년에 발간된 논문에서 CT 개념의 사용을 처음 제안하였거나 처음 제안자들 사이에 있다. CT 개념은 미국 국가연구기관−먹는 물 안전위원회에서 사용하기 전인 1980년까지 소독 문헌의 평가에서 중요하게 다시 언급된 적이 없다(NRC, 1980; Hoff, 1986).

비록 SWTR이 적용된 1989년 당시에도 *Cryptosporidium*이 확인되었지만 SWTR의 적용이 지연되었기 때문에 *Cryptosporidium*에 대한 CT 값은 포함되지 않았다. 그 이후 대부분의 다른 병원체를 불활성화하기에 충분한 농도를 가진 다양한 소독제의 존재하

**그림 12−5**

1개 또는 더 많은 대장균 관련 미생물을 포함한 침전폐수 내에서 고형물 체류시간에 따른 입자 분율

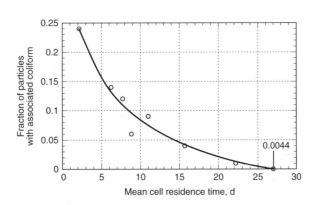

**그림 12-6**

산화성 물질과 부유 고형물을 포함하는 폐수에서 얻어지는 전형적인 소독 반응용량 곡선. 지체와 지연 효과 확실함.

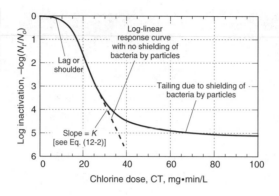

에서도 *Cryptosporidium*을 포함한 많은 병원균이 온전하게 살아있는 것을 발견하였다. U.S. EPA는 진행 중인 연구에 기초하여 다양한 소독제, 미생물, 운영조건에 대한 CT 값의 광범위한 표본을 발표하였다(U.S. EPA 2003a, 2006). 또한 *Cryptosporidium*, *Giardia* 및 바이러스에 대한 상응한 UV 조사량 값도 발표하였다. 현실적인 관점에서 CT와 UV 조사 방법의 유용성은 소독제의 잔류 농도 또는 UV 강도와 노출 접촉시간을 비교적 쉽게 측정할 수 있음으로 인정될 수 있다. 공정을 통과하는 유입수의 양이 10%일 때의 접촉시간인 $t_{10}$ 값(12-3절 내용 참조)은 수처리 현장에서 UV 조사 외의 소독제에 대한 접촉시간으로 보통 사용된다.

### ≫ 폐수 소독에서 CT 개념의 응용

소독공정을 제어하기 위한 CT 개념은 폐수처리 현장에서 오늘날 더 일반적으로 사용되고 있다. 미국의 몇몇 주에서는 CT 값과 염소 접촉시간을 규정으로 명시하고 있다. 예를 들어, 캘리포니아 공공보건국(CDPH)은 물 재이용에 적용함에 있어서 유량이 최대일 때 결합잔류 염소에 기초하여 최소 450 mg·min/L의 CT 값과 90분의 접촉시간을 만족시켜야 한다. 과거 실험을 바탕으로 450 mg·min/L의 최소 CT 값은 소아마비 병원체(poliovirus)를 99.99%만큼 불활성화시킬 것이라고 추정한다. 규제를 목적으로 CT 개념의 적용이 폐수처리 현장에서 더 일반화되어감에 따라 과거의 많은 제한사항들을 고려해야 한다. 과거의 문헌에 보고되었던 CT 값의 대부분은 (1) 조절 가능한 실험실 내의 완전혼합 회분식 반응기(이상적인 플러그 흐름 조건), (2) 실험실 내에서 순수배양으로 자란 개별 미생물, (3) 개별 미생물의 부유를 위한 완충액, 그리고 (4) 입자성 물질의 부재 조건을 사용하여 도출하였다.

더욱이 문헌에 보고된 많은 CT 값은 더 오래된 분석 기술에 기초한 것이다. 결과적으로 규제 목적을 위해 사용되는 CT 값은 현장에서 관찰된 결과와 가끔 일치하지 않고 있다. 그림 12-6을 참고로 하면 소독 반응용량 곡선의 끝부분에서는 미생물의 잔류 농도가 CT 값과 본질적으로 독립적인 것으로 보인다. 또한 처리수에 존재하는 몇 가지의 화합물들은 (1) 염소 및 그 화합물과 반응하고 (2) 결합잔류물로써 측정되며 (3) 소독성능을 가지고 있지 않을 수 있다(12-3절 참조). 유사한 측면에서, 금속과 휴믹산 등의 용존 성분은 UV의 소독효과를 감소시킬 것이다. 그러므로 폐수처리에서 발생하는 모든 조건에 적합한 표준화된 CT 또는 UV 조사량을 개발하는 것은 어렵다. 다음에 논의되는 바와 같이 적절한 소독제 주입량을 설정하기 위해서는 위치 특이성 시험이 분명히 필요하다.

## 》》 소독 기술들의 성능 비교

식 (12-6)을 기초로 유기체의 종류에 따른 소독 기술별 살균효과의 일반적인 비교는 표 12-5에 나타내었다. 추가적인 정보는 개별 기술들을 다루는 절에 제시되어 있다. 이러한 표들에 주어진 값들은 오직 이 기술들의 효과를 평가하는 지표로 제공되고 있음을 아는 것이 중요하다. CT 값은 또한 온도와 pH에 따라 달라진다. 각 폐수의 특성과 처리 수준은 다양한 소독 기술들의 효과에 상당한 영향을 미치기 때문에 지역 특이성 시험이 대체 소독 기술들의 효과를 평가하고 적절한 주입량의 범위를 설정하기 위하여 수행되어야 한다.

**대체 소독 기술들의 장점과 단점.** 폐수의 소독을 위해 사용하는 염소, 이산화염소, 오존, UV의 일반적인 장점과 단점은 표 12-6에 요약하였다. 대부분의 폐수처리에 적용되는 소독제는 보통 염소와 UV이다. 하지만 최근에 미량의 구성물질에 대한 우려로 말미암아 오존 사용에 대한 관심이 재개되었다. 소독제 선택을 결정짓는 인자는 일반적으로 (1) 경제적 평가, (2) 공공 및 운영자의 안전성, (3) 환경적인 영향, 그리고 (4) 운영의 용이성이다(Hanzon et al., 2006). 소독제 선택에 있어서 다른 처리 목적도 역시 중요하다. 농약에 관한 잠재적 우려, 미량의 구성물질에 대한 우려, 내분비계 장애물질 및 유사한 화합물들은 소독제의 선택에 영향을 미칠 수 있다. 각각의 소독제는 이러한 잠재적 우려에 관해 다양한 처리 성능을 제공한다.

## 12-3 염소 소독

모든 화학 소독제들 중에서 염소는 세계에서 가장 보편적으로 사용되는 것 중에 하나이다. 이번 절에서 고려되는 특별한 주제들은 다양한 염소화합물의 특성에 관한 서술, 염소의 화학적 성질과 분기점 염소 소독의 검토, 염소 소독공정의 효과에 영향을 미치는 인자 및 소독제로서의 염소 성능 분석, 소독부산물(DBPs)의 형성에 관한 토의, 그리고 DBPs의 배출이 환경에 미치는 잠재적인 영향을 포함한다. 이산화염소와 탈염소화를 이용한 소독은 다음 2개의 절에서 각각 다루어지며, 염소 소독 시설은 12-6절에서 다루어진다.

## 》》 염소화합물의 특성

물 재생시설에서 사용되는 주된 염소화합물은 염소($Cl_2$), 차아염소산소듐(NaOCl), 그리고 이산화염소($ClO_2$)이다. 또 다른 염소화합물인 차아염소산칼슘[$Ca(OCl)_2$]은 운영의 편리성 때문에 매우 작은 처리장에서 사용된다. 가압된 액체 염소의 취급 및 저장과 관련된 안전 우려와 규제 요구사항 때문에 많은 대도시들은 염소가스를 차아염소산소듐으로 대체하고 있다(표 12-3 참조). 이산화염소의 특성과 소독제로서 사용은 다음 절에서 다뤄질 것이다.

**표 12-5**

여과된 2차 처리수(pH~7.5, 20°C)에서 세균, 바이러스, *Cryptosporidium*, *Giardia lamblia* 낭종 불활성화의 다양한 수준에 대한 상대적인 CT 값[a,b]

| 소독제 | 단위 | 불활성화 | | | |
|---|---|---|---|---|---|
| | | 90% | 99% | 99.9% | 99.99%[c] |
| **세균[d]** | | | | | |
| 염소(유리) | mg·min/L | 0.4~0.6 | 0.8~1.2 | 1.2~1.8 | 1.6~2.4 |
| 클로라민 | mg·min/L | 50~70 | 95~150 | 140~220 | 200~300 |
| 이산화염소 | mg·min/L | 0.4~0.6 | 0.8~1.2 | 1.2~1.8 | 1.6~2.4 |
| 오존 | mg·min/L | 0.005~0.01 | 0.01~0.02 | 0.015~0.03 | 0.02~0.04 |
| 자외선 | mJ/cm² | 10~15 | 20~30 | 30~45 | 40~60 |
| **바이러스** | | | | | |
| 염소(유리) | mg·min/L | | 1.5~1.8 | 2.2~2.6 | 3~3.5 |
| 클로라민 | mg·min/L | | 370~400 | 550~600 | 750~800 |
| 이산화염소 | mg·min/L | | 5~5.5 | 9~10 | 12.5~13.5 |
| 오존 | mg·min/L | | 0.25~0.3 | 0.35~0.45 | 0.5~0.6 |
| 자외선[e] | mJ/cm² | | 40~50 | 60~75 | 80~100 |
| **Protozoa (*Cryptosporidium*)[f]** | | | | | |
| 염소(유리) | mg·min/L | 2000~2600 | 4000~5000 | | |
| 클로라민 | mg·min/L | 4000~5000 | 8000~10,000 | | |
| 이산화염소 | mg·min/L | 120~150 | 235~260 | 350~400 | |
| 오존 | mg·min/L | 4~4.5 | 8~8.5 | 12~13 | |
| 자외선 | mJ/cm² | 2.5~3 | 6~7 | 12~13 | |
| **Protozoa (*Giardia lamblia cysts*)[g]** | | | | | |
| 염소(유리) | mg·min/L | 20~30 | 45~55 | 70~80 | |
| 클로라민 | mg·min/L | 400~450 | 800~900 | 1100~1300 | |
| 이산화염소 | mg·min/L | 5~5.5 | 9~11 | 15~16 | |
| 오존 | mg·min/L | 0.25~0.3 | 0.45~0.5 | 0.75~0.8 | |
| 자외선 | mJ/cm² | 2~2.5 | 5.5~6.6 | 11~13 | |

[a] AWWA(1991), Baumann and Ludwig(1962), Crittenden et al.(2012), Hoff(1986), Code of Federal Regulation-Title 40(40 CFR 141.2), Maguin et al. (2009), Montgomery(1985), Roberts et al. (1980), Sung(1974), U.S. EPA(1999b)에서 일부 발췌

[b] 보고된 CT 값은 온도와 pH에 매우 민감하다. 소독률은 10°C 오를 때마다 2~3배로 증가할 것이다.

[c] 99.99% 제거율에 대한 CT 값의 범위는 반응용량 곡선의 선형부분이다(그림 12-6 참조). 여과된 2차 처리수의 입자 크기 분포에 따라서는 99.99%의 제거율을 달성하기 위하여 훨씬 더 큰 CT 값이 필요할 수도 있다.

[d] 보고된 CT 값은 총 대장균에 대한 값이다. 분변성 대장균과 *E coli*에 대해서는 상당히 낮은 CT 값이 보고되었다.

[e] 훨씬 더 높은 UV 조사량을 요구하는 adenovirus 제외(99.99% 불활성화를 위해 160~200 mJ/cm²만큼 높아짐)

[f] 유리염소 또는 결합염소에 의한 *Cryptosporidium* 불활성화에 대한 자료는 매우 다양하다. 클로라민으로 99%의 불활성화를 위해 10,000 mg·min/L보다 더 큰 CT 값이 보고되었다. 유리염소나 결합염소는 *Cryptosporidium*에 대해서 효과적인 소독제가 아님이 명확하다. 더욱이 *Cryptosporidium* 접합자낭은 일반적으로 훨씬 더 높은 CT 값을 요구한다.

[g] 감염연구의 결과를 주로 기초함

참고: 서로 다른 소독 기술마다 미생물 그룹뿐 아니라 미생물 그룹 간의 민감도에서도 넓은 다양성이 있기 때문에 넓은 범위의 주입량이 문헌에 보고되고 있다. 따라서 이 표에 제시된 자료는 오로지 서로 다른 소독 기술들의 상대적인 효과에 대한 일반적인 지침으로 사용되어야 하고 특정 미생물에 대한 것이 아니다.

**염소.**   염소($Cl_2$)의 일반적 특성은 표 12-7에 요약하였다. 염소는 가압 액체나 기체로 존재할 수 있다. 기체 염소는 녹황색을 띠며 공기에 비해 약 2.48배 무겁다. 액체 염소는 갈색이며 물에 비해 1.44배 무겁다. 제한을 받지 않는 자유로운 액체 염소는 표준온도와 표준압력에서 액체 염소 1 L당 약 450 L의 기체로 빠르게 기화한다. 염소의 수용성은 중간 정도이며 10℃ (50℉)에서 약 1 %의 최대 용해도를 나타낸다.

음용수 공급 및 폐수처리수 모두에서 염소의 소독제 사용은 공공보건 관점에서 매우 중요하지만 계속되는 사용에 따른 심각한 문제점들이 제기되어 왔다. 주요 문제점들은 다음과 같다.

## 표 12-6

### 처리폐수의 소독을 위한 염소, 이산화염소, 오존 및 UV의 장점과 단점[a]

| 장점 | 단점 |
|---|---|
| **유리염소와 결합염소** | |
| 1. 잘 확립된 기술 | 1. 시설 운영자와 공중보건을 위협할 수 있는 유해 화학물; Uniform Fire Code를 감안하여 엄격한 안전 측정이 이루어져야 함 |
| 2. 효과적인 소독제 | 2. 다른 소독제들에 비해 상대적으로 긴 접촉시간이 요구됨 |
| 3. 잔류 염소는 모니터되고 유지될 수 있음 | 3. 대장균 유기체들을 위해 사용되는 낮은 주입량에서 결합 염소는 몇몇의 바이러스, 포자 및 낭포의 불활성화에 덜 효율적임 |
| 4. 결합 잔류 염소는 암모니아 첨가에 의해 역시 공급될 수 있음 | 4. 처리된 유출수의 잔류독성은 탈염소화를 통해 감소시켜야 함 |
| 5. 살균능이 있는 잔류 염소는 긴 이송관 속에서 유지될 수 있음 | 5. Trihalomethanes와 NDMA를 포함하는 다른 DBPs[b]의 형성 |
| 6. 악취제거, RAS 주입 및 수처리시설 시스템 소독과 같은 보조사용을 위한 화학적 시스템에 유용 | 6. 염소 접촉조에서 휘발성 유기화합물의 방출 |
| 7. 황화물 산화 | 7. 철, 마그네슘 및 기타 무기화합물 산화(소독제 소비) |
| 8. 시설비는 상대적으로 저렴하지만 Uniform Fire Code 규정의 준수가 필요할 경우에는 상당한 비용 증가 | 8. 다양한 유기 화합물 산화(소독제 소비) |
| 9. 염소가스보다 더 안전한 것으로 판단되는 차아염소산 칼슘과 소듐으로 사용 가능 | 9. 처리된 유출수의 TDS 농도 증가 |
| 10. 차아염소산은 현장에서 생성할 수 있음 | 10. 처리된 유출수의 염소 내용물 증가 |
| | 11. 산 생성; 폐수의 pH는 알칼리도가 불충분하면 감소할 수 있음 |
| | 12. 화학적 세척 시설은 Uniform Fire Code 규정을 만족시키기 위해 요구될 수도 있음 |
| | 13. 공식적인 위험관리계획이 요구될 수도 있음 |
| | 14. *Cryptosporidium*에 비효율적인 소독제 |
| **이산화염소** | |
| 1. 세균, *Giardia* 및 바이러스에 효과적인 소독제 | 1. 불안정성. 현장에서 생성되어야만 함 |
| 2. 대부분의 바이러스, 포자, 낭종 및 접합자낭의 불활성화에서 염소보다 더 효과적임 | 2. 철, 마그네슘 및 기타 무기화합물 산화(소독제 소비) |
| 3. pH에 영향을 받지 않는 소독 특성 | 3. 다양한 유기 화합물 산화 |
| 4. 적절한 생성 조건하에서는 할로겐 치환 DBPs가 형성되지 않음 | 4. 아염소산염과 염소산염과 같은 DBPs의 형성, 주입량의 제한 |
| 5. 황화물 산화 | 5. 할로겐 치환 DBPs 형성의 잠재성 |
| 6. 잔류성 제공 | 6. 햇빛에 분해됨 |
| | 7. 악취의 형성을 야기할 수 있음 |
| | 8. 처리된 유출수의 TDS 농도 증가 |
| | 9. 아염소산염과 염소산염에 대한 실험과 같은 운영비용이 높아질 수 있음 |

(계속)

| 표 12–6 (계속)

| 장점 | 단점 |
|---|---|
| **오존** | |
| 1. 효과적인 소독제 | 1. 잔류 오존의 모니터링과 기록은 잔류 염소의 모니터링과 기록보다 더 많은 운전자 시간 요구함 |
| 2. 대부분의 바이러스, 포자, 낭종 및 접합자낭의 불활성화에서 염소보다 더 효과적임 | 2. 잔류효과 없음 |
| 3. pH에 영향을 받지 않는 소독특성 | 3. 대장균 유기체를 위해 사용되는 낮은 주입량에서 몇몇의 바이러스, 포자 및 낭종의 불활성화에 덜 효율적임 |
| 4. 염소 소독보다 짧은 접촉시간 | 4. DBPs 형성(표 12-15 참조) |
| 5. 황화물 산화 | 5. 철, 마그네슘 및 기타 무기화합물 산화(소독제 소비) |
| 6. 더 적은 공간이 요구됨 | 6. 다양한 유기성 화합물 산화(소독제 소비) |
| 7. 용존산소에 기여 | 7. 방출가스의 처리 필요 |
| 8. 소독을 위한 요구보다 더 높은 주입량에서 오존은 미량 유기물 농도를 감소함 | 8. 안전성 문제 |
| | 9. 높은 부식성과 독성 |
| | 10. 많은 에너지 소비 |
| | 11. 상대적으로 비쌈 |
| | 12. 매우 세심한 운영관리 요구 |
| | 13. 사상성 미생물의 성장 제어를 보이지만 염소보다 더 비쌈 |
| **UV** | |
| 1. 효과적인 소독제 | 1. 소독의 완료 여부에 관한 즉각적인 측정이 불가 |
| 2. 유해 화학물질의 불필요 | 2. 잔류 소독제 없음 |
| 3. 잔류독성 없음 | 3. 대장균 유기체를 위해 사용되는 낮은 주입량에서 몇몇의 바이러스, 포자 및 낭종의 불활성화에 덜 효율적임 |
| 4. 대부분의 바이러스, 포자 및 낭종의 불활성화에 염소보다 더 효과적임 | 4. 많은 에너지 소비 |
| 5. 소독을 위한 조사량에서 DBPs의 형성이 없음 | 5. UV 시스템의 수리학적 설계는 매우 중요함 |
| 6. 처리 유출수의 TDS 농도를 증가시키지 않음 | 6. 시설비는 상대적으로 비싸지만 새롭고 향상된 기술이 시장에 나옴에 따라 가격이 내려가고 있음 |
| 7. 매우 높은 조사량에서 NDMA와 같이 저항력 강한 유기물질의 파괴에 효과적임 | 7. 저압-저강도 시스템이 사용될 때 많은 수의 UV lamp 필요 |
| 8. 화학적 소독제의 사용과 비교할 때 안전성 향상 | 8. 석영관의 물때(scale)를 제거하는 산세척은 특수 기술을 요구할 수도 있음 |
| 9. 염소 소독보다 적은 공간이 필요 | 9. 냄새제어, RAS 주입, 수처리 시스템 소독과 같은 보조사용을 위해 적용할 수 있는 화학적 시스템이 없음 |
| 10. 소독 요구보다 더 높은 UV 조사량에서 UV는 NDMA와 같이 문제가 되는 미량의 유기물을 감소시키기 위해 사용될 수 있음 | 10. UV lamp의 오염(fouling) |
| | 11. Lamp의 정기적인 교체가 요구됨 |
| | 12. 수은의 존재 때문에 lamp 처분에 문제가 있음 |

[a] Crites and Tchobanoglous (1998), U.S. EPA (1999b)과 Hanzon et al. (2006)으로부터 부분 발췌
[b] DBPs = disinfection byproducts.

1. 매우 유독성인 염소는 기차 및 트럭으로 운송되므로 사고의 위험에 노출되어 있다.
2. 매우 유독성인 염소는 사고가 발생될 때 처리시설 운전요원 및 일반 대중에게 건강상 위험을 잠재적으로 내포한다.
3. 염소는 맹독성 물질이기 때문에 보관과 중성화에 대한 엄격한 요구사항이 Uniform Fire Code (UFC)에 명시한 대로 이행되어야 한다.
4. 염소는 폐수 내의 유기물질과 반응하여 악취 화합물을 생성한다.

**표 12-7**
염소, 이산화염소,
이산화황의 특성[a]

| 특성 | 단위 | 염소 (Cl₂) | 이산화염소 (ClO₂) | 이산화황 (SO₂) |
|---|---|---|---|---|
| 분자량 | g | 70.91 | 67.45 | 64.04 |
| 끓는점(액상) | °C | −33.97 | 11 | −10 |
| 녹는점 | °C | −100.98 | −59 | −72.7 |
| 증발잠열 | kJ/kg | 253.6 | 27.28 | 376.0 |
| 15.5°C에서 액체밀도 | kg/m³ | 1422.4 | 1640[b] | 1398.8 |
| 15.5°C에서 물에 대한 용해도 | g/L | 7.0 | 70.0[b] | 120 |
| 0°C에서 액체의 비중(물 = 1) | s.g. | 1.468 | | 1.468 |
| 1기압, 0°C 증기밀도 | kg/m³ | 3.213 | 2.4 | 2.927 |
| 1기압, 0°C 건조공기 대비 증기밀도 | – | 2.486 | 1.856 | 2.927 |
| 1기압, 0°C 증기의 단위중량당 부피 | m³/kg | 0.3112 | 0.417 | 0.342 |
| 임계온도 | °C | 143.9 | 153 | 157.0 |
| 임계압력 | kPa | 7811.8 | | 7973.1 |

[a] 일부이용 U.S. EPA (1986); White (1999)

[b] 20°C 기준

5. 염소는 폐수 내의 유기물질과 반응하여 발암성 물질이나 돌연변이 물질로 알려진 많은 부산물을 생성한다.

6. 폐수처리수에 포함된 잔류 염소는 수생태계에 독성으로 작용한다.

7. 유기 염소화합물의 방류는 환경에 알려지지 않은 영향을 장기간 준다.

**차아염소산소듐.** 차아염소산소듐(NaOCl, 액체 표백제)은 오직 액상으로만 이용 가능하며 일반적으로 제조되었을 때 차아염소산의 유효염소는 12.5~17%를 함유한다. 차아염소산소듐은 대량으로 구매하거나 현장에서 제조할 수 있지만 고농도에서 용액은 더 쉽게 분해되며 빛과 열의 노출에 따른 영향을 받는다. 26.7°C (80°F)에 저장된 16.7%의 용액은 10일 후에 10%, 25일 후에 20%, 43일 후에 30%의 강도를 상실하게 된다. 따라서 차아염소산소듐 용액은 부식 방지용 저장용기에 넣어 서늘한 곳에 보관하여야 한다. 차아염소산소듐의 또 다른 단점은 약품 비용인데 구매가격이 액상 염소 가격에 비해 150~200% 비싸다. 차아염소산소듐의 이용은 부식성, 염소증기 발생, 약품 주입관 내에서 가스 결합성(binding)과 점결성(caking) 때문에 특별한 고려사항이 설계에서 요구된다. 몇몇 특허받은 설비들은 염화소듐(NaCl)이나 바닷물로부터 차아염소산소듐의 생산이 가능하다. 이러한 설비들은 많은 전력을 필요로 하며 결과적으로 최대 0.8%의 염소를 포함한 묽은 용액을 생산하게 된다. 현장 생산설비는 설비의 복잡성과 전력비용 때문에 상대적으로 대규모 시설에 제한적으로 이용되고 있다.

**차아염소산칼슘.** 차아염소산칼슘[Ca(OCl)₂]은 건식이나 습식형태로 판매된다. 건식형태에서 Ca(OCl)₂는 황백색의 분말 또는 과립, 압축된 정제, 알갱이의 형태를 갖는다.

Ca(OCl)$_2$의 과립이나 알갱이는 물에 쉽게 용해되며, 0°C (32°F)일 때 약 21.5 g/100 mL 에서 40°C (104°F)일 때 23.4 g/100 mL로 변화한다. Ca(OCl)$_2$의 산화력 때문에 Ca(O-Cl)$_2$은 부식방지용 저장용기에 넣어 다른 화학물질과 분리하여 서늘하고 건조한 곳에 보관되어야 한다. 적절한 저장 조건에서는 과립이 상대적으로 안정적이다. Ca(OCl)$_2$은 액체 염소보다 비싸고 저장 중 이용할 수 있는 강도를 잃을 수 있으며, 사용하기 전에 용해되어야 하기 때문에 대규모 시설에서 다루기가 어렵다. 또한 Ca(OCl)$_2$은 쉽게 결정화되는 경향이 있기 때문에 펌프, 파이프, 밸브 등을 막히게 할 수 있다. Ca(OCl)$_2$은 운전요원이 상대적으로 쉽게 취급할 수 있는 소규모 시설에서 가장 보편적으로 건식 정제 형태로 이용되고 있다.

## ≫ 염소화합물의 화학적 성질

물에서의 염소반응과 암모니아와의 염소반응을 아래에 나타내었다.

**물에서의 염소반응.** Cl$_2$ 가스의 형태인 염소가 물속으로 유입될 경우 가수분해와 이온화의 2가지 반응이 일어난다.

가수분해는 염소가스가 물과 반응하여 차아염소산(HOCl)을 생성하는 반응을 의미한다.

$$Cl_2 + H_2O \rightarrow HOCl + H^+ + Cl^-$$ (12-9)

이 반응에서 평형상수 $K_H$는 다음과 같다.

$$K_H = \frac{[HOCl][H^+][Cl^-]}{[Cl_2]} = 4.5 \times 10^{-4} \text{ at } 25°C$$ (12-10)

평형상수 값이 매우 크기 때문에 많은 양의 염소가 물에 용해될 수 있다.

차아염소산 이온(OCl$^-$)을 생성하는 차아염소산의 이온화는 다음과 같이 정의된다.

$$HOCl \rightleftarrows H^+ + OCl^-$$ (12-11)

이 반응의 이온화상수 $K_i$는 다음과 같다.

$$K_i = \frac{[H^+][OCl^-]}{[HOCl]} = 3 \times 10^{-8} \text{ at } 25°C$$ (12-12)

온도에 따른 $K_i$ 값의 변화는 표 12-8에 나타나 있다.

물속에 존재하는 HOCl과 OCl$^-$의 전체량은 유리염소(*free chlorine*)라 부른다. 차아염소산(HOCl)의 소독효율은 차아염소산 이온(OCl$^-$)보다 여러 배로 강력하기 때문에 두 종류의 상대적인 분포는 매우 중요하다(그림 12-7 참조). 온도에 따른 HOCl의 분포비율은 식 (12-13)과 표 12-8의 자료를 활용하여 산출할 수 있다.

$$\frac{[HOCl]}{[HOCl] + [OCl^-]} = \frac{1}{1 + [OCl^-]/[HOCl]} = \frac{1}{1 + [K_i]/[H^+]} = \frac{1}{1 + K_i 10^{pH}}$$ (12-13)

**물속에서 차아염소산염의 반응.** 유리염소는 또한 차아염소산염 형태로 물에 첨가될 수 있다. 차아염소산칼슘과 차아염소산소듐은 다음과 같은 차아염소산(HOCl) 형태로 가수

| 표 12–8 | 온도, °C | $K_i \times 10^8$, mole/L |
|---|---|---|
| 여러 온도에서 | 0 | 1.50 |
| 차아염소산의 | 5 | 1.76 |
| 이온화 상수 값[a] | 10 | 2.04 |
| | 15 | 2.23 |
| | 20 | 2.62 |
| | 25 | 2.90 |
| | 30 | 2.18 |

[a] Morris식으로부터 계산됨(1966)

분해된다.

$$NaOCl + H_2O \rightarrow HOCl + NaOH \tag{12-14}$$

$$Ca(OCl)_2 + 2H_2O \rightarrow 2HOCl + Ca(OH)_2 \tag{12-15}$$

차아염소산의 이온화는 이미 서술한 바와 같다[식 (12–11) 참조].

**암모니아의 염소반응.**  처리되지 않은 폐수는 암모니아, 암모늄 및 다양한 형태의 결합 유기물의 형태로 질소를 포함한다(2장에 표 2–6 참조). 대부분의 처리시설의 유출수는 일반적으로 암모니아, 암모늄, 질산화가 일어나는 처리장의 경우에 질산이온의 형태로 많은 양의 질소를 함유한다. 2장에서 서술된 바와 같이 암모니아와 암모늄의 상대분포는 pH에 따라 결정될 것이다. 차아염소산은 반응성이 매우 강한 산화제이기 때문에 연속반응에 의해 물속에 존재하는 암모니아와 빠르게 반응하여 다음 3가지 클로라민을 생성하게 된다.

$$NH_3 + HOCl \rightarrow NH_2Cl \text{ (monochloramine)} + H_2O \quad \text{[식 (12-19) 참조]} \tag{12-16}$$

$$NH_2Cl + HOCl \rightarrow NHCl_2 \text{ (dichloramine)} + H_2O \tag{12-17}$$

$$NHCl_2 + HOCl \rightarrow NCl_3 \text{ (nitrogen trichloride)} + H_2O \tag{12-18}$$

이 반응들은 pH, 온도, 접촉시간 그리고 염소와 암모니아 비율(White, 1999)에 따라 결정되며(White, 1999), 대부분의 경우는 $NH_2Cl$과 $NHCl_2$의 형태로 주로 존재한다. 다양한 pH의 값에서 염소대 암모니아 비율 함수로써의 $NHCl_2$대 $NH_2Cl$의 비율은 표 12–9에 나타나 있다. $NCl_3$의 양은 염소와 질소의 비율이 2.0일 때까지 무시할 수 있다. 클로라민은 반응속도는 느리지만 소독제로써 쓰일 수 있다. 차아염소산과 차아염소산 이온의 형태로 나타나는 유리염소와 대비하여 클로라민이 유일한 소독제일 때에 측정되는 잔류염소를 결합잔류 염소(*combined chlorine residual*)라고 정의한다.

## ≫ 염소의 분기점 반응

소독의 목적을 위해 잔류 염소(유리 또는 결합)를 유지하는 것은 이미 논의된 바와 같이 유리염소가 암모늄과 반응할 뿐만 아니라 강력한 산화제이기 때문에 매우 어렵다. 분기점

**그림 12-7**

0과 20°C에서 pH에 따른 물에서의 차아염소(HOCl)산과 차아염소산 이온(OCl⁻)의 분포

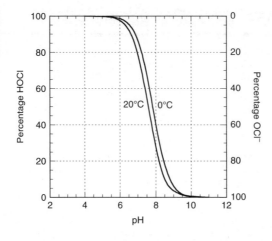

**표 12-9**

평형상태에서 pH함수로써 monochloramine에 대한 dichloramine의 비율 그리고 암모늄에 대한 주입 염소의 몰 비율[a]

| 몰 비율 $Cl_2:NH_4^+$ | pH | | | |
|---|---|---|---|---|
| | 6 | 7 | 8 | 9 |
| 0.1 | 0.13 | 0.014 | 1E-03 | 0.000 |
| 0.3 | 0.389 | 0.053 | 5E-03 | 0.000 |
| 0.5 | 0.668 | 0.114 | 0.013 | 1E-03 |
| 0.7 | 0.992 | 0.213 | 0.029 | 3E-03 |
| 0.9 | 1.392 | 0.386 | 0.082 | 0.011 |
| 1.1 | 1.924 | 0.694 | 0.323 | 0.236 |
| 1.3 | 2.700 | 1.254 | 0.911 | 0.862 |
| 1.5 | 4.006 | 2.343 | 2.039 | 2.004 |
| 1.7 | 6.875 | 4.972 | 4.698 | 4.669 |
| 1.9 | 20.485 | 18.287 | 18.028 | 18.002 |

[a] U.S. EPA (1986)

염소화란 산화될 수 있는 모든 물질들과 반응할 수 있도록 염소를 충분히 주입하고, 이때 추가적인 염소가 첨가되더라도 염소는 유리염소로 남게 되는 공정을 의미한다. 잔류 유리염소를 얻기 위해 충분한 양의 염소를 첨가하는 주된 이유는 효과적인 소독이 일반적으로 이러한 상태에서 보장되기 때문이다. 잔류 염소의 요구 수준까지 도달할 수 있도록 첨가하여야 하는 염소량을 염소요구량(chlorine demand)이라 부른다. 분기점 염소화의 화학적 성질, 산 생성 그리고 용해성 고형물의 생성은 다음에서 논의될 것이다.

**분기점 염소화학.** 산화될 수 있는 물질과 암모늄을 포함한 물에 염소가 첨가될 경우 일어나는 단계적인 현상은 그림 12-8에 의해 설명될 수 있다. 염소가 첨가되었을 때 $Fe^{2+}$, $Mn^{2+}$, $H_2S$와 유기물질과 같이 빠르게 산화할 수 있는 물질은 염소와 반응하여 대부분의 염소를 염소이온으로 환원시킨다(그림 12-8에 point A). 위에서 논의된 바와 같이 즉각적인 요구량이 충족된 후에 추가로 첨가된 염소는 암모늄과 지속적으로 반응하여 point A와 그래프의 정점 사이에 클로라민(chloramine)을 생성한다. 염소 대 암모늄의 몰비가 1 미만인 경우, 모노클로라민(monochloramine)과 디클로라민(dichloramine)은 형성된

다. 그 곡선의 정점에서 염소($Cl_2$) 대 암모늄($NH_4^+$-N)의 몰비는 1이며[식 (12-16) 참조], 이에 상응하는 $Cl_2/NH_4^+$의 무게 비는 5.06이다.

　두 가지 클로라민 형태의 분포는 pH와 온도의 영향을 받는 그들의 구성 비율에 의해 좌우된다. 정점과 분기점 사이에서 약간의 클로라민은 트리클로라민으로 전환되고[식 (12-18) 참조], 잔류 클로라민은 일산화질소($N_2O$)와 질소($N_2$)로 산화되며, 염소는 염소이온으로 환원된다. 대부분의 클로라민은 분기점에서 산화될 것이다. 분기점을 지나서 염소 주입이 계속되면 그림 12-8에서와 같이 유리염소가 선형비례로 증가하게 될 것이다. 이론적으로 분기점에서 염소와 암모늄 질소의 질량비는 7.6:1이고(예제 12-3 참조), 몰비는 1.5:1이다[식 (12-23) 참조].

　분기점 염소화가 진행되는 동안에 $N_2$와 $N_2O$의 생성 그리고 클로라민의 소실에 관한 가능한 반응은 다음과 같다(Sauuier, 1976; Saunier and Selleck, 1976).

$$NH_4^+ + HOCl \rightarrow NH_2Cl + H_2O + H^+ \tag{12-19}$$

$$NH_2Cl + HOCl \rightarrow NHCl_2 + H_2O \tag{12-20}$$

$$NHCl_2 + H_2O \rightarrow NOH + 2HCl \tag{12-21}$$

$$NHCl_2 + NOH \rightarrow N_2 + HOCl + HCl \tag{12-22}$$

**그림 12-8**

일반화된 분기점 염소화 곡선. 도표의 위 부분은 암모늄을 포함하는 폐수에 첨가되는 염소량의 함수로서 잔류 염소를 나타낸다. 아래 부분은 분기점 염소화 공정 동안에 암모늄과 클로라민의 거동을 나타낸다. 점선은 클로라민이 형성됨에 따라 이것의 일부가 최대치에 도달하기 전에 파괴된다는 사실을 나타낸다.

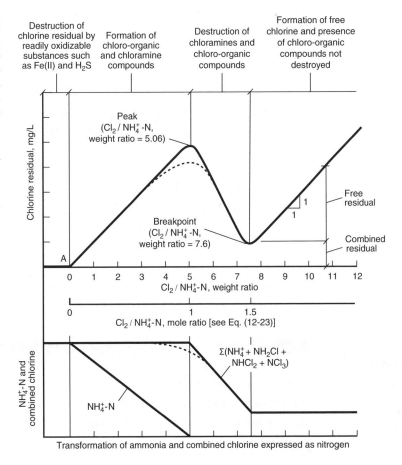

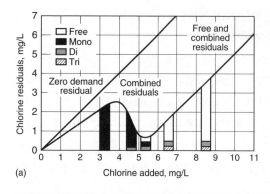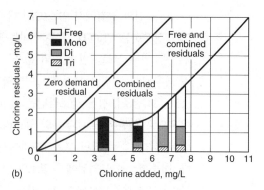

### 그림 12-9

**폐수의 염소 주입량에 대한 잔류 염소 곡선.** (a) 암모니아성 질소를 포함하는 폐수, 그리고 (b) 암모니아와 유기질소의 형태로 질소를 포함하는 폐수

식 (12-19)에서 식 (12-22)를 합함으로서 전체 반응식은 다음과 같이 얻어질 수 있다.

$$2NH_4^+ + 3HOCl \rightarrow N_2 + 3H_2O + 3HCl + 2H^+ \tag{12-23}$$

때로는 트리클로라민과 이와 관련된 화합물의 형성으로 인해 분기점 염소화가 진행되는 동안에 심각한 악취문제가 발생한다. 염소와 반응하게 되는 유기질소와 같은 추가적인 화합물의 존재는 그림 12-9에서 보는 바와 같이 분기점 곡선의 기울기를 크게 변형시킬 수도 있다. 소독부산물의 형성은 이번 절의 뒷부분에서 다룰 것이다.

**산 생성.** 염소가스의 첨가는 산을 생성한다. 식 (12-9)에 주어진 것처럼 물에 염소가 첨가되면 가수분해 반응은 강한 산(HCl)을 형성한다. 암모늄과 HOCl의 반응은 또한 식 (12-23)과 같은 산의 형태를 형성한다. 중화되어야 하는 수소의 전체 몰 수는 식 (12-9)와 식 (12-23)의 결합으로 다음과 같이 결정될 수 있다.

$$2NH_4^+ + 3Cl_2 \rightarrow N_2 + 6HCl + 2H^+ \tag{12-24}$$

실제로 염소 소독[식 (12-16) 참조] 중에 형성된 염산은 폐수의 알칼리도와 반응하며, 대부분의 경우에 pH의 감소는 미미하다. 양론적으로 분기점 염소화 공정에서 산화되는 1.0 mg/L의 암모늄 질소는 14.3 mg/L (as $CaCO_3$)의 알카리도가 필요하다(예제 12-3 참조).

**총 용존 고형물(TDS)의 축적.** 염산의 형성뿐 아니라 분기점에 도달하기 위해 첨가된 화합물은 TDS의 점진적인 증가에 기여한다. 식 (12-24)에 나타난 바와 같이 2몰의 $NH_4^+$가 용

| 표 12-10 | 화학약품 첨가 | $NH_4^+$ 소비당 총 용존 고형물의 증가 |
|---|---|---|
| 분기점 염소화에서 | 염소가스를 이용한 분기점 | 6.2:1 |
| 화학물질 첨가가 | 차아염소산소듐을 이용한 분기점 | 7.1:1 |
| 총 용존 고형물에 | 염소가스를 이용한 파과점-석회로 모든 산도 중화 | 12.2:1 |
| 미치는 영향[a] | 염소가스를 이용한 파과점-가성소다로 모든 산도 중화 | 14.8:1 |

[a] From U.S. EPA (1986).

액으로부터 제거될 때 6몰의 HCl과 2몰의 H⁺가 형성된다. 물 재이용의 경우와 같이 총 용존 고형물의 수준이 중요한 상황에서는 분기점 염소 소독에 의해 증가되는 축적물은 항상 점검되어야 한다. 분기점 반응에 이용되는 몇 가지 화학물질들의 TDS에 대한 기여도를 정리하면 표 12-10과 같다. 계절별 질소제어를 위해 분기점 염소 소독의 사용이 고려될 때 TDS의 가능한 축적량은 예제 12-3에 나타나 있다.

**예제 12-3**

**질산화된 2차 처리 유출수에 대한 유리염소 소독공정의 분석** 유리염소를 통해 분기점 염소 소독을 적용할 때 하루에 필요한 염소의 주입량, 만약 알칼리도의 첨가가 필요하다면 이의 요구량, 이러한 결과로부터 축적되는 TDS를 계산하시오. 이 문제에서는 다음과 같은 값이 적용된다고 가정한다.

1. 유량 = 3,800 $m^3/d$
2. 2차 처리 유출수의 특징
    a. BOD = 20 mg/L
    b. 총 용존 고형물 = 25 mg/L
    c. 잔류 $NH_3$-N = 2 mg/L
    d. 알칼리도 = 150 mg/L as $CaCO_3$
3. 소독을 위해 요구되는 유리 잔류 염소의 농도 = 0.5 mg/L
4. 첨가되는 알칼리도는 산화칼슘($CaO$)의 형태이다.

**풀이**

1. 식 (12-23)에 주어진 분기점 반응에서의 전체 반응식을 이용하여 $Cl_2$로 표현되는 차아염소산(HOCl)과 질소(N)로 표현되는 암모늄($NH_4$)의 분자량 비를 알아낸다.

$$2NH_4^+ + 3HOCl \rightarrow N_2 + 3H_2O + 3HCl + 2H^+$$

2(18)  3(52.45)
2(14)  3(2 × 35.45)

분자량의 비를 계산한다.

$$\frac{Cl_2}{NH_4^+\text{-N}} = \frac{3(2 \times 35.45)}{2(14)} = 7.60$$

2. 요구되는 $Cl_2$의 주입량을 계산한다.
    a. 1단계에서 계산된 분자량 비를 사용하여 분기점 도달에 필요한 $Cl_2$의 주입량을 계산한다.

    $$Cl_2 = (2 \text{ g/m}^3)(7.6 \text{ g/g}) = 15.2 \text{ g/m}^3$$

    b. 유리 잔류 염소를 포함하여 요구되는 $Cl_2$ 주입량을 계산한다.

    $$Cl_2/d = (3800 \text{ m}^3/d)[(15.2 + 0.5) \text{ g/m}^3](1 \text{ kg}/10^3 \text{ g}) = 59.9 \text{ kg/d}$$

3. 요구되는 알칼리도를 계산한다.

a. 산화되는 암모늄의 몰마다 중화되는 수소이온의 총 몰 수는 식 (12-24)를 2로 나눔으로써 얻어진다.

$$NH_4^+ + 1.5Cl_2 \rightarrow 0.5N_2 + 3HCl + H^+$$

b. 산성을 중화하기 위하여 탄산칼슘을 사용할 때 요구되는 알칼리도 비는 다음과 같이 계산된다.

$$2CaO + 2H_2O \rightarrow 2Ca^{2+} + 4OH^-$$

$$\text{Required alkalinity ratio} = \frac{2(100 \text{ g/mole of CaCO}_3)}{(14 \text{ g/mole of NH}_4^+ \text{ as N})} = 14.3$$

c. 요구되는 알칼리도

$$\text{Alk} = \frac{[(14.3 \text{ mg/L alk})/(\text{mg/L NH}_4^+)](2 \text{ mg/L NH}_4^+)(3800 \text{ m}^3/\text{d})}{(10^3 \text{ g/kg})}$$

$$= 108.7 \text{ mg/L as CaCO}_3$$

4. 분기점 염소 소독을 하는 동안에 산을 중화하기 위해 알칼리도를 충분히 이용할 수 있는지를 판단한다.

이용 가능한 알칼리도(150 mg/L)는 요구되는 알칼리도(108.7 mg/L)보다 높기 때문에 알칼리도는 반응이 완료될 때까지 추가적으로 첨가할 필요가 없다.

5. 2차 처리 유출수에 첨가된 TDS의 증가를 계산한다. CaO가 생성되는 산을 중화하기 위해 사용될 때에 소비되는 암모니아 1 mg/L당 TDS의 증가비는 12.2:1이다(표 12-10).

TDS 증가량 = 12.2(2) mg/L = 24.4 mg/L

 1단계에서 계산된 비율은 실질적으로 일어나는 반응에 따라 다양하게 나타난다. 주로 발견되는 실제 비율은 8:1에서 10:1이다. 3단계에서도 유사하게 화학양론계수는 실질적으로 일어나는 반응에 따라 좌우된다. 실제로 염소의 가수분해로 인해 약 15 mg/L의 알칼리도가 요구되는 것으로 알려져 있다. 5단계에서 비록 분기점 염소 소독이 질소를 제어하는 데 이용된다 할지라도 만약 총 용존 고형물의 축적과 소독 부산물의 잠재적인 형성으로 인해 공정 내에 처리된 유출수를 다른 용도로 사용하지 못한다면 분기점 염소 소독은 목적과 반대되는 결과를 가져올 수도 있다는 것을 유의하여야 한다.

## 》》 소독제로서 유리염소와 결합염소의 효과

공중보건, 환경적인 수질, 물 재활용에 대한 관심의 증가에 따라 염소 소독공정의 효과가 중요시되고 있다. 수많은 시험을 통해 염소 소독공정을 제어하는 모든 물리적인 변수가 일정할 때 개별 세균(discrete bacteria)의 생존율에 의해 측정되는 소독의 살균효율은 1차적으로 잔류 염소량과 시간(CT)에 의해 좌우된다는 것을 알아냈다.

**그림 12-10**

비교를 위한 CT 값을 가지고 2~6°C에서 99%의 *E. Coli*를 죽이기 위한 차아염소산, 차아염소산이온, 모노클로라민의 소독효과 비교(Butterfield et al., 1943)

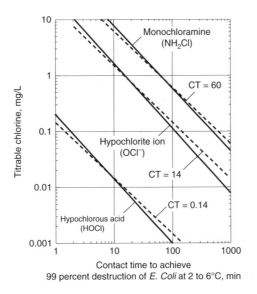

Contact time to achieve 99 percent destruction of *E. Coli* at 2 to 6°C, min

**유리염소와 결합염소의 상대적인 효과.** 미생물들의 소독을 위한 결합염소와 유리염소의 상대적인 살균효과에 관한 일반화된 자료는 다양한 단계의 불활성화를 만족시키기 위해 요구되는 CT 값으로서 표 12-5에 이미 나타냈다. Butterfield 등(1943)의 연구를 기초로 하여 차아염소산(HOCl), 차아염소산 이온(OCl$^-$)과 모노클로라민(NH$_2$Cl)의 상대적인 살균효율성의 비교 값은 그림 12-10에 나타나 있다. 그림 12-10에 보이는 바와 같이 주어진 접촉시간 또는 잔류 염소에 따른 차아염소산의 살균효율성은 차아염소산 이온보다 100배 높고 모노클로라민보다 400배 우수하다. 그러나 차아염소산과 차아염소산 이온 사이에 존재하는 평형관계(그림 12-7 참조) 때문에 적절한 pH 유지는 효율적인 소독을 달성하기 위해 매우 중요하다. 하지만 충분한 접촉시간에서 모노클로라민의 소독효율을 유리염소와 비슷하다는 것을 알아야 한다. 염소화합물에 대한 자료는 그림 12-10에 나타냈으며, 이에 상응하는 CT 값은 비교의 목적으로 추가되었다. 그림 12-10에 나타낸 바와 같이 소독효과에 대한 자료는 CT 값의 상관관계로 잘 나타낼 수 있다.

**사멸계수.** 다양한 형식의 염소에 대한 상대적인 효과를 평가하기 위해 사용될 수 있는 또 다른 변수는 사멸계수 Λ이다. 수많은 문헌과 더불어 표 12-5와 그림 12-10의 자료를 활용하여 다양한 미생물 그룹과 소독물질에 대해 계산한 사멸계수는 표 12-11에 요약하였다. 표 12-11에 표시된 자료는 통제된 조건하에서 가동한 회분식 반응조를 사용하여 1차적으로 얻어진 것이므로 다양한 유기물 그룹에 대한 다양한 소독제의 효과에 관한 상대적인 차이점을 제시하는 목적 외에는 사용되지 않아야 한다.

표에 보이는 바와 같이 각 미생물 그룹에 대한 다양한 소독제의 효과는 중요한 차이가 있다. 예를 들어 유리염소는 세균과 바이러스의 불활성화에 매우 효과적이지만 *Cryptosporidium*과 *Giardia* 낭종의 불활성화 효율이 낮다.

**pH의 효과.** 염소와 클로라민의 소독공정에서 pH와 온도의 중요성은 1943년에 But-

**표 12–11**

여과된 2차 처리수(pH ~7.5, 온도 ~20°C) 내의 세균, 바이러스, *Cryptosporidium* 및 *Giardia lamblia* 낭포의 불활성화를 위한 다양한 소독제들의 상대적인 사멸계수, $\Lambda^a$

| 소독제 | 단위 | 사멸계수[b], $\Lambda_{(base10)}$ | | | |
|---|---|---|---|---|---|
| | | 총 대장균[c] | 바이러스 | protozoa *Cyyptospordium* | protozoa *Giardia lamblia* 낭포 |
| 유리염소 | L/mg·min | 2 | 1.2 | 0.00044 | 0.04 |
| 클로라민 | L/mg·min | 0.016 | 0.0052 | 0.00022 | 0.0024 |
| 이산화염소 | L/mg·min | 2 | 0.38 | 0.008 | 0.2 |
| 오존 | L/mg·min | 44 | 7.27 | 0.24 | 4.21 |
| UV | cm²/mJ | 5.7 | 0.0215 | 0.31 | 0.33 |

[a] 식 (12–6)에 기초함

[b] 반응용량(CT) 곡선의 선형부분의 사멸계수값

[c] 분변성 대장균과 *E. coli*에 대해서 보고된 사멸계수 값은 많은 차이가 있음

terfield와 그의 동료들에 의해 연구되었다(Butterfield 등, 1943; Wattie and Butterfield, 1944). Butterfield 등(1943)에 의해 발표된 결과들을 기초로 하여 Fair와 Geyer(1954)는 청정수 내의 대장균의 소독에 필요한 활성에너지의 값을 표 12–12와 같이 결정하였다. 표 12–12의 자료를 검토한 결과, pH의 함수로서 활성에너지의 크기를 아는 것은 중요하다. pH가 증가함에 따라 활성에너지의 값은 증가하는데, 이는 그림 12–10에 나타난 자료와 일치하고 있는 감소효과와 부합한다.

**온도의 효과.** 온도 또한 사멸계수 $\Lambda$에 많은 영향을 끼친다. 온도가 10°C 증가될 때마다 사멸계수[생물공학과 화학공학 문헌에서 확인되는 온도계수 $Q_{10}$]는 2~2.5배 증가하는 것이 경험에 의해 발견되어져 왔다. 그러므로 표 12–5에 주어진 CT 값과 표 12–11 내의 사멸계수 값을 적용할 때 이와 같은 값들은 pH와 온도가 각각 대략 7.5와 20°C에 대한 것임을 알아야 한다.

## ▶▶ 소독공정의 성능 측정과 보고

소독의 효과와 폐수처리수의 소독에 영향을 미치는 요인을 고려한 시스템을 만들기 위해

**표 12–12**
정상 온도에서 수용성 염소와 클로라민에 대한 활성화 에너지[a]

| 화합물 | pH | $E$, cal/mole | $E$, J/mole |
|---|---|---|---|
| 수용성 염소 | 8.5 | 6400 | 26,800 |
| | 9.8 | 12,000 | 50,250 |
| | 10.7 | 15,000 | 62,810 |
| 클로라민 | 7.0 | 12,000 | 50,250 |
| | 8.5 | 14,000 | 58,630 |
| | 9.5 | 20,000 | 83,750 |

[a] Butterfield et. al. (1943)에 의해 보고된 자료를 사용하여 개발했던 Fair et al.(1948)로부터 인용

서 소독공정의 효과가 오늘날 어떻게 평가되는가와 또 평가결과들이 어떻게 분석되는가에 대해 고려하는 것은 중요하다. 염소를 소독제로 이용할 때 pH 및 온도와 같은 환경적인 변화를 제외하고 측정 가능한 주요 변수는 일정시간이 지난 후에 잔존 미생물의 수와 잔류 염소의 형태(결합염소와 유리염소)이다.

**잔존 미생물 수.** 세균의 대장균 군은 여러 가지의 다른 기법을 이용하여 측정할 수 있다(Standard Methods, 2012). 일반적으로 2장에서 언급된 막여과 기법 또는 최적확수(MPN) 방법을 사용한다. 잔존 미생물은 플레이트 배지에 의해 배지 혼합물을 이용하는 평판 배양법으로도 역시 측정할 수 있다. 또한 표준혼합평판법(pour-plate) 또는 표준도말평판법(spread-plate) 등도 사용할 수 있다. 대장균 성장의 최상 온도 조건인 37°C에서 플레이트는 배양되어야 하고 24시간을 배양한 후 군체(colony)의 수를 검수해야 한다.

**잔류 염소의 측정.** 잔류 유리염소와 결합염소의 측정에 사용되는 일반적인 방법에는 (1) DPD (N, N-diehyl-p-phenylene diamine) 비색법 (2) DPD 적정법 (3) 요오드 적정법, 그리고 (4) 전류 적정법이 있다. 이 방법들 중에서 DPD 비색법은 유리염소와 결합염소의 구별이 가능하기 때문에 현재 가장 널리 사용된다. 현장 간이 측정기와 온라인 연속 측정기 둘 다 이용이 가능하다. DPD 방법은 주로 포장용 통(packet)에서 미리 형성된 적당한 화학약품들을 염소를 포함하는 시료에 첨가하고 그 염소로부터 얻어진 붉은색이 분광 광도계 또는 필터 광도계에 의해 측정된다. 초기 색은 유리염소 때문이며 추가적인 화학약품들이 총 잔류 염소(유리염소와 결합염소)를 측정하기 위해 첨가된다. 이러한 염소 분석에 관한 추가적인 세부사항들은 Harp(2002)와 Standard Methods(2012)에서 볼 수 있다.

**결과보고.** 소독공정 결과는 일정시간 경과 후에 남아 있는 미생물의 수와 잔류 염소로 보고된다. 그 결과들은 그림 12-6에 나타낸 바와 같이 제거율의 대수값(log)과 이에 대응하는 CT 값을 도시하여 표현하는 것이 일반적인 관행이다.

## ▶▶ 폐수의 염소화합물 소독에 영향을 미치는 인자

본 절의 목적은 실제 폐수 적용에서 염소화합물의 소독효율에 영향을 미치는 중요한 인자들에 대해 알아보고자 한다. 이러한 인자들은 다음과 같다.

1. 초기 혼합
2. 소독될 물의 화학적 특성
3. NOM 함량
4. 입자들과 미생물 관련 입자들의 영향
5. 미생물의 특성
6. 접촉시간

각각의 인자들은 아래에서 좀 더 세부적으로 다루어진다.

　이번 장에 포함되어 있지 않으나 염소 접촉조의 설계와 관련한 내용은 (1) 접촉조 배치, (2) 배플과 유도 날개의 사용, (3) 염소 접촉조의 개수, (4) 염소 접촉조 내의 침전 고형물, (5) 고형물 이동 속도, (6) 소독성능의 예측을 위한 절차가 있으며, 이러한 주제들은 다른 문헌에 상세히 설명되어 있다(Tchobanoglous et al., 2003).

**초기 혼합.** 소독공정에서 초기 혼합의 중요성은 아무리 강조해도 지나치지 않을 수 있다. 높은 난류영역($N_R \geq 10^4$)에 염소의 주입은 비슷한 조건에서 재래식 급속혼합 반응기에 염소를 주입할 때보다 100배 더 사멸시키는 것으로 알려져 있다. 이와 같이 초기 혼합의 중요성은 잘 기술되었지만 난류영역의 적절한 수준은 알려지지 않았다. 물에서 염소의 급속혼합을 위해 설계된 혼합시설의 예들은 12–6절에 나타내었다(그림 12–22 참조).

최근의 연구결과를 기초로 하여 첨가되는 염소화합물의 형태에 대한 문제가 제기되어지고 있다. 염소 주입기를 사용하는 몇 개의 처리장들에서는 염소 주입수로 청정수가 아닌 염소처리된 폐수를 사용하는 것에 대한 우려가 있다. 질소화합물이 폐수 내에 존재한다면 염소의 일부는 질소화합물과 반응함으로써, 염소용액이 주입될 시점에는 모노클로라민이나 디클로라민 형태가 된다는 것이다. 결합염소는 긴 접촉시간이 필요하기 때문에 염소 접촉조에서 적당한 체류시간이 주어지지 않으면 클로라민 형성이 문제가 될 수 있다. 다시 말해 HOCl과 NH$_2$Cl은 모두 소독화합물로서 효과적이지만 같은 잔류 농도에서 필요한 접촉시간은 매우 다르다는 것을 기억하여야 한다(그림 12–10 참조).

유리염소의 사용에 따른 소독부산물(DPBs)의 생성은 또 다른 중요한 관심사이다. 폐수가 유리염소에 노출되었을 때 클로라민(유리염소와 암모니아)의 생성과 같은 경쟁반응과 소독부산물이 발생할 수 있다. 지배적인 반응은 다양한 반응에서 적용될 수 있는 동력학적 속도에 의존한다. DBPs의 생성과 제어는 다음 절에서 논의된다.

**폐수의 화학적 특성.** BOD, COD, 질소로 측정된 유출수의 성질이 똑같으며 비슷하게 설계된 폐수처리장일지라도 염소 소독공정의 효과는 처리장마다 매우 다르게 나타나는 것이 가끔 관찰되어 왔다. 이러한 현상의 이유를 규명하고 염소화 공정에 존재하는 화합물의 영향을 알아내기 위하여 Sung(1974)은 처리 전·후의 폐수 중에 있는 화합물의 특성에 대해 연구하였고, 그 결과로부터 얻은 중요한 결론은 다음과 같다.

1. 방해하는 유기화합물이 있을 때 총 잔류 염소는 염소의 소독효율을 평가하는 데 신뢰할 수 있는 척도로 사용될 수 없다.
2. 연구된 화합물의 방해의 정도는 그들의 작용기 및 화학구조에 따라 달라진다.
3. 포화 화합물과 탄수화물은 염소요구량에 영향을 거의 또는 전혀 나타내지 않으며 염소화 공정을 방해하지 않는 것처럼 보인다.
4. 불포화 고리를 가진 유기화합물은 작용기에 따라 즉각적으로 염소요구량에 영향을 나타낸다. 어느 경우에는 생성되는 화합물이 잔류 염소량으로 적정되기도 하지만 소독의 잠재력은 거의 또는 전혀 없다.
5. 수산기를 가진 다중고리 화합물과 황 성분을 가진 화합물들은 곧바로 염소와 반응하여 소독 잠재력이 거의 또는 전혀 없는 화합물을 생성하지만 잔류 염소량으로 적정된다.

**표 12-13**

폐수 소독을 위한 염소의 사용에서 폐수 성분요소의 영향

| 구성물질 | 효과 |
|---|---|
| BOD, COD, TOC 등 | BOD와 COD로 나타나는 유기물은 염소 요구량을 유발하나 그들의 화학적 구조와 기능적 그룹에 따라 방해의 정도에 차이가 있음 |
| NOM(휴믹물질) | 잔류 염소로 측정되지만 소독의 효과가 없는 염소 유기화합물을 생성함으로서 염소의 효과 감소 |
| 오일과 그리스 | 염소의 요구량을 유발 |
| TSS | 내포되어 있는 세균의 보호 |
| 알칼리도 | 효과가 없거나 아주 작음 |
| 경도 | 효과가 없거나 아주 작음 |
| 암모니아 | 염소와 결합하여 클로라민 생성 |
| 아질산이온 | 염소에 의해 산화되고 N-nitrosodimethylamine (NDMA)의 생성 |
| 질산이온 | 클로라민이 생성되지 않기 때문에 염소 주입량은 감소. 완전한 질산화는 유리염소의 존재로 인하여 NDMA의 생성을 유도. 부분적인 질산화, 특히 일별 질산화 변동은 적당한 염소량을 설정하는데 어려움을 야기 |
| 철 | 염소에 의해 산화됨 |
| 망간 | 염소에 의해 산화됨 |
| pH | 차아염소산과 차아염소산염 이온 사이의 분포에 영향 |
| 산업폐수 | 구성물질에 따라 염소요구량에 있어서의 일별 그리고 계절별 변화 존재 |

**6.** 방해하는 유기화합물이 있을 때 세균의 수를 낮추기 위해서는 염소를 더 주입하거나 접촉시간을 늘리는 것이 필요하다.

Sung의 연구결과를 통해 유출수의 특성이 똑같은 처리장이라도 염소화 효율에서 차이가 나는 이유를 알 수 있다. 분명히 말할 수 있는 것은 BOD나 COD의 값이 중요한 것이 아니라 이 값을 이루는 유기화합물들의 성질이 중요하다. 따라서 처리장에서 사용되는 처리공정의 특징은 염소화 공정에 영향을 끼치며 폐수특성이 염소 소독에 미치는 영향은 표 12-13에 나와 있다. 휴믹, 철과 같이 산화할 수 있는 화합물들의 존재는 그림 12-6에 보이듯이 지체와 방해효과를 나타내는 불활성화 곡선을 야기한다. 사실 첨가된 염소는 이러한 물질들의 산화에 이용되어 미생물의 불활성화에는 이용되지 못한다.

오늘날 더 많은 폐수처리장들에서 질소를 제거하고 있기 때문에 최근에 염소 소독에 관한 운영상의 문제점들이 많이 보고되고 있다. 유출수가 완전히 질산화된 처리장들에서 폐수에 첨가되어지는 염소는 질소와 순간(예제 12-3 참조) 염소요구량을 충족시킨 후에 유리염소로 존재한다. 일반적으로 유리염소가 존재하면 염소의 요구량이 현저히 감소할 것이다. 하지만 유리염소가 존재하면 바람직하지 않은 소독부산물인 N-nitrosodimethyl-amine (NDMA)를 유발한다. 질산화가 부분적으로 일어나거나 전혀 일어나지 않는 처리장들의 경우에 염소공정의 제어는 염소화합물들의 다양한 효과 때문에 특히 어렵다. 염소의 일부는 잔류하는 아질산이온과 암모니아에 의한 반응을 충족시키기 위해 사용된다. 처리장 내의 질산화 정도가 어떤 시점에서 어느 정도 진행되는지 불확실하기 때문에 과도한 염소 사용을 초래하는 결합염소화합물에 의해 소독이 행해진다면 첨가되는 염소 주

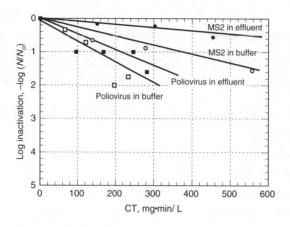

그림 12-11

결합염소가 있는 완충제 및 처리폐수 유출수 내에서 MS2 coliphage와 poliovirus의 불활성(BioVir Laboratories, 2001)

입량은 요구 주입량에 기초한다.

**처리폐수내 입자의 영향.** 고려되어야 하는 또 다른 인자는 소독하고자 하는 폐수의 부유물질이다. 그림 12-6에 보인 것처럼 부유물질이 존재할 때 소독공정은 두 가지의 다른 메커니즘에 의해 제어된다. 지연효과 이후, 초기에 관찰되는 세균의 대수 선형적(log-linear) 불활성화는 개별적인 자유 유영 세균과 작은 덩어리의 세균이다. 세균 불활성화의 직선부분은 식 (12-2)를 사용해 설명할 수 있다. 곡선의 굽은 부분에서의 세균의 사멸은 부유물질에 의해 제어된다. 굽은 부분의 기울기는 (1) 입자크기의 분포 및 (2) 대장균 군과 관련된 입자 수의 함수이다. 또한 앞에서 언급한 바와 같이 만약 입자들이 상당한 양의 미생물들을 포함한다면 이러한 미생물들이 염소의 확산·침투를 제한함으로써 입자에 내재된 다른 미생물들을 보호할 수 있다. 불행히도 입자들의 존재에 의해 야기되는 변화는 화학적 및 입자의 효과를 극복하기 위해 과도한 염소를 투입시킴으로써 없앨 수 있다.

**미생물의 특성.** 염소화 공정에서 다른 중요한 변수는 미생물의 형태, 특성, 일령(age)이다. 신생 세균군(1일 또는 그 이하 연령)에 유리염소 2 mg/L로 주입하였을 때 1분만에 세균의 수가 줄었다. 그러나 세균군의 일령이 10일 이상이 되었을 때 같은 염소 주입량으로 같은 효과를 얻기 위해서는 약 30분이 소요되었다. 이것은 미생물이 성장함에 따라 만들어지는 다당제 성분의 방호막에 의한 내성에서 기인하기 때문이다. 활성슬러지 처리공정에 있어서 세균 세포의 일령과 연관이 있는 운전 고형물 체류시간(SRT)은 이전에 언급된 바와 같이 염소화 공정의 성능에 영향을 미칠 것이다. 살균바이러스(bacteriophage) MS2와 소아마비 바이러스(poliovirus)의 소독에 관한 최근 일부자료는 그림 12-11에 나와 있다. 이 그림에 보이는 바와 같이 측정된 잔류 염소가 결합염소일 때 캘리포니아 주에서 사용되는 450 mg·min/L의 CT 값은 바이러스의 99.99%를 감소시키지 않는 것이 분명하다. 따라서 위치 특이성 시험은 적절한 염소 주입량을 설정하는 데 필요하다.

대장균과 3가지 장 바이러스의 불활성화를 위한 염소의 효과를 나타내는 자료는 그림 12-12에 나타나 있다. 발전된 새로운 분석 기술 때문에 그림 12-12에 제시된 자료

0~6°C에서 *E. coil*와 세 가지 장 바이러스의 99% 사멸에 필요한 HOCl로서의 염소농도

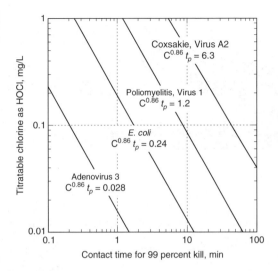

는 오직 다른 미생물들의 내성에 관한 차이점을 설명하기 위한 것이다. 염소공정의 바이러스 소독효과에 대해 이용할 수 있는 자료에 따르면 대상이 되는 많은 바이러스를 죽이기 위해서는 유리염소를 얻기 위해 분기점 이상으로 염소를 주입해야 한다. 분기점 염소화가 사용될 경우에 생태계 방류 전이나 민감한 장치에 재사용하기 전에 염소 소독 후 남아있을 수 있는 잔류독성을 줄이기 위해 처리수를 탈염소화시킬 필요가 있다. 통합된 세포배양 PCR 기술(2장 참조)의 사용을 근거로 하면 poliovirus의 불활성화는 과거에 알려졌던 염소 사용량보다 5배가 더 필요한 것으로 보고되고 있다.

**접촉시간.** 소독제의 잔류 농도와 함께 접촉시간은 염소 소독 시설의 설계와 운영에 있어서 매우 중요하다. 염소 접촉조에 대한 주된 설계 목적은 유량의 정해진 퍼센트가 효과적인 소독을 보장하기 위해 설정한 접촉시간 동안 접촉조에 반드시 남아 있게 하는 것이다. 평균 접촉시간은 일반적으로 규제기관에 의해 명시되고 30~120분까지이며 최대 유량에서 15~90분의 접촉시간이 일반적이다. 유량의 주어진 비율이 설정된 시간 동안 염소 접촉조에 남아 있다는 것을 확신하기 위하여 가장 일반적으로 사용하는 방법은 그림 12–13과 같이 접촉조들 각각의 말단을 둥그런 형태로 연결하여 긴 플러그 흐름을 만드는 것이다. 예를 들어 물의 재이용에 적용하기 위하여 최대 유량에서 90분의 접촉시간일 때 CDPH(California Department of Public Health)는 450 mg·min/L의 CT 값을 요구한다. 다른 주들에서는 $t_{10}$이 CT 관계로 사용된다(염소 접촉조의 성과평가에 관해 다음에 나오는 논의내용 참조).

## 》 염소 소독공정 모델링

2차 처리수와 여과된 2차 처리수의 소독을 고려할 때에는 지체 또는 방해효과와 잔류입자의 효과를 고려하여야 한다(그림 12–6 참조). 앞에서 언급한 대로 폐수처리수의 성분에 따라 소독제의 첨가 후에도 미생물의 감소가 없는 방해영역이 나타날 수 있다. 추가적인 염소가 어떤 제한된 값을 넘어 공급되면서 염소 투입량의 증가와 함께 미생물의 대수

**그림 12-13**

**염소 접촉조의 모습.** (a)와(b)흐름 편향 배플을 가진 구불구불한 플러그흐름염소접촉조, (c)둥근 모서리로 된 플러그 흐름 염소 접촉조, 그리고(d)입구에산기기를 가진플러그흐름조

(a)

(b)

(c)

(d)

적 감소가 관찰된다. 만약 20 $\mu$m 이상의 입자가 존재할 경우, 소독곡선은 대수적 형태로 부터 변화되기 시작하고 입자의 미생물 차폐효과로 인한 지연영역(tailing region)이 나 타날 것이다. 지연영역은 보다 엄격한 기준(예, 23 MPN/100 mL)을 달성하려고 할 때 중요하다. 폐수처리수의 염소 소독에 관한 초창기 보고서에서도 지연영역이 규명되었다 는 내용은 흥미롭다(Enslow, 1938). 더욱이 큰 입자들은 탁도에 거의 영향을 미치지 않 기 때문에(2장 참조) 탁도 값이 낮게 측정된 유출수는 소독하는 것이 여전히 어려울 수 있는데 이는 검출되지 않은 큰 입자의 존재로 인한 것이다(Ekster, 2001, 8장의 탁도 논 의내용 참조).

**Collins-Selleck 모델.** 1970년대 초에 Collins는 여러 가지 폐수의 소독에 대한 폭넓은 실험을 하였다(Collins, 1970; Collins and Selleck, 1972). 내용물들이 잘 혼합되는 회분 식 반응조를 사용하여, Collins와 Selleck은 염소로 1차 처리된 처리수에서 대장균의 감 소는 선형 관계가 된다는 것을 log-log 그래프(그림 12-14 참조)의 도시를 통해 알았다. 이러한 결과를 나타내기 위하여 개발된 식은 다음과 같다.

$$\frac{N}{N_o} = \frac{1}{(1 + 0.23\,CT)^3} \tag{12-25}$$

Collins에 의해 개발된 식 (12-25)의 형태는 방해효과와 지연을 설명하고 있음을 유의해 야 한다. Gard(1957), Hom(1972)의 경험적인 모델을 포함하여 많은 다른 모델들이 제 안되었고 이들은 Hass와 Joffe(1994) 그리고 Rennecker 등(1999)에 의해서 나중에 합리 화되었다.

**그림 12–14**

회분식 반응조에서 잔류 염소와 접촉시간(11.5~18°C)의 함수로서 대장균의 생존 (Collins, 1970; Collins and Selleck, 1972)

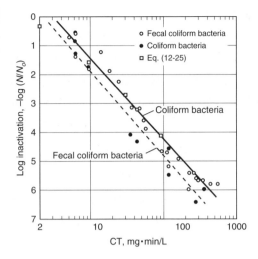

**개선된 Collins-Selleck 모델.** 방해효과와 지연이 관찰되는 2차 처리수의 소독에 대한 원래 Collins 모델은 White(1999)에 의해 다음과 같이 개선되었다.

$$N/N_o = 1 \text{ for } CT < b \tag{12-26}$$

$$N/N_o = [(CT)/b]^{-n} \text{ for } CT > b \tag{12-27}$$

여기서, $C$ = 시간 $t$ 후에 잔류하는 소독제의 농도, mg/L

$T$ = 접촉시간, min

$n$ = 불활성화 곡선의 기울기

$b$ = $N/N_0$ = 1 또는 log $N/N_0$ = 0일 때 $x$축 절편값(그림 12–15 참조)

질산화되지 않은 2차 처리수 내의 대장균과 분변성 대장균에 대한 $n$과 $b$의 일반적인 상수 값은 각각 2.8과 4.0 그리고 2.8과 3.0이다(Roberts et al., 1980: White, 1999; Black & Veatch Corporation, 2010). 그러나 폐수의 화학적 성분과 입자크기 분포의 다양성 때문에 각 폐수별 조건에 따라 상수를 결정하는 것이 바람직하다.

**그림 12–15**

식 (12–27)의 적용을 위한 정의 개요도

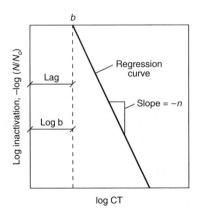

**막 공정으로부터의 유출수.** 이러한 유출수의 가장 중요한 성질은 미생물을 보호할 수 있는 입자를 포함하지 않는다는 것이다. 사용되는 막 공정의 종류(막여과, 정밀여과, 한외여과 또는 역삼투)에 따라서 현존하는 미생물 수가 상당히 감소한 것을 관찰할 것이다(8, 9, 11장에 논의내용 참조). 이러한 유출수에 대해 식 (12-6)에 주어진 Chick-Watson 모델이 또는 방해가 존재할 때는 Collins-Selleck 관계식이 염소를 사용하는 소독공정의 모델로 사용될 수 있다. 일반적으로 방해효과는 RO 유출수의 경우에 특히 감소된다.

## ▶▶ 소독을 위해 요구되는 염소 주입량

소독을 위해 요구되는 화학약품 주입량은 (1) 폐수의 초기 염소요구량, (2) 염소 접촉시간 동안의 사멸에 필요한 허용치, (3) 대상미생물(예: bacteria, virus, protozoan oocysts and cysts)에 대하여 식 (12-27)을 사용하여 구해지는 염소 잔류 농도를 고려하여 구할 수 있다.

**초기 염소요구량.** 초기 요구량을 만족시키기 위한 염소의 양은 물의 성분에 따라 결정된다(그림 12-15 참조). 초기 요구량을 만족시키기 위해 첨가되는 염소는 무기물 때문에 염소이온으로 환원되며 잔류 염소로 측정되지 않는 것에 대해 기억하는 것이 중요하다. 또한 휴믹물질 및 다른 유기물질과 결합된 염소는 효율적이지 않을 수 있지만 그럼에도 불구하고 식 (12-27)의 지연기간인 $b$에 기여하는 잔류 염소가 측정된다.

**염소의 농도 감소.** 염소의 농도가 감소되는 2가지 다른 경우는 (1) 염소 접촉조 내에서 발생하는 염소의 농도 감소와 (2) 유출수의 긴 이송관과 재이용 급수관망에서 발생하는 염소의 농도 감소를 고려하여야 한다.

**염소 접촉조.** 염소 접촉조에서 염소의 농도 감소에 영향을 미치는 주된 인자는 다음과 같다.

1. 용액 내에서 발생하는 화학적 반응
2. 염소 접촉조 벽의 생물막(biofilm)에서 발생하는 반응
3. 개방형 염소 접촉조에서 발생하는 광산화

초기에 발생하는 빠른 반응에 더하여, 처리된 유출수 내의 잔류 유기물질이 염소 접촉조를 통해 이동함에 따라 더 느린 첨가 및 치환반응이 일어날 수 있다(Gang et al, 2003). 첨가 및 치환 화학반응은 염소 접촉조 벽에 부착된 생물막(biofilm)에 의해서도 유사하게 일어날 수 있다. 반응의 성질은 장소에 따른 특이성이 있지만 biofilm은 거의 항상 존재하며, 특히 개방형 염소 접촉조에서 잘 발생된다. 개방형 염소 접촉조에서 UV 산화에 의한 염소의 농도 감소를 줄이기 위해서 여러 가지의 부유형 및 고정형 덮개를 기존의 접촉조에 설치하였다(그림 12-16 참조). 잔류 염소의 일반적인 농도 감소치는 접촉시간이 대략 1시간일 때 약 2~4 mg/L이다.

**이송관 및 급배수관.** 이송관과 급배수관에서 염소의 농도 감소에 영향을 미치는 주된 인자는 다음과 같다.

**그림 12-16**

앞뒤로 덮여 있는 염소 접촉조의 전형적인 예. (a) 비싸지 않은 부유성 방수포로 덮여진 조, 그리고 (b) 특별히 설계된 polypropylene 덮개로 덮여진 조

(a)

(b)

1. 배관 내 흐르는 용액 내에서 발생하는 화학적 반응
2. 배관 벽에 생긴 biofilm에 의해 일어나는 반응
3. 혐기성 조건하에서 방출된 성분이 염소와 일으키는 화학반응

배관 벽의 biofilm이나 액체 내에서 일어나는 반응은 염소 접촉조에 대해 앞에서 서술한 내용과 같다. 긴 이송관 내에서 혐기성 조건이 종종 발생하는데 이때 배관 벽 위의 세균은 유출수 내에 존재하는 황산염을 황화물, 황화수소의 순서로 전환시키며, 만들어진 황화수소는 어떤 염소와도 빠르게 반응한다. 배관 내의 염소의 농도 감소에 대한 모델

**표 12-14**

다양한 폐수에 대하여 소멸인자 0.6[a]을 가진 30분의 접촉시간에서 총 대장균의 소독에 대한 기준을 달성하기 위해 요구되는 전형적인 염소 주입량(별도의 언급이 없으면 결합염소에 기초함)

| 하수의 형태 | 초기 대장균 수, MPN/100 mL | 염소 주입량, mg/L | | | |
| --- | --- | --- | --- | --- | --- |
| | | 유출수 기준, MPN/100 mL | | | |
| | | 1000 | 200 | 23 | ≤2.2 |
| 원수 | $10^7 \sim 10^9$ | 16~30 | | | |
| 1차 처리수 | $10^7 \sim 10^9$ | 8~12 | 18~24 | | |
| 살수여상 유출수 | $10^5 \sim 10^6$ | 6~7.5 | 12~15 | 18~22 | |
| 활성슬러지 유출수 | $10^5 \sim 10^6$ | 5.5~7.5 | 10~13 | 13~17 | |
| 여과된 활성슬러지 유출수 | $10^4 \sim 10^6$ | 2.5~3.5 | 5.5~7.5 | 10~13 | 13~17 |
| 질산화 유출수 | $10^4 \sim 10^6$ | | 0.02~0.03 | 0.03~0.04 | 0.04~0.05 |
| 여과된 질산화 유출수 | $10^4 \sim 10^6$ | | 0.02~0.03 | 0.03~0.04 | 0.04~0.05 |
| 미세여과 유출수 | $10^1 \sim 10^3$ | | | 0.02~0.03 | 0.03~0.04 |
| 역삼투압[b] | ~0 | | | 0 | 0.01~0.02 |
| 부패조 유출수 | $10^7 \sim 10^9$ | 16~30 | 30~60 | | |
| 간헐적 모래여과 유출수 | $10^2 \sim 10^4$ | 1~2 | 2~4 | 3~6 | 4~8 |

[a] 결합염소의 값은 주입 염소가 오직 암모니아와 결합하여 모노클로라민을 형성한다는 가정을 기초로 한다. 보고된 값은 초기 염소 요구량을 만족시키기 위해 요구되는 염소 주입량과 독립적이다.

[b] 유리염소를 기초로 한다. 보고된 값은 분기점에 도달하기 위해 필요한 염소 주입량과 독립적이다(예제 12~3 참조).

링을 다룬 문헌이 많이 있다. 일반적으로 농도 감소공정은 1차 또는 2차 농도 감소 모델들을 사용하여 모형화된다. 가압배관 내에 수리·수질 기동을 모의하기 위하여 U.S. EPA에 의해서 개발된 컴퓨터 모델인 EPANET 2는 배관 내의 염소 농도 감소를 연구하는 데도 사용되어 왔다(Rossman, 2000). 필요한 요구 잔류량을 결정할 때 긴 이송관과 급배수관 내에서 발생하는 농도 감소를 고려하는 것은 매우 중요하다.

필요한 잔류 염소량. 접촉시간이 30분일 때 총 대장균의 여러 가지 잔류 농도기준에 대한 일반적인 염소 주입량은 표 12-14에 정리되어 있다. 이 표에 주어진 주입량은 오직 요구되는 염소 주입량의 초기 산정을 위한 지침으로써 제공하기 위한 것임을 알아야 한다. 위에 언급한 바와 같이 위치 특이성 시험은 적절한 염소 주입량을 설정하기 위하여 필요하며, 염소 주입 요구량의 산정은 예제 12-4에 설명되어 있다.

**예제 12-4** **질산화가 일어나지 않은 2차 처리 유출수에서의 염소요구량 산정** 방해효과가 존재한다고 가정하고 다음의 조건들에서 개선된 Collins-Selleck 모델을 이용하여 질산화가 일어나지 않은 2차 처리 활성슬러지 유출수의 여과수 소독을 위해 필요한 염소요구량을 계산하라. 식 (12-6)을 이용하여 계산된 여름철 결합 잔류량을 검토하라.

1. 소독 전 유출수의 총 대장균 수 = $10^7$/100 mL
2. 요구되는 여름철 유출수의 총 대장균 수 = 23/100 mL
3. 요구되는 겨울철 유출수의 총 대장균 수 = 240/100 mL
4. 직접적인 영향을 미치는 여름 또는 겨울철 유출수의 염소 요구량(지체효과를 포함하지 않음) = 2 mg/L
5. 여름기간(5월~10월) 염소 접촉조의 농도감소에 의한 염소요구량 = 2.5 mg/L
6. 겨울기간(11월~4월) 염소 접촉조의 농도감소에 의한 염소요구량 = 1.5 mg/L
7. 요구되는 염소접촉시간 = 30분
8. 위에서 언급한 계수값 $n$ = 2.8과 $b$ = 4.0 사용
9. 여름조건에 대한 특정 사멸계수 = 0.024 L/mg·min

**풀이**
1. 개선된 Collins-Selleck 모델인 식 (12-27)과 주어진 계수들을 이용하여 요구되는 결합염소 잔류량의 계산

$$N/N_0 = (CT/b)^{-n}$$

a. 여름

$$23/10^6 = (CT/4.0)^{-2.8}$$

$$(23/10^6)^{-\frac{1}{2.8}} = (CT/4.0)$$

$$(45.3)4 = C(30)$$

$$C = 6.0 \text{ mg/L}$$

b. 겨울

$$240/10^6 = (CT/4.0)^{-2.8}$$

$$(19.6)4 = C(30)$$

$$C = 2.6 \text{ mg/L}$$

2. 요구되는 염소량의 산정

    a. 여름

        염소량 = 2.0 mg/L + 2.5 mg/L + 6.0 mg/L = 10.5 mg/L

    b. 겨울

        염소량 = 2.0 mg/L + 1.5 mg/L + 2.6 mg/L = 6.1 mg/L

3. 식 (12-6)을 이용하여 여름에 요구되는 염소 주입량의 결정

    a. 결합 잔류량을 위한 식 (12-6)의 적용

$$\log \frac{N_t}{N_o} = -\Lambda_{\text{base10}}CT = \log \frac{23}{10^6} = (-0.024)(C)(30)$$

$$C = \frac{-4.64}{-(0.024 \text{L/mg·min})(30 \text{min})} = 6.4 \text{ mg/L}$$

    b. 2가지 방법에 의해 계산된 요구 염소량은 유사함

 유출수의 기준농도가 엄격해짐에 따라 염소의 사용량은 많이 증가된다. 위 계산에서 여과 유출수는 염소 접촉조에서 30분 정도 소독이 이루어지는 것으로 가정되었다. 따라서 소독제로서 염소를 사용할 때 플러그 흐름 염소 접촉조의 적절한 설계가 중요하다는 것이 자명하다. 염소 접촉조의 설계는 12-6절에 서술하였다.

## ≫ 소독부산물(DBPs)의 형성과 제어

1970년대 초에 상수의 소독처리 및 맛과 냄새의 제어, 색도 제거 그리고 처리장 내에서 기타 용도로 쓰이는 염소와 오존과 같은 산화제는 바람직하지 않은 소독부산물(DBPs)의 생산을 야기한다는 것을 알게 되었다(Rook,1974 ; Bellar and Lichtenberg, 1974). 염소 소독의 결과로 가장 흔하게 나타나는 고농도 DBPs는 트리할로메탄(THMs)과 할로아세틱산(HAAs)이며, 이들 외에도 여러 가지의 DBPs가 형성되고 있다. 확인된 주요 DBPs는 표 12-15에 나타내었으며, 이와 같이 많은 화합물은 염소, 클로라민, 이산화염소, 오존을 사용하여 소독하는 처리수에서도 역시 확인되고 있다.

**DBPs의 우려.** 긴 기간 동안 만성적으로 공중보건과 환경에 미치는 잠재적인 영향 때문에 DBPs의 생성은 수역으로의 유출수 방류와 직·간접적 음용수 재이용에 있어서 큰 관심의 대상이다. 예를 들어 클로로포름(chloroform)은 잘 알려진 동물 발암물질이고, 많은 haloforms 역시 동물 발암물질인 것으로 인식되고 있다. 또한, 이러한 화합물들의 상당

수는 잠재적인 인간 발암물질로 분류되어지고 있으며 나머지 화합물은 염색체 이상과 정자의 기형을 야기하는 것으로 알려져 있다. 이러한 화합물과 관련하여 불확실하고 잠재적인 공중보건 및 환경의 위험요소를 인식하여 U.S. EPA에서는 먹는 물에서 DBPs의 생성을 제어하기 위한 적극적인 태도를 취하고 있다.

**소독용 염소 사용에 의한 DBPs의 형성.**　트리할로메탄(THMs)과 다른 소독부산물(DBPs)은 휴믹산으로 알려진 유기산과 유기 염소와 연속적이고 복잡한 반응의 결과로 형성된다. 이 반응들은 $CHX_3$로 보통 표시되는 단일탄소 분자를 형성시키는데 여기서 X는 염소이온($Cl^-$) 또는 브롬이온($Br^-$)이다. 예를 들어 클로로포름의 화학식은 $CHCl_3$이다.

　　DBPs의 형성속도는 다음의 다양한 인자에 의해 영향을 받는다.

1. 유기성 전구물질의 존재
2. 유리염소의 농도
3. 브롬이온의 농도
4. pH
5. 온도
6. 시간

　　유기성 전구물질의 농도와 종류는 반응속도와 반응이 종료되는 정도에 영향을 미친다.

　　유리염소의 존재는 THMs 생성반응이 진행되기 위해 필요하다고 생각되었으나 아주 느린 속도이지만 결합염소의 존재하에서도 THMs가 생성될 수 있는 것으로 보인다. 염소와 암모니아, 염소와 휴믹산의 경쟁적인 반응 때문에 초기 혼합은 THMs 형성에 영향을 미칠 수 있다는 것을 아는 것이 중요하다. 브롬화물이 존재할 때 브롬화물은 유리염소에 의해 브롬으로 산화될 수 있다. 브롬이온은 유기성 전구물질과 결합하여 bromodichloromethane, dibromochloromethane, bromoform을 포함하는 THMs를 형성할 수 있다. THMs의 생성속도는 pH 및 온도에 의해 증가하는 것으로 관찰되고 있다. THMs 생성의 부가적인 세부사항은 U.S. EPA(1999a)에 나와 있다.

　　위에서 언급한 바와 같이 클로라민은 줄어든 속도로 THMs를 생성함에도 불구하고 우려되는 다른 DBP 화합물들을 생성할 수 있다. 클로라민을 통해 폐수처리수가 소독될 때 생성되는 다른 DBP는 니트로소아민(nitrosoamines), 염화시안(cyanogen chloride), 브롬화시안(cyanogen bromide)로 알려진 화합물의 한 종류인 N-nitrosodimethylamine (NDMA)를 포함한다(표 12-15 참조). 화합물의 한 종류로서 니트로소아민(nitrosamines)은 가장 강력한 발암물질로 알려진 물질들 중의 하나이다(Snyder, 1995). 이 종류에 속해 있는 화합물은 실험실 동물실험을 실시한 모든 종에서 암을 유발하는 것으로 알려져 왔다.

　　NDMA의 형성을 유발하는 한 가지 경로는 다음의 2가지 반응들을 통해 제시되어 있다.

**표 12-15**

자연수에서 염소, 클로라민, 오존, 이산화염소를 적용하는 동안 형성된다고 알려진 소독부산물[a]

| 구분 | 부산물 | 화학적 원인물질 | 몰분자 구성 |
| --- | --- | --- | --- |
| Trihalomethanes | Chloroform | Chlorine | $CHCl_3$ |
| | Bromodichloromethane | Chlorine | $CHBrCl_2$ |
| | Dibromochloromethane | Chlorine | $CHBr_2Cl$ |
| | Bromoform | Chlorine, ozone | $CHBr_3$ |
| | Dichloroiodomethane | Chlorine | $CHICl_2$ |
| | Chlorodiiodomethane | Chlorine | $CHI_2Cl$ |
| | Bromochloroiodomethane | Chlorine | $CHBrICl$ |
| | Dibromoiodomethane | Chlorine | $CHBr_2I$ |
| | Bromodiiodomethane | Chlorine | $CHBrI_2$ |
| | Triiodomethane | Chlorine | $CHI_3$ |
| Haloacetic acids | Monochloroacetic acid | Chlorine | $CH_2ClCOOH$ |
| | Dichloroacetic acid | Chlorine | $CHCl_2COOH$ |
| | Trichloroacetic acid | Chlorine | $CCl_3COOH$ |
| | Bromochloroacetic acid | Chlorine | $CHBrClCOOH$ |
| | Bromodichloroacetic acid | Chlorine | $CBrCl_2COOH$ |
| | Dibromochloroacetic acid | Chlorine | $CBr_2ClCOOH$ |
| | Monobromoacetic acid | Chlorine | $CH_2BrCOOH$ |
| | Dibromoacetic acid | Chlorine | $CHBr_2COOH$ |
| | Tribromoacetic acid | Chlorine | $CBr_3COOH$ |
| Haloacetonitriles | Trichloroacetonitrile | Chlorine | $CCl_3C{\equiv}N$ |
| | Dichloroacetonitrile | Chlorine | $CHCl_2C{\equiv}N$ |
| | Bromochloroacetonitrile | Chlorine | $CHBrClC{\equiv}N$ |
| | Dibromoacetonitrile | Chlorine | $CHBr_2C{\equiv}N$ |
| Haloketones | 1,1-Dichloroacetone | Chlorine | $CHCl_2COCH_3$ |
| | 1,1,1-Trichloroacetone | Chlorine | $CCl_3COCH_3$ |
| Aldehydes | Formaldehyde | Ozone, chlorine | $HCHO$ |
| | Acetaldehyde | Ozone, chlorine | $CH_3CHO$ |
| | Glyoxal | Ozone, chlorine | $OHCCHO$ |
| | Methyl glyoxal | Ozone, chlorine | $CH_3COCHO$ |
| Aldoketoacids | Glyoxylic acid | Ozone | $OHCCOOH$ |
| | Pyruvic acid | Ozone | $CH_3COCOOH$ |
| | Ketomalonic acid | Ozone | $HOOCCOCOOH$ |
| Carboxylic acids | Formate | Ozone | $HCOO^-$ |
| | Acetate | Ozone | $CH_3COO^-$ |
| | Oxalate | Ozone | $OOCCOO^{2-}$ |
| Oxyhalides | Chlorite | Chlorine dioxide | $ClO_2^-$ |
| | Chlorate | Chlorine dioxide | $ClO_3^-$ |

(계속)

| 표 12−15 (계속) |

| 구분 | 부산물 | 화학적 원인물질 | 몰분자 구성 |
|------|--------|----------------|-------------|
| | Bromate | Ozone | $BrO_3^-$ |
| Nitrosamines | N-nitrosodimethylamine | Chloramines | $(CH_3)_2NNO$ |
| Cyanogen Halides | Cyanogen chloride | Chloramines | ClCN |
| | Cyanogen bromide | Chloramines | BrCN |
| Misc. | Chloral hydrate | Chlorine | $CCl_3CH(OH)_2$ |
| Trihalonitromethanes | Trichloronitromethane (Chloropicrin) | Chlorine | $CCl_3NO_2$ |
| | Bromodichloronitromethane | Chlorine | $CBrCl_2NO_2$ |
| | Dibromochloronitromethane | Chlorine | $CBr_2ClNO_2$ |
| | Tribromonitromethane | Chlorine | $CBr_3NO_2$ |

[a] Krasner (1999), Krasner et al. (2001)과 Thibaud et al. (1987)에서 발췌

$$NO_2^- + HCl \rightarrow HNO_2 + Cl^- \tag{12-28}$$
nitrite hydrochloric nitrous chloride
anion acid acid ion

$$HNO_2 + CH_3-NH-CH_3 \rightarrow CH_3-\overset{\overset{\displaystyle NO}{|}}{N}-CH_3^- \tag{12-29}$$
nitrous acid     dimethylamine     N-nitrosodimethylamine

생물학적 폐수처리시설 내의 우려사항은 처리공정을 거치면서 아질산이온이 새어나갈지도 모른다는 것이다. 아질산이온의 농도는 너무 낮아 기존의 방법으로 측정하기 어려운 반면에 1~2 ng/L 정도의 낮은 NDMA 농도는 측정되고 있으며 지하수 함량에 대한 CDPH 권고 수준은 10 ng/L이다. 제한된 수의 실험 지역들에 기초하면 유입 폐수 내의 NDMA 농도는 6,000 ng/L까지 높게 변화할 수 있다.

위에서 서술한 바와 같이 NDMA의 생성 외에도 소독을 위한 클로라민의 첨가는 소독 전에 처리 유출수 내에 있을 수 있는 어느 NDMA의 농도를 증폭시킬 수 있는 것으로 보인다. 미국 LA의 하수도국에 의해 실행된 일련의 연구(Jalali et al. 2005)에서 클로라민 소독은 처리 유출수 내의 NDMA 농도를 10배 증가시킨다는 것이 발견되었다.

처리 유출수의 소독제로써 클로라민의 사용으로부터 생성되는 다른 DBPs에는 염화시안(cyanogen chloride)과 브롬이온이 있을 때 생기는 브롬화 시안(cyanongen bromide)이 포함된다(표 12−15 참조). 다량의 염화시안은 최루 가스, 훈증제 가스 그리고 다른 화합물들을 형성시키는 시약으로써 사용된다. 몸속에서 염화시안은 시안화물(cyanide)로 쉽게 대사된다. 낮은 농도에서 염화시안의 독성에 관한 정보가 한정적이기 때문에 제시된 지침은 시안화물을 기반으로 한다. 시안 화합물들에 대한 우려 때문에 유출수 배출 허용 기준으로 정하여 그들을 규제하고 있으며, 현재 시안화물에 대한 NPDES의 허용 기준은 5 mg/L이다.

**소독용 염소로 인한 DBPs 형성의 제어.** THMs 및 기타 연관 DBPs의 형성을 제어하는 가장 기본적인 방법은 유리염소의 직접첨가를 피하는 것이다. 현재까지의 근거를 바탕으로 할 때, 클로라민의 사용은 일반적으로 현재의 기준에 비하여 상대적으로 관심을 끌 만한 정도로 THMs 생성을 유발하지는 않는 것으로 보인다. 앞에서 언급된 바와 같이 다른 DBPs도 생성될 수 있으며 이들에 대해서는 다른 이유 때문이지만 동등한 관심사이다(다음 내용 참조). 소독을 위해 클로라민을 쓰려고 한다면 클로라민 용액은 암모니아를 거의 포함하지 않는 수돗물로 준비되어야 함(즉, 처리장 유출수는 사용할 수 없음)을 아는 것은 중요하다. 특정한 유기성 전구물질(휴믹)로 인하여 DBPs의 형성이 문제가 된다면 분기점 염소 소독은 사용될 수 없다. 휴믹물질이 계속 존재한다면 UV와 같은 소독의 대안법을 찾아보는 것이 적당하다.

클로라민 소독(chloramination)은 다른 DBPs를 형성할 수 있기 때문에 클로라민이 사용될 때(잔류 유리염소와 유기물의 직접적인 반응을 줄임으로서) 생성된 DBPs의 제어는 좀 더 어려울 수 있다. NDMA에 관해 생물학적 처리공정의 적당한 제어와 운전이 행해진다면 이러한 화합물의 형성과 증가위험은 감소될 수 있다. 얇은 합성 막을 사용한 역삼투압법에서는 NDMA의 50~70%가 제거된다고 보고되고 있다(11장 참조). 또한 UV 소독이 NDMA의 제어에 효과적인 것으로 증명되었다. NDMA와 염화시안(cyanogen chloride)에 지속적인 관심을 가진 곳에서는 많은 폐수처리 기관이 소독방법을 UV 소독으로 바꾸고 있다. 위에 언급된 LA의 하수도국에 의해 실행된 연구(Jalali et al. 2005)에 의하면 UV 소독 때문에 처리된 유출수에서 총 시안이온($CN^-$) 농도의 변화는 없는 것으로 발견되었다. NDMA의 생성을 제어하기 위한 연속적인 염소 소독의 이용은 12-8절에 다루어진다.

## ❱❱ 염소 소독의 환경적인 영향

폐수처리시설 내 소독제로서 염소와 염소화합물의 사용과 관련된 환경적 영향은 DBPs의 방류와 미생물의 재성장 등이 있다.

**DBPs의 방류.** DBPs의 대부분은 매우 낮은 농도에서 환경적 영향을 야기하는 것으로 알려져 왔다. DBPs와 NDMA와 같은 화합물의 발생은 소독을 위한 유리염소의 지속적인 사용에 대해 심각한 의문을 제기하고 있다.

**미생물의 재성장.** 염소로 소독된 처리 유출수를 탈염소화한 후, 방류한 수역과 이 물을 이송하는 배관에서 미생물이 재성장하는 것은 많은 곳에서 관찰되었다. 수많은 미생물이 소독공정에서 생존한다고 잘 알려져 왔기 때문에 미생물의 재성장은 예기치 못한 일이 아니다. 재성장은 다음의 이유들 때문에 발생된다고 가정되고 있다. (1) 처리된 폐수에 유기물질과 이용 가능한 영양분의 양은 소독 후에 남아 있는 제한된 수의 미생물이 생존하기에 충분하고, (2) 원생동물(protozoa)과 같은 포식자가 없으며, (3) 적당한 온도가 있고, 그리고 (4) 잔류 소독제의 효력이 없다. 재이용수를 이송하기 위해 사용되는 이송관에서의 재성장이 특히 중요하므로 미생물 재성장을 제어하기 위해서 적당한 잔류 염소량(약 1~2 mg/L, 지역조건에 따라 다름)은 배관에 유지되어야 한다(상수 급수관망에서는 일반적인 관행). 매우 긴 배관의 경우에 배관 길이에 따라 중간 지점들에서 염소를 첨가하는 것이 필요할 수도 있다.

## 12-4 이산화염소에 의한 소독

또 다른 소독제인 이산화염소($ClO_2$)는 소독하는 능력에 있어서 염소와 비슷하거나 더 크다. 이산화염소는 염소보다 바이러스를 불활성화하는 데 더 효과가 있어 효과적인 소독제라 알려져 있다. 그 이유에 대한 설명은 이산화염소는 펩톤(peptone, 단백질의 일종)에 의해 흡수되고, 바이러스가 가지고 있는 단백질 막에 이산화염소의 흡수는 바이러스의 불활성화에 원인이 될 수 있다는 것이다. 과거에는 아염소산소듐(sodium chlorite) 공급 원료는 무게기준으로 염소보다 대략 10배 비쌌기 때문에 $ClO_2$는 폐수 소독제로는 많이 고려되지 않았다.

### 》 이산화염소의 특성

이산화염소($ClO_2$)는 대기 중에서 높은 비중을 가지고 있는 불안정한 가스로 불쾌하고 자극적인 냄새와 황적색을 띤다. 이산화염소는 불안정하고 쉽게 분해되기 때문에 보통 현장에서 쓰기 바로 전에 제조한다. 염소용액을 아염소산소듐($NaClO_2$) 용액과 반응시키면 아래의 반응식과 같이 이산화염소가 생성된다.

$$2NaClO_2 + Cl_2 \rightarrow 2ClO_2 + 2NaCl \tag{12-30}$$

식 (12-30)에 의하면 1.34 mg의 아염소산소듐이 0.5 mg의 염소와 반응하여 1.0 mg의 이산화염소를 발생시킨다. 그러나 실제 아염소산소듐의 순도는 약 80% 정도이므로 1.0 mg의 이산화염소를 발생시키기 위해 필요한 일반적인 아염소산은 1.68 mg이 된다. 아염소산소듐은 냉장시설에서 액체의 상태(일반적으로 25% 용액)로 저장되고 판매된다. 이산화염소의 성질은 표 12-3과 표 12-7에 제시되어 있다.

### 》 이산화염소 화학

이산화염소 소독방법에서 실제 사용하는 소독제는 유리 용존 이산화염소($ClO_2$)이다. 현재 물속에서 완전한 이산화염소 화학은 명확하게 증명되지 않고 있다. $ClO_2$는 앞의 절에서 논의된 염소화합물과 유사한 방법으로 가수분해 되지 않기 때문에 $ClO_2$의 산화력은 종종 "동량의 유효염소(*equivalent available chorine*)"로서 언급된다. 동량 유효염소의 정의는 $ClO_2$에 대한 다음의 산화 반쪽작용에 근거하고 있다.

$$ClO_2 + 5e^- + 4H^+ \rightarrow Cl^- + 2H_2O \tag{12-31}$$

식 (12-31)에 보인 것과 같이 염소원자는 이산화염소에서 염소이온으로 변환 시에 5개의 전자 변화가 나타난다. $ClO_2$에서 염소의 무게(중량)가 52.6%이고, 5개 전자 변화가 있기 때문에 동량 유효염소의 함량은 염소와 비교했을 때 263%이다. 그러므로 $ClO_2$는 염소보다 2.63배의 산화력을 가지고 있다. $ClO_2$의 농도는 보통 g/m³으로 나타내어진다.

몰을 기초로 하면, 1몰의 $ClO_2$는 67.45 g과 같고, 이것은 염소 177.25 g (5 × 35.45)과 동일하다. 그러므로 $ClO_2$ 1 $g/m^3$는 염소 2.63 $g/m^3$과 동일하다.

## 》》 소독제로서 이산화염소의 효과

이산화염소는 매우 높은 산화력을 가지고 있어 소독능력이 매우 높다. 이산화염소의 매우 높은 산화력 때문에 가능한 소독 메커니즘은 주요한 효소 시스템의 불활성화 혹은 단백질 합성의 교란을 들 수 있다. 그러나 $ClO_2$가 하수에 첨가되었을 때 식 (12-32)의 반응에 따라 소독능력이 낮은 아염소산염($ClO_2^-$)으로 환원된다는 것을 주의해야 한다. $ClO_2^-$의 생성은 소독제로서 $ClO_2$의 성능과 관련되어 때때로 관찰되어지는 변동성을 설명하는 데 도움이 될 것이다.

$$ClO_2 + e^- \rightarrow ClO_2^- \tag{12-32}$$

표 12-11에 제시된 사멸계수를 토대로 세균에 대한 $ClO_2$의 효과는 유리염소의 효과와 비슷하다. 그러나 각 군락 내의 미생물 군락과 구성원에 따라 몇 가지 차이점이 있다. 이산화염소는 원생동물 낭종의 불활성화에서 유리염소보다 좀 더 효율적인 것으로 나타난다.

## 》》 이산화염소 소독공정 모델링

12-3절에서 논의된 것처럼 염소의 소독공정을 설명하기 위해 개발된 모델은 적절한 주의와 함께 이산화염소 소독공정에도 이용될 수 있다. 염소에서처럼 지연효과와 잔류입자들에 의한 효과가 고려되어야 한다. 더 나아가 (1) 2차 처리 유출수와 여과된 2차 처리 유출수, 그리고 (2) 정밀여과(microfitration)와 역삼투 유출수 사이의 차이점들이 고려되어야 한다.

## 》》 소독에 필요한 이산화염소 주입량

이산화염소 주입 요구량은 pH와 연구대상의 특정 미생물에 의해 달라진다. 이산화염소의 상대적인 CT 값들은 12-2절의 표 12-5에 나타나 있고, 사멸계수는 표 12-11에 나타나 있다. 이산화염소에 관한 문헌자료는 부족하므로 초기 주입량으로 표 12-5에 나타난 값을 사용할 수 있을지라도 적절한 주입량 범위를 설정하기 위해 위치 특이성 시험이 필요하다.

## 》》 부산물 형성과 제어

DBPs의 형성은 이산화염소의 이용 시에 매우 중요한 관심사이다. DBPs의 형성과 제어는 다음 절에서 논의된다.

**이산화염소 소독으로 인한 DBPs의 형성.** 이산화염소가 소독제로서 사용될 때 형성되는 주요 DBPs는 아염소산염($ClO_2^-$)과 염소산염($ClO_3^-$)이며, 이들은 낮은 농도에서 잠재적인 독성을 가지고 있다. 아염소산염 이온의 주요 출처는 이산화염소를 형성하기 위해 사용된 공정과 이산화염소의 환원으로부터이다. 식 (12-30)에 주어진 것처럼 $NaClO_2$의 모두는 염소와 반응하여 $ClO_2$를 형성한다. 불행하게도 간혹 반응하지 않은 아염소산염은 이산화염소 생성반응기에서 빠져나와 처리되는 하수로 유입된다. 아염소산염의 두 번째 출처는 식 (12-32)에서 논의된 것처럼 이산화염소의 환원으로부터이다. 염소산염 이온($ClO_3^-$)은 이산화염소의 산화, 아염소산소듐의 주입 원료내 불순물 및 이산화염소의 광학적 분해로부터 발생될 수 있다.

잔류 이산화염소와 기타 최종 부산물은 잔류 염소보다 더 빠르게 분해된다고 믿어지고 있어 잔류 염소처럼 수생 생태계에 심각한 위협을 주지 않을지도 모른다. 이산화염소 이용에서의 장점은 암모니아와 반응하지 않으므로 잠재적 독성이 있는 DBPs를 생성하지 않는다는 점이다. 또한, 할로겐 유기화합물도 감지할 수 있을 정도까지 만들어지지는 않는 것으로 보고되어 있다.

**이산화염소 소독에 의한 DBPs 형성의 제어.** 아염소산염의 형성은 공급 원료의 주의 깊은 관리 또는 화학양론적인 양 이상으로 염소량을 증가시킴으로서 제어할 수 있다. 아염소산염 이온의 제거를 위한 처리방법으로는 2가 철(ferrous iron) 또는 아황산염을 이용하여 아염소산염 이온을 염소이온으로 환원시키는 방법들이 있다. 입상 활성탄(GAC)도 역시 미량의 아염소산을 흡수하는데 사용될 수 있다. 현재로서는 염소산염 이온을 제거하기 위한 비용 효과적인 방법들이 없다. 염소산염 이온의 제어는 이산화염소 생성을 위해 사용되는 시설의 효과적인 관리에 주로 의존하고 있다(White, 1999; Black and Veatch Corporation, 2010).

## ▶▶ 환경적인 영향

폐수 소독제로서 이산화염소의 사용이 환경에 미치는 영향은 잘 알려지지 않고 있다. 그 영향은 염소 소독에 따른 영향보다는 나쁘지 않다고 알려져 있다. 이산화염소는 염소처럼 물과 반응하거나 해리되지 않지만 이산화염소는 일반적으로 염소와 아염소산소듐으로부터 생성되기 때문에 공정에 따라서 유리염소가 이산화염소용액에 남아서 잔류 염소와 부산물처럼 수생환경에 영향을 끼칠 수 있다.

## 12-5 ▌ 탈염소화

염소 소독은 인간의 건강에 위험을 끼치는 병원균과 기타 유해 미생물의 사멸을 위해 가장 일반적으로 사용되는 방법 중 하나이다. 그러나 앞 절에서 설명되었듯이 폐수 내의 일부 유기물질은 염소 소독공정을 방해한다. 이러한 유기물질은 염소와 반응하여 유출수가 방류되는 수역이나 재이용되는 곳에서 오랜 기간에 걸쳐 유익한 이용에 악영향을 끼치는 독성화합물을 형성할 수 있다. 잠재적으로 독성이 있는 잔류 염소가 환경에 미치는 영향을 최소화하기 위하여 폐수의 탈염소공정은 필요하다. 탈염소는 잔류 염소가 이산화황이나 아황산수소소듐(sodium bisulfite)과 같은 환원제와의 반응을 통해서 혹은 활성탄 흡착에 의해서 수행될 수 있다.

## ▶▶ 이산화황에 의한 처리폐수의 탈염소화

유출수의 독성 감소 또는 암모니아성 질소의 제거를 위한 분기점 염소 주입공정에 이어

마무리 공정으로서 탈염소화를 하는 경우에 이산화황($SO_2$)이 가장 일반적으로 사용된다. 일반적으로 이산화황은 강철용기에 가압상태의 액화가스로서 구입이 가능하다. 이산화황은 보통의 염소 시스템과 매우 유사한 장비로 다루어진다. 물이 첨가되었을 때 이산화황은 아주 강한 환원제인 아황산($H_2SO_3$)을 생성하며, 이어서 아황산은 유리염소 및 결합염소와 반응하는 $HSO_3$로 분리되어 염소이온과 황이온을 생성한다. 이산화황 가스는 식 (12-33)부터 식 (12-38)에 나타난 것처럼 유리염소, 모노클로라민, 디클로라민, 트리클로라민, poly-n-chlorine 화합물을 성공적으로 제거한다.

이산화황과 유리염소와의 반응

$$SO_2 + H_2O \rightarrow H_2SO_3 \tag{12-33}$$

$$\frac{HOCl + H_2SO_3 \rightarrow HCl + H_2SO_4}{SO_2 + HOCl \rightarrow HCl + H_2SO_4} \tag{12-34}$$
$$\tag{12-35}$$

이산화황과 모노클로라민, 디클로라민 및 트리클로라민의 반응

$$NH_2Cl + H_2SO_3 + H_2O \rightarrow NH_4Cl + H_2SO_4 \tag{12-36}$$

$$NHCl_2 + 2H_2SO_3 + 2H_2O \rightarrow NH_4Cl + 2H_2SO_4 + HCl \tag{12-37}$$

$$NCl_3 + 3H_2SO_3 + 3H_2O \rightarrow NH_4Cl + 3H_2SO_4 + 2HCl \tag{12-38}$$

$SO_2$와 염소 사이의 전체 반응[식 (12-35)]에 있어서 잔류 염소의 mg/L당 요구되는 $SO_2$의 화학양론적인 양은 0.903 mg/L이다. 특히 표 12-16에 나타난 바와 같이 1.0 mg/L의 잔류 염소량($Cl_2$로서 표현)의 탈염소화를 위해서 1.0~1.2 mg/L의 이산화황이 필요한 것으로 알려지고 있다. 이산화황과 염소 또는 클로라민의 반응이 거의 순간적으로 일어나기 때문에 접촉시간은 보통 문제가 되지 않으며 접촉조는 사용하지 않는다. 그러나 주입 지점에서 빠르고 확실한 교반이 절대적으로 필요하다.

탈염소화 전에 유리염소와 총 결합잔류 염소의 비에 따라서 탈염소공정이 부분적으로 끝날지 또는 완전히 진행될지를 알 수 있다. 비율이 85% 이하가 되면 많은 유기질소가 존재하여 유리 잔류 염소 공정에 방해를 주는 것으로 가정된다.

대부분의 경우에 결합잔류 염소를 정확하게 감지할 수 있는 기능이 있다면 이산화황

**표 12-16**

잔류 염소 mg/L당 필요한 탈염소 화합물의 양에 관한 전형적인 정보

| 탈염소 화합물 | | | 필요량, mg/(mg/L) 잔류량 | |
|---|---|---|---|---|
| 명칭 | 화학식 | 분자량 | 화학양론적 양 | 사용 범위 |
| Hydrogen peroxide | $H_2O_2$ | 34.01 | 0.48 | 0.5~0.7 |
| Sodium bisulfite | $NaHSO_3$ | 104.06 | 1.46 | 1.5~1.7 |
| Sodium metabisulfite | $Na_2S_2O_5$ | 190.10 | 1.34 | 1.4~1.6 |
| Sodium sulfite | $Na_2SO_3$ | 126.04 | 1.78 | 1.8~2.0 |
| Sodium thiosulfate | $Na_2S_2O_3$ | 112.12 | 0.56 | 0.6~0.9 |
| Sulfur dioxide | $SO_2$ | 64.09 | 0.903 | 1.0~1.2 |

에 의한 탈염소화는 매우 신뢰할 수 있는 공정이다. 이산화황의 지나친 주입은 화학약품의 낭비뿐만 아니라 초과된 이산화항에 의해 산소요구량이 많아지게 되기 때문에 피해야만 한다. 초과한 이산화황과 용존산소 사이의 반응은 상대적으로 느리며 다음 식으로 나타내진다.

$$HSO_3^- + 0.5O_2 \rightarrow SO_4^{2-} + H^+ \tag{12-39}$$

이 반응의 결과로 폐수 중의 용존산소가 감소하게 되고 이로 인하여 BOD와 COD의 측정치가 높아지게 되며, 경우에 따라 pH가 낮아지기도 한다. 탈염소 시설을 적절히 조절하여 운전하면 이와 같은 영향들은 없앨 수 있다.

## 》 소듐 결합 화합물에 의한 처리폐수의 탈염소화

탈염소화를 위해 사용된 소듐 결합 화합물들은 아황산소듐($Na_2SO_3$), 아황산수소소듐($NaHSO_3$), 메타중아황산소듐($Na_2S_2O_5$), 티오황산소듐($Na_2S_2O_3$) 그리고 과산화수소($H_2O_2$)이다. 이 화합물들이 탈염소화를 위해서 사용될 때 다음 반응이 일어난다. 잔류 염소의 mg/L당 필요한 이 화합물들의 화학양론적인 비율은 실제로 사용되는 범위와 함께 표 12−15에 나타나 있다.

**아황산소듐.** 아황산소듐과 유리 잔류 염소 및 모노클로라민으로 표현된 결합잔류 염소와의 반응:

$$Na_2SO_3 + Cl_2 + H_2O \rightarrow Na_2SO_4 + 2HCl \tag{12-40}$$

$$Na_2SO_3 + NH_2Cl + H_2O \rightarrow Na_2SO_4 + Cl^- + NH_4^+ \tag{12-41}$$

**아황산수소소듐.** 아황산수소소듐과 유리 잔류 염소 및 모노클로라민으로 표현된 결합잔류 염소와의 반응:

$$NaHSO_3 + Cl_2 + H_2O \rightarrow NaHSO_4 + 2HCl \tag{12-42}$$

$$NaHSO_3 + NH_2Cl + H_2O \rightarrow NaHSO_4 + Cl^- + NH_4^+ \tag{12-43}$$

**메타중아황산소듐.** 메타중아황산소듐과 유리 잔류 염소 및 모노클로라민으로 표현된 결합잔류 염소와의 반응:

$$Na_2S_2O_5 + Cl_2 + 3H_2O \rightarrow 2NaHSO_4 + 4HCl \tag{12-44}$$

$$Na_2S_2O_5 + 2NH_2Cl + 3H_2O \rightarrow Na_2SO_4 + H_2SO_4 + 2Cl^- + 2NH_4^+ \tag{12-45}$$

**티오황산소듐과 이와 관련된 화합물.** 티오황산소듐($Na_2S_2O_3$)은 분석실험에서 탈염소 환원제로서 자주 사용되지만 실제 크기의 폐수처리시설에서 사용은 다음 이유들 때문에 제한된다. 티오황산소듐과 잔류 염소의 반응이 단계적으로 일어나는 것으로 보이는데 이로 인해 균일한 교반에 문제점이 있다. 티오황산소듐의 잔류 염소 제거효율은 pH의 함수이다(White, 1999). 잔류 염소와의 반응은 단지 pH 2에서 화학양론적이며 폐수 적용 시에 요구되는 예상 주입량은 예측 불가능하다. 표 12−16에 나타난 것과 같이 잔류 염소 mg/L당 티오황산소듐의 화학양론적인 질량비는 0.556이다. 비록 일반적으로 사용되지 않지만 티오황산칼슘($CaS_2O_3$), 아스코르빈산($C_6H_8O_6$) 및 아스코르빈산소듐($C_6H_7NaO_6$)

은 실제 크기의 시설에서 탈질화를 위해 사용된다.

## 과산화수소에 의한 탈염소화

과산화수소($H_2O_2$)도 역시 탈염소화를 위해서 사용된다. 앞에서 언급되었던 이산화황과 소듐 결합 화합물들과 다르게 과산화수소는 유일하게 물에 산소를 더함으로 총 용존 고형물의 증가를 초래하지 않으며 과산화수소에 의한 탈염소화의 반응은 다음과 같다.

$$H_2O_2 + Cl_2 \rightarrow O_2 + 2HCl \tag{12-46}$$

잔류 염소의 mg/L당 요구되는 과산화수소의 화학양론적인 질량비는 0.48 mg/L이다. 과산화수소와 염소화합물 사이의 반응은 매우 빠르기 때문에 다른 비유기화합물 및 유기화합물은 일반적으로 반응을 방해하지 않는다. 최적 pH 범위는 즉시 반응이 일어나는 약 8.5이며 상한치는 없다. 과거에 과산화수소는 취급하기 어렵기 때문에 탈염소화를 위해 사용되지 않았다.

## 활성탄에 의한 탈염소화

결합잔류 염소와 유리 잔류 염소의 모두는 활성탄 반응과 활성탄 흡착으로 제거될 수 있다. 탈염소화를 위해서 활성탄이 사용될 때 염소와 염소화합물이 흡착되는 다음 반응이 일어난다.

유리 잔류 염소의 반응

$$C + 2Cl_2 + 2H_2O \rightarrow 4HCl + CO_2 \tag{12-47}$$

모노클로라민과 디클로라민으로써 표현된 결합잔류 염소와의 반응

$$C + 2NH_2Cl + 2H_2O \rightarrow CO_2 + 2NH_4^+ + 2Cl^- \tag{12-48}$$

$$C + 4NHCl_2 + 2H_2O \rightarrow CO_2 + 2N_2 + 8H^+ + 8Cl^- \tag{12-49}$$

입상 활성탄은 중력식이나 압력식 여과상에서 이용된다. 만약 활성탄이 탈염소화만을 위해 사용된다면 활성탄에 의해 제거되기 쉬운 기타 물질을 제거하기 위한 활성탄 공정을 미리 거쳐야 한다. 유기물 제거를 위해 입상 활성탄이 사용된 처리장에서는 탈염소화를 위하여 동일여상을 사용하거나 별도의 여상이 사용될 수 있다.

입상 활성탄을 칼럼에 넣고 사용하는 것은 매우 효과적이고 믿을 만하다고 입증되었으므로 탈염소화가 필요할 때에는 활성탄을 고려하여야 한다. 그러나 이 방법은 비용이 매우 많이 들기 때문에 탈염소화에 활성탄을 사용하는 것은 유기물질의 고도 제거가 동시에 필요한 경우에 타당하다.

## 이산화염소와 이산화황에 의한 탈염소화

이산화염소로 소독된 폐수의 탈염소화는 이산화황을 이용하여 할 수 있으며 이산화염소 용액에서 발생하는 반응은 다음과 같다.

$$SO_2 + H_2O \rightarrow H_2SO_3 \tag{12-50}$$

$$5H_2SO_3 + 2ClO_2 + H_2O \rightarrow 5H_2SO_4 + 2HCl \tag{12-51}$$

식 (12–51)에 따르면 이산화염소 잔류물($ClO_2$로 표현)의 각 mg당 2.5 mg/L의 이산화황이 필요하다. 실제로는 2.7 mg $SO_2$/mg $ClO_2$기 일반적으로 사용된다.

12-6 **염소화 및 탈염소화시설의 설계**

상수와 폐수에서 염소의 화학적 성질은 소독제로서 염소의 역할에 대한 분석과 함께 앞절에서 다루어졌다. 여러 가지의 목적들을 위한 염소화와 탈염소화시설의 설치에 있어서 중요하게 고려되어야 하는 것은 (1) 염소 주입량의 추정, (2) 적용 흐름도, (3) 주입량 조절, (4) 주입과 초기 교반, (5) 염소 접촉조 설계, (6) 염소 접촉조에 존재하는 수리학적 성능평가, (7) 유출구 제어와 염소 잔류량 측정, (8) 염소 저장시설, (9) 화학약품의 보관과 중화시설, 그리고 (10) 탈염소화시설이다. 이러한 주제들을 다음에서 설명하였다.

**》염소화시설의 용량산정**

염소화시설과 장치의 설계 및 선택을 돕기 위하여 염소와 염소화합물이 적용되는 사용처와 주입량의 범위를 아는 것이 중요하다. 소독을 위한 염소화의 용량은 일반적으로 방류수역을 관할하는 주 또는 다른 규제기관의 특정한 설계 기준에 맞추어 결정된다. 유출수의 잔류량이 규정되어 있거나 대장균의 개수가 제한되어 있는 경우에는 필요 염소 주입량을 결정하기 위해서 현장 실험을 하는 것이 바람직하다. 소독을 위한 전형적인 염소 주입량은 앞에 제시된 표 12–14에 나타나 있다. 소독 이외의 다른 용도로 사용을 위한 전형적인 염소 주입량은 표 12–17에 주어져 있다. 주입량의 범위로 나타낸 것은 폐수의 성

**표 12–17**

폐수 집수와 처리에서 다양한 염소화 적용에 대한 전형적인 주입량

| 적용 | 주입범위, mg/L |
|---|---|
| 집수: | |
| 부식 제어 ($H_2S$) | 2~9[a] |
| 악취 제어 | 2~9[a] |
| 생물막 성장 제어 | 1~10 |
| 처리: | |
| BOD 제거 | 0.5~2[b] |
| 소화조와 임호 프탱크 내 거품 제어 | 2~15 |
| 소화조 상등액 산화 | 20~140 |
| 황산제2철 산화 | –[c] |
| 여상의 파리 제어 | 0.1~0.5 |
| 여상의 연못화 제어 | 1~10 |
| 유부 제거 | 2~10 |
| 슬러지 벌킹 제어 | 1~10 |

[a] $H_2S$ mg/L 당
[b] 감소된 $BOD_5$ mg/L 당
[c] $6FeSO_4 \cdot 7H_2O + 3Cl_2 \rightarrow 2Fe_2(SO_4)_3 + 42H_2O$.

상에 따라 변하기 때문이다. 더 자세한 자료가 없을 때에는 표 12–14와 표 12–17에 주어진 최대값이 염소 주입장치 용량을 결정하는 지표로서 이용될 수 있으며 염소화시설의 용량산정은 예제 12–5에 나타내었다.

---

**예제 12–5**

**염소화 시설의 용량산정** 평균 폐수량이 1,000 m³/d (0.26 Mgal/d)인 처리장의 염소 주입장치 용량을 결정하여라. 처리장의 시간첨두 유량비는 3.0이고, 최대 염소 주입량은 20 mg/L이다.

**풀이**

1. 최대(첨두) 유량에서 염소 주입장치의 용량을 결정한다.

$$Cl_2, kg/d = (20 \text{ g/m}^3)(1000 \text{ m}^3/\text{d})(3)(1 \text{ kg}/10^3 \text{ g})$$

$$= 60 \text{ kg/d}$$

표준크기에서 한 단계 큰 염소 주입기를 사용한다. 한 대의 여분을 포함하여 90 kg/d (200 lb/d) 장치 두 대를 사용한다. 하루 중의 대부분은 최대용량으로 가동되지는 않지만 최대유량 시에도 염소 주입요구량을 만족시킬 수 있어야 한다. 가장 좋은 설계는 여분의 대기용 염소 주입기를 사용할 수 있도록 설계하는 것이다.

2. 평균주입량 10 mg/L를 가정하여 일별 염소소모량을 계산한다.

$$Cl_2, kg/d = (10 \text{ g/m}^3)(1000 \text{ m}^3/\text{d})(1 \text{ kg}/10^3 \text{ g})$$

$$= 10 \text{ kg/d}$$

 염소 주입장치의 용량산정을 결정하고 설계하는 데 최소유량 및 최소주입량의 요구조건을 만족하는가를 고려하는 것도 중요하다. 염소 주입장치에는 이러한 경우에 과다한 염소가 주입되지 않도록 주입량을 줄일 수 있는 장치가 있어야 한다.

---

## ≫ 소독공정흐름도

폐수에 염소, 아염소산, 건조 아염소산칼슘과 이산화염소의 주입을 위해 사용하는 공정흐름도와 장치를 설명하면 다음과 같다.

**염소의 흐름도.**   염소는 기체상태 또는 수용액의 형태로 직접 주입되며 일반적인 염소/이산화황 염소 소독/탈염소화 공정에서의 흐름도는 그림 12–17과 같다. 이 그림에서 보이는 두 개 흐름도의 차이점은 폐수에 염소용액을 넣고 혼합하는 방법이다. 염소는 저장용기로부터 기체나 액체로 배출될 수 있다. 만약 기체로 배출되면 탱크 내의 액체의 기화 때문에 서리가 생겨 가스의 배출속도를 낮추게 되는데 21°C (70°F)에서 68 kg (150 lb)의 용기에서는 18 kg/d (40 lb/d), 1톤의 용기에서는 205 kg/d (450 lb/d)까지 낮아지게 된다. 1톤짜리 용기에서의 염소가스 배출속도의 최대치가 180 kg/d (400 lb/d)를 넘어야 할 경우에는 보통 기화기를 사용한다. 여러 개의 용기를 서로 연결하여 쓰면 180 kg/d (400 lb/d) 이상

**그림 12-17**

**염소 소독/탈염소화의 개략 흐름도.** (a) 염소 주입장치의 사용, 그리고 (b) 분자 염소 증기 유도 시스템의 사용

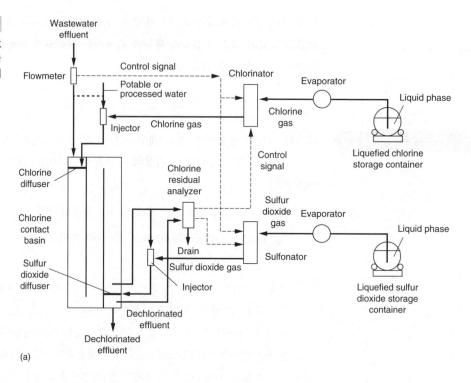

(a)

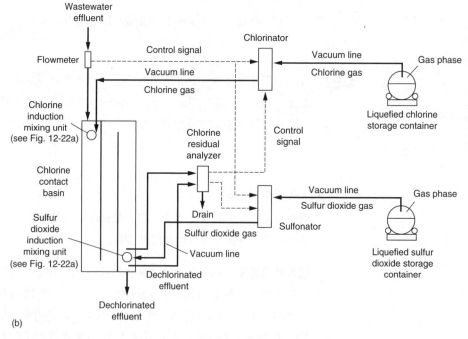

(b)

의 배출속도를 낼 수도 있으나 기화기를 쓰게 되면 공간을 절약할 수 있다. 총 배출속도가 680 kg/d (1500 lb/d)를 넘는 곳에서는 거의 항상 기화기를 사용하고 있다. 염소 기화기의 용량은 1,818~4,545 kg/d (4000~10,000 lb/d)의 범위에서 여러 가지가 존재하고 염소 주입기는 보통 227~4,545 kg/d (500~10,000 lb/d) 사이의 용량이 있다.

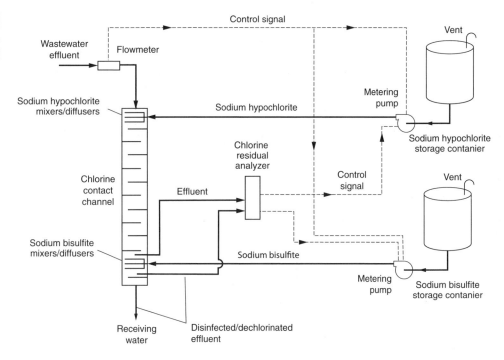

**아염소산소듐 용액에 대한 흐름도.** 전형적인 아염소산소듐/중황산소듐 염소 소독/탈염
소화 공정흐름도는 그림 12-18에 나타나 있다. 소규모 처리시설에서 아염소산소듐 또는
아염소산칼슘을 주입하는 가장 좋은 방법은 저용량 분배펌프를 사용하는 것이다. 일반적
으로 펌프는 450 L/d (120 gal/d)까지의 용량이 있으며, 이보다 작은 값은 조절할 수 있
게 되어 있다. 이보다 큰 용량이나 여러 대를 함께 사용할 수도 있게 만들고 있다. 펌프는
일정 속도로 주입하거나 주입속도를 변화시키기 위한 변속장치 또는 아날로그 신호 장치
를 부착하여 배치할 수 있다. 왕복이동(stroke) 길이도 조절될 수 있다.

**건식 아염소산칼슘 주입 시스템에 대한 흐름도.** 약 400 m³/d ($10^5$ gal/d)까지의 소규모
폐수처리시설에서 건식 아염소산칼슘 정제(tablets)의 형태로 있는 염소가 소독을 위해
사용된다. 두 가지 종류(가압식과 비가압식)의 정제 염소 주입장치들에 대한 도식적인 흐
름도는 본질적으로 동일하며 폐수의 측류(sidestream)가 본류의 주 배출라인으로부터 우
회되어 있고, 비교적 높은 농도의 염소가 측류로 유입되며 염소처리된 측류는 펌프를 이
용하거나(그림 12-19a 참조) 주 배출라인에서의 감압에 의해서(그림 12-19b 참조) 주
배출라인으로 다시 보내진다. 그림 12-19(a)처럼 비가압 정제염소 주입장치에서 측류
는 스크린에 놓인 염소의 표면바닥과 접촉한다. 정제 염소는 비교적 일정한 속도로 용해
토록 설계되어 제한된 양의 염소를 방출한다. 첨가된 염소의 양은 정제염소 주입장치를
통과하는 유량에 좌우된다. 그림 12-19(b)에 나타나 있는 정제염소 주입장치는 가압식
이며 물이 아염소산염 정제 위로 흐를 때 아염소산염이 방출된다. 일반적으로 직경이 75
mm (3 in)의 건식 아염소산칼슘은 65~70%의 이용 가능한 염소를 함유하고 있다. 소규
모 처리시설에서 정제염소의 이용은 염소 주입 실린더를 다룰 때의 위험을 없애주며, 또

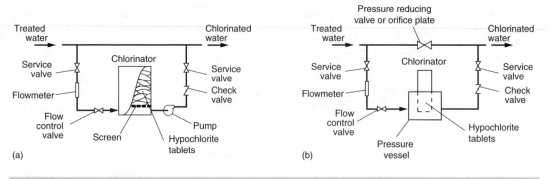

## 그림 12-19

**차아염소산칼슘 정제 염소 주입장치의 개략 흐름도.** (a) 비가압식, 그리고 (b) 가압식

한 움직이는 부분이 없기 때문에 정제염소 주입장치는 유지관리가 간단한다.

**이산화염소의 흐름도.** 현장에서 생산된 이산화염소는 수용액 상태로 존재하게 되는데 이는 전형적인 염소처리 시스템에서 사용되는 것과 동일한 방법이다. 전형적인 이산화염소 주입장치의 공정흐름도는 그림 12-20에 나타나 있다.

## ≫ 주입량 조절

염소 주입량의 조절은 소독 목적에 따라 서로 다른 수많은 방법으로 수행될 수 있으며 주된 조절방법들은 표 12-18에 요약했다. 사용되는 특정한 조절방법은 유입유량 변화, 염소와 반응할 수 있는 산화되지 않은 성분의 존재, 폐수의 pH, 소독을 위해 사용될 염소의

## 그림 12-20

이산화염소 주입을 위한 전형적인 흐름도

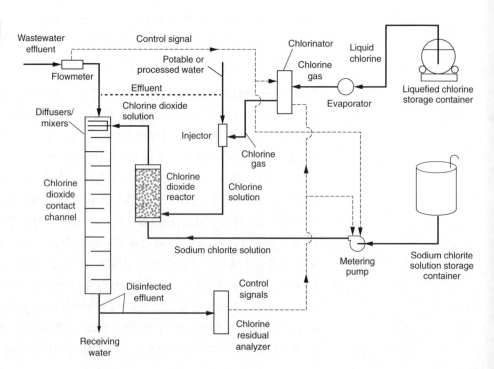

| 조절방법 | 설명 |
|---|---|
| **표 12–18** 소독을 위한 염소 주입 조절에 사용되는 방법[a] | |
| 수동 조절 | 운전자가 알맞은 조건으로 주입률을 변화시키는 곳에서 수동 운전은 염소 주입량을 조절하기 위한 가장 간단한 방법이다. 필요한 주입량은 일반적으로 염소 접촉조 후단에서 유리염소 또는 결합잔류 염소의 측정 그리고 요구 잔류량을 얻기 위한 염소 주입량의 조절을 통해 결정된다. 이 방법의 사용은 소독을 위해 결합염소가 사용되고 유량이 매우 빠르지 않은 경우에 가장 좋으나 유리 잔류 염소가 사용되는 경우에도 이용될 수 있다. |
| 유출수 잔류 염소의 온라인 모니터링을 통한 수동 조절 | 온라인 염소 분석기는 염소 접촉조 처리수 내의 잔류 염소를 모니터하기 위해 사용된다. 염소 주입량은 시설 유량과 잔류 염소 농도에 기초하여 수동으로 조절된다. 이 방법의 사용은 소독을 위해 결합염소가 사용되고 유량이 매우 빠르지 않은 경우에 가장 좋다. |
| 유량 보측(pacing) | 염소 유량은 전자 계량기, 파샬플룸 또는 유량관과 같은 주 계량기에 의해 측정되는 폐수 유량에 비례하여 보측된다. 이 방법의 사용은 소독을 위해 결합염소가 사용되는 경우에 가장 좋다. |
| 유출수 잔류 염소의 온라인 모니터링을 통한 유량 보측 | 염소 주입량은 잔류 염소와 폐수유량의 자동 측정에 의해서 조절된다. 신호 송신기와 기록기를 가진 자동 분석기가 필요하다. |
| 유출수 잔류 염소의 온라인 모니터링과 자동 조절을 통한 유량 보측 | 폐수 유량기 및 잔류 모니터에서 얻어진 조절신호는 염소 주입량과 잔류량의 더 정밀한 조절을 위해 공급된 programmable logic controller (PLC)에 전달된다. 이 방법의 사용은 소독을 위해 결합염소가 사용되는 경우에 가장 좋다. |
| 초기 요구량을 자동 조절한 후에 유출수 잔류 염소의 온라인 모니터링을 통한 유량 보측 | 이 방법에서 잔류 염소는 염소 주입점으로부터 짧은 거리의 하류에서 측정된다. 폐수 유량기 및 잔류 염소 모니터의 측정값은 염소 주입량과 잔류량의 더 정밀한 조절을 위해 공급된 PLC에 전달된다. 이 방법의 사용은 소독을 위해 결합염소가 사용되는 경우에 가장 좋다. |
| 유리 및 결합 잔류 염소의 온라인 모니터링과 자동 조절을 통한 유량 보측 | 이 접근법은 분기점에 도달하기 위해 다양한 잔류 암모니아가 제거되어야 하는 곳에서 유리염소로 질산화 유출수의 소독을 위해 사용된다. 폐수 유량기 자료와 함께 유리 및 결합 잔류 염소 농도가 염소 주입량의 더 정밀한 조절을 위해 공급된 PLC에 전달된다. 이 접근법은 PLC가 유리 및 결합 잔류 염소의 차이를 확인하고 분기점 반응의 화학성질에 대한 자료를 해석할 수 있도록 프로그램을 작성해야만 하기 때문에 복잡하다. 현재 현장에서 이용할 수 있는 온라인 암모니아 분석기의 자료는 유리염소에 의한 소독공정을 최적화하기 위해 PLC에 공급되는 다른 자료들과 함께 통합될 수도 있다. |

[a] Kobylinski et al. (2006)

형태가 결합 혹은 유리염소 또는 이들 두 가지의 혼합인지에 의해 달라진다. 소독제로서 결합염소를 사용하는 것이 주입량을 조절하는 데 가장 쉽다. 또한 주입량의 조절은 짧은 기간 집중호우를 발생시키는 기후 변화의 영향 때문에 더 어려워졌다. 우수 유출수의 증가로 인해 몇몇 처리장들에서 관찰되는 유입유량의 급속한 증가는 2차 침전조, 특히 얕은 조가 사용되는 곳에서 고형물을 월류(씻겨 나감)시키고, 이때 플록입자에 묻혀 있는 미생물을 소독하기 위해서는 더 많은 염소요구량이 필요하기 때문에 주입량 조절이 더욱 복잡해진다. 수동 운전으로 일정한 CT 값을 유지하는 것은 불가능하지는 않지만 어려우며, 이러한 잔류 농도의 변동성 때문에 수동 시스템은 약품 사용량이 더 많아진다. 만약 자동운전의 이점들이 현실화된다면 자동운전 시스템으로 온라인 분석기를 유지하는 기술은 매우 중요하다(Hurst, 2012).

소독제로서 유리염소가 사용되는 곳에서 소독해야 하는 방류수 내에 잔류 암모니아의 농도 변화가 얼마간 있다면 주입량의 조절은 특히 더 어렵다. 표 12-18에 나타난 바와 같이 유리염소와 결합염소의 잔류 농도 측정 장치들은 PLC (programmable logic controller)에 입력정보를 공급하기 위해 유입폐수 유량계의 측정값과 함께 사용될 수 있다. PLC 그리고 잔류 염소 측정장치 및 유량 측정 장치의 입력정보와 함께 사용될 수 있는 온라인 암모니아 분석기들은 더 최근에 개발되었다. 이러한 3가지의 현장 감시장치들은 소독공정의 완전한 자동제어를 위해서 관리되어야 하기 때문에 이들은 적절한 인력을 갖춘 대규모 폐수처리장에서 효과적으로 쓰이고 있다.

## ≫ 주입과 초기 혼합

12-3절에서 지적했듯이 다른 조건이 같다면 세균을 효율적으로 죽이는 데 관련된 가장 기본적인 인자는 폐수와 염소의 효율적인 혼합, 접촉시간, 잔류 염소량이다. 게다가 염소 용액은 플라스틱 파이프에 구멍을 뚫어 폐수의 흐름 가운데 균등히 분포되도록 할 수 있는 산기기를 통해 주입되는 경우가 가끔 있다(그림 12-21 참조). 불행히도 염소 주입을

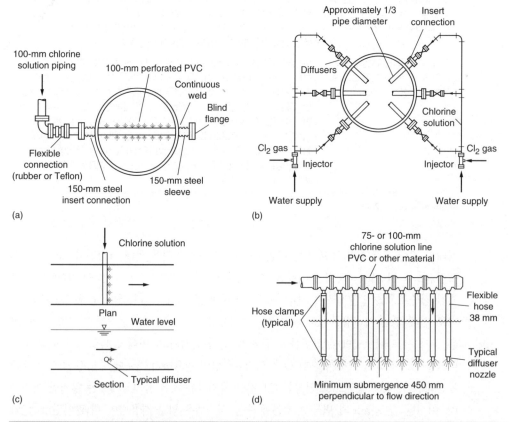

### 그림 12-21

**염소용액을 주입하는 데 사용되는 전형적인 산기기.** (a) 파이프 산기기, (b) 대형 관용 산기기 시스템, (c) 수로를 가로지른 단일 산기기, 그리고 (d) 개방수로용 걸이형 노즐식 염소 산기기(White, 1999)

위한 산기기의 사용은 효과가 뛰어난 것은 아니며 소독 시스템 운전의 최적화를 위하여 염소는 가능하면 빠르게 주입되고 혼합되어야 한다(이상적으로 1초 이하). 1초 이내의 염소 혼합에 이용되는 기술은 5장에서 소개되고 논의되었다. 폐수에 염소를 1초 이내로 혼합하기 위한 효과적인 장치는 그림 12-22에 나타나 있다.

## 염소 접촉조 설계

염소 접촉조의 기본적인 설계 목적은 일정 비율의 유량이 설계 접촉시간 동안 염소 접촉조에 남아 효과적인 소독을 하는 데 있다. 접촉시간은 규제기관에 의해서 정해지는데 30~120분 정도의 범위(최대 유량에서 15~90분 정도)가 일반적이다. 예를 들어, 캘리포니아주의 공공보건국(CDPH)에서는 물의 재사용을 위해 최대 유량에서 90분의 접촉시간과 450 mg·min/L의 CT 값을 요구한다. 염소 접촉조의 설계 및 분석과 관련하여 논의될 사항으로는 (1) 접촉조의 배열, (2) 배플과 회전식 날개의 사용, (3) 염소 접촉조의 수, (4) 염소 접촉조 내의 고형물의 침전, (5) 고형물 이송속도, 그리고 (6) 소독성능을 예측하기 위한 절차 등이 있다.

**염소 접촉조의 배열.** 지정된 시간 동안에 일정비율의 유량을 염소 접촉조에 유지시키기 위한 가장 일반적인 접촉조는 긴 plug-flow, around-the-end 형태의 접촉조(그림 12-13 참조) 혹은 일련의 상호 연결 접촉조 또는 개별 접촉조 등이 있다. 공간을 줄이기 위

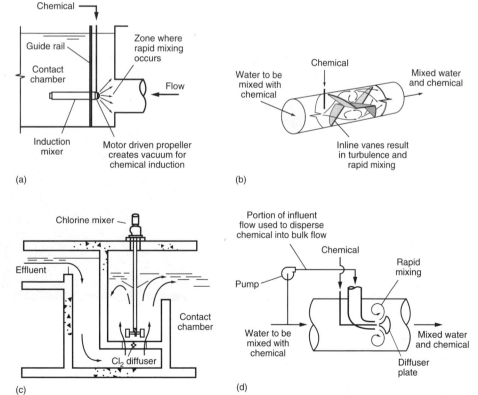

**그림 12-22**

**염소 주입을 위한 전형적인 교반기.** (a) Water Champ® 유도 교반기는 조의 모양에 따라 그림과 같이 수평 또는 수직으로 설치, (b) inline 고정 교반기, (c) inline 터빈 교반기, 그리고 (d) inline 인젝터 펌프식. 염소 교반기의 추가적인 형태는 5장의 그림 5-12 참조

해 구불구불하게 만든(즉, 앞뒤로 구부러진) 플러그 흐름 염소 접촉조를 설계할 때는 수리학적 체류시간을 줄이는 사영역(dead zone)의 발생을 제거하기 위해 특별한 주의가 필요하다. 장폭비(L/W)는 최소 20:1(바람직한 값은 40:1)이며 아래에서 설명하듯이 배플이나 회전식 날개의 이용은 단락류(short circuiting)를 최소화하는 데 도움이 될 것이다. 일부 소규모 처리장에서는 대형 폐수관을 염소 접촉조로 건설하는 곳도 있다. 확산에 기본을 둔 염소 접촉조의 설계는 예제 12-6에 나타나 있다.

**배플과 편향 유도 날개의 이용.** 염소 접촉조의 수리학적인 성능을 향상시키기 위해서 수중 배플(submerged baffles), 편향 유도 날개(deflection guide vanes)를 이용하거나 두 개를 혼합하는 것이 일반적인 방법이다. 수중 배플은 온도구배에 의해 야기되는 밀도류를 없애거나 단회로의 제한, 수리학적 사영역의 영향을 최소화하기 위해서 이용된다. 배플의 위치는 염소 접촉조의 성능을 향상시키기 위해 중요하다. 배플의 일반적인 위치와 추적자 반응 곡선에 미치는 영향은 그림 12-23에 나타나 있다. 이 그림에 보이는 것처럼 배플을 추가할 경우 염소 접촉조의 수리학적 성능이 상당히 향상된다는 것을 알 수 있으며 수중 배플에서 노출된 부분은 흐르는 단면적의 약 6~10%까지 다양하다. 각 배플을

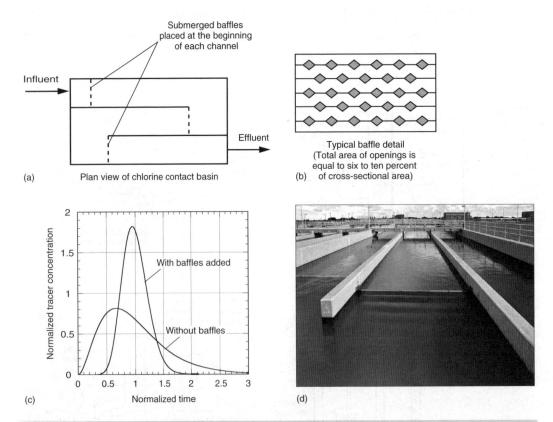

**그림 12-23**

**염소 접촉조 내의 배플.** (a) 각 수로(또는 통로)의 시작에서 염소 접촉조 내의 배플 위치는 매우 중요하다(Crittenden et al., 2005), (b) 전형적 침수 배플의 세부사항(Kawamura, 2000), (c) 염소 접촉조에서 배플 사용의 효과, 그리고 (d) 각 수로의 시작과 끝 부분에 놓이는 목재 침수 배플을 가진 염소 접촉조의 형태

통과할 때의 손실수두는 다음 식과 같다.

$$h = \frac{1}{2g}\left(\frac{Q}{Cna}\right)^2 \tag{12-52}$$

여기서, $h$ = 손실수두, m

　　　　$g$ = 중력가속도, 9.81 m/s²

　　　　$Q$ = 염소 접촉조 통과 유량, m³/s

　　　　$C$ = 배출계수, 단위 없음(일반적으로 약 0.8)

　　　　$n$ = 수로(opening)의 수

　　　　$a$ = 개개의 수로 면적, m²

　　염소 접촉조의 운전을 개선하기 위해 이용되는 다른 방법은 편향 유도 날개(deflec-tion guide vanes)를 추가시키는 것으로 그림 12-24에 나타나 있다. 날개의 위치와 수는 염소 접촉조의 배치에 따라 다르며 2개 혹은 3개의 유도 날개가 가장 일반적으로 사용된다. 유도 날개를 추가할 때의 이로운 영향은 Louie와 Fohrman(1968)에 의해 폭넓게 연구되었다.

**염소 접촉조의 수.** 대부분의 처리장에서는 시설유지관리 및 청소를 용이하게 하기 위한 예비시설과 신뢰성을 만족시키기 위하여 2개 혹은 그 이상의 접촉조를 두어야 한다. 또한 배수 및 스컴 제거를 대비한 설비도 포함해야 한다. 축적된 고형물의 제거를 위해서 조를 배수하는 대신 진공형 청소장비가 이용될 수도 있다. 유지관리를 위해 접촉조를 우회시키는 것은 규제기관의 승인이 있을 때 드문 경우에만 사용된다. 설계 최대 유량 시에 폐수배출관거에서의 통과시간이 필요 접촉시간 이상으로 충분하면 규제기관의 승인이 있는 경우에 염소 접촉조를 생략할 수도 있다.

**염소 접촉조에서의 침전.** 염소 접촉조에서 종종 일어나는 문제는 가벼운 응집물질의 생성과 침전이다. 플럭의 생성과 침전의 주된 이유는 염소 투입에 따른 pH의 저하이다. .

---

**그림 12-24**

**흐름 편향 날개가 있는 염소 접촉조.** (a) 개략도, 그리고 (b) 유도날개로 설계된 빈 염소 접촉조의 사진

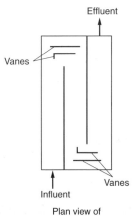

Effluent

Vanes

Influent

Vanes

Plan view of chlorine contact basin

(a)

(b)

문제가 가장 흔히 발생하는 곳은 alum이 별도의 침전 공정에서 인 제거를 위해 사용되거나 유출수 여과 전에 투입된다. Alum 투입공정에서는 높은 pH와 부직절한 초기 혼합 등의 다양한 이유 때문에 침전과 여과로 제거할 수 있는 플럭 생성에 첨가된 모든 alum이 완전히 반응하는 것은 아니다. 그러나 염소의 투입에 의해 염소 접촉조에서 pH가 낮아질 때 반응하지 않은 alum이 플럭을 생성할 수도 있다. 그러므로 신뢰도의 충족과 예비시설에 대한 요구에 더하여 한 개의 조는 플럭 제거를 위해 운전을 중단할 수 있도록 최소한 두 개의 염소 접촉조가 필요하다.

**고형물 이송속도.** 염소 접촉조에서 최소 유량에서의 수평속도는 이론적으로 바닥을 훑으며(scour) 흐르거나 또는 침전지를 빠져나온 슬러지 고형물의 침전을 제한할 정도로 충분해야 한다. 과도한 침전을 제한하기 위해 수평속도는 적어도 2~4.5 m/min (6.5~15 ft/min)이 되어야 한다. 일반적으로 이 속도를 달성하고 동시에 완전한 확산을 유지시키는 것은 어렵다(예제 12-6 참조). 만약 플럭 입자가 생성된다면 염소 접촉조에서 슬러지 층의 생성을 피하기는 불가능할 것이며 이것은 적어도 2개의 염소 접촉조가 사용되어야 하는 또 다른 이유이다.

---

**예제 12-6**

**확산에 기초한 염소 접촉조 설계** 평균 유량 4,000 m³/d인 2차 처리 유출수에 대한 염소 접촉조를 설계하라. 추정된 첨두 인자는 2.0이다. 첨두 유량에서 체류시간은 90분으로 한다. 최소 두 개의 평행한 수로가 여분의 예비실험을 위해 사용되어야 한다. 염소 접촉조의 용량은 첨두 유량에서 약 0.015의 확산 수를 달성할 만큼은 되어야 한다. 또한 평균 유량에서의 확산 수를 확인하라. 만약에 이른 아침 시간의 최저 유량이 평균 유량의 33%로 떨어진다면 무슨 일이 일어날까? 계산결과에 기초한다면 염소 접촉조의 정기적인 배수나 청소를 요구하는 고형물의 침전이 일어날 것인가?

**풀이**

1. 염소 접촉조를 위한 실험 단면 용량을 가정하고 이에 해당하는 길이와 유속을 결정하라.

   a. 가정된 크기

   폭 = 2 m (6.6 ft)

   깊이 = 3 m (9.8 ft)

   평행한 수로의 수 = 2

   b. 요구되는 길이를 결정하라.

   $$L = \frac{(2 \times 4000 \text{ m}^3/\text{d})}{(2)(1440 \text{ min/d})} \times (90 \text{ min}) \times \frac{1}{(2 \text{ m} \times 3 \text{ m})} = 41.7 \text{ m}$$

   c. 첨두 유량에서의 속도를 확인하라

   $$v = \frac{(2 \times 4000 \text{ m}^3/\text{d})}{(2)(1440 \text{ min/d})(60 \text{ s/min})} \times \frac{1}{(2 \text{ m} \times 3 \text{ m})} = 0.0077 \text{ m/s}$$

2. 염소 접촉조에 대한 부록 I의 식 (I-14)을 사용하여 확산계수와 부록 I의 식 (I-9)을 사용하여 확산 수를 결정하라.

    a. 확산계수를 계산하라.

$$D = 1.01\nu N_R^{0.875}$$

    i. 레이놀드 수를 계산하라.

$$N_R = 4\upsilon R/\nu$$

$\upsilon$ = 개수로에서의 속도, m/s

$R$ = 수리반경 = 면적/윤변, m

$\upsilon = 0.0077$ m/s

$\nu = 1.003 \times 10^{-6}$ m²/s (at 20°C)

$$N_R = \frac{(4)(0.0077 \text{ m/s})[(2.0 \text{ m} \times 3.0 \text{ m})/(2 \times 3.0 \text{ m} + 2.0 \text{ m})]}{(1.003 \times 10^{-6} \text{ m}^2/\text{s})} = 23,031$$

    ii. 확산계수를 결정하라.

$$D = 1.01(1.003 \times 10^{-6} \text{ m}^2/\text{s})(23,031)^{0.875} = 6.648 \times 10^{-3} \text{ m}^2/\text{s}$$

    b. 확산 수를 결정하라.

$$d = \frac{D}{\upsilon L} = \frac{Dt}{L^2} = \frac{(0.006648 \text{ m}^2/\text{s})(90 \text{ min} \times 60 \text{ s/min})}{(41.4 \text{ m}^2)} = 0.0206$$

그 계산된 확산 수(0.0206)는 요구되는 값(0.015)보다 더 크기 때문에 다른 대안 설계가 평가되어야 한다. 대안이 되는 설계로서 세 개의 평행한 수로가 사용될 것이라고 가정하라.

3. 염소 접촉조를 위한 새로운 실험 단면 용량을 가정하고 새로운 길이와 유속을 결정하라.

    a. 가정된 크기

폭 = 1.25 m (5.0 ft)

깊이 = 3 m (9.8 ft)

평행한 수로의 수 = 3

    b. 요구되는 길이를 결정하라.

$$L = \frac{(2 \times 4000 \text{ m}^3/\text{d})}{(3)(1440 \text{ min/d})} \times (90 \text{ min}) \times \frac{1}{(1.25 \text{ m} \times 3 \text{ m})} = 44.4 \text{ m}$$

    c. 첨두 유량에서 속도를 확인하라.

$$\upsilon = \frac{(2 \times 4000 \text{ m}^3/\text{d})}{(3)(1440 \text{ min/d})(60 \text{ s/min})} \times \frac{1}{(1.25 \text{ m} \times 3 \text{ m})} = 0.0082 \text{ m/s}$$

4. 염소 접촉조에 대한 확산 수를 확인하라.

a. 레이놀드 수를 계산하라.

$$N_R = 4vR/v$$

$$v = 0.0082 \text{ m/s}$$

$$v = 1.003 \times 10^{-6} \text{ m}^2/\text{s (at 20°C)}$$

$$N_R = \frac{(4)(0.0082 \text{ m/s})[(1.25 \text{ m} \times 3.0 \text{ m})/(2 \times 3.0 \text{ m} + 1.25 \text{ m})]}{(1.003 \times 10^{-6} \text{ m}^2/\text{s})} = 16,915$$

b. 확산계수를 계산하라.

$$D = 1.01vN_R^{0.875}$$

$$D = 1.01 \times 1.003 \times 10^{-6} \text{ m}^2/\text{s} \ (16,915)^{0.875} = 5.07 \times 10^{-3} \text{ m}^2/\text{s}$$

c. 확산 수를 결정하라.

$$d = \frac{D}{vL} = \frac{Dt}{L^2} = \frac{(0.00507 \text{ m}^2/\text{s})(90 \text{ min} \times 60 \text{ s/min})}{(44.4 \text{ m})^2} = 0.0139$$

계산된 확산 수(0.0139)가 요구되는 값(0.015)보다 작기 때문에 제안된 설계는 만족스럽다.

5. 평균 유량에서의 염소 접촉조의 확산 수를 확인하라.

a. 레이놀드 수를 계산하라.

$$N_R = 4vR/v$$

$$v = 0.0082/2 = 0.0041 \text{ m/s}$$

$$v = 1.003 \times 10^{-6} \text{ m}^2/\text{s}$$

$$N_R = \frac{(4)(0.0041 \text{ m/s})[(1.25 \text{ m} \times 3.0 \text{ m})/(2 \times 3.0 \text{ m} + 1.25 \text{ m})]}{(1.003 \times 10^{-6} \text{ m}^2/\text{s})} = 8,457$$

b. 확산계수를 결정하라.

$$D = 1.01 \ vN_R^{0.875}$$

$$D = 1.01(1.003 \times 10^{-6} \text{ m}^2/\text{s})(8,457)^{0.875} = 2.77 \times 10^{-3} \text{ m}^2/\text{s}$$

c. 확산 수를 결정하라.

$$d = \frac{D}{vL} = \frac{Dt}{L^2} = \frac{(0.00277 \text{ m}^2/\text{s})(90 \text{ min} \times 60 \text{ s/min})}{(44.4 \text{ m})^2} = 0.0076$$

d. 속도가 평균 유량에서 감소되기 때문에 계산된 확산 수는 연속인 약 66개의 완전혼합 반응조와 같다.

 모든 유량 조건하에서 잔류되는 부유 고형물의 침전은 염소 접촉조에서 예상될 수 있는데 특히 낮은 유량에서 더욱 그러하다.

**소독성능의 예측.** 염소 접촉조의 설계에서 매우 중요한 논점은 제안된 설계의 성능을 예측할 수 있게 하는 것이다. 성능을 예측하기 위해서 유체의 어느 주어진 분자가 반응조에서 머무는 실제 체류시간을 알아야 한다. 반응조에서의 체류시간은 1장과 부록 I에서 개발된 분석 기술을 사용하여 결정될 수 있다. 부록 I로부터 적절한 식들은 편의를 위해 여기에 반복되었다. 부록 I에서 Peclet 수를 2로 나눈 수는 직렬 반응조(reactors in series)의 수와 같다는 것을 알 수 있었다. 확산 수와 Peclet 수의 관계는 다음과 같다.

$$P_e = \frac{vL}{D} = \frac{1}{d} \tag{12-53}$$

직렬 완전혼합 반응조의 경우에 정규화된 체류시간 분포 곡선인 $E(\theta)$(여기서, $\theta = t/\tau$로 $n$개의 직렬 반응조에서 동등함)는 부록 I에 주어진 것처럼 아래와 같다.

$$E(\theta) = \frac{n}{(n-1)!}(n\theta)^{n-1}e^{-n\theta} \tag{12-54}$$

더불어 시간 $t$보다 더 짧게 반응조에 머물렀던 추적자의 분율 $F(\theta)$은 다음과 같이 정의된다.

$$F(\theta) = \int_0^t E(\theta)d\theta \approx \sum_0^n E(\theta)\Delta\theta \tag{12-55}$$

따라서 확산 수가 주어지는 경우, Peclet 수는 확산 수를 달성하기 위해 요구되는 직렬 완전혼합 반응조의 수를 결정하는 데 사용될 수 있다. 직렬 반응조의 수를 알 수 있다면 $E(\theta)$의 값은 정규화된 체류시간인 $\theta$의 다양한 값에 대해 계산될 수 있다. $F(\theta)$의 값은 $E(\theta)$ 곡선 아래의 면적을 더함으로서 결정될 수 있다. 이제 시간 $\theta$보다 짧게 반응조에서 머물렀던 유량을 결정할 수 있다. 회분식 반응조를 사용하여 얻어진 정규화된 미생물 불활성화 반응용량(dose reponse)자료와 정규화된 체류시간을 결부시키면 염소 접촉조의 실제 성능은 SFM (segregated flow model)으로 알려진 모델을 사용하여 추정될 수 있다.

SFM 방법에서는 염소 접촉조에 들어오는 유체의 각 부분이 다른 구획의 유체와 서로 상호작용하지 않는 것으로 가정한다. 따라서 유체의 각 구획은 위에서 주어진 $E(\theta)$의 값에 의해 정의된 체류시간을 각각 가지는 이상 플러그 흐름 반응조(plug flow reactor)에서와 같이 흐른다. 물의 각 구획에서 일어나는 미생물의 감소는 그 구획이 염소 접촉조에서 머무르는 시간에 대하여 추정될 수 있다. 전체 성능은 물의 각 구획에서의 결과를 합해서 얻는다. SFM 방법은 다음과 같이 기술될 수 있다(Fogler, 1999).

서술 형태:

$$\begin{pmatrix} \text{염소 접촉조에서} \\ \text{시간 } t\text{와 } t+dt \\ \text{사이에서 머무는} \\ \text{미생물 수의 평균 감소} \end{pmatrix} = \begin{pmatrix} \text{회분식 실험결과에} \\ \text{기초한 염소 접촉조에서} \\ \text{시간 } t\text{를 보낸 후의} \\ \text{남은 미생물의 수} \end{pmatrix} \times \begin{pmatrix} \text{시간 } t\text{와 } t+dt \\ \text{사이에서 염소} \\ \text{접촉조에 남아 있는} \\ \text{유량의 분율} \end{pmatrix} \tag{12-56}$$

식의 형태:

$$d\overline{N} = N(\theta) \times E(\theta)dt \tag{12-57}$$

$N(\theta)$와 $E(\theta)$의 값은 회분식 소독과 추적자 또는 확산 예측 연구로부터 얻어진다. 수리학적 성능과 SFM을 이용한 유출수에서의 미생물 농도를 예측하기 위한 위 식의 적용은 예제 12−6의 자료를 이용하여 예제 12−7에 나타나 있다.

**예제 12 − 7**    **염소 접촉조의 성능 계산** 예제 12−6으로부터의 설계자료를 사용하여 수리학적 체류시간 동안에 염소 접촉조에 머무르지 않는 유량의 분율을 결정하라. 유량의 90%가 설계 체류시간 동안 염소 접촉조에 머물도록 하기 위해서 접촉조가 얼마나 더 커야 하는지 결정하라. 장 바이러스에 대한 다음의 정규화된 반응용량자료를 사용하고 90 min의 $\tau$ 값과 6 mg/L의 결합잔류 염소에 기초하여 유출수에 남아 있는 미생물의 잔존 수를 바탕으로 염소 접촉조의 성능을 계산하라.

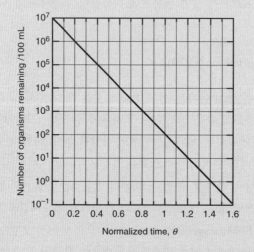

**풀이**    1. 직렬 완전혼합 반응조의 수를 결정하라.

a. 예제 12−6으로부터 첨두 유량에서 확산 수

$d = 0.0139$

b. 직렬 완전혼합 반응조의 수

$$\text{직렬 반응조의 수} = \frac{P_e}{2} = \frac{1}{2d} = \frac{1}{(2)\,0.0139} = 36$$

2. 수리학적 체류시간보다 짧게 염소 접촉조에 머물었던 유량의 퍼센트를 결정하라.

a.    위에 주어진 데이터와 식 (12−54)를 이용하여 $E(\theta)$를 계산하고 하나의 계산표를 만들어라.

$$E(\theta) = \frac{n}{(n-1)!}(n\theta)^{n-1}e^{-n\theta}$$

| 정규화된 시간, $\theta$ | $E(\theta)$ | $E(\theta) \times \Delta\theta \times 100$ | 누적 퍼센트, $F(\theta)$ |
|---|---|---|---|
| 0.30 | 0.0000 | 0.000 | 0.000 |
| 0.40 | 0.0000 | 0.000 | 0.001 |
| 0.50 | 0.0046 | 0.046 | 0.046 |
| 0.60 | 0.0737 | 0.737 | 0.783 |
| 0.70 | 0.4435 | 4.435 | 5.218 |
| 0.80 | 1.2976 | 12.976 | 18.193 |
| 0.90 | 2.1878 | 21.878 | 40.071 |
| 1.00 | 2.3881 | 23.881 | 63.952 |
| 1.10 | 1.8337 | 18.337 | 82.290 |
| 1.20 | 1.0531 | 10.531 | 92.821 |
| 1.30 | 0.4739 | 4.739 | 97.560 |
| 1.40 | 0.1733 | 1.733 | 99.293 |
| 1.50 | 0.0530 | 0.530 | 99.822 |
| 1.60 | 0.0139 | 0.139 | 99.961 |
| 1.70 | 0.0031 | 0.032 | 99.992 |
| 1.80 | 0.0006 | 0.006 | 99.999 |
| 1.90 | 0.0001 | 0.001 | 100.00 |
| 2.00 | 0.0000 | 0.000 | 100.00 |

b. 위의 표로부터 누적 퍼센트 값을 그려라.

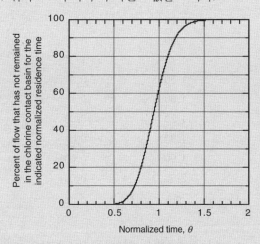

c. 위에 주어진 계산표와 그래프로부터 수리학적 체류시간(HRT)보다 짧게 접촉조
   에 머물렀던 유량은 64%이다. 유량의 약 18%는 실제 체류시간의 80%가 경과
   하기 전에 염소 접촉조를 떠났다.

3. 유량의 90%가 충분한 체류시간 동안 염소 접촉조에 남아 있기 위하여 필요한 염소
   접촉조의 용량이 얼마인지 계산하라. 위의 그래프로부터 염소 접촉조의 용량은 1.2
   배 만큼 증가되어야 한다.

4. 염소 접촉조의 성능을 계산하라.

a. 염소 접촉조로부터 유출수에 남아 있는 미생물의 수를 정하기 위한 계산표를 만들어라. 위에 기술된 SFM 방법이 분석을 위해 사용될 것이다. 사실상, 각 시간 간격에서의 유량은 반응조에 머물렀던 시간 간격 동안 회분식 반응조로 취급되었다. 액체의 주어진 부피에서 이에 해당하는 미생물이 제거되는 농도는 정규화된 반응용량 곡선으로부터 얻어진다. SFM의 적용을 위한 계산표는 아래에 주어졌다. 칸 (1)과 (3)의 자료는 위의 2단계에서 마련된 계산표로부터의 값이며 그 중 칸 (3)의 자료는 100으로 나눈 값이다. 칸 (2)의 자료는 염소 접촉조의 설계를 위한 공정 분석의 일환으로 얻어진 정규화된 반응용량 곡선으로부터 얻어졌다.

| 정규화된 시간, $\theta$ (1) | 남아 있는 미생물의 수, $N(\theta)$ MPN/100 mL (2) | $E(\theta) \times \Delta\theta$ (3) | 유출수에 남아 있는 미생물의 수, $\Delta N$ MPN/100 mL (4) |
|---|---|---|---|
| 0.30 | 300,000 | 0.00000 | 0.000 |
| 0.40 | 100,000 | 0.00000 | 0.00 |
| 0.50 | 30,000 | 0.00046 | 13.80 |
| 0.60 | 10,000 | 0.00737 | 73.70 |
| 0.70 | 3,000 | 0.04435 | 133.05 |
| 0.80 | 1,000 | 0.12976 | 129.76 |
| 0.90 | 300 | 0.21878 | 65.63 |
| 1.00 | 100 | 0.23881 | 23.88 |
| 1.10 | 30 | 0.18337 | 5.50 |
| 1.20 | 10 | 0.10531 | 1.05 |
| 1.30 | 3 | 0.04739 | 0.14 |
| 1.40 | 1 | 0.01733 | 0.02 |
| 1.50 | 0.3 | 0.00530 | – |
| 1.60 | 0.1 | 0.00139 | – |
| 1.70 | 0.03 | 0.00032 | – |
| 1.80 | 0.01 | 0.00006 | – |
| 1.90 | 0.003 | 0.00001 | – |
| 2.00 | 0.001 | 0.00000 | |
| Total | | 1.00000 | 446.53 |

b. 염소 접촉조에서 배출되는 유출수 내의 미생물 수

미생물 수 $N = \sum[N(\theta) \times E(\theta)\Delta\theta] = 447$ MPN/100 mL

c. 만약 접촉조가 이상적인 플러그 흐름 반응조와 같았다고 가정하면 그 유출수 내의 미생물 농도는 100 MPN/100 mL로 추산될 수 있을 것이다.

 유출수 내의 미생물 수를 구하기 위하여 사용되는 SFM 방법은 염소 접촉조와 같이 확산 정도가 변하는 반응조의 성능 계산에 유용하다.

## 》 기존 염소 접촉조의 수리학적 성능평가

염소 접촉조가 제대로 작동하는가를 확신하기 위하여 대부분의 정부기관들은 염소 접촉조의 수리학적 특성을 결정하기 위한 추적자(tracer) 연구를 실시할 것을 요구한다. 사용되는 추적자의 종류와 추적자 실험의 방법 그리고 추적자 자료의 분석은 아래에 간략히 소개되어진다.

**추적자로서 사용되는 화합물.**  다양한 종류의 추적자들이 폐수 소독에 이용되는 반응기들의 수리학적 평가를 위해서 일반적으로 사용된다. 추적자 연구에서 성공적으로 사용되고 있는 염료와 화학약품은 콩고 레드(congo red), 플루오레세인(fluorescein), 플루오규산($H_2SiF_6$) 육플루오르 가스($SF_6$), 염화리튬(LiCl), 폰타실 브릴리언트 핑크 B (Pontacyl Briliant Pink B), 칼륨, 과망간산칼륨, 로다민 WT (rohdamin WT), 불화소듐(NaF), 염화소듐(NaCl)이 포함된다. 폰타실 브릴리언트 핑크 B(로다민 WT의 산 형태)는 표면에 쉽게 흡착되지 않기 때문에 확산연구를 수행하는 데 특히 유용하다. 플루오레세인, 로다민 WT, 폰타실 브릴리언트 핑크 B는 flourometer를 사용하면 매우 낮은 농도에서도 검출될 수 있기 때문에 폐수처리시설들의 성능을 평가하는 데 가장 일반적으로 사용되는 염료 추적자들이다.

**추적자 시험방법.**  추적자 연구에서 추적자(가장 일반적으로 염료)는 반응기 또는 반응조의 유입 말단에 주입(그림 12-25 참조)된다. 유출수의 끝에 추적자의 도착 시간은 주어진 시간 간격마다 순차적으로 여러 개의 시료들을 수집하거나 기계적 방법들을 사용하여 추적자의 도달을 측정함으로서 산출된다(그림 12-25 참조). 추적자를 주입하기 위해 사용되는 방법은 반응조의 유출 말단에서 관찰되는 반응 유형을 좌우한다. 추적자의 주입방법은 2가지가 사용되며, 유입부와 유출부의 배치에 따라 주입방법이 선택된다. 첫 번째 방법은 추적자의 일정량을 짧은 시간 동안에 한꺼번에 주입한다. 초기 혼합은 일반적

**그림 12-25**

추적자의 순간적인 단일 주입 또는 연속적 단계 주입을 사용하는 플러그 흐름 염소 접촉조의 추적자 연구수행을 위한 개략 설치도. 추적자 반응 곡선은 연속적으로 측정된다.

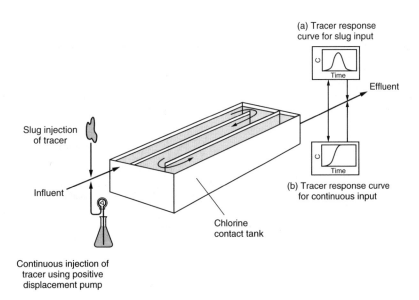

으로 고정 혼합기 또는 보조 혼합기에 의해 이루어진다. 추적자를 한꺼번에 순간적으로 주입하는 첫 번째 방법에서는 반응기의 체류시간에 비해 짧은 초기 혼합시간을 유지하는 것이 중요하며, 그 측정된 산출량은 그림 12-25(a)에 묘사된 바와 같다. 두 번째 방법에서 추적자의 연속적인 단계 주입은 방류수 농도가 유입수 농도와 같아질 때까지 진행되며, 그 측정된 산출량은 그림 12-25(b)에 보이는 바와 같다. 또한 염료 주입이 중단되고 반응기 내의 염료가 세척되어 빠져나간 후에 또 다른 반응 곡선이 측정될 수 있다는 것에도 주의해야 한다.

**추적자 시험 반응 곡선의 분석.** 추적자의 순간 또는 연속 주입을 사용할 때 측정되는 추적자 반응 곡선은 각각 C(농도대 시간)와 F(반응기에 남아 있는 추적자의 분율대 시간) 곡선으로 알려져 있다. 남아 있는 분율은 추적자의 단계 주입에 의해 반응기로부터 대체된 물의 부피에 기초한다. 3가지의 다른 염료 추적자 시험들의 일반화된 결과는 그림 12-26에 나타내었다. 이 그림에 보인 바와 같이 3개 조들의 각자는 단락(short circuiting)의 양을 다르게 함에 영향을 받는다. 최소 20:1(가급적 40:1)의 장폭비(L/W)와 배플 및 유도 날개의 사용은 단락류를 최소화하는 데 도움을 준다. 일부 작은 시설에서는 큰 직경의 하수관을 염소 접촉조로 건설하는 경우도 있다. 구불구불한 염소 접촉조의 수리학적 효율성을 향상시키기 위하여 수중 배플을 사용하는 이점은 그림 12-23에 나타나 있다.

  그림 12-25와 12-26에 나타난 바와 같이 추적자 곡선은 염소 접촉조의 수리학적 효율성을 평가하기 위해서 사용된다. 염소 접촉조의 수리학적 효율성을 평가하기 위하여 사용되는 매개변수들은 표 12-19에 요약하였고 그림 12-27에 나타나 있다. 앞서 언급한 바와 같이 CT의 상관관계로 접촉시간을 규정하기 위하여 평균, modal(최대 농도 출현, 그림 12-27 참조), $t_{10}$의 시간들이 사용되고 있다. 추적자 반응 곡선의 분석은 예제 12-8에 나타나 있으며, 이에 관한 추가적인 세부사항은 부록 I과 Crittenden et al. (2012)에 수록되어 있다.

**그림 12-26**

동일한 수리학적 체류시간을 가진 3개의 다른 조들에서 전형적인 염소 접촉조 추적자 반응 곡선. 단락류의 정도는 추적자 곡선의 모양에 의해 명확히 나타난다.

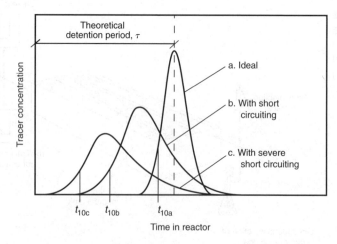

**그림 12-27**

농도 대 시간의 추적자 반응 곡선의 분석에 사용된 매개변수들을 위한 정의 개요도

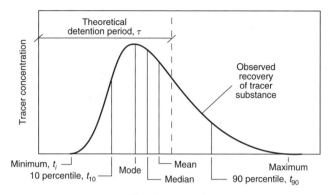

**표 12-19**

염소 접촉조의 수리학적 성능을 서술하기 위해 사용되는 다양한 용어

| 용어 | 설명 |
|---|---|
| $\tau$ | 이론적 수리학적 체류시간($V$, 체적/$Q$, 유량) |
| $t_i$ | 추적자가 처음 나타난 시간 |
| $t_p$ | 추적자의 최대 농도가 관찰되는 시간(mode) |
| $t_g$ | 체류시간 분포 곡선의 중심에 도달하는 평균 시간(RTD) (부록, H 참조) |
| $t_{10}, t_{50}, t_{90}$ | 추적자의 10, 50, 90%가 반응기를 통과하는 시간 |
| $t_{90}/t_{10}$ | Morrill 분산지수, MDI(Morrill, 1932) |
| 1/MDI | Morrill에 의해 정의된 체적효율 |
| $t_i/\tau$ | 단락(short circuiting) 지수. 이상적인 플러그 흐름 반응기에서 그 비율은 1이고 혼합률이 증가함에 따라 0에 접근함 |
| $t_p/\tau$ | Modal(최대 농도 출현) 체류시간 지수. 그 비율은 플러그 흐름 반응기에서 1에 접근하고 완전혼합 반응조에서는 0으로 접근함. 이 비율이 1보다 크거나 작을 경우 반응기의 유량 분산은 일정하지 않음을 나타냄 |
| $t_g/\tau$ | 평균 체류시간 지수. 그 비율이 1인 경우 모든 용적을 사용하고 있음을 나타냄. 그 비율이 1보다 크거나 작을 경우 유량분포가 일정하지 않음을 나타냄 |
| $t_{50}/\tau$ | 평균 체류시간 지수. $t_{50}/\tau$ 비율은 RTD 곡선의 편향성 측정임. $t_{50}/\tau$ 의 값이 1보다 작을 경우 RTD 곡선은 왼쪽으로 편향됨. 비슷하게 1보다 클 경우 RTD 곡선은 오른쪽으로 편향함 |
| $t/\tau = \theta$ | 표준 RTD 곡선이 만들어지는 데 사용되는 표준시간 |
| $\tau_{\Delta c} \approx \dfrac{\sum t_i C_i \Delta t_i}{\sum C_i \Delta t_i}$ | 평균 수리학적 체류시간, $\tau$를 결정하기 위한 식. 만약 농도대 시간의 추적자 반응 곡선이 순차적인 이산시간(discrete time) 단계 측정들에 의해 정의된다면 $t_i$는 $i$번째 측정일 때 시간이고 $C_i$는 그 때의 농도이며 $\Delta t_i$는 $C_i$에 관한 증분시간임 |
| $\sigma_{\Delta c}^2 \approx \dfrac{\sum t_i^2 C_i \Delta t_i}{\sum C_i \Delta t_i} - (\tau_{\Delta c})^2$ | 이산시간 단계 측정 구간으로 정의된 농도대 시간의 추적자 반응 곡선에 대한 분산량을 결정하기 위해 사용되는 식 |

[a] Adapted from Morrill (1932), Fair and Geyer (1954), and U.S. EPA (1986).

예제 12-8 **기존 염소 접촉조에 대한 추적자 데이터의 분석** 다음의 추적자 데이터는 염소 접촉조의 추적자 시험을 통해 수집되었다. 추적자 시험을 하는 동안에 탱크 방류구에서 측정된 총 잔류 염소는 4.0 mg/L였다. 이러한 데이터를 사용하여 평균 수리학적 체류시간(HRT), 분산량, $t_{10}$ 시간을 결정하라. 평균 HRT와 $t_{10}$ 시간에 상응하는 CT 값을 결정하라. 더욱이 염소 접촉조의 성능을 평가하기 위해서 표 12-19에 정의된 바와 같이 Morrill 분산지수(MDI)와 이에 상응하는 체적 효율성(1/MDI)을 결정하라.

| 시간, min | 지표물질 농도 $\mu g$ | 시간, min | 지표물질 농도, $\mu g$ |
|---|---|---|---|
| 0.0 | 0.0000 | 144 | 9.333 |
| 16 | 0.000 | 152 | 16.167 |
| 40 | 0.000 | 160 | 20.778 |
| 56 | 0.000 | 168 | 19.944 |
| 72 | 0.000 | 176 | 14.111 |
| 88 | 0.000 | 184 | 8.056 |
| 96 | 0.056 | 192 | 4.333 |
| 104 | 0.333 | 200 | 1.556 |
| 112 | 0.556 | 208 | 0.889 |
| 120 | 0.833 | 216 | 0.278 |
| 128 | 1.278 | 224 | 0.000 |
| 136 | 3.722 | | |

풀이  1. 표 12-19에 주어진 식을 이용하여 추적자 반응 데이터에 대한 평균 수리학적 체류시간과 분산량을 결정하라.

 a. 요구되는 계산표를 만들어라. 아래 주어진 계산표를 만들 때 체류시간과 이에 상응하는 분산량을 계산하기 위하여 사용된 식의 분자와 분모 내에 모두 나타내었기 때문에 $\Delta t$ 값은 생략되었다.

| 시간, $t$ min | 농도, C $\mu g$ | $t \times C$ | $t^2 \times C$ | 누적 농도, $\mu g$ | 누적 퍼센트 |
|---|---|---|---|---|---|
| 88 | 0.000 | 0.000 | 0 | | |
| 96 | 0.056 | 5.338 | 512.41 | 0.05 | 0.05 |
| 104 | 0.333 | 34.663 | 3604.97 | 0.39[a] | 0.38[b] |
| 112 | 0.556 | 62.227 | 6969.45 | 0.94 | 0.92 |
| 120 | 0.833 | 99.996 | 11,999.52 | 1.78 | 1.74 |
| 128 | 1.278 | 163.558 | 20,935.48 | 3.06 | 2.99 |
| 136 | 3.722 | 506.219 | 68,845.81 | 6.78 | 6.63 |
| 144 | 9.333 | 1343.995 | 193,535.31 | 16.11 | 15.75 |
| 152 | 16.167 | 2457.384 | 373,522.37 | 32.28 | 31.58 |
| 160 | 20.778 | 3324.480 | 531,916.80 | 53.06 | 51.91 |
| 168 | 19.944 | 3350.592 | 562,899.46 | 73.00 | 71.41 |

계속

| 시간, $t$ min | 농도, C $\mu g$ | $t \times C$ | $t^2 \times C$ | 누적 농도, $\mu g$ | 누적 퍼센트 |
|---|---|---|---|---|---|
| 176 | 14.111 | 2483.536 | 437,102.34 | 87.11 | 85.22 |
| 184 | 8.056 | 1482.230 | 272,730.39 | 95.17 | 93.10 |
| 192 | 4.333 | 831.994 | 159,742.77 | 99.50 | 97.34 |
| 200 | 1.556 | 311.120 | 62,224.00 | 101.06 | 98.87 |
| 208 | 0.889 | 184.891 | 38,457.37 | 101.94 | 99.73 |
| 216 | 0.278 | 60.005 | 12,961.04 | 102.22 | 100.00 |
| 224 | 0.000 | 0.000 | | | |
| Total | 102.222 | 16,702.229 | 2,757,959.48 | | |

$^a$ 0.056 + 0.333 = 0.39.

$^b$ (0.39/102.222) × 100 = 0.38.

b. 평균 수리학적 체류시간을 결정하라.

$$\tau_{\Delta c} = \frac{\sum t_i C_i \Delta t_i}{\sum C_i \Delta t_i} = \frac{16,702.23}{102.22} = 163.4 \text{ min} = 2.7 \text{ h}$$

c. 분산량을 결정하라.

$$\sigma_{\Delta c}^2 = \frac{\sum t_i^2 C_i \Delta t_i}{\sum C_i \Delta t_i} - (\tau_{\Delta c})^2 = \frac{2,757,959.48}{102.22} - (163.4)^2 = 280.5 \text{ min}^2$$

$$\sigma_{\Delta c} = 16.7 \text{ min}$$

d. 누적 퍼센트 값을 사용하여 $t_{10}$ 시간을 결정하라. 짧은 시간 간격 때문에 선형보간법 방법이 사용될 수 있다.

$$(15.75\% - 6.63\%)/(144 \text{ min} - 136 \text{ min}) = 1.14\%/\text{min}$$

$$t_{10} = 136 + (10\% - 6.63\%)/ (1.14\%/\text{min}) = 139.0 \text{ min}$$

e. 추적자 곡선에서 평균 수리학적 체류시간과 $t_{10}$ 시간을 확인하라.

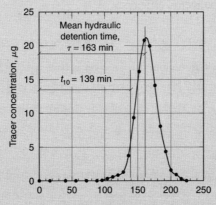

2. 아래의 시간을 얻기 위해 사용될 수 있는 또 다른 기법은 누적 농도 데이터를 log 확률 종이에 도표로 그리는 것이다. 이와 같은 도표는 MDI를 결정하는 데도 역시

유용하다. 요구되는 도표는 아래에 주어졌다.

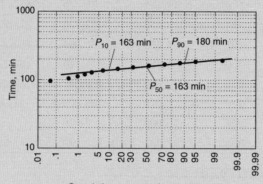

Cumulative concentration percentage

평균 수리학적 체류시간과 $t_{10}$ 시간은 위의 도표로부터 직접 읽는다.

$t_{50} = 163$ min

$t_{10} = 139$ min

3. 위의 풀이 1에서 결정된 평균 HRT와 $t_{10}$ 시간에 상응하는 CT 값을 결정하라.

CT (modal) = (4.0 mg/L)(163.4 min) = 654 mg·min/L

CT ($t_{10}$) = (4.0 mg/L)(139 min) = 556 mg·min/L

4. 표 12-19에서 주어진 수식과 위의 풀이 2에서 주어진 도표의 값을 사용하여 MDI 와 이에 상응하는 체적 효율성을 결정하라.

a. Morrill 분산지수

Morrill Dispersion Index, MDI $= \dfrac{P_{90}}{P_{10}} = \dfrac{180}{139} = 1.30$

b. 이에 상응하는 염소 접촉조에 대한 체적 효율성

Volumetric efficiency, % $= \dfrac{1}{\text{MDI}} = \dfrac{1}{1.3} \times 100 = 77\%$

 풀이 1에서 계산된 분산량은 염소 접촉조에서 분산을 평가하는데 유용하다(부록 Ⅰ의 예제 I-1 참조-Crittenden, 2012). 최대 농도와 $t_{10}$ 시간들을 기초로 하는 CT 값은 캘리포니아에서 요구되는 CT 값인 450 mg·min/L를 초과했다. 만약 추적자 곡선이 매우 편향된다면 특히 $t_{10}$이 사용될 때 효과적인 소독이 가능하지 않을 수 있다는 것을 아는 것이 중요하다. 따라서 플러그 흐름에 가깝게 작동되도록 염소 접촉조를 설계하는 것은 상당히 중요하다. MDI 값(1.30)은 낮은 분산에 대한 염소 접촉조의 주요 특성이다. 2.0 이하의 MDI 값은 효과적인 설계로써 U.S. EPA에 의해 설정되어 있다(U.S. EPA, 1986). 이와 비슷하게 측방 분산의 적은 양과 함께 거의 이상적인 플러그 흐름에 가까워지면 체적 효율성은 높아진다.

## ➤➤ 배출구 제어 및 잔류 염소 측정

염소 접촉조의 출구에서 유량은 V-notch, 직사각형 웨어 또는 파샬 플룸(Parshall flume)을 이용하여 측정할 수 있다. 유속에 정비례하여 실시되는 염소화 제어장치는 이러한 계량기나 주공정의 유량계를 이용하여 조작된다. 염소 접촉조의 최종적인 성공 여부는 시료를 채취하여 잔류 염소와 대장균의 MPN 또는 지표 미생물(indicator organism)과의 상호관계에 대한 분석에 의하여 결정된다. 잔류 염소를 사용하여 염소 살균기를 제어할 때 잔류 염소 시료 펌프는 급속혼합이 이루어진 이후의 접촉조의 첫 통과 부분 앞단에 위치해야 하며, 이는 초기 요구량을 만족하기 위한 시간을 확보하기 위함이다. 잔류 염소 측정은 규제기관의 규제 내용을 확실히 실행하기 위해 염소 접촉조 출구에서 행해져야 한다. 별도의 염소 접촉조가 제공되지 않고 배출수 이송관이 접촉을 위해 사용된다면 이론적인 체류시간을 갖는 지점에서 시료를 채취하고 잔류 염소를 측정할 수 있다. 이어서 시료는 탈염소화된 후 표준 실험 절차에 의해 세균을 분석한다.

## ➤➤ 염소 저장 설비

염소의 저장과 취급설비는 염소 협회(Chlorine Institute)에 의해 개발된 자료의 도움으로 설계할 수 있다. 비록 염소 취급 설비를 설계하기 위한 모든 안전 장치와 예방조치가 언급하기엔 너무 많지만 기본적인 사항들은 다음과 같다.

1. 염소가스는 독성이 있고 부식성이 매우 강하다. 염소가스는 공기보다 더 무겁기 때문에 바닥 높이에서 적절한 환기 장치가 제공되어야 한다. 환기 설비는 시간당 적어도 60회 환기 능력이 있어야 한다.

2. 염소 저장고와 염소 주입 설비실은 처리장의 다른 부분으로부터 떨어져 있어야 하며 외부로부터만 접근할 수 있어야 한다. 그 설비실에 들어가기 전에는 새는 곳을 확인하기 위해 창문이 보이는 고정된 유리가 내부 벽에 달려 있어야 한다. 송풍기 조절은 장치실의 입구에 위치해야 한다. 방독 마스크는 쉽게 접근할 수 있으면서 보호된 장소에 위치시켜야 한다.

3. 저울과 염소화 장비가 있는 구역의 온도는 얼지 않도록 조절해야 한다.

4. 건조한 염소액체와 가스는 검은색 강철 배관으로 이송되어질 수 있지만 염소용액은 부식성이 높아 규격(schedule) 80 PVC (polyvinylchloride) 배관을 이용하여 이송하여야 한다.

5. 적절한 용량의 예비 실린더가 있어야 한다. 저장량은 사용되는 양과 공급의 의존도에 기초하여야 한다. 사용 중인 실린더를 저울로 측정하여 손실된 무게가 염소 투입량으로 기록된다.

6. 염소 실린더는 가득찬 실린더의 과열을 막기 위해 따뜻한 기후에서 직사광선으로부터 보호되어야 한다.

7. 더 큰 시스템에서는 잔류 염소 분석 장치가 염소의 과소투여 혹은 과다투여를 막기 위한 관리 목적으로 제공되어야 한다.

8. 염소 저장과 투여 설비는 화재의 위험으로부터 보호되어야 한다. 더불어 염소 누설 탐지 장치가 제공되고 경보 장치와 연결되어야 한다.

## ▶ 화학약품 격납시설

1991년에 International Conference of Building Officials이 조항 80 [Uniform Fire Code (UFC)의 유해물질]을 수정했으며 수정내용은 광범위했고 다양한 논점을 다루었다. 새로운 조항은 인체나 재산에 분명한 위험이 있다고 판정되면 새로운 설비뿐 아니라 오래된 설비에도 적용된다. 아래 분야에 포함된 새로운 조항은 염소화에 사용되는 화학물질에 적용된다: I 일반 조항, II 위험도에 의한 분류, III 보관조건, IV 분배, 사용 및 취급. 폐수의 소독에 사용되는 유해물질의 분류는 표 12-20에 요약되어 있다. 보관조건에는 유출 조절과 격납, 환기, 처리 그리고 저장을 위한 항목이 포함되고 누출되는 염소와 이산화황 가스의 중화를 위해 일반적으로 부식용액으로 사용하는 비상 세척 시스템도 필요하다. 보관조건에 포함된 많은 사항들이 분배 및 사용과 취급에도 적용된다. 유해물질 취급법, 예비전력 확보, 보안, 그리고 경보 장치가 부가적인 항목에 들어 있다. 새로운 설비의 설계와 현존하는 설비의 보수 시에 새로운 UFC 규정을 재검토하는 것이 대단히 중요하다. 더욱이 U.S. EPA뿐 아니라 OSHA와 같은 많은 주들에서 공식적인 위험평가, 방출 시나리오에 대한 공기분산 모델링 및 비상 대응책을 요구하는 화학적 안전규칙을 시행하고 있다.

## ▶ 탈염소화시설

염소처리된 배출수의 탈염소화는 가장 일반적으로 이산화황을 사용하여 수행된다. 잔존 유기물제거를 위해 입상 활성탄을 사용하는 곳에서는 활성탄이 염소처리된 유출수의 탈염소화를 위해서도 사용될 수 있다.

**이산화황.** 이산화황 탈염소처리 시스템의 중요한 요소는 이산화황 저장용기, 저울, 이산화황 공급 장치(sulfonators), 용액 주입기, 산기관, 혼화조, 그리고 연결배관 등이다. 많은 양의 $SO_2$가 필요한 시설에서는 21°C에서 240 kN/m² (70°F에서 35 lb$_f$/in²)인 낮은 증기압 때문에 증발기가 사용된다. 일반적인 아산화황 공급 장치의 크기는 216, 864 및

---

| 표 12-20 | 종류 | 대표적인 화학물질 |
|---|---|---|
| 폐수의 소독에 사용되는 유해물질의 분류 | 물리적인 위험 | |
| |   압축 공기 | 산소, 오존, 염소, 암모니아, 이산화황 |
| |   산화제 | 산소, 오존, 염소, 과산화수소, 산 |
| | 건강상 위험 | |
| |   높은 독성 물질 | 염소, 이산화염소, 오존, 산, 염기 |
| |   부식제 | 산, 염기, 염소, 이산화황, 암모니아, 하이포아염소산, 중아황산염 소듐 |
| | 기타 건강상 위험—자극제, 질식 등 | 염소, 이산화황, 암모니아 |

3409 kg/d (475, 1900 그리고 7500 lb/d)이다. 공정의 중요한 제어인자는 (1) 결합잔류염소의 정확한 모니터링에 기초한 알맞은 주입량, 그리고 (2) 이산화황의 적용시점에서의 충분한 혼합이다.

**아황산수소소듐.** 아황산수소소듐은 입자성 물질의 하얀 가루나 액체로서 이용할 수 있으며, 액체 형태는 폐수처리시설에서 탈염소화를 위해 가장 일반적으로 사용된다. 비록 용액 농도가 44%까지 가능하지만 38%의 용액이 가장 대표적이다. 대부분의 사용에서 격막식(diaphragm type) 펌프가 아황산수소소듐을 측정하기 위해 사용된다. 아황산수소소듐과 잔류 염소 사이의 반응은 이전에 제시되어 있다[식 (12-42)와 식 (12-43) 참조]. 식 (12-42)에 의하면 잔류 염소 mg/L당 약 1.46 mg/L의 아황산수소소듐이 필요하고 $CaCO_3$로서 1.38 mg/L의 알칼리도가 소비될 것이다.

**입상 활성탄.** 탈염소화를 위해 사용되는 활성탄 처리의 일반적인 방법은 개방용기나 폐쇄용기를 통한 하향흐름이다. 다른 탈염소화 방법보다 값이 상당히 더 비싸긴 하지만, 활성탄 시스템은 활성탄이 폐수 고도처리공정에 사용되어질 때 적합할 것이다. 탈염소화를 위해 사용되는 활성탄 컬럼에서의 수리학적 부하율과 접촉시간은 각각 3,000~4,000 $L/m^2 \cdot d$와 15~25 min을 사용한다.

## 12-7  오존에 의한 소독

비록 역사적으로 오존은 용수 소독을 위해 주로 사용되었지만 오존 발생과 용해 기술에서 최근의 발전은 폐수 소독을 위한 오존의 사용을 경제적인 면에서 더 경쟁력 있게 만들었다. 더욱이 미량의 구성성분을 감소시키거나 제거하는 기술 때문에 소독제로서 오존 사용의 이점도 역시 재차 강조되고 있다. 또한 오존은 활성탄 흡착공정 대신 용존성 난분해성 유기물의 제거를 위한 물 재이용 기술에 사용될 수 있다. 오존의 특성, 오존의 화학적 성질, 오존의 발생, 소독제로서의 오존의 성능분석, 그리고 오존처리공정의 적용은 다음 절에서 다루어진다.

### ❯❯ 오존의 특징

오존은 산소 분자가 산소 원자로 해리할 때 생산되는 불안정한 가스이다. 오존은 전기분해, 광화학적 반응, 또는 전기 방출에 의한 방사화학반응에 의해 생산될 수 있다. 오존은 종종 자외선 광선과 심한 번개에 의해서도 생성된다. 전기 방출 방법은 용수나 폐수의 소독공정에서 오존의 발생을 위해 사용된다. 오존은 보통의(normal) 실내온도에서 푸른색의 가스이고 두드러진 냄새를 가지고 있다. 오존은 $2 \times 10^{-5} \sim 1 \times 10^{-4}$ $g/m^3$ (0.01~0.05 ppm$_v$)의 농도에서 감지될 수 있다. 냄새를 지니고 있기 때문에 오존은 보통 건강에 대한 문제점이 나타나기 전에 발견될 수 있다. 대기에서 오존의 안정성은 물에서보다 더 크지만, 두 경우 모두 수분 정도(order of minutes)의 안정성이다. 가스상 오존은 농도가 240 $g/m^3$(대기의 20% 무게)에 도달했을 때 폭발한다. 오존의 성질은 표 12-21에 요약되어

**표 12-21**

오존의 성질[a]

| 성질 | 단위 | 값 |
|---|---|---|
| 분자량 | g | 48.0 |
| 끓는점 | °C | −119.9 ± 0.3 |
| 녹는점 | °C | −192.5 ± 0.4 |
| 111.9°C에서의 기화열 | kJ/kg | 14.90 |
| −183°C에서 액체 밀도 | kg/m³ | 1574 |
| 0°C, 1 atm에서 가스 밀도 | g/mL | 2.154 |
| 20°C에서 물의 용해도 | mg/L | 12.07 |
| −183°C에서 증기압 | kPa | 11.0 |
| 0°C, 1 atm에서 건조공기에 비교되는 증기 밀도 | 단위 없음 | 1.666 |
| 0°C, 1 atm에서 증기의 비부피 | m³/kg | 0.464 |
| 임계온도 | °C | −12.1 |
| 임계압력 | kPa | 5532.3 |

[a] Adapted in part from Rice (1996), U.S. EPA (1986), White (1999).

있다. 물에서 오존의 용존성은 헨리법칙(Henry's law)에 의해 지배된다. 오존의 전형적인 헨리 상수 값은 표 12-22에 나타내었다.

## ≫ 오존의 화학적 성질

오존에 의해 나타나는 화학적 성질은 다음과 같이 진행되는 분해반응에 의해 표현된다.

$$O_3 + H_2O \rightarrow HO_3^+ + OH^- \tag{12-58}$$

$$HO_3^+ + OH^- \rightarrow 2HO_2 \tag{12-59}$$

$$O_3 + HO_2 \rightarrow HO\cdot + 2O_2 \tag{12-60}$$

$$HO\cdot + HO_2 \rightarrow H_2O + O_2 \tag{12-61}$$

하이드록실기와 다른 라디칼들의 다음에 나타나는 점(•)은 이 물질들이 짝없는 전자를 가지고 있다는 사실을 의미하는 데 사용된다. $HO_2$와 HO•로 생성된 자유 라디칼은 큰 산화력을 가지고 있고 소독공정에서 아마도 실제로 작용하는 성분일 것이다. 이러한 자유 라디칼은 수용액에서 기타 불순물과 반응할 수 있는 산화력을 가지고 있다.

**표 12-22**

오존에 대한 헨리 상수의 값[a]

| 온도, °C | 헨리 상수, atm/mole 비율 |
|---|---|
| 0 | 1940 |
| 5 | 2180 |
| 10 | 2480 |
| 15 | 2880 |
| 20 | 3760 |
| 25 | 4570 |
| 30 | 5980 |

[a] U.S. EPA (1986).

| 성분 | 효과 |
|---|---|
| **표 12–23**<br>폐수소독을 위한 오존 사용에 미치는 폐수 성분의 영향 | |
| BOD, COD, TOC 등 | BOD와 COD를 나타내는 유기성분들은 오존 요구량에 영향을 미칠 수 있다. 방해(간섭)의 정도는 그들의 기능 집단과 화학적 구조에 의존한다. |
| NOM(자연적 유기물) | 오존 분해와 오존 요구량 정도에 영향을 미친다. |
| Oil and grease | 오존 요구량에 영향을 미칠 수 있다. |
| TSS | 오존 요구량은 증가시키고 내포된 세균을 보호한다. |
| Alkalinity | 없거나 적은 영향 |
| Hardness | 없거나 적은 영향 |
| Ammonia | 없거나 적은 영향, 높은 pH에서 반응 할 수 있다. |
| Nitrite | 오존에 의한 산화 |
| Nitrate | 오존의 효과를 감소시킬 수 있다. |
| Iron | 오존에 의한 산화 |
| Manganese | 오존에 의한 산화 |
| pH | 오존 분해율에 영향을 미친다. |
| 산업배출물 | 성분에 따라 오존 요구량의 일별, 계절별 변동을 초래할 것이다. |
| 온도 | 오존 분해율에 영향을 미친다. |

## ❱❱ 소독제로서 오존의 효율성

오존은 대단히 반응성이 큰 산화제이고 오존처리에 의한 세균의 사멸은 세포벽 분해(cell lysis)로 인하여 일어난다고 믿어지고 있다. 오존 소독에 미치는 폐수 성상의 영향은 표 12-23에 나타내었다. 산화시킬 수 있는 화합물의 존재는 앞에서 염소의 경우에서와 같이 오존 불활성화 곡선에 방해효과가 나타나게 할 것이다(그림 12-6 참조). 찌꺼기는 잔류 플록입자들의 존재에서 역시 발생할 것이다.

또한 오존은 매우 효과적인 바이러스 사멸제이고 일반적으로 염소보다 더 효과적이라고 믿어진다. 다른 미생물의 소독에 대한 오존의 상대적인 살균효과는 이미 표 12-5에 제시하였다. 오존처리는 용존 고형물을 증가시키지 않고 소독효과에 암모늄 이온의 영향을 받지 않는다. 비록 오존이 pH에 영향을 받지 않을지라도 잔류 오존은 산성일 때 더욱 안정적이고, 알카리성 pH를 가진 물에서 덜 안정적이다. 그러므로 pH가 중성 이상으로 높을 때보다 낮을 때 소독성과를 만족시키기가 일반적으로 더 쉽다. 이러한 이유 때문에 오존처리는 염소나 아염소산염 처리의 대안으로서, 특히 탈염소처리가 요구되고 처리시설에 고순도 산소 장치가 있는 경우에 고려되어진다.

## ❱❱ 오존 소독공정의 모델링

실제로 오존 접촉기는 3개 이상의 격실(compartment) 또는 조(chamber)로 구성될 것이다(오존 반응기 특성에서 언급한 그림 12-31 참조). 수심은 일반적으로 4.6~6 m (15~20 ft)이다. 오존은 일반적으로 첫 격실 또는 첫 번째와 두 번째 격실 사이에 주입되고 남아 있는 격실은 접촉조의 역할을 한다. 과산화반응과 같은 순간 오존 요구량을 만족시키기 위해서 사용되는 첫 번째 격실에서의 체류시간은 보통 2~4분으로 짧다. 후속 격

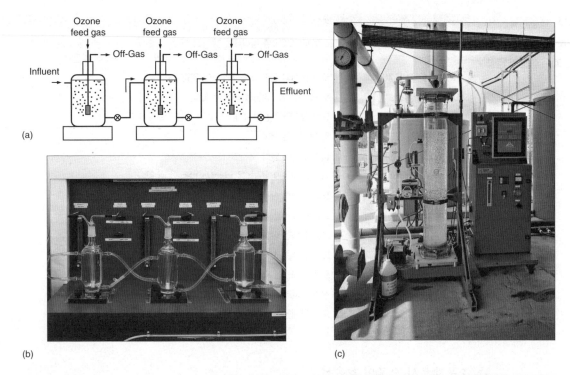

### 그림 12-28

**전형적인 오존 실험 반응기.** (a) 실험실 규모 오존 실험 장치의 개략도, (b) 실험실 규모 오존 실험 반응기의 모습, (c) pilot 규모 오존 실험 반응기

실들에서의 접촉시간은 오존 이용률에 따라 3~10 분으로 다양하다.

오존의 소독공정을 모델링하기 위해 여러 개의 서로 다른 수학적 관계식이 수년에 걸쳐 개발되어 왔다. 이들 중에서 가장 일반적인 것은 편의를 위해 반복되어지는 식 (12-6)이다.

$$\log \frac{N_t}{N_o} = -\Lambda_{\text{base}10}(\text{CT}) \tag{12-6}$$

사멸계수 $\Lambda$의 값은 표 12-11에 나타내었다. 이 표에서 바이러스, *Cryptosporidium*과 *Giardia* 낭종에 대한 값들은 이미 발표된 U.S. EPA CT 표(U.S. EPA, 2003a)로부터 얻어낼 수 있기 때문에 가장 믿을 수 있다.

오존은 난용성이기 때문에 실제 규모의 반응기와 동일한 체류시간을 사용하는 실험실 또는 pilot 규모의 연구(그림 12-28 참조)는 (1) 순간 오존 요구량, (2) 액체에 전달될 수 있는 오존의 양, 그리고 (3) 반응기에 따른 오존 감쇄 곡선을 산정하기 위해서 수행된다. 이렇게 얻어진 정보는 실제 규모의 반응기에서 예상될 수 있는 CT 값과 불활성화 수준을 계산하는 데 사용된다. 액체에 전달되거나 활용되는 오존의 양은 아래의 식을 통해서 계산된다.

$$\text{오존 주입량(mg/L)} = \frac{Q_g}{Q_l}(C_{g,\text{in}} - C_{g,\text{out}}) \tag{12-62}$$

여기서 $Q_g$ = 가스 유량, L/min

$Q_l$ = 액체 유량, L/min

$C_{g,\text{in}}$ = 주입가스 내의 오존 농도, mg/L

$C_{g,\text{out}}$ = 방출가스 내의 농도, mg/L

실험실이나 pilot 규모의 반응기들은 다양한 오존 농도에서 연속적인 방식으로 운전된다. 일단 안정적인 상태에 도달하고 나면 물과 오존 주입은 모두 정지되고 오존 감쇄가 시간에 따라 관찰된다. 연속적인 운전은 오존이 주입되고 폐수의 순간 요구량을 산정하는 격실에서 모의한다. 감쇄 곡선은 하류 격실에서의 잔류 오존 농도를 추정하기 위해서 사용된다. 실험실 규모의 오존 실험자료의 분석은 예제 12-9에 나타내었다. 오존 접촉기에 대한 CT 값의 계산은 예제 12-10에 나타내었다.

---

**예제 12-9** **전형적인 2차 처리 유출수에 대한 순간 오존 요구량 추정** 20°C에서 실시한 실험실 규모의 정상상태(steady-state) 오존 실험으로부터 수집한 다음의 자료를 이용하여 순간 오존 요구량을 추정하라. 이에 상응하는 감쇄자료의 1차 방정식을 결정하라.

정상상태 실험결과

| 실험 | 오존 주입량, mg/L | 잔류 오존량, mg/L |
|---|---|---|
| 1 | 5 | 1.5 |
| 2 | 8 | 5.0 |
| 3 | 10 | 7.5 |
| 4 | 13 | 10.3 |
| 5 | 18 | 17.5 |

상응하는 감쇄자료

| 시간 | 잔류 오존량, mg/L |
|---|---|
| 0 | 4.02 |
| 4 | 2.58 |
| 7 | 1.72 |
| 10 | 1.28 |

**풀이** 1. 실험실 규모 정상상태 데이터를 그래프로 그리고 순간 오존 요구량을 결정하라.

　　a. 요구되는 그래프는 아래 주어져 있다.

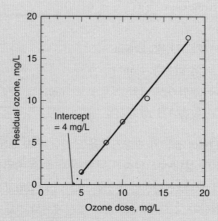

b. 순간 오존 요구량을 결정하라.

위 그래프에서 순간 오존 요구량은 $x$축의 절편에 해당하며 그 값은 4 mg/L이다.

2. 실험실 규모 정상상태 감쇄 데이터를 그래프로 그리고 적절한 1차 방정식을 결정하라.

a. 요구되는 그래프는 아래 주어져 있다.

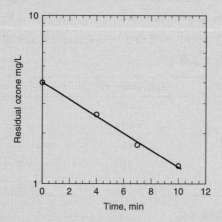

b. 상응하는 1차 방정식

$$C_{residual\ ozone} = (4.0\ mg/L)\,e^{-0.116t}$$

여기서 $t$ = 접촉시간, min

 오존이 주입되는 첫 번째 격실에서의 순간 오존 요구량의 존재는 오존 접촉조에 대한 CT 값을 설정하는 데 일반적으로 고려되지 않기 때문이다. CT 값은 반응기를 한 덩어리로 고려하거나 각 격실을 개별적으로 고려하는 감쇄 곡선으로부터 결정될 수 있다.

## 》》 소독을 위한 오존 주입 요구량

소독을 위한 오존 주입 요구량은 (1) 위에서 나타냈던 실험실 규모 실험의 결과들에 기초한 초기 오존 요구량, 그리고 (2) 이에 상응하는 감쇄 곡선을 고려함으로서 산정될 수 있다. 현존하는 오존 반응기에 대한 CT 값의 계산은 예제 12-10에 나타내었다. 초기 요구량을 만족시키기 위해 요구되는 오존 주입량은 폐수의 성분에 따라 결정되고 지역 특이성이 있으며, 대부분의 경우에 미생물 대장균군의 소독을 위해 필요한 주입량보다 상당히 클 것이다. 표 12-11에 주어진 사멸계수인 Λ 값에 기초하면 총 대장균군 기준의 만족을 위해 필요한 오존 주입량은 *Cyptosporidium*과 *Giardia lamblia*의 불활성화를 위해 필요한 주입량의 일부라는 것은 명확하다. 대부분의 경우에 실험실 및 pilot 규모의 연구들(그림 12-28 참조)은 요구되는 주입량 범위를 설정하기 위해 필요할 것이다.

## 》》 CT 값의 산정

수처리에서 CT 값은 *LT2ESWTR Toolbox Guidance Manual* (U.S. EPA, 2010)에 정의된 바와 같이 4가지의 다른 방법으로 계산될 수 있다(U.S. EPA, 2010). $t_{10}$의 접근법은 다음과 같다. 오존 접촉조에 대한 CT 값은 첫 번째 격실을 제외하고 각 격실의 평균 오존 농도와 체류시간을 곱하고 그들의 합으로서 추정할 수 있다. 각 격실에서의 시간은 각 격실의 비례 체적에 의해 나눠진 격실들의 모두를 가로질러 측정된 $t_{10}$ 시간(표 12-19 참조)에 기초한다. 위에서 언급된 바와 같이 첫 번째 격실은 순간 오존 요구량을 만족시키기 위해 사용되고 소독에 기여하지 않기 때문에 제외된다. 추가적인 세부사항은 *LT2ESWTR Toolbox Guidance Manual* (U.S. EPA, 2010)에서 확인할 수 있다.

---

**예제 12-10**

**오존 접촉조의 CT 값과 이에 상응하는 Cryptosporidium의 log 감소를 추정하라.** 아래에 보이는 오존 접촉조의 CT 값과 달성될 수 있는 Cryptosporidium의 log 감소를 계산하라. 만약 log 감소가 99%보다 크다면 99%의 감소를 달성하기 위해 필요한 반응 격실들의 수를 추정하라. 오존 접촉조에서 각 격실의 체류시간은 3분이다. 예제 12-9에서 만들어진 감쇄 곡선을 적용하고 $t_{10}/t$ 비는 0.6이라 가정한다. 첫 번째 격실의 끝에서 관찰된 오존농도는 4 mg/L이다.

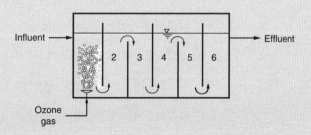

**풀이**  1. 예제 12-9의 감쇄 곡선을 사용하여 2번 격실부터 각 격실 끝 지점의 잔류 오존농도를 결정하라.

| 격실 번호 | 잔류 오존량, mg/L |
|---|---|
| 2 | 2.82[a] |
| 3 | 1.99 |
| 4 | 1.41 |
| 5 | 0.99 |
| 6 | 0.70 |

[a] $C = (4 \text{ mg/L})e^{-0.116 \times t}$

$\quad = (4 \text{ mg/L})e^{-0.116 \times 3} = 2.82 \text{ mg/L}$

2. 풀이 1의 자료를 이용하여 각 반응조의 이론적인 체류시간은 3 min이고 $t_{10}/t$ 비는 0.6이라는 것에 주의하면서 오존 접촉조에 대한 CT 값을 결정하라.

$$CT = \sum_{i=2}^{b} C_i T_i = [(2.82 + 1.99 + 1.41 + 0.99 + 0.70) \text{ mg/L}](3 \text{ min} \times 0.6)$$

$$\quad = 14.2 \text{ mg·min/L}$$

3. 표 12–5에 주어진 정보를 이용하여 *Cryptosporidium*에 대해 달성 가능한 log 감소를 추정하라.

표 12–5로부터 만족될 수 있는 추정 log 감소는 3 log (99.9%) 이상이다.

4. 식 (12–6)을 이용하여 달성 가능한 log 감소를 검토하라.

a. 표 12–11에서 *Cryptosporidium*의 사멸계수는 0.24 L/mg · min(지수 10)이다.

b. 식 (12–6)을 이용한 로그 감소

$$\log \frac{N_t}{N_o} = -\Lambda_{\text{base 10}} CT = (0.24 \text{L/mg·min})(14.2 \text{ mg·min/L}) = 3.41$$

5. *Cryptosporidium*의 99%를 감소하기 위해 필요한 격실의 수를 추정하라.

a. 오직 1개의 격실이 필요하다고 가정하여 CT 값을 결정하라.

$CT = (2.82 \text{ mg/L})(3 \text{ min} \times 0.6) = 5.1 < 8.25 \, (표 12-5의 값)$

따라서 추가적인 격실이 필요하다.

b. 2개의 격실이 필요하다고 가정하여 CT 값을 결정하라.

$CT = [(2.82 + 1.99) \text{ mg/L}](3 \text{ min} \times 0.6) = 8.6 > 8.25$

따라서 2개의 반응조가 사용되어야 한다.

**표 12-24**

유기물과 선택된 무기물이 함유된 폐수의 오존처리를 통해 생성되는 대표적인 소독 부산물[a]

| 구분 | 대표적인 화합물 |
|---|---|
| Acid | Acetic acids |
| | Formic acid |
| | Oxalic acid |
| | Succinic acid |
| Aldehydes | Acetaldehyde |
| | Formaldehyde |
| | Glyoxal |
| | Methyl glyoxal |
| Aldo-and ketoacids | Pyruvic acid |
| Brominated byproducts[b] | Bromate ion |
| | Bromoform |
| | Brominated acetic acids |
| | Bromopicrin |
| | Brominated acetonitriles |
| | Cyanogen bromide |
| Other | Hydrogen peroxide |

[a] U.S. EPA (1999a, 2002)
[b] 브롬 이온이 존재해야 브롬화된 부산물이 형성된다.

## ≫ 부산물의 생성과 제어

염소의 경우와 같이 원하지 않는 부산물(DBPs)의 생성은 소독제로서 오존의 사용과 관계된 문제 중 하나이다. 오존을 사용할 때 DBPs의 생성과 제어는 다음 절에서 고찰되었다.

**오존 소독에 의한 DBPs의 생성.** 오존의 장점 중에 하나는 THMs와 HAAs(표 12-14 참조)와 같은 염소화된 DBPs를 생성하지 않는다는 것이다. 그러나 오존은 상당한 양의 브롬화물이 존재하지 않을 때 aldehydes, 다양한 산, aldo-및 keto-acids를 포함하는 다른 DBPs(표 12-24 참조)를 생성한다. 브롬화물이 존재할 때도 다음의 DBPs가 역시 생성될 수 있다. Bromoform, brominated acetic acid, bromopicrin, brominated acetonitriles, cyanogen bromide 및 bromate(표 12-24 참조). 때때로 과산화수소도 생성될 수 있다. 화합물의 특정 양과 상대적인 분포는 존재하는 전구물질들의 성질에 좌우될 것이다. 폐수의 화학적 성상은 장소에 따라 변하기 때문에 pilot 실험은 소독제로서 오존의 유효성을 평가하기 위하여 필요할 것이다.

**오존 소독할 때의 DBPs 생성 제어.** 브롬과 반응하지 않은 화합물은 쉽게 생분해될 수 있어서 그 화합물들은 생물학적 여과기나 토지 주입 또는 기타 생물학적 공정들을 거침으로써 제거될 수 있다. 브롬과 반응한 비유기성 DBPs의 제거는 좀 더 복잡하다. 브롬과 반응한 DBPs가 문제될 수 있는지 알아보기 위해서는 실험실 및 pilot 규모의 실험이 권장된다. 만약 브롬과 반응한 DBPs가 문제된다면 UV와 같은 소독 대체 수단을 연구하는 것이 적절할 것이다.

## ⟫ 오존 사용에 따른 환경적 영향

오존의 잔류가 종종 수중 생물에게 급성독성이 있다는 사례가 있었다(Ward, 1976). 오존 처리 시에 약간의 독성 돌연변이와 발암성 물질을 생성할 수 있는 것이 여러 연구자들에 의해 보고되었다. 그러나 이러한 화합물들은 일반적으로 불안정하여 오존처리된 물에서 수 분 동안만 존재한다. White(1999)는 오존이 휴믹산(trihalomethane 형성의 전구체) 및 말라티온(malathion)과 같은 유해한 난분해성 유기성분을 파괴한다고 보고하였다. 오존 소독 시에 독성 중간산물의 생성은 오존 주입량, 접촉시간 그리고 전구체 화합물의 성질에 의존한다. White(1999)는 소독공정을 위한 염소화에 선행하여 오존처리가 이루어지면 THMs 형성의 가능성을 감소시킨다고 보고하였다.

 잔류 오존량 제어는 OSHA의 실내와 실외 대기 품질기준을 만족시키기 위해서 여전히 요구된다. 또한 배출가스의 오존 제어는 하류(후단)의 장비와 파이프 부식을 예방하거나 제한하기 위해 역시 필요하다. 잔류오존 제거가 필요한 곳에서는 과산화수소, 아황산수소소듐, 티오황산칼슘을 사용하고 있다.

## ⟫ 오존 사용에 따른 기타 이점

소독을 위한 오존의 사용과 관련된 추가적인 장점은 주입 후에 오존이 산소로 빠르게 분해됨으로 인해 유출수의 용존산소 농도가 포화상태에 가깝게 상승될 것이라는 점이다. 산소 농도의 상승은 용존산소 수질 기준을 만족시키기 위한 유출수의 재폭기 필요성을 없앨 수 있다.

## ⟫ 오존 소독 시스템의 구성요소

그림 12-29에 설명되어진 완전한 오존 소독 시스템은 다음의 구성요소인 (1) 주입가스 준비 장치, (2) 전력 공급, (3) 오존 발생 장치, (4) 소독하고자 하는 액체에 오존을 접촉하기 위한 2가지 종류의 장치(직렬식 또는 측류식), 그리고 (5) 방출가스의 분해를 위한

**그림 12-29**

대체 공기원이 있는 완전한 오존 소독 시스템에 대한 유량 흐름도 (U.S. EPA, 1986)

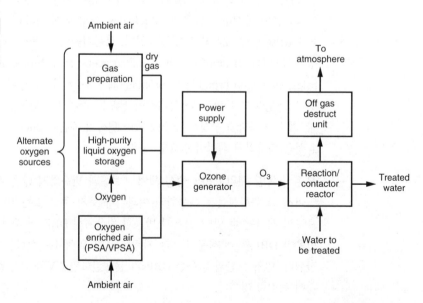

**표 12-25**

오존 적용을 위한 전형적인 에너지 요구량

| 구성물질 | kWh/lb 오존 | kWh/kg 오존 |
|---|---|---|
| 공기 준비(컴프레셔와 건조기) | 2~3 | 4.4~6.6 |
| 오존 생성 | | |
| 　공기 주입 | 6~9 | 13.2~19.8 |
| 　순 산소 | 3~6 | 6.6~13.2 |
| 오존 접촉 | 1~3 | 2.2~6.6 |
| 기타 모든 용도 | 0.5~1 | 1.2~2.2 |

장치(Rice, 1996; Rakness, 2005)로 이루어져 있다. 오존 시스템의 설계에 관한 추가적인 세부사항과 관련 구성요소들은 Rakness(2005)에 의해 최근에 발간된 서적에서 찾을 수 있다.

**주입가스의 준비.** 오존은 공기, 산소가 풍부한 공기, 높은 순도의 산소를 사용하여 발생시킬 수 있다. 공기가 오존 발생을 위해 사용된다면 오존 발생 장치에 유입되기 전에 수분과 입자성 물질을 제거하여 공기를 개량(conditioning)해야 한다. 공기를 개량하는 단계는 (1) 가스 압축, (2) 공기 냉각과 건조, 그리고 (3) 공기 여과이다. 만약 높은 순도의 산소가 사용된다면 개량 단계는 요구되지 않는다. 액화 산소(LOX)는 현장에 저장해 두고, 현장에서 만들거나 필요할 때 운반하여 사용한다. 소규모 처리장에서의 공기를 이용한 산소농축시스템에 있어서 높은 순도의 산소는 진공 압력 진동 흡착 시스템(AVPAS) 또는 압력 진동 흡착 시스템(PSA)으로 현장에서 생성시킬 수 있다. 이러한 두 개의 산소 생성 시스템은 오존 생성기 유전체(dielectrics)에 피해를 줄 수 있는 수분을 흡착하는 시설과 산소의 순도를 향상시키기 위해 탄화수소와 질소를 제거하기 위한 시설을 가지고 있다. 주입가스의 선택은 지역의 고순도 산소 가격에 영향을 받는다.

**전력 공급.** 전력은 주로 산소가 오존으로 전환되는 과정에서 요구된다. 부가적인 전력은 공급가스의 준비, 오존의 접촉, 잔류 오존의 분해, 그리고 제어기기 및 모니터링 시설들을 위해 필요하다. 주요 구성요소별 에너지 요구량은 표 12-25에 나타내었다.

**오존 발생.** 오존은 화학적으로 불안정하기 때문에 발생 후에 매우 급속하게 산소로 분해되며, 따라서 현장에서 생산되어야 한다. 오늘날 오존을 생산하는 가장 효과적인 방법

**그림 12-30**

오존 발생 상세도(U.S. EPA, 1986)

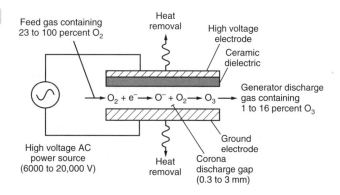

은 방전에 의한 것이며 오존은 높은 전압이 좁은 간격의 전극 사이에 걸쳐 가해졌을 때 공기나 순 산소로부터 발생된다(그림 12-30 참조). 이러한 방법에 의해 생성된 높은 에 너지의 코로나는 하나의 산소 분자를 해리시키는데 결국 두 개의 산소분자와 함께 두 개 의 오존 분자를 생성한다. 이러한 공정에 의해 발생된 가스는 공기를 사용할 경우 무게로 약 1~3%의 오존이 포함될 것이며 순 산소로부터 발생될 경우는 8~12%의 오존을 포함 할 것이다. 최신 중간 주파수 오존 생성기는 12%까지의 오존 농도를 생성할 수 있다.

**직렬(inline) 오존 접촉 반응기.** 공기나 순 산소로부터 생성되는 오존의 농도는 매우 낮 기 때문에 액상으로의 효과적인 전달이 대단히 중요한 경제적 고려사항이다. 오존 용해 도를 최대화하기 위해서 깊고 덮개가 있는 접촉조가 일반적으로 사용된다. 4개의 격실들 로 이루어진 2개의 오존 접촉조들은 침니(chimney)의 유무로 구분하여 그림 12-31에 도식적으로 나타내었다. 그림 12-31(b)에 나타난 chimney는 반응기 내의 향류흐름을 원활히 하는 데 사용되고 잔류 오존의 시료 채취를 위한 위치도 제공한다.

오존은 첫 번째와 두 번째 칸의 바닥에 있는 다공성 산기관이나 분사기를 통해 주입

**그림 12-31**

**전형적인 4개 구획 오존 접촉조 의 개략도.** (a) chimney 없 음, 그리고 (b) chimney 있음. (b)의 chimney는 반응기 내부 의 원활한 향류흐름을 위해 사용 된다.

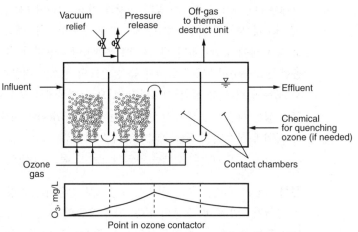

(a)

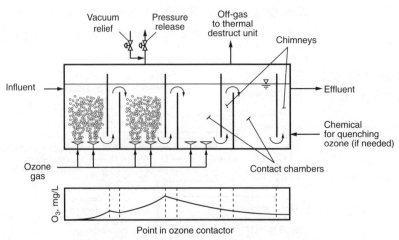

(b)

되며, 일부의 경우에는 세 번째 칸에서도 주입된다. 오존의 빠른 반응은 첫 번째 칸에서 일어나고, 이때 물과 오존의 결합물은 더 느린 반응이 일어나는 두 번째 칸으로 들어간 다. 소독은 일반적으로 두 번째 칸에서 일어나며, 세 번째와 네 번째 칸은 느린 반응의 완 료 및 오존의 분해를 위하여 사용된다. 첫 번째와 두 번째 칸은 반응조로 정의되고 오존 의 추가투입이 없는 세 번째와 네 번째 칸은 접촉조로 알려져 있다. 사용되는 칸들의 수 는 처리 목적에 따라 달라진다.

**측류(sidestream) 오존 접촉/반응 시스템.** 10~12%와 같이 높은 농도의 오존 생성능 으로 인해, 오존 측류 주입(그림 12-32 참조)은 위에서 언급한 바 있는 깊은 탱크 내에 다공성 산기관을 대체할 수 있는 실현 가능한 현재 수단이다. 그림 12-32에 보이는 것처 럼 오존 주입 시스템은 오존 접촉조와 독립적이다. 오존은 벤추리 주입기를 통해 압력 주 입된다. 2가지 형태의 측류 장치는 (1) 탈기조를 포함하는 것과 (2) 이를 포함하지 않는

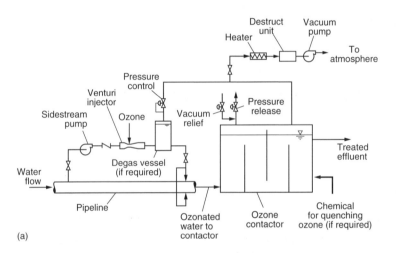
(a)

(b)

(c)

(d)

**그림 12-32**

**소독을 위한 측류 오존 주입.** (a) 측류 주입 시스템의 전형적 흐름도(Rakness, 2005), (b) 가스제거 용기의 형태(뒤편 오른쪽에 위치 한 벤추리 주입기), (c) (b)에서 보여준 가스제거 용기와 결합하여 사용되는 벤추리 주입기[사진 (b)와 (c)는 Process Applications, Inc.에 Glenn Hunter의 무료 제공], 그리고 (d) 밀폐된 오존 접촉조 위에 설치된 벤추리 주입기(왼쪽), 탈기조(가운데), 감쇄장치(오른 쪽)를 포함하는 측류 주입 시스템의 형태

것이 사용된다. 탈기조의 목적은 오존처리된 물속에 DO 농도를 최소화하는 것이고 (2) 반응기의 역할을 하는 하류측(downstream) 관속의 기포 수를 최소화하는 것이다. 오존 처리된 물이 주입되는 관로도 역시 접촉조로 배출하기 전에 반응기의 역할을 한다(Rakness, 2005).

**방출가스의 분해.** 접촉조와 탈기조에서의 방출가스는 대단히 자극적이고 독성이 있기 때문에 남아 있는 오존은 분해되어 처리되어야 한다. 방출가스는 0.1 ppm$_v$보다 낮은 농도로 분해된다. 남아있는 오존 분해에 의해 형성되는 생성물은 순 산소이며, 만약 순 산소가 오존 발생을 위해 사용되고 있다면 재순환될 수 있다.

## 12-8     기타 화학적 소독방법

소독공정의 효과에 대한 관심과 DBPs 생성에 대한 우려 때문에 다른 소독방법을 평가하는 연구가 계속 진행되고 있다. 이번 절에서는 과아세트산(peracetic acid), peroxone, 순차적인 염소 소독과 결합된 소독 공정을 소개하고 간단히 고찰할 것이다. 물리적 공정인 저온살균은 12−10절에서 다룰 것이다. 이러한 방법들과 다른 소독방법들에 대한 연구가 진행 중이기 때문에 최신 결과를 알기 위해서는 학회 발표자료나 문헌을 참고해야 한다.

### ≫ 과산화아세트산

1980년대 후반에 과산화아세트산(PAA)의 사용이 하수의 소독제로서 제안되었다. 아세트산과 과산화수소로 만들어진 과산화아세트산은 수년 동안 병원에서 소독과 멸균제로 이용되어 왔다. 과산화아세트산은 특히 음식물 제조 시에 소독제와 곰팡이 제거제로 이용되었다. 폐수 소독제로서의 PAA 사용에 대한 관심은 안전성과 DBPs를 생성하지 않을 가능성에서 비롯되었다. 이번 절에서는 염소의 대체 소독제에 대해 진행 중인 연구의 한 예로서 PAA의 사용이 간단히 다루어진다.

**과산화아세트산 화학과 특징.** 상업적으로 이용 가능한 PAA는 Ethaneperoxide acid, peroxyacetic acid 또는 acetyl hydroxide라고도 알려져있으며 acetic acid, hydrogen peroxide, peracetic acid 및 물을 포함하는 네 요소의 평형용액으로서만 이용할 수 있으며, 해당되는 반응은 다음과 같다.

$$CH_3CO_2H + H_2O_2 \rightleftarrows CH_3CO_3H + H_2O$$

Acetic     Hydrogen     Peracetic             (12-63)
acid        peroxide      acid

해리되지 않은 PAA ($CH_3CO_3H$)는 평형 상태의 용액 내에서 소독성이 있는 것으로 간주되는데 과산화수소 역시 소독공정에 기여할 수 있다. 과산화수소는 PAA보다 좀 더 안정적이다. PAA의 성질들은 표 12−26에 요약되어 있다.

**소독제로서 과산화아세트산의 효율성.** PAA의 효율성은 Lefevre et al. (1992); Lazarova(1998); Liberti et al. (1999), Gehr(2000, 2006); Koivunen(2005b); 그리고 Gehr

**표 12-26**

**다양한 조성의**

**과산화아세트산(PAA)**

**성질**[a]

| 성질 | 단위 | PAA, % | | |
|------|------|------|------|------|
| | | 1.0 | 5.0 | 15 |
| PAA 중량 | % | 0.8~1.5 | 4.5~5.4 | 14~17 |
| Hydrogen peroxide 중량 | % | min 6 | 19~22 | 13.5~16 |
| Acetic acid 중량 | % | 9 | 10 | 28 |
| 유효 산소 중량 | % | 3~3.1 | 9.9~11.5 | 9.3~11.1 |
| 안정제 | Yes/No | Yes | Yes | Yes |
| 비중 | | 1.10 | 1.10 | 1.12 |

[a] Solvay Chemicals, Inc(2013)

et al. (2003)에 의해 연구되었다. 최근 견해는 Kitis(2004)에 의해 발표되었다. 현재까지의 연구결과들은 특히 단독으로 사용할 때 PAA의 효율성에 폐수의 성상이 미치는 영향뿐 아니라 PAA의 살균효과에 관한 것이 혼재되어 있다. UV가 함께 결합되었을 때 PAA의 효율성은 매우 향상될 것으로 보인다(아래에 언급되는 결합 소독제의 내용 참조). PAA에 의해 소독이 이루어지는 일반적인 방법은 hydroxyl 라디칼(HO•)과 2차 반응의 결과인 활성 산소에 의한 것이라고 가정되었다(Caretti와 Lubello, 2003). PAA의 적용에 있어서 좀 더 많은 정보를 위해서는 반드시 최근 문헌을 참고해야 한다.

최근 U.S. EPA(1999b) 보고서에 PAA는 합류식 하수관 월류수(CSOs)에 이용할 수 있는 다섯 가지 가능한 소독제로 포함되어 있다. 2차 처리 유출수의 소독에 대한 자료에 근거하여 CSO 소독에 PAA 사용을 강력히 제안하고 있다. 바람직한 점은 분해하기 어려운 잔류물과 부산물이 없고 pH에 의한 영향이 없으며 짧은 접촉 시간, 소독제와 바이러스 박멸제로서 효과가 높다는 것이다.

**소독부산물의 생성.** 한정된 자료에 근거하면 주된 최종산물로 확인된 것은 $CH_3COOH$(아세트산 또는 식초), $O_2$, $CH_4$, $CO_2$ 그리고 $H_2O$이었는데 이 성분들 모두는 일반적으로 나타나는 농도에서 독성이 없는 것으로 간주되고 있다.

## ❱❱ 소독제로서 peroxone의 사용

Peroxone은 오존(또는 UV)과 과산화수소의 결합이다. 과산화수소가 오존에 첨가되면 잔류 오존이 제거될 것이다. 용해된 오존과의 반응(또는 UV 공정으로부터 빛의 광자에 의한 반응)을 통해 hydroxyl 라디칼(OH•)의 대량 생산을 특징으로 하는 고도 산화공정(AOP)이 된다. OH•은 강력하고 자연적이나 인위적으로 발생하는 미세오염물질과 미생물을 사멸하는 데 있어서 오존이나 다른 산화제보다 덜 선택적이다. 고도 산화 공정에서 peroxone의 사용은 6장에 언급되었다.

## ❱❱ 순차적인 염소 소독

Los Angeles의 위생관리지구에 의해 개발된 순차적 염소 소독은 2단계 소독공정이다. 첫번째 단계에서 염소는 잔류 유리염소(FCR)를 생성하기 위하여 질산화된 여과 유출수에 첨가된다. 앞에서 언급 했듯이 높은 소독효과 때문에 유리염소는 세균과 바이러스 모두를 빠르게 불활성화한다. 또한 유리염소는 NDMA 전구물질과 반응함으로써 그 이후에 NDMA 형성에 거의 이용되지 않게 된다. 두 번째 단계에서는 필요하다면 암모니아와 추가 염소가 첨가되어 클로라민이 형성되고 이는 세균과 바이러스를 추가적으로 소독하고 THMs의 형성을 최소화한다. 실험상 가장 낮은 유리염소 CT 값(2~4 mg·min/L)에서도 평균 6-log 이상의 MS2 살균바이러스 불활성화가 가능하였다. DBP 형성에 관해서 기존 chloramination과 비교하면 NDMA의 상응 농도가 감소한 반면에 THMs의 농도는 증가했다. CDPH 재이용 기준[CCR, Section 6031.230(a)]으로 요구하고 있는 90 min의 최소 모달 접촉시간(표 12-19 참조)에서 450 mg · min/L의 CT 규정치에 관한 대안을 마련하기 위해 순차적 염소 소독공정이 개발되었다(Maguin et al., 2009; Friess et al., 2013).

## ▶▶ 화학적 소독공정들의 결합

특히 용수 공급 분야에서 둘 또는 둘 이상의 소독제의 연속적 또는 동시 사용에 대한 관심은 수년 사이에 증가되었다. 여러 종의 소독제의 사용에 대한 관심의 증가 원인은 다음과 같다(U.S. EPA, 1999a).

- Chloramine과 같은 반응성이 약한 소독제의 사용은 DBPs 생성의 감소에 있어서 상당히 효과적이고 급수관에서 생물막 제어에 좀 더 효과적인 것으로 입증되었다.
- 다양한 병원균에 대한 높은 수준의 불활성화를 위해 소독 처리된 물을 생산하기 위한 규제와 소비자의 압력은 더 효과적인 소독제를 연구하도록 용수와 폐수 산업에 영향을 주었다. 더 엄격한 소독 기준을 만족하기 위해 더 많은 양의 소독제가 사용되었고, 그 결과 불행하게도 DBPs의 생성이 증가되는 결과를 낳았다.
- 최근의 연구결과에 따르면 연속적인 소독제의 적용은 개별적인 소독제가 첨가되었을 때의 영향보다 좀 더 효과적이다. 둘 또는 그 이상의 소독제가 좀 더 효과적인 병원균 불활성화를 달성하기 위해서 동시 또는 연속적 적용을 통한 시너지 효과를 얻고자 사용될 때 그 공정은 양방향 소독(interactive disinfection)이라고 한다(U.S. EPA, 1999a).

현재 이러한 공정들에 대해서 광범위한 연구가 수행되고 있다. 여러 종의 소독제를 연속적 또는 동시에 사용하는 것은 표 12-27에 제시되어 있다. 여러 소독제들의 다중 적용은 현재로서 위치 특이적이고 미생물에 의존적이므로 결합 소독 기술들의 적합성과 유효성을 평가하기 위해서는 도입되는 소독 기술, 다른 비소독 공정의 목적들 및 최근의 문헌을 검토하여야 한다. 예를 들어 호주에서는 UV와 염소의 결합 사용은 물 재이용 기술의 표준이 되고 있다.

**표 12-27**

**폐수와 용수 처리를 위한 결합 소독제와 공정들의 효과**[a, b]

| 결합 소독제 | 반응 | 참고문헌 |
|---|---|---|
| **용수처리** | | |
| 염소처리 대신 오존, UV 및 클로라민 | CT 신뢰도에서 99.9~99.999% 증가 | Malley(2005) |
| 순차적 초음파 및 염소 | 초음파 또는 염소의 단독 사용보다 효과 증가 | Plummer and Long(2005) |
| 오존과 유리염소, 오존과 모노클로라민, 이산화염소와 유리염소, 이산화염소, 염소, 그리고 모노클로라민 | C. parvum 접합자낭의 불활성화에서 상승작용 관찰됨 | Li et al. (2001) Sirikanchana |
| Adenoviruses의 불활성화를 위한 순차적 UV와 염소 | UV 또는 염소의 단독 사용보다 효과 증가 | et al. (2005) |
| **폐수처리** | | |
| 유리염소와 결합염소 | 바이러스 불활성화를 위한 CT 값 감소 | Maguin et al. (2009), Friess et al. (2013) |
| 과산화아세트산(PAA)과 UV | PAA 또는 UV의 단독 사용보다 효과 증가 | Chen et al. (2005), Lubello et al. (2002) |
| PAA와 UV 및 PAA와 오존 | PAA와 UV만의 사용보다 효과 증가 | Caretti and Lubello(2005) |
| PAA와 $H_2O_2$, $H_2O_2$와 UV, $H_2O_2$와 $O_3$ | 효과 향상 없음 | Caretti and Lubello(2005), Lubello et al. (2002) |
| 오존, PAA, $H_2O_2$ 및 구리(Cu) | PAA와 $H_2O_2$만으로는 효과가 없으나 1mg/L의 Cu를 첨가하면 효과가 매우 향상됨 | Orta de Velasque et al. (2005) |
| PAA/UV와 $H_2O_2$/UV | PAA/UV는 상승효과를 보이지만 $H_2O_2$/UV는 그렇지 못함 | Koivunen(2005a) |
| 초음파와 UV | UV의 단독 사용보다 효과 증가 | Blume et al. (2002) see also Blume and Neis(2004) |

[a] Gehr(2006)

[b] 추가화합물은 U.S. EPA(1999a)에 수록되어 있음.

## 12-9   자외선(UV) 소독

1880년대에 처음 발견되어 1900년대 초에 개척된 자외선 소독은 다양한 분야에서 이용되고 있다. 처음에는 양질의 용수 공급에 사용되었으나 폐수 소독제로서의 자외선은 새로운 lamp, 안정기(ballast), 보조 장치의 발달과 함께 1990년대에 많이 발전하게 되었다. 자외선 주입과 수질의 적절한 결합에 따른 UV 조사는 여과되거나 여과처리되지 않은 2차 처리 유출수의 모두에서 세균, 원생동물 및 바이러스에 효과적인 소독제일 뿐만 아니라 독성 부산물의 형성에 기여하지 않는 것이 입증되었다. 많은 경우에 UV는 1차 처리 유출수의 소독에서 조차도 효과적이라고 입증되었다. 폐수 소독을 위한 자외선 적용의 이해를 돕기 위해 이 절에서는 (1) 자외선의 광원, (2) UV 소독장치의 구성, (3) UV 소독효과, (4) UV 소독공정의 모델링, (5) UV 조사량 추정, (6) UV 시스템의 소독 지침, (7) UV 시스템 분석, (8) UV 시스템 운영상의 문제, (9) UV 소독에 따른 환경적인 영향에 대해 알아보기로 한다.

**UV 소독에 대한 정의 개요도.** (a) 전자기 스펙트럼의 UV 복사 부분의 확인, (b) UV 복사 스펙트럼의 살균부분의 확인, 그리고 (c) 저압-저강도와 중압-고강도 UV lamps에 대한 UV 복사 스펙트럼 및 UV lamps의 스펙트럼 위에 중첩된 DNA에 대한 상대적인 UV 흡수

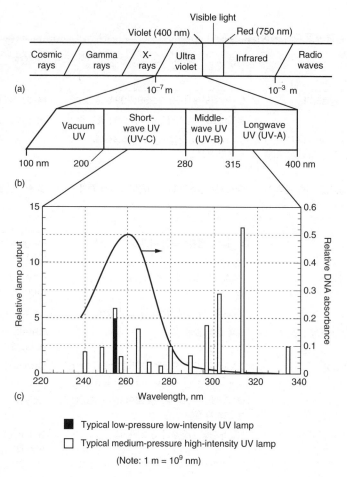

■ Typical low-pressure low-intensity UV lamp
□ Typical medium-pressure high-intensity UV lamp
(Note: 1 m = $10^9$ nm)

## ≫ 자외선의 광원

UV 복사가 발생하는 전자기 스펙트럼의 구역은 100~400 nm 사이이다[그림 12-33(a) 참조]. UV 복사의 범위는 근 자외선 조사로 알려진 장파(UV-A), 중파(UV-B), 먼 UV로 알려진 단파(UV-C)가 있다. 소독에 관계된 파장은 약 220~320 nm로서 주로 단파(UV-C) 범위에 있다. 225~265 nm 사이의 자외선 파장은 미생물 불활성화에 가장 효과적인 것으로 간주된다[그림 12-33(c) 참조]. 가장 일반적으로 UV 복사는 액체 수은 및 다른 혼합 가스를 포함하도록 특별히 설계된 lamp에서 두 전극 사이에 전기 전호(electric arc)를 타격함으로써 생산된다. 액체 수은의 자극에 의해 생성된 에너지는 수은의 증기화에 원인이 된다. 따라서 가스형태의 수은은 UV 빛의 광자를 생산하는 lamp 내의 전자들을 활성화시킨다.

용수 및 폐수 소독을 위해 사용될 때 석영관은 직접적인 용수 접촉으로부터 UV lamps를 격리하고 UV lamps에 노출되는 유출수 온도와의 큰 차이를 완충함으로써 lamp 벽의 온도를 조절하기 위해 가장 자주 사용되며, 그렇게 함으로써 상당히 균일한 UV lamp의 출력을 유지한다. 잘 쓰이지 않는 또 다른 방법에서는 소독대상수가 UV

표 12-28

UV lamps에 대한 전형적인 운전 특성

| 항목 | 단위 | lamp의 형태 | | |
|---|---|---|---|---|
| | | 저압-저강도 | 저압-고강도 | 중압-고강도 |
| 전력소비량 | W | 40~100 | 200~500[a] | 1000~13,000 |
| Lamp 전류 | mA | 350~550 | 다양함 | 다양함 |
| Lamp 전압 | V | 220 | 다양함 | 다양함 |
| 효율 | % | 30~50 | 35~50 | 15~20[b] |
| 254 nm에서의 lamp 출력 | W | 25~27 | 60~400 | 100~2000 |
| 온도 | °C | 35~50 | 100~150 | 600~800 |
| 압력 | mm Hg | 0.007 | 0.01~0.8 | $10^2$~$10^4$ |
| Lamp 길이 | m | 0.75~1.5 | 1.8~2.5 | 0.3~1.2 |
| Lamp 지름 | mm | 15~20 | 다양함 | 다양함 |
| 관수명 | y | 4~6 | 4~6 | 1~3 |
| Ballast 수명 | y | 10~15 | 10~15 | 3~5 |
| Lamp 수명 | h | 8000~12,000 | 9000~15,000 | 3000~8000 |

[a] 매우 높은 출력 lamp에서 최대 1200 W

[b] 가장 효과적인 범위에서 출력(~250-265 nm, 그림 12-33 참조)

lamps에 의해 둘러싸여진 특수 플라스틱 튜브를 통해 지나간다. UV lamp 내의 이용 가능한 전자 감소, 전극의 저하 및 석영관의 노후화 때문에 UV 소독 시스템의 출력은 시간이 지남에 따라 감소한다.

## ❯❯ UV 램프의 종류

UV 빛을 생성하기 위해 사용되는 주요한 전극형태의 lamp는 lamp의 내부 운영인자에 따라 3개의 범주인 저압-저강도, 저압-고강도, 중압-고강도 시스템으로 나누어진다. 이러한 세 가지 유형 UV lamp의 작동 특성에 대한 비교 정보는 표 12-28에 나타내었다. 아래에 제시된 UV lamp의 종류에 대한 간략한 언급에서 UV lamp 기술은 빠르게 변한다는 점을 인지하는 것이 중요하다. 그러므로 UV 소독장치를 설계할 때 제작업체의 자료는 필수적으로 참고하여야 한다. UV lamp 결합과 함께 사용되는 안정기(ballasts)에 대해서도 간략히 언급한다.

**저압-저강도 UV Lamps.** 저압-저강도 수은-아르곤 전극 타입의 UV lamp[그림 12-34(a) 참조]는 253.7 nm(본질적으로 254 nm)의 파장에서 최대 강도이고 약 184.9 nm에서 좀 더 작은 첨두값을 가지는 UV-C 영역 내에서 본질적으로 단색인 복사의 광역 스펙트럼을 발생시키기 위해 사용된다. 최대 254 nm는 미생물 불활성화에 가장 효과적인 것으로 알려진 260 nm 파장과 비슷하다. 유입전력과 비교하면 lamp에서의 에너지 출력의 30~50%는 254 nm에서 단색이므로 소독공정에 있어서 효율적인 선택이다. 또한 lamp 출력의 85~88%는 254 nm에서 단색이므로 이 또한 소독공정에 있어서 효율적인 선택

**그림 12-34**

UV lamp의 일반적인 예. (a) 저압-저강도, (b) lamp 세척 시스템이 있는 중압-고강도, 그리고 (c) 무전극 microwave로 운전되는 UV lamp의 개념도

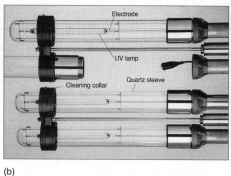

(a)

(b)

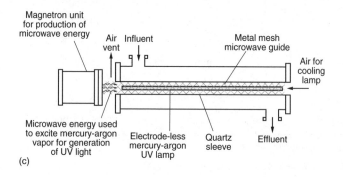

(c)

이다. 저압-저강도 lamp 내에는 액체 수은이 과잉으로 존재하기 때문에 수은 증기압은 lamp 표면의 가장 차가운 부분에 의해 제어된다. Lamp 표면이 최적 온도인 40°C 근방에서 유지되지 않으면 lamp 내의 수은 증기가 다시 액체 상태로 돌아가 UV의 광자를 방출하는 데 이용할 수 있는 수은 원자들의 수가 감소하게 되어 자외선 출력은 줄어든다.

**저압-고강도 UV Lamps.**   저압-고강도 UV lamp는 수은 대신 수은-인듐 혼합물을 사용한다는 것을 제외하고는 저압-저강도 lamp[그림 12-34(a) 참조]와 유사하다. 수은 혼합물의 사용은 UV-C의 출력을 저강도 lamp에 비해 대략 2~10배 정도 크게 할 수 있다. 저압-저강도 lamp와 비슷하게 저압-고강도 lamp는 유입전력을 UV 빛으로 전환하는데 매우 효율적이다. 유입전력과 비교하면 UV lamp 에너지 출력의 약 35~50%는 254 nm에서 단색이다. 저압-고강도 UV lamp는 100~150°C의 온도에서 운전한다. 저압-고강도 UV lamp 내의 혼합물은 수은 원자들의 일정한 수준을 유지하는 데 사용되고 이에 따라 다양한 온도 범위에서 더 높은 안정성을 공급한다. 저압-고강도 lamp의 UV 출력은 30~100% 사이에서 조절될 수 있으며 조절 범위는 lamp에 따라 달라진다. 새로운 저압-고강도 lamp가 꾸준히 발전하고 있으므로 lamp 규격에 대한 제조사의 최근 인쇄물을 꼭 검토하여야 한다.

**중압-고강도 UV Lamps.**   중압-고강도 UV lamp는 지난 10년간 발달해 왔으며 600~800°C의 온도와 $10^2$~$10^4$ mmHg의 압력에서 운전되고 다양한 파장의 UV를 방출한다[그림 12-33(c) 참조]. 중압-고강도 UV lamp[그림 12-34(b) 참조]는 저압-고강도 UV lamp의 총 UV-C 출력보다 대략 20~50배를 발생시킨다. 비록 중압-고강도 lamp

의 UV 출력이 저압-저강도 및 저압-고강도의 lamp와 비교해서 대단히 높을지라도 중압-고강도 lamp의 효율은 훨씬 더 낮다. 유입전력과 비교하면 UV lamp 에너지 출력의 오직 15~20%만이 소독 가능한 UV 범위에 포함된다. 중압-고강도 lamp의 사용은 보다 소수의 lamp가 필요하고 소독 시스템의 설치공간이 매우 줄어들기 때문에 주로 음용수 공급, 대용량 폐수시설, 우수 월류수, 또는 공간 제한적인 지역으로 한정된다. 중압-고강도 UV lamp의 출력은 lamp의 분광 분포를 크게 바꿈 없이 전력 설정 범위(전형적으로 30~100%)에서 조절될 수 있다. UV 시스템 제조사에 의해 선정되는 특정 lamp는 UV lamp, 안정기 그리고 반응조 설계가 상호 의존적인 통합설계 방식에 따라 선택된다.

**UV Lamp 대안 기술.** 수많은 대안 기술들이 개발되어 왔다. 이들은 대개 대도시 규모에서 사용되지는 않았지만 미래를 바꿀 수도 있다. 개발되거나 적용 중인 lamp 형태들의 몇몇의 예는 (1) 펄스식(pulsed) 에너지 광폭 크세논(xenon) lamp (펄스식 UV), (2) 협폭 엑시머(excimer) UV lamp, (3) 수은-아르곤 무전극 microwave를 전력으로 이용하는 고강도 UV lamp, 그리고 (4) UV 발광 다이오드(LED) lamp를 포함한다.

펄스식 UV lamp는 고준위 복사에서 여러 색의 빛을 발생한다. 펄스식 UV lamp에 의해 발생되는 복사는 해수면에 비치는 햇빛에 비해 강도로서 20,000배인 것으로 평가된다. 펄스식 UV lamp에 의한 소독효과는 조금 자세히 연구되고 있다(O'Brien et al., 1996; EPRI, 1996; Mofidi et al., 2001). 협폭 엑시머(excimer) lamp는 본질적으로 세 가지 파장에서 단색광을 발생하는데 가스의 종류에 따라 172, 222, 308 nm이다. 이러한 목적을 위해서 사용되는 가스로는 크세논(Xe), 염화크세논(XeCl), 크립톤(Kr) 및 염화크립톤(KrCl)이 있다. Microwave가 전력원인 UV lamp에서 UV 빛은 자전관(magnetron)을 이용하여 발생된 마이크로 에너지를 가지고 수은-아르곤으로 채워진 무전극 UV lamp를 타격함으로써 발생된다[그림 12-34(c) 참조]. 제3자의 증명은 없지만 이러한 lamp는 전극을 포함하지 않기 때문에 더 긴 수명(3~5년)을 갖는다고 한다. 현재 개발 중인 UV LED lamp는 예비결과에 기초하면 기존의 UV 기술들과 직접적으로 경쟁할 것으로 보인다. 현재 높은 출력의 UV lamp와 경쟁할 수 있는 LED lamp 기술은 없다.

UV 기술이 이처럼 신속하게 발전하고 있기 때문에 UV 소독 장치를 설계할 때는 최근의 자료를 반드시 찾아보아야 한다. 대부분의 경우에 신기술에 대한 비용 절감효과나 믿을 만한 성능에 대해 증명된 자료가 없다는 것을 알아야 한다.

**UV Lamp를 위한 안정기.** 안정기(ballast)는 lamp에 전류를 제한하는 데 사용되는 변압기의 한 종류이다. UV lamp는 형광 lamp와 비슷한 아크방전(arc discharge) 장치이기 때문에 아크 내의 전류가 많아질수록 저항은 더 낮아진다. 전류를 제한하는 안정기 없이는 lamp가 파괴될 수도 있다. 그러므로 lamp와 안정기를 조합하는 것은 UV 소독 시스템의 설계에서 상당히 중요하다. 안정기의 종류로는 (1) 표준형(core coil), (2) 에너지 절약형(core coil), 그리고 (3) 표준 전자식(고체 상태)이 있다. 일반적으로 전자식 안정기는 자기식 안정기보다 약 10% 가량 에너지 효율적이고 소독에 사용되는 UV lamp를 제어하기 위해 현재 가장 널리 사용되고 있다.

## 》UV 소독 시스템의 구성

사용되는 lamp의 형태에 더하여 폐수의 소독을 위한 UV 시스템은 폐수흐름이 개방형 이냐 폐쇄형 수로냐에 따라 구분되며 각각의 시스템 구성은 아래에 기술하였다.

**개방형 수로 소독 시스템.**  폐수의 소독을 위해 사용되는 저압-저강도, 저압-고강도 개방형 수로 UV 시스템의 주요 구성요소들은 그림 12-35에 나타난다. 보이는 바와 같이 lamp는 물의 흐름 방향과 수평 및 평행[그림 12-35(a) 참조], 직각 및 수직[그림 12-35(c) 참조] 또는 경사면[그림 12-35(e) 참조]으로 위치할 수 있다. 각 모듈은 석영관으로 싸여 있는 정해진 숫자의 UV lamp를 포함한다. Lamp의 총 수는 각 적용방식마다 다르지만 모듈 내 lamp의 수는 수로와 전체 시스템의 배열 및 lamp 제조업체에 따라 결정된다. Lamp 간격은 제조업체와 lamp 종류에 따라 다르나 75 mm~150 mm (3 in~6 in)의 범위에 있다. 경사 lamp UV 시스템은 비교적 최근 개발된 기술이다. 명시된 이점은

### 그림 12-35

**전형적인 개방형 수로 UV 소독시스템의 절개 단면도와 사진.** (a) 유량의 흐름과 평행한 수평 lamp 시스템(Trojan Technologies, Inc), (b) 세척을 위해 수평 lamp 시스템으로부터 제거된 단일 UV 집단(bank)의 모습 (c) 유량의 흐름과 직각인 수직 lamp 시스템(Infilco Degremont Inc.), (d) 세척을 위해 수로에서 꺼내진 수직 lamp 모듈, (e) 경사판(458) lamp 시스템(Xylem, Inc.), 그리고 (f) 수로에서 올려진 경사판 lamp UV 시스템의 모습(Xylem, Inc.)

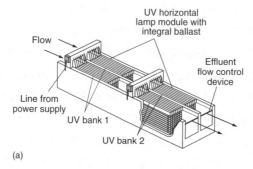

(a)

(b)

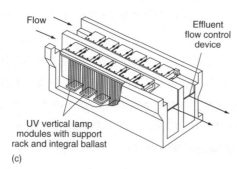

(c)

(d)

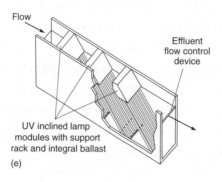

(e)

(f)

고출력으로 더 장기간 사용함을 포함하며 이는 총 lamp의 필요 수를 감소시켜 시스템 유압 및 성능의 향상 그리고 설치, 유지 및 운영의 용이성을 가져온다.

구불구불 길어진 고정 칼날마루웨어(sharp-crested weir), 자동 수위 제어 조절 가능 웨어(adjustable weir) 또는 가중 자동 수문(weighted flap gate, 권장되지 않음)은 각 소독 수로에서 유로의 깊이 조절을 위해서 사용된다. 적절한 수위 제어는 (1) lamp를 항상 물속에 잠기게 하고, (2) lamp의 상부 위에 수위가 너무 높지 않도록 함으로써 단락류를 방지하며, (3) lamp의 집단(bank)이 작동되지 않을 때 소독되지 않은 물이 방류수로를 통해 빠져 나가지 못하도록 수로를 적절하게 밀폐시키기 위해 필수적이다. 부적절한 수위조절 장치는 UV 소독에서 안 좋은 성과를 종종 야기할 수 있다.

각 수로는 일반적으로 2개 이상의 연속적인 lamp 집단으로 이루어져 있고, 각 집단은 수많은 모듈(UV lamp의 선반)로 구성되어 있다. 시스템의 신뢰도를 위하여 예비 집

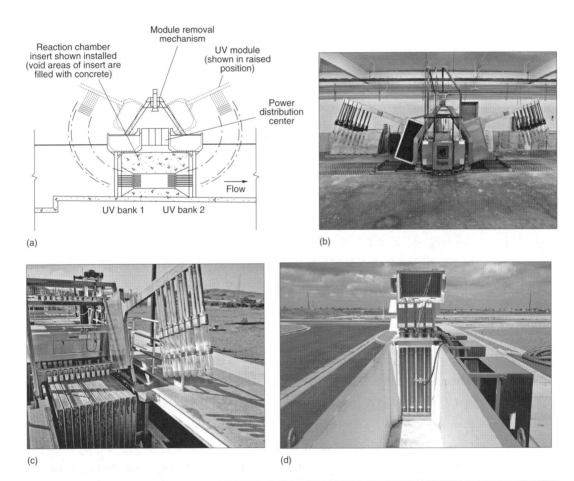

**그림 12-36**

**중압과 microwave 개방형 수로 UV 소독시스템의 전형적인 예.** (a) UV 반응조의 개요도(Trojan Technologies 발췌), (b) 개방형 수로에 설치된 전형적인 중압 UV 시스템, (c) 반응조에서 들려진 한 개의 lamp 모듈에 대한 중압 UV 시스템, 그리고 (d) 개방형 수로에서 수직으로 운영되는 lamp 위에 위치한 마그네트론을 가진 microwave UV lamp[그림 12-34(c) 참조] (Quay Technologies, Ltd 발췌).

단이나 수로를 공급해 두는 것은 중요하다. 유량 설계는 일반적으로 개수로의 수에 따라 균등하게 분배된다. 평행형 및 수직형 저압-저강도 UV 소독 시스템의 전형적인 예는 그림 12-35(c)와 그림 12-35(f)를 통해서 각각 나타내었다. 전형적인 중압 UV 소독 시스템은 그림 12-36(a)와 그림 12-36(b)에 나타내었다. Lamp는 모듈 속에 배열되어 있고 고정된 형상으로 반응조에 위치해 있다[그림 12-36(c) 참조]. Lamp 세척관은 그림 12-36(c)를 통해 보여지며, 수직형 수은-아르곤 무전극 마이크로파(microwave)를 전력원으로 하는 고강도 UV lamp는 그림 12-36(d)에 나타내었다.

**폐쇄형 소독장치.** 저압, 중압-고강도 UV lamp는 주로 폐쇄형에서 사용된다. 2가지 UV 시스템 배열형태로 사용된다. 첫 번째 배열형태에서의 흐름 방향은 그림 12-37(a)에서와 같이 lamp의 위치와 수직 방향이다. 두 번째 배열형태에서의 흐름 방향은 UV lamp와 평행하다[그림 12-37(b) 참조]. 고강도 UV lamp는 lamp 벽의 온도가 600°C~800°C 사이에서 운전되기 때문에 lamp의 UV 출력은 처리수 온도에 의한 영향을 받지 않는다. 전형적인 중압 UV 소독 반응조는 그림 12-37(c)와 그림 12-37(d)에 나타내었으며 폐쇄형 펄스식 UV 반응조는 그림 12-37(f)에 나타내었다.

## ▶ 석영관 세척 시스템

UV 소독 시스템에서 물의 다양한 물리적, 화학적 특성은 각 UV lamp를 감싸는 석영관에 파울링(fouling)을 발생시킨다. UV lamp가 폐수에서 작동하는 동안에 계면온도, 반응조의 수리학적 특성, 그리고 석영의 미세구조 및 형태(topography)와 같은 요소들은 lamp 주변을 보호하는 석영관에 무기성 잔해물과 유기성 필름 또는 기름을 부착시킨다. 이 부착물들은 자외선을 흡수하여 폐수에 자외선의 투과 강도를 감소시킨다.자외선 강도의 감소는 자외선 투과량을 감소시키고 결과적으로는 소독성능을 감소시킨다. 파울링은 예측하기 어렵고 복잡하게 형성된다. 이는 주로 UV 시스템에 의해 처리되는 액체 기반의 화학적, 생물학적 성질 때문에 파울링도 역시 지역특이적인 경향이 있다. 석영관 파울링을 극복하기 위해서 UV 시스템의 다수는 현장 관 세척 시스템들을 가지고 있다. 이러한 세척 시스템들은 아래에 언급되는 바와 같이 (1) 기계적인 것과 (2) 화학적·기계적인 것으로 그 종류를 두 가지로 나눌 수 있다.

**기계적 세척 시스템.** 첫 번째 종류인 기계적 세척 시스템은 석영관의 길이를 따라 작동하면서 큰 잔해물을 제거하고 쌓여 있는 스케일을 긁어내는 와이퍼의 사용을 포함한다. 기계적 세척 시스템은 좋은 수질의 유출수에서 상대적으로 효과적이지만 관 파울링이 높은 유출수에서의 성능은 떨어질 수 있다. 기계적 와이퍼가 있는 UV 시스템을 설계할 때 두 가지 점이 고려되어야 한다. 첫 번째는 UV 소독 시스템의 용량을 정할 때 적절한 석영관 파울링 인자를 적용하는 것이다. 두 번째는 소독 시스템을 수로 밖에서 주기적으로 (주기는 지역마다 다름) 세척할 수 있도록 설계가 반드시 이루어져야 한다. UV 시스템을 설계하는 동안에 반드시 고려되어야만 하는 소독 시스템의 주기적인(주기는 지역특이적임) 수로 세척에 대한 대비책을 포함하는 것이 고려되어야만 한다. 외부 세척은 더 소규모 UV 시스템을 위한 제조업체의 특정 산세척 제품을 가지고 수동으로 행하거나 또는

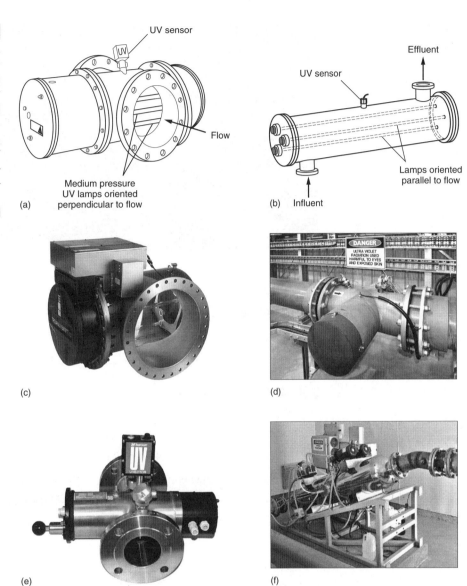

**그림 12-37**

**중압-고강도 폐쇄형 inline UV 소독 시스템 모습.** (a) UV lamp와 수직흐름을 하는 폐쇄형 반응조의 개요도, (b) UV lamp와 수평흐름을 하는 폐쇄형 반응조의 개요도, (c) inline UV 반응조의 모습(Trojan Technologies, Inc), (d) UV 시스템이 설치된 모습, (e) 수동 세척 시스템을 가지고 있는 소규모 inline UV 시스템의 상세도, 그리고 (f) 펄스식 UV 반응조의 모습

UV 모듈을 위해 만들어진 외부 산 용액조(그림 12-38 참조) 안으로 크레인을 통해 수로 밖으로 올라온 모듈을 넣음으로 행해진다.

**화학적·기계적 세척 시스템.**  두 번째 종류인 화학적·기계적 세척은 석영관의 모든 스케일을 제거하고 시스템의 수명 동안 거의 100%의 자외선 출력을 유지하는 데 매우 효과적이라는 것이 증명되었다. 화학적·기계적 세척 시스템은 인산 또는 구연산을 기반으로 하는 작은 부피의 산성 젤이 포함된 2개의 와이퍼를 전형적으로 이용하며 이 화학적 젤은 각 석영관 주변 금속 용기에 남아 있고 1년에 한 번씩 교체된다. 비록 화학적·기계적 세척 시스템이 기계적 세척보다 더 효과적으로 보일지 모르지만 어떤 경우에도 석영관 파울링 인자는 UV 시스템 용량결정 시에 적용되어야 한다.

**그림 12-38**

**내장된 와이퍼가 없는 UV 소독 시스템의 세척.** (a) 세척 용액조 위로 외부 세척을 위해 올라온 18 lamp 모듈을 포함하는 UV 집단, 그리고 (b) 세척 용액조 안에 놓여진 UV 집단

(a)                    (b)

## ≫ UV 조사에 의한 불활성화 메커니즘

자외선은 화학적보다는 물리적인 소독제이며 불활성화와 광회복의 메커니즘은 UV 소독의 몇 가지 기본 원리를 이해하는 데 중요한 개념이다.

**불활성화 메커니즘.** UV 복사는 미생물의 세포벽을 통과하여 모든 생물의 발육을 이끄는 핵산(nucleic acid, DNA와 RNA)에 의해 흡수된다. 핵산에 끼치는 피해는 세포합성 및 세포 분열과 같은 일반적인 세포 생성과정을 저해한다. 리보핵산(RNA)이 대사과정을 조절하는 반면에 디옥시리보핵산(DNA)은 구조를 제어한다. 일반적으로 RNA는 뉴클레오티드 아데닌(nucleotides adenine), 구아닌(guanine), 우라실(uracil) 및 시토신(cytosine)을 가진 단일가닥 구조이나 DNA는 아데닌(adenine), 구아닌(guanine), 티민(thymine), 시토신(cytosine)의 네 개 뉴클레오티드(nucleotide)를 가진 이중가닥 나선 구조이다.

UV 복사에 노출되면 그림 12-39에 나타낸 바와 같이 인접한 티민 분자를 바꿈으로서 DNA가 손상된다. 이중결합 형성의 과정은 이합체화 반응(dimerization)으로 알려져 있으며 시토신-시토신 및 시토신-티민 이합체들도 형성될 수 있다. 그러므로 원생동물인 C. *parvum* 및 G. *lamblia*와 같은 티민이 풍부한 생물은 UV 복사에 더 민감한 경향이 있다(표 12-5 참조; Mofidi et al., 2001; Mofidi et al., 2002). 우라실과 시토신은 RNA에서 대응하는 분자들이다. 바이러스는 단일가닥인 RNA나 이중가닥인 DNA를 가진다. Adenovirus는 이중가닥 DNA를 포함하고 있는데 이는 자외선에 높은 민감도가 있는 것에 대한 가능한 설명으로 여겨지고 있다(Sommer et al., 2001). 또한 UV 복사에의 노출은 연결고리 파괴, DNA끼리의 교차결합 그리고 DNA와 다른 단백질의 교차결합과 같은 더 심각한 손상을 야기할 수도 있다(Crittenden et al., 2005). 일반적으로 적절한 용량의 UV 소독 시스템에서 전달되는 UV 조사가 세포에 효과적이기 위해서는 상당한 수의 결합 또는 세포의 손상이 이루어져야 한다.

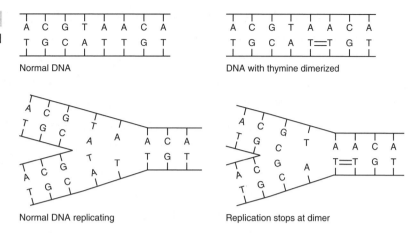

**그림 12-39**

자외선에 노출된 미생물에서 이 중결합의 형성

**생물학적 성장 단계와 UV 조사에 따른 저항력.** 위에서 설명한 메커니즘에 더하여 미생물의 성장 단계에서는 소독제에 대해서 본질적으로 저항력을 가질 수 있다는 것이 발견되었다. 7장에서 언급된 바와 같이 세포는 쉽게 식별 가능한 4개의 단계인 지체기, 대수성장기, 정상기, 사멸기를 겪는다. 각각의 성장단계가 가질 수 있는 *E. coli*의 UV 민감도에 대한 효과는 Modifi et al.(2002)에 의해 평가되었다. 세포 DNA가 활발히 분열되지 않을 때 세균은 UV 소독에 더 많은 저항력을 가질 수 있는 것으로 나타났다. 따라서 만약 자연적으로 발생하는 세균이 환경적인 인자에 의해 방해받지 않는다면 세균은 UV 소독에 대한 비슷한 스펙트럼(spectrum)의 저항성을 보일 수 있다. 이 발견에 기초한다면 세포성장 단계의 지식은 세균의 반응용량 관계식을 세우는 데 중요하다.

**UV 조사에 따른 미생물의 회복.** 일부 미생물들은 UV 복사에 노출된 후에 약간의 대사활동을 유지할 수 있기 때문에 노출에 의한 피해는 회복될 수도 있다. 자연에 존재하는 많은 미생물들은 UV 손상을 회복하기 위한 메커니즘을 진화시키게 되었다. 두 가지 다른 종류의 메커니즘으로 (1) 광회복과 (2) 암(dark) 회복이 있다.

**광회복.** 광회복은 빛에 노출되어 활기를 북돋은 후에 손상된 DNA를 회복할 수 있는 특정 효소들을 포함한다. *Streptomyces griseus*를 대상으로 한 Kelner(1949) 그리고 bacteriophage를 대상으로 한 Dulbecco(1949)에 의해 1949년에 처음 발견된 광회복의 메커니즘은 효소-촉매작용을 하는 것으로 증명되었다(Rupert, 1960). DNA를 회복시키는 효소는 **광효소**(*photolyase*)로 명명되었다. 광회복은 광효소와 그것의 기질인 피리미딘(pyrimidine) 이량체(dimer) 사이에 이루어지는 두 단계의 효소반응으로 설명될 수 있다(Friedberg et al., 1995). 첫 번째 단계는 광효소가 이량체들(그림 12-39 참조)을 인식하고 특히 효소-기질 복합체를 형성하도록 그들을 결합시키는 것이다. 첫 번째 단계는 빛에 독립적이므로 어두운 조건에서도 발생할 수 있다. 효소-이량체 복합체는 안정적이고 이량체들이 310~490 nm 사이의 파장에 있는 빛 에너지를 이용하여 파괴되는 두 번째 회복단계를 거친다. 두 번째 단계는 오직 빛 유입에만 의존적이다.

예를 들어 내부에 구멍이 있는 둥근 형상을 가진 *E. coli* 광효소는 게놈(genome)

DNA로부터 나온 피리미딘 이량체에 구조적으로 결합한다. 일단 파괴된 피리미딘 이량체가 회복되고 구조가 변하면 결합은 느슨해지고 효소는 이량체에서 탈리된다. 병원성 기생충의 경우에 광회복의 효과는 불명확하다. 전염성에 관한 연구를 기초로 Cryptosporidium parvum의 접합자낭은 광회복을 겪지 않는 것으로 보고되었다(Rochelle et al., 2004). 또 다른 연구에서는 피리미딘 이량체의 회복이 Cryptosporidium parvum의 접합자낭에서 일어났다고 보고되었다(Oguma et al., 2001). 이러한 현상은 UV 조사에 따른 DNA의 회복이 이 유기체의 감염성을 회복하기엔 충분치 않을 수 있다는 것이다. 회복을 위해 요구되는 필요한 효소가 바이러스성 DNA 내에는 없을지라도 숙주 세포의 효소가 회복하는 데 사용될 수 있다. 미생물의 자가 회복 능력은 UV 조사량(더 높은 UV 조사량에서 효과 감소), UV 파장, UV 강도, 그리고 광회복 빛에의 노출시간을 포함하는 많은 인자들에 영향을 받는다(Martin and Gehr, 2005). 단일파장 저압 UV에 노출된 Escherichia coli는 스스로 회복할 수 있었던 반면에 복합파장 중압 UV에 노출된 Escherichia coli는 스스로 회복할 수 없었다(Zimmer and Slawson, 2002; Oguma, 2002). 하지만 Legionella pneumophila는 저압 또는 중압 자외선 어느 곳이나 노출 후에 매우 높은 광회복 능력을 보여줬다(Oguma et al., 2004).

최근에 발표된 몇 개의 자료에서는 UV 소독을 완료한 처리수가 약 3시간 동안 어두운 곳에 보관되었을 때 미생물의 재성장 가능성은 상당히 감소되었다(Martin and Gehr, 2005). 중압 자외선에 의해 관찰된 효과의 원인이 무엇인지를 이해하기 위해서는 좀 더 많은 연구가 명백히 필요하다.

**암(dark) 회복.** 1960년대 초반에 자외선으로부터 야기되는 DNA 파괴는 빛 없이 회복될 수 있다는 것이 발견되었다(Hanawalt et al., 1979). 암 회복은 (1) 절제 수복(excision repair)과 (2) 재결합 회복의 두 가지 메커니즘에 의해 일어나는 것으로 보인다. 절제수복에서는 효소가 DNA의 손상 부분을 제거하고 손상 DNA는 재결합 회복에서 DNA의 상호 보완적 가닥(complementary strand)을 이용하여 재생된다. 비록 회복을 위해 요구되는 필수 효소가 바이러스성 DNA 내에는 없을지라도 숙주 세포의 효소가 회복하는 데 사용될 수 있다. 광회복과는 반대로 피리미딘 이량체의 높은 특수성에 따라 암 회복은 유전자 내에 다양한 종류의 손상에 작용할 수 있다. 암 회복 과정은 광 회복에 비해 상당히 느리다.

## ▶▶ UV 조사의 살균효과

UV 소독공정의 총 효과는 (1) UV를 조사할 폐수의 화학적 성상, (2) 입자들의 존재, (3) 미생물의 특성, 그리고 (4) UV 소독 시스템의 물리적 특성과 같은 수많은 인자에 따라 결정된다. 이러한 주제들을 설명하기 전에 UV 소독에 영향을 미치는 인자들을 논하기 위한 기준틀을 제공하기 위해 UV 조사량을 정의하는 것이 적절하다.

**UV 조사량의 정의.** UV 소독효과는 기본적으로 미생물에 조사되는 UV 조사량에 달려 있다. 앞에서 정의된 UV 조사량, $D$는 편의를 위해 식 (12-8)에 다시 한 번 나타내었다.

$$D = I_{avg} \times t \tag{12-8}$$

여기서, $D$ = UV 조사량, $mJ/cm^2$ ($mJ/cm^2 = mW{\cdot}s/cm^2$)

$\quad\quad I_{avg}$ = 평균 UV 강도, $mW/cm^2$

$\quad\quad\quad t$ = 노출시간, 초

UV 조사량의 용어는 화학적 소독제에서 사용되는 주입량의 용어와 유사하다(예, CT). 식 (12-8)에서와 같이 UV 조사량은 UV 강도나 노출시간에 따라 달라진다. UV 조사량 측정에 대한 추가적인 세부사항은 Linden and Mofidi(2003)와 Jin et al.(2006)에 나와 있다.

**폐수의 화학적 성분에 의한 영향.** 폐수의 성분은 평균 UV 강도에 상당한 영향을 줄 수 있다. 이 영향은 흡광도와 투과율로 측정된다. 거리에 따른 UV 강도의 감소는 Beers-Lamber 법에 의해 2장에 정의되었으며, 편의를 위해 다시 한 번 나타내었다.

$$\log\left(\frac{I}{I_o}\right) = -\varepsilon(\lambda)Cx = k(\lambda)x = [A(\lambda)/x]x \tag{2-19}$$

여기서 $I$ = 광원으로부터 거리 $x$에서 빛의 강도, $mW/cm^2$

$\quad\quad I_0$ = 광원에서 빛 강도, $mW/cm^2$

$\quad\quad \varepsilon(\lambda)$ = 파장 $\lambda$에서 빛을 흡수하는 용질의 몰 흡광계수(또한 흡광계수로 알려짐), L/mole·cm

$\quad\quad C$ = 빛을 흡수하는 용질의 농도, mole/L

$\quad\quad x$ = 빛 파장길이, cm

$\quad\quad k(\lambda)$ = 흡수율, $cm^{-1}$

$\quad\quad A(\lambda)$ = 흡광도, 무차원 수

흡광도 $A(\lambda)$가 비록 무차원 수이지만 흡광도는 흡수율 $k(\lambda)$과 일치하는 단위 $cm^{-1}$로 종종 표시된다. 만약 빛 경로의 길이가 1cm 라면 흡수율은 흡광도와 같다. UV 사용에 있어서는 다음 식으로 정의된 투과율을 사용하는 것이 더 일반적이다.

$$투과율,\ T,\ \% = \left(\frac{I}{I_o}\right) \times 100 \tag{2-21}$$

여러 가지의 다른 처리공정을 거친 폐수에 대한 일반적인 흡광도와 투과율 값은 표 12-29에 나타내었다.

용존 오염물은 자외선 강도의 저하로 이어지는 흡수(오염물에 의한 자외선 흡수는 자외선 강도의 약화를 초래함) 또는 UV lamp 석영관의 파울링을 통해 UV 소독에 직접적으로 영향을 준다. 다른 폐수처리공정들의 유출수에서 발견되는 오염물의 영향은 표 12-30에 작성되어 있다. 폐수 소독을 위한 UV 소독공정에서 발생되는 가장 난감한 문제 중 하나는 처리공정에서 전형적으로 관찰되는 흡광도(또는 투과율)의 다양성이다. 종종 투과율의 변화는 산업폐수의 방류로 인하여 나타나는데 주간이나 계절별 변화를 초래한다. 산업폐수에 의해 흔히 나타나는 영향은 유기 및 무기 염료와 중금속, 복잡한 유기

화합물과 관련되어 있다.

투과율에 영향을 주는 무기화합물 중에서 철은 자외선 흡수도의 측면에서 가장 중요하다고 여겨지는데, 이는 용존 철이 자외선을 직접 흡수할 수 있기 때문이다. 이중결합과 방향족 작용기를 포함하는 유기화합물 또한 자외선 빛을 흡수할 수 있다. 폐수에 존재하는 다양한 화합물에 대한 흡광도 값은 표 12-31에 주어져 있다. 표 12-31에 표시된 정보를 통해 폐수에 철의 존재가 UV 사용에 상당한 영향을 줄 수 있다는 것은 명확하다. 만약 처리공정에서 철염이 사용된다면 다른 화합물(예를 들어, alum)로 교체하는 것에 대한 경제적 이익을 평가해야 하는데 더 작은 UV 시스템을 적용할 때의 비용 절감이 새로운 화학약품으로 교체할 때의 시설비나 운영비보다 더 큰지 여부를 검토해야 한다. 우수의 유입, 특히 지상으로부터 유래한 휴믹물질이 있을 때에는 큰 폭의 변화를 야기한다는 것을 아는 것 또한 중요하다. 일반적으로 투과율의 변화에 대한 해결은 산업폐수 방류의 관찰, 오염원에서의 제어 프로그램 수행, 침투수의 정확한 출처를 요구할 수 있다. 몇몇의 경우들에서는 생물학적 처리가 유입수의 변화를 완화할 수 있고, 몇몇의 극한 상황들에서는 UV 소독이 효과가 없을 것이라고 결론지어질 수도 있다.

UV 소독의 실행을 평가하는 곳에서는 실시간으로 투과율의 변화를 상세히 기록하기 위한 온라인 모니터링 장비를 설치하는 것이 유용하다. 그렇지 않으면 수동으로 UV 투과율을 측정할 수 있는 탁상형(bench-top) 광도계를 사용할 수 있다. 광도계에 의한 측정은 실시간 측정 장비의 연속측정과 반대로 UV 투과율의 "순간값(snapshots)"을 공급할 것이다. 만약 충분한 순간값이 모아진다면 꽤 정확한 UV 투과율 경향을 알아낼 수 있으며 이는 온라인 모니터링 자료의 정확도와 동일할 수도 있다.

**입자의 영향.** 조사될 폐수 내에 입자의 존재도 역시 UV 소독효과에 영향을 미치게 된다(Qualls et al., 1983; Parker and Darby, 1995; Rmerick et al., 1999). 입자가 UV 소독에 영향을 줄 수 있는 방식은 그림 12-40에 나타나 있다. 많은 미생물들은 다른 물질과 결합되지 않은 분산된 상태 그리고 다른 세균이나 세포 부스러기와 같은 다른 물질과 결합된 입자 상태로 폐수 내에 존재한다. 대장균은 다른 병원성 미생물의 존재에 대한 지표로서 사용되고(2장 참조) 대장균의 사멸은 다른 병원성 미생물의 사멸을 의미하기 때문에 대장균은 배출 허용 기준에서 중심적인 역할을 하고 있어 특히 중요하다. 입자에 내

| 표 12-29<br>254 nm의 파장에서 다양한 폐수에 대한 흡광도와 투과율 | 폐수의 형태 | 흡광도, a.u./cm | 투과율[a], % |
|---|---|---|---|
| | 1차 처리수 | 0.7~0.3 | 20~50 |
| | 2차 처리수 | 0.35~0.15 | 45~70 |
| | 질산화된 2차 처리수 | 0.35~0.1 | 56~79 |
| | 여과된 2차 처리수 | 0.25~0.1 | 56~79 |
| | 정밀여과 처리수 | 0.1~0.04 | 79~91 |
| | 삼투막 처리수 | 0.05~0.01 | 89~98 |

[a] T, % = $10^{-A(\lambda)} \times 100$

**표 12-30**

**폐수 소독을 위해 UV 복사가 사용될 때 폐수 구성성분의 영향**

| 구성물질 | 효과 |
|---|---|
| BOD, COD, TOC 등 | BOD 중 휴믹물질이 차지하는 비율이 적다면 그리 큰 영향을 미치지 않음 |
| 휴믹물질 | 자외선 투과율에 큰 영향을 미침 |
| 오일과 그리스 | 석영관에 축적되어 자외선 투과율에 영향을 줌 |
| TSS | 자외선을 흡수하고 미생물의 피난처가 됨 |
| 알칼리도 | 용존 물질에 의한 잠재적인 영향을 가짐 |
| 경도 | 칼슘, 마그네슘 등과 같은 경도 물질은 석영관에 축적되어 lamp 표면의 온도를 상승시킬 수도 있음 |
| 암모니아 | 거의 영향 없음 |
| 아질산이온 | 거의 영향 없음 |
| 질산이온 | 거의 영향 없음 |
| 철 | 석영관 표면에서 SS를 흡수하여 투과율에 영향을 미침 |
| 망간 | 자외선 투과율에 영향을 미침 |
| pH | 용존성 금속과 탄산염에 의해 영향을 줌 |
| TDS | 금속성 침전물을 생성하여 잠재적인 영향을 줄 수 있음 |
| 산업폐수 | 폐수 성상에 따라 계절적 변화가 심함 |
| 우수유입 | 폐수 성상에 따라 계절적 변화가 심함 |

**표 12-31**

**폐수에 일반적인 화합물질 및 용수의 UV 흡광도**

| 화합물 | 형태나 모양 | 몰 흡수계수, L/mole·cm | 임계농도, mg/L |
|---|---|---|---|
| 3가 철 | Fe[III] | 3069 | 0.057 |
| 2가 철 | Fe[II] | 466 | 9.6 |
| 차아염소산 이온 | OCl$^-$ | 29.5 | 8.4 |
| N-nitrosodimethylamine | NDMA | 1974 | |
| 질산이온 | NO$_3^-$ | 3.4 | |
| 자연 유기물 | NOM | 80~350 | |
| 오존 | O$_3$ | 3250 | 0.071 |
| 아연 | Zn$^{2+}$ | 1.7 | 187 |
| 물 | H$_2$O | $6.1 \times 10^{-6}$ | |

재된 미생물과 비교해서 분산 상태인 대장균은 평균적인 자외선 강도에 완전히 노출되기 때문에 쉽게 사멸된다(그림 12-40 참조). 처리공정과 관련된 소독은 입자와 관련된 미생물의 영향을 항상 받고 있다(그림 12-5 참조). 사실 대장균은 자외선으로부터 완전히 보호될 수 있는 수준까지 입자들과 연관되어 자외선 조사 후 대장균을 잔류시킬 수 있다.

활성슬러지공정 유출수의 경우에 UV으로부터 대장균의 보호능력은 최소입자의 크기(10 $\mu$m 정도)에 좌우된다는 점이 관찰되었다(Emerick et al., 2000). 활성슬러지 입자의 다공성 특성 때문에 임계크기보다 작은 입자는 자외선 강도를 저하시키지 못한다. 그러므로 이러한 입자에 내재된 미생물은 분산되어 존재하는 미생물과 유사한 방식으로 제

**그림 12-40**

빛의 산란, 반사 및 굴절, 불완전한 침투, 가려진 미생물을 포함하는 UV 소독의 효과에 영향을 미치는 입자 상호작용

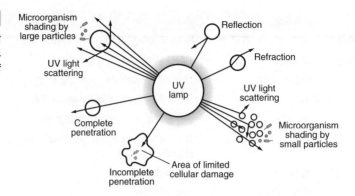

거된다. 임계크기보다 큰 입자들은 적용된 자외선 강도를 저하시켜 입자와 관련된 미생물에 대한 사멸률의 감소로 이어지게 하거나 또는 대장균을 보호할 수 있다. 대장균은 입자 내에 무작위로 존재하고 입자 안에 보호가 가장 잘 되는 곳에 일반적으로 위치하고 있지 않기 때문에 일단 임계크기 이상이 되면 입자의 크기는 영향인자가 되지 않는 것으로 보인다.

**미생물의 특성.** UV 소독공정의 효과는 미생물 군락뿐 아니라 미생물의 특성에도 의존한다. 다양한 폐수에서 UV 소독에 의한 대장균 미생물들의 일반적인 소독능력은 표 12-32에 제시되어 있다. 표 12-32에 주어진 값은 오직 초기에 요구되는 UV 조사량을 산정하기 위한 참고자료임을 의미한다. 제시된 값의 범위는 폐수의 다양한 성질을 반영한다. 폐수에서 관심대상 대표 미생물의 소독을 위한 UV 조사의 상대적인 효과는 표 12-33에 나타내었다. 표 12-5에 주어진 값과 마찬가지로 표 12-33에 주어진 값은 서로 다른 미생물에 대해서 요구되는 상대적인 UV 조사량을 평가하기 위한 참고자료임을 의미한다. 분석 방법이 향상됨에 따라 특정 병원성 미생물의 불활성화를 위해 요구되는 UV 조사량은 계속 변하고 있다. 예를 들어 역학조사가 수행되기 전에는 합리적인 조사량($200 \ mJ/cm^2$ 이하)에서 UV 소독이 *Cryptosporidium parvum*과 *Giardia lamblia*의 불활성화에 효과가 없는 것으로 생각되었다. 그러나 역학조사에 따르면 이 두 가지의 원생동물은 매우 낮은 UV 조사량($5{\sim}15 \ mJ/cm^2$)에서 불활성화되는 것으로 밝혀졌다(Linden, 2001; Mofi di et al., 2001, 2002). 특정 미생물의 불활성을 위한 UV 조사량을 알기 위해서는 최근의 문헌들을 참고해야 한다.

**장치 특성의 영향.** 식 (12-8)을 적용하여 UV 소독 반응조를 설계하는 데 있어서 문제점은 (1) 평균 UV 강도의 부정확성 그리고 (2) UV 소독장치를 통과하는 모든 병원균에 대한 노출시간과 관련이 있다. 실제로 현장규모의 UV 소독 반응조는 본래 강도의 변화(profile)와 노출시간의 분포로 인해 조사량의 분포를 가진다. 본래 강도의 변화는 장치 내에 일정하지 않은 lamp 배치, 이상적인 방사상 혼합의 결여, 입자에 의한 산란과 흡수, 그리고 액상매체의 흡수로 발생한다. 노출시간의 분포는 종 방향으로의 혼합을 초래하는 이상적이지 못한 물의 흐름에 의한 것이다.

**표 12-32**

다양한 폐수의 유출수에 대한 총 대장균 소독 기준 달성에 필요한 전형적인 UV 조사량

| 폐수의 형태 | 초기 대장균 수 MPN/100 mL | UV 조사량, mJ/cm² | | | |
|---|---|---|---|---|---|
| | | 방류 기준, MPN/100 mL | | | |
| | | 1000 | 200 | 23 | ≤ 2.2 |
| 원수 | $10^7 \sim 10^9$ | 20~50 | | | |
| 1차 처리수 | $10^7 \sim 10^9$ | 20~50 | | | |
| 살수여상 유출수 | $10^5 \sim 10^6$ | 20~35 | 25~40 | 40~60 | 90~110 |
| 활성슬러지 유출수 | $10^5 \sim 10^6$ | 20~30 | 25~40 | 40~60 | 90~110 |
| 여과된 활성슬러지 유출수 | $10^4 \sim 10^6$ | 20~30 | 25~40 | 40~60 | 80~100 |
| 질산화된 유출수 | $10^4 \sim 10^6$ | 20~30 | 25~40 | 40~60 | 80~100 |
| 여과된 질산화 유출수 | $10^4 \sim 10^6$ | 20~30 | 25~40 | 40~60 | 80~100 |
| 정밀여과 유출수 | $10^1 \sim 10^3$ | 5~10 | 10~15 | 15~30 | 40~50 |
| 역삼투 유출수 | ~0 | ~ | ~ | ~ | 5~10 |
| 부패조 유출수 | $10^7 \sim 10^9$ | 20~40 | 25~50 | | |
| 간헐적 모래여과 유출수 | $10^2 \sim 10^4$ | 10~20 | 15~25 | 25~35 | 50~60 |

개방형과 폐쇄형 UV 소독 장치에서 부닥치고 있는 가장 심각한 문제들 중의 하나는 UV 집단 장치의 유입구에서 유출구까지 유속을 균일하게 만드는 것이다. 염소 소독조와 같은 기존의 개방형 수로를 UV 시스템으로 개조할 때 균일한 유속을 얻기가 특히 어렵다. UV 시스템의 수리문제와 동등하게 심각한 두 번째 문제는 수로가 신축 혹은 개축된 것에 관계없이 수로 사이의 동등한 유량 분포이다. 균일하지 못한 유량의 분배는 한 개의 수로에 과다 조사를 발생시킬 수 있고 가장 중요한 것은 다른 수로에서 소독성능의 저하를 초래하는 과소 조사가 이루어질 수 있다. 다수의 수로가 존재하는 UV 시스템에서 이상적 유량 배분을 보장하고 각 수로에서 균일한 유속을 유지하는 것은 매우 중요하다. UV 소독 시스템의 수리학적 성능을 최적화하기 위해서는 전산 유체역학(CFD) 모델링이 고려되어야 한다.

## ⟫ UV 조사량 산정

UV 소독 시스템의 성능을 평가하는 첫 단계는 처리시설 배출 허용 기준 이하로 미생물을 불활성화하기 위해 필요한 UV 조사량을 결정하고 물 재이용 시에 공중보건을 보호하는 것이다. UV 조사량을 예측하는 데 세 가지 방법이 사용되고 있다. 첫째 평균 조사량은 평균 UV 강도와 노출시간에 의해 결정된다. 평균 UV 강도는 point source summation (PSS) 방법(U.S. EPA, 1992)으로 알려진 계산 절차에 의해 예측된다. PSS 방법은 시스템의 특정 수리학적 조건(즉, PSS에서는 실규모 소독 시스템에서는 절대 일어날 수 없는 이상적인 수리학적 거동을 가정)을 설명하는 데 실패했기 때문에 지난 10년 이상 설계자들에 의해 많이 사용되지 못했다. 최근에 이 방법은 UV 조사량 결정에 사용되지 않는다.

**표 12-33**

폐수에서 관심대상 대표 미생물의 소독에 대한 UV 복사의 상대적인 효과 추정

| 미생물 | 총 대장균 조사량에 상대적인 값 |
|---|---|
| Bacteria | |
| *Escherichia coli* (E.coli) | 0.6~0.8 |
| Fecal coliform | 0.9~1.0 |
| *Pseudomonas aeruginosa* | 1.5~2.0 |
| *Salmonella typhosa* | 0.8~1.0 |
| *Streptococcus fecalis* | 1.3~1.4 |
| Total coliform | 1.0 |
| *Vibrio cholerae* | 0.8~0.9 |
| Viruses | |
| *Adenovirus* | 6~8 |
| *Coxsackie A2* | 1.2~1.2 |
| MS-2 bacteriophage | 2.2~2.4 |
| Polio type 1 | 1.0~1.1 |
| *Rotavirus SA 11* | 1.4~1.6 |
| Protozoa | |
| *Acanthamoeba castellanii* | 6~8 |
| *Cryptosporidium parvum* | 0.4~0.5 |
| *Cryptosporidium parvum oocysts* | 1.3~1.5 |
| *Giardia lamblia* | 0.3~0.4 |
| *Giardia lamblia cysts* | 0.3~0.4 |

[a] 군집되지 않은 분산상태의 부유 미생물에 기초한 상대적인 조사량. 미생물이 군집되거나 입자와 연관되어 있으면 이 상대적인 조사량은 의미가 없음.

두 번째 방법은 자외선 조사량 분포를 알기 위하여 반응조 내의 유속과 UV 강도 변화의 분포를 통합하는 CFD의 사용을 포함한다(Batchley et al., 1995). 비록 CFD 방법이 유망하기는 하지만 (1) 방법이 표준화되지 않았고 (2) 소독성능을 충분히 예측할 수 없었으며, 그리고 (3) 계산값은 비록 정확하지만 UV 소독 시스템의 규격화에 있어 UV 조사량의 분포에 대한 보고상의 문제점이 발견되고 있기 때문에 현재 사용이 제한되고 있다. 세 번째는 가장 널리 사용하는 방법으로 평행 빔 생물검정(collimated beam bioassay)을 사용하여 UV 조사량을 결정한다. UV 소독 시스템의 설계 시에 생물검정의 사용에 대해서는 아래에서 설명된다.

**Collimated Beam Bioassay에 의한 UV 조사량 계산.** 미생물의 불성화를 위한 자외선 조사량을 결정하기 위해 가장 일반적이고 산업적으로 가능한 방법은 알고 있는 UV 조사량이 적용되는 소규모 반응조(즉 Petri dish)와 평행 빔(collimated beam)의 사용을 포함한다. 전형적인 평행 빔 장치는 그림 12-41에 나타내었다. 평행 빔 장치의 단일파장 저압-저강도 램프의 사용을 통해 적용된 자외선 강도의 정확한 특징을 알 수 있다.

정확한 노출시간을 결정하기 위해 회분식 반응조가 사용된다. 식 (12-8)에 정의된

것처럼 적용되는 UV 조사량은 UV 강도를 일정하게 유지하면서 노출시간을 간단히 변화시킴으로서 조절될 수 있다. 기하학적 구조는 고정되어 있기 때문에 Petri Dish 시료내의 깊이 평균 자외선 강도는 다음 관계를 사용하면 계산될 수 있다.

$$D = I_o t(1 - R)P_f\left[\frac{(1 - 10^{-k_{254}d})}{2.303(k_{254}d)}\right]\left(\frac{L}{L + d}\right) \tag{12-64}$$

$$D = I_o t(1 - R)P_f\left[\frac{(1 - e^{-2.303k_{254}d})}{2.303(k_{254}d)}\right]\left(\frac{L}{L + d}\right) \tag{12-65}$$

여기서 $D$ = 평균 평행 빔 UV 조사량($I_0 \times t$), mJ/cm$^2$

$I_0$ = 시료 조사 전·후의 시료 표면 위에서 평균입사 UV 강도, mW/cm$^2$

$t$ = 노출시간, 초

$R$ = 254 nm에서 물과 공기 사이의 계면 반사율

$P_f$ = Petri dish 인자

$k_{254}$ = 시료의 흡광도, 흡수율, a.u./cm (base 10)

$d$ = 시료의 깊이, cm

$L$ = lamp의 중앙선부터 액체 표면까지 거리, cm

식 (12-64)의 우변에 $(1 - R)$은 물과 공기 계면에서의 반사율을 설명한다. $R$ 값은 일반적으로 약 2.5%이다. $P_f$는 자외선 강도가 Petri dish의 모든 구역에서 균일하지 않을 수 있다는 사실을 설명한다. $P_f$ 값은 일반적으로 0.9보다 크다. 괄호 내의 항은 Petri dish의 깊이로 평균된 자외선 강도이고 Beer-Lambert law에 기초한다(2장, 예제 2-5 참조). 마지막 항은 시료 위의 UV 광원의 높이에 대한 보정계수이다. 식 (12-64)의 적용은 예제

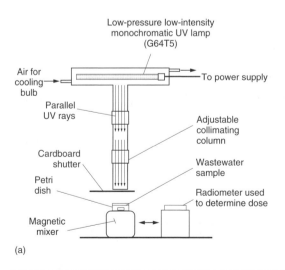
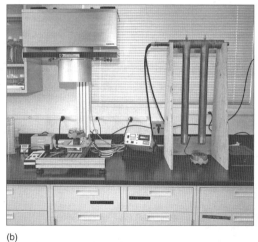

**그림 12-41**

**UV 소독의 반응용량 곡선을 만들기 위해 사용되는 평행 빔 장치.** (a) 개요도, 그리고 (b) 두 가지 다른 형태의 평행 빔 장치들의 모습. 왼쪽의 것은 유럽식 설계; 오른쪽의 것은 (a)의 개요도와 같은 형태

12-11에 나타내었다.

계산된 UV 조사량의 불확실성은 다음 식들 중의 하나와 같이 변화의 합을 사용하여 예측될 수 있다.

최대 불확실성

$$U_D = \pm \sum_{n=1}^{N} \left| U_{V_n} \frac{\partial D}{\partial V_n} \right| \tag{12-66}$$

최적 추산 불확실성

$$U_D = \pm \left[ \sum_{n=1}^{N} \left( U_{V_n} \frac{\partial D}{\partial V_n} \right)^2 \right]^{1/2} \tag{12-67}$$

여기서 $U_D$ = UV 조사량 값의 불확실성, mJ/cm$^2$

$U_{V_n}$ = 변수의 불확실성 또는 오류, $n$

$V_n$ = 변수, $n$

$\partial D / \partial V_n$ = 변수 $V_n$에 대한 편미분식

$N$ = 변수의 수

식 (12-66)과 같이 최대 추산 불확실성은 모든 오류가 최대치라는 조건을 대표한다. 식 (12-67)과 같이 최적 추산 불확실성은 모든 오류가 같은 시간에 최대일 것 같지도 않고 몇몇의 오류가 서로 상쇄될 수도 있다는 사실 때문에 가장 흔하게 사용된다. 식 (12-67) 의 적용은 예제 12-11에 나타내었다. 평균 UV 강도와 노출시간에 대한 지식은 식 (12-8)을 사용하여 적용된 UV 조사량의 평균을 계산할 수 있게 한다. 아래 언급한 바와 같이 UV 조사량은 미생물 불활성화 결과와 서로 상관성이 있다.

**생물검정 시험.** 주어진 UV 조사량에 의해 달성 가능한 미생물 불활성화 정도를 평가하

---

예제 12-11 | **평행 빔 시험에서 전달되는 UV 조사량의 결정** 실험실 규모의 오존 실험으로부터 수집한 다음의 자료를 이용하여 평균 오존 요구량을 추정하고 이에 상응하는 감쇄자료의 1차 방정식을 결정하라.

$I_0 = 5 \pm 0.35$ mW/cm$^2$(미터의 정밀도 ± 7%)

$t = 60 \pm 1$ s

$R = 0.025$(정확한 값으로 가정)

$P_f = 0.94 \pm 0.02$

$k_{254} = 0.065 \pm 0.005$ cm$^{-1}$

$d = 1 \pm 0.05$ cm

$L = 40 \pm 0.5$ cm

**풀이**

1. 식 (12–64)를 사용하여 평행 빔에 의해서 전달되는 UV 조사량을 예측하라.

$$D = I_o t(1 - R)P_f\left[\frac{(1 - 10^{-k_{254}d})}{2.303(k_{254}d)}\right]\left(\frac{L}{L + d}\right)$$

$$= (5 \times 60)(1 - 0.025)(0.94)P_f\left[\frac{(1 - 10^{-0.065 \times 1})}{2.303(0.065 \times 1)}\right]\left(\frac{40}{40 + 1}\right)$$

$$= (300)(0.975)(0.94)(0.928)(0.976) = 249 \text{ mJ/cm}^2$$

2. 계산된 UV 조사량을 통해 최적 추산 불확실성을 결정하라. 계산된 조사량의 불확실성은 식 (12–67)을 이용하여 예측될 수 있다. 계산 절차는 변수 중 하나에 대해 나타내었고 남아 있는 다른 변수에 대해서는 요약되어 있다.

a. 측정 시간 $t$의 변화에 따른 측정 UV 조사량의 변동성을 파악하라. 시간 $t$에 대하여 단계 1에서 사용된 식의 편미분은 다음과 같다.

$$U_t\frac{\partial D}{\partial t} = U_t\left\{I_o(1 - R)P_f\left[\frac{(1 - 10^{-k_{254}d})}{2.303(k_{254}d)}\right]\left(\frac{L}{L + d}\right)\right\}$$

$$U_t\frac{\partial D}{\partial t} = (1)\left\{5(1 - 0.025)(0.94)\left[\frac{(1 - 10^{-0.065 \times 1})}{2.303(0.065 \times 1)}\right]\left(\frac{40}{40 + 1}\right)\right\}$$

$$= 4.15 \text{ mJ/cm}^2$$

$$U_{D,t} = \pm\left[\left(U_t\frac{\partial D}{\partial t}\right)^2\right]^{1/2} = \pm[(4.15 \text{ mJ/cm}^2)^2]^{1/2} = \pm4.15 \text{ mJ/cm}^2$$

퍼센트 $= 100\ U_{D,t}/D = 100(4.15/249) = 1.67\%$

b. 비슷한 방법으로 나머지 변수들에 대한 편미분 값을 구하면 아래와 같다.

$U_{D,I_o} = 17.44 \text{ mJ/cm}^2$ and $7.0\%$

$U_{D,P_f} = 5.30 \text{ mJ/cm}^2$ and $2.13\%$

$U_{D,k_{254}} = 1.40 \text{ mJ/cm}^2$ and $0.56\%$

$D_{D,d} = 1.21 \text{ mJ/cm}^2$ and $0.49\%$

$U_{D,L} = 0.076 \text{ mJ/cm}^2$ and $0.03\%$

c. 식 12–67을 사용한 최적 추산 불확실성

$$U_D = \pm[(4.15)^2 + (17.44)^2 + (5.30)^2 + (1.40)^2 + (1.21)^2 + (0.076)^2]^{1/2}$$

$$= \pm18.8 \text{ mJ/cm}^2$$

Percent $= (100 \times 18.8)/249.0 = 7.55$ percent

퍼센트 $= (100 \times 18.8)/249.0 = 7.55\%$

3. 위의 불확실성 계산에 기초한 가장 유사한 UV 조사량

$$D = 249 \pm 19 \text{ mJ/cm}^2$$

평행 빔 시험과 최적 추산 불확실성에 기초하면 일관되게 전달될 수 있는 자외선 조사량의 최저 예측치는 230 mJ/cm² (249 − 19)이다. 최대 불확실성은 개개의 오차의 합과 같으며 ± 30 mJ/cm²이다.

기 위해서 미생물의 농도는 평행 빔에 노출 전·후로 결정되어야 한다(그림 12−41 참조). 미생물 불활성화는 최적확수(MPN) 방법이나 세균 여과막 시험, 바이러스에 대한 용균반(plaque) 수 측정법, 원생동물에 대한 동물 감염성 측정법 등을 통해 측정된다. 실험실 평행 빔 반응용량 시험자료의 정확성을 검증하고 통계적 중요성을 확보하기 위하여 평행 빔 시험은 반복되어야 한다. 미생물의 원액이 단분산(mono-dispersed)이라는 확신을 가지기 위하여 실험실 불활성화 실험자료는 품질관리 한계점의 허용 한도 내에 있어야 한다. 국립물환경연구소(NWRI, 2003)와 U.S. EPA(2003b)에 의해 제안된 세균살균바이러스(bacteriophage) MS2의 품질관리 한계점은 다음과 같다.

NWRI

$$\text{상한: } -\log_{10}(N/N_o) = 0.040 \times D + 0.64 \tag{12-68a}$$

$$\text{하한: } -\log_{10}(N/N_o) = 0.033 \times D + 0.20 \tag{12-68b}$$

U.S. EPA

$$\text{상한: } -\log_{10}(N/N_o) = -9.6 \times 10^{-5} \times D^2 + 4.5 \times 10^{-2} \times D \tag{12-69a}$$

$$\text{하한: } -\log_{10}(N/N_o) = -1.4 \times 10^{-4} \times D^2 + 7.6 \times 10^{-2} \times D \tag{12-69b}$$

여기서 $D$ = 자외선 조사량, mJ/cm²

예제 12−12에 나타낸 바와 같이 U.S. EPA에 의해 제안된 한계는 NWRI에 의해 사용되는 한계보다 더 완화되어 있다. 유사한 한계 곡선은 *B. subtilus*에 대해서 제시된 바 있다 (U.S. EPA, 2003b). NWRI 지침은 물 재이용에 적용하기 위해 사용된다.

---

| 예제 12−12 | **세균살균바이러스 MS2 반응에 대한 실험실 측정을 통한 검증** 다음의 평행 빔 시험결과는 UV 반응조를 시험하기 위해 사용된 세균살균바이러스(bacteriophage) MS2의 원액에 대해서 얻어졌다. 이 결과는 실험실 시험결과가 허용 가능하다는 것을 검증하고 반응용량 관계식을 정의하기 위해 사용된다. |

| 조사량, mJ/cm² | 생존 농도,phage/mL | 생존 log값 [a] log (phage/mL) | Log 불활성화 |
|---|---|---|---|
| 0 | 1.00E + 07 | 7.000 | 0.000 |
| 20 | 1.12E + 06 | 6.049 | 0.951[b] |
| 40 | 7.41 + 04 | 4.870 | 2.130 |

| 조사량, mJ/cm² | 생존 농도,phage/mL | 생존 log값 ª log (phage/mL) | Log 불활성화 |
|---|---|---|---|
| 60 | 1.95E + 04 | 4.290 | 2.710 |
| 80 | 4.37E + 03 | 3.640 | 3.360 |
| 100 | 1.02E + 03 | 3.009 | 3.991 |
| 120 | 7.08E + 01 | 1.850 | 5.150 |

ª log 변환 수에 따르는 규칙은 변환되는 숫자와 동일하게 유효 숫자의 자리 수를 맞추는 것이다.

ᵇ 시료계산: 로그 불활성화 = 7.000 − 6.049 = 0.951

**풀이**

1. 평행 빔 시험결과를 그래프로 작성하고 NWRI[식 12–68(a)와 식 12–68(b)] 및 U.S EPA[식 12–69(a)와 식 12–69(b)]에서 UV 지침으로 제시한 품질관리 범위에 관한 식과 비교하라. 그 결과는 아래 주어진 그림에 그래프로 작성되어 있다.

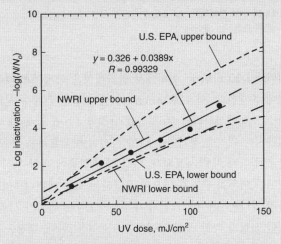

2. 위의 그래프에 보이는 바와 같이 모든 자료의 점들은 NWRI와 U.S. EPA에서 정의한 허용 범위 내에 존재한다.

3. 반응용량 관계식을 정의하라. 선형 회귀분석에 기초한 UV 반응용량 관계식

$$\text{UV 조사량} = \frac{\log \text{ inactivation} - 0.326}{0.0389}$$

**조언** 일반적으로 생물검정 시험을 수행할 때 MS2의 초기 농도는 불활성화가 완료된 제거율보다 높은 99%이어야 한다. 조사된 시료는 플레이트(plate)마다 형성되는 용균반 수가 20~200 사이가 되도록 희석되어야 한다.

**생물검정 평행 시험 결과의 기록과 활용.** 평행 빔 생물검정의 결과는 예제 12–12에서 구하고 그림 12–42에 보인 바와 같이 반응용량 곡선의 형태로 기록된다. 그림 12–42(a)의 불활성화 곡선은 UV에 노출된 분산상태 미생물(MS2와 poliovirus)에 대한 것이며, 그림 12–42(b)의 경우에는 입자상 물질을 함유하고 있는 폐수에 대한 것이다. 실제로 세균살균바이러스 MS2에 대한 반응용량 곡선의 선형부분은 주로 20~120 mJ/cm² 사이에

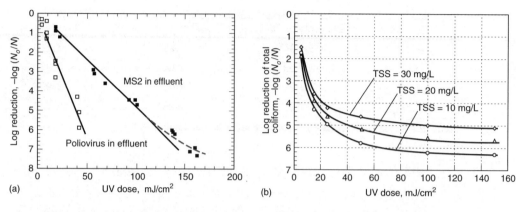

**그림 12–42**

평행 빔 장치를 사용하여 얻어진 자료로부터 구한 전형적인 UV 소독 반응용량 곡선. (a) 분산상태의 미생물 대상(Cooper et al., 2000), 그리고 (b) 다양한 TSS 농도를 포함하는 폐수 대상

있다. 약 20 mJ/cm² 이하에서 불확실성은 측정뿐 아니라 가동되는 소독 메커니즘의 특징에 존재한다. 약 120 mJ/cm² 이상일 경우에 폐수 시료 내에 입자의 존재나 덩어리는 염소 소독에서 관찰되는 지연효과(그림 12–6 참조)와 비슷한 방해효과를 야기한다. 문헌에서는 원점을 통과하는 다항 곡선이 방해효과를 포함하는 반응용량 데이터의 모두를 맞추기 위해 자주 사용된다. 다항 곡선 맞춤에 대한 문제점은 이러한 맞춤의 사용에 대한 어떠한 이론적 근거가 없으며 운영하는 소독 메커니즘이 낮고 높은 UV 조사량에서 동일하지 않다는 것이다. 그러나 대부분의 UV 소독기가 시험되는 지역에서 반응용량 관계에 대한 선형과 다항 곡선 사이의 차이는 미미하다. 대장균 분해 바이러스 MS2를 사용하는 평행 빔 시험계획(protocol)에 관한 추가적인 세부사항은 NWRI 지침서(2012)에 수록되어 있다.

## 》 UV 소독 지침

National Water Research Institute와 the American Water Works Association Research Foundation에서는 "음용수와 폐수재생을 위한 UV 소독 지침서"를 출판하였다(NWRI, 1993; NWRI and AWWARF, 2000; NWRI, 2003, NWRI, 2012). UV 지침서에서는 (1) 반응조 설계, (2) 신뢰도 설계, (3) 모니터링과 경보 설계, (4) 현장 시운전 시험, (5) 성능 모니터링, 그리고 (6) 제약 없는 유출수 재이용을 위한 기술 보고서에 관한 요소들을 다루고 있다. 이 요소들의 일부는 UV 소독의 필요성이 적은 경우에 생략될 수 있다.

재생수에 관한 지침은 먹는 물에 관한 지침과 유사하다. 가장 큰 차이점은 물 재생 시스템에는 권고 조사량이 설정되어 있지만 재생되지 않는 폐수의 경우에는 언급이 없다는 것이다. 물 재생 시스템에서 설계 UV 조사량의 권고치는 미디어(media) 여과나 이와 동일한 처리수 100 mJ/cm², 막여과 처리수 80 mJ/cm², 역삼투 처리수 50 mJ/cm²이다. 각 처리공정의 처리수 내에서 예상되는 바이러스 밀도 농도에 따라 조사량은 다르게 적용된다. 예를 들어 미디어 여과 처리수에 조사되는 100 mJ/cm²은 약 2의 안전율을 가지고 poliovirus의 99.999%를 불활성화하는 데 필요한 양이다.

유출수질에 따라 권고 조사량이 달라지는 것에 더하여 설계 권고 투과율이 달라진다. 입상여과, 생물막, 역삼투 유출수의 설계 투과율은 각각 55, 65, 90%이다. 이와 같이 다른 투과율 값들은 지역 특이 변화가 일어난 것을 설명하긴 해야 하지만 지금까지 만들어진 현장 관찰에 기초한다. 먹는 물이나 제약을 받지 않는 재이용 적용을 위해 설치하는 모든 UV 소독 시스템은 설치 전에 인증시험을 거쳐야 한다. 비록 이러한 지침이 재활용되지 않는 폐수에는 적용되지 않지만 언급된 일반적인 설계 내용들은 적용이 가능하다. IUVA 제조업체 협회는 "낮은 조사량" 생물검정법을 출판했다(IUVA, 2011).

## ▶▶ UV 지침과 UV 시스템 설계의 관계

UV 소독 시스템 설계에서는 (1) 생물검정에 기초하여 제거대상 미생물의 적절한 제거에 필요한 자외선 조사량의 결정, (2) 제작업체가 검증한 UV 소독 반응조 또는 시스템의 선정, (3) 공정 운영 매개변수들과 UV 시스템 구성의 결정(예, 모듈 당 lamps의 수, 집단 당 모듈의 수, 수로 당 집단의 수, 수로의 전체 수), 그리고 몇몇 상황에서 (4) 필요한 UV 설계 성능의 적절성을 확인하기 위해 실물 크기의 시스템에서 임의 추출 생물검정시험의 수행을 포함하는 수많은 내용을 수반한다. 재활용되는 폐수에 적용할 때 가장 중요한 점은 위에서 언급한 UV 지침서를 제대로 따르는 것이다. 재활용 폐수에 소독을 하지 않는 다수의 적용에서는 적절한 조사량을 선택해야 한다. 조사량 선택에 대한 지침은 표 12-33에 제공되어 있다. 이 지침 이외에도 UV 시스템 설계에 이용하기 위한 적절한 조사량을 알아내기 위해 평행 빔 시험이 실제 폐수를 이용해 수행되어야 한다. 조사량 설정을 위한 마지막 자원은 소독한계, 고체 함유량 및 시설공정의 변화에 따른 요구 조사량에 관해 광범위한 상세 자료를 보유하고 있는 UV 장비 제조업체의 정보이다.

UV 반응조를 검증하기 위한 일반적 절차와 설계 측면에서의 중요한 지도사항은 지침서에 역시 포함되어 있다. UV 소독 시스템의 적용을 이해하는 데 핵심적인 중요성 때문에 이러한 내용은 본문에서 다루어졌고 다음의 예제에 나타내었다.

## ▶▶ UV 반응기 또는 시스템의 성능 검증

검증시험은 유량, 투과율, 센서 설정, 수위(적절한 곳에서) 및 전력 설정과 같은 수많은 공정변수들의 작용에 따른 UV 소독 반응조 또는 시스템에 의한 대체 바이러스(예, Bacteriophage MS2)의 불활성화 수준을 정량화 한다. UV 소독 시스템을 통해 달성된 불활성화를 정량화하기 위해 사용된 미생물의 UV 반응용량은 그림 12-43에 나타낸 평행 빔을 사용하여 결정된다. UV 소독 반응조 또는 시스템을 통해 관찰된 불활성화는 **불활성화 등가 주입량(RED)** 또는 UV 소독 시스템에 의해 전달되는 UV 조사량과 일치하는 **전달 조사량**이라 불리는 용어를 확립하기 위해 UV 반응용량과 비교된다. RED는 사용 미생물과 실험조건에 따라 달라진다.

과거에 검증시험은 일단 UV 시스템이 설치되고 작동될 때 행해졌다. 불필요한 시험과 설치된 시스템의 부적절한 수행의 위험을 피하기 위하여 요즘에 검증시험은 미국 내

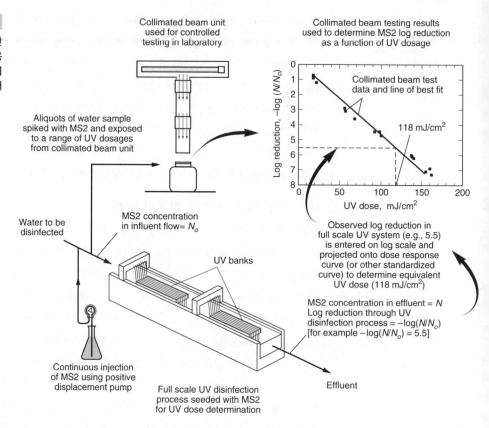

**그림 12-43**

실험실 또는 실물 규모의 UV 반응조 성능을 결정하기 위해 사용되는 생물학적 방사선량 측정기법(biodosimetry) 적용의 개요도

의 시험센터나 세계 여기저기의 선정된 처리시설에서 UV 장치 제조업체들에 의해 주로 완료되고 있다. 이때 제조업체들은 실물 크기 설치의 설계 기준이 되는 설계 정보와 함께 설계 기술자를 제공한다. 폐쇄형과 개방형 UV 반응조 모두의 검증시험을 위해 사용되는 공정 공정도는 그림 12-44에 나타내었다. 일반적으로 그림 12-44(a)에 나타난 구성을 사용하면 UV 소독 장치의 성능 검사는 다음 단계와 같이 이루어진다.

1. 소독 시스템의 검증시험을 위한 대표 시료의 선택
2. 평가하고자 하는 UV 소독장치 구성의 선택(즉 1, 2, 3 등 순차적인 UV 집단들) UV lamp 성능의 수명이 다했을 때의 출력 저하를 모의하기 위해 낡은 UV lamp 를 시험에 사용해야 한다.
3. UV 소독 시스템의 수리학적 성능 시험은 유입과 유출 유속의 균일성을 검증하기 위해 행해진다.
4. 수리학적 부하율과 다른 변수들의 함수로 UV 시험 반응조[그림 12-44(b) 참조] 를 통한 시험 유기체(예, MS2) 불활성화의 정량화
5. 현장시험과 동시에 적용되는 UV 조사량의 함수로 시료 내의 시험 바이러스의 불활성화율을 결정하기 위해 평행 빔 시험이 수행된다. 실험실 시험 자료는 앞에서 주어진 식 (12-68a)와 식 (12-68b) 또는 식 (12-69a)와 식 (12-69b)의 범위 내

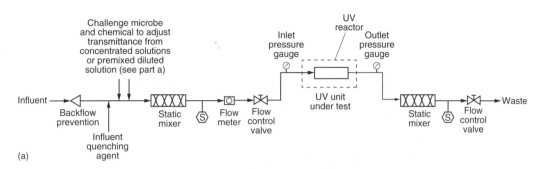

(a)

(b)

## 그림 12-44

**UV 반응조의 검증시험.** (a) 실험적인 시험구성의 개요도, (b) 검증시험을 수행하고 있는 커다란 폐쇄형 UV 반응조

에 존재하여야 한다.

6. 표준화된 반응용량 관계식(NWRI 참조, 2012)에 기초하여 pilot 반응조 또는 시스템에서의 UV 조사량을 부여하라. 과거에는 평행 빔 시험으로부터 구해진 반응용량 관계식을 사용하였다.

7. 부여된 UV 조사량과 운영제어 매개변수들에 기초하여 제조업체는 시험 반응조 또는 시스템에 대한 설계식을 세울 것이다.

검증시험을 수행하는 데 요구되는 단계는 예제 12-13에 나타나 있다.

---

**예제 12-13** **UV 반응조 또는 소독시스템의 성능 평가를 위해 사용된 pilot 시험 결과 분석** 제조업체는 단지 수리학적 부하율과 수질의 함수로 lamp의 성능을 검증하기 위한 pilot 규모의 UV 소독 시스템을 제공하였다. 전원 변화 및 수위 변화와 같은 다른 중요한 변수는 예제에 포함되지 않는다. 운영 곡선들은 유량 하나만 그리고 유량 및 투과율에 기초한다. 이 시험에서 제조업자는 총 적용 조사량을 달성하기 위하여 직렬로 된 3개의 집단들(banks)

과 각 집단마다 4개의 lamps를 가진 pilot 시설의 사용을 선택하였다. Lamps의 각 집단은 뒤따르는 집단과 수리학적으로 독립이다. 설계자와 소유주는 설계보정 인자가 적용되기 전에 UV 시스템이 80 mJ/cm²의 UV 조사량을 전달할 수 있는 유량과 수질의 범위를 아는 것에 관심이 있다. 예제 12-12에 주어진 MS2 UV 반응용량 곡선은 실험결과의 분석을 위해 사용될 것이다. 시험 프로그램과 현장시험의 결과는 다음과 같다.

**풀이**    1. 시험 프로그램의 작성

시험은 지역 물재 이용 시설의 3차 처리수에서 수행되었다. 기존의 lamps가 1년 이상 되었기 때문에 새 lamp로 교체하였다. 사용된 3차 처리수의 표준 투과율은 75%이다. 첫 번째 일련의 시험은 투과율 75%에서 수행되었다. 두 번째 일련의 시험에서는 투과율 저하제(예, SuperHume® 또는 커피)를 주입하여 투과율을 55%로 낮추었다. 제조업체는 UV 소독 시스템의 시험유량이 20~80 L/min·lamp에 있어야한다고 명시하였고 이 유량 범위는 유량(L/min·bank)을 단위 집단당 lamps의 수로 나눈 것이다. 3개의 집단으로 이루어진 시스템에서 종종 각 집단은 성능에 영향을 줄 수 있는 유입과 유출의 수리학적 조건이 있는지 여부를 확인하기 위해서 개별적으로 점검되어야 한다.

성능 검사를 위해서 사용되는 지표 바이러스(MS2 세균살균바이러스)의 적정량은 대략 $1 \times 10^{11}$ phage/mL이기 때문에 다음 표에 나타낸 조건들 속에서 시스템을 시험하기로 결정하였다.

| 수리학적 부하율, L/min·lamp (1) | 유량, L/ min·bank (2) | 바이러스 적정 농도, phage/mL (3) | 바이러스 적정 주입 유량, L/min (4) | 공정흐름에서 바이러스의 개략 농도, phage/mL (5) |
|---|---|---|---|---|
| 20 | 80 | $1 \times 10^{11}$ | 0.008 | $1 \times 10^7$ |
| 40 | 160 | $1 \times 10^{11}$ | 0.016 | $1 \times 10^7$ |
| 60 | 240 | $1 \times 10^{11}$ | 0.024 | $1 \times 10^7$ |
| 80 | 320 | $1 \times 10^{11}$ | 0.032 | $1 \times 10^7$ |

세로열에 대한 비고

(1) 제조업체에 의해 명시된 시험 요구 범위

(2) Pilot 시스템은 총 12개의 lamps와 3개의 집단으로 이루어져 있다. 그러나 수리학적 부하율은 하나의 집단을 통해 들어오는 유량만에 기초하는데 이는 유속 결정과 더 비슷한 계산을 하게 해준다. 그러므로 20 L/min·lamp의 수리학적 부하율에서 공정 유량은 80 L/min·집단[(20 L/min·lamp)(4 lamp/집단)]과 일치한다.

(3) 실험실에 배양된 바이러스 개체 수

(4) 공정흐름에서 $1 \times 10^7$ phage/mL의 바이러스 적정량을 얻는 것이 요구되었다. 그러므로 80 L/min에서 요구되는 초기 적정 값을 얻기 위해서는 바이러스를 포함하는 배양액이 0.008 L/min의 속도로 주입되어야 한다.

2. 75% 투과율에서의 실험결과

실험 수행 중에 각 유량은 순서와 상관없이 시험되었다. 각 시험유량마다 세 번에 거쳐 시료를 채취하였다. 유입과 유출 시료(즉, 어떤 불활성화 전에 살균바이러스의 농도를 포함)는 각 공정 반복을 통해 채취되었다.

a. 75% 투과율에서 유입수 시험결과는 다음과 같다.

| 유량, L/min | 반복회수 | 유입 농도, phage/mL | log 변환 유입 농도, log (phage/mL)[a] | 평균 log 변환 유입 농도, log (phage/mL) |
|---|---|---|---|---|
| 20 | 1 | $5.25 \times 10^6$ | 6.720 | |
| 20 | 2 | $1.00 \times 10^7$ | 7.000 | 6.927 |
| 20 | 3 | $1.15 \times 10^7$ | 7.061 | |
| 40 | 1 | $1.00 \times 10^7$ | 7.000 | |
| 40 | 2 | $1.23 \times 10^7$ | 7.090 | 7.067 |
| 40 | 3 | $1.29 \times 10^7$ | 7.111 | |
| 60 | 1 | $1.23 \times 10^7$ | 7.090 | |
| 60 | 2 | $1.05 \times 10^7$ | 7.021 | 7.030 |
| 60 | 3 | $9.55 \times 10^6$ | 6.980 | |
| 80 | 1 | $1.23 \times 10^7$ | 7.090 | |
| 80 | 2 | $1.20 \times 10^7$ | 7.079 | 7.023 |
| 80 | 3 | $7.94 \times 10^6$ | 6.900 | |

[a] log 변환 수에 따르는 규칙은 변환되는 숫자와 동일하게 유효 숫자의 자리 수를 맞추는 것이다.

b. 75%의 투과율에서 3회 시료에 기초한 유출수의 시험 결과는 다음과 같다. 75% 투과율 시험에서 평균 log 변환 유출수 농도 값들만 오직 주어진다. 이 값을 얻기 위한 절차는 위에 언급된 유입수 시험결과와 같다.

| 유량, L/min·lamp | 집단의 수 | 평균 log 변환 유출 농도, log (phage/mL) |
|---|---|---|
| 20 | 2[a] | 2.233 |
| 40 | 3 | 1.832 |
| 60 | 3 | 3.232 |
| 80 | 3 | 3.591 |

[a] 저유량 조사에서 3개가 아닌 2개의 운영 중인 집단만이 조사되었다. 2개의 집단만을 조사한 이유는 운영 중인 3개의 집단에서는 유출수에서 바이러스가 검출되지 않았기 때문이다. 집단들은 수리학적으로 독립적이기 때문에 UV 지침에서는 단지 2개의 집단에 대한 불활성화를 조사하고 이로부터 lamps의 추가 집단에 대해 기대되는 성능을 추정하는 것을 허용한다.

3. 55% 투과율에서 시험결과

이 예제의 목적을 위해 75% 투과율 시험의 log 변환 유입 농도 값을 55% 투과율 시험에 적용하라. 단지 55% 투과율 시험에서 세 번에 걸쳐 채취한 시료들의 평균 log 변환 유출 농도 값들만이 주어진다. 이 값들을 얻기 위한 절차는 75% 시험에 대해 위에서 언급한 것과 같다.

| 유량, L/min·lamp | 집단의 수 | 평균 log 변환 유출 농도, log (phage/mL) |
|---|---|---|
| 20 | 3 | 1.703 |
| 40 | 3 | 3.987 |
| 60 | 3 | 4.662 |
| 80 | 3 | 4.997 |

4. 시험자료와 주어진 정보를 사용하여 단지 유량만을 바탕으로 75% 투과율에 대해 필요한 UV 회귀방정식을 결정하라.

   a. 시험결과에 기초하여 UV 조사량을 결정하기 위한 계산표를 만들어라. 측정 phage 자료를 사용하여 예제 12-12에서 작성된 log 선형 회귀식에 상응하는 UV 조사량을 결정하라.

| 유량 L/min·lamp | 평균 phage 농도, log (phage/mL) | | | 할당된 UV 조사량 mJ/cm² | log 변환 값 | |
|---|---|---|---|---|---|---|
| | 유입 | 유출 | 차이 | | 유량 | UV 조사량 |
| 20 | 6.927 | 2.233 | 7.041[a] | 172.6[b] | 1.301 | 2.237 |
| 40 | 7.067 | 1.832 | 5.235 | 126.2 | 1.602 | 2.101 |
| 60 | 7.03 | 3.232 | 3.798 | 89.3 | 1.778 | 1.951 |
| 80 | 7.023 | 3.591 | 3.432 | 79.8 | 1.903 | 1.902 |

[a]유량에 대한 불활성화는 2개의 집단 결과로부터 추정되었다. 시스템이 3개의 집단으로 이루어졌기 때문에 3개 집단에 대한 불활성화는 2개의 운영 집단으로 관찰된 불활성화보다 150% 더 크다[7.041 = (6.927 − 2.233) × 1.5].

[b]시료계산. 예제 12-12에서 평행 빔 시험을 통해 유도된 선형 회귀식을 사용하면 유량 20 L/min· lamp에서 동등한 UV 조사량은 다음과 같다.

$$UV \text{ 조사량} = \frac{\log \text{ inactivation} - 0.326}{0.0389}$$

$$UV \text{ 조사량, mJ/cm}^2 = \frac{7.041 - 0.326}{0.0389} = 172.6$$

b. UV 운영 설계식을 결정하라.

   i. 물의 유량에 기초한 회귀방정식을 만들기 위해서 선형 회귀분석을 사용하라. 다른 식들은 제어계획에 따라 가능하다(예, 유량과 투과율, 유량, 투과율, 그리고 전력 설정).

   ii. 회귀분석을 완성하기 위해서 유량과 UV 조사량 자료는 먼저 log 변환을 해야 한다. 자료는 평행 빔을 사용하여 개발된 선형 반응용량 곡선으로 사용될 수 있는 선형관계로 만들기 위해 log 변환된다(예제 12-12 참조). Log 변환 자료는 4단계에서 작성된 표의 6번째와 7번째 칸에 제시된다.

   iii. 종속변수로서 UV 조사량(7번째 칸) 그리고 독립변수로서 유량(6번째 칸)을 사용하면 다음 결과들은 엑셀의 선형 회귀분석 프로그램 또는 다른 통계분석 프로그램을 통해 얻어진다.

| 모델 매개변수 | |
|---|---|
| 구분 | 값 |
| 절편 | 2.997 |
| X1 | −0.557 |

iv. 회귀분석에 기초한 유량에 따른 UV 조사량에 대한 식

log (UV 조사량) = 2.997 − 0.557 (log 유량) 또는

UV 조사량(mJ/cm$^2$) = ($10^{2.997}$)[(유량)$^{-0.557}$]

여기서 유량에 대한 단위는 L/min·lamp이다.

비고: 위의 조사량 식은 직렬로 운영하는 3개의 집단에 기초하고 75%의 UV 투과율(UVT)로 전달된 UV 조사량이다. 만약 시험이 1개의 UV 집단에서 수행되었다면 2개 또는 3개의 집단에 대한 UV 조사량은 1개의 UV 조사량 에 대한 회귀방정식에 2 또는 3을 각각 곱하면 얻어질 수 있다.

c. 단일변수(즉, 유량) 선형 회귀분석의 결과를 바탕으로 UV 조사량 대비 UV lamp 수리학적 부하율에 대한 회귀식을 그래프로 작성하라.

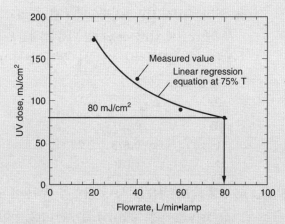

d. UV 소독 시스템이 UV 조사량 80 mJ/cm$^2$를 전달할 유량의 범위를 결정하라. 위에 주어진 그래프로부터 유량의 범위는 75% 투과율에서 80 L/min·lamp까지 이다.

5. 시험자료와 주어진 정보를 사용하여 **유량과 투과율**을 바탕으로 필요한 UV 설계 곡선을 결정하라.

a. 시험결과에 기초하여 UV 조사량을 결정하기 위한 계산표를 만들어라. 측정 phage 자료를 사용하여 예제 12−12에서 작성된 log 선형 회귀식에 상응하는 UV 조사량을 결정하라.

| 유량,<br>L/<br>min·lamp | T, % | 평균 phage 농도,<br>log (phage/mL) | | | 할당된 UV<br>조사량,<br>mJ/cm² | log 변환 값 | | |
| | | 유입 | 유출 | 차이 | | 유량 | 투과율 | UV<br>조사량 |
|---|---|---|---|---|---|---|---|---|
| 20 | 75 | 6.927 | 2.233 | 7.041 | 172.6 | 1.301 | 1.875 | 2.237 |
| 40 | 75 | 7.067 | 1.832 | 5.235 | 126.2 | 1.602 | 1.875 | 2.101 |
| 60 | 75 | 7.03 | 3.232 | 3.798 | 89.3 | 1.778 | 1.875 | 1.951 |
| 80 | 75 | 7.023 | 3.591 | 3.432 | 79.8 | 1.903 | 1.875 | 1.902 |
| 20 | 55 | 6.927 | 1.703 | 5.224 | 125.9 | 1.301 | 1.740 | 2.100 |
| 40 | 55 | 7.067 | 3.987 | 3.08 | 70.8 | 1.602 | 1.740 | 1.850 |
| 60 | 55 | 7.03 | 4.662 | 2.368 | 52.5 | 1.778 | 1.740 | 1.720 |
| 80 | 55 | 7.023 | 4.997 | 2.026 | 43.7 | 1.903 | 1.740 | 1.640 |

b. 설계 운영식을 결정하라.

  i. 유량과 투과율에 기초한 운영식을 만들기 위해서 선형 회귀분석을 사용하라.

  ii. 회기분석을 완성하기 위해서 유량과 UV 조사량 자료는 먼저 log 변환을 해야 한다. Log 변환자료는 위의 표에 6번째와 7번째 칸에 제시된다.

  iii. 종속변수로서 UV 조사량(9번째 칸) 그리고 독립변수로서 유량(7번째 칸)과 투과율(8번째 칸)을 사용하면 다음 결과들은 엑셀의 선형 회귀분석 프로그램 또는 다른 통계분석 프로그램을 통해 얻어진다.

모델 매개변수

| 구분 | 값 |
|---|---|
| 절편 | 0.097 |
| X1 | −0.673 |
| X2 | 1.631 |

  iv. 선형 회귀분석을 바탕으로 유량과 투과율에 따른 UV 조사량에 대한 식

  log (UV 조사량) = 0.097 − 0.673 (log 유량) + 1.631 (log 투과율) 또는
  UV 조사량(mJ/cm²) = $(10^{0.097})[(유량)^{-0.673}][(투과율)^{-1.631}]$

  여기서 유량과 투과율에 대한 단위는 각각 L/min·lamp와 %이다.

  비고: 위의 조사량 식은 직렬로 운영하는 3개의 집단에 기초하고 55%부터 75%까지 변화하는 UV 투과율(UVT)로 전달된 UV 조사량이다. 만약 UV 검증시험이 1개의 UV 집단에서 수행되었다면 2개 또는 3개의 집단에 대한 UV 조사량은 1개의 UV 조사량에 대한 회귀방정식에 2 또는 3을 각각 곱하면 얻어질 수 있다.

c. 다중변수(예, 유량과 투과) 선형 회귀분석의 결과를 바탕으로 UV 조사량 대비 75와 55 투과율에 대한 UV lamp 수리학적 부하율의 곡선들을 그래프로 작성하라. 요구된 곡선들은 다음 그래프에 보여진다. 75% 투과율에 대한 다중 선형 회

귀분석의 곡선은 5단계에서 작성된 단일변수(즉, 유량) 선형 회귀분석으로부터 유래된 것과 정확히 동일하지 않다는 것에 유의해야 한다. 이 차이에 대한 이유는 2개 변수들을 가진 회귀분석이 단일변수 회귀분석에 비해 상당히 더 넓은 범위의 값을 포함해야 한다.

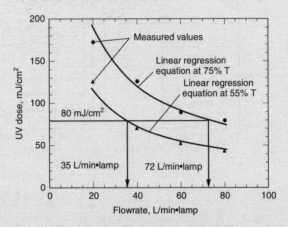

d. UV 소독 시스템이 UV 조사량 80 mJ/cm²를 전달할 유량의 범위를 결정하라. 위에 주어진 그래프로부터 유량의 범위는 75% 투과율에서 80 L/min·lamp까지이고 55% 투과율에서 35 L/min·lamp까지이다.

 Lamps가 신품이고 보호 석영관이 깨끗할 때 실물 크기 소독 시스템에서 실제 UV조사량 요구사항에 따라 다르겠지만 모든 3개의 집단을 운영하는 것이 필요하지 않을 수도 있다.

## ❱❱ UV 시스템 설계에 영향을 미치는 요인들

소독을 위해 필요한 최소 UV lamp 수에 영향을 미치는 요인들은 (1) 장치 성능 검사에 기초한 UV lamp 수리학적 부하율, (2) 규제기준을 만족시키는 데 필요한 신뢰도의 수준, 그리고 (3) 아래에 언급된 UV lamp/석영관 조립체의 파울링(fouling) 특성 및 노화이다. UV 장비의 검증은 예제 12−13에 나타내었다.

**규제기준을 만족시키는 신뢰도 수준.** 시스템 성능에 요구되는 신뢰도 수준에 대하여 예제 12−13에서 만들어진 선형 회귀식은 예측 곡선의 상·하부에 측정값의 절반씩이 각각 나뉘어져 위치해 있어야 가장 적절한 것이다. 회귀방정식 아래에 놓여있는 몇몇의 실제자료들 때문에 안전계수가 관찰된 변동성을 설명하기 위해 사용되어야 한다. 한 가지 방법은 회귀방정식의 신뢰구간(CI)을 결정하는 것이다. 또 다른 방법은 회귀곡선을 이용하여 예측구간(PI)을 결정하는 것이다. CI와 PI의 차이점은 아래와 같다. 회귀분석을 통한 CI의 상하 구간은 절차가 많은 횟수로 반복되면 놓이게 되는 실제 평균 측정을 나타낸다. 달리 말하면 75%의 신뢰구간은 실제 평균값(자료 측정을 통해 예측된 값이 아님)을 포함할 것이다. PI의 상하 구간은 회귀방정식을 만들기 위해 사용된 값들과 독립적인

**그림 12-45**

**용어 관계 정의 개략도.** (1) UV 반응조 검증시험에서 측정된 값, (2) 측정된 값을 기초로 한 선형 회귀방정식, (3) 선형 회귀에 기초한 75% 신뢰구간(CI)의 하한치, (4) 선형 회귀에 기초한 75% 예측구간(PI)의 하한치, 그리고 (5) lamp 노화 및 파울링의 결합 보정계수와 함께 75% PI에 기초한 설계 곡선

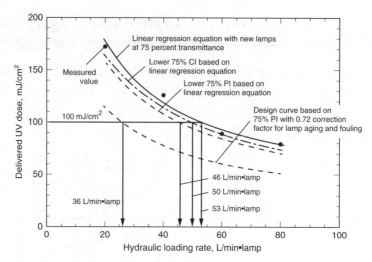

새로운 관찰값들의 주어진 퍼센트가 놓여질 간격을 나타낸다. 더 많은 불확실성이 장래 측정에 있기 때문에 PI의 상·하 한계는 신뢰구간의 상·하 한계보다 더 크며 이는 무한대로 반복된 절차에 기초한다. PI의 산정은 예제 12-14에 나타내었다. CI와 PI 사이의 관계 및 회귀방정식은 그림 12-45에 나타내었다.

**Lamp 노화.** Lamp 노화로 인해 lamps로부터의 UV 출력은 감소한다. 노화계수들의 범위는 0.5~0.98이며, 이때 0.5는 검증자료가 없는 상태에서 더 높은 계수를 제공하기 위한 NWRI 내정값이다. 하지만 제조업체들이 계수 증가를 위해 이용할 수 있는 충분한 자료가 있다면 더 높은 (실제보다 적은) 계수를 사용할 수 있다. 이전에 언급한 바와 같이 UV 반응조 검증은 새로운 lamp로 수행한다. 그러므로 UV 시스템 크기를 설정할 때 검증된 성능은 lamp 노화 계수를 적용하여 출력을 낮춰야 한다. 예를 들어 만약 특정 UVT에서 어떤 조사량을 전달하기 위해 100개의 lamps가 요구된다면 UV 시스템은 200개의 lamps로 설정될 필요가 있는데 이는 lamps가 노화되어 신품일 때에 비해 50%의 UV 출력을 생산할 때 소독에 절대적인 조사량이 계속 전달되어야 하기 때문이다. Lamp 노화계수는 공급업체와 lamp의 종류 따라 넓은 범위로 변화한다. 노화인자의 범위는 0.5~0.98이다.

**석영관 파울링 계수.** 석영관 파울링에 대한 보정계수는 도입되는 세척 시스템에 따라 0.7~0.95로 변화할 것이다. 유출수에 낮은 고형물과 적은 철이 존재하여 높은 UVT가 적용될 경우에 더 높은 계수(기계식 세정 시스템의 0.95만큼 높음)의 UV 시스템 판매업체 인증을 수용하는 것이 일반적으로 적절하다. 기계·화학적 세척 시스템의 경우에 파울링 계수는 0.95만큼 높아질 수 있고 UV 시스템 제조업체와 독립적인 검증이 이루어져야 한다. 유출수에 높은 고형물과 높은 철 농도의 어떤 조합이든지 존재하여 낮은 UVT가 적용될 경우에는 UV 시스템 제조업체가 더 높은 계수의 검증치를 가지고 있는가에 상관없이 UV 시스템의 용량을 설정할 때 0.8(또는 더 낮음)의 계수가 적용되어야 한다.

**UV 시스템 용량설정에서 설계계수의 적용.** 0.5~0.98의 lamp 노화계수와 0.7~0.95의 석영관 파울링 계수의 변화에 따라 결합설계나 보정 계수의 범위는 0.35~0.94가 될 수 있다. 보정 계수는 소독 시스템에 대한 최종 설계 곡선을 얻기 위한 PI에 적용된다. 보정 계수들의 중요성은 그림 12-45에 주어진 그래프를 통해서 평가될 수 있다. 그림 12-45에 나타낸 설계 곡선은 lamp 노화와 파울링에 대한 0.72의 결합 보정계수(0.72는 lamp 노화계수 0.9와 석영관 파울링 계수 0.8에 근거함)와 함께 75% PI의 하한치에 기초를 두고 있다. 만약 UV 시스템이 제조업체의 설계곡선을 기반으로 설계된다면 그 시스템은 lamp 노화와 파울링에 대해 명백히 과소화 될 수 있다. 신뢰구간 및 예측구간의 결정 그리고 lamp 노화 및 파울링을 고려한 설계식의 개발은 예제 12-14에 나타내었다.

| | |
|---|---|
| **예제 12-14** | **변동성과 노화 및 파울링을 고려한 운영 UV 설계곡선의 개발** 예제 12-13의 자료를 사용하여 PI 단독 그리고 lamp 노화 및 파울링에 대한 인자를 가진 PI에 기초한 설계식을 결정하라. 또한 새로운 lamps로 75% PI의 하한치에 기초하여 시스템이 80 mJ/cm²의 UV 조사량을 전달할 수 있는 수리학적 부하율의 범위를 결정하라. |
| **풀이 A부분 - 유량 단독에 기초한 설계식** | 1. 유량 단독에 기초하여 예제 12-13에서 개발된 다음의 회귀방정식에 대한 75% CI와 PI 한계의 하한치를 정의하라. |

UV 조사량, mJ/cm² = $(10^{2.997})[(유량)^{-0.577}]$

여기서 유량의 단위는 L/min·lamp이다.

예제 12-13에 제시된 통계분석에 기초한다면 log 변환된 할당 UV 조사량(현장측정치에 근거), 예상 UV 조사량, 75% CI 하한치, 그리고 75% PI 값은 다음 표에 주어져 있다.

| | log 변환값 | | | |
|---|---|---|---|---|
| 유량, L/min·lamp | 할당 UV 조사량, mJ/cm² | 예측 UV 조사량, mJ/cm² | 예측, 75% CI UV 조사량, mJ/cm² | 예측, 75% PI UV 조사량, mJ/cm² |
| 20 | 2.237 | 2.247 | 2.209 | 2.191 |
| 40 | 2.101 | 2.073 | 2.052 | 2.027 |
| 60 | 1.951 | 1.972 | 1.948 | 1.924 |
| 80 | 1.902 | 1.900 | 1.869 | 1.848 |

비록 75% CI 하한치와 PI 값들이 위에 주어진 바와 같이 표준 통계 프로그램을 통해 얻어지더라도 이 값들을 결정하기 위한 절차는 1개의 변수(이번 경우에는 lamp당 유량)를 가진 선형 회귀방정식으로 아래에 나타내었다.

a. 예상 평균 반응에 대한 75% CI와 PI 구간들의 하한치는 다음 식을 사용하면 얻을 수 있다.

　i. 신뢰구간

$$\text{UV 주입량}_{75\%} = y_p - t_{\alpha/2}S\sqrt{\frac{1}{n} + \frac{(x - \bar{x})^2}{SS_{xx}}}$$

ii. 예측구간

$$\text{UV 주입량}_{75\%} = y_p - t_{\alpha/2}S\sqrt{1 + \frac{1}{n} + \frac{(x - \bar{x})^2}{SS_{xx}}}$$

여기서 $y_p$ = 위에 주어진 회귀방정식을 사용하여 계산된 예측 UV 조사량, $mJ/cm^2$

$t_{\alpha/2}$ = 1.706. 이것은 $n - 2$의 자유도를 가진 75% 예측수준에 기초한 t-분포의 값과 일치

$S$ = 시료분산

$$S = \sqrt{\frac{\Sigma(y - y_p)^2}{n - 2}}$$

$y$ = 현장 측정에 의한 할당 UV 조사량, $mJ/cm^2$

$y_p$ = 예측 UV 조사량, $mJ/cm^2$

$n$ = 시료 짝(pairs)의 수

$x$ = 유량, L/min·lamp

$x$ = 평균 유량, L/min·lamp

$SS_{xx}$ = 시료에 의해 수정된 제곱 합

$$SSxx = \sum_{1}^{n}(x - \bar{x})^2$$

b. 신뢰구간을 결정하기 위해 필요한 값을 계산하라. UV 조사량과 유량에 대한 2개의 계산표를 만들어라.

| x | y | $y_p$ | $(y - y_p)$ | $(y - y_p)^2$ |
|---|---|---|---|---|
| 1.301 | 2.237 | 2.247 | −0.010 | 0.000100 |
| 1.602 | 2.101 | 2.073 | 0.028 | 0.000784 |
| 1.778 | 1.951 | 1.972 | −0.021 | 0.000441 |
| 1.903 | 1.902 | 1.900 | 0.002 | 0.000001 |
| | | | | 0.001329 |

| x | $(x - x)^a$ | $(x - x)^2$ |
|---|---|---|
| 1.301 | −0.345 | 0.119025 |
| 1.602 | −0.044 | 0.001936 |
| 1.778 | 0.132 | 0.017424 |
| 1.903 | 0.257 | 0.066049 |
| 6.584 | | 0.204434 |

$^a \bar{x} = 6.584/4 = 1.646$

i. 시료분산($S$)에 대해 구하라.

$$S = \sqrt{\frac{0.001329}{4 - 2}} = 0.025778$$

ii. 시료에 의해 수정된 제곱 합($SSxx$)을 구하라.

$$SS_{xx} = \sum_{1}^{n} (x - \bar{x})^2 = 0.204434$$

iii. 40 L/min·lamp의 유량에서 75% CI 하한치를 구하라.

$$\text{UV 조사량}_{75\%CI} = y_p - t_{\alpha/2}S\sqrt{\frac{1}{n} + \frac{(x - \bar{x})^2}{SS_{xx}}}$$

위에 주어진 회귀방정식을 사용하여 계산된 $y_p$의 값은 2.073과 같다. 그러므로

$$\text{UV 조사량}_{75\%CI} = 2.073 - (1.706)(0.024434)\sqrt{\frac{1}{4} + \frac{0.001936}{0.204434}}$$

$$\text{UV 조사량}_{75\%CI} = 2.073 - (1.706)(0.024434)(0.509382) = 2.052$$

iv. 40 L/min·lamp의 유량에서 75% PI 하한치를 구하라.

$$\text{UV 조사량}_{75\%PI} = y_p - t_{\alpha/2}S\sqrt{1 + \frac{1}{n} + \frac{(x - \bar{x})^2}{SS_{xx}}}$$

위에 주어진 회귀방정식을 사용하여 계산된 $y_p$의 값은 2.073과 같다. 그러므로

$$\text{UV 조사량}_{75\%PI} = 2.073 - (1.706)(0.024434)\sqrt{1 + \frac{1}{4} + \frac{0.001936}{0.204434}}$$

$$\text{UV 조사량}_{75\%PI} = 2.073 - (1.706)(0.024434)(1.122248) = 2.026$$

수동으로 계산된 CI와 PI 값들은 1단계에서 주어진 선형 회귀분석 프로그램을 통해 얻어진 값과 본질적으로 같다. 수동으로 계산된 값은 log 변환값을 다룰 때 확대되는 반올림 오류 때문에 정확하지 않을 수 있다.

2. lamp 노화와 파울링에 따른 75% PI 하한치들을 수정하라.

a. 종합적인 보정계수 0.72는 lamp 노화와 파울링을 설명하기 위해 가정된다. 제조업체들의 권고사항에 기초한 lamp 노화의 보정계수는 0.9이다. 파울링 보정계수는 0.8이다. 비고: 설계자는 지역 조건에 따라 추가적인 안전계수가 요구되는지를 결정해야 한다.

Lamp 노화와 파울링에 따른 UV 조사량은 log 변환값을 산술형태로 다시 변환시켜 다음 표에 주어진다.

| 유량<br>L/min·lamp | 할당 UV 조사<br>량, mJ/cm² | 예측 UV 조사<br>량,[a] mJ/cm² | 75% PI에서<br>예측 UV 조사<br>량, mJ/cm² | lamp 노화와<br>파울링에 의<br>한 보정계수[b] | 설계 UV 조사<br>량, mJ/cm² |
|---|---|---|---|---|---|
| 20 | 172.6 | 176.5 | 155.3 | 0.72 | 111.8 |
| 40 | 126.2 | 118.3 | 106.5 | 0.72 | 76.7 |
| 60 | 89.3 | 93.7 | 84.0 | 0.72 | 60.5 |
| 80 | 79.8 | 79.4 | 70.5 | 0.72 | 50.8 |

[a] 회귀방정식으로부터 구한 값

[b] 보정계수 5 lamp 노화계수(0.9) 3 파울링 계수(0.8)

b. 측정값, 선형 회귀방정식, 75% PI 곡선, 그리고 75% PI에 기초하여 lamp 노화
와 파울링을 고려한 설계 곡선은 75% 투과율에 대해서 다음 그래프와 같이 그
려진다.

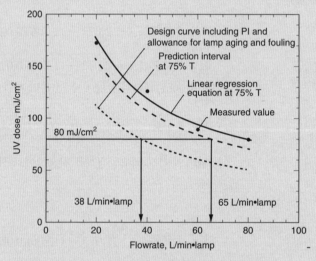

c. 새 lamp를 사용할 때의 75% PI 하한치에 기초하여 UV 소독 시스템이 80 mJ/
cm²의 UV 조사량을 전달할 유량 범위를 결정하라. 위에 주어진 그래프로부터
유량의 범위는 75% 투과율에서 최대 65 L/min·lamp이다.

3. 75% PI 곡선에 대한 설계식, 그리고 72%의 투과율에 대해서 lamp 노화와 파울링
을 고려한 75% PI에 기초한 설계곡선을 만들어라. 필요한 방정식은 다음 표에서와
같이 예측 UV 조사량 PI와 예측 UV 조사량의 비율 그리고 설계 UV 조사량과 예
측 PI UV 조사량의 비율에 주목함으로써 얻을 수 있다.

| 예측 UV 조사<br>량,[a] mJ/cm² | 75% PI에서 예측<br>UV 조사량, mJ/<br>cm² | 설계 UV 조사<br>량,[b] mJ/cm² | 비율, PI/예측<br>UV 조사량 | 비율, 설계/예측<br>UV 조사량 |
|---|---|---|---|---|
| 176.5 | 155.3 | 111.8 | 0.88 | 0.63 |
| 118.3 | 106.5 | 76.7 | 0.90 | 0.65 |
| 93.7 | 84.0 | 60.5 | 0.90 | 0.65 |
| 79.4 | 70.5 | 50.8 | 0.89 | 0.63 |

[a] 회귀방정식으로부터 구한 값
[b] Lamp 노화와 파울링에 대한 보정 계수를 적용한 PI를 통해 구해진 설계식

극단범위에 예측구간은 정중앙값들에 대해서 보다 크기 때문에 위 표의 비율은 정확하지 않다. 극단범위에 대한 이 비율의 사용은 제한적이다. 그러므로 적절한 식은 다음과 같다.

75% PI에 기초한 설계식

UV 조사량, mJ/cm² = $(10^{2.997})[(유량)^{-0.557}](0.88)$

Lamp 노화와 파울링을 포함하는 75% PI에 기초한 설계식

UV 조사량, mJ/cm² = $(10^{2.997})[(유량)^{-0.557}](0.63)$

여기서 유량의 단위는 L/min·lamp이다.

**풀이 B부분 – 유량과 투과율에 기초한 설계식**

1. 유량과 투과율을 기초로 예제 12–13에 나타낸 다음 회귀방정식에 대한 75% CI와 PI 한도의 하한치를 정의하라.

   UV 조사량, mJ/cm² = $(10^{2.997})[(유량)^{-0.577}][(투과율)1.631]$

   CI와 PI의 계산 절차는 위에서 나타내었던 1개 변수를 가진 선형 회귀방법의 경우와 유사하다. 다항 선형 회귀분석에서 3개도 넘는 항이 포함되기 때문에 CI와 PI의 계산은 더 복잡하다. 이러한 이유 때문에 CI와 PI 값들은 표준 통계분석 프로그램에 의해 보통 결정된다. 회귀방정식에 따른 75% CI와 PI의 하한치들은 75%와 55% 투과율에 대해서 다음 표에 요약되었다.

| 유량, L/min·lamp | 할당 UV 조사량, mJ/cm² | 예측 UV 조사량, mJ/cm² | 예측, 75% CI UV 조사량, mJ/cm² | 예측, 75% PI UV 조사량, mJ/cm² |
|---|---|---|---|---|
| | | log 변환값 | | |
| 75% 투과율 | | | | |
| 1.30 | 2.237 | 2.280 | 2.248 | 2.227 |
| 1.60 | 2.101 | 2.077 | 2.056 | 2.029 |
| 1.78 | 1.951 | 1.959 | 1.936 | 1.910 |
| 1.90 | 1.902 | 1.875 | 1.847 | 1.824 |
| 55% 투과율 | | | | |
| 1.30 | 2.100 | 2.060 | 2.028 | 2.006 |
| 1.60 | 1.850 | 1.857 | 1.835 | 1.809 |
| 1.78 | 1.720 | 1.739 | 1.715 | 1.690 |
| 1.90 | 1.640 | 1.654 | 1.627 | 1.604 |

2. Lamp 노화와 파울링에 따른 75% PI의 하한치를 보정해라.

   a. Lamp 노화와 파울링을 고려하기 위한 보정계수로 0.72가 적용될 것이다.

   비고: 설계자는 지역 조건에 따라 추가적인 안전계수가 요구되는지를 결정해야

한다.

Lamp 노화와 파울링에 따른 UV 조사량은 log 변환값을 산술형태로 다시 변환시켜 다음 표에 주어진다.

| 유량, L/min·lamp | 할당 UV 조사량, mJ/cm² | 예측 UV 조사량, mJ/cm2 | 75% PI에서 예측 UV 조사량, mJ/cm² | lamp 노화와 파울링에 대한 보정계수 | 설계 UV 조사량, mJ/cm² |
|---|---|---|---|---|---|
| 75% 투과율 | | | | | |
| 20 | 172.6 | 190.5 | 168.5 | 0.72 | 121.4 |
| 40 | 126.2 | 119.5 | 107.0 | 0.72 | 77.0 |
| 60 | 89.3 | 91.0 | 81.3 | 0.72 | 58.5 |
| 80 | 79.8 | 74.9 | 66.6 | 0.72 | 48.0 |
| 55% 투과율 | | | | | |
| 20 | 125.9 | 114.7 | 101.5 | 0.72 | 73.1 |
| 40 | 70.8 | 72.0 | 64.4 | 0.72 | 46.4 |
| 60 | 52.5 | 54.8 | 49.0 | 0.72 | 35.3 |
| 80 | 43.7 | 45.1 | 40.1 | 0.72 | 28.9 |

b. 선형 회귀방정식, 75% PI 곡선, 그리고 75% PI에 기초하여 lamp 노화와 파울링을 고려한 설계 곡선은 75%와 55% 투과율 값들에 대해서 다음 그래프와 같이 그려진다.

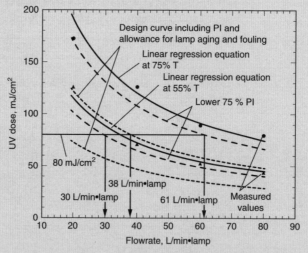

c. 새 lamp를 사용할 때의 75% PI 하한치에 기초하여 UV 소독 시스템이 80 mJ/cm²의 UV 조사량을 전달할 유량 범위를 결정하라. 위에 주어진 그래프로부터 유량의 범위는 75% 투과율에서 최대 65 L/min·lamp이고 55% 투과율에서 최대 30 L/min·lamp이다. 노화되고 파울링된 lamps가 있을 때 75% 투과율에서 lamp당 유량의 범위는 최대 38 L/min·lamp이다.

3. 75% PI 곡선에 대한 설계식, 그리고 55%에서 75%까지 변화하는 투과율 값들에 대해서 lamp 노화와 파울링을 고려한 75% PI에 기초한 설계곡선을 만들어라. 필요

한 방정식은 위의 부분 A, 3단계에서 개략 전술한 것처럼 개발되었고 다음과 같다.

75% PI에 대한 설계식

UV 조사량, mJ/cm² = $(10^{0.198})[(유량)^{-0.674}][(투과율)^{1.5713}](0.88)$

Lamp 노화와 파울링을 포함하는 75% PI에 기초한 설계식

UV 조사량, mJ/cm² = $(10^{0.198})[(유량)^{-0.674}][(투과율)^{1.5713}](0.64)$

여기서 유량과 투과율의 단위들은 각각 L/min·lamp와 %이다.

 위에 제시된 2개의 경우 그리고 lamp 노화와 석영관 파울링의 영향을 언급한 이전의 절에서 보정계수로 제시한 허용치는 75% PI 하한치와 비교하여 중요한 의미가 있다. 그러므로 UV 소독 시스템의 평가에 있어서 lamp 노화와 파울링에 관한 적절하고 검증된 보정계수의 선정은 대단히 중요하다.

## ▶▶ UV 소독 시스템의 선택과 용량결정

UV 소독 시스템의 선택과 용량결정에 영향을 미치는 인자들은 예제 12-13에 나타난 바와 같이 lamp 노화 및 파울링 보정계수 그리고 장비의 검증시험에서 결정되긴 하지만 수리학적 부하율과 관련된 신뢰구간 또는 예측구간을 고려하는 UV 설계곡선에 기초한 UV 소독 반응조 또는 시스템의 선택과 용량결정을 포함한다. UV 소독 시스템에 대한 선택과 용량결정 절차는 예제 12-15에 기술되어 있다.

**예제 12-15** **2차 처리 유출수에 대한 UV 소독 시스템의 설계** 30 mJ/cm²의 최소 설계 조사량을 전달할 2차 처리 유출수에 대한 UV 소독 시스템을 설계하라. 이 예제의 목적을 위해 다음 자료의 적용을 가정하라.

1. 폐수특성
   a. 평균 설계 유량 = 40,000 m³/d, 27,778 L/min
   b. 최대 설계 유량 = 100,000 m³/d, 69,444 L/min(재순환수를 포함한 시간 최대 유량)
   c. 최대 총 부유물질(SS) = 20 mg/L
   d. 최소 투과율 = 65%
2. 기하평균에 기초한 분변성 대장균 배출기준
   200 FC/mL
3. 시스템 특징

a. 수평 램프 구성

b. 예제 12–12에 설명된 절차를 사용하여 단일 UV 집단에서 수행된 검증연구로부터 다음 방정식은 lamp 노화와 파울링 인자 허용치 72%를 가진 75% PI를 기초로 만들었다.

UV 조사량, $\text{mJ/cm}^2 = (10^{-2.428})[(\text{유량})^{-0.650}][(\text{투과율})^{3.126}](0.64)$

여기서 유량과 투과율의 단위들은 각각 L/min·lamp와 %이다.

c. 시스템 손실수두 계수 = 0.75(제조업체 규격)

d. Lamp/관 지름 = 23 mm

e. 석영관의 단면적 = $4.15 \times 10^{-4}\,\text{m}^2$

f. Lamp 간격 = 75 mm(중심에서 중심 간 거리)

g. 수로당 예비 집단 1개가 요구됨

**풀이**

1. 단일 UV 집단에서 수행된 시험에 기초한 설계식을 사용하여 lamp당 유량을 결정하라. 30 mJ/cm²의 조사량에 대한 UV 설계식을 기초로 하면 lamp당 상응하는 유량은 258 L/min·lamp이다.

$$\text{유량, L/min·lamp} = \left\{ \frac{30}{(10^{-2.428})[(65)^{3.126}](0.64)} \right\}^{-(1/0.650)} = 258$$

2. 최대 유량조건 동안에 운영될 3개의 수로를 가정하여 UV 수로당 유량 범위를 결정하라.

   i. 최대 24,000 L/min까지는 1개의 수로를 사용하라.

   ii. 24,000~48,000 L/min에서는 2개의 수로들로 유량을 분배하라. 각 수로는 최대 24,000 L/min까지 받는다.

   iii. 48,000~72,000 L/min에서는 3개의 수로들로 유량을 분배하라. 각 수로는 최대 24,000 L/min까지 받는다.

3. 집단마다 필요한 lamps의 수를 결정하라.

$$\text{필요한 lamps, lamp/집단} = \frac{(24,000\ \text{L/min·bank})}{(258\ \text{L/lamp·min})} = 93\ \text{lamps/bank}$$

4. UV 소독 시스템을 구성하여라.

   전형적으로 모듈마다 2, 4, 8 또는 16개의 lamps가 이용될 수 있다. 8개 lamp 모듈을 사용한다면 집단마다 총 96개의 lamps에 대해서 집단마다 12개의 모듈이 필요하다.

5. 예비 집단을 포함하는 수로마다 총 lamps의 수를 결정하라.

   수로마다 총 lamps의 수 = (2 집단/수로)(96 lamps/집단)

   $\qquad\qquad\qquad\qquad\quad = 192\ \text{lamps/수로}$

6. 총 lamp의 수를 결정하라.

총 lamp의 수 = (3 수로)(192 lamps/수로)

= 586 lamps/수로

7. 선택된 구성에 대한 손실수두를 허용할 수 있는지에 관해 확인하라.

   a. 수로의 단면적을 결정하라.

     수로의 단면적 = $(12 \times 0.075 \text{ m})(8 \times 0.075 \text{ m})$

             = $0.54 \text{ m}^2$

   b. 석영관이 차지하는 단면적($4.15 \times 10^{-4} \text{ m}^2/\text{lamp}$)을 뺀 수로의 순수 단면적을 결정하라.

     $A_{수로} = 0.54 \text{ m}^2 - [(12 \times 8)\text{lamps/집단}] \times (4.15 \times 10^{-4} \text{ m}^2/\text{lamp})$

           = $0.50 \text{ m}^2$

   c. 각 수로의 최대 유속을 결정하라.

$$v_{수로} = \frac{(24{,}000 \text{ L/min·channel})(0.001 \text{ m}^3/\text{L})(1 \text{ min}/60\text{s})}{0.5 \text{ m}^3} = 0.8 \text{ m/s}$$

   d. UV 수로마다 손실수두를 결정하라.

$$h_{수로} = 0.75\frac{v^2}{2g}$$

$$h_{수로} = \frac{(0.75)(0.80 \text{ m/s})^2(1000 \text{ mm/m})}{2(9.81 \text{ m/s}^2)}(2 \text{ banks}) = 49.0 \text{ mm}$$

2개의 집단이 시스템 손실수두를 계산하기 위해 사용되었던 것을 유의하라. 각 수로 내에 2개의 집단들 중의 하나는 예비 집단이다. 석영관들 사이의 명확한 간격은 52 mm (75 mm~23 mm)이고 손실수두는 이 값을 초과하지 않아야 한다.

8. 시스템 구성의 요약

시스템은 3개의 수로들을 활용하며, 각 수로는 직렬로 이루어진 2개의 lamps 집단을 포함하는데 1개는 가동하고 1개는 예비로 둔다. 집단의 각자는 12개의 모듈들을 포함하고 각 모듈마다 lamps의 수는 8개이다.

 UV 소독 시스템의 대다수는 집단의 lamps를 켜고 끌 수 있고 켜져 있는 집단의 동력(UV 출력)을 변화시킬 수 있다. UV lamps를 켜고 끄는 것은 유량과 수질(UVT)의 변화에 따라 자동적으로 행해진다. 유량에 기초하여 UV 시스템의 동력을 변화시키는 것은 시설유량 신호를 UV 시스템의 programmable logic controller (PLC)에 연결하여 수행된다. UVT는 탁상형(bench-top) 광도계로부터의 측정 또는 온라인 투과율 모니터로부터의 연속적인 측정을 통해 수동적으로 입력될 수 있다.

## ≫ UV 시스템 성능을 검증하기 위한 임의 추출 생물검정의 사용

임의 추출 생물검정(SCB) 시험 절차는 새롭게 설치하거나 운영 중인 UV 소독 시스템의 성능을 입증하기 위해 개발되었다. 이 시험은 현장 설치 UV 반응조 성능이 설계 의도에 부합함을 입증하기 위해 최소 8개 임의 추출 바이러스 분석을 포함한다. 새로운 lamps가 설치되기 때문에 75% PI는 참고자료로 사용된다. CHPH는 설계 목적과 실물크기 소독 반응조 또는 시스템의 적합성을 평가하기 위해 SCB 시험 절차의 사용을 승인하였다. CDPH에 의해 시행된 것처럼 8개 생물검정 시험결과들 중의 7개는 75% PI 예측 하한치 위에 놓여야 한다. 이 근거는 8개 중 7개의 퍼센트 비율이 87.5%이고 이는 예측구간의 하한치와 일치한다는 것이다. 8개 SCB 생물검정 시험들 중의 1개 이상이 PI 곡선 아래에 있다면 이것은 보통 설치에 뭔가 잘못이 있다는 명백한 표시이다(예, 불량한 유입 및 유출 유량 분포, 잘못된 기하학적 수로구조, 잘못된 배열, 부적절한 웨어 배치, 부적절한 유량제어 장치, 부적절한 전력 설정, 게다가 다른 현장 조건). 만약 설치 현장 특징이 수정될 수 있다면 수정되어야 하고 시스템은 재시험되어야 한다. 만약 설치 현장 특징이 수정될 수 없다면 UV 시스템의 출력을 낮추어 사용해야 한다. UV 시스템 출력을 낮추기 위한 절차에 따른 SCB 시험 절차는 예제 12-16에 기술되어 있다.

SCB 시험 절차는 운영조건의 광범한 범위를 평가하는 것이 제외된 예제 12-14, 부분 A에 표시된 UV 반응조 검증에 사용된 절차와 비슷하다. 예를 들어, UV lamps의 4개 집단을 포함하는 2개 수로로 구성된 시스템을 고려할 때 이와 같은 시스템에 대한 대표적인 시험 프로그램은 다음 조건 아래에서 수행되는 4개의 시험을 포함할 수 있다.

1. Lamp당 최대 유량, 최소 투과율
2. Lamp당 평균 유량, 최소 투과율
3. 최대 전력 설정, 최소 투과율
4. Lamp당 최소 유량, 최소 투과율, 차례차례(즉, 1, 2, 3, 4)로 처음 운영하는 UV 집단

4개의 추가적인 실험은 다음 조건에서 수행된다.

5. 주위 투과율, lamp당 최대 유량
6. 주위 투과율, 중간 ballast 출력 설정(60, 70, 80 또는 90%)
7. 주위 투과율, 중간 유량
8. 주위 투과율, 차례차례(예, 1, 2, 3, 4)로 마지막 운영하는 UV 집단

시험 1의 목적은 최악의 조건하에서 성능을 점검하는 것이다. 시험 2의 목적은 대표적인 유량과 최악의 수질 조건하에서 성능을 점검하는 것이다. 시험 3의 목적은 최대 출력에서 최악의 수질 조건하에서 성능을 점검하는 것이다. 시험 4와 8의 목적은 집단의 위치가 운영 성능에 미치는 영향이 있는지의 여부를 결정하는 것이다. 시험 5의 목적은 lamp당 최대 유량과 대표적인 수질조건하에서 성능을 점검하는 것이다. 시험 6의 목적은 다른 전력 설정하에서 성능을 점검하는 것이다. 시험 7의 목적은 다양한 중간 운영 조건에서 UV 시스템의 성능을 평가하는 것이다. 운영조건들의 다양한 범위를 평가하는 동안에 실험순서의 어느 것이든지 사용될 수 있다는 것에 유의해야 한다.

**예제 12 – 16**

**실제규모 UV 소독시스템의 성능 평가를 위한 임의 추출 생물검정의 수행** 임의 추출 생물검정은 폐수처리장에서 새롭게 설치되거나 운영 중인 UV 소독 시스템 성능 평가를 위해 수행된다. 예제 12–14에서 검증된 UV 시스템은 2개의 수로로 구성되어 있고 각각은 lamps의 4개 집단(bank)을 포함한다. 각 집단은 흐름에 평행방향인 4개의 UV lamps를 포함하고 있다. UV 시스템은 75% 투과율에서 유량 20~80 L/min·lamp의 범위에서 검증되었다. 75% PI에 근거한다면 새로운 lamps로 이루어진 UV 시스템은 다음 그래프에서 보이는 바와 같이 최대 유량 44 L/min·lamp까지 100 mJ/cm²의 UV 조사량을 전달할 것이다.

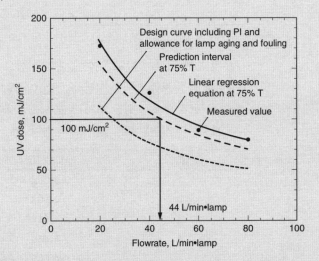

회귀방정식

UV 조사량, mJ/cm² $= (10^{2.997})[(유량)^{-0.557}]$

75% PI에 대해 일치하는 반응식

UV 조사량, mJ/cm² $= (10^{2.997})[(유량)^{-0.557}](0.88)$

**풀이**

1. 1개 수로에 대한 최대 요구 유량을 결정하라.

   최대유량 = (4 lamp/bank)(44 L/min·lamp·bank) = 176 L/min

2. 1개 수로에 대한 최소 요구 유량을 결정하라.

   최소유량 = (4 lamp/bank)(20 L/min·lamp·bank) = 80 L/min

3. 시험조건을 설정하라.

   최소 8개 임의 추출 바이러스성 분석은 실제크기 UV 반응조 성능이 설계의도에 부합되는지를 실증하기 위해 수행되어야 한다.

   a. 생물검정 시험조건

| 실험 번호 | UVT,% | 작동 집단 | 유량, L/min | 수리학적 부하율, L/min·lamp | 전력설정, % |
|---|---|---|---|---|---|
| 1 | 75 | 1, 2, 3 | 176 | 44 | 100 |
| 2 | 75 | 2, 3, 4 | 176 | 44 | 100 |
| 3 | 75 | 1, 3, 4 | 176 | 44 | 100 |
| 4 | 75 | 1, 2, 4 | 176 | 44 | 100 |
| 5 | 75 | 1, 2, 3 | 140 | 35 | 100 |
| 6 | 75 | 2, 3, 4 | 120 | 30 | 100 |
| 7 | 75 | 1, 3, 4 | 100 | 25 | 100 |
| 8 | 75 | 1, 2, 4 | 80 | 20 | 100 |

b. 임의 추출 생물검정의 수행

　i. 첫 번째 단계는 MS2 분석에 대한 실험실 절차가 유효하다는 것을 실증하기 위한 품질 보증 시험을 수행하는 것이다(예제 12-8 참조).

　ii. 두 번째 단계는 현장 임의 추출 생물검정 시험을 수행하는 것이다. 현장시험으로부터 성취된 log 불활성화와 할당 UV 조사량은 다음과 같다.

| 실험[a] | $\log_{10}$ 불활성화 | UV 조사량[b], mJ/cm² |
|---|---|---|
| 1 | 5.002 | 120.2 |
| 2 | 4.803 | 115.1 |
| 3 | 4.617 | 110.3 |
| 4 | 4.438 | 105.7 |
| 5 | 4.605 | 110.0 |
| 6 | 5.609 | 135.8 |
| 7 | 6.406 | 156.3 |
| 8 | 6.760 | 165.4 |

[a] 운영조건들에 대해 위 표를 참조

[b] UV 조사량은 다음 식을 기초로 한다.

$$\text{UV 조사량} = \frac{\log \text{ inactivation} - 0.326}{0.0389}$$

4. 선형 회귀방정식과 PI 방정식으로부터 얻어진 값들과 SCB 시험결과들을 비교하라.

a. 2개의 비교들은 다음 표에 제시되어 있다.

| 실험 수 | UV 조사량, mJ/cm² | | | 임의 추출/회귀식 예측의 비율 | 임의 추출/회귀식으로 예측된 PI의 비율 |
|---|---|---|---|---|---|
| | 회귀식으로 예측 | 회귀식으로 예측된 PI | 임의 추출로부터 측정 | | |
| 1 | 111.9 | 98.4 | 120.2 | 1.07 | 1.22 |
| 2 | 111.9 | 98.4 | 115.1 | 1.03 | 1.17 |
| 3 | 111.9 | 98.4 | 110.3 | 0.99 | 1.12 |
| 4 | 111.9 | 98.4 | 105.7 | 0.94 | 1.07 |
| 5 | 127.7 | 112.3 | 110.0 | 0.86 | 0.98 |

| 6 | 139.5 | 122.8 | 135.8 | 0.97 | 1.11 |
| 7 | 155.0 | 136.4 | 156.3 | 1.01 | 1.15 |
| 8 | 176.3 | 155.2 | 165.4 | 0.94 | 1.07 |

b. 회귀방정식과 SCB 자료를 비교할 때 기대하는 바와 같이 자료 분포는 회귀분석 으로부터 얻어진 값의 아래, 위에 거의 평등한 분포로 있는 것이 보여질 수 있다.

c. 성능비에 근거하면 8개 시험결과들 중의 7개는 PI 예측값의 위에 있다. 그러므 로 실물크기 UV 소독 시스템의 운영은 CDPH에 의해 요구되는 설계 의도와 부 합한다.

5. 불량한 성능에 대한 시스템 조정

8개 SCB 시험값들 중에 1개 이상이 PI 곡선 아래에 놓여 있는 상황에서 다음 단계 들은 수행되어야 한다.

a. 위에 언급한 것처럼 불량한 성능을 이끌 수 있는 설치 특징을 검토하며, 흔히 부 딪히는 문제들 중에 어느 것이든지 수정하고 새로운 SCB 시험을 수행한다.

b. 만약 새로운 시험결과가 이전 시험과 같다면 UV 시스템 목표 UV 조사량의 설 정 점을 조정하거나 시스템의 출력을 낮추어야 한다.

i. 규제기관이 시스템 조사량 방정식을 수정하는 것을 선호하지 않는 경우에 지 역 특이 목표 조사량은 변경될 수 있다. 지역 특이 목표 조사량은 다음 식을 사 용하여 계산될 수 있다.

$$목표\ UV\ 조사량 = \frac{설계\ 방정식\ UV\ 조사량}{7번째로\ 낮은\ 75\%\ PI\ 임의\ 추출\ 비율}$$

PI를 기초하여 7번째로 낮은 임의추출 비율은 위의 표 5번째 열에서 확인할 수 있으며, 본 예제에서는 그 값이 0.94이다.

ii. 그렇지 않으면 시스템 목표 UV 조사량은 다음 식을 사용하여 감소시킬 수 있다.

조정 UV 조사량 = 설계 방정식 × 7번째로 낮은 75% PI 임의 추출 비율

위에서 보이는 바와 같이 PI에 기초한 7번째로 낮은 임의 추출 비율은 0.94이 다.

 UV 시스템의 출력을 낮추거나 목표 UV 조사량을 변화시키는 것을 피하기 위하여 UV 소독 시스템과 그 부속시설, 특히 유출구 제어 구조의 설계, 설치 및 운영에 세심한 주의 를 기울이는 것은 반드시 필요하다.

## ≫ UV 소독 시스템의 문제해결

UV 소독 시스템 관련 문제들은 규제기준의 성취 불능과 주요하게 연관되어 있다. UV

소독 시스템 관련 문제들을 진단할 때 고려해야 할 사항들은 아래에 같다.

**UV 소독 시스템의 수리학(hydraulics).** 현장에서 부딪히는 가장 심각한 문제들 중의 하나는 아마도 좋지 못한 시스템 수리특성에 의한 불활성화 성능의 불규칙이나 감소이다. 가장 흔한 수리 문제들은 (1) 단락류(short circuiting)를 초래하는 UV lamp 집단의 윗부분과 아랫부분을 따라 유입수의 움직임을 야기할 수 있는 밀도류의 생성, (2) 단락류를 유발하는 불규칙한 유속분포를 종국적으로 만들어 와류(eddy currents)의 형성으로 이어질 수 있는 부적절한 유입과 유출 조건, (3) 단락류를 초래하는 반응조 내에 사영역의 생성, 그리고 (4) 어떤 수로들에서는 과부하 그리고 나머지 수로들에서는 저부하를 이끄는 여러 개의 수로들이 있는 시스템에서의 불규칙한 유량 분포 등과 관련이 있다. 단락류, 수로 과부하 및 사영역은 평균 접촉시간을 감소시키고 이는 UV 조사량의 감소로 이어져 소독을 위태롭게 한다. UV 시스템을 설계할 때 소독성능에 부정적으로 영향을 미칠 수 있는 수리문제들을 반드시 설명하기 위하여 CFD 모델링의 사용은 타당할 수 있다.

개수로에서 시스템 수리특성을 향상시키기 위해 사용될 수 있는 주요한 수리학적 설

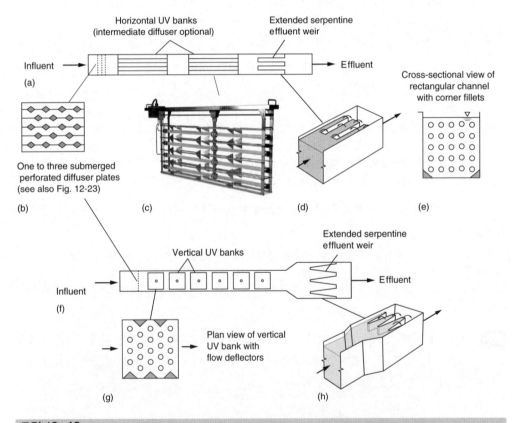

**그림 12-46**

**수평적이고 수직적인 개방형 UV 반응조 성능을 향상시키는 데 사용될 수 있는 물리적 특징의 전형적인 예.** (a) lining 또는 coating을 가진 수로에 수평형 lamp UV 시스템의 평면도, (b) 플러그 흐름을 촉진시키기 위한 침수형 천공식 산기기 판, (c) 내부혼합 향상을 위한 삼각(delta) 날개의 사용, (d)와 (h) 플러그 흐름을 촉진시키기 위해 구불구불 길어진 유출수 웨어, (e) corner fillets으로 사영역 제거, (f) lining 또는 coating을 가진 수로에 수직형 lamp UV 시스템의 평면도, 그리고 (g) 내부혼합을 향상시키기 위한 배플 산기기의 사용

계 특징들은 다음 시설들의 사용을 포함한다. (1) UV 수로의 입구에 침수형 천공식 산기기, (2) 수평형 lamp 배치를 가진 직사각형 개수로 시스템에 모서리 곡면화용 채움재 (corner fillets), 그리고 (3) 수직형 lamp 배치를 가진 개수로 시스템에 유량 변류기(deflectors). 드문 경우지만 유입수를 혼합하기 위한 전력입력이 필요할 수 있다. 개방형 수로 UV 소독 시스템에 대한 이와 같은 교정방법들의 몇 가지는 그림 12-46에 나와 있다. 침수형 천공식 칸막이(baffles)는 수로 단면적의 약 4~6%가 천공면적이어야 한다. 개방형 수로 시스템과 비슷한 폐쇄형 도관 UV 시스템도 반응조를 통한 수리특성을 향상시키기 위해 유사한 설계특징을 필요로 한다. 한 번 더 말하자면 CFD 모델링의 사용은 더욱 균일한 접근 유속 유동장의 달성에 다양한 물리적 개입의 영향을 연구하는 데 큰 가치가 있다(Sotirakos et al., 2013).

**UV 수로의 벽과 UV 소독장치의 생물막.**  UV 소독 시스템에서 부딪히는 또 다른 심각한 문제는 UV 반응조의 노출 표면에 생물막이 생성되는 것이다. 이 문제는 표준 쇠창살 덮개가 있는 개방형 반응기에서 특히 심각하다. UV 수로가 빛에 노출되면 매우 약한 빛에서도 생물막(전형적으로 곰팡와 사상균)이 노출 표면에 생성되는 것이 발견되었다. 생물막의 문제는 생물막이 미생물들의 은신처가 되고 이들을 효과적으로 보호할 수 있다는 것이다. 응집된 생물막이 반응조 표면에서 떨어져 나갈 때 응집체가 소독장치를 통과하면서 세균은 보호를 받을 수 있다. 가장 좋은 제어 방법은 UV 수로를 완전히 덮는 것이다. 더욱이 모든 콘크리트 수로들은 콘크리트 균열부분과 공극 사이에 세균 군집의 형성을 막기 위해서 안감(lining)을 대거나 코팅(coating)되어야 한다. 게다가 수로는 차아염소산염, 과산화아세트산(12-8절 참조), 또는 다른 적합한 세척제나 소독제로 때때로 청소 또는 소독될 수 있다.

생물막 발생은 관수로에서도 발생할 수 있으나 중압-고강도 UV lamp를 사용하는 UV 소독 시스템을 제외하고는 그리 심각하지는 않다. 중압-고강도 UV lamp는 가시광선이나 그 근방의 빛을 방출하기 때문에(그림 12-33 참조) 노출 표면에 미생물의 성장을 촉진시킬 수 있다. 몇몇 경우에는 길이로 300 mm에 이르는 미생물 성장이 lamp 지지대에 부착되어 발견되기도 하였다. 가시광선의 방출량은 lamp의 종류(즉, 제조업체)에 따라 다르다. 적당한 소독제를 사용하여 미생물 성장의 제거는 주기적으로 이루어져야 한다.

**UV 강도 증가를 통한 입자의 영향 극복.**  한때는 UV 소독 시스템의 성능에 대한 입자의 영향은 UV 강도를 증가시킴으로써 어느 정도 극복할 수 있다고 생각되었다. 하지만 불행하게도 폐수 내의 입자에 의한 UV 조사의 흡수는 일반적으로 액상폐수에 의한 것보다 10,000배 이상 높기 되기 때문에 UV 강도를 10배 증가시켜도 입자와 연관된 대장균 세균의 제거에 큰 영향을 주지 않는다는 것이 발견되었다. 입자는 본질적으로 자외선의 투과율을 차단한다. 임계 크기(제거대상 미생물 크기의 함수)보다 더 큰 입자는 이것에 내재된 미생물을 효과적으로 보호할 것이다(Emerick el al., 1999; Emerick el al., 2000). UV 소독의 효과는 대장균 세균을 포함하고 있는 입자의 수에 의해 주로 좌우되므로 UV 소독 시스템의 성능을 향상시키기 위해서는 관련 대장균 세균을 포함한 입자의 수를 감소(처리공정의 운영방식을 개선하거나 2차 침전지의 성능 향상을 위해 폴리머를 첨가)시키거나 또는 입자들 그 자체를 제거(예, 일정 형태의 여과)해야 한다. 현재(2013년 기준) 인체와 접촉하는 물 재이용의 경우에 엄격한 총 대장균 규제($\leq$ 2.2MPN/100 ml)를 만족시키기 위해 일정 형태의 유출수 여과가 요구된다.

**UV 성능에 처리공정의 영향.** 관련 대장균 세균을 포함한 입자들의 수와 크기는 UV 소독 시스템의 성능에 영향을 주는 또 다른 인자이다. 12-2에 전술한 바와 같이 활성슬러지 공정에서 관련 대장균 세균을 포함한 입자의 수는 고형물 체류시간(SRT)의 함수라는 것이 관찰되었다(그림 12-5 참조). 그러므로 생물학적 공정의 운영방식 및 2차 침전지 시설의 설계와 운영이 모두 주의 깊게 평가되어야 하며 여과되지 않은 유출수에 UV가 조사될 경우에는 특히 그러하다. 여과 유출수에서조차도 여과된 유출수 내에 입자크기의 분포에 주의를 기울여야 한다(Darby el al., 1999; Emerick el al., 1999). 비록 입자 관련 세균이 긴 SRT와 함께 감소되더라도 긴 SRT 값의 사용은 주어진 탁도 농도일 때 포함되는 입자들의 수보다 더 많은 수를 형성시킬 수 있다는 것에 유의해야 한다. 또한 분산된 입자들은 여과시키기 어렵고 탁도 기준의 초과없이 UV 소독 시스템을 통과할 수도 있으며, 그 결과로서 UV 소독 시스템의 효과를 감소시킨다.

## ≫ UV 조사에 따른 환경적 영향

폐수에 대한 UV 소독 시스템의 사용과 관련된 환경적인 영향은 일차적으로 UV 시스템은 다른 소독방법들보다 훨씬 더 많은 전기를 이용한다는 사실이다. 시스템의 탄소 발자국(배출량)을 이해하기 위해 UV 시스템에 대한 전력원이 조사되어야 한다. 자외선은 화학적인 물질이 아니기 때문에 잔류 독성물질을 생성하지 않는다. 그러나 어떤 화학적인 화합물은 자외선 조사에 의해 변할 수 있다. 현재까지의 증거에 기초하면 폐수나 재이용수 소독을 위해 사용되는 조사량(20~100 mJ/cm$^2$)에서 형성된 화합물들은 해롭지 않거나 더 무해한 형태로 분해되는 것으로 나타났다. 화합물의 구조를 바꾸는 광산화는 약 400 kJ/cm$^2$ 이상의 범위에서 일어난다. 그러므로 폐수의 자외선 소독에서는 환경적인 어느 악영향도 고려하지 않는다. 킬로줄(kilojoule) 범위에서 작동하고 있는 새로운 매우 높은 에너지 lamps의 몇 가지와 관련된 영향은 현재(2013년 기준) 알려지지 않고 있다.

## 12-10 저온살균에 의한 소독

음식이나 물속에 있는 미생물을 죽이기 위해 특정 온도와 시간으로 가열하는 공정이 저온살균으로 알려져 있다. 이 공정은 1962년 4월 20일에 프랑스에서 파스퇴르와 버나드에 의해 처음으로 선보여졌다. 그것은 나폴레옹 3세의 요청에 대한 대답이었는데 그 당시 "와인 질병"(Lewis와 Heppell, 2000)이라 불리는 것으로부터 와인산업을 구하기 위함이었다. 파스퇴르의 주요 공헌은 와인 고유의 맛에 아무 영향 없이 특정 미생물을 죽일 수 있는 정확한 시간과 온도를 정의했다는 것이다. 초창기부터 저온살균법은 많은 식품 업계에서 병원성 미생물을 죽이기 위해 보편적으로 사용되었다. 저온살균은 모든 미생물

**그림 12-47**

폐수를 위한 저온살균 공정도
(Salveson et al., 2011)

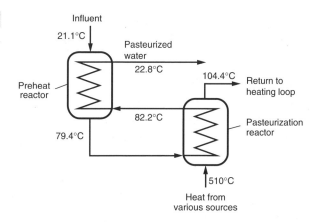

을 죽이려고 하지 않는다는 점에서 멸균과 비교되어 주목해야 한다. 오히려 살아 있는 미생물의 수를 감소시키려는 것이다. 저온살균 공정에 대한 설명, 보고된 실행 자료, 그리고 규제 요건들이 아래에서 논의된다.

## ❯❯ 저온살균 공정 설명

저온살균 운전은 그림 12-47에서 도식적으로 설명되어 있다. 보여준 바와 같이 소독되어야 할 유입수는 예열반응기에 들어가고 이 예열반응기에서는 소독된 유입수로부터 나오는 열이 소독되어야 할 유입수를 예열하기 위하여 이용된다. 그 후 예열된 유입수는 저온살균 반응기로 들어가고 거기에서는 희망하는 온도까지 외부 열원으로부터 나온 열을 이용하여 앞에서 예열된 유입수를 가열하고 정해진 시간 동안 유지된다. 외부의 열원으로는 터빈 및 엔진, 폐기물 가스버너로부터 나오는 배출가스와 온수 혹은 다른 적절한 유체들이 이용될 수 있다. 그림 12-47에 기록된 온도 값은 위치마다 고유의 특징이 있고 특정 상태나 열 교환기의 설계에 따라 달라질 수 있다.

운전적인 측면에서 세 가지 종류의 저온살균법이 이용되고 있다: (1) 회분식 (2) 고온 단시간(high-temperature short time, HTST) (3) 초고온 (ultra-high temperature, UHT). 회분식 저온살균은 큰 부피를 필요로 하기 때문에 매우 작은 운전에 적합하다. 3가지 저온살균방법의 일반적인 운전 범위는 표 13-34에 요약되어 있다. 연속흐름 HTST

**표 12-34**

저온 살균기술의 일반적 운전 범위[a]

| 저온살균 기술 | 온도 | | 시간 | 비고 |
| --- | --- | --- | --- | --- |
| | ℃ | ℉ | | |
| 회분식 | 62~64 | 144~147 | 30~35 min | 연쇄상구균, 포도상구균, 결핵균을 포함한 대부분의 박테리아균을 불활성화 |
| 고온 단시간(HTST) | 72~75 | 161~165 | 8~30 s | 회분식과 같은 효과이지만 훨씬 적은 시간이 소요 |
| 초고온(UHT) | 135~140 | 275~285 | <1~5 s | HTST보다도 훨씬 적은 시간으로 대부분의 박테리아 세포에 치명적 |

[a] Toder(2012), Hudson et al. (2003), Sorqvist(2003) 부분 인용

표 12-35

HSTS 저온살균법으로 선택된 미생물을 약 99.99%까지 불활성화시키기 위한 일반적 운전 범위

| 미생물 | 온도 | | 시간, s | 참고 |
| --- | --- | --- | --- | --- |
| | °C | °F | | |
| 박테리아 | 72~77 | 161~170 | 6~16 | |
| 원생동물 | 70~72 | 158~162 | 8~16 | 기본적으로 완전한 비활성화 |
| 바이러스 | 80~85 | 176~185 | 10~30 | |
| MS2 대장균파지 | 79~81 | 175~178 | 15~40 | |
| 연충류 | 70~72 | 158~162 | 8~10 | 근본적으로 완전한 파괴 |

저온살균 공정은 대부분의 산업 공정에서 사용되고 처리된 폐수를 소독하는 데에도 쓰이는 형식이다. 특정 미생물 그룹의 4-log(99.99%) 불활성화를 이루기 위한 HTST 공정의 일반적인 운전 자료는 표 12-35에 있다. UHT 저온살균은 순간 살균으로 알려져 있다. 그래서 매우 특별한 용도에만 쓰인다.

## ≫ 열 소독 동역학

저온살균 소독의 성능은 온도와 체류시간에 달려 있다. 표 12-2에 나타냈던 바와 같이 다른 소독방법과 비교하여 보면 세포 원형질 안의 효소를 변성시키고 세포벽의 구조를 변형시키기 위하여 높은 온도가 요구된다.

세포 내에서 세포벽 성분과 완전한 반응을 이루기 위하여 유지시간이 필요하다. 화학적 소독과 비슷한 형태로 만약 온도가 올라간다면 미생물을 불활성시키는 시간이 줄어든다는 것이 관찰되었다(Pflug et al., 2001).

**1차 반응속도론** 특정한 온도에서 미생물의 생물학적 소독은 다음 1차 반응식에 의해 모델화될 수 있다.

$$\frac{dN}{dt} = -kN \tag{12-70}$$

여기서 $N = t$ 시간 후 살아남은 미생물 개체 수

$\quad k$ = 반응속도상수

$\quad t$ = 노출시간

식 (12-70)을 10을 밑으로 두고 적분을 하면,

$$N_t = N_o 10^{-Kt} \tag{12-71}$$

여기서 $N_t = t$ 시간 후 살아 있는 미생물의 개체 수

$\quad N_o$ = 초기 미생물 개체 수

$\quad K$ = 반응속도상수, 10을 밑으로, $K = 0.4343k$

$\quad t$ = 시간

반응속도상수 **K**는 다음과 같이 주어진다.

$$K = (\log N_o - \log N)/t \tag{12-72}$$

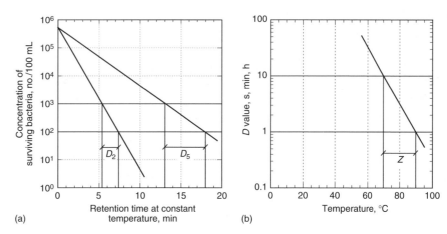

**그림 12-48**

**저온소독 공정에 대한 정의 설명
도.** (a) 일정한 온도에서 미생물
농도를 낮추기 위해 요구되는 시
간, *D*를 나타내는 1-log 그래프
(b) 1-log 그래프에서 *D* 값의
감소에 따른 *Z*, 즉 온도의 증가
를 알아내기 위한 도표

**열 저항 변수들**  두 변수 *D*와 *Z*는 보통 저온살균의 효과를 표현하기 위하여 사용된다. D라는 용어는 그림 12-48(a)와 같이 주어진 온도 *T*에서 미생물에 대한 열 저항력과 1-log(90%) 불활성화를 만족시키는 시간을 나타낸 것이다. 또한 1/10로의 감소시간으로 알려진 *D*는 다음 식으로 표현된다.

$$D = 1/K = t/(\log N_o - \log N_t) \tag{12-73}$$

식 (12-73)과 식 (12-72)를 사용하여 다시 정리하면

$$N_t = N_o 10^{-t/D} \tag{12-74}$$

각각의 미생물은 어떤 특정한 값의 *D*를 갖게 된다. *K*와 *D* 값은 특정 온도만에 대한 것이라는 사실을 주지해야 한다. 예를 들어 온도 *T*에서 6이라는 *D* 값을 가지는 한 미생물은 10의 $D_T$ 값을 갖는 미생물의 것보다 덜 저항적이다[그림 12-48 (a) 참조].

용어 *Z*는 그림 12-48(b)와 같이 변수 *D*와 온도와의 상관성을 나타내준다. *Z* 값은 1-log를 만족시키기 위해 변화된 *D* 값을 얻기 위한 온도에 해당한다. *Z* 값은 다음의 식에 의해 얻을 수 있다.

$$Z = (T_2 - T_1)/[\log(D_1) - \log(D_2)] \text{ or} \tag{12-75}$$

$$\log\left(\frac{D_1}{D_2}\right) = \frac{(T_2 - T_1)}{Z} \tag{12-76}$$

$D_1$과 $D_2$가 1 log 차이가 있을 때 식 (12-76)은 다음과 같이 된다.

$$Z = (T_2 - T_1) \tag{12-77}$$

두 변수를 이용하여 단일 미생물의 열 저항을 계량화할 수 있다. 일반적으로 선택된 미생물의 *D* 값과 *Z* 값은 표 12-36에 보고되어 있다. 표 12-36에 주어진 값들은 주어진 자료로부터 얻은 것이다. *D* 값과 *Z* 값의 가장 포괄적인 평가는 Sorqvist(2003)에 의해 행해졌다. 박테리아에 대한 전형적인 *Z* 값은 5~10의 범위에 있다. *D*와 *Z* 항목의 응용은 예 12-17에 나타나 있다.

표 12-36

미생물에 따른 일반적인 D와 Z 값[a]

| 미생물 | 온도 | | D, s | | Z, ℃ | |
|---|---|---|---|---|---|---|
| | ℃ | ℉ | 범위 | 일반 | 범위 | 계산값 |
| 컴필로박터 | 60 | 140 | 6.5~10 | 8.2 | 2.8~8.0 | 5.5 |
| (campylobacter) | 70 | 158 | | 0.12 | | |
| 대장균 | 60 | 140 | 35~42 | 40 | 3.2~9.2 | 5.0 |
| | 70 | 158 | | 0.4 | | |
| 대장균 0157:H7 | 60 | 140 | 23~26 | 24 | 4.3~9.8 | 4.8 |
| | 70 | 158 | | 0.2 | | |
| 장내구균 | 60 | 140 | 360~480 | 415 | 2.2~14.2 | 6.0 |
| | 70 | 158 | | 9.0 | | |
| 리스테리아균 | 60 | 140 | 81~93 | 87 | 4.3~11.5 | 6.1 |
| (Lissteria monocytogenes) | 70 | 158 | | 2.0 | | |
| 대장균파지 | 70 | | | 14 | | 10 |
| | 80 | | | 1.4 | | |
| 살모넬라균 | 60 | 140 | 23~26 | 24 | 3.3~9.5 | 5.6 |
| | 70 | 158 | | 0.4 | | |
| 황색포도상구균 | 60 | 140 | | 54 | | 10.5 |
| | 70 | 158 | | 6 | | |
| 연쇄상구균 | 60 | 140 | | 24 | | 7.7 |
| | 70 | 158 | | 1.2 | | |
| 총 대장균 | 60 | 140 | 42~60 | 50 | | 7.9 |
| | 70 | 160 | | 2. | | |
| 여시니아균 | 60 | 140 | 24~37 | 30 | 4.0~13.7 | 6.6 |
| | 70 | 158 | | 0.9 | | |

[a] Hudson et al. (2003), Sorqvist(2003), Salveson(2012)에서 발췌

[b] 5열의 D 일반값을 기초하여 계산된 Z값

**비선형 불활성화**  비록 $D$와 $Z$ 식이 대략 로그 선형식이라 가정해도 전에 설명한 바와 같이(그림 12-4 참조) 많은 연구자들이 지체와 방해효과가 있음을 관찰하였다. 일반적으로 지체 효과는 미생물이 후속 선형 불활성화 상태와 비교하여 초기에 온도에 의한 영향이 적은 상태를 나타낸다. 방해효과는 열분해 기간에 부합하는 것으로 그 기간에서는 선형 불활성화 상태에서 관찰된 반응보다 덜 빠른 것이다. 두 가지 모두, 그 영향을 완전히 알 수는 없다(Hiatt, 1964). 더욱이 포자형성 박테리아(B. anthracis and B. cereus) 같은 그런 종류의 미생물은 비선형 반응으로 나타난다. 특히, 짧은 시간의 접촉시간일 경우에 포자형성 박테리아의 불활성화는 극히 높은 온도를 필요로 한다.

| 예제 12-17 | **저온살균 운전 조건 측정** 신종 박테리아를 소독하기 위해 새로운 저온소독 장비를 기존에 있던 소독 장비와 대체한다. 기존 장비는 65°C (150°F)에서 운전하고 이때 박테리아에 대한 $D$와 $Z$ 값이 각각 10 s와 12°C이다. 초기 박테리아 개체 수는 $10^6$ org/100 ml이다. 만약 새로운 기구가 4 s에 77°C (170°F)에서 작동된다고 할 때, 불활성도는 얼마이겠는가? 만약 새로운 장비가 설치되지 않는다면 65°C (150°F)에서 4-log의 제거율을 가지려면 시간이 얼마나 필요한지 구하여라. |
|---|---|

풀이

1. 식 (12–76)을 사용해서 77°C에서 $D_T$를 구한다.

$$\log\left(\frac{10.0\ s}{D_2}\right) = \frac{(77-65)}{12} = 1.0$$

$$\left(\frac{10.0\ s}{D_2}\right) = \text{inverse} \log(1.0) = 10.0$$

$$D_2 = 10.0\ s/10.0 = 1.0\ s$$

2. 식 (12–73)을 이용하여 불활성도를 측정한다.

$$\log\left(\frac{N}{N_o}\right) = -4s/1.0\ s = -4$$

4-log 불활성도를 얻을 수 있다.

3. 기존 장비를 사용하여, 99.99% 불활성화를 얻기 위한 시간을 구하여라. 요구되는 시간은 식 (12–73)을 사용하여 구할 수 있다.

$$\log\left(\frac{N}{N_o}\right) = -t/D_T$$

$$\log\left(\frac{N}{N_o}\right) = -4 = -t/10$$

$$t = 4 \times 10 = 40\ s$$

## ≫ 저온살균의 효과

음식물 제조산업에서 미생물의 열적 멸균에 관한 문헌은 다양하다. 그러나 처리된 유출수의 소독에 관한 문헌은 비교적 제한적이다. 최근에 완성된 논문에서 UV와 저온살균 기술이 파일럿 수준에서 기존의 염소 소독을 대체할 수 있을 것이라는 평가가 나왔다. 2차 처리 후 유출수가 여과된다. 저온살균에 관한 연구들에서 적절한 장비 실험이 이루어졌으며 시료 미생물에 접촉시간과 온도를 다르게 하였다(Salveson et al. 2011). MS2 대장균파지에 대한 실험결과를 바탕으로 실험한 시간의 범위 내에서 73°C (163°F)까지 에서는 접촉시간이 크게 중요하지 않다는 것을 알아냈다. 4-log의 MS2 저감효과를 얻기 위한 시간과 온도는 각각 80°C와 7.7 s이었다. 이러한 값은 저온소독에 관한 CDPH에서 증명된 값들과 거의 같다.

## ❯❯ 규제 사항

CDPH는 규정 22항 재사용의 적용 항에 처리된 유출수의 소독을 위하여 저온살균공정의 사용을 승인하였다. 4-log의 바이러스 감소를 얻기 위해 CDPH에서는 온도를 82℃, 접촉시간을 10 s로 설정하였다. 재사용을 하지 않을 때에는 바이러스의 감소가 필요하지 않기 때문에 온도 74℃, 시간 8 s로 줄일 수도 있다. 이 값들은 추가적으로 운전 데이터가 모여짐에 따라 변경될 것으로 예상된다.

## ❯❯ 소독에서의 저온살균 적용

저온살균은 많은 곳에서 연구되었고 다른 소독 기술에 비해 최소의 비용, 특히 폐열이 이용 가능한 곳에서 연구되었다(Salveson et al. 2011). 일반적인 저온살균에서의 열수지(heat balance)는 이미 그림 12-47에서 보여주었다. 폐수에서의 열 회수는 저온살균을 적용할 때 또 다른 가능성이 있는 것으로 여겨진다. 열처리 이후에 슬러지와 폐수 속에 있는 박테리아 지표종과 세균살균 바이러스의 생존에 관한 연구(Moce-Uivina et al., 2003)가 이루어졌다. 생물고형물의 저온살균은 14장에서 다룬다.

## 문제 및 토의과제

12-1 Chick's 법칙이 적용된다고 가정하고, 다음 4개의 유출수 중 하나(강의자에 의해 선택된 시료)에 대한 총대장균의 불활성화 속도상수를 구하여라. 유출수의 온도는 20℃이었다. 만약 소독 반응의 활성화 에너지가 52 kJ/mole이라면 12℃에서의 불활성화 속도상수를 구하라.

| 남은 유기체의 로그값 | 시간, min | | | |
|---|---|---|---|---|
| | 유출수 시료 | | | |
| | 1 | 2 | 3 | 4 |
| 8 | 0.0 | 0.0 | 0.0 | 0.0 |
| 7 | 1.8 | 5.5 | 3.8 | 2.6 |
| 6 | 3.6 | 11.5 | 8.0 | 5.5 |
| 5 | 5.6 | 17.5 | 12.3 | 8.0 |
| 4 | 7.4 | 23.5 | 16.5 | 11.0 |
| 3 | 9.2 | 20.9 | 20.9 | 13.9 |

12-2 앞의 12-1 문제에서 구해진 속도상수를 이용하여 시간과 온도가 각각 60 min, 15℃와 25℃에서 총 대장균의 99.99%의 불활성도를 얻기 위해 필요한 염소 투여량을 구하라.

12-3 다음의 결합염소 소독에 관한 자료는 다른 3개의 여과된 활성슬러지 유출수에 대하여 이루어진 실험에서 얻어진 값이다.

| 결합염소 CT, mg·min/L | 잔류 분변성 대장균 수, no./100mL | | |
|---|---|---|---|
| | 실험 | | |
| | 1 | 2 | 3 |
| 0 | $10^6$ | $10^6$ | $10^6$ |
| 50 | 10,000 | 199,500 | 316,000 |
| 100 | 10,200 | 31,600 | 63,000 |
| 200 | 126 | 800 | 4000 |

| 300 | 1 | 25 | 280 |
| 400 | | 1 | 20 |
| | | | 1 |

a. 이들 데이터를 이용하여, 식 (12-6)의 치사율 계수를 구하고, 200/100 mL와 1000/100 mL의 잔류대장균 수를 얻기 위한 CT 값을 구하라.

b. 다음 데이터를 이용하여 겨울철 평균 유량에서 접촉시간이 60 min이 되도록 설계된 염소 접촉조의 필요한 부피(m³)가 얼마인가 계산하라. 위의 a 부분에서 전개된 식을 이용하여 위에 주어진 실험결과 중 하나(강의자에 의해 선택된 실험)에서 살균에 요구되는 최소한의 투여량(mg/L)을 구하라. 매년 염소요구량은 2회의 6개월 단위 평균 유량을 기초로 계산된다고 가정하고 최소 일 년 염소요구량을 kg 단위로 계산하라.

| | 단위 | 5~8월 | 11~4월 |
|---|---|---|---|
| 평균 유량 | m³/d | 20,000 | 26,000 |
| 일 최고 유량 | m³/d | 40,000 | 52,000 |
| 유출수내 최대 허용 분변성 대장균 수 | MPN/100 ml | 200 | 1,000 |

**12-4** 다음 데이터는 여러 번 여과된 폐수 유출수에서 얻어진 것이다. 이 데이터를 이용하여 각 폐수 번호(강의자에 의해 선택된 폐수)에 대한 개정된 Collins-Selleck[식 (12-27)]모델의 계수를 구하라.

| | 시간, min | | | |
|---|---|---|---|---|
| | 폐수 번호 | | | |
| $-\log(N/N_0)$ | 1 | 2 | 3 | 4 |
| 1 | 2.1 | 6.9 | 2.9 | 3.5 |
| 2 | 4 | 15 | 5.9 | 8.1 |
| 3 | 7.1 | 36 | 12.3 | 18 |
| 4 | 13.6 | 80 | 24 | 40 |
| 5 | 21.5 | 190 | 55.5 | 90 |
| 6 | 42.3 | 430 | 115 | 200 |

구한 값을 이용하여 CT 값이 30, 60 혹은 120 mg · min/L(강의자에 의해 선택된 값)일 때 불활성화 값을 구하여라.

**12-5** 설계자는 염소 투여량을 여름과 겨울에 각각 15와 8, 20과 10, 30과 20 mg/L로 하여 유출수를 소독하도록 제안하였다. 만약 유출수의 총 대장균 수가 소독 전에 $10^7$/100 ml일 때 투여량 세트 중 하나(강의자 선택)에서 여름과 겨울 동안 얻을 수 있는 최종 총 대장균 수를 구하라.

1. 염소와의 접촉에서 부식에 의한 요구량 = 2.0 gm/L
2. 요구되는 염소 접촉시간 = 45 min
3. 계수는 아래 값을 사용하라.
   $b = 4.0$, $n = 2.8$

**12-6** 여럿의 염소 투여량들이 다음의 네 가지 폐수 유출수에 투여될 때 다음과 같이 염소 잔류량이 측정되었다. 유출수 중 하나(강의자 선택)에 대한 다음 각각을 구하라. (a) 분기점 투여량, (b) 유리 잔류 염소량이 1, 2, 3.5 mg/L(강의자 선택)인 값을 구하기 위해서 필요한 설계투여량.

| 투여량, | 잔류량, mg/L | | | |
|---|---|---|---|---|
| | 유출수 번호 | | | |
| mg/L | 1 | 2 | 3 | 4 |
| 0 | 0 | 0 | 0 | 0 |
| 1 | 0 | 1 | 0 | 0 |
| 2 | 1 | 2 | 1 | 1 |
| 3 | 0.2 | 3 | 2 | 2 |
| 4 | 1 | 4 | 2.3 | 2.9 |
| 5 | 2 | 4.3 | 1.2 | 3.4 |
| 6 | 3 | 3.6 | 0.9 | 2.7 |
| 7 | | 2.3 | 1.7 | 1.2 |
| 8 | | 0.7 | 2.7 | 1.2 |
| 9 | | 0.7 | 3.7 | 2.1 |
| 10 | | 1.7 | | 3.1 |
| 11 | | 2.8 | | 4.1 |

**12-7** 필요한 염소 투여량과 만약 알칼리도가 첨가되어야 한다면 필요한 알칼리도의 양을 구하라.

1. 공장 유량 = 4800 $m^3/d$

2. 유출수 특성

   a. BOD = 15 mg/L

   b. TSS = 15 mg/L

   c. $NH_3$–N = 1, 1.25, or 1.5 mg/L(강의자에 의해 값 선택)

   d. 알칼리도 = 125, 145, or 165 mg/L $CaCO_3$로 환산한 양(강의자에 의해 값 선택)

**12-8** 현재 배우는 단원을 복습하고 처리된 폐수의 소독에서 염소가스와 차아염소산소듐의 사용을 비교 평가하여라. 최소한 최근 3개(2000년 이후)의 논문과 보고서가 평가에 인용되도록 하여라.

**12-9** 다음 데이터는 5개의 다른 염소 접촉조에서 염료 추적물을 이용한 연구로부터 얻은 자료이다. 이 자료를 이용하여 최소 수리학적 체류시간과 그에 따른 변화량, 시간 $t_{10}$, 그리고 Morrill 분산계수(Dispersion Index), 그리고 조들 중의 하나(강의자 선택)에서의 용적 효율을 구하라. 미국 EPA 가이드 라인에 따른다면 분석을 위해 선택된 조의 성능이 어떻게 분류될 수 있는가?

| 시간, $t$ | 추적자 농도, μg | | | | |
|---|---|---|---|---|---|
| | 조 번호 | | | | |
| | 1 | 2 | 3 | 4 | 5 |
| 0 | 0.0 | 0.0 | 0.0 | 0.0 | 0.0 |
| 10 | 0.0 | 0.0 | 0.0 | 0.0 | 0.0 |
| 20 | 3.5 | 0.1 | 0.1 | 0.0 | 0.0 |
| 30 | 7.6 | 2.1 | 2.1 | 0.0 | 0.7 |
| 40 | 7.8 | 7.5 | 10.0 | 0.3 | 4.0 |
| 50 | 6.9 | 10.1 | 12.0 | 1.8 | 9.0 |
| 60 | 5.9 | 10.2 | 10.2 | 4.5 | 12.5 |

| 70 | 4.8 | 9.7 | 8.0 | 8.0 | 11.5 |
| 80 | 3.8 | 8.1 | 6.0 | 11.0 | 8.8 |
| 90 | 3.0 | 6.0 | 4.3 | 11.0 | 5.5 |
| 100 | 2.4 | 4.4 | 3.0 | 9.0 | 3.0 |
| 110 | 1.9 | 3.0 | 2.1 | 4.3 | 1.8 |
| 120 | 1.5 | 1.9 | 1.5 | 2.0 | 0.8 |
| 130 | 1.0 | 1.0 | 1.0 | 1.0 | 0.4 |
| 140 | 0.6 | 0.4 | 0.5 | 0.2 | 0.1 |
| 150 | 0.3 | 0.1 | 0.1 | 0.0 | 0.0 |
| 160 | 0.1 | 0.0 | 0.0 | 0.0 | 0.0 |
| 170 | 0.0 | 0.0 | 0.0 | 0.0 | 0.0 |

**12-10** 4개의 다른 염소 접촉조에서 장 바이러스와 추적물에 대한 투여용량에 대한 반응의 자료를 이용하여, 그중 한 개의 조(강의자 선택)에서 시간 $t_{10}$과 평균 수리학적 체류시간을 기초로 예상되는 유출수의 미생물 농도를 구하라. 또한 기존의 조에서 4-log (99.99%)의 제거율을 얻기 위한 잔류 염소량도 구하라.

다음의 데이터는 장 바이러스의 투여량 대 반응에 관한 것이다.

| CT, mg/L·min[a] | 잔류 유기체의 수 |
|---|---|
| 0 | $10^7$ |
| 100 | $10^{6.2}$ |
| 200 | $10^{5.4}$ |
| 400 | $10^{3.8}$ |
| 600 | $10^{2.1}$ |
| 800 | $10^{0.6}$ |
| 1000 | $10^{-1}$ |

[a] 결합잔류 염소 = 6

다음은 염소 접촉조의 추적물 자료이다.

| | 추적물 농도, mg/L | | | |
|---|---|---|---|---|
| | 염소 접촉조 | | | |
| 시간, min | 1 | 2 | 3 | 4 |
| 0 | 0.0 | 0.0 | 0.0 | 0.0 |
| 10 | 0.0 | 0.0 | 0.0 | 0.0 |
| 20 | 0.0 | 0.0 | 0.0 | 0.0 |
| 30 | 0.1 | 0.0 | 0.0 | 0.0 |
| 40 | 2.0 | 0.0 | 0.0 | 0.0 |
| 50 | 7.3 | 1.1 | 0.1 | 0.0 |
| 60 | 7.0 | 7.0 | 1.3 | 0.1 |
| 70 | 5.2 | 7.3 | 8.0 | 1.5 |
| 80 | 3.3 | 5.7 | 8.5 | 7.5 |
| 90 | 1.7 | 4.2 | 6.2 | 8.0 |
| 100 | 0.7 | 2.9 | 2.9 | 5.5 |

| | | | | |
|---|---|---|---|---|
| 110 | 0.2 | 1.7 | 1.3 | 3.5 |
| 120 | 0.0 | 0.9 | 0.4 | 1.8 |
| 130 | | 0.3 | 0.0 | 0.9 |
| 140 | | 0.1 | | 0.3 |
| 150 | | 0.0 | | 0.1 |
| 160 | | | | 0.0 |
| τ, min | 80 | 85 | 90 | 100 |

**12-11** 평균 유량이 1500, 3300, 4600, 그리고 7500 m³/day(강의자 선택)인 공장에서 결합잔류 염소의 농도가 5.0, 6.5, 7.0, 그리고 7.7 mg/L(강의자가 선택)를 함유하고 있는 처리된 유출수의 탈염소화를 위해 연간 요구되는 이산화황($SO_2$), 황산소듐($Na_2SO_3$), 아황산수소소듐($NaHSO_3$), 메타중아황산소듐($Na_2S_2O_5$), 활성탄(C)의 양을 구하라.

**12-12** 다음과 같이 벤치 규모이며 정상상태로 25℃에서 실험된 반응실험자료를 이용하여 각 폐수(강의자가 선택)에 대한 필요 오존요구량과 1차 반응식을 구하라. 새롭게 발견된 미생물의 오존에 대한 사멸 계수가 0.15 L/mg-min이고 오존 주입기와 4개의 접촉실을 가지고 있는 오존 접촉조를 사용할 때 15℃에서 불활성도를 구하라. 각 접촉실에서 이론적 체류시간은 3분이다. 새로운 미생물에 대한 오존의 활성에너지가 48 KJ/mol이라고 가정한다.

| | | 잔류 오존량, mg/L | | | |
|---|---|---|---|---|---|
| | | 폐수 번호 | | | |
| 테스트 | 오존투여량 mg/L | 1 | 2 | 3 | 4 |
| 1 | 6 | | 2.4 | 1.0 | 3.3 |
| 2 | 10 | 1.1 | 4.9 | 5.9 | 7.0 |
| 3 | 14 | 6.9 | 7.4 | 10.5 | 10.3 |
| 4 | 18 | 12.2 | 10.0 | 15.5 | 14.0 |
| 5 | 20 | 15.0 | 11.1 | 18.0 | 15.7 |

해당 반응자료

| | 잔류 오존량, mg/L | | | |
|---|---|---|---|---|
| | 폐수 번호 | | | |
| 시간, min | 1 | 2 | 3 | 4 |
| 0 | 3.8 | 2.8 | 2.0 | 3.25 |
| 5 | 2.25 | 1.4 | 1.37 | 2.3 |
| 10 | 1.35 | 0.72 | 0.95 | 1.65 |
| 15 | 0.82 | 0.37 | 0.67 | 1.19 |
| 20 | 0.50 | 0.19 | 0.46 | 0.84 |

**12-13** 다음의 20℃에서의 벤치규모 정상상태 자료를 이용하여 즉시 필요한 오존요구량과 1차 반응식을 구하라. 만약 그림 12−31(a)에서 보여준 것과 유사한 네 칸의 접촉실이 있는 오존 접촉조가 사용된다면 5℃에서 얻어질 수 있는 *Cryptosporidium*의 로그 감소를 구하라. *Cryptosporidium*의 활성에너지는 54 KJ/mol이라고 가정하여라.

정상상태에서 실험결과는 아래와 같다.

| 실험 | 오존 투입량, mg/L | 잔류 오존량, mg/L |
|---|---|---|
| 1 | 5 | 1.5 |
| 2 | 8 | 5 |
| 3 | 10 | 7.5 |
| 4 | 13 | 10.3 |
| 5 | 18 | 17.5 |

해당 반응자료

| 시간, min | 잔류 오존량, mg/L |
|---|---|
| 0 | 5 |
| 4 | 3 |
| 7 | 2.5 |
| 10 | 2 |

**12-14** 다음 주어진 오존 감쇠 자료로부터 각 실험(강의자 선택)에서 *Cryptosporidium*의 3-로그 (99.9%) 감소를 이루기 위해 오존 접촉조에서 필요한 접촉실이 몇 개인지 계산하여라. 각 접촉실에서 이론적 체류시간은 3분이고 반응기의 $t_{10}/t$는 0.65임을 가정하라.

| | 잔류 오존량, mg/L | | | |
|---|---|---|---|---|
| | 실험 번호 | | | |
| 시간, min | 1 | 2 | 3 | 4 |
| 0 | 3.3 | 1.5 | 3.2 | 2.8 |
| 2 | 3.0 | | 2.75 | |
| 4 | | 1.0 | | 2.1 |
| 6 | 2.0 | | 1.8 | |
| 10 | | 0.65 | | 1.8 |
| 12 | 1.5 | | 0.9 | |
| 16 | | 0.3 | | 1.6 |

**12-15** 현재 단원을 복습하고, 처리된 폐수의 소독을 위해 오존 사용에 관하여 의견을 기술하여라. 의견 기술은 1995년 이후에 발표된 최소 3개의 논문 혹은 보고서들이 자료에 인용되어야 한다.

**12-16** 현재 단원을 복습하고 과산화아세트산을 단독 사용하거나 혹은 다른 살균제와 조합하여 사용하는 것에 대한 의견을 기술하여라. 의견 기술은 2000년 이후에 발표된 최소 3개의 논문 혹은 보고서들이 자료에 인용되어야 한다.

**12-17** 다음 측정 자료들이 평행 빔 실험을 위하여 주어졌다. 샘플에 전달되는 평균 UV 투여량을 구하고 측정값의 불확실성에 대한 최대 추정치를 구하라.

$I_m = 10 \pm 0.5 \ \mathrm{mW/cm^2}$ (정확도 $\pm 7\%$)

$t = 30 \pm 1 \ \mathrm{s}$

$R = 0.025$ (정확한 값으로 가정함)

$P_f = 0.94 \pm 0.02$

$\alpha = 0.065 \pm 0.005 \ \mathrm{cm^{-1}}$

$d = 1 \pm 0.05 \ \mathrm{cm}$

$L = 48 \pm 0.5 \ \mathrm{cm}$

**12-18** 페트리 접시 안에 있는 물의 표면에서 UV 광선의 강도가 12 mW/cm²이다. 페트리 접시 내에 있는 물의 10, 12, 14, 15, 16 mm(강의자 선택) 깊이에 시료가 있을 때 평균 UV 강도를 구하라.

**12-19** 만약 12~18번에서 페트리 접시 내에 있는 물의 표면에서 UV 강도가 8 mW/cm²이고 UV 투여량이 물의 깊이가 10 mm에 기초하여 계산된 것이라면, 접시에서 물의 깊이가 20 mm일 때는 어떤 영향이 있겠는가?

**12-20** 다음 MS2 세균살균바이러스 불활성도 자료(강의자에 의해 선택된 실험)는 평행 빔을 이용해 구한 것이다. 평균과 표준편차, 75% 신뢰구간, 75% 예측구간을 데이터를 바탕으로 구하여라. 그리고 낮은 75% 예측구간을 기초로 4-log 불활성도를 얻기 위해 요구되는 UV 투입량은 얼마인가?

| 적용된 UV 투여량, mJ/cm² | log 감소, $-\log N/N_0$ | | | | |
|---|---|---|---|---|---|
| | 실험 번호 | | | | |
| | 1 | 2 | 3 | 4 | 5 |
| 20 | 0.9 | 1.7 | 1.4 | 1.1 | 1 |
| 40 | 1.7 | 3.3 | 2.6 | 2.2 | 1.8 |
| 60 | 2.4 | 5.2 | 4.1 | 3 | 2.8 |
| 80 | 3.5 | 6.5 | 5.1 | 4.3 | 3.7 |
| 100 | 4.3 | | | 5.5 | 4.7 |
| 120 | 4.9 | | | 6.2 | 5.4 |

**12-21** NWRI UV 가이드북(NWRI, 2012) 최신판에서 반응조의 성능을 평가하기 위해 사용되는 표준 반응 곡선은 다음과 같다.

$$UV\ dose = \frac{\log\ inactivation - 0.5464}{0.0368}$$

이 단원에서 사용되는 투여량 반응 곡선은

$$UV\ dose = \frac{\log\ inactivation - 0.326}{0.0389}$$

UV 투여량이 20, 40, 60, 80, 100, 120 mJ/cm²(강의자에 의해 선택된 투여량)일 때 두 곡선을 비교하여라. 차이점이 확연한가? 모든 장비 제조업체들이 장비의 성능을 평가할 때 이 표준곡선을 이용하여야 한다고 명시하는데 이것이 타당한지 설명하라.

**12-22** 하나의 bank에 4개의 램프를 가지고 있으며 2개의 bank로 이루어진 UV 반응조 두 개(1, 2)가 서로 다른 재사용수를 대상으로 실험하는 데 사용되었다. 실험은 4개의 유량에 MS2 박테리아 파지(bacterio-phage)를 실험대상 미생물로서 이용한 실험이다. 두 폐수 모두 투과율은 65%이다. 수리학적 부하는 50~200 L/min · lamp로 다양하였다. 실험을 진행하는 데 있어서 각 유량은 순서대로 무작위로 실험된다. 측정된 유입 및 유출구에서의 파지(phage) 농도는 다음과 같다.

| 유량 | | 폐수 1, phage/mL | | 폐수 2, phage/mL | |
|---|---|---|---|---|---|
| L/min | 수행횟수 | 유입구 | 유출구 | 유입구 | 유출구 |
| 200 | 1 | $9.65 \times 10^6$ | $3.80 \times 10^1$ | $1.05 \times 10^7$ | $2.19 \times 10^2$ |
| 200 | 2 | $1.00 \times 10^7$ | $3.98 \times 10^1$ | $6.98 \times 10^6$ | $1.54 \times 10^2$ |
| 200 | 3 | $1.15 \times 10^7$ | $3.72 \times 10^2$ | $1.15 \times 10^7$ | $1.70 \times 10^2$ |
| 400 | 1 | $1.00 \times 10^7$ | $1.95 \times 10^3$ | $1.00 \times 10^7$ | $3.75 \times 10^2$ |
| 400 | 2 | $1.29 \times 10^7$ | $1.55 \times 10^3$ | $1.23 \times 10^7$ | $3.62 \times 10^2$ |
| 400 | 3 | $9.55 \times 10^6$ | $1.77 \times 10^3$ | $1.12 \times 10^7$ | $3.08 \times 10^2$ |
| 600 | 1 | $1.23 \times 10^7$ | $1.12 \times 10^3$ | $1.20 \times 10^7$ | $1.32 \times 10^4$ |
| 600 | 2 | $1.05 \times 10^7$ | $9.33 \times 10^3$ | $1.05 \times 10^7$ | $1.05 \times 10^4$ |
| 600 | 3 | $1.25 \times 10^6$ | $8.91 \times 10^3$ | $9.55 \times 10^6$ | $9.95 \times 10^3$ |
| 800 | 1 | $1.13 \times 10^7$ | $4.79 \times 10^4$ | $1.03 \times 10^7$ | $5.95 \times 10^4$ |
| 800 | 2 | $1.08 \times 10^7$ | $8.35 \times 10^4$ | $1.19 \times 10^7$ | $1.00 \times 10^5$ |
| 800 | 3 | $8.95 \times 10^6$ | $6.61 \times 10^4$ | $1.11 \times 10^7$ | $7.68 \times 10^4$ |

주어진 데이터를 이용하여 폐수 1과 2(강의자 선택)의 설계식을 다음에 기초하여 유도하라. (1) 단순회귀분석, (2) 75% 예측구간, (3) 75% 예측구간을 램프의 수명과 투과율이 72%일 때 파울링이 일어남을 고려하여 구하라. 어떤 UV 시스템이 50 mJ/cm²의 투여량을 투과시킬 때 램프당 최대 유량은 얼마인가? 예제 12-12번에서 주어진 MS2 UV 투여 반응곡선이 불활성도 실험결과 분석에 이용될 수 있다고 가정하라.

**12-23** 다음의 MS2 박테리아 파지 불활성도 자료는 254 nm에서 55%의 투과율을 가진 여과된 폐수와 여러 ballast 조건에서 운전되도록 설정되어 하나의 UV bank에 6개의 UV 램프가 장착된 UV 파일럿 실험장치를 통해 얻어진 것이다. 보고된 불활성도 실험결과는 평균 3회 재현 값이다. 100%의 ballast 설정에서는 100 mJ/cm², ballast 설정이 80%이면 80 mJ/cm², ballast 세팅이 50%이면 50 mJ/cm²(강의자가 ballast 설정 선택)의 투여량을 전달하는 UV 살균시스템에서 램프의 수명과 파울링을 고려하여 최대 유량을 계산하여라, 단위는 L/min-lamp로 나타내어라. 램프의 수명과 파울링 인자는 각 ballast 세팅을 위해 개발된 회귀방정식을 근거하여 60%로 가정하여라.

| 유량 L/min | Ballast 출력, % | Log₁₀ MS2 박테리아 파지 불활성도 |
|---|---|---|
| 180 | 100 | 7.7559 |
| 180 | 80 | 6.7445 |
| 180 | 50 | 5.4219 |
| 400 | 100 | 6.3555 |
| 400 | 80 | 5.383 |
| 400 | 50 | 5.383 |
| 560 | 100 | 5.5775 |
| 560 | 80 | 4.7606 |
| 560 | 50 | 3.5547 |
| 732 | 100 | 5.0718 |
| 732 | 80 | 4.2549 |
| 732 | 50 | 3.2046 |

**12-24** 문제 12-23의 자료를 이용하여 유량과 ballast 세팅을 고려한 회귀분석을 기초로 설계곡

선을 전개하여라. 기존 자료에 대하여 회귀곡선 그리고 75% 예측구간에 대하여 그림으로 나타내어라.

12-25 현재 단원을 복습하고, 여과된 2차 유출수의 소독에 대하여 저압-저강도와 저압-고강도 UV 살균시스템의 사용에 대하여 평가하여라. 2005년 이후의 논문이나 보고서가 최소 3개 평가에 인용되어야 한다.

12-26 표 12-36에서 주어진 D와 Z의 값을 이용하여, MS2 대장균파지가 4-log 감소로 도달하는 데 10초 동안 82°C의 CDPH 저온살균 요건이 충분한지 아닌지 계산하여라.

12-27 다음의 데이터는 파일럿 플랜트 저온살균 실험으로 얻었다. 이 데이터를 이용하여 D와 Z의 값을 계산하여라. 만약 온도가 68°C로 올라간다면 4-log 감소에 도달하는 데 걸리는 시간은 얼마인가?

| 온도, °C | 주어진 시간에서 관찰된 log 감소 값 | | |
|---|---|---|---|
| | 3초 | 7초 | 10초 |
| 60 | 0.25 | 0.4 | 0.5 |
| 65 | 0.55 | 1.32 | 1.8 |
| 70 | 1.80 | 4.35 | 6.00 |

## 참고문헌

Baumann, E. R., and D. D. Ludwig (1962) "Free Available Chlorine Residuals for Small Nonpublic Water Supplies," *J. AWWA,* **54**, 11, 1379–1388.

Bellar, T. A., and J. J. Lichtenberg, (1974) "Determining Volatile Organics at Microgram-per-Litre Levels by Gas Chromatography," *J. AWWA,* **66**, 12, 739–744.

Bill Sotirakos, B., K. Bircher, and A. Salveson (2013) "Development, Challenges and Validation of a High-Efficiency UV System for Water Reuse and Low Effluent Quality Wastewater," WEAO 2013 Technical Conference, Toronto, Ontario, Canada.

Black & Veatch Corporation (2010) *White's Handbook of Chlorination and Alternative Disinfectants,* 5th. ed., John Wiley & Sons, Inc., Hoboken, New Jersey.

Blackmer, F., K. A. Reynolds, C. P. Gerba, and I. L. Pepper (2000) "Use of Integrated Cell Culture-PCR to Evaluate the Effectiveness of Poliovirus Inactivation by Chlorine," *Appl. Environ. Microbiol.,* **66**, 5, 2267–2268.

Blatchley, E. R. et al. (1995) "UV Pilot Testing: Intensity Distributions and Hydrodynamics," *J. Environ. Eng. ASCE,* **121**, 3, 258–262.

Blume, T., I. Martinez, and U. Neis (2002) "Wastewater Disinfection Using Ultrasound and UV Light," in U. Neis (ed.) *Ultrasound in Environmental Engineering II,* ISSN 0724–0783, ISBN 3-930400-47-2.

Blume, T., and U. Neis (2004) "Combined Acoustical-Chemical Method for the Disinfection of Wastewater," *Chemical Water and Wastewater Treatment, Vol. VIII,* 127–135, Proceedings of the 11th Gothenburg Symposium, Orlando, FL.

Butterfield, C. T., E. Wattie, S. Megregian, and C. W. Chambers (1943) "Influence of pH and Temperature on the Survival of Coliforms and Enteric pathogens When Exposed to Free Chlorine," *U.S. Public Health Service Report,* **58**, 51, 1837–1866.

Caretti, C., and C. Lubello (2003) "Wastewater Disinfection with PAA and UV Combined Treatment: a Pilot Plant Study," *Water Res.,* **37**, 10, 2365–2371.

Chen, D., X. Dong, and R. Gehr (2005) "Alternative Disinfection Mechanisms for Wastewaters Using Combined PAA/UV Processes," in *Proceedings of WEF, IWA and Arizona Water Pollution Control Association Conference, Disinfection 2005,* Mesa, AZ.

Chick, H. (1908) "Investigation of the Laws of Disinfection," *J. Hygiene,* British, **8**, 92–158.

Collins, H. F. (1970) "Effects of Initial Mixing and Residence Time Distribution on the Efficiency of the Wastewater Chlorination Process," paper presented at the California State Department of Health Annual Symposium, Berkeley and Los Angeles, CA, May 1970.

Collins, H. F., and R. E. Selleck (1972) "Process Kinetics of Wastewater Chlorination," *SERL Report* 72–5, Sanitary Engineering Research Laboratory, University of California, Berkeley, CA.

Cooper, R. C., A. T. Salveson, R. Sakaji, G. Tchobanoglous, D. A. Requa, and R. Whitley (2000) "Comparison Of The Resistance of MS2 And Poliovirus to UV And Chlorine Disinfection," Presented at the California Water Reclamation Meeting, Santa Rosa, CA.

Crittenden, J. C., R. R. Trussell, D. W. Hand, K. J. Howe, and G. Tchobanoglous (2012) *Water Treatment: Principles and Design*, 3rd ed., John Wiley & Sons, Inc., New York.

Darby, J., R. Emerick, F. Loge, and G. Tchobanoglous (1999) "The Effect of Upstream Treatment Processes on UV Disinfection Performance," Project 96-CTS-3, *Water Environment Research Foundation*, Alexandria, VA.

Dulbecco, R. (1949) "Reactivation of Ultraviolet Inactivated Bacteriophage by Visible Light," *Nature* **163**, 949–950.

Ekster, A. (2001) Personal communication.

Emerick, R. W., F. J. Loge, D. Thompson, and J. L. Darby (1999) "Factors Influencing Ultraviolet Disinfection Performance Part II: Association of Coliform Bacteria with Wastewater Particles," *Water Environ. Res.*, **71**, 6, 1178–1187.

Emerick, R. W., F. Loge, T. Ginn, and J. L. Darby (2000) "Modeling the Inactivation of Particle-Associated Coliform Bacteria," *Water Environ. Res.*, **72**, 4, 432–438.

Enslow, L. H. (1938) "Chlorine in Sewage Treatment Practice," Chap. VIII, in L. Pearse (ed.) *Modern Sewage Disposal*, Federation of Sewage Works Associations, New York.

EPRI (1996) *UV Disinfection for Water and Wastewater Treatment*, Report CR-105252, Electric Power Research Institue, Inc., Report prepared by Black & Veatch, Kansas City, MO.

Fair, G. M., J. C. Morris, S. L. Chang, I. Weil, and R. P Burden (1948) "The Behavior of Chlorine as a Water Disinfectant," *J. AWWA*, **40**, 10, 1051–1056.

Fair, G. M., and J. C. Geyer (1954) *Water Supply and Waste-Water Disposal*, John Wiley & Sons, Inc. New York.

Friedberg, E. R., G. C. Walker, and W. Siede (1995) *DNA Repair and Mutagenesis,* WSM Press, Washington, DC.

Friess, P. L., C-C. Tang, S-J. Huitric, P. Ackerman and N. Munakata (2013) *Demonstration of Sequential Chlorination for Tertiary Recycled Water Disinfection at the San Jose Creek East Water Reclamation Plant,* Final Report, The Sanitation Districts of Angeles County, Whittier, CA.

Gang, D. C., T. E. Clevenger, and S. K. Banerji (2003) "Modeling Chlorine Decay in Surface Water," *J. Environ. Inform.*, **1**, 1, 21–27.

Gard, S. (1957) *Chemical Inactivation of Viruses, in CIBA Foundation Symposium on the Nature of Viruses*, Little Brown and Company, Boston, MA.

Gehr, R. (2000) Seminar Lecture Notes, Universidad Autonoma Metropolitana, Mexico City, Mexico.

Gehr, R. (2006) Seminar Notes, Presented at III Simposio Internacional en Ingenieria y Ciencias para la Sustentabilidad Ambiental, Universidad Autonoma Metropolitana, Mexico City, Mexico.

Gehr, R., M. Wagner, P. Veerasubramanian, and P. Payment (2003) "Disinfection Efficiency of Peracetic Acid, UV and Ozone after Enhanced Primary Treatment of Municipal Wastewater," *Water Res.* **37**, 19, 4573–4586.

Goff, D. (2012) "Thermal Destruction of Microorganisms," *Dairy Science and Technology Education*, University of Guelph, Canada, www.foodsci.uoguelph.ca/dairyedu/home.html.

Haas, C., and S. Karra, (1984a) "Kinetics of Microbial Inactivation by Chlorine-I Review of Results in Demand-Free Systems," *Water Res.*, **18**, 11, 1443–1449.

Haas, C., and S. Karra (1984b) "Kinetics of Microbial Inactivation by Chlorine-II. Review of Results in Systems with Chlorine Demand," *Water Res.*, **18**, 11, 1451–45.

Haas, C., and S. Karra (1984c) "Kinetics of Wastewater Chlorine Demand Exertion," *J. WPCF*, **56**, 2, 170–182.

Haas, C. N., and J. Joffe (1994) "Disinfection Under Dynamic Conditions: Modification of Hom's Model for Decay," *Environ. Sci. Technol.*, **28**, 7, 1367–1369.

Hall, E. L. (1973) "Quantitative Assessment of Disinfection Interferences," *Water Treat. Exam.*, **22**, 153–174.

Hanawalt, P. C., P. K. Cooper, A. K. Ganesan, and C. A. Smith (1979) "DNA Repair in Bacteria and Mammalian Cells," *Annu. Rev. Biochem.*, **48**, 783–836.

Hanzon, B., J. Hartfelder, S. O'Connell, and D. Murray (2006) "Disinfection Deliberation," *WE&T, Water Environ. Fed.,* **18**, 2, 57–62.

Harp, D. L. (2002) *Current Technology of Chlorine Analysis for Water and Wastewater*, Technical Information Series—Booklet No.17, Lit. no. 7019, Hach Company, Loveland, CO.

Hart, F. L. (1979) "Improved Hydraulic Performance of Chlorine Contact Chambers," *J. WPCF*, **51**, 12, 2868–2875.

Hiatt, C. W. (1964) "Kinetics of the Inactivation of Viruses," *Bacteriol. Rev.*, **28**, 2, 150–163.

Hoff, J. C. (1986) *Inactivation of Microbial Agents by Chemical Disinfectants,* EPA-600/2-86-067, Water Engineering Research Laboratory, U.S. Environmental Protection Agency, Cincinnati, OH.

Hom, L. W. (1972) "Kinetics of Chlorine Disinfection in an Eco-System," *J. Environ. Eng. Div.* ASCE, **98**, SA1, 183–194.

Hudson, A., T. Wong, and R. Lake (2003) *Pasteurization of Dairy Products: Times, Temperatures and Evidence for Control of Pathogens*, Institute of Environmental Science & Research Limited, Christchurch, New Zealand.

IUVA (2011) "Uniform Protocol for Wastewater UV Validation Applications," *IUVE News*, **13**, 2 26–33.

Jalali, Y., S. J. Huitric, J. Kuo, C. C. Tang, S. Thompson, and J. F. Stahl (2005) "UV Disinfection of Tertiary Effluent and Effect on NDMA and Cyanide," paper presented at WEF Technology 2005, San Francisco, CA.

Jin, S., A. A. Mofidi, and K. G. Linden (2006) "Polychromatic UV Fluence Measurement Using Chemical Actinometry, Biodosimetry, and Mathematical Techniques," *J. Environ. Eng. Div., ASCE* **132**, 8, 831–841.

Kawamura, S. (2000) *Integrated Design and Operation of Water Treatment Facilities*, 2nd ed., Wiley Interscience, New York.

Kelner, A. (1949) "Effect of Visible Light on the Recovery of Streptomyces Griseus Conidia from Ultra-violet Irradiation Injury," *Proc. Nat. Acad. Sci.*, **35**, 73–79.

Kitis, M. (2004) "Disinfection of Wastewater With Peracetic Acid: A Review," *Environ. Int.*, **30**, 1, 47–55.

Kobylinski, E. A., G. L. Hunter, and A. R. Shaw (2006) "On Line Control Strategies for Disinfection Systems: Success and Failure," *Proceedings of the 2006 WEFTEC Conference,* 6371–6394, WEF, Dallas, TX.

Koivunen, J. (2005a) "Inactivation of Enteric Microorganisms with Chemical Disinfectants, UV Irradiation and Combined Chemical/UV Treatments," *Water Res.*, **39**, 8, 1519–1526.

Koivunen, J. (2005b) "Peracetic Acid (PAA) Disinfection of Primary, Secondary and Tertiary Treated Municipal Wastewaters," Water Res., 39, 18, 4445–4453.

Krasner, S. W. (1999) "Chemistry of Disinfection By-Product Formation," in P. C. Singer, (ed.), *Formation and Control of Disinfection By-Products in Drinking Water*, AWWA, Denver, CO.

Krasner, S. W., S. Pastor, R. Chinn, M. J. Sclimenti, H. S. Wienberg, S. D. Richardson, and A. D. Thruston, Jr. (2001) "The Occurrence of a New Generation of DBPs (Beyond the ICR)," paper presented at the AWWA Water Quality Technology Conference, Nashville, TN.

Lazarova, V., M. L. Janex, L. Fiksdal, C. Oberg, I. Barcina, and M Ponimepuy (1998) "Advanced Wastewater Disinfection Technologies: Short and Long Term Efficiency," *Water Sci. Technol.*, **38**, 12, 109–117.

Lefevre, F., J. M. Audic, and F. Ferrand (1992) "Peracetic Acid Disinfection of Secondary Effluents Discharged Off Coastal Seawater," *Water Sci. Technol.*, **25**, 12, 155–164.

Lewis, M. J., and N. J. Heppell (2000) *Continuous Thermal Processing of Food: Pasteurization and UHT Sterilization*, Aspen Publishers, Inc., A Wolters Kluwer Company, Gaithersburg, MD.

Li, H., G. R. Finch, D. W. Smith, and M. Belosevic (2001) *Sequential Disinfection Design Criteria for Inactivation of Cryptosporidium Oocysts in Drinking Water*, AWWA Research Foundation and the American Water Works Association, Denver, CO.

Liberti, L., A. Lopez, and M. Notarnicola (1999) "Disinfection with Peracetic Acid for Domestic Sewage Re-Use in Agriculture," *J. Water Environ. Mgmt.,* (Canadian), **13**, 8, 262–269.

Linden, K., G. Shin, and M. Sobsey (2001) "Comparative Effectiveness of UV Wavelengths For the Inactivation of *Cryptosporidium Parvum* Oocysts in Water," *Water Sci. Technol.*, **43**, 12, 171–174.

Linden, K. G., and A. A. Mofidi (2003) Disinfection Efficiency and Dose Measurement for Polychromatic UV Systems, American Water Works Association Research Foundation, Denver, CO.

Louie, D., and M. Fohrman (1968) "Hydraulic Model Studies of Chlorine Mixing and Contact Chambers," *J. WPCF*, **40**, 2 174–184.

Lubello, C., C. Caretti, and R. Gori (2002) "Comparison Between PAA/UV and H₂O₂/UV Disinfection for Wastewater Reuse," *Water Sci. Technol.: Water Supply*; **2**, 1, 205–212.

Maguin, S. R., P. L. Friess, S-J. Huitric, C-C. Tang, J. Kuo, and N. Munakata (2009) "Sequential Chlorination: A New Approach for Disinfection of Recycled Water," *Environ. Eng: App. Res. Pract.*, **9**, 2–11.

Malley, J. P. (2005) "A New Paradigm For Drinking Water Disinfection," Presented at the 17th World Ozone Congress, International Ozone Association, Strasbourg, Germany.

Martin, N., and R. Gehr (2005) "Photoreactivation Following Combined Peracetic Acid-UV Disinfection of a Physicochemical Effluent," Presented at the Third International Congress on Ultraviolet Technologies, IUVA, Whistler, BC, Canada.

Moce-Uivina, L., M. Muniesa, H. Pimienta-Vale, F. Lucena, and J. Jofre (2003) "Survival of Bacterial Indicator Species and Bacteriophages after Thermal Treatment of Sludge and Sewage," *App. Environ. Microbiol.,* **69**, 3, 1452–1456.

Mofidi, A. A., H. Baribeau, P. A. Rochelle, R. De Leon, B. M. Coffey, and J. F. Green, (2001) "Disinfection of *Cryptosporidium Parvum* with Polychromatic Ultraviolet Light." *J. AWWA*, **93**, 6, 95–109.

Mofidi, A. A., E. A. Meyer, P. M. Wallis, C. I. Chou, B. P. Meyer, S. Ramalingam, and B. M. Coffey (2002) "Effect of Ultraviolet Light on Giardia lamblia and Giardia muris Cysts as Determined by Animal Infectivity." *J. Water Res.,* **36**, 2098–2108.

Morrill, A. B. (1932) "Sedimentation Basin Research and Design," *J. AWWA*, **24**, 9, 1442–1458.

Morris, J. C. (1966) "The Acid Ionization Constant of HOCl from 5°C to 35°C," *J. Phys. Chem.* **70**, 12, 3798–3806.

Morris, J. C. (1975) "Aspects of the Quantitative Assessment of Germicidal Efficiency," Chap. 1, in J. D. Johnson (ed.), *Disinfection: Water and Wastewater*, Ann Arbor Science Publishers, Inc., Ann Arbor, MI.

NRC (1980) "The Disinfection of Drinking Water" in *Drinking Water and Health, Vol. 2.* Safe Drinking Water Committee, Board on Toxicology and Environmental Health Hazards, Assembly of Life Sciences, National Research Council, The National Academies Press, Washington, DC.

NWRI (1993) *UV Disinfection Guidelines for Wastewater Reclamation in 33California and UV Disinfection Research Needs Identification,* National Water Research Institute, Prepared for the California Department of Health Services. Sacramento, CA.

NWRI and AWWARF (2000) *Ultraviolet Disinfection Guidelines for Drinking Water and Wastewater Reclamation,* NWRI-00–03, National Water Research Institute and American Water Works Association Research Foundation, Fountain Valley, CA.

NWRI (2003) *Ultraviolet Disinfection Guidelines for Drinking Water and Water Reuse,* 2nd ed., National Water Research Institute, Fountain Valley, CA.

NWRI (2012) *Ultraviolet Disinfection Guidelines for Drinking Water and Water Reuse,* 3rd ed., Updated Edition, National Water Research Institute, Fountain Valley, CA.

O'Brien, W. J., G. L. Hunter, J. J. Rosson, R. A. Hulsey, and K. E. Carns (1996) "Ultraviolet System Design: Past, Present, and Future, Proceedings Disinfecting Wastewater for Discharge & Reuse," *Water Environment Federation,* Alexandria, VA.

Oguma, K., H. Katayama, H. Mitani, S. Morita, T. Hirata, and S. Ohgaki (2001) "Determination of Pyrimidine Dimers in *Escherichia Coli* and *Cryptosporidium Parvum* During Ultraviolet Light Inactivation, Photoreactivation and Dark Repair," *Appl. Environ. Microbiol.*, **67**, 4630–4637.

Oguma, K., H. Katayama, and S. Ohgaki (2002) "Photoreactivation of *Escherichia coli* after Low- or Medium-Pressure UV Disinfection Determined by an Endonuclease Sensitive Site Assay," *Appl. Environ. Microbiol.*, **68**, 12, 6029–6035.

Oguma, K., H. Katayama, and S. Ohgaki. (2004) "Photoreactivation of *Legionella Pneumophilia* after Inactivation by Low- or Medium-Pressure Ultraviolet Lamp," *Water Res.*, **38**, 11, 2757–2763.

Orta de Velasquez, M. T., I. Yanez-Noguez, N. M. Rojas-Valencia and C.l. Lagona-Limon (2005) "Ozone in the Disinfection of Municipal Wastewater Compared with Peracetic Acid, Hydrogen Peroxide, and Copper after Advanced Primary Treatment," Presented at the 17th International Ozone Association World Congress & Exhibition, Strasbourg, France.

Parker, J. A., and J. L. Darby (1995) "Particle-Associated Coliform in Secondary Effluents: Shielding From Ultraviolet Light Disinfection," *Water Environ. Res.*, **67**, 7, 1065–1075.

Pflug, I. J., R. G. Holcomb, and. M. M. Gomez. (2001) "Principles of the Thermal Destruction of Microorganisms," in S.S. Block (ed.) *Disinfection, Sterilization, and Preservation*, Lippincott Williams & Wilkins, Philadelphia, PA.

Plummer, J. D., and S. C. Long (2005) "Enhancement of Chlorine Inactivation with Chemical Free Sonication," Presented at the Water Quality Technology Conference, Quebec City, Canada.

Qualls, R. G., M. P. Flynn, and J. D. Johnson (1983) "The Role of Suspended Particles in Ultraviolet Disinfection," *J. WPCF*, **55**, 10, 1280–1285.

Qualls, R. G., and J. D. Johnson (1985) "Modeling and Efficiency of Ultraviolet Disinfection Systems," *Water Res.,* **19**, 8, 1039–1046.

Rakness, K. L. (2005) *Ozone in Drinking Water Treatment: Process Design, Operation and Optimization*, American Water Works Association, Denver, CO.

Rennecker, J., B. Marinas, J. Owens, and E. Rice (1999) "Inactivation of Cryptosporidium Parvum Oocysts with Ozone," *Water Res.,* **33**, 11, 2481–2488.

Rice, R. G. (1996) *Ozone Reference Guide*, Prepared for the Electric Power Research Institute, Community Environment Center, St. Louis, MO.

Roberts, P. V., E. M. Aieta, J. D. Berg, and B. M. Chow (1980) "Chlorine Dioxide for Wastewater Disinfection: A Feasibility Evaluation," Technical Report No. 21, Civil Engineering Department, Stanford University, Stanford, CA.

Rochelle, P. A., A. A. Mofidi, M. M., Marshall, S. J. Upton, B. Montelone, K. Woods, and G. DiGiovanni (2004) *An Investigation of UV Disinfection and Repair in Cryptosporidium Parvum*, AWWA Research Foundation, Denver, CO.

Rook, J. J. (1974) "Formation of Haloforms During the Chlorination of Natural Water," *Water Treat. Exam.*, **23**, 2, 234–243.

Rossman, L. A. (2000) *EPANET 2 Users Manual*, EPA/600/R-00/057, U.S. Environmental Protection Agency, Cincinnati, OH.

Rupert, C. S. (1960) "Photoreactivation of Transforming DNA by an Enzyme from Baker's Yeast," *J. Gen. Physiol.,* **43**, 573–595.

Salveson, A., N. Gael, and G. Ryan (2011) "Not Just for Milk Anymore: Pasteurization for Disinfection of Wastewater and Reclaimed Water," *Water Environ. Tech.*, **23**, 3, 43–45.

Salveson, A. (2012) Personal Communication on Inactivation of Total Coliform by Pasteurization, Carollo Engineers, Walnut Creek, CA.

Saunier, B. M. (1976) *Kinetics of Breakpoint Chlorination and Disinfection*, Ph.D. Thesis, University of California, Berkeley, CA.

Saunier, B. M., and R. E. Selleck (1976) "The Kinetics of Breakpoint Chlorination in Continuous Flow Systems," Paper presented at the American Water Works Association Annual Conference, New Orleans, LA.

Severin, B. F., M. T. Suidan, and R. S. Engelbrecht (1983) "Kinetic Modeling of UV Disinfection of Water," *Water Res.,* British, **17**, 11, 1669–1678.

Sinikanchana, K., J. Shisler, and B. Marinas (2005) "Sequential Inactivation of Adenoviruses by UV and Chlorine," presented at 2005 Water Quality Technology Conference and Exposition, American Water Works Association, Denver CO.

Snyder, C. H. (1995) *The Extraordinary Chemistry of Ordinary Things*, 2nd ed., John Wiley & Sons, Inc., New York.

Solvay Chemicals, Inc. (2013) Proxitane™ WW-12 Peracetic Acid Technical Data Sheet, Houston, TX.

Sommer, R., W. Pribil, S. Appelt, P. Gehringer, H. Eschweiler, H. Leth, A. Cabal, and T. Haider (2001) "Inactivation of Bacteriophages in Water by Means of Non-Ionizing (UV-253.7 nm) and Ionizing (Gamma) Radiation: A Comparative Aproach," *Water Res.*, **35**, 13, 3109–3116.

Sorqvist, S. (2003) "Heat Resistance in Liquids of *Enterococcus* spp., *Listeria* spp., *Escherichia coli*, *Yersinia Enterocolitica*, *Salmonella* spp. and *Campylobacter* spp.," *Acta Vet. Scand*, **44**, 1–2, 1–19.

Sung, R. D. (1974) *Effects of Organic Constituents in Wastewater on the Chlorination Process*, Ph.D. thesis, Department of Civil Engineering, University of California, Davis, CA.

Tchobanoglous, G., F. L. Burton, and H. D. Stensel (2003) *Wastewater Engineering: Treatment and Reuse*, 4th ed., Metcalf and Eddy, Inc., McGraw-Hill Book Company, New York.

Thibaud, H, J. De Laat, and M. Dore (1987) "Chlorination of Surface Waters: Effect of Bromide Concentration on the Chloropicrin Formation Potential," paper presented at the Sixth Conference on Water Chlorination: Environmental Impact and Health Effects, Oak Ridge, Tennessee.

Toder, K. (2012) *Online Textbook of Bacteriology*, http://textbookofbacteriology.net

U.S. EPA (1986) *Design Manual, Municipal Wastewater Disinfection*, EPA/625/1-86/021, U.S. Environmental Protection Agency, Cincinnati, OH.

U.S. EPA (1992) *User's Manual for UVDIS, Version 3.1, UV Disinfection Process Design Manual*, EPA G0703, Risk Reduction Engineering Laboratory, U.S. Environmental Protection Agency, Cincinnati, OH.

U.S. EPA (1999a) *Alternative Disinfectants and Oxidants Guidance Manual*, EPA 815-R-99-014, U.S. Environmental Protection Agency, Cincinnati, OH.

U.S. EPA (1999b) *Combined Sewer Overflow Technology Fact Sheet, Alternative Disinfection Methods*, EPA832-F-99-033, U.S. Environmental Protection Agency, Cincinnati, OH.

U.S. EPA (2003a) *EPA Guidance Manual*, Appendix B. CT Tables, LT1ESWTR, Disinfection Profiling and Benchmarking, U.S. Environmental Protection Agency, Washington, DC.

U.S. EPA (2003b) *Ultraviolet Disinfection Guidance Manual*, Draft, U.S. Environmental Protection Agency, Office of Water, Washington, DC.

U.S. EPA (2006) *National Primary Drinking Water Regulations: Long Term 2 Enhanced Surface Water Treatment Rule*, LT2ESWTR, Federal Register, **71**, 3, 654–786.

U.S. EPA (2010) *Long Term 2 Enhanced Surface Water Treatment Rule Toolbox Guidance Manual*, EPA 815-R-09-016, Office of Water, U.S. Environmental Protection Agency, Washington, DC.

Wagner, M., D. Brumelis, and R. Gehr (2002) "Disinfection of Wastewater by Hydrogen Peroxide or Peracetic Acid: Development of Procedures for Measurement of Residual Disinfectant and Application to a Physicochemically Treated Municipal Effluent," *Water Environ. Res.*, **74**, 33, 33–50.

Wang, H., X. Shao, and R. A. Falconer (2003) "Flow and Transport Simulation Models for Prediction of Chlorine Contact Tank Flow-Through Curves," *Water Environ. Res.*, **75**, 5, 455–471.

Ward, R. W., and DeGraeve (1976) *Disinfection Efficiency and Residual Toxicity of Several Wastewater Disinfectants*, EPA-600/2-76-156, U.S. Environmental Protection Agency, Cincinnati, OH.

Watson, H. E. (1908) "A Note On The Variation of the Rate of Disinfection With Change in the Concentration of the Disinfectant," *J. Hygiene* (British), **8**, 536.

Wattie, E., and C. T. Butterfield, (1944) "Relative resistance of *Escherichia Coli* and Eber-thella Typhosa to Chlorine and Chloramines," *U.S. Public Health Service Report*, **59**, 52, 1661–1671.

White, G. C. (1999) *Handbook of Chlorination and Alternative Disinfectants*, 4th ed., John Wiley & Sons, Inc., New York (see also Black & Veatch Corporation, 2010).

Zimmer, J. L., and R. M. Slawson (2002) "Potential Repair of *Escherichia coli* DNA following Exposure to UV Radiation from Both Medium- and Low-Pressure UV Sources Used in Drinking Water Treatment," *Appl. Environ. Microbiol.*, **68**, 7, 3293–3299.

# 13

# 슬러지 처리 및 공정
*Processing and Treatment of Sludges*

# 용어정의

| 용어 | 정의 |
|---|---|
| 산-가스상 소화<br>(acid-gas digestion) | 휘발성 고형물의 감량을 증대하기 위해 산 생성 가수분해 단계를 가스 생성 단계에서 분리한 변형 혐기성 소화 공정 |
| 호기성 소화<br>(aerobic digestion) | 산소가 존재하는 상태에서 이루어지는 생물학적 안정화 공정. 1차, 2차 슬러지 내 생분해성 물질은 이산화탄소와 기타 부산물로 산화됨 |
| 혐기성 소화<br>(anaerobic digestion) | 산소가 없는 상태에서 이루어지는 생물학적 안정화 공정. 1차, 2차 슬러지 내 생분해성 물질은 메탄, 이산화탄소 및 기타 부산물로 전환됨 |
| 자가 발열 고온 호기성 소화<br>[autothermal thermophilic aerobic digestion (ATAD)] | 미생물에 의해 열이 발생되어 고온의 온도 범위를 유지하는 호기성 소화공정. 40 CFR 503의 요구 조건을 만족시키기 위한 충분한 시간이 유지될 경우, A등급 기준을 준수하고 상대적으로 병원균이 없는 바이오 고형물을 생성함 |
| 바이오 고형물(Biosolids) | 폐수처리과정에서 발생하며 U.S. EPA의 40 CFR 503조의 규정을 만족하여 다른 유용한 목적으로 사용할 수 있는 안정화된 슬러지 |
| A등급 바이오 고형물<br>(Class A biosolids) | 분변성 대장균 밀도가 총 건조고형물 1 g당 1,000 MPN 이하, Salmonella균의 밀도가 총 건조고형물 4 g당 3 MPN 이하인 바이오 고형물. 40 CFR 503에 규정되어 있는 6개의 대안 중 1개를 준수하여야 함. 40 CFR 503에 제시된 오염물질 제한 농도와 병원균 매개체 감소를 위한 요구조건을 만족하여야 함 |
| B등급 바이오 고형물<br>(Class B biosolids) | 분변 대장균밀도가 총 건조고형물 1 g당 $2 \times 10^6$ CFU 또는 $2 \times 10^6$ MPN 이하인 바이오 고형물. CFR 503에 제시된 오염물질 제한 농도와 병원균 매개체 감소를 위한 요구조건을 만족하여야 함 |
| 소화(digestion) | 슬러지 내 유기물질을 생물학적으로 분해하는 공정. 이에 따라 병원균과 휘발성 고형물의 농도가 감소됨 |
| 처분(disposition) | 물질의 가치에 인한 바이오 고형물, 슬러지의 효용적 또는 비효용적 처분을 일컬을 때 사용되는 용어임 |
| 용존공기 부상법<br>(dissolved air flotation) | 응집된 물질에 미세기포가 부착되어 표면으로 부상하고 이를 분리하는 정화 공정. 고형물은 기계식 스크레이퍼에 의해 제거됨 |
| 이단 소화<br>(dual digestion) | 1단계 고온 호기성 소화와 2단계 중온 혐기성 소화로 구성된 이단 소화 공정. 1단계에서는 고순도 산소를 이용하기도 함 |
| 그릿(grit) | 모래, 자갈, 재 등의 무기물질과 달걀껍질, 뼈 조각, 씨앗, 커피 찌꺼기 등의 유기물질 |
| 살수여상 슬러지(humus) | 살수여상 처리과정에서 발생하는 슬러지 |
| 중온 혐기성 소화<br>(mesophilic anaerobic digestion) | 30~38°C (85~100°F) 정도의 온도 범위에서 운전되는 혐기성 소화 |

| 용어 | 정의 |
|---|---|
| 메탄화 (methanogenesis) | 유기산, 수소 및 이산화탄소의 메탄으로의 생물학적 전환 |
| 체 분리물(screenings) | 스크린 장치에 의해 제거된 물질 |
| 스컴(scum) | 1차, 2차 침전지 및 농축조 표면에 부상하는 부유물질(기름, 음식쓰레기, 종이 및 거품) |
| 측류수(sidestream) | 특별한 처리를 위해 주 처리공정으로부터 우회시킨 폐수의 흐름 |
| 고형물(solids) | 물리화학적 또는 생물학적 처리에 의해 안정화되지 않은 슬러지. 본 장에서는 슬러지라는 용어와 함께 쓰이지 않음. 슬러지의 건조중량은 고형물 함량으로 표시됨 |
| 슬러지(sludge) | 1차, 2차 및 고도 폐수 처리 시 발생하는 물질로서 병원균 또는 병원균 매개체의 감소를 위한 공정을 거치지 않음 |
| 안정화(stabilization) | 40 CFR 503에 규정되어 있는 슬러지 내 병원균과 병원균 매개체를 감소시키기 위한 처리공정 |
| 열가수분해 (thermal hydrolysis) | 혐기성 소화 전 탈수 슬러지의 전처리를 위해 고압 증기를 이용하여 슬러지의 점성을 감소시키고 가수분해하는 열처리공정 |
| 고온 혐기성 소화 (thermophilic anaerobic digestion) | 50~57°C (122~135°F) 정도의 온도 범위에서 운전되는 혐기성 소화 |

하수처리장에서 제거되거나 또는 발생되는 성분들에는 체 분리물, 그릿, 스컴, 슬러지 및 바이오 고형물이 포함된다. 하수처리공정에서 발생되는 슬러지와 바이오 고형물(전판에서는 총괄하여 슬러지라고 불렸던)은 사용되는 공정과 운전방법에 따라 다르나 일반적으로 0.25~12%의 중량비로 고형물을 함유하는 액체 또는 반고상의 액체 형태이다. 미국의 경우, Water Environment Federation (WEF 2010a)에 의한 바이오 고형물의 정의는 미국 환경보호청(U.S. Environmental Protection Agency)의 관련 법규(40 CFR 503)를 만족할 만큼 충분히 안정화되어 유용하게 사용될 수 있는 슬러지를 의미한다. 슬러지라는 용어는 효용성(beneficial use) 기준(14-2절에서 논의)이 달성되기 전에만 사용한다. 즉, 효용성 기준이 달성되고 나면 슬러지라는 용어는 사용하지 않는다. 슬러지라는 용어는 일반적으로 1차 슬러지, 개량된 1차 슬러지, 폐활성 슬러지 그리고 2차 슬러지와 같은 공정 명칭과 함께 사용된다. 고형물이란 용어는 슬러지를 대신하여 사용되어 왔으나 앞에서 정의된 슬러지라는 용어와의 혼동을 피하기 위하여 본 책과 이 장에서는 바이오 고형물이란 용어를 사용하였다.

하수처리에서 제거되는 성분들 중 슬러지는 부피가 가장 커서 이들의 처리, 재이용 및 처분은 하수처리 분야에서 아마도 가장 복잡한 문제로 여겨진다. 따라서 이러한 문제를 두 개의 장으로 분리하여 다루었다. 그릿과 체 분리물의 처분은 5장에서 다루었다. 슬러지를 다루는 문제가 복잡한 이유는 다음과 같다. (1) 슬러지는 주로 미처리된 하수에 함유된 불쾌감을 유발시키는 물질로 이루어져 있다; (2) 생물학적 처리과정에서 생성된 슬러지의 일부는 하수에 포함된 유기물로 구성되어 있지만 다른 형태로 분해되어 불쾌감을 유발한다; (3) 슬러지 중 고형분이 차지하는 분율은 낮고 나머지는 수분이다.

**표 13-1**

**슬러지 조작과 처리 방법**

| 조작 또는 처리 방법 | 기능 | 해당 절 |
|---|---|---|
| 펌핑 | 슬러지와 바이오 고형물의 수송 | 13~4 |
| 예비 운전 | | |
| 분쇄 | 입자크기 감소 | 13~5 |
| 스크린 | 섬유 물질 제거 | 13~5 |
| 그맅 제거 | 그맅 제거 | 13~5 |
| 배합 | 슬러지 균질화 | 13~5 |
| 저장 | 유량 균등화 | 13~5 |
| 농축 | | |
| 중력 농축 | 부피 감소 | 13~6 |
| 부상 농축 | 부피 감소 | 13~6 |
| 원심 분리 | 부피 감소 | 13~6 |
| 중력 벨트 농축 | 부피 감소 | 13~6 |
| 회전드럼 농축 | 부피 감소 | 13~6 |
| 안정화 | | |
| 알칼리 안정화 | 안정화 | 13~8 |
| 혐기성 소화 | 안정화, 질량 감소, 자원 회수 | 13~9 |
| 호기성 소화 | 안정화, 질량 감소 | 13~10 |
| 퇴비화 | 안정화, 생산물 회수 | 14~5 |
| 열 건조 | 안정화, 부피 감소, 자원 회수 | 14~3 |
| 개량 | 탈수 향상 | 14~1 |
| 탈수 | | |
| 원심 탈수 | 부피 감소 | 14~2 |
| 벨트 여과 압착 | 부피 감소 | 14~2 |
| 회전식 압착 | 부피 감소 | 14~2 |
| 나사식 압착 | 부피 감소 | 14~2 |
| 여과 압착 | 부피 감소 | 14~2 |
| 고도 탈수 | 부피 감소와 안정화 | 14~2 |
| 건조상 | 부피 감소 | 14~2 |
| 갈대 건조상 | 저장과 부피 감소 | 14~2 |
| 라군 | 저장과 부피 감소 | 14~2 |
| 고도 열처리 산화 | 부피와 질량 감소, 자원 회수 | 14~4 |
| 토양에 바이오 고형물 적용 | 효용적 사용과 처리 | 14~10 |
| 수송과 저장 | 슬러지와 바이오 고형물의 수송 및 저장 | 14~6 |

이 장의 목적은 표 13-1에 제시된 슬러지 공정 및 처리에 사용되는 주요 공정들과 방법들을 서술하는 데 있다. 또한 표 13-1에는 자원회수 방법들도 제시하였으며 바이오 고형물의 효용적 사용은 14장에서 논의하였다. 다양한 슬러지 취급과 처리 방법들에 대한 이해를 위해 본 장의 처음 두 절에서는 슬러지의 발생원, 특성 및 발생량에 대한 논의; 현행 규제 환경 그리고 대표적인 슬러지 처리공정의 계통도를 다루었다. 슬러지의 펌핑

은 하수처리장 설계에서 핵심적인 부분으로 13-4절에서 슬러지와 스컴의 펌핑을 별도로 다루었다. 슬러지 예비 처리방법은 13-5절과 13-6절에 논의하였다. 13-7절에서는 슬러지 안정화에 관해 소개하였으며, 보다 세부적인 논의를 위해 3개의 연속된 절로 나누어 알칼리 안정화, 혐기성 소화 그리고 호기성 소화(13-8~13-10절)로 구분하였다. 또한 탈수 후의 슬러지 안정화에 사용되는 퇴비화에 관해서는 14장에서 논의하였다.

## 13-1 슬러지 발생원, 특성 및 발생량

슬러지의 가공, 처리 및 처분 시설을 적절히 설계하기 위해서는 대상 슬러지의 발생원, 특성 및 발생량을 파악하여야 한다. 하수의 1차 및 2차 처리방법은 발생되는 슬러지의 양과 질에 많은 영향을 미친다. 예를 들면, 2차 처리에서 MBR를 사용하는 경우 발생되는 슬러지는 전형적인 폐활성 슬러지 공정에서 발생되는 슬러지와 비교 시 탈수와 혐기성 소화가 어렵다. 양질의 유출수 생산을 위한 엄격한 규제들은 2차 처리에 사용되는 공정에 영향을 주며 이는 다시 슬러지로부터 발생되는 바이오 고형물의 질과 발생량에도 영향을 준다. 예를 들어, 엄격한 영양염류 유출수 기준을 만족하기 위하여 생물학적 영양염류 제거(BNR) 공정을 사용하는 경우 슬러지 발생량은 감소하나 후속공정인 탈수 또는 소화에 의해 처리하는 것이 보다 어려워진다. 이 절에서는 이와 같은 주제들에 대한 기초자료와 정보의 제공을 목적으로 하며, 이것은 이 장의 다음 절에서 다루고자 하는 내용의 기초 지식이 될 것이다.

### ≫ 발생원

하수처리장의 슬러지 발생원은 처리장의 형태와 운전 방법에 따라 다르다. 슬러지의 주요 발생원과 발생되는 형태는 표 13-2에 제시되어 있다. 예를 들어, 완전혼합 활성슬러지 공정에서 슬러지를 혼합액 이송관이나 포기조에서 제거하는 경우 활성슬러지의 침전조는 슬러지 발생원이 되지 않는다. 반면에 활성슬러지의 반송관에서 슬러지를 폐기하는 경우 활성슬러지의 침전조는 슬러지 발생원이 된다. 1차 및 2차 침전조로부터 발생된 슬러지를 농축, 소화, 개량 및 탈수하기 위해 사용되는 공정들도 슬러지 발생원이 된다.

### ≫ 특성

하수처리장에서 발생되는 슬러지를 가장 효율적인 방법으로 처리하고 재이용하기 위해서는 처리하고자 하는 슬러지의 특성을 파악하는 것이 가장 중요하다. 슬러지의 특성은 발생원, 발생 후의 보존 시간 및 적용되는 처리 형태에 따라 달라진다(표 13-3 참조).

**일반적 조성.** 표 13-4에는 슬러지의 일반적인 화학적 조성을 제시하였다. 영양염류를 비롯한 여러 가지 화학 성분들은 처리공정에서 배출된 액체와 처리된 슬러지의 최종처분을 고려함에 있어 중요한 요소이다. pH, 알칼리도, 유기산 함유량의 측정은 혐기성 소화 공정의 제어에 있어서 중요하다. 소각과 토지 적용 방법을 고려할 때는 중금속, 살충제

**표 13-2**

전형적인 하수처리장에서 슬러지의 발생원[a]

| 단위 조작 및 공정 | 슬러지 형태 | 비고 |
|---|---|---|
| 예비포기 | 그맅과 스컴 | 일부 시설에는 예비포기 반응조에 스컴 제거 설비가 설치되어 있지 않다. 예비 포기 반응조 전단에 그맅 제거 설비가 없는 경우 예비 포기 반응조에서 그맅이 퇴적하게 된다. |
| 1차 침전 | 1차 슬러지와 스컴 | 슬러지와 스컴의 양은 수집 장치의 종류와 산업폐기물이 장치로 유입되는 여부에 따라 달라진다. |
| 생물학적 처리 | 2차 슬러지와 스컴 | 부유 고형물은 BOD의 생물학적 전환에 의해 생성된다. 생물학적 처리에서 발생되는 폐활성 슬러지 흐름을 농축시키기 위해서는 어떤 형태든 농축이 필요할 수 있다.<br><br>U.S. EPA는 2차 침전조로부터 스컴을 제거하기 위한 설비를 요구한다. |

[a] 예비처리 과정 중 스크린과 그맅에 의해 제거된 조대물질은 5장에서 논의

및 탄화수소의 함량을 측정하여야 한다. 소각 또는 가스화와 같은 열적 감량 공정을 고려할 때에는 슬러지의 열함량이 중요하다.

**특정 성분.** 토지 적용성과 유용성에 관한 바이오 고형물의 적합성에 영향을 미치는 특성에는 유기물 함량(주로 휘발성 고형물로 측정), 영양염류, 병원균, 금속류 그리고 독성 유

**표 13-3**

하수처리에서 발생되는 슬러지와 바이오 고형물의 특성[a]

| 고형물 및 슬러지 | 설명 |
|---|---|
| 스컴/그리스(grease) | 스컴은 1차 및 2차 침전조의 표면으로부터 걷어낸 부유성 물질로 구성되어 있다. 스컴은 그리스, 식물성 및 광물성 오일, 동물성 지방, 왁스, 비누, 음식 쓰레기, 채소 및 과일의 껍질, 털, 종이 및 솜, 담배꽁초, 플라스틱, 콘돔, 그맅 입자, 그리고 이와 유사한 물질들을 함유하고 있다. 스컴의 비중은 1보다 작으며 보통 약 0.95 정도이다. |
| 1차 슬러지 | 1차 침전조의 슬러지는 보통 회색이며 끈적끈적하다. 그리고 대부분의 경우에 아주 불쾌한 악취를 지니고 있다. 1차 슬러지는 적절한 운전조건에서 쉽게 소화될 수 있다. |
| 화학 침전 슬러지 | 금속염을 함유한 화학 침전 슬러지는 보통 짙은 색이며 철분을 많이 함유했을 때는 표면에 적색을 띤다. 석회 슬러지는 회갈색이다. 화학 약품 슬러지의 냄새는 불쾌할 수도 있지만, 1차 슬러지만큼 나쁘진 않다. 화학 약품 슬러지는 약간 끈적끈적하지만 철이나 알루미늄 수산화물이 함유되면 젤리처럼 된다. 슬러지가 탱크 내에 방치되면 1차 슬러지와 비슷한 분해 과정을 거치지만 속도는 더 느리다. 상당한 양의 가스가 방출되며 오랜 시간 저장해 두면 슬러지 농도가 증가된다. |
| 활성슬러지 | 활성슬러지는 대체로 갈색의 응집물 형태이다. 슬러지가 부패하면 어두운 색을 띤다. 색깔이 평소 보다 옅으면 포기가 부족한 생태로 느리게 침전하는 경향을 보인다. 좋은 상태의 슬러지는 불쾌하지 않은 "흙냄새"가 난다. 슬러지는 빨리 부패하는 경향이 있으며 악취를 발생시킨다. 활성슬러지는 호기적으로 소화가 용이하나 혐기적으로는 잘 되지 않는다. |
| 살수여상 슬러지 | 살수여상 슬러지는 갈색계통의 응집체 형태이며 신선할 경우에 비교적 불쾌한 냄새가 나지 않는다. 살수여상 슬러지는 일반적으로 다른 소화되지 않은 슬러지보다 더 느리게 분해된다. 살수여상 슬러지에 벌레가 많이 있는 경우 불쾌한 냄새가 빨리 없어질 수 있다. 살수여상 슬러지는 쉽게 소화된다. |
| 호기적으로 소화된 바이오 고형물 | 호기적으로 소화된 바이오 고형물은 갈색이나 암갈색이며 응집체 형태이다. 호기적으로 소화된 바이오 고형물은 불쾌한 냄새가 거의 나지 않지만 종종 특유의 곰팡이 냄새가 발생한다. 호기성 소화가 잘 된 슬러지는 건조상에서 쉽게 탈수된다. |
| 혐기적으로 소화된 바이오 고형물 | 혐기적으로 소화된 바이오 고형물은 암갈색이나 검은색이며 매우 많은 양의 가스를 함유하고 있다. 완전히 소화되면 악취가 없으나 뜨거운 타르, 고무 타는 냄새 또는 봉합용 왁스와 같은 냄새가 비교적 약하게 난다. |

[a] 예비처리 과정 중 스크린과 그맅에 의해 제거된 조대물질의 특성은 5장에서 논의

표 13–4

처리되지 않은 1차 및 활성 슬러지의 대표적인 화학적 조성[a]

| 항목 | 미처리된 1차 슬러지 | | 미처리된 활성슬러지 | |
|---|---|---|---|---|
| | 범위 | 대푯값 | 범위 | 대푯값 |
| 총 건조 고형물(TS), % | 1~6 | 3 | 0.4~1.2 | 0.8 |
| 휘발성 고형물(TS기준 %) | 60~85 | 75 | 60~85 | 70 |
| 그리스와 지방(TS기준 %) | 5~8 | 6 | 5~12 | 8 |
| 단백질(TS기준 %) | 20~30 | 25 | 32~41 | 36 |
| 질소(N, TS기준 %) | 1.5~4 | 2.5 | 2.4~5 | 3.8 |
| 인($P_2O_5$, TS기준 %) | 0.8~2.8 | 1.6 | 2.8~11 | 5.5 |
| 포타슘($K_2O$, TS기준 %) | 0~1 | 0.4 | 0.5~0.7 | 0.6 |
| 셀룰로오스(TS기준 %) | 8~15 | 10 | – | |
| 철(황화물 형태가 아님) | 2~4 | 2.5 | – | |
| 실리카($SiO_2$, TS기준 %) | 15~20 | – | – | |
| pH | 5~8 | 6 | 6.5~8 | 7.1 |
| 알칼리도(mg/L as $CaCO_3$) | 500~1,500 | 600 | 580~1,100 | 790 |
| 유기산(mg/L as HAc) | 200~2,000 | 500 | 1,100~1,700 | 1,350 |
| 에너지 함유량, kJ/kg VSS | 23,000~29,000 | 25,000 | 19,000~23,000 | 20,000 |

[a] U.S. EPA (1979)

주: kJ/kg × 0.4303 = Btu/lb.

기물이 있다. 바이오 고형물의 비료로서의 가치는 토양 개량제로 사용되는 곳에서 평가되어야 하나 주로 질소, 인 및 포타슘(가성칼리)의 함유량을 기준으로 한다. 표 13–5에는 상업용 비료와 하수 바이오 고형물의 대표적인 영양소를 비교하였다. 대부분의 토지 적용 시스템에서 바이오 고형물은 식물 성장을 위한 충분한 영양소를 제공한다. 어떠한 경우에는 인과 포타슘 함유량이 낮아 보충이 필요할 수 있다.

미량 원소들은 매우 작은 양으로 동·식물에게 필수적이거나 유해할 수 있는 무기화학적 원소들이다. 중금속이란 용어는 슬러지와 바이오 고형물에 있는 미량 원소를 나타내는 용어로 사용된다. 표 13–6에 제시된 바와 같이 중금속의 농도 범위는 매우 광범위하다. 전처리 프로그램의 성공적인 이행으로 인해 규제대상 중금속 측면에서 슬러지와 바이오 고형물의 질은 현저하게 향상되었다. 바이오 고형물을 토양에 적용하는 경우 중금속 농도는 토지 적용률과 적용 지역의 사용 연한을 제한할 수 있다(14–10절 참조).

표 13–5

하수 바이오 고형물과 상업용 비료의 영양염류 수준 비교

| 생산물 | 영양염류, % | | |
|---|---|---|---|
| | 질소 | 인 | 포타슘 |
| 일반적인 농업용 비료[a] | 5 | 10 | 10 |
| 안정화된 하수 바이오 고형물의 대푯값(TS 기준)[b] | 3.3 | 2.3 | 0.3 |

[a] 영양염류 농도는 토양과 농작물의 요구에 따라 변함.

[b] 영양염류 농도는 하수처리 영양소 제거 조건에 따라 변함.

| | 금속 | 건조 고형물 범위, mg/kg[b] |
|---|---|---|
| **표 13–6** | 비소[c] | 1.18~49.2 |
| 하수 고형물에 함유된 일반 | 카드뮴[c] | 0.21~11.8 |
| 적인 금속 농도[a] | 크롬[c] | 6.74~1,160 |
| | 코발트 | 0.87~290 |
| | 동[c] | 115~2,580 |
| | 철 | 1,575~299,000 |
| | 납[c] | 5.81~450 |
| | 망간 | 34.8~14,900 |
| | 수은[c] | 0.17~8.3 |
| | 몰리브덴[c] | 2.51~132 |
| | 니켈 | 7.44~526 |
| | 셀레늄[c] | 1.1~24.7 |
| | 주석 | 7.5~522 |
| | 아연[c] | 216~8,550 |

[a] U.S. EPA (2009)

[b] 농도의 범위가 넓기 때문에 대푯값은 아님

[c] 현재 40 CFR 503에서 규제되고 있는 금속들

## ≫ 발생량

표 13-7에는 다양한 하수처리공정과 운전방법에 따라 생산되는 슬러지의 발생량에 관한 자료를 제시하였다. 비록 표 13-7에 나타낸 자료가 유용하지만 실제 슬러지의 발생량은 크게 다를 수 있다는 점도 고려하여야 한다. 표 13-8에는 다양한 공정에서 예상되는 슬러지의 농도를 제시하였다.

**발생량 변화.** 하수처리장으로 하루에 유입되는 반고형물과 고형물의 양은 광범위하게 변화될 것으로 예상된다. 이러한 변화에 대처할 수 있는 용량을 확보하기 위해서는 슬러지의 처리 및 처분 시설 설계 시 (1) 평균 및 최대 슬러지 발생률과, (2) 처리장 내 단위 처리시설의 잠재적 저장 용량을 고려하여야 한다. 그림 13-1에는 대도시에서 예상되는 1일 슬러지 발생량을 제시하였다. 이 곡선은 경사가 없는 곳에 설치된 하수관거가 많은 대도시의 특성을 나타낸다. 소규모 처리장에서는 이보다 심한 변화가 예상되어진다.

일부 슬러지는 일시적으로 침전조와 포기조에 저장될 수 있다. 수위 변동이 가능한 소화조를 사용할 경우에는 저장 능력이 커서 첨두 소화 슬러지 부하에 대하여 상당한 완충효과가 있다. 소화조를 사용하는 슬러지 처리 시스템의 경우 소화조는 최대 월 부하 기간 동안 최소 15일의 체류시간을 제공하기 위하여 일반적으로 최대 월 부하를 기준으로 설계를 한다. 그래서 소화조는 평균 일일 부하량을 기준으로 약간의 저장 능력을 가지게 된다. 소화조를 사용하지 않는 경우에는 슬러지 처리 시스템 내에서 가능한 저장 용량의 범위를 기준으로 슬러지 처리공정을 설계하여야 한다. 예를 들어 중력 농축 후 기계적 탈수 시스템은 최대 1일 또는 3일의 슬러지 발생을 기준으로 할 수 있다. 슬러지 펌핑과 농

**표 13 − 7**

다양한 하수처리 운전과 공정에서 발생되는 슬러지의 양과 물리적 특성에 관한 일반적인 자료

| 처리 조작 또는 공정 | 고형물 비중 | 슬러지 비중 | 건조 고형물 lb/10³ gal | | 건조 고형물 kg/10³ m³ | |
|---|---|---|---|---|---|---|
| | | | 범위 | 대푯값 | 범위 | 대푯값 |
| 1차 침전 | 1.4 | 1.02 | 0.9~1.4 | 1.25 | 110~170 | 150 |
| 활성슬러지 | 1.25 | 1.05 | 0.6~0.8 | 0.7 | 70~100 | 80 |
| 살수여상 | 1.45 | 1.025 | 0.5~0.8 | 0.6 | 60~100 | 70 |
| 장기 포기 | 1.3 | 1.015 | 0.7~1.0 | 0.8[a] | 80~120 | 100[a] |
| 포기식 라군 | 1.3 | 1.01 | 0.7~1.0 | 0.8[a] | 80~120 | 100[a] |
| 여과 | 1.2 | 1.005 | 0.1~0.2 | 0.15 | 12~24 | 20 |
| 조류 제거 | 1.2 | 1.005 | 0.1~0.2 | 0.15 | 12~24 | 20 |
| 인 제거를 위해서 1차 침전조에 첨가된 화학약품 | | | | | | |
| 소량의 석회(350~500 mg/L) | 1.9 | 1.04 | 2.0~3.3 | 2.5[b] | 240~400 | 300[b] |
| 다량의 석회(800~1600 mg/L) | 2.2 | 1.05 | 5.0~11.0 | 6.6[b] | 600~1,300 | 800[b] |
| 부유성장 질산화 | − | − | − | − | − | −[c] |
| 부유성장 탈질산화 | 1.2 | 1.005 | 0.1~0.25 | 0.15 | 12~30 | 18 |
| 초벌 여상 | 1.28 | 1.02 | − | −[d] | − | −[d] |

[a] 1차 처리하지 않은 것으로 가정

[b] 1차 침전에 의해 일반적으로 제거된 고형물 외에 추가 고형물

[c] 무시할 정도로 작음

[d] 2차 처리공정의 바이오 고형물 발생량에 포함

축 같은 슬러지 처리공정들의 어떤 구성요소들은 일일 최대 조건을 처리할 수 있는 크기로 정해진다.

**그림 13−1**

일평균 부하의 함수로 나타낸 슬러지 첨두부하

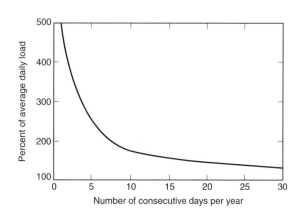

표 13-8

다양한 처리 조작과 공정에서 예상되는 고형물 농도

| 조작 또는 공정 적용 | 고형물 농도, % 건조 고형물 | |
|---|---|---|
| | 범위 | 대푯값 |
| 1차 침전조 | | |
| 1차 슬러지 | 1~6 | 3 |
| 사이클론 그릿 제거기의 1차 슬러지 | 0.5~3 | 1.5 |
| 1차 슬러지와 폐활성 슬러지 | 1~4 | 2 |
| 1차 슬러지와 살수여상 슬러지 | 4~10 | 5 |
| 인 제거를 위해 철을 첨가한 1차 슬러지 | 0.5~3 | 2 |
| 인 제거를 위해 소량의 석회를 첨가한 1차 슬러지 | 2~8 | 4 |
| 인 제거를 위해 다량의 석회를 첨가한 1차 슬러지 | 4~16 | 10 |
| 스컴 | 3~10 | 5 |
| 2차 침전조 | | |
| 1차 침전을 거친 폐활성 슬러지 | 0.5~1.5 | 0.8 |
| 1차 침전을 거치지 않은 폐활성 슬러지 | 0.8~2.5 | 1.3 |
| 1차 침전을 거친 고순도 산소 활성슬러지 | 1.3~3 | 2 |
| 1차 침전을 거치지 않은 고순도 산소 활성슬러지 | 1.4~4 | 2.5 |
| 살수여상 슬러지 | 1~3 | 1.5 |
| 회전식 생물학적 접촉조 폐슬러지 | 1~3 | 1.5 |
| 중력 농축조 | | |
| 1차 슬러지 | 3~10 | 5 |
| 1차 슬러지와 폐활성 슬러지 | 2~6 | 3.5 |
| 1차 슬러지와 살수여상 슬러지 | 3~9 | 5 |
| 용존공기부상 농축조 | | |
| 고분자(polymer)가 첨가된 폐활성 슬러지 | 4~6 | 5 |
| 고분자가 첨가되지 않은 폐활성 슬러지 | 3~5 | 4 |
| 원심분리 농축(폐활성 슬러지) | 4~8 | 5 |
| 벨트형 중력 농축조 | 3~6 | 5 |
| (고분자가 첨가된 폐활성 슬러지) | | |
| 혐기성 소화조 | | |
| 1차 슬러지 | 2~5 | 4 |
| 1차 슬러지와 폐활성 슬러지 | 1.5~4 | 2.5 |
| 1차 슬러지와 살수여상 슬러지 | 2~4 | 3 |
| 호기성 소화조 | | |
| 1차 슬러지 | 2.5~7 | 3.5 |
| 1차 슬러지와 폐활성 슬러지 | 1.5~4 | 2.5 |
| 폐활성 슬러지 | 0.8~2.5 | 1.3 |

**부피-질량 관계.** 슬러지 부피는 주로 수분 함량에 좌우되며 고형물의 특성과는 상관성이 낮다. 예를 들어 10%의 슬러지는 무게로 90%의 물을 포함한다. 만일 고형물이 강열 잔류(무기) 고형물과 휘발성(유기) 고형물로 이루어져 있다면 총 고형물의 비중은 식 (13-1)을 사용하여 계산할 수 있다.

$$\frac{W_s}{S_s \rho_w} = \frac{W_f}{S_f \rho_w} + \frac{W_v}{S_v \rho_w} \tag{13-1}$$

여기에서, $W_s$ = 총 고형물의 무게

$\qquad S_s$ = 고형물 비중

$\qquad \rho_w$ = 물의 밀도

$\qquad W_f$ = 강열 잔류 고형물 무게(무기물)

$\qquad S_f$ = 강열 잔류 고형물 비중

$\qquad W_v$ = 휘발성 고형물 무게

$\qquad S_v$ = 휘발성 고형물 비중

따라서 90%의 물을 함유한 슬러지 내 고형물의 1/3이 비중 2.5의 강열 잔류 고형물로 구성되어 있고 나머지 2/3가 비중 1.0의 휘발성 고형물로 구성된 경우 총 고형물 $S_s$의 비중은 다음과 같이 1.25가 된다.

$$\frac{1}{S_s} = \frac{0.33}{2.5} + \frac{0.67}{1.0} = 0.82$$

$$S_s = \frac{1}{0.82} = 1.25$$

만약 물의 비중을 1로 가정하면 슬러지의 비중 $S_{sl}$은 다음과 같이 1.02가 된다.

$$\frac{1}{S_{sl}} = \frac{0.1}{1.25} + \frac{0.9}{1.0} = 0.98$$

$$S_{sl} = \frac{1}{0.98} = 1.02$$

슬러지의 부피는 다음 식으로 계산될 수 있다.

$$V = \frac{M_s}{\rho_w S_s P_s} \tag{13-2}$$

여기에서, $V$ = 부피, m³

$\qquad M_s$ = 건조 고형물 질량, kg

$\qquad \rho_w$ = 물의 밀도, $10^3$ kg/m³

$\qquad S_{sl}$ = 슬러지 비중

$\qquad P_s$ = 소수점으로 표시된 고형물 백분율

주어진 고형물 함량에 대한 근삿값은 아래 식과 같이 슬러지의 부피와 고형물 함량의 역비례 관계를 이용하여 구할 수 있다.

$$\frac{V_1}{V_2} = \frac{P_2}{P_1}$$

여기에서, $V_1$, $V_2$ = 슬러지 부피

$P_1$, $P_2$ = 고형물 백분율

부피와 무게 관계의 응용은 예제 13-1에 예시되어 있다.

---

**예제 13-1**

**미처리 및 소화된 탈수 슬러지의 부피.** 다음과 같은 특성을 갖는 1차 슬러지 500 kg(건조중량)에 대한 소화 및 탈수 전후의 수분 함유량과 감소율을 구하라.

| | 1차 슬러지 | 소화 슬러지 |
|---|---|---|
| 고형물, % | 5 | 20 |
| 휘발성 물질, % | 80 | 60(소실된) |
| 강열 잔류 고형물 비중 | 2.5 | 2.5 |
| 휘발성 고형물 비중 | ≈1.0 | ≈1.0 |

**풀이**

1. 식 (13-1)을 사용하여 1차 슬러지의 총 고형물의 평균 비중을 계산한다.

$$\frac{1}{S_s} = \frac{0.2}{2.5} + \frac{0.8}{1.0} = 0.88$$

$$S_s = \frac{1}{0.88} = 1.14 \quad \text{(1차 고형물)}$$

2. 1차 슬러지의 비중을 계산한다.

$$\frac{1}{S_{sl}} = \frac{0.05}{1.14} + \frac{0.95}{1} = 0.99$$

$$S_{sl} = \frac{1}{0.99} = 1.01$$

3. 식 (13-2)를 사용하여 1차 슬러지의 부피를 계산한다.

$$V = \frac{500\,\text{kg}}{(10^3\,\text{kg/m}^3)(1.01)(0.05)}$$
$$= 9.9\,\text{m}^3$$

4. 소화 후 휘발성 고형물의 분율을 구한다.

$$\text{휘발성 고형물, \%} = \frac{\text{소화 후 총 휘발성 고형물}}{\text{소화 후 총 고형물}} \times 100$$

$$= \frac{\text{(1차 슬러지 휘발성 고형물)}M_s - \text{(1-휘발성 고형물 감소율)}}{M_s - M_s\text{(1차 슬러지 휘발성 고형물 감소율)}} \times 100\%$$

$$= \frac{(0.8)(500\,\text{kg})(1 - 0.6)}{500\,\text{kg} - 500\,\text{kg}(0.8)(0.6)} \times 100 = 61.5\%$$

5. 식 (13-1)을 사용하여 소화 슬러지 내의 총 고형물의 평균비중을 계산한다.

$$\frac{1}{S_e} = \frac{0.385}{2.5} + \frac{0.615}{1.0} = 0.769$$

$$S_s = \frac{1}{0.769} = 1.30 \text{ (소화 고형물)}$$

6. 소화 슬러지의 비중($S_{ds}$)을 구한다.

$$\frac{1}{S_{ds}} = \frac{0.20}{1.3} + \frac{0.80}{1} = 0.95$$

$$S_{ds} = \frac{1}{0.95} = 1.05$$

7. 식 (13-2)를 사용하여 소화 슬러지의 부피를 계산한다.

$$V = \frac{500 \text{ kg} - 500 \text{ kg}(0.8)(0.6)}{(10^3 \text{ kg/m}^3)(1.05)(0.20)}$$

$$= 1.2 \text{ m}^3$$

8. 소화 후 슬러지 부피의 감소율을 구한다.

$$감소율 = \frac{(9.9 - 1.2) \text{ m}^3}{9.9 \text{ m}^3} \times 100 = 87.8\%$$

## 13-2 미국의 슬러지 재이용 및 처분에 관한 법규

슬러지의 처리, 재이용 및 처분에 관한 적절한 방법을 선택하기 위해서는 적절한 법규에 대한 고려가 있어야 한다. 1993년 미국 환경보호청(EPA)에 의해 공포된 법규(40 CFR Part 503)에는 가정 하수와 정화조 처리에서 발생되는 슬러지의 처분 및 재이용에 관한 관리방법과 오염물질 한계 농도가 제시되어 있다. 이 법규는 바이오 고형물에 함유된 오염물질의 예상되는 악영향으로부터 공중보건과 환경을 보호하기 위해 만들어졌다.

40 CFR Part 503에 의해 제시된 법규는 특히, (1) 바이오 고형물의 토지 적용, (2) 바이오 고형물의 지표면 처분, (3) 처리된 바이오 고형물에 함유된 병원균과 병원균 매개체의 감소, 그리고 (4) 소각을 다루고 있다. 각각에 대한 내용들은 아래에서 논의될 것이다. 이 법규는 슬러지 처리에 사용되는 공정들 특히, 슬러지 안정화 공법들 즉, 알칼리 안정화, 혐기성 소화, 호기성 소화 그리고 퇴비화를 선택함에 있어서 직접적인 영향을 미친다. 어떤 경우에는 법령의 준수를 위해 적정 처리 요건 또는 방법들을 규정에 의해 명기하고 있다. 바이오 고형물을 토지에 적용하기 위한 법규에 대해서는 14-8절에서 보다 많이 논의된다.

### ≫ 토지 적용

토지 적용은 바이오 고형물의 재이용과 관련이 있으며 작물 주입률(agronomic rates)에 맞도록 효용성을 위해 포대에 담겨 있거나 담겨 있지 않은 상태의 바이오 고형물이 토지에 사용되는 모든 형태를 포함한다. 작물 주입률은 뿌리 아래 지역을 통과하는 질소량을 최소화하면서 곡식이나 채소가 필요로 하는 질소량을 제공하기 위해 설계된 것이다. 이 법규에서는 바이오 고형물의 질을 2개 등급으로 규정하고 있다. 중금속의 경우에는 오염물질 한계 농도와 오염물질 농도, 그리고 병원균 밀집도의 경우에는 A등급과 B등급으로 구분하였다. 또한 병원균 매개체의 꼬임을 억제하기 위한 2가지 방법에는 바이오 고형물 공정 또는 물리적 차폐가 있다. 이러한 방법은 설치류, 곤충 및 조류와 같은 병원균 매개체에 의한 전염병의 확산 가능성을 감소시킨다.

## 》》 지표면 처분

Part 503 규정에서 지표면 처분에 관한 내용은 (1) 제공된 지표면 처분 부지, (2) 단일 충진 즉, 슬러지 단독 매립, (3) 더미 또는 무더기, (4) 담수 또는 라군(lagoons)에 적용된다. 처분 부지와 그 곳에 위치한 슬러지의 최종 처분에 대해서는 지표면 처분 법규에 기술되어 있다. 지표면 처분은 저장이나 처리 목적을 위한 슬러지의 배치에 대해서는 포함하고 있지 않다. 차수재 또는 침출수 집수 시스템이 설치되어 있지 않은 지표면 처분 부지에 대해서는 비소, 니켈과 같은 오염물질에 대한 규제치가 제시되어 있으며, 지표면 처분 부지의 소유 한계선으로부터 사용 중인 처분 부지의 경계까지 거리에 따라 규제치가 다르다(Federal Register, 1993 참조).

## 》》 병원균과 매개체 저감

40 CFR Part 503 법규는 바이오 고형물의 질을 A등급과 B등급으로 나누고 있다(표 13-9 참조). A등급 바이오 고형물은 공공장소, 묘목장, 정원, 골프장에 사용하여도 안전할 수 있는 특별 규정을 만족시켜야 한다. B등급 바이오 고형물은 A등급에 비해 처리 규정이 약하며 일반적으로 농업용지에 적용되거나 매립장 일일 복토재로 사용된다.

A등급 바이오 고형물은 표 13-9에 제시된 자격 요건과 더불어 다음의 규정 중 하나를 만족시켜야 한다.

- 분원성 대장균군 밀도: 총 건조고형물 1 g당 1,000 MPN 이하(1,000 MPN/g TS)
- *Salmonella* sp. 밀도: 총 건조고형물 4 g당 3 MPN 이하(3 MPN/4 g TS)

비포장된 바이오 고형물을 잔디와 정원에 적용하거나 용기, 자루에 포장하여 판매 또는 무상 제공하기 위해서는 병원균 감소에 대한 A등급 규정(표 13-9)을 만족하고 병원균 매개체 감소 공정에 대한 선택사항들(표 13-10) 중 하나를 선택하여야 한다. 그렇지 않을 경우 측정한계 이하로 병원균을 처리할 수 있는 공정을 이용하여 바이오 고형물을 처리할 수 있다.

B등급의 병원균 관련 조건은 지표면 처분과 토지 적용을 위한 최소 수준의 병원균 감소이다. 적어도 B등급을 취득함에 있어서 유일한 예외의 경우는 매일 복토되는 지표면 처분 시설에 슬러지를 처분할 때이다. B등급으로 인정받지 못한 바이오 고형물은 토지에 적용될 수 없다. B등급을 만족시키기 위해서 바이오 고형물은 병원균이 사멸되지는 않더

| A등급 | 설명 |
|---|---|
| 대안 1 | 열적 처리된 하수 슬러지: EPA에서 지정한 4가지의 시간 - 온도 관계에 따른 열처리 방법 중 하나를 선택해야 한다. |
| 대안 2 | 높은 pH와 높은 온도 공정에서 처리된 하수 슬러지: pH, 온도 및 건조 공기 요구량을 명시한다. |
| 대안 3 | 다른 공정에서 처리된 하수 슬러지: 사용된 공정이 장내 바이러스 및 부화가 가능한 기생충 알을 감소시킬 수 있다는 것을 증명한다. 증명에서 사용된 운전조건을 유지한다. |
| 대안 4 | 알려지지 않은 공정에서 처리된 하수 슬러지: 공정의 증명은 필요 없다. 대신, 하수 슬러지를 사용하거나 처리하는 경우, 토지 적용을 위해서 백(bag)이나 다른 용기에 담아서 토양에 살포할 목적으로 판매나 배분을 준비하는 경우, 또는 503.10(b), (c), (e) 또는 (f)에 대한 규정을 만족하기 위해 준비하는 경우 병원균에 대해(*Salmonella* sp. 박테리아, 장내 바이러스 그리고 부화가 가능한 기생충 알) 검사한다. |
| 대안 5 | PFRP의 사용: 하수 슬러지는 PFRP(processes to further reduce pathogens) 중 하나로 처리되어야 한다. |
| 대안 6 | PFRP에 상응하는 공정의 사용: 하수 슬러지는 허가 당국에서 PFRP 중 하나와 동등하다고 평가된 공정으로 처리되어야 한다. |

| B등급 | 설명 |
|---|---|
| 대안 1 | 지표 미생물의 모니터링: 하수 슬러지의 사용 또는 처분되는 시점에서 모든 병원균에 대한 지표로 분변 대장균 농도를 실험한다. |
| 대안 2 | PSRP의 사용: 하수 슬러지는 PSRP (processes to significantly reduce pathogens) 중 하나를 사용하여 처리한다. |
| 대안 3 | PSRP에 상응하는 공정들의 사용: 하수 슬러지는 허가 당국에서 PSRP 중 하나와 동등하다고 평가된 공정으로 처리되어야 한다. |

**표 13-9**

**병원균 저감 대안**[a]

[a] U.S EPA(1992)

[b] 아래 제시된 6가지 중 하나는 만족하는 것에 추가적으로 하수 슬러지를 사용하거나 처리하는 경우, 토지 적용을 위해서 백(bag)이나 다른 용기에 담아서 판매나 배분을 준비하는 경우, 503.10(b), (c), (e) 또는 (f)에 대한 규정을 만족하기 위해 준비하는 경우 분변 대장균이나 *Salmonella* spp.는 특정 농도를 만족해야 한다.

[c] B등급 지역 규제에 추가적으로 아래의 3가지 대안 중 하나의 요구조건을 만족해야 한다.

라도 감소시키는 공정을 통해 처리되거나(PSRP 참조, 또한 아래에서 논의) 또는 바이오 고형물의 배설물 대장균이 $2.0 \times 10^6$ MPN/g TS 또는 $2.0 \times 10^6$ CFU/g TS 이하를 만족하여야 한다.

병원균 및 병원균 매개체의 감소 조건을 만족하기 위해서는 미국 환경보호청에 의해 **PFRP** (processes to further reduce pathogens)와 **PSRP** (processes to significantly reduce pathogens)로 정의된 두 단계의 사전 처리가 필요하다. 공정들은 표 13-11과 표 13-12에 정의하였다. PSRP는 병원균의 사멸이 아닌 감소를 위한 공정이므로 PSRP로 처리된 바이오 고형물은 여전히 전염에 대한 잠재력을 가지고 있다. 반면에 PFRP는 측정한계 이하로 병원균을 감소시키므로 토지에 적용할 때 병원균에 관련된 규제가 없다. 그러나 최소한의 모니터링과 기록을 보관해야 하며 보고와 관련된 요구사항을 만족해야 한다.

**≫ 소각**

본래 무해고형폐기물의 정의에서는 하수처리에서 발생하는 슬러지와 2차적으로 폐기되는 다른 물질들을 포함하였다. 그러나 결국 하수 슬러지는 무해고형폐기물 규정에서 그

**표 13-10**

병원균 매개체 저감 공정[a]

| 요구사항 | 무엇이 필요한가? | 가장 적절한 것 |
|---|---|---|
| 선택 1<br>503.33(b)(1) | 바이오 고형물이 처리되는 동안 휘발성 고형물이 적어도 38% 감소 | 바이오 고형물 처리<br>　혐기성 생물학적 처리<br>　호기성 생물학적 처리<br>　화학적 산화 |
| 선택 2<br>503.33(b)(2) | 30~37℃ (86~99°F)에서 추가된 40일 동안 바이오 고형물의 실험실 규모의 혐기성 회분식 소화 동안 17% 이하의 추가적인 휘발성 고형물 손실 | 혐기성으로 소화된 바이오 고형물에 대해서만 해당 |
| 선택 3<br>503.33(b)(3) | 20℃ (68°F)에서 추가적인 30일 동안 실험실 규모의 호기성 회분식 소화 동안 15% 이하의 추가적인 휘발성 고형물 손실 | 2% 이하의 호기성 소화된 바이오 고형물만 해당 (예, 장기포기시설에서 처리된 바이오 고형물) |
| 선택 4<br>503.33(b)(4) | 20℃ (68°F)에서 SOUR은 1.5 mg $O_2$/h·g 총 고형물 | 호기성 공정에서의 바이오 고형물(퇴비 슬러지로 사용할 수 없음). 또한 1~2 h보다 긴 시간 동안 산소를 빼앗긴 바이오 고형물 |
| 선택 5<br>503.33(b)(5) | 평균 45℃ (113°F), 40℃ (104°F) 이상에서 최소 14일 동안 바이오 고형물의 호기성 처리 | 퇴비화된 바이오 고형물(선택 3과 선택 4는 다른 호기성 공정의 바이오 고형물에 보다 쉽게 만족될 것이다.) |
| 선택 6<br>503.33(b)(6) | 충분한 알칼리를 첨가하여 25℃ (77°F)에서 최소 PH 12까지 높이고 2시간 동안 pH 12를 유지한 후 22시간 이상 pH 11.5를 유지 | 알칼리 처리된 바이오 고형물(알칼리는 석회, 비산재, 마른 먼지 및 나무재 등을 포함한다.) |
| 선택 7<br>503.33(b)(7) | 다른 물질과 혼합되기 전 75%의 고형물 | 호기성 또는 혐기성 공정으로 처리된 바이오 고형물(예, 1차 하수처리에서 생성된 안정화되지 않은 고형물을 포함하지 않는 바이오 고형물) |
| 선택 8<br>503.33(b)(8) | 다른 물질과 혼합되기 전 90%의 고형물 | 1차 하수처리에서 생성된 안정화되지 않은 고형물을 함유하는 바이오 고형물(예, 임의의 열건조된 슬러지) |
| 선택 9<br>503.33(b)(9) | 바이오 고형물은 토양으로 주입되고 주입 후 1시간 뒤에는 현저한 양이 지표면에 남아 있어서는 안 된다. 다만 A등급 바이오 고형물은 예외이며 병원균 저감 공정 이후에 8시간 내에 주입되어야 한다. | 토지에 적용된 액상 바이오 고형물<br>농지, 산림, 간척지에 적용된 가정 정화조 |
| 선택 10<br>503.33(b)(10) | 바이오 고형물은 토지에 적용 후 6시간 내에 토양과 혼합시켜야 한다. A등급 바이오 고형물은 병원균 저감 공정 후 8시간 내에 토지 표면에 적용되어야 하고, 적용 후 6시간 내에 혼합시켜야 한다. | 토지에 적용된 바이오 고형물<br>농지, 산림, 간척지에 적용된 가정 정화조 |

[a] U.S. EPA (1992)

정의가 제외되었으며 대신에 40 CFR 503 규정에 포함되었다.

**자원보존 및 회수법.** 자원보존 및 회수법 중 고형폐기물이면서 무해한 2차 물질의 확인(2011년 3월 21일 미국 환경보호청에서 공표)에서는 슬러지가 다소 다르게 정의되어 있다. 만약 2차 물질(예, 슬러지)이 폐기되면 그것은 고형폐기물의 정의에 포함된다. 일반적으로 말하는 하수 슬러지 소각로(sewage sludge incinerators)에서 슬러지를 태우는 것은 폐기하는 것으로 간주되며, 따라서 고형폐기물의 정의 중 "기타 폐기물"에 포함된다. 이에 따라 하수 슬러지 소각로는 역사적으로 오랫동안 규제를 받아왔던 Part 503 바이오 고형물 규정을 통한 청정 대기법(the Clean Air Act) 112조 대신에 청정 대기법 129조하에서 규제되어질 것이다.

| 표 13-11 | 공정 | 정의 |
|----------|------|------|
| PFRP (processes to further reduce pathogens) 관련규정의 정의[a] | 퇴비화 | 용기식 퇴비화공법이나 포기식 고정관 퇴비화공법 모두 바이오 고형물의 온도가 3일 동안 55°C나 그 이상으로 유지되어야 한다. 퇴비단 공법을 사용하는 경우 하수 슬러지의 온도는 15일 이상 동안 55°C 이상으로 유지되어야 한다. 이 기간 동안 최소 다섯 번의 뒤집기가 필요하다. |
| | 열건조 | 탈수된 바이오 고형물은 수분 함유량을 10% 이하로 줄이기 위해 뜨거운 가스와 직·간접적으로 접촉하여 건조된다. 고형물 입자의 온도가 80°C를 초과하거나 건조기에 방치된 바이오 고형물과 접촉하는 가스 흐름의 습구 온도가 80°C를 초과하도록 한다. |
| | 열처리 | 액상 바이오 고형물은 30분 동안 180°C 이상의 온도에서 열처리된다. |
| | 고온 호기성 소화 | 액상 바이오 고형물은 호기성 상태를 유지하기 위해서 공기나 산소로 교반되며 MCRT는 55~60°C에서 10일이다. |
| | 베타선 주사 | 바이오 고형물은 실내온도(약 20°C)에서 최소 1 메가래드(Mrad)의 조사량 가속장치로부터 베타선으로 주사된다. |
| | 감마선 주사 | 바이오 고형물은 실내온도(약 20°C)에서 최소 1 메가래드(Mrad)의 조사량에서 60 코발트나 135 세슘 같은 동위원소들에서 발생한 감마선으로 주사된다. |
| | 저온살균법 | 바이오 고형물의 온도는 최소 30분 동안 70°C 이상으로 유지된다. |

[a] Fedral Register(1993)

| 표 13-12 | 공정 | 정의 |
|----------|------|------|
| PSRP (processes to significantly reduce pathogens) 관련규정의 정의[a] | 호기성 소화 | 바이오 고형물은 MCRT와 온도가 15°C (60일)~15°C (40일)에서 호기성 조건을 유지하고 공기 또는 산소와 함께 교반되어진다. |
| | 공기 건조 | 바이오 고형물은 최소 3개월 동안 모래상 또는 포장되거나 포장되지 않은 반응조(basin)들 위에서 건조된다. 3개월 중 2개월 동안은 일 평균 대기 온도가 0°C를 초과한다. |
| | 혐기성 소화 | 바이오 고형물은 35~55°C에서는 MCRT가 15일 그리고 20°C에서는 MCRT 60일 사이에서 공기가 없는 상태로 처리된다. 시간과 온도의 끝점들은 선형 보간법(linear interpolation)으로 계산될 수 있다. |
| | 퇴비화 | 용기식 공법, 포기식 고정관 공법 또는 퇴비단 공법을 사용하는 경우, 바이오 고형물의 온도는 5일 동안 40°C 이상으로 올라간다. 5일 중의 4시간 동안, 퇴비화 더미의 온도는 55°C를 초과하여야 한다. |
| | 석회 안정화 | 바이오 고형물의 pH를 12까지 올리기 위해 충분한 석회가 첨가되며 2시간 동안 접촉을 유지한다. |

[a] Fedral Register(1993)

**청정 대기법.** 청정 대기법 129조는 미국 환경보호청에 의한 고형폐기물 연소공정의 기준 개발을 요구하고 있다. 그 결과 미국 환경보호청은 하수 슬러지 소각 단위공정(SSIs)에 대한 NSPSs(new source performance standards, 신설 발생원 성능 기준)와 EGs(emission guidelines, 배출 기준)의 개발을 요구받았다. 2011년 2월 21일 미국 환경보호청은 새로운 기준 사항과 배출 기준을 최종적으로 제시하였으며 2011년 3월 21일에는 연방정부 공보에 공표되었다.

**배출 기준(EGs), 신설 발생원 성능 기준(NSPSs).** 새로운 규정은 MACT (maximum achievable control technology, 최대 달성가능 제어 기술)의 허용 한도를 만족하기 위한 설비를 요구한다. 기존 단위 공정에 대한 MACT 기준은 기존 단위 공정 최고 성능의 12%를 기준으로 한다. 반면 새로운 또는 "개선된" 단위 공정에 대한 MACT 기준은 "상위 수준으로 규제된 유사 단위 공정"을 기준으로 한다. MACT 기준은 9가지 오염물질, 카드뮴(Cd), 납(Pb), 수은(Hg), 미세 먼지(particulate matter, PM), 일산화탄소(CO), 염화수소(HCl), 아황산가스($SO_2$), 질소 산화물($NO_X$), 다이옥신/푸란(PCDD/PCDF)에 대해 설정되어 있다.

새로운 하수 슬러지 소각로 규정과 배출 기준에는 기존 및 새로운 MHFs (multiple-hearth furnaces, 다단로)와 FBIs (fluidized bed incinerators, 유동층 소각로)에 대한 기준이 포함되어 있다. 이 규정에는 모든 하수 슬러지 소각로의 경우 Title V 운전 허가증, 매년 운영자 교육, 매년 굴뚝 검침 또는 연속 배출량 모니터링 시스템, 기록관리 요구 조건, 그리고 운영 제한 설정이 필요한 것으로 명시되어 있다. 새로운 또는 개선된 하수 슬러지 소각로에 관해 제안된 MACT 규정은 검증된 하수 슬러지 소각로의 최고 배출 성능을 혼합하여 결정된다. 새로운 하수 슬러지 소각로는 건설되기 이전에 소유주 또는 운영자가 사전 부지 분석을 수행하도록 한다. 이 분석은 실현 가능한 최대 규모에서 환경과 보건에 대한 영향을 최소화할 수 있는 대기오염 방지방안에 관련된 정확한 부지 분석이 포함되어 있다. 대기오염 방지에 대한 자세한 내용은 14장의 14-6절에서 논의하였다.

**청정 수질법.** 503 규정에는 여전히 바이오 고형물 소각에 대한 요구 조건이 포함되어 있다. 503 규정과 청정 대기법 129조(배출 기준과 신설 발생원 성능 기준)에 다소 중복되는 부분이 있으나 서로 다른 접근법으로 각자의 규정을 개발하여 확연한 차이가 있다. 503 규정은 위험기반 접근법에 근거하고 있으며 그리고 악영향의 방지를 목표로 하고 있다. 한계치는 원료로 쓰인 바이오 고형물의 최대허용 오염물질 농도에 부분적으로 기반하고 있으며, 굴뚝 내 총 탄화수소(또는 일산화탄소) 모니터링과 우수한 연소 및 배출 성능을 보장할 수 있는 운영 기준들을 연계하고 있다. 그러나 MACT 규정은 관련 기술을 기반으로 하고 있으며 그리고 소각로의 분류(예, MHF 또는 FBI) 내에서 최고 성능의 소각로 단위공정에 관련된 한계치를 설정한다. 이 한계치들은 소각로 배기가스 내 오염물질 최대 농도로 표현된다. 측정 방법들과 농도가 측정되어지는 매체들은 전혀 다르고 503 규정에 직접적으로 비교될 수 없다. 실제 적용에 있어서 MACT 배출기준은 Part 503 하에서 이전에 요구되어겼던 것보다 훨씬 더 엄격하며 그리고 기존 및 신규 소각로 모두에 대하여 그러한 배출성능 수준을 일반적으로 강요할 것이다. 당분간 두 가지의 규정 모두가 적용되며 중복되는 요구사항으로 인해 운영자는 원료로 쓰이는 바이오 고형물과 배기가스에 대해 두 개의 시료를 채취해야 한다.

<table>
<tr><td>13-3</td><td>**슬러지 처리 계통도**</td></tr>
</table>

이 장과 14장에서 논의하게 될 단위 조작 및 공정에 대한 일반적인 계통도를 그림 13-2에 나타내었다. 그림에서 나타난 바와 같이 거의 무한에 가까운 조합이 가능하다. 실제로 슬러지 처리공정에 가장 일반적으로 사용되는 공정의 계통도는 생물학적 처리를 포함한다. 생물학적 공정을 포함하는 일반적인 계통도는 그림 13-3에 나타내었다. 슬러지 발생

**그림 13-2**

일반적인 슬러지 공정 계통도

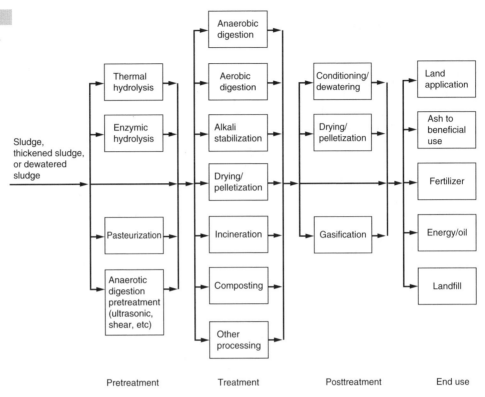

**그림 13-2**

일반적인 슬러지 공정 계통도

원과 슬러지 안정화, 탈수 그리고 처분 방법에 따라 농축조가 사용될 수 있다. 생물학적 소화를 거친 후 슬러지를 탈수시키는 경우 제시된 여러 가지 방법이 사용되며, 탈수방법의 선택은 경제성, 유용성 그리고 지역 조건의 영향을 받는다. 예를 들어 생물학적 안정화 방법을 사용하지 않는 경우에는 탈수된 슬러지를 다단로 또는 유동층 소각로를 이용한 열분해로 처리한다. 게다가 안정화되지 않은 탈수 케이크는 건조, 알칼리 안정화 또는 매립지로 운반될 수 있다.

## 13-4 슬러지와 스컴의 펌핑

하수처리장에서 발생하는 슬러지는 수분이 많은 슬러지 또는 스컴에서부터 농축 슬러지까지 다양한 상태로 처리장의 여러 지점으로 이동된다. 또한 슬러지는 처리와 처분을 위하여 처리장 외부의 먼 거리까지 이송될 수도 있다. 슬러지의 종류와 펌핑 방법에 따라 다양한 종류의 펌프가 필요할 수도 있다(표 13-13 참조).

### ▷▷ 펌프

슬러지 이송에 주로 사용되는 펌프에는 플런저(plunger) 펌프, 동공이동(progressive cavity) 펌프, 호스(hose) 펌프, 고형물 처리용 원심 펌프(스크루 원심과 재래식 막힘 방지 형태), 리세스드 임펠러(recessed impeller) 펌프, 다이아프램(diaphragm) 펌프, 고압

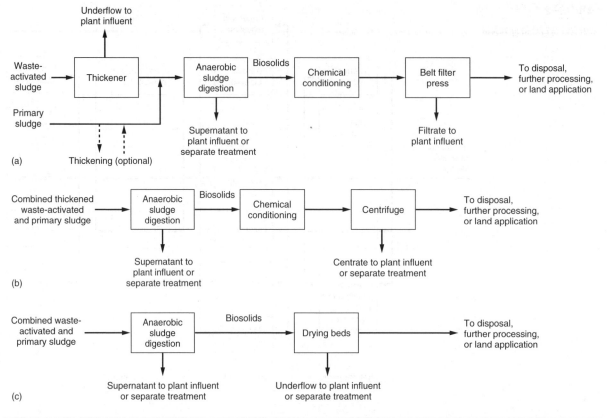

**그림 13-3**

생물학적 소화 및 3개의 다른 슬러지 탈수 공정을 포함하는 일반적인 슬러지 처리 계통도. (a) 벨트 여과, (b) 원심분리, (c) 건조상. 몇몇 처리시설에서는 초기의 시설로 우회되는 흐름을 시설의 부하가 감소되는 이른 아침 시간 동안 처리공정으로 반송시키기 위해 유량균등조에 저장된다.

피스톤 다이아프램 펌프, 그리고 회전 로브(rotary-lobe) 펌프가 있다. 유압 피스톤 슬러리(hydraulic piston slurry) 펌프와 같은 다른 형태의 펌프도 슬러지를 이송하는 데 사용된다. 분쇄형(chopper) 펌프는 절단이 필요한 섬유질 조직, 플라스틱류, 기타 섬유 물질을 함유하고 있는 스컴의 이송 시 널리 사용된다. 각각의 펌프 형태에 따른 장점 및 단점은 표 13-14에 요약하였다.

**플런저 펌프.** 플런저 펌프[그림 13-4(a) 참조]는 슬러지(특히, 1차 슬러지)를 투입할 때 자주 사용되며 상당히 만족스러운 것으로 판명되었다. 플런저 펌프의 장점은 다음과 같다.

1. 1식 및 2식 펌프의 맥동 작용은 저속에서 펌프가 작동할 때 펌프 앞단의 호퍼에 슬러지를 농축시키고 관내의 고형물을 재현탁시키는 경향이 있다.
2. 흡입수두는 3 m 정도까지가 적당하며 자체 흡입식 펌프이다.
3. 실린더 구멍을 크게 하면 낮은 펌핑률로 사용이 가능하다.
4. 임의의 물체가 볼 체크 밸브의 착석을 방해하지 않는 한 정변위 이송이 제공된다.

표 13–13

슬러지와 바이오 고형물의 종류에 따른 펌프 적용[a]

| 슬러지 또는 고형물 형태 | 사용 펌프 | 비고 |
|---|---|---|
| 스크린 찌꺼기 | 스크린 찌꺼기의 펌핑은 피한다. | 공기 분출기가 사용가능하다. |
| 그맅 | 원심형 토크 흐름 | 그맅의 마모 특성과 천 조각은 그맅의 처리를 어렵게 만든다. 토크 흐름 펌프에는 강화된 케이싱과 임펠러가 사용되어야 한다. 공기 분출기도 사용될 수 있다. |
| 스컴 | 플런저, 동공이동, 다이아프램, 원심, 분쇄형 | 스컴은 흔히 슬러지 펌프로 이송하며 스컴과 슬러지의 관에서도 밸브 조절이 가능하다. 대규모 처리장에서는 별도의 스컴 펌프가 사용된다. 스컴을 균일화하기 위한 혼합기가 종종 사용된다. 공기 분출기도 사용될 수 있다. |
| 1차 슬러지 | 플런저, 원심형 토크 흐름, 다이아프램, 동공이동, 회전 로브, 분쇄기, 호스 | 대부분의 경우, 1차 침전조로부터 가능한 고농도의 농축된 슬러지를 얻는 것이 바람직하며 슬러지를 호퍼에 저장하고 간헐적으로 펌핑하며, 이송시간 동안 슬러지가 모아지고 농축되게 된다. 미처리된 1차 슬러지의 특성은 하수 중에 함유된 고형물의 특성과 처리장치의 종류 및 효율에 좌우된다. 생물학적 처리과정이 뒤따를 때에는 (1) 폐활성슬러지, (2) 살수여상 침전조의 슬러지, (3) 소화조의 상등액, (4) 탈수시설로 운송 시 간 동안 고형물이 반송되는 농축액과 여과액 등이 슬러지의 특성에 영향을 준다. 많은 경우에, 재래식의 막힘이 없는 원심 펌프를 사용하는 것은 적당치 못하다. 천 등을 함유한 슬러지에는 분쇄 펌프가 사용된다. |
| 화학 침전 슬러지 | 1차 슬러지와 같다. | 사용된 화학약품의 종류와 양에 따라서 다량의 무기물 성분이 함유될 수도 있다. |
| 살수여상 슬러지 | 막힘이 없는 원심형 토크 흐름, 동공이동, 플런저, 다이아프램 | 슬러지는 일반적으로 균일한 특성이 있고 쉽게 이송된다. |
| 반송 또는 폐활성 슬러지 | 막힘이 없는 원심형 토크 흐름, 동공이동, 플런저, 다이아프램 | 슬러지는 묽고 미세한 고형물로 되어 있어서 막힘이 없는 플런저 펌프를 사용할 수 있다. 막힘이 없는 펌프를 사용할 때, 응집입자의 파괴를 최소화하기 위해서 느린 속도로 운전하는 것이 바람직하다. |
| 농축되거나 고농도 슬러지 | 플런저, 동공이동, 다이아프램, 고압 피스톤, 회전 로브, 호스 | 양극판 전환 펌프는 고농도의 농축된 슬러지를 움직일 수 있기 때문에 농축 슬러지에 가장 많이 사용된다. 토크 흐름 펌프도 사용될 수 있으나 수세식의 희석 장치가 함께 필요하다. |
| 소화된 바이오 고형물 | 플런저, 원심형 토크 흐름, 동공이동, 다이아프램, 고압 피스톤, 회전 로브 | 잘 소화된 바이오 고형물은 균일하며 2~5%의 고형물과 약간의 기포를 함유하고 있다. 소화가 잘 안 된 슬러지는 처리하기가 어렵다. 스크린 및 그맅 제거가 잘 되었다면, 막힘 없는 원심 펌프를 고려할 수 있다. |

[a] U.S. EPA (1979)

**5.** 용량이 일정하나 펌프 수두 변화에 관계없이 용량 조절이 가능하다.

**6.** 배출 압력 한계점은 약 10~11 bar (150~165 lb_f/in.²)이다.

**7.** 부하 조건에 적합한 장치가 설계된다면 고농도의 슬러지를 이송할 수 있다.

플런저 펌프는 한 개, 두 개 또는 세 개의 플런저(1식, 2식, 3식)로 이루어져 있으며, 한 개의 플런저당 용량은 2.5~3.8 L/s (40~60 gal/min)이며 보다 큰 용량의 모델도 시판된다. 펌프 속도는 분당 40~50 회 범위에 있어야 한다. 슬러지 배관 내 그리스의 축적은 필요 수두의 점진적인 증가를 유발하므로 고압 펌프(heavier duty pump)는 최소 수두를 6.9 bar (100 lb_f/in.²)로 설계하여야 한다. 플런저의 회전을 짧게 하여 정속 펌프의용량을 감소시킬 수 있지만 정상적인 회전 수로 운전하는 것이 좋다. 따라서 많은 펌프에는 용량을 조절할 수 있는 변속기가 설치되어 있다. 플런저 펌프는 원심 펌프 또는 리세스드

표 13–14

다양한 슬러지 펌프의 장 · 단점[a]

| 펌프 종류 | 장점 | 단점 |
|---|---|---|
| 플런저 | • 고농도의 고형물(15%까지)을 이송할 수 있다.<br>• 자가흡입 펌프로 흡입수두는 3m (10 ft)정도까지가 적당하다.<br>• 용량이 일정하나 펌프 수두 변화에 관계없이 용량 조절이 가능하다.<br>• 30 L/s (500 gal/mim)까지의 유량과 60 m (200 ft)까지의 수두에 대해서 비용효율이 높은 선택을 할 수 있다.<br>• 1식과 2식 펌프의 맥동 작용은 유속이 느릴 때 종종 펌프 앞단의 호퍼의 슬러지를 농축시키며 관내의 고형물은 재현탁 시킨다.<br>• 배출수두가 크다. | • 효율이 낮다.<br>• 연속 운전 시 유지비가 높다.<br>• 맥동형 흐름이 후속 공정에 따라 적합하지 않을 수도 있다. |
| 동공이동 펌프 | • 비교적 부드러운 흐름을 제공한다.<br>• 3 L/s (50 gal/min) 용량보다 큰 펌프도 약 20 mm (0.8 in.) 크기의 고형물을 이송할 수 있다.<br>• 쉽게 유량을 조절할 수 있다.<br>• 맥동이 매우 적다.<br>• 운전이 용이하다.<br>• 고정자/회전자가 체크 밸브 역할을 하기 때문에 펌프를 통한 역흐름을 방지할 수 있다. 부수적인 체크 밸브가 불필요하다. | • 펌프가 건조상태에서 운전되면 고정자가 탈 수도 있다. 건조보호 시스템 운영이 필요하다.<br>• 소형 펌프는 일반적으로 막힘을 방지하기 위한 분쇄기가 필요하다.<br>• 무거운 슬러지를 이송할 때는 전기료가 올라간다.<br>• 슬러지 내에 그릿이 함유되어 있으면 고정자의 마모가 가속화된다.<br>• 봉합 및 봉합액이 필요하다. |
| 다이아프램 펌프 | • 맥동 작용은 유속이 느릴 때 펌프 앞단의 호퍼 슬러지를 농축시키며 관내의 고형물을 재현탁시킨다.<br>• 자가 흡입 펌프로 흡입수두 3 m (10 ft)까지 가능하다.<br>• 비교적 최소한의 마모로 그릿을 이송할 수 있다.<br>• 비교적 운전이 용이하다. | • 맥동형 흐름이 후속 공정들에 따라 적합하지 않을 수도 있다.<br>• 압축된 공기의 주입이 필요하다.<br>• 운전 시 소음이 크다.<br>• 수두와 효율이 낮다.<br>• 연속 운전 시 유지비가 높다. |
| 원심 막힘 방지 펌프 (혼합 흐름) | • 활성 슬러지 이송에 있어서 많은 양을 운송할 수 있고 높은 효율을 가진다.<br>• 비교적 운전비가 싸다. | • 천이나 다른 부스러기로 인해 펌프가 막힐 수 있기 때문에 다른 슬러지 이송용으로는 적합하지 않다. |
| 리세스드 임펠러 | • 오목한 임펠러로 설계되었기 때문에, 큰 슬러지와 그릿을 이송할 수 있다.<br>• 약 4%까지 소화된 슬러지를 이송할 수 있다. | • 효율이 평균 막힘이 없는 펌프에 비해 약 5~20% 낮다.<br>• 2.5% 이하의 고형물 농도를 가진 생슬러지로 제한된다.<br>• 이송 특성을 변경하기 위해서 마모방지 임펠러는 제거할 수 없다. |
| 분쇄형 | • 펌프가 흡입 시 막힘을 감소시킨다.<br>• 분쇄기가 필요 없다.<br>• 막힘 방지 펌프보다 고농도의 고형물에 적용할 수 있다. | • 약 40~60%의 효율 범위로 비교적 효율이 낮다.<br>• 유지비가 분쇄기와 비슷하다. |
| 회전 로브 펌프 | • 비교적 부드러운 흐름을 제공한다.<br>• 대부분의 경우 낮거나 중간 정도의 유출수두에서는 체크 밸브가 필요하지 않다.<br>• 큰 손상 없이 짧은 시간 동안 건조상태에서 작동할 수 있다. | • 회전하는 로브들 사이의 공차가 없어 그릿이 마모를 촉진하며 이송 효율이 저하된다.<br>• 이송된 유동체가 윤활제 역할을 해야 한다.<br>• 이송 비용이 부피와 함께 증가한다. |
| 연동식 관 펌프 | • 자가 흡입 펌프이다.<br>• 양극판 펌프이기 때문에 유량을 계산할 수 있다.<br>• 비교적 유지가 간단하다.<br>• 마찰을 일으키는 그릿을 슬러지를 이송할 수 있다. | • 맥동형 흐름이 후속 공정들에 따라 적합하지 않을 수도 있다.<br>• 운전 시 토크보다 2~3배 높은 구동 토크가 필요하다.<br>• 관 교체 비용이 비싸다. |
| 고압 피스톤 펌프 | • 농축슬러지는 먼거리로 이송하는 데 사용될 수 있다.<br>• 13,800kpa (2,000 lb$_f$/in.$^2$)까지의 압력에서 30L/s (500 gal/min)의 유량을 이송할 수 있다.<br>• 내부흐름에 막힘이 없고 큰 고형물은 이송할 수 있다. | • 초기 자본 비용이 크다.<br>• 숙련된 관리 인력이 필요하다. |

[a] Adapted in part from WEF (2010a).

펌프와 달리 피스톤의 작동으로 인해 배출류가 맥동한다. 결과적으로 슬러지가 배관 내에서 이송되고 있는 실제 이송속도는 평균 펌프 용량보다 크다. 그러므로 손실수두 계산은 설계유량보다 첨두 맥동 유량에 근거하여야 한다. 표 13-15에 주어진 값을 이용하여 실제 첨두 맥동 유량 또는 순간 유량을 결정할 수 있다.

**동공이동 펌프.** 동공이동 펌프[그림 13-4(b), (c) 참조]는 거의 모든 형태의 슬러지에 성공적으로 사용되어 왔다. 이 펌프는 단일 나선 회전자가 이중 나선 엘라스토머(elasto-mer) 고정자 사이의 틈을 최소로 하여 움직이도록 고안된 것이다. 일정한 부피 또는 동공은 회전자가 회전함에 따라 흡입구에서 방류구로 점차 이동한다. 흡입 수두 8.5 m (28 ft)까지는 자체 흡입이 되지만 건조 상태에서 운전할 경우 엘라스토머 고정자가 타지 않도록 관리하여야 한다. 용량은 126 L/s (2,000 gal/min)까지 가능하고 48 bar (720 lb$_f$/in.$^2$)까지의 배출 수두에서 운전이 가능하다. 이러한 형태의 펌프는 장비의 수명에 따른 시스템 상태를 반영하기 위해 보다 큰 용량을 사용한다. 예를 들어 9.5 L/s (150 gal/min)를 이송할 경우, 용량이 50% 더 큰 14.25 L/s (225 gal/min)의 펌프가 필요하다. 슬러지 이송 시 속도는 약 250 rev/min로 제한되어야 한다. 슬러지를 이송하고 탈수설비 유입 시스템에 적용하기 위해서는 이러한 펌프들 전단에 보통 분쇄기를 설치한다. 이 펌프는 고정자와 회전자의 마모 때문에 유지비가 비싸며 특히 그릿이 함유된 1차 슬러지에 적용할 경우 유지비용이 많이 든다. 1차 슬러지를 이송할 경우, 리세스드임펠러 펌프의 사용을 고려해 볼 필요가 있다. 이 펌프의 장점은 (1) 변속 장치를 이용하여 유량을 쉽게 조절할 수 있고, (2) 맥동이 적고, (3) 조작이 비교적 단순하다는 것이다.

**원심 펌프.** 고형물 처리 또는 "막힘 방지(non-clog)" 설계가 된 원심 펌프[그림 13-4(d) 참조]는 일반적으로 활성슬러지를 펌핑하는 경우 사용된다. 원심 펌프를 적용할 때의 문제는 요구되는 폭넓은 유량범위에 적합한 펌프의 수와 용량을 결정하는 것이다. 원심 펌프는 비교적 좁은 범위의 양수 수두 내에서 작동이 양호하나 슬러지의 상태에 따라 양수 수두가 변하게 된다. 펌프를 선택할 때는 막힘 없이 고형물을 이송하기 위한 충분한 간격이 있어야 하고 또한 슬러지층 위의 많은 양의 하수로 인하여 슬러지가 희석되지 않을 정도의 작은 용량을 선택하여야 한다. 용량을 줄이기 위해 배출구를 축소하는 것은 막힘 현상이 자주 발생하므로 실용적이지 않다. 그러므로 변속 장치를 설비하는 것이 필수적이다. 특수 설계된 리세스드 임펠러 펌프와 "분쇄형" 펌프는 1차 슬러지 이송에 사용된다.

리세스드 임펠러 펌프[그림 13-4 (e), (f) 참조]는 매우 오목한 임펠러를 갖고 있으며 원심 펌프에 비해 높은 농도의 슬러지를 이송하는 데 효과적이다. 조절할 수 있는 입자의 크기는 오직 흡입구와 배출구의 크기에 따라 제한된다. 액상 자체로 주요 추진력을 얻기 위해 회전 임펠러는 슬러지에 와류를 형성시킨다. 대부분의 유체는 임펠러의 날개판을 통과하여 흐르지 않기 때문에 마모가 적지만, 슬러지 이송을 위한 펌프는 마모에 저항이 있는 니켈이나 크롬으로 된 볼류트(volute)와 임펠러를 사용하도록 권장된다. 펌프는 주어진 속도에서 좁은 수두 범위에 대해서만 운전이 가능하므로 운전조건을 신중히 고려하여야 한다. 넓은 범위의 수두 조건에서 운전하기 위해서는 가변속도조절이 가능한

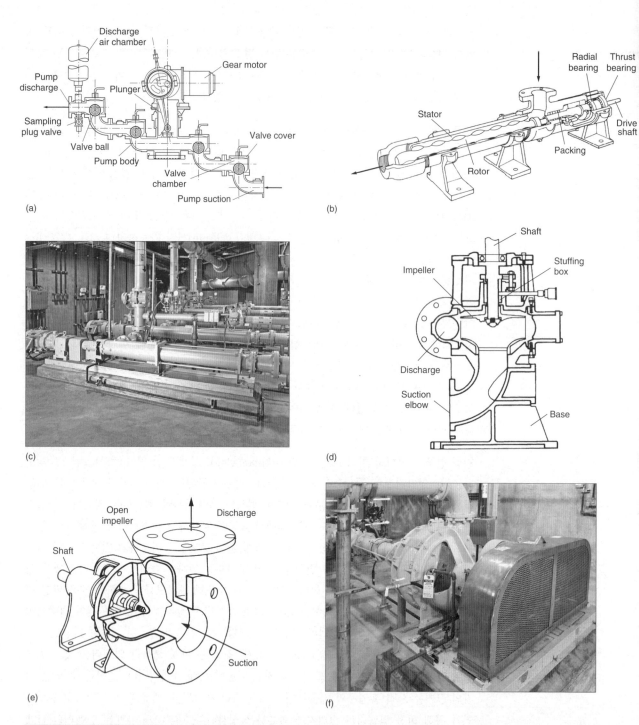

## 그림 13-4

**하수처리에 사용되는 전형적인 슬러지 및 스컴 펌프.** (a) 플런저 펌프, (b) 동공이동 펌프, (c) 동공이동 펌프 설치 장면, (d) 막힘 없는 원심 펌프 단면도, (e) 토크 흐름 펌프 단면도, (f) 벨트 구동 토크 흐름 펌프(다음 장 계속)

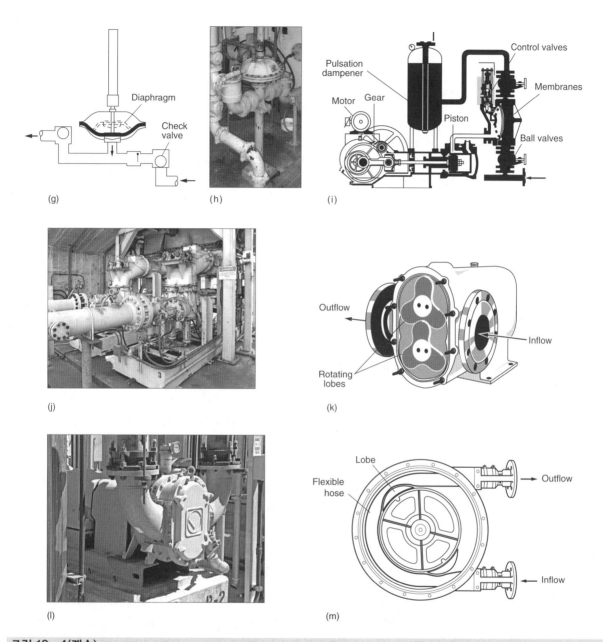

### 그림 13-4(계속)

**하수처리에 사용되는 전형적인 슬러지 및 스컴 펌프.** (g) 다이아프램 펌프 개요도, (h) 다이아프램 펌프, (i) 고압 피스톤 펌프 개요도, (j) 2식 고압 피스톤 펌프, (k) 회전 로브 펌프 단면도, (l) 회전 로브 펌프, (m) 연동식 호스 펌프

| 표 13-15 | 플런저 펌프의 형태 | 실제 첨두 맥동 유량 |
|---|---|---|
| 플런저 펌프 이용 시 첨두 | 1식(simplex) | 3.1 × 설계 유량 |
| 맥동 유량 계산을 위한 인자 | 2식(duplex) | 1.55 × 설계 유량 |
| | 3식(triplex) | 1.2 × 설계 유량 |

펌프가 필요하다. 고압이 필요한 경우에는 직렬로 연결된 다단펌프가 사용된다.

분쇄형 펌프는 분쇄날이 부착된 막힘 방지 임펠러를 통해 흡입구를 막을 수 있는 큰 고형물을 분쇄한다. 유입 슬러지는 날카로운 날이 있는 임펠러가 회전할 때 절단된다. 분쇄형 펌프는 수평 또는 수직의 침수형과 건식 수조형으로 380 L/s (6,000 gal/min)의 용량까지 생산된다.

저속의 원심 펌프와 혼합 흐름(mixed-flow) 펌프는 일반적으로 활성슬러지를 포기조로 반송 시 사용된다. 스크루 펌프(screw pump)도 이와 같은 용도로 사용되며, 특히 유량 변동이 큰 곳에 사용된다. 이러한 용도로 사용시 스크루 원심 펌프는 막힘 문제가 적게 발생하는 경향이 있다.

**다이아프램 펌프.**  다이아프램 펌프는 내부 동공을 수축 및 확대시키기 위해 밀고 당길 수 있는 휘어지기 쉬운 막(membrane)을 사용한다[그림 13-4(g), (h) 참조]. 흐름은 볼이나 평판 형태의 체크 밸브에 의해 동공을 통하여 직접 흐르게 된다. 다이아프램 펌프의 용량은 다이아프램의 회전 반경이나 분당 회전 수에 따라 변하게 된다. 2개의 펌프챔버를 사용하여 다이아프램을 밀고 당겨 유량을 증가시키고 흐름을 부드럽게 할 수 있다. 다이아프램 펌프는 비교적 용량이 적고 수두가 낮다. 용량이 가장 큰 공기 다이아프램 펌프는 수두가 15 m (50 ft)일 때 14 L/s (220 gal/min)를 이송할 수 있다.

**고압 피스톤 다이아프램 펌프.**  고압 피스톤 다이아프램 펌프는 슬러지를 먼 거리로 이송시키기 위해 고압이 필요할 때 사용된다. 여러 가지 종류의 피스톤 펌프가 고압이 필요한 곳에 사용하기 위하여 개발되었고, 플런저 펌프와 유사하게 작동한다. 고압 피스톤 펌프는 구동 기구와 슬러지의 접촉을 방지하도록 독립된 피스톤, 막 또는 다이아프램을 사용한다. 그림 13-4(i)에는 1식 피스톤 펌프 개요도를 나타내었다. 그림 13-4(j)에는 2식 피스톤 펌프의 모습을 나타내었다. 이런 형태를 가진 펌프의 장점은 (1) 13.8 bar (1 bar = 100 kPa)(200 lb$_f$/in.$^2$)의 고압에서도 적은 유량을 이송할 수 있으며, (2) 배출관 크기의 커다란 고형물도 통과되며, (3) 다양한 슬러지 농도에서 운전이 가능하고, 그리고 (4) 1단으로 이송이 가능하다. 그러나 가격이 매우 비싸다.

**회전 로브 펌프.**  회전 로브 펌프[그림 13-4(k), (l) 참조]는 동시에 회전하는 두 개의 로브가 유체를 밀어내는 정변위 이송 펌프이다. 회전 속도와 전단 응력은 낮다. 슬러지를 이송하기 위해 로브는 단단한 금속이나 딱딱한 고무로 만든다. 이러한 형태의 펌프는 장비의 수명에 따른 시스템 상태를 반영하기 위해 보다 큰 용량을 사용한다. 예를 들어 9.5 L/s (150 gal/min)를 이송할 경우, 용량이 50% 더 큰 14.25 L/s (225 gal/min)의 펌프가 필요하다.  슬러지 이송 시 속도는 슬러지의 연마재에 따라 거의 250-300 rev/min로 제한되어야 한다. 이 펌프의 장점은 동공이동 펌프의 회전자와 고정자보다 로브의 교체 비용이 저렴하고 설치에 필요한 부지가 적다. 회전 로브 펌프는 다른 정변위 이송 펌프와 같이 관 막힘을 방지할 수 있다.

**호스 펌프.**  연동식 호스 펌프[그림 13-4(m) 참조] 역시 슬러지를 이송하는 데 사용되고 있다. 이 펌프는 특별히 제작된 탄력성 있는 호스를 교대로 압착하고 이어서 압착을 푸는 형식으로 작동된다. 호스는 회전자의 압착 제동자와 펌프 구조물의 내부 벽 사이에서 압착된다. 호스의 발열과 마모를 줄이기 위해 윤활제를 사용한다. 이송되는 슬러지는 호스 내부의 벽만을 접촉하며 호스는 압착 시 유입된 연마재의 작용을 완화시킨다. 펌프 용량은 36~1,250 L/min (10~330 gal/min)의 범위이다. 정변위 이송 펌프로서 펌프 능력은 높거나 낮은 배출압력에서 속도와 직접적으로 비례한다. 이 펌프의 큰 단점은 맥동 흐름, 호스 마모 그리고 상대적으로 고가의 호스 교체 비용이다.

## 》 손실수두 결정

슬러지를 이송하는 데 발생하는 손실수두는 슬러지의 흐름 특성(유동학), 관의 직경 및 유속에 따라 달라진다. 손실수두는 고형물 및 휘발성 물질의 함유량이 증가할수록, 온도가 낮을수록 커진다. 휘발성 물질의 백분율과 고형물의 백분율의 곱이 600을 넘으면, 슬러지 이송에 곤란을 겪게 된다.

　　물, 기름 및 대부분의 유체는 층류의 조건에서 압력 손실이 유속과 점성에 정비례하는 "뉴턴 유체(Newtonian fluid)"이다. 유속이 임계치(critical value)보다 증가하면 유체의 흐름은 난류가 된다. 농축되지 않은 활성슬러지와 살수여상 슬러지 같은 묽은 슬러지는 물과 비슷하게 움직인다. 그러나 농축된 하수 슬러지는 비뉴턴 유체(non-Newtonian fluid)이다. 층류조건에서 비뉴턴 유체의 압력 손실은 유속에 비례하지 않으며 점성도 일정하지 않다. 층류 흐름 조건하에서 손실수두를 결정하고, 난류가 시작되는 유속을 결정하는 데 특별한 방법이 사용될 수 있다. 여기에서는 간편한 손실수두 계산 방법과 슬러지 유동학을 이용한 방법에 대해서 논할 것이다.

　　농축되지 않은 활성슬러지와 살수여상 슬러지를 이송하는 데 있어서 손실수두는 물에 비해 10~25% 정도 더 크다. 1차 슬러지, 소화 슬러지 및 농축 슬러지가 저속으로 흐를 때, 저항을 극복하고 흐름이 시작되면 일정한 압력이 필요한 소성(plastic) 흐름의 형태를 나타낸다. 유체의 저항은 층류, 즉 하한계 유속 약 1.1 m/s (3.5 ft/s) 이하의 유속까지는 대체로 유속에 비례하여 증가한다. 상한계 유속 이상인 약 1.4 m/s (4.5 ft/s)에서는 난류로 간주될 수 있다. 난류영역에서 잘 소화된 슬러지의 손실수두는 물에 대한 손실수두의 2~3배 정도이다. 고분자로 개량된 농축 슬러지와 1차 슬러지 및 스컴의 손실수두는 상당히 더 크다. 이송거리와 슬러지 농도가 증가될수록 손실수두를 낮게 평가할 위험이 있다. 슬러지를 장거리 이송 시 가능하면 손실수두 범위를 파악할 수 있는 수리학적 조사를 수행하여야 한다.

**간편한 손실수두 계산법.**　슬러지 이송관이 짧은 경우에는 손실수두를 산출하기 위한 비교적 간단한 계산 방법이 있다. 슬러지의 고형물의 농도가 중량으로 3% 이하일 경우 이 방법은 정확하다. 손실수두를 결정하기 위해서는 주어진 고형물의 함량과 슬러지 형태에 따라 그림 13-5(a)로부터 $k$ 인자를 구한다. 슬러지 이송에서의 손실수두는 Darcy-Weisbach, Hazen-Williams, Manning식을 이용하여 구한 물의 손실수두에 $k$를 곱하여 구한다. 그림 13-5(a)에 주어진 값은 (1) 유속 0.8 m/s (2.5 ft/s) 이상, (2) 유속 2.4

m/s (8 ft/s) 이하, (3) 틱소트로픽(thixotropic) 거동은 고려하지 않고, (4) 배관이 그리스와 같은 물질에 의해 막히지 않은 경우에만 사용될 수 있다.

경험적인 곱셈인자를 구하기 위한 다른 근사 방법으로 [그림 13-5(b) 참조]을 사용할 수 있다. 이 방법은 유속과 고형물의 백분율만을 이용하여 구하는 방법이다. 일반적으로 미처리된 1차 슬러지의 농도는 이송 도중에 변하게 된다. 처음에는 가장 농축된 슬러지만 이송된다. 대부분의 슬러지가 이송되고 나면, 묽은 슬러지가 이송되는데 이것은 본질적으로 물의 수리학적 특성과 같다. 이러한 특성의 변화는 원심 펌프가 수두-용량 곡선에서 최대 효율영역을 벗어나 운영되게 한다. 추가되는 부하를 고려하여 펌프 모터의 규격을 정하여야 하고 슬러지의 특성이 변화함에 따라 유량을 감소시키기 위한 변속 장치를 설비하여야 한다. 만일 펌프 모터의 규격을 최고 유속으로 물을 이송할 때의 최대부하로 정하지 않으면 과부하가 되거나 과부하장치가 작동되지 않거나 설정이 너무 높아 손상을 입게 된다.

슬러지를 이송할 때 원심 펌프의 운전속도와 필요 동력을 결정하기 위해서는 (1) 설계 마찰 계수로 예상되는 최대 슬러지 밀도에 대해서, (2) 평균 조건에 대해서, 그리고 (3) 이송 시스템에서 최대 예상범위를 감당할 수 있는 새로운 관 마찰 계수를 갖는 물에 대해서 시스템 곡선은 계산되어야 한다. 이 시스템 곡선은 가능한 속도 범위에 대해서 펌프 곡선의 그래프 위에 그려져야 한다. 특정 펌프의 요구되는 최대 및 최소 속도는 원하는 용량에서 펌프의 수두-용량 곡선과 시스템 곡선과의 교점에서 구한다. 최대 속도 수두-용량 곡선과 물의 시스템 곡선이 만나는 점은 필요 동력을 나타낸다. 0~1.1 m/s (3.5 ft/s)의 유속 범위에 대하여 시스템 곡선을 만들 때는 유속이 1.1 m/s (3.5 ft/s)에서 구한 손실수두 값과 같다고 가정한다. 평균 조건에서의 펌프 곡선과 시스템 곡선의 교점은 작동

**그림 13-5**

**손실수두 계산 인자.** (a) 슬러지 형태와 농도, (b) 배관유속과 슬러지 농도

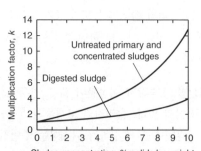

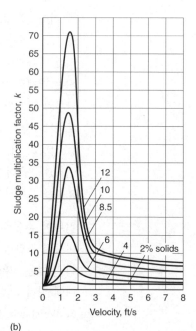

시간, 평균속도, 동력비 등을 계산하는 데 이용할 수 있다.

소성 흐름 및 층류 영역에서 일반적인 흐름 공식이 적용될 수 없으므로 판단과 경험에 의존하여야 한다. 이러한 영역에서는 용량이 적을 것이므로 앞에서 제시한 것과 같이 수두와 용량이 충분한 플런저 펌프, 동공이동 펌프, 또는 회전 로브 펌프를 사용하여야 한다.

**유동학을 이용한 손실수두 계산.** 슬러지를 장거리로 이송하는 데 있어서 슬러지의 흐름 특성에 따른 손실수두를 계산하는 다른 방법이 개발되었다. 층류 흐름조건에서 손실수두를 구하는 방법은 실험적 및 이론적 연구의 결과에 근거하여 Babbitt와 Caldwell(1939)에 의해 최초로 유도되었다. 층류에서 난류 사이의 전이 영역에 대한 추가적인 연구(Mulbarger 등, 1981; U.S. EPA, 1979)가 이루어졌으며 Sanks 등(1998)에 요약되어 있다. 미처리된 1차 슬러지(생슬러지)와 2차 슬러지 혼합물의 장거리 이송에 대해서는 Carthew 등(1983)이 논하였다. 긴 관에서 매우 중요한 난류영역에 관한 연구에 사용된 방법은 아래에서 설명된다. 층류와 전이영역 흐름에 대해서는 Sanks 등(1998)이 제시한 계산 절차를 이용하는 것이 좋다.

앞에서 언급한 바와 같이, 물, 기름 및 그 밖의 대부분의 일반적인 유체는 "뉴턴" 유체로서 층류 조건에서 압력 손실은 유속 및 점성에 정비례한다. 유속이 임계속도 이상으로 증가하면 유체의 흐름은 난류가 된다. 층류에서 난류 사이의 전이 영역은 유체의 점성에 반비례 하는 Reynolds 수에 의존한다. 그러나 하수 슬러지는 비뉴턴 유체이므로 층류 조건에서의 압력 손실은 흐름에 비례하지도 않고 점성도 일정하지 않다. 슬러지에 대한 난류 흐름에서의 Reynolds 수는 확실하지 않다.

슬러지는 흐름이 시작된 후 흐름과 전단 응력 사이에 직선 관계를 갖는 물질인 Bingham plastic과 대단히 유사한 거동을 나타낸다. Bingham plastic은 두 개의 상수로 나타낼 수 있는데 항복응력 $s_y$ (yield stress)과 강도 계수 $\eta$ (coefficient of rigidity)이다. 항복응력과 강도 계수의 상수 값들의 전형적인 범위는 그림 13-6(a), (b)에 나타내었다. 두 상수가 결정되면 넓은 범위의 유속에 대한 압력손실을 물에 대한 일반 방정식과 그림 13-6(c)를 이용하여 구할 수 있다. 그림 13-6(a), (b)와 같이 하수 슬러지의 항복응력과 강도 계수에 대해 발표된 자료들은 매우 변화가 심하다. 특정한 적용을 위한 유동학적 자료를 결정하기 위해서는 파일럿 연구가 필요하다. 배관 점도계와 회전 점도계를 사용하여 항복응력과 강도 계수를 구하는 절차는 Carthew 등(1983)에 의해 제시되었다.

슬러지 마찰에 의한 압력손실은 두 개의 무차원 값인 Reynolds 수와 Hedstrom 수를 이용하여 구할 수 있다. Reynolds 수는 다음 식을 이용하여 계산한다.

$$N_R = \frac{\rho v D}{\eta} \qquad \text{SI units} \tag{13-3a}$$

$$N_R = \frac{\gamma v D}{\eta} \qquad \text{U.S. customary units} \tag{13-3b}$$

**그림 13–6**

슬러지 유동 방식에 따른 배관손실수두 계산곡선(Carthew 등, 1983). (a) 항복응력 대 슬러지 고형물 농도(%), (b) 강도 계수 대 슬러지 고형물 농도(%), (c) Bingham 소성으로 분석한 슬러지 마찰계수

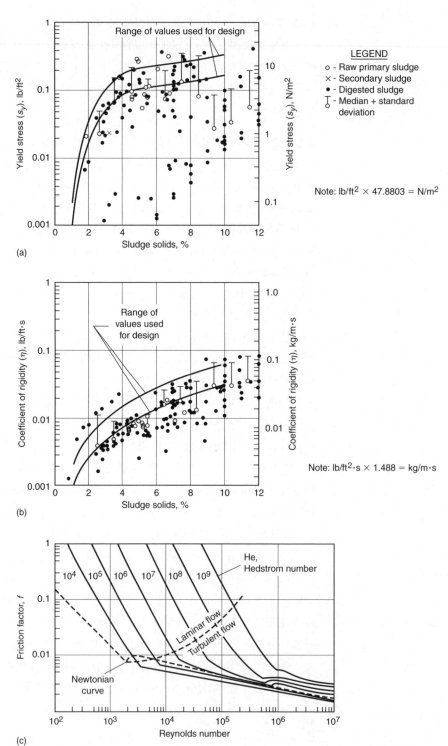

LEGEND
o - Raw primary sludge
× - Secondary sludge
● - Digested sludge
⊺ - Median + standard deviation

Note: lb/ft² × 47.8803 = N/m²

Note: lb/ft²·s × 1.488 = kg/m·s

여기서 $N_R$ = Reynolds 수, 무차원

$\rho$ = 슬러지 밀도, kg/m³

$\gamma$ = 슬러지 비중, lb/ft³

$v$ = 평균유속, m/s (ft/s)

$D$ = 관 직경, m (ft)

$\eta$ = 강도 계수, kg/m·s (lb/ft·s)

Hill 등(1986)에 의해 검토된 Hedstrom 수는 다음과 같이 계산된다.

$$H_e = \frac{D^2 s_y \rho}{\eta^2} \qquad \text{SI units} \tag{13-4a}$$

$$H_e = \frac{D^2 s_y g_c \gamma}{\eta^2} \qquad \text{U.S. customary units} \tag{13-4b}$$

여기서 $H_e$ = Hedstrom 수, 무차원

$s_y$ = 항복 응력, N/m² (lb$_f$/ft²)

$g_c$ = 32.2 lb$_m$·ft/lb$_f$·s²

다른 항은 앞서 정의되었다.

계산된 Reynolds 수와 Hedstrom 수를 이용하여, 마찰계수 f는 그림 13-6c로부터 구해진다. 난류 조건에서 압력손실은 다음 관계식으로부터 계산된다.

$$\Delta p = \frac{2f\rho L v^2}{D} \qquad \text{SI units} \tag{13-5a}$$

$$\Delta p = \frac{2f\gamma L v^2}{g_c D} \qquad \text{U.S. customary units} \tag{13-5b}$$

여기서 $\Delta p$ = 마찰로 인한 압력 손실, N/m² (lb$_f$/ft²)

$f$ = 마찰 계수 [그림 13-6(c)에서 구함]

$L$ = 관로의 길이, m (ft)

다른 항은 앞서 정의되었다.

식 (13-3), (13-4), (13-5)를 사용하는 데 있어 Reynolds 수는 점성에 근거한 Reynolds 수와 같지 않음에 주의하여야 한다. 소성 흐름에서 유효 점성은 정의될 수 있지만, 변하기 쉽고 강도 계수보다 훨씬 클 수 있다. 결과적으로, 두 개의 Reynolds 수는 매우 상이할 수 있다. 마찰계수 $f$는 수리학 교과서에서 보고된 깨끗한 물에 대한 $f$ 값과 상당히 다르며 그림 13-6(c)에서 사용된 값의 4배 정도이다. 그림 13-6(c)가 관의 조도(roughness)를 고려하지 않았다는 것을 제외하곤, 이 식들은 층류와 난류의 전 영역에서 적용된다. 관의 조도를 고려할 때, 만일 일반적인 물의 공식으로부터의 압력손실이 식 (13-5)에 의한 압력손실보다 크면, 조도의 영향이 크고 흐름이 완전난류가 되며 물의 공식에 의한 압력손실 값은 비교적 정확하게 된다. 안전계수 1.5는 최악의 설계조건에 대비하기 위하여 추천된 값이다(Mulbarger 등, 1981). 식 (13-3), (13-4), (13-5)의 사용은 예제 13-2에 설명되어 있다.

**예제 13-2**  **슬러지 유동학을 이용한 손실수두 계산** 평균유량 0.04 m³/s으로 미처리된 (생)슬러지를 이송하는 지름이 250 mm이고 길이가 10,000 m인 관에서의 손실수두를 계산하여라. 흐름이 난류일 경우도 함께 계산하여라. 실험에 의해 아래 슬러지 유동학 자료를 구하였다.

항복 응력 $s_y$ = 1.3 N/m²
강도 계수 $\eta$ = 0.035 kg/m·s
비중 = 1.01

**풀이**  1. 관 내 흐름 유속을 계산한다.

　　a. 관의 단면을 구한다.

$$A = \pi \times \frac{D^2}{4} = 3.14\frac{(0.25 \text{ m})^2}{4} = 0.49 \text{ m}^2$$

　　b. 유속을 결정한다.

$$v = \frac{Q}{A} = \frac{(0.04 \text{ m}^3/\text{s})}{0.049 \text{ m}^2} = 0.82 \text{ m/s}$$

2. 슬러지 비중량을 계산한다.

$$\rho = 1{,}000 \text{ kg/m}^3 \times 1.01 = 1{,}010 \text{ kg/m}^3$$

3. 식 (13-3)을 사용하여 Reynolds 수를 계산한다.

$$N_R = \frac{\rho v D}{\eta} = \frac{(1{,}010 \text{ kg/m}^3)(0.82 \text{ m/s})(0.25 \text{ m})}{(0.035 \text{ kg/m·s})} = 5.92 \times 10^3$$

4. 식 (13-4)를 사용하여 Hedstrom 수를 계산한다.

$$H_e = \frac{D s_y \rho}{\eta^2} = \frac{(0.25 \text{ m})^2(1.3 \text{ N/m}^2)(1{,}010 \text{ kg/m}^3)}{(0.035 \text{ kg/m·s})^2} = 6.70 \times 10^4$$

5. 계산된 Reynolds 수와 Hedstrom 수를 이용하여 그림 13-6(c)에서 마찰계수 $f$를 구한다.

$$f = 0.007$$

6. 식 (13-5)를 사용하여 압력손실을 구한다.

$$\Delta p = \frac{2 f \rho L v^2}{D} = \frac{2(0.007)(1010 \text{ kg/m}^3)(10{,}000 \text{ m})(0.82 \text{ m/s})^2}{0.25 \text{ m}}$$

$$= 380{,}309 \text{ kg/m·s}^2 \text{ (N/m}^2 \text{ or Pa)}$$

물의 m 단위로 전환한다.

$$\Delta p = \frac{380{,}309 \text{ kg/m} \cdot \text{s}^2}{(10^3 \text{ kg/m}^3)(9.81 \text{ m/s}^2)} = 38.8 \text{ m}$$

 이 예제에서는 단 하나의 유동학적 자료만 사용하였다. 실제 설계의 경우, 손실수두 곡선이 운전조건 범위에서 개발될 수 있도록 시험자료는 개연성 있는 조건 내에서 사용되어야 한다. 또한 최악의 조건에 적용하기 위한 적절한 안전계수를 적용해야 한다. Hazen-Williams 식을 이용한 물의 손실수두와의 비교는 숙제로 남겨둔다.

## 》 슬러지 배관

하수처리장에서 슬러지의 배관으로 직경이 150 mm (6 in.) 이하인 유리 내장관을 성공적으로 사용한 사례가 있지만 일반적인 슬러지 배관은 직경 150 mm (6 in.) 이상을 사용하여야 한다. 슬러지 관의 직경은 유속 1.5~1.8 m/s (5~6 ft/s) 이상을 유지하기 위한 경우를 제외하고는 200 mm (8 in.) 이상은 필요하지 않다. 슬러지를 중력으로 배출시킬 경우는 직경 200 mm (8 in.)보다 커야 한다. 일반적으로 L형 관보다 마개가 있는 T형 관이나 십자형 관들을 설치하여 청소구로 사용한다. 펌프의 연결부는 직경이 100 mm (4 in.)보다 작아서는 안 된다.

배관에는 여러 개의 관 내부 갑문이 설치되어야 하며 막힘을 세척하기 위한 고압의 물을 충분히 공급할 수 있어야 한다. 세척수는 처리장 유출수를 사용한다. 세척수의 용량은 500 kN/m² (~70 lb_f/in.²)에서 0.010 m³/s (150 gal/min) 이상이어야 한다. 큰 배관이 설치된 대규모 처리장에서는, 더 큰 용량이 필요하며 압력은 700 kN/m² (100 lb_f/in.²) 정도까지 증가될 수 있어야 한다.

그리스는 1차 슬러지와 스컴 이송에 사용된 관의 내부를 피복하는 경향이 있다. 그리스 축적은 소규모 하수처리장보다 대규모 하수처리장에서 더 문제가 된다. 그리스의 피복은 관의 유효직경을 감소시키고 이송에 소요되는 수두를 증가시킨다. 이러한 이유로, 낮은 용량의 정변위 펌프는 이론적 수두보다 훨씬 크게 설계한다. 용량이 큰 원심 펌프는 하수를 포함한 희석된 슬러지를 이송하여 그리스 축적으로 인한 수두 증가를 더디게 한다. 어떤 처리장에서는 주 슬러지 관을 통하여 더운 물, 스팀, 또는 소화조 상등액을 순환시켜 그리스를 용해시키는 설비를 만들기도 한다.

처리장에서는 관의 길이가 짧기 때문에 마찰손실이 적으며 따라서 안전인자를 크게 하는 데 어려움이 없다. 그러나 긴 관을 설계하는 데 있어서는 (1) 한 관이 며칠 동안 운전되지 않아도 문제가 없도록 2개의 관을 설치하고, (2) 관 외부의 부식과 부하를 고려하여야 하며, (3) 관 세척을 위한 희석수 공급 설비를 추가하여야 하고, (4) 배관 세척제 주입 방안을 고려하여야 하며, (5) 추운 기후와 그리스의 축적이 과다할 때 스팀을 주입하기 위한 설비를 추가하여야 하고, (6) 높은 지점과 낮은 지점에서 공기 제거 밸브를 설치해야 하며, 그리고 (7) 수격작용(waterhammer)의 잠재적 영향을 고려하여야 한다. 수격

작용에 대한 논의는 이 책의 자매 책(Metcalf & Eddy, 1981)에서 자세히 설명된다.

## 13-5 슬러지 처리 예비 조작

슬러지 처리 시설에 비교적 일정하고 균일한 슬러지를 공급하기 위해서는 슬러지의 분쇄, 그릴 제거, 슬러지의 배합 및 저장이 필요하다. 배합과 저장은 두 기능을 하도록 설계된 하나의 시설에서 수행할 수도 있고 별개의 시설에서 수행할 수도 있다. 슬러지 재이용을 위해서 생슬러지 또는 소화된 바이오 고형물에 함유된 플라스틱, 천 조각 및 이물질을 제거하기 위한 스크린 장치가 가끔 필요하다. 본 절에서는 이와 같은 예비 조작 운전에 대해 설명한다.

### 》 분쇄

슬러지 분쇄는 슬러지에 함유된 줄과 같은 물질을 절단하거나 큰 물질을 작게 분쇄하여 회전 장치를 감싸거나 막히게 하는 것을 방지시키는 장치이다. 그림 13-7에 일반적인 슬러지 분쇄장치를 나타내었다. 슬러지 분쇄가 필요한 공정과 분쇄의 목적을 표 13-16에 나타내었다. 예전에는 슬러지 분쇄기의 유지관리가 많이 필요했지만, 최근에 설계된 저속운전 분쇄기는 보다 내구적이고 신뢰할 만하다. 최근의 설계된 장치에는 개선된 베어링, 봉합, 강철 절단기, 과부하 센서, 그리고 방해물의 제거를 위한 역회전 장치 또는 방해물이 제거되지 않으면 공정을 중단시키는 장치들이 포함되어 있다.

### 》 스크린

하수 스크린 장치는 상당량의 고형물을 통과시키므로, 슬러지 스크린 장치가 분쇄를 대체할 수 있다. 스크린 장치는 고형물의 흐름에 방해되는 이물질을 제거할 수 있다는 장점이 있다. 5장 그림 5-4(c)에 나타낸 단계 스크린(step screens) 장치는 정화조나 1차 슬러지에 함유된 작은 고형물의 제거를 위해 사용할 수 있다. 스크린의 구멍은 일반적으로 3~6 mm (0.12~0.24 in.)의 범위이며 10 mm (0.4 in.)까지 사용되기도 한다.

**그림 13-7**

**대표적인 배관 내 슬러지 분쇄기.** (a) 측면도, (b) 정면도, (c) 설치 모습 [(a), (b)는 Franklin Miller로부터 개조됨].

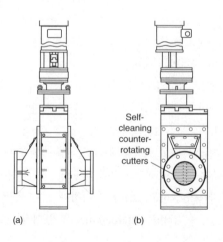

**표 13 – 16**

슬러지 및 바이오 고형물의 분쇄가 필요한 공정과 분쇄 목적

| 운영 또는 공정 | 분쇄 목적 |
|---|---|
| 동공이동 펌프에 의한 이송 | 막힘과 마모 방지 |
| 고형 보울(solid bowl) 원심 분리기 | 막힘 방지. 커다란 고형 보울 원심분리기는 큰 입자 처리가 가능하여 분쇄가 필요치 않음 |
| 벨트 여과 압착기 | 슬러지 분배 시스템의 막힘 방지, 회전 장치의 휨 방지, 벨트에서 휘감김을 줄임, 균일한 탈수 가능 |

다른 형태의 슬러지 스크린 장치는 배관 내 설치할 수 있는 배관 내 스크린(in-line screen) 장치이다(그림 13-8 참조). 하수슬러지에 사용되는 스크린의 일반적인 크기가 5 mm (0.2 in.)이지만 3~10 mm (0.12~0.4 in.)로 이루어진 구멍에 유체를 통과시켜 물질들을 제거한다. 스크린에 의해 제거된 물질은 스크루 이송 장치(screw conveyor)에 의해 압착 또는 압축 지역으로 이송되어 탈수되고 압축된다. 배출될 수 없을 정도로 스크린에 많은 고형물이 축적되면 축적된 고형물들이 스크린의 압축 지역으로부터 배출된다. 스크린 고형물 농도는 30~50% 범위이다. 허용 가능한 운전 압력은 100 kPa (14 lb$_f$/in.$^2$)로 보고되고 있다(Arakaki 등, 1998). 스크린 처리된 슬러지는 묽기 때문에 농축이 필요한 경우도 있다.

### 》 그릿 제거

처리장에 따라서는, 1차 침전조 앞에 별도의 그릿 제거 장치를 사용하지 않거나 또는 그릿 제거 장치가 있어도 첨두 흐름 유량과 첨두 그릿 부하에 대해 적절하게 대처하지 못하는 곳도 있으나 그릿을 제거한 다음 슬러지 처리공정을 진행할 필요가 있다. 1차 슬러지를 더 농축하고자 할 경우에는 그릿 제거를 고려해야 한다. 슬러지의 그릿 제거에 가장 효과적인 방법은 그릿 입자를 유기성 슬러지와 분리시키기 위해 흐름 시스템에서 원심력을 적용하는 방법이다. 이 분리법은 고정된 사이클론 그릿 제거기를 사용함으로서 가능하다. 원통형 주입부의 접선방향으로 슬러지를 주입함으로써 원심력이 발생하게 된

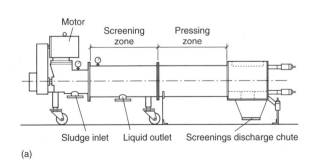

(a)

Motor
Screening zone
Pressing zone
Sludge inlet   Liquid outlet   Screenings discharge chute

(b)

**그림 13 – 8**

**슬러지 스크린 압착.** (a) 개요도, (b) 대형으로 설치된 모습 (coutesy of the City of San Diego, CA)

| 표 13-17 | 1차 슬러지 농도 TS(%) | 체 크기[b] |
|---|---|---|
| 사이클론 그릴제거기를 | 1 | 150 |
| 사용한 1차 슬러지의 | 2 | 100 |
| 그릴 제거 효율[a] | 3 | 65 |
| | 4 | 28~35 |

[a] 13 L/s (200 gal/min)로 42 kN/m² (6 lb$_f$/in.²)에서 300 mm (12 in.)의 하이드로사이클론(hydrocyclone)

[b] 제시된 입자 크기의 약 95% 이상 또는 그 이상이 제거된다.

주: 일반적으로 설계 범위는 주입 고형물의 농도가 1~1.5% 정도이다.

다. 무거운 그릴 입자는 원통부의 외벽 쪽으로 이동하여 원추형 출구로 배출된다. 유기성 슬러지는 별도의 출구를 통해서 배출된다. 사이클론 그릴 제거기의 효율은 압력과 슬러지의 유기물 농도에 영향을 받는다. 효율적으로 그릴을 제거하기 위해서는, 슬러지를 1~2% TS (total solids) 정도로 희석하여야 한다. 슬러지 농도가 증가함에 따라 제거할 수 있는 입자크기는 감소한다. 1차 슬러지의 슬러지 농도와 제거효율의 일반적인 관계는 표 13-17에 나타내었다.

## ▶▶ 배합

슬러지는 1차, 2차, 그리고 고도 하수처리공정에서 발생한다. 1차 슬러지는 원 하수에 함유된 침전 가능한 고형물로 구성되어 있다. 2차 슬러지는 침전 가능한 고형물과 생물학적 고형물로 구성되어 있다. 고도처리에서 발생한 슬러지는 화학적 고형물과 생물학적 고형물로 구성되어 있다. 슬러지는 후속 과정의 운전 및 처리를 위하여 배합을 통해 균일하게 혼합된다. 균일하게 혼합된 슬러지는 탈수, 열처리 및 소각과 같은 체류시간이 짧은 시스템에서 가장 중요하다. 이러한 처리공정에 균일한 특성을 갖도록 잘 배합된 슬러지가 공급되면 처리장의 운전과 성능을 크게 향상시킬 수 있다.

1차, 2차, 그리고 고도처리에서 발생되는 슬러지는 다음과 같은 몇 가지 방법으로 배합된다.

1. **1차 침전조에서의 배합.** 2차 또는 3차 슬러지는 1차 침전조로 반송되어 1차 슬러지와 혼합되어 침전된다.
2. **관내의 배합.** 관내의 배합은 적절한 배합이 이루어지도록 슬러지 발생원과 유량을 주의 깊게 조절하여야 한다. 주의 깊은 조절이 이루어지지 않을 경우 슬러지 균일성은 매우 넓게 변동할 수 있다.
3. **체류시간이 긴 슬러지의 배합시설.** 호기성과 혐기성 소화조(완전혼합형)는 공급되는 슬러지를 균일하게 배합할 수 있다.
4. **별도의 배합 탱크 이용.** 이 방법으로 배합 슬러지의 질을 가장 잘 조절할 수 있다.

용량이 0.05 m³/s (1 Mgal/d)보다 작은 처리장에서의 배합은 대부분 1차 침전조에서 이루어진다. 대규모 처리장에서는 배합 전에 슬러지를 분리하여 농축함으로써 최적의 효율을 얻는다.

## 》 저장

슬러지 및 바이오 고형물 생산량의 변동을 최소화시키고 후속 공정이 야간교대근무, 주말 및 예기치 않은 기간 동안 가동되지 않을 때에 슬러지를 축적시키기 위한 저장 시설이 필요하다. 슬러지와 바이오 고형물 저장은 특히 기계 탈수, 석회 안정화, 열 건조 및 열적 감량과 같은 공정의 전단에서 균일한 주입률을 제공하기 위해 중요하다.

　단기간 동안 슬러지와 바이오 고형물을 저장하는 것은 하수 침전조 또는 농축조에서 할 수 있다. 장기간 동안 슬러지와 바이오 고형물을 저장하는 것은 체류시간이 긴 안정화 공정(즉 호기성 및 혐기성 소화)을 이용하거나 특별히 설계된 별도의 조에서 수행된다. 소규모 시설에서는 슬러지가 대개 침전조나 소화조에 저장된다. 호기성 및 혐기성 소화조를 사용하지 않는 대규모 시설에서의 슬러지는 대개 별도의 배합조와 저장조에 저장된다. 이러한 조의 크기는 수 시간에서 수일 동안 슬러지를 저장할 수 있도록 설계된다. 만일 슬러지 또는 바이오 고형물이 2~3일 이상 저장된다면 슬러지의 질은 악화되어 악취가 발생하고 탈수가 어려워진다. 필요한 저장 부피를 구하는 방법은 예제 13-3에서 다루었다. 슬러지 또는 바이오 고형물의 부패를 방지하고 혼합을 촉진시키기 위해 종종 포기를 한다. 슬러지의 완전 배합을 위해 기계적인 혼합이 필요할 수도 있다. 슬러지의 저장 및 배합조에서 발생하는 악취를 제어하고 부패를 억제하거나 제어하기 위해 염소, 철염, 과망간산칼륨 및 과산화수소가 사용되기도 한다. 밀폐된 저장조에 슬러지를 저장하는 경우 화학적 스크러버(scrubbers)나 생물여과상(biofilters) 같은 적절한 악취제어 설비와 함께 환기시설을 설치하여야 한다(15장 참조).

---

**예제 13-3** **슬러지 저장에 필요한 부피 계산** 활성슬러지 처리시설에서 연간 평균 슬러지 발생량이 12,000 kg/d라고 가정한다. 여러 가지 후속 슬러지 처리 장치를 위하여 필요한 슬러지 저장시설의 크기를 구하는 데 사용할 수 있는 지속 슬러지 질량부하 곡선(sustained sludge mass loading rates)을 작성하라. 그리고 이 곡선을 이용하여 슬러지 저장에 필요한 부피를 구하여라. 이때, 7일 동안 축적된 슬러지를 작업일 5일 동안 처리하며, 14일 동안 축적된 슬러지는 작업일 10일 동안 처리한다고 가정한다. 벨트형 여과기(belt-filter presses)와 같은 슬러지 처리시설은 주말에 운전하지 않는다고 가정하면, 작업일 5일과 10일은 각각 1주와 및 2주에 해당한다.

1. 지속 슬러지 질량부하 곡선 작성
   a. 구체적인 정보가 없으므로, 그림 3-13(a)와 예제 3-7에서 주어진 지속 BOD 시설 부하량을 지속 슬러지 생산량으로 가정한다.
   b. 적절한 계산표를 만들고, 곡선 작성에 필요한 값을 계산한다.

| 지속 첨두기간, d | 첨두인자[a] | 첨두 고형물 질량부하, kg/d | 총 지속부하, kg[b] |
|:---:|:---:|:---:|:---:|
| (1) | (2) | (3) | (4) |
| 1 | 2.4 | 28,800 | 28,800 |
| 2 | 2.1 | 25,200 | 50,400 |
| 3 | 1.9 | 22,800 | 68,400 |
| 4 | 1.8 | 21,600 | 86,400 |
| 5 | 1.7 | 20,400 | 102,000 |
| 10 | 1.4 | 16,800 | 168,000 |
| 15 | 1.3 | 15,600 | 234,000 |
| 365 | 1.0 | 12,000 | |

[a] 그림 3-13(a) 참조

[b] 1열에 나타낸 해당 지속 기간 동안에 발생하는 총 질량

c. 지속 슬러지 부하 곡선을 작성한다(아래 그림 참조).

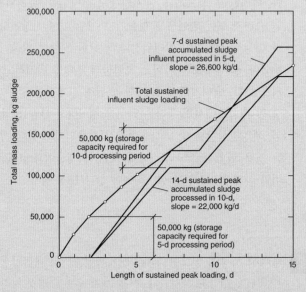

2. 주어진 운전조건에서 필요한 슬러지 저장 부피를 계산한다.

a. 7일 동안 유입된 지속 첨두량(그림에서)을 작업일 5일 동안에 처리할 때 하루에 처리할 슬러지의 양을 계산한다.

$$kg/d = \frac{133,000}{5\,d} = 26,600\,kg/d$$

b. 14일 동안 유입된 지속 첨두량(그림에서)을 작업일 10일 동안에 처리할 때 하루에 처리할 슬러지의 양을 계산하라.

$$kg/d = \frac{220,000}{10\,d} = 22,000\,kg/d$$

c. 슬러지 저장시설은 금요일까지만 작동된다고 가정하고, 5일 및 10일 동안에 처리해야 할 평균 1일 슬러지 처리량을 그림에 나타낸다.

d. 그림으로부터, 필요한 저장 용량을 구한다.

　i. 작업일 5일 기준 용량 = 50,000 kg

　ii. 작업일 10일 기준 용량 = 50,000 kg

 **조언** 후속 공정 설비의 크기는 처리해야 할 1일 슬러지의 양을 사용하여 구할 수 있다. 예를 들어, 벨트 여과기의 단위시간당 처리할 수 있는 양을 알고 있다면 하루 중 교대 작업 회수와 실제 작업시간을 가정하여 탈수기의 크기와 수를 계산할 수 있다. 장치의 규모를 결정할 때는 가장 효율적인 조합을 위해 인건비(1교대 및 2교대)와 저장 및 처리시설 비용에 대한 수지 분석을 수행하여야 한다.

## 13-6　　농축

1차 슬러지, 활성슬러지, 살수여상 슬러지 또는 혼합 슬러지(즉, 1차 슬러지와 폐활성 슬러지의 합)의 고형물 함유량은 슬러지의 특성, 슬러지의 제거 및 이송 설비, 그리고 운영 방법에 따라 많이 달라진다. 여러 가지 처리 조작 또는 공정에 따른 총 고형물 농도의 대표적인 값을 표 13-8에 나타내었다. 농축은 슬러지로부터 액체의 일부분을 제거하여 슬러지의 고형물 함유량을 증가시키는 절차이다. 예를 들어, 2차 침전조에서 배출되는 0.8%의 고형물을 함유하고 있는 폐활성 슬러지는 4%의 고형물 함유량으로 농축되어 슬러지의 부피가 1/5로 감소된다. 농축은 일반적으로 동시침전, 중력침전, 부상, 원심분리, 중력벨트 및 회전드럼과 같은 물리적 방법에 의해 이루어진다. 일반적인 슬러지 농축 방법을 표 13-18에 나타내었다.

### ≫ 적용

슬러지 농축으로 부피를 감소시키면 다음과 같은 관점에서 소화, 탈수 및 건조와 같은 후속 공정에 유리하다: (1) 필요한 탱크 및 장치의 용량, (2) 슬러지 개량에 필요한 화학약품의 양, (3) 소화조에 필요한 열량 및 열 건조에 필요한 보조 연료의 양.

슬러지 처리공정이 별도로 설치되어 비교적 멀리 이송해야 하는 대규모 처리장의 경우, 슬러지의 부피가 감소되면 배관의 크기와 이송비가 절감될 수 있다. 소규모 처리장의 경우는 최소 배관 크기나 최소 유속의 제한 조건 때문에 슬러지에 많은 양의 하수가 첨가되어 이송되기 때문에 슬러지의 부피 감소로 인한 이익은 별로 없다. 토양 개량제로 토지에 직접 적용하기 위해 액상 슬러지를 차로 운송할 때도 부피 감소는 필요하다.

슬러지 농축은 1차 침전조, 슬러지 소화시설 또는 특별히 설계된 별도의 시설 등 여러 방법으로 모든 하수처리장에서 이루어진다. 만일 별도의 시설이 사용된다면, 재순환되는 흐름은 하수처리 시설로 반송하는 것이 일반적이다. 용량이 4,000 m³/d (~1 Mgal/d) 이하인 처리장에서는 슬러지 농축조를 별도로 설치하는 경우는 드물다. 소규모 처리장에서는 1차 침전조, 슬러지 소화조 또는 두 곳에서 중력농축을 수행한다. 대규모 처리

**표 13-18**

일반적인 슬러지 농축 방법

| 방법 | 슬러지 형태 | 사용 빈도와 상대적 성공도 |
|------|-----------|------------------------|
| 중력, 침전조에서 동시침전 | 1차 및 폐활성 슬러지 | 가끔 사용되며, 1차 침전조에 부정적인 영향을 줄 수 있다. |
| 중력, 별도의 탱크에서 농축 | 미처리된 1차 슬러지 | 일반적으로 사용되며 결과가 우수하다. 가끔 하이드로사이클론 그릿 제거와 함께 사용된다. 악취가 날 수 있다. |
| | 미처리된 1차 슬러지와 폐활성 슬러지 | 소규모 처리장에서 자주 사용되며 4-6% 정도의 고형물 농도를 얻는다. 대규모 처리장에서는 한계가 있다. 따뜻한 날씨일 경우 악취가 날 수 있다. |
| | 폐활성 슬러지 | 거의 사용되지 않으며, 고형물 농도가 2-3%로 낮다. |
| 용존공기 부상 | 미처리된 1차 및 폐활성 슬러지 | 제한적으로 사용하며, 결과는 중력 농축조와 비슷하다. |
| | 폐활성 슬러지 | 일반적으로 사용하지만, 높은 운전비용 때문에 사용이 줄고 있다. 고형물 농도가 3.5-5%로 좋은 결과를 나타낸다. |
| 고형 보울 원심분리 | 폐활성 슬러지 | 중·대규모 처리장에서 주로 사용되며 고형물 농도가 4~6%로 좋은 결과를 나타낸다. |
| 중력 벨트 농축조 | 폐활성 슬러지 | 흔히 사용되며 고형물 농도가 3~6%로 좋은 결과를 나타낸다. |
| 회전드럼 농축조 | 폐활성 슬러지 | 제한적으로 사용되며, 고형물 농도가 5~9% 이상으로 좋은 결과를 나타낸다. |

장에서는 슬러지 농축에 별도의 비용이 들지만 농축 과정을 촉진시키고 고농도의 슬러지를 얻는 것으로 보상될 수 있다.

## ▶ 농축기 설계

다음은 슬러지 농축의 운전에 관해서 소개하고자 한다. 대부분의 장비들은 기계적이므로 가장 우선적으로 고려할 사항은 기계적 설계의 이론보다 주어진 처리목적에 부합하도록 장치를 적절히 적용하는 것이다. 농축 설비를 설계하는 데 있어서, 첨두량을 처리할 수 있는 적합한 용량을 제공하는 것과 그리고 농축과정에서 악취발생을 수반하는 슬러지의 부패를 방지하는 것이 중요하다. 본 절에서는 (1) 동시침전 농축, (2) 중력 농축, (3) 용존공기 부상 농축, (4) 원심분리 농축, (5) 중력 벨트 농축, (6) 회전드럼 농축의 여섯 개의 농축 방법을 소개한다.

**동시침전 농축.** 1차 침전조가 후속처리 과정을 위한 슬러지 농축에 종종 사용된다. 처리수 배출 없이 슬러지를 농축하기 위해서는 침전지 내에 슬러지층(sludge blanket)이 형성되어야 한다. 침전조 하부 배출부의 농축 슬러지 농도를 유지하기 위해 침전조의 슬러지 체류시간을 12~24시간 또는 그 이상으로 유지시킨다. 침전조에서 슬러지의 과다한 체류시간은 고형물의 부패와 가스화의 원인이 되며 TSS와 BOD 제거효율을 감소시킨다. TSS의 제거에 대한 슬러지층 체류시간(sludge blanket retention)의 전형적인 효과는 그림 13-9에 예시하였다.

1차 침전조에서 성공적인 슬러지 농축을 위하여 다음 방법들이 사용되어 왔다: (1) 여러 침전조 중에서 하나의 침전조를 동시침전 농축조로 사용함; 다른 침전조에서 발생

**그림 13-9**

1차 슬러지의 동시침전 농축에서 슬러지층 체류시간이 TSS 제거에 미치는 영향(Albertson and Walz, 1997)

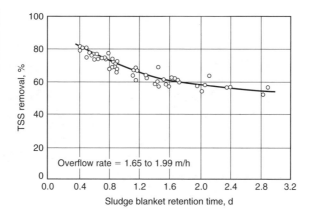

**그림 13-10**

슬러지 동시침전 농축 시스템의 개요도

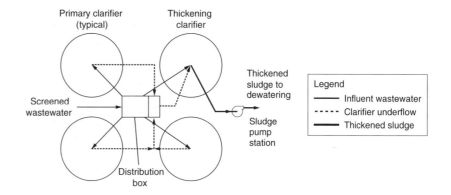

하는 묽은 슬러지(고형물 농도 1% 이하)의 하부 유출물을 농축 침전조로 배출함, (2) 약 6~12시간 동안 슬러지 양을 유지시킴, (3) 고분자나 염화철과 같은 화학응집제를 주입하여 슬러지의 침전을 촉진시킴. 화학응집제 주입의 필요성은 침전조 월류량의 유량에 따른다. 하부유출 슬러지의 농도는 3~5% 정도의 범위로 보고되고 있다(Albertson and Walz, 1997). 위의 슬러지 체류 인자 내에서 슬러지층을 조절함으로써, 침전조 제거율이 향상되고 고형물 농축이 이루어진다. 그림 13-10에 동시침전 농축 시스템의 개요도를 나타내었다.

**중력 농축.** 중력 농축은 가장 일반적으로 사용되는 방법 중의 하나로 일반적인 침전조와 유사하게 설계된 탱크에서 이루어진다. 대개 원형 탱크가 사용되며 묽은 슬러지는 중앙 주입정으로 공급된다. 유입된 슬러지는 침전 및 압축되고, 농축된 슬러지는 원추형의 탱크 밑 부분으로 배출된다. 깊은 트러스(deep truss, 그림 13-11 참조)나 수직 피켓(vertical pickets)으로 구성된 슬러지 수집 장치로 천천히 슬러지를 교반하면 물이 빠져 나오는 수로가 형성되고 슬러지는 조밀하게 된다. 농축조 상등액은 1차 침전조나 처리장 유입수 또는 반송수 처리공정으로 반송된다. 농축된 슬러지는 필요에 따라 소화조나 탈수설비로 이송되므로 슬러지 저장공간이 확보되어야 한다. 표 13-18에 나타낸 것

**그림 13-11**

**중력 농축조의 개요도.** (a) 평면
도, (b) 단면도

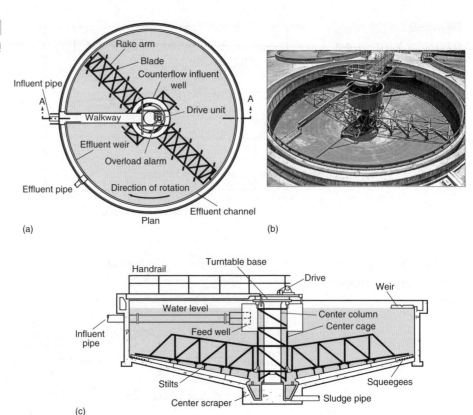

(a) Plan

(b)

(c)

과 같이 중력 농축은 1차 슬러지에 대하여 가장 효과적이다. 중력 농축조는 고형물 부
하와 농축조 월류율을 기준으로 하여 설계된다. 자료에 근거한 전형적인 고형물 부하는
표 13-19에 나타내었다. 최대 수리학적 월류율은 1차 슬러지의 경우 15.5~31 m³/m²·d
(380~760 gal/ft²·d), 폐활성 슬러지는 4~8 m³/m²·d (100~200 gal/ft²·d), 1차 슬러지와
폐활성 슬러지의 혼합의 경우는 6~12 m³/m²·d (150~300 gal/ft²·d) 정도의 범위가 추천
되고 있다(WEF, 1980). 반대로 낮은 수리학적 부하는 부패와 악취를 유발하고 부상슬러
지의 원인이 된다.

　희석수를 공급하거나 경우에 따라서 염소를 주입하면 수리학적 부하를 유지하면서
공정의 처리 성능을 개선할 수 있다. 흔히 고분자가 주입되기도 한다. 특히 하수의 온도
가 따뜻할 경우(22~28℃)에 중력 농축조의 호기성 조건을 유지하기 위하여, 희석수(최
종 유출수)를 24~30 m³/m²·d (600~750 gal/ft²·d) 범위에서 농축조에 주입할 수 있는
설비를 설치한다. 탈수에는 많은 양의 화학 개량제가 사용되는데 이러한 화학 개량제를
소모해 버리는 용해성 유기 및 무기 화합물을 희석수를 이용하여 제거할 수 있다. 공정
설계 시, 수처리공정으로 순환되는 반송 상등액의 일부분인 희석수에 대해서 고려해야만
한다.

**표 13-19**

중력 농축조에서 농축되지 않은 슬러지와 농축된 슬러지의 일반적인 농도 및 고형물 부하[a]

| 슬러지 또는 바이오 고형물의 형태 | 고형물 농도, % | | 고형물 부하 | |
| --- | --- | --- | --- | --- |
| | 비농축 | 농축 | lb/ft²·d | kg/m²·d |
| **단독** | | | | |
| 1차 슬러지 | 1~6 | 3~10 | 20~30 | 100~150 |
| 살수여상 슬러지 | 1~4 | 3~6 | 8~10 | 40~50 |
| 생물학적 회전 원판 슬러지 | 1~3.5 | 2~5 | 7~10 | 35~50 |
| 공기 활성 슬러지 | 0.5~1.5 | 2~3 | 4~8 | 20~40 |
| 순 산소 활성 슬러지 | 0.5~1.5 | 2~3 | 4~8 | 20~40 |
| 장기 포기 활성 슬러지 | 0.2~1.0 | 2~3 | 5~8 | 25~40 |
| 1차 소화조에서 생성되는 혐기성 1차 소화 슬러지 | 8 | 12 | 25 | 120 |
| **혼합** | | | | |
| 1차 및 살수여상 슬러지 | 1~6 | 3~9 | 12~20 | 60~100 |
| 1차 및 생물학적 회전 원판 슬러지 | 1~6 | 3~8 | 10~18 | 50~90 |
| 1차 및 폐활성 슬러지 | 0.5~1.5 | 2~6 | 5~14 | 25~70 |
| | 2.5~4.0 | 4~7 | 8~16 | 40~80 |
| 폐활성 슬러지 및 살수여상 슬러지 | 0.5~2.5 | 2~4 | 4~8 | 20~40 |
| 혐기성 소화된 1차 및 폐활성 슬러지 | 4 | 8 | 14 | 70 |
| **화학적(3차 처리) 슬러지** | | | | |
| 대량의 석회 | 3~4.5 | 12~15 | 24~61 | 120~300 |
| 소량의 석회 | 3~4.5 | 10~12 | 10~30 | 50~150 |
| 철 | 0.5~1.5 | 3~4 | 2~10 | 10~50 |

[a] WEF (2010a)

하수 슬러지의 농축특성은 매우 다양하므로 시험 프로그램에 근거한 기준을 사용하여 농축시설을 설계하는 것이 바람직하다. 시험 프로그램은 회분식 침전 시험, 벤치 규모(bench-scale)와, 파일럿 규모(pilot-scale)의 침전 시험을 포함한다. 가능하다면 다양한 운전 인자에 따른 자료를 얻기 위해서 파일럿 규모의 침전 시험을 수행하는 것이 바람직하다. 시험 방법들에 대해서는 WEF(2010a)에 설명되어 있다.

운전 중에 슬러지 농축을 촉진하기 위하여 농축조 하부에 슬러지층을 유지한다. 운전 변수는 슬러지 부피비이며, 슬러지 부피비는 하루에 제거된 농축 슬러지의 부피로 농축조 내 슬러지층의 부피를 나눈 값이다. 슬러지 부피비는 일반적으로 0.5~20일의 범위이며 따뜻한 기후에는 낮은 값이 요구된다. 대안으로는 슬러지층의 깊이를 측정해야 한다. 슬러지층의 깊이는 0.5~2.5 m (2~8 ft) 범위이며 따뜻한 계절에는 깊이를 얕게 유지한다.

**예제 13-4** **1차 슬러지와 폐활성 슬러지가 섞인 혼합 슬러지의 중력 농축조 설계** 다음 특성을 갖는 1차 슬러지와 폐활성 슬러지가 발생되는 하수처리장의 중력 농축조를 설계하라.

| 슬러지 형태 | 비중 | 고형물, % | 유량, m³/d |
|---|---|---|---|
| 평균 설계 조건 | | | |
| 1차 슬러지 | 1.03 | 3.3 | 400 |
| 폐활성 슬러지 | 1.005 | 0.2 | 2,250 |
| 첨두 설계 조건 | | | |
| 1차 슬러지 | 1.03 | 3.4 | 420 |
| 폐활성 슬러지 | 1.005 | 0.23 | 2,500 |

**풀이**

1. 첨두 설계조건에서 건조 고형물을 계산한다.

   a. 1차 슬러지

   $$kg/d \ dry \ solids = (420 \, m^3/d)(1.03)(0.034 \, g/g)(10^3 \, kg/m^3)$$
   $$= 14,708 \, kg/d$$

   b. 폐활성 슬러지

   $$kg/d \ dry \ solids = (2500 \, m^3/d)(1.005)(0.0023 \, g/g)(10^3 \, kg/m^3)$$
   $$= 5,779 \, kg/d$$

   c. 혼합 슬러지의 질량 = 14,708 + 5,779 = 20,487 kg/d

   d. 혼합 슬러지의 유량 = 2,500 + 420 = 2,920 m³/d

2. 혼합 슬러지의 비중은 1.02라고 가정하여 혼합 슬러지의 고형물 농도를 계산한다.

   $$\% \ solids = \frac{(20,487 \, kg/d)}{(2,920 \, m^3/d)(1.02)(10^3 \, kg/m^3)} \times 100 = 0.69\%$$

3. 고형물 부하율에 근거한 표면적을 구하라. 슬러지의 농도는 0.5에서 1.5% 사이에 있으므로, 표 13-19에서 고형물 부하율은 50 kg/m²·d를 선택한다.

   $$Area = \frac{(20,487 \, kg/d)}{(50 \, kg/m^2 \cdot d)} = 409.7 \, m^2$$

4. 수리학적 부하율을 구한다.

   $$Hydraulic \ loading = \frac{(2,920 \, m^3/d)}{409.7 \, m^2} = 7.13 \, m^3/m^2 \cdot d$$

5. 농축조를 두 개라고 가정하여 농축조 지름을 계산한다.

   $$Diameter = \sqrt{\frac{4 \times 409.7 \, m^2}{2 \times \pi}} = 16.15 \, m$$

 첨두 설계 유량에서 수리학적 부하율 7.13 m³/m²·d는 권장 부하율의 낮은 쪽에 속한다. 부패와 악취를 방지하기 위해서는 희석수가 공급되어야 한다. 평균 설계 유량에서 필요한 희석수 양의 계산은 숙제로 남긴다. 농축조의 크기 16.15 m는 도시 하수처리장에 사용하기 위해서 농축설비 업체에서 권장되는 최대 크기 20 m 범위 내에 속한다. 실제 설계에서 농축조의 지름 0.5 m는 반올림하므로, 이 예제의 경우는 16 m가 된다.

**부상 농축.**   용존공기 부상에서는 공기가 고압 상태의 용액에 주입된다. 그림 13–12에 전형적인 폐활성 슬러지의 농축에 사용되는 설비를 나타내었다. 용액에 대한 압력이 감소되면, 용존공기가 미세한 방울로 빠져 나오면서 슬러지를 상부로 이동시키고 그 곳에서 슬러지는 제거된다. 부상 농축은 활성슬러지 공정이나 부유성장 질산화 공정과 같은 부유성장 생물학적 처리공정에 매우 효율적이다. 1차 슬러지, 살수여상 슬러지(humus), 호기성 소화 슬러지, 화학적 처리에서 발생하는 금속염을 함유한 슬러지도 부상 농축된다. 결빙 문제와 악취 제어가 우려되는 지역에서는 일반적으로 부상 농축조를 건물 내부에 설치한다.

폐활성 슬러지의 부상 농축에 의해 얻을 수 있는 부상 고형물 농도는 공기/고형물 비, 슬러지 특성[주로 슬러지 용적 지수(sludge volume index, SVI)], 고형물 부하율 및 적용된 고분자 등에 의해 주로 영향을 받는다. 부상 고형물 농도가 중량비로 3~6% 범위로 보고되고 있지만, 설계 단계에서 벤치 규모나 파일럿 규모의 실험을 수행하지 않고

**그림 13–12**

폐활성 슬러지의 농축에 사용되는 일반적인 용존공기 부상 장치. (a) 원형 부상 장치 횡단면도, (b) 원형 부상 장치 덮개 내부, (c) 건물 내부 사각 부상장치

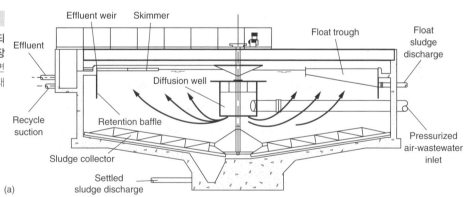

(a)

(b)

(c)

## 표 13-20

### 용존공기 부상 장치에 대한 일반적인 고형물 부하[a, b]

| 슬러지 형태 | 부하, lb/ft$^2$ · h | | 부하, kg/m$^2$ · h | |
|---|---|---|---|---|
| | 화학약품을 첨가하지 않음 | 화학약품 첨가 | 화학약품을 첨가하지 않음 | 화학약품 첨가 |
| 활성슬러지 | | | | |
| 혼합된 액상 | 0.25~0.6 | 2.0까지 | 1.2~3.0 | 10까지 |
| 침전된 슬러지 | 0.5~0.8 | 2.0까지 | 2.4~4.0 | 10까지 |
| 고순도 산소 활성 슬러지 | 0.6~0.8 | 2.0까지 | 3.0~4.0 | 10까지 |
| 살수여상 슬러지 | 0.6~0.8 | 2.0까지 | 3.0~4.0 | 10까지 |
| 1차 + 활성 슬러지 | 0.6~1.25 | 2.0까지 | 3.0~6.0 | 10까지 |
| 1차 + 살수여상 슬러지 | 0.83~1.25 | 2.0까지 | 4.0~6.0 | 10까지 |
| 1차 슬러지 | 0.83~1.25 | 2.5까지 | 4.0~6.0 | 12.5까지 |

[a] U.S. EPA (1979) 및 WEF (2010a)

[b] 부상 시 최소 4% 고형물 농도를 생성하는 데 소요되는 부하율

서는 부상 고형물의 농도를 예측하는 것은 어렵다. 공기/고형물 비는 부상 농축조 성능에 가장 중요한 인자이며 부상에 이용되는 공기와 유입수에서 부상된 고형물 무게에 대한 무게비로 정의된다. 최대의 부상 고형물을 얻기 위한 공기/고형물 비는 2~4% 사이에서 변한다. 또한 SVI는 중요하며 그 이유는 소량의 고분자 주입 시 SVI가 200보다 낮은 경우 농축성능이 보다 우수하다고 보고되기 때문이다. 높은 SVI에서는 부상 고형물의 농도가 감소되며 많은 고분자 주입을 필요로 한다.

용존공기 부상 농축조는 하수로부터 고형물의 분리가 빠르기 때문에 중력 농축조에서 허용된 부하보다 더 높은 부하에서도 사용할 수 있다. 부상 농축조의 일반적인 설계에 이용되는 고형물 부하를 표 13-20에 나타내었다. 파일럿 규모의 연구 없이 설계하는 경우는 최소 부하를 사용하여야 한다. 일반적으로 고형물 부하율이 크면 농축 슬러지 농도가 낮다. 대략 고형물 부하율이 10 kg/m$^2$·h (2.0 lb/ft$^2$·h)를 초과하게 되면 운전에 어려움이 발생한다. 높은 고형물 부하에서 부상물질의 양이 증가되면 빠르게 연속적으로 부상물질을 제거할 필요가 있다.

고형물이 공기압력 시스템을 막을 가능성이 있기 때문에 화학 보조제를 사용하는 경우를 제외하고는 부상조 유출수보다는 1차 침전조 유출수나 처리장 유출수를 공기 용존수로 사용하는 것이 바람직하다. 부상 보조제로 고분자를 사용하면 부상슬러지의 고형물 회수율을 85%에서 98% 또는 99%정도까지 증가시킬 수 있으며 순환 부하를 감소시킬 수 있다. 폐활성 슬러지의 농축을 위한 고분자 주입량은 건조 고형물 1톤당 2~5 kg (4~10 lb/ton)의 건조 고분자가 사용된다.

**원심 농축.** 원심분리는 슬러지의 농축과 탈수에 모두 사용된다. 표 13-18에서 나타낸 바와 같이 원심분리를 이용한 농축은 일반적으로 폐활성 슬러지에 한정된다. 원심 농축은 원심력의 영향으로 슬러지 입자를 침전시키는 것이다. 슬러지 농축에 사용되는 원심분리

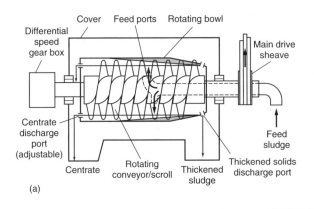

**그림 13-13**

**슬러지 농축을 위한 원심분리 농축조.** (a) 개요도, (b) 장비에서 분리된 스크롤 로터

기의 기본 형태는 고형 보울(solid-bowl) 원심분리기이다(그림 13-13 참조).

고형 보울 원심분리기는 긴 보울로 구성되어 있으며, 수평으로 연결되어 있고 한쪽 끝이 점점 좁아지게 만들어져 있다. 슬러지는 계속 장치 내로 유입되며 고형물은 회전 보울의 주변에 농축된다. 변속으로 운전되는 나선형의 날은 축적된 슬러지를 점점 좁아지는 마지막 부분으로 이동시키고 여기에서 부가적인 고형물의 농축이 일어나며 농축된 슬러지는 배출된다.

정상적인 조건에서는 고분자를 주입하지 않아도 원심분리 농축기에 의해 농축이 이루어진다. 그러나 원심분리 농축 공정의 유지비와 동력비가 상당히 높다. 그러므로 이 공정은 공간의 여유가 없고, 숙련된 운전자가 상주하고 있는 0.2 m³/s (5 Mgal/d)보다 큰 처리장이나 일반적인 방법으로 농축이 어려운 슬러지에 대해서만 매력적이다. 많은 시스템은 시스템 성능을 향상시키기 위해서 고분자 주입 시스템을 설비하도록 함께 설계된다. 폐활성 슬러지의 농축을 위한 고분자 주입량은 건조 고형물 1톤당 건조 고분자 0~4 kg (0~8 lb/ton)의 범위이다.

원심분리의 성능은 처리된 농축고형물과 회수된(때론 "포획된"이라도 함) TSS의 농도에 의해 정량화된다. 회수율은 유입된 고형물에 대한 농축된 건조 고형물의 백분율로 계산된다. 일반적으로 측정된 고형물 농도와 다음 식을 이용하여 회수율을 계산한다 (WEF, 2010a).

$$R = \frac{TSS_P(TSS_F - TSS_C)}{TSS_F(TSS_P - TSS_C)} \times 100 \tag{13-6}$$

여기서  $R$ = 회수율 %

$TSS_P$ = 농축 고형물에 함유된 총 부유 고형물(TSS) 농도, 중량 %

$TSS_F$ = 유입수에 함유된 총 부유 고형물 농도, 중량 %

$TSS_C$ = 농축수에 함유된 총 부유 고형물 농도, 중량 %

일정한 유입농도에서는, 농축수에 함유된 고형물의 농도가 감소할수록 회수율은 증가한다. 높은 회수율을 가질수록 후속처리를 위해 처리공정에 반송되는 생분해가능 고형물의 양을 감소시킬 수 있기 때문에, 슬러지 고형물을 농축하는 데 있어서 회수율은 중요하다. 처리장의 물질수지를 작성하는 데 있어서, 농축, 안정화 및 탈수 공정에서 발생하는 측류수를 고려하여야 한다(14-7절 참조).

주요 운전변수들은 다음과 같다: (1) 주입 슬러지의 특성(슬러지의 수분함유 구조 및 슬러지 용적 지수), (2) 회전속도, (3) 수리학적 부하율; (4) 고형 보울 원심분리기 내의 액체의 깊이, (5) 스크루 이송기의 속도 차이, 그리고 (6) 성능 개선을 위한 고분자를 이용한 개량. 이러한 변수들의 상관관계가 지역에 따라 달라지기 때문에 추천되는 특정 설계 방안이 없고 실제로는 벤치 규모 또는 파일럿 규모의 실험이 추천된다.

**중력 벨트 농축.** 중력 벨트 농축기의 개발은 슬러지 탈수에 벨트 프레스(belt press)를 적용하는 것으로부터 비롯되었다. 특히, 고형물 농도가 2% 이하인 슬러지를 벨트 프레스를 이용하여 탈수하면 압착기의 중력 배수 부분에서 효과적인 농축이 발생한다. 농축을 위해 개발된 장치는 변속구동 장치에 의해 구동되는 롤러 위의 중력 벨트로 구성되어 있다(그림 13-14 참조). 고분자로 개량된 슬러지는 한쪽 끝에 있는 주입/분배 상자로 주입

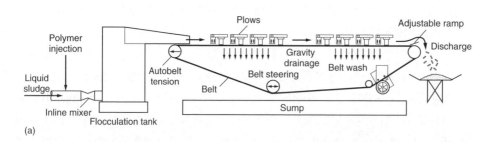

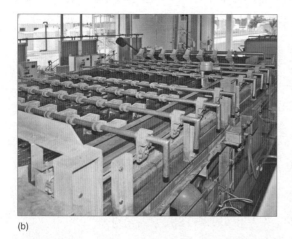

## 그림 13-14

**중력 벨트 농축기.** (a) 개요도, (b) 탈수 공정에 사용되는 쟁기모양의 기구, (c) 중력 벨트 농축기에서 폐기되는 모습

표 13–21

중력 벨트 농축기의 일반적인 수리학적 부하율[a, b]

| 벨트 크기(실제 탈수 폭), m | 수리학적 부하 범위 | |
|---|---|---|
| | gal/min | L/s |
| 1.0 | 100~250 | 6.7~16 |
| 1.5 | 150~375 | 9.5~24 |
| 2.0 | 200~500 | 12.7~32 |
| 3.0 | 300~750 | 18~47 |

[a] 도시 슬러지에 대해서 0.5~1.0%의 고형물이 주입된다고 가정한다. 다양한 슬러지 밀도, 벨트의 다공성, 응집제 반응 비율 및 벨트 속도는 어떤 주어진 크기의 벨트에 대해서 유량을 증가시키거나 감소시키는 역할을 할 것이다.

[b] WEF (2010a)

되고 여기에서 슬러지는 움직이는 벨트에 균등하게 분배된다. 농축되는 슬러지가 농축조의 배출구 끝으로 이동함에 따라 물은 벨트를 통과하여 빠져 나간다. 슬러지는 벨트의 이동에 따라 설치된 일련의 쟁기모양의 기구[그림 13–14(b) 참조]에 의해 울퉁불퉁한 고랑과 이랑을 통과하여 벨트 위의 슬러지로부터 물이 빠지게 된다. 농축된 슬러지가 제거된 후[그림 13–14(c) 참조], 벨트는 세척 과정으로 이동한다. 중력 벨트 농축기는 폐활성 슬러지, 혐기성 및 호기성 소화 슬러지와 일부 산업 슬러지 농축에 이용되어 왔다. 고분자의 첨가가 요구된다. 슬러지가 일반적인 고분자 주입량에서 농축될 수 있음을 증명하기 위해서는 시험이 필요하다.

표 13–21에는 중력 벨트 농축기의 일반적인 수리학적 부하율을 나타내었다. 파일럿 플랜트 자료를 대신하여, 설계 값으로 800 L/m·min (64 gal/ft·min)이 제시되어 있으며, 이보다 높게 유입될 경우에는 안정적인 운전을 유지하기 위해서 운전자의 세심한 주위가 필요하다. 고형물 부하율은 200~600 kg/m·h (135~400 lb/ft²·h) 범위에 있다. 시스템은 최대 4~7%의 농축 고형물을 얻기 위하여 설계된다. 고형물 포획률은 일반적으로 90~98% 범위에 있다(WEF, 2010a). 폐활성 슬러지 농축을 위한 고분자 주입량은 건조 고형물 1톤당 건조 고분자 3~7kg (6~14 lb/ton) 범위이다.

**회전드럼 농축.** 매체(media)로 덮인 회전드럼의 경우도 슬러지 농축에 사용된다. 회전드럼 농축 시스템은 개량 시스템(고분자 주입장치를 포함)과 회전원통 스크린으로 구성되어 있다(그림 13–15 참조). 고분자는 혼합 및 개량 역할을 하는 드럼에서 묽은 슬러지와 혼합된다. 개량된 슬러지는 회전 스크린 드럼으로 들어가서 물과 응집된 고형물로 분리된다. 분리된 물은 스크린을 통하여 배출되고 농축된 슬러지는 드럼의 끝 부분으로 밀려나온다. 농축과 탈수를 같이 수행하기 위하여 회전드럼 장치를 벨트 여과 압착기에 조합하여 설계하기도 한다.

회전드럼 농축기는 벨트 압착 탈수기의 전처리 농축 장치로 사용될 수 있으며 중소규모 처리장의 폐활성 슬러지 농축에 일반적으로 사용된다. 회전드럼 장치 내에서의 전단력과 플럭(floc)의 파괴 때문에 개량을 위해 다량의 고분자를 주입하기도 한다(WEF, 2010a). 회전드럼 농축기는 24 L/s (400 gal/min) 용량까지 생산되고 있다. 회전드럼 농축기의 일반적인 성능자료는 표 13–22에 나타내었다.

**그림 13-15**

회전드럼농축기

**표 13-22**

슬러지 및 바이오 고형물에 대한 회전드럼 농축기의 일반적인 성능 범위[a]

| 유입 형태 | 주입, % TS | 수분 제거, % | 농축된 고형물, % | 고형물 회수, % |
|---|---|---|---|---|
| 미처리된 슬러지 | | | | |
| 1차 슬러지 | 3.0~6.0 | 40~75 | 7~9 | 93~98 |
| 폐활성 슬러지 | 0.5~1.0 | 70~90 | 4~9 | 93~99 |
| 1차 + 폐활성 슬러지 | 2.0~4.0 | 50 | 5~9 | 93~98 |
| 혐기성 소화 슬러지 | 2.5~5.0 | 50 | 5~9 | 90~98 |
| 호기성 소화 슬러지 | 0.8~2.0 | 70~80 | 4~6 | 90~98 |

[a] WEF (2010a)

[b] WAS = waste activated sludge.

## 13-7 슬러지 안정화 개요

슬러지 안정화의 목적은 (1) 병원균의 감소, (2) 악취의 제거, 그리고 (3) 부패 발생의 억제, 감소 또는 제거에 있다. 이러한 목적 달성의 성공 여부는 안정화 운전 또는 공정이 슬러지의 휘발성 또는 유기성 부분에 미치는 영향과 관련이 있다. 슬러지의 유기물 부분에서 미생물의 번식이 일어나면 병원균과 악취가 발생하고 부패하게 된다. 이러한 바람직하지 못한 상태를 제거하기 위해서는 슬러지나 바이오 고형물의 유기물 함량을 감소시키거나, 화학약품을 주입하여 미생물이 생존하기 어려운 조건을 형성해야 한다.

안정화는 모든 하수처리장에서 수행되지는 않지만 규모에 관계 없이 압도적으로 다수의 처리장에서 사용된다. 위에서 언급한 건강과 심미적인 이유 외에도, 안정화는 부피의 감량, 유용한 가스(메탄)의 생산 및 슬러지의 탈수능 개선을 위해 사용된다.

슬러지의 안정화에 사용되는 주요 방법으로는 (1) 석회를 사용한 알칼리 안정화, (2) 혐기성 소화, (3) 호기성 소화, (4) 퇴비화가 있다. 이 공정들은 표 13-23에 정의되어 있다. 14장에서 언급되는 퇴비화를 제외한 각각의 공정들은 다음 절에서 자세히 소개될 것

표 13-23

슬러지 안정화 공정의 설명

| 공정 | 설명 | 비고 |
|---|---|---|
| 알칼리 안정화 | 병원성 유기물을 효과적으로 파괴하기 위하여 높은 pH를 유지하도록 석회와 같은 알칼리성 물질을 첨가 | 알칼리 안정화의 장점은 풍부한 토양 대체 생산물이 병원체를 많이 감소시킨다는 것이다. 단점은 알칼리 물질의 첨가로 인해 슬러지의 양이 증가한다는 것이다. 일부 알칼리 안정화 공정들은 A등급 슬러지를 생산할 수 있다. |
| 혐기성 소화 | 가온된 반응조에서 발효에 의해 유기물질을 메탄가스와 이산화탄소로 생산하는 생물학적 전환, 발효는 공기가 없는 조건에서 일어남 | 메탄가스는 열이나 에너지의 발생에 유용하게 이용된다. 결과물인 바이오 고형물은 토양 적용에 있어 안정하다. 이 공정은 이상 공정(system upset)이 일어날 수 있기 때문에 이를 대처할 수 있는 숙련자가 필요하다. |
| 호기성 소화 | 일반적으로 상부가 개방된 반응조에서 공기 또는 산소가 존재하는 조건하에서 유기물질의 생물학적 전환 | 이 공정은 혐기성 소화보다는 단순한 공정이다. 그러나 유용 가스 생산은 없다. 이 공정은 혼합이나 산소공급을 위해 에너지 요구량이 크므로 에너지 소비형이다. |
| 자가 발열 고온 소화 | 유기물질의 전환을 빨리 하기 위해 고농도의 산소를 주입하는 것만 제외하면 호기성 소화와 유사함.<br><br>단열 반응조 안에 자동적으로 40~80°C의 온도에서 운전됨 | A등급 슬러지 생산이 가능하다. 숙련된 운영자가 필요하며 (공기 또는 산소를 생산하기 위한 많은) 에너지가 필요하다. |
| 퇴비화 | 닫힌 반응조나 건초 또는 더미(piles)에서의 고형 유기물질의 생물학적인 전환 | 다양한 고형물이나 바이오 고형물이 퇴비화될 수 있다. 퇴비화는 미생물 활성 향상을 위한 환경을 제공하기 위해 벌킹제가 첨가되어져야 한다. 퇴비화 생산물의 부피는 퇴비화되어야 할 하수 슬러지보다 크다. A등급 또는 B등급의 슬러지를 생산할 수 있다. 악취 관리가 매우 중요하다. |

표 13-24

다양한 슬러지 안정화 공정을 통해 얻을 수 있는 상대적인 감소 정도[a]

| 공정 | 감쇄 정도 | | |
|---|---|---|---|
| | 병원균 | 부패 | 잠재적인 악취 |
| 알칼리 안정화 | 우수 | 보통 | 보통 |
| 혐기성 소화 | 보통 | 우수 | 우수 |
| 고도 혐기성 소화 | 매우 우수 | 우수 | 우수 |
| 호기성 소화 | 보통 | 우수 | 우수 |
| 자가 발열 호기성 소화(ATAD) | 매우 우수 | 우수 | 우수 |
| 퇴비화 | 우수 | 우수 | 다소 우수 |

[a] WEF (2010a)

이며, 병원균, 부패 및 악취와 관련된 효과를 완화 또는 안정화시키는 성능에 대해서는 표 13-24에 나타내었다. 열처리 및 산화제 주입 공정은 미국에서 안정화를 위해 거의 사용되지 않기 때문에 본 교재에는 포함되어 있지 않다. 그러나 이 방법들에 대한 정보를 얻기 위해서는 Metcalf & Eddy(1991)를 참고하도록 추천한다.

안정화 공정을 설계할 때는 슬러지 처리량, 다른 처리장치와 안정화 공정의 통합, 그리고 안정화 공정의 목적을 고려하여야 한다. 안정화 공정의 목적은 종종 현존하거나 계류 중인 법규의 영향을 받는다. 슬러지가 토지에 적용되기 위해서는 병원균의 감소를 고려하여야 한다. 바이오 고형물의 토지 적용에 대한 법규의 영향은 14-8절에서 논의된다.

## 13-8      알칼리 안정화

슬러지의 불쾌한 상태를 제거하는 방법 중의 하나는 알칼리 물질을 사용하여 슬러지가 미생물 생존에 적합하지 않도록 변화시키는 것이다. 석회 안정화 공정은 석회를 미처리된 슬러지에 pH가 12 또는 그 이상이 되도록 충분한 양을 주입하는 것이다. 높은 pH는 악취 발생과 병원균 매개체를 유발하는 미생물 반응을 실질적으로 방해하거나 멈추게 한다. 높은 pH를 오래 유지하면 슬러지는 부패하지 않고, 악취를 발생시키지 않으며, 건강상의 위해를 가져오지 않을 것이다. 그러나 석회 안정화에서는 높은 농도의 암모니아성 악취가 관측된다. 또한 이 공정은 존재하고 있는 바이러스, 세균 및 다른 미생물들을 비활성화시킬 수 있다. 표 13-25에는 알칼리 안정화의 장점과 단점을 정리하였다.

### ▶ 석회 안정화 화학 반응

석회 안정화 공정은 슬러지의 화학적 조성을 변화시키는 여러 종류의 화학반응을 수반한다. 다음의 단순화된 반응식들은 수반되는 여러 반응들을 보여주고 있다(WEF, 2010a).

칼슘

$$Ca^{2+} + 2HCO_3^- + CaO \rightarrow 2CaCO_3 + H_2O \tag{13-7}$$

인

$$2PO_4^{3-} + 6H^+ + 3CaO \rightarrow Ca_3(PO_4)_2 + 3H_2O \tag{13-8}$$

이산화탄소

$$CO_2 + CaO \rightarrow CaCO_3 \tag{13-9}$$

유기 오염물과의 반응:

산

$$RCOOH + CaO \rightarrow RCOOCaOH \tag{13-10}$$

지방

$$Fat + Ca(OH)_2 \rightarrow glycerol + fatty\ acids \tag{13-11}$$

**표 13 – 25**

알칼리 안정화의 장점과 단점[a]

| 장점 | 단점 |
|---|---|
| 1. 입증된 공정 | 1. 결과물이 모든 토양(특히, 높은 알칼리성 토양)에 적합하지 않음. |
| 2. 생산물은 다양한 사용처에 적합(EPA의 국가적 유익한 재활용 정책에 부합) | 2. 소화와 같은 다른 안정화 기술과 비교 시 관리하거나 부지 밖으로 이동시키는 물질의 부피가 15~50% 증가. 증가된 부피는 물질을 외부로 이동 시킬 때 높은 수송 비용을 초래함. |
| 3. 소수의 특정 기술만으로 신뢰성 있는 운영이 가능한 간단한 기술 | |
| 4. 부품 구매가 용이하여 건설이 쉬움. | 3. 공정 진행 중 또는 종료 시 암모니아와 TMA 배출로 인해 악취 발생 잠재성이 있음. |
| 5. 부지가 협소 | 4. 침전물 발생 우려 있음. |
| 6. 유연성 있는 운전 및 쉬운 기동과 정지 | 5. 암모니아 휘발로 인해 최종 생산품에 질소 함유량이 낮음. 또한 인산칼슘 형성으로 인해 인이 감소할 수 있음. |
| 7. A 또는 B등급의 바이오 고형물 생산 가능 | |

특히 중합 탄수화물 및 단백질과 같은 고분자 물질이 가수분해 되는 것과 아미노산이 암모니아로 가수분해 되는 것과 같은 다른 반응들도 일어난다.

초기에 석회 첨가로 인하여 슬러지의 pH가 상승한다. 그 후 위의 식들과 같은 반응들이 일어난다. 만일 불충분한 석회가 첨가되면 반응이 진행되면서 pH가 감소하게 된다. 그러므로 과잉의 석회가 주입되어야 한다.

생물학적 활동에 의해서 이산화탄소와 유기산과 같은 화합물이 발생하여 석회와 반응하게 된다. 만일 안정화 과정 중 슬러지 내의 생물학적 활동이 충분히 억제되지 않으면 이와 같은 화합물이 발생하여 pH가 감소되며 부적절한 안정화를 초래하게 된다. 많은 악취가 나는 휘발성 배가스 특히, 암모니아가 발생되기 때문에 화학적인 스크러버 또는 바이오필터와 같은 악취제어 시스템에서의 포집과 악취처리가 요구된다(16장 참조). 트리메틸아민(trimethyl amine, TMA)과 같은 또 다른 악취 물질은 석회 안정화 시 개량용 고분자의 분해로부터 생성된다.

## ▶▶ 열 발생

만일 생석회(CaO)가 슬러지에 첨가되면 생석회와 수분이 반응하여 소석회를 생성한다. 이 반응은 발열반응으로 약 64 kJ/g·mole (2.75 × $10^4$ Btu/lb·mole) (WEF, 2010a)의 열이 방출된다. 생석회와 이산화탄소와의 반응도 또한 발열반응으로 약 180 kJ/g·mole (7.8 × $10^4$ Btu/lb·mole)의 열이 방출된다. 이러한 반응들로 인하여 상당한 온도의 상승을 유발한다(석회 후처리 토의 참조).

## ▶▶ 알칼리 안정화 공정 적용

흔히 사용되는 알칼리 안정화 공정은 다음의 세 가지이다: (1) "석회 전처리법"(탈수 전에 석회를 슬러지에 첨가), (2) "석회 후처리법"(탈수 후에 석회를 슬러지에 첨가), 그리고 (3) 고도 알칼리 안정화 기술. 석회 안정화의 경우 소석회[Ca(OH)$_2$] 또는 생석회가 가장 일반적으로 사용된다. 비산재, 시멘트 킬른(kiln)재 및 카바이드 석회가 어떤 경우에는 석회의 대용으로 사용되고 있다.

**석회 전처리.** 탈수 전단계의 액상슬러지의 석회 전처리는 (1) 액상 슬러지를 토양에 직접 적용하거나 (2) 탈수 전에 슬러지 개량 및 안정화의 장점을 결합시키기 위해서 사용되어 왔다. 전자의 경우에, 많은 양의 액상 슬러지가 처리 부지의 토양에 운송되어야 하므로, 소규모 처리장에서는 슬러지의 석회 전처리의 이용을 제한하였다. 탈수하기 전에 전처리를 하는 경우에는 가압 여과 압착기와 스크루 프레스 또는 각각을 사용하여 탈수한다. 석회 전처리는 마모와 스케일링 문제 때문에 원심분리나 벨트 여과 압착기와는 함께 사용되지 않는다.

액상 슬러지의 석회 전처리에 필요한 슬러지 단위 무게당 석회의 양은 탈수에 필요한 양보다 더 많이 필요하다. 요구되는 pH를 달성하기 위해서는 액상의 화학물질 요구량으로 인해 많은 석회 주입량이 필요하다. 또한 높은 수준의 병원균 사멸을 위해서는 탈수 전에 충분한 접촉시간이 필요하다. 추천되는 설계 목표는 확실한 병원균의 사멸을 위해

**표 13-26**

일반적인 슬러지의 안정화를 위한 석회 주입량[a]

| 슬러지 형태 | 고형물 농도, % | | 석회 주입량[b] | | | |
| | | | lb Ca(OH)$_2$/ton 건조 고형물 | | g Ca(OH)$_2$/kg 건조 고형물 | |
| | 범위 | 평균 | 범위 | 평균 | 범위 | 평균 |
|---|---|---|---|---|---|---|
| 1차 슬러지 | 3~6 | 4.3 | 120~340 | 240 | 60~170 | 120 |
| 폐활성 슬러지 | 1~1.5 | 1.3 | 420~860 | 600 | 210~430 | 300 |
| 정화조 | 1~4.5 | 2.7 | 180~1020 | 400 | 90~510 | 200 |

[a] WEF (1995a)

[b] 30분 동안 pH를 12로 유지시키는 데 필요한 Ca(OH)$_2$의 주입량

서 약 2시간 동안 pH를 12 이상으로 유지시키는 것(석회 안정화를 위한 EPA 최소기준)과 며칠 동안 pH가 11 이하로 감소되지 않도록 충분한 잔류 알칼리도를 공급하는 것이다. 요구되는 석회 주입량은 슬러지의 종류와 고형물의 농도에 따라 변화한다. 일반적인 주입량을 표 13-26에 나타내었다. 대체적으로, 고형물의 농도가 증가함에 따라 요구되는 석회 주입량은 증가한다. 그러나 실제 석회 주입 요구량을 산정하기 위해서는 특별한 용도에 맞는 시험이 수행되어야 한다.

석회 안정화는 세균의 성장에 필요한 유기물은 파괴하지 않기 때문에 과잉의 석회가 주입된 상태에서 슬러지를 처리하거나 현저한 pH 감소가 일어나기 전에 사용하는 것이 유익하다. 과잉의 석회 주입량은 초기 pH를 12로 유지하기 위해 필요한 양의 1.5배 범위까지이다. pH가 감소하는 이유는 슬러지 내 유기물질이 분해됨에 따라 이산화탄소와 유기산이 발생하기 때문이다. 공기 중 이산화탄소의 용해는 pH 감소의 또 다른 원인이 될 수 있다. 석회 안정화 후의 pH 감소에 관한 보다 자세한 내용은 WEF (1995a)를 참조하도록 한다.

**석회 후처리.** 석회 후처리에서는 퍼그밀(pugmill), 패들 믹서(paddle mixer), 또는 스크루 컨베이어(screw conveyor)에서 탈수된 슬러지와 생석회를 혼합하여 혼합물의 pH를 높인다. 생석회는 물과 발열반응을 일으켜 온도를 50°C 이상으로 올리기 때문에 기생충 알을 불활성화시키는 데 충분하다. 생석회 첨가에 따른 이론적인 온도 증가는 그림 13-16에 나타내었다.

석회 후처리는 석회 전처리에 비해 보다 일반적이며 몇 가지 중요한 장점을 가지고 있다. (1) 건조 석회가 사용될 수 있어 소석회를 위한 부가적인 물과 장비가 필요 없다. (2) 탈수를 위한 특정한 요구 사항이 없다. (3) 석회 슬러지 탈수 장치의 스케일링(scaling) 문제와 관련된 유지관리 문제가 없어진다. 후처리 안정화 시스템에서 부패되기 쉬운 물질이 뭉치는 것을 방지하기 위해서는 적절한 혼합이 중요하다. 석회 후처리 안정화 시스템은 건조 석회의 주입 장치, 탈수 슬러지 케익의 이송 장치 및 석회 슬러지의 혼합기(그림 13-17 참조)로 구성되어 있다. 특히 석회와 슬러지의 작은 입자 간의 접촉을 확실히 하기 위해서는 양호한 혼합이 중요하다. 석회와 슬러지가 잘 혼합되면 오랜 기간 저

그림 13-16

생석회를 이용한 석회 후처리에 의해 안정화된 슬러지에서의 이론적 온도 증가(Roediger, 1987)

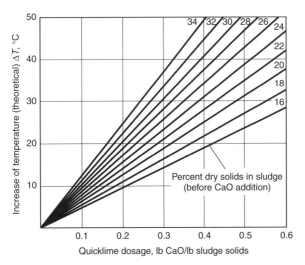

그림 13-17

일반적인 후석회 처리 시스템 (From Roediger pittsburgh.)

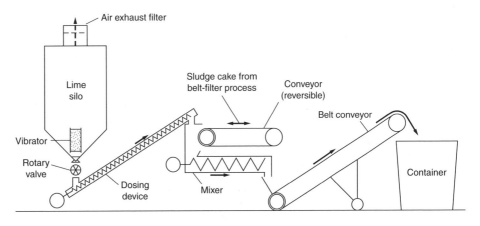

장이 가능하거나 재래식 비료 살포기로 손쉽게 살포되는 부스러지기 쉬운 구조를 가지게 된다. 석회 후처리에 대한 잠재적인 단점은 악취 가스, 특히 트리메틸아민을 배출시킬 수 있다는 것이다(Novak, 2001; Dentel, 2005).

**고도 알칼리 안정화 기술.** 석회 이외의 다른 물질을 사용한 알칼리 안정화 기술이 많은 도시에서 사용되고 있다. 시멘트 킬른재, 석회 킬른재 또는 비산재와 같은 첨가제에 의존하는 대부분의 기술은 전형적인 건조 석회 안정화 기술을 응용한 것이다. 가장 일반적인 개선방법에는 다른 화학약품을 첨가하는 것, 보다 많은 화학약품을 주입하는 것, 그리고 추가적으로 건조하는 것 등이 있다. 공법에 따라 원료물질의 특성이 변화되어 생성물의 안정성이 증대되고 악취가 감소되어 생성물이 개선된다. 이들 공법을 적용하기 위해서는 탈수 슬러지가 필요하다.

저온살균은 수분과 생석회의 발열반응으로 공정의 온도가 70°C에서 30분 이상 유지되도록 함으로써 이루어진다. 발열반응에서 발생하는 열 외에 추가적인 열원을 사용하여 온도를 높일 수 있다. 예를 들어, RDP 회사의 저온살균 시스템은 전기를 이용한 발열로 요구하는 수준으로 온도를 올린다. N-Viro International Corporation은 건조와 결합된 고도 알칼리 안정화 시스템을 출시하였다. A등급 바이오 고형물의 기준을 만족하기 위해서는 반응이 일어나는 동안 발생되는 열에 의해서 병원균이 균일하게 처리되고 비활성화 되도록 세밀하게 조절 및 모니터링 되는 혼합조건과 온도조건하에서 저온살균이 이루어져야 한다. 이 공정은 역학적인 응력하에서는 액화되지 않는 흙과 유사한 물질을 만들어낸다. 고도 알칼리 안정화의 다른 변형 공법들도 이용할 수 있으나 특히 기술들이다. 보다 자세한 내용은 WEF (2010a)와 WEF (2012)에 소개되어 있다.

## 13-9 혐기성 소화

혐기성 소화는 슬러지의 안정화를 위해 사용된 가장 오래된 공정 가운데 하나이다. 10장에서 기술한 바와 같이 혐기성 소화는 분자상태의 산소가 없는 조건에서 유기물의 분해와 무기물(주로 황산염)의 환원에 관련된다. 혐기성 소화는 생활하수와 산업폐수를 처리할 때 발생되는 고농도 슬러지의 안정화에 주로 적용된다. 기본원리의 이해, 공정의 제어, 반응조의 크기 산정, 그리고 처리공정의 설계와 적용에 있어서 많은 발전이 이루어지고 있다. 에너지의 보존과 회수가 강조되고 있고 또한 하수 바이오 고형물의 효용성을 얻고자 하는 열망 때문에 혐기성 소화는 슬러지 안정화를 위한 주요 공정이 되어 왔다. 게다가 생활하수 슬러지의 혐기성 소화는 많은 경우 처리장의 운전을 위해 필요한 에너지의 대부분을 충족시킬 정도로 충분한 양의 소화가스를 생산할 수 있다. 대형 소화조의 조감도를 그림 13-18에 나타내었다.

이 장에서는 공정의 기본적인 원리와 더불어 중온 혐기성 소화(사용되는 가장 일반적이며 기본적인 공정), 고온 혐기성 소화, 그리고 상분리 소화에 대해 기술하고자 한다.

**그림 13-18**

여러 개의 대형 혐기성 소화조의 조감도(Boston, MA)

상분리 소화에 대한 내용에서는 혐기성 소화와 관련하여 새로 개발된 많은 공정들을 다룰 것이다.

## 》 공정 기본원리

7장에서 기술한 바와 같이, 혐기성 소화에서 일어나는 생화학적이며 화학적인 세 가지 반응은 가수분해; 산 생성(용해성 유기화합물과 짧은 사슬 유기산의 생성)이라고도 불리는 발효; 그리고 메탄 생성(미생물 작용에 의해 유기산이 메탄과 이산화탄소로 전환)이다. 혐기성 소화 공정에서 중요한 환경 인자는 (1) 고형물 체류시간, (2) 수리학적 체류시간, (3) 온도, (4) 알칼리도, (5) pH, (6) 저해물질(즉, 독성 물질)의 유무, 그리고 (7) 영양물질과 미량 금속에 대한 생물학적 이용도 등이다. 처음 세 가지의 인자는 공정의 선택에 매우 중요한 것으로 본 장에서 기술하고자 한다. 알칼리도는 유입 고형물의 함수로서 소화 공정을 제어하는 데 중요하다. pH와 저해 물질의 영향은 7장과 10장에서 논의하였다. 미생물의 성장에 필요한 영양물질과 미량 금속의 존재는 10장의 10-2절에서 기술하였다.

**고형물 및 수리학적 체류시간.** 혐기성 소화조의 크기 산정에 있어서 중요한 점은 휘발성 부유 고형물(VSS)의 분해가 충분히 일어날 수 있도록 혼합이 잘 되는 반응조 내에서 충분한 체류시간을 제공해 주어야 한다는 것이다. 사용되고 있는 크기 산정의 핵심 기준은 (1) 슬러지가 소화 공정 내에 머무르는 평균시간인 고형물 체류시간(SRT) 그리고 (2) 유입수가 소화 공정 내에 머무르는 평균시간인 수리학적 체류시간(HRT, $\tau$)이다. 용해성 기질에 대한 SRT는 반응조 내 고형물량(M)을 매일 제거되는 고형물량(M/d)으로 나누어줌으로써 계산할 수 있다. HRT ($\tau$)는 반응조 내 액상의 부피($m^3$)를 제거되는 바이오 고형물의 양($m^3$/d)으로 나눔으로써 구할 수 있다. 반송이 없는 소화 시스템에서는 SRT = $\tau$이다.

세 가지 반응(가수분해, 발효 및 메탄 생성)은 SRT(또는 $\tau$)와 직접적으로 관련이 있다. SRT의 증가 또는 감소는 각 반응 정도의 증감을 야기한다. 각 반응에는 최소의 SRT가 존재한다. 만약, SRT가 최소 SRT보다 작을 경우 미생물은 충분히 빠르게 성장할 수 없으며 결국 소화 공정은 실패할 것이다(WEF, 2010a).

**온도.** 7-5절에서 언급한 바와 같이 온도는 미생물 군집의 신진대사 활성에 영향을 줄 뿐만 아니라 가스 전달률과 생물학적 슬러지의 침강 특성과 같은 인자에도 상당한 영향을 준다. 혐기성 소화에서 온도는 소화 효율, 특히 가수분해와 메탄 생성의 효율을 결정하는데 매우 중요하다. 주어진 VSS 저감량을 달성하기 위해 요구되는 최소 SRT는 설계운전 온도를 기반으로 한다. 대부분의 혐기성 소화 시스템은 30~38℃ (85~100℉)의 중온 범위에서 운전되도록 설계되어 있다. 어떤 시스템은 50~57℃ (122~135℉)의 고온 범위에서 운전되도록 설계되어 있다. 이 절의 후반부에 기술된 최근에 개발된 새로운 시스템은 상분리를 통해 중온과 고온 소화를 동시에 사용한다.

설계운전 온도 선정이 중요하긴 하지만, 미생물(특히 메탄 생성균)은 온도 변화에 매우 민감하기 때문에 안정적으로 운전 온도를 유지하는 것이 더욱 중요하다. 일반적으로 1℃/d 이상의 온도변화는 공정의 성능에 영향을 미치므로 0.5℃/d 이하의 변화를 추천하고 있다(WEF, 2010a).

**알칼리도.** 칼슘, 마그네슘 및 중탄산 암모늄은 소화조에서 발견되는 완충물질의 예이다. 중탄산 암모늄은 유입되는 생슬러지 내에 포함되어 있는 단백질이 소화 공정을 통해 분해되면서 생성된다. 나머지는 유입 슬러지에서 발견된다. 소화조의 알칼리도 농도는 대부분 유입 고형물 농도에 비례한다. 안정적인 소화조의 총 알칼리도는 2,000~5,000 mg/L이다.

소화조 내에서 알칼리도를 소모하는 주된 인자는 일반적으로 생각되는 휘발성 지방산이 아니라 이산화탄소이다(Speece, 2001). 이산화탄소는 소화 공정 중 발효와 메탄 생성 단계에서 발생된다(7장 7-12절 참조). 이산화탄소는 소화조 내 기체 분압에 의해 용해되어 탄산을 형성하게 됨에 따라 알칼리도를 소모한다. 따라서 소화조 가스 내 이산화탄소 농도는 알칼리도 요구량을 반영한다. 휘발성 지방산은 소화 과정 중 산 생성 단계에 의해 발생되는 중간 생성물이며 알칼리도의 일부를 소모한다. 소화조 내 휘발성 지방산의 농도 범위는 50~300 mg/L이다. 휘발성 지방산과 알칼리도의 비율은 소화 공정의 성능 평가를 위한 인자로 활용되므로 반드시 모니터링을 수행해야 한다. 안정적인 소화조의 경우 휘발성 지방산과 알칼리도의 비율이 0.1일 때 적정한 완충 능력을 나타내기 때문에, 그 비율이 0.05~0.25의 범위가 되도록 해야 한다. 알칼리도의 보충은 중탄산 나트륨, 석회 또는 탄산나트륨을 첨가함으로써 가능하다.

## ≫ 중온 혐기성 소화 공정 개요

이 장에서는 1차 슬러지와 폐활성 슬러지의 처리를 위한 일단 고율, 이단, 그리고 분리된 소화조 형태의 중온 혐기성 소화에 대한 운전과 물리적 장치들을 기술하였다. 때에 따라 저율 소화로 일컬어지기도 하는 표준 소화는 소요되는 소화조의 부피가 크고 적절한 교반이 힘들기 때문에 소화조 설계에는 거의 사용되지 않는다. 따라서 본 책에서는 다루지 않는다. 표준 소화 공정에 관한 정보는 이 책의 3판(Metcalf & Eddy, 1991)과 WEF(1998)를 참조하기 바란다. 아래에 언급된 공정은 일반적으로 중온 범위에서 운전되며 고율 소화조들은 고온 범위에서 운전된다. 고온 소화는 이 장의 마지막에서 논의하고자 한다.

**일단-고율 소화.** 가열, 보조 교반, 균일한 슬러지의 공급 및 슬러지의 농축 등이 일단-고율 소화 공정의 특징이다. 슬러지는 가스 재순환, 펌핑 또는 흡출관 혼합기(스컴과 상등수의 분리는 일어나지 않음)와 같은 다양한 방법들 중 하나에 의해 혼합되며 적정 소화 효율을 달성하기 위해 가열된다[그림 13-19(a) 참조].

균일한 슬러지의 공급은 매우 중요하기 때문에 반응조의 일정한 조건을 유지하도록 슬러지를 연속적으로나 0.5~2시간 주기로 소화조에 이송하여야 한다. 8시간 또는 24시간 주기로 매일 공급되는 소화조는 유입 슬러지가 투입되기 전 소화 슬러지를 제거하는 것이 매우 중요하다. 이는 유입 슬러지와 비교할 때 배출되는 폐슬러지의 병원균 사멸

그림 **13-19**

대표적 혐기성 소화조의 개요도.
(a) 일단-고율 소화, (b) 이단
소화

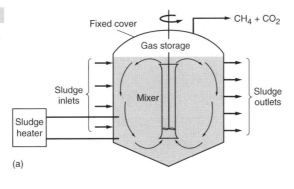

(a)

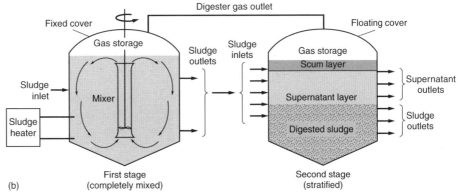

(b)

이 훨씬 크기 때문이다(Speece, 2011). 고율 소화조에는 상등액 분리 장치가 없고 총 고형물이 45~50% 감소하게 되어 가스로 배출되기 때문에 소화 슬러지 농도는 미처리 슬러지의 반 정도로 감소한다. 소화조는 고정 지붕이나 유동 덮개로 고정되어 있다(소화조 형태에 대한 설명 참조). 대부분의 또는 모든 유동 덮개는 가스-홀더(gas holder) 형태로 잉여 가스를 저장할 수 있게 되어 있다. 그렇지 않은 경우에는 가스를 별도의 저압 가스 홀더에서 저장시키거나 가스를 가압하에서 압축 및 저장시킬 수도 있다.

**이단 소화.** 이단 소화는 과거에 자주 이용되었으나 현재 소화조 설계에는 거의 사용되지 않는다. 이단 소화에서 첫 번째(고율) 소화조는 두 번째 소화조와 직렬로 연결되어 있다[그림 13-19 (b) 참조]. 첫 번째 소화조는 소화를 위해 사용되며 가열과 교반시설을 갖추고 있다. 두 번째 소화조는 일반적으로 가열을 하지 않으며 주로 저장을 위해 사용된다. 두 소화조는 동일한 모습이지만, 보통 둘 중 하나가 주된 소화조로 사용된다. 소화조는 일단 소화와 같이 고정된 지붕이나 유동 덮개를 가지고 있다. 다른 경우 두 번째 소화조는 개방형이거나 슬러지 라군의 형태로 되어 있기도 하다. 두 번째 소화조가 개방형인 경우 소화가 지속될 경우 메탄이 외부로 방출되어 공정의 이산화탄소 배출량을 증가시키게 된다. 위에 기술한 이단 소화는 거의 사용되지 않고 있으며 그 주된 이유는 완전히 활용되지 않는 대형 소화조의 건설비용이 크며 두 번째 소화조의 운전상 장점이 거의 무시할 정도이기 때문이다.

혐기적으로 소화된 바이오 고형물은 침전이 잘되지 않아 두 번째 소화조로부터 제거되는 상등액은 높은 농도의 부유고형물을 함유하게 된다. 침전 특성이 불량한 이유는 첫 번째 소화조에서의 불완전한 소화(이로 인해 두 번째 소화조에서 가스가 생성되고 고형물 부상을 유발함)와 침전 특성을 떨어뜨리는 미세한 크기의 고형물 때문이다. 하수처리 공정으로 반송되는 상등액은 처리공정에 해를 가져올 수 있으므로 분리하여 처리하는 것이 필요하다. 이단 소화가 사용되는 경우, 두 번째 소화조로부터 반송은 고형물 물질 수지에 고려해야 한다. 발생되는 가스의 10% 이하가 두번째 소화조에서 발생한다.

　어떤 시스템에서는 탈수 또는 다른 후속 공정에 앞서 안정화를 촉진시키고자 후단 소화조를 가열하고 교반 장치를 두기도 한다. 추가 논의는 이 장의 후반에 기술되어 있는 소화조 용량을 보다 효과적으로 사용할 수 있는 이상(two-phase) 중온 소화에서 제공하고자 한다.

**슬러지 분리 소화.**　혐기성 소화를 도입한 대부분의 하수처리장은 1차 슬러지와 생물학적 슬러지의 혼합물을 소화시키기 위해 단일 소화조를 사용한다. 그러나 소화된 1차 슬러지의 고액 분리 효율은 생물학적 슬러지, 특히 활성슬러지가 소량이라도 첨가될 경우 악화된다. 혐기성 조건 하에서 반응속도 역시 생물학적 슬러지 주입에 의해 약간 느려지게 된다. 슬러지 분리 소화 공정에서 1차 슬러지와 생물학적 슬러지의 소화는 분리된 탱크에서 수행된다. 분리 소화의 주된 이유는 다음과 같다. (1) 소화된 1차 슬러지의 탁월한 탈수능이 유지된다. (2) 소화 공정이 처리해야 하는 슬러지의 특성에 맞추어져 있다. (3) 최적의 공정 제어 조건을 유지할 수 있다. 그러나 생물학적 슬러지의 분리 혐기성 소화에 대한 설계 기준과 성능 자료는 매우 한정되어 있다. 생물학적 인 제거를 수행한 몇몇의 경우 생물학적 슬러지는 혐기성 조건에서의 인의 재용해를 막기 위하여 대신 호기성 조건에서 소화되었다. 현재 슬러지 분리 소화는 대부분의 시설에서 잘 사용되지 않는다.

## ❱❱ 중온 혐기성 소화 공정 설계

이상적인 혐기성 슬러지 소화 공정의 설계는 7장 7–12절에서 설명한 생화학과 미생물학의 기본 원리들에 대한 이해를 바탕으로 이루어져야 한다. 과거에는 이러한 원리들에 대한 완전한 이해가 없었기 때문에 소화조를 설계함에 있어서 수많은 경험적인 방법들이 사용되어 왔다. 아래에 이어지는 논의의 주된 목적은 크기에 따른 1단 고율 소화조의 설계에 사용된 여러 방법들을 서술하는 것이다. 이러한 방법들은 (1) 고형물 체류시간, (2) 용적 부하 인자의 사용, (3) 휘발성 고형물의 제거, (4) 관찰되는 부피 감소, (5) 인구에 기초한 부하 인자에 근거를 두고 있다.

**고형물 체류시간.**　SRT에 근거한 소화조 설계는 7장과 10장에 논의된 원리들의 적용을 포함하고 있다. 간단히 살펴보면 혐기성 소화 공정에서 호흡과 산화의 최종 산물은 메탄과 이산화탄소이다. 메탄가스의 양은 식 (13–12)를 이용하여 계산할 수 있다.

$$V_{CH_4} = (0.35)[(S_o - S)(Q)(1 \, kg/10^3 \, g) - 1.42P_x] \tag{13-12}$$

여기서, $V_{CH_4}$ = 표준조건(0°C, 1기압)에서 생성되는 메탄의 부피, m³/d

0.35 = 0°C에서 1 kg의 bCOD가 메탄으로 전환되는 양(m³)에 대한 이론적 전환
계수(35°C 에서 이론적 전환 계수 = 0.40, 7장의 예제 7-10 참조)

$Q$ = 유량, m³/d

$S_o$ = 유입수의 bCOD, g/m³

$S$ = 유출수의 bCOD, g/m³

$P_x$ = 하루에 생산되는 세포의 순 질량, kg/d

1g의 bCOD가 메탄으로 전환되는 양에 대한 이론적 변환 계수는 7장 7-12절에서 유도하였다. 반송이 없는 완전혼합 고율 소화조에서 매일 합성되는 생물학적 고형물의 양, $P_x$는 식 (13-13)을 이용하여 예측할 수 있다.

$$P_x = \frac{YQ(S_o - S)(1 \text{ kg}/10^3 \text{ g})}{1 + b(\text{SRT})}$$ (13-13)

여기서, $Y$ = 미생물 증식계수, g VSS/g bCOD

$b$ = 내생호흡 계수, d⁻¹(전형적인 값의 범위는 0.02~0.04)

SRT = 고형물 체류시간, d

다른 용어들은 앞서 정의함.

완전혼합 소화조에서의 SRT는 수리학적 체류시간(HRT, τ)과 같게 된다.

$Y$와 $b$에 대한 일반적인 혐기성 반응 상수는 10장 표 10-13에 나타내었으며 각각 0.05~0.10과 0.01~0.04이다. 여러 온도에서 대표적인 SRT는 표 13-27에 나타내었다. 그러나 현장에서 고율 소화의 경우 SRT는 15~20일의 범위를 가진다. Grady, Daigger 및 Lim(1999)에 의하면 (1) 35°C의 온도에서 최소 SRT를 10일로 설정하는 것은 메탄 생성균의 유출 방지를 위해 안전율을 충분히 고려한 조건이며, (2) 35°C에서 15일 이상의 SRT를 유지하는 것은 추가적인 휘발성 고형물의 농도 감소가 상대적으로 작은 것으로 관찰되었다. 혐기성 소화의 SRT를 결정하는 경우에 수리학적 첨두부하를 반드시 고려해야 한다. 첨두부하는 설계기간 동안 연속 7일간 지속되리라고 예상되는 최대 부하와 농축조의 낮은 성능을 함께 조합함으로써 예측할 수 있다(U.S. EPA, 1979). 고율 소화조의 공정 설계에 식 (13-12)와 (13-13)의 적용은 예제 13-5에 설명하였다.

**표 13-27**
완전혼합 혐기성 소화조의 설계에 사용되는 고형물 체류시간의 대푯값[a]

| 운전 온도, °C | SRT(최소값) | SRT_des |
|---|---|---|
| 18 | 11 | 28 |
| 24 | 8 | 20 |
| 30 | 6 | 14 |
| 35 | 4 | 10 |
| 40 | 4 | 10 |

[a] McCarty (1964) and (1968)

주: 1.8 (°C) + 32 = °F

| 예제 13 – 5 | **1단 고율 소화조의 부피와 성능 평가.** 38,000 m³/d (10 Mgal/d)의 하수처리를 위해 설계된 1차 침전조로부터 발생되는 1차 슬러지의 처리를 위해 요구되는 소화조의 크기를 추정하시오. 용적 부하율과 발생되는 가스의 양을 확인하시오. 유입하수의 BOD와 TSS 농도는 각각 400 및 300 mg/L이다. 1차 침전조의 BOD와 TSS 제거율은 각각 35 및 50%이다. 1차 슬러지의 함수율은 95%이며 비중은 1.02이다. 나머지 설계에 관련된 가정은 아래와 같다. |

1. 반응조의 수리학적 흐름은 완전혼합형태이다.
2. $\tau$ = SRT = 15일(35°C, 표 13–27 참조)
3. 폐기물 이용 효율(고형물 전환율) E = 0.70
4. 슬러지는 생물학적 성장에 필요한 적당한 인과 질소를 포함하고 있다.
5. $Y$ = 0.08 kg VSS/utilized kg bCOD, $b$ = 0.03 d⁻¹
6. 상수들은 35°C에서의 값이다.
7. 소화 가스는 65%의 메탄을 포함한다.

풀이
1. 식 (13–2)를 이용하여 일일 슬러지 질량과 부피를 결정한다.

$$\text{슬러지 질량} = \frac{(38,000 \text{ m}^3/\text{d})(300 \text{ g/m}^3)(0.5)}{(10^3 \text{ g/1 kg})} = 5,700 \text{ kg/d}$$

$$\text{슬러지 부피} = \frac{(5,700 \text{ kg/d})}{1.02(10^3 \text{ kg/m}^3)(0.05)} = 111.8 \text{ m}^3/\text{d}$$

2. bCOD 부하를 결정한다.

$$\text{bCOD 부하} = (0.35)(400 \text{ g/m}^3)(38,000 \text{ m}^3/\text{d})(1 \text{ kg}/10^3 \text{ g}) = 5,320 \text{ kg/d}$$

3. 소화조 부피를 계산한다.

$$\tau = \frac{V}{Q}$$

$$V = Q\tau = (111.8 \text{ m}^3/\text{d})(15\text{d}) = 1677 \text{m}^3$$

4. 용적 부하를 계산한다.

$$\frac{(\text{kg bCOD/d})}{\text{m}^3} = \frac{(5320 \text{ kg/d})}{1677 \text{ m}^3} = 3.17 \text{ kg/m}^3 \cdot \text{d}$$

5. 식 (13–13)를 이용하여 일일 휘발성 고형물 발생량을 계산한다.

$$P_x = \frac{YQ(S_o - S)(10^3 \text{ g/kg})^{-1}}{1 + b(\text{SRT})}$$

$$S_o = 5,320 \text{ kg/d}$$

$$S = 5,320(1 - 0.70) = 1,596 \text{ kg/d}$$

$$S_o - S = 5,320 - 1,596 = 3,724 \text{ kg/d}$$

$$P_x = \frac{(0.08)[(5,320 - 1,596)\text{kg/d}]}{1 + (0.03\text{d}^{-1})(15\text{d})} = 205.5$$

6. 식 (13–12)를 이용하여 35℃에서 하루에 발생되는 메탄의 부피를 계산한다(35℃에서의 전환율 = 0.40).

$$V_{CH_4} = (0.40)[(S_o - S)(Q)(10^3\,g/kg)^{-1} - 1.42\,P_x]$$

$$V_{CH_4} = (0.4\,m^3/kg)[(5320 - 1596)kg/d - 1.42(205.5\,kg/d)]$$

$$= 1373\,m^3d$$

7. 총 가스 발생량을 추정한다.

$$총\ 가스\ 발생량 = \frac{1373}{0.65} = 2112\,m^3/d$$

**부하 인자.** 소화조의 크기를 결정하는 데 사용되는 가장 일반적인 방법 중의 하나는 부하 인자를 근거로 하여 요구되는 부피를 결정하는 것이다. 비록 여러 가지 서로 다른 인자들이 제안되었지만, 대표적인 두 가지 인자는 (1) 소화조 용량의 단위 부피당 투입되는 일일 휘발성 고형물의 질량과 (2) 소화조 내 휘발성 고형물 질량당 소화조에 투입되는 일일 휘발성 고형물의 질량에 근거한 것이다. 두 가지 가운데 첫 번째 방법이 보다 선호된다. 부하 근거는 일반적으로 지속 부하 조건에 따라 결정되는데(3장 참조), 보다 짧은 기간 동안 초과되는 부하가 발생하지 않도록 2주 또는 1개월의 첨두 슬러지 생산량을 기본으로 한다. 중온 고율 혐기성 소화조의 설계를 위한 대표적인 설계기준은 표 13–28에 나타내었다. 휘발성 고형물 부하율의 상한선은 암모니아와 같은 독성물질의 축적 또는 메탄 생성균의 유출에 의해 결정된다(WEF, 2010a).

과도하게 낮은 휘발성 고형물 부하율은 건설비용의 과다 책정과 운전상 문제점이 있는 설계 결과를 초래하게 된다. 미국 내 30개 소화조를 조사한 Speece(1988)에 따르면 가장 중요한 사실 중의 하나는 소화조로 유입되는 슬러지의 상대적으로 낮은 고형물 함량이었다. 유입 슬러지 내의 평균 TSS 농도는 4.7 ± 1.6%이었으며 평균 휘발성 고형물

| 표 13–28 중온 고율 완전혼합 혐기성 슬러지 소화조의 크기 결정을 위한 대표적 설계 기준[a] | 변수 | U.S. 관습단위 | | S.I 단위 | |
|---|---|---|---|---|---|
| | | 단위 | 대푯값 | 단위 | 대푯값 |
| | 부피 기준 | | | | |
| | 1차 슬러지 | ft³/capita | 1.3~2.0 | m³/capta | 0.03-0.06 |
| | 1차 슬러지 + 살수 여상 휴믹 슬러지 | ft³/capita | 2.6~3.3 | m³/capta | 0.07-0.09 |
| | 1차 슬러지 + 활성 슬러지 | ft³/capita | 2.6~4 | m³/capta | 0.07-0.11 |
| | 고형물 부하율[b] | lbVSS/10³ft³ · d | 100~300 | kg VSS/m³ · d | 1.6-4.8 |
| | 고형물 체류시간[b] | d | 15~20 | d | 15-20 |

[a] U.S. EPA (1979).

[b] 전처리공정이 없는 1차와 2차 슬러지의 혼합 소화를 기본으로 함.

| 표 13-29 |
| --- |

**휘발성 고형물 부하에 대한 수리학적 체류시간과 슬러지 농도의 영향**

| 슬러지 농도, % | 휘발성 고형물 부하 | | | | | | | |
| --- | --- | --- | --- | --- | --- | --- | --- | --- |
| | lb/ft³ · d | | | | kg/m³ · d | | | |
| | 10 d[b] | 12 d | 15 d | 20 d | 10 d | 12 d | 15 d | 20 d |
| 2 | 0.09 | 0.07 | 0.06 | 0.04 | 1.4 | 1.2 | 0.95 | 0.70 |
| 3 | 0.13 | 0.11 | 0.09 | 0.07 | 2.1 | 1.8 | 1.4 | 1.1 |
| 4 | 0.18 | 0.15 | 0.12 | 0.09 | 2.9 | 2.4 | 1.9 | 1.4 |
| 5 | 0.22 | 0.19 | 0.15 | 0.11 | 3.6 | 3.0 | 2.4 | 1.8 |
| 6 | 0.27 | 0.22 | 0.18 | 0.13 | 4.3 | 3.6 | 2.9 | 2.1 |
| 7 | 0.31 | 0.26 | 0.21 | 0.16 | 5.0 | 4.2 | 3.3 | 2.5 |
| 8 | 0.36 | 0.30 | 0.24 | 0.18 | 5.7 | 4.8 | 3.8 | 2.9 |

[a] 슬러지의 70%가 휘발성 고형물임과 슬러지 비중이 1.02라는 것을 기본으로 함(농도 효과 무시).

[b] 수리학적 체류시간, d

함량은 70%였다. 소화조 내 평균 VSS 값은 1.6%로 묽었다. 희석된 슬러지(고형물 함량이 낮은 슬러지) 유입은 낮은 휘발성 고형물 부하로 인해 소화조 내 기질이 부족한 상태를 유발하며 소화조 운전에 다음과 같은 악영향을 미치게 된다: (1) τ의 감소, (2) VS 감량률의 감소, (3) 메탄 발생량의 감소, (4) 알칼리도의 감소, (5) 소화된 바이오 고형물 및 상등액의 부피 증가, (6) 가열 요구량의 증가, (7) 탈수 용량의 증가, (8) 액상 바이오 고형물의 운반비 증가. 주의해야 할 점은 폐활성 슬러지가 과도하게 농축되었을 경우 암모니아 독성의 잠재적인 문제가 발생할 수 있다는 것이다. 따라서 혐기성 소화조의 설계와 운전 계획 시, 소화조의 용량을 효과적으로 사용할 수 있도록 휘발성 고형물 부하를 최적화하는 것이 고려되어야 한다. 휘발성 고형물 부하에 대한 고형물 농도와 수리학적 체류시간의 영향은 표 13-29에 나타내었다.

**휘발성 고형물의 감량률 산정.** 안정화 정도는 종종 휘발성 고형물의 감량률에 의해 측정된다. 휘발성 고형물의 감량률은 미처리된 슬러지 주입량에 근거를 둔 SRT 또는 체류시간과 관련될 수 있다. 고율 완전혼합 소화조에서 제거된 휘발성 고형물의 양은 다음과 같은 실험식에 의해 대략적으로 산정이 가능하다(Liptak, 1974).

$$V_d = 13.7 \ln(\mathrm{SRT_{des}}) + 18.9 \tag{13-14}$$

여기서 $V_d$ = 휘발성 고형물의 감량률, %

$\mathrm{SRT_{des}}$ = 소화시간, d (범위는 15~20일)

위의 식은 소화조에서의 슬러지 주입, 교반 및 다른 운전조건의 변화를 고려하지 않아 대략적인 산정 시에만 사용해야 한다. 또한 위의 식은 휘발성 고형물의 감량률을 과도하게 추정하고 있다. SRT의 함수로써 일반적인 휘발성 고형물의 감량률은 표 13-30에 나타내었다. 미처리된 슬러지의 주입량은 쉽게 측정이 가능하기 때문에 이 방법 또한 일

**표 13 – 30**

고율 완전혼합 중온 혐기성 소화에서 휘발성 고형물 감량의 예측

| 소화기간, d | 휘발성 고형물 감소, % |
|---|---|
| 30 | 50~65 |
| 20 | 50~60 |
| 15 | 45~50 |

반적으로 사용된다. 실제 운전 현장에서 휘발성 고형물의 감량률 계산은 슬러지가 다른 시설로 옮겨지거나 건조상으로 유입될 때마다 규칙적으로 기록에 되어질 것이다. 계속되어야 한다. 알칼리도와 휘발성 산의 함량은 역시 소화 공정의 안정화 척도로서 매일 점검되어야 한다.

휘발성 고형물의 감량률 계산에 있어서 슬러지의 재 함량(ash content)은 보존되는 것으로 가정한다. 즉, 소화조로 들어가는 재의 무게는 제거되는 양과 같다. 소화조 내 휘발성 고형물의 감량률은 2가지 방법으로 계산한다. 첫 번째 방법은 아래에 나타낸 물질 수지이다.

$$R_{VSS} = \frac{M_{VS\,in\,feed} - M_{VS\,in\,digested\,sludge} - M_{VS\,in\,surpernatent}}{M_{VS\,in\,feed}} \times 100 \tag{13-15}$$

여기서     $R_{VSS}$ = 휘발성 고형물의 감량률, %

$M_{VS\,in\,feed}$ = 유입 슬러지에 함유된 휘발성 물질의 질량유량, kg/d

$M_{VS\,in\,digested\,sludge}$ = 소화 슬러지에 함유된 휘발성 물질의 질량유량, kg/d

$M_{VS\,in\,surpernatent}$ = 유출 상등액에 함유된 휘발성 물질의 질량유량, kg/d

최근 고율 소화조에서는 상등액 유출이 없으므로 $M_{VS\,in\,surpernatent}$은 0이다. 또한 소화조 내 휘발성 고형물의 감량률은 아래에 제시된 단순화된 Van Kleeck 식으로 계산한다.

$$R_{VSS} = \frac{W_{VS\,in\,feed} - W_{VS\,in\,digested\,sludge}}{W_{VS\,in\,feed} - (W_{VS\,in\,digested\,sludge})(W_{VS\,in\,feed})} \times 100 \tag{13-16}$$

여기서  $W_{VS\,in\,feed}$ = 총 건조 고형물당 유입 슬러지에 함유된 휘발성 물질의 무게 비

$W_{VS\,in\,digested\,sludge}$ = 총 건조 고형물 당 소화 슬러지에 함유된 휘발성 물질의 무게 비

Van Kleeck 식은 소화조 내 상등액의 배출 또는 그릴의 축적이 없는 것으로 가정하기 때문에 실제 결과는 100% 정확하지 않을 수 있다. 휘발성 고형물 감량률의 대표적인 계산 사례는 예제 13−6에 나타내었다.

**예제 13 – 6**     **휘발성 고형물 감량률의 결정**  아래와 같은 미처리된 슬러지와 소화된 바이오 고형물의 분석으로부터 소화 과정 중 이루어진 휘발성 고형물의 감량률을 결정하시오. 다음 사항을 가정한다. (1) 소화된 슬러지의 강열 잔류 고형물(fixed solids) 무게와 미처리된 슬러지의 강열 잔류 고형물 무게는 같다. 그리고 (2) 휘발성 고형물은 소화 과정 중 미처리 슬러지로부터 없어진 유일한 성분이다.

|  | 휘발성 고형물, % | 강열 잔류 고형물, % |
|---|---|---|
| 미처리된 슬러지 | 68 | 32 |
| 소화 슬러지 | 50 | 50 |

**풀이**  1. 소화 고형물의 무게를 결정한다. 강열 잔류 고형물의 양은 같기 때문에 1.0 kg의 처리되지 않은 건조 슬러지를 기준으로 아래 계산된 것과 같이 소화 고형물의 무게는 0.64 kg이다.

$$미처리된 슬러지의 강열 잔류 고형물 = \frac{0.32\,kg}{(0.32 + 0.68)\,kg}100 = 32\%$$

소화 후 휘발성 고형물의 무게를 $X$라 둔다. 그 다음

$$소화 후의 강열 잔류 고형물 = \frac{0.32\,kg}{(0.32 + X)\,kg}100 = 50\%$$

$$소화 후의 휘발성 고형물 무게, X\,kg = \frac{0.32\,kg}{0.5} - 0.32 = 0.32\,kg$$

$$소화 슬러지의 무게 = 0.32\,kg + 0.32\,kg = 0.64\,kg$$

2. 총 부유 고형물과 휘발성 부유 고형물의 감량률을 구한다.

   a. 총 부유 고형물의 감량률

$$R_{TSS} = \frac{(1.0 - 0.64)\,kg}{1.0\,kg}100 = 36\%$$

   b. 두 가지 방법을 이용한 휘발성 부유 고형물의 감량률

   물질 수지 방법 이용[식 (13-15)]

$$R_{VSS} = \frac{(0.68 - 0.32)\,kg}{0.68\,kg}100 = 52.9\%$$

   Van Kleeck 방법 이용[식 (13-16)]

$$R_{VSS} = \frac{0.68 - 0.5}{0.68 - 0.5(0.68)}100 = 52.9\%$$

**인구 기준.** 소화조는 인구 1인당 소요되는 부피(m³/인, ft³/인)를 기준으로도 설계가 가능하다. 고율 소화조의 경우 체류시간은 10~20일 정도가 된다(U.S. EPA, 1979). 이러한 체류시간은 총 소화조의 부피를 기준으로 설계시 추천되는데, 나쁜 기후로 인해 건조상에 건조하였다가 주기적으로 슬러지를 배출하여 줄이는 경우 추가적인 저장조의 부피도 포함하는 것이 바람직하다.

인구를 근거로 제시된 가열 혐기성 소화조에 대한 일반적인 설계 기준은 표 13-28에 나타내었다. 이러한 기준은 소화되어야 할 슬러지에 대한 분석과 부피를 알 수 없을 때 적용된다. 표 13-28에서 보여주는 용량의 경우 음식물류 폐기물 분쇄기를 사용하는

CHAPTER **13** 슬러지 처리 및 공정 ◀ **1545**

일반적인 도시지역에서는 60% 정도 증가하며 또한 산업폐기물의 효과를 고려하여 인구당 발생량을 근거로 증가시켜야 한다.

## 》 반응조 설계 및 교반시스템 선정

대부분 혐기성 소화조는 원통형, 재래 독일식 또는 난형(egg-shape)의 형태이다(그림 13-20 참조). 미국에서 사용되는 가장 일반적인 형태는 유동 덮개[그림 13-20(a) 참조] 또는 고정 덮개[그림 13-20(b) 참조]를 설치한 낮은 수직 원통형이다. 과거에는 직사각형 소화조가 사용되었으나 내용물의 균일한 혼합에 어려움을 나타내었다. 독일 설계 기술자들은 소화조 형태의 최적화를 위해 연구해 왔으며 그 결과 두 가지의 기본 형태를 제시하였는데 이들은 재래 독일식 소화조와 난형 소화조이다. 재래 독일식 소화조[그림 13-20(c) 참조]는 깊은 원통형 반응조의 상부와 하부를 가파른 경사로 처리한 것이다(Stukenberg, et al., 1992). 그림 13-20(d)에서 보는 바와 같은 난형 소화조는 계란을 거꾸로 엎어놓은 형태와 비슷한데, 구와 원뿔을 결합한 형태이다. 난형 소화조는 독일을 비롯한 유럽에서 사용되어 왔는데 미국에서도 그 사용빈도가 증가하고 있다. 미국 내의 현대적인 소화조 설계의 형태는 원통형 또는 난형이다. 원통형과 난형 소화조, 그리고 각 반응조에 사용되는 교반 시스템은 다음 문단에서 논의하고자 한다. 각 반응조의 장점과 단점은 표 13-31에 정리하였다.

적절한 교반은 최적의 성능을 유지하기 위해 가장 중요한 고려사항 중의 하나이다. 소화조 내의 물질들을 교반하기 위해 여러 가지 시스템들이 사용되어 왔다. 가장 일반적인 형태는 (1) 가스 주입, (2) 기계적 혼합, (3) 기계적 펌핑과 같은 방법이 포함된다. 몇몇 소화조는 가스 주입에 의한 혼합과 펌핑에 의한 순환을 혼합하여 사용한다. 다양한 교반 시스템의 장점과 단점은 표 13-32에 정리하였으며 일반적인 설계인자들은 표 13-33에 나타내었다.

**원통형 반응조.** 원통형 슬러지 소화조는 지름이 6 m (20 ft)보다 작거나 38 m (125 ft)보다 큰 것은 거의 없다. 낮은 높이를 갖는 소화조는 혼합이 어렵기 때문에 수심은 7.5 m (25 ft) 이상이어야 하며 수심은 15 m (50 ft) 정도가 바람직하다. 소화조의 바닥은 보통 원뿔형으로 원주에서 중심으로 바닥이 기울어진 형태이며 슬러지가 배출되는 부분의 최소 기울기는 수직:수평 = 1:6이다(그림 13-21 참조). 기존 설계의 대안으로는 "꿀벌집 형태"의 바닥면을 사용하여 그릿의 축적을 최소화하고 빈번한 소화조 청소의 필요성을 저감시킬 수 있다(그림 13-22 참조).

원통형 반응조에 사용되는 가스 주입 시스템은 비폐쇄형 또는 폐쇄형 가스주입으로 분류된다[그림 13-23(a), (b) 참조]. 비폐쇄형 가스 시스템은 소화조의 상부에서 가스를 포집하고 압축하여 바닥 확산기를 통하거나 소화조 상부에 방사상으로 붙어있는 랜스(lance)를 통해 가스를 내보내게 된다. 비폐쇄형 가스 시스템은 상부 표면으로 부상하는 가스 방울을 분사하여 슬러지가 이동 및 운반되게 함으로써 소화조 내의 물질들을 혼합한다. 이러한 시스템은 고정 덮개, 유동 덮개 또는 가스 홀더 덮개가 장치된 소화조에 적합하다. 폐쇄형 가스 시스템에서 가스는 소화조의 상부에서 포집되고 압축되며 폐쇄

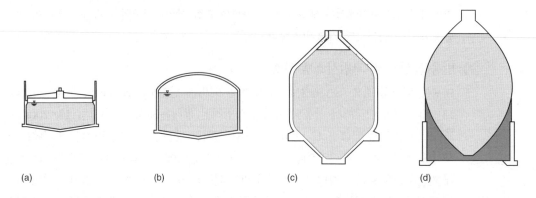

(a)          (b)          (c)          (d)

(e)

(f)

(g) .

(h)

## 그림 13-20

**혐기성 소화조의 전형적 형태.** (a)와 (e) 이동 덮개가 설치된 원통형, (b)와 (f) 고정 덮개가 설치된 원통형, (c), (g)와 (h) 철근 콘크리트 구조의 재래 독일식[(g)와 (h) 소화조의 경우 금속 외장으로 덮임], (d) 철골 구조의 난형(그림 13-24, 13-25 참조)

**표 13-31**

**원통형 및 난형 혐기성 소화조의 비교[a]**

| 소화조 형태 | 장점 | 단점 |
|---|---|---|
| 원통형 | • 많은 양의 가스 저장 가능<br>• 가스-홀더 덮개 장착 가능<br>• 낮은 옆면<br>• 기존의 건설기술 적용 가능; 건설비에서 가격 경쟁력을 가짐 | • 소화조의 형상으로 인해 교반이 비효율적이며 교반이 안 되는 부분(dead space)이 있음<br>• 낮은 교반 효율에 따른 그맅 축적<br>• 스컴 축적과 거품 형성에 적합한 넓은 공간 제공<br>• 그맅 또는 스컴 제거를 위해 청소 필요; 잦은 운전 중단 유발 |
| 난형 | • 최소 잔모래 축적<br>• 스컴 형정 저감<br>• 높은 교반 효율<br>• 보다 균질한 바이오매스 유지 가능<br>• 낮은 운전 및 유지보수 비용; 청소 주기가 획기적으로 감소<br>• 필요 공간의 감소<br>• 거품 형성의 최소화(가스 교반 제외) | • 작은 가스 저장 부피; 외부 가스 저장 시설 요구<br>• 높은 옆면; 미관상 좋지 않을 수 있음<br>• 시설의 꼭대기 접근 어려움; 높은 계단탑 또는 승강기의 설치가 요구됨<br>• 보강된 기초 및 지진에 대한 보강이 필요<br>• 가스 교반 사용 시 거품 발생<br>• 높은 건설 비용 |

[a] Brinkman and Voss(1998) 자료

**표 13-32**

**여러 가지 혐기성 소화조 교반 장치의 장점과 단점**

| 교반기 형태 | 장점 | 단점 |
|---|---|---|
| 모든 시스템 | • 슬러지의 안정화율 향상 | • 철-금속 파이프와 지지대의 부식과 찢김 현상<br>• 그맅에 의한 마모<br>• 작은 쓰레기 등에 의한 막힘과 운전 장애 |
| 가스 주입: | | |
| 비폐쇄형: | | |
| 덮개에 장치된 랜스 (lance) | • 적은 유지보수비와 바닥 부착식에 비해 청소의 편이성, 스컴 발생 억제에 효과적 | • 파이프 등에 부식<br>• 압축기의 높은 유지보수비<br>• 가스 밀봉의 문제점<br>• 거품 유입 시 압축기 문제, 고형물 침전<br>• 가스랜스(lance) 막힘<br>• 반응조 전체의 교반이 안 됨 |
| 바닥에 장치된 확산기 | • 바닥 침전물의 효과적인 교반 | • 파이프 등에 부식<br>• 압축기의 높은 유지보수비<br>• 가스 밀봉의 문제점<br>• 거품 발생, 불완전한 교반<br>• 스컴 발생<br>• 산기기의 막힘<br>• 바닥면의 고형물로 인해 교반 형태가 바뀔 수 있음<br>• 소화조 배수가 필요함 |

(계속)

| 표 13-32 (계속)

| 교반기 형태 | 장점 | 단점 |
|---|---|---|
| **폐쇄형:** | | |
| 가스 상승기(gas lifter) | • 혼합 및 가스 생산이 우수, 바닥 침전물의 유동이 덮개에 장착된 랜스(lance)보다 우수하며 요구 전력이 낮음 | • 파이프 등의 부식<br>• 압축기의 높은 유지보수비<br>• 가스 밀봉의 문제점<br>• 가스 상승기의 부식<br>• 상승기가 소화조 청소를 방해함<br>• 스컴 발생<br>  상부 교반이 좋지 않음<br>• 바닥에 장착되어 있는 경우, 소화조 배수 필요함 |
| 가스 피스톤 | • 좋은 교반 효율<br>• 섬유 재질로 인해 막힘 현상에 덜 민감함<br>• 스컴층 관리를 위한 표면 교반 제공<br>• 선택적으로 히팅 재킷 설비 가능 | • 파이프 등의 부식<br>• 압축기의 높은 유지보수비<br>• 가스 밀봉의 문제점<br>• 장치들이 내부에 장착됨<br>• 피스톤이 소화조 청소에 방해됨<br>• 유지관리를 위해 소화조 배수가 필요함<br>• 다양한 액상의 농도에서는 운영되지 않음 |
| **기계적 교반:** | | |
| 저속 터빈 | • 좋은 교반 효율 | • 임펠러와 축의 마모<br>• 베어링의 파손. 작은 쓰레기 등에 의한 임펠러 운전 장애<br>• 큰 기어 박스의 필요성<br>• 축 봉인 미흡에 의한 가스 유출<br>• 과잉 부하 |
| 저속 교반기 | • 스컴층 파괴 | • 소화조 내의 완전한 교반을 위해 설계되지 않았음<br>• 베어링과 기어박스의 파괴<br>• 임펠러 마모. 작은 쓰레기 등에 의한 임펠러 운전 장애 |
| 선형 운동 교반기<br>(linear motion mixing) | • 다른 기술들에 비해 낮은 에너지 소비량<br>• 고효율 교반<br>• 다양한 수위에서 운영 가능<br>• 기존시설이 개량에 적합<br>• 소화조의 중단없이 장치유지 관리 가능<br>• 복잡하지 않은 기계 설비 | • 미국 내에서는 시설의 수 제한<br>• 유지관리를 위한 거치대 및 장비 호이스트가 필요<br>• 여분의 소화조가 없음<br>• 단 하나의 공급처 |
| **기계적 펌핑:** | | |
| 내부 흡출관<br>(draft tube) | • 상부와 하부의 고른 교반<br>• 다양한 교반의 가역성<br>• 스컴층 관리를 위한 표면 교반 제공 | • 수위에 민감함<br>• 임펠러의 부식과 마모<br>• 베어링과 기어박스의 파괴<br>• 큰 기어 박스의 필요성<br>• 설치에 따른 구조적인 변경 필요 |
| 외부 흡출관 | • 내부 흡출관과 같음<br>• 내부 흡출관에 비해 유지관리가 용이<br>• 히팅 재킷 설비 가능 | • 내부 흡출관과 같음 |

| 표 13-32 (계속) | | |
|---|---|---|
| 교반기 형태 | 장점 | 단점 |
| 펌프 | • 교반 조절의 용이성 스컴층과 슬러지 침전물의 재순환 가능. 펌프는 압축기보다 다루기 쉬움<br>• FOG 추가를 위한 전도성 | • 임펠러 마모<br>• 작은 쓰레기 등에 의한 펌프의 막힘[a]<br>• 베어링 파손<br>• 고가의 전기 비용<br>• 고형물 농도가 높은 경우 효율 감소<br>• 높은 교반 에너지에 따른 거품 형성 |

[a] 작은 쓰레기 등에 의한 막힘 현상은 분쇄형 펌프를 이용하여 제거할 수 있음

**| 표 13-33**

**혐기성 소화조 교반 시스템의 설계 인자[a]**

| 설계 인자 | 교반 시스템 | 대표값[b] | |
|---|---|---|---|
| | | U.S. 단위 | S.I 단위 |
| 단위 동력 | 기계적 시스템 | 0.025~0.04 hp/10³ gal(소화조 부피) | 0.005~0.008 kW/m³(소화조 부피) |
| 단위 가스 유량[c] | 가스 교반 | | |
| | 비폐쇄형 | 4.5~5 ft³/10³ ft³ · min | 0.0045~0.005 m³/m³ · min |
| | 폐쇄형 | 5~7 ft³/10³ ft³ · min | 0.005~0.007 m³/m³ · min |
| 속도 경사, G[d] | 모든 시스템 | 50~80 s⁻¹ | 50~80 s⁻¹ |
| 전도(turnover) 소요 시간 | 폐쇄형 가스 교반과 기계적 시스템 | 20~30 min | 20~30 min |

[a] U.S. EPA (1987)

[b] 실제 설계값은 교반 시스템의 형태, 제조자 그리고 설계 공정이나 역할에 따라 다를 수 있음

[c] 가스-분사 시스템에 의해 분사되는 가스의 양(소화조 가스 부피로 나눈 값임)

[d] 5장의 식 (5-3) 참조

**그림 13-21**

고율 가스혼합 원통형 소화조의 전형적 단면도

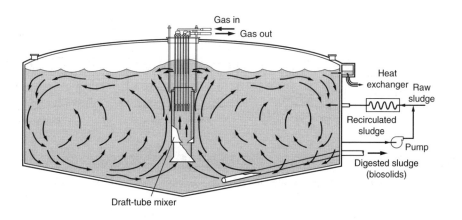

**그림 13-22**

선형석인 격자 혐기성 소화조.
(a)평면도, (b)단면도

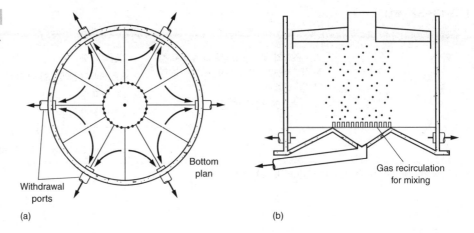

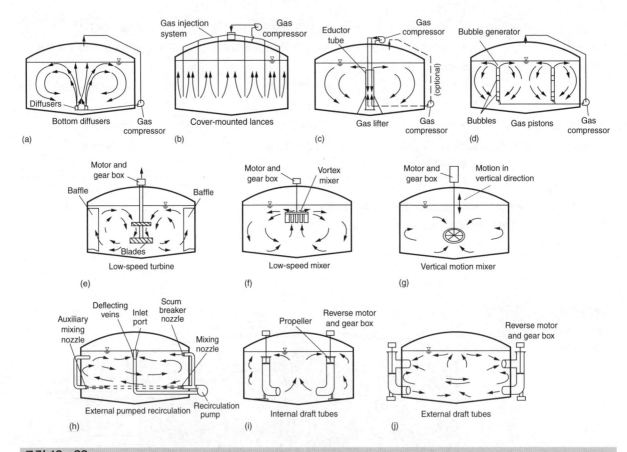

**그림 13-23**

**고율 혐기성 소화조의 내용물 혼합을 위해 사용되는 장치.** (a), (b) 비폐쇄형 가스 주입 시스템; (c), (d) 폐쇄형 가스 주입 시스템; (e), (f) 및 (g) 기계적 교반 시스템; (h), (i) 및 (j) 기계적 펌핑 시스템형 튜브를 통하여 내보내진다. 폐쇄형 시스템의 두 가지 주요한 형태는 가스 상승기(gas lifter)와 가스 피스톤이다[그림 13-23(c), (d) 참조]. 가스 상승기 시스템은 이덕터 튜브 (eductor tube) 또는 가스 상승기에 삽입된 수중 가스 파이프 또는 랜스(lances)로 구성되어 있다. 압축가스는 랜스 또는 파이프를 통해 배출되고 가스 방울이 상승하여 에어 리프트(air-lift) 효과를 유발한다. 가스 피스톤 시스템에서 가스 방울은 원통형 튜브 또는 피스톤을 통해 소화조의 하부에서 간헐적으로 방출된다. 가스 방울이 상승하며 피스톤과 같은 작용을 하여 슬러지를 상부 표면으로 밀어낸다. 이러한 시스템은 고정 덮개, 유동 덮개 또는 가스 홀더 덮개에 적합하다.

기계적 교반 시스템은 일반적으로 저속터빈이나 교반기를 사용 한다[그림 13-23 (e), (f) 참조]. 두 시스템 모두 회전 임펠러가 슬러지를 유동시켜 소화조 내용물을 교반한다. 저속 터빈 시스템은 서로 다른 슬러지 깊이에 위치한 두 개의 터빈 임펠러와 한 개의 덮개(지붕)에 장착된 모터를 가지고 있다. 저속 교반기 시스템은 일반적으로 덮개에 고정된 하나의 교반기를 가지고 있다. 기계적 교반 시스템은 고정식 또는 유동식 덮개에 가장 적합하다. 새롭게 시장에 등장한(이 책 기술당시) 다른 형태의 새로운 기계적 교반기는 고리 형태의 원판(ring-shaped disc)으로 구성된 선형 운동 교반기이다. 이 고리 형태의 원판이 위아래로 진동하면서 소화조 내 물질 혼합에 필요한 강한 축 방향 및 횡 방향의 혼합을 형성한다[그림 13-23 (g) 참조].

대부분의 기계적 펌핑 시스템은 내부나 외부 흡출관에 프로펠러 형태의 펌프 또는 축 방향 흐름이나 원심 펌프, 그리고 외부에 설치된 파이프로 구성된다[그림 13-23(h), (i) 및 (j) 참조]. 교반은 슬러지 순환에 의해 촉진된다. 기계적 펌핑 시스템은 고정식 덮개 소화조에 적합하다.

**난형 소화조.** 난형 설계의 목적은 교반 효율의 향상과 청소의 필요성이 없도록 하는 것이다. 소화조의 옆면은 그릿의 축적을 최소화하기 위해 바닥에 대해 가파른 원뿔 형태를 하고 있다[그림 13-20(d) 및 13-24(a) 참조]. 난형 형태로 설계 시 다른 장점들은 스컴 층에 대한 제어가 수월하고 요구되는 부지 면적이 작다는 것이다. 미국에서는 난형 소화조를 강철(steel)로 건설하는 것이 일반적이다. 철근 콘크리트로 건설하는 경우 복잡한 거푸집 작업과 특별한 건설 기술이 필요하다. 구조물은 처리장의 다른 구조물과 비교 시 상대적으로 높아서[그림 13-24(b) 참조], 구조물의 상부에 접근하기 위해서는 승강기가 필요할 수도 있다. 매사추세츠 주의 보스톤(그림 13-18 참조)과 메릴랜드 주의 볼티모어에 건설된 소화조의 높이는 40 m (130 ft) 이상이었다.

난형 소화조의 교반 시스템은 원통형 소화조와 비슷하며 비폐쇄형 가스 교반, 기계적 흡출관 교반 또는 펌프 순환 교반으로 구성되어 있다(그림 13-25 참조). 몇몇 연구자에 의하면 가스 교반은 주입 노즐 아래에 위치한 소화조 내 물질을 교반하는 경우 상대적으로 비효율적인 것으로 여겨진다. 그러나 기계적 흡출관과 펌프 재순환 교반 시스템은 소화조의 원뿔 바닥에 있는 슬러지까지도 교반할 수 있는 충분한 에너지 공급이 가능한 것으로 여겨진다. 또한 상향 또는 하향 펌프 모드로 운전이 가능한 기계적 흡출관 교반기

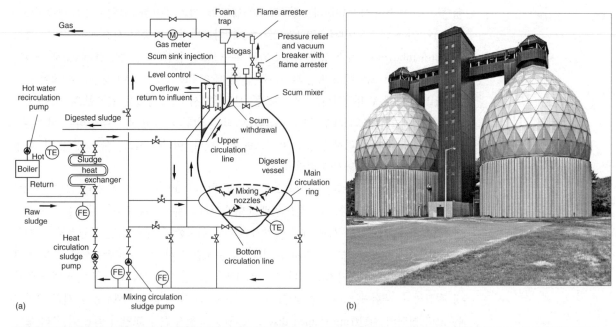

(a)

(b)

**그림 13−24**

**난형 혐기성 소화조.** (a) 워커(Walker) 공정 소개목록에서의 개략도, (b) 전경 사진

**그림 13−25**

난형 혐기성 소화조의 교반 시스템(Stukenberg et al., 1992)

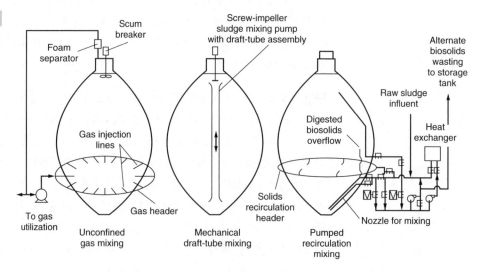

는 스컴과 거품을 제어할 수 있도록 표면에서 교반하는 도움을 제공한다(Stukenberg et al., 1992).

재순환 교반은 일반적으로 축적되어 있을 수 있는 스컴을 제거하기 위해 슬러지 바닥에서 흡입되고 기체−액체 계면이나 그 위로 방출될 때 보다 효과적이다. 또한 재순환 교반은 가스 교반 소화조에서 거품을 제어하는 데 효과적이다.

가스와 기계적 내부 흡출관 교반이 동시에 사용되는 경우는 거의 없으나 임의의 하나 또는 모든 교반 시스템은 사용될 수 있으며, 모든 시스템이 하루 동안 운전될 수 있다. 대부분의 소화조는 축적된 그릿을 흐트러뜨리기 위하여 원뿔 바닥 근처에 가스 랜스 또는 수력 제트가 장착되어 있다.

또한 소화조 내 세 구간에서의 교반이 가능한 제트 펌프와 흡출관 결합 교반 시스템도 사용된다. 한 개의 제트 펌프는 바닥 중앙에 위치한 수직 흡출관에 부착되어 있으며 두 번째 제트 펌프는 상부에 부착되어 있다. 이와 같은 구성에서 흡출관은 바닥의 슬러지와 스컴이 소화조 내 물질들과 주기적으로 혼합될 수 있도록 슬러지를 위아래로 펌핑하는 역할을 수행하게 된다. 세 번째 펌프는 소용돌이 현상을 일으키기 위해 반응조의 둘레에 위치시킨다. 또한 외부 재순환 펌프는 슬러지의 가열과 반응조의 추가적인 순환을 위해 장착된다. 이 시스템은 반응조 부피를 1일 10회 순환시키도록 설계되었다(Clark and Ruehrwein, 1992).

## ❱❱ 슬러지 부하 및 소화조 성능 향상 방안

혐기성 소화조의 성능을 향상시키기 위한 방안으로는 소화조 유입 슬러지를 농축시키거나 SRT를 증가시키기 위해 소화 슬러지 일부를 농축하는 것이 있다. 일부 소화 슬러지의 재순환 그리고 미처리된 1차 슬러지 및 폐슬러지의 통합 농축은 Torpey와 Melbinger(1967)에 의해 처음 보고되었다. 유입 슬러지의 고형물 농도는 증가되었으며 휘발성 고형물의 감량률로 측정한 소화조의 성능은 매우 향상되었다. 이 농축 시스템은 뉴욕 시의 하수처리장에 설치되었다. Maco 등(1998)의 연구에 의하면 소화된 바이오 고형물의 농축 효과로 인해 고형물이 분리 농축된 경우 또는 미처리 슬러지의 전농축(prethickening)과 통합하여 농축된 경우 소화 공정의 SRT와 바이오가스의 발생량은 증가하였으며 수리학적 체류시간은 감소하였다.

소화조 유입 슬러지의 농축에 대한 효과는 표 13–29에 제시된 자료를 통해 알 수 있다. 예를 들면, 수리학적 체류시간이 15일, 평균 TSS가 3%일 때, 휘발성 고형물 부하는 표 13–29에 제시된 바와 같이 1.4 kg/m³·d이다. 유입 슬러지의 TSS가 6%로 증가될 경우 VSS 부하를 표 13–28에 제시된 슬러지 부하 범위의 중간 정도인 2.9 kg/m³·d로 증가시킬 수 있다. 이러한 가상적인 예를 통해, 소화조 용량을 배가시킬 수 있다. 운영 중인 소화조의 슬러지 처리 용량을 증가시키거나 소화조의 크기 및 수를 감소시키기 위해 소화된 바이오 고형물의 재순환을 평가하기 위해서는 슬러지의 유동학과 슬러지 처리 설비의 평가가 필요하다. 대부분의 소화조가 고형물 농도의 증가를 수용할 수 있지만 펌핑 및 교반 시스템에 의해 부과되는 한계점에 대해 주의 깊은 평가가 필요하다(Maco 등, 1998).

혐기성 소화 전단의 슬러지의 전처리는 고형물 부하와 소화조 성능을 향상시킬 수 있다. 전처리는 기계적, 전기적 또는 초음파의 형태로 에너지를 투입하여 이루어진다. 열가수 분해를 위한 열과 압력의 혼합 적용은 성공적으로 수행되어지고 있다. 이러한 슬러지 전처리 방법은 본 절 후반부에 기술되어 있다.

## 》》 가스 발생, 포집 및 이용

혐기성 소화에서 발생하는 가스는 부피비로 약 65~70%의 $CH_4$, 약 25~30%의 $CO_2$, 미량의 $N_2$, $H_2$, $H_2S$, 수증기 및 기타 가스로 구성된다. 소화 가스는 공기와 비교하여 약 0.86 정도의 비중을 가진다. 가스 발생은 소화의 진척을 평가하기 위한 좋은 방법 중 하나이며 연료로 사용 가능하기 때문에 설계자는 가스의 발생, 포집 및 이용에 대해 잘 파악해야 한다.

**가스 발생.** 소화 공정에서 발생되는 메탄가스의 부피는 앞서 언급한 식 (13-12)를 이용하여 산정이 가능하다. 총 가스 발생량은 보통 휘발성 고형물의 감량률로부터 산정된다. 감량된 휘발성 고형물에 대한 가스 발생량은 0.75~1.12 m³/kg (12~18 ft³/lb) 정도이다. 가스 발생량은 소화조 내 생물학적 활성도와 유입 슬러지의 휘발성 고형물 함량에 따라 변동 폭이 넓다. 종종 시운전 기간에 과도한 가스 발생률이 나타나며 이로 인해 거품이 유발되고 부유식 소화조 덮개 가장자리 부근에서 거품과 가스가 새어나갈 수 있다. 난형과 낮은 원통형 소화조에서 거품의 제어가 되지 않는다면 가스 배출구가 거품에 의해 막힐 수 있다. 안정적인 운전조건이 마련되고 앞서 말한 가스 발생률이 유지된다면 양질의 소화된 슬러지를 얻을 수 있다.

가스 발생은 인구 기준으로도 개략적인 산정이 가능하다. 일반적인 생활하수를 처리하는 1차 처리 시설의 경우 보통의 수율은 15~22 m³/10³인 · 일(0.6~0.8 ft³/person·d)이다. 2차 처리 시설의 경우 가스 발생량은 28 m³/10³인 · 일(1.0 ft³/person·d) 정도로 증가한다.

**가스 포집.** 원통형 소화조에서 가스는 소화조의 덮개 아래에서 포집된다. 덮개로서 세 가지 주요한 형태가 사용된다: (1) 부유식, (2) 고정식, 그리고 (3) 막(membrane). 부유식 덮개는 소화조 내용물의 수면에 맞추어져 있고 소화조 부피를 소화조에 유입되는 공기 없이 변화시킬 수 있다[그림 13-26(a) 참조]. 가스와 공기는 서로 혼합되지 말아야 하며 그렇지 않을 경우 폭발하기 쉬운 혼합물이 될 수 있다. 실제 하수처리장에서 폭발이 일어나기도 한다. 가스 파이프와 압력조절 밸브에는 적절한 화재 예방 장치를 반드시 포함시켜야 한다. 덮개는 제한적인 기간 동안의 가스 저장을 위해 가스 홀더의 기능을 하도록 설치 될 수있다. 고율 소화조는 1일 소화조 용량 대비 약 2배의 가스가 발생된다(Speece, 2001). 부유식 덮개는 일단 소화조 또는 이단 소화조의 후단 소화조에 사용될 수 있다.

고정식 덮개는 소화조의 지붕과 액상 수면 사이에 빈 공간을 제공한다[그림 13-26(b) 참조]. 가스 저장은 다음과 같은 이유로 반드시 제공되어야 한다. (1) 액상의 부피가 변화될 때 공기가 아닌 가스가 유입되어야 한다. 그렇지 않은 경우 U자 형의 유량조절 위어가 액상면을 유지하기 위해 설치되어야할 필요가 있다. (2) 가스는 부주의로 의해 손실되지 않아야 한다. 가스는 부유식 덮개를 사용하는 외부 가스 홀더에 낮은 압력으로 저장되거나 가스 압축기를 사용한다면 압력 용기에 높은 압력으로 저장된다. 사용되지 않은 가스는 태워서 제거해야 한다. 가스 측정기는 발생된 가스와 사용된 가스 또는 버려지는 가스의 양을 측정하기 위해 설치되어야 한다.

**그림 13-26**

**혐기성 소화조 덮개의 형태.** (a) 이동식, (b) 고정식, (c)와 (d) 멤브레인 가스 덮개의 개략도와 사진

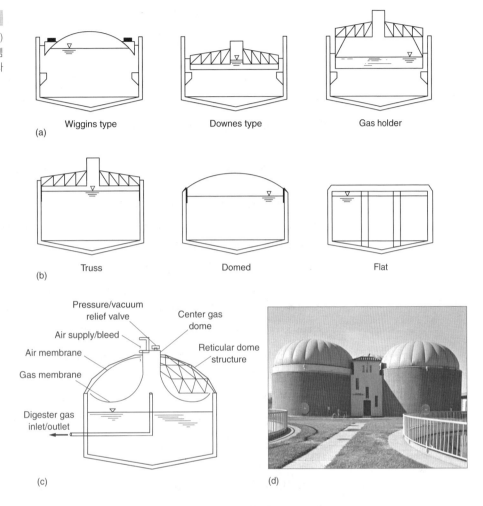

(a)  Wiggins type    Downes type    Gas holder

(b)  Truss    Domed    Flat

(c)
Pressure/vacuum relief valve
Center gas dome
Air supply/bleed
Air membrane
Gas membrane
Reticular dome structure
Digester gas inlet/outlet

(d)

원통형 반응조의 가스 홀더 덮개의 또 다른 발전은 막(membrane) 덮개이다[그림 13-26(c) 참조]. 이 덮개는 작은 중앙 가스 돔(dome)을 위한 지지 구조물과 신축성 있는 공기 및 가스 막(flexible air and gas membranes)으로 구성되어 있다. 공기 송풍기(blower) 시스템은 두 개의 막 사이 공기층에 압력을 제공하여 공기층의 부피를 변화시킨다. 소화조 내 내용물은 가스 막과 중앙 가스 돔에만 접촉한다. 가스 막은 신축성 있는 폴리에스테르 섬유로 제작된다.

난형 소화조에서 가스 저장을 위해 이용할 수 있는 부피는 작다. 소화조 가스의 효율적인 이용을 위해 보조적인 외부 저장시설이 요구된다.

**가스의 전처리와 가스 이용.** 표준 온도와 압력(20°C, 1기압)에서 메탄가스는 35,800 kJ/m³ (960 Btu/ft³)의 저위 발열량을 갖는다. 저위 발열량은 수증기의 기화열을 뺀 연소열이다. 소화 가스의 65%만이 메탄이므로 소화 가스의 저위 발열량은 약 22,400 kJ/m³ (600 Btu/ft³)이다. 그에 반해 메탄, 프로판 및 부탄의 혼합체인 천연가스의 열량은 37,300 kJ/m³ 1,000 Btu/ft³)이다. 소화 가스는 소화조에 열을 공급하는 보일러의 연료로

서 사용될 수 있으며 여분의 열이 발생할 경우 처리 시설의 다른 분야에도 사용될 수 있다. 또한 소화 가스는 폐열 발전에 이용될 수 있으며 정제될 경우 천연가스를 대신하여 사용될 수 있다.

소화 가스는 황화수소, 질소, 입자상 물질 및 수증기를 포함하고 있으므로 사용하기 전에 주기적으로 정제되어야 한다. 이러한 불순물들은 가스를 활용하는 설비, 특히 폐열 발전 설비의 성능과 운전에 상당한 영향을 미친다. 소화 가스를 이용하는 시스템의 적절한 설계를 위해서는 가능한 전처리 조건에 대한 주의 깊은 고려가 요구된다. 전처리가 필요한 소화 가스의 주요 성분들은 수분, 황화수소, 메르캅탄(mercaptans) 및 실록산이다.

**수분 제거를 위한 전처리.**  소화 가스는 일반적으로 수증기로 포화되어 있다. 실제 현장과 규정에는 소화 가스 배관 시스템 내 침사구(sediment traps)와 관말 트랩(drip traps)을 이용하여 응결된 수분을 제거하기 위한 설계가 요구된다. 배관은 침사구 또는 관말 트랩이 위치한 최저점까지 10 mm/m (1/8 in./ft)의 최소 경사를 가져야 한다. 포집된 응축물 제거를 위한 이러한 장비들에게의 접근성도 고려해야 한다. 자동 관말 트랩은 이용할 수 있으나 일부 지역에서는 허용되지 않는다. 가스 내 상당량의 수분은 상온에서 배관 시스템 내 냉각을 통해 간단히 응축될 수 있어 적당한 트랩에 의해 제거할 수 있다. 긴 파이프배관이나 여러 가지 전처리 시스템을 통과하는 것은 가스의 수분함량을 감소시킬 수 있는 이점이 될 수 있다.

일부 가스 이용 시스템은 가스에서 추가적인 수분 제거를 요구한다. 가스의 냉각(이슬점 감소)은 매우 건조한 가스가 필요한 시스템에서 흔히 사용된다. 이러한 처리 단계는 다른 오염물질 제거를 위해 활성탄이 공급되는 시스템이나 매우 건조한 가스를 요구하는 가스 이용 시스템과 관련되어 있다. 가스 냉각을 위해서는 고가의 운영비용이 필요하므로 이 시스템은 처리 수준으로 얻을 수 있는 비용과 편익에 대해 충분한 고려가 이루어진 후 포함되어져야 한다.

**황화수소 제거를 위한 전처리.**  황화수소는 배관 시스템과 소화 가스 이용 장비에 피해를 입힐 수 있다. 황화수소는 응축물과 결합하여 묽은 황산을 형성한다. 약산성인 응축물에 의한 부식과 침식에 저항할 수 있도록 스테인리스강 등의 배관 재질 또는 라이닝이 있는 연성철관이 사용되어야 한다. 시멘트 라이닝 연성철관은 시멘트 라이닝이 응축물에 의해 쉽게 손상되기 때문에 사용되어서는 안 된다. 충분한 벽두께의 연성주철관은 약간의 부식과 침식에 대한 허용치를 제공하여 효과적으로 사용되고 있다.

황화수소의 상당한 양은 응축물과 함께 제거되어진다. 이 정도 수준의 황화수소 제거는 보일러 등 일부 소화 가스 이용에 적합할 수 있지만, 이 경우에도 황화수소의 존재로 인한 추가적인 보일러 유지관리가 필요할 수 있다. 소화 가스로부터 황화수소를 제거하기 위해 흔히 사용되는 몇 가지 시스템이 있다. 나뭇조각으로 스며들게 한 해면철(iron sponge)은 오랜 기간 동안 이용되고 있다. 황화물은 철과 결합하여 고형물인 황화철의 형태를 이룬다. 또한 이러한 시스템들은 운영 중에 철을 회수할 수 있는 방법을 포함하고 있다.

액상 산화 공정, 생물학적 스크러버 또는 처리 시스템, 화학적 시스템, 활성탄, 흡착 수지 등과 같은 상업적으로 이용 가능한 황화수소 제거 공정이 있다. 생물학적 시스템, 수지 및 활성탄을 제외한 대부분의 공정은 철의 화학적 형태를 이용한다. 냉각을 통한 수분 제거 방법은 응축물 내 상당한 황화수소를 제거할 수 있다. 그러나 응축물의 처리는 반드시 고려되어야 한다. 만일 처리시설로 반송되는 경우 황화수소의 최종 거동에 대한 고려가 필요하다.

**실록산 제거를 위한 전처리.**  실록산은 규소를 포함하는 휘발성 유기 화합물이다. 실록산은 발한 억제제, 피부관리 제품, 냄새 제거제, 액체 비누 및 모발관리 제품 내 매개체 또는 유연제로 사용되며 자연 환경과 폐수에 아주 흔하게 존재한다. 실록산은 소수성이며 처리과정에서 발생된 슬러지에 부착하는 경향을 보인다. 혐기성 소화조에서 실록산은 교반과 가열 조건에 따라 소화 가스 내로 휘발되어진다. 보일러, 엔진 또는 터빈 내에서 소화 가스가 연소되면 하얀색의 비활성 분말인 이산화규소($SiO_2$)가 형성된다. 이산화규소는 유리, 사포 및 연삭공구를 구성하는 기본 물질이다. 이산화규소는 연소 장비 내에 축적되어 유지관리의 현저한 증가 또는 전체 장비의 고장을 유발할 수 있다.

실록산을 위한 시료 채취 및 분석 과정은 표준화되어 있지 않다. 또한 가스 이용 설비의 실록산 허용치가 장비의 형태와 제조사에 따라 다양하다. 적절한 설계를 위해서는 가스 내 실록산 구성 물질에 대해 충분한 고려와 평가, 그리고 이용을 위한 정제가 요구되어진다. 시료 채취 및 분석 과정은 설계 정보를 얻기 위한 최선의 방법이다.

실록산은 냉각에 의한 응축 또는 메디아 또는 활성탄으로의 흡착을 통해 1차적으로 제거할 수 있다. 상당한 양의 실록산은 처리 시설 내 포기조로부터의 휘발과 최종 고형물 처분을 통해 제거되므로 응축물에서 처리 시설로의 반송은 허용될 수 있다. 메디아는 증기 또는 다른 공정에 의해 재생된다.

**폐열발전에 소화 가스 이용.**  폐열발전은 일반적으로 전기 생산 시스템과 다른 형태의 에너지(보통 온수나 증기 형태의 열)를 생산하는 것으로 정의되며 열병합발전(combined heat and power, CHP)이라고도 한다. 하수처리 시설에서 가장 보편적인 형태는 발전기와 연결된 내연기관 엔진 또는 마이크로터빈이다. 또한 몇몇 대규모 시설에서는 터빈이 사용되기도 한다. 또한 공정에서 사용할 목적으로 회수된 열을 가지고 전기를 생산하기 위해 연료전지도 사용된다. 이러한 공정들의 일반적인 효율은 표 13-34에 나타내었다. 그림 13-27에는 전형적인 내연기관 엔진을 나타내었다.

폐열발전 시스템의 설계에는 가스 발생량의 변동과 발생된 모든 가스의 이용 또는 잉여가스를 때때로 태우는 것, 그리고 예비 용량에 대한 고려가 반드시 필요하다. 전기 비용은 이러한 고려사항들에 영향을 준다. 높은 전기 요금으로 인해 전기 절감액이 증가되는 경우 보다 건실한 시스템을 제공하는 것은 경제적이다. 산업시설로 부터의 부하량 또는 혐기성 소화조로 추가적인 유기물이 유입되어 가스 발생에 큰 변화가 예상되는 경우 또는 전기 공급 단가가 월등히 높은 첨두 시간대에 발전시설에서의 전기 생산량을 극대화시키기 위해 가스 저장이 고려될 수 있다. 폐열 발전에서 필요한 가스 정제의 수준은

**표 13-34**

다양한 폐열발전 시스템에서의 일반적인 전기 및 열 생산 효율[a]

| 폐열발전 시스템 | 전기발생 효율, % | 열 회수 효율, % |
|---|---|---|
| 내연기관 엔진 | 37~42 | 35~43 |
| 린번 내연기관 엔진 | 30~38 | 41~49 |
| 재래식 터빈 | 26~34 | 40~52 |
| 열 회수 터빈 | 36~37 | 30~45 |
| 마이크로 터빈 | 26~30 | 30~37 |
| 용융 탄산염 연료전지 | 40~45 | 30~40 |
| 인산형 연료전지 | 36~40 | NA |

[a] U.S. EPA (2010)

**그림 13-27**

메릴랜드 주 볼티모어에 위치한 Back River 하수처리시설 내 폐열발전을 위한 내연기관 엔진

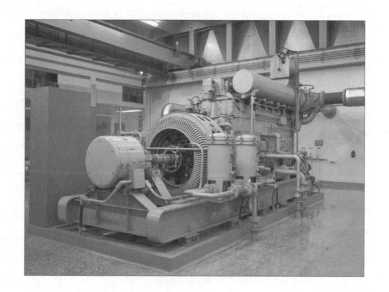

매우 큰 폭으로 다를수 있기 때문에 시스템 설계 시 고려되어야 한다.

또한 폐열발전 시스템 설계에는 대기오염 영향에 대한 고려가 반영되어야 한다. 몇 몇의 지역에서는 연료의 연소에 대한 상당한 규제가 있다. 폐열발전 시스템에 대한 허용 정도에 따라 비용 효과, 특정 시스템 또는 장치의 시행 가능여부에 영향을 줄 수 있다. 연료 전지는 대기오염 물질의 배출이 가장 적지만 표 13-34에 제시된 중에서 시스템 비용이 가장 크다.

**천연 가스로서의 소화 가스 이용.** 소화 가스를 천연가스의 대체제로 사용되기 위해서는 정제하여야 한다. 천연가스 배관 품질로 소화 가스를 향상시키기 위해서는 황화수소, 실록산, 수증기뿐만 아니라 이산화탄소의 추가적인 제거가 필요하다. 정제된 소화 가스는 95% 이상의 메탄 함량을 가지며 이는 천연가스로 이용하거나 판매를 위한 메탄의 배관 품질을 만족시키기 위해 다소 개량될 수 있다. 또한 정제된 소화 가스는 천연가스 연소 엔진의 차량용 연료로 사용하기 위해 압축 천연가스(CNG) 형태로 압축될 수 있다. 압축 천연가스 시설은 대기오염 문제가 있는 지역과 천연가스 차량이 이미 운영 중인 지

역에 도움이 될 수 있다. 휘발유 가격이 높은 지역에서 CNG의 사용으로 상당한 비용 절감이 가능하다. 여러 기술들이 가스 정제에 사용될 수 있는데 보편적인 일반적인 가스 정제 기술에는 수분 흡착, 화학적 흡착, 압력 순환 흡착(PSA) 및 극저온 분리법이 있다.

## ❯❯ 소화조 가열

소화조에서 필요로 하는 요구 열량은 다음과 같다. (1) 유입 슬러지를 소화조 온도까지 상승시키고 (2) 소화조의 벽면, 바닥과 지붕에서의 열손실을 보충하고 (3) 소화조와 열원 사이의 배관에서 발생할 수 있는 열손실을 보충해야 한다. 소화조 내 슬러지는 펌핑되면서 외부 열교환기를 통해 가열되고 소화조로 반송된다.

**요구 열량의 분석.** 유입 슬러지를 소화조의 온도까지 가열하기 위해 요구되는 에너지를 계산할 때 대부분 슬러지의 비열이 기본적으로 물과 같다고 가정한다. 슬러지와 물의 비열이 같다는 가정은 공학적 계산에 수용할 수 있는 것으로 입증되었다. 소화조의 옆면, 윗면과 바닥을 통한 열손실은 다음 식으로 계산된다.

$$q = UA\Delta T \tag{13-17}$$

여기서 $q$ = 열손실, J/s (Btu/h)

$\quad U$ = 전체 열전달계수, J/m²·s·°C (Btu/ft²·h·°F)

$\quad A$ = 열손실이 일어나는 단면적, m² (ft²)

$\quad \Delta T$ = 표면 사이의 온도 차, °C (°F)

식 (13-17)을 이용하여 소화조의 열손실을 계산할 때 각각의 다양한 열전달 면의 특성을 개별적으로 고려하고 각각의 전달계수를 찾아내는 것이 일반적인 방법이다. 소화조의 요구 열량을 계산할 때 식 (13-17)의 적용은 예제 13-17에 예시하였다.

**열전달계수.** 대표적인 전체 열전달계수는 표 13-35에 나타내었다. 표에 제시된 바와 같이 소화조의 벽면, 바닥 그리고 윗면에 각 항목별로 포함되어있다. 소화조의 벽면은 단열에 도움이 되도록 경사면이 흙으로 둘러싸여 있거나 약 300 mm (12 in.)의 콘크리트, 단열재나 단열 공기층, 그리고 단단한 단열재 위에 주름진 알루미늄 외장이나 벽돌 외장으로 구성된 합성 구조물로 이루어져 있다. 지하에 있는 평평한 콘크리트 벽면과 바닥면으로부터의 열전달은 그것들이 지하수위 아래에 있는가에 따라 달라진다. 지하수위를 알지 못할 경우 소화조의 옆면은 건조한 토양으로 둘러싸여 있고 바닥면은 포화된 토양 위에 있다고 가정한다. 손실되는 열은 소화조에 인접한 토양을 가열하기 때문에 토양 온도가 안정되기 전까지 1.5~3.0 m (5~10 ft)의 단열층을 형성한다고 가정한다. 북쪽 기후에서는 서리가 지면 1.2 m (4 ft)까지 침투한다. 따라서 이 지점에서 지면 온도는 0°C (32°F)라고 가정할 수 있으며 이 지점의 윗부분은 지표면의 설계 대기 온도까지 일정하게 변화한다고 가정한다. 서리 깊이 이하에서는 정상적인 겨울 토양의 온도가 벽면의 기초에서 5~10°C (10~20°F) 정도 높다고 가정할 수 있다. 대안으로서 평균 온도를 지반면 아래의 전체 벽면에 가정하여 사용하여도 좋다.

| 표 13-35 | | |
|---|---|---|
| 소화조 열손실을 계산하기 위해 사용되는 열전달계수[a] | | |
| 항목 | U.S. 단위(Btu/ft² · °F · h) | S.I 단위(W/m² · °C) |
| 평면 콘크리트 벽(지상) | | |
| 두께: 300 mm (12 in.), 비단열 | 0.83~0.90 | 4.7~5.1 |
| 두께: 300 mm (12 in.), 공기층과 벽돌로 외장 | 0.32~0.42 | 1.8~2.4 |
| 두께: 300 mm (12 in.), 단열 | 0.11~0.14 | 0.6~0.8 |
| 평면 콘크리트 벽(지하) | | |
| 건조한 토양 내 | 0.10~0.12 | 0.57~0.68 |
| 습한 토양 내 | 0.19~0.25 | 1.1~1.4 |
| 평면 콘크리트 바닥면 | | |
| 두께: 300 mm (12 in.), 습한 토양과 접함 | 0.5 | 2.85 |
| 두께: 300 mm (12 in.), 건조한 토양과 접함 | 0.3 | 1.7 |
| 부유식 덮개 | | |
| 35 mm (1.5 in.)의 나무 바닥, 미단열 지붕 | 0.32~0.35 | 1.8~2.0 |
| 지붕 밑 25 mm (1 in.) 단열판 설치됨 | 0.16~0.18 | 0.9~1.0 |
| 고정식 콘크리트 덮개 | | |
| 두께: 100 mm (4 in.) 미단열된 지붕 덮개 | 0.70~0.88 | 4.0~5.0 |
| 두께: 100 mm (4 in.), 25 mm (1 in.) 단열판 설치됨 | 0.21~0.28 | 1.2~1.6 |
| 두께: 225 mm (9 in.), 미단열 | 0.53~0.63 | 3.0~3.6 |
| 고정식 강철 덮개: 6 mm (0.25 in.) 두께 | 0.70~0.95 | 4.0~5.4 |

[a] U.S. EPA (1979)

지붕을 통한 열손실은 시공 형태, 단열재의 시공 유무 및 그 두께, 공기층의 존재(부유식 덮개의 경우 표면 판과 지붕 사이), 그리고 지붕의 바닥면이 슬러지액 또는 가스와의 접촉 여부에 따라 결정된다.

지붕과 지상의 벽면으로부터의 복사 또한 열손실에 기여한다. 소화조에 적용되는 온도 범위에서는 복사의 효과는 미미하며 앞서 언급된 일반적으로 사용되는 계수들에 그 효과가 포함되어 있다. 독자들은 복사 열전달의 이론에 대해 McAdams(1954)의 문헌을 참고하기 바란다. 소화조의 요구 열량은 예제 13-7에서 구한다.

외부 열원이 설치되었다면 슬러지는 빠른 속도로 튜브를 통하여 이송되며 물이 튜브의 외곽을 빠른 속도로 순환한다. 순환은 열전달 양쪽면에 고난류를 촉진하여 열전달계수를 높게 하고 열전달이 잘되도록 한다. 외부 열원의 다른 장점은 소화조로 들어가는 미처리된 차가운 슬러지가 데워져서, 부드럽게 혼합되고, 반응조로 유입되기 전에 슬러지액으로 식종이 된다는 것이다. 열교환기는 열전달 효율을 유지하기 위해 주기적인 청소를 필요로 한다.

소화조는 내부 가열 시스템을 사용하여 가열되기도 한다. 어떤 경우에는 소화조 내부 벽면에 파이프와 온수 재킷(hot-water jakets)이 장착된 교반 튜브가 포함되어 있다. 내부 가열 시스템은 운전과 유지에 있어서 구조적인 문제점을 가지고 있기 때문에 추천되지 않는다. 보고된 문제점에는 가열 표면에 슬러지 케익이 발생하거나 탱크의 물이 제거

---

**예제 13-7**

**소화조 가열에 필요한 열량의 산정** 외부 온수 열교환기를 이용해 슬러지를 순환함으로써 90,700 wet kg/d (200,000 lb/d)의 농축 슬러지를 처리하는 소화조가 있다. 아래의 조건들이 적용된다고 가정하고 요구되는 소화조 온도를 유지하기 위해 필요한 열량을 구하라. 만약 모든 열이 24시간 동안 차단된다면 소화조 내용물의 온도는 평균 얼마나 하강하겠는가?

1. 콘크리트 소화조 규격
   지름 = 20 m
   벽면 깊이 = 7 m
   중앙 깊이 = 10 m

2. 열전달계수
   전체 깊이가 건조된 토양으로 둘러싸인 경우 $U$ = 0.68 W/m²·°C
   소화조의 바닥이 습한 토양 내 있는 경우 $U$ = 2.85 W/m²·°C
   고정된 콘크리트 단열 지붕이 대기에 노출된 경우 $U$ = 1.5 W/m²·°C

3. 온도
   대기 = −5°C
   벽면에 접한 지면 = 0°C
   유입 슬러지 = 10°C
   바닥면 아래의 토양 = 5°C
   소화조 내 슬러지 = 35°C

4. 슬러지의 비열 = 4200 J/kg·°C

**풀이**

1. 슬러지의 요구 열량을 계산한다.

   $q = (90{,}700 \text{ kg/d})[(35 - 10)°C](4200 \text{ J/kg·°C})$

   $= 95.2 \times 10^8 \text{ J/d}$

2. 벽면, 지붕, 바닥의 면적을 계산한다.

   벽면 면적 = $\pi(20)(7) = 439.6 \text{ m}^2$

   바닥 면적 = $\pi(10)[10^2 + (10 - 7)^2]^{1/2} = 327.8 \text{ m}^2$

   지붕 면적 = $\pi(10^2) = 314 \text{ m}^2$

3. 식 (13-17)를 이용하여 전도에 의한 열손실을 계산한다.

   $q = UA\Delta T$

   a. 벽면

$$q = 0.68 \text{ W/m}^2 \cdot °C \ (439.6 \text{ m}^2)(35 - 0°C)(86,400 \text{ s/d}) = 9.0 \times 10^8 \text{ J/d}$$

b. 바닥면

$$q = 0.85 \text{ W/m}^2 \cdot °C \ (268.2 \text{ m}^2)(32 - 5°C)(86,400 \text{ s/d}) = 5.32 \times 10^8 \text{ J/d}$$

$$q = 2.85 \text{ W/m}^2 \cdot °C \ (327.8 \text{ m}^2)(35 - 5°C)(86,400 \text{ s/d}) = 24.2 \times 10^8 \text{ J/d}$$

c. 지붕

$$q = 1.5 \text{ W/m}^2 \cdot °C \ (314 \text{ m}^2)[35 - (-5°C)](86,400 \text{ s/d}) = 16.2 \times 10^8 \text{ J/d}$$

d. 총 열손실

$$q_t = (9.0 + 24.2 + 16.2) \times 10^8 \text{ J/d} = 49.4 \times 10^8 \text{ J/d}$$

4. 필요한 열교환기 용량을 계산한다.

용량 = 슬러지에 필요한 열 + 소화조에 필요한 열

$$= (95.2 + 49.4) \times 10^8 \text{ J/d} = 144.6 \times 10^8 \text{ J/d}$$

5. 열 차단의 효과를 결정한다.

a. 반응조 부피 $= \pi\left(\dfrac{D^2}{4}\right)h_s + \pi\left(\dfrac{D^2}{12}\right)h_c$

$$= \pi\left(\frac{20^2}{4}\right)(7) + \pi\left(\frac{20^2}{12}\right)(10 - 7) = 2198 + 314$$

$$= 2512 \text{ m}^3$$

b. 슬러지의 무게 $= (2512 \text{ m}^3)(10^3 \text{ kg/m}^3)$

$$= 2.51 \times 10^6 \text{ kg}$$

c. 온도 하강 $= \dfrac{(144.6 \times 10^8 \text{ J/d})(1\text{d})}{(2.51 \times 10^6 \text{ kg})(4200 \text{ J/kg} \cdot °C)} = 1.37°C/d$

되지 않으면 설비를 조사하거나 보수하기가 불가능하다는 점 등이 있다(WEF, 1987).

**가열 설비.**  소화조의 내용물은 튜브 내 튜브(tube-in-tube), 나선형 판 또는 중탕 외부 열교환기에 의해 가열될 수 있다. 튜브 내 튜브와 나선형 판 열교환기는 설계측면에서 비슷하다. 튜브 내 튜브 교환기는 두 개의 동심원 파이프로 구성되어 있으며 하나는 순환하는 슬러지를 포함하고 다른 하나는 온수를 포함한다. 파이프의 흐름 방향은 서로 반대이다. 나선형 판 열교환기[그림 13-28(a)와 (b) 참조]는 두 개의 긴 판으로 구성되어 있으며 한 쌍의 동심원 통로를 형성하기 위해 감싸여 있다. 흐름 방향은 역시 서로 반대이다. 수온은 슬러지 케익의 형성을 막기 위하여 일반적으로 68°C (154°F) 이하로 유지된다. 외부 열교환기의 열전달계수는 0.9~1.6 W/m²·°C의 범위에 있다(WEF, 2010a).

중탕 열교환기의 운전에서는 가열된 물이 담긴 수조를 통하여 슬러지가 순환된다. [그림 13-28(c)와 (d) 참조]. 열교환율은 온수를 수조의 안팎으로 펌핑시킴으로 증가된

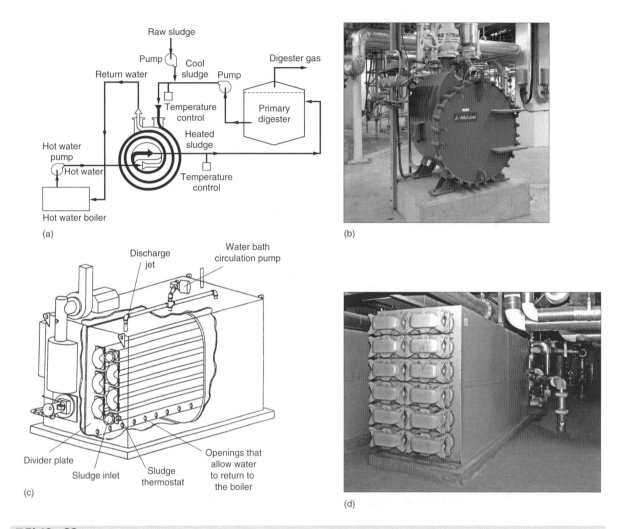

## 그림 13 – 28

**소화 슬러지를 가열하기 위해 사용되는 열교환기.** (a) 나선형 형태 열교환기의 개략도, (b) 나선형 형태 열교환기의 사진, (c) 수조 형태 열교환기의 개략도 (d) 수조 형태 열교환기의 사진

다. 재순환 펌프는 유입 슬러지가 소화조에 들어가기 전에 가열되도록 한다.

보일러와 폐열발전 시스템은 열교환기에서 순환수에 열을 공급하기 위한 대표적인 방법으로 사용된다. 보일러는 소화조 가스를 연료로 사용할 수 있다. 그러나 소화조의 운전 초기처럼 소화조 가스가 사용하기에 충분하지 않을 경우 천연가스 또는 연료유를 보조 연료로 사용할 수 있다. 전기 생산 또는 펌프나 송풍기의 동력을 공급하기 위해서 소화 가스를 내연기관 엔진의 연료로 사용하는 폐열발전 시스템을 도입하는 경우 엔진 재킷의 물로부터 얻어지는 열을 열교환기에 사용할 수 있다.

### 》》 고도 혐기성 소화

고도 혐기성 소화공정들은 혐기성 소화과정에서 휘발성 고형물의 감량을 증가시키거나 발

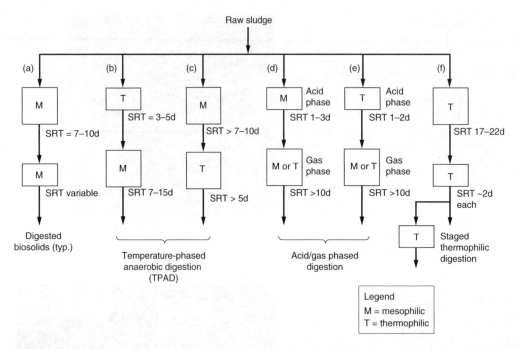

**그림 13 - 29**

단분리형 혐기성 소화의 선택 사항. (a) 단분리형 중온 소화, (b) 온도상 고온-중온 소화, (c) 온도상 중온-고온 소화, (d) 중온 산(酸)/가스상 소화, (e) 고온 산(酸)/기상 소화, (f) 단분리형 고온 소화[Schafer and Farrellm(2000)], Moen(2000)]

생된 바이오 고형물의 효용적 사용을 위한 고품질의 A등급 바이오 고형물을 생산하고자 개발되어졌다. 고도 혐기성 소화에는 고온 소화(thermophilic digestion), 단분리형 고온 소화(staged thermo philic digestion), 단분리형 중온 소화(staged mesophilic digestion), 산(酸)/가스상 소화(acid/gas phase digestion), 그리고 온도상 소화(temperature phased digestion)가 있다. 이러한 소화 방법은 그림 13-29에 나타내었으며 아래에 기술되었다. 또한 일반적인 SRT는 그림 13-29에 제시하였다.

**고온 혐기성 소화.** 고온 혐기성 소화는 호열성 세균에게 적합한 조건인 $50 \sim 57^{\circ}C$ ($120 \sim 135^{\circ}F$) 사이에서 일어난다. 생화학적 반응 속도는 온도와 함께 증가하므로 한계온도 도달 전까지 $10^{\circ}C$ ($18^{\circ}F$)마다 두 배로 증가한다. 따라서 고온 혐기성 소화는 중온 소화 대비 반응속도가 훨씬 빠르다. 중온 소화와 비교 시 고온 혐기성 소화의 장단점은 표 13-36에 나타내었다. 1단 고온 소화조는 매우 한정된 조건에서 사용되어 왔다. 예를 들어 도시하수 슬러지 처리 시 온도상(온도에 따라 상이 구분되는) 혐기성 소화 공정의 첫 번째 단계에 주로 사용되어 왔다(Moen, 2000).

고온 소화의 병원균 사멸능력은 중온 소화에 비해 뛰어남에도 불구하고 바이오 고형물의 토양 적용을 관장하는 미국 연방 규제안은 고온 소화를 기준치 이하로 병원균을 사멸시키는 공정인 PFRP로 분류하지 않고 있다. 중온 소화 및 고온 소화 모두를 병원균의 감소를 위한 공정인 PSRP로 분류하고 있다. 그러므로 1단 고온 소화는 위에서 언급한

| 표 13-36 | 장점 | 단점 |
|---|---|---|
| 중온 혐기성 소화와 비교 시 고온 혐기성 소화의 장단점 | 1. 병원균 감소, A등급 슬러지 생산 가능[a] | 1. A등급 슬러지가 생산되지 않을 경우, 회분식 처리공정에 대한 EPA 인증이 요구됨 |
| | 2. 반응속도 증가에 따른 부피 요구량 감소 (비용 절감) | 2. 열 에너지 요구량 증가[b] |
| | 3. VSR 향상과 소화 가스 발생량 증가 가능 | 3. 미탈수 가능성 바이오 고형물 |
| | 4. 재래식 중온 소화조와 유사한 설계 및 부품 | 4. 탈수 케이크[c]의 잠재 악취물질 증가 |
| | | 5. 탈수 반류수의 암모니아 농도 증가 |
| | | 6. 공정의 불안정성 |
| | | 7. 열 회수 요구량에 의한 복잡한 시스템 |
| | | 8. 거품 발생에 민감함 |

[a] 고온 소화에서 A등급을 만족시키기 위해 공정은 대안 1의 시간/온도에 대한 요구 조건을 충족시킬 수 있는 회분식 고온 반응조를 포함하여야 함. 달리 말하면, 공정은 대안 3에 따라 특정 지역에 대한 검토가 필요함

[b] 고온의 슬러지가 냉각되고 생슬러지의 전처리를 위해 에너지가 활용되는 많은 시설에는 열 회수 회로가 포함됨. 포함되는 열 회수 회로는 열에너지 요구량을 감소시킬 수 있으나 비용과 소화 시스템의 복잡성을 증대시킴

[c] 많은 시설들은 탈수를 개선하고 잠재적인 악취를 감소시키기 위해 탈수 전에 중온 소화 단계를 포함함

바와 같은 중요한 한계를 가지고 있다.

**단분리형 고온 소화.** 단분리형 고온 소화[그림 13-29(f) 참조]는 병원균을 추가적으로 감소시키고 A등급의 슬러지를 얻기 위해 하나의 대형 반응조와 그 뒤에 한 개 이상의 작은 반응조를 연결하여 사용한다. 브리티시 컬럼비아주 밴쿠버에 위치한 아나시스 아일랜드 하수처리장(Annacis Island Wastewater Treatment Plant)에서는 전단 반응조 뒤에 3개의 후단 반응조가 설치되어 있다. 이 소화 시스템의 휘발성 고형물 감량률은 63% 정도로 보고되고 있다(Schafer and Farrell, 2000b).

**단분리형 중온 소화.** 과거에 두 개의 반응조를 직렬로 연결하여 소화를 진행하였음에도 불구하고, 가열 및 교반 장치를 갖춘 이단 고율 소화조의 운전에 대해서는 자료가 거의 없다. 연구자인 Torpey와 Garber는 두 개의 반응조를 연결한 시스템이 일단 고율 공정과 비교하여 휘발성 고형물의 감량과 가스의 생산에 있어서 장점이 거의 없음을 발견하였다(Torpey and Melbinger, 1967; Garber, 1982). 보다 최근의 시험에서는 이단 중온 소화가 보다 안정적이며, 탈수하기 쉽고, 악취가 덜 나는 바이오 고형물을 생산할 수 있다고 보고하였다(Schafer and Farrell, 2000a). 단분리형 중온 소화는 그림 13-29(a)에 나타내었다.

**산(酸)/가스상 소화.** 혐기성 소화는 이미 언급한 가수분해, 발효(산 생성) 및 메탄 생성과 같은 소화의 세 가지 분명한 단계를 통하여 이루어지지만 산/가스상 소화 공정은 두 개의 별도의 단계로 구분된다. 산 생성 소화조로 알려진 첫 번째 단계는 입자상 물질의 용해(가수분해)가 발생하고 휘발성 산이 생성된다(산 생성). 첫 번째 단계는 고농도의 휘발성 산(> 6000 mg/L)을 생산하기 위해 짧은 SRT와 pH 6 이하에서 진행된다. 가스상으로 알려진 두 번째 단계는 메탄 생성균에 적합한 중성 pH와 가스 생성을 극대화할 수

있는 환경조건에 맞게 끔 긴 SRT에서 운전이 이루어진다. 이 소화 방법의 장점은 (1) 휘발성 고형물의 감량을 증가시킬 수 있으며, (2) 소화조의 거품이 조절될 수 있고, (3) 각 단이 중온 또는 고온에서 운전 가능하다는 것이다[그림 13-29(d)와 (e) 참조]. 이 책을 집필하는 시점에서 산/가스상 소화 공정을 도입한 30개 이상의 실규모 현장 시설이 운전 중에 있는 것으로 알려져 있다(2012)(Wilson 등, 2008). 총 휘발성 고형물의 감량률은 그 범위가 50~60%에 이른다. 대부분의 산/가스상 소화 공정은 B등급의 바이오 고형물을 생산시키고 중온의 범위에서 운영되며 이를 AGMM이라 일컫는다. 그러나 고온 산 생성과 중온 가스 생성을 도입해 파일럿 실험을 하고 있는 인디애나 주 인디애나폴리스에 위치한 벨몬트 하수처리장(Belmont Wastewater Plant)에서는 이 공정이 병원균 감소에 대한 A등급 요구조건을 효과적으로 만족시킬 수 있는 것으로 나타났다(Schafer and Farrell, 2000a).

산/가스상 소화 시스템의 설계는 메탄 생성균의 형성을 방지하기 위해 산 생성 단계에서 유기물 부하의 제어를 필요로 한다. 제어는 체류시간의 조절을 통해 제공된다. 이상적인 체류시간은 1~2일이다. 짧은 SRT로 인해 산 생성 단계의 휘발성 고형물 부하율은 재래식 소화에 비해 높으며 24~40 kg VS/m³·d (1.5~2.5 lb/d·ft³)의 범위를 갖는다(WEF, 2012). 이 경우 메탄 단계는 짧게는 10일 정도의 체류시간에서 운전한다. B등급의 소화 슬러지 품질을 획득하기 위해서 짧은 체류시간을 규제하는 규정이 제정될 수도 있다. 산/가스상 소화 중 산 생성의 원래 개념에 적절한 것은 플러그(plug) 흐름의 산 생성 반응조이다. 현재의 설계는 높은 유기물 부하를 유지하는 동안 혼합이 잘 될 수 있도록 수위 조절이 가능한 높은 원형 반응조를 사용한다. 이 공정에서 발생되는 가스는 매우 적으며 메탄이 있다 하더라도 함량은 낮다. 가스는 별도로 일부 연소되거나 메탄 생성 반응조의 가스와 합쳐지기도 하지만 종종 폐기되며 달리 사용되진 않는다. 일반적인 생물학적 공정과는 달리 공정 내 산성이 약화되고 메탄이 생성되기 시작하면 체류 시간의 감소에 의한 부하 증가가 필요하다.

**온도-상 소화.** 그림 13-29(b)와 (c)에 나타난 온도-상 혐기성 소화(TPAD)는 독일에서 개발되었으며 고온 소화의 장점을 살리고 안정화를 향상시킬 수 있는 중온 소화를 추가함으로써 단점은 감소시킨 것이다. 온도-상 공정의 설계는 중온 소화에 비해 일반적으로 4배 빠른 고온의 소화 효율의 장점을 이용한다. TPAD 공정은 1단 중온 또는 고온 소화에 비해 충격부하를 흡수하는 능력이 우수한 것으로 나타났다. 이 공정은 고온-중온 또는 중온-고온의 두 가지 형태 중 하나로 운전할 수 있다. 그림 13-29(b)에 제시하여 나타낸 고온-중온 형태의 고온 반응조는 55°C (130°F)에서 3~5일 정도의 체류시간으로 운전되도록 설계된다. 중온 반응조는 35°C (95°F)에서 10일 또는 그 이상의 체류시간으로 운전되도록 설계된다. 전체 평균 체류시간 15일은 일반적으로 10~20일 범위의 1단 고율 중온 소화 공정과 비교가 된다. TPAD 공정의 휘발성 부유고형물(VSS)의 감량률은 1단 중온 소화에 비해 15~25% 정도 높다(Schafer and Farrell, 2000b).

고온 반응조에서의 보다 높은 가수분해와 생물학적 활성으로 인해 이 시스템은 VSS

감량률과 가스 발생이 보다 높은 경향을 보이게 된다. 거품 발생 또한 감소한다. 중온 단계는 추가적인 VSS의 감량을 제공하고 후속 처리를 위해 슬러지를 개량한다. 중온 단계의 주요 장점은 (1) 고온 소화 공정에서 발생되는 일반적인 악취 물질(대부분 지방산)의 감소와 (2) 소화조 운영에 있어서 안정성의 향상이다. 이 공정은 또한 A등급 슬러지의 요구조건을 만족시킬 수 있는 것으로 보고되었다(WEF, 2010a).

그림 13–29(c)에 나타낸 두 번째 온도–상 소화는 중온 단계가 고온 단계 앞에 위치한다. 실규모와 파일럿 실험의 한정된 결과들은 1단 중온 소화에 비해 휘발성 고형물의 감량률이 높은 것으로 나타났다(Schafer and Farrell, 2000b). 온도–상 혐기성 소화 공정의 설계 시 고려사항에는 각 단의 온도를 적절히 조절할 수 있는 가열과 교반 시스템의 선정, 높은 가스 발생을 감당할 수 있는 가스처리 시설의 크기, 그리고 소화조의 유입과 가열을 위한 펌핑 시스템의 제어가 포함된다(WEF, 2010a).

## ⟫ 혐기성 소화를 위한 슬러지 전처리

혐기성 소화 이전의 슬러지 전처리는 고형물 부하의 증가, 휘발성 고형물 감량률의 증가, 바이오가스 생산의 증가, 그리고 일부의 경우 A등급 바이오 고형물의 생산을 위해 사용된다. 슬러지 전처리는 어떤 형태의 에너지를 슬러지에 투입함으로써 가수분해를 향상시키는 결과를 초래한다. 전처리는 화학적, 물리적, 전기적 및 열적 형태가 될 수 있으며 본 절에서는 두 개의 주요 전처리 범주(열가수분해와 물리화학적 및 전기적 전처리)에 대해 논의한다.

**열가수분해 전처리.** 열가수분해(thermal hydrolysis, TH)는 150~200°C 범위의 낮은 온도에서 운영되는 열적 개량 공정이며 혐기성 소화 이전에 전처리 단계로서 역할을 수행한다. 이 공정의 장점들로 보고된 사항들은 다음과 같다. (1) 긴 사슬의 유기 고분자를 짧은 사슬의 유기물로 분해하여 소화효율 및 가스발생을 향상시킨다. (2) EPA Part 503 바이오 고형물 관련 조항의 온도 및 시간 규정을 만족시키는 A등급의 바이오 고형물을 생산한다. (3) 후단의 소화 및 기계적 탈수를 통해 많은 경우 30% 이상의 고형물 농도를 가지는 탈수 케이크를 생산할 수 있다. (4) 악취와 질감 면에서 고품질의 소화슬러지를 생산한다. (5) 처리 슬러지의 점도가 감소함에 따라 고농도 고형물의 이송과 교반이 가능해져 소화조의 부피를 크게 감소시킬 수 있다.

2013년 현재 기준으로, 2개의 상업적으로 이용 가능한 TH 공정이 있다. 하나는 노르웨이의 Cambi AS에서 제공하는 Cambi™이며 또 다른 하나는 프랑스의 Veolia Water Systems에서 제공하는 Exelys™이다. 두 시스템은 동일한 처리 인자들에 의해 운전되지만 첫 번째 시스템은 회분식 공정을 기본으로 하며 두 번째 시스템은 Veolia의 회분식 공정인 TH 공정(Biothelys™)을 개량한 플러그 흐름의 형태이다. Cambi™ 시스템은 열가수분해에서 가장 널리 사용되어지며 완전히 상용화된 시스템으로 여겨진다. 그러나 다른 시스템과의 비교는 필요하다(Abu-Orf and Goss, 2012). 본 절에서는 Cambi™에 의해서 제공되는 회분식 TH 시스템에 대해 주로 기술된다.

**Cambi™에 의해서 제공되는 TH 회분식 시스템의 개요.** 회분식 TH 공정은 기술적 완

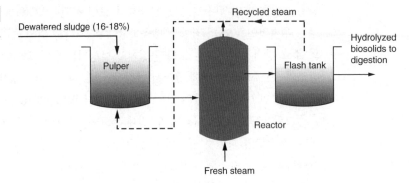

**그림 13–30**

회분식 열가수분해 시스템의 주요
구성도

성도가 높은 공정으로 2012년 기준 북미 외 지역에 24개소 이상 설치되었으며 설치규모는
3.3~250 dry tonne/d (3.6~275 DT/d)이다. 이 공정은 2014년 블루플레인 고도 하수 처리시
설(Blue Plains Advanced Wastewater Treatment Plant)에 첫 장비가 설치 예정됨에 따라 북미
에서 관심을 얻고 있다. 이 공정은 비용 효율이 높은 것으로 나타났으며 블루플레인 지역
의 향후 수요를 충족시킨다(Abu-Orf et al., 2009). 그림 13–30에 제시된 바와 같이 열가수분
해 단계는 하나의 연속 공정으로 정의되는 펄퍼(pulper), 반응조, 증발 탱크(flash tank)의 3가
지 기본 단위 공정으로 구성된다. 실제로는 3개의 단위 공정 외에도 다른 단위 공정들이 존
재한다. 슬러지 흐름에 영향을 주는 물질들을 제거하기 위해 슬러지는 TH 공정에 앞서 스크
린 장치를 통과하여야 한다. 게다가 슬러지는 총 고형물 16%보다 다소 높게 전탈수(pre-de-
watered)가 되어야 한다. 그 다음에 탈수된 슬러지는 균등한 유량에서 운영되는 TH 공정이
되도록 균등화를 제공할 수 있을 만큼 큰 사일로(silo) 또는 통(bin)으로 이송된다. 그 다음에
슬러지는 펌프와 저장조의 바닥 내 오거(augers)를 거쳐 펄퍼로 이송될 수 있다. 펄퍼에서 고
형물의 농도는 희석수(일반적으로 시설의 유출수)를 이용하여 14.5~16.5% TS로 희석된다.
슬러지는 펄퍼에서 교반되며 증발 탱크로부터 재순환되는 증기를 이용하여 예열된다. 예열
된 슬러지는 약 165℃ (329℉) 정도의 새로 생긴 증기와 약 8~9 bar (120~130 lb$_f$/in.²)의 압
력으로 가열된 반응조로 이송된다. 적절한 가수분해 시간이 경과한 후 슬러지는 반응조에서
증발 탱크로 이송된다. 증발 탱크에서는 증기 투입과 희석으로 인해 3% 정도 저감된 고형
물 농도를 갖는 처리된 슬러지를 얻게 된다.

이 지점에서의 처리된 슬러지의 온도는 중온 소화조로 유입되기에는 매우 뜨거우며
필요한 경우 냉각과 희석이 요구된다. 소화조로 유입되는 동안 처리된 슬러지의 농도를
8~12%까지 낮추기 위해 희석에 사용될 물이 또 다시 필요하다. 또한 온도는 열교환기를 통
해 약 42~44℃로 낮추어야 한다. 그 다음에 8~12% TS의 슬러지는 소화 시설로 이송된다.
최종적으로 소화된 바이오 고형물은 유용하게 재활용되기 위해 분배되기 전에 최종 탈수
시설로 이송된다. 최종 생성물은 적재능이 우수하며 악취가 적어 토양 개량제와 토지 적용
에 매우 적합하다. 반응조 가열에 필요한 새로운 증기의 발생원이 일련의 공정에 대해 추가
적으로 있어야 하기 때문에, 공정의 일부로서 보일러가 적어도 하나는 있어야 한다. 보통 소
화 공정으로부터 발생된 가스는 열병합발전(CHP) 시설을 거쳐 TH 공정을 위한 전기와 다
수의 필요한 증기로 가공된다. CHP 시스템으로부터의 폐열량은 총 증기 에너지 요구량의

**표 13-37**

90분의 회분식 순환 공정 단계

| 단계 | 기능 | 시간(분) | 설명 |
|---|---|---|---|
| 1 | 채움 | 15 | 7.6 m³의 슬러지로 반응조를 채움 |
| 2 | 증기 주입 | 15 | 반응조 내로 증기를 주입함 |
| 3 | 반응 | 30 | 반응조를 160°C와 620 kP (90 lb/in.²)로 유지함 |
| 4 | 증기 배출 | 15 | 펄퍼로 증기를 배출함 |
| 5 | 비움 | 15 | 압력 배출에 의해 슬러지를 증발 탱크로 이송함 |

75~79%를 제공함으로 소화 가스나 보조 연료로 운영되는 보조의 예비 보일러가 필요하다.

**반응조 운전 계획.**  TH 반응조는 일반적으로 12 m³ (424 ft³)의 회분식 반응조를 통해 운영되며 하나의 반응조에서 대략 7.6 m³ (268 ft³)(총 반응조 부피의 70%)의 슬러지를 처리한다. Cambi™ 설계에 의하면 이동된 슬러지 건조무게 1톤당 1톤의 증기가 주입된다. 반응 시간이 경과한 후 슬러지는 증발 탱크로 보내진다. 반응조로부터 배출된 증기는 펄퍼를 거쳐 유입 슬러지를 예열한다. 펄퍼와 증발 탱크의 크기는 반응조 크기의 두 배이다. 각 반응조마다 일반적으로 90분의 순환을 갖는 회분식 공정의 단계는 표 13-37에 나타내었다. 필요한 증기의 이론적인 양은 다음의 식으로 추정된다.

$$\frac{M_{\text{steam}}}{M_s} = \frac{\left(C_{\text{PS}} + \dfrac{C_{\text{PW}}}{W_s} - C_{\text{PW}}\right)(T_H - T_{\text{raw}})}{H - C_{\text{PW}}(T_H - T_{\text{ref}})} \tag{13-18}$$

여기서

$\qquad M_{\text{steam}}$ = 공정 내로 유입되는 실제 증기의 질량

$\qquad C_{\text{PS}}$ = 건조 슬러지의 비열, 1.5 kJ/kg°C (0.36 Btu/lb·°F)

$\qquad C_{\text{PW}}$ = 물의 비열, 4.18 kJ/kg·°C (1 Btu/lb·°F)

$\qquad T_H$ = 열가수분해 시스템의 외부 온도, Cambi™에 따르면 이는 증발 탱크 외부 온도와 상응하며 약 105~110°C (220~230°F)임

$\qquad T_{\text{raw}}$ = 슬러지 온도, 10~25°C (50~77°F)

$\qquad H$ = 증기의 엔탈피(enthalpy), 12 bar (175 lb_f/in.²)에서 약 2,785 kJ/kg (1,200 Btu/lb)

$\qquad T_{\text{ref}}$ = 기준 온도, 0°C (32°F)

예를 들어, 16% TS로 탈수된 슬러지를 10°C에서 110°C로 증가시키기 위해서는 다음과 같은 양의 증기가 요구된다.

$$\frac{M_{\text{stream}}}{M_s} = \frac{\left[(1.5 \text{ kJ/kg} \cdot °C) + \dfrac{(4.18 \text{ kJ/kg} \cdot °C)}{0.16} - (4.18 \text{ kJ/kg} \cdot °C)\right][(110 - 10)°C]}{(2785 \text{ kJ/kg}) - (4.18 \text{ kJ/kg} \cdot °C)[(110 - 0)°C]}$$

$$= 1.0 \text{ kg steam/kg sludge}$$

식 (13-18)은 열손실이 없으며 모든 증기가 펄퍼에서 완전히 회수되고 응결된다는 가정을 기본으로 하고 있다. 실제로는 약간의 손실이 예상되므로 설계 시 크기 산정은 판매자와 함께 수행되어야 한다.

**반응조 크기 산정.** 전체 시스템의 크기는 단일 반응조 용량을 기초로 한다. 보통 14.7%의 슬러지가 반응조로 이동한다고 가정한다. 반응조의 용량은 반응조 내 슬러지의 농도와 순환 시간을 기초로 한다. 표 13-37에 제시된 90분의 표준 순환시간과 7.6 m³/batch의 슬러지(14.7% 고형물 농도)를 기준으로 단일 반응조 용량은 약 17.88 dry tonne/d (19.66 dry ton/d)이다. 반응조 크기의 설계는 보통 95%의 유효성을 기초로 한다. 연속 공정의 처리 용량은 각 공정 내 반응조의 수에 따른다. 단일 반응조 용량은 Part 503 규정에 따른 A등급의 바이오 고형물을 얻는 데 필요한 반응 시간에는 영향을 주지 않으면서 고형물의 농도를 증가(최대 17~17.5%)시키거나 순환시간을 감소시킴으로써 증가시킬 수 있다. 추가적으로 Cambi™는 현재(2012) 소규모~중규모 시설에 맞는 새로운 크기의 반응조를 개발 중에 있다. 영국 맨체스터 데이비흄(Davyhulme)에 설치된 열가수분해 반응조가 포함된 Cambi™ 공정 설비의 조감도를 그림 13-31(a)에 나타내었다.

### 그림 13-31

**Cambi™ 공정.** (a) 영국 맨체스터 데이비흄(Davyhulme)에 위치한 설비의 조감도. Cambi™ 반응조는 사진의 중앙에 나타나 있다. 오른쪽 아래에 나타나 있는 8 × 7,600 m³ 소화조는 연간 40,000톤의 건조 고형물을 처리하였으나, Cambi™ 열가수분해 전처리공정의 운영을 통해 연간 92,000톤의 건조 고형물을 처리한다. (b) 90분의 순환시간을 갖는 6개의 반응 공정의 개요도

(a)

| Time | Reactor 1 | Reactor 2 | Reactor 3 | Reactor 4 | Reactor 5 | Reactor 6 |
|---|---|---|---|---|---|---|
| 15 min | Fill | Empty | Steam out | React | React | Steam in |
| 15 min | Steam in | Fill | Empty | Steam out | | React |
| 15 min | React | Steam in | Fill | Empty | Steam out | |
| 15 min | | React | Steam in | Fill | Empty | Steam out |
| 15 min | Steam out | | React | Steam in | Fill | Empty |
| 15 min | Empty | Steam out | React | React | Steam in | Fill |

(b)

**반응조 연속 운전.** 선호되는 최소의 Cambi™ 연속 공정은 두 개의 반응조를 갖는 것이며 그렇지 않을 경우 회분식으로 운전된다. 두 개의 반응조로 이루어진 일련의 공정은 연속 운전과 같이 작동한다. 각 반응조에서 90분의 고형물 체류시간을 기준으로 Cambi™ 공정의 6개 반응조는 연속적으로 운영되며 이는 그림 13-31(b)에 나타낸 블루플레인 고도 하수처리시설에 설치되어 있다(Abu-Orf 등, 2009). 시차가 있는 공정으로 모든 주요 기계장비의 연속 운전이 가능하다.

그림 13-31(b)에 제시된 바와 같이, 하나의 반응조는 항상 유입이 이루어지며, 하나의 반응조는 항상 증기를 받고, 하나의 반응조는 항상 증기를 배출하며, 하나의 반응조는 항상 처리된 슬러지를 배출한다. 이러한 운전배열에 근거하여, 슬러지 유입 펌프와 증기 시설은 항상 운전 상태에 놓이게 되고 밸브는 반응조로의 유입과 유출에 의해서만 열리거나 닫히게 된다.

**물리적, 화학적 및 전기적 전처리.** 일반적으로 2차 처리시설에서 발생되는 슬러지는 혐기성 소화가 잘 이루어지지 않기 때문에 전처리공정이 적용된다. 이러한 슬러지의 전처리는 초음파, 기계적 전단, 전기펄스, 압력강하 또는 전기장을 통해 이루어진다. 이렇게 다양한 전처리 방법의 적용은 슬러지 소화를 향상시킴에 있어서 다양한 성공을 야기하였다. 전처리공정의 적용이 실제적으로 효과가 있기 위해서는 2차 처리로부터 소화조로 유입되는 슬러지 양이 1차 처리에서 발생되는 슬러지 양보다 많거나 적어도 같아야 한다.

6개의 슬러지 전처리 기술의 설명은 표 13-38에 나타내었다. 전처리 기술은 펄스(pulse) 전력, 기계적 가용화 또는 화학적 처리가 결합된 압력강하, 초음파, 그리고 동전기적 가용화를 사용한다. 이러한 기술들은 서로 다른 장단점을 가지고 있다(표 13-38 참조). 한 가지 주목해야 할 점은 이러한 전처리 기술들은 북미에 비해 유럽에서 보다 널리 사용되고 있다는 것이다. 전처리 옵션의 사용이 증가된 주된 이유는, 바이오 고형물로부터 추가적인 그린에너지를 생산하기 위해서 그린에너지 공제와 장려책을 통해 이러한 기술을 적용함으로써, 유럽에 있는 처리시설들이 바이오가스 생산량이 증가됨에 따라 큰 혜택을 보기 때문이다.

**》 기타 유기성 폐기물과의 병합 소화**

전통적으로 혐기성 소화는 단일 기질과 단일 목적의 처리공정으로 적용되어 왔으며 주로 도시, 산업 및 농업 처리시설에서 사용되었다. 대부분의 도시 하수처리시설은 15~30% 정도의 과다한 소화조 용량을 가지고 있는 것으로 보고되고 있다(Hansen, 2006). 이러한 시설들은 기존의 소화조 용량으로 도시 하수 슬러지와 같은 광범위한 유기물질을 처리할 수 있으며 가스 발생량을 증가시킬 수 있다. 하나 이상의 기질을 이용한 소화 공정은 병합 소화라 일컫는다. 도시 하수 슬러지와 유기성 폐기물을 이용한 병합 소화의 기술적, 경제적 및 환경적 요소는 표 13-39에 나타내었다(WEF, 2010b).

병합 소화 또는 "병합 발효"는 2가지 또는 그 이상의 유기물이 혼합된 기질을 동시에 소화하는 공정이다. 보통 혼합 기질은 하수 슬러지와 같은 1차 기질에 유기성 도시 고형 폐기물(MSW), 발생원에서 분리 배출된 유기성 폐기물, 부유성 스컴층, 글리세린

표 13–38

**소화조 유입 전에 적용되는 2차 슬러지의 물리적, 화학적 및 전기적 전처리 방법[a]**

| 기술/업체 | 설명 | 장점 | 단점 |
|---|---|---|---|
| OpenCel/OpenCel, 미국 | Open Cel®에 의해 제안된 펄스 전력 기술은 세포막을 용해하기 위해 생물학적 슬러지를 1~5만분의 1초의 고압 파열에 노출시킴 | 상대적으로 낮은 에너지 요구량<br>2차 슬러지에 사용 가능한 열전달<br>적은 부지 면적<br>저압 운전 | 상대적으로 새로운 기술<br>북미에서 한정된 설치 수<br>오직 한 업체에서 제공 |
| Crown Disintegration/Siemens, 미국 | 2차 슬러지의 일부를 가압 후 분쇄 및 혼합. 높은 압력 손실은 슬러지의 공동현상(cavitation)과 세포막의 파열을 유발함 | 다른 업체에서 유사한 기술을 제공<br>적은 부지 면적<br>전 세계적으로 약 20곳에 설치, 모두 유럽에 설치<br>적은 공간 차지 | 상대적으로 높은 에너지 요구량<br>북미에는 운영 시설 없음<br>마모 부품의 고압 시스템<br>1,200 kPa (175 lb$_f$/in.$^2$) |
| Sludge Squeezer (슬러지 압착기)/Huber, 미국 | 이 기술은 높은 압력 손실을 이단 공정 내 2차 슬러지의 일부로 전달함. 첫 단계에서 슬러지 덩어리는 기계적으로 파열됨. 두 번째 단계에서 덩어리는 유체동역학적 흐름 영역을 거쳐 혼합되고 균질화됨 | 다른 업체에서 유사한 기술을 제공<br>적은 부지 면적<br>약 3곳에 설치, 모두 유럽에 설치 | 상대적으로 높은 에너지 요구량<br>북미에는 운영 시설 없음<br>마모 부품의 고압 시스템<br>1,200 kPa (175 lb$_f$/in.$^2$) |
| MicroSludge(미세슬러지)/MicroSludge, 캐나다 | 일부 2차 슬러지는 세포막을 부드럽게 하기 위해 석회를 이용하여 전처리됨. 그리고 1,200 kPa (175 lbf/in.$^2$)의 가압 후 파쇄와 혼합을 거침. 압력이 방출될 경우, 생물학적 세포는 높은 전단력에 노출됨(이는 세포막을 파열할 것이라고 가설로 세워짐). 공정은 각각의 농축 슬러지와 개량된 슬러지를 위한 조목 및 세목 스크린을 보유하고 있을 뿐만 아니라 높은 pH에서 생성된 암모니아 가스의 배출을 위한 기체 액체 분리 장비를 포함함 | 적은 공간 차지<br>탈수 비용 감소<br>(고분자 화합물과 전기)<br>처리된 슬러지의 온도가 7.2°C (45°F) 증가함에 따라 소화조 가온 효과<br>점도와 부피의 감소에 따라 소화조 혼합에 필요한 에너지 절감 | 상대적으로 높은 에너지 요구량<br>추가적으로 석회 필요<br>마모 부품이 장착된 고압 시스템 1200 kPa (175 lb$_f$/in.$^2$)<br>북미에는 운영 시설 없음 |
| Sonolyzer/Ovivo, 미국 | 2차 슬러지의 초음파 처리를 기반으로 함. 슬러지 복합체에의 고주파 적용, 세포막의 공동현상과 분해 유발로 구성됨 | 15년 동안 집중적으로 연구됨<br>전 세계적으로 25곳 이상에 설치 | 상대적으로 높은 에너지 요구량<br>현재 북미 내 오직 한 업체에서 제공 |
| Electrokinetic Disintegration(동전기적 분해)/Sud-Chemie AG, 독일 | 슬러지는 내부 고전압의 전기를 포함하는 일련의 배관을 통과함. 슬러지의 이동으로 세포 구조가 약해지고 균열이 생겨 미생물이 보다 효과적으로 슬러지를 소화함 | 소화를 최적화함<br>가스 발생량 증대<br>슬러지 침전 증가<br>유럽 내 몇몇 곳에 설치됨 | 상대적으로 높은 에너지 요구량<br>고전압 운전 |

[a] 본 표의 내용은 2013을 기준으로 함

(glycerin), 그리고 그리스 트랩(grease trap)으로부터 수집된 갈색 그리스 등과 같은 하나 또는 그 이상의 2차 기질을 적은 양으로 혼합한 것이다. 다른 상업적 용도로 사용되는

**표 13-39**

**유기물질 병합 소화에 따른 영향(WEF, 2010b)[a]**

| 분류 | 설명 |
|---|---|
| 기술적 | • 포집 시스템을 통해, 특히 운전 중단, 악취 또는 손상을 유발하는 폐기물을 제거함<br>• 초기의 시설과 액상 처리공정으로부터 유기물 부하와 저해를 일으키는 요인을 제거함<br>• 기존 소화조 용량 사용 증대, 특히 폐기물은 휘발성 고형물 부하율의 증가 측면에서 하수 슬러지와 병합 소화함<br>• 유기성 폐기물을 처리하는 방법에 대한 이해 개선<br>• 유기성 폐기물을 위한 신뢰성 있는 배출 수단 제공 |
| 경제적 | • 유기성 폐기물의 위탁 수수료에 대한 새로운 수익원으로 개발<br>• 열 병합 시스템, 열 건조 시스템 또는 다른 유용한 활용을 위한 보다 많은 바이오가스 생산<br>• 초기 설비에서부터 최종 침전조까지의 액상 처리공정 내 운전, 유지관리 그리고 악취 조절 비용 감소<br>• 액상 처리 용량의 추가적인 건설을 피하거나 보류함<br>• 슬러지 공정의 처리 효율 증가 |
| 환경적 | • 이용 가능한 탄소 배출권 확보<br>• 탄소 격리보다 메탄 발생에 기여하는 유기성 폐기물의 토지 적용 감소<br>• 온실가스, 특히 메탄가스 배출 감소, 동시에 폐기물로부터 에너지 회수 증가 |

[a] WEF(2010b)

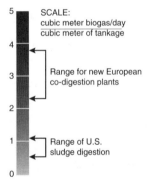

**그림 13-32**

가스 발생량의 효율 비교 (Schafer and Lekven, 2008)

황색 그리스는 병합 소화의 원료로 사용되기에는 그 가치가 너무 높다. 혼합 기질을 만드는 경우, 각각의 기질이 독립적으로 소화될 때와 비교해서 메탄 발생량이 증가하는지, 감소하는지, 또는 비슷한지 확인할 필요가 있다. 어떤 유기성 기질의 성공적인 병합 소화를 위해서는 주의 깊은 관리가 필요하다(Zitomer 등, 2008).

다양한 기질의 병합 소화는 소화 성능을 향상시키며 보다 안정적인 혐기성 소화가 이루어지는 것으로 나타났다(Braun and Wellinger, 2003; Schafer and Lekven, 2008; STOWA, 2006). 어떤 유기기질을 혐기성 소화 시스템에 주입하는 것은 생물학적 활성도를 활발하게 하며 그림 13-32와 같이 가스 발생과 같은 소화조 성능을 향상시킨다.

**고농도 액상 유기성 폐기물의 병합 소화.** 지질, 기름 및 그리스(FOG)의 병합 소화에서는 높은 바이오가스 수율이 관찰되기 때문에 고농도 액상 유기성 폐기물 중 FOG는 가장 흔하게 사용되는 기질이다. 치즈 생산에서 발생되는 유장(whey)이나 바이오디젤 생산에서 발생되는 잔류 글리세린(glycerin)과 같은 다른 액상 유기성 폐기물도 병합 소화에 적합하다. 일부 유기성 폐기물의 분해에 따른 가스 발생량과 메탄 함량은 표 13-40에 나타내었다. 병합 소화를 위해 선정된 고에너지 유기성 원료들에 대한 세부적인 폐기물 특성

**표 13-40**

**가스 발생량 및 메탄 함량**

| 원료 형태 | 분해된 단위 고형물 당의 가스발생량(m³/kg) | 메탄 함량(%) |
|---|---|---|
| 지질 | 1.2~1.6 | 62~72 |
| 스컴 | 0.9~1.0 | 70~75 |
| 그리스 | 1.1 | 68 |
| 단백질 | 0.7 | 73 |

[a] WEF(2010a)

표 13-41

선정된 고에너지 유기성 원료의 특성

| 구분 | 단위 | 식당 그리스 저집기 | 바이오디젤 글리세린 | 고분자 탈수 FOG | 석회 탈수 FOG |
|------|------|-----------------|------------------|----------------|---------------|
| 총 고형물 | % 고형물 | 1.8~21.9 | 14.7 | 42.4 | 49.1 |
| 휘발성 고형물 | % 고형물 | 1.2~21.6 | 14.0 | 40.9 | 37.4 |
| 휘발성 고형물/총 고형물 | % | 88.9~98.6 | 95.2 | 96.5 | 76.5 |
| pH | – | 4.3~4.8 | 8.4 | 4.0 | 6.5 |

[a] WEF(2010a)

은 표 13-41에 나타내었다.

FOG는 대부분 레스토랑 및 식당의 기름 차단기(interceptors) 또는 그리스 트랩에 포집된 물질을 나타낸다. 각기 포집된 가공되지 않은 FOG는 일반적으로 높은 잔류 수분함량을 가지고 있다. 갈색 그리스(종종 트랩 그리스로 일컬어지는)는 포집된 FOG의 잔류 수분 함량이 제거된 후에 얻어진다. 일반적으로 가공되지 않은 FOG는 부피의 약 10%는 갈색 그리스로, 나머지 90%는 수분으로 구성되어 있다(NREL, 2008).

**FOG의 병합 소화 시 고려사항.**  전처리된 FOG와 다른 고농도(액상) 유기성 폐기물을 병합 소화하는 하수처리시설(WWTPs)은 운송된 물질의 이동, 저장, 주입 및 교반을 수용하기 위해 현재 시설의 설계를 변경해야 한다(WEF, 2010b). 실제 병합 소화 프로그램과 공정 설계는 시설마다 다를 수 있다. 일부 시설에서는 전처리된 FOG를 소화조로 직접 유입하긴 하지만 대부분의 병합 소화 프로그램에서는 처리된 FOG의 저장을 위해 하나 이상의 별도의 저류 반응조(holding tanks)를 사용한다. 이와 같은 경우 이송된 FOG(그림 13-33 참조)는 일시적으로 저장되며 유입 슬러지와 혼합하여 소화조로 투입되거나 열교환 순환 시스템을 통해 소화 슬러지와 혼합된다.

전처리공정의 추가적인 구성 요소에는 오염물질의 제거를 위한 자갈 배출기 또는 스크린, 반응조 교반을 위한 분쇄형 펌프, 반응조 환기 장치 또는 악취 제거를 위한 활성탄이 포함될 수 있다. 또한 일부 병합 소화 프로그램은 외부에서 이미 전처리된 기질만 받

그림 13-33

샌프란시스코 하수처리시설 내 FOG 저장 시설

아들이도록 설계될 수도 있다. 주입 펌프는 FOG를 자동적으로 일정하게 혐기성 소화조 내로 유입시킨다. 처리된 FOG의 투입은 지체효과를 최소화하고 공정의 안정성 향상을 위해 점진적으로 증가시켜야 한다. 또한 FOG 투입의 점진적인 증가는 고형물의 부상이나 소화조의 성층화를 유발할 수 있는 가스 발생의 급격한 증가를 방지한다(WEF, 2010b).

소화조 내 바이오매스(biomass)가 FOG 첨가에 순응되면 바이오가스 발생뿐만 아니라 메탄 함량도 증가하는 것으로 보고되었다. 성공적인 FOG의 병합 소화 프로그램과 시설 운영을 위해서는 적절한 주입, 효율적인 소화조 가열 및 교반(사영역을 방지하기 위해)이 중요한 공정 인자들로 나타났다. 예상되는 소화조 가스 발생 증가의 이점을 최대한 취하기 위해서는 전력과 열 생산을 위한 추가적인 폐열발전 용량이 요구된다.

**유기성 고형 폐기물의 병합 소화.** 혐기성 소화기술은 1990년대 유럽에서 발생원에서 분리 배출된 유기성 폐기물(source-separated organic waste, SSO)과 유기성 도시 고형 폐기물(organic fraction of MSW, OFMSW)의 처리를 위해 상업적으로 개발되었으며 현재는 전 세계적으로 이용되고 있다. SSO와 OFMSW의 처리를 위한 기술들이 더욱 발전됨에 따라 이러한 물질을 병합 소화하는 시설들의 수가 증가될 것이다. SSO와 OFMSW는 가스 수율이 좋은 도시 고형물질을 이용한 병합 소화에 적합한 것으로 나타났다. Braun and Wellinger(2003)는 SSO와 다른 유기성 기질의 병합 소화로부터 발생할 수 있는 바이오가스의 양을 파악하였다.

캘리포니아에 위치한 East Bay Municipal Utility District (EBMUD)는 유기성 고형 폐기물의 병합 소화에 대한 노력에 앞장서고 있다. U.S. EPA Region 9 보조금으로부터 일부 지원받은 실험실 규모의 연구는 SSO의 소화조 유입 시 생분해도, 메탄가스 발생 및 최소 평균 체류시간을 도출하고자 수행되었다. 이 결과에 따르면 하나의 주어진 반응조에서 병합 소화를 통한 메탄 발생량은 슬러지 단일 처리 시 발생되는 메탄 발생량에 비해 3.0~3.5배 증가된 것으로 나타났다. EBMUD는 2000년 초기부터 운영되었으며 병합 소화를 위해 전처리된(파쇄 후 체 분리된) 약 36 tonne/d (79,400 lb/d)의 음식물류 폐기물을 처리할 수 있는 사내 음식물 폐기물 재순환 공정(in-house food-waste recycling process)을 개발하였으며 특허를 받았다(Peck, 2008; Gray 등, 2008a; Gray 등, 2008b).

**병합 소화의 비용−효율성.** 유기성 폐기물 병합 소화의 비용 효율성은 다양한 인자들의 영향을 받는다. 비용에 대한 중요한 인자로는 폐기물의 형태, 시설로부터의 거리와 위치, 위탁 수수료, 현장 전처리에 대한 요구, 소화 용량, 발생 가스의 효용적 사용 방법 및 전기요금이 있다. U.S. EPA Region 9는 EBMUD의 경험과 폭넓은 연구를 바탕으로 병합 소화 경제성 분석 도구(co-digestion economic analysis tool, CoEAT)를 개발하였다. CoEAT는 의사 결정자에 의해서 활용되도록 설계되었으며 하수처리시설에서 바이오가스 생산을 목적으로 하는 음식물류 폐기물 병합 소화의 경제적 타당성을 평가할 때 첫 단계로 여겨진다. CoEAT 프로그램의 입출력 정보는 표 13−42에 나타내었다. 고려된 유기성 폐기물의 형태는 잔류 음식물류 폐기물, 상업용 음식물류 폐기물, FOG, 음식물류 폐기물(과일, 채소, 제과류, 렌더링 부산물), 낙농 폐기물─유고형분, 농업 폐기물(과일 및 야채 찌꺼기)를 포함한다.

**표 13 – 42**

**EPA의 병합 소화 경제성 분석 도구(CoEAT)의 입출력 정보**

| 입력(재무자료 포함) | 출력 |
|---|---|
| 1. 원료 형태와 발생량 | 1. 고정 및 반복 비용 |
| 2. 수집과 운송 | 2. 고형 폐기물의 유용에 따른 비용절감 |
| 3. 처리 | 3. 설비 투자 |
| 4. 소화조 시설 | 4. 바이오가스 발생과 에너지 수치 |
| 5. 바이오 고형물의 처분 | 5. 매립에 따른 메탄 감소 |

## 13-10 호기성 소화

호기성 소화는 (1) 폐활성 슬러지 단독, (2) 폐활성 슬러지 또는 살수여상 슬러지와 1차 슬러지의 혼합물, (3) 장기 포기 시설에서 발생하는 폐슬러지를 처리하는 데 사용될 수 있다. 호기성 소화는 주로 용량이 0.2 m³/s (5 Mgal/d) 이하에 사용되었으나 최근 2 m³/s (5 Mgal/d) 이상 용량의 하수처리시설에도 도입되었다(WEF, 2010a). 별도의 슬러지 소화를 염두에 두고 있는 경우에 생물학적 슬러지의 호기성 소화는 괜찮은 적용이다. 혐기성 소화와 비교하여 재래식 호기성 소화의 장점과 단점은 표 13–43에 나타내었다.

13-2절과 표 13-12에 언급한 바와 같이 호기성 소화는 B등급 바이오 고형물을 위한 PSRP 요구조건을 만족시키기 위해 지정된 공정 중의 하나이다. 규정에 따르면 병원균 감소에 대한 B등급 요구조건을 만족시키기 위해 고형물 체류시간은 적어도 20℃에서 40일, 15℃에서 60일은 되어야 한다고 기술되어 있다. 대부분의 경우 40일 이하의 SRT를 가진 시설에서 B등급의 요구조건을 맞추기 위해 추가적인 저장 시설이나 농축조를 추

**표 13 – 43**

**호기성 소화의 장점과 단점**

| 장점 | 단점 |
|---|---|
| 1. 잘 운전되는 호기성 소화조 내에서 휘발성 고형물의 감소는 혐기성으로 얻는 것과 비슷함 | 1. 산소를 공급하는 데 필요한 높은 동력비 |
| 2. 혐기성 소화에 비해 반송수 내 낮은 BOD 농도 | 2. 에너지 회수를 위한 메탄을 생산하지 않음 |
| 3. 악취가 없고 휴믹물질과 같은 생물학적으로 안정한 최종 산물의 생산 | 3. 호기성 상태에서 소화된 바이오 고형물은 혐기성 상태에서 소화된 바이오 고형물에 비해 기계적 탈수능이 낮음 |
| 4. 바이오 고형물 내에서 기본적인 비료 성분의 회수 | 4. 온도, 위치, 반응조 형태, 유입 고형물의 농도, 교반과 포기 장치의 형태, 반응조 재료의 형태에 따라 크게 영향을 받음 |
| 5. 신뢰성 있는 운전을 위해 필요한 특정 기술이 거의 없는 간단한 기술 | 5. 공정은 알카리도를 소모함 |
| 6. 소규모 시설에는 자본 비용이 적음 | |
| 7. 쉽게 사용 가능한 부품의 구성이 쉬움 | |
| 8. 영양소가 풍부한 폐활성 슬러지를 안정화시키는 데 적합함 | |
| 9. 폭발에 대한 위험이 없음 | |

[a] WEF(2012)

가해야만 한다. 설계자가 안정화를 위해 호기성 소화를 사용하면서 위의 SRT를 맞추지 못한다면, 병원균 감소 기준을 맞추고 있다는 것을 입증하기 위해 공정의 성능을 계속 조사할 필요가 있다. 휘발성 고형물의 감량 요구조건이 질병 매개체의 접근방지 규정에 적합한 지를 입증할 수 있도록 모니터링이 또한 요구된다(U.S.EPA, 2003).

## ≫ 공정 개요

호기성 소화는 활성슬러지 공정과 비슷하다. 유용한 기질(먹이)이 고갈됨에 따라 미생물들은 세포 활동의 유지를 위한 에너지를 얻기 위하여 자신의 원형질을 소모하기 시작한다. 세포조직으로부터 에너지를 얻을 때 미생물들은 내생호흡 단계(endogenous phase)에 있다고 말한다. 세포조직은 호기적으로 이산화탄소, 물과 암모니아로 산화된다. 실제적으로 세포조직의 약 75~80% 정도가 산화될 수 있다. 나머지 20~25%는 생분해되지 않는 불활성 물질과 유기물의 혼합이다. 암모니아는 소화가 진행됨에 따라 질산성 질소로 산화된다. 생분해가 불가능한 휘발성 부유고형물은 호기성 소화로부터 최종산물로 남게 된다. 미생물이 소화조로 폐기되고, 미생물의 세포물질 구성식이 $C_5H_7NO_2$로 대표된다는 것을 고려하면, 호기성 소화에서 생화학적 변화는 다음 식으로 표현될 수 있다.

미생물의 분해

$$C_5H_7NO_2 + 5O_2 \rightarrow 4CO_2 + H_2O + NH_4HCO_3 \tag{13-19}$$

방출되는 암모니아 질소의 질산화

$$NH_4^+ + 2O_2 \rightarrow NO_3^- + 2H^+ + H_2O \tag{13-20}$$

완전한 질산화의 총괄 식

$$C_5H_7NO_2 + 7O_2 \rightarrow 5CO_2 + 3H_2O + HNO_3 \tag{13-21}$$

전자 수용체로 질산성 질소가 사용되는 경우(탈질화)

$$C_5H_7NO_2 + 4NO_3^- \rightarrow 5CO_2 + 2N_2 + NH_3 + 4OH^- \tag{13-22}$$

완전한 질산화/탈질화

$$2C_5H_7NO_2 + 11.5O_2 \rightarrow 10CO_2 + N_2 + 7H_2O \tag{13-23}$$

식 (13-19)부터 (13-21)에 제시된 바와 같이, 충분한 완충능이 슬러지에 존재하지 않을 경우, 유기성 질소의 질산성 질소로의 전환은 수소이온 농도의 증가로 인한 pH 감소를 가져온다. $CaCO_3$로 표현되는 약 7 kg의 알칼리도는 암모니아 1 kg이 산화될 때 소모된다. 이론적으로 질산화에 소모되는 알칼리도의 약 50%는 탈질에 의해 회수된다. 그러나 용존산소가 매우 낮게 유지된다면(1 mg/L 이하로) 질산화는 일어나지 않는다. 실제적으로 pH를 조절하면서 포기와 교반을 반복하는 것이 탈질을 극대화하는 데 효과적이다. 완충능이 부족하여 pH가 5.5 이하로 떨어지는 경우에 있어서는 원하는 pH를 유지하기 위해 알칼리도 공급 장치를 설치해야 한다.

활성슬러지나 살수여상 슬러지가 1차 슬러지와 혼합되고 이것이 호기적으로 소화된다면 1차 슬러지 내 유기물의 직접 산화와 세포조직의 산화는 함께 일어난다. 호기성 소화조

**그림 13-34**

**호기성 소화조의 예.** (a) 공기가 공급되는 회분식 운전 방식, (b) 공기가 공급되는 연속 운전 방식, (c) 기계식 포기기를 갖춘 비어있는 호기성 소화조 전경, (d) 운전 중인 호기성 소화조

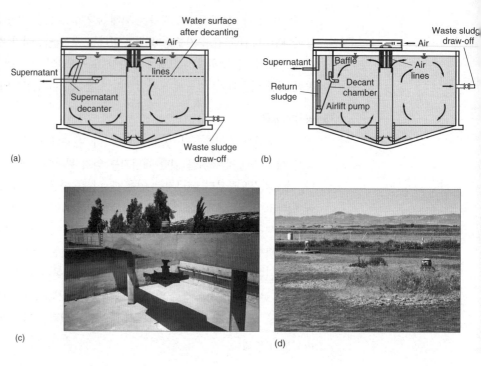

는 회분식 또는 연속 흐름 반응조 형태로 운전된다(그림 13-34 참조). 다음과 같은 세 가지의 검증된 변형 공정이 일반적으로 사용된다. (1) 재래식 호기성 소화, (2) 고순도 산소 호기성 소화, (3) 자가 발열 호기성 소화(autothermal aerobic digestion, ATAD). 공기를 사용하는 호기성 소화는 가장 일반적으로 사용되는 공정이므로 다음에서 보다 자세히 고찰하겠다.

### ▶▶ 재래식 호기성 소화

재래식 호기성 소화조를 설계함에 있어 고려해야 할 인자들에는 온도, 고형물의 감량, 소화조의 부피, 유입 고형물의 농도, 산소요구량, 교반에 필요한 에너지 요구량, 그리고 공정의 운전이 있다. 호기성 소화의 대표적인 설계 기준은 표 13-34에 나타내었다.

**온도.** 대부분의 호기성 소화조는 개방형 반응조이기 때문에 소화조 액의 온도는 기상 조건의 영향을 받으며 변화가 매우 심하다. 모든 생물학적 시스템에서와 같이 낮은 온도는 공정을 지연시키는 반면 높은 온도는 공정을 가속화시킨다. 온도 영향을 고려할 때, 강철 구조 대신 콘크리트를 사용함으로써, 반응조를 지상에 두지 않고 지하에 둔다거나 지상 반응조에 대해 단열처리를 함으로써, 그리고 표면 포기를 하는 대신 수면 포기를 함으로써 열손실을 최소화해야 한다. 극단적인 추운 날씨의 경우, 슬러지나 주입되는 공기를 가열하거나 반응조에 덮개를 씌우는 등의 조치를 강구해야 한다. 설계는 예상되는 가장 낮은 온도에서 슬러지의 안정화가 필요한 만큼 이루어지도록 해야 하며, 예상되는 최고 운전 온도에서 최고 산소요구량을 만족시키도록 해야 한다.

**표 13-44**

**호기성 소화조 설계 기준**

| 설계인자 | U.S. 단위계 | | S.I 단위 | |
|---|---|---|---|---|
| | 단위 | 대푯값 | 단위 | 대푯값 |
| SRT[b] | d | | d | |
| 20℃에서 | | 40 | | 40 |
| 15℃에서 | | 60 | | 60 |
| 휘발성 고형물 부하 | lb/ft³·d | 0.1~0.3 | kg/m³ · d | 1.6~4.8 |
| 산소요구량 | | | | |
| 세포조직[c] | lb O₂/lb VSS | ~2.3 | kgO₂/kg VSS | ~2.3 |
| | 파괴된 양 | 1.6~1.9 | 파괴된 양 | 1.6~1.9 |
| 1차 슬러지의 BOD | | | | |
| 교반에 필요한 에너지 | | | | |
| 기계식 산기기 | hp/10³ ft³ | 0.75~1.5 | kW/10³ m³ | 20~40 |
| 확산 공기 교반 | ft³/10³ ft³·min | 20~40 | m³/m³·min | 0.02~0.040 |
| 소화액의 잔여 용존산소 | mg/L | 1~2 | mg/L | 1~2 |
| 휘발성 부유고형물의 감소 | % | 38~50 | % | 38~50 |

[a] WEF(1995a); Federal Register(1993)

[b] 40 CFR Part 503 규정의 PSRP(processes to significantly reduce pathogens)를 만족시키기 위한 것임

[c] 탄소성 산화 동안 발생한 암모니아가 질산성 질소로 산화됨

**휘발성 고형물 감량.** 호기성 소화의 주요한 목적은 처분을 위한 고형물의 질량 감소이다. 이 감소는 비록 유기물이 아닌 것들의 감소도 있지만 슬러지의 생분해가능 부분에서만 이루어진다고 가정한다. 호기성 소화로 얻을 수 있는 휘발성 고형물 감량 범위는 35~50%이다. 40 CFR Part 503의 질병 매개체 접근방지 규정을 만족시키기 위한 지침은 (1) 바이오 고형물 처리 기간 동안 최소 38%의 휘발성 고형물 감량 또는 (2) 20℃에서 총 슬러지 고형물 1 g에 대한 비산소 소비율(specific oxygen uptake rate, SOUR)이 1.5 mg O₂/h보다 작아야 한다는 것이다.

완전혼합 소화조에서 생분해가능 휘발성 고형물의 변화는 반응조의 부피가 일정할 경우에 1차 생화학적 반응으로 표현 가능하다.

$$r_M = - k_d M \tag{13-24}$$

여기서 $r_M$ = 생분해가능 휘발성 고형물(M)의 단위 시간당 변화율(Δ질량/시간), $MT^{-1}$

$k_d$ = 반응 상수, $T^{-1}$

$M$ = 호기성 소화조 내 $t$ 시간에 남아 있는 생분해가능 휘발성 고형물의 질량, M

식 (13-24)의 시간 항은 호기성 소화조 내의 슬러지 체류시간(SRT)이다. 호기성 소화조가 어떻게 운전되느냐에 따라 시간 $t$는 이론적 수리학적 체류시간($t$)보다 크거나 같을 수 있다. 휘발성 고형물 중 생분해가능 부분을 이용할 경우, 1차 침전조가 있는 하수처리장으로부터 발생된 폐활성 슬러지의 약 20~35%가 생분해되지 않는다는 사실을 근

거로 해서 이용해야 한다. 1차 침전조가 없는 접촉 안정화 공정으로부터 발생된 폐활성 슬러지 내 생분해되지 않는 휘발성 고형물의 비율은 25~35% 범위이다(WEF, 2010a).

반응 상수 $k_d$는 슬러지의 종류, 온도, 고형물의 농도에 따른 함수이다. 폐활성 슬러지에 대한 $k_d$의 대표 값은 0.05 d⁻¹(15℃)~0.14 d⁻¹(25℃) 범위이다. 반응속도는 여러 조건에 따라 영향을 받기 때문에 실험실 또는 파일럿 규모 실험을 통해 사멸 계수값을 구하는 것이 필요하다.

고형물 감량은 그림 13-35에 나타낸 바와 같이 주로 반응조 내 액상 온도와 SRT[때때로 슬러지 일령(sludge age)이라고 표현됨]의 직접적인 함수이다. 자료는 파일럿 규모 실험과 실규모 현장 실험으로부터 얻어진다. 그림 13-35에 나타낸 것은 휘발성 고형물의 감량과 온도-일(온도와 슬러지 일령의 곱)의 관계를 나타내고 있다. 초기에 온도-일이 증가함에 따라 휘발성 고형물 감량 비율이 급격히 증가한다. 온도-일이 500에 접근함에 따라 곡선은 평평해지기 시작한다. 충분히 안정화된 바이오 고형물을 생산하기 위해 호기성 소화 시스템에서는 적어도 550 온도-일이 제안된다(Enviroquip, 2000). 그림 13-35의 사용은 호기성 소화조의 설계인 예제 13-8에 제시되었다.

**반응조 부피와 체류시간.** 반응조 부피는 요구되는 휘발성 고형물의 감량을 달성하기 위해서 필요한 체류시간에 의해 결정된다. 과거에는 호기성 소화 시스템의 설계에서 10~20일 정도의 SRT를 일반적으로 생각하였다(Metcalf & Eddy, 1991). 40 CFR Part 503의 병원균 감소 요구를 만족시키기 위하여, 소화조의 크기 산정 시 표 13-44의 SRT 기준이 38% 고형물 감량 기준보다 우선적으로 고려되어야 한다.

소화조 부피는 식 (13-25)에 의해 계산 가능하다(WEF, 2010a).

$$V = \frac{Q_i(X_i + YS_i)}{X(k_dP_v + 1/\text{SRT})} \tag{13-25}$$

여기서 $V$ = 호기성 소화조의 부피, m³ (ft³)

$\quad Q_i$ = 소화조에 유입되는 평균 유량, m³/d (ft³/d)

$\quad X_i$ = 유입 부유고형물, mg/L

$\quad Y$ = 1차 슬러지를 구성하는 BOD 분율(소수점으로 표현됨)

---

**그림 13-35**

소화조 용액 온도와 소화조 슬러지 일령의 함수로 나타낸 호기성 소화조의 휘발성 고형물 감량

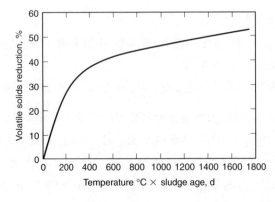

$S_i$ = 유입 BOD, mg/L

$X$ = 소화조 부유고형물, mg/L

$k_d$ = 반응속도 상수, $d^{-1}$

$P_v$ = 소화조 부유고형물의 휘발성분 분율(소수점으로 표현됨)

SRT = 슬러지 체류시간, d

$YS_i$ 항은 1차 슬러지가 호기성 소화조로 유입되는 슬러지 부하량으로 포함되지 않으면 무시할 수 있다.

만일 호기성 소화 공정이 단(이단 또는 삼단 공정)을 이루며 완전혼합 방식으로 운전된다면, 총 SRT는 각 단에 대해 균등하게 나누어져야 한다. 다단 호기성 소화에 관한 보다 많은 정보는 Enviroquip(2000)을 참조하기 바란다.

**유입 고형물 농도.** 유입 고형물 농도는 호기성 소화조의 설계와 운전에 중요하다. 농축 공정이 호기성 소화 공정의 앞에 위치하는 경우, 보다 높은 유입 고형물 농도를 유지할 수 있게 되고 이는 소화조 부피당 보다 많은 산소 공급과 보다 긴 SRT, 보다 작은 소화조 부피, 공정제어의 용이성(회분식 운전시스템에서는 반응조에서 반응조로 옮겨지는 것이 적어짐)을 가져오며, 공정 제어가 쉬워지며, 이어서 휘발성 고형물의 감량을 증가시킨다(WEF, 2010a). 그러나 유입 고형물의 농도가 3.5~4% 이상이면, 생물학적 공정을 유지하기 위해 필요한 적정 용존산소 수준으로 소화조 내 구성물을 잘 혼합시킬 수 있는 교반이나 포기 시스템의 능력에 영향을 미칠 수 있다. 유입 고형물 농도가 4%를 초과하면 적당한 교반과 포기가 이루어지는지 포기장치를 주의 깊게 평가하여야 한다. 또한 유입 고형물 농도가 4%보다 클 경우 소화조로부터 열을 제거하기 위한 조건이 수행되어야 한다.

**산소요구량.** 호기성 소화가 이루어지는 동안 꼭 필요한 산소 요구량은 세포조직과 1차 슬러지의 BOD이다. 식 (13-19)과 (13-20)에 의해 계산되는 세포조직의 완전 산화(질산화 포함)에 요구되는 산소량은 세포 1 mole당 7 mole 혹은 세포 1 kg당 2.3 kg이다. 1차 슬러지에 포함된 BOD의 완전 산화를 위해 요구되는 산소량은 분해되는 BOD 1 kg당 1.6~1.9 kg까지 변한다. 잔류 산소는 모든 운전조건하에서 1 mg/L 혹은 그 이상 유지되어야 한다.

**교반에 필요한 에너지 요구량.** 적절한 운전을 위하여 호기성 소화조 내의 구성물은 잘 교반되어야 한다. 큰 반응조에는 교반 에너지의 효율적인 분배를 위해서 다중 교반 장치가 설치된다. 교반에 요구되는 대표적인 에너지 요구량은 표 13-34에 나타내었다. 일반적으로 산소요구량을 맞추기 위해 공급되어야 하는 공기의 양이 매우 많으므로, 적절하게 교반이 되겠지만 교반 에너지의 요구량은 점검되어야 한다. 특히 유입 고형물 농도가 3.5% 이상일 경우 더욱 그러하다. 농축공정에서 고분자 응집제가 사용된다면(특히 원심 농축의 경우), 더 많은 양의 에너지가 요구된다.

미세기포 산기에 의한 교반(fine-pore diffused air mixing)이 사용되면, 포기 시스템의 선택 시 적절한 교반을 위해서 유입 고형물 농도의 한계점을 반드시 고려해야 한다. 유입 고형물의 한계점에 대한 추천사항은 포기장치의 제작자로부터 얻어야 한다. 슬러지 배출이 필요한 경우에는 산기관의 부착 현상(fouling)도 고려해야 한다.

**공정 운전.** 시스템의 완충 능력에 따라 긴 수리학적 체류시간에서 pH는 5.5 이하까지 떨어질 수 있다. pH의 잠재적인 하락은 용액 내 질산 이온의 증가와 탈기작용(air strip-ping)에 의한 완충 능력의 하락에 기인한다. 사상균의 증식은 낮은 pH 영역에서 이루어 진다. pH는 주기적으로 점검되어야 하고 너무 낮으면 조정해 주어야 한다. 용존산소와 호흡률은 공정의 적절한 성능을 확보하기 위해 점검되어야 한다.

전농축이 없는 호기성 소화조는 후속 단계로 배출하기 전에 소화된 바이오 고형물의 농축을 위한 배출시설(decanting facility)을 갖추어야 한다. 운전 제어와 배출 조작의 시 각화는 중요한 설계 고려인자이다. 소화조가 운전되어 유입 슬러지가 상등액을 대체하고 바이오 고형물이 쌓이게 되면 슬러지 체류시간은 수리학적 체류시간과 같지 않게 된다.

---

| 예제 13–8 | **호기성 소화조 설계** 활성슬러지 시설에 의해 발생되는 폐슬러지를 처리하기 위한 호기 성 소화조를 설계하라. 아래와 같은 조건이 적용된다고 가정한다. |

1. 소화되어야 하는 폐슬러지의 양은 2,100 kg TSS/d이다.
2. 최소 및 최대 액상 온도는 겨울철 운전 시 15°C, 여름철 운전 시 25°C이다.
3. 시스템은 겨울철에 40% 휘발성 고형물 감량률이 달성되어야 한다.
4. 겨울철 조건에서 최소 SRT는 60일이다.
5. 폐활성 슬러지는 용존공기부상 농축기를 이용하여 3%까지 농축된다.
6. 폐슬러지의 비중은 1.03이다.
7. 소화조 내의 슬러지 농도는 유입 농축 슬러지 농도의 70%이다.
8. 반응속도상수 $k_d$는 15°C에서 0.06 d$^{-1}$이다.
9. 소화조 TSS의 휘발성분 분율은 0.65이다.
10. 1차 슬러지는 소화조 유입수에 포함되지 않는다.
11. 확산–공기 교반이 사용된다.
12. 확산공기 시스템의 공기 온도는 20°C이다.

**풀이**

1. 그림 13–35를 이용하여 겨울철 조건에서 휘발성 고형물 감량을 계산하고 여름철 (최대) 조건에서 휘발성 고형물 감량률을 계산한다.

   a. 겨울철 조건의 경우, 그림 13–35에서 온도–일(degree-days)이 15°C × 60 d = 900 온도–일(degree-days)이다. 그림 13–35로부터 휘발성 고형물 감량이 45% 이고 이는 겨울 요구량 40%를 초과한다.

   병원균 감소 요구를 만족시키기 위하여 SRT는 60일 이상이 되어야 한다. 필요 한 부피는 68.0 m³/d × 60 d = 4,080 m³이다.

   b. 여름철 조건의 경우, 액상의 온도는 25°C일 것이며, 온도–일은 25 × 60 = 1,500이다. 그림 13–35로부터 여름철 휘발성 고형물 감량은 50%이다.

2. 총 휘발성 부유고형물의 질량을 기준으로 여름과 겨울철 휘발성 고형물 감량을 계

산한다.

VSS 총 질량($VSS_M$) = (0.65)(2100 kg/d) = 1,365 kg/d

    a. 겨울철: 1365 × 0.45 = 614 kg $VSS_M$ reduced/d

    b. 여름철: 1365 × 0.50 = 682 kg $VSS_M$ reduced/d

3. 산소요구량을 결정한다(표 13-45의 산소요구량 참조).

    a. 겨울철: 614 × 2.3 = 1,412 kg $O_2$/d

    b. 여름철: 682 × 2.3 = 1,569 kg $O_2$/d

4. 표준 조건에서 일일 요구되는 공기의 부피를 계산한다. 공기의 밀도는 부록 B-1을 참조한다. 공기 무게의 약 23.2%는 산소이다.

    a. 겨울철: $= \dfrac{1412\ kg}{(1.204\ kg/m^3)(0.232)} = 5055\ m^3/d$

    b. 여름철: $= \dfrac{1569\ kg}{(1.204\ kg/m^3)(0.232)} = 5617\ m^3/d$

    공기의 전달 효율이 10%라고 가정하면 공기 유량은

    겨울철: $= \dfrac{(5055\ m^3/d)}{(0.1)(1440\ min/d)} = 35.1\ m^3/min$

    여름철: $= \dfrac{(5617\ m^3/d)}{(0.1)(1440\ min/d)} = 39.0\ m^3/min$

5. 식 (13-2)를 이용하여 하루에 처리되는 슬러지의 부피를 계산한다.

$$Q = \dfrac{2100\ kg}{(10^3\ kg/m^3)(1.03)(0.03)} = 68.0\ m^3/d$$

6. 소화조 단위 부피당 공기요구량을 계산한다.

$$q = \dfrac{(39.0\ m^3/min)}{4080\ m^3} = 0.0096\ m^3/min \cdot m^3$$

7. 교반 필요조건을 점검하라. 6단계에서 계산된 공기요구량은 표 13-44에 주어진 범위보다 낮기 때문에 별도의 교반이 수행되기 전까지 교반 필요조건은 호기 시스템의 설계를 좌우할 것이다.

 위 예제는 1단 호기성 소화를 기초로 한다. 2단 또는 그 이상의 소화조가 사용된다면 반응조 부피의 상당한 감소가 가능하다. 다단 소화조의 경우 대부분의 휘발성 고형물 감량이 바이오매스가 가장 활발한 첫 단에서 발생하기 때문에 예상되는 요구량에 따라 소화조 간의 공기 분배는 서로 다르게 될 것이다.

**표 13 – 45**

**자가 발열 호기성 소화조 (ATAD)의 장점과 단점**

| 장점 | 단점 |
|---|---|
| 1. 다른 소화 공정에 비해 높은 반응속도와 짧은 체류시간 | 1. 높은 악취 잠재성 |
| 2. 간단한 운영 | 2. 탈수성이 떨어짐[b] |
| 3. 중온 혐기성 소화에 비해 높은 세균과 바이러스 제거 | 3. 질산화가 되지 않음 |
| 4. 반응조의 교반이 잘 이루어지고 온도가 55℃ 이상 유지하는 경우, A등급을 만족 | 4. 상향식 기계적 농축 필요 |
| 5. 완전히 밀폐된 반응조 | 5. 측류수에는 높은 영양염류가 포함되어 추가적인 처리가 필요 |
| 6. 재래식 호기성 소화에 비해 낮은 에너지 요구량 | 6. 거품 관리 필요 |
| | 7. 많은 공정들이 특허권이 있음 |
| | 8. 부식/침식에 대한 잠재성 |

[a] WEF(2012)

[b] 다수의 새로운 기술들은 현재 냉각 시설과 탈수성을 상당히 개선시킬 수 있는 중온 소화 시스템을 포함함

## 》 이중 소화

호기성 고온 소화는 이중 소화 공정의 전단 공정으로서 유럽에서 광범위하게 사용되어져 왔다. 후단 공정으로는 중온 혐기성 소화가 사용된다. 이중 소화는 전단에서 고순도 산소를 이용하여 미국에서도 시도되고 있다. 호기성 소화조의 체류시간은 일반적으로 18~24시간 범위이며 반응조 온도는 55~65℃ 정도이다. 일반적으로 혐기성 소화조의 체류시간은 10일이다. 이중 소화에서 고온 호기성 소화를 사용하는 장점은 (1) 병원균 사멸률의 증가, (2) 휘발성 고형물 감량의 향상, (3) 혐기성 소화조에서 메탄 발생률의 증가, (4) 유기물이 적게 유입되고 안정화된 슬러지에서 발생하는 악취가 감소, (5) 동일한 휘발성 고형물 감량이 1단 혐기성 소화조의 1/3 크기에서 이루어질 수 있다는 것이다. 호기성 반응조의 가수분해반응은 이어지는 혐기성 소화에서 분해와 가스 발생을 증가시킨다. 휘발성 고형물의 약 10~20% 정도가 호기성 소화조에서 액상화가 이루어지나 COD 감소는 5% 이하이다. 거품과 악취 제어를 위한 조치가 필요하다(Roediger and Vivona, 1998).

## 》 자가 발열 고온 호기성 소화

그림 13-36에 예시된 것과 같이 자가 발열 고온 호기성 소화(ATAD)는 재래식 방법과 고순도 산소 호기성 소화의 변형된 형태이다. ATAD 공정에서 유입 슬러지는 일반적으로 전농축되고 소화 공정 동안 휘발성 고형물의 산화로부터 발생하는 열을 보존하기 위해 반응조는 단열처리된다. 고온의 운전 온도(일반적으로 55~70℃)는 발열적인 미생물 산화 반응에 의해 발생하는 열을 이용함으로써 외부 열의 유입 없이 유지된다. 제거되는 휘발성 고형물 1 kg에서 약 20,000 kJ의 열이 발생한다. 추가적인 열 공급이 없기 때문에(포기와 교반에 의해 유입되는 열은 제외) 이 공정은 자가 발열이라고 불린다.

ATAD 반응조 내에서 충분한 수준의 산소, 휘발성 고형물 및 교반이 호기성 미생물로 하여금 유기물을 이산화탄소, 물 그리고 질소 부산물로 분해하도록 한다. ATAD의 주요 장점과 단점은 표 13-45에 나타내었다. ATAD 시스템은 A등급의 바이오 고형물을 생산할 수 있기 때문에 인지도가 상승하고 있다. 미국에서의 설문조사 결과, 미국 내에서 25개의 ATAD 시스템이 운전되고 있다(Meckes, 2011).

**그림 13-36**

자가 발열 고온호기성소화(ATA
D) 시스템. (a) 시스템의 개략도
, (b) 반응조의 개략도

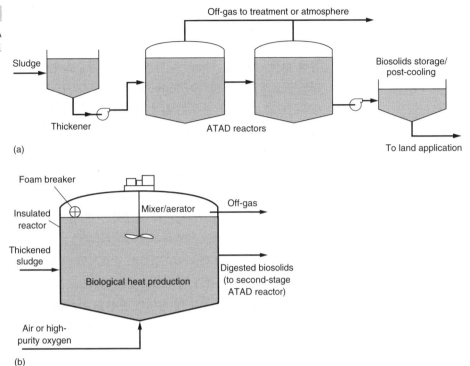

(a)

(b)

**공정 이론.** 고온 호기성 소화조의 생화학적 조건은 재래식 호기성 소화조와 매우 다르
다. 높은 운전 온도 때문에 질산화는 저해를 받고, 식 (13-20)~(13-23)과 같은 후속 반
응 없이 휘발성 고형물의 호기성 분해가 식 (13-19)와 같이 일어난다. 추가적으로 전부
는 아니지만 대부분의 ATAD 시스템은 산소공급량이 산소요구량을 초과하는 미호기성
조건(microaerobit)하에서 운전될 수도 있다(Stensel and Coleman, 2000). 식 (13-26)
에 제시된 것과 같이 미호기성 조건에서 단백질 성분의 세포물질은 발효과정을 거치게
되며 이때 단백질은 펩톤으로 대표될 수 있다(Chu and Mavinic, 1998).

$$4CH_2NH_2COOH + 4H_2O \rightarrow 3CH_3COOH + 2(NH_4)_2CO_3 \tag{13-26}$$

식 (13-19)와 (13-26)은 모두 암모니아를 생산하는데, 암모니아는 물과 이산화탄소와 반응
하여 중탄산 암모늄염과 탄산염 암모늄염을 형성하여 알칼리도를 증가시킨다. 질산화는 일
어나지 않으므로 ATAD 시스템에서 pH는 재래식 호기성 소화조에서보다 높은 8~9 범위이
다. 생성되는 암모니아성 질소는 방출되는 가스와 용액 내에 수백 mg/L의 농도로 존재한다.
암모니아성 질소의 대부분은 악취조절과 탈수 시설로부터 측류수를 통해 처리공정으로 반
송된다. 단백질의 발효로부터 생성되는 초산(또는 초산염)은 휘발성 지방산의 하나이다. 초
산은 식 (13-27)에서 나타낸 바와 같이 충분한 용존산소의 존재하에서 산화될 것이다.

$$CH_3COOH + 2O_2 \rightarrow 2CO_2 + 2H_2O \tag{13-27}$$

혐기성 조건은 ATAD 시스템 내에서 때때로 조성되는데, 대부분 ATAD 앞에 위치하는
슬러지 보관 시설에서, 그리고 슬러지가 공급되는 동안과 공급 직후 및 회분식으로 유입

될 때 첫 번째 ATAD 반응조에서 일어난다. 혐기성 조건하에서 악취조절 시스템의 설계와 성능에 영향을 미치는 환원된 황 화합물이 생성될 수도 있다.

**공정 설계.** ATAD 시스템은 단열 처리된 반응조 안에서 짧은 수리학적 체류시간을 가지도록 설계된다[그림 13-36(b) 참조]. ATAD 시스템이 교반이 잘되고 충분한 산소가 공급된다면 반응조의 온도는 정상 상태에 이를 때까지, 즉 발열반응 및 기계적 에너지 유입으로 인한 열 유입과 열손실이 같아질 때까지 상승할 것이다. 온도는 공정이 산소의 물질전달 한계에 도달할 때까지 계속 상승할 것이다.

ATAD 시스템을 설계하는 데 있어서 고려해야 할 사항은 전농축, 반응조의 수와 형태, 후냉각/농축, 유입슬러지 특성, 체류시간, 유입 주기, 포기와 교반, 온도와 pH, 그리고 거품과 악취제어 등이다. 미국 내에서 현재 설치된 거의 모든 ATAD 시스템은 두 개 이상의 반응조를 직렬로 연결하여 운전된다[그림 13-36(a) 참조]. ATAD 시스템의 설계 고려사항은 표 13-46에 나타내었으며 대표적인 설계 지침은 표 13-47에 정리하였다.

ATAD 시스템은 (1) 반응조의 높은 산소요구를 충족시키기 위해 충분한 산소가 전달되고 (2) 배출되는 공기 내 잠열의 손실을 최소화하면서 요구되는 산소를 공급하도록 설계되어야 한다. 하수처리시설에서 흔히 사용되는 포기 시스템 설계에 이용되는 설계과정에 따라 ATAD를 설계하면 ATAD 시스템의 산소전달률을 결정하기는 어렵다. ATAD 반응조 내에 존재하는 환경조건하에서의 산소전달 계수($\alpha$)와 산소 포화 계수($\beta$)는 정량화되지 않았다(Stensel and Coleman, 2000). 산소전달에 영향을 주는 인자는 높은 온도($\alpha$값을 낮춤)와 거품 층, 그리고 낮은 용존산소 수준(산소전달을 높임)이다. 거의 모든

**표 13-46**

**자가 발열 호기성 소화조(ATAD)의 대표적인 설계 고려사항[a]**

| 시설의 구성 | 설계 고려사항 |
|---|---|
| 전농축 시스템 | ATAD 반응조에 유입되는 COD 농도를 40 g/L 이상 유지하기 위해 농축 또는 혼합시설이 필요할 수 있음. |
| 반응조 | 반응조 수; 단열처리된 최소 2개의 직렬 연결된 반응조가 공급되어야 하며 교반, 포기, 거품 조절 시설이 갖추어진 단열처리된 반응조 최소 2기(직렬연결)가 설치되어야 함. |
| 스크린 | 하수 원수 또는 슬러지 유입에 대한 6~12 mm (0.25~0.5 in.)의 공극을 갖는 미세 스크린이 불활성 물질, 플라스틱, 그리고 고형 쓰레기의 제거를 위해 공급되어야 함 |
| 유입 주기 | 회분식 공정이 병원균 감소에 관한 A등급을 만족시키는 데 보다 확실하기는 하나, 연속식 또는 회분식 모두 사용 가능 |
| 거품 조절 | 거품 억제는 효과적인 산소전달률 확보와 생물학적 활성도를 증진시키기 위해 필요함. 0.5~1.0 m (1.65~3.3 ft)의 여유고가 요구됨 |
| 후저장/탈수 | 후속 냉각 공정은 고형물의 압밀을 달성하고 탈수능을 향상시키기 위해 필요함. 처리된 바이오 고형물 냉각을 위해 사용되는 열교환기가 없는 경우 최소 20일의 체류가 필요함 |
| 악취 조절 | ATAD 시스템의 높은 온도 때문에 상대적으로 높은 농도의 암모니아가 방출됨. 황화수소, 황화카르보닐(carbonyl sulfide), 메틸메르캅탄(methyl mercaptan), 에틸메르캅탄(ethyl mercaptan), 다이메틸설파이드(dimethyl sulfide), 다이메틸다이설파이드(dimethyl disulfide)를 포함한 환원된 황 화합물도 발생함. 악취 조절 시스템은 세정식 집진기(wet scrubbers), 바이오필터 또는 이들의 혼합 시설이 포함됨(16장 참조). |
| 측류수 | 악취 제어와 탈수 시스템으로부터 하수처리공정으로 되돌아오는 측류수는 특별히 고려하지 않거나 분리해서 처리하지 않으면 공정의 성능에 영향을 미칠 수 있는 구성물을 포함하고 있을 수 있음. |

[a] WEF(2010a), Stensel and Coleman(2000).

**표 13–47**

**자가 발열 호기성 소화조(ATAD)의 대표적인 설계 기준[a]**

| 인자 | U.S. 단위계 | | | S.I. 단위계 | | |
|---|---|---|---|---|---|---|
| | 단위 | 범위 | 대푯값 | 단위 | 범위 | 대푯값 |
| 반응조: | | | | | | |
| HRT | d | 4~30 | 6~8 | d | 4~30 | 6~8 |
| 용적 부하율 | | | | | | |
| TSS, 40~60 g/L | lb/10³ ft³·d | 320~520 | | kg/m³·d | 5~8.3 | |
| VSS, 25 g/L | lb/10³ ft³·d | 200~260 | | kg/m³·d | 3.2~4.2 | |
| 온도 | | | | | | |
| 1단 | °F | 95~122 | 104 | °C | 35~50 | 40 |
| 2단 | °F | 122~158 | 131 | °C | 50~70 | 55 |
| 포기와 교반 | | | | | | |
| 교반기 형태 | | | 흡입 | | | 흡입 |
| 산소전달 효율 | lb O₂/kWh | | 4.4 | kg O₂/kWh | | 2 |
| 에너지 요구량 | hp/10³ ft³ | 5~6.4 | | W/m³ | 130~170 | |

[a] Stensel and Coleman(2000).

ATAD 시스템은 반응조 안으로 산소를 공급하기 위해 흡입 송풍기의 형태를 사용한다. 형태는 중공사-축 프로펠러, 터빈 산기기, 펌프 벤츄리 흡입기와 제트 흡입기 등이다. 모든 공기 흡입 시스템과 마찬가지로 이러한 시설은 교반과 산소전달 모두를 제공한다. 교반과 산소공급에 소요되는 에너지 요구량은 표 13-47에 나타내었다.

세포성 단백질, 지질, 기름 및 그리스 물질들이 파괴되고 용액 내로 방출되면서 ATAD 공정에는 상당량의 거품이 발생된다. 거품 층은 반응조의 단열 및 향상된 산소이용을 제공하는 생물학적으로 활성을 띤 고농도의 고형물을 포함하고 있다. 그러므로 거품 층의 효과적 관리와 조절은 중요하다. 기계적 거품 제거기는 거품 제어에 일반적으로 사용되지만 스프레이 시스템과 같은 다른 방법들도 적용된다. 0.5~1.0 m 정도의 여유고가 거품 층 제어를 위해 일반적으로 제안된다(Stensel and Coleman, 2000).

ATAD 시스템의 후속으로 기계적 탈수가 있는 곳에서는 탈수능을 향상시키기 위해서 바이오 고형물의 냉각을 위한 ATAD 슬러지의 후저장이 요구된다. ATAD의 마지막 단 반응조 내에서 ATAD 슬러지를 긴 체류시간 하에 후저장하면 휘발성 고형물의 감량을 더욱 증가시킬 수 있다.

**공정 제어.** ATAD 공정으로 A등급 바이오 고형물의 요구조건을 충족시킬 수 있는지를 파악하기 위해서 적용되는 40 CFR PART 503의 조항을 살펴보면 병원균 감소를 위한 대안들이 주어져 있기 때문에 매우 복잡하다. 나타낼 필요가 있는 기본적 요구사항은 (1) 총 고형물(건조중량 기준) 1 g당 대장균 밀도가 1,000 MPN보다 작거나 (2) 총 고형물(건조중량 기준) 4 g당 살모넬라(*Salmonella sp.*) 박테리아의 농도가 3 MPN보다 작아야 한다. A등급 바이오 고형물에 대한 이러한 병원균 규정의 준수를 위하여 반응조로의 슬러지 유입과 배출은 회분식을 기준으로 이루어진다(유입-통과 시스템에서는 병원균이 빠져나갈 가능성이 있다). 반응조 내의 모든 입자가 시간과 온도 요구량을 만족시킬 수 있고 충분히 처리되지 않은 바이오 고형물이 반응조 밖으로 방출되는 일이 없도록 하기 위해서 직렬로 연결된 두 개 또는 그 이상의 반응조가 사용된다. ATAD 펌프 시스템은 1시간 또는 그 이하에서 슬러지를 매일 유입시키고 배출시키도록 설계되었다. 최소 55°C에서 매일 나머지 23시간 동안 반응조는 격리된다.

## ▶▶ 향상된 ATAD 시스템

많은 1세대의 ATAD 시스템에서는 낮은 성능, 악취 문제 및 높은 탈수 비용을 겪게 되어 2세대의 ATAD 시스템이 개발되었다. 2세대 ATAD와 1세대 ATAD의 차이점은 다음과 같다: (1) 2~3단계 대신 체류 시간이 더욱 짧아진 단일 고온 단계; (2) 포기를 위해 흡입 공기 대신에 압축 공기(송풍기)를 사용; (3) 호기성 조건을 유지하고 악취를 감소시키기 위한 충분한 공기압; (4) ORP를 기반으로 한 포기 제어; (5) 비기계적인 거품 제어; (6) 고온 단계 이후에 중온 포기 단계를 배치. 첫 번째 단계의 고온 반응조 부피는 총 처리 시설의 약 2/3를 차지한다. 일반적으로 2세대 ATAD 시스템은 높은 휘발성 고형물 감량과 심한 악취가 없는 A등급의 바이오 고형물을 생산하고 화학약품 요구량이 높지 않으며 고농도 고형물에 대해 우수한 탈수성능을 나타내는 것으로 보고되었다(Smith 등, 2012). 이에 추가해서 배기가스 악취 조절을 위한 습식 스크러버와 광촉매산화제의 사용이 효과적인 것으로 나타났다(Smith 등, 2012).

2002년 최초로 2세대 ATAD 시스템이 설치되었다(Scisson, 2009). 2012년 기준으로 15 tonne/d (16.5 ton/d)의 처리 용량을 가진 가장 큰 2세대 ATAD가 오하이오 주 미들타운(Middletown)에서 2009년 5월에 운영되기 시작하였다(Pevec, 2010). 이 설비의 운전 자료를 살펴보면 최소한의 악취로 운영되고 있으며 휘발성 고형물의 평균 감량률이 약 57%에 이르고 원심 탈수를 통해 약 31%의 고형물 케이크를 생산하고 있다.

## ▶▶ 고순도 산소 소화

고순도 산소 호기성 소화는 공기 대신에 고순도 산소를 이용하는 호기성 소화 공정의 한 변법이다. 생산되는 바이오 고형물은 재래식 호기성 소화의 바이오 고형물과 비슷하다. 유입 슬러지 농도는 2~4%로 다양하다. 재순환 흐름은 재래식 호기성 소화에 의해 이루어지는 것과 또한 비슷하다. 고순도 산소 호기성 소화는 공정 자체가 발열반응이며, 생화학적 활성의 증가로 인해 주위 공기 온도의 변화에 상대적으로 덜 민감하기 때문에 추운 겨울 날씨에서 특히 적용성이 높다.

고순도 호기성 소화 공정의 변법 중 대기에 노출된 형태가 있기는 하지만, 호기성 소화는 대체로 고순도 산소 활성슬러지 공정에서 사용하는 바와 비슷하게 밀폐된 반응조에서 이루어진다. 고순도 산소 호기성 소화에 밀폐된 반응조가 사용된다면 소화 공정의 발열 특성 때문에 일반적으로 높은 운전 온도를 유발하게 된다. 반응조에서 이와 같이 높은 온도를 유지하는 것은 휘발성 고형물의 감량률을 상당히 증가시키게 된다.

밀폐된 반응조가 사용되면 고순도 산소의 환경이 액상 표면 위에서 유지되고, 산소는 기계적 포기를 통해 슬러지 내부로 전달된다. 개방된 포기조가 사용되면 산소는 미세한 산소 방울을 생산하는 특별한 산기기에 의해 액상 슬러지에 공급된다. 공기 방울은 공기와 용액의 경계면에 이르기 전에 용해된다.

고순도 산소 호기성 소화의 주요 단점은 산소 공급에 따르는 비용의 증가이다. 결과적으로 고순도 산소 호기성 소화는 고순도 산소 활성슬러지 시스템과 연계하여 사용되었을 때만이 일반적으로 비용면에서 효과적이다. 또한 중화는 시스템의 완충능력 감소를 상쇄하기 위해 필요할 수도 있다.

## 문제 및 토의과제

**13-1** 폐활성 슬러지의 수분함유량을 98%에서 95%로 줄이고자 한다. 고형물의 비중이 1.00인 유기물 70%와 비중이 2.00인 무기물 30%로 구성되어 있다고 가정할 때, 근사법 및 정확한 방법에 의한 부피 감량률을 구하여라. 98% 및 95% 슬러리의 비중을 구하여라.

**13-2** 유량이 40,000 $m^3$/d인 활성슬러지 처리장이 있다. 미처리된 하수의 부유성 고형물의 농도는 200 mg/L이다. 이 처리장의 1차 침전조에서 SS의 60%가 제거된다. 만약 1차 슬러지 단독으로 이송될 경우 고형물의 농도는 5%이다. 0.5%의 고형물을 함유하고 있는 400 $m^3$/d의 폐활성 슬러지가 소화조로 이송된다고 가정하자. 만일 폐활성 슬러지가 중력 벨트 농축기에서 TS 6%로 농축되었다면 농축된 폐활성 슬러지의 부피를 구하여라. 1차 슬러지와 폐활성 슬러지를 각각 직접 소화조로 이송할 때와 비교하여 중력 벨트 농축기에서 폐활성 슬러지를 농축함으로써 달성할 수 있는 소화조로 이송되는 바이오 고형물의 일일 부피 감소량을 계산하라. 중력 벨트 농축기에서는 폐활성 슬러지가 완전히 포획된다고 가정한다.

**13-3** 중력 농축에 관련된 예제 13-4에서 계산된 농축조 크기에 12 $m^3/m^2 \cdot d$의 수리학적 부하율을 유지하기 위해 제공되는 자료를 사용하여 평균 설계 유량에 필요한 희석수의 양을 계산하여라.

**13-4** 예제 13-5에서 명시한 슬러지 양을 처리하기 위한 소화조의 부피를 (a) 휘발성 고형물 부하율과 (b) 인구 1인당 허용 부피 방법을 이용하여 구하시오. 세 가지 다른 과정을 이용하여 얻어진 소화조 크기에 대한 결과를 표에 표시하여 비교하여라(이 문제에서 두 가지, 예제 13-5에서 한 가지). 아래의 자료를 적용하여 추정한다.

1. 휘발성 고형물 부하법

   a. 고형물 농도 = 5%

   b. 체류시간 = 15 d

   c. 부하인자 = 2.4 kg VSS/$m^3 \cdot d$

   d. 휘발성 고형물 농도 = 75%

2. 부피 부하법

   a. 유역 내 하수 공급 인구 = 70,000

   b. 인구 일인당 기여 = 0.72 g/capita $\cdot$ d

   c. 요구되는 부피 = 50 $m^3/10^3$ capita $\cdot$ d

**13-5** 어떤 하수처리시설에서 1차 슬러지에 대한 별도의 혐기성 슬러지 소화를 공급하고자 계획 중에 있다. 처리장의 유입하수의 특성은 아래와 같다.

평균 유량 = 8000 m³/d

1차 침전조에서 제거되는 부유성 고형물 = 200 mg/L

침전된 고형물의 휘발성 물질 = 75%

처리되지 않은 슬러지의 수분 = 96%

무기성 고형물의 비중 = 2.60

유기성 고형물의 비중 = 1.30

이 자료들을 이용하여 (a) SRT가 22 d일 때 필요한 소화조의 부피, (b) 권장된 부하 인자 (kg VM/m³ · d)를 사용하여 최소 소화조 용량을 구하여라.

**13-6** 어떤 하수처리시설은 현재 평균 750 kg/d의 1차 슬러지와 폐활성 슬러지를 평균 고형물 함량 22% TS까지 탈수한다. 이 처리장은 현재 퍼그 밀(pug mill)에서 탈수된 슬러지와 평균 300 kg/d의 소석회를 배합함으로써 후석회 안정화(post lime stabilization)를 사용하고 있다. 생석회 투입 후에 이론적으로 증가된 온도를 구하여라. 만일 이 처리장에서 슬러지 안정화를 위해 석회 안정화를 혐기성 소화로 전환하였을 경우 장점과 단점을 논의하여라.

**13-7** 소화조의 유입 부하가 300 kg COD/d이다. 폐기물의 이용 효율을 75%라 하고 SRT = 40 d일 때의 발생된 가스의 부피를 구하여라. $Y = 0.10$, $b = 0.02$ d⁻¹으로 가정한다.

**13-8** 소화조를 제어하기 위해 휘발성 산의 농도, pH 또는 알칼리도 중 한 가지만을 가지고 사용해서는 안 된다. 어떤 시점에서 소화조의 운전이 실패할 것 같을 때, 이를 효과적으로 예측하기 위해 이들 변수들을 어떻게 상관시켜야 하겠는가?

**13-9** 외부 온수 열교환기(external hot water heat exchanger)에 슬러지를 순환시켜 소화조를 가열하고자 한다. 아래의 자료를 사용하여 소화조 온도 유지에 필요한 열량을 구하여라.

1. $U_x$ = 총괄 열전달계수, W/m² · K

2. 지상 벽면: $U_{air}$ = 0.85, 지하 벽면: $U_{ground}$ = 1.2, 덮개: $U_{cover}$ = 1.0

3. 소화조는 부유식 강철 덮개가 있는 콘크리트 탱크 지름 = 11 m, 측벽 깊이 = 8 m(지상 4 m) 탱크 벽과 바닥의 두께 300 mm.

4. 소화조로 유입되는 슬러지 = 15 m³/d (14°C)

5. 외부 온도 = −15°C

6. 지표면 흙의 평균 온도 = 5°C

7. 소화조 내 슬러지는 35°C로 유지

8. 슬러지 비열은 4,200 J/kg·°C 로 가정

9. 슬러지의 고형물 함량 4%

10. 원뿔 모양으로 솟은 덮개중앙은 소화조보다 0.6 m 높으며, 원뿔 모양으로 파인 은 중앙이 바닥 테두리보다 1.2 m 밑에 있다.

**13-10** 하수처리시설에서는 증가하는 슬러지 발생에 대처하기 위해 기존의 혐기성 소화조의 확장을 고려하고 있다. 현재 시설에서는 안정화를 위해 5% 농축 슬러지 25,000 kg/d가 소화조로 보내지고 있다. 현재의 시설에는 6,200 m³ 부피의 3개의 소화조가 있으나 한 개는 여분의 시

설이며 2개만 운영되고 있다. 소화조는 배출이 없는 고율의 완전혼합 소화조 형태이다.

a. 강사가 선택한 일련의 자료 중 하나를 이용하여, 사용하지 않게 된 하나의 소화조를 향후에 증설하는 경우 적어도 15일의 HRT를 유지하기 위해 추가로 필요한 소화조의 부피를 구하여라.

b. 소화조를 신설하지 않고 기존 혐기성 소화조의 용량 증가를 위해 고려할 수 있는 한 가지 방법은 열가수분해 공정을 추가하는 것이다. 열가수분해와 희석을 거치고 소화조로 공급되는 고형물 함량을 9%로 가정하는 경우 기존 소화조의 부피는 소화 요구량을 충족하는가? 열가수분해 공정의 출구 온도를 110℃로 가정하는 경우 열가수분해 시스템을 위한 이론적 증기 요구량을 구하여라.

소화조로 공급되는 농축슬러지와 희석된 가수분해 슬러지의 비중은 1.03으로 가정하시오.

| 항목 | 단위 | 자료 | | | |
|------|------|------|------|------|------|
| | | 1 | 2 | 3 | 4 |
| 장래 슬러지 부하 | kg/d | 55,000 | 60,000 | 50,000 | 58,000 |
| 생슬러지 온도 | ℃ | 10 | 15 | 20 | 12 |

13-11 현재 소규모 하수처리시설에서는 폐활성 슬러지의 안정화를 위해 호기성 소화를 이용(B등급 액상슬러지) 하고 있으며 장래 부하에 대처하기 위하여 시설의 확장에 대해 검토하고 있다. 현재 시설에서 폐활성 슬러지는 배출이 없는 1단의 완전 혼합 호기성 소화조로 보내진다. 만일 호기성 소화조를 유지하는 경우 강사가 선택한 일련의 자료 중 하나를 이용하여 성능 향상 방안을 제시하시오.

문제에서는 다음의 가정을 이용하시오.

1. 겨울과 여름의 액상 온도는 15℃와 25℃이다.

2. 호기성 소화조는 겨울철에도 휘발성 고형물 감량율(VSR) 40% 이상을 달성해야 하며 B등급의 요구조건(15℃에서 SRT > 60 d)을 충족해야 한다.

3. 액상의 폐활성 슬러지의 비중은 1.01이다.

4. 산기식 포기 장치에서 나오는 공기 온도는 20℃이다.

5. 산기식 포기에서 산소전달률은 10%로 가정하시오.

계산 시에는 부피요구량, SRT, 공기요구량 및 교반에 대해 언급하시오. 단, 언급 시에는 성능 향상 방안에 따라 예상할 수 있는 장점이나 단점에 대해 주의하시오.

| 항목 | 단위 | 자료 | | |
|------|------|------|------|------|
| | | 1 | 2 | 3 |
| 현재 슬러지 부하 | kg/d | 500 | 750 | 900 |
| 폐활성 슬러지 | % TS | 1 | 0.8 | 1.3 |
| 장래 슬러지 부하 | kg/d | 1,500 | 2,000 | 3,000 |
| 소화조 부피 | m³ | 3,000 | 5,600 | 2,400 |
| 현재 송풍기 용량 | m³/min | 90 | 165 | 125 |

## 참고문헌

Abu-Orf, M. M., S. Pound, R. Sobeck., E. Locke, L. Benson, W. Bailey, C. Peot, M. Sultan, J. Carr, S. Kharkar, S. Murthy, R. Derminassian, and G. Shih (2009) "DC WASA Adopts Thermal Hydrolysis for Anaerobic Digestion Pretreatment: Conceptual Design Details for the Largest Cambi™ System." *Proceedings WETEC 2009,* Water Environment Federation, Alexandria, VA.

Abu-Orf, M. M., and C. Goss (2012) "Comparing Thermal Hydrolysis Processes (Cambi™ and Exelys) for Solids Pretreatment Prior to Anaerobic Digestion" *Proceedings of the WEF Residuals and Biosolids Management Conference 2012,* Water Environment Federation, Alexandria, VA.

Albertson, O. E., and T. Walz (1997) "Optimizing Primary Clarification and Thickening," *Water Environ. Technol.,* **9**, 12, 41–45.

Arakaki, G., R. Vander Schaaf, S. Lewis, and G. Himaka (1998) "Design of Sludge Screening Facilities," *Proceedings of the 71st Annual Conference & Exposition,* vol. 2, Water Environment Federation, Alexandria, VA.

Babbitt, H., and D. H. Caldwell (1939) *Laminar Flow of Sludge in Pipes,* University of Illinois Bulletin 319, Urbana, IL.

Braun, R., and A. Wellinger (2003) *Potential of Co-digestion;* Report, International Energy Agency Bioenergy, Task 37, IEA Energy Technology Network, Comprised of a number of International Collaborators.

Brinkman, D., and D. Voss (1998) "Egg-Shaped Digesters—Are They All They're Cracked Up to Be?" *Proceedings of the 71st Annual Conference & Exposition,* vol. 2, Water Environment Federation, Alexandria, VA.

Carthew, G. A., C. A. Goehring, and J. E. van Teylingen (1983) "Development of Dynamic Headloss Criteria for Raw Sludge Pumping," *J. WPCF,* **55**, 5, 472–483.

Chu, A., and D. S. Mavinic (1998) "The Effects of Macromolecular Substrates and a Metabolic Inhibitor on Volatile Fatty Acid Metabolism in Thermophilic Aerobic Digestion," *Water Sci. Technol.,* (British.),. **38**, 2, 55–61.

Clark, S. E., and D. N. Ruehrwein (1992) "Egg-Shaped Digester Mixing Improvements," *Water Environ. Technol.,* **4**, 1.

Dentel, S. K., Chang, J. S., and Abu-Orf, M. M (2005) "Alkylamine Odors from Degradation of Flocculant Polymers in Sludges," Water Research, **39**, 14.

Enviroquip (2000) Aerobic Digestion Workshop, vol. III, Enviroquip, Inc., Austin, TX.

Federal Register (1993) 40 CFR Part 503, *Standards for the Disposal of Sewage Sludge.*

Garber, W. F. (1982) "Operating Experience with Thermophilic Anaerobic Digestion," *J. WPCF,* **54**, 8, 1170–1175.

Gray (Gabb), D. M. D., P. Suto, and J. Hake (2008a) *Technical Process Considerations for Providing Community Organics Recycling with Municipal Wastewater Treatment Plant Anaerobic Digesters,"* Proceedings of WEFTEC 2008, Water Environment Federation, Alexandria, VA.

Gray (Gabb), D. M. D., P. Suto, and M. Chien (2008b) *"Producing green energy from post-consumer food wastes at a wastewater treatment plant using a innovative new process,"* Proceedings of the Water Environment Federation Sustainability 2008, Water Environment Federation, Alexandria, VA.

Grady, C. P. L., Jr., G. T. Daigger, and H. C. Lim (1999) *Biological Wastewater Treatment,* 2d ed., Marcel Dekker, New York.

Hill, R. A., P. E. Snoek, and R. L. Gandhi (1986) "Hydraulic Transport of Solids," in, by I. J. Karassik, W. C. Krutzsch, W. H. Fraser, and J. P. Medina (eds.), Pump Handbook McGraw-Hill, New York.

Kester, G. (2008) Fats, Oils, and Grease (FOG), Presented at the *BioCycle West Coast Conference,* San Diego, CA.

Liptak, B. G. (1974) *Environmental Engineers' Handbook,* Chilton Book Co., Radnor, PA.

Maco, R. S., H. D. Stensel, and J. F. Ferguson (1998) "Impacts of Solids Recycling Strategies on Anaerobic Digester Performance," *Proceedings of the 71st Annual Conference & Exposition,* Water Environment Federation, Alexandria, VA.

McAdams, W. H. (1954) Heat Transmission, 2d ed., McGraw-Hill, New York.

McCarty, P. L. (1964) "Anaerobic Waste Treatment Fundamentals," Parts 1, 2, 3, and 4, *Public Works,*. **95**,. 9, 107–112, 10, 123–126, 11, 91–94, 12, 95–99.

McCarty, P. L. (1968) "Anaerobic Treatment of Soluble Wastes," in E. F. Gloyna and W. W. Eckenfelder, Jr. (eds.), *Advances in Water Quality Improvement,* University of Texas Press, Austin, TX.

Meckes, M (2011). Survey of Thermophilic Anaerobic and Aerobic Digestion Systems in USA, USEPA-NRMRL, Cincinnati, OH, November, 2011.

Metcalf & Eddy, Inc. (1981) *Wastewater Engineering: Collection and Pumping of Wastewater,* McGraw-Hill, New York.

Metcalf & Eddy, Inc. (1991) *Wastewater Engineering: Treatment, Disposal, Reuse,* 3d ed., McGraw-Hill, New York.

Moen, G. (2000) *Comparison of Thermophilic and Mesophilic Digestion,* Master's Thesis, Department of Civil and Environmental Engineering, University of Washington, Seattle, WA.

Mulbarger, M. C., S. R. Copas, J. R. Kordic, and F. M. Cash (1981) "Pipeline Friction Losses for Wastewater Sludges," *J. WPCF,* **51**, 8, 1303–1313.

Novak, J. (2001) Personal Communication, Virginia Polytechnic Institute, Blacksburg, VA.

NREL (2008) *Urban Waste Grease Resource Assessment,* National Renewable Energy Laboratory, NREL/SR-570-26141 (http://www.nrel.gov/docs/fy99osti/26141.pdf) (July 23, 2011).

Peck, C. (2008) Food Waste Opportunity! Investigating the Anaerobic Digestion Process to Recycle Post-Consumer Food Waste; *Presentation at the California Resource Recovery Association 32nd Annual Conference,* San Francisco, CA.

Pevec, T., and E. S. John (2010) Largest Municipal ATAD – Class A Biosolids at Middletown WWTP," *Proceedings of the Residuals and Biosolids Conference 2010,* Water Environment Federation, Alexandria, VA.

Roediger, H. (1987) "Using Quicklime—Hygienization and Solidification of Dewatered Sludge," Water Environment Federation, Operations Forum, **4**, 4, 18–21.

Roediger, M., and M. A. Vivona (1998) "Processes for Pathogen Reduction to Produce Class A Solids," *Proceedings of the 71st Annual Conference & Exposition,* Water Environment Federation, pp. 137–148, Alexandria, VA.

Sanks, R. L., G. Tchobanoglous, D. Newton, B. E. Bosserman, and G. M. Jones (1998) *Pumping Station Design,* 2d ed., Butterworths, Stoneham, MA.

Schafer, P. L., and J. B. Farrell (2000a) "Turn Up the Heat," *Water Environ. Technol.,* **12**, 11, 27–32.

Schafer, P. L., and J. B. Farrell (2000b) "Performance Comparisons for Staged and High-Temperature Anaerobic Digestion Systems," *Proceedings of WEFTEC 2000,* Water Environment Federation, Alexandria, VA.

Schafer, P., and C. Lekven (2008) "Co-Digestion Issues That Wastewater Agencies are Facing" *Proceedings of WEFTEC 2008,* 6776–6780, Water Environment Federation: Alexandria, VA.

Scisson, J. P (2009) "As good as the hype: An overview of the second generation and performance," *Proceedings of the Residuals and Biosolids Conference 2009,* Water Environment Federation, Alexandria, VA.

Smith, J. E., Bizier, P., and Sobrados-Bernardos, L. (2012) "Global Development of the ATAD Process and Its Significant Achievements in Energy Recovery and Utilization" *Proceedings of the Residuals and Biosolids Conference 2012,* Water Environment Federation, Alexandria, VA.

Speece, R. E. (1988) "A Survey of Municipal Anaerobic Sludge Digesters and Diagnostic Activity Assays," *Water Res,* **22**, 3, 365–372.

Speece, R. E. (2001) Personal communication.

Stensel, H. D., and T. E. Coleman (2000) "Assessment of Innovative Technologies for Wastewater Treatment: Autothermal Aerobic Digestion (ATAD)," Preliminary Report, Project 96-CTS-1.

STOWA (Dutch acronym for the Foundation for Applied Water Research) (2006) *Co-digestion Sheet;* http://www.stowa-selectedtechnologies.nl/Sheets/Sheets/Co.Digestion.html (accessed July 4, 2009).

Stukenberg, J. R., J. H. Clark, J. Sandine, and W. Naydo (1992) "Egg-Shaped Digesters: from Germany to the U. S.," *Water Environ. Technol.,* **4**, 4, 42–51.

Torpey, W. N., and N. R. Melbinger (1967) "Reduction of Digested Sludge Volume by Controlled Recirculation," *J. WPCF,* **39**, 9, 1464–1474.

U.S. EPA (1979) *Process Design Manual Sludge Treatment and Disposal,* EPA 625/1-79-011, Office of Research and Development, U.S. Environmental Protection Agency, Washington, DC.

U.S. EPA (1987) *Design Information Report—Anaerobic Digester Mixing Systems,* EPA-68-03-3208, EPA/600/J-87/014, Water Engineering Research Laboratory, U.S. Environmental Protection Agency, Cincinnati, OH (see also *J. WPCF,* **59**, 3, 162–170).

U.S. EPA (1995) *Process Design Manual—Land Application of Sewage Sludge and Domestic Septage,* EPA/625/R-95/001, Center for Environmental Research Information, U.S. Environmental Protection Agency, Washington, DC.

U.S. EPA (2000) *BiosolidsTechnology Fact Sheet: Alkaline Stabilization of Biosolids,* EPA 832-F-00-052, U.S. Environmental Protection Agency, Washington, DC.

U.S. EPA (2003) *Control of Pathogens and Vector Attraction in Sewage Sludge,* EPA/625/R-92/013, Office of Research and Development, U.S. Environmental Protection Agency, Washington, DC.

U.S. EPA (2009) *Targeted National Survey – Overview Report,* EPA/822/R-08/014, U.S. Environmental Protection Agency, Washington, DC.

U.S. EPA (2010) *Evaluation of Combined Heat and Power Technologies for Wastewater Facilities,* EPA-832-R-10-006, U.S. Environmental Protection Agency, Washington, DC.

WEF (1980) *Sludge Thickening, Manual of Practice No. FD-1,* Water Environment Federation, Alexandria, VA.

WEF (1987) *Anaerobic Digestion, Manual of Practice No. 16,* 2d ed., Water Environment Federation, Alexandria, VA.

WEF (1995) *Wastewater Residuals Stabilization, Manual of Practice No. FD-9,* Water Environment Federation, Alexandria, VA.

WEF (1998) *Design of Municipal Wastewater Treatment Plants,* 4th ed., Manual of Practice no. 8, vol. 3, Chaps. 17–24, Water Environment Federation, Alexandria, VA.

WEF (2010a) *Design of Municipal Wastewater Treatment Plants,* 5th ed., Manual of Practice no. 8, vol. 3, Chaps. 20–27, Water Environment Federation, Alexandria, VA.

WEF (2010b) *Direct Addition of High-Strength Organic Waste to Municipal Wastewater Anaerobic Digesters,* Water Environment Federation, Alexandria, VA.

WEF (2012) *Solids Process Design and Management.* Water Environment Federation, Alexandria, VA.

Wilson, T. E., R. Kilian, and L. Potts (2008) "Update on 2-phase AG Systems," *Proceedings of WEF Residuals and Biosolids Conference 2008,* Water Environment Federation, Alexandria, VA.

Zitomer, D., P. Adhikari, C. Heisel, and D. Deneen (2008) Municipal Anaerobic Digesters for Codigestion, Energy Recovery, and Greenhouse Gas Reductions. *Water Environ. Res.,* **80, 3,** 229–237.

# 14

# 바이오 고형물 처리공정, 자원 회수와 유용한 활용

*Biosolids Processing, Resource Recovery and Beneficial Use*

# 용어정의

| 용어 | 정의 |
|---|---|
| 호기성 고정 파일 퇴비화 (aerated static pile composting) | 슬러지 또는 바이오 고형물과 팽화재(bulking agent)가 반응용 공기 주입 격자 파일에서 혼합되고 분배되도록 하는 퇴비화 방법 |
| 벨트-여과 압착기 (belt-filter press) | 슬러지 또는 바이오 고형물에서 물을 빼내기 위해 일련의 도르레 조합을 회전시키는 투과성 이동식 벨트 장치 |
| 탄소 발자국 (carbon footprint) | 온실가스 생산량의 관점에서 인간 활동이 환경에 영향을 주는 단위. 이산화탄소 당량으로 표현 |
| 원심탈수기(centrifuge) | 원심력을 통해 다양한 밀도의 입자들을 분리하는 탈수 장치 |
| 퇴비화(composting) | 세균과 균류(fungi)에 의해 슬러지 또는 바이오 고형물 내 유기물의 호기성 분해를 촉진시키는 안정화 공정 |
| 개량(conditioning) | 슬러지 또는 바이오 고형물의 농축이나 탈수 능력을 향상시키기 위해 설계된 화학적, 물리적, 생물학적 공정 |

| 용어 | 정의 |
|---|---|
| 상징액 분리(decanting) | 슬러지 또는 바이오 고형물의 침전 후 침전물 상층 액체를 제거하여 침전된 슬러지나 바이오 고형물에서 액체를 분리하는 방법 |
| 탈수(dewatering) | 고형물 내 물의 일부분을 제거하는 벨트−여과 압착기나 원심탈수기 등에 의해 진행되는 공정. 탈수는 탈수된 케이크를 액체가 아닌 고형물로써 다루는 점에서 농축과는 구분됨 |
| 용존공기 부상법 (dissolved-air flotation) | 응집된 물질에 미세기포가 부착되어 표면으로 부상하고 이를 스키밍(skimming)에 의해 제거하는 정화 공정. 침전물은 기계식 스크레퍼에 의해 제거함 |
| 여과 압착기(filter press) | 반고체물질이 고압상태에서 압력을 받아 물을 분리하는 탈수 장치 |
| 유동상 소각로(fluidized-bed incinerator) | 연소의 발생 및 유지를 위해 고온의 가스를 이용, 고형 입자(보통 모래, 폐슬러지 및 바이오 고형물)의 유동성을 향상시키는 소각로 |
| 중력벨트 농축기 (gravity-belt thickener) | 다공성 여과 벨트를 이용하여 중력배수를 촉진시키는 농축 장치 |
| 열 건조(heat drying) | 전통적인 탈수 방법보다 효율성이 낮은 바이오 고형물 내의 물을 증발시키고 수분 함량을 감소시키기 위해 열을 적용하는 방법 |
| 살수여상 슬러지(humus) | 살수여상법에 의해 제거된 슬러지 |
| 소각(incineration) | 유기물의 열적 파괴를 통해 고형물의 체적이 감소되는 공정 |
| 용기식 퇴비화 (in-vessel composting) | 밀폐된 컨테이너나 용기 안에서 수행하는 퇴비화 방법 |
| 물질수지(mass balance) | 질량보존의 법칙을 이용해 자연계를 분석하는 방법 |
| 다단로 소각(multiple-hearth incinerator) | 유기성 슬러지나 바이오 고형물의 열적 파괴를 위해 많은 화로로 구성되어 있는 소각로 |
| 갈대여과상(reed bed) | 바이오 고형물을 안정화시키고 탈수하기 위해 물, 질소, 영양분 등을 순차적으로 이용하는 갈대를 기르는 처리 시스템 |
| 유동성(rheology) | (일반적으로 슬러지 및 바이오 고형물의) 탄력성, 점성, 가소성을 포함하는 액체의 흐름 특성 |
| 회전 드럼 농축조 (rotary drum thickener) | 슬러지와 바이오 고형물의 액상 흐름을 농축하기 위해 이용되는 회전식 원통형 스크린 |
| 회전식 압착기(rotary press) | 탈수 대상 물질이 이중 회전 스크린으로 제한된 채널을 통해 흐르게 되면, 여과액은 스크린을 통과하고 탈수된 물질만 계속해서 채널에 잔류하도록 고안된 슬러지 및 바이오 고형물 탈수 장치 |
| 측류수(sidestream) | 다른 처리를 위해 주 처리공정으로부터 우회시킨 폐수의 흐름 |
| 슬러지 건조상 (sludge drying beds) | 반고체용액 형태의 슬러지와 바이오 고형물을 다공성(예: 모래) 또는 불투수성 물질에 펼쳐 고액분리 및 공기 건조를 통해 탈수하고 건조하는 장치 |
| 고형물(solids) | 물리화학적 혹은 생물학적 처리 등에 의해 안정화되지 않은 슬러지. 본 장에서는 슬러지라는 용어와 함께 쓰이지 않음. 고형물 함량은 슬러지의 건조중량을 의미함 |
| 농축조(thickener) | 잔류물 또는 슬러리를 일정량의 수분제거를 통해 농축하는 탱크 또는 용기와 같은 장치 |
| 퇴비단 공법 (windrow composting) | 슬러지 또는 바이오 고형물을 팽화제(bulking agent)와 교반하고 퇴비단 형태로 쌓은 후 주기적인 뒤집어주기와 기계적 재혼합을 통해 퇴비화하는 방법 |

유기물질을 감소시키고 처리된 슬러지를 재사용하거나 최종 처리하기에 적합하게 하는 공정들을 13장에서 다루었다. 본 14장에서는 바이오 고형물의 회수와 유용한 활용을 위한 다양한 공정들에 대하여 논의한다. 바이오 고형물이 처리되거나 유용하게 사용되기 위해서는, 탈수공정을 통해 적정한 부피로 감소시켜야 한다. 한편, 효과적인 탈수를 위해 슬러지와 바이오 고형물의 수분 제거를 향상시키기 위한 개량(conditioning)이 필수적이다. 슬러지와 바이오 고형물의 개량은 14-1절에서 다룬다. 일반적으로 사용 가능한 탈수

방법은 14-2절에서 소개하고 설명한다. 탈수된 슬러지나 바이오 고형물의 건조(drying)는 보다 많은 물의 제거와 안정화(stabilization)를 목적으로 하고 있다. 비료나 에너지원으로 사용되는 입자상의 물질을 만드는 것은 14-3절에서 소개한다. 유해한 성분을 파괴하고 회분(ash)과 같은 물질을 생성하는 슬러지의 열처리 산화(thermal oxidation)는 14-4절에서 알아본다. 바이오 고형물을 안정화하고 비료와 같은 물질을 생성하는 퇴비화(composting)는 14-5절에서 논의한다. 바이오 고형물의 운송과 저장은 14-6절에서 설명한다. 처리 설비에서의 고형물 수지의 준비는 14-7절에서 다룬다. 바이오 고형물의 자원과 에너지 회수는 14-8절에서 다룬다. 바이오 고형물의 토지 적용과 운송, 저장 등의 후처리는 14-9절에 기술하였다.

## 14-1       화학적 개량

화학적 개량은 슬러지와 바이오 고형물의 탈수 특성을 향상시킬 수 있다. 14-2절에서 설명하는 원심탈수기, 벨트-여과 압착기, 회전식 압착기, 나사식 압착기, 압력-여과 압착기와 같은 기계적인 탈수 시스템을 효과적으로 운전하기 위해서는 슬러지와 바이오 고형물의 화학적 개량이 필수적이다. 화학적 개량은 슬러지와 바이오 고형물의 응집에 의해 효율적인 고-액 분리를 이루도록 해준다. 열처리와 동결-해동과 같은 적용성이 매우 낮거나 실험적으로 사용된 다른 개량방법들은 이전 4판의 본 교재에서 논의된 바 있다. 화학적 개량은 무기 화학약품과 수용성 고분자 또는 두 가지 모두 사용한다. 석회, 염화철, 황산철, 황산 알루미늄, 염화 알루미늄과 같은 무기물 개량제는 14-2절에서 논의되는 여판-여과 압착기에서 사용된다. 그러나 바이오 고형물의 탈수가 어렵고 고농도의 고분자를 주입해야 하는 경우와 같은 특정한 적용이 필요할 때에는 철이온을 종종 사용한다(Abu-Orf et al., 2001). 철이온과 석회는 건조 고형물 함량을 20~30% 정도 증가시키는 반면, 고분자(polymer)는 건조 고형물 함량을 증가시키지 않는다. 기계적인 탈수공정 중에 가장 많이 사용되는 개량제인 고분자에 대한 일반적인 논의는 본 절에서 주되게 다루어진다. 고분자에 대한 일반적인 설명, 특징, 개량에 영향을 미치는 요소, 투여량, 혼합, 고분자 준비와 공급에 대해 순차적으로 알아본다.

### 》 고분자

기계적인 탈수공정의 전처리로서 슬러지와 바이오 고형물의 개량에 수용성 고분자가 주로 사용된다. 고분자는 물에 첨가되었을 때 음전하 및 양전하를 띤 화학종으로 해리되기 때문에 유기고분자전해질(*organic polyelectrolytes*)로도 불린다. 고분자는 각 단량체들의 사슬로 이루어져 있으며 고분자의 전하를 결정하는 작용기가 직선, 가지, 또는 다양한 구조적인 형태로 연결되어 있다. 슬러지와 바이오 고형물은 주로 음전하를 띠기 때문에, 양이온 고분자들이 통상적으로 개량에 주로 사용된다. 모든 고분자가 그렇지는 않으나, 양이온 폴리아크릴아미드(polyacrylamide, PAM)가 슬러지와 바이오 고형물의 개량에 사용되는 대부분의 상용화된 고분자의 근간을 이루고 있다(WEF, 2012). 해리된 고분자들은 염화물과 같은 음이온들을 내놓음으로써 고분자량 중합체성 분자의 긴 사슬 형태로 양전하를 띠게 된다. 이러한 긴 사슬은 슬러지의 바이오플록(biofloc)에 입자성 물질과 부유물질을 응집시키고 보다 향상된 고−액 분리를 이룬다. 이러한 이유로 고분자를 응집 제라고도 한다. 양이온의 PAM은 건조형태, 액체나 에멀젼 형태로 존재한다. 고분자 형태 의 선택은 (1) 탈수 효율, (2) 비용 효용성, (3) 저장공간과 깔끔한 생성물의 처리, (4) 고분 자 사용방법, 고분자의 숙성, 그리고 주입 장치의 요건, (5) 안전성 등에 의해 결정한다.

고분자들은 등록상표가 있는 화학약품들로 전기적 전하, 전하밀도, 분자량 및 분자 구조에 따라 다양하다(WEF, 2012). 슬러지와 바이오 고형물의 개량에 사용되는 고분자 들은 보통 양이온으로 높은 전하밀도와 고분자량의 특징을 가진다. 고분자의 전하 밀도 와 분자량의 정도는 표 14−1과 같다(WEF, 2012). 분자구조는 일직선이거나 가지모양, 구조적인 형태일 수 있다. 원심탈수기와 같은 고속 전단 탈수 장치에서는 가지모양이나 구조적인 형태의 고분자들이 사용된다. 분자량과 전하밀도 등의 고분자 특성 분석은 하 수처리시설에서는 일반적으로 생략된다. 그러나 고분자에 대해 많은 비용을 소요하는 대 형 시설에서는 일관된 결과를 얻기 위해 현장 분석의 수행을 추천한다(Abu-Orf et al., 2009).

## 》 고분자 개량 영향 인자

고분자의 종류와 주입량의 결정은 슬러지와 바이오 고형물의 특성, 화학약품과 슬러지 의 교반조건 및 탈수기의 종류 등에 의해 좌우된다. 슬러지와 바이오 고형물의 중요한 특 성으로는 발생원, 고형물의 농도, 슬러지의 전하, 생물고분자물질(biopolymer) 함량, 유 동특성 등이 있다(WEF, 2012). 적정 고분자의 주입량은 슬러지나 바이오 고형물의 발 생원(1차 슬러지, 폐활성 슬러지, 소화 바이오 고형물)에 근거하여 추정하여야 한다. 호 기성과 혐기성 소화에서 휘발성 고형물이 많이 제거될수록 고분자의 요구량이 증가한다 (Novak et al., 2004). 고형물 농도는 고분자 투여량과 확산에 영향을 미친다. 슬러지나 바이오 고형물의 음전하량은 사용할 고분자의 양이온의 총량을 결정하는 중요한 요소이 다. 슬러지와 바이오 고형물내의 단백질과 다당류와 같은 생물고분자물질(biopolymer) 함량은 고분자의 주입과 탈수에 큰 영향을 미친다. 바이오 고형물내의 콜로이드성 생물 고분자물질 함량과 탈수능 확보를 위한 최적 고분자 주입량은 선형관계를 이룬다(Novak et al., 2004). 다양한 제작처별로 상이한 교반장치와 탈수 방법의 고유한 특성으로 인해, 탈수 방법도 개량 약품 선정에 영향을 미친다.

**표 14−1**
고분자의 전하 밀도와 분자
량의 정도[a]

| 상대적인 전하밀도 및 분자량 | 전하밀도, mole % | 분자량 |
|---|---|---|
| 매우 높음 | > 70~100 | > 6,000,000~18,000,000 |
| 높음 | > 40~70 | > 1,000,000~6,000,000 |
| 중간 | > 10~40 | > 200,000~1,000,000 |
| 낮음 | < 10 | < 200,000 |

[a]Adapted from WEF (2012).

## 》 고분자 주입량 결정

개량(conditioning)에 필요한 고분자 주입량은 실험실 규모의 실험으로 결정 가능하나 현장 규모 모사실험을 통해 입증할 필요가 있다. 고분자 주입량 결정에 사용되는 실험으로는 슬러지 비저항을 측정하는 Buchner funnel 실험(그림 14-1 참조), 모세관 흡입시간 실험(capillary suction time test, CST), 그리고 표준 jar test 등이 있다(ASTM, 2008). Buchner funnel 실험은 여러 종류의 개량제를 사용하여 슬러지의 배수성 또는 탈수 특성을 시험하는 방법이다. 모세관 흡입시간 실험은 중력과 여과지의 모세관 흡입현상을 이용하여 소량의 개량된 슬러지와 바이오 고형물의 배수 특성을 시험하는 방법이다. 표준 jar test는 가장 쉬운 방법으로 통상 1 L의 슬러지에 각각 다른 양의 개량제를 주입하여 급속교반, 완속교반, 침전의 순서로 실험하여 적정 주입량을 결정하는 방법이다. 개량과 탈수 공정에서 최적의 고분자 주입량을 결정하는 또 다른 방법으로는 스티리밍 커런트 디텍터(streaming current detector)로 탈리액 또는 여과액의 전하를 측정하는 방법(Abu-Orf and Dentel, 1997), 탈리액 또는 여과액의 점성을 측정하는 방법(Abu-Orf et al., 2003), 개량된 슬러지나 바이오 고형물의 유동 특성을 측정하는 방법이 있다(Abu-Orf and Or-meci, 2005). 탈수하기 어려운 특정 슬러지와 바이오 고형물의 경우 고분자의 종류와 주입량을 결정하기 위해 실험실 규모의 실험 또는 파일럿 실험을 추천한다.

## 》 교반

슬러지 또는 바이오 고형물에 고분자를 적정하고 일정한 혼합을 하는 것은 슬러지의 개량에 매우 중요하다. 교반의 강도는 형성된 플록을 파괴시키지 않을 정도여야 하며 개량된 후에 슬러지가 탈수 장치에 주입될 때까지의 체류시간은 가능한 짧아야 한다. 교반 정도는 사용되는 탈수 방법에 따라 다르다. 압력여과 전단에는 혼화조와 응집조를 분리하여 설치한다. 벨트압착 탈수기에서는 응집조를 별도로 설치하거나 고분자를 벨트-압착 탈수기의 주입관에 직접 투입한다. 원심탈수기에서는 관내 교반장치(in-line mixer)가 사

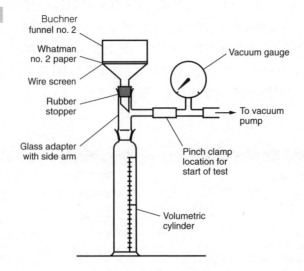

**그림 14-1**

슬러지와 바이오 고형물의 비저항을 결정하는 데 사용되는 Buchner funnel 실험 장비

용된다. 일반적으로 응집제 주입은 최소한 두 곳 이상에서 할 수 있도록 설계하는 것이 바람직하다.

일반적으로 슬러지의 종류가 적정 화학약품 주입량을 결정하는 데 가장 큰 영향을 미치는 것으로 알려져 있다. 탈수가 어려운 슬러지는 더 많은 화학약품 주입량이 필요하게 되고 함수율이 높은 케이크가 발생하며 여과액이나 탈리액의 성상이 좋지 않다. 슬러지의 종류를 개량 약품 소요량이 증가하는 대략적인 순서로 나열하면 다음과 같다.

1. 미처리 1차 슬러지
2. 1차 슬러지와 살수여상 슬러지의 미처리 혼합물
3. 1차 슬러지와 폐활성 슬러지의 미처리 혼합물
4. 혐기성 소화 1차 슬러지
5. 1차 슬러지와 폐활성 슬러지의 혐기성 소화 혼합물
6. 1차 슬러지와 폐활성 슬러지의 호기성 소화 혼합물
7. ATAD 바이오 고형물
8. 호기성 소화 폐활성 슬러지
9. 미처리 폐활성 슬러지

벨트여과 압착, 원심탈수, 회전식 압착, 나사식 압착 등을 사용하여 탈수할 때 슬러지 종류에 따른 일반적인 고분자 주입량은 14-2절에 나와 있다. 실제 주입량은 주어진 상황에 따라 제시된 값과 차이가 발생할 수 있다. 또한 고분자의 주입량은 사용하는 고분자의 분자량, 이온 강도 및 활동도에 따라 크게 다를 수 있다. 고분자 제조처에 적용 용도와 적정 주입량을 문의하는 것이 요구된다.

### ≫ 개량 준비와 주입

액상형태의 화학약품이 사용과 계량에 보다 용이하다. 만일 화학약품이 분말인 경우 용해조가 필요하다. 일반적으로 용해조는 적어도 1일 이상의 공급량을 저장하기에 충분한 두 개의 탱크를 설치하여야 한다. 탱크는 약품에 부식되지 않는 재질을 사용하여 제작하거나, 내부에 부식 방지용 도장을 하여야 한다. 산성용액에 의한 부식을 방지하기 위하여 PVC (polyvinyl chloride), 폴리에틸렌, 고무재질로 제작된 탱크나 도장된 이송관을 사용하여야 한다. 정량 펌프도 부식 방지용이어야 한다. 정량 펌프는 유량조절을 위해 속도나 왕복 운동 수를 조절할 수 있는 정변위 펌프가 일반적으로 사용된다.

## 14-2 탈수

탈수는 슬러지나 바이오 고형물의 고형물과 물을 분리하는 물리적 단위 조작이다. 탈수공정 이후 "케이크(cake)"라 불리는 높은 고형물 함량물질의 처리라인과 탈리액처리 라인으로 분리되며, 탈리액은 보통 저밀도의 작은 고형물과 고농도의 영양물질 성분을 포함한다. 예를 들면, 혐기성 소화 슬러지의 탈리액은 보통 하수처리공정으로 반송하거나

주 처리공정의 영양물질 부하율을 감소시키기 위해 따로 분리하여 처리한다(15장 반류수 처리 참조). 효율적인 고-액 분리를 위해서는 화학적 개량이 필요하다. 슬러지와 바이오 고형물의 고형물량을 증가시키는 탈수공정은 다음과 같은 이유 등으로 사용된다.

1. 탈수된 슬러지와 바이오 고형물은 부피가 감소되어 최종 처분지로 운송하는 운송 비용이 매우 절감된다.
2. 탈수된 슬러지와 바이오 고형물은 액상 또는 농축 슬러지에 비해 취급이 용이하다. 대부분의 경우 탈수 슬러지는 트랙터로 퍼서 적재하여 운반하거나 벨트 컨베이어로 이송한다.
3. 소각 전에 잉여 수분을 제거하여 에너지 함량을 증가시키기 위해서 탈수한다.
4. 보조적인 팽화제 또는 개선제의 소모량을 감소시키기 위해서는 퇴비화 전에 탈수가 필요하다.
5. 열 건조 과정 동안 물을 증발시키는 것보다 열 건조 이전에 기계적으로 또는 그 외 다른 수단을 이용하여 물을 미리 제거하는 것이 비용 절감에 효과적이다.
6. 어떤 경우에는 바이오 고형물의 악취와 부패 방지를 위해 수분의 제거가 필요하다.
7. 매립장의 침출수 발생을 감소시키기 위해서는 매립하기 전에 슬러지와 바이오 고형물의 탈수가 필요하다.

기계적 탈수 장치에는 슬러지 탈수를 보다 빨리 수행하기 위해 기계적으로 지원된 물리적 방법이 이용된다. 다른 탈수 장치들은 전기적 또는 열에너지의 적용에 의존한다. 본 절에 간략한 탈수공정의 개요와 각각의 주된 탈수 기술들을 기술하였다.

## 》 탈수 기술 개요

각 탈수공정의 심도 있는 설명을 제공하기에 앞서 탈수의 근본적인 원리와 다양한 기술의 장단점을 고려한 탈수공정 선정의 중요 요소와 실험실 및 파일럿 실험의 필요성 등을 먼저 살펴보기로 한다.

**탈수의 근본적인 원리.** 슬러지나 바이오 고형물의 탈수를 고려할 때, 바이오 고형물과 결합되어 있는 다양한 형태의 물을 고려하는 것이 중요하다. 비교적 단순한 개요로, 그림 14-2(a)에 나타낸 바와 같이 Tsang과 Vesiland(1990) 및 그 외 연구자들이 제시한, 슬러지와 연관된 4종류의 물로 (1) 자유수(free water), (2) 간극수(interstitial water), (3) 표면수(surface water), (4) 결합수(bound water)가 있다. 자유수는 입자에 붙어있지 않은 물로서 중력, 여과, 원심분리로 쉽게 제거된다. 간극수는 슬러지 매트릭스(matrix) 내에 구속되어 있는 물을 말한다. 표면수는 슬러지 입자에 흡착 및 부착에 의해 결합되어 있는 물을 말한다. 결합수란 세포 내부에 화학적으로 결합된 물을 말한다. 여러 탈수공정에 의해 제거될 수 있는 물의 형태는 그림 14-2(b)에 묘사되어 있다. 자유수와 간극수의 일부는 물리적인 수단에 의해 제거될 수 있다. 전기적 탈수(electro-dewatering)는 간극수와 결합수의 일부를 제거할 수 있는데, 제거 정도는 흡착력(adsorption force)에 좌우된다. 결합수의 대부분을 제거하기 위해서는 열 건조가 필요하다(Mahmoud et al., 2010).

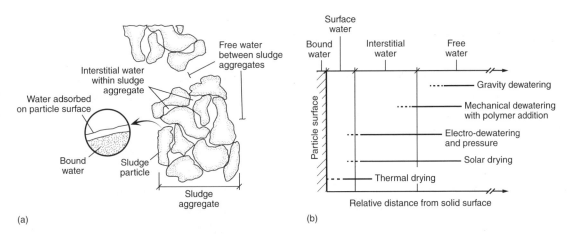

**그림 14-2**

**탈수 슬러지의 개요.** (a) Tsang and Vesiland(1990)가 제안한 바이오 고형물과 관계된 여러 형태의 물, (b) 바이오 고형물의 탈수를 위해 사용되는 다양한 기술들의 가능 운전 영역. 점선은 최대 성취 가능 영역을 나타낸다.

**기술 선정에 중요한 요소.** 탈수 장치의 선정은 탈수 대상 슬러지나 바이오 고형물의 종류와 탈수된 슬러지의 특성, 후속 공정, 최종 배치 및 가용부지에 의해서 결정된다. 일반적으로 사용되는 탈수공정에는 원심탈수, 벨트-여과 압력, 여판-여과 압착, 회전식 압착, 나사식 압착, 새로운 혁신적 공정인 전기적 탈수, 그 외 건조상 및 라군이 있다. 과거에는 진공여과방법이 하수 슬러지의 탈수에 광범위하게 사용되어 왔으나 기계적 탈수 설비로 대체되고 있다. 슬러지 탈수의 다양한 방법들에 대한 장단점은 표 14-2에 요약되어 있다.

가용부지에 제약이 없는 소규모 처리장에서는 주로 건조상과 라군을 사용한다. 반면 대규모 처리장이나 가용부지의 제약이 따르는 처리장에서는 기계적 탈수 장치가 주로 선택된다. 악취 발생 정도는 선택된 기계적 장치와 슬러지의 종류에 따라 다르므로 악취제거는 설계에 고려되어야 할 중요한 사항이다. 고전단(high shear) 탈수 및 이송 장비를 사용하는 경우에는, 특히 혐기성 소화 슬러지에서, 악취의 발생이 증가될 수 있다(WERF, 2003) (16장 16-4절 참조).

**실험실 및 파일럿 실험의 필요성.** 특정 슬러지나 바이오 고형물이 기계적으로 탈수되어야 할 때, 실험실 또는 파일럿 실험 없이 최적의 고분자 주입량과 탈수 장치를 선정하는 것은 어렵거나 불가능하다. 탈수장비 제조업체는 일반적으로 실험실 규모의 실험을 통해 고분자의 종류를 선별하고 파일럿 실험을 통해 적정 주입량을 도출한다. 트레일러 등을 장착한 실제 크기의 장비를 활용한 현장 실험의 경우는 여러 탈수장비 제조업체를 통해 가능하다. 사용할 기계식 탈수 장치의 선정에 있어서, 업계 표준 성능 정보 및 자료에만 의존하지 않는 것이 중요하다. 파일럿 실험을 병행하여 슬러지나 바이오 고형물 처리 설비에 적합한 가장 경제적인 탈수 장치를 선택하여야 한다. 몇몇의 처리장에서는 계절에 따른 슬러지의 특성 규명이 잘되어 있는 관계로, 이러한 병행 실험을 통해 동일한 슬러지나 바이오 고형물에 대해 탈수 장치들을 비교할 수 있다. 파일럿 실험은 다양한 탈

표 14-2

**여러 형태의 슬러지와 바이오 고형물 탈수를 위한 다양한 방법들의 비교[a]**

| 탈수방법 | 장점 | 단점 |
|---|---|---|
| 고형물-보올 원심 탈수기 (solid-bowl centrifuge) | • 깨끗한 외관, 악취 최소화, 빠른 개시 및 정지 성능<br>• 설치의 용이성<br>• 상대적으로 작은 건조 케이크 생성<br>• 낮은 설치비 대 용량비 | • Scroll wear에 따른 높은 유지관리비<br>• 유입부에 그릴 제거 및 슬러지 분쇄기 설치 필요<br>• 숙련된 관리인 필요<br>• 탈리액에 고농도의 부유성 고형물 함유<br>• 탈수 공간의 관측을 통한 성능 최적화 불가 |
| 벨트-여과 압착기 (belt-filter press) | • 적은 에너지 소요<br>• 비교적 낮은 설치비와 운전비<br>• 기계적으로 복잡하지 않고 관리 용이<br>• 고압력 장치들은 매우 건조한 케이크 생산 가능<br>• 손쉬운 설비의 정지 | • 수리학적으로 제한된 처리량<br>• 유입부에 슬러지 분쇄기 필요<br>• 유입 슬러지의 특성에 매우 민감<br>• 섬유 여재를 사용하는 다른 장치들과 비교해서 짧은 배지 수명<br>• 일반적으로 자동운전이 어려움 |
| 여판-여과 압착기 (recessed-plate filter press) | • 가장 높은 농도의 고형물 케이크 생산<br>• 낮은 고형물 농도의 여과액<br>• 운전이 용이<br>• 높은 고형물 포획률 | • 회분식 운전<br>• 높은 장치비<br>• 높은 인건비<br>• 장치 지지를 위한 특별한 구조물 필요<br>• 넓은 설치면적 필요<br>• 숙련된 관리인 필요<br>• 대량의 화학약품 투입으로 추가적인 고형물 처리 필요<br>• 섬유 여재의 수명이 제한적 |
| 회전식 압착기 (rotary press) | • 0.5~2.5 rev/min의 낮은 속도<br>• 68 dbA 이하의 낮은 소음<br>• 냄새와 에어로졸을 포함하는 밀폐된 디자인<br>• 설비 크기에 따라 0.56~15 kW (0.75~20 hp)의 비교적 낮은 에너지를 소모하는 운전 모터 사용<br>• 고분자 과량 주입에 따른 스크린 막힘 및 탈수 저해가 없음<br>• 시스템이 정지했을 동안만 세척수 사용<br>• 낮은 전단력으로 인해 냄새가 적은 탈수 케이크 생산 | • 단위 부피의 탈수 능력에 비해 비교적 큰 공간 필요<br>• 용량 한계에 따른 19,000 m³/d (5 Mgal/d) 이상 처리대상 하수처리 설비의 경우 다수의 탈수기 필요<br>• 탈수 공간의 관측을 통한 성능 최적화 불가 |
| 나사식 압착기 (screw press) | • 0.3~1.5 rev/min의 낮은 속도<br>• 68 dBA 이하의 낮은 소음<br>• 냄새와 에어로졸을 포함하는 여닫이문이 있는 밀폐된 설계<br>• 설비 크기에 따라 0.37~3.7 kW (0.5~5 hp)의 낮은 에너지를 소모하는 운전 모터 사용<br>• 고분자 과량 주입에 따른 스크린 막힘 및 탈수 저해가 없음<br>• 낮은 전단력으로 인해 냄새가 적은 탈수 케이크 생산 | • 용량 한계에 따른 19,000 m³/d (5 Mgal/d) 이상 처리대상 하수처리 설비의 경우 다수의 탈수기 필요<br>• 운전 주기에 따른 주기적인 세척수 필요<br>• 탈수 공간의 관측을 통한 성능 최적화 불가 |

| 표 14-2 (계속)

| 탈수방법 | 장점 | 단점 |
|---|---|---|
| 전기식 탈수 (electro-dewatering) | • 자동화 운전<br>• 까다로운 슬러지와 바이오 고형물에 대한 우수한 성능<br>• 설비가 단순하고 유지가 쉬움<br>• 슬러지와 바이오 고형물의 악취 개선과 병원균 사멸<br>• 유입 슬러지 특성별 유연한 운전 가능<br>• 건조기보다 3~5배 높은 에너지 효율 | • 회분식 운전<br>• 적지 않은 초기 설치 비용<br>• 75,700 m³/d (20 Mgal/d) 이상의 대형 처리장에는 적합하지 않음<br>• 제한된 최종 건조 성능(최대 45~50% DS)<br>• 실험없이 성능 예측이 어려움<br>• 새로운 기술<br>• 배출 가스 처리를 위한 악취 처리 장치 필요<br>• 10~25%의 유입 슬러지에 대한 사전 탈수 필요<br>• 지역 전기요금률에 민감한 운전비용 |
| 슬러지 건조상 (sludge drying beds) | • 가용부지만 확보되면 가장 낮은 설치비<br>• 전문적인 기술과 주의가 적게 요구됨<br>• 낮은 에너지 소비<br>• 적은 화학약품 소모<br>• 슬러지 종류에 둔감<br>• 기계적 방법들보다 높은 고형물 함유 | • 넓은 부지 필요<br>• 안정화된 슬러지 필요<br>• 설계 시 기후 영향 고려 필요<br>• 노동 집약적 슬러지 제거 |
| 슬러지 라군 (sludge lagoons) | • 낮은 에너지 소비<br>• 화학 약품 불필요<br>• 유기물이 보다 안정화됨<br>• 가용부지가 확보되면 낮은 설치비 소요<br>• 운전 기술의 필요성이 최소 | • 악취와 해충 문제의 가능성<br>• 지하수 오염의 가능성<br>• 기계적 방법들보다 더 많은 부지 필요<br>• 외관이 좋지 않음<br>• 설계 시 기후 영향 고려 필요 |

[a]Adapted in part from U.S. EPA (2000).

수 장치의 초기 도입 비용과 운전 비용을 비교하는 데 중요한 요소인 고형물 처리량, 최적의 고분자 주입량, 케이크 고형물 함량(%)과 고형물 회수율(%) 등을 신중히 결정해서 설계하여야 한다.

### 》》 원심탈수

밀도가 다른 액체를 분리하거나 슬러지를 농축시키거나 또는 고형물을 제거하기 위해서 원심탈수공정이 산업분야에서 광범위하게 이용되고 있다. 이 공정은 폐수 슬러지의 탈수에도 적용이 가능하고 미국과 유럽에서 광범위하게 사용되어 왔다. 슬러지 농축에 사용되는 고형물–보올(solid-bowl) 원심탈수기도 슬러지와 바이오 고형물 탈수에 사용될 수 있다(13–6절 참조). 본 절에서는, 표준 고형물–보올과 "고속 고형물" 원심탈수기를 소개한다. 고속 고형물 원심탈수기는 표준 원심탈수기가 개량된 것이다.

**고형물–보올 원심탈수기.** 고형물–보올 장치에서(그림 14-3과 14-4 참조), 슬러지나 바이오 고형물들이 일정한 유속으로 회전하는 보올로 주입되면 고형물을 함유하는 고밀도 케이크와 맑은 용액 형태의 "탈리액(centrate)"으로 분리된다. 만약 필요하면, 탈리액은 하수처리 시스템으로 재순환하거나 분리 처리된다. 슬러지 케이크는 나선형 주입장치

**그림 14-3**

일반적인 고형물-보올 원심탈수기의 설치 전경

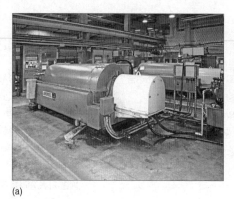

(a)

(b)

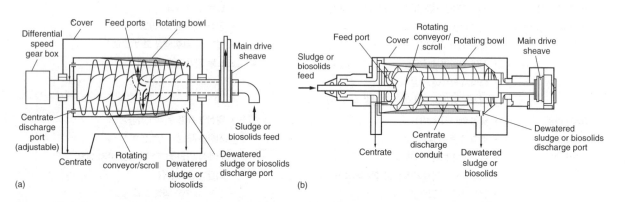

(a)

(b)

**그림 14-4**

슬러지 탈수에 사용되는 두 종류의 고형물-보올 원심탈수기 구조의 개략도. (a) 역류 흐름형, (b) 동시 흐름형

에 의해 보올로부터 호퍼 혹은 벨트 이송장치로 배출된다. 슬러지나 바이오 고형물의 종류에 따라 다르지만 케이크의 고형물 농도는 대략 20~30% 정도이다. 소각, 건조 처리를 하거나, 소외공정(offsite processing), 토지 적용, 위생매립지로 운반하여 처리하는 경우에는 고형물 농도가 25% 이상 되어야 바람직하다.

고형물-보올 원심탈수기는 다양한 탈수 적용 분야에 적합하다. 화학 개량제는 케이크 고형물과 탈리액 수질 등 목표로 하는 탈수 성능을 달성하기 위해 주입되고 대개 슬러지 주입관이나 보올 내의 슬러지에 주입된다. 고분자 개량제의 주입량은 슬러지(건조 고형물 기준) kg당 1.0~25 g(슬러지 ton당 2~50 lb) 정도이다. 고형물-보올 원심탈수의 대표적인 성능자료는 표 14-3에 나타내었다.

**고속-고형물 원심탈수기.** 고속-고형물(또는 "고속-토크") 원심탈수기는 더욱 건조된 고형물 케이크를 생산하기 위해 설계된 개량형 고형물-보올 원심탈수기이다. 이 장치에는 "긴 비치(beach)"를 장착하기 위해서 긴 보올이 설치되었으며 체류시간을 증가시키기 위해 차동 보올 속도를 낮게 하였으며 장치의 비치(beach) 끝 부분에 압착 작동을 위해 개량된 스크롤(scroll) 장치가 설치되어 있다. 고속-고형물 장치는 높은 고분자 주입량이

표 14-3

다양한 종류의 슬러지 및 바이오 고형물에 대한 고형물-보올 원심탈수기의 일반적인 탈수 성능[a]

| 원료의 종류 | 주입 고형물, % | 케이크 고형물, % | 고분자 사용, lb/ton dry TS | 고분자 사용, g/kg dry TS | 고형물 포획, % |
|---|---|---|---|---|---|
| 미처리 슬러지 | | | | | |
| 1차 | 4~8 | 25~50 | 5~10 | 2.5~5 | 95+ |
| 1차 + 폐활성 | 3~5 | 25~35 | 5~16 | 2.5~8 | 95+ |
| 폐활성 | 1~2 | 16~25 | 15~30 | 7.5~15 | 95+ |
| 혐기성 소화 바이오 고형물 | | | | | |
| 1차 | 2~5 | 25~40 | 8~12 | 4~6 | 95+ |
| 1차 + 폐활성 | 2~4 | 22~35 | 15~30 | 7.5~15 | 95+ |
| 호기성 소화 폐활성 슬러지 | 1~3 | 18~25 | 20~30 | 10~15 | 95+ |
| ATAD 바이오 고형물 | 2~5 | 20~30 | 25~45 | 12.5~22.5 | 95+ |

[a]Adapted in part from U.S. EPA(2000) and feedback from centrifuge vendors.

필요하지만 하수 슬러지를 탈수하여 고형물 함량을 30% 이상 얻을 수 있다.

**설계 고려사항.** 원심탈수기는 보통 나선형(helical) 흐름이나 축류형(axial) 흐름으로 되어 있다. 나선형 원심탈수기의 경우 역류 흐름형, 동시 흐름형의 두 가지 기본적인 형태가 사용된다[그림 14-4(a)와 (b) 참조]. 주요한 차이점으로는 슬러지 유입부의 위치와 탈리액의 제거, 그리고 액상과 고체상의 내부흐름 방식이다. 역류 흐름형에서는 슬러지가 원통의 원추 부분에서 축의 방향으로 유입되어, 고형물은 원추 끝부분으로 이동하고 액체는 반대쪽으로 이동하게 된다. 축류형의 역류 흐름형 원심탈수기는 날개가 공급부에서 탈리액 댐(dam)의 경로로 스포크(spoke)에 설치되어 있다. 이러한 날개들은 유속을 감소시키고 분리를 향상시킨다. 이러한 설계는 탈리액 댐의 교체 필요성 없이 다양한 공급량을 다루는 것을 가능하게 한다. 그 결과로, 축류는 원심탈수기 설계에서 가장 일반적인 형태이다(WEF, 2012). 동시 흐름형에서는, 고형물과 액체가 보올을 따라 동일한 방향으로 이동한다. 동시 흐름형은 유지관리 문제로 잘 쓰이지는 않는다(WEF, 2012).

**원심탈수기의 성능.** 원심탈수기의 성능, 즉 슬러지 케이크 고형물과 TSS 회수에 영향을 미치는 공정변수로는 유입 유량, 회전속도, 스크롤의 차동속도, 침전지역 깊이, 개량제 주입량, 그리고 부유고형물과 액체의 물리화학적 특성 등이 있다. 중요한 특성 값으로 입자 크기 및 모양, 입자 밀도, 온도, 그리고 액체의 점도 등이 있다.

처리시설을 설계하기 위하여 공정을 선택할 때에는 생산업체의 성능 자료를 참고로 하여야 한다. 여러 생산업체들은 보통 현장 실험이 가능한 이동형 현장실험 장치를 보유하고 있다. 한편, 유사한 처리공정에서 발생한 바이오 고형물이나 슬러지라 할지라도 지역에 따라 매우 다를 수 있다. 이러한 이유로 설계를 결정하기 위해서는 가능하다면 파일럿 실험을 수행하여야 한다.

**다른 설계 고려 요소.** 원심탈수기를 설치하는 데 필요한 부지는 동일한 처리용량의 다른 탈수 장치에 비해 적고 초기 투자비도 낮다. 그러나 높은 동력 사용비가 낮은 초기 투자비를 상쇄시킬 것이다. 원심탈수기의 운전 중 발생하는 진동과 소음에 대비하기 위한 견실한 기초와 소음방지에 대한 특별한 고려가 있어야 한다. 큰 모터가 사용되므로 적절한 전력공급원을 준비하여야 한다.

원심탈수기는 내부에 설치되므로 다른 탈수 시스템에 비해 현장에서 악취의 발생이 적다. 그러나, 악취와 수분을 제어하기 위한 환기 시스템을 설치하여야 한다. 반면에, 고속-고형물 원심탈수기에서 생산된 케이크 고형물은 다른 탈수 장치와 비교했을 때 더 많은 악취를 발생시키며, 이는 토지적용과 같은 방법에는 좋지 않은 영향을 끼칠 수 있다. 게다가, 혐기성 소화 슬러지를 원심탈수한 케이크 고형물 내의 병원균 지표 생물의 급상승이 관찰되기도 한다(WERF, 2008a).

**결합형 원심탈수공정.** 원심탈수공정에 공기분출 건조(flash air drying) 방식을 결합한 기술들도 현재 상업적으로 이용 가능하다. 이러한 시스템들은 총 고형물이 2~7%인 슬러지나 바이오 고형물의 처리가 가능하고 60~90% 건조 발생물을 생산할 수 있다고 알려져 있다. 2013년 기준으로 북아메리카에 설치된 바는 없다.

## ≫ 벨트-여과 압착기

벨트-여과 압착기는 화학적으로 개량된 슬러지나 바이오 고형물을 탈수하기 위해 중력배수와 기계적 압착을 사용하는 연속주입 탈수 장치이다(그림 14-5 참조). 1970년대 초미국에서 소개되어 가장 널리 이용되는 슬러지 탈수 장치의 하나이다. 거의 모든 종류의도시 하수 슬러지와 바이오 고형물을 처리하는 데 효과적이다.

**공정 설명.** 대부분의 벨트-여과 압착기에서는 개량된 슬러지나 바이오 고형물이 농축될 수 있는 중력배수지역으로 유입된다. 여기에서 대부분의 슬러지에 함유된 자유수가중력에 의해 제거된다. 중력배수 이후, 슬러지는 저압력 탈수 적용지역에서 다공성 천으로 된 벨트 사이에서 짜지게 된다. 장치에 따라서는 벨트가 연속적인 롤러를 이동함에 따

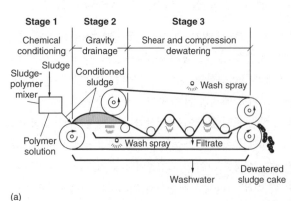

(a)

(b)

## 그림 14-5

**벨트-여과 압착기.** (a) 벨트-여과 압착 탈수의 세 기본단계 개략도, (b) 일반적인 설치 전경

라 슬러지에 보다 많은 전단력을 가하기 위해 고압력 지역을 먼저 지나간 후 저압력 지역을 지나가도록 하는 경우도 있다. 압착력과 전단력으로 인해 슬러지의 수분이 더욱 제거되게 된다. 많은 회사들은 압착 단계에서 독립적인 중력배수 단계를 조절할 수 있는 3개 벨트 시스템을 제공한다. 3개 벨트 시스템은 묽은 슬러지에 이상적이다. 각각의 지역이 독립적으로 최적화 가능한 디자인으로 설계되어 보다 향상된 탈수 성능을 달성할 수 있다. 최종적으로 탈수된 슬러지 케이크는 스크레퍼 날에 의해 벨트에서 제거된다.

**운전과 성능.** 전형적인 벨트−여과 압착 시스템은 슬러지 주입 펌프, 고분자 주입 장치, 슬러지 개량조(응집조), 벨트−여과 압착기, 슬러지 케이크 이송장치와 부속 장치(슬러지 유입펌프, 세척수 펌프, 공기 압축기)로 구성되어 있다. 대부분의 설비는 슬러지 개량조를 사용하지 않는다. 전형적인 2개의 벨트−여과 압착기 설치에 대한 개략도를 그림 14−6에 나타내었다.

벨트−여과 압착기의 성능에 영향을 미치는 인자로는 슬러지나 바이오 고형물의 특성, 화학개량의 종류 및 방법, 압력, 기계구조(중력배수장치를 포함하는), 벨트 공극률, 벨트 속도, 벨트 폭 등이 있다. 벨트−여과 압착기의 성능은 슬러지 특성에 매우 민감하여 개량이 불량하면 탈수효율이 저하된다. 슬러지나 바이오 고형물의 특성이 매우 변화하기 쉬운 경우는 슬러지 혼합 장치를 별도로 설치한다. 실제 운전 경험에 비추어 보면 유입 고형물의 농도가 높을 때 고형물의 산출량이 많아지고 케이크의 건조가 잘된다. 슬러지나 바이오 고형물의 종류에 따른 전형적인 벨트−여과 압착기의 성능을 표 14−4에 나타내었다.

**설계 고려사항.** 벨트−여과 압착기는 0.5~3.0 m 사이의 벨트 폭으로 크기별로 생산된다. 도시 슬러지 처리에 적용되는 가장 일반적인 벨트 폭은 2 m이다. 슬러지 종류와 유입 농도에 따라 다르며 슬러지 부하율은 180~1600 kg/m·h (400~3500 lb/m·h) 범위이다.

**그림 14−6**

벨트 압착 탈수 시스템의 개략도

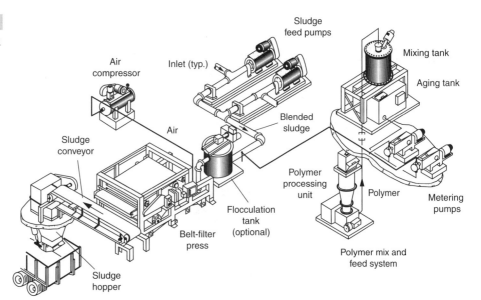

## 표 14-4

**벨트−여과 압착기의 일반적인 탈수 성능[a]**

| 슬러지 타입 | 건조 주입 고형물, % | 벨트 단위 미터당 부하 | | 건조 고분자[b], g/kg 건조 고형물 | 케이크 고형물, % | |
|---|---|---|---|---|---|---|
| | | L/min | kg/h | | 일반적인 값 | 범위 |
| 미처리 슬러지 | | | | | | |
| 1차 | 4~8 | 230~640 | 1130~1590 | 1.5~2.5 | 30 | 26~35 |
| 폐활성(WAS) | 1~2 | 190~380 | 180~340 | 5~10 | 16 | 12~20 |
| 1차 + WAS | 3~5 | 150~450 | 340~820 | 3~5.5 | 23 | 15~25 |
| 1차 + 살수여과 | 3~6 | 150~450 | 360~910 | 3~7 | 27 | 16~30 |
| SBR | 1~2 | 190~380 | 250~360 | 5~7.5 | 16 | 12~19 |
| MBR | 1~2 | 260~420 | 230~320 | 5.5~10 | 15 | 11~18 |
| 혐기성 소화 | | | | | | |
| 1차 | 2~5 | 230~610 | 680~910 | 2~5 | 28 | 24~35 |
| WAS | 2~3 | 110~340 | 230~410 | 4~10 | 20 | 13~23 |
| 1차 + WAS | 2~4 | 150~450 | 320~540 | 4~8.5 | 24 | 15~28 |
| 호기성 소화 WAS | 1~3 | 150~340 | 250~410 | 6~10 | 18 | 12~22 |
| ATAD | 2~5 | 110~490 | 360~590 | 5~12.5 | 19 | 12~22 |

[a]Based on feedback from belt filter press vendors.

[b]Polymer needs based on high-molecular-weight polymer (100 percent strength, dry basis).

수리학적 산출량은 벨트 폭을 기준으로 110~640 L/m·min (30~170 gal/m·min) 범위이다. 벨트−여과 압착기의 설계는 예제 14-1에 나타내었다.

설계 시에는 안전성을 고려하여, 주로 소화되지 않은 슬러지를 탈수하는 과정에서 발생하는 황화수소나 유해 가스를 처리하기 위한 적절한 환기장치와 롤러의 벨트가 느슨해지는 것을 방지하는 장치를 포함하여야 한다.

**예제 14 − 1** **벨트−여과 압착기의 설계.** 하수처리장에서 고형물 농도가 3%인 농축 바이오 고형물이 75,000 L/d 발생한다. 벨트−여과 압착기의 운전시간은 8 h/d, 5 d/wk이고 부하율은 275 kg/m·h이며 아래 자료를 이용하여 설계한다. 벨트여과 압착기의 대수와 벨트의 크기, 고형물의 예상 포획률을 %로 구하여라. 또한 만일 바이오 고형물이 3일 동안 첨두 부하량으로 배출되었을 경우 필요한 하루의 운전시간을 계산하라.

1. 탈수 슬러지의 총 고형물 농도 = 22%
2. 여과액의 고형물 농도 = 900 mg/L = 0.09%
3. 세척수 유량 = 벨트 m당 90 L/min
4. 주입슬러지, 탈수케이크, 여과액의 비중은 각각, 1.02, 1.07, 1.01

**풀이** 1. 주당 평균 슬러지 생산량 계산

$$\text{수분함유 바이오 고형물} = (75,000 \text{ L/d})(7 \text{ d/wk})(10^3 \text{ g/L})(1 \text{ kg}/10^3 \text{ g})(1.02)$$
$$= 535,500 \text{ kg/wk}$$

$$\text{건조 고형물} = 535,500 \times 0.03 = 16,065 \text{ kg/wk}$$

2. 하루 건조 고형물 처리량과 시간당 건조 고형물 처리량 계산

$$\text{Daily rate} = (16,065 \text{ kg/wk})\left(\frac{1 \text{ wk}}{5 \text{ operating d}}\right)$$
$$= 3213 \text{ kg/d}$$

$$\text{Hourly rate} = \frac{(3213 \text{ kg/d})}{(8 \text{ h per operating d})}$$
$$= 401.6 \text{ kg/h} \ (8 \text{ h operating d})$$

3. 벨트폭 계산

$$\text{벨트폭} = \frac{(401.6 \text{ kg/h})}{(275 \text{ kg/m·h})} = 1.46 \,\text{m}$$

4. 고형물 수지와 유량 수지에 의한 여과액 유량 계산

    a. 하루 고형물 수지

    주입 슬러지 내 고형물 = 슬러지 케이크 내 고형물 + 여과액 내 고형물

    $$3213 \text{ kg/d} = (S \text{ kg/d})(0.22) + (F \text{ Kg/d}) \times (0.0009)$$

    $$3213 \text{ kg/d} = 0.22\text{S} + 0.0009F$$

    여기서 $S$ = 슬러지 케이크 유량, kg/d

    $F$ = 여과액 유량, kg/d

    b. 유량 계산

    슬러지 유량 + 세척수 유량 = 여과액 유량 + 케이크 유량

    매일 슬러지 유량 = (535,500 kg/wk)(5 d/wk) = 107,100 kg/d

    세척수 유량 = (90 L/min·m)(1.5 m)(60 min/h)(8 h/d)(1 kg/L)(1.0)
    $$= 64,800 \text{ L/d}$$

    $$107,100 \text{ kg/d} + 64,800 \text{ kg/d} = 171,900 \text{ kg/d} = F + S$$

    c. 물질수지와 유량식을 동시에 푼다.

    우선 유량 4.b의 공식을 유량당 $F$에 대한 $S$로 푼다.

    $$S = 171,900 \text{ kg/d} - F$$

    다음, 4a에서 고형물 수지 공식으로 $F$를 푼다.

    $$3213 \text{ kg/d} = 0.22(171,900 \text{ kg/d} - \text{F}) + 0.0009(\text{F})$$
    $$= 37,818 \text{ kg/d} - 0.2191(\text{F})$$
    $$F = 157,942 \text{ kg/d}$$
    $$= (157,942 \text{ kg/d})/(1\text{kg/L})/(1.01) = 159,521 \text{ L/d}$$

5. 고형물 포획 계산

$$\text{Solid capture} = \frac{\text{solids in feed} - \text{solids in filtrate}}{\text{solids in feed}} \times 100$$

$$= \frac{[(3213 \text{ kg/d}) - (157,942 \text{ kg/d})(0.0009)]}{(3213 \text{ kg/d})} \times 100$$

$$= 95.6\%$$

6. 슬러지의 첨두부하 기간 동안에 필요한 작업시간 계산

a. 그림 3-13(b)로부터, 지속 3일 평균 질량부하에 대한 첨두 값의 비는 2이므로

첨두부하 = (75,000 L/d) (2) = 150,000 L/d

b. 작업시간 계산

건조 고형물 = (150,000 L/d)(1 kg/L)(1.02)(0.03)

= 4,590 kg/d

$$\text{작업시간} = \frac{(4590 \text{ kg/d})}{(275 \text{ kg/m·h})(1.5 \text{ m})} = 11.1 \text{ h/d}$$

 슬러지 저장 능력은 가용 가능한 노동력의 일정을 효과적으로 계획할 수 있어 탈수 설비 적용에 매우 중요한 요소이다. 슬러지를 외부로 운송하여야 하는 경우 낮 시간 동안 탈수 운전을 수행하는 것이 바람직하다.

## 》 회전식 압착기

하수 슬러지와 바이오 고형물의 탈수 장치로써 회전식 압착기는 1994년에 캐나다의 몬트리올 시에서 처음 설치되어 적용되어 왔다. 원심탈수기나 벨트-필터 압착기와 유사하게, 회전식 압착기로 주입되는 슬러지는 보통 양이온의 고분자로 개량한 후 탈수 장치 주입구에 투입된다. 회전식 압착 시스템의 일반적인 흐름 모식도는 그림 14-7(a)에 나타내었다. 회전식 압착기는 완전히 밀폐되었기 때문에, 본 교재에서 소개된 다른 종류의 슬러지나 바이오 고형물의 탈수 시스템과 비교하여 보다 강화된 안전성과 적은 악취, 그리고 상대적으로 낮은 소음을 낸다.

**공정설명.** 회전식 압착기는 낮은 속도의 밀폐된 모듈식 탈수기이다. 슬러지나 바이오 고형물은 두 개의 평행한 필터 스크린 압착기 사이의 공간에 비교적 낮은 압력으로 주입된다. 슬러지나 바이오 고형물은 직사각형으로 교차 지점이 있는 탄소강으로 코팅된 원통형의 격납 용기로 주입된다. 각각의 모듈 내의 고형물들은 두 개의 평행한 회전식 스테인리스 강 스크린 사이에 보관된다. 응집된 슬러리 물질은 두 개의 평행한 스크린 사이에 형성된 회전하는 채널 안으로 이동하고 여과액은 스크린 밖으로 나간다. 회전식 스크린의 채널 주위를 돌아다니며 슬러지는 계속해서 탈수된다. 저속의 스크린 움직임에 따른 마찰력과 조절된 배출 제한으로 역압이 생성되며, 이 역압에 의해 추가적인 여과액의 배

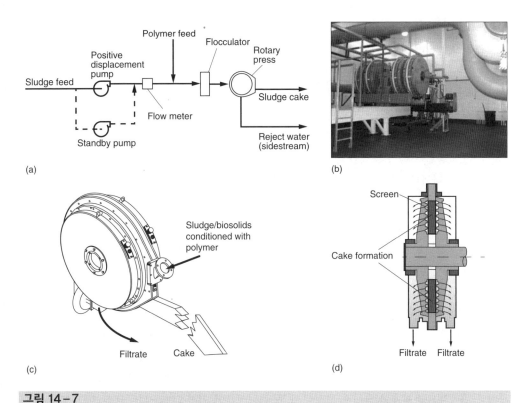

## 그림 14-7

**슬러지 탈수에 사용되는 회전식 압착기.** (a) 개략적인 공정 흐름도, (b) 일반적인 설치 전경, (c) 회전식 압착기 그림, (d) 압착기 단면 모습

출이 이루어진다. 스크린들 사이에 갇혀 있던 고형물들은 탈수되고 비교적 건조된 형태의 탈수 케이크로 효과적인 압출이 이루어진다. 세척수는 공정이 정지하는 동안 고형물을 씻어 없애고 스크린을 청소하기 위해 간헐적으로 필요하다. 일반적인 회전식 압착기의 내부 도식도는 그림 14-7(d)과 같다.

**설계 고려사항.** 회전식 압착 탈수공정의 설계는 여러 가지 요인의 영향을 받는다. 슬러지나 바이오 고형물의 양, 주입 농도, 슬러지의 특성(소화 슬러지 또는 소화되지 않은 슬러지, 1차 슬러지 또는 2차 슬러지 및 그 둘의 혼합 슬러지), 안전성, 허용 가능한 소음 및 악취의 수준, 목표 운영 시간, 자동화 수준, 가용 공간, 내구성과 여분기기의 필요성, 세척수의 질과 가용성, 여과액의 질과 추가처리 여부, 제조사의 해당 지역 서비스 여건과 예산의 제한성 등이다.

슬러지나 바이오 고형물의 양은 공정 설계의 초반에 설정되어야 하며, 현재의 운전상황 및 미래의 목표 상황을 고려하여 결정하여야 한다. 탈수 대상 슬러지와 바이오 고형물의 특성은 중요한 고려사항이다. 소화된 바이오 고형물과 2차 생슬러지들은 일반적으로 효과적인 탈수가 가장 어렵다. 반면 1차 슬러지는 탈수공정에 도움이 되는 경향이 있다. 설비의 운영시간, 자동화 단계, 내구성/여분의 기기 필요성, 물리적인 가용 공간은 시스템 선정과 공정의 수를 결정할 때 필요한 고려사항이다. 세척수는 공정의 정지단계 동안 간헐적으로 회전 스크린을 씻겨내는 데 사용된다. 세척수의 양은 채널당 190 L/min (50 gal/min)의 비교적 적은 양이 필요하다. 세척에 필요한 시간은 한 채널당 일일 약 5분 정도이다. 세척수의 공급에 한계가 있는 경우에는 순차적인 세척을 실시하나, 보통 모든 채널들에 대해 동시다발적인 세척이 이루어진다. 공정들은 일반적으로 단일 채널, 이중 채널, 4중 채널, 6중 채널 등으로 배치되어 있다. 특별히 3중, 5중 채널도 제공 가능하지만, 각각의 주입구 연결부분에 대한 채널의 동일하지 않은 수 때문에 주입구의 배치가 불균등한 흐름을 초래할 수 있다. 스크린 지름은 460~1220 mm (18~48 in)로 제조사에 따라 다르다. 다양한 회전식 압착기의 배치를 위한 유효 탈수 공간은 표 14-5와 같이 보고되고 있다.

회전식 압착기의 수리학적 최대 부하 한계는 총 고형물의 주입 농도가 3%일 때 약 8.5 m/h (3.5 gal/min·ft²)이다. 최대 고형물 부하량은 대략 244~254 kg/h·m² (50~52 lb/h·ft²)이다. 케이크 건조를 최적화하고 고분자 사용을 최소화하기 위해, 회전식 압착기는 최대 수리학적 부하율과 고형물 부하율 기준 이하로 운전한다. 회전식 압착 시스템에서 총 고형물 주입 농도가 4%일 때에는 평균 수리학적 부하율은 약 2.4 m/h (1.0 gal/min·ft²), 총 고형물 주입 농도가 2%일 때에는 3.7 m/h (1.5 gal/min·ft²)이다.

앞부분에 논의한 바와 같이, 탈수 대상 슬러지나 바이오 고형물의 종류들은 실제 허용 수리학적 부하량, 고형물 부하량, 고분자의 사용, 탈수 케이크 수분 함유량에 큰 영향을 준다. 슬러지와 바이오 고형물의 특성과 성분이 처리장마다 다르므로, 만약 회전식 압착 장치에 대한 엄격한 성능과 용량 기준이 필요하다면 현장 파일럿 실험이 추천된다.

**운전과 성능.**  일반적인 회전식 압착기 시스템은 슬러지 주입 펌프, 유량 계량기, 고분자 주입 장치, 개량 시스템(일렬 또는 탱크), 회전식 압착기, 탈수 케이크 운송장치(컨테이너나 트럭에 직접 배출하는 것이 불가능한 경우), 밸브 조절 기능의 압축 공기, 운전 부품용 전력, 원거리 모니터링과 운영 통제용 조절/신호 배선장치로 구성된다. 일반적인 회전식 압착기의 설치된 모습은 그림 14-7(b)와 같다.

회전식 압착기 공정의 성능 최적화와 운전비 최소화를 위해 변화를 줄 수 있는 요인들은 주입 펌프 속도와 유량, 고분자 농도, 고분자 주입 펌프 속도와 유량, 고분자 혼합 강도, 스크린 회전 속도, 케이크 배출 압력, 세척수 사용빈도와 기간 등이 포함된다. 공정의 성능은 이러한 요인들에 의해 영향을 받는다. 회전식 압착기의 성능을 최적화하기 위

**표 14-5**

**회전식 압착기 탈수 면적**[a]

| 채널 개수 | 유효 탈수 면적, m² | | | |
| | 직경 460 mm 스크린 | 직경 610 mm 스크린 | 직경 915 mm 스크린 | 직경 1220 mm 스크린 |
|---|---|---|---|---|
| 1 | 0.23 | 0.40 | 0.96~1.00 | 1.75 |
| 2 | NA | 0.79 | 1.91~1.20 | 3.49 |
| 4 | NA | NA | 3.84~4.00 | 7.00 |
| 6 | NA | NA | 6.00 | NA |

[a]Based on feedback from rotary press vendors.

**표 14-6**

회전식 압착기의 일반적인 탈수 성능[a]

| 주입 고형물 종류 | 공정 지표 | | | |
| | 고분자 사용 | | | |
| | lb/ton dry TS | g/kg dry TS | 케이크 고형물, % TS | 고형물 포획, % |
|---|---|---|---|---|
| 미처리 슬러지 | | | | |
| 1차 | 4~12 | 2~6 | 28~45 | 95+ |
| 1차 + WAS | 15~20 | 7.5~10 | 20~32 | 92~98 |
| WAS | 20~35 | 12.5~17.5 | 13~18 | 90~95 |
| 혐기성 소화 바이오 고형물 | | | | |
| 1차 | 15~20 | 7.5~10 | 22~32 | 90~95 |
| 1차 + WAS | 20~30 | 10~15 | 18~25 | 90~95 |
| WAS | 20~35 | 10~17.5 | 12~17 | 85~90 |
| 호기성 소화 WAS | 17~25 | 8.5~17.5 | 28~45 | 90~95 |

[a]Based on feedback from rotary press vendors.

해서는 한 번에 한 개의 변수에 변화를 주어 각 변수들의 효과를 완벽히 평가하는 것이 중요하다. 회전식 압착기의 일반적인 성능은 설비마다 다르고 주입 고형물의 종류, 위에서 언급한 변수들, 장비의 물리적 상태와 운전 형태에 의해 영향을 받는다. 일반적인 운전 성능 데이터는 표 14-6과 같이 보고되고 있다.

## 》 나사식 압착기

나사식 압착기는 하수 슬러지와 소화 바이오 고형물의 탈수공정에 1990년대부터 산업계에 적용되었다. 나사식 압착기의 주입 고형물은 일반적으로 양이온 고분자로 개량된 후 주입구 상류부를 통해 탈수기에 주입된다. 나사식 압착기 시스템의 일반적인 공정 흐름 모식도를 그림 14-8(a)에 나타내었다.

**공정설명.** 나사식 압착기는 저속으로 운전되는 밀폐된 원통형 탈수기이다. 슬러지나 바이오 고형물은 비교적 낮은 압력으로 고정된 쐐기형 와이어 스크린 바스켓으로 주입된 후 쐐기형 와이어 스크린 바스켓을 통해 회전하는 스크류에 의해 이동된다. 응집된 물질은 회전식 스크류를 따라 지속적으로 앞부분으로 전달된다. 여과액은 쐐기형 와이어 스크린의 옆과 밑부분을 통해 빠져나간다. 스크류와 함께 이동하는 슬러지들은 계속 탈수된다. 저속의 스크류 움직임에 따른 마찰력과 조절된 배출 제한으로 역압이 생성되며, 이역압에 의해 추가적인 여과액의 배출이 탈수기 끝단에서 이루어진다. 탈수된 고형물들은 비교적 건조된 형태의 탈수 케이크로 압출된다. 세척수는 공정 주기 중에 쐐기형 와이어 스크린을 청소하고 고형물을 씻어내기 위해 간헐적으로 필요하다. 나사식 압착기는 제조사에 따라 수평 또는 기울어진 형태를 가지고 있다. 일반적인 나사식 압착기의 내부 모식도는 그림 14-8(b)에 나타내었다. 일반적인 스크린 압착기의 모습은 14-8(c)와 같다.

**그림 14 – 8**

**슬러지 탈수에 사용되는 나사식 압착기.** (a) 개략적인 공정 흐름도, (b) 나사식 압착기의 내부가 보이도록 한 그림, (c) 기울어진 나사식 압착기의 설치 전경

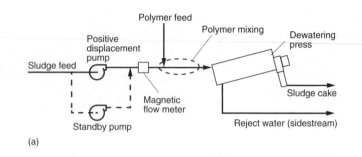

(a)

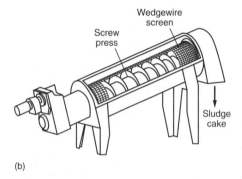

(b)

(c)

**설계 고려사항.** 나사식 압착 탈수 시스템의 설계는 많은 요소의 영향을 받는다. 슬러지의 주입 농도와 양, 휘발성 고형물(VS) 함량, 슬러지의 특성(소화 슬러지 또는 소화되지 않은 슬러지, 1차 슬러지 또는 2차 슬러지 및 그 둘의 혼합 슬러지), 안전성, 허용 가능한 소음 및 악취의 수준, 설비 운영 계획, 자동화 수준, 건물의 가용 공간, 내구성과 여분 기기의 필요성, 세척수의 질과 가용성, 요구되는 여과액의 질과 추가처리 여부, 제조사의 해당 지역 서비스 여건과 예산의 제한성 등이다.

다른 탈수 시스템과 유사하게 슬러지나 바이오 고형물의 양은 공정 설계의 초반에 설정되어야 하며, 현재의 운전 상황과 미래의 목표 상황 두 가지 모두를 고려하여 결정하여야 한다. 탈수 대상 물질의 특성은 중요한 고려사항이다. 소화된 바이오 고형물과 2차 생슬러지들은 일반적으로 1차 슬러지보다 효과적인 탈수가 어렵다. 나사식 압착 시스템은 저속의 완전 밀폐된 구조로 본 교재에서 논의되는 다른 탈수 시스템과 비교하여 보다 강화된 안전성과 적은 악취, 그리고 상대적으로 낮은 소음을 낸다. 운전 계획, 자동화 여부, 내구성과 여분기기의 고려, 설비의 수, 건물 가용 공간도 고려함이 필요하다. 나사식 압착기는 일반적인 운영 주기 동안 고정된 쐐기형 와이어 스크린을 정기적으로 씻어 내기 위해 간헐적으로 세척수를 사용한다. 필요한 세척수의 양은 비교적 적은 편이다. 일반적으로 2.8~5.5 bar gauge (40~80 lb/in.²-gauge) 사이의 압력에서 7~45 L/min (2~12 gal/min) 정도의 유량이 필요하다. 스크린은 보통 운영 주기 동안에 매 10분마다 약 15초 정도 세척한다.

설비들은 일반적으로 제조사들에 따라 단일 나사, 이중(dual) 나사, 경사지거나 수평적인 배열이 제공된다. 비록 다소 묽은 하수 활성슬러지(< 1% TS)의 처리는 수리학적

으로 제한되지만, 다양한 크기의 탈수기가 이용 가능하며 단일 탈수기당 500 kg/h (1100 lb/h)까지 처리 가능하다. 이중 나사식 압착기의 설비는 동일한 나사 직경과 스크린 길이를 가지는 단일 나사식 압착기보다 약 두 배 정도의 유량을 처리할 수 있는 용량을 가지고 있다.

앞부분에 기술한 바와 같이, 탈수 대상 슬러지나 바이오 고형물의 종류들은 실제 허용 수리학적 부하량, 고형물 부하량, 고분자의 사용, 탈수 케이크의 수분 함유량에 큰 영향을 준다. 슬러지와 바이오 고형물의 특성과 성분이 처리장마다 다르므로, 만약 나사식 압착 장치에 대한 엄격한 성능과 용량 기준이 필요하다면 현장 파일럿 실험이 추천된다.

**운전과 성능.** 일반적인 나사식 압착기 시스템은 슬러지 주입 펌프, 유량 계량기, 고분자 주입 장치, 개량 시스템(일렬 또는 탱크), 나사식 압착기, 탈수 케이크 운송장치(컨테이너나 트럭에 직접 배출하는 것이 불가능한 경우), 밸브 조절 기능의 압축 공기, 운전 부품용 전력, 원거리 모니터링과 운영 통제용 조절/신호 배선장치로 구성된다.

나사식 압착기 공정의 성능 최적화와 운전비 최소화를 위해 변화를 줄 수 있는 요인들은 주입 펌프 속도와 유량, 고분자 농도, 고분자 주입 펌프 속도와 유량, 고분자 혼합 강도, 나사 회전 속도, 케이크 배출 압력, 세척수 사용빈도와 기간 등이 포함된다. 나사식 압착기의 일반적인 성능은 설비마다 다르고 주입 고형물의 종류, 위에서 언급한 변수들, 장비의 물리적 상태와 운전 형태에 의해 영향을 받는다. 나사식 압착기의 일반적인 운전 성능 데이터는 표 14-7에 나타내었다.

## ❯❯ 여과 압착기

여과 압착기는 슬러지나 바이오 고형물을 고압에서 탈수시키는 방법이다. 여과 압착기의 장점과 단점은 표 14-2에 나타내었다. 케이크 고형물의 함량이 통상적으로 35% 이상

---

**표 14-7**

**나사식 압착기의 일반적인 탈수 성능**[a]

| 주입 고형물 종류 | 공정 지표 | | | |
| | 고분자 사용 | | | |
| | lb/ton dry TS | g/kg dry TS | 케이크 고형물, % TS | 고형물 포획, % |
| 미처리 슬러지 | | | | |
| 1차 | 8~20 | 4~10 | 30~40 | 90+ |
| 1차 + WAS | 10~20 | 5~10 | 25~35 | 90+ |
| WAS | 17~22 | 8.5~11 | 15~22 | 88~95 |
| 혐기성 소화 바이오 고형물 | | | | |
| 1차 | 20~35 | 10~17.5 | 22~28 | 90+ |
| 1차 + WAS | 20~35 | 10~17.5 | 17~25 | 90+ |
| WAS | 17~35 | 8.5~17.5 | 15~25 | 88~95 |
| 호기성 소화 WAS | 17~25 | 8.5~17.5 | 15~20 | 88~95 |

[a]Based on feedback from rotary press vendors.

일정하게 요구되는 경우, 다른 기계적 탈수 장치들로는 이러한 고농도의 고형물 함량을 지속적으로 달성할 수 없기 때문에, 여과 압착기의 사용이 자주 받아들여진다.

여러 종류의 여과 압착기가 슬러지나 바이오 고형물 탈수에 사용되고 있다. 자주 사용되는 두 가지는 고정 체적판과 가변 체적판 여과 압착기이다.

**고정 체적판 여과 압착기.** 고정 체적판 여과 압착기에는 양면에 홈이 파진 사각형판이 겹겹으로 연결되어 고정단 및 유동단과 함께 구조물에 수직으로 설치되어 있다[그림 14-9(a) 참조]. 여과포는 각각의 판에 고정되어 있거나 붙어 있다. 여과공정 중에 고압을 견디기 위하여 그 판들은 단단히 서로 고정되어 있다. 판들은 유압이나 강력 나사로 단단히 고정되어 있다.

운전 중에는 화학적으로 개량된 슬러지가 판 사이의 공간으로 주입되고, 700~2100 kPa (100~300 lb$_f$/in$^2$) 정도의 압력을 1~3시간 정도 유지시켜 액체가 여과포와 판 배출구로 배출되도록 한다. 그 후 판을 분리하여 케이크를 제거한다. 슬러지 케이크의 두께는 25~38 mm (1~1.5 in) 범위에서 변하며 함수율은 45~70% 정도이다. 한번 운전하는 데 소요되는 시간은 2~5시간이며 다음과 같은 순서로 작동된다. (1) 가압 (2) 지속적인 압력 유지 (3) 압착기 개방 (4) 케이크 방출과 세척 (5) 압착기 닫음. 기계의 자동화 정도에 따라 다르지만, 운전자는 슬러지 유입, 배출, 그리고 세척 간격 등에 특히 관심을 가지고 운전하여야 한다.

---

**그림 14-9**

슬러지 탈수에 사용되는 일반적인 고정 체적판 여과 압착기. (a) 여과 압착기의 개략도, (b)와 (c) 일반적인 설치 전경, (d) 가변 체적판 여과 압착기의 단면도

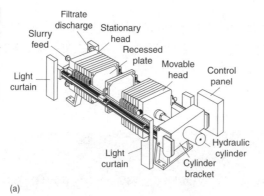

(a)

(b)

(c)

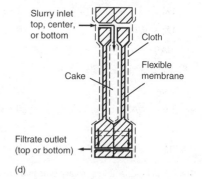

(d)

**가변 체적판 여과 압착기.** 하수 슬러지의 탈수에 이용되는 여과 압착기의 다른 형태는 "격막압착(diaphragm press)"이라고 불리우는 가변 체적판 여과 압착기이다. 그림 14-9(d)에 나타낸 것과 같이 여과포 뒤에 고무격막판이 부착되어 있는 것을 제외하고는 고정 체적판 압착기와 유사하다. 고무격막판은 최종 압착 압력에 도달하기 위해 팽창되며 이로 인해 압착 단계에서 케이크의 부피를 줄일 수 있다. 일반적으로 압력을 올리는 데는 10~20분이 필요하며 목표로 하는 케이크의 고형물 농도로 탈수하기 위해서는 15~30분 간 압력을 일정하게 유지하여야 한다. 가변 체적 압착기는 탈수초기에 690~860 kN/m² (100~125 lb_f/in²) 정도이며 최종 압착 단계에서는 1,380~2,070 kN/m² (200~300 lb_f/in²)가 되도록 설계한다. 가변체적 압착기는 여러 종류의 슬러지에 적용될 수 있으며 우수한 성능을 나타내지만 상당히 많은 유지관리가 필요하다(WEF, 2010).

**설계 고려사항.** 가변 체적판 여과 압착기의 운전과 관리의 문제점으로는 화학약품 주입과 슬러지 개량 시스템의 번거로움과 유지관리를 위한 과도한 작업 중단 시간 등이 지적되고 있다. 여과 압착기의 설치를 위해서는 (1) 탈수실의 적절한 환기(주위온도에 따라 시간당 6~12회의 공기 순환) (2) 고압수에 의한 세척시스템 (3) 석회 사용 시 칼슘 스케일 방지를 위한 순환 산세척 장치 (4) 개량조 전단에 슬러지 분쇄기 (5) 여과 압착기 후 케이크 파쇄 장치(특히 탈수 케이크를 소각할 경우) (6) 판 유지보수 및 교체 장치 등이 설계에 반영되어야 한다. 그 외 다른 설계 기준은 WEF (2010)에서 찾을 수 있다.

**진공건조와 격막압착의 결합.** 전통적인 격막압착의 두 가지 요소는 그림 14-10에 그림처럼 결합된 공정으로 실행된다. 첫 번째 슬러지가 압착기로 주입되고 내부 격막압착판은 자유수를 짜내기 위해 공기나 물로써 부풀린다. 다음으로, 뜨거운 물이나 증기를 주입하여 슬러지의 온도를 상승시키고, 동시에 물의 끓는점을 낮추기 위해 진공을 걸어준다. 슬러지 내의 증발된 수분은 걸어준 진공으로 인해 배출된다. 공정의 마지막 주기로써

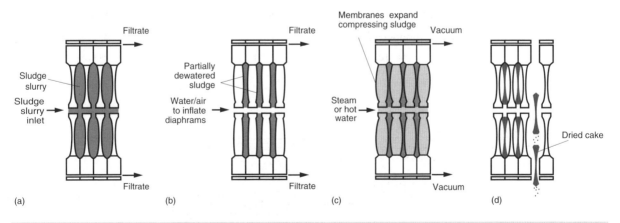

**그림 14-10**

**진공건조와 격막압착된 결합한 가변 체적판 진공 여과 압착기의 운전 개략도.** (a) 슬러지 슬러리가 압착기 안으로 주입된다, (b) 공기나 물에 의해 멤브레인이 팽창한다, (c) 진공과 함께 증기를 주입하여 물의 끓는점을 낮추고 슬러지 탈수를 한다, (d) 공정 마지막 주기에 여과 압착기가 열리고 건조된 슬러지는 압착기 밑의 용기에 수집된다.

압착기가 열리게 되고 건조된 슬러지는 압착기 밑의 통으로 떨어지게 된다. 북아메리카와 유럽에서 본 기술이 다수 적용되고 있다(ca, 2013).

## 전기식 탈수

전기식 탈수로 불리는 전기장 보조 탈수 장치는 도시 슬러지와 바이오 고형물, 산업 잔류물에 사용되며 적게나마 전통적인 바이오매스를 탈수하는 데도 사용된다. 이 공정은 생슬러지나 소화된 바이오 고형물을 탈수하는 데 사용할 수 있다. 운전의 기본 원리, 본 원리의 상업적 적용, 설계 고려사항과 성능 자료 등을 아래에 나타내었다.

**공정 설명.** 실제로는, 슬러지나 바이오 고형물의 입자 크기와 결합력 때문에, 결합수(bound water)는 기계적인 방법에 의해 쉽게 제거하기 어렵다. 전기식 탈수 장치는 그림 14-11에 묘사한 것처럼 두 개의 전극 사이에 슬러지나 바이오 고형물을 두고 직접적인 전압을 걸어준다. 음전하를 띠는 슬러지나 바이오 고형물은 양극(anode)으로 이동하거나 모이게 된다. 양전하를 띠는 물 분자들은 음극(cathode)으로 이동하거나 모이게 된다. 물은 전극을 덮은 여과포를 통과해 음극으로 이동한다. 기계식 여과 내에서 일반적으로 막힘 현상이 발생하는 것과는 달리 슬러지나 바이오 고형물이 음극으로부터 밀려남에 따라 음극을 덮은 여과포는 막히지 않게 된다(Yoshida, 1993). 탈수를 보다 가속화하고 걸어준 직류 전류를 통해 물을 양극(anode)에서 음극(cathode)으로 보다 균등하게 보내기 위해 압력을 걸어준다[그림 14-11(a) 참조]. 다른 탈수 기술과 비교한 전기식 탈수공정의 진보된 탈수 능력은 이전의 그림 14-2(b)에 묘사되어 있다.

**전기식 탈수공정의 상업적 이용.** 일반적인 상업적 시설로서의 전기식 탈수공정은 주입 모듈, 전기식 탈수 설비, 고압 세척기, 정류기, 탈수 케이크 운반 장치(컨테이너나 트럭에 직접 배출하는 것이 불가능한 경우), 압축 공기 조절 밸브, 운전용 전력, 원거리 모니터링과 운영 통제용 조절/신호 배선장치로 구성된다. 전기식 탈수 시스템의 일반적인 도식은 그림 14-12(a)에 나타내었다.

그림 14-12(a)에 나타낸 바와 같이, 슬러지나 바이오 고형물들은 주입 모듈의 일부인 호퍼(hopper)에서 유입된다. 각 처리 주기의 초반부에서, 운송 시스템이 작동되고 주입 모듈은 물질을 얇고 일정한 층으로 밀어내어 정해진 두께로 여과 벨트에서 탈수가 이

---

**그림 14-11**

전기식 탈수공정의 운전 모습을 정의한 그림(Mahmud et al., 2010)

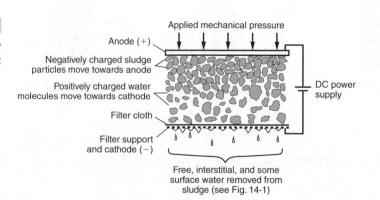

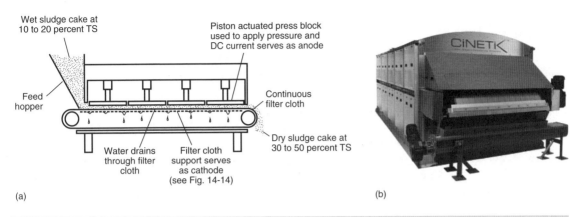

**그림 14-12**

**전기식 탈수 장치.** (a) 운전 개략도, (b) 전기식 탈수 기기의 측면 배출 모습 사진

루어진다. 일단 그림 14-12(a)와 같이 새롭게 형성된 케이크가 처리 공간으로 이동하면, 파워 블록(power block)이 케이크 위로 내려가고 정해진 압력을 가한다. 가해진 압력은 정류기에서 발생된 직류 전류가 음극과 양극 사이에서 여과 벨트와 케이크에 흐르게 한다. 파워 블록이 상부로 올라가고 처리된 케이크가 시스템 밖으로 배출된 뒤에, 직류 전류는 케이크가 건조가 될 때까지 일정 시간 동안 가해진다. 여과 벨트는 여과 이후 이동하는 동안 고압 세척기(여과된 공정수나 음용수)를 이용해 청소한다. 고압 세척기는 또한 프로그램된 자동 세척 주기와 기기 정지 전에 음극과 장비를 매일 청소하는 데 사용한다. 기계적 조작과 장치는 압력, 전류, 전압, 처리 시간, 벨트 속도, 자동 세척 주기와 같은 운전 지표의 관리를 확실하게 해야 한다.

**설계 고려사항.** 전기식 탈수공정의 중요한 설계 고려사항은 표 14-8에 요약되어 있고 아래에 간단하게 설명되어 있다. 특정 설계 지표는 표 14-9에 나타내었다. 슬러지나 바이오 고형물의 양은 설계의 초반부에 결정해야 한다. 그 양은 현재와 미래의 운영을 고려하여 계획되어야 한다. 탈수할 슬러지나 바이오 고형물의 특성은 탈수의 가장 중요한 요소이다. 전기식 탈수는 일반적인 탈수공정으로 효과적인 탈수하기가 어려운 소화된 슬러지나 2차 슬러지에 대해 적합한 공정이다. 그림 14-12(b)에서와 같이, 전기식 탈수공정은 안전성과 악취 해소를 강화하기 위해 완전히 밀폐된 공간에서 진행된다. 또한 차지하는 소요공간이 작고 본 장에서 설명될 열처리 시스템과 비교했을 때 에너지 소요는 비교적 낮은 편이다.

바이오 고형물 공정에 전기식 탈수공정을 연계하는 것은 일반적으로 57,000 m³/d (15 Mgal/d) 이하의 중소 설비에서 고려할 가치가 있다(Eschborn, 2011). 어떤 사이즈의 설비에서든, 전기식 탈수공정의 도입을 결정하는 데 유리한 요인들은 바이오 고형물의 최종 처리 비용과 Class A 생산 가능 여부이다. 설계 초기에 제조사와 연락하고 실험실 규모의 벤치 실험 초기 결과 값을 얻는 것이 추천된다. 만족스러운 실험실 결과가 도출되면, 슬러지나 바이오 고형물에 대한 기술의 호환성을 평가하고 전력 소비에 따른 목표 케

표 14-8

전기식 탈수 설계 시 고려사항[a]

| 목록 | 설명 |
|---|---|
| 슬러지와 바이오 고형물의 양 | 고형물의 양은 설계 초반부에 설정되어야 한다. 그 양은 현재 운전과 향후 미래 운전 계획 모두 고려하여 설정해야 한다. |
| 주입 슬러지나 바이오 고형물의 특성 | 중요한 주입 슬러지의 특성으로는 전도성, pH, 입자 크기, 농도, 이온구성, 사용하는 고분자 등이다. 공정 용량은 습식상태의 주입 고형물에 따라 감소될 수 있지만, 주입 슬러지 내 TS가 12~20%일 때보다 좋은 결과가 관찰된다. |
| 슬러지나 바이오 고형물의 종류 | 전기식 탈수는 일반적인 기계식 방법으로 효과적인 탈수가 어려운 소화된 바이오 고형물 및 2차 슬러지를 처리하기에 적합하다. |
| 슬러지나 바이오 고형물의 전처리 | 벨트-여과 압착기, 원심탈수기, 나사식 압착기나 회전식 압착기와 같은 일반적인 기계식 탈수 장비는 전기식 탈수기의 상부에서 사용된다. |
| 최종 요구 건조 상태 | 탈수된 물질의 최종 사용 용도에 의해 결정된다. 케이크 고형물들은 일반적으로 25~50%의 TS 함량을 가지고 있다. |
| 예상 부피 감소 | 일반적으로 부피 감소는 50~75%이다. |
| 여과액 특성과 처리요건 | 여과액은 비교적 고농도의 유기물질($BOD_5$ and COD), 부유물질(TSS), 암모니아와 유기질소(TKN)를 함유하고 있다. 여과액의 유량은 적으나 이러한 물질들은 후속 처리공정에 영향을 미칠 수 있으므로 전기식 탈수 설계 시 특성을 분석하고 고려해야 한다. |
| 세척수 수질과 가용성 | 필터의 막힘 현상을 방지하기 위해 여과된 공정수나 음용수를 사용한다. 필요한 물의 양은 비교적 적다. |
| 전기 비용 | 열 건조와 비교했을 때 에너지 소비는 3~5배 감소한다. |
| 시스템 선정과 공정 개수 문제 등 처리장과 관련된 문제 | 안전성 고려, 허용 가능한 악취 수준, 설비 운영 계획, 자동화 수준, 가용 공간, 내구성과 여분기기의 필요성, 제조사의 해당 지역 서비스 여건과 예산의 제한성 등이다. |

[a]Courtesy of OVIVO.

표 14-9

다양한 일련의 전기식 탈수 모델에 대한 설계 지표[a]

| 항목 | 단위 | 유효 탈수 면적, m² | | |
|---|---|---|---|---|
| | | 4 | 8 | 16 |
| 유효 탈수 면적 | m² | 4 | 8 | 16 |
| | ft² | 43 | 86 | 172 |
| 부지 면적 | m² | 11.6 | 19.5 | 27.9 |
| | ft² | 125 | 210 | 300 |
| 주입구에서의 용량 | kg/h | 270~600 | 545~1180 | 1090~2360 |
| | lb/h | 600~1320 | 1200~2600 | 2400~5200 |
| 세척수 | L/min | 15.9 | 18.9 | 22.7 |
| | gal/min | 4.2 | 5 | 6 |

[a]Courtesy of OVIVO.

이크 탈수를 달성하기 위해 필요한 시간을 결정하기 위한 파일럿 실험이 추천된다.

**공정 성과 자료.** 성과를 최적화하거나 운영비를 최소화하기 위해 적용되는 공정 변수들로는 주기 시간(회분식 처리시간), 적용 전압, 적용 전류 강도, 전류 강도, 적용 압력, 생성된 케이크 및 주입 고형물의 두께, 슬러지의 전도성과 이온의 구성, 고분자 종류와 농도(기계적 탈수공정의 상부에서 적용되는) 등이다. 직렬의 전기식 탈수공정에서의 일

**표 14 – 10**
총 고형물과 에너지 사용량에 대한 일반적인 전기식 탈수 설비의 성능

| 원료 종류 | 케이크 고형물 | | 에너지 사용량[a] | |
|---|---|---|---|---|
| | 주입구 | 배출구 | kWh/ton | kWh/kg |
| 미처리 슬러지 | | | | |
| 1차 | 22~24 | 29~49 | 110~260 | 0.12~0.29 |
| WAS | 13~17 | 28~43 | 150~270 | 0.17~0.30 |
| | 25 | 33~38 | 210~310 | 0.23~0.34 |
| | 16~20 | 32~43 | 230~310 | 0.25~0.34 |
| 혐기성 소화 바이오 고형물 | 12~18 | 30~46 | 190~280 | 0.21~0.31 |
| | 20~23 | 32~48 | 165~260 | 0.18~0.29 |
| 호기성 소화 WAS | 16~20 | 32~43 | 230~310 | 0.25~0.34 |

[a]Wet basis.

반적인 운전성능은 설비마다 다르며 표 14-10에 나타내었다. 열 건조가 물을 제거하는 데 617~1200 kWh/m$^3$ (Gazbar et al., 1994; Mujumdar, 2007)이 필요한 반면에 직렬형 전기식 탈수설비는 에너지 소비가 3~5배 감소한다. 전기요금이 비싼 지역은 목표로 하는 케이크 고형물을 얻기 위한 비용 편익을 증명하는 경제성 평가가 필요하다.

### ≫ 슬러지 건조상

건조상(drying beds)은 슬러지 탈수에 미국에서 가장 널리 이용되는 방법이다. 슬러지 건조상은 장기 포기 활성슬러지 처리공정을 사용하는 처리장으로부터 발생하는 농축되지 않은 침전 슬러지나 소화 슬러지의 탈수에 일반적으로 사용되는 방법이다. 건조 후 건조된 물질은 제거되어 매립지에 처분되거나 토지 개량제로 이용된다. 건조상의 장점과 단점은 표 14-11에 요약되어 있다. 재래식 모래 건조상이 슬러지 건조상으로 가장 널리 사용된다. 건조상의 다른 종류들은 포장된 지면 건조상, 쐐기형 와이어 건조상(wedge wire drying beds), 진공-보조 건조상(vacuum-assist drying beds)이 있다. 지면과 쐐기형 와이어 건조상은 많이 사용하지 않기 때문에, 본 교재에서 언급하지 않는다. 진공-보조 슬러지 건조상은 과거에 많이 사용했지만 상업적으로 더 이상 사용하지 않아 본 교재에서 언급하지 않는다(WEF, 2012). 재래식 모래 건조상이 가장 광범위하게 사용되고 있으므로 이들 방법에 대한 상세한 내용을 소개한다.

**재래식 모래 건조상.** 재래식 모래 건조상은 일반적으로 중소규모 지역에서 이용된다. 인구 20,000명 이상의 도시의 경우 슬러지 탈수의 다른 방안을 모색하여야 한다. 대도시

**표 14 – 11**
건조상의 장점과 단점

| 장점 | 단점 |
|---|---|
| 1. 설치비용과 운전비용이 적다. | 1. 넓은 부지가 필요하다. |
| 2. 유지관리가 용이하다. | 2. 기후의 영향을 받는다. |
| 3. 건조된 슬러지 발생물의 고형물 함량이 높다. | 3. 악취 유발 가능성이 높은 슬러지 제거에 노동력이 많이 필요하다. |
| | 4. 벌레가 생길 수 있다. |

의 경우는 초기 투자비, 모래 교체 및 슬러지 제거 비용, 넓은 부지가 필요한 점 등으로 인하여 모래 건조상은 사용되지 않는다.

전형적인 모래 건조상에서 슬러지는 건조상 위에 200~300 mm (8~12 in) 정도 채워 건조되어지도록 한다. 슬러지의 수분은 슬러지층과 모래층을 통해 배수되고 또한 대기에 노출된 표면으로부터의 증발에 의해 탈수된다(그림 14-13 참조). 대부분의 수분은 배수작용에 의해 제거되므로 적절한 배수장치를 설치하는 것이 필수적이다. 건조상에는 2.5~6 m (8~20 ft) 간격으로 1% 정도의 경사를 준 측면 배수관(구멍 뚫린 플라스틱 관이나 유리화된 점토관)들이 설치된다. 배수관은 적절한 방법으로 지지되고, 자갈이나 쇄석으로 덮어 주어야 한다. 모래층은 세척 공정 시 유실을 고려하여 200~460 mm (9~18 ft) 깊이로 해야 한다. 모래층이 깊으면 배수가 지연된다. 모래의 균등계수는 4.0 이하여야 하며 유효입경은 0.3~0.75 mm 범위에 있어야 한다.

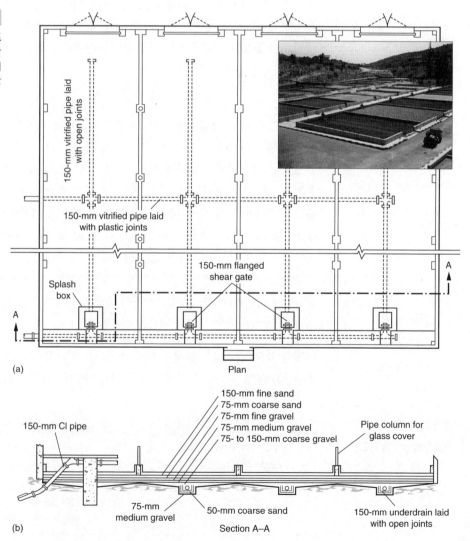

특정 지역의 경우 실제 건조상의 폭은 슬러지 제거 방법에 적합하게 만들어져야 하지만, 건조 영역은 일반적으로 각각의 건조상이 7.5 m의 폭으로 나누어져 있다. 건조상의 길이는 30~60 m (100~200 ft) 정도로 매우 다양하다. 분할된 건조상은 일반적으로 흙으로 된 제방, 목재 판자, 콘크리트 판자나 강화된 콘크리트 블록으로 만들어진다. 외벽은 보통 모래층 위에 500~900 mm (20~36 in)의 여유고를 가지고 건설하고 벽은 암거의 자갈까지 설치해 준다. 만일 건조상을 덮을 경우는 콘크리트로 기초 벽을 하여야 한다.

슬러지나 바이오 고형물들은 일반적으로 개수로나 밀폐형 파이프를 경유해서 건조상에 주입된다. 선택된 건조상으로 슬러지나 바이오 고형물을 주입할 수 있도록 분배조나 밸브도 설치하여야 한다. 분배판을 슬러지나 바이오 고형물 출구 앞에 설치하여 물질들이 건조상에 고르게 퍼지게 하고 모래 침식을 막도록 한다. 만약 주입 파이프가 압력을 받는 상황이라면, 모든 주입 유량에 대해 슬러지나 바이오 고형물이 분배판을 치도록 하기 위해 90도 엘보를 사용해야 한다.

배수되고 충분히 건조된 슬러지나 바이오 고형물은 건조상으로부터 제거한다. 건조된 물질은 표면이 거칠고 굵게 금이 가며 검거나 암갈색을 띤다. 양호한 조건에서 10~15일간 건조된 슬러지의 수분 함량은 60% 정도이다. 슬러지 제거는 삽으로 손수레나 트럭에 담거나 스크레퍼 또는 적하기 등을 이용하여 제거한다. 트럭이 진입하여 적재하기 용이하도록 건조상 주위를 따라 적재공간 및 길을 마련하여야 한다.

충분한 부지가 있고 악취로 인한 민원이 야기되지 않는다면 개방형 건조상이 사용될 수 있다. 주거지로부터 최소한 100 m(약 300 ft) 떨어진 곳에 개방형 건조상을 설치하여야 악취로 인한 민원이 발생되지 않는다. 온실과 같이 밀폐형 건조상은 날씨에 관계없이 그리고 개방형 건조상을 설치할 수 없는 지역에서 슬러지를 탈수하여야 할 경우에 사용된다.

건조상의 고형물 부하는 연간 단위 면적당 건조 고형물 부하량(kg dry solids/m²/y)으로 나타낸다. 고형물 부하 기준에 기초하여 건조상을 설계하는 것은 일반적으로 바람직한 접근법이고 부하 요구량은 일반적으로 개방형 건조상은 50~125 kg/m²·y (10~25 lb/ft²·y)이고 밀폐형 건조상은 60~200 kg/m²·y (12~40 lb/ft²·y) 정도이다. 표 14−12에는 바이오 고형물 형태에 따른 일반적인 자료를 나타내었다. 밀폐형 건조상에는 눈 또는

### 표 14−12
**개방형 슬러지 건조상의 일반적인 소요면적**

| 바이오 고형물의 종류 | 지역[a] | | 슬러지 부하율 | |
| --- | --- | --- | --- | --- |
| | ft²/person | m²/person | lb/ft² · yr | kg/m² · yr |
| 1차 소화 | 1.0~1.5 | 0.1 | 25~30 | 120~150 |
| 1차 그리고 살수여상 소화 | 1.25~1.75 | 0.12~0.16 | 18~25 | 90~120 |
| 1차 그리고 폐활성 소화 | 1.75~2.5 | 0.16~0.23 | 12~20 | 60~100 |
| 1차 그리고 화학적 침전 소화 | 2.0~2.5 | 0.19~0.23 | 20~33 | 100~160 |

[a]개방형 건조상에서 약 70~75%를 덮기 위해 요구되는 면적

비에 영향을 받지 않으므로 더 많은 바이오 고형물이 처리될 수 있다. 또한 고분자 개량은 슬러지 건조상의 성능을 향상시키기 위해 가끔 사용된다.

**태양 건조상.** 액상 슬러지, 농축 슬러지 및 탈수 슬러지의 탈수와 농축을 촉진시키기 위한 방법 중의 하나가 덮개가 설치된 태양 건조상이다(그림 14-14 참조). 태양 건조상은 일반적으로 악취문제와 Class A 산물을 위해서는 90% 이상의 건조가 필요하다는 요구조건 때문에 소화되지 않은 1차 슬러지에는 사용하지 않는다. 태양 건조상(혹은 "온실 건조상")은 사각형 구조의 반투명 내부로 대기의 건조 조건을 측정하는 센서, 통풍창, 환기 팬, 순환 팬, 건조상을 혼합하고 이동하는 이동전자기계장치와 건조 환경을 조절하는 마이크로 센서로 구성되어 있다[그림 14-14(a)와 (b) 참조]. 이 시스템의 주요 건조 에너지는 태양 복사열이다.

대부분의 태양 건조상에서 기계적으로 탈수된 바이오 고형물들이 온실 내부에 수동 또는 자동으로 분배된다. 또한 액상 슬러지를 온실 안에 직접 주입하는 것도 가능하다. 하지만, 추가적인 온실 공간의 소요는 기계적인 탈수 단계의 제거로 인한 이득보다 크다. 태양 건조상은 열대나 건조한 환경에 적합하지만 북부와 산악 기후에도 설치되어 있기도 하다.

건조 주기 동안 마이크로 센서는 온도, 습도 및 태양 복사열과 같은 여러 가지의 기후인자를 분석하여 온실 내부의 상태를 최적화하는 역할을 한다. 온실은 순환기와 배기 송풍기를 통해 대류 건조를 수행하고 내부 기후 상태를 조절한다. 바이오 고형물들은 제조사별로 공급하는 다양한 장치로 주기적으로 뒤집어 주고 송풍시킨다[그림 14-14(c)

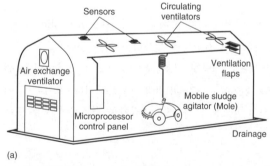

**그림 14-14**

**이동 교반기를 갖춘 태양 슬러지 건조상 시스템.** (a) 개략도, (b) 전형적인 외부 설치 전경, (c) 이동 슬러지 교반기와 전형적인 내부 설치 전경

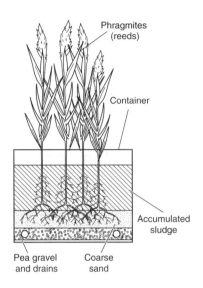

**그림 14 – 15**

바이오 고형물의 탈수와 저장을
위한 갈대 건조상의 단면도

참조]. 또한 슬러지 자체의 저온 여열로 인해 태양 건조상의 기능 증대와 온실 소요 공간의 감소를 기대할 수 있다. 최종적으로 90% 정도의 높은 고형물 함량을 가지는 건조된 펠렛(pellet)을 얻는 것이 가능하다.

## 》 갈대 건조상

갈대 건조상은 처리장에서 바이오 고형물의 탈수를 위해 0.2 m³/s (5 Mgal/d) 용량까지 적용 가능하다. 바이오 고형물의 탈수, 처리, 저장에 관한 일반적인 갈대 건조상은 그림 14-15와 같다. 갈대 건조상은 모래나 자갈을 고랑에 채워 식물들을 지지하는 지표 밑에 흐름이 있는 인공습지와 비슷한 외형을 가지고 있다. 갈대 건조상에서는 액상의 바이오 고형물이 건조상의 표면에 적용되어 여과액이 자갈을 통과하여 하부로 배출되는 점이 지표 밑 흐름 습지와의 차이점이다.

일반적으로, 갈대 건조상은 다음과 같은 세척된 자갈층로 구성된다: (1) 20 mm (0.8 in) 세척자갈로 구성된 250 mm (10 in)의 배수층, (2) 4~6 mm (0.16~0.24 in) 세척자갈로 구성된 250 mm (10 in)의 배수층, (3) 모래(0.4~0.6 mm)로 구성된 100~150 mm (4~6 in) 배수층. 가끔 좀 더 굵은 자갈을 사용한 밑바닥 층이 사용되기도 한다. 약 10년 정도의 슬러지 축적을 위하여 모래층 위에 최소한 1 m (3 ft)의 자유공간이 제공된다. 갈대는 모래 아래 자갈층의 중심 300 mm (12 in)에 식재된다. 다른 습지 식물도 적용될 수 있지만 갈대가 주로 적용된다. 슬러지를 처음으로 적용할 때는 갈대가 잘 자란 후 적용한다. 일반적으로 갈대의 수확은 슬러지층 상부의 갈대 밑부분을 베는 방식으로 겨울에 실시한다. 갈대가 너무 성장하여 바이오 고형물의 흐름을 방해할 때에도 수확하여야 한다. 수확된 갈대는 퇴비화, 소각 혹은 매립 처분한다(Crites and Tchobanoglous, 1998).

식물 식재의 목적은 슬러지층으로부터 물이 계속 배수될 수 있는 통로를 제공하기 위함이다. 바람의 흐름에 따른 식물의 전후 이동으로 인해 바이오 고형물로부터 하부 배수층으로 물이 배출될 수 있는 통로가 만들어진다. 또한 식재된 식물은 슬러지로부터 물을 흡수한다. 식물뿌리로 산소가 전달되면서 슬러지의 안정화와 결정화에 도움이 된다. 갈대 건조상은 수동적인 퇴비화의 형태이다. 갈대 건조상의 설계 부하율은 30~60 kg/m²·yr (6~12 lb/ft²·yr) 범위이다. 기후와 슬러지 조건에 따라 최고 100 kg/m²·yr (20 lb/ft²·yr) 정도의 부하율이 적용된 예도 있다. 모래 건조상과 같이 액상 슬러지는 간헐적으로 주입된다. 일반적으로 적용되는 슬러지층의 깊이는 1주에서 10일당 75~100 mm (3~4 in) 정도이다(Crites and Tchobanoglous, 1998; Cooper et al., 1996).

### ≫ 라군

라군은 소화된 바이오 고형물의 탈수를 위해 건조상 대용으로 사용될 수도 있다. 라군은 악취와 위생상의 문제 때문에 미처리된 슬러지, 석회처리 슬러지 및 고농도의 상징액을 함유한 슬러지에 적용하기에는 적당하지 않다. 라군의 성능은 건조상에서와 같이 탈수를 저해하는 낮은 온도 및 강우량 등 기후의 영향을 받는다. 라군은 증발률이 높은 지역에서 적용성이 가장 크다. 지하 배수나 침투에 의한 탈수는 갈수록 강화되는 환경 및 지하수 규제로 인하여 제한을 받는다. 라군 설치지역의 지하수가 음용수원으로 사용된다면 라군의 내부에 차수막을 설치하거나 침투를 방지하는 조치를 취해야 한다.

개량하지 않은 소화된 바이오 고형물을 라군에 고루 분배되도록 한다. 바이오 고형물의 깊이는 0.75~1.25 m (2.5~4 ft) 정도로 한다. 증발이 라군 탈수의 주요한 메커니즘이다. 상징액 분리를 위한 장치를 설비하고 상징액은 처리 장치로 반송한다. 바이오 고형물은 고형물 함량이 25~30% 정도가 되었을 때 기계를 사용하여 제거한다. 라군의 운전 기간은 몇 달에서 몇 년 정도로 다르다. 보통 바이오 고형물은 18개월 동안 주입하며 그후 6개월 동안은 그대로 나둔다. 고형물 부하는 36~39 kg/m³·yr (2.2~2.4 lb/ft³·yr) 정도이다(U.S. EPA, 1987a). 소규모 처리장에서도 청소, 유지관리 및 긴급한 상황 대처를 위한 저장 공간을 확보하기 위해 최소한 2개조를 설치하여야 한다.

## 14-3 열 건조

열 건조는 열을 적용하여 수분을 증발시키며 바이오 고형물의 수분 함량을 재래식 탈수 방법보다 더 효과적으로 감소시키기 위해 사용된다. 열 건조의 장점과 단점은 표 14-13에 요약되어 있다.

### ≫ 열전달 방법

건조기의 분류는 젖은 슬러지나 바이오 고형물로의 열전달 방법에 기초한다. 열은 대류, 전도, 복사, 혹은 2개 이상의 조합에 의해 전달된다. 적외선 복사를 사용해 건조하는 방법은 대부분 실험적으로 증명되었으나 본 교재에서 자세히 다루지는 않는다.

모든 건조 시스템은 그림 14-16에 묘사된 건조 곡선 그래프와 같이 세 단계의 건조 과정을 따른다. 건조의 3단계는 준비(warm up) 단계, 정속(constant rate) 건조 단계, 감

**표 14 – 13**

열 건조의 장 · 단점

| 장점 | 단점 |
|---|---|
| 1. 증명된 처리방법 | 1. 비교적 높은 초기설치 비용 |
| 2. 생산물은 EPA의 재이용 정책에 맞는 다양한 사용을 위한 시장성과 적합성을 가짐 | 2. 많은 연료가 필요 |
| 3. 적은 부지이용 | 3. Claas A 생산품 판매에 의한 수익이 높은 운전비용을 상쇄하지 못함 |
| 4. 생산물 운송비용 감소 | 4. 먼지 발생 가능성 |
| 5. 상당한 병원균 감소(Class A) | 5. 화재와 폭발 위험성 증가 |
| 6. 저장용량 향상 | 6. 비교적 복잡한 시스템으로 인한 숙련된 운전 관리자 필요 |
| 7. 화학 첨가제 불필요 | 7. 악취 문제와 최종산물의 악취 및 먼지 발생 가능성 |
| 8. 바이오 고형물의 발열량 증대 | |

**그림 14 – 16**

건조의 세 단계. (a) 준비(warming up), (b) 정속(constant rate), (c) 감속(falling rate) 단계

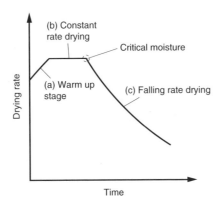

속(falling rate) 건조 단계로 구성된다. 준비 단계 동안, 고형물들과 습기는 현열(sensible heat)을 전달하면서 공정 온도까지 가열된다. 정속 건조 단계에서는 슬러지나 바이오 고형물의 표면에서 증발된 습기가 일정한 속도로 내부 습기와 대체한다. 따라서 슬러지나 바이오 고형물 표면은 포화상태를 유지하게 되고, 정속 건조 단계 동안 건조되는 슬러지나 바이오 고형물의 표면 온도는 건조기 내부 가스의 습구 온도와 같아진다. 정속 건조 단계 기간은 일반적으로 가장 긴 기간이고 가장 많은 건조가 일어난다. 감속 건조 단계 기간 동안 대부분의 자유 습기가 제거되며, 건조 속도는 건조되는 슬러지나 바이오 고형물 내부수의 표면으로의 확산에 의해 조절된다. 감속 건조 단계 동안 슬러지나 바이오 고형물 표면 온도는 기체나 공기 온도에 근접하게 된다. 정속 건조 단계에서 감속 건조 단계로 변화하는 지점에서의 수분 함유량을 임계 함수율(critical moisture content)이라 한다.

**대류(Convection).** 대류(직접 건조) 시스템에서 젖은 슬러지나 바이오 고형물은 통상적으로 고온 가스인 열전달 매체와 직접 접촉한다. 평형 상태의 정속 건조에서 물질 전달은 (1) 노출된 젖은 표면의 면적, (2) 고형물과 공기 접촉면의 습구 온도에서의 포화습도와 건조공기의 수분 함량 차이, (3) 물질전달계수로서 표현되는 건조 공기의 난류 속도 등에 비례한다. 증발에 의한 열전달률은 다음 식으로 구한다(WEF, 2010).

$$q_{\text{conv}} = h_c A(T_g - T_s) \tag{14-1}$$

여기서, $q_{\text{conv}}$ = 대류성 열전달률, kJ/h (Btu/h)

$h_c$ = 대류성 열전달 계수, kJ/m²·h·°C (Btu/ft²·h·°F)

$A$ = 노출된 슬러지의 표면적, m² (ft²)

$T_g$ = 가스 온도, °C (°F)

$T_s$ = 슬러지/가스 접촉면에서의 온도, °C (°F)

대류성 열전달 계수는 건조기 생산업체나 파일럿 실험을 통해 얻을 수 있다. 그러나, 대부분의 생산업체에서 특허 정보로 가지고 있다.

**전도(Conduction).** 전도(간접) 건조 시스템은 고형물을 함유한 벽이 스팀이나 열 유체 같은 열전달 매체로부터 젖은 슬러지를 분리시킨다. 전도에 의한 열전달은 다음 식으로 구한다(WEF, 2010).

$$q_{\text{cond}} = h_{\text{cond}} A(T_m - T_s) \tag{14-2}$$

여기서, $q_{\text{cond}}$ = 전도성 열전도율, kJ/h (Btu/h)

$h_{\text{cond}}$ = 전도성 열전도 계수, kJ/m²·h·°C (Btu/ft²·h·°F)

$A$ = 가스에 노출된 젖은 표면적, m² (ft²)

$T_m$ = 가열된 매체의 온도, °C (°F)

$T_s$ = 건조되는 슬러지 표면의 온도, °C (°F)

전도성 열전달 계수는 슬러지와 매체 사이의 열전달 표면막의 영향을 포함하고 있다. 전도 열전달 계수는 건조기 생산업체나 파일럿 실험을 통해 얻을 수 있다.

### ≫ 공정 설명

열 건조기는 직접, 간접, 직-간접 복합 그리고 적외선 건조로 구분된다. 직접 및 간접건조기는 도시 바이오 고형물의 건조에 가장 많이 사용되어지는 형태이다. 석탄, 기름, 가스, 적외선 복사선 혹은 건조 슬러지가 열 건조의 에너지 공급원으로 사용된다.

**직접 건조기.** 도시하수 슬러지와 바이오 고형물의 직접(열전달) 건조기로는 플래쉬 건조기(flash dryers), 회전식 건조기, 그리고 유동상 건조기가 있다. 1940년대 이후로 50여 개에 달하는 플래쉬 건조기가 설치되었으나 지금은 오직 휴스턴(TX)에서 두 개의 하수처리시설에서만 운전되고 있다. 안전성에 대한 우려, 높은 에너지 요구량, 높은 운전 및 유지보수 비용, 하수 시장에서 제조 회사의 낮은 관심, 기술의 인기 감소로 인해 플래쉬 건조는 본 교재에서 자세히 언급하지 않는다(WEF, 2010). 회전식 건조기는 현재 폐수 슬러지와 바이오 고형물에 매우 흔하게 적용되고 있다. 유동상 건조기는 미국 내에서 비교적 최근에 적용되었다.

**회전식 건조기.** 회전식 건조기는 1차 슬러지와 폐활성 슬러지가 결합된 슬러지로부터 1차 생슬러지, 폐활성 슬러지, 그리고 소화된 바이오 고형물까지 다양한 슬러지의 건조에 사용되어 왔다(그림 14-17 참조). 일반적으로 1차 생슬러지는 처리의 어려움, 악취, 최종산물의 안정성 때문에 추천되지는 않는다. 회전 건조기는 원통형의 철 구조물이 베어

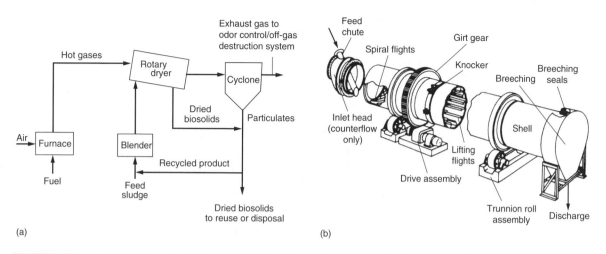

## 그림 14−17

**회전식 건조기.** (a) 일반적 공정 흐름도, (b) 회전식 건조기의 도식도

링 위에서 회전하며 수평보다 약간의 경사가 있도록 설치되어 있다[그림 14−17(a)와 (b) 참조]. 주입 슬러지나 바이오 고형물은 이미 건조된 물질과 건조기 앞에 설치된 혼합기에서 혼합된다[그림 14−17(a) 참조]. 혼합된 물질은 수분 함량이 약 65% 정도로 건조기에 부착되지 않고 이동이 용이하게 된다. 혼합 슬러지와 고온 가스는 건조기 배출구의 끝부분으로 이동된다. 설치된 축 날개가 건조기 내부 벽을 따라 슬러지를 이동시키게 된다. 건조 고형물 함량은 90~95% 정도이며 큰 물질은 분쇄기로 보내지고 다시 순환 상자로 이동된다. 건조된 고형물은 저장 및 취급이 용이하고 비료나 토지 개량제로 상품화될 수 있다.

**유동층 건조기.** 유동층 건조기는 유럽에서 개발되어 1990년대 후반에 처음으로 미국에 적용되었다(그림 14−18 참조). 북아메리카의 2개 설비를 포함하여 전 세계적으로 약 30개가 설치되어 있다(WEF, 2012). 유동층 건조기는 회전식 건조기 시스템과 유사한 알갱이(pellet) 형태의 생산물을 얻을 수 있다(Holcomb et al., 2000). 건조기 주입의 방법은 제조사마다 다르다. 유동층 건조기는 송풍상자(windbox) 또는 가스통풍실(gas plenum), 열교환기, 덮개의 세 부분으로 구성된 고정된 수직 용기(chamber)로 되어 있다. 송풍상자는 뜨거운 유동 가스가 유동층으로 분배되는 곳이다. 열교환기는 유동층 지역 내에 위치하며 증기나 뜨거운 기름 형태의 열유체로 시스템에 열을 공급한다. 덮개는 유동 가스가 챔버(chamber) 외부로 배출되고 건조 바이오 고형물이 가스로부터 분리되는 곳이다. 건조기에서 나오는 가스는 사이클론을 통해 배출된 후, 다시 재열되고 건조기로 재주입된다. 그러나 일부 가스는 이러한 폐쇄 루프에서 제거 및 세정되어 RTO 설비 등의 냄새 조절 장치에서 처리된다.

　유동층 가스(일반적으로 공기)는 바이오 고형물을 지속적으로 유동상태로 교반되도록 함으로써, 열교환기로부터 바이오 고형물 입자로 열을 전달하고 비교적 일정한 건조 바이오 고형물 생산물을 생성하는 데 도움을 준다. 유동층 공기와 바이오 고형물의 고른

**그림 14-18**

유동층 건조기의 단면도

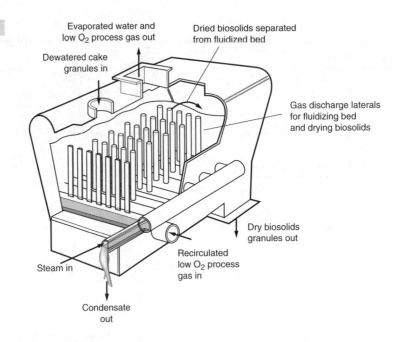

접촉으로 건조기 내부의 온도는 85~120 °C (185~230 °F)로 일정하게 유지된다. 유동층 건조기는 비교적 낮은 온도에서 운전되기 때문에, 저온 폐기물의 열 회수에 적합하다.

**벨트 건조기.** 벨트 건조기는 미국에서는 비교적 새로운 형태의 건조기로 본 교재 집필 당시 기준으로 7개의 벨트 건조기가 운전되거나 설비되고 있으며, 유럽에서 보다 보편적으로 사용되고 있다. 벨트 건조기는 대류식 건조기로 바이오 고형물을 얇은 층으로 분배하는 운송벨트로 구성된다(그림 14-19 참조). 슬러지나 바이오 고형물이 천천히 움직이는 벨트를 통해 건조기에서 운반되는 동안 따뜻한 가스를 벨트와 바이오 고형물 층으로 통과시키거나 바이오 고형물 층을 지나가도록 하는 방식으로 대류식 열전달을 공급한다. 현재 여러 제조사들이 건조기의 모양과 분배 방식이 약간씩 다른 설비를 제공하고 있다. 어떤 건조기들은 금속망 벨트나 다공판으로 이루어져 있으며, 일부 다른 건조기들은 벨트-여과 압착기와 비슷한 천 벨트로 되어 있다. 회전식 드럼 건조기와 유사하게, 바이오 고형물들의 접착을 방지하고 건조기로 잘 분배되도록 하기 위해 건조된 생산물을 재순환하여 탈수된 케이크와 재교반 후 건조기로 주입하는 경우도 있다. 또한 건조기로 주입된 슬러지나 바이오 고형물을 리본 형태로 배출하여 보다 넓은 건조 표면적을 만들어 재교반의 필요성을 제거하는 경우도 있다(그림 14-20). 바이오 고형물들을 압출 방법을 통해 배출시키는 방식의 경우, 벨트 건조에서는 일반적으로 30% 케이크 고형물 이상은 수행하기 어렵다.

벨트 건조기는 가스로(gas furnace)에서 연도가스(flue gas)로 직접 가열하는 방식 또는 열유, 스팀, 연도가스 등의 열원을 이용한 열교환의 간접 방식으로 건조공기를 가열한다. 다른 건조기들과는 다르게, 벨트 건조기는 매우 낮은 온도에서 운영할 수 있어서 저온의 폐기물 가열이 가능한 경우에 매우 적절히 사용할 수 있다. 벨트 건조기는 낮은

그림 14-19

**벨트 건조기의 예.** (a) 세 가지 다른 열원과 운전 개략도, (b) 밀폐된 벨트 건조기 설치 전경 (courtesy of SH+E Group U.S.)

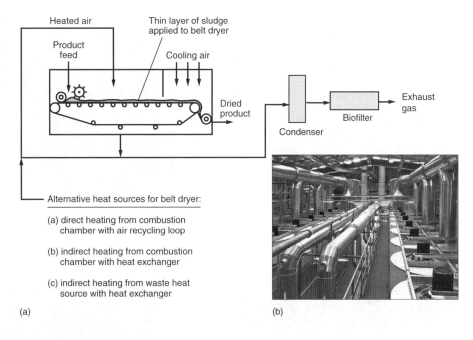

(a)

(b)

그림 14-20

**향상된 열 건조에 의한 압출 바이오 고형물.** (a) 리본 줄 모양의 압출 바이오 고형물 사진 (courtesy of Kruger), (b) 로프 형태로 압출 중인 바이오 고형물 사진(courtesy of SH+E Group U.S.)

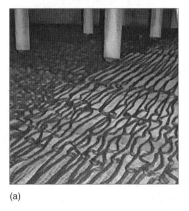

(a)                                        (b)

건조 온도와 최소화된 교반을 이용하므로 다른 건조기와 비교하여 태생적으로 보다 안전하다. 낮은 온도와 넓은 소요 면적으로 인해 벨트 건조기는 중소 설비에 적합하며 대형 처리장에서는 비용 부담이 커 적합하지 않다. 일반적인 벨트 건조 설치 그림은 14-19(b)에 나타내었다.

**간접 열 건조기.** 간접 열 건조기는 수평형 또는 수직형 형태로 설계된다. 일반적인 공정 흐름도는 그림 14-21(a)에 나타내었다. 수평형 건조기에는 패들(paddles), 중공 판(hollow flights)들과 슬러지나 바이오 고형물을 건조기로 이송시키기 위한 회전축에 설치된 디스크(disks)들로 구성되어 있다[그림 14-21(c)와 (d) 참조]. 보통 증기나 오일 같이 가열된 매체가 건조기 내부와 회전 설비의 중심부를 순환한다. 탈수된 바이오 고형물이나 슬러지는 건조기축의 수직 방향으로 유입되어 건조기의 수평방향으로 이동한다. 열

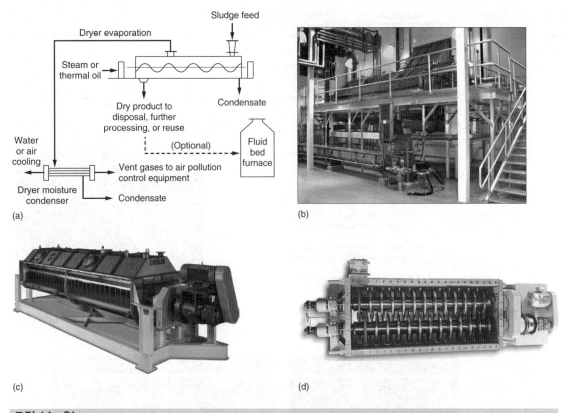

**그림 14-21**

**간접 열 건조기.** (a) 공정 흐름도, (b) 일반적인 건조기 설치 전경, (c) 지지대 설비를 제외한 건조기 모습, (d) 내부 패들 날개 모습

전달과 슬러지나 바이오 고형물의 이동이 함께 수행된다. 바이오 고형물이나 슬러지의 입자는 교반기에 의해 분쇄되며 건조기의 가열된 금속 표면과 접촉함으로써 건조된다. 알갱이 입자는 뜨겁고 마찰 특성을 가진다. 대부분의 건조기와 마찬가지로 이동부분은 마모될 수 있으며 부식이 발생하면 더욱 금속 질의 저하를 가속시킨다. 교반기는 효율적인 열전달과 슬러지 교반 및 최소한의 막힘이 생기도록 설계되어야 한다. 배출구 끝의 웨어(weir)는 건조되는 바이오 고형물에 열전달 표면이 완전히 잠기도록 하여야 한다. 건조 공정에서 발생하는 수증기는 배출 덕트 내에 설치된 유도팬에 의해 약한 부압에서 배출될 수 있다.

수직형 간접 열 건조기(그림 14-22 참조)에서는 슬러지나 바이오 고형물이 증기나 오일 같은 매체에 의해 가열된 금속표면과 접촉하는 전도 열이 슬러지에 전달된다. 슬러지나 바이오 고형물은 열 매체와 직접적으로 접촉하지 않는다. 탈수 슬러지(약 20% 고형물)는 순환된 슬러지와 혼합되어 다단 건조기의 상부 유입부로 주입된다. 회전축은 회전하면서 지그재그 운동으로 슬러지를 가열된 고정판에서 다른 가열된 고정판으로 이동시켜 하부로 배출시키며 슬러지는 건조되고 펠릿화된다. 회전축은 조절이 가능한 스크래퍼가 설치되어 있으며 가열된 고정판 위의 얇은 슬러지층(20~30 mm)을 뒤집어 엎고 이동한다. 건조된 부산물은 배출되고 분리 호퍼에서 승강식 운반기로 운반된다. 적정 크기의

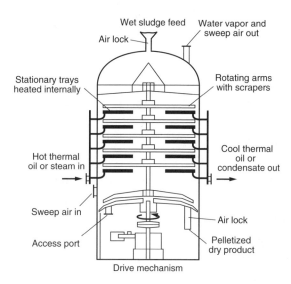

**그림 14-22**

수직형 간접 열 건조기의 단면도
(From Pelletech)

펠렛의 일부분은 차가워지고 저장고로 운반된다. 대형 입자들은 충돌되고 작고 적정 크기의 펠렛과 교반된 뒤 탈수된 케이크와 재교반하고 건조기로 주입된다. 이러한 역혼합 과정으로 인해 간접 열 건조기는 회전식 드럼 건조기와 유사하게 비교적 일정한 생산물을 생성한다.

간접 열 건조기에서는 특정한 건조 수준으로 건조되며 저장하기 위해 컨베이어로 배출된다. 건조 발생물의 고형물 농도는 최종 사용 목적과 처분에 따라 65~95% 정도이다.

## ≫ 생산물 특성과 이용

건조된 바이오 고형물은 주로 포함된 영양 성분에 따라 상용 비료 대체 물질로 사용된다. 일부 건조 물질은 비료로 사용되기도 하며 생산자에게 이윤을 남기기도 한다. 예를 들어, 뉴저지 주 오션 카운티 설비에서 건조 펠렛(pellet)으로 상품화된 OCEANGRO™은 농업 공동체에 비료로 판매된다. OCEANGRO™의 성분 분석은 표 14-14에 요약되어 있다. 건조된 바이오 고형물의 생산물 특성은 슬러지 종류, 전처리공정, 건조 표면의 물리적 형태에 따라 다르다. 1차 생슬러지는 섬유질, 먼지, 악취물질 등으로 인해 건조 및 펠렛화 하는 데 어려움이 따른다. 건조기나 하류 개량공정의 조건에 따라, 소화된 슬러지는 운송과 관리가 용이한 무정형의 입자 형태로 펠렛화할 수 있다. 역혼합과정을 거치는 건조기는 일반적으로 보다 일정한 펠렛을 만들어 낸다. 그러나, 판매 목적을 위해 보다 일정한 생산물이 필요한 경우 역혼합과정 없이 스크리닝, 개량제 사용, 또는 펠렛화 과정의 하류 공정들이 추가될 수 있다. 상품화에 가장 좋은 입자 크기는 약 2~4 mm이지만, 시장 상황에 따라 달라질 수 있다(WEF, 2012). 상품화를 극대화하기 위해서는 선택된 입자 크기보다 작거나 큰 입자를 분리하여야 할 필요가 있다. 작거나 큰 입자는 유입 슬러지와 혼합하여 재순환되며, 이에 따라 건조기에 유입되는 고형물의 함량은 증가하나 증발되는 수분 함유량은 변화되지 않는다.

건조된 바이오 고형물 생산물은 건조된 슬러지나 바이오 고형물의 특성에 따라 에너

표 14 – 14

OCEANGROW™ 성분 분석표

| 성분 | 단위 | 값 |
|------|------|-----|
| 총 질소(N) | % | 5.0 |
| 수용성 질소 | % | 0.50 |
| 불용성 질소[a] | % | 4.50 |
| 유효 인산($P_2O_5$) | % | 5.00 |
| 칼슘(Ca) | % | 2.50 |
| 총 마그네슘(Mg) | % | 0.33 |
| 결합 황산(S) | % | 1.00 |
| 총 구리(Cu) | % | 0.04 |
| 총 철분(Fe) | % | 2.50 |
| 총 아연(Zn) | % | 0.05 |
| 표준 안내 번호 | | 150 |
| 생산물 크기 범위 | mm | 1.5~2.5 |
| 균일지수 | % | 60 |

[a]본 생산물은 4.5%의 지효성 질소(slow release nitrogen)를 포함하고 있음.

지원으로 사용될 수 있다. 최근에 건조 바이오 고형물은 시멘트 건조로에서 석탄을 대체하는 연료로 사용되고 있다. 높은 에너지 비용과 재생 가능한 에너지로서의 건조 바이오 고형물 에너지 회수에 대한 인식이 높아짐에 따라 건조 바이오 고형물을 에너지원으로 사용하는 사례는 보다 증가할 것으로 보인다.

## ≫ 생산물 운송과 저장

열 건조로부터 발생되는 알갱이들은 적절한 내구성이 있음에도 불구하고 스크류 컨베이어, 드래그(drag) 컨베이어, 압축 공기 컨베이어 등을 이용한 장거리의 기계적 운송을 할 경우 마모로 인해 슬러지가 부서지고 먼지가 발생할 수 있다. 그러나 이러한 운송 장치들은 많은 처리장에서 사용되고 있다. 생산물의 부서짐이 걱정된다면 개방되거나 접힌 (folded) 벨트 컨베이어를 선택하는 것이 바람직하다.

건조기에서 배출될 때 고온의 바이오 고형물은 50°C 이하로 냉각시켜 토양이나 저장조에 적재하여야 한다. 초기 건조기 가열과 토양 내의 생물학적 활동에 의해 발생된 열의 복합적 작용에 의해 그을림과 연기가 유발될 수 있다. 이러한 상태는 건조 운전 단계에서 작동과 비작동이 빈번하게 반복되거나 건조가 완전하게 되지 않는 경우에 발생한다. 일반적으로 저장조에 유입되는 생산물은 92~98% 범위의 건조 고형물이어야 한다.

## ≫ 화재와 폭발 위험

고온에서 건조된 슬러지는 미세한 입자들이며 극도로 건조된 상태이므로, 이 건조된 슬러지를 이송하거나 저장할 때에 화재와 폭발의 위험성이 있다. 대기 중의 부유된 유기성 먼지가 만일 점화원에 노출되면 급속하게 연소된다. 연소열은 연소 발생물의 압력과 부피를 증가시킨다. 만일 압력이 저장조의 파열 강도를 초과하면 폭발이 발생한다. 이러한 현상을 "폭연(deflageration)"이라 하며 폭연 폭발은 건조된 바이오 고형물을 취급할 때

**표 14–15**

열 건조에서 먼지폭발 위험성의 예방 수단[a]

| 고려사항 | 예방 수단 |
|---|---|
| 환기 시스템(운송과 저장의 단위 공정에서) | 폭발대비 비상용 환기시설을 설치해야 함 |
| | "최악의 경우"에 대비한 환기 설비 크기로 설계함 |
| 온도 조절 | 위험 상태를 야기하는 높은 온도의 방지를 위한 온도 제어장치를 사용함 |
| | 온도 제어장치는 또한 과잉 분진 형성을 야기하는 초과 건조를 방지하는 데도 사용 가능함 |
| 살수 장치 | 고온상태에 반응하는 살수 장치나 스프링클러 시스템을 설치함 |
| | 살수 장치는 또한 그을음 및 화재 조짐을 나타내는 일산화탄소나 이산화탄소의 존재에 반응하도록 설정 가능함 |
| 질소 패딩 | 모든 건조 바이오 고형물의 운송 및 처리시설에 대해 비활성 질소 공급 시설을 설치함 |
| | 뜨거운 바이오 고형물의 자가발열 및 점화에 대한 가능성을 줄이기 위해서 산소의 부피를 5% 이하로 유지함 |
| 전기장치 | 미국 화재방지협회 규정에 부합하도록 설계 |
| | 만약 먼지가 있다면, 모든 장비는 방진하여야 하며 전기장비는 질소로 청소되어야 함 |
| | 시동기와 계전기 같은, 불꽃 점화 장비가 장치된 모터 제어 중심부는 특별구역에 설치하여야 함 |
| 배관 및 저장조 | 건조 바이오 고형물과 접촉된 시스템의 모든 전도성 물질은 땅에 접지하고 전기가 통하지 않도록 함 |
| 유지보수 | 지역을 청정하게 유지하여 먼지의 축적을 예방함 |
| | 분말을 담은 저장조는 분말을 제거한 후 개방하거나 주변 온도로 미리 냉각하여 안전하게 담을 수 있도록 함 |
| 발생물 냉각 | 발생물을 50°C (120°F) 이하로 냉각시킨 후 저장소로 이송함 |
| 기타 | 분류된 지역으로부터 모든 열원들을 밖으로 제거시키거나 옮김 |
| | 2등급 2구역에서는 "체감" 온도를 감소시키기 위해서 F등급 절연체를 가진 전기 모터를 위치시킴 |

[a]adapted from Haug et al. (1993) and WEF (2012).

가장 심각한 고려사항이다(Haug et al., 1993). 또한 건조 바이오 고형물이 생물학적 활동에 의해 재습윤되는 경우 재가열할 수도 있다. 추가적으로, 건조된 슬러지는 건조기 내부에 문제를 일으킬 수 있는 많은 양의 섬유와 유지 성분을 포함할 수도 있다. 열로 인한 사고를 예방하고 안전성에 만전을 기하기 위해 표 14–15에 기술된 설계 권장사항들을 고려함이 필요하다.

## ≫ 대기오염과 악취 제어

열 건조된 슬러지와 관련하여 중요한 두 가지의 제어 조치는 비산재 집진과 악취 제어이다. 모든 건조기들은 건조 공정 중에 연속으로 증발된 물과 공정 가스에서 나온 일종의 배기 기체를 생산한다. 배기 기체는 휘발과 열 반응에 의한 많은 악취를 포함한다. 건조기의 배기 기체를 다루는 방법은 건조기의 종류, 제조사, 지역 여건에 따라 다양하다.

대부분의 건조기들은 비교적 높은 효율을 보여주는 습식 집진세정기(scrubber)를 포함하고 있어 슬러지에서 증발된 물을 응축하고 배출 가스에 포함된 일부 유기물들을 제거한다. 또한 대부분의 습식 집진세정기는 물 입자의 기수공발 현상을 줄여주는 미스트 분리기를 장착하고 있다. 일부 건조기들의 경우 공기 중에 동반된 입자를 제거하기 위해 반복적인 공기순환 공정이나 습식 집진세정기의 상부에 사이클론 분리기를 장착하기도 한다. 효율이 75~80% 정도인 사이클론 집진 장치는 배출구 가스 온도가 340~370°C

(650~700°F) 정도로 높은 곳에 적합하다. 집진세정기에서 발생된 최종 배출 가스는 악취 처리시설로 이동된다. 열 산화기(thermal oxidizers)는 많은 건조기들이 냄새를 제거하기 위해 주로 사용되고 있다. 열 산화기는 보통 815°C (1500°F) 이상의 온도에서 약 0.75~1 s의 체류시간으로 운전된다(WEF, 2012). 건조기의 배출 가스는 소각로로 보내지거나(현장에 존재하고 있을 경우), 건조기 시스템의 버너(burner)에서 연도가스와 혼합된다(건조기에서 간접적으로 연소할 경우). 배출 기체의 악취 조절을 위해 사용되는 또 다른 방법으로는 화학적 집진세정기, 바이오필터 및 활성슬러지공정의 포기조 산기기에 직접 보내는 방법 등이 있다.

<table>
<tr><td>14-4</td><td>**고도 열처리 산화**</td></tr>
</table>

본 절에서 슬러지와 바이오 고형물의 고도 열처리 산화(advanced thermal oxidation, ATO)로 언급하는 소각은 유기 고형물을 최종산물인 이산화탄소, 물, 그리고 회분(ash)으로 전환시킨다. 소각의 주요 장점과 단점은 표 14-16에 요약되어 있다. 고도 열처리 산화는 처분이나 재사용이 제한되는 대규모와 중규모 처리장에서 대부분 사용된다.

고도 열처리 산화를 이용한 슬러지 처리는 먼저 탈수공정을 거친다. 통상적으로 소각 전에 슬러지 안정화는 필요하지 않다. 소각 전에 슬러지를 호기 또는 혐기적으로 안정화하면 슬러지의 휘발성 함량을 감소시켜 보조연료의 사용량이 증가되므로 좋지 않기 때문이다. 고도 열처리 산화가 바이오 고형물에 적용될 때, 보조연료의 사용을 감소시키고 자가(autogenous) 산화가 이루어지도록 하기 위해 탈수된 바이오 고형물의 농도는 30~35% 정도가 바람직하다. 열 가수분해된 탈수 바이오 고형물에 적용하는 고도 열처리 산화는 유럽에서 사용되기도 하며 이는 13장에서 설명한 바 있다. 고도 열처리 산화공정에는 다단로 소각로, 유동층 소각로, 합병소각 등이 있다. 이러한 공정들을 논하기 전에 완전 연소에 대한 기본이론을 고찰한다.

### ≫ 완전 연소의 기본 이론

연소는 연료에 함유된 가연 성분들의 급속한 발열 산화반응이다. 고도 열처리 산화는 완전 연소이다. 슬러지의 휘발성 물질을 구성하고 있는 탄화수소, 지방, 단백질의 주성분은 탄소, 산소, 수소, 황 및 질소(C-O-H-S-N)이다. 다른 주성분으로 수분과 회분(ash)을 포함한다. 이러한 성분들의 개략적인 분율은 실험실에서 원소분석(ultimate analysis)과 근사분석(proximate analysis)에 의해 결정된다(ASTM, 2009). 열량은 미국재료시험협회의 ASTM (2011) 자료를 이용하여 얻을 수 있다.

어떤 물질의 완전 연소에 필요한 산소는 탄소와 수소가 최종산물인 $CO_2$와 $H_2O$로 산화된다는 가정하에 성분조성에 대한 지식으로부터 결정할 수 있다. 식으로 나타내면 다음과 같다.

$$C_aO_bH_cN_d + (a + 0.25c - 0.5b)O_2 \rightarrow aCO_2 + 0.5cH_2O + 0.5dN_2 \tag{14-3}$$

| 표 14–16<br>소각의 장단점 | 장점 | 단점 |
|---|---|---|
| | 1. 최대 부피 감소 및 최종생성물의 안정성으로 처분할 양이 적음 | 1. 높은 초기투자 및 운전 비용 |
| | 2. 병원균 및 독성 화합물의 제거가 최대 | 2. 고도로 숙련된 운영자가 필요한 복잡한 시스템 |
| | 3. 비교적 적은 소요 공간 | 3. 오염공기 배출 및 회분 발생으로 인한 환경적 부작용 가능성 |
| | 4. 최종 바이오 고형물 처분에 대한 완전제어 | 4. 처분된 잔류물이 최대 오염물질 농도를 초과하는 경우 유해폐기물로 분류될 가능성 |
| | 5. 대규모 처리장의 많은 처리량에도 적합 | 5. 계획과 사회적 합의 과정의 비교적 오랜 시간 소요 |
| | 6. 에너지 회수 가능성 | 6. 대기 기준 만족의 어려움 |
| | 7. 증명된 공정 | 7. 공기질이 나쁜 지역에서는 적용성이 낮음 |

공기 중에 산소가 질량비로 23%를 차지하기 때문에 이론적 필요 공기량은 계산된 산소 양의 4.35배가 된다. 완전 연소를 위해서는 충분한 과잉공기가 필요하다. 너무 적은 과잉공기는 낮은 발열성능을 일으키고 공정의 처리량이 제한된다. 너무 많은 과잉공기는 많은 보조연료와 불필요하게 큰 장비를 사용하게 한다. 일부 지역에 따라서는 대기오염 규제에 의해 연도가스 내 최소 산소 농도를 충족해야 하는 경우도 있다. 과잉 공기요구량의 설계 범위는 고도 열처리 산화 공정의 배치, 시스템 설계, 바이오 고형물의 특성을 고려하여 결정된다. 매우 건조한 고열량의 바이오 고형물을 다루는 일부 공정의 경우에서는 시스템의 온도를 상한치 이하로 유지시키기 위해 공기를 냉각, 제어 및 확산을 통한 열의 방출에 사용하기도 한다. 이러한 경우에, 냉각에 필요한 공기는 이론적 공기량을 훨씬 초과하게 된다.

물질수지를 통해 반드시 검증해야 되며, 물질수지는 슬러지 내의 상기 언급한 성분들과 그 외 불활성 물질(회분), 수분 및 공기에 포함된 다른 성분[가령 식 (14-3)의 $O_2$ 반응을 위해 공급된 공기에 포함된 약 77%의 $N_2$]과 같은 무기물질 등을 포함한다. 이러한 물질들과 연소 부산물들의 각각의 비열은 소각공정에 필요한 열을 계산하는 데 사용된다.

열 요구량은 회분에 함유된 현열(sensible heat, $Q_s$), 배기가스의 온도를 760°C (1400°F)로 올리는 데 필요한 현열, 냄새 제거와 완전 산화를 위해 설정된 온도로 올리는 데 필요한 열, 적합한 환경 성능에 맞추기 위해 예열기 또는 열 회수기에서 회수된 미열을 합한 것이다. 고도 열처리 산화 공정 주변의 빈 공간에서의 열손실 또한 열 요구량에 포함된다. 슬러지에 포함된 모든 수분을 증발시키기 위한 잠열(latent heat, $Q_e$)도 포함되어야 한다. 필요한 총 열량은 다음과 같다.

$$Q = \Sigma Q_S + Q_E + Q_L = \Sigma C_P W_S (T_2 - T_1) + W_W \lambda + Q_L \qquad (14\text{-}4)$$

여기서, $Q$ = 총 열량, kJ (Btu)

$\qquad Q_S$ = 회분의 현열, kJ (Btu)

$\qquad Q_E$ = 잠열, kJ (Btu)

$\qquad Q_L$ = 열손실

$\qquad C_p$ = 회분 및 배기가스에 함유된 물질 각각에 대한 비열, kJ/kg°C (Btu/lb°F)

$$W_s = \text{각 물질의 질량, kg (lb)}$$
$$W_w = \text{수분의 질량, kg (lb)}$$
$$T_1, T_2 = \text{초기 및 최종 온도}$$
$$\lambda = \text{증발 잠열, kJ/kg (Btu/lb)}$$

열 요구량을 줄이기 위해서는 슬러지의 수분 함유량을 감소시키는 것이 필수적이며 수분 함량에 따라 연소에 필요한 보조연료량이 결정된다. 비용적 측면뿐 아니라 환경적 지속 가능성 측면으로 볼 때 추가적인 연료를 사용하지 않는 것이 바람직하다. 따라서 "자가 연소"라 불리는 바이오 고형물의 휘발성 성분에 의한 발열 산화로부터 공정 운전에 필요 한 열 요구량을 최대한으로 얻는 것이 바람직하다.

슬러지의 열량은 2장에서 이전에 언급한 식 (2-66)을 이용하여 추정할 수도 있다.

$$\text{HHV (MJ/kg)} = 34.91\,C + 117.83\,H - 10.34\,O - 1.51\,N + 10.05\,S - 2.11A \quad (2\text{-}66)$$

여기서, HHV = 열량, MJ/kg (Btu/lb = MJ/kg × 0.0043)

$$C = \text{탄소, \% (건조 기준)}$$
$$H = \text{수소, \% (건조 기준)}$$
$$O = \text{산소, \% (건조 기준)}$$
$$N = \text{질소, \% (건조 기준)}$$
$$S = \text{황, \% (건조 기준)}$$
$$A = \text{회분, \% (건조 기준)}$$

비교할 만한 식으로 U.S.EPA (1979)와 WEF (2010)에서 제안한 식 14-5가 있다.

$$\text{HHV (MJ/kg)} = 33.83\,C + 144.70\,(H - O/8) + 9.42\,S \quad (14\text{-}5)$$

슬러지의 연료로서의 가치는 슬러지의 종류와 휘발성 고형물 함량에 따라 좌우된다. 미 처리된 1차 슬러지가 연료로서의 가치가 가장 높은데, 특히 슬러지 내에 유지류와 스컴 이 상당량 함유된 경우에 그러하다. 음식물 분쇄기가 사용되는 지역에서는 슬러지의 휘 발성 함량과 열 함량이 높다. 소화된 바이오 고형물은 생슬러지보다 상당히 낮은 열량을 가지고 있다. 슬러지와 바이오 고형물의 종류에 따른 일반적인 열량은 표 14-17에 나타

**표 14-17**

여러 가지 종류의 슬러지와 바이오 고형물에 대한 열량[a]

| 슬러지/바이오 고형물의 종류 | Btu/lb 총 고형물[b] | | kJ/kg 총 고형물[b] | |
| --- | --- | --- | --- | --- |
| | 범위 | 일반적인 값 | 범위 | 일반적인 값 |
| 미처리 1차 | 10,000~12,500 | 11,000 | 23,000~29,000 | 25,000 |
| 활성 | 8,500~10,000 | 9,000 | 20,000~23,000 | 21,000 |
| 혐기성 소화 1차 | 4,000~6,000 | 5,000 | 9,000~14,000 | 12,000 |
| 화학 침전시킨 1차 | 6,000~8,000 | 7,000 | 14,000~18,000 | 16,000 |
| 생물학적 여과 | 7,000~10,000 | 8,500 | 16,000~23,000 | 20,000 |

[a]WEF (1998)

[b]긴 고형물 체류시간을 가지는 처리장에는 낮은 값을 적용한다.

나 있다. 슬러지의 열량은 일부 저품질 석탄의 열량과 유사하다. 바이오 고형물의 열량 계산의 예는 예제 14-2에 나타내었다.

---

**예제 14-2** **바이오 고형물의 에너지 함량.** 하수처리장에 바이오 고형물을 처리하기 위한 고도 열처리 산화공정이 설치되어 있다. 처리장은 현재 Class B 토지 적용에 적합하도록 추가적인 석회 주입 전에 벨트-여과 압착기에서 폐활성 슬러지를 탈수하고 있다. 석회 주입 단계 이전의 탈수 슬러지 샘플에 대한 원소분석 결과는 아래와 같다.

| 분석 항목 | 분석 결과 | 건조 기준 |
|---|---|---|
| 탄소 | 6.84 | 41.33 |
| 수소 | 0.94 | 5.66 |
| 산소 | 3.71 | 22.41 |
| 질소 | 0.92 | 5.57 |
| 황 | 0.14 | 0.86 |
| 회분 | 4.00 | 24.17 |
| 수분 | 83.45 | 0.00 |
| HHV (MJ/kg) | 2.96 | 17.88 |

HHV의 실험실 결과 값(건조 기준)과 식 (2-66) 및 (14-5)를 이용한 HHV의 이론적 계산값들을 비교하라.

**풀이**

1. 식 (2-66)을 이용하여 바이오 고형물의 에너지 함량을 구한다.

HHV (MJ/kg) = 34.91 C + 117.83 H − 10.34 O − 1.51 N + 10.05 S − 2.11 A
HHV (MJ/kg) = 34.91 (41.33/100) + 117.83 (5.66/100) − 10.34 (22.41/100)
　　　　　− 1.51 (5.57/100) + 10.05 (0.86/100) − 2.11 (24.17/100)

HHV = 18.27 MJ/kg

$$\% \text{ 차이(측정값 대비 계산 값)} = \left(\frac{17.88 - 18.27}{17.88}\right)100$$
$$= -2.18\%$$

2. 식 (14-5)를 이용하여 바이오 고형물의 에너지 함량을 구한다.

HHV (MJ/kg) = 33.83 C + 144.70 (H − O/8) + 9.42 S
HHV (MJ/kg) = 33.83 (41.33/100) + 144.70 (5.66/100 − (22.41/100)/8)
　　　　　+ 9.42 (0.86/100)

HHV = 18.20 MJ/kg

$$\% \text{ 차이(측정값 대비 계산 값)} = \left(\frac{17.88 - 18.20}{17.88}\right)100$$
$$= -1.79\%$$

**조언** 식 (2-66)과 (14-5)를 이용한 계산 값은 큰 차이가 없었다. 또한 예측 값과 측정값이 3% 이내의 매우 일치되는 값이 나왔다. 이론적인 계산을 위해서는 식 (2-66)이 수많은 유기물 주입 시료의 분석에 의해 얻어졌고 질소 및 회분을 포함하고 보다 선호된다. 반면 식 (14-5)는 석탄에 대한 식으로 잘 알려진 듀롱 공식(Dulong formula)의 수정식이다. 고도 열처리 산화 시스템을 설계하기 위해서는, 더 상세한 열수지식이 있어야 한다. 이러한 열수지식은 슬러지내 물을 증발하는 데 필요한 에너지와 공정 내 장비, 배관, 굴뚝, 회분에서의 열손실뿐 아니라 모든 열 회수(예, 연소공기 예열 등)를 포함해야 한다. 열은 슬러지의 휘발성 물질의 연소와 보조연료의 연소에서 얻어진다. 자가(autogenous)연소에 의한 공정이라면, 고도 열처리 산화 시스템의 예열이나 공정 계획 온도보다 너무 낮은 불안정한 상태 및 운전이 불안정한 경우를 대비한 보조연료가 필요하다. 주입 바이오 고형물의 특성에 상관없이, 운전 개시를 위한 보조연료 준비 및 모든 조건하에서 계획된 온도로 완전 산화를 하기 위한 대비를 설계 시 포함하여야 한다. 유류, 천연가스, 또는 잉여 소화가스 등의 연료는 추가적인 가열 목적으로 통상적으로 사용된다.

고도 열처리 산화 시스템의 설계를 위해서는 상세한 열수지를 세워야 한다. 열수지는 소각로 장비와 벽에 의한 열손실뿐만 아니라 배기가스나 회분에 의한 열손실도 고려하여야 한다. 슬러지에 함유된 수분 1 kg (2.2 lb)을 증발시키는 데 대략 4.0~5.0 MJ (4000~5500 Btu)의 열량이 필요하다. 열은 슬러지의 휘발성 물질을 소각하거나 보조연료를 연소하여 얻어진다. 자가(autogenous) 공정이라면, 소각로를 예열하거나 공정 계획 온도보다 너무 낮은 불안정한 상태 및 운전이 불안정한 경우를 대비한 보조연료가 필요하다. 주입 바이오 고형물의 특성에 상관없이, 운전 개시를 위한 보조연료 준비 및 모든 조건하에서 계획된 온도로 완전 산화를 하기 위한 대비를 설계 시 포함하여야 한다. 연료로서는 유류와 천연가스 혹은 잉여 소화가스 같은 것들이 적합하다.

## ▶▶ 다단로 소각

다단로 소각은 탈수 슬러지 케이크를 불활성 회분으로 전환시키는 데 사용된다. 이 공정은 복잡하여 특별히 숙련된 운전자가 필요하므로 보통 대규모 처리장에서만 사용된다. 다단로 소각로는 슬러지 처분을 위한 부지가 한정된 소규모 처리장과 석회 슬러지의 소성을 위한 화학적 처리장에서 사용되어 왔다. 2011년 미국 내의 고도 열처리 산화 시설의 약 70%는 다단로 소각로를 이용한다. 이러한 설비들은 상당히 오래된 것으로 20세기 중·후반부에 설치되었다.

**공정 설명.** 그림 14-23와 같이, 다단로 소각은 슬러지가 연속으로 주입되고, 건조, 연소, 냉각, 배출되는 일련의 로(hearth)로 구성되어 있는 향류(counter flow)식 공정이다. 공기와 연도가스는 소각로 내부의 열교환 유체이며 바이오 고형물과 역방향으로 흐른다. 슬러지 케이크는 로 상부로 주입되어 일련의 이(teeth)가 배열된 일종의 갈퀴(또는 교반봉) 가로대에 의해 서서히 중앙으로 모아진다. 각각의 갈큇니들이 바이오 고형물 더미를 중앙 쪽 회전방향으로 밀면서 고형물들을 나선형으로 모은다. 또한 갈큇니들은 바이오

**그림 14 – 23**

일반적인 다단로 소각로의
단면도

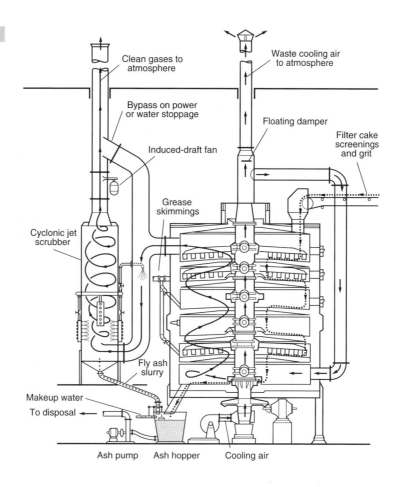

고형물의 노출된 표면을 휘젓고 고형물이 열과 공기에 노출되도록 교반하는 역할을 한다. 중앙에서 슬러지 케이크는 두 번째 로로 이동되고 여기서 갈퀴와 갈큇니가 원주방향으로 슬러지를 이동시킨다. 다시 슬러지 케이크는 세 번째 로로 이동되고 중앙으로 긁어모아진다. 가장 온도가 높은 곳은 연소가 시작되는 중간에 위치한 로이며, 이미 상부 로들에서 물이 충분히 증발된 고형물들은 중간 로에서 연소 유지를 위한 온도로 높여지고 연소가 시작된다. 예열된 공기는 최하단 로에 주입되고 슬러지 사이를 통과함에 따라 지속적인 탄소성분의 연소에 의해 열을 얻게 되며, 남은 회분들은 배출 전에 식혀진다. 공기는 연소가 일어나고 연도가스가 발생하는 중간 로를 통과하고 상승하면서 보다 가열된다. 연도가스는 상단으로 주입되는 슬러지를 건조시키면서 열을 빼앗겨 식게 된다.

공기와 연도가스는 향류 시스템 내에서 주된 열교환 유체로 사용되기 때문에, 시스템을 적절히 운전하기 위해서는 공기와 연도가스의 적정 유량, 충분한 대류 및 교반이 요구된다. 또한 교반봉의 갈큇니 패턴은 로에서 바이오 고형물들의 고른 분배와 잦은 뒤집기를 하는 데 중요하다. 보조연료는 로의 많은 지점에서 주입된다. 일반적으로, 로의 둘레에는 3~4개의 버너가 있고 두 로에 하나 꼴로 버너가 설치되어 있다. 이들 버너들의 위치와 점화율을 선택적으로 조절함으로써, 적정한 연소가 이루어지도록 소각로 내의 연소 지점과 온도에 변화를 줄 수 있다. 로 내의 연도가스 중 수분 함량이 가장 높은 곳은 수분 함량이 가장 높은 슬러지가 가열되고 수분이 증발하는 최상단 로이다. 냉각공기는 중심관과 가운데가 빈 교반봉으로 주입되어 과열되는 것을 방지한다. 상부의 중심관을 통과한 냉각공기는 예열되어 최하단 로로 순환된다.

**운전 제어.** 운전자는 주입률, 과잉공기, 공기 주입 위치, 버너 위치, 버너 점화율, 갈퀴 속도 등을 설정해야 한다. 다단로 소각로의 이러한 상호 의존적이고 밀접한 많은 공정 변수들로 인해 운전의 일관성을 유지하는 것은 쉽지 않은 일이다. 이러한 소각로들은 국부적인 공기/산소 결핍을 방지하고 양질의 일정한 연소를 얻기 위한 충분한 완충 역할을 제공하기 위해 비교적 높은 수준의 과잉공기(100% 이상) 상태로 운전한다.

주입되는 슬러지의 고형물 농도는 로의 최대 증발 용량의 한계 때문에 15% 이상 함유되어야 한다. 일반적으로 보조연료는 주입 슬러지의 고형물 농도가 15~30% 정도일 때 필요하다. 주입 슬러지의 고형물 농도가 50% 이상일 경우는 표준 소각로의 내화력 이상의 온도로 상승될 수 있다. 습윤 케이크의 평균 부하율은 유효 로 면적당 약 40 kg/$m^2$·h (8 lb/$ft^2$·h)이고 범위는 25~75 kg/$m^2$·h (5~15 lb/$ft^2$·h)이다.

**공정 변수.** 기본적인 형태에서 변화를 준 일부 소각로들도 있다. 가령 로의 수에 변화를 주거나, 연소, 냉각, 또는 교반을 위해 보조 공기를 주입하거나, 상부 로에 고형물의 노출이 없거나 거의 없도록 하거나, 버너 배치 방식을 다양하게 하거나, 또는 연소 제어를 보다 강화하기 위해 연도가스를 재순환하는 등 다양한 소각로들이 존재 가능하다.

탈수공정 외에도, 다단로 소각은 많은 부수적인 공정들이 필요하다. 공정 자체의 버너 공기와 중앙축 냉각공기를 위한 최소한 2개 이상의 환풍기가 있으며, 이 외에도 공기 및 연도가스의 재순환, 많은 수의 버너들(통상적으로 9개~36개)과 각 버너들에 딸린 공기 공급 트레인, 그리고 중앙 운전축과 기어 감속기 등을 위해 추가적인 환풍기들이 필요하다. 게다가, 대기오염 기준을 충족시키기 위한 습식 또는 건식 집진세정기와 회분 처리 시스템이 있다. 다른 부수 장치로는 흡출 통풍선, 우회 굴뚝, 부가적인 공기오염 조절 장치와 에너지 회수 장치 등이 있다.

**대기오염 제어.** 대기오염 처리 장치의 가장 기본적인 장치는 습식 집진세정기이다. 이들 장치에서, 배기가스의 입자성 물질은 집진세정기의 수분과 서로 접촉하고 대부분이 제거된다. 순환되는 BOD와 COD는 전무하게 되며, 총 부유고형물 함량은 집진세정기에 의해 제거되는 입자들에 좌우된다. 적절한 운전조건에서, 습식 집진세정기로부터 대기로 배출되는 입자는 0.65 kg/$10^3$ kg 주입 건조 슬러지(1.3 lb/ton 유입 건조 슬러지) 이하이다. 최근(2011년) 미국에서는 강화된 규제로 인해, 많은 수의 기존 다단로 소각로들이 대기오염 방지 장치를 개선해야 한다. 대기오염 방지 장치에 대한 추가적인 설명은 본 절 뒷부분에서 언급한다.

**회분(Ash) 처리.** 회분의 처리는 건식이나 습식에서 수행된다. 습식에서는 회분이 소각로 하부의 호퍼(hopper)로 떨어지고 배기가스 집진세정기에서 발생되는 물과 섞여 슬러리화된다. 교반된 후에 회분슬러지는 라군이나 탈수기계로 이송된다. 회분을 위한 라군이나 탈수 과정에서의 유출수는 하수처리공정에 반송하거나 처리장 유출수에 다시 배출하여 방류구로 보내진다. 건식에서는 회분을 최종적으로 매립물질로 처분하기 위해 트럭에 적재하도록 저장 호퍼로 기계적으로 이송된다. 회분은 보통 물로 개량된다. 회분의 밀도는 건조된 경우는 5.6 kg/m³ (0.35 lb/ft³)이며 젖은 경우는 880 kg/m³ (55 lb/ft³) 정도이다.

## 》》 유동층 소각

슬러지 소각에 주로 사용되는 유동층 소각로는 연소의 발생과 유지를 위한 모래 담체와 유동공기 구멍을 가지고 있는 내화 강철 벽으로 제작된 수직형의 원통 형태이다(그림 14-24 참조). 2011년 기준으로 미국의 고도 열처리 산화 설비의 약 30%는 유동층 기술을 사용하고 있다. 유동층 소각공정은 다단로 소각보다 더 새로운 기술로써 다단로 소각을 대체하고 있는 중이다. 2012년에 현장 규모로 신설된 모든 장치들은 유동층 소각로로 설치되었다.

**공정 설명.** 유동층 소각로의 크기는 직경이 2.7~9.1 m (9~30 ft) 범위이다. 소각로는 보통 세 부분으로 구성된다. 하부에서 상부 순서로써 (1) 송풍상자(windbox), (2) 모래층(sand bed), (3) 여유고(freeboard)로 구성된다. 송풍상자는 유동공기를 분배하는 공기통풍실(air plenum)의 역할을 하고, 운전 개시를 위한 한 개 이상의 버너를 가지고 있다. 송풍상자 위에는 모래층이 있다. 모래층은 휴지기에 약 0.8 m (2.5 ft)의 두께이고 송풍상자에서 분리되는 것을 방지하기 위해 내화성 물질로 피복된 격자무늬의 벽돌 돔(dome)

**그림 14 – 24**

일반적인 유동층 소각로의
단면도

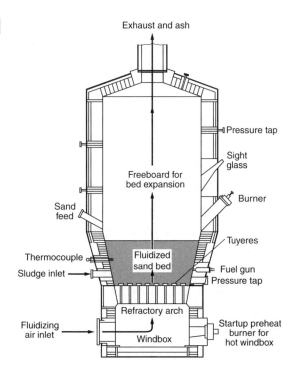

또는 강철판 위에 얹혀 있다. 모래층을 지지하는 지역에는 "송풍구(tuyeres)"라고 불리는 구멍(orifice)들이 있으며, 유동공기가 유동공기 주입기에 의해 20~35 kN/m² (3~5 lb$_f$/in²)의 압력으로 송풍구를 통해 소각로에 주입된다. 낮은 주입속도에서 연도가스가 소각로 내에서 "기포(bubble)" 형태로 발생한다. 부유 입자층은 연소실의 일정한 높이에 위치하고 마치 끓는 것처럼 제자리에서 유동한다. 이러한 형식으로 운전되어 "기포층(bubbling-bed)" 소각로라고 불린다. 운전온도에서 활발히 가동될 때의 부유고형물과 가스는 운전되지 않는 휴지기 때 부피의 약 2배 정도로 팽창하게 된다. 만일 보조연료 주입포트가 이용 가능하다면, 기름, 천연가스나 소화가스 같은 보조연료를 층 내부로 직접 주입할 수도 있다.

슬러지를 주입하기 전의 모래층의 최소 온도는 약 700°C (1300°F) 정도 되어야 한다. 모래층의 온도는 760~820°C (1400~1500°F) 사이로 조절된다. 높은 난류로 인해 물의 증발과 슬러지 고형물의 연소는 신속하게 일어난다. 층 위에 위치한 여유고 지역은 기체 구성물의 완전 연소를 위한 체류시간을 확보해 준다. 연도가스(연소 산물)와 회분은 소각로 윗부분의 가스 배출구를 통해 배출된다. 연도가스가 회분과 함께 배출되기 때문에 소각로 하부층으로는 회분이 배출되지 않는다.

자가 운전 방식으로 설계된 대부분의 유동층 공정은 운전 개시 이후에는 보조연료를 필요로 하지 않는다. 모래층과 내화성 돔에 의한 장치 내의 높은 열용량은 주입되는 열의 변동을 최소화하는 데 도움이 주고, 또한 제한된 시간의 휴지기가 있는 동안 장치 내의 온도를 유지해 준다. 이러한 높은 열용량은 안정된 완속 운전을 가능케 하여 대부분의 운전자에게 양호하고 신뢰할 수 있는 제어 가능한 공정을 제공한다.

유동층은 신뢰할 수 있는 공정이기는 하지만, 다소 복잡하여 숙련된 운전자가 필요하다. 유동층 소각로가 복잡한 공정이기 때문에 주로 중대형 처리장에서 사용되나, 슬러지 처분을 위한 부지가 제한될 경우 소형 처리장에서 사용되기도 한다.

주 공정이 일어나는 로는 매우 단순하고 이동하는 부분이 없다. 이는 다단로 소각로와 가장 큰 차이점이다. 보조 장치로는 유동공기 주입구, 공기 주입구에 버너 연소기, 보조연료 트래인, 모래 시스템, 대기오염 방지 장치와 회분(ash)처리 장치(보통 대기오염 방지 장치와 결합된 형태)가 있다.

**세정수.** 대부분의 회분(99% 이상)은 세정수에 의해 포획되며 총 부유고형물 함량은 주입되는 건조 고형물의 20~30% 정도이다(주입 슬러지의 회분 함량과 관계 있음). 처리장 유출수가 주로 세정수로 사용되며 주입 건조 고형물당 25~40 L/kg (3~5 gal/lb) 정도로 유동층에 주입된다. 집진세정기의 회분 슬러리 유량은 일반적으로 회분 처리를 위한 라군으로 배출되거나, 기계적 탈수에 의해 물과 회분으로 분리된다. 회분 처리를 위한 라군이나 탈수공정에서의 유출수는 하수처리공정의 상단으로 반송되거나 처리장 유출수와 함께 방류구로 배출된다. BOD와 COD의 농도는 일반적으로 50 mg/L 이하로 낮다. 추가적인 대기오염 방지에 관한 설명은 본 장 후반 부분에 언급되어 있다. 대기오염물질의 기준에 포함된 입자상 물질과 다른 대기 배출물은 비슷한 용량의 다단로 소각로에서 배출되는 것보다 일반적으로 훨씬 적다.

**공정 수정.** 최근 신설되는 유동층 공정들은 최소한 한 개 이상의 후속 공기-공기 열교환기 장치를 설치하고 있다. 이 열교환기는 배출되는 연도가스로부터 얻은 열을 유동공기의 예열에 사용한 후 송풍기 밑으로 보낸다. 이러한 방식으로, 많은 부피의 공기 유량이 유동층을 지나감에도 불구하고, 열은 유동층 내부에 보존된다. 이러한 공정을 "뜨거운 송풍상자(hot windbox)" 유동층이라 부르며, 높은 수분 함량의 바이오 고형물을 자가적으로 운전할 수 있다. 일부 새로운 공정은 에너지 회수 시스템(유동공기 예열 열교환기에 의해 분리하는 시스템)을 포함하고 있으며 아래에 다시 논의한다.

유동층 소각로의 변형으로는 순환층(circulating-bed) 소각로가 있다. 순환층 소각로에서는 연소실을 통과하는 반응 가스의 속도가 3~8 m/s (10~25 ft/s) 범위로 훨씬 빠르다. 이러한 속도에서는 유동층 내의 기포가 없어지며 고형물과 가스의 흐름이 우세하게 된다. 포집된 모든 입자들은 반응조 위의 입자분리기로 이동하여 잠시 저장되었다가 반응조 하부의 1차 연소 지역으로 재순환된다. 회분은 층 바닥으로부터 연속적으로 제거된다. 다시 느린 속도로 운전하면, 순환층 소각로는 기포층 소각로로 운전된다.

## ≫ 열처리 산화에서의 에너지 회수

열 산화 공정에서의 에너지 회수는 전체 고도 열처리 산화 공정에서 중요한 부분이다. 뜨거운 송풍상자 유동층 장치의 설계는 최소 한 개의 유동공기 예열 열교환기의 설치를 포함하며, 이는 높은 운전 효율성을 가능케 하는 주요 공정의 하나이다. 대기오염 방지 시스템의 필요 유무에 따라 연도가스들을 재열하기 위해 후속공정에 추가적인 열교환기를 설치할 수도 있다. 연도가스를 재열한 후 굴뚝을 통해 대기로 배출하는 것은 대기 중 확산을 증대하거나 배출되는 가스의 모습을 줄여주는 심미적 이유로도 바람직할 수 있다. 열 회수 열교환기는 또한 폐열 회수 및 전기 생산을 위해 뜨거운 물이나 증기 또는 가열된 열유를 발생시키는 데 사용되기도 한다.

고도 열처리 산화 공정에서 회수된 에너지의 양, 질, 형태는 공정에 주입된 탈수 슬러지의 열과 고형물 함량에 의해 좌우된다. 고형물 함량이 25%보다 큰 소화되지 않은 슬러지는 에너지 회수에 좋은 잠재력을 가지고 있다. 에너지 회수에 관한 예시는 그림 14-25에 나타내었다. 열 산화 공정에서 배출된 뜨거운 가스는 우선 공기 예열기로 주입되고, 이후 증기를 생산하는 폐열 보일러로 주입된 뒤 생산된 증기는 증기터빈 동력기로 유입되어 전기를 생산한다. 전기료와 연료비 상황에 따라, 증기는 터빈 동력기 대신에 겨울에 건물 난방에 사용되기도 한다. 고도 열처리 산화 공정에서 생산된 증기의 또 다른 사용처는 소화조, 연무 시스템의 가열, 또는 탈수와 건조공정 등이다.

고압 증기 설비를 운전하고 운영하는 것은 특별한 보일러 및 압력용기 운전자들이 필요하기 때문에, 이러한 설비는 널리 사용되지 않는다. 이러한 경우에, 열 산화공정에서 배출된 뜨거운 가스는 열 유체나 뜨거운 물을 가열하여 ORC (organic Rankin cycle)를 이용해 전기를 발생시키는 데 사용된다. 바이오 고형물 고도 열처리 산화 설비에서 열회수에 사용하는 그 밖의 다른 폐열 원천(주로 낮은 등급의 열 원천임)으로는 공기/글리콜 열 회수 회로를 통해 소각로 용기 외벽으로부터의 열손실을 회수한 폐열, 회분 처리를 위

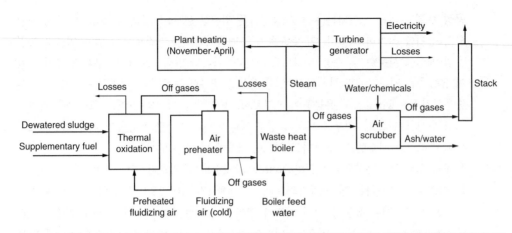

**그림 14 – 25**

에너지 회수 공정도의 예

한 라군이나 탈수 전에 물/물 열교환기를 통해 세정수로부터 회수된 폐열, 그리고 연도가스의 잔여 온도에서 회수된 폐열 등이 있다.

### 》》 도시 고형 폐기물과의 혼합소각

혼합소각은 도시 고형 폐기물과 하수 슬러지를 함께 소각하는 공정이다. 혼합소각의 종류는 다양하지만 대부분이 이전 절에서 설명된 다단로 소각로나 유동층 소각로보다 더 많은 고형물 연료를 위해 설계된 왕복 화격자(reciprocating grate)로 구성되어 있다. 근본적인 목적은 슬러지와 고형 폐기물의 소각 비용을 절감하는 데 있다. 혼합소각은 널리 이용되고 있지는 않다. 이 공정의 장점은 슬러지의 수분 제거에 필요한 열 에너지를 생산하고, 고형 폐기물과 슬러지의 연소를 돕고, 만일 원한다면 보조 화석연료를 사용하지 않고도 증기를 발생시키기 위한 충분한 열이 제공된다는 것이다. 적절하게 설계된 공정에서는 공정에서 발생한 가열 가스를 사용하여 슬러지의 수분을 제거하여 수분 함량을 10~15%로 만든다. 70~80% 정도의 수분을 함유하는 슬러지 케이크를 이동하는 화상 위의 고형 폐기물에 직접 주입하는 것은 비효율적인 것으로 알려져 있다. 열을 회수하지 않고 운전하는 시스템에서는 건조 하수 슬러지 1 kg (2.2 lb)에 고형 폐기물 4.6 kg (11 lb)의 비로 연소하는 것이 정상적인 운전이다. 열을 회수하여 보일러로 사용하는 경우에는 대략 건조 고형물 1 kg당 고형 폐기물 7 kg (17 lb)의 비로 소각된다. 도시 고형 폐기물 처분에 대한 과거 경험에 따르면, 두 종류의 폐기물을 혼합처분한다는 장점이 있지만, 혼합소각의 적용은 매우 서서히 진행될 것으로 보인다.

### 》》 대기오염 제어

하수 슬러지의 소각방법은 대기오염에 상당한 영향을 미칠 수 있다. 소각과 관련된 대기오염물질은 (1) 악취와 (2) 연소 배출 가스의 두 종류로 나눌 수 있다.

**소각로에서 배출된 악취.**  사람에게 불쾌감을 주는 악취를 최소화하는 데 특별한 관심을 기울여야 한다. 역사적으로 악취는 초보적인 대기오염 제거장치와 낮은 소각로 배기온도를 가지는 다단로 소각로와 관련이 있다. 오늘날, 많은 설비들이 엄격한 대기배출기준을 충족시키기 위해 보다 높은 배기열로 운전하는 것이 요구되고 있고, 이로 인해 소각공정에서 자체적으로 발생한 악취는 없다고 할 수 있다. 악취는 다단로 소각로와 유동층 소각로의 보조 공정에서 나타난다. 탈수, 케이크 저장 및 운송 과정에서 모두 악취를 발생시키며, 이들 악취에 대해 적절한 포획, 처리 및 배출이 요구된다. 소각로들은 고도 열처리 산화공정에 오염 공기를 연소공기로 사용할 수 있어 결과적으로 비용면에서 효율적인 악취 제거를 이루어냈다.

**소각로 대기 배출물.**  연소 배출물은 적용된 감열 기술의 종류, 슬러지의 특성, 그리고 연소공정에 사용되는 보조연료에 따라 다르다. 연소 배출물로 특별한 관삼의 대상이 되는 성분으로는 대기오염물질(입자상 물질, 일산화탄소, 질소 산화물들, 이산화황), 산성가스(주로 염화수소), 유독성 대기오염물질(수은, 카드뮴, 납, 다이옥신, 푸란) 등이다. 미국의 Part 503 규정에 의해, 중금속(비소, 베릴륨, 크롬, 니켈)과 총 탄화수소(또는 일산화탄소)도 규제의 관심 대상이다. 소각로 배출물과 관련하여 2011년에 미국 EPA에서 공포된 법규는 13-2절에 소개되어 있으며, 일반적으로 유럽 연합의 법규보다 엄격한 편이다.

 일반적으로, 대기 배출물 처리는 (1) 발생원 관리, (2) 연소 처리, (3) 대기오염 처리장치의 세 가지 주요 카테고리로 구분된다. 중금속과 같은 특정 오염물질은 발생원 처리가 비용면에서 가장 효율적인 방법 중 하나이다.

**발생원 관리.**  발생원 관리 프로그램과 수집 시스템이 내규로 시행되고 있다. 이에 따라 실행된 관리 프로그램(예: 수은의 감소를 위해 치과에서 아말감 분리기 사용)은 후속 수집 시스템에서의 오염물질 부하를 효과적으로 감소시키며, 결국에는 오염물질의 최종 귀착지인 바이오 고형물에 축적되는 양을 감소시킨다.

**연소 처리.**  질소 산화물, 일산화탄소, 총 탄화수소, 특정 휘발성 유기 화합물, 다이옥신과 푸란은 고도 열처리 산화공정 과정에서 생성되는 대기오염물질들로 연소 처리는 연도가스 내에 포함된 이러한 오염물질들을 효율적으로 제거한다. 대부분의 이런 오염물질들은 소각로 배기가스의 온도 상승(보통 750°C 이상)과 충분한 체류시간(1초 이상)에서 허용수준으로 감소된다. 하지만, 질소 산화물의 생성은 온도가 상승함에 따라 증가할 수 있으므로 소각로의 설계와 운전에 주의 깊은 균형이 필요하다.

**대기오염 처리.**  다단로 소각로와 유동층 소각로에서의 일반적인(최소한 북아메리카에서 역사적으로 가장 흔한) 대기오염 처리 장치 종류는 앞서 설명한 바 있다. 그러나 보다 엄격한 규제에 의해 대기오염 처리 장치의 수준이 지속적으로 발전하고 있다. 통상적으로 유동층 고도 열처리 산화공정은 다단로보다 배기가스가 깨끗하기 때문에, 산업체들은 새로운 시스템인 유동층 기술을 선호한다. 대기오염 처리장비는 연도가스 내에 남아있는 오염물질 수준을 감소시키는 마지막 단계로 사용한다. 역사적으로 북아메리카에서 가장 주를 이루는 시스템은 습식 집진세정기이지만, 건조 시스템은 유럽과 아시아에서 더 자주 사용되고 고형 폐기물 소각로에 이용하는 장비와 보다 유사하다. 유동층 소각로에서는 질소산화물의 선택적 비촉매 환원 반응을 위해 암모니아와 요소(urea)를 주입하는 경우도 있다. 이러한 처리법은 연도가스가 소각로에서 배출되면서 뜨거울 때 초기에 처리된다.

고도(advanced) 습식 시스템은 최근 사용 중으로, 입자성 물질과 중금속 제거를 위한 다단 통로 벤튜리 집진세정기, 잔류 산성 기체와 이산화황 제거를 위한 가성 습식 집진세정기, 작은 입자성 물질과 금속 제거를 위한 습식 정전기적 침전 등이 포함된다. 황이 주입된 담체의 충진층(packed bed)은 종종 수은 제거에 사용된다. 아쉽게도, 수은 제거 공정은 많은 양의 물을 이용하기 때문에 많은 양의 폐수를 배출하게 된다. 폐수의 발생은 바이오 고형물 소각로가 하폐수 처리장에 함께 위치해 있기 때문에 일반적으로 문제가 되지는 않는다. 습식 회분 처리는 기존 습식 벤튜리 집진세정 시스템과 비슷하다.

건조 시스템은 연도가스 냉각방법(폐열 회수 보일러나 냉각탑의 일부분으로 사용되기도 함)을 이용하여 가스들의 온도를 낮춰 후속공정으로 보낸다. 분말 활성탄은 중금속 제거와 다이옥신, 퓨란 조절을 위해 연도가스 증기 내부로 주입된다. 석회는 이산화황과 산성 기체 조절을 위해 주입된다. 여과대(filter bag)를 이용하는 집진장치는 연도가스를 여과하기 위해 사용된다. 이러한 종류의 시스템에서, 회분은 건조된 후 저장탑으로 보내지고 트럭에 옮겨 처분한다.

오염처리의 수준, 지역의 여건, 그리고 물 사용 가능성 등을 고려하여 습식과 건식 대기오염 처리 장치들의 혼합으로 구성된 혼성(hybrid) 시스템도 적용 가능하다.

## 14-5　퇴비화

퇴비화는 유기물이 생물학적 분해과정을 거쳐 안정한 최종산물로 변하는 과정이라 할 수 있다. 적절히 퇴비화한 슬러지는 사람들이 혐오감 없이 사용 가능한 부식토 같은 물질이 된다. 휘발성 고형물의 약 20~30%가 이산화탄소와 물로 변환된다. 슬러지의 유기물이 분해됨에 따라 퇴비는 저온살균 범위인 50~70℃ (120~160℉)까지 상승하고 장내 병원성 균들은 사멸된다. 적절히 퇴비화된 바이오 고형물은 퇴비화된 바이오 고형물의 구성 성분에 따른 여러 기준에 적용을 받아 농지의 토지 개량제(soil conditioner)로 사용되거나 원예에 적용된다(WEF, 2010). 퇴비화는 슬러지의 안정화에 있어 경제적이고 환경적인 대안이다. 퇴비화는 탈수 슬러지나 탈수 소화 바이오 고형물에 적용할 수 있다. 하지만, 퇴비화 공정에서 발생하는 악취 문제와 퇴비 생산물의 질 때문에 바이오 고형물의 퇴비화가 선호된다.

퇴비화는 혐기성 혹은 호기성 조건 모두에서 수행될 수 있지만 하수처리 슬러지의 퇴비화는 대부분 호기성 조건하에서 이루어진다(퇴비화는 완벽한 호기성은 아님). 호기성 퇴비화는 물질의 분해를 가속화하고, 이는 병원균 감소에 필요한 온도까지 온도를 상승시키게 된다. 호기성 퇴비화는 또한 혐오스런 악취의 잠재적인 발생도 최소화한다.

하수처리시설로부터 매일 발생되는 슬러지를 예측하는 것은 퇴비화 시설의 건설 부지의 사용성 때문에 사용할 퇴비화 시스템 결정에 큰 영향을 미칠 것이다. 퇴비화 시스템의 형태에 영향을 미치는 인자는 생산되는 슬러지의 특성, 퇴비화 전의 슬러지 안정도, 탈수 시설의 형태 및 사용된 화학약품 등이다. 퇴비화에 앞서 호기성 혹은 혐기성 소화에 의해 안정화된 슬러지는 퇴비화 시설의 크기를 40%까지 줄일 수 있다.

### ➤➤ 공정 미생물

퇴비화 공정은 안정화된 최종산물을 생산하기 위한 휴믹산의 생성과 더불어 유기물의 복잡한 분해를 포함한다. 관여하는 미생물은 세 종류로 나눌 수 있다: 세균(bacteria), 방선균(actinomycetes), 곰팡이(fungi). 이러한 미생물들 사이의 상관관계가 완전히 밝혀진 것은 아니지만 세균의 활성은 생성되는 열 에너지의 많은 부분과 고온영역에서 단백질, 지질, 지방의 분해에 관여하는 것으로 알려져 있다. 곰팡이와 방선균은 중온과 고온 영역에서 여러 수준으로 존재하며, 복합 유기물과 개량제나 팽화제(bulking agent)로 첨가되는 셀룰로스의 분해에 관여하는 것으로 알려져 있다.

### ➤➤ 퇴비화 공정 단계

퇴비화 공정 가운데 활성과 관계된 온도에 따라 세 단계가 관찰된다: 중온, 고온, 냉각(그림 14-26 참조). 최초 중온 단계에서 퇴비화 더미의 온도는 곰팡이와 산 생성 세균의 출현과 함께 상온에서 약 40℃ (104°F)까지 상승한다. 퇴비의 온도가 고온 영역인 40~70℃ (104~160°F)까지 상승함에 따라 위의 미생물들은 고온성 세균, 방선균, 그리고 고온 곰팡이에 의해 대체된다. 유기물의 최대 분해와 안정화가 이 온도 범위에서 일어난다. 냉각 단계는 미생물 활성의 감소로 특징지어지고, 고온성 미생물이 중온성 세균과 곰팡이로 대체된다. 냉각 기간 동안 pH와 휴믹산 형성의 완결과 더불어 퇴비화 물질로부터 물의 추가적인 증발이 일어난다.

### ➤➤ 퇴비화 공정 순서

대부분 퇴비화 운전은 다음과 같은 기본적인 순서로 구성된다(그림 14-27 참조): (1) 전처리공정(preprocessing)으로 탈수 슬러지와 개량제 및 팽화제(bulking agent)의 혼합;

**그림 14-26**

이산화탄소 호흡 및 온도와 관련된 퇴비화 단계(Epstein, 1997)

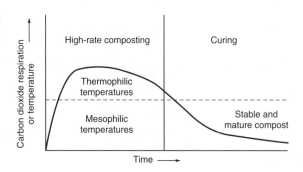

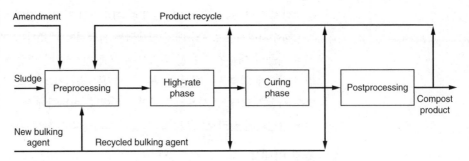

(2) 고율 분해 순서로서 공기 주입, 기계적인 뒤집음 혹은 두 가지 모두를 이용하여 퇴비화 더미에 공기 공급; (3) 팽화제의 회수(실용적 측면에서 고율 분해 후나 숙성단계에서); (4) 추가적인 숙성과 저장으로 추가적인 안정화와 퇴비의 냉각; (5) 후처리공정(postprocessing)으로 금속류 및 플라스틱류와 같은 비생분해성 물질제거와 분쇄; (6) 최종처분. 최종산물 중 일부는 전공정으로 순환되어 퇴비 혼합물의 조절을 돕는다.

**주입원 개량제.** 개량제(amendment)란 겉보기 무게와 수분 함량을 줄이고 적절한 통풍을 위해 공극을 늘리기 위해 미리 주입 기질에 첨가하는 유기물질이다. 또한 개량제는 혼합물 내에 분해가능 유기물질의 양을 늘리기 위해 사용된다. 일반적으로 사용되는 개량제는 톱밥, 밀짚, 순환된 퇴비, 왕겨 등이다. 팽화제(bulking agent)는 효과적인 공기 공급을 위해 혼합물의 공극을 증대시키고 구조적인 안정을 위해 사용되는 유기 및 무기물질이다. 얇은 나무 조각이 가장 일반적으로 사용되는 팽화제인데 회수되어 재사용이 가능하다. 가장 많이 사용되는 팽화재의 특징은 표 14–18에 나타내었다. 또한, 개량제는 혼합물에 추가적인 탄소를 공급하고 일반적인 탄소와 질소의 비는 25:1에서 35:1 정도로 유지하는 것이 추천된다. 불충분한 탄소는 암모니아 형태로 질소 손실을 유발할 수 있으며 이는 악취 유발과 퇴비 내 영양분 함량 감소의 원인이 된다.

**고율 분해.** 고율 분해 단계는 악취 저감, 공기 주입률 향상 그리고 공정제어가 필요하다. 숙성 단계는 기술적으로나 관리적인 면으로 중요성이 상대적으로 낮아 비교적 적은

| 팽화제 | 내용 |
| --- | --- |
| 얇은 나무 조각 | 구입 가능. 체 거름에 의한 높은 회수율. 추가적인 탄소원 제공 |
| 얇게 자른 덤불 | 폐기물에서 활용 가능. 체 거름에 의한 낮은 회수율. 추가적인 탄소원 제공. 퇴비화의 긴 숙성시간 |
| 나뭇잎과 들녘 폐기물 | 잘게 조각내야 함. 넓은 수분 함량 범위. 쉽게 얻을 수 있는 탄소원. 비교적 낮은 공극률. 회수 불가능 |
| 타이어 박편 | 종종 다른 팽화제와 혼합됨. 추가적인 탄소원 제공 불가능. 거의 100% 회수 가능. 금속 함유 가능 |
| 목재 폐기물 | 폐기물에서 활용 가능. 추가적인 탄소원 제공은 종종 미흡 |

[a] WEF (2010)

관심을 가졌으나, 숙성 단계도 시스템 설계와 운전의 총괄적인 부분이며 숙성된 퇴비를 생산하기 위해 적절한 설계와 운전이 요구된다.

**팽화제의 회수.** 만일 가능하다면, 팽화제는 고율 분해나 숙성단계의 마지막 부분에서 회수되어야 한다. 팽화제 회수의 대표적인 방법은 팽화제의 물리적인 크기에 맞는 망(mesh)을 이용하여 체 거름(screening)하는 방법이다.

**후처리공정.** 후처리공정은 최종 퇴비의 시장 출하 준비를 위해 사용된다. 이는 최종 퇴비를 활발한 퇴비화가 일어나는 지역에서 숙성, 체거름, 준비 지역으로의 운반을 포함한다. 트롬멜 체(역자 주: Trommel screen: 회전식 원통의 체)와 벨트 분쇄기가 자주 사용된다. 분쇄는 숙성 전 혹은 후에 이루어진다. 어떤 경우, 특히 원예 시장을 위한 퇴비 요구조건을 맞추기 위한 경우에는 이중 체거름이 보다 선호된다. 일반적 용도의 최종 퇴비의 입자 크기는 6~25 mm (1/4~1 in) 정도 범위이다.

## ❯❯ 퇴비화 방법

미국에서 사용되고 있는 퇴비화의 두 가지 주요한 방법은 교반식(agitated)과 고정식(static)이다. 교반식 방법에서 퇴비화되는 물질은 산소 공급과 온도 조절, 그리고 균등한 최종산물로 변환되기 위해 주기적으로 교반시킨다. 고정식 방법에서 퇴비화되는 물질은 움직임 없는 상태를 유지하면서 공기를 퇴비화 물질 사이로 유입시킨다. 퇴비화에 가장 일반적으로 사용되는 교반식과 고정식 방법은 각각 퇴비단 공법과 고정 파일 공법이다. 용기식(in-vessel) 퇴비화 시스템은 보통 등록상표가 있는 장치로 여러 형태가 있으며, 반응조 안에서 퇴비화가 수행되는 퇴비화 시스템이다.

**퇴비단(windrow) 공법.** 퇴비단 공법에서는, 1~2 m (3~6 ft)의 높이와 2~4.5 m (6~14 ft)의 바닥 크기를 가지는 퇴비단에서 탈수된 슬러지와 팽화제를 혼합한다[그림 14-28(a) 참조]. 퇴비단은 특정 장비를 이용해 퇴비화 기간 동안 주기적으로 뒤집어지고 교반된다[그림14-28(b) 참조]. 추가적인 기계적 포기가 이용되기도 한다. 퇴비화 기간은 약 21~28일이다. 대표적인 운전조건하에서 퇴비단은 55℃ 이상 온도가 유지되는 동안 최소 5회 정도 뒤집힌다. 퇴비단 퇴비화에서 퇴비단의 전체 단면 지역을 호기성 조건으로 유지하는 것은 어렵다. 따라서 더미 내의 생물학적 활성은 더미가 얼마나 자주 그리고 언제 뒤집히느냐에 따라 호기성, 통기성, 혐기성, 혹은 그것들의 다양한 조합에 의해 결정된다. 퇴비단의 뒤집음은 때때로 악취의 방출을 동반하기도 한다. 슬러지와 팽화제를 교반하고 퇴비단을 뒤집기 위해 특별한 시설이 사용되기도 한다. 일부 퇴비단은 포기식 고정 파일 공법에서와 같이 지붕을 만들거나 밀폐시키기도 한다.

**호기성 고정 파일 공법.** 호기성 고정 파일 공법은 탈수된 슬러지와 팽화제의 혼합물과 그 아래에 위치한 포기 혹은 공기 배출을 위한 격자형 관으로 이루어져 있다[그림 14-28(c) 참조]. 고정 파일 퇴비화 방법의 대체 방법은 밀폐된 비닐 가방에 공기를 주입하는 방법이다[그림 14-28(d)]. 대표적인 포기식 고정 파일 공법에서 팽화제는 얇은 나무 조각으로 이루어져 있는데 흙 이기는 기계나 드럼-회전 교반기 혹은 적하기(front-

## 그림 14-28

**퇴비화 시스템.** (a) 퇴비단 전경, (b) 퇴비단을 뒤집고 재구성하는 장치 전경, (c) 호기성 고정 파일 퇴비화 공정, (d) 악취 관리를 위해 퇴비화 비닐 가방에 공기를 주입하는 고정 파일 퇴비단 전경

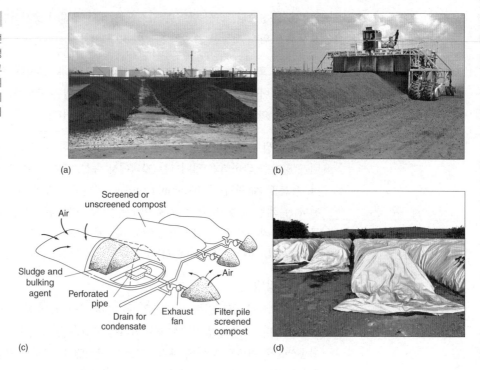

end loader)와 같은 이동식 시설에 의해 탈수된 슬러지와 섞이게 된다. 이 물질은 21~28일 동안 퇴비화되고 30일이나 그 이상의 숙성기간을 거친다. 대표적인 더미의 높이는 2~2.5 m (6~8 ft) 정도이다. 체 거름한 퇴비 층을 보온을 위해 더미 위에 덮어 놓는다. 일반적으로 물결모양의 배수 파이프가 공기 공급을 위해 사용되며, 보다 효과적인 포기 조절을 위해 각 개별 더미마다 각각의 송풍기를 배치하는 것이 좋다. 숙성된 퇴비의 체 거름은 현장적용에서 요구하는 최종산물의 양을 감소시키고 팽화제를 회수하기 위해 행해진다. 공정의 개선과 악취 조절을 위해 시스템의 전부 혹은 상당부분을 밀폐시키거나

## 그림 14-29

**플러그 흐름 용기식 퇴비화 반응조.** (a) 비혼합 수직형 플러그 흐름 반응조, (b) 비혼합 터널형 (수평형 플러그 흐름) 반응조

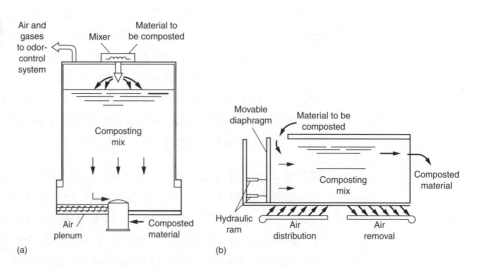

**그림 14-30**

**역동형(혼합식) 용기식 퇴비화 장치.** (a) 수직형 반응조, (b) 수평형 반응조

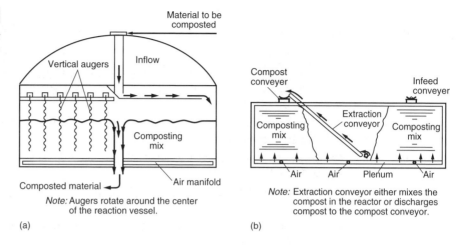

**그림 14-30**

**역동형(혼합식) 용기식 퇴비화 장치.** (a) 수직형 반응조, (b) 수평형 반응조

지붕으로 덮는다.

**용기식 퇴비화 시스템.** 용기식 퇴비화 시스템은 밀폐된 컨테이너나 용기 안에서 수행된다. 기계적 시스템은 공기 유입량, 온도, 산소 농도와 같은 환경적 조건을 제어함으로써 냄새와 공정 시간을 최소화하도록 설계된다. 용기식 퇴비화 시스템의 장점은 보다 나은 공정으로 악취 제어, 빠른 처리, 낮은 인건비, 그리고 적은 소요 부지 등이다. 용기식 퇴비화 시스템은 플러그 흐름과 역동형(교반층)의 두 가지로 나눌 수 있다. 플러그 흐름 시스템에서 퇴비화 되는 물질 내의 입자들은 공정 내내 같이 머무르게 되고 먼저 주입된 것이 먼저 유출되는 원칙을 기본으로 운전된다. 역동형 시스템에서 퇴비화 물질은 기계적으로 혼합된다. 용기식 퇴비화 시스템은 사용되는 용기나 컨테이너의 기하학적 모양에 따라 더 세부적으로 나눌 수 있다. 플러그 흐름 반응조의 대표적인 형태는 그림 14-29에 나타나 있으며 역동형 시스템의 형태는 그림 14-30에 나타내었다.

## ≫ 설계 고려인자

퇴비화 시스템을 설계함에 있어 많은 인자들을 고려해야 하며, 각각의 인자들에 대한 특정 요구사항들이 만족되는지 여부를 반드시 평가해야 한다(표 14-19 참조). 퇴비화 각 단계에 따라 사용되는 구성성분(슬러지 혹은 소화 슬러지, 팽화제, 개량제)이 정해지기 때문에 물질수지를 이용한 설계 접근방식은 특별히 중요하다. 물질수지에서 다음과 같은 인자들이 각 구성성분에 대해 측정되거나 계산되어야 한다: (1) 총 부피 (2) 총 습윤 무게 (3) 총 고형물 함량(건조 무게) (4) 휘발성 고형물 함량(건조 무게) (5) 수분 함유량(무게) (6) 겉보기 밀도(습윤 무게/단위 부피) (7) 함수율(%) (8) 퇴비화 혼합물의 휘발성 고형물 분율(%).

물질수지의 중요한 최종 역할은 퇴비화 혼합물의 조성을 결정하는 것이다. 퇴비화 혼합물은 퇴비단과 고정식 파일 퇴비화에서 적절한 퇴비화가 이루어지도록 약 40%의 건조 고형물이 함유되어 있어야 한다. 용기식 퇴비화 시스템은 비슷한 고형물 요구량을 가지고 있으나 포기 시스템에 따라 약간 작은 값을 사용할 수 있다. 40% 이상의 고형물을

**표 14-19**

**호기성 슬러지 퇴비화 공정의 설계 고려인자[a]**

| 항목 | 내용 |
|---|---|
| 슬러지 형태 | 미처리 슬러지와 소화 슬러지 모두 성공적으로 퇴비화될 수 있다. 미처리 슬러지는 악취에 대해 특히 퇴비단 시스템에서 문제의 가능성을 가지고 있다. 미처리 슬러지는 더 많은 에너지를 얻을 수 있으며 보다 안정적으로 분해될 수 있고 높은 산소 요구량을 가진다. |
| 개량제 및 팽화제 | 개량제 및 팽화제의 특성(즉, 수분 함량, 입자의 크기, 가용 탄소)은 공정과 생산물의 질에 영향을 미친다. 팽화제는 안정적으로 활용 가능해야 한다. |
| 탄소/질소비 | 최초 C/N비는 무게비로 20:1~35:1 범위에 있어야 한다. 낮은 비율에서 암모니아가 방출된다. 탄소는 생분해가 가능한지 확인하기 위해 조사되어야 한다. |
| 휘발성 고형물 | 퇴비화 혼합물의 휘발성 고형물은 총 고형물 함량의 30% 이상이다. 탈수 슬러지는 일반적으로 고형물 함량을 맞추기 위해 개량제나 팽화제를 요구한다. |
| 공기요구량 | 최소 50%의 산소를 갖는 공기는 특히 기계적 시스템에서 최적의 결과를 얻기 위해 퇴비화 물질의 모든 부분에 도달할 수 있어야 한다. |
| 수분 함량 | 퇴비화 혼합물의 수분 함량은 고정식 파일과 퇴비단 퇴비화에 있어서 60% 이하여야 하며 용기식 퇴비화에 있어서는 65% 이하이어야 한다. |
| pH 조절 | 퇴비화 혼합물의 pH는 일반적으로 6~9 범위 내에 있다. 최적의 호기성 분해를 달성하기 위해 pH는 7~7.5 범위를 유지해야 한다. |
| 온도 | 최상의 결과를 위해 온도는 최초 며칠 동안 50~55℃를 유지해야 하고 활발한 퇴비화가 일어나는 나머지 기간 동안 55~60℃를 유지해야 한다. 만일 온도가 상당한 기간 동안 65℃ 이상으로 증가하도록 방치하면 생물학적 활성도가 감소하게 될 것이다. |
| 병원균 조절 | 적절히 수행되면 모든 병원균, 잡초, 씨앗들은 퇴비화 공정 동안 사멸하게 된다. 이와 같은 수준을 달성하기 위해, 온도는 Class A를 위한 EPA 503 규제에서 요구되는 수준을 반드시 유지해야 한다. |
| 교반 및 뒤집음 | 건조, 케이크화, 공기의 편류현상(air channeling)을 방지하기 위해 퇴비화되는 물질은 정해진 시간에 혹은 필요할 때마다 교반되거나 뒤집어져야 한다. 교반 및 뒤집음의 주기는 퇴비화 운전의 형태에 따라 다르다. |
| 중금속과 미량 유기물 | 슬러지와 퇴비 내의 중금속 및 미량 유기물은 그 농도가 퇴비의 최종 사용에 따른 적용 규정을 넘지 않음을 확인하기 위하여 측정되어야 한다. |
| 지역적 제한 | 부지를 선정하는 데 고려해야 할 사항은 가능 면적, 접근성, 처리시설과 다른 토지용도와의 근접성, 기후 조건, 그리고 완충 지역의 활용성 등이다. |

[a] Tchobanoglous et al., (1993).

가지고 퇴비화를 시작하였을 때 건조한 혼합물을 얻게 된다. 건조한 혼합물은 먼지가 많고 충분한 미생물 활성과 온도 수준을 유지하기가 어려워진다. 공정의 지속을 위해 수분의 보충이 필요하며 수분 공급 방안이 준비되어 있어야 한다.

탈수 슬러지의 수분 함량이 퇴비화 혼합물에 대해 미치는 영향은 그림 14-31에 나타내었다. 슬러지의 수분 함량은 혼합물의 습윤 무게와 사용되는 개량제의 양에 영향을 미친다. 예를 들면, 슬러지 케이크가 24%의 고형물을 함유하고 있다면 혼합물의 습윤 무게는 건조 슬러지 1 Mg (tonne)당 6.7 Mg에 해당함을 그림 14-31(a)로부터 알 수 있다. 만약 슬러지 고형물 함량이 16%까지 감소하면 습윤 무게는 건조 슬러지 1 Mg당 11 Mg까지 증가한다. 추가적인 수분 함량은 보다 큰 반응조와 이를 다룰 수 있는 물질 취급 시스템이 필요하다. 그림 14-31(b)에 나타낸 것처럼, 개량제 요구량은 같은 범위 슬러지 고형물의 3배 정도이다. 퇴비화 시스템 설계에 있어서 슬러지 탈수 시스템의 형태와 최종산물의 일관성은 주의 깊게 평가되어야 한다.

**그림 14-31**

**퇴비화 혼합물과 개량제 양에 대한 슬러지 고형물 함량의 영향.** (a) 퇴비화 혼합물의 습윤 무게에 대한 슬러지 고형물 함량의 영향, (b) 개량제 요구량에 대한 슬러지 고형물 함량의 영향 (U.S. EPA, 1989)

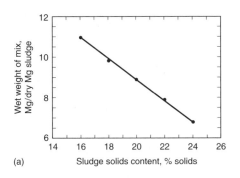

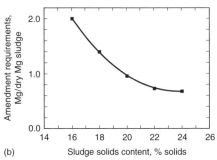

## 도시 고형 폐기물과의 혼합 퇴비화

슬러지와 도시 고형 폐기물과의 혼합 퇴비화는 폐기물 종합 처리-처분 시설이 고려되는 곳에서 가능한 대안이다. 슬러지와 도시 고형 폐기물의 혼합은 (1) 슬러지 탈수가 필요 없고 (2) 퇴비화 물질의 총 금속 함량이 슬러지 하나만의 금속 함량보다 작기 때문에 유익하다. 하수처리시설의 슬러지는 일반적으로 3~8%의 고형물 함량을 가진다. 2:1 정도의 퇴비화 가능 도시 고형물에 대한 슬러지의 비율이 최소값으로서 추천된다. 고정식 혹은 교반식 퇴비화 시스템 모두 사용이 가능하다(Tchobanoglous et al., 1993). 악취 제어를 위한 건물 내에 설치한 기계식 교반을 사용한 반응조 퇴비화 설비에 대한 두 가지 예는 그림 14-32에 나타내었다.

## 공중보건과 환경 이슈

퇴비화 운전에 관한 주요한 공중보건과 환경적 이슈는 병원균과 미생물 연무(bioaerosol) 노출과 관계된 문제이다. 퇴비화 공정이나 퇴비화 공정이 적절히 수행되지 않았거나 퇴비가 멸균되지 않은 채로 사용되는 과정에서 병원균에 노출될 수 있다. 노동자에게 감염되는 잠재적인 형태는 (1) 공기 중에 미생물을 포함한 에어로졸을 흡입하거나 (2) 피부 접촉 혹은 (3) 먼지 혹은 감염된 음식과의 부주의한 접촉 혹은 흡연과 같이 손과 입을 통한 접촉 등이다. 즉, 오염된 음식물의 섭취와 흡연이 비료 퇴비화 공정에 종사하는 직원들이 질병에 감염될 수 있는 큰 잠재적인 원인이 된다(Epstein, 1997).

**그림 14-32**

**기계적 교반을 사용한 퇴비화 반응조의 예.** 반응조는 악취 제어를 위해 밀폐된 건물 내에 있다.

(a)  (b)

퇴비화 미생물 연무는 공기 중으로 분산되어 사람의 건강에 영향을 주는 미생물 혹은 생물학적 작용제를 말한다. 미생물 연무는 세균, 곰팡이, 방선균, 절지동물, 원생동물과 같은 살아있는 생명체와 생물학적 효소, 엔도톡신(endotoxin)과 같은 생물학적 생산물을 포함한다. 퇴비화 동안 미생물 연무는 폐기물에 존재할 뿐 아니라 공정 중에 만들어질 수 있다. 미생물 연무의 수준과 형태는 슬러지 원재료에 좌우된다. 노동자의 건강과 퇴비화 시설을 둘러싼 환경에 가장 큰 관심을 갖게 하는 두 가지 미생물 연무는 *Aspergillus fumigatus*와 엔도톡신(endotoxin)이다.

일반적 곰팡이인 *A. fumigatus*는 폐에 질병을 유발하므로 퇴비화 시설을 둘러싼 주민과 노동자의 건강에 염려를 불러일으킨다. 퇴비화 공정 중에 환경으로 방출되는 그람음성 세균의 세포벽의 일부인 엔도톡신은 퇴비화, 재활용, 기타 고형 폐기물 처리시설에서 일하는 노동자에게 큰 염려를 끼치는 것이다. 대기 중의 엔도톡신에 노출되는 것이 독성을 유발한다는 증거는 거의 없다. 그러나 노동자의 병에 관한 대부분의 데이터는 도시 특히 유럽의 도시 고형 폐기물의 퇴비화와 관계가 있다. 적절한 환기, 먼지 제어, 먼지 마스크의 사용으로 미생물 분무에 대한 노동자의 노출을 감소시킬 수 있다(Epstein, 1997).

## 14-6 슬러지와 바이오 고형물의 수송과 저장

1차 및 생물학적 처리공정에서의 슬러지는 기계적, 생물학적, 그리고 열처리방법에 의해 안정화되고 농축되어 최종적으로 처분하기 위해서 부피를 감소시킨다. 수송과 최종 처분 방법에 따라 필요한 안정화 방법 및 부피의 감축량이 결정되기 때문에 이에 관하여 간단히 설명하기로 한다.

### 》 수송방법

바이오 고형물을 장거리 운송할 때에는 (1) 관로 (2) 트럭 (3) 화물선 (4) 철도 (5) 이들 네 개를 조합하는 방법 등을 이용하게 된다. 하지만, 이들 중 현재 트럭 운송이 가장 많이 이용된다[그림 14-33(a) 참조]. 유출, 악취, 공기 중의 병원균 유포 등의 위험을 최소화하기 위해서는 액상의 바이오 고형물을 밀폐 용기가 설치된 탱크 트럭, 화물차, 화물선을 사용하여 운송하여야 한다. 만일 장거리에 운송하여야 할 경우는 덮개가 꼭 있어야 한다. 운송 방법과 비용은 다음 인자에 의해 좌우된다. (1) 운송하고자 하는 바이오 고형물의 양, 균질성, 특성 (2) 발생지로부터 목적지까지의 거리 (3) 발생지와 목적지에서의 운송 방법의 가용성 및 근접성 (4) 선택된 운송 방법의 융통성 (5) 최종 처분시설의 예상 수명 등이다.

각 운송방법은 직접적으로나 간접적으로 약간의 대기오염 부하를 유발한다. 많은 양의 대기오염물질은 처리시설에서 슬러지 펌핑에 필요한 전력사용에 의해서 발생한다. 트럭, 화물선 그리고 기차를 움직이는 엔진에서도 대기오염물질이 발생된다. 질량기준으로 수송방법 중 가장 적은 오염물질 부하를 발생하는 것은 관로 수송이다. 화물선, 철도수송 순서로 적게 발생한다. 트럭을 이용한 수송방법은 가장 높은 오염물질 부하를 발생시킨

**그림 14-33**

슬러지 운송 트럭 및 저장 설비의 전경. (a) 전형적인 측면 슬러지 적재수송 차량, (b) 석회 안정화 슬러지의 일시저장을 위한 거대 저장용기

(a)

(b)

다. 다른 환경적 관심사로는 교통체증과 소음 그리고 건설로 인한 불편함 등이다.

## 》》 **저장**

혐기성 소화 바이오 고형물을 처분하거나 유용하게 이용하기 위해서는 종종 저장해야 할 필요가 있다. 비록 슬러지가 침전조, 생물학적 시스템, 소화조나 오수탱크에서 짧은 시간 동안 저장 가능하더라도, 장기간 저장을 위한 가용 저장 공간은 충분하지 않을 수 있다. 액상 바이오 고형물의 저장은 슬러지 저장조를 사용하고, 탈수된 바이오 고형물의 저장은 저장용기를 사용한다. 석회로 안정화한 바이오 고형물을 일시적으로 거대 저장용기에 저장하는 예는 그림 14-33(b)에 나타내었다. 이전에 언급한 건조상도 저장에 사용할 수 있다.

**저장지와 라군.** 저장조에 저장된 바이오 고형물은 더욱 농축되고 혐기성 생물들의 활동으로 더욱 안정화된다. 장기간의 저장은 병원균 파괴에 효과적이다. 슬러지 저장조의 깊이는 3~5 m 정도이다. 고형물 부하율은 단위 표면적당 0.1~0.25 kg VSS/m²·d (20~50 lb VSS/10³ ft²·d) 정도이다. 저장조의 부하율이 크지 않으면(≤ 0.1 kg VSS/m²·d), 조류 증식과 공기의 재포기에 의해 호기성 표면층이 유지될 수 있다. 상층에 호기성 상태를 유지하기 위해 표면포기 장치를 사용할 수도 있다. 필요한 저장조 수는 각 저장조를 교대로 약 6개월 동안 사용하지 않아도 될 만큼 충분해야 한다. 안정화 및 농축된 바이오 고형물은 부유 지지대에 설치된 슬러지 펌프나 견인선의 이동 기중기를 사용하여 제거할 수 있다. 이러한 저장조의 하층 슬러지 농도는 35% 정도까지 얻어진다.

처리시설이 외진 곳에 위치하고 있다면 라군에 고형물을 장기간 저장하는 것이 간단하고 경제적이다. 라군은 미처리된 고형물이나 소화된 바이오 고형물을 처분할 수 있는 토양으로 만든 저장조이다. 라군에서 미처리된 고형물에 함유된 유기물은 혐기와 호기적 분해에 의해 안정화되며 이로 인하여 악취가 발생되기도 한다. 안정화된 고형물은 라군 바닥에 침강하여 축적되며 라군에서 발생하는 과잉의 액체는 처리하기 위해 처리장으로 반송된다. 라군은 사람들에게 불쾌감을 주지 않기 위하여 가능한 고속도로와 거주지에서 멀리 떨어진 곳에 설치하고 관계자 외에 출입하지 못하도록 울타리를 설치하여야 한다. 라군을 긁어내어 청소하려면 라군 깊이는 1.25~1.5 m (4~5 ft) 정도로 얕게 하여야 한다. 라군에서 소화된 바이오 고형물만 처리한다면 위에서 언급한 불쾌감에 대한 문제점은 없

다. 표면 유출과 침투에 의한 잠재적인 문제가 있을 경우는 방수처리를 하여야 한다. 고형물은 오랜 기간 동안 라군에 저장되거나 배수와 건조 후에 주기적으로 제거될 수도 있다.

**저장지 받이.**  탈수된 바이오 고형물을 토지에 적용하기 전에 저장하여야 할 경우, 바이오 고형물은 토지에 주입하지 않고도 며칠 동안 계속적으로 저장하기에 충분한 정도의 저장면적이 있어야 한다. 바이오 고형물의 운반 트럭, 적하기, 주입차량이 이동하기 위한 면적과 포장된 접근로가 있어야 한다. 저장지 받이는 콘크리트 또는 역청 콘크리트로 건설되어야 하며 바이오 고형물 더미와 트럭 무게를 견딜 수 있도록 설계하여야 한다. 침출수와 우수 집수 및 처분에 대한 설비도 슬러지 저장지 받이 설계에 포함되어야 한다.

## 14-7  고형물 물질수지

농축, 소화, 탈수와 같은 슬러지와 바이오 고형물 처리시설로부터 배출되는 폐기물은 하수처리공정으로 반송되거나 특별히 설계된 공정으로 보내야 한다. 반송수는 하수처리시설에 고형물, 수리학적 부하, 유기물 및 영양염류의 부하율이 증가하게 되므로 처리시설을 설계할 때는 이러한 점을 고려하여야 한다. 반송수를 하수처리공정으로 주입할 때는 처리시설의 앞부분으로 반송시켜 예비처리된 처리수와 혼합시킨다. 균등조를 설치하여 반송된 하수가 처리장에 유입될 때 처리공정에 충격부하를 주지 않도록 할 수도 있다. 반송흐름에 의한 부하량 증가를 예측하기 위해서는 처리공정의 물질수지를 세워야 한다.

### 》 고형물 물질수지 작성

일반적으로, 물질수지는 평균유량, 평균 BOD와 총 부유고형물 농도를 기초로 하여 계산된다. 슬러지 저장 탱크 및 배관 등과 같은 설비를 처리시설에 알맞은 적절한 크기로 결정하기 위해서는 미처리된 하수에서 예상되는 최대 BOD와 TSS 농도에 대한 물질수지를 작성하여야 한다. 그러나 최대 농도는 반송 BOD와 TSS의 농도 증가에 비례하여 나타나지는 않는다. 그 이유는 하수 및 슬러지 처리시설의 저장 용량으로 인하여 첨두 고형물 부하가 완화될 수 있기 때문이다. 예를 들어 최대 TSS 부하가 평균 부하의 두 배일 때 탈수공정으로 유입되는 첨두 고형물 부하는 평균 부하의 1.5배밖에 되지 않는다. 또한 최대 수리학적 부하 기간과 BOD 및 TSS 농도가 최대가 되는 기간이 서로 상관성이 있는 것은 아니다. 그러므로, 최대 수리학적 부하를 최대 유기물 부하에 대한 물질수지를 작성하는데 일치시켜서는 안 된다(5장 참조). 물질수지 작성의 예는 예제 14-3에 나타내었다.

### 》 고형물 처리시설의 성능 자료

물질수지를 작성하려면, 폐기물 처리에 사용되는 여러 가지 단위 공정과 조작에 대한 운전성능과 효율에 관한 자료가 필요하다. 일반적으로 많이 이용되는 공정의 고형물 포획률과 예상 고형물 농도의 대표적인 값을 표 14-20과 14-21에 나타내었다. 이 자료는 미국 전역의 처리시설 자료를 분석하여 얻은 것이다. 그러나 조건에 따라서는 많이 상이할

**표 14 – 20**

다양한 슬러지와 바이오 고형물 처리방법에서의 전형적인 고형물 농도와 포획률

| 조작 | 고형물 농도, % | | 고형물 포획률, % | |
|---|---|---|---|---|
| | 범위 | 대표값 | 범위 | 대표값 |
| 중력농축 | | | | |
|   1차 슬러지 | 3~10 | 5 | 85~92 | 90 |
|   1차 슬러지 및 폐활성 슬러지 | 2~6 | 3.5 | 80~90 | 85 |
| 부상분리농축 | | | | |
|   약품 첨가 | 4~6 | 5 | 90~98 | 95 |
|   약품 첨가 안함 | 3~5 | 4 | 80~95 | 90 |
| 원심농축 | | | | |
|   약품 첨가 | 4~8 | 5 | 90~98 | 95 |
|   약품 첨가 안함 | 3~6 | 4 | 80~90 | 85 |
| 벨트-여과 압착 | | | | |
|   약품 첨가 | 15~30 | 22 | 85~98 | 95 |
| 여과 압착 | | | | |
|   약품첨가 | 20~50 | 36 | 90~98 | 95 |
| 원심탈수 | | | | |
|   약품 첨가 | 10~35 | 25 | 85~98 | 95 |

**표 14 – 21**

다양한 슬러지 처리시설에서 발생한 반송수의 전형적인 BOD와 TSS 농도[a]

| 조작 | BOD, mg/L | | SS, mg/L | |
|---|---|---|---|---|
| | 범위 | 대표치 | 범위 | 대표치 |
| 중력농축 상징수 | | | | |
| 1차 슬러지 | 100~400 | 250 | 80~300 | 200 |
| 1차 슬러지 및 폐활성 슬러지 | 60~400 | 300 | 100~350 | 250 |
| 부상분리농축 상징수 | 50~1200 | 250 | 100~2500 | 300 |
| 원심농축 하부수 | 170~3000 | 1000 | 500~3000 | 1000 |
| 호기성 소화 상징수 | 100~1700 | 500 | 100~10000 | 3400 |
| 혐기성 소화(2단, 고율) 상징수 | 500~5000 | 1000 | 1000~11500 | 4500 |
| 원심탈수 탈리액 | 100~2000 | 1000 | 200~20000 | 5000 |
| 벨트-여과 압착기 여과액 | 50~500 | 300 | 100~2000 | 1000 |
| 여판여과 압착기 여과액 | 50~250 | | 50~1000 | |
| 슬러지 라군 상징수 | 100~200 | | 5~200 | |
| 슬러지 건조상 하부수 | 20~250 | | 20~500 | |
| 퇴비화 침출수 | | 2000 | | 500 |
| 소각 세정수 | 20~60 | | 600~8000 | |
| 심층 여과지 세척수 | 50~500 | | 100~1000 | |
| 마이크로 스크린 세척수 | 100~500 | | 240~1000 | |
| 탄소 흡착조 세척수 | 50~400 | | 100~1000 | |

[a] U.S.EPA (1987c) & WEF (2010).

수 있으므로, 이 자료는 다른 자료가 없는 경우에 참고자료로 사용될 수 있을 것이다. 가능하다면 물질수지를 작성하는 데 해당 지역의 조건과 자료를 사용하여야 할 것이다.

### 》》 반송흐름과 부하의 영향

물질수지의 작성에는 여러 공정에 대한 예상 고형물 포획물과 물질 농도에 대한 성능자료뿐만 아니라, 반송흐름에 의한 예상 BOD와 TSS에 관한 자료도 포함되어야 한다. 만일 반송흐름 및 부하의 양과 질을 적절하게 포함시키지 않았다면, 그 시설은 매우 부적절하게 설계될 수 있다. 반송흐름에 의한 영향과 그 영향을 감소시키는 조치를 표 14-22에 나타내었다. 전체 처리공정에서 반송흐름의 영향은 15장에서 자세히 다루기로 한다.

**표 14-22**

슬러지 및 바이오 고형물 처리시설에서 반송흐름에 의한 주요 영향 및 감소 조치

| 반송흐름원 | 영향 | 주요 영향 | 감소 조치 |
|---|---|---|---|
| 슬러지 농축 | 콜로이드 성분인 SS로 분해되어 방류 | 침전 | 침전탱크에 전단에 응집제 첨가 |
| | | | 농축된 1차 및 생물학적 슬러지를 분리 |
| | | | 중력농축기의 희석수 최적화 |
| | 부상슬러지 | 침전 | 중력농축조 체류시간을 최소화 |
| | | | 연속적으로 균등하게 슬러지 제거 |
| | 악취발생 및 부패 | 반송 지점 | 중력농축기 체류시간 감소 |
| | | | 포기된 그릿 챔버 앞으로 반송 |
| | | | 악취억제, 환기 및 처리(집진세정기나 생물학적 여과)를 제공 |
| | | 생물학적 | 포기조로 반송 |
| | | | 연속적으로 균등하게 슬러지 제거 |
| | | | 반송유량을 분리 처리(다른 반송흐름을 가진 상태에서) |
| | 고형물 축적 | 침전 | 탈수 시간 증가 |
| | | 생물학적 | 연속적으로 균등하게 슬러지 제거 |
| | | | 물질수지에서 반송부하 포함 |
| 슬러지 탈수 | 콜로이드 성분인 SS로 분해되어 방류 | 침전 | 슬러지 개량으로 고형물 회수에 탈수 최적화 |
| | | | 침전조 전단에 응집제 첨가 |
| | | | 농축기/여과기에서 농축기로 반송 |
| | | | 반송유량을 분리 처리(다른 반송흐름을 가진 상태에서) |
| | 고형물 축적 | 침전 | 탈수시간 증가 |
| | | 생물학적 | 연속적으로 균등하게 슬러지 제거 |
| | | | 실수여상 반송비율 감소 |
| | | | 물질수지에서 반송부하 포함 |
| 슬러지 안정화 | 과도한 BOD 부하로 방류 | 생물학적 | 상층액/디켄터 최적화(긴 시간 동안 더 적은 양을 제거하거나, 첨두 이외의 기간으로 연기) |
| | | | 반송유량을 분리 처리 |
| | | | RBC 속도 증가 |
| | | | 활성슬러지 시스템에서 MLVSS 증가(F/M비 감소) |
| | | | 활성슬러지공정에서 용존산소 증가 |

**표 14–22** (계속)

| 반송흐름원 | 영향 | 주요 영향 | 감소 조치 |
|---|---|---|---|
| | 질소로 분해되어 방류 | 생물학적 | 소화상등액 제거 조절 |
| | | | 안정화 전에 슬러지 농축 |
| | | | 반송유량을 분리 처리 |
| 일반여과 세척수 | 수압상승 | 침전 | 유량균등을 위해서 역세척 저장조 제공 |
| | | | 첨두 이외 기간에 역세척 여과 계획 수립 |

[a]U.S. EPA (1987b).

---

**예제 14 – 3**

**2차 처리시설의 고형물 물질수지 작성.** 다음 그림의 처리 계통도에 관하여 반복 계산법을 사용하여 물질수지를 작성하라.

1. 용어 정의

   $BOD_C$ = 생물학적 산소 요구량의 농도, $g/m^3$

   $BOD_M$ = 생물학적 산소 요구량의 질량, $kg/d$

   $TSS_C$ = 총 부유고형물의 농도, $g/m^3$

   $TSS_M$ = 총 부유고형물의 질량, $kg/d$

   이 예제를 풀기 위해서 다음의 자료들을 가정한다.

2. 하수유량

   a. 건기 평균 유량 = 21,600 $m^3/d$

   b. 건기 최고 유량 = 2.5(21,600 $m^3/d$) = 53,900 $m^3/d$

3. 유입수 특성

   a. $BOD_C$ = 375 $g/m^3$

   b. $TSS_C$ = 400 $g/m^3$($VSS_c/TSS_c$ = 67%라 가정)

   c. 그릴 제거 후의 $TSS_C$ = 360 $g/m^3$(그릴 내 휘발성 분율 = 10%라 가정)

4. 고형물 특성

   a. 1차 고형물의 농도 = 6%

   b. 농축 폐활성 슬러지의 농도 = 4%(부상식 농축조에서 고형물 포획 비율 = 90%라 가정)

   c. 소화 슬러지 내의 총 부유고형물 = 5%

   d. 이 예제를 풀기 위해서 1차 침전조 및 부양 농축조의 고형물 비중이 1이라고 가정한다.

   e. 생분해성이 있는 생물학적 고형물의 분율 = 65%

   f. $BOD_c$ 값은 UBOD 값에 계수 0.68 (2장의 BOD 식에서 0.23 $d^{-1}$의 $k$값에 상응하는)을 곱하여 구한다.

5. 배출수 특성

    a. $BOD_C$ = 20 g/m³

    b. $TSS_C$ = 22 g/m³

6. 1차 침전조

    a. BOD 제거율 = 33%, TSS 제거율 = 70%라 가정

    b. 1차 유출수가 2차 처리공정으로 보내질 때의 $VSS_c/TSS_c$ = 85%

7. 2차 처리

    a. $MLVSS_c/TSS_c$ = 0.8이라 가정

    b. 포기조 부피 $V_r$ = 4700 m³

    c. $Y$ = 0.5 kg/kg

    d. $b$ = 0.06 d⁻¹

    e. SRT = 10 d

8. 슬러지 소화

    a. SRT = 20 d라 가정

    b. VSR = 50%라 가정

    c. 소화조 내 가스 생성률 = 1.12 m³/kg 소화 VSS라 가정

    d. 소화조 상등액의 $BOD_c$ = 1000 g/m³라 가정

    e. 소화 슬러지내 $TSS_c$ = 5%라 가정

9. 슬러지 탈수

    a. 슬러지 케이크 = 22% 고형물로 가정

    b. 슬러지 비중 = 1.06

    c. 고형물 포획 = 93%

    d. Centrate $BOD_c$ = 2000 mg/L

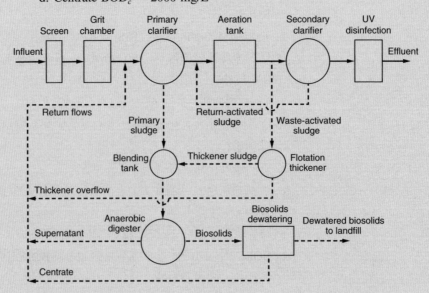

**풀이**

1. 주어진 요소들의 양을 1일 기준으로 환산한다.

   a. 유입수의 $BOD_M$

   $BOD_M$ = (21,600 m³/d)(375 g/m³)/(10³ g/1 kg)
   　　　　= 8100 kg/d

   b. 유입수의 $TSS_M$

   $TSS_M$ = (21,600 m³/d)(400 g/m³)/(10³ g/1 kg)
   　　　　= 8640 kg/d

   c. 그릴 제거 후 $TSS_M$ (1차 침전조로 유입되는)

   $TSS_M$ = (21,600 m³/d)(360 g/m³)/(10³ g/1 kg)
   　　　　= 7776 kg/d

2. 아래의 관계를 이용해서 배출수의 용존 $BOD_C$의 농도를 추정한다.

   배출수 $BOD_c$ = 처리되고 남을 용존 $BOD_C$ 유입수 + 배출수 $TSS_c$의 $BOD_c$

   a. 배출수 $TSS_C$의 $BOD_C$를 결정한다.

   　i. 배출수 $TSS_C$ 중에서 생물학적으로 분해 가능한 부분은

   　　0.65 (22 g/m³) = 14.3 g/m³

   　ii. 생물학적으로 분해 가능한 배출수 $TSS_C$의 UBOD는

   　　[0.65 (22 g/m³)](1.42 g/g) = 20.3 g/m³

   　iii. 유출수 내 부유물질의 $BOD_C$는

   　　20.3 g/m³(0.68) = 13.8 g/m³

   b. 처리되지 않은 유입수 용존 $BOD_c$에 대해서 푼다.

   　20 g/m³ = S + 13.8 g/m³
   　S = 6.2 g/m³

3. 고형물 수지의 첫 반복 계산을 준비한다(이때, 배출수의 총 부유고형물과 공정에서 발생되는 생물학적 고형물은 처리 시스템을 구성하는 단위 조작과 공정들에 골고루 분포되어 있다고 가정한다).

   a. 1차 침전

   　i. 운전 변수

   　　제거되는 $BOD_C$ = 33%

   　　제거되는 $TSS_C$ = 70% (그림 5–51 참조)

   　ii. 제거되는 $BOD_M$ = 0.33(8100 kg/d) = 2700 kg/d

   　iii. 2차 침건조에서 $BOD_M$ = (8100 − 2700) kg/d = 5400 kg/d

   　iv. 제거되는 $TSS_M$ = 0.7(7776 kg/d) = 5443 kg/d

   　v. 2차 침건조에서 $TSS_M$ = (7776 − 5443) kg/d = 2333 kg/d

   b. 1차 슬러지의 휘발성 부분을 결정한다.

i. 운전 변수

유입수 $TSS_C$에서의 휘발성 부분 = 67%

그릴의 휘발성 부분 = 10%

2차 공정으로 배출되는 유입 $TSS_C$의 휘발성 부분 = 85%

ii. 그릴 제거에 앞선 유입수의 휘발성 부유고형물($VSS_M$) = 0.67 (8640 kg/d) = 5789 kg/d

iii. 그릴 쳄버에서 제거되는 $VSS_M$ = 0.10 (8640 − 7776) kg/d = 86 kg/d

iv. 2차 유입수에서 $VSS_M$, kg/d = 0.85 (2333 kg/d) = 1983 kg/d

v. 1차 슬러지에서 $VSS_M$, kg/d = (5789 − 86 − 1983) kg/d = 3710 kg/d

vi. 1차 슬러지에서 휘발성 부분 = [(3710 kg/d)/(5443 kg/d)] (100%) = 68.2%

c. 2차 공정

i. 운전 변수

$$\text{Mixed liquor VSS}_C = \frac{(Q)(Y)(S_o - S)\text{SRT}}{[1 + b(\text{SRT})] (V_r)}$$

$$= \frac{(21{,}600 \text{ m}^3/\text{d})(0.5)[(250 - 6.2) \text{ g/m}^3](10\text{d})}{[1 + (0.06\,\text{d}^{-1})(10\text{d})](4700 \text{ m}^3)}$$

$$= 3500 \text{ g/m}^3$$

$$\text{Mixed liquor TSS}_C = \frac{\text{VSS}_c}{0.8} = \frac{(3500 \text{ g/m}^3)}{0.8} = 4375 \text{ g/m}^3$$

$$Y_{\text{obs}} = \frac{Y}{1 + b(\text{SRT})} = \frac{0.5}{1 + 0.06 \times 10} = 0.3125$$

ii. 배출수 질량을 결정한다.

$\text{BOD}_M = (21{,}600 \text{ m}^3/\text{d})(20 \text{ g/m}^3)/(10^3 \text{ g/1 kg}) = 432 \text{ kg/d}$

$\text{TSS}_M = (21{,}600 \text{ m}^3/\text{d})(22 \text{ g/m}^3)/(10^3 \text{ g/1 kg}) = 475 \text{ kg/d}$

iii. 활성슬러지공정에서 생성되어 폐기되어야 하는 휘발성 고형물의 질량을 계산한다. [필요한 값은 식 (8−19)를 사용하여 구한다.]

$$P_{x,VSS} = Y_{\text{obs}}Q(S_o - S)/(10^3 \text{ g/1 kg})$$

$$= \frac{0.3125(21{,}600 \text{ m}^3/\text{d})[(250 - 6.2) \text{ g/m}^3]}{(10^3 \text{ g/1 kg})} = 1646 \text{ kg/d}$$

주의: 실제 유량은 1차 침전지 유입수에서 하부 배출유량을 뺀 것이다. 그러나 1차 침전지 하부 배출유량은 보통 그 양이 적어 무시할 수 있다. 만약 하부 배출유량이 많으면 휘발성 고형물 발생 계산에 실제 유량을 사용하여야 한다.

iv. 총 고형물 중 휘발성 부분을 0.80으로 가정하여 폐기되어야 하는 $TSS_M$을 구한다.

$$TSS_M = 1646/0.80 = 2057 \text{ kg/d}$$

주의: 유입 SS 중의 강열잔류 고형물이 0.15라 하면, 1차 침전조로부터 유입되는 강열잔류 고형물의 질량은 $0.15 \times 2333 = 350$ kg/d이다. 이 값은 위 계산에서 계산된 강열잔류 고형물 값, 즉 $(2057 - 1646 = 411$ kg/d)와 비교될 수 있다. 이 값들의 비는 1.18 [(411 kg/d)/(350 kg/d)]이다. 이 비는 1.0~1.3의 범위이며 대표값은 1.15이다.

  v. 농축조로 유입되는 폐슬러지 양을 계산한다(생물학적 반응조에서 발생된 폐슬러지라고 가정한다).

$$TSS_M = (2057 - 475) \text{ kg/d} = 1582 \text{ kg/d}$$

$$유량 = \frac{(1582 \text{ kg/d})(10^3 \text{ g/1 kg})}{(4375 \text{ g/m}^3)} = 362 \text{ m}^3\text{/d}$$

가정된 포기조의 MLSS의 농도 4375 g/m³은 물질수지의 두 번째 및 그 이후의 반복 계산에서 반송 $BOD_C$와 $TSS_C$를 고려하면 커지게 된다.

  d. 부상 농축조

    i. 운전 변수

      농축된 슬러지 농도 = 4%

      슬러지 포획률(가정) = 90%

      유입 및 농축 슬러지 비중(가정) = 1.0

    ii. 농축 슬러지의 유량을 결정한다.

$$유량 = \frac{(1582 \text{ kg/d})(0.9)}{(10^3 \text{ kg/m}^3)(0.04)} = 35.6 \text{ m}^3\text{/d}$$

    iii. 처리장 유입수에 반송된 유량을 결정한다.

      반송유량 = $(362 - 35.6)$ m³/d = 326.4 m³/d

    iv. 소화조로 유입된 $TSS_M$을 결정한다.

$$TSS_M = (1582 \text{ kg/d})(0.9) = 1424 \text{ kg/d}$$

    v. 처리장 유입수로 반송된 $TSS_M$을 결정한다.

$$TSS_M = (1582 - 1424) \text{ kg/d} = 158 \text{ kg/d}$$

    vi. 반송수의 $TSS_C$의 $BOD_C$를 결정한다.

$$반송흐름에서 TSS_C = \frac{(158 \text{ kg/d})(10^3 \text{ g/1 kg})}{326 \text{ m}^3\text{/d}} = 485 \text{ g/m}^3$$

$$TSS_C의 BOD_C = (485 \text{ g/m}^3)(0.65)(1.42)(0.68) = 304.6 \text{ g/m}^3$$

$$BOD_M = (304.6 \text{ g/m}^3)(326 \text{ m}^3\text{/d})(1 \text{ kg/}10^3 \text{ g}) = 99 \text{ kg/d}$$

e. 슬러지 소화

i. 운전 변수

SRT = 20 d

소화에 의한 VSS 감소 = 50%

가스 생성 = 1.12 $m^3$/VSS 감소 kg

소화조 상징액의 $BOD_C$ = 1000 $g/m^3$ (0.1%)

소화조 상징액의 $TSS_C$ = 5000 $g/m^3$ (0.5%)

소화된 슬러지의 $TSS_C$ = 5%

ii. 소화조로 주입된 총 고형물과 그에 비례하는 유량을 결정한다.

$TSS_M$ = 1차 침전조의 고형물 + 농축조의 폐고형물

$TSS_M$ = 5443 kg/d + 1424 kg/d = 6867 kg/d

$$전체\ 유량 = \frac{(5443\ kg/d)}{0.06(10^3\ kg/m^3)} + \frac{(1424\ kg/d)}{0.04(10^3\ kg/m^3)}$$

$$= (90.7 + 35.6)\ m^3/d = 126.3\ m^3/d$$

iii. 소화조로 유입되는 $VSS_M$을 결정한다.

$VSS_M$ = 0.682(5443 kg/d) + 0.80(1424 kg/d)

= (3712 + 1139) kg/d = 4851 kg/d

$$소화조로\ 주입된\ 혼합액의\ VSS_M\ \% = \frac{(4851\ kg/d)}{(6867\ kg/d)}(100)$$

$$= 70.6\%$$

iv. 감소된 $VSS_M$을 결정한다.

$VSS_M$ = 0.5(4851 kg/d) = 2426 kg/d

v. 소화조로 유입되는 질량 유량을 결정한다.

6% 고형물을 함유한 1차 슬러지

$$질량\ 흐름 = \frac{(5443\ kg/d)}{0.06} = 90{,}717\ kg/d$$

4% 고형물을 함유한 농축된 폐활성 슬러지

$$질량\ 흐름 = \frac{(1424\ kg/d)}{0.04} = 35{,}600\ kg/d$$

전체 질량 흐름 = (90,717 + 35,600) kg/d = 126,317 kg/d

주의: 질량 흐름은 소화조에 유입되는 전체 유량에 혼합 슬러지의 밀도를 알고 있다면 곱하여 계산할 수도 있다.

vi. 소화 후의 가스와 슬러지의 질량을 구한다. 강열잔류 고형물의 전체 질량은 소화 중에 변하지 않으며 휘발성 고형물의 50%가 제거된다고 가정한다.

강열잔류고형물 = $TSS_M - VSS_M$ = (6867 − 4851) kg/d = 2016 kg/d

소화된 슬러지에서 $TSS_M$ = 2016 kg/d + 0.5(4851 kg/d) = 4441 kg/d

소화조 가스의 밀도는 공기 밀도(1.204 kg/m³, 부록 B 참조)의 0.86배라고 가정하여 가스 발생량을 구한다.

가스 발생량 = (1.12 m³/kg)(0.5)(4851 kg/d)(0.86)(1.204 kg/m³)

= 2813 kg/d

소화조에서 유출되는 질량수지

유입되는 질량 = 126,317 kg/d
가스생성에 의한 손실 = −2813 kg/d
유출되는 질량 = 123,504 kg/d(고형물과 액체)

vii. 5000 mg/L에서의 상등액과 고형물 5%의 소화된 슬러지 사이의 유량분배를 구한다. 상등액의 부유고형물을 S라 하면 S = kg/d이다.

$$\frac{TSS_{SP}}{0.005} = \frac{4441 - TSS_{SP}}{0.05} = 123,504 \text{ kg/d}$$

$TSS_{SP}$ + 444.1 − (0.1)$TSS_{SP}$ = 617.5 kg/d

(0.9)$TSS_{SP}$ = 173 kg/d

$TSS_{SP}$ = 192 kg/d

소화된 고형물 = (4441 − 192) kg/d = 4249 kg/d

$$\text{상등액 유량} = \frac{(192 \text{ kg/d})}{0.005(10^3 \text{ kg/m}^3)} = 38.4 \text{ m}^3/\text{d}$$

$$\text{소화된 슬러지 유량} = \frac{(4929 \text{ kg/d})}{0.05(10^3 \text{ kg/m}^3)} = 85 \text{ m}^3/\text{d}$$

viii. 반송흐름의 특성을 구한다.

유량 = 38.4 m³/d
$BOD_C$ = (38.4 m³/d)(1000 g/m³)/(10³ g/1 kg) = 38 kg/d
$TSS_M$ = (38.4 m³/d)(5000 g/m³)/(10³ g/1 kg) = 192 kg/d

f. 슬러지 탈수. (주의: 아래 분석에서는, 첨가된 고분자나 혹은 다른 슬러지 개량 화학약품들의 질량은 고려하지 않는다. 하지만 약품의 양을 무시할 수 없는 경우에는 고려하여야 할 것이다.)

i. 원심 분리의 운전 변수

슬러지 케이크 = 22% 고형물

슬러지 비중 = 1.06

슬러지 포획 = 93%

탈리액의 $BOD_C$ = 2000 mg/L

ii. 슬러지 케이크 특성을 구한다.

$$고형물 = (4249 \text{ kg/d})(0.93) = 3952 \text{ kg/d}$$

$$부피 = \frac{(3952 \text{ kg/d})}{1.06\,(0.22)(0.22)(10^3 \text{ kg/m}^3)} = 16.9 \text{ m}^3/\text{d}$$

iii. 탈리액의 특성을 구한다.

$$유량 = (85 - 16.9) \text{ m}^3/\text{d} = 68.1 \text{ m}^3/\text{d}$$
$$2000 \text{ g/m}^3\text{에서의 } BOD_M = (2000 \text{ g/m}^3)(68.1 \text{ m}^3/\text{d})(10^3 \text{ g/1 kg})$$
$$= 136 \text{ kg/d}$$
$$TSS_M = (4249 \text{ kg/d})(0.07) = 297 \text{ kg/d}$$

g. 첫 반복 계산 결과를 종합하여 반송흐름과 폐기물 특성에 관한 요약표를 작성한다.

| 운전 | 유량, m³/d | BOD$_M$, kg/d | TSS$_M$, kg/d |
|---|---|---|---|
| 부상 농축조 | 326.0 | 99 | 158 |
| 소화조 상등액 | 38.4 | 38 | 192 |
| 탈리액 | 68.1 | 136 | 297 |
| 계 | 432.5 | 273 | 647[a] |

[a]반송된 부유고형물의 휘발성 부분은 50~75%까지 다양한 값을 가질 것이다. 두 번째 반복 계산법에서는 60%가 적용되었다.

4. 고형물 수지의 두 번째 반복 계산을 수행한다.

   a. 1차 침전조

   i. 운전 변수는 첫 반복 계산에서와 동일하다.

   ii. 1차 침전조로 유입되는 $TSS_M$과 $BOD_M$

   $$TSS_M = \text{유입 } TSS_M + \text{반송 } TSS_M = 7776 \text{ kg/d} + 647 \text{ kg/d} = 8423 \text{ kg/d}$$
   $$전체 BOD_M = \text{유입 } BOD_M + \text{반송 } BOD_M$$
   $$= 8100 \text{ kg/d} + 273 \text{ kg/d} = 8373 \text{ kg/d}$$

   iii. 제거된 $BOD_M$ = 0.33(8373 kg/d) = 2763 kg/d

   iv. 2차 침전조에서 $BOD_M$ = (8,373 − 2763) kg/d = 5610 kg/d

   v. 제거된 $TSS_M$ = 0.7(8423 kg/d) = 5896 kg/d

   vi. 2차 침전조에서 $TSS_M$ = (8423 − 5896) kg/d = 2527 kg/d

   b. 1차 슬러지와 유출수의 부유고형물 중 휘발성 비율을 결정한다.

   i. 운전 변수

      유입 하수는 첫 반복 계산에서와 동일하다.

      반송 고형물의 휘발성 부분 = 60%

   ii. 계산과정이 보여지지 않았지만, 첫 반복 계산에서 구한 휘발성 비율을 계산하면 변화가 적다. 그러므로 앞에서 구한 값을 두 번째 반복 계산에 사용한다. 만일 반송수의 휘발성 비율이 약 50% 이하이면 휘발성 비율은 다시 계산하여야 할 것이다.

c. 2차 공정

   i. 운전 변수 = 첫 반복 계산에서와 동일

     포기조 부피 = 4700 m³

     SRT = 10 d

     $Y$ = 0.50 kg/kg

     $b$ = 0.06 d$^{-1}$

   ii. 포기조로 유입되는 유입수 $BOD_C$를 결정한다.

     포기조 유입 유량 = 유입수 유량 + 반송유량

$$= (21,600 + 432.5) \text{ m}^3/\text{d} = 22,033.5 \text{ m}^3/\text{d}$$

$$BOD_C = \frac{(5610 \text{ kg/d})(10^3 \text{ g/1 kg})}{(22,032.5 \text{ m}^3/\text{d})} = 255 \text{ g/m}^3$$

   iii. 새로운 MLVSS의 농도를 구한다.

$$X_{\text{VSS}} = \frac{(Q)(Y)(S_o - S)\text{SRT}}{[1 + b(\text{SRT})](V_r)}$$

$$X_{\text{VSS}} = \frac{(22,035.5 \text{ m}^3/\text{d})(0.5)(255 - 6.2)(10 \text{ d})}{[1 + (0.06 \text{ d}^{-1})(10 \text{ d})](4700 \text{ m}^3/\text{d})} = 3648 \text{ g/m}^3$$

   iv. MLSS를 구한다.

$$X_{\text{SS}} = \frac{X_{\text{VSS}}}{0.8}$$

$$X_{\text{SS}} = 3648/0.8 = 4560 \text{ g/m}^3$$

   v. 세포 증식량을 구한다.

$$P_{x,\text{VSS}} = Y_{\text{OBS}} \, Q \, (S_o - S)/(10^3 \text{ g/1 kg})$$

$$= \frac{0.3125 \, (22,032.5 \text{ m}^3/\text{d})[(255 - 6.2 \text{ g/m}^3)]}{(10^3 \text{ g/1 kg})} = 1714 \text{ kg/d}$$

$$P_{x,\text{TSS}} = 1714/0.8 = 2143 \text{ kg/d}$$

   vi. 농축조로 배출되는 폐슬러지 양을 구한다.

     유출수 $TSS_M$ = 432 kg/d(첫 반복 계산에서 구하였다.)

     농축조로 배출되는 총 $TSS_M$ = (2143 = 432) kg/d = 1711 kg/d

$$유량 = \frac{(1711 \text{ kg/d})(10^3 \text{ g/1 kg})}{(4560 \text{ g/m}^3)} = 375 \text{ m}^3/\text{d}$$

d. 부상 농축조

   i. 운전 변수

     농축 슬러지의 농도 = 4%

고형물 포획률(가정) = 90%

유입 및 농축 슬러지의 비중(가정) = 1.0

ii. 농축 슬러지의 유량을 구한다.

$$유량 = \frac{(1711 \text{ kg/d})(0.9)}{(10^3 \text{ kg/m}^3)(0.04)} = 38.5 \text{ m}^3/\text{d}$$

iii. 처리장 유입수로 반송되는 유량을 구한다.

반송유량 = (375 − 38.5) m³/d = 336.5 m³/d

iv. 소화조로 유입되는 $TSS_M$을 결정한다.

$TSS_M$ = (1711 kg/d)(0.9) = 1540 kg/d

v. 처리장 유입수로 반송되는 $TSS_M$을 결정한다.

$TSS_M$ = (1711 − 1540) kg/d = 171 kg/d

vi. 반송수 $TSS_C$의 $BOD_C$를 결정한다.

$$반송흐름에서 \ TSS_C = \frac{(171 \text{ kg/d})(10^3 \text{ g/1 kg})}{(336.5 \text{ m}^3/\text{d})} = 508 \text{ g/m}^3$$

$TSS_C$의 $BOD_C$ = (508 g/m³)(0.65)(1.42)(0.68) = 319 g/m³

$BOD_M$ = (319 g/m³)(336.5 m³/d)(10³ g/1 kg)$^{-1}$ = 107 kg/d

e. 슬러지 소화

i. 운전 변수는 첫 반복 계산과 동일하다.

ii. 소화조로 유입되는 총 고형물 및 유량을 구한다.

$TSS_M$ = 1차 침전지의 $TSS_M$ + 농축조의 $TSS_M$

$TSS_M$ = 5443 kg/d + 1540 kg/d = 6983 kg/d

$$총 유량 = \frac{(5443 \text{ kg/d})}{0.06(10^3 \text{ kg/m}^3)} + \frac{(1540 \text{ kg/d})}{0.04(10^3 \text{ kg/m}^3)}$$

$$= (90.7 + 38.5) \text{ m}^3/\text{d} = 129.2 \text{ m}^3/\text{d}$$

iii. 소화조로 유입되는 총 $VSS_M$을 구한다.

$VSS_M$ = 0.682(5443 kg/d) + 0.80(1540 kg/d)

$$= (3712 + 1232) \text{ kg/d} = 4944 \text{ kg/d}$$

$$소화조로 주입된 혼합액의 VSS\% = \frac{(4944 \text{ kg/d})}{(6983 \text{ kg/d})}(100)$$

$$= 71.3\%$$

iv. 감소된 VSS를 구한다.

감소된 VSS = 0.5(4944 kg/d) = 2472 kg/d

v. 소화조로 유입되는 질량 흐름을 구한다.

6% 고형물을 함유한 1차 슬러지:

$$질량\ 흐름 = \frac{(5443\ kg/d)}{0.06} = 90{,}717\ kg/d$$

4% 고형물을 함유한 농축된 폐활성 슬러지:

$$질량\ 흐름 = \frac{(1540\ kg/d)}{0.04} = 38{,}500\ kg/d$$

전체 질량 흐름 = (90,717 + 38,500) kg/d = 129,217 kg/d

vi. 소화 후 가스 및 슬러지의 질량을 결정한다. 소화하는 동안 비휘발성 고형물
의 총 질량은 변하지 않으며, 휘발성 고형물의 50%가 없어진다고 가정한다.

강열잔류 고형물 = $TSS_M - VSS_M$ = (6983 − 4944) kg/d = 2039 kg/d
소화된 슬러지에서 TSS = 2039 kg/d + 0.5(4944) kg/d = 4511 kg/d

소화조 가스의 밀도는 공기 밀도($1.204\ kg/m^3$, 부록 B 참조)의 0.86배라고
가정하여 가스 발생량을 구한다.

가스 생성량 = $(1.12\ m^3/kg)(0.5)(4944\ kg/d)(0.86)(1.204\ kg/m^3)$

= 2867 kg/d

소화조 생산물의 질량 수지:

유입되는 질량 = 129,217 kg/d
가스 생성에 의한 손실 = −2867 kg/d
유출되는 질량 = 126,350 kg/d (고형물 및 액체)

vii. 5,000 mg/L의 상등액과 고형물 5%의 소화된 슬러지 사이의 유량 분배를
구한다. 상등액의 부유고형물을 S라 하면 S = kg/d이다.

$$\frac{TSS_{sp}}{0.005} = \frac{4441 - TSS_{sp}}{0.05} = 126{,}350\ kg/d$$

$TSS_{sp}$ + 451.1 − (0.1)$TSS_{sp}$ = 631.8 kg/d

(0.9)$TSS_{Sp}$ = 180.7 kg/d
$TSS_{sp}$ = 201 kg/d

소화된 고형물 = (4511 − 201) kg/d = 4310 kg/d

$$상등액\ 유량 = \frac{(201\ kg/d)}{0.005(10^3\ kg/m^3)} = 40.2\ m^3/d$$

$$소화된\ 슬러지\ 유량 = \frac{(4310\ kg/d)}{0.05(10^3\ kg/m^3)} = 86.2\ m^3/d$$

viii. 반송흐름의 특성을 구한다.

유량 = 40.2 $m^3/d$

$$BOD_M = (40.2 \text{ m}^3/\text{d})(1000 \text{ g/m}^3)/(10^3 \text{ g/1 kg}) = 40 \text{ kg/d}$$
$$TBB_M = (40.2 \text{ m}^3/\text{d})(5000 \text{ g/m}^3)/(10^3 \text{ g/1 kg}) = 201 \text{ kg/d}$$

f. 슬러지 탈수

  i. 원심 분리를 위한 운전 변수는 첫 반복 계산과 동일하다.

  ii. 슬러지 케이크의 특성을 구한다.

$$고형물 = (4310 \text{ kg/d})(0.93) = 4008 \text{ kg/d}$$
$$부피 = \frac{(4008 \text{ kg/d})}{1.06(0.22)(10^3 \text{kg/m}^3)} = 17.2 \text{ m}^3/\text{d}$$

  iii. 탈리액 특성을 구한다.

$$흐름 = (86.2 - 17.2) \text{ m}^3/\text{d} = 69 \text{ m}^3/\text{d}$$
$$2000 \text{ g/m}^3\text{에서의 } BOD_M = (2000 \text{ g/m}^3)(69 \text{ g/m}^3)/(10^3 \text{ g/1 kg}) = 138 \text{ kg/d}$$
$$TSS_M = (4310 \text{ kg/d})(0.07) = 302 \text{ kg/d}$$

g. 두 번째 반복 계산 결과를 종합하여 반송흐름과 폐기물 특성에 관한 요약표를 작성한다.

| 운전 | 유량, m³/d | BOD$_M$, kg/d | TSS$_M$, kg/d | 앞의 반복 계산으로부터의 증분 변화 유량, m³/d | BOD$_M$, kg/d | TSS$_M$, kg/d |
|---|---|---|---|---|---|---|
| 부상 농축조 | 336.5 | 99 | 158 | 10.5 | 8 | 13 |
| 소화조 상등액 | 38.4 | 38 | 192 | 1.8 | 2 | 9 |
| 벨트여과 탈리액 | 68.1 | 136 | 297 | 0.9 | 2 | 5 |
| 계 | 432.5 | 273 | 647a | 13.2 | 12 | 27 |

5. 반송량에서 증분 변화가 5% 미만이기 때문에, 위 표에서 요약된 값들은 설계에 적용될 수 있다. 위 계산들이 spreadsheet 프로그램에서 수행되었다면, 1% 미만의 증분 변화를 얻기 위해 다시 반복 계산들을 수행할 수 있다. 두 번째 반복 계산에서 여러 공정의 유량, TSS$_M$, 그리고 BOD$_M$ 값들을 아래 그림에 나타내었다.

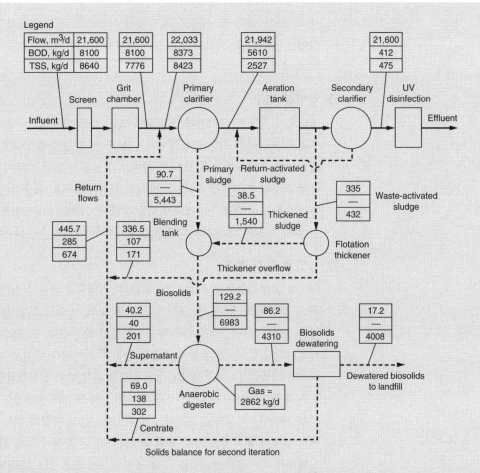

Solids balance for second iteration

 이 예제에서 고형물 물질수지를 작성하기 위한 계산 단계를 반복 계산법을 이용하여 나타내었다. 물질수지는 특별히 제작된 spreadsheet나 물질수지 작성용 프로그램을 이용하여 작성할 수 있다. 일반적으로 만일 반복 계산법을 사용한다면 위 예제와 비슷한 방법을 사용할 것이다. 앞선 반복 계산으로부터의 모든 반송량의 증분 변화가 5% 미만일 때까지 반복 계산을 수행하여야 한다.

## 14-8      슬러지와 바이오 고형물에서의 자원 회수

슬러지와 바이오 고형물은 비료와 에너지 생산을 위한 공급원 및 부가가치를 창출하는 생성물의 제조 등에 사용될 수 있는 영양성분의 원천 역할을 제공할 수 있다. 13장의 13-2절에서 논의된 바와 같이, EPA Part 503 규정에 따라 적절히 안정화된 바이오 고형물은 다양한 유효 활용이 가능하다. 바이오 고형물이 혐기성 소화에 의해 안정화되고 탈수공정에서 반송된 유량(탈리액, 여과액, 또는 반류수 등으로 종종 불림)이 고농도의 영양분을 함유하는 경우, 바이오 고형물 내 영양분의 상당 부분은 용해된다. 반류수의 영양분은 반송되어 주 처리공정에서 처리되거나 반류수 처리에 의해 회수될 수 있다. 고형물 내 영양분의 회수 및 이용은 본 절에서 설명하고, 액체 처리공정에서의 영양분 회수는 15 장에서 논의된다. 바이오 고형물과 슬러지에서의 에너지 회수는 다음 14-9절과 17장에서 다루게 된다.

## ≫ 영양분 회수

바이오 고형물과 슬러지에 포함되어 있는 가장 가치 있는 영양분은 유기질소와 인이다. 인과 암모니아의 회수는 15장에서 다루게 될 탈수공정의 액체처리공정에서 이루어진다. 탈수공정 후에, Class A 또는 B 바이오 고형물은 농업용 토지 적용 또는 비농업 토지 적용에 유용하게 사용될 수 있다. 바이오 고형물의 주된 유용성은 (1) 농업용 토지 적용, (2) 비농업용 토지 적용, (3) 에너지 회수와 생산, 그리고 (4) 상업적 이용 등이다. 농업과 비농업 토지 적용은 아래에서 설명한다. 에너지 복원과 생산은 14-9절에서 논의하기로 한다.

## ≫ 농업용 토지 적용

바이오 고형물들은 질소, 인, 철, 칼슘, 마그네슘과 식물 성장에 필수적인 크고 작은 영양분 등 다양한 영양분들을 포함하고 있다. 또한, 바이오 고형물에서 발견되는 많은 영양분들은 동물들의 건강식에 필수적인 성분들에 해당된다. 바이오 고형물들은 충분한 질소를 작물에 공급할 수 있는 설계 비율로 농지에 적용된다(바이오 고형물의 토지 적용에 관한 상세한 사항은 14-9절 참조). 농업용 토지에서 바이오 고형물의 재활용은 농장 관리인이 비싼 화학 비료를 사용하는 것을 대신해 작물 생산의 경제성을 향상시킬 수 있으며, 화학 비료 생산 시 생성되는 온실가스의 감소 및 탄소 저장의 역할도 가능하게 해준다. 13장에서 설명한 혐기성 소화나 석회 안정화과 같은 공정에서 생성된 Class B 또는 A 바이오 고형물은 케이크, 퇴비화 물질(14-5절 참조), 혹은 건조 공정에서 생성되는 펠렛 알갱이 물질(14-3절 참조) 등의 형태로 작물 생산용 토지에 적용된다.

## ≫ 비농업용 토지 적용

바이오 고형물의 비농업용 사용은 채광지역 개간, 토지 개간, 조경, 숲 작물 등에 사용된다. 바이오 고형물은 표면 채광 지역, 폐광 지역, 석탄 폐석 더미와 같은 채광에 의해 손상된 토지를 복원하는데 자주 사용되어 왔다. 광산 토양의 바이오 고형물과의 혼합은 유기물질, 양이온 교환능력, 토양의 영양분 수준을 향상시킨다. 광해 방지를 위한 바이오 고형물의 토지 적용은 pH, 금속 함유량, 토양의 비옥도를 조절한다. 변형토와 쓸모없는 토양을 복원하고 향상시키는 것은 바이오 고형물의 또 다른 유용한 이용 방안이다. 바이오 고형물의 몇몇 특성은 이러한 사용을 성공적이게 한다. 바이오 고형물 내의 유기물질은 토양의 단립화를 향상시키고 토양의 수분 보유력을 증가시켜 토양의 물리적 특성을 향상시킨다. 바이오 고형물은 토양의 양이온 교환능력을 증가시키고, 식물에 영양분을 공급하며, 토양의 완충능력을 증대시킨다. 삼림 지역에 대한 토지 적용도 실행된 바 있다. 그러나 이러한 사용은 바이오 고형물을 빽빽한 삼림지역에 대량으로 고르게 적용하기 어려워 달성하기가 힘들다. 마지막으로, 바이오 고형물을 골프장과 같은 곳에 원예와 조경 목적으로 토지에 적용하는 것은 농업용 토지 적용과 유사하지만 비료로서 사용하지

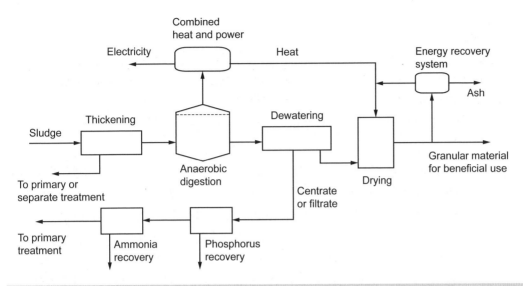

**그림 14-34**

혐기성 소화의 에너지 회수 공정 흐름도(영양분의 동시 회수는 15장에서 설명됨)

는 않는다. 바이오 고형물 퇴비는 조경에 사용되는 가장 대중적인 생산물로 비료가 아닌 토지 개량제로 주로 이용된다.

## 14-9　　슬러지와 바이오 고형물에서의 에너지 회수

슬러지와 바이오 고형물은 이용 가능한 연료 가치를 가지는 유기물질을 함유할 때 재생 가능한 에너지 자원으로 인식된다. 에너지 비용의 증가와 지역 전기 및 난방 등에 그린에 너지로서의 혜택을 얻기 위한 필요성 때문에, 공학적으로 적절히 제어된 환경에서 바이오 고형물로부터의 에너지 회수와 생산은 최상의 유용한 활용이라 할 수 있다. 하수 슬러지는 다음과 같은 공정으로 에너지를 생산한다(WERF, 2008b):

1. 혐기성 소화를 통한 메탄 생성
2. 열 산화 슬러지
3. 가스화 공정 및 열분해를 통한 합성가스 생성
4. 유류와 액체 연료 생성

각각의 방법들에 대한 에너지 회수의 적절한 방법은 아래에 간략하게 설명하였다. 에너지 회수에 관한 상세한 내용은 17장에 설명하였다.

### ≫ 혐기성 소화를 통한 에너지 회수

혐기성 소화를 통해 메탄이 풍부한 가스를 생산하는 것은 바이오 고형물로부터 에너지를 회수하기 위해 사용되는 방법 중 하나이다. 가스 생성, 수집 및 사용방법은 13-9절에

**표 14–23**

열처리공정 기술들의 특성 비교

| 인자 | 연소 | 가스화 | 열분해 |
|---|---|---|---|
| 온도, ℃(℉) | 900~1100 (1650~2000) | 590~980 (1100~1800) | 200~590 (390~1100) |
| O₂ 공급 | > 화학양론식(과잉공기) | < 화학양론식(제한공기) | None |
| 부산물 | 연도가스($CO_2$, $H_2O$)와 회분 | 합성가스(CO, $H_2$)와 회분 | 열분해 가스, 기름, 타르와 숯 |

서 설명하였다. 슬러지의 혐기성 소화에서 발생된 바이오가스로부터의 열병합발전(combined heat and power, CHP) 에너지 회수는 그림 14-34에 나타내었다. 그림 14-34와 같이, 폐열은 케이크 고형물을 더 건조하고 안정화시키기 위한 추가적인 에너지원으로 사용할 수 있다. 건조공정은 14-3절에 설명되어 있다. 또한 건조된 물질은 농업 또는 비농업용 토지 적용에 유용하게 사용할 수 있다. 건조된 물질의 또 다른 유용한 이용은 시멘트 소성로(cement kiln) 등에서 석탄의 보조연료로 쓰이는 것이다. 건조된 물질의 가치는 보통 열 함량에 근거해서 석탄의 시장가치와 비교한다. 아래에 논의되는 것처럼, 건조에 필요한 에너지를 공급하기 위해 현장의 건조된 물질로부터 에너지를 추가적으로 회수할 수 있다.

## 》》 열처리 산화에 의한 에너지 회수

세 가지 기본적인 열처리공정으로 연소 또는 고도 열처리 산화, 가스화(gasification), 그리고 열분해(pyrolysis)가 있다. 건조 바이오 고형물의 모든 열처리공정은 에너지 회수 방법이 뒤따른다. 세 가지 열처리공정 기술 사이의 차이점을 운전온도와 산소 요구량의 관점과 각각의 주요 부산물 관점에서 표 14-23에 요약하였다. 슬러지나 바이오 고형물의 열처리 산화는 한정된 처분 현장으로 인해 슬러지와 바이오 고형물의 최종처분 비용이 높은 지역에서 보다 일반적으로 사용된다. 14-4절에 논의된 바와 같이, 소각되는 슬러지나 바이오 고형물은 통상적으로 건조 고형물이 15~30%가 되도록 탈수한다. 추가적인 건조와 연소는 연소로에서 동시에 발생한다. 그림 14-25에서 이미 살펴본 바와 같이, 연소공정은 뜨거운 연도가스를 생성하며, 연소공기 예열 및 기타 필요한 에너지나 전기 생산을 위해 에너지를 회수할 수 있다. 고도 열처리 산화 공정에서 생성된 회분은 불활성 물질로서 시멘트 제작 및 아스팔트와 같은 상업적인 활용이 가능하다. 인(phosphorus)과 같은 가치 있는 물질을 회분으로부터 회수하는 기술은 현재 개발 중으로 일단 상업적으로 개발되면 자원의 잠재적 시장 가치 때문에 많은 관심을 받을 것이다. 탈수된 슬러지의 열처리 산화에서 생성된 잉여 열은 전기 생산용 스팀을 발생시키는 데 최근에 이용되고 있다.

## 》》 가스화와 열분해를 통한 건조 물질에서의 에너지 회수

가스화(gasification)는 유기물질을 합성가스라 불리는 연료가스로 전환시키는 이미 정립된 공정으로, 석탄이나 다른 바이오매스에서 연료가스를 생산하기 위해 1800년대부터 적용되어 왔다. 합성가스는 주로 CO, $CO_2$, $H_2$와 $CH_4$로 구성되고 4500~5500 kJ/m³

(120~150 BTU/ft³)의 낮은 발열량을 가지며, 이는 혐기성 소화에서 발생된 바이오가스 발열량의 25% 수준이다. 가스화 공정을 바이오 고형물 공정에 적용하여 개발하는 것은 아직 초기 개발단계에 해당되나, 이 기술을 슬러지와 바이오 고형물에 적용하고자 하는 관심은 지속적으로 증가하고 있다. 가스화 공정에 연료로 사용되는 전통적인 유기물과 비교하여 슬러지나 바이오 고형물은 높은 회분 함량을 가져 회분 처리에 문제가 따른다. 가스화와 에너지 회수에 대한 보다 상세한 설명은 17장에서 다루기로 한다.

열분해(pyrolysis)도 숯, 활성탄과 메탄올을 생산하는 화학 산업에서 사용되어온 정립된 기술이다. 가스화와 비슷하게, 열분해는 고온에서 연소 가능한 가스, 열분해 가스를 생성하고 낮은 발열량을 가지나, 숯과 기름을 생성하는 데 또한 이용할 수 있다. 열분해는 사실상 첫 번째 단계에서 가스화와 연소 반응이 모두 발생한다. 슬러지와 바이오 고형물의 열분해는 아직 혁신적인 기술이지만 지자체 단위의 실제 적용은 많이 되지 않았다.

가스화와 열분해 기술을 통해 에너지를 효율적으로 활용하기 위해서, 대부분의 상업적으로 이용 가능한 시스템들이 75% 이상의 고형물을 함유한 알갱이 형태의 건조 바이오 고형물을 요구한다. 펠렛화(pelletization)까지는 요구되지 않지만, 낮은 먼지 함량과 어느 정도의 일정함을 갖는 건조 알갱이 물질이 필요하다. 요구되는 건조 (dryness)정도는 기술에 따라 다르다. 건조에 필요한 에너지는 통상적으로 열 기술에 의해 공급된다. 만일 현장에서 이용 가능하다면, 열병합발전 시스템처럼 에너지는 폐열로부터 회수할 수 있다.

## 》 기름과 액체 연료의 생산

슬러지를 액체와 기름 연료로 전환하는 것은 슬러지를 에너지원으로 사용하는 또 다른 방법이다. 그러나 높은 초기 자본 비용과 운전 비용, 그리고 그 비용들을 상쇄하기 위한 상당한 양의 주입 슬러지 요구량 등은 이러한 기술의 상업적 적용을 어렵게 하고 있다.

## 14-10    바이오 고형물의 토지 적용

바이오 고형물의 토지 적용은 토양의 표면 위나 아래에 살포하는 것으로 정의된다. 바이오 고형물은 (1) 농경지 (2) 삼림지 (3) 개간지 (4) 전용 처분지에 적용될 수 있다. 위 네 개의 토지 주입 목적은 모두 바이오 고형물을 더욱 잘 처리하기 위해서이다. 태양광, 토양 미생물, 그리고 건조가 서로 복합적으로 작용하여 병원성 미생물과 독성 성분을 파괴한다. 미량 물질은 토양에 의해 걸러지고 영양물질은 식물에 의해 흡수되어 유용한 바이오매스로 전환된다. 일부의 경우, 전용 처분지 밑바닥에 지오멤브레인 차수막(geomembrane liner)이 설치되어 있다.

농경지나 비농경지에 적용하기 위해서는 바이오 고형물이나 바이오 고형물로부터 얻은 물질이 적어도 최대 오염물질농도 이하이고 병원균과 병원균 매개체 감소(vector attraction reduction)에 관한 Class B 규정을 만족하여야 한다. 잔디나 정원에 사용되는 바이오 고형물과 백에 담아 팔리거나 운반되는 슬러지는 Class A 기준과 병원균 매개체

**표 14-24**

바이오 고형물의 토지 적용을 위한 미국 EPA 바이오 고형물 법규[a]

| 분류 | A등급: 제한없음[a] |
|------|---------------------|
|      | B등급: 부지제한 |
| 관리 지침 | 표 14-25 참조 |
| 병원균 감소 방법 선택 | 표 13-9 참조 |
| 병원성질병 매개체 유발 감소 | 표 13-10 참조 |
| B등급 바이오 고형물에 대한 부지 제한 | 표 14-26 참조 |
| 금속 성분 한계 농도 및 부하율 | 표 14-30 참조 |

[a]Other than bag labeling (like a fertilizer).

감소에 관한 규정을 만족하여야 한다.

## 토지 적용의 이점

농업을 목적으로 토지에 바이오 고형물을 적용하면 유기물이 토양 구조, 경작 상태, 수분 함유량, 수분침투와 토양 통풍성을 개선시키고 주요 영양소(질소, 인, 포타슘)와 미량 영양소(철, 망강, 구리, 크롬, 셀레늄, 아연)가 성장을 촉진시키므로 유익하다. 또한 유기물은 토양의 양이온교환능력(cation-exchange capacity, CEC)에 기여하여 포타슘, 칼슘과 마그네슘을 토양에 보유하게 한다. 유기물이 존재하게 되면 토양의 생물 다양성이 개선되고 식물의 영양소 섭취가 개선된다(Wegner, 1992). 바이오 고형물은 값비싼 화학비료의 대체용으로 사용할 수 있다.

토양 적용은 산림재배와 토지개량에 큰 기여를 할 수 있을 것이다. 북서지역에서 대대적으로 산림에 이용되었으며 바이오 고형물 적용이 숲의 성장에 아주 유용한 것으로 인식되고 있다(WEF, 2010). 오염된 지역의 개선에도 성공적으로 적용되었다(Henry and Brown, 1997).

## 바이오 고형물의 유용한 활용과 처분에 대한 미국 EPA 법규

13-2절에서 논의한 것처럼, 미국 EPA에서는 바이오 고형물(법규에는 오수슬러지란 용어를 사용하고 있음) 사용과 처분에 관한 법규를 연방 법규 40 CFR Part 503에 규정하였다. 토지에 적용하기 위해서는 10개 금속의 한계 농도, 관리 지침, 필요한 모니터링, 기록, 보고에 관한 내용을 요구하고 있다. 표 14-24에 이 법규에 대한 요약이 있으며 각 사항에 대해서는 아래에 설명하였다.

## 관리 지침

바이오 고형물을 토지에 적용 할 때 준수하여야 할 관리지침은 Part 503 법에 규정되어 있다(표 14-25 참조). 관리 지침은 포장된 상태와 미포장된 상태에 따라 다르다.

**병원균 감소 방법.** 13장과 13-2절에서 논의한 것처럼, 바이오 고형물에 Part 503 병원균 매개체 감소 규정은 Class A와 B로 나누어져 있다. Class A 정의 목적은 바이오 고형물 내의 병원균(살모넬라 세균, 장내 바이러스, 기생충 알)을 측정한계 이하로 감소시키는데 있다. 이 목적에 적합한 경우 Class A 바이오 고형물은 부지에 대한 병원균과 관

## 표 14-25

## 미국 EPA Part 503 법에 규정되어 있는 토지 적용의 관리지침[a]

### 미포장 바이오 고형물[b]

- 포장되지 않은 바이오 고형물은 개정된 Clean Water Act의 402와 404 조항에서 허락된 예외 지역을 제외하고는 습지 혹은 수원(40CFR Part 122.2에 규정된)으로 침투 가능성이 있는 홍수지, 결빙지, 눈 덮인 농경지, 산림지, 공공장소, 혹은 개간지에 바이오 고형물을 주입할 수 없다.

- 포장되지 않은 바이오 고형물은 수원으로부터 10 m 이하인 개간지, 산림지 농경지에 허가 관청에서 허락되지 않는 한 주입할 수 없다.

- 만일 농경지, 산림지 그리고 사람들과 접촉되는 지역에 포장되지 않은 바이오 고형물의 주입하기 위해서는 농경법에 따라 주입하는 비율보다 적거나 동일한 비율로 주입하여야 한다. 개간지의 바이오 고형물 주입률은 허가 관청에서 허락을 얻으면 농경법의 주입율을 초과할 수도 있다.

- 바이오 고형물을 토지에 주입하는 경우 보호대상 동식물종과 멸종위기 동식물종에 악영향을 주거나 동물의 임계 서식지(critical habitat)에 악영향을 미치거나 파괴되지 않도록 하여야 한다. 보호대상 혹은 멸종위기 동식물과 임계 서식지에 관한 내용은 보호대상 동식물법의 4 조항에 수록되어 있다. 임계 서식지란 보호대상 혹은 멸종위기 동식물이 생존하고 있는 기간의 거주하는 지역으로 규정하고 있다. 임계 서식지 내에서 동식물의 회복과 생존을 저해하는 직접적이거나 간접적인 활동(혹은 직접이나 간접적인 활동의 결과)들은 임계 서식지에 악영향과 파괴를 초래하는 것으로 규정한다.

### 토지 주입을 위해서 저장용기나 포대에 넣어 판매 혹은 운반되는 바이오 고형물

- 저장용기나 포대에는 라벨을 부착하거나 바이오 고형물을 수령하는 사람들에게 이에 관한 문서를 제공하여야 한다. 라벨이나 문서에는 최소한 다음 사항을 포함하여야 한다.

  ◦ 저장용기나 포대에 넣어 판매 혹은 운반되도록 바이오 고형물을 준비한 사람의 주소 및 이름

  ◦ 라벨이나 문서에 지시된 토지에는 바이오 고형물의 주입을 금지한다는 문구

  ◦ 연간 오염부하율을 초과하지 않는 바이오 고형물의 토양주입률

[a]Adopted from U.S. EPA (1995).

[b]상기 관리지침은 매우 우수한 질(exceptional quality)의 바이오 고형물에는 적용하지 않는다.

## 표 14-26

## Class B 바이오 고형물에 관한 부지 규제[a]

### 작물과 잔디 수확에 관한 규제

- 토양/바이오 고형물의 혼합물과 접촉하거나 표면에서 수확되는 식용 작물은 바이오 고형물이 주입된 후 14개월 동안은 수확을 금지한다.

- 바이오 고형물이 토양에 침투하기 전에 토지 표면에 4개월 이상 동안 잔존하고 있는 토지 표면 아래서 수확된 식용 작물은 바이오 고형물이 적용된 후 20개월 동안은 수확을 금지한다.

- 바이오 고형물이 토양에 침투하기 전에 토지 표면에 4개월 이하 동안 잔존하고 있는 토지 표면 아래서 수확된 식용 작물은 바이오 고형물이 적용된 후 38개월 동안은 수확을 금지한다.

- 작물의 식용 부분이 토양의 표면에 접촉되지 않으면 바이오 고형물이 적용된 후 30일 동안은 수확을 금지한다.

- 수확된 잔디가 토지에 야적되어 대중에게 노출 위험성이 높은 곳에 바이오 고형물을 적용한 토양에서 자란 잔디는 바이오 고형물을 적용한 후 1년 동안은 수확을 금지한다.

### 방목에 관한 규제

- 바이오 고형물을 토양에 적용한 후 30일 동안은 가축을 방목할 수 없다.

### 공중 접촉에 관한 규제

- 공원이나 운동장과 같이 사람들에게 노출 가능성이 높은 지역은 바이오 고형물을 적용한 후 1년간 출입이 금지된다. 금지된 지역에는 접근 금지 표시 혹은 담장이 있어야 한다.

- 사람에게 노출 가능성이 낮은 지역(예: 사유농장)은 바이오 고형물을 적용한 후 30일 동안 출입이 금지된다.

[a]U.S. EPA (1995).

련된 규제를 받지 않고 토지에 적용할 수 있다(U.S. EPA, 1995). Class B 규정의 목적은 공중 위생과 특정한 사용 조건에서 환경에 위협이 되지 않도록 병원균을 감소시키는 데 있다. Class B 바이오 고형물을 토지에 적용할 때 부지에 대한 규제의 목적은 환경적인 인자가 병원균을 측정한계 이하로 감소시킬 때까지 인간과 동물의 접촉 가능성을 최소화 하는데 있다.

**병원균 매개체 감소.** Class B 바이오 고형물의 토지 적용을 위한 10개 항목의 병원 균 매개체 감소 조치와 병원균 감소의 선택 및 조합 방법들이 있다(표 13-10 참조). 표 13-10에 제시한 항목에는 병원균을 감소시키는 안정화 공정도 포함되어있다.

**Class B 바이오 고형물에 대한 부지 규제.** 표 14-26에 나열되어 있는 부지 규제는 작물 경작, 동물 및 사람과의 접촉정도에 따라 다르다. 곡물과 잔디는 사람들에게 노출되기 때문에 장기간 규제된다(U.S. EPA, 1995).

**매우 우수한 질(exceptional quality)의 바이오 고형물.** 매우 우수한 질의 바이오 고형 물(exceptional quality biosolids)로 분류된 바이오 고형물은 금속 기준, Class A 병원균 감소 기준, 그리고 Part 503 규정의 병원균 매개체 감소 기준을 모두 만족시켜야 한다.

## 》 현장 부지 평가와 선정

바이오 고형물 토지 적용의 가장 중요한 단계는 적절한 부지의 선정이다. 부지의 특성에 따라서 실시 설계가 결정되며 토지 적용의 전체 효율이 결정된다. 토지 적용 조건과 농경 지 혹은 산림지 등의 조건에 따라 부지의 적합성이 다르다. 부지 선정은 아래에 설명되는 고려사항의 지표와 인자에 따라 선별하여야 한다. 부지를 선별하기 위하여 각기 알맞은 조건에 따라 필요한 소요 부지면적을 평가하여야 한다.

바이오 고형물을 토지에 적용하기 위한 이상적인 부지는 양토로 지하수위가 3 m 이상이며 경사도는 0~3%이며 주위에 우물, 습지 또는 하천이 없어야 하며 거주민이 거의 없어야 한다. 중요한 부지의 특성으로는 지형, 토양 특성, 지하 수위, 주요 지역과의 근접 성 등이다.

**표 14-27**
**바이오 고형물 적용에 대한 경사 한계**

| 경사(%) | 설명 |
|---|---|
| 0~3 | 이상적; 액체 또는 탈수 바이오 고형물의 유출과 침식이 없음 |
| 3~6 | 허용 가능; 침식의 위험이 적음. 액체 또는 탈수 바이오 고형물의 표면 주입이 가능 |
| 6~12 | 닫힌 배수지나 대규모의 유출 조절이 요구될 때를 제외하고는 일반적으로 액상 바이오 고형물 주입; 탈수된 바이오 고형물의 지표면 적용이 가능 |
| 12~15 | 대규모의 유출 조절 없이는 액상 바이오 고형물의 적용 불가능. 탈수된 바이오 고형물의 지표면 적용은 가능하지만 토양에 즉시 투입되어야 함. |
| 15% 이상 | 15% 이상의 경사가 진 곳은 경사의 길이가 짧고 가파른 경사면적이 총 주입 면적에 비해 미미하고 투수성이 좋은 부지에서 만 적합하다. |

**지형.** 지형은 침식과 유출에 영향을 미치므로 중요하다. 부지 지형의 적합성은 또한 바이오 고형물의 종류와 처분 방법에 따라 다르다. 표 14–27에 나타낸 것처럼 액상의 바이오 고형물을 흩뿌리거나 살수하며, 15% 이상 경사 기복이 있는 지형에는 토지에 주입한다. 탈수 슬러지는 보통 농경지에 트랙터나 분배기를 사용하여 뿌린다. 만일 유출을 제어할 수 있다면 경사가 30%인 산림지에도 적용할 수 있다.

**토양 특성.** 일반적으로 바람직한 토양의 특성은 (1) 양토(loamy soil), (2) 작거나 중간 정도의 투수성, (3) 0.6 m 이상의 토양 깊이, (4) 알칼리성이나 중성의 토양 pH (pH > 6.5), (5) 중간 이상으로 배수성이 양호하여야 한다. 실질적으로 적절하게 설계되어 잘 운전된다면 거의 모든 토양에 적용이 가능하다.

**토양에서 지하수까지의 깊이.** 연방정부와 주정부 법규의 기본개념은 바이오 고형물의 적용이 현재의 농사 방법보다 지하수 오염에 위협을 가하지 않는 것을 기본으로 하는 건전한 농경 원리에 입각하여 바이오 고형물의 적용을 설계하도록 하였다. 지하수는 많은 토양에서 계절에 따라 변동하기 때문에 지하수까지의 최소 깊이를 설정하는 데 어려움이 있다. 지하수 수질과 바이오 고형물 적용 방안은 특히 지하수질의 악화 방지 규제가 적용될 경우 세심하게 동시에 고려하여야 한다. 일반적으로 지하수위의 깊이가 깊을수록 바이오 고형물을 적용하기가 좋은 부지이다. 최소한 지하수까지의 깊이가 1 m 정도 되어야 토지 적용 부지로 적절하다. 계절적으로 지하수위의 변화가 0.5 m 이내의 범위에 있어야 한다. 만일 얕은 지하수가 음용수 수원으로서 양수될 경우, 지하수위가 0.5 m 정도로 얕아져 이후 토양유출의 문제점이 발생할 수 있다. 토양의 깊이가 적절하지 않고 토양과 지하수 사이에 단층(faults)이나 수로 및 기타 연결부분이 존재하는 지역은 바람직하지 않다. 특정한 부지에 바이오 고형물을 주입하고자 할 때는 지하수에 대한 필요한 정보를 얻기 위한 세밀한 현장조사가 필요하다.

**표 14–28**
**바이오 고형물의 토지 적용을 위한 완충 거리[a]**

| 완충거리 | 최소거리 | |
| --- | --- | --- |
| | ft | m |
| 사유지 | 10 | 3 |
| 가정용 물공급 우물 | 500 | 150 |
| 비가정용 물공급 우물 | 100 | 30 |
| 공공도로와 거주지 | 50 | 15 |
| 지표수(습지, 강, 연못, 호수 지하수원, 늪) | 100 | 30 |
| 농지 배수로 | 33 | 10 |
| 거주하고 있는 비농경 건물 | 500 | 150 |
| 가정용 물공급 저수지 | 400 | 120 |
| 가정용 물공급의 제 1지천 | 200 | 60 |
| 가정용 지표수 공급 치수원 | 2500 | 750 |

[a]CSWRCB (2000).

**표 14-29**

곡물의 질소 섭취율[a]

| 작물 | 질소 섭취율 | | 작물 | 질소 섭취율 | |
|---|---|---|---|---|---|
| | lb/ac · yr | kg/ha · yr | | lb/ac · yr | kg/ha · yr |
| 마초 작물 | | | 나무 작물 | | |
| 자주개자리 | 200~600 | 220~670 | 동부삼림 | | |
| 브롬풀 | 115~200 | 130~220 | 혼합 활엽수 | 200 | 225 |
| 버뮤다 연안풀 | 350~600 | 390~670 | 붉은 솔(Red pine) | 100 | 110 |
| 켄터키 블루풀 | 175~240 | 195~270 | 흰 전나무 | 200 | 225 |
| 개밀 | 210~250 | 235~280 | 파이오니어 석세션 | 200 | 225 |
| 새발풀 | 220~310 | 250~350 | 포플러 싹 | 100 | 110 |
| 갈대 카나리아풀 | 300~400 | 335~450 | 남부 삼림 | | |
| 독보리(지네보리) | 160~250 | 180~280 | 혼합 활엽수 | 250 | 280 |
| 전동싸리[b] | 155 | 175 | 미송 | 200~250 | 225~280 |
| 긴 김의털 | 130~290 | 145~325 | 호수 주(Lake state) | | |
| 농작물 | | | 혼합 활엽수 | 100 | 110 |
| 보리 | 110 | 120 | 잡종 포플러 | 140 | 155 |
| 옥수수 | 155~180 | 175~200 | 서부 삼림 | | |
| 목화 | 65~100 | 70~110 | 잡종 포플러 | 270 | 300 |
| 수수 | 120 | 135 | 미송 | 200 | 225 |
| 감자 | 200 | 225 | | | |
| 콩 | 220 | 245 | | | |
| 밀 | 140 | 155 | | | |

[a] U.S. EPA (1981)

[b] 콩류 작물은 공기로부터 질소를 고정할 수 있으나, 적용된 하수로부터 대부분의 질소를 섭취할 것이다.

**부지의 근접성과 인접도.** 주택지, 우물, 도로, 지표수, 개인소유지역과 같은 예민한 지역으로부터 슬러지의 적용지역을 분리할 수 있는 완충지역이나 여유지역이 필요하다. 적용 방법에 따라 완충지역의 최소거리를 지방이나 주정부에서 규제하고 있으며 이에 관한 캘리포니아의 예를 표 14-28에 나타내었다.

## 》》 설계 부하율

바이오 고형물을 토지에 적용하기 위한 설계부하율은 오염물질(중금속) 혹은 질소에 의해 제한된다. 중금속의 장기간 부하율은 미국 EPA 503 법규를 기초로 한다. 연간 부하율은 보통 질소부하율에 의해 제한된다.

**질소부하율.** 질소부하율은 상품화된 비료에서 제공되는 질소량과 유사하게 정한다 (Chang et al., 1995). 생활하수 바이오 고형물은 느리게 배출되는 지효성 유기 비료이므로 암모니아와 유기질소는 식 (14-16)에 의해 구해야 한다.

$$L_N = [(NO_3) + K_V(NH_4) + f_n(N_o)]F \tag{14-6}$$

여기서,  $L_N$ = 주입 년수 동안 식물이 이용할 수 있는 질소, g N/kg (lb N/ton)

$NO_3$ = 바이오 고형물 중의 질산이온 함량

$K_V$ = 암모니아 휘발계수

= 지표면에 주입된 액체 슬러지는 0.5

= 지표면에 주입된 탈수 슬러지는 0.75

= 지표하에 주입된 액상 슬러지 혹은 탈수 슬러지는 1.0

$NH_4$ = 소수로 표현되는 슬러지 중의 암모니아 퍼센트

$f_n$ = 유기 암모니아의 무기화 계수

= 따뜻한 기후와 소화된 슬러지는 0.5

= 시원한 기후와 소화된 슬러지는 0.4

= 시원한 기후 또는 퇴비화된 슬러지는 0.3

$N_o$ = 슬러지 중의 유기질소 퍼센트

$F$ = 환산계수, 건조 고형물의 1000 g/kg (lb/ton)

식 (14-6)을 사용하기 위해서는 적용방법, 바이오 고형물의 질소함량(질산성 질소, 암모니아 질소, 유기성 질소), 안정화 공법과 기후에 대한 지식이 필요하다. 매년 무기화된 유기질소의 양을 계산하고 총량을 구하기 위해 매년 동일한 양을 합산하는 이전의 방법은 무기화 계수의 사용으로 단순화하였다. 만일 바이오 고형물을 하나의 부지에 2~3년에 한번씩 적용한다면 식 (14-6)을 사용하는 것도 적절하다.

## 표 14–30

바이오 고형물의 토지 적용에 관한 금속 농도와 부하율[a]

| 오염물 | 최고허용농도[b] | | 누적오염물질 부하율[c] | | 초과 오염 농도[d] | | 연간 오염물질 부하율[e] | |
| | lb/ton | mg/kg | lb/ac | kg/ha | lb/ton | mg/kg | lb/ac | kg/ha |
|---|---|---|---|---|---|---|---|---|
| 비소 | 0.15 | 75 | 37 | 41 | 0.08 | 41 | 1.78 | 2.0 |
| 카드뮴 | 0.17 | 85 | 35 | 39 | 0.08 | 39 | 1.70 | 1.9 |
| 크롬 | – | – | – | – | – | – | – | – |
| 구리 | 8.60 | 4300 | 1338 | 1500 | 3.00 | 1500 | 66.91 | 75 |
| 납 | 1.68 | 840 | 268 | 300 | 0.60 | 300 | 13.38 | 15 |
| 수은 | 0.11 | 57 | 15 | 17 | 0.03 | 17 | 0.76 | 0.85 |
| 몰리브덴[f] | 0.15 | 75 | – | – | – | – | – | – |
| 니켈 | 0.84 | 420 | 374 | 420 | 0.84 | 420 | 18.74 | 21 |
| 셀레늄 | 0.20 | 100 | 89 | 100 | 0.20 | 100 | 4.46 | 5.0 |
| 아연 | 15.00 | 7500 | 2498 | 2800 | 15.00 | 2800 | 124.91 | 140 |

[a] Federal Register (1993).

[b] 건조중량기준, Part 503 법규의 표 1, 순간 최대값

[c] 건조중량기준, Part 503 법규의 표 2

[d] 건조중량기준, Part 503 법규의 표 3, 월평균

[e] 503법규의 표 4

[f] 1994년 2월 25일, 연방 등록 기록에서 크롬이 삭제되었고, 표 2, 3, 4에 대한 몰리브덴의 값을 삭제했으며, 표 3에서 셀레늄의 값을 36에서 100으로 올렸다.

질소 부하를 기준으로 한 부하율은 식 (14-7)을 사용하여 계산된다.

$$L_{SN} = \frac{U}{N_P F} \tag{14-7}$$

여기서, $L_{SN}$ = 질소를 기준으로 한 바이오 고형물 부하율, kg/ha·yr (tons/ac·yr)

$U$ = 작물의 질소 섭취, kg/ha (lb/ac) (표 14-29 참조)

$N_P$ = 식물이 활용 가능한 슬러지 내 질소, g/kg (lb/ton)

$F$ = 환산계수, $10^{-3}$ kg/g(1 lb/lb)

**오염물질 부하를 기준으로한 부하율.** 관심 대상 오염물질은 표 14-30에 나타내었다. 식 (14-8)을 사용하여 오염물질 부하를 기준으로 한 바이오 고형물의 부하율을 계산한다.

$$L_S = \frac{L_C}{CF} \tag{14-8}$$

여기서, $L_S$ = 연간 적용될 수 있는 바이오 고형물의 최대량, kg/ha·y (tons/ac·yr

$L_C$ = 연간 적용될 수 있는 성분의 최대량, kg/ha·yr (lb/ac·yr)

$C$ = 바이오 고형물의 오염물질 농도, mg/kg

$F$ = 환산계수, $10^{-6}$ kg/mg (2000 lb/ton)

부지 소요량 최소 바이오슬러지 부하율이 결정되면[식 (14-7)과 (14-8)을 사용하여 계산된 값을 비교하여], 식 (14-9)를 사용하여 소요부지를 계산할 수 있다.

$$A = \frac{B}{L_S} \tag{14-9}$$

여기서, $A$ = 필요한 적용 면적, ha

$B$ = 바이오 고형물 생산량, kg 건조 고형물/yr

---

**예제 14 – 4**

**토지 적용에 대한 금속 부하.** 어떤 지역의 저장 라군에 비축된 바이오 고형물이 있다. 처리장 확장을 위한 공간을 확보하기 위해서 라군 내의 바이오 고형물을 치워야 한다. 라군 내의 금속 농도(mg/kg)는 아래와 같다.

| | |
|---|---|
| As = 45 | Hg = 5 |
| Cd = 30 | Ni = 350 |
| Cu = 1,200 | Se = 15 |
| Pb = 250 | Zn = 3100 |

바이오 고형물이 토양에 적용하기 적합한지를 결정하라.

**풀이**

1. 위 금속 농도를 표 14-30의 최고허용 농도(2번째 칼럼)와 초과허용 농도(4번째 칼럼)를 비교한다.

   a. 모든 금속농도는 2번째 칼럼의 최고허용 농도 이하이다. 따라서 이 바이오 고형물은 토지에 적용하기에 적합하다.

b. 비소 및 아연은 초과허용 농도를 초과했다. 연간 부하량 계산이 필요하다.

2. 표 14-30의 연간 오염물질 부하율을 사용하여 4가지 금속에 대하여 식 (14-8)을 사용하여 연간 바이오 고형물 허용 부하율을 계산한다.

   a. 비소를 기준으로 한 부하율($L_c$ = 2 kg/ha·y)

   $$L_S = \frac{L_C}{L_C(10^{-6})} = \frac{(2 \text{ kg/ha·y})}{(45 \text{ mg/kg})(1 \text{ kg/}10^6 \text{ mg})} = 44{,}444 \text{ kg/ha·y}$$

   b. 아연을 기준으로 한 부하율($L_c$ = 140 kg/ha·y)

   $$L_S = \frac{(140 \text{ kg/ha·y})}{(3100 \text{ mg/kg})(1 \text{ kg/}10^6 \text{ mg})} = 45{,}161 \text{ kg/ha·y}$$

3. 한계율을 결정하기 위한 전체 바이오 고형물 부하율을 비교한다. 비소를 기준으로 한 바이오 고형물 부하는 44,444 kg/ha·yr이 한계율이다.

 일반적으로 질소 부하가 금속 부하보다 더 제한적이다. 질소 부하율이 20 Mg/ha·yr을 초과하면, 비소 부하율이 전체적인 고형물 부하율을 결정할 것이다.

## ≫ 적용 방법

바이오 고형물의 적용방법은 액상 고형물을 직접 투입하는 방법으로부터 탈수된 바이오 고형물을 표면에 분배하는 방법까지 다양하다. 적용 방법은 바이오 고형물의 물리적 특성(액상 또는 탈수), 지형 및 식물의 종류(일년작 밭작물, 사료 식물, 나무, 또는 파종전 부지) 등에 따라 다르게 선택된다.

**액상 또는 농축 바이오 고형물의 적용.**  액상 또는 농축 상태의 바이오 고형물을 적용하는 것은 간단하기 때문에 매력적이다. 탈수공정이 필요하지 않으며, 액상 또는 농축 바이오 고형물은 펌프를 이용하여 이송할 수 있다. 토지에 적용되는 일반적인 바이오 고형물에 함유된 고형물 농도는 1~10%의 범위이다. 액상 또는 농축 바이오 고형물은 하수 분배에 사용되는 것과 유사한 관개 방법과 수송장비를 사용하여 토지에 적용할 수 있다.

**그림 14-35**

**액상 슬러지의 토지 주입.** (a) 토양에 액상 슬러지를 운반 및 주입하는 데 사용되는 주입기가 장착된 트럭. 이 트럭은 (b) 토양 밑으로 액상 슬러지를 주입하기 위한 주입관이 장착된 트랙터보다 상대적으로 적은 양의 액상 슬러지를 주입한다. 주입된 액상 슬러지는 주입장치와 연결된 호스를 통해서 공급된다. 묶여져 있는 슬러지 공급 호스는 트랙터에 의해 끌어진다. 주입 액상 슬러지는 그림 14-36(b)처럼 트랙터와 디스크를 사용하여 토양에 평원형으로 된다.

(a)

(b)

**탈수 슬러지의 토지 적용.** (a) 토양의 표면에 탈수 슬러지를 적용하는 데 이용되는 차량, (b) 토양에 탈수된 슬러지와 액상 슬러지를 투입하여 평평하게 하는 데 사용되는 일반적인 트랙터와 양날 회전 디스크

(a)

(b)

수송차량을 사용하여 표면에 살포하거나, 지표면 아래에 투입하거나 두 방법을 조합하여 적용할 수 있다. 수송차량 사용의 한계점은 트럭이 왕래하여 토양이 압축되어 수확량이 감소하고 젖은 토양에서 수송차량을 다루기가 어렵다는 것이다. 적절한 특수 타이어(high-flotation tire)를 사용하면 이러한 문제점이 최소화될 수 있다.

표면 살포는 탱크에 분배관이 설치된 트럭이나 분무 노즐이나 살포기를 갖춘 수송차량을 사용하여야 한다. 산림지역에 바이오 고형물을 주입하기 위해서는 살포기를 갖추고 모든 지형에 적용하도록 특별히 제작된 수송차량을 사용하는 것이 바람직하다. 밭과 사료 작물 부지에는 차량을 이용한 표면 주입이 가장 일반적인 방법이다. 일년생 작물에 보통 채택되는 과정은 (1) 파종 전에 바이오 고형물의 살포, (2) 바이오 고형물이 약간 건조되게 하고, (3) 쟁기 등을 사용하여 바이오 고형물이 혼입되게 한다. 수확한 후에 이 과정을 반복한다.

액상 바이오 고형물은 주입장치가 있는 탱크 차량을 이용하여 토양 표면 아래로 주입하거나 또는 분배기와 쟁기 장치를 사용하여 표면에 주입 후 혼입시킨다(그림 14-35 참조). 주입이나 즉시에 혼입하는 방법의 장점은 냄새와 병원균 매개체 문제점을 최소화하고 휘발에 의한 암모니아 손실을 최소화하며 표면 유출이 적고 일반적인 공감대가 형성된다는 점이다. 주입기나 쟁기는 다년생 사료작물이나 목초를 해친다. 이러한 영향을 최소화하기 위해 별도의 초원용 바이오 고형물 주입장치가 개발되어 있다(Crites and Tchobanoglous, 1998).

관개방법에는 분무방법과 고랑 관개법이 있다. 일반적으로 지름이 큰 대용량 분무기를 사용하여 막힘을 줄일 수 있다. 분무기는 산림지와 사람들의 출입이 없고 보이지 않는 지역에 사용되고 있다. 분무기는 탱크 트럭이나 주입장치를 이용하기에는 너무 지형이 험악하고 습지인 토지나 식물성장 시기에 사용할 수 있다. 분무기의 단점으로는 고압 펌프의 동력비와 슬러지가 작물의 모든 부분에 접촉하여 약한 작물의 잎사귀를 손상시키며 악취와 병원균 매개체가 잠재하는 문제점과 사람들의 눈에 띈다는 점이다.

고랑 관개법은 작물 성장시기에 작물에 바이오 고형물을 적용할 수 있다. 고랑 관개법의 단점으로는 고형물이 부분적으로 모이게 되거나 고랑에 바이오 고형물 못이 형성되어 악취 문제를 일으킬 수 있다는 점이다.

**표 14–31**

**바이오 고형물을 위한 전용 토지 처분 부지 기준[a]**

| 영향 인자 | 허용되지 않는 조건 | 이상적인 조건 |
|---|---|---|
| 경사 | 깊은 협곡, 경사도 > 12% | < 3% |
| 토양 투수성 | > $1 \times 10^5$ cm/s[b] | ≤ $10^{-7}$ cm/s[c] 이하 |
| 토양 깊이 | < 0.6 m (2 ft) 미만인 경우 | > 3 m (10 ft) |
| 지표수까지의 거리 | 휴양지나 가축용을 위하여 사용되는 연못(pond)이나 호수까지, 또는 공식적으로 주법(state law)으로 분류된 지표수까지의 거리가 90 m (300 ft) 미만인 경우 | 지표수로부터 300 m (1000 ft) 초과 |
| 지하수까지의 깊이 | 지하수면(얕은 우물의 대수층)[d]까지가 3 m (10 ft) 미만인 경우 | > 15 m (50 ft) |
| 공급 우물 | 반경 300 m (1000 ft) 이내인 경우 | 600 m (2000 ft) 이내 어떠한 우물도 없음 |

[a] U.S. EPA (1983).

[b] 투수성 토양도 만일 적절한 설계를 하여 적용토지(DLD)의 침출수가 지하수에 도달하는 것을 방지한다면 투수성 토양도 DLD에 사용될 수 있다.

[c] 투수성이 낮은 토양이 지표면에 너무 가까이 있으면 물이 고여 액상 처분 운전에 방해가 된다.

[d] 만일 비어 있는 대수층이 부지의 아래에 있다면, 저질의 침출수가 지하수로 흘러 들어가는 것도 허락될 수 있다.

**탈수된 바이오 고형물의 적용.**   탈수된 바이오 고형물을 토지에 적용하는 것은 반고형물의 동물 배설물을 적용하는 것과 유사하다. 농부들이 바이오 고형물을 자체장비를 사용하여 자신들의 토지에 적용할 수 있기 때문에 일반적으로 사용되는 배설물 분배기를 사용할 수 있다는 것은 중요한 장점이다. 토양에 적용되는 탈수 바이오 고형물의 일반적인 고형물 농도는 20~30% 정도이다. 탈수된 바이오 고형물은 트랙터에 설치된 박스 살포기나 배설물 살포기를 사용하여 분배되고 쟁기와 디스크로 토양에 투입한다(그림 14-36 참조). 신속히 주입하기 위해서 불도저, 적하기, 그레이더(graders) 등도 사용할 수 있다. 특수 차량(a side-slinging vehicle)을 이용하여 탈수된 바이오 고형물을 60 m (200 ft) 이상의 산림지에 적용한 테스트도 수행되었다(Leonard et al, 1992).

## ▶▶ 전용 토지 적용

전용 토지 처분과 훼손된 토지 개량에는 두 종류의 고부하 토지 적용이 있다. 훼손된 토지 개량에는 나쁜 토양을 개선하기 위해 한번에 100~220 Mg/ha (50~100 dry tons/ac) 정도를 주입한다. 바이오 고형물을 주입하여 토양 비옥도와 물리적 특성을 개선하여 농토로 활용할 수 있다. 훼손된 토지 개량에 바이오 고형물을 재이용하는 것이 유일한 방법일 경우는, 사업시점에 넓은 지역의 훼손된 토지가 있어야 한다. 전용토지에 처분하기 위해서는 바이오 고형물을 고부하로 적용하여도 계속 환경적으로 허용 가능한 부지가 있어야 한다. 적용 토지에 처분(dedicated land disposal, DLD)하기 위해서는 바이오 고형물이 최소한 Class B 규정을 만족하여야 한다.

**부지 선정.**   전용 토지 처분 부지의 조성을 위한 기준은 표 14-31에 나타내었다. 전용토지 처분 부지 조성에서 중요한 점은 질소 제어와 지하수 오염을 방지하는 것이다. 지하수 오염은 (1) 사용 가능한 대수층으로부터 멀리 떨어진 부지를 선정하고 (2) 침출수를 차집하고 (3) 차수벽을 건설하여 피할 수 있다. 투수율이 낮고 깊은 대수층은 잠재적인 오염의 영향을 매우 감소시키거나 제거한다.

지하수에 난분해성 오염물질에 대한 규제가 적용되는 지역에서는 부지 전체를 굴착하여 차수막을 설치하고 굴착물을 다시 복원하는 것이 다른 방법을 사용하여 슬러지를 처분(탈수와 매립)하는 것보다 비용이 적게 드는 것으로 밝혀졌다. 차수막으로부터 회수되는 미량의 침출수는 처리장으로 반송된다.

**부하율.** 연간 바이오 고형물 부하율은 12~2250 Mg/ha (5~1000 tons/ac) 범위이다. 더 높은 부하율은 다음과 관련된 부지들에 적용된다.

- 탈수 슬러지 처분
- 기계적으로 바이오 고형물을 토양에 혼입
- 비교적 낮은 강수량
- 부지 조건이나 설계로 인하여 침출수 문제가 없음

식 (14-10)을 이용하여 전용토지 처분부지의 설계 부하율을 구한다.

$$L_S = \frac{E(TS)F}{100} - TS \tag{14-10}$$

여기서, $L_S$ = 연간 바이오 고형물 부하율, Mg/ha (tons/ac)

$\quad E$ = 순수한 토양 증발율, mm/y (in./y)

$\quad TS$ = 총 고형물, 중량 %

$\quad F$ = 환산계수, 10 Mg/mm (113.3 tons/in)

순수한 토양 증발률은 식 (14-11)로부터 구한다.

$$E = (f)E_L - P \tag{14-11}$$

여기서, $E$ = 토양으로부터의 순수 증발률, mm/y (in./y)

$\quad f$ = 0.7

$\quad E_L$ = 팬 증발률, mm/yr (in/yr)

$\quad P$ = 연간 강수량, mm/yr (in/yr)

식 (14-10)에는 토양 속으로 침투되는 양은 고려되지 않았음에 주의하여야 한다. 만일 침투량이 고려되면 $E$ 값은 연간 침투율(mm/y)에 의해 증가되어야 한다.

일단 연간 부하율이 계산되면, 소요 부지의 면적은 식 (14-9)(부하율로 바이오 고형물 발생량을 나눈다)를 사용하여 결정한다. 완충지역, 표면유출 제어, 도로, 부속 시설 등에 필요한 부지 면적을 결정한다.

## ▶▶ 매립

바이오 고형물의 단순 매립에 관해서는 40 CFR Part 503에 수록되어 있다. 도시 고형 폐기물과 바이오 고형물의 위생 매립에 관해서는 40 CFR 258에 수록된 내용에 의해 미국 EPA에서 규제한다. 만일 허용된 부지가 편리하다면, 바이오 고형물, 그릴, 체 분리물 그리고 다른 고형물들의 처분을 위해 매립을 할 수 있다. 주와 시의 법에 따라 안정화가 필요할 수도 있다. 일반적으로 운송 부피를 줄이고 매립장으로부터 침출수 발생을 제어하기 위해서 바이오 고형물의 탈수가 요구된다. 많은 경우, 고형물 농도는 매립에 바이오 고형물의 적용 가능성을 결정하는 중요한 인자이다. 만일 다른 종류의 고형 폐기물의 처분에도 매립이 이용된다면 위생 매립을 하는 것이 가장 적절하다. 위생 매립은 폐기물을 지정된 지역에 퇴적시킨 다음 트랙터나 로울러로 압착하고 깨끗한 토양으로 350 mm (14 in) 정도 덮는다. 매일 새로 퇴적된 폐기물로 덮으면 악취나 파리 등 해로운 상태를 최소화 할 수 있다.

## 문제 및 토의과제

**14-1** 어느 하수처리시설에서 2.8% 고형물 함량을 가지는 농축된 바이오 고형물이 55,000 L/d 발생한다. 벨트−여과 압착기 설비의 운전 시간은 8 h/d와 5 d/wk이며, 부하율은 280 kg/m·h이고 다른 조건은 아래와 같다. 벨트 압착기의 크기와 수를 계산하고, 고형물 포획률을 퍼센트로 나타내어라. 5일 동안 최대(peak) 고형물 부하가 지속되었을 경우에 필요한 1일 운전시간을 결정하라.

   1. 탈수된 슬러지내 총 고형물 = 26%.
   2. 여과액 내 총 부유고형물 농도 = 800 mg/L.
   3. 세척수 유량 = 90 L/min per m of belt width.
   4. 유입 슬러지, 탈수된 케이크, 여과액의 비중은 각각 1.02, 1.08, 1.01이다.
   5. 그림 3−13을 이용해서 최대(peak) 고형물 부하가 5일 동안 지속되었을 때의 첨두계수(peaking factor)를 계산하라.

**14-2** 건조 슬러지의 원소분석 결과는 다음과 같다.

| 원소 | 함량, % |
|------|--------|
| 탄소 | 52.1 |
| 수소 | 2.7 |
| 산소 | 38.3 |
| 질소 | 6.9 |
| 계 | 100 |

슬러지 1 kg을 완전 연소하는 데 필요한 공기량(kg)을 구하여라.

**14-3** 1차 침전지 내 슬러지가 탄소 64.5%, 수소 8.5%, 산소 21.0%, 황 4%의 조성(by weight)을 가질 때 슬러지의 열량값(fuel value)을 구하여라.

**14-4** 15, 20, 25%(강사에 의해 선택)의 고형물 함량을 가진 슬러지 케이크 1,000 m³/d을 92%까지 건조하는 데 필요한 이론적 열 요구량을 구하라. 유입 슬러지 온도는 20°C이고 최종 온도는 100°C라 가정한다. 증발 잠열은 2260 kJ/kg·H₂O이다. 탈수된 케이크의 비중은 1.05라 가정한다. 건조 고형물의 열용량은 1.5 kJ/kg·°C로 가정한다. 열손실이 5%이고 열효율을 85%로 가정할 때 열 요구량을 계산하라.

**14-5** 인구 25,000명인 지역의 슬러지 처분에 관한 용역을 맡았다고 하자. 특히, 이 지역의 고형 폐기물과 함께 폐활성 슬러지를 퇴비화하는 것이 타당한지를 검토하여라. 만일 이 방법이 타당하지 못하다면, 다른 방법을 제시하여라. 현재 이 지역 생물처리공장의 폐슬러지는 벨트 − 여과 압착기에 의해서 탈수되고 있다. 다음의 자료를 이용하라.

고형 폐기물의 자료:

    폐기물 생산량 = 2 kg/인·d(습식 기준)

    퇴비화할 수 있는 성분 = 55%

    퇴비화할 수 있는 성분의 수분 함유율 = 22%

슬러지 생산량:

    슬러지 생성량 = 0.12 kg/인·d(건식 기준)

    벨트 – 여과 압착기에서 탈수된 슬러지의 농도 = 22%

    탈수 케이크의 비중 = 1.05

퇴비:

    슬러지와 고형 폐기물 혼합물의 최종 수분 함유율 = 55%

**14-6** 인구 20만의 도시에서 사용할 기계적 탈수 장치의 선택 사양을 검토하고자 한다. 검토 대상 3가지에는 벨트–압착 탈수, 원심탈수 그리고 압력–여과 압착 탈수 장치가 있다. 탈수 대상 으로는 혐기성 소화를 통해 안정화된 바이오 고형물, 1차 슬러지와 폐활성 슬러지 혼합물 그리고 5% 고형물 농도의 바이오 고형물이다. 최종 처분지는 처리장으로부터 50 km 떨어 진 곳에 위치한 매립장이다. 여러 가지 선택 사양을 비교하고 하나를 추천하라. 추천하는 이 유를 기술하라. 회전식 압착기나 나사식 압착기와 같은 새로운 기술이 고려되어야 하는가?

**14-7** 다음의 자료를 이용하여 예제 14–3에서 사용된 처리장에 대한 첨두 부하 조건에서의 고형 물 수지를 구하여라. 계산 결과를 예제 14–3의 고형물 수지 그림에 기입하라.

| | 인자들 | | | |
|---|---|---|---|---|
| | A | B | C | D |
| 첨두유량, m³/d | 54000 | 60000 | 50000 | 54000 |
| 첨두유량에서의 평균 BOD, mg/L | 340 | 300 | 350 | 300 |
| 첨두유량에서의 평균 SS, mg/L | 350 | 320 | 330 | 320 |
| 그릴제거 후의 SS, mg/L | 325 | 300 | 310 | 300 |

필요한 다른 인자들은 예제 14–3의 자료를 사용하라.

**14-8** 예제 14–3에서 설명한 반복 계산법을 사용하여, 아래의 공정도와 선택된 아래의 변수들 중 하나에 대해서 고형물 수지를 작성하라. 또, 배출유량과 부유물질 농도를 결정하라. 고 형물을 작성하는데 모든 단위 공정에서 유입하수의 고형물 제거와 반송되는 고형물의 제 거율은 같다고 가정한다. 또한 여과와 벨트 압착기의 성능을 증진시키기 위해 첨가되는 약 품의 양은 반송수와 유출수에 함유된 고형물에 비례한다고 가정한다.

| | 변수들 | | | |
|---|---|---|---|---|
| | A | B | C | D |
| 유입수 특성 | | | | |
| 유량, m³/s | 10,000 | 20,000 | 30,000 | 40,000 |
| SS, mg/L | 1000 | 350 | 400 | 300 |
| 침전지 | | | | |
|   SS 제거효율, % | 75 | 60 | 65 | 60 |
|   슬러지의 SS 농도, % | 7 | 6.5 | 6 | 5.5 |

계속

계속

| | 변수들 | | | |
|---|---|---|---|---|
| | A | B | C | D |
| 슬러지 비중 | 1.1 | 1.1 | 1.1 | 1.1 |
| 명반 첨가 | | | | |
| 주입량, mg/L | 10 | 10 | 20 | 15 |
| 약품용액, kg 명반/L 용액 | 0.5 | 0.5 | 0.5 | 0.5 |
| 여과기 | | | | |
| SS 제거효율, % | 90 | 90 | 95 | 92 |
| 세척수의 고형물 농도 | 6 | 6 | 6.8 | 6.5 |
| 역세척수의 비중 | 1.08 | 1.08 | 1.089 | 1.085 |
| 농축탱크 | | | | |
| 상등액의 SS 농도, mg/L | 400 | 300 | 200 | 250 |
| 슬러지의 고형물 농도, % | 12 | 8 | 9 | 8 |
| 화학약품 첨가 | | | | |
| 주입량, 농축슬러지의 고형물에 대한 % | 0.8 | 1.0 | 1.0 | 1.0 |
| 약품 용액, kg/L 용액 | 2.0 | 2.0 | 2.0 | 2.0 |
| 가압 여과기 | | | | |
| 여과액의 SS 농도, mg/L | 200 | 300 | 250 | 200 |
| 탈수된 고형물의 농도, % | 40 | 38 | 42 | 42 |
| 슬러지 케이크의 비중 | 1.6 | 1.5 | 1.65 | 1.65 |

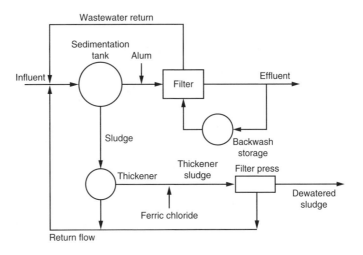

**14-9** 예제 14-2에서 도출된 바이오 고형물의 HHV 값을 가정하여 고형물 함량이 25, 65, 90%(강사에 의해 선택)인 바이오 고형물의 에너지 함량을 계산하라. 각각의 고형물 함량에 대하여 바이오 고형물의 수분이 증발되는 데 필요한 열을 비교하라. 유입 바이오 고형물의 고형물 함량과 관련하여 소각공정에 공급되는 열 요구량에 대하여 논의하라.

**14-10** 작물의 질소 섭취율을 기준하여 갈대 카나리아풀(reed canary grass)에 적용하기 위한 건조 슬러지 적용율을 결정하라. 토양의 초기 질소 함량은 없으며 토양에 주입되는 바이

오 고형물은 무게당 3%의 질소를 함유하고 있다고 가정한다. 1차 연도에 30%, 2차 연도 15% 그리고 3차 연도부터 5%의 감소율을 사용하라.

**14-11** 건조 기준으로 50 ppm의 카드뮴을 함유하고 있는 바이오 고형물을 토양에 적용하고자 한다. 만일 토양의 한계 질량 부하가 10 kg/ha로 규정되어 있다면 50년 동안 적용할 수 있는 안전한 부하율은 얼마인가?

**14-12** 탈수된 바이오 고형물과 액상 바이오 고형물의 토지 적용의 장단점을 비교하라. 적용하고자 하는 지역은 처리장으로부터 15 km 거리에 있으며 트럭으로 운반된다. 바이오 고형물은 혐기성 소화되어 안정화되었으며 액상 고형물의 농도는 6%이고 탈수 고형물 농도는 25%이다.

**14-13** 문제 14−12에서 액상 바이오 고형물을 토지 적용 부지에 파이프로 이송하는 방법의 한계점과 장점은 무엇인가? 필요한 시설의 종류 예를 들어 구조, 장치, 수송 수단과 운전 관리에 고려할 점은 무엇인가?

아래에 나오는 문제는 2명 또는 3명이 함께 풀기 바람.

**14-14** 430 mg/L TSS, 345 mg/L VSS, 335 mg/L BOD를 가지는 평균 하수유량 500,000 m³/d의 하수처리장이 있다. TSS의 휘발성 함량은 80%이다. 첨두계수(peaking factor)는 달 최대(max month), 주 최대(max week), 일 최대(max day)가 각각 1.3, 1.4, 1.5이다. 주처리 공정은 1차 침전지와 활성슬러지 침전지인 2차 침전지가 있다. 1차 슬러지는 중력 농축조에서 농축되고 폐활성 슬러지는 중력식 벨트 압착기에서 농축된다. 혼합된 농축슬러지는 혐기성 소화조를 통해 안정화된다. 1차 침전지는 TSS를 50% 제거하고 BOD를 30% 제거한다. Spreadsheet를 이용하여 질량수지와 에너지수지를 세워 문제를 푸는 것을 권장한다.

1. TS 농도가 1.5%일 때, 생성되는 1차 슬러지의 양(kg/d)을 결정하라.

2. 2차 침전지의 유출수 BOD 농도가 10 mg/L이고 슬러지 수율(sldugе yield)이 0.6이라 가정하고, 생성되는 WAS의 양(kg/d)을 결정하라. 활성슬러지 시스템의 MCRT (Mean Cell Residence Time) 또는 SRT는 10 d, 내생호흡률(kd)은 0.06 d⁻¹, MLSS 내 VS 함량은 70%이다.

3. 중력 농축조에서 고형물 포획률이 95%라 가정하고 TS농도가 5%일 때의 1차 농축 슬러지의 양(kg/d)을 구하여라.

4. 중력식 벨트 압착기에서 포획률이 95%라 가정하고 고형물 농도가 6%일 때 농축된 WAS의 양(kg/d)을 구하여라. 2차 침전지로부터의 WAS는 1%의 TS를 함량을 가진다고 가정한다.

5. 2개의 농축 슬러지는 부피가 40 m³인 혼합 일차 및 활성슬러지(combined primary and activated sludge, CPAS) 탱크에서 혼합된다. CPAS에서 배출되는 혼합 슬러지의 TS 함량(%)과 휘발성 고형물 함량(%)을 계산하라. CPAS에서의 HRT (min)를 구하여라.

6. 복합 혐기성 소화조가 휘발성 고형물을 50% 제거한다. 소화조는 아래가 원뿔형태의 원통형이다. 각 소화조의 크기는 지름 37 m, 선측 수심 11 m, 여유고 1.2 m이고 원뿔형 태의 경사는 1:10이다. 모든 슬러지는 소화조 용량에 채워져 있다고 가정한다.

   a. 모든 소화조의 HRT가 15 d 밑으로 감소하지 않고 MOP 8 설계기준상의 월 최대 유량을 만족하는 소화조의 개수를 결정하라.

   b. 연평균 슬러지 생성량을 처리하는 소화조의 개수를 결정하라.

   c. 복합 소화조에서 한 해 평균과 월 최대 VS 부하율을 계산하고 일반적인 규격 설계와 비교하라.

d. 유입 슬러지의 최소 온도가 5°C이고 소화조에서 열손실이 없다고 가정할 때, 동계 기간 동안 복합 소화조 내 중온을 유지하기 위해 필요한 열의 양을 구하라.

e. 당신이 운전 관리자라면 복합 소화조에서 일 최대 슬러지를 처리하도록 추천하겠는가? 만일 그렇지 않다면 추천하는 운전 계획은 무엇인가?

7. 0.95 m³/kg VS가 소화된다고 가정하고 바이오가스 생성량을 계산하라(m³/h).

8. 설비가 38% 전력 효율과 40% 열에너지 회수를 가지는 내부 연소엔진을 통해 바이오가스 시스템에서 전기를 생산한다.

a. 발생된 바이오가스가 22,400 kJ/m³이라면, 생산되는 전기의 양을 구하라(KW).

b. 엔진에서 복원된 열이 동계 기간 동안 가열된 소화조를 유지하기 위한 에너지로 공급하기에 충분한가?

9. 바이오가스의 일부분이 엔진에 주입되기 전에 열 효율이 80%인 보일러 시스템을 통해 소화조의 열을 위해 필요한 에너지로 공급된다면, 전력 발생량을 구하라.

10. 8번과 9번의 결과를 비교하여 에너지 관리 시스템에 대한 생각을 서술하라.

11. 소화조 처리를 통해 생성되는 바이오 고형물은 원심탈수기를 통해 탈수된다.

a. 소화조 다음의 복합 원심탈수기에서 건조 고형물 부하율을 구하라(kg/d).

b. 소화조에서 배출되는 바이오 고형물의 휘발성 고형물 함량을 구하라(kg/d).

c. 소화 공정 후에 바이오 고형물의 총 고형물(TS) 함량을 구하라(%).

d. 원심탈수기로 유입되는 바이오 고형물의 체적 유량을 구하라(m³/d).

e. 복합 원심탈수기가 95% 고형물 회수로 23% 고형물 케이크를 생산한다면 원심탈수기에서 매일 생산되는 슬러지 케이크의 양(ton/d)과 농도(%TS), 탈리액 유량(m³/h)을 구하라. 탈리액 내 BOD 농도는 1,500 mg/L이고 1차 침전지로 반송처리된다고 가정한다.

## 참고문헌

Abu-Orf, M. M., and S. K. Dentel (1997) "Polymer Dose Assessment Using the Streaming Current Detector," *Water Environ. Res.*, **69**, 6, 1075 – 1085.

Abu-Orf, M. M, P. Griffin, and S. K. Dentel (2001) "Chemical and Physical Pretreatment of ATAD for Dewatering," *Water Sci. Technol.*, **44**, 10, 309–314.

Abu-Orf, M. M., C. A. Walker, and S. K. Dentel (2003) "Centrate Viscosity for Continuous Monitoring of Polymer Feed in Dewatering Applications," *Adv. Environ. Res.*, **7**, 7, 687 – 694.

Abu-Orf M. M., and B. Ormeci (2005) A Protocol to Measure Network Strength of Sludges and Its Implication for Dewaterability, *J. Envir. Engrg.*, *ASCE*, **131**, 1, 80–85.

Abu-Orf, M. M., N. Tepe, S. K. Dentel, R. Mahmudov, A. Tesfaye, and W. Smith (2009) "Is Your Plant Receiving the Same Product in Different Polymer Batches?" *Proceedings of the WEF Residuals and Biosolids Management Conference 2009*, Water Environment Federation, Alexandria, VA.

ASTM (2007) *Standard Practice for Proximate Analysis of Coal and Coke*, ASTM D3172 – 07, ASTM International, West Conshohocken, PA.

ASTM (2008) *Standard Practice for Coagulation-Flocculation Jar Test of Water*, ASTM D2035–08, ASTM International, West Conshohocken, PA.

ASTM (2009) *Standard Practice for Ultimate Analysis of Coal and Coke*, ASTM D3176–09, ASTM International, West Conshohocken, PA.

ASTM (2011) *Standard Test Method for Gross Calorific Value of Coal and Coke*, ASTM D5865 – 11, ASTM International, West Conshohocken, PA.

CSWRCB (2000) *General Waste Discharge Requirements for the Discharge of Biosolids to Land for Use as a Soil Amendment in Agricultural, Silvicultural, Horticultural, and Land*

*Reclamation Activities*, Water Quality Order No. 2000−10−DWQ, California State Water Resources Control Board, Sacramento, CA.

Chang, A. C., A. L. Page, and T. Asano (1995) *Developing Human Health-Related Chemicals Guidelines for Reclaimed Wastewater and Sewage Sludge Applications in Agriculture*, World Health Organization, Geneva, Switzerland.

Cooper, P. F., G. D. Job, M. B. Green, and R. B.E. Shutes (1996) "Reed Beds and constructed Wetland for Wastewater Treatment," *WRc Swindon*, ISBN 1.898920−27−3, Swindon, Wiltshire, England.

Crites, R.W., and G. Tchobanoglous (1998) *Small and Decentralized Wastewater Management Systems*, McGraw−Hill, New York.

Epstein, E. (1997) *The Science of Composting*, Technomic Publishing Co., Lancaster, PA.

Eschborn, R., M. M. Abu−Orf, D. Sarrazin−Sullivan (2011) "Integrating Elecgtrodewatering into Advanced Biosolids Processing−Where Does It Makes Sense?" *Proceedings of the WEF Residuals and Biosolids Management Conference*, Sacramento, CA. Water Environment Federation, Alexandria VA.

Gazbar, S., J. M. Abadie, and F. Colin (1994) "Combined Action of Electro−Osmotic Drainage and Mechanical Compression on Sludge Dewatering," *Water Sci. Technol.*, **30**, 8, 169−175.

Haug, R. T., F. M. Lewis, G. Petino, and W. J. Harnett (1993) "Explosion Protection and Fire Prevention at a Biosolids Drying Facility," *Proceedings of the 66th Annual Conference & Exposition*, Water Environment Federation, Alexandria, VA.

Henry, C., and S. Brown (1997) "Restoring a Superfund Site with Biosolids and Fly Ash," *Biocycle*, **38**, 11, 79−83.

Holcomb, S. P., B. Dahl, T. A. Cummings, and G. P. Shimp (2000) "Fluidized Bed Drying Replaces Incineration at Pensacola, Florida," *Proceedings of the 73rd Annual Conference & Exposition on Water Quality and Wastewater Treatment*, Water Environment Federation, Alexandria, VA.

Leonard, P., R. King, and M. Lucas (1992) "Fertilizing Forests with Biosolids; How to Plan, Operate, and Maintain a Long−Term Program," *Proceedings, The Future of Municipal Sludge (Biosolids) Management*, WEF Specialty Conference, 233−250, Water Environment Federation, Alexandria, VA.

Mahmoud, A., J. Olivier, J. Vaxelaire, and A. F. A. Hoadley (2010) "Electrical Field: A Historical Review of its Application and Contributions in Wastewater Sludge Dewatering," *Water Res.*, **44**, 8, 2381−2407.

Mujumdar, A. S. (ed.) (2007) *Handbook of Industrial Drying*, CRC Press, Taylor & Frances Group, Boca Raton, FL.

Novak, J. T., M. M. Abu-Orf, and C. Park (2004) "Conditioning and Dewatering of Digested Waste Activated Sludge," *J. Resid. Sci Technol.*, **1**, 1, 45−51.

Standard Methods (2012) *Standard Methods for the Examination of Water and Waste Water*, 21st ed., American Public Health Association, Washington, DC.

Tsang, K. R., and P. A. Vesilind (1990) "Moisture Distribution in Sludge," *Water Sci. Technol.*, **22**, 12, 135−142.

Tchobanoglous, G., H. Theisen, and S. Vigil (1993) *Integrated Solid Waste Management*, McGraw-Hill, New York.

U.S. EPA (1981) *Process Design Manual for Land Treatment of Municipal Wastewater*, EPA/625/1−81−013, Center for Environmental Research Information, U.S. Environmental Protection Agency, Cincinnati, OH.

U.S. EPA (1983) *Process Design Manual for Land Application of Municipal Sludge*, EPA 625/1−83−016, Center for Environmental Research Information, U.S. Environmental Protection Agency, Cincinnati, OH.

U.S. EPA (1987a) *Design Manual, Dewatering Municipal Wastewater Sludges*, EPA/625/1−87/014, Office of Research and Development, U.S. Environmental Protection Agency, Cincinnati, OH.

U.S. EPA (1987b) *Design Information Report—Design, Operational, and Cost Considerations for Vacuum Assisted Sludge Dewatering Bed Systems*, EPA−68−03−1821, EPA/600/

J–87/078, Water Engineering Research Laboratory, U.S Environmental Protection Agency, Cincinnati, OH (see also *J. WPCF,* **59**, 4, 228–234).

U.S. EPA (1987c) *Design Information Report—Sidestreams in Wastewater Treatment Plants,* EPA–68–03–3208, EPA/600/J–87/004,Water Engineering Research Laboratory, U.S. Environmental Protection Agency, Cincinnati, OH (see also *J. WPCF,* **59**, 1, 54–61).

U.S. EPA (1989) *Summary Report, In-Vessel Composting of Municipal Wastewater Sludge,* EPA/625/8–89 /016, Center for Environmental Research Information, U.S. Environmental Protection Agency, Cincinnati, OH.

U.S. EPA (1995) *Process Design Manual—Land Application of Sewage Sludge and Domestic Septage,* EPA/625/R–95/001, Center for Environmental Research Information, U.S.Environmental Protection Agency, Cincinnati, OH.

U .S. EPA (2000) *Biosolids Technology Fact Sheet: Centrifuge Thickening and Dewatering,* EPA 832–F–00–053 , U.S. Environmental Protection Agency, Washington, DC.

WEF (1988) *Sludge Conditioning, Manual of Practice No.* FD–14, Water Environment Federation, Alexandria, VA.

WEF (2010) *Design of Municipal Wastewater Treatment Plants,* 5th ed., Manual of Practice no. 8, vol. 3, Chaps. 20–27, Water Environment Federation, Alexandria, VA.

WEF (2012) *Solids Process Design and Management,* Water Environment Federation,Alexandria, VA.

Wegner, G. (1992) "The Benefits of Biosolids from a Farmer's Perspective." 39–44, *Proceedings The Future Direction of Municipal Sludge (Biosolids) Management,* Water Environment Federation. Specialty Conference, Portland, OR.

WERF (2003) *Identifying and Controlling Odor in the Municipal Wastewater Environment Phase 3: Biosolids Processing Modifications for Cake,* Project Number 03–CTS–9T. Water Environment Research Foundation, Alexandria, VA.

WERF (2008a) *Evaluation of Bacterial Pathogen and Indicator Densities After Dewatering of Anaerobically Digested Biosolids: Phases II and III,* Project Number 04–CTS–3T), Water Environment Research Foundation, Alexandria, VA.

WERF (2008b) State of the Science Report: Energy and Resource Recovery from Sludge.

Yoshida, H., (1993) "Practical Aspects of Dewatering Enhanced by Electroosmosis," *Drying Tech.,***11**, 4, 787–814.

# 15

# 처리장 반송흐름 처리 및 영양염류 회수

*Plant Recycle Flow Treatment and Nutrient Recovery*

# 용어정의

| 용어(Term) | 정의 |
|---|---|
| 산 흡수 | 기체중의 성분을 산용액으로 흡수하는 과정 |
| 공기탈기 | 액상 흐름으로부터 기상 흐름으로 성분들을 제거(이동)하기 위한 공기의 사용 |
| anammox | 산소가 존재하지 않는 환경에서 아질산이온을 전자수용체로 사용하는 암모니아의 생물학적 산화 |
| AOB | 암모니아 산화 박테리아(ammonia oxidizing bacteria) |
| 생물첨가법(bioaugmentation) | 처리 강화를 위한 선택 또는 설계된 미생물군의 도입 |
| 결정화 | 용액 내의 성분으로부터 고체 결정을 형성시키는 액체-고체 분리 기술 |
| 탈암모니아화 | 부분 아질산화와 anammox 반응으로 구성된 두 단계의 생물학적 공정 |
| 아질산-탈질화 | 아질산의 질소 가스와 질소를 포함하는 다른 중간 합성물로의 생물학적 전환 |
| 질산-아질산화 | 질산이온에서 아질산이온으로의 생물학적 전환 |
| 발효 | 혐기성 상태에서 유기물질이 휘발성 지방산으로 전환되는 생물학적 공정 |
| 측류-본류 통합처리 | 반류수 반응조의 폐고형물이 2차 주 공정에 유입되거나 혼합액 고형물이 두 공정들 사이에서 교환되는 통합 시스템 |
| 기술의 한계 | 이용 가능한 최고 기술에 의한 특정 성분의 달성 가능한 최저 농도를 나타낸다. |
| 아질산-질산화 | 아질산이온의 질산이온으로의 전환 |
| 아질산화 | 암모니아의 아질산이온으로의 전환 |
| NOB | 아질산 산화 박테리아(nitrite oxidizing bacteria) |
| 반류수 | 모든 반송흐름들을 통칭. 소화조에서 파생된 반류수는 일부 국가에서 액 또는 배출수로 알려져 있다. |
| 반류수 독립처리공정 | 주 처리공정으로부터 분리되고 반류수 흐름을 처리하기 위한 전용 생물학적 처리공정 |
| Struvite | 인산마그네슘암모늄 6수화물 형태의 침전 화합물, $MgNH_4PO_4 \cdot 6H_2O$ |
| 증기탈기 | 폐흐름으로부터 성분을 제거하기 위한 증기의 사용 |

고형물 공정에서 1차, 2차, 혼합 또는 소화슬러지로부터 물의 분리는 액상 흐름을 생성한다. 이 흐름은 폐수처리장 최종 유출수와 함께 직접 배출할 수 없는 특성들이 있다. 호기성 또는 혐기성 소화 이전에 1차, 2차 폐슬러지를 농축시키고 소화된 고형물을 탈수시키는 시설에서 다양한 반송흐름이 생성되는데 이 흐름들은 각각 다른 조성, 유량 및 처리장에 대한 영향을 가진다. 혐기성과 호기성 소화는 용해성 유기 질소함유 화합물, 암모니아와 정인산이온을 벌크액 내로 방출을 야기하기 때문에, 소화된 고형물의 탈수로 인해 생성되는 소화 후단 반송흐름은 영양염류의 농도를 상승시킨다. 이는 1차와 2차 처리공정의 영양염류 부하를 증가시킨다. 고형물 소화 시 정인산이온과 암모늄의 방출은 종종 인산마그네슘암모늄(struvite)과 같은 불용성 무기 화합물을 형성한다. 이는 기계식 탈수 장치와 반송흐름 이송관의 운전 및 유지관리상의 문제를 야기할 수 있다.

현재 대부분의 폐수처리장은 이러한 반류수를 처리하기 위해 처리장의 전단 또는 2차 공정에 직접 반송한다. 그러나 이러한 반류수는 2차 처리공정의 성능에 상당한 영향을 줄 수 있으므로 현재 많은 처리장에서 이러한 흐름을 별도로 처리한다. 반류수 처리공정의 도입을 통한 암모늄과 인산이온이 풍부한 처리장 반송흐름으로 인한 영양염류 부하를 줄이기 위한 관심은 1980년대 말부터 증가하고 있다. 이는 암모니아성 질소, 총 질소(TN) 그리고 총 인(TP) 배출 제한이 더욱 엄격해졌으며 처리장 운전비용(에너지, 화학약품, 유지관리)을 줄이기 위함이다. 일부 반송흐름에 존재하는 부유물질과 콜로이드성 물질의 처리장 유출수 수질에 대한 영향은 반드시 고려되어야 한다.

재래식 폐수처리장에서 주로 나타나는 반류수의 종류, 특성 및 폐수처리시설의 운전에 미치는 잠재적인 영향은 이 장에서 다루어진다. 반송흐름의 종류와 특성에 대해 고찰한 다음 이 장의 나머지 부분은 일반적으로 영양염류 제거 시설에서 관심 대상이 되는 1차 반송흐름인 영양염류가 풍부한 흐름을 별도로 처리하기 위해 개발 및 실행된 물리화학 및 생물학적 처리 기술에 중점을 두었다. 또한 전형적인 공정 설계 및 성능 정보도 제공된다.

## 15-1 반류수의 정의 및 특성

미처리 및 소화된 고형물의 농축과 탈수를 통해 반송된 반류수들은 일반적으로 그들의 기원이 되는 특정 공정 또는 기계 장치에 따라 정의된다. 또한 각각의 반송 반류수의 조성은 농축 또는 탈수된 고형물의 출처에 따라 변한다. 용어의 단순화를 위해, 이 장에서 논의되는 모든 반송흐름은 **반류수**(*sidestream*)로 불릴 것이다. 그러나 반송흐름의 다른 것과 한 종류를 구별하기 위한 특정 용어는 필요에 따라 계속 사용되고 일반적인 명칭과 혼용될 것이다. 반류수의 일반적인 원천, 전형적인 유량 그리고 전형적인 반류수의 특성[총 부유고형물질(TSS), 총 킬달질소(TKN), 암모니아성 질소(ammonium-N), 총 인(TP) 그리고 정인산이온(ortho-P)]들은 표 15−1에 정리하였다. 한 종류의 반류수가 다른 것과 구별되는 추가적인 특성은 다음과 같다.

### ⟫ 1차 및 2차 슬러지에서 파생된 반류수

1차와 폐활성 슬러지의 농축(중력 농축; 용존 공기 부상; 원심분리) 및 2차 유출수의 여과로부터 생성된 반류수 내의 용해성 영양염류의 농도는 일반적으로 반류수가 생성되는 용액의 용해성 성분을 나타낸다. 중력 농축조에서 종종 발생되는 슬러지의 부분적인 발효는 휘발성 지방산을 생성하고, 알칼리도를 감소시키며 암모늄과 정인산이온 농도를 증가시킨다. 표 15-1에 나타난 이러한 반류수의 암모늄과 정인산이온 농도의 넓은 범위는 처리되지 않은 가정 하수(표 3-18) 및 질산화와 비질산화 2차 처리 시스템에 약함의 일반적인 범위를 나타낸다. TKN, TP 및 BOD의 농도는 TSS 농도에 매우 의존한다. 일반적으로 이들 반류수에 의해 2차 공정에 기여하는 일일 영양염류 질량 부하는 원수 유입수나 1차반응조 유출수와 비교하여 상대적으로 적다. 1차 그리고/또는 2차 처리공정으로 반송의 주된 영향은 14장의 14-7절에 논의된 바와 같이 처리장의 고형물 물질수지에 대한 것이다. 고형물 영향은 농축 또는 탈수공정의 고형물 포획 효율에 따른다. 대부분의 처리시설에서, 1차와 2차 슬러지의 농축과 최종여과의 역세척에 의한 반류수 유량은 연속적이거나 거의 연속적이다.

### ⟫ 발효된 1차 및 소화된 1차와 2차 슬러지에서 파생된 반류수

1차 슬러지의 발효 및 1차와 폐활성 슬러지의 소화로부터 생성되는 반류수 특성은 1차와 폐활성 슬러지의 농축 및 탈수로부터 생성되는 반류수와 아주 다르다. 중요한 이유는 유기성 질소함유 화합물, 암모늄과 인산이온을 부유물 혼합액에 방출하는 것이다. 이러한 높은 반류수의 용존성 영양염류 농도는 표 15-1에 나타난 바와 같이, 반류수가 생성된 공정에 따라 다르다. 예를 들어, 생물학적 인 제거 강화를 위해 휘발성 지방산(VFAs)을 생성하는 1차 슬러지의 발효에서, 발효액의 암모늄과 정인산이온 농도는 호기성과 혐기성 소화로부터 생성된 반류수의 농도보다 훨씬 더 낮다. 표 15-1의 넓은 농도범위에 나타난 바와 같이, 소화로부터 생성된 암모늄과 정인산이온 농도는 소화조로 공급되는 고형물의 농도와 휘발성 고형물 제거효율에 따라 다르다. 예를 들면, 열가수분해가 혐기성 소화 전 슬러지 전처리로 적용된다면, 소화조로 유입되는 총 고형물(TS) 농도는 무게비로 8~11%이다. 고도 소화 공정과 관련된 소화조에서 보다 높은 TS 농도와 강화된 휘발성 고형물 제거효율을 통해, 소화조의 암모니아성 질소 농도는 일반적인 재래식 혐기성 소화조에서 관찰되는 농도의 2~4배이다.

**질소 함유량.** 보다 높은 암모늄 농도뿐만 아니라, 용해성 유기 질소함유 화합물들이 소화가 일어나는 동안 벌크액 내로 방출되며, 이는 용해성 TKN의 약 10%를 차지한다. 이 용해성 유기 질소 분율 중에서, 거의 50%는 본질적으로 난분해성 또는 불응성 용존성 유기 질소(rDON)로 여겨진다. 처리장 유출수에서 rDON은 1 mg/L보다 적다. 이는 유입원수와 2차처리공정에서 용존성 미생물 생성물의 생성에 기인한다. 일반적으로, rDON의 존재는 대부분의 영양염류 제거 처리장에서 고려되지 않는다. 그러나 낮은 유출수 TN 기준(예, 3 mg/L)을 가지는 처리장의 기술한계(LOT)에 있어서, rDON은 처리장의 유출수 TN의 더 높은 분율을 차지한다. 2차 공정에서 활성슬러지 흡착에 의한 제거와 화학적으

**표 15-1** 바이오 고형물과 소화된 고형물의 농축, 안정화 및 탈수에서 파생된 다양한 반류수의 특성

| 운전 | 유량, 유입수에 대한 % | 값, mg/L | | | | | | |
|---|---|---|---|---|---|---|---|---|
| | | TSS[a] | BOD[a] | TKN | NH$_4$-N | NOx | TP | Ortho-P |
| 중력 농축조 상등액: | | | | | | | | |
| 1차 슬러지 | 2~3 | 80~350 | 100~400 | 19~70 | 12~45 | 0 | 4~11 | 3~8[e] |
| 1차 슬러지 + 폐활성 슬러지 | 3~5 | 100~350 | 60~400 | 20~70 | 8~45 | 0~8 | 4~15[b] | 2~7[b,e] |
| 1차 슬러지 발효액, 세정수 포함 | 3~4 | 700~900 | 2000~2500 | 80~120 | 60~100 | 0 | 10~20 | 5~15 |
| 부상 농축조 배출수(폐활성 슬러지) | 0.7~1 | 100~2500 | 50~1200 | 8~250 | 0~45 | 0~30 | 2~50 | 0.05~8 |
| 원심 농축조 배출수(폐활성 슬러지) | 0.7~1 | 500~3000 | 170~3000 | 40~280 | 0~45 | 0~30 | 8~60 | 0.05~8 |
| 스크류프레스 여과 + 주출액(Class A를 위한 알칼리와 열안정화)[d] | 0.3~0.5 | 400~500 | 600~1300 | 120~250 | 10~20 | 0~5 | 6~14 | <1 |
| 호기성 소화 상등액(중온성; | | | | | | | | |
| 연속 및 건별 포기) | 0.1~0.5 | 100~10,000 | 100~1700 | 100~100 | 20~400 | 0~400 | 200~350[b,c] | 200[b,c] |
| 혐기성 소화 상등액(2단 고율) | 0.1~0.5 | 1000~11,500 | 500~5000 | 850~1800 | 800~1300 | 0 | 110~470[b,c] | 100~350[b,c] |
| 원심탈수 탈리액: 2단 고율 혐기성 소화 | 0.5~1 | 200~20,000 | 100~2000 | 810~2100 | 800~1300 | 0 | 100~550[b,c] | 100~350[b,c] |
| 열가수분해 + 1단 중온 혐기성 소화 | 0.2~0.5 | 1500~10,000 | 1500~3000 | 2200~3700 | 2000~3000 | 0 | 220~800[b,c] | 200~700[b,c] |
| 벨트필터프레스 여과액: 2단 고율 혐기성 소화, 세척수 포함 | 1~2 | 100~2000 | 50~500 | 410~730 | 400~650 | 0 | 50~200[b,c] | 50~180[b,c] |
| 여판여과프레스 여과액 | 0.5~1 | 50~1000 | 50~250 | | 800~1300 | 0 | | 100~350[b,c] |
| 슬러지 라군 상등액 | | 5~200 | 100~200 | | | | | |
| 슬러지 건조상 하부배출액 | 0.3~0.5 | 20~500 | 100~200 | | 0~400 | 0~400 | 2~210 | 2~200 |
| 퇴비화 침출수 | | 500 | 2000 | | | | | |
| 소각로 세정수 | | 600~8000 | 30~80 | | | | | |
| 심층 여과 세척수 | | 100~1000 | 50~500 | | | | | |
| 미세스크린 세척수 | | 240~1000 | 100~500 | | | | | |

| 표 15-1 (계속)

| 운전 | 유량, 유입<br>수에 대한 % | 값, mg/L | | | | | | |
|---|---|---|---|---|---|---|---|---|
| | | TSS[a] | BOD[a] | TKN | NH$_4$-N | NOx | TP | Ortho-P |
| 활성탄 흡착 세척수 | | 100~1000 | 50~400 | | | | | |
| 건조 응축수 | | | | | | | | |

[a] 부분적으로 미국 EPA (1987b) 및 WEF (1998)로부터 채택되었다.

[b] 정인산이온 농도는 생물학적 인 제거가 포함된 처리장에서 파생된 폐활성 슬러지로부터의 반출을 포함하지 않는다.

[c] 정인산이온 농도는 하이드록시아파타이트(hydroxyapatite)와 인산마그네슘암모늄(struvite)과 같은 염의 자연적인 형성 및 탈수 장치와 반출수 이송관 내에서의 struvite 형성을 제어하기 위해 소화조에 제일 또는 제2철 염의 첨가를 통한 소화조 내 화학적 침전에 의한 또는 인 제거를 위한 화학적으로 강화된 1차나 2차 처리시설에서의 감소를 포함하지 않는다.

[d] 2011년 7월~8월, 유싱턴주 세쿼사에 있는 FKC Class A 공정의 페수처리장(1차 첨전 없음: 산화구 2차 공정)의 폐활성 슬러지의 안정화와 탈수로부터 수집된 출판되지 않은 자료를 기초로 하였다.

[e] 정인산이온 농도는 화학적으로 강화된 1차 처리를 하는 시설들을 반영하지 않는다.

로 강화된 정화가 이루어지는 1차 반응조에서의 포획이 없다고 가정하면, 전형적인 소화조 반류수는 처리장 유출수에 약 0.2 mg N/L의 rDON을 추가하게 된다. 소화조 반류수에 포함된 rDON의 농도는 열가수분해가 소화 전 슬러지 전처리를 위해 적용된다면 더욱 높아질 것이다. 이 농도는 가수분해 반응조의 온도에 따른다(Dwyer et al., 2008).

**인 함유량.** 표 15-1에 기록된 다양한 소화 반류수에 대한 정인산이온 농도 범위는 생물학적 인 제거 공정에서의 폐활성 슬러지에 의해 방출되는 인산이온을 포함하지 않는다. 소화조 또는 하향류 기계 장치와 반류수 이송관 내의 침전으로 인한 인산이온의 감소 또한 고려하지 않는다. 표 15-1에 나타나 있는 값은 다양한 운전과 가동 조건하에서 벌크액으로 방출될 것으로 예상되는 인의 화학양론적인 양을 나타낸다. 예를 들면, 제2철염을 이용한 화학적으로 강화된 1차 처리와 1차와 폐활성 슬러지 혼합 혐기성 소화를 실행하고 있는 시설에서, 소화조 반류수 내의 정인산이온 농도는 소화조 내의 침전이나 철 플록 흡수로 인하여 일반적으로 10 mg P/L 이하가 될 것이다. 황화수소 제어를 위해 제1철염 또는 제2철염을 혐기성 소화조에 직접적으로 첨가하는 시설에서, 정인산이온의 부분적인 제거가 일어날 수도 있다. 철염이 첨가되지 않는 시설에서, 소화조 유출구조물, 바이오 고형물의 탈수공정과 소화조 반류수 이송관내에서 방출된 인산이온의 인산마그네슘암모늄(struvite)이 부분적인 침전이 일반적으로 일어난다. 형성된 양은 struvite 성분의 이온 몰 농도와 이러한 장소들에서 벌크액으로부터 $CO_2$ 방출로 야기된 pH 상승에 의해 좌우된다.

**알칼리도 함유량.** 반류수의 알칼리도는 원천에 따라 다양하게 변화한다. 반류수의 알칼리도의 농도는 반류수 독립처리공정의 운전에 있어서 중요하다. 완전 포기된 재래식 저율 호기성 소화로부터 생성되는 반류수에서, 알칼리도 농도는 질산화에 의한 소화조 슬러지의 산성화로 인해 낮을 것으로 예상된다. 탈질을 위해 간헐적 포기로 운전되는 호기성 소화조의 경우 소화조의 잔류 알칼리도는 약간 더 높을 것이다. 반대로, 혐기성 소화 및 자가발열 고온 호기성 소화(ATAD)의 반류수는 주로 중탄산이온 형태의 높은 알칼리도 농도를 가진다. 높은 알칼리 농도를 가지는 이유는 전형적인 소화조의 pH 범위(7.2~7.8)인 조건에서 양전하를 띠는 암모늄 이온과 평행을 맞추기 위해 소화조 벌크액에 $CO_2$가 체류하기 때문이다. 따라서 중탄산이온과 암모니아성 질소의 몰 농도는 같을 것이다. $CaCO_3$로서의 표준측정으로 환산하면, 알칼리도와 암모니아성 질소의 질량비는 3.5:1 (kg $CaCO_3$/kg N)이다.

**총 부유성 고형물 함유량.** 소화조 반류수의 총 부유성 고형물은 상대적으로 낮은 휘발성 고형물 함유량을 가지는 안정화된 생물학적으로 불활성인 고형물이 많은 부분을 차지한다(예, 65%). 소화조 반류수가 1차 침전조로 보내지는 경우, TSS는 즉시 침전되어 고형물 공정으로 반송될 것이다. 반류수가 바로 2차 처리공정으로 보내지는 경우, 고형물은 활성슬러지에 축적될 것이다. 낮은 포획 효율로 인해 탈수 장치가 잘 작동하지 않는 경우, 주 처리장의 불활성 고형물 부하는 상당히 높을 수 있으며, 잠재적으로 2차 공정에서 거품 발생을 초래하고 2차 시스템의 슬러지의 활성 분율을 효과적으로 감소시킬 것이다.

**콜로이드성 물질 함유량.** 2차 처리 시스템 배치에 따라, 콜로이드성 물질 또한 함유할 수 있는 소화 반류수는 처리장 유출수 수질에 영향을 줄 수 있다. 무기성 침전 물질(예, struvite, hydroxyapatite)의 형성뿐만 아니라, 콜로이드성 물질의 존재는 막공정 전에 콜로이드성 물질을 응집 및 여과하지 않는 경우 막오염 때문에 소화 반류수 분리 처리를 위한 막기반 기술의 사용을 어렵게 할 수 있다.

**온도.** 반류수 온도는 원천에 따라 다양하게 변한다. 혐기성으로 소화된 고형물의 원심분리로부터 생성된 반류수는 소화슬러지 저장조와 탈수장치로부터의 열 손실에 따라 다르지만 소화조 온도(예, 30~35℃)와 비슷한 온도를 가질 것이다. 벨트플레스탈수기를 같은 소화슬러지 탈수를 위해 사용하는 경우, 따뜻한 여과수가 반송되어 세척수로 사용되지 않는다면 반류수 내에 저온의 벨트 세척수를 포함하기 때문에 일반적으로 더 낮은 온도(예, 20~30℃)를 보일 것이다. 호기성 소화 반류수의 경우도 온도는 공정의 종류와 운전조건에 따라 다르다. 예를 들면, ATAD 공정에서 파생된 반류수는 긴 수리학적 체류시간으로 운전되는 재래식 무단열 호기성 소화조보다 높은 온도를 가진다. 혐기성 슬러지 라군의 경우, 상징수는 주위 온도와 비슷할 것이다. 반류수 독립처리공정의 설계에 대한 온도의 중요성은 물리화학적 및 생물학적 처리공정에 대해 다루는 각 절에서 논의된다.

**유량.** 표 15-1에 나타난 바와 같이, 소화 공정으로부터의 반류수 유량은 7 d/wk의 연속 운전인 경우 일일 평균 유입원수 유량의 1% 미만이다. 그러나 소화슬러지가 매일 탈수되지 않거나 탈수 장비가 연속적으로 운전(예, 24 h/d)되지 않는 시설에서, 균등화 없이 직접 배출될 경우 반류수 유량은 1차 및 2차 처리공정으로의 높은 순간 유량을 야기할 수 있다. 반류수 첨두유량의 산정은 예제 15-1에 설명되어 있다.

---

**예제 15-1** **반류수 첨두유량 산정** 혐기성 소화조로부터 발생되는 반류수는 일평균 유입 유량 0.5 $m^3/d$ (11.4 Mgal/d)의 0.7%를 기여하고 연속식을 기준으로 5 d/wk, 8 h/d 발생된다. 1차 반응조로의 순간 유량은 얼마인가? 순간 유량은 평균 유입 유량의 몇 %를 나타내는가?

**풀이**
1. 반류수 유량(SSF)을 결정하라.

   SSF = (0.5 $m^3/s$)(0.007) = 0.0035 $m^3/s$

2. 첨두 반류수 유량을 결정하라.

   첨두 SSF = (0.0035 $m^3/s$)[(7 d/wk)/(5 d/wk)][(24 h/d)/(8 h/d)] = 0.0147 $m^3/s$

3. 순간 유량에 의해 나타내지는 유량의 %를 결정하라.

   총 유량의 % = [(0.0147 $m^3/s$)/(0.50 $m^3/s$)](100) = 2.94

시설이 8시간의 슬러지 탈수 기간에 걸친 반류수 유량을 수용할 수 있는 충분한 수리학적 용량을 가진 것 같지만, 특히 시설에 주간 영양염류 첨두 부하 동안 반류수 부하가 발생한다면 중요한 고려 사항은 이 반류수 유량과 관련된 영양염류 부하이다. 8시간의 반류수 영양염류 첨두 부하의 영향은 유량 균등화를 통해 또는 2차 공정으로의 영양염류 부하를 최소화하기 위한 독립 공정에서의 반류수 부하를 처리함으로써 완화시킬 수 있다.

| 15-2 | **반송 유량 및 부하의 완화** |
|---|---|

농축, 소화, 탈수와 저장 공정을 통한 반송흐름은 주 공정의 성능에 대한 부정적인 영향을 줄 수 있다. 이러한 영향은 그 정도가 다르고 각각의 시설에 따라 다르다. 반송흐름의 주 공정에 대한 영향 및 가능한 완화 대책에 대한 요약된 정보는 표 15-2에 나타냈다.

### ≫ 반류수 전처리

반류수는 주 공정에서의 고형물 부하를 증가시키며, 이는 고형물 재고와 혼합액 고형물 농도에 영향을 미친다. 앞서 언급한 바와 같이, 일부 반류수는 처리장 유출수 수질에 영향을 미치는 콜로이드성 물질도 포함한다. 처리장 운전 상태 및 성능에 따라, 부유물질 및 콜로이드성 물질 함유량을 줄이기 위한 반류수 전처리는 유익할 것이다. 반류수의 부유물질 및 콜로이드성 물질의 저감에 대한 내용은 15-3절에서 논의된다.

엄중한 영양염류 제거가 필요한 처리장의 경우, 주 공정으로의 반송 이전에 영양염류가 풍부한 반류수를 전처리하는 것이 비용을 절감할 수 있다. 이러한 반류수의 물리화학적 및 생물학적 처리를 위한 내용은 15-4~15-10절에서 논의된다. 예제 15-1에 설명된 바와 같이, 하루에 7~8 h만 가동되는 탈수공정으로부터 생성되는 반류수에 의해 기여된 수리학적 부하는 주 공정 시설을 통해 순간적인 수리학적 부하를 증가시킨다. 그러나 이 수리학적 부하 증가는 일반적으로 고려되지 않는다.

### ≫ 반류수 흐름 및 부하의 균등화

소화슬러지의 탈수공정은 주로 회분식으로 운전되며, 한 주에 5~6일 주간에 몇 시간 이상 운전된다. 따라서 주 공정에 대한 영양염류가 풍부한 반류수 성분의 부하는 거의 즉각적으로 증가하며 주간 첨두 유입부하 시간과 일치한다. 질산화, 탈질, 화학적 인 제거 또는 생물학적 인 제거가 일어나는 곳에서 반류수 영양염류 부하의 유입은 공기와 화학약품(외부 유기 탄소, 철염 또는 alum)의 첨두 요구량을 증가시키며 갑작스럽고 상당한 영양염류 부하 증가에 대응하기 위한 제어시스템이 충분하지 않은 경우 유출수 수질을 악

**표 15-2**

슬러지와 바이오 고형물 처리시설에서 파생된 반송흐름에 대한 주요 영향과 가능한 완화 대책[a]

| 반송흐름의 원천 | 영향 | 영향을 받는 공정 | 완화대책 |
|---|---|---|---|
| 슬러지 농축 | 콜로이드 SS에 의한 유출 저하 | 침전 | 침전조의 응집보조제를 추가 |
| | | | 별도의 1차 농축과 생물학적 슬러지 |
| | | | 농축제의 중력 희석비를 최적화 |
| | 부유 슬러지 | 침강 | 농축제의 중력 체류시간을 최소화 |
| | | | 지속적으로 균일하게 슬러지를 제거 |
| | 악취발생 및 부패 | 반송시점 | 중력 농축의 체류시간을 감소 |
| | | | 폭기 침사지 앞으로 반송흐름 |
| | | | 악취 억제, 환기 및 처리(스크러버 또는 바이오필터) |
| | | 생물학적 | 폭기조에 악취 흐름을 돌림 |
| | | | 지속적으로 균일하게 슬러지를 제거 |
| | | | 별도의 환원수 처리(다른 반송흐름) |
| | 고체물 형성 | 침전 | 침강조에서 농축 장치의 운전 시간을 늘리거나 원하는 고형물 재고량을 유지 |
| | | 생물학적 | 지속적으로 균일하게 슬러지를 제거 |
| | | | 물질 수지 분석에 반송 부하를 포함 |
| 슬러지 탈수 | 콜로이드 부유물질에 의한 유출 저하 | 침전 | 향상된 슬러지 조절에 의한 탈수 장치 고형물 포집 최적화 |
| | | | 침전조의 응집보조제를 추가 |
| | | | 농축물의 반송/여과액을 농축 |
| | | | 별도의 환원수 처리(다른 반송흐름) |
| | 고형물 형성 | 침전 | 침강조에서 탈수 장치의 운전시간을 늘리거나 원하는 고형물 재고량을 유지 |
| | | 생물학적 | 지속적으로 균일하게 슬러지를 제거 |
| | | | 살수여과 반송률을 감소 |
| | | | 물질 수지 분석에 반송 부하를 포함 |
| 슬러지 안정화 | 과도한 BOD 부하에 의한 유출 저하 | 생물학적 | 상징액/디캔트 제거의 최적화, 즉, 오랜시간에 걸쳐 적은 양을 제거하거나, 비첨두 시점에 제거 계획을 조절 |
| | | | 별도의 환원수 처리 |
| | | | RBC 속도를 증가 |
| | | | 활성슬러지 시스템에서 MLVSS를 증가(감소 F:M 비) |
| | | | 활성슬러지 공정에서의 용존산소량 증가 |
| | 영양염류에 의한 유출 저하 | 생물학적 | 소화조 상징액의 조절/디캔트 제거 |
| | | | 안정화 전에 슬러지 농축 |
| | | | 별도의 환원수 처리 |
| 심층필터로부터의 세척수 | 수력학적 고조 | 침전 | 균등한 흐름을 위한 역세척 저장 제공 |
| | | | 비최고기 시점에 필터 역세척 계획 |

[a]Adapted, in part, from U.S. EPA (1987[b])

화시킬 수 있다. 유출수의 알칼리도 농도가 비교적 낮고 알칼리도를 추가할 수 없는 경우, 질산화 또한 불안정해질 수 있다. 이러한 잠재적인 영향을 최소화하기 위해서 반류수 유량 균등화가 채택될 수 있다. 슬러지를 연속적으로 탈수하는 대형 시설에서, 반류수 균등화의 이점은 반류수 영양염류 부하의 가변성에 따른다.

또한 반류수 유량의 균등화는 생물학적 전처리공정의 첨두 공기 요구량을 줄이기 위해서 일반적으로 사용한다. 15-11절에서 논의된 바와 같이, 유량 균등화는 반류수 반응조 부피 요구량에 직접적으로 영향을 미친다. 처리 주기 동안 반류수 흐름의 차단이 간헐적으로 발생하는 회분식 처리공정에서, 주 공정으로 생 반류수의 배출이 요구되지 않는 경우 유량 균등화가 필요하다.

**균등화 부피 요구.**   3-7절에서 논의된 유량 및 부하 균등화에 대한 일반적인 원리는 영양염류가 풍부한 반류수에 적용되지만, 균등화 부피 요구의 산출을 위한 기초는 약간 다르다. 균등화 부피는 반류수가 비교적 안정하지만 조절이 가능한 유량으로 연속적으로 주 공정에 반송되거나 전처리공정으로 보내지는 완전 균등화에 근거한다. 요구되는 균등화 부피는 식 (15-1)을 이용하여 계산할 수 있다.

$$V = (N)(Q_{dw})(D_{dw}/7) \tag{15-1}$$

여기서, $V$ = 균등화조 부피, $m^3$

   $N$ = 탈수가 없는 최대 연속일수, d

   $Q_{dw}$ = 일일 평균 반류수 발생량, $m^3/d$

   $D_{dw}$ = 주당 슬러지 탈수 일수, d

반류수 성분 농도, 주 공정 유입수의 알칼리도 및 주 공정의 처리 목적에 따라, 균등화조에서 반류수를 저류하는 것과 시설의 유입수 유량과 부하가 최소인 비첨두 시간에 주 공정으로 전처리되지 않은 반류수 부하를 반송하는 것은 충분히 가능할 것이다. 그러나 질산이온 및 인산이온 제거를 위한 시설에서는 일정속도로 반류수 부하를 연속적으로 반송하는 것은 추천된다. 공간 제약 및 반응조 비용이 고려되어야 하는 곳에서 반류수 부하 변동이 처리장 성능에 영향을 미치지 않는다면 보다 적은 균등화조 부피가 사용될 것이다. 동적 공정 모델링은 보다 적은 반응조 부피의 사용이 가능한지를 평가하기 위해 주로 사용된다. 이러한 평가의 결과에 따라, 슬러지를 탈수하는 주간 일수나 일간 시간을 늘리는 것이 비용측면에서 가장 효과적임을 또한 알 수 있을 것이다.

**설계 고려사항.**   반류수 균등화조의 형태는 설계 목적에 따라 다르다. 이상적으로 균등화된 흐름을 위해서, 기계적 교반은 동일한 조성을 주 공정으로 반송하기 위해 사용된다. 높은 부유물질 농도($>$ 1,000 mg/L)가 자주 발생하는 경우, 8~13 kW/$10^3$ $m^3$ (0.3~0.5 hp/$10^3$ $ft^3$)의 교반 전력이 필요하다. 높은 부유물질 농도가 잘 나타나지 않는 경우, 교반 전력은 50% 감소될 것이다. 반응조가 균등화와 생물학적 처리의 이중 기능을 수행하지 않는 한, 포기는 일반적으로 사용되지 않으며, 이 경우 반응조 설계는 요구되는 생물학적 처리 성능에 의해 좌우된다.

반류수 특성에 따라, 반응조는 악취 방출을 최소화하기 위한 덮개와 악취 제어 장치를 설치한다. 균등화조 설계 시에는 고·저수위 경보를 가진 수위센서, 처리장 배수시스템으로의 월류, 배수관이 설치된 경사진 바닥 및 가변속도의 반송펌프 또는 유량 측정이 가능한 제어밸브를 일반적으로 설치한다. 반응조에서의 struvite 형성은 잠재적으로 고려되어야 하고 교반기의 설계와 배관 또는 배관 라이너 재질의 선정에 영향을 줄 것이다. Struvite 형성을 제한하기 위해 반응조에 철염을 첨가할 수 있도록 고려하여야 할 것이다. 공기의 유입이나 접촉을 방지할 수 있도록 반류수 배관시스템을 배열하는 것 또한 struvite 형성을 제한하는 데 도움이 될 것이다.

**균등화 및 TSS 저감.** 고형물 감소가 물리화학적 또는 생물학적 처리공정을 위해 필요할 경우, 반류수 전처리공정을 위한 균등화조는 TSS 농도를 줄이기 위해 자주 사용된다. 이 설계에서, 기계적 교반은 사용하지 않으며 수위는 더 높고 운전 수위 범위는 반응조 하부에서 고형물 침전과 농축을 방해하지 않는 범위에서 제한된다. 농축된 고형물은 간헐적으로 고형물 처리시설로 압송된다. 반응조가 반류수의 저장과 부유 고형물 저감이라는 이중 기능을 수행하기 때문에 반응조 부피 요구량은 균등화만 수행하는 반응조보다 더 크지만 별도의 고형물 제거 공정은 생략한다.

**균등화 및 생물학적 전처리.** 반류수 균등화 및 생물학적 전처리는 단일의 반응조 내에서 달성할 수 있다. 저장과 처리(SAT)라고 불리는 공정에서, 반응조는 연속 회분식 반응조로 설계되지만 첨두 슬러지 탈수가 진행되는 짧은 시간 동안 연속적인 월류 모드로 운전할 수 있는 유연성을 가진다. 반응조 부피 및 포기 용량은 균등화 요구보다 오히려 처리 목적에 의해 좌우된다. 실증시설에서, SAT는 부분적인 처리를 위해 사용되었으며, 감소된 암모늄 농도 및 질산이온과 아질산이온의 혼합된 형태를 포함하는 전처리된 반류수를 야기한다(Laurich, 2004). 반류수의 생물학적 처리는 15-7~15-11절에서 논의된다.

---

| 예제 15-2 | **전체 반류수 균등화가 처리장 유입 암모니아성 질소 농도에 미치는 영향과 균등화조 부피의 산출** 혐기성 소화슬러지가 주 5일 08:00부터 16:00까지 일반적으로 탈수된다. 반류수가 각 8 h의 운전기간 동안 평균 0.006 m³/s의 유량으로 생성되고 암모니아성 질소의 농도는 1,000 mg/L이다. 반류수는 처리시설의 headworks에 보내진다. 슬러지가 탈수되지 않는 가장 긴 연속일수는 3 d이다. 시간별 평균 시설의 유입수 유량과 암모니아 농도는 아래 표에 나타내었다. (1) 비균등화와 완전 균등화 반류수의 시간에 따른 농도 변화 그래프를 그리고, (2) 완전 균등화를 위한 균등화조 부피를 산출하라. |
|---|---|

| 시간대 | 주어진 값 | |
| | 시간대의 평균 유량, m³/s | 시간대의 평균 $NH_4^+$-N 농도, mg/L |
|---|---|---|
| M~1 | 0.275 | 20.0 |
| 1~2 | 0.220 | 18.8 |
| 2~3 | 0.165 | 17.9 |
| 3~4 | 0.130 | 20.2 |
| 4~5 | 0.105 | 17.3 |
| 5~6 | 0.100 | 15.6 |

(계속)

| 시간대 | 주어진 값 | |
| :---: | :---: | :---: |
| | 시간대의 평균 유량, m³/s | 시간대의 평균 NH$_4^+$-N 농도, mg/L |
| 6~7 | 0.120 | 15.3 |
| 7~8 | 0.205 | 13.4 |
| 8~9 | 0.355 | 19.6 |
| 9~10 | 0.410 | 27.0 |
| 10~11 | 0.425 | 30.2 |
| 11~N | 0.430 | 35.1 |
| N~1 | 0.425 | 35.3 |
| 1~2 | 0.405 | 28.5 |
| 2~3 | 0.385 | 24.9 |
| 3~4 | 0.350 | 22.8 |
| 4~5 | 0.325 | 21.3 |
| 5~6 | 0.325 | 21.3 |
| 6~7 | 0.330 | 21.0 |
| 7~8 | 0.365 | 19.5 |
| 8~9 | 0.400 | 21.8 |
| 9~10 | 0.400 | 21.0 |
| 10~11 | 0.380 | 19.7 |
| 11~M | 0.345 | 20.6 |
| Average | 0.307 | |

Note: m³/s × 35.3147 = ft³/s.

m³ × 35.3147 = ft³.

mg/L = g/m³.

**풀이**

1. 완전 균등화된 평균 반류수 유량을 계산하라.

   균등화된 유량 = $(0.006 \text{ m}^3/\text{s})(3600 \text{ s/h})(8 \text{ h/d}) (5 \text{ d/wk})/[(7 \text{ d/wk})(86{,}400 \text{ s/d})]$
   = $0.00143 \text{ m}^3/\text{s}$

2. 비균등화와 완전 균등화된 반류수 유량을 이용하여 시설 headworks 내 시간 평균 암모니아성 질소를 계산하라.

| | 반류수 없는 처리장 유입수 | | 반류수 균등화 없는 경우 | | 반류수 균등화 | |
| :---: | :---: | :---: | :---: | :---: | :---: | :---: |
| 시간대 | 시간대의 평균 유량, m³/s | 시간대의 평균 NH$_4^+$-N 농도, mg/L | 반류수 유량, m³/s | 평균 NH$_4^+$-N 농도, mg/L | 반류수 유량, m³/s | 평균 NH$_4^+$-N 농도, mg/L |
| M~1 | 0.275 | 20.0 | | 20.0 | 0.00143 | 25.1 |
| 1~2 | 0.220 | 18.8 | | 18.8 | 0.00143 | 25.3 |
| 2~3 | 0.165 | 17.9 | | 17.9 | 0.00143 | 26.5 |
| 3~4 | 0.130 | 20.2 | | 20.2 | 0.00143 | 31.2 |

(계속)

| 시간대 | 반류수 없는 처리장 유입수 | | 반류수 균등화 없는 경우 | | 반류수 균등화 | |
|---|---|---|---|---|---|---|
| | 시간대의 평균 유량, m³/s | 시간대의 평균 $NH_4^+$-N 농도, mg/L | 반류수 유량, m³/s | 평균 $NH_4^+$-N 농도, mg/L | 반류수 유량, m³/s | 평균 $NH_4^+$-N 농도, mg/L |
| 4~5 | 0.105 | 17.3 | | 17.3 | 0.00143 | 30.9 |
| 5~6 | 0.100 | 15.6 | | 15.6 | 0.00143 | 29.9 |
| 6~7 | 0.120 | 15.3 | | 15.3 | 0.00143 | 27.2 |
| 7~8 | 0.205 | 13.4 | | 13.4 | 0.00143 | 20.3 |
| 8~9 | 0.355 | 19.6 | 0.006 | 36.5 | 0.00143 | 23.7 |
| 9~10 | 0.410 | 27.0 | 0.006 | 41.6 | 0.00143 | 30.5 |
| 10~11 | 0.425 | 30.2 | 0.006 | 44.3 | 0.00143 | 33.5 |
| 11~N | 0.430 | 35.1 | 0.006 | 49.1 | 0.00143 | 38.4 |
| N~1 | 0.425 | 35.3 | 0.006 | 49.4 | 0.00143 | 38.7 |
| 1~2 | 0.405 | 28.5 | 0.006 | 43.4 | 0.00143 | 32.1 |
| 2~3 | 0.385 | 24.9 | 0.006 | 40.5 | 0.00143 | 28.6 |
| 3~4 | 0.350 | 22.8 | 0.006 | 40.0 | 0.00143 | 26.9 |
| 4~5 | 0.325 | 21.3 | | 21.3 | 0.00143 | 25.7 |
| 5~6 | 0.325 | 21.3 | | 21.3 | 0.00143 | 25.7 |
| 6~7 | 0.330 | 21.0 | | 21.0 | 0.00143 | 25.3 |
| 7~8 | 0.365 | 19.5 | | 19.5 | 0.00143 | 23.4 |
| 8~9 | 0.400 | 21.8 | | 21.8 | 0.00143 | 25.4 |
| 9~10 | 0.400 | 21.0 | | 21.0 | 0.00143 | 24.6 |
| 10~11 | 0.380 | 19.7 | | 19.7 | 0.00143 | 23.5 |
| 11~M | 0.345 | 20.6 | | 20.6 | 0.00143 | 24.7 |
| Average | 0.307 | | | | | |

3. 유입수 암모늄 농도 결과에 대한 그래프를 그려라.

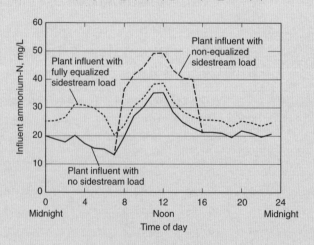

4. 슬러지 탈수가 없는 연속일수가 3일인 완전 균등화에 필요한 균등화조 부피를 계산하라.

$$V = (N)(Q_{dw})(D_{dw}/7)$$

$$V = (3)\,[(0.006 \text{ m}^3/\text{s})(3600 \text{ s/h})]\,(8 \text{ h/d})\,[(5 \text{ d/wk of sludge dewatering})/(7 \text{ d/wk})] = 370 \text{ m}^3 \,(13{,}066 \text{ ft}^3)$$

## 15-3 부유 고형물과 콜로이드성 물질의 저감

14장의 14-7절에 도시한 바와 같이, 폐수처리장의 고형물 수지는 슬러지 농축과 바이오 고형물 탈수공정으로부터 파생된 반류수 내 TSS에 의해 영향을 받는다. 반류수는 1차침전지에서 고형물이 침전되는 headworks로 주로 반송된다. 1차 침전이 없거나 주 공정의 2차 공정으로 반류수를 직접 반송하는 처리장의 경우, 고형물은 혼합액 부유 고형물에 집적된다. 소화 후 반류수 TSS의 대부분이 생물학적으로 불활성이므로 TSS는 2차 고형물 재고에 직접적으로 기여하며 공정에서의 보다 적은 산소요구량을 소모할 것이다. 이러한 고형물이 1차 반응조 유출수 또는 2차 공정 운전조건 및 성능에 미치는 영향은 반류수 고형물 부하율, 1차 처리의 운전조건 및 2차 공정의 종류에 따라 다르다.

특히 소화 후 탈수공정으로부터 발생되는 일부 반류수는 유출수 수질에 영향을 미치는 콜로이드성 물질을 포함하며 이러한 영향은 처리시설의 2차 공정의 종류와 운전 상태에 따라 다르다. 입자상 물질은 탁도에 기여하며 유출수 소독에 부정적인 영향을 미칠 수도 있다. 처리장 유출수의 콜로이드성 입자들은 처리수를 재사용하는 시설에서 특히 고려되어야 한다.

실증시설의 농축 및 탈수 반류수 내 TSS와 콜로이드성 물질의 관리에 사용된 일반적인 시행사항은 아래에서 논의된다.

### 》 슬러지 농축에서 파생된 반류수

낮은 포획 효율의 농축조는 높은 TSS 농도를 가지는 반류수를 생성한다. 증가된 반류수 고형물은 1차 침전조의 고형물 제거효율에 나쁜 영향을 미치거나 2차 공정으로 수용할 수 없는 고형물 부하를 제공할 수도 있다. 이러한 문제를 해결하기 위해서는 별도의 반류수 고형물 저감 공정을 설치하기보다는 주로 고형물 포획을 향상시키기 위해 농축조 운전조건을 조절한다.

### 》 바이오 고형물 탈수에서 파생된 반류수

반류수를 주 공정으로 보내기 전에 소화 후 반류수의 TSS 농도를 저감시키는 것은 일반적이지 않다. 탈수 반류수 고형물 농도가 빈번하게 높고 주 공정으로 반송되는 고형물이 유해하다고 증명된 경우, 탈수공정 운전조건은 반드시 고형물 포획을 개선할 수 있도록 조절되어야 한다. 고형물 수지는 혼합액 고형물 재고와 농도에 미치는 영향을 평가하고 반류수 고형물 저감 단계가 유익한지 여부를 결정하기 위해 수행되어야 한다. 수명주기 비용분석은 반류수 전처리 단계와 주 공정 처리에서의 전기, 포기와 화학약품의 운전비용을 비교하기 위해 수행될 수 있다.

주 공정으로 반송되는 영양염류 부하를 줄이기 위해 반류수를 전처리하는 경우 보다 일반적으로 TSS를 저감하게 된다. 15-4~15-11절에서 논의된 것처럼 영양염류 제거를 위한 물리화학적 또는 생물학적 공정이 채택되는 경우 특히 전처리가 필요하다.

**공정 옵션.** 반류수 전처리 전의 TSS의 저감은 반류수 균등화조에서의 중력 침전을 통해 실제로 이루어졌다. 침전된 반류수의 부유성 고형물 농도는 부유성 고형물 농도가 200 mg/L 미만인 경우에 효과적인 생물학적 처리공정에 적합하다. 보다 높은 제거효율이 필요한 경우, Lamella 경사판침전지나 고율침전 공정(공정 설명은 5장의 5-7절 참조)과 같은 분리 공정은 화학적으로 강화된 응집이 고형물 제거 향상을 위한 최적의 방법일 수 있는 곳에 적용될 수도 있을 것이다. 낮은 부유성 고형물 농도가 요구되지 않는 실증시설에 적용된 대부분의 전처리공정으로써 화학약품을 첨가하지 않는 경사판침전지에 대한 경험이 주로 한정되어 있다. 여과는 콜로이드성 물질과 잔류 폴리머에 의한 높은 막힘 가능성과 struvite와 같은 무기성 foulant의 생성 때문에 반류수에 좀처럼 적용되지 않는다.

벨트프레스탈수기의 경우 포획되지 않은 고형물 대부분을 포함하는 벨트 세척수와 여과수의 TSS 농도는 500 mg/L 미만이다. 벨트프레스탈수기는 고형물 저감 단계가 필요하지 않도록 세척수와 여과수를 별도로 수집할 수 있도록 설계될 수 있다. 세척수 및 여과수의 별도 수집은 여과수의 보다 높은 영양염류 농도를 야기하며, 이는 전처리공정에서 영양염류 제거효율을 증가시킨다. 일부 전처리공정은 세척수로 냉각되지 않은 여과수의 높은 온도로부터 이익을 얻을 수도 있다.

## ≫ 콜로이드성 물질의 제거

소화 후 탈수공정에서 파생된 반류수는 처리장 유출수에 영향을 미칠 수 있는 콜로이드성 입자를 보통 포함한다. 일반적으로 콜로이드는 1차 침전지에서 제거되지 않는다. 화학적으로 강화된 1차 처리가 채택된 경우, 콜로이드성 입자가 부분적으로 또는 완전히 포획될 수도 있다. 화학약품의 첨가가 없으면 콜로이드성 입자는 2차 공정으로 유입될 것이며, 이 중 일부 입자는 혼합액 부유 고형물에 의해 포획된다. 포획되는 정도는 2차 공정의 종류와 운전조건에 따라 다르다. 영양염류 저감을 위해 반류수 전처리공정이 채택된 경우 콜로이드성 입자의 일부는 반류수가 주 공정으로 보내지기 전에 제거될 수도 있다.

별도의 전처리공정에서 화학적으로 강화된 응집에 의한 반류수의 콜로이드성 입자 제거는 일반적으로 실행되지는 않는다. 소화 후 탈수 반류수에서 파생된 콜로이드성 입자가 처리장 유출수 내 탁도의 주원인으로 확인된 경우, 콜로이드가 반류수 내에 가장 높은 농도로 존재하고 반류수의 유량이 주 공정 유량의 1% 미만이라면 반류수 전처리로 문제를 해결하는 것이 가장 비용 효과적인 옵션이 될 것이다. 공정 구성은 고도로 화학적으로 강화된 여과 공정이 뒤따르는 혼합이 없는 반류수 균등화조에서의 중력 침강을 통한 고형물 저감이 포함될 수 있다. 여과 옵션은 11장에 기술되어 있다. 실험실 또는 파일럿 규모의 실험은 실현 가능성 및 화학약품 요구량을 평가하는 데 추천된다.

15-4    **인 회수를 위한 물리화학적 공정**

현대 농업을 위한 인의 1차 공급원이 되는 인 광석은 한정된 자원이다. 알려져 있는 전 세계 매장량이 21세기 말에 뚜렷하게 고갈될 것이라고 예상되었지만(Cordell et al., 2009), 가장 최근의 알려진 매장량 예측에 따르면 300~400년은 더 이용 가능할 것이다 (van Kauwenbergh, 2010). 그러나 인 수요가 증가하고 새로운 매장량에 대한 탐사, 보다 낮은 품질의 광석의 채굴 및 더 비싼 처리 장치의 채택이 일어남에 따라 장래에 인의 가격은 지속적으로 상승할 것이다. 따라서, 폐수처리시설 슬러지와 반송흐름에 포함된 인은 처리되고 처분되어야만 하는 영양염류보다는 회수되고 비료로 재사용되어야 하는 자산으로 점점 더 보게 될 것이다.

이 장에서의 중요한 요점은 개발되고 영양염류가 풍부한 반류수와 산업폐수에 대한 실증시설에서 증명된 인 회수공정에 있다. 슬러지 재로부터 인을 회수하기 위해 개발된 다른 기술들은 여기에서 언급하지 않았다. 본 절에서 고찰한 결정화를 이용하는 인 회수 공정은 인산마그네슘암모늄(struvite) 및 인산칼슘(hydroxyapatite)의 회수를 포함한다. 실증시설에서 증명된 아래의 결정화 공정에 대한 설명은 표 15-3에 나타내었다.

> AirPrex® 공정
> 원추형 유동층 결정화조
> Crystalactor®
> NuReSys® 공정
> Pearl® 공정
> Phosnix® 공정
> PHOSPAQ™ 공정

그러나 이러한 공정을 더욱 상세히 논하기 이전에, 결정화 공정의 기본적인 양상을 고찰하는 것이 유익할 것이다. 회수된 영양염류를 비료로의 유익한 재이용은 15-6 절에서 논의된다.

### ❱❱ 결정화 공정에 대한 설명

표 15-3에 나타난 모든 기술들은 결정화조(반응조)의 물리적 환경범위 내에서 일어나는 세 가지의 기본적인 단계에 기초한다: (1) 과포화된 이온농도, (2) 1차와 2차 핵생성 공정, (3) 결정 성장. 인산이온 제거효율, 반응조 내 결정 크기 분포 그리고 최종생성물의 순도는 모두 반응조 내의 온도, pH, 이온화 조성 및 유체역학적 조건에 영향을 받는다. 재사용을 위한 인의 회수에서는 액체 및 재사용 가능한 생성물을 만들기 위한 공정으로부터

## 표 15-3

인산마그네슘암모늄(struvite)을 통해 반류수의 인을 회수하는 공정

| 공정 | 설명 |
|---|---|
| (a) AirPrex® 공정 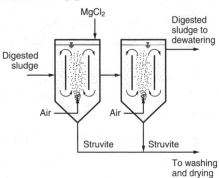 | 베를린 공과대학과 공동으로 Berliner Wasserbetriebe(독일)에 의해 개발된 AirPrex® 공정에서, struvite는 슬러지 탈수공정에서 struvite 형성을 방지하기 위해 반류수보다는 혐기성 소화조의 슬러지 흐름에서 바로 결정화된다. AirPrex®은 분리된 반응조들이나 분리벽을 가지는 단일 반응조와 같은 이단 포기 반응조로 구성되며 수리학적 체류시간(HRT)은 대략 8시간이다. 각 단계에서 슬러지를 혼합하고 pH를 증가시키기 위한 $CO_2$ 탈기를 위해 air-lift 포기장치가 사용된다. 염화마그네슘은 마그네슘 공급원으로 사용되며 첫 번째, 두 번째 또는 두 단계 모두에 첨가된다. Struvite가 형성되고 충분한 침전 속도를 가지는 입자 크기로 성장함에 따라, struvite는 각 단계의 하부 원뿔형 구역으로 침전된다. 생성물은 간헐적 또는 연속적으로 각 단계로부터 회수되며, 모래 세척기로 screw conveyer에 의해 이송된다. 세척된 생성물은 젖은 상태로 보관되거나 추후 건조된다. 포기된 슬러지는 두 번째 단계로 월류되며 추가적인 struvite가 회수될 수도 있는 침전지 또는 탈수공정으로 이송된다. 악취 제어 시스템을 통해 배가스를 처리할 필요가 있다. |
| (b) 원추형 유동층 결정화조 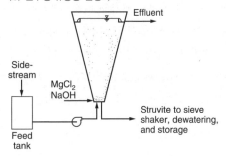 | 원추형 유동층 결정화조는 Multiform Harvest Inc.(USA)에 의해 개발되었다. 결정화조는 원추형 부분과 상부에 위치한 고액분리 부분으로 구성되어 있다. 원추형 부분의 치수는 표면 상향 유속을 요구 범위로 제공하도록 결정된다. HRT는 대체로 1 h 미만이다. Struvite 결정이 성장함에 따라, struvite 결정은 원추의 하부로 침전되며, 여기에서 간헐적으로 제거된 후 sieve shaker나 drum screen을 통해 처리되고 소독된 다음 소외 처리를 위해 자루에 넣어진다. 과포화 상태를 제공하고 pH를 요구 범위로 증가시키기 위해 염화마그네슘과 수산화소듐을 원추 하부로 특허된 주입 시스템을 통해 첨가한다. |
| (c) Crystalactor® 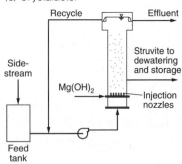 | Crystalactor®는 DHV(네덜란드)에 의해 개발된 유동층 결정화조이다. 결정화조는 상부에 고액 분리 영역이 있는 원통형의 반응조로 구성되어 있다. 유출수는 반응조의 하부로 재순환되어 반류수와 혼합되고 액체의 최적 단면분산을 위해서 노즐을 통해 결정화조로 주입된다. 유출수 재순환 속도는 조 반응 구간에서 40~75 m/h(130~250 ft/h)의 범위로 표면 상향 속도를 유지하기 위해 조절된다. 반류수 유량 기준 HRT는 대체로 1 h 미만이다. 규사는 빠른 운전 개시를 위한 seed 물질로서 초기에 추가되지만 일단 struvite 결정이 형성되면 모래를 더 추가할 필요는 없다. 펠릿은 성장함에 따라 결정화조의 하부로 침전되고, 여기에서 펠릿 일부를 일정한 간격으로 제거한 후 탈수하고 소외 수송을 위해 저장한다. |

(계속)

| 표 15-3 (계속)

| 공정 | 설명 |
|------|------|
| (d) NuReSys® 공정 <br> 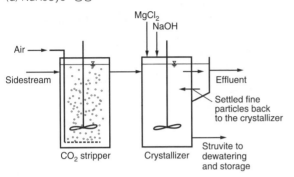 | NuReSys® 공정(NUtrient REcovery SYStem)은 Akwadok/ NuReSys(벨기에)에 의해 개발되었다. 공정은 기계식 교반 결정화 조와 침전 구역 다음에 $CO_2$ 탈기조로 구성되어 있다. 기계식 교반과 공기가 반류수로부터 $CO_2$를 탈기하기 위해 공급되는 탈기조의 HRT 는 0.5~1 h이다. 교반 속도와 공기 유량은 탈기조에서 미세 결정 형 성을 제한하기 위한 pH 제어를 위해 조절된다. 결정화조에서 기계적 인 탈기는 교반을 하고 펠릿 struvite 형성에 적합한 유체역학적 환경 을 조성한다. 교반기 속도와 생성물 배출속도는 수확한 생성물의 요구 되는 펠릿 크기가 되도록 조절된다. 염화마그네슘은 마그네슘 공급원 으로 사용되며 NaOH는 pH 8.1~8.3 범위로 제어하기 위해 사용된 다. 일반적인 결정화조의 HRT는 0.5~1 h이다. 더 작은 결정들은 침전 구역에서 침전되어 결정화조로 반송된다. 악취 제어 시스템을 통 한 배가스의 처리가 필요할 수 있다. |
| (e) Pearl® 공정 <br> 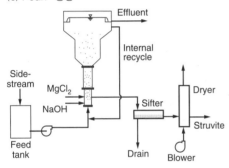 | Pearl® 공정은 struvite의 결정화를 위해 British Columbia 대학 에서 개발되었으며 Ostara Nutrients Recovery Technologies Inc.(USA)에 의해 실 규모에 도입되었다. Pear® 반응조는 분절된 구조의 유동층 결정화조이며, 상향 유속을 점차적으로 감소시키고 각 구역별로 다양한 크기의 struvite 결정을 유지하기 위해서 분절 또는 구역의 직경은 반응조의 하부에서 상부로 가면서 증가한다. 고액분리 구역은 반응조의 상부에 위치한다. 유출수는 요구되는 범위로 상향 속 도 분포를 유지하기 위해 반응조 하부로 재순환된다. 반류수 유량 기 준의 HRT는 대체로 1 h 미만이다. Struvite 펠릿의 직경이 증가함에 따라 펠릿은 한 구역에서 다음 구역으로 점점 가라앉는다. 최종생성물 은 하부 구역으로부터 제거되어 스크리닝에 의해 액상으로부터 분리되 고 건조된 후 자루에 담아진다. 유출수 재순환 속도와 struvite 체류 시간은 최종생성물의 펠릿 크기를 제어하기 위해 조절된다. 마그네슘 공급원은 일반적으로 염화마그네슘이다. 수산화소듐은 pH를 요구되 는 범위로 유지하기 위해 사용된다. |
| (f) Phosnix® 공정 <br> 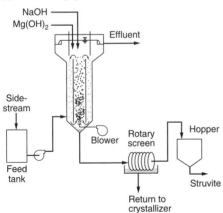 | Phosnix® 공정은 Unitika Ltd(일본)에 의해 개발되었으며, 원추형 하부구역과 상부에 더 큰 직경의 고체-액체-기체 분리구역이 있는 원 통형 반응 구역으로 구성된다. 결정화조는 교반을 하고 액상으로부터 $CO_2$를 탈기함으로써 pH를 증가시키기 위해 포기된다. 필요한 경우, 배가스는 악취 제어 시스템에 의해 처리된다. 반응 구역의 HRT는 1 h 미만이다. 수산화마그네슘은 일반적으로 마그네슘 공급원으로 사용 되고 수산화소듐은 pH를 요구되는 범위로 조절하기 위해 첨가된다. 반응조의 원추형 구역으로 침전된 큰 펠릿 struvite는 rotaty drum screen으로 간헐적으로 펌프로 이송된다. 스크린을 통과하는 액체 와 보다 작은 struvite 입자는 주 공정으로 보내지거나 미세 입자가 struvite 펠릿 성장을 위한 seed 물질로 사용될 수 있도록 결정화조 로 반송된다. |

(계속)

| **표 15-3** (계속)

(g) PHOSPAQ™ 공정

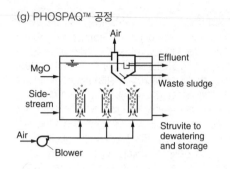

PHOSPAQ™ 공정은 Paques(네델란드)에 의해 개발되었다. 이 공정은 포기 반응 구역과 조 상부에 있는 전용 고체-액체-기체 분리 장치로 구성되어 있다. Air lift 포기 설계는 (1) 교반, (2) pH 증가를 위한 액체로부터의 $CO_2$ 탈기, 그리고 (3) 생물학적 처리를 위한 용존산소(DO) 공급을 위해 사용된다. HRT는 거의 5~6 h이다. 산화마그네슘이 마그네슘 공급원으로 사용된다. Struvite는 펌프로 struvite가 풍부한 혼합액을 하이드로사이클론을 통과시킴으로써 반응조의 하부로부터 채취된다. 회수된 생성물은 screw press에 의해 탈수되고 70 % 건조 물질로 컨테이너로 이송된다. 반응 구역 위에 있는 분리장치는 작은 strubite 입자와 바이오매스가 침전되고 반응 구역으로 반송되게 한다. 배가스를 위한 악취 제어 시스템이 필요할 수 있다.

회수하기 어려운 미세 입자를 포함하는 비결정의 고체상보다는 더 큰 결정성 생성물이 요구된다.

**과포화.** 과포화된 용액에서 요구되는 생성물의 이온 몰 농도(활성도로써 표현)의 생성이 주어진 반응 조건에서의 용해도 상수 값을 초과한다. 과포화의 정도가 증가함에 따라, 아래에 논의된 바와 같이 1차 핵생성을 통해 미세 입자의 형성 가능성이 증가하며, 이는 바람직하지 않은 상태이다. 그러므로 결정화조 내의 과포화 상태는 미세 입자 형성을 방지하고 성장하고 있는 결정의 표면으로 이온의 질량 전달을 위한 충분한 구동력을 제공하기 위해 제어된다. 과포화는 핵생성과 결정 성장이라는 후속 공정을 위한 구동력이다.

**핵생성.** 이온이 과포화 상태에서 주어진 온도와 pH에서의 이온의 용해도에 따라 하나로 합치고 고형물 형태 또는 "핵(nuclei)"으로 응집하는 공정은 **핵생성**이라고 알려져 있다. 핵생성 공정은 응집된 덩어리가 안정된 상태로 유지되고 결정 성장에 필요한 표면적을 제공하기에 충분한 크기가 될 때까지 응집과 용해 사이를 순환한다. 핵생성은 1차와 2차 공정으로 세분화된다. 1차 균질 핵생성은 과포화된 용액으로부터 핵의 자연적인 형성인 반면 1차 비균질 핵생성은 외부 고형물 표면(내부 반응조 표면, 결정, 모래, 콜로이드, 먼지)에서 일어난다. 1차 핵생성의 두 형태 중에서 후자가 실적용에서 지배적이다.

2차 핵생성도 "유체 전단" 핵생성과 "접촉" 핵생성이라는 두 가지 기본 형태로 일어난다. 유체 전단 공정에서, 유체역학적 힘은 결정 표면으로부터 작은 핵을 없애거나 결정의 갈라진 돌기들을 파손시키며, 이는 핵생성을 위한 새로운 "seed" 표면을 생성하고 새로운 결정을 성장시킨다. 접촉 핵생성은 물리적 힘이 결정을 부수는 결정 마찰의 결과이며 이는 결정의 수와 성장을 위한 표면적을 증가시킨다.

**결정 성장.** 결정의 성장은 결정화 공정의 주요 단계 중에서 3번째이다. 과포화 상태에서 이온은 각각의 결정의 표면과 가까운 경계층을 통해 확산되고 복잡한 메커니즘을 통해 결정 표면에 집적된다. 결정의 치수가 증가함에 따라 결정은 유체전단과 결정마찰을 야기하는 반응조의 유체역학적 상태에 따라 좌우되는 terminal size에 가까워진다. 결정 크기에 따라 침전속도가 증가하며, 이는 생성물을 반응조 내에서 액체나 다른 고형물로부터 보다 쉽게 분리가 가능하게 하는 이점이 있다. 표 15-3에 있는 모든 공정의 공통된 특징이다.

## 》》 인산마그네슘암모늄(struvite)을 통한 인의 회수

보통 struvite로 알려진 인산마그네슘암모늄은 제한된 용해도를 가지며, 혐기성 소화조 유출구와 하향류 공정(탈수 장치, 반류수 이송관)에서 상당한 운전 및 유지 문제를 야기하는 스케일을 형성한다. Struvite 인 회수공정의 목적은 struvite를 형성하고 충분한 순도와 비료로써 재사용 가능한 품질에 적합한 물리적 특성을 가지는 결정화 생성물을 생산하는 것이다. 비료 시장에서의 struvite의 가치는 15-6절에서 논의된다.

**반응 화학양론.** Struvite 형성의 화학작용은 6-5절에 자세히 설명되어 있다. 편의를 위해 struvite 석출반응의 화학양론에 대한 식 (6-25)를 다시 반복하였다.

$$Mg^{2+} + NH_4^+ + PO_4^{3-} + 6H_2O \rightarrow MgNH_4PO_4 \cdot 6H_2O \qquad (6\text{-}25)$$

일반적으로 혐기성 소화조 벌크액에 존재하는 struvite의 구성성분의 이온 몰 농도는 실질적인 수준까지 struvite를 형성하기에는 충분히 높지 않아 인산이온 회수율이 제한된다. 표 15-3에 기술된 공정들에서 이러한 제한요인을 극복하기 위해서 결정화조에 마그네슘염이 첨가된다. 아래에서 논의된 바와 같이 마그네슘의 첨가는 struvite의 성공적인 생산을 위한 유일한 요구조건은 아니다. 결정화조 내의 pH와 유체역학적 조건은 인산이온 제거를 최적화하고 액상과 다른 부유 고형물질로부터 쉽게 분리되기에 충분한 크기의 생성물을 만들기 위해 반드시 제어되어야 한다.

**칼슘 저해.** 칼슘은 인산칼슘과 인산마그네슘암모늄의 형성에 적합한 조건에서 인산이온에 대해 마그네슘과 경쟁한다. 2/1보다 적은 Mg/Ca 몰 비율은 보다 긴 유도 시간과 낮은 struvite 결정 성장률을 야기한다. 비율이 1/1 이하로 감소하면 비결정 인산칼슘의 형성이 지배적이게 된다(Le Corre et al., 2005).

**운전 고려사항.** struvite를 이용한 인 회수를 적용함에 있어서 반드시 고려되어야 하는 주요 운전상 요구사항은 (1) 전처리 요구사항, (2) pH와 온도의 제어, (3) 화학약품 요구사항, (4) seed 요구사항, 그리고 (5) 교반과 수력학을 포함한다. 이러한 요인들은 각각 아래에 논의된다.

**전처리 요구사항.** TSS와 콜로이드 물질을 저감하기 위한 반류수 전처리는 표준 실시가 아니었다. 상향 유동층 결정화조는 기술에 따라 1500~5000 mg/L 범위의 반류수 TSS 농도에 견딜 수 있다. 상향 유속은 소화된 생물학적 고형물의 침전을 방지할 만큼 충분히 높다. AirPrex® 공정의 운전경험에 근거하면, 비록 큰 반응조에서이지만 struvite 결정을 만들고 혐기성 소화조 유출수(바이오 고형물)로부터 분리될 수 있다.

**pH 및 온도의 제어.** Struvite 용해도는 pH가 증가함에 따라 감소하며, pH 10.3 부근에서 최소 용해도에 도달한다(6-5절 참조). 그러나 실제로 struvite 결정화조는 pH 9.0보다 높은 조건에서 운전하지 않는다. 일반적으로 pH는 염기 약품의 첨가를 최소화하고 과포화도 및 탄산칼슘과 인산염칼슘(hydroxyapatite)과 같은 다른 고형물의 형성 가능성을 제한하기 위해 8.0~8.8 범위 내에서 제어된다. 이러한 고형물은 최종 결정 생성물의 순도를 떨어뜨린다. 인 회수율의 감소는 또한 처리된 유출수와 함께 결정화조로부터 배출되는 미세 비결정 인산칼슘 침전물의 형성으로 인해 일어날 수 있다. pH 8.0~8.8 범위에서, 인 회수율은 80%보다 높으며 매우 순도가 높은 struvite 생성물이 만들어짐이 증명되었다.

pH 8.0 미만에서도 struvite가 형성됨이 증명되었다. struvite가 혐기성 소화조 유출수(슬러지)로부터 바로 형성되는 AirPrex® 공정의 경우 pH 7.2~7.4 범위에서 운전한 결과 높은 인 회수율을 보였으며 반응조의 원뿔형 구역에서 슬러지로부터 분리하기에 충분한 크기의 struvite 결정이 생성되었다(Nieminen, 2010). 결정의 성장률은 운전 pH가 낮아짐에 따라 감소하며, 이는 인 회수와 결정 크기를 같은 수준으로 달성하는데 결정화조의 더 긴 체류시간이 필요하게 된다. 생물학적 인 제거 공정의 폐활성 슬러지의 소화에서 파생된 반류수의 경우 정인산이온의 농도와 과포화 정도가 충분히 높으며, 이로 인해 인 회수 요구 수준을 달성하기 위해 pH가 8.0보다 높게 요구되지 않는다.

요구되는 pH 범위를 달성하기 위한 전략은 표 15-3에 요약된 바와 같이 공정에 따라 다양하다. 결정화조의 포기는 $CO_2$ 탈기를 통해 pH를 증가시키는 효과적인 방법으로 알려져 있다. 혐기성 소화조 유출수와 반류수는 소화조 가스의 높은 $CO_2$ 농도 때문에 $CO_2$로 과포화되어 있다. 일단 대기 상태의 공기에 노출되면 $CO_2$는 액체로부터 확산되고 pH는 8.0 이상으로 증가한다. 표 15-3에 기술된 AirPrex®, PHOSPAQ™, 그리고 Phosnix® 기술에 있어서 포기는 액체로부터 $CO_2$ 탈기를 위해 결정화조에 직접 적용된다. 또한 포기는 교반을 일으키고 분리 및 처리가 가능한 범위의 크기 이상으로 결정을 성장시키는 데 적합한 유체역학적 조건을 야기한다. NuReSys® 공정에서 $CO_2$는 결정화조 이전 조에서의 포기와 기계식 교반에 의해 반류수로부터 탈기된다. 고속 기계식 교반과 포기를 적용하면 에너지 소비를 줄이며 악취 제어공정을 통해 처리가 필요한 공기의 양을 제한한다. 교반 속도와 공기 유량은 반류수가 결정화조에 유입되기 전에 미세 struvite 결정을 형성하는 것을 제한하기 위해 조절된다.

혐기성 소화조와 반류수 내의 정인산이온의 우점 형태는 낮은 농도로 존재하고 struvite 형성을 위해 필요한 형태인 $PO_4^{3-}$를 가진 $HPO_4^{2-}$와 $H_2PO_4^{-}$이다. 식 (15-2)에 나타난 바와 같이, struvite가 형성됨에 따라 $HPO_4^{2-}$와 $H_2PO_4^{-}$는 $PO_4^{3-}$로 바뀌며, 이는 양성자 방출이나 산성도 증가를 초래한다.

$$H_2PO_4^{-} \rightleftarrows HPO_4^{2-} + H^+ \rightleftarrows PO_4^{3-} + 2H^+ \tag{15-2}$$

염화마그네슘이 마그네슘의 공급원으로서 사용되는 경우, 용액 내에 잔류하는 염소 이온으로 인해 추가적인 산성도가 발생한다. 이러한 화학반응에 의해 발생하는 산성도는 중탄산이온을 이용한 중화로 완충되지만 충분한 산성도가 발생하는 경우, pH가 감소하게 되고 포기만으로는 목표 pH인 8.0 이상을 달성할 수 없을 것이다. 알칼리도를 제공하기 위해 마그네슘 공급원으로 염화마그네슘 대신 산화마그네슘이나 수산화마그네슘을 선택하거나 수산화소듐 첨가로 pH를 제어할 수 있다. Struvite 형성의 결과로 야기되는 산성도의 양에 따라, 산화(또는 수산화)마그네슘과 수산화소듐이 공정을 제어하기 위해 요구될 수 있다.

Struvite 용해도는 온도와의 함수이지만 표 15-3에 나타난 공정에서는 온도를 제어하지 않는다. 인산이온 제거효율을 최대화하는 이상적인 온도로 운전하기 위해 반응조를 냉각 또는 가열하는 것은 경제적으로 입증되지 않았다.

**화학약품 요구사항.** 마그네슘의 공급원은 대체로 염화마그네슘, 수산화마그네슘 또는 물과 접촉하여 수산화마그네슘을 형성하는 산화마그네슘이다. 각각의 공정을 위한 화학약품의 선택은 다양하며 공급자나 실수요자의 선호도와 화학약품 비용에 달려 있다.

염화마그네슘은 수산화마그네슘보다 더 빨리 해리되는 장점이 있으며, 이는 보다 빠른 반응속도를 유도한다. 따라서 화학약품이 첨가되는 위치 주변에 국소적으로 과잉 과포화 상태가 되는 것을 방지하기 위해 최적화된 화학약품 공급 분산 시스템이 반응조에 필요하다.

산화마그네슘과 수산화마그네슘은 결정화조에 마그네슘 및 알칼리도 모두를 제공한다. 두 화합물의 1차적인 역할은 마그네슘을 제공하는 것이다. 화학약품에 의해 공급되는 알칼리도는 장점이지만, pH를 증가시키거나 요구되는 운전범위 내에서 pH를 안정시키지는 않는다. 이 경우, pH를 제어하기 위해 수산화소듐을 첨가할 필요가 있다. 산화마그네슘과 수산화마그네슘은 물에 대한 용해도가 제한되어 현탁물로서 결정화조에 공급된다. 따라서 화합물의 용해속도는 과포화의 수준과 결정 성장률을 제어할 것이다. 또한 핵생성이 용해되지 않은 시약의 표면에서 발생할 수 있으며, 이는 수확한 생성물의 순도를 떨어뜨린다.

마그네슘은 결정 성장을 위한 과포화 상태를 유지하기 위해 과잉 몰 농도로 공정에 추가된다. 1.1~1.6 범위(전형적인 값은 1.3)의 $Mg^{2+}$와 $PO_4^{3-}$의 몰 비율이 도시 반류수에 실제 사용되었다. 보다 높은 과포화 수준을 야기할 만큼 과잉 마그네슘이 첨가되면, 과잉 1차 핵생성이 발생하며, 이로 인해 수력학 설계에 따라 결정화조에서 머무르지 못하는 작은 결정을 형성하게 된다. 도시 반류수로부터 struvite 결정화에 사용되는 $Mg^{2+}/PO_4^{3-}$ 몰 비율과 운전 pH 범위에서, 칼슘에 의한 저해와 인산칼슘의 형성을 최소화하며, 이는 높은 회수율과 수확된 생성물의 높은 순도를 이끈다.

공정 기술과 요구되는 운전 pH에 따라 pH 조절 및 제어를 위해 일반적으로 수산화소듐을 사용한다. 수산화소듐은 취급의 용이함 때문에 선호되며 50 wt% 정도의 높은 농도로 저장할 수 있다.

화학약품 요구사항은 소화조의 인산이온 농도와 그것의 가변성에 영향을 주는 주 공정과 고형물 처리시설에서의 운전 상태에 따라 반류수에 특징적이다. 선택된 결정화 기술에 대한 파일럿 또는 시범 규모의 실험이 화학약품 요구사항과 실 규모 공정의 설계에 필요한 운전조건들에 대해 평가하기 위해 일반적으로 수행된다.

**Seed 요구사항.** 모래 또는 struvite 결정과 같은 seed 물질은 주로 빠르게 공정을 시작하기 위해서 결정화조에 첨가된다. 반응조에 결정량이 특정 수준에 도달한 후에 공정은

**그림 15-1**

실 규모 struvite 결정화장치의 예. (a) Ostara Pearl® 반응조, 오리건주 타이거드, (b) Multiform Harvest 원추형 반응조, 워싱턴주 야키마(Multiform Harvest Inc. 제공)

(a)　　　　　　　　(b)

목표로 하는 운전 상태(예, 과포화의 수준, pH)을 스스로 유지하며, seed를 더 이상 추가할 필요가 없게 된다.

**교반과 수력학적 요구사항.** 반응조 내의 교반과 수력학적 상태는 공정으로부터 수확되는 결정의 크기에 영향을 미친다. AirPrex®, PHOSPAQ™ 그리고 Phosnix® 공정에서, $CO_2$를 탈기하고 반응조 내 교반 형태를 유발하기 위해 air-lift 포기를 설계하며, 이는 분리와 처리를 위한 충분한 크기로 결정을 성장시킨다. AirPrex®와 Phosnix® 반응조에서 원뿔형 바닥은 보다 큰 struvite 결정을 제거하기 전에 분리와 농축할 수 있는 환경을 제공한다. 혹은 PHOSPAQ™ 공정에서 적용된 것처럼 반응조 바닥으로부터 후속 처리를 위해 생성물을 회수하기 위해 하이드로사이클론을 통해 고형물을 펌프로 공급할 수 있다.

Pearl®과 Crystalactor® 공정에서, 결정화조 유출수는 결정과 특정 크기 범위의 펠릿 생성물을 만들기 위해 요구되는 범위로 상향 유속을 유지하기 위해 반송된다. 결정 또는 반응조로부터 수확되는 펠릿의 크기가 별로 중요하지 않으면 유출수를 재순환할 필요가 없다. 내부 재순환이 없는 원뿔형 유동층 결정화조(표 15-3)에서 결정은 액체로부터 분리될 수 있는 충분한 크기로 발달한다. Struvite는 간헐적으로 제거되며 특정 최종 용도에 특징적인 생성물 특성을 만들기 위해 처리장 밖에서 처리된다.

수확된 생성물의 특성에 영향을 주는 상향 유속 범위를 생성시키고 연속적으로 성장하고 결정화조의 아랫부분으로 가라앉는 작은 결정을 체류시키기 위해서 결정화조는 특별한 기하학적 구조로 설계될 수 있다. 그림 15-1의 (a)와 (b)에 나타낸 Pearl과 원뿔형 결정화조는 단면 직경이 증가함에 따라 다양한 상향유속을 만드는 공정의 예시이다. Phosnix®, Crystalactor® 그리고 PHOSPAQ™ 공정에서 작은 결정은 낮은 상향 유속 구역이나 반응조 상부의 침전 구역에 머무르며 점차 주 반응 구역으로 되돌아간다.

결정화와 펠릿 형성에 필요한 수력학적 조건 또한 기계적 교반을 통해 이루어질 수 있다. NuReSys® 공정에서, 3-날 회전날개를 가진 기계적 교반기는 교반하고 펠릿 최종 생성물을 생성하는 데 성공적으로 사용되었다.

**그림 15-2**

Pearl 결정화장치에 의한 펠릿 struvite의 처리. (a) 건조, (b) 생성물 자루에 넣기

(a)                    (b)

**생성물 분리 및 정화.** 결정은 액체와 다른 부유성 고형물로부터 분리가 가능한 크기로 성장할 수 있고 수확 후 처리(예, 스크리닝, 세척)가 쉽다. 액체로부터 0.2 mm 또는 그 이상의 중간 결정 크기를 갖는 생성물의 분리 및 회수는 증명되었다. 결정화조 설계에 따라, 유체역학적 상태는 결정의 덩어리를 강화하고 2~4 mm까지의 중간 직경을 가지는 구형 펠릿을 형성한다. 생성물의 중간 직경은 결정화조에서 생성물 체류시간의 증가 또는 감소에 맞춰 생성물의 수확 속도를 조절함으로써 제어된다.

    Struvite 생성물에 대한 처리 요구사항은 변한다. 생성물은 스크리닝에 의한 농축, 염소수나 가열에 의한 소독, 헹굼, 탈수 그리고 건조와 같은 처리를 거친다. 생성물 순도는 대체로 규제요건을 초과하고 더 이상의 정화 단계는 필요하지 않다. 최종생성물이 처리되는 정도는 최종 사용자의 요구사항에 따른다. Pearl 결정화조로부터 수확된 펠릿 생성물을 위한 처리 장치의 예는 그림 15-2에 나타냈다.

**Struvite 인 회수 한계.** 실제로, 정인산이온은 완전히 회수되지 않으며, 일반적으로 결정화조 유출수 농도는 5 mg P/L 이하가 되지 못한다. 비교적 짧은 수리학적 체류시간(1시간 미만)을 가지는 유동층 반응조의 경우, 이러한 시스템에서 10 mg P/L 이하의 유출수 농도를 지속적으로 달성하기 위해서는 정인산이온이 감소하는 만큼 결정화조 전체에 충분한 과포화 상태를 유지하기 위해 더 많은 화학약품이 첨가되어야 한다. 경제적인 관점에서(즉, 높은 회수 효율 대비 화학약품 비용) 유출수 정인산이온 농도 범위는 10~25 mgP/L가 일반적이다. 수리학적 체류시간이 아주 긴(예, 8 h) AirPrex®와 같은 공정에서 유출수 농도가 10 mg P/L 이하임이 증명되었지만 더 큰 반응조로 인한 비용이 발생한다.

## ≫ 인산칼슘을 통한 인의 회수

인은 인산칼슘 침전물을 통해 반류수로부터 회수될 수 있다. 인산칼슘을 통한 인의 회수를 위한 전형적인 공정도는 그림 15-3과 같다. 공정은 1980년대 네덜란드에서 최초로 개발되고 성공적으로 증명되었다(Piekema and Giesen, 2001). 그러나 특히 struvite을 통한 인의 회수와 비교할 때, 이 공정은 일반적으로 화학약품 비용 상승으로 비경제적이

**그림 15-3**

영양염류가 풍부한 반류수로부터 인산칼슘의 생성을 위한 처리 계통도

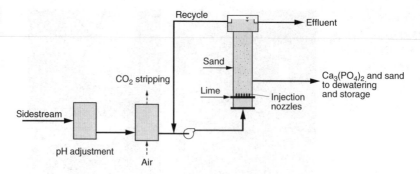

었다. 비록 인산칼슘을 통한 인의 회수가 현재 주로 산업, 식품 및 낙농장에 한정적으로 적용되고 있지만 여전히 폐수에도 적용되고 있다. 석회 침전을 이용한 주 공정으로부터의 인 회수는 몇몇 시설에서 계속 사용되고 있으며 인산칼슘의 회수에 대한 논의 다음에 논의된다.

**반응 화학양론.**  인산칼슘은 pH와 반류수의 이온 조성에 따라 몇 가지 형태로 존재한다. 석회를 이용한 인산이온 침전의 기본적인 화학작용은 6-5절에 나타나 있다. 결정화를 통해 생성된 주요 생성물은 hydroxyapatite [$Ca_5(PO_4)_3OH$]이며 가장 열역학적으로 안정된 인산칼슘의 형태이다.

**운전 고려사항.**  인산칼슘을 통한 인 회수를 적용함에 있어서 반드시 고려되어야 할 주요한 운전 고려사항은 (1) 전처리 요구사항, (2) pH 및 온도 제어, (3) 화학약품 요구사항 그리고 (4) seed 요구사항이다. 이러한 요인 각각은 아래에 설명하였다.

**전처리 요구사항.**  대부분의 고강도 반류수는 결정화조에서 탄산칼슘 침전물을 형성하는 고농도의 중탄산이온을 함유하고 있다. 탄산칼슘의 형성을 제한하기 위해 강한 무기산을 이용하여 pH 5 이하로 낮추는 산성화로 반류수를 전처리하며 산성화된 반류수는 $CO_2$ 제거를 위해 공기탈기를 실시한다. 다음으로 전처리된 반류수는 인산이온 침전을 위해 수산화칼슘 슬러리로 처리된다.

**pH와 온도 요구사항.**  인산칼슘 결정화는 pH 8.0~9.0 범위에서 수행된다. 현장에서의 최적 pH는 파일럿 규모 실험에 의해 결정된다. 실제로 결정화조의 온도는 경제적인 문제로 제어하지 않는다.

**화학약품 요구사항.**  무기산은 반류수 전처리를 위해 필요하다. 산의 양은 중탄산이온을 $CO_2$로 완전 전환한다는 가정하에 미리 산출될 수 있다. 일반적으로 생석회(CaO)는 결정화조의 칼슘 공급원으로 사용되며 슬러리(물을 추가하면 수산화칼슘 형성)로 공급된다. 석회는 전처리된 반류수의 5.0 또는 그 이하의 pH를 결정화조의 설정된 pH까지 증가시키기고 결정화조에서 요구하는 과포화 수준을 만들기 위해 첨가된다. 현장에서 석회는 0.5~5.0 mM 범위로 과잉 주입되고 있다(Piekema and Giesen, 2001). 무기산과 석회 요구량은 파일럿 규모 시험에 의해 결정된다.

**Seed 요구사항.** 1차 핵생성을 통한 인산칼슘 결정화는 물로부터 분리하기 어려운 미세 미정질의 생성물을 만든다. 그러나 모래와 같은 seed 물질이 존재하고 잘 제어된 과포화 상태에서, 핵생성이 모래 입자 표면에서 일어나며 펠릿(pellet)으로 결정은 계속 성장한다. 유동층 결정화조 내 수력학적 상태를 제어함으로써 중간 직경이 대략 1 mm인 펠릿 생성물이 결정화조의 바닥에서 수확된다. 펠릿 생성물을 간헐적으로 제거함으로써 생질의 seed 물질이 첨가된다. 결정화조를 통한 표면 상향속도는 40~75 m/h (130~250 ft/h) 범위이다.

산성화와 공기탈기를 통한 무기성 탄소 제거 필요성을 없애기 위해 대체 seed 물질이 제안되었다. 방해석과 칼슘이산화규소수화물은 hydroxyapatite 결정화를 통한 인의 회수에 효과적이라고 알려져 있다(Berg et al., 2006; Donnert and Salecker, 1999). 펠릿 생성물을 결정화조로부터 제거함에 따라 모래와 같은 seed 물질을 간헐적으로 첨가해야 한다. 지금까지, struvite 결정화와 비교한 인 회수를 위한 이 방법의 장점은 아직 실규모에서 증명되지 않았다.

## 》 주 공정으로부터의 인 회수

철과 alum을 이용한 화학 침전 및 흡착을 통한 주 폐수의 인 제거는 광범위하게 사용되고 있다. 이 반응에 의해 생성되는 화학슬러지는 비정질이며 1차 침전지 또는 활성슬러지 공정에서 형성되며, 이곳에서 1차 슬러지 또는 활성슬러지와 단단히 혼합되어 있다. 화학슬러지의 형성과 비화학슬러지와의 단단한 혼합은 인산이온 회수를 더욱 어렵게 한다. 슬러지와 소각재로부터 인산이온을 회수하기 위한 기술이 개발되어 있으나, 이 장에서는 논의되지 않는다.

**Phostrip 공정.** 주 공정으로부터 인산이온의 회수를 위해서 사용된 초기 공정 중 하나는 Phostrip 공정이며, 특히 생물학적 인 제거(EBPR)를 위해 개발되었다. Phostrip 공정은 8-8절의 표 8-27에 설명되어 있다. Phostrip 공정에서, EBPR 공정으로부터 인이 풍부한 반송슬러지 일부(20~40%)는 12~20 h의 슬러지 체류시간을 가지는 혐기성 상태로 보내어진다. 이러한 조건에서, 쉽게 생분해 가능한 COD (rbCOD)의 내생호흡은 슬러지로부터 벌크액으로 정인산이온을 배출하거나 탈기시킨다. 인산이온 탈기조는 일반적으로 중력 농축조로 구성되어 있으며, 슬러지로부터 농축조 월류수로 방출된 인을 씻어내기 위해 농축된 슬러지를 재순환한다. 주 공정의 질산화를 위해 전탈기조는 RAS의 탈질화와 인 방출을 최적화하기 위해 인산이온 탈기 이전에 설치된다. 농축된 RAS는 주 공정으로 반송되거나 일부는 폐활성 슬러지(WAS)로써 고형물 처리시설로 보내어진다.

전통적으로, 탈기조 월류수는 인산이온을 제거하기 위해 pH 9.0~9.5에서 석회를 이용한 화학적 침전을 한다. 탈기조 월류수에는 중탄산이온이 존재하므로, 혼합 고형물 조성을 초래하는 탄산칼슘이 형성될 수 있다. 일반적으로 화학고형물은 따로 제거되거나 1차 침전지에서 침전된다. 그렇지 않으면, 탈기조 월류수는 소화 후 탈수에서 파생된 반류수와 혼합되고 인산마그네슘암모늄을 생성하기 위한 결정화 공정에 유입될 수 있다.

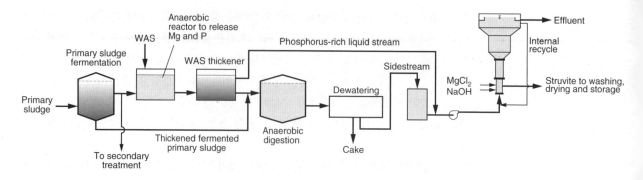

**그림 15-4**

다중인산이온이 풍부한 2차 폐슬러지로부터 휘발성 지방산(VFA)이 강화된 인산이온 탈기에 대한 공정 계통도

**폐활성 슬러지로부터 인산이온의 방출.** Phostrip 개념은 EBPR 공정에서 파생된 폐활성 슬러지에 적용할 수 있다. EBPR 공정에서 WAS는 고형물 가수분해와 발효가 일어나며, 이때 인이 방출될 수 있다. 혐기성 소화 이전에 WAS로부터의 인 방출은 소화조와 소화조 월류수에서의 struvite 형성을 상당히 저감한다. WAS 발효조 또는 탈기조는 Phostrip 공정과 유사하게 내부 농축 슬러지 순환을 포함하는 WAS 농축조로써 구성될 수 있다. 농축조 월류수는 struvite 회수를 위해 소화 후 반류수와 혼합된다. 마그네슘 또한 대략 0.25 g Mg/g $PO_4^{3-}$-P released의 질량비로 WAS로부터 방출되며, 이는 struvite 결정화조에서의 염화마그네슘이나 산화/수산화마그네슘 요구량을 줄인다.

**폐활성 슬러지로부터 인산이온의 강화 방출.** WAS 탈기조에 1차 슬러지 발효액이나 아세트산의 첨가는 인 방출 속도를 강화하고 탈기조에서의 슬러지 체류시간을 12~20 h에서 2~5 h으로 줄인다. 0.02~0.04 g/g의 VFA와 VSS의 비가 요구된다(Schauer et al, 2001; Corrado, 2009). 일반적으로 인산이온 방출 속도는 WAS 탈기조의 VFA 농도에 영향을 받지 않는다. 강화 방출 WAS 탈기 공정의 최적 구성은 그림 15-4의 공정 계통도와 같이 완전혼합 반응조 뒤에 고형물 농축 단계를 배치한다. 운전조건에 따라, 농축된 슬러지를 재순환하는 Phostrip 농축조를 배치하는 것 또한 인 방출을 강화할 수 있다.

## 15-5 암모니아 회수 및 제거를 위한 물리화학적 공정

반류수 암모늄 처리를 위한 물리화학적 공정은 생물학적 처리를 대신하며, 실제로 암모늄 제거를 위해 주로 사용되는 방법이다. 산업과 농업 분야에서 액상 암모니아 또는 암모늄염(예, 황산암모늄, 질산암모늄)을 생산하기 위해 폐수로부터 암모늄의 회수는 몇 십년 동안 관심의 대상이었으며, 몇 가지 공정들이 개발 및 증명되었고 실 규모에서 시행되었다. 암모니아 재사용이 요구되지 않는 곳에서, 열촉매 분해기술 또한 개발되었고 실 규모에 실시되었으며, 이는 폐수로부터 탈기된 암모니아를 고온에서 촉매를 이용해 $N_2$로 전환한다.

실 규모에서 증명되었고 현재에도 산업공정들, 하수슬러지 소화조, 매립침출수 처리 및 동물분뇨 소화조에서 발생된 폐수로부터 암모니아를 회수 또는 분해하는 데 사용되고 있는 공정들은 이 절에 설명되어 있다. 이온교환 및 흡착과 같은 기술은 고강도 폐수의 처리에 설사 적용되더라도 극히 드물고 이 장에서는 고려하지 않았다. 에너지 회수를 위해 수소를 발생시키는 암모니아 전기분해(Vitse et al., 2005)와 같은 최근 기술들과 Vacuum Flash Distillation (Kemp et al., 2007) 및 Membrane Contactors (Membrana, 2007; du Preez et al, 2005)와 같은 대체 암모니아 탈기 또는 휘발 기술들 또한 실 규모의 적용이 제한적이거나 개발 중이므로 고려되지 않았다.

## ❱❱ 공기탈기 및 산 흡수에 의한 암모니아의 회수

공기탈기-산 흡수 기술에 의한 고강도 폐수로부터 암모니아의 회수는 산업폐수 및 생활하수 모두에 적용되었다. 생활하수 분야에서 가장 주목할 만한 공정은 노르웨이 오슬로에 있는 VEAS 시설[3.5 m³/s (80 Mgal/d)]이며, 황산암모늄이 1996년부터 1998년까지 생산되었고 1998년 이후로 질산암모늄이 생산되었다(Sagberg et al., 2006). 이 기술이 북미에서는 널리 적용되지 않았지만, 유럽에서는 몇몇 공정들이 1980년대 말부터 하수 소화조 반류수, 분뇨 소화 반류수, 매립지 침출수 및 산업폐수로부터 암모니아를 회수하기 위해 운전되었다.

황산이 가장 저가이고 가장 일반적으로 사용됨에도 불구하고, 다른 종류의 산도 사용될 수 있다.

- 인산 ― 일인산암모늄(MAP) 또는 이인산암모늄(DAP)을 생산
- 염산 ― 염화암모늄($NH_4Cl$) 생산
- 아세트산 ― 아세트산암모늄($NH_4C_2H_3O_2$) 생산
- 질산 ― 질산암모늄($NH_4NO_3$) 생산

생성물의 판매에 의한 수익이 발생한다면 결과 생성물에 대한 지역 또는 지방의 요구사항에 따라 특정한 산을 선택한다. 그러나 현재 실제로 적용되는 공기탈기-산 흡수 공정으로부터 주로 선택된 생성물은 황산암모늄이며, 주로 화학약품 비용과 시장 수요에 의해 결정된다.

**공정 설명.** 기본적인 공기탈기/산 흡수 공정 계통도와 실 규모 공정의 실시 예는 그림 15-5에 나타내었다. 공정은 pH 조정, TSS 제거, 이중칼럼 공기탈기조-산 흡수조 시스템과 주입시스템 및 제어장치가 결합된 화학약품 저장조로 구성되어 있다. 11-10절에 기술된 바와 같이, 공기를 이용한 폐수로부터 암모니아의 탈기는 pH 증가를 통해 액상에서 암모늄이 암모니아로 변환되어야 한다. 액상 암모니아 용액을 위한 암모니아의 형태에서 암모늄 비율에 대한 온도와 pH의 영향은 그림 15-6에 표현되어 있다. 일반적인 소화조 반류수에서 25~35 ℃의 온도와 11 또는 그 이상의 pH가 암모늄이 암모니아로 거의 100% 바뀌는 데 필요하다. 반류수의 이온 조성은 그림 15-6에 표현된 화학적 평형에 영향을 미치며, 이는 비이상적 상태가 이온-이온 간 상호작용에 의해 조성되기 때문

**그림 15-5**

암모니아 회수와 농축된 황산 암모늄 생성을 위한 공기탈기-산 흡수 공정. (a) 공정 계통도, (b) VEAS 폐수처리장(오슬로, 노르웨이)의 실 규모 공정 (Paul Sagberg and VEAS—Vestfjorden Avløpsselskap 제공)

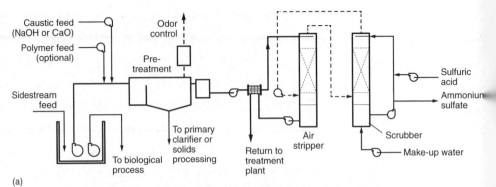

이다. 암모늄-암모니아 평형에 대한 비이상적 상태의 영향은 이온농도의 곱함수인 1가와 2가 활성계수를 통해 설명된다. 활성계수의 계산은 2장의 2-2절에 자세히 기술되어 있다.

**온도 영향.** 그림 15-6의 그래프로부터, 반류수 온도가 증가함에 따라 더 낮은 운전 pH가 필요하고 이로 인해 더 적은 알칼리제가 필요한 것처럼 보인다. 그러나 15-1절에 기

**그림 15-6**

pH와 온도 함수로써 암모니아-암모늄 평형

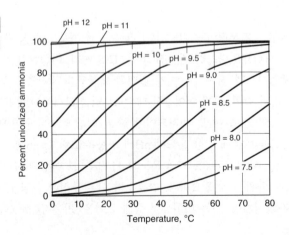

술한 것처럼 암모늄은 pH 7.0~8.0 범위에서 소화조 반류수에 중탄산암모늄으로 존재한다. 온도 증가로 인한 암모늄의 암모니아로의 변환은 중탄산이온의 액상 $CO_2$로의 변환과 다시 $CO_2$ 가스로의 방출을 동반한다. 공기탈기와 산 흡수 칼럼은 그림 15-5에 묘사된 것처럼 주로 밀폐시스템으로 설계되며, 이는 오염된 공기의 대기 방출을 최소화하고 암모니아 탈기 효율에 영향을 미치는 반류수의 증기화 냉각을 방지하기 위해서이다. 흡수 칼럼에서 $CO_2$는 공기로부터 암모니아와 함께 제거되지 않기 때문에, 순환 공기 중의 $CO_2$ 농도는 증가하며, 이는 반류수 내 $CO_2$의 체류와 pH 억제를 일으킨다. 그러므로 폐쇄시스템에서 높은 운전온도는 운전 pH를 낮추기 위해 사용될 수 없으며 알카리제 요구량도 영향을 받지 않는다.

운전상, 그림 11-62에 묘사된 것처럼 높은 칼럼 온도는 유리하다. 더 높은 온도는 암모니아에 대한 헨리상수를 증가시키며, 이는 공기탈기 칼럼에서 물질전달을 위한 더 큰 구동력을 생성한다. 게다가, 물과 공기에서의 암모니아 확산계수는 온도와 함께 증가하며, 이는 11장의 11-10절에 있는 탈기 칼럼 설계 계산에서 수학적으로 총괄물질전달계수, KL로 표현되는 물질전달 속도를 더욱 증가시킨다. 전체적으로, 높은 운전온도는 동일한 암모니아 제거효율을 달성하기 위해 필요한 공기 유량의 감소라는 순효과를 나타낸다(그림 11-63 참조). 공기 요구량의 감소는 더욱이 탈기와 흡수 칼럼의 직경을 줄이는 효과도 있다.

**알칼리제 요구량.**  가성소다(수산화소듐) 및 석회는 소화 반류수의 pH 조정을 위해 현장에서 사용되었다. 가성소다 필요량을 결정하는 두 가지 주요 반응은 다음과 같다.

$$NH_4HCO_3 + NaOH \rightarrow NH_3 + H_2O + NaHCO_3 \tag{15-3}$$

$$NaHCO_3 + NaOH \rightarrow Na_2CO_3 + H_2O \tag{15-4}$$

탄산소듐의 용해도 때문에 pH가 조절된 반류수는 상당한 완충능력을 가지고 있으며, 이는 칼럼 깊이에 상관없이 적정 pH에서 공기탈기 칼럼이 운전되도록 한다. 질산화를 유지하기 위해 알칼리도 첨가가 필요한 폐수처리시설의 경우, pH 조절을 위해 가성소다를 사용하는 공기탈기-산 흡수를 통해 처리되는 반류수는 2차 처리 시스템에서의 알칼리도 요구량 일부 또는 전체를 제공할 수 있다. 공기탈기-산 흡수 공정의 운전비용에 있어 가성소다 비용이 상당한 부분을 차지하기 때문에, 2차 처리시설에 제공되는 알칼리도에 대한 일부 또는 전체 공제를 추정하는 것이 경제성 측면에서 중요하다.

혹은, 석회(CaO)도 pH 조절에 사용될 수 있다. 석회의 주요한 이점은 가성소다에 비해 매우 낮은 비용이다. 그러나 6장의 6-3절에 기술한 바와 같이, 석회는 탄산칼슘의 침전을 통해 탄산알칼리도를 제거한다. 탄산칼슘의 유익한 이용(예, *Farmer's Lime*과 같은 유익한 토양 적용)이 발견될 수 없다면, 고형물 처분에 따른 추가적인 운전비용을 초래하고 가성소다 대비 석회의 비용 이점을 상쇄한다. 완충용량의 상당한 손실은 반류수로부터 암모니아가 탈기됨에 따라 공기탈기 칼럼의 깊이에 따른 pH 경사를 감소시킬 것이며, 이는 칼럼 하부에서의 효율을 감소시킨다. 석회의 사용은 공기탈기 칼럼 오염 속도를 증가시킨다는 추가적인 단점이 있으며, 이로 인해서 공기탈기 칼럼의 청소를 위한 가

동중지 횟수가 증가한다. 또한 석회는 가성소다와 비교해 취급이 더 어렵다.

**강화된 공기탈기를 위한 고형물 제거.** 소화 반류수는 공기탈기 칼럼의 상당한 오염을 야기할 수 있는 TSS를 포함하고 있다(표 15-1 참조). 게다가, 비록 가성소다를 이용한 pH 조절에 의해 발생하는 고형물량은 석회에 의해 발생하는 화학슬러지의 양보다 훨씬 적지만, pH 조절 과정에서 탄산칼슘과 같은 무기성 침전물이 생성된다. 공기탈기 칼럼에 대한 TSS의 악영향을 줄이기 위해서 경사판 침전지나 고율 정화 기술(5장의 5-7절의 공정 설명 참조)과 같은 고형물 제거단계가 필요하다. pH 조절을 위해 석회를 사용한다면, 고형물 제거 공정은 수처리에서 주로 사용되는 재래식 냉각 석회 연화가 필수적이다.

**공기탈기 및 산 흡수 칼럼 운전.** 공기탈기 칼럼의 치수와 충진 깊이를 결정하기 위한 기본적인 설계 공정은 11장의 11-10절에 소개되었다. 물질전달뿐만 아니라 화학반응이 칼럼을 순환하는 산성 암모늄염 용액 내에서 일어나고 칼럼의 액상과 공기 온도에 영향을 주는 열이 발생하기 때문에 산 흡수 칼럼의 설계는 보다 복잡하다. ASPEN1과 같은 고도 화학적 공정모델이나 유사한 모델링 프로그램은 대체로 세정 효율, 충진 깊이, 칼럼 직경 그리고 공기탈기 칼럼으로 반송되는 공기의 온도를 계산하기 위해 사용된다. 그렇지 않으면, 장치 공급자는 그들의 경험을 근거로 하는 독점적 설계방법을 가지고 있으며, 이는 사용되는 물질전달 담체의 형태에 따라 다르다.

그림 15-5에 표시된 바와 같이, 2개의 칼럼은 무작위로 배치된 플라스틱 담체와 밀폐시스템으로 구성되며, 탈기조 칼럼을 통해 반류수 흐름과 반대로 송풍된 공기는 흡수조로 보내어지고 흡수조 상부로부터 공기는 송풍기의 유입부로 흐른다. 2개의 칼럼의 크기에 있어서 송풍기와 생성물 재순환 펌프는 반류수 유량 및 암모니아 농도, 요구되는 반류수 암모니아 제거효율과 2개의 칼럼의 운전조건(pH, 온도)에 의존한다. 일반적으로 탈기조와 흡수 칼럼의 직경은 같지만 흡수 칼럼의 높이와 충진 깊이는 대략 탈기 칼럼의 80% 정도이다. 운전온도가 40°C보다 높으면, 흡수 칼럼의 높이와 충진 깊이는 증가하고 탈기 칼럼과 비슷해진다. 공기탈기-산 흡수 공정은 일반적으로 pH(전처리된 반류수와 흡수 칼럼에서 재순환되는 생성물 용액)와 재순환되는 생성물 용액의 밀도에 의해 제어된다.

흡수 칼럼에서 pH를 산성으로 유지하기 위해 생성물 용액의 재순환 루프에 산을 투입하며, 이는 흡수를 위한 충분한 구동력을 제공한다. 재순환 생성물 용액 밀도의 실시간 측정은 pH를 미세하게 조절하기 위해 이용한다. 생성물 용액은 연속적으로 칼럼의 하부로부터 제거된다. 황산암모늄의 생성에 있어서, 일반적으로 대형 시설에서 사용되는 93 wt% 농도의 황산용액은 40 wt%의 황산암모늄 용액을 충족시키기에는 불충분하다. 그러므로 물은 연속적으로 흡수 칼럼에 추가되며 주로 재순환 용액의 밀도에 의해 제어된다. 농축된 황산의 첨가와 이어진 황산암모늄의 형성은 상당한 화학 열을 발생시킨다. 이 열의 일부는 흡수 칼럼의 온도를 증가시키고 이는 탈기 칼럼으로 재순환되는 공기에 열을 전달함으로써 양쪽 칼럼의 온도를 증가시키는 데 사용될 수 있다. 질산암모늄을 생성하기 위해 농축된 질산을 이용하면 보다 적은 화학 열이 발생한다.

약 70°C의 한계 온도까지는 높은 운전온도가 송풍기 용량과 칼럼 직경을 줄일 수 있

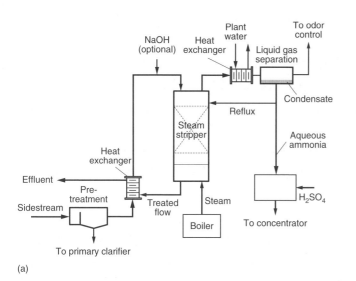

(a)　　　　　(b)

### 그림 15-7

액상 암모니아 또는 황산암모늄의 생성을 위한 반류수로부터 암모니아의 회수를 위한 증기탈기 공정. (a) 공정 계통도, (b) 파일럿 플랜트 시설의 전경(뉴욕시 환경보호국 제공)

기 때문에 낮은 압력의 폐증기를 탈기조 칼럼에 직접 추가할 수도 있다. 이 온도를 넘어서면, 흡수 칼럼에서의 암모니아 제거효율이 나빠지기 시작하며 이는 칼럼 제작에 사용된 유리섬유 강화 플라스틱의 한계 온도이다.

**경제적 고려사항.** 공기탈기-산 흡수 공정의 개요에서 논의된 것처럼 농축된 무기산이 흡수 칼럼에 사용되고 가성소다 또는 석회가 소화 반류수의 pH 조절에 사용된다. 이러한 화학약품이 주된 운영비용이므로, 화학약품의 미래 가격 경향이 생물학적 처리와 비교할 때 이 공정이 경제적으로 실행 가능함을 평가하기 위해서 얻어야 할 극히 중요한 정보이다. 가성소다 또는 석회와 산의 비용을 상쇄하기 위해서, 수익 창출을 위해 생성물을 판매하는 것이 암모니아 회수의 경제성을 향상시킨다. 비료로서 황산암모늄 또는 질산암모늄을 사용하는 것은 15-6절에서 더 논의된다.

## 증기탈기에 의한 암모니아의 회수

물로부터 암모니아를 휘발시키기 위한 증기의 사용은 몇몇 산업현장에서 수행되었지만, 생활하수 반류수를 위한 증기탈기의 적용은 제한되었다. 유일하게 보고된 운전 자료는 파일럿 또는 시범 규모의 연구결과이다(Teichgraber and Stein, 1994; Gopalakrishnan et al., 2000). 증기탈기된 반류수에서 100 mg N/L의 암모니아 농도는 에너지 소비와 운전비용이 제한된 조건에서 실질적인 한계이다.

**공정 설명.** 그림 15-7에 나타났듯이 증기탈기 공정은 무작위로 쌓은 담체가 들어 있는 충진 칼럼에서 저압 증기와 반류수의 접촉으로 구성된다. 95~100°C의 운전온도에서, 중탄산암모늄은 칼럼에서 열적으로 암모니아와 이산화탄소로 분해되고 이후에 용존성 가스는 반류수로부터 기체상으로 탈기된다. 탈기된 반류수는 공정의 에너지 소비를 줄이기 위해 반류수 유입수를 예열하는 데 사용된다.

칼럼으로부터 발생된 기체상은 single-pass 냉각수로 처리장 유출수를 사용하는 응축기에서 2상의 혼합물로 냉각된다. 액체와 가스상은 분리되고 액상 일부는 증기탈기 칼럼으로 반송된다("reflux-환류"). 암모니아가 풍부한 잔여 액체는 농축된 액상 암모니아를 만들기 위해 더 처리되거나, 황산암모늄이나 질산암모늄 용액을 생산하기 위해 황산으로 중화되며, 이는 비료로 재사용되는 농축된 용액을 만들기 위해 더 처리된다. 응축기 온도에서 이산화탄소는 휘발성이 높기 때문에, 대부분의 이산화탄소는 기체상에 머무르며, 이는 액상에서 중탄산암모늄의 재형성을 제한한다. 가스는 악취가 매우 강하며 처리가 필요하다.

증기탈기 칼럼 이전의 "탈탄소" 충진 칼럼에서 예열된 반류수로부터 $CO_2$를 휘발시키는 것이 유익할 것이다. 탈기 칼럼 전에 대부분의 $CO_2$를 제거함으로써, 충진 깊이 전체에서 pH 9.5~9.9가 유지될 수 있으며, 이는 보다 빠른 물질전달률과 적은 증기 요구량을 초래한다(Teichgraber and Stein, 1994). 증기는 반류수 온도를 높이고 $CO_2$ 휘발을 향상시키기 위해 탈탄소 칼럼에 추가되지만 증기 부피 요구량은 상당한 암모니아 탈기를 유발하지는 않는다.

**에너지 요구사항.** 에너지가 반류수 유입수를 예열하기 위해 탈기된 반류수로부터 회수되는 경우, 약 100 mg N/L의 탈기된 반류수 암모니아 농도를 달성하기 위해서는 반류수 kg당 대략 0.15~0.18 kg의 저압 증기가 요구된다. $CO_2$가 탈탄소 단계에서 예열된 반류수로부터 제거되면, 증기 요구량은 더 작아질 것이다. 저농도 액상 암모니아를 더 높은 농도로 처리하거나 또는 재이용하기 위한 고농도 황산암모늄 용액을 생산하기 위해서는 추가적인 에너지가 소비된다.

**화학약품 요구사항.** 중탄산암모늄이 열적으로 암모니아와 이산화탄소로 분해되기 때문에 공정에서 수산화소듐이 반드시 필요한 것은 아니다. 그러나 수산화소듐의 첨가는 충진 칼럼 전체에 걸쳐서 pH를 증가시키며, 이는 물질전달률을 증가시키고 증기 요구량을 감소시킨다. $CO_2$가 탈탄소 칼럼에서 휘발되는 공정 구성에서, 증기탈기 칼럼에 수산화소듐 첨가도 증기 요구량을 감소시킨다.

**전처리 요구사항.** 100 mg/L 미만으로 반류수의 부유물질 및 콜로이드 물질을 감소시키는 것은 칼럼 담체의 오염을 줄이는 장점이 있다.

**배가스 처리.** 응축기(또는 탈탄소 칼럼)로부터의 $CO_2$가 풍부한 가스는 악취가 심한 환원된 황성분을 함유하고 있으며 처리를 필요로 한다. 휘발성 유기화합물도 배가스 내에 존재하며, 시설에 적용되는 대기질 규정에 따라 처리를 필요로 할 수도 있다.

**운전상의 문제.** 증기탈기에 의해 발생되는 운전상의 문제는 다음과 같다. (1) 높은 온도에서 존재하는 폐성분으로 인한 열교환기 내부와 탈기조에서의 광범위한 오염(예, 철 침전물), (2) 효과적인 탈기를 위해 요구되는 pH의 유지, (3) 증기 유량의 제어, 그리고

**그림 15-8**

공기 중의 암모니아의 열촉매 분해에 사용되는 촉매반응조의 개략도

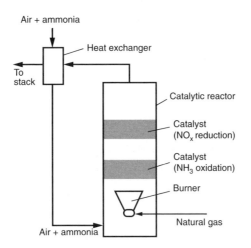

(4) 탈기 장치 온도의 유지. 온도가 중요하기 때문에 증기탈기는 밀폐된 시설에서 수행되어야 한다. 나권형 열교환기는 효과적이라고 알려져 있다. 유럽에서는 배관, 열교환기 및 탈기 칼럼을 청소하기 위해 산세척을 이용한다.

## ❯❯ 암모니아의 열촉매 분해를 이용한 공기탈기

비료를 생산하기 위해서 탈기된 암모니아를 포획하는 대안으로써, 그림 15-8과 같이 탈기 칼럼으로부터 암모니아를 함유한 공기는 열촉매 산화(TCO)된다. TCO에서 암모니아의 98%까지 산화생성물(주로 $N_2O$나 NO)과의 평행에 따라 $N_2$(~95% 선택성)로 산화되며, 촉매 온도에 따라 다르다. 이 공정은 생활하수 반류수에 적용되지 않았지만, 탈기 칼럼의 열 요구량을 충족시키기 위해 매립가스의 연소를 통한 폐열을 이용할 수 있는 매립지 침출수 처리에 사용되고 있다(Organics Limited, 2009).

공기탈기 칼럼은 공기탈기-산 흡수 공정의 칼럼과 유사하게 운전되나, 다만 공기는 요구 온도 유지를 위한 칼럼의 증기 냉각을 보충하기 위한 증기 주입을 통해 가열되어야만 하는 single-pass 대기이다. 매립지 침출수에 대한 실 규모 적용에서, 증기탈기 공정과 유사하게 중탄산암모늄의 열분해를 유발할 만큼 충분히 탈기 칼럼 온도를 증가시키기에 충분한 폐열이 이용 가능하다(Organics Limited, 2009). 따라서 가성소다 요구량은 크게 감소하거나 제거되며, 탈기를 위해 필요한 공기는 감소한다.

일반적으로 실리카나 알루미나 담체와 전이금속 또는 전이금속 산화물의 혼합물로 구성되고 백금과 같은 귀금속으로 도핑된 촉매 존재하에 288~316℃ 온도 범위에서 암모니아가 풍부한 공기는 산화된다. 반응은 열을 발생하는 발열반응이며, 산화장치의 목표 온도를 유지하기 위해 요구되는 천연가스 주입을 공기 중의 암모니아 농도에 따라 줄이거나 제거한다. 이 공정에 대한 주 반응은 아래와 같다.

$$NH_3 + 0.75\,O_2 \rightarrow 0.5\,N_2 + 1.5\,H_2O \tag{15-5}$$
$$NH_3 + O_2 \rightarrow 0.5\,N_2O + 1.5\,H_2O \tag{15-6}$$
$$NH_3 + 1.25\,O_2 \rightarrow NO + 1.5\,H_2O \tag{15-7}$$

350°C (660°F) 이상의 온도는 $NO_2$의 형성을 제한하기 위해 피해야 한다. 요구 온도 범위 내에서 운전되더라도, 일부 암모니아는 NO로 전환되는데 이는 선택적 촉매 반응(SCR)에 의해 반드시 저감되어야 한다. 산화되지 않은 암모니아는 하향류 SCR에서 NO와 반응하지만 최대한 NO를 제거하기 위해 요소나 무수 암모니아를 보충적으로 첨가할 필요가 있어 보인다. TCO/SCR 공정의 배가스는 TCO를 위해 암모니아가 풍부한 공기를 예열하기 위해 사용된다.

폐열이 가스 엔진 배가스로부터 이용가능하거나 별도로 사용하지 않은 소화가스로부터 생성될 수 있는 경우에 한해 공기탈기/TCO를 적용한다. 침출수 처리에 적용하는 경우 에너지 요구량은 침출수 m³당 450 MJ로 산정되었다(Organic Limited, 2009). TCO 유입부의 암모니아 농도에 따라, 요구 온도 범위를 유지하기 위해 TCO로 천연가스를 주입할 필요가 있다. 탈기/TCO 시스템의 에너지 수지와 수명주기 비용분석은 공정의 경제적 실행 가능성을 평가하기 위해 필요하다.

## 15-6 회수된 인산이온 및 암모늄 생성물의 유익한 이용

반류수로부터 회수된 인산이온과 암모니아는 비료로써 또는 다른 산업 분야에서 재사용될 수 있다. 반류수로부터 회수된 주요 생성물은 다음과 같다:

1. 인산마그네슘암모늄 6수화물(struvite)
2. 인산칼슘(hydroxyapatite)
3. 황산암모늄
4. 질산암모늄

이러한 생성물의 유용한 이용은 이 절에서 논의된다.

### ▶▶ 인산마그네슘암모늄 6수화물(struvite)

Struvite는 150년 이상 비료로 인식되어 왔고, 낮은 용해도를 가진 서방형 비료라고 간주되어 왔다. 토양으로의 느린 용해율은 식물 뿌리주위의 높은 수용성 영상소의 농도를 제한하고, "비료 화상"의 발생 및 지표면 유출과 지하수의 침투에 의한 영양소의 손실을 최소화할 수 있다.

Struvite는 전체 서방형 비료시장에서 경미한 역할을 해왔고, 수용성 요소−알데하이드반응 생성물과 중합체 및 황−코팅 용출 제어용 비료로 천천히 주도되어 왔다. 높은 제조비용으로 인해, 서방형의 비료는 주로 종묘장, 온실 그리고 골프코스 같은 비 농산물 시장에서 고부가가치 용도로 사용되어 왔다. Struvite는 현재 포타슘·마그네슘·인산이온의 혼합으로 MagAmp 또는 MagAmp®-K의 상품명으로, 일반적으로 12%의 Mg, 7%의 N, 40%의 $P_2O_5$, 6%의 $K_2O$ 비료로서 정의된다.

비료 이용 효율을 향상시키고, 수역에서의 영양소 방출을 제한하는 이유로 서방형 비료의 수요가 세계적으로 증가하고 있다. 결과적으로, 지방자치의 반류수로부터 회수되는 struvite는 처리 및 처분되어야 할 영양소보다는 자산으로 인식되고 있다. 15-4에서 제시된 바와 같이, 일반적인 struvite 결정화 및 회수공정은 본격적인 작업단계에 있다. 이러한 시설에서 생산품의 세척과 소독을 실시한 후에는 낮은 중금속 농도와 대장균 수를 가진다고 보고된 제품의 순도는 일반적으로 99% 이상으로 높다. 순도 요구사항 및 제품인증은 국가, 주 또는 지역에 따라 다르지만 제품의 순도는 지역 시장으로의 도입이 제한되지 않는다. 폐수처리시설에서 파생된 생성물은 유기비료로 간주하지 않는다.

회수된 struvite는 서방형 비료로 지방자치단체가 직접 판매할 수 있다. 하지만 그것은 지방자치단체와의 계약의 일부로서 책임을 지는 struvite 결정화 장비 기술 제공자에 의한 일반적인 비즈니스 모델이다. 비료회사는 특정 용도를 위한 원하는 영양소의 혼합을 만들기 위해 다른 화학 물질과 struvite를 혼합한다. 또한 시비는 제품에 요구되는 물리적 특성을 좌우할 수 있다. 예를 들면, 큰 직경을 가지는 펠렛은 특정 용도로 지정할 수 있다. 따라서, 결정화조의 운전조건과 생산된 제품에 대한 공정 요구사항이 사양에 따르는 제품을 생산할 수 있도록 조절 될 것이다. 또한, 생산된 제품은 원하는 물리적 특성을 생성할 수 있도록 외부로 처리된다.

## ❱❱ 인산칼슘(하이드록시아파타이트)

지방 반류수로부터 하이드록시에퍼타이트로서의 인 회수는 화학적 전처리 비용과, struvite 회수가 경제적 측면에서 더 유리하다라는 이유로 떨어지지만, 특정 산업 및 유제품 폐기물 처리에 유리하다. 하이드록시에퍼타이트의 결정화를 짓는 종자 물질로서 방해석 및 칼슘 실리카 수화물의 사용이 실제 규모에서 성공적인 것으로 판명되면, 하이드록시에퍼타이트의 생산은 지방자치단체의 반류수에서 struvite를 생산하기 위한 실용적인 대안이 될 수 있다.

1990년대 네덜란드에서 입증된 바와 같이, 하이드록시에퍼타이트는 고순도 및 낮은 중금속 함량 과립 제품을 생산하기 위해 모래와 같은 종자 물질을 이용하는 반류수로부터 결정화할 수 있다. 생선된 제품의 모래 함유량은 5% 이하이다. 제품은 $Ca(HPO_4^{2-})_2$ (*Superphosphate*) 등 비료시장에서 인산이온 화합물을 생성하는 인 광석 공정에 의해 공급 원료로서 사용할 수 있고, 또한 다른 영양소와 혼합하여 배합비료 또는 서방형 비료로 적용하여 직접 사용될 수 있다. Struvite와 마찬가지로 펠렛화된 생성물은 쉽게 탈수 및 저장을 할 수 있다.

## ❱❱ 황산암모늄

황산암모늄의 주요 용도는 비료이지만, 폐수처리장에서 발생한 황산암모늄을 위한 확립된 시장은 없다. 그러나 주로 나일론의 제조에서, 다양한 산업의 부생성물로서 황산암모늄을 위한 확립된 시장이 있다. 생성물은 전형적으로 소비자의 선호도와 운송비용을 줄이기 위해 결정화된 상태로 세계적으로 판매되고 생산된다. 황산암모늄을 이용하여 사용자가 비료용액에 직접 적용할 수 있으며, 맞춤형 비료 용액으로 혼합할 수 있으며, 아래에서 설명하는 바와 같이 생물학적 고형물과 혼합할 수 있다. 예를 들어, 황산암모늄은 비료 혼합물 용액의 황 함량이 증가된 비료용액을 생산하기 위해 요소 질산암모늄

(UAN)과 함께 혼합되어 왔다. 황 함유 비료의 사용은 특정 지역에서의 대기 황 침착의 상당한 감소에 따라 증가하고 있는 반면, 질산과 무수 암모니아 비료의 사용은 보안문제, 암모니아의 휘발 및 액체비료에 대한 일반적인 변화로 인해 감소하고 있다.

**황산암모늄(AS)의 사용.** 연중 내내 걸쳐 사용됨에도 불구하고, 황산암모늄의 최대 사용(연간 사용량 50~70%)은 일반적으로 늦은 봄에서 초여름에 발생한다. 적은 양이 늦여름과 가을에 사용되기도 한다. 1년의 나머지 부분(약 6개월)을 위해서, 황산암모늄을 저장해야 한다. 통상적으로, 비료 혼합기/분배기는 폐수처리시설에 저장탱크를 설치할 필요성을 피하기 위해 저장용량을 갖게 된다.

**황산암모늄과 생물학적 고형물의 혼합.** 생물학적 고형물을 유익하게 재사용할 경우, 황산암모늄 용액 중량의 40%를 질소 및 황 함유량을 향상시키기 위해 탈수 고형물과 혼합할 수 있다. 그러나, 이 방법은 몇 가지 잠재적인 위험요소가 있다:

1. 생물학적 고형물과 황산암모늄 용액의 혼합 시 생물학적 고형물과 관련된 질량의 증가로 운반비용에 영향을 미치게 된다.
2. 생물학적 고형물과 토양 질소 함량에 따라 재배 비율로 적용되는 영양성분에 따른 필요면적이 커진다.
3. 황화수소 악취가 증가할 가능성: 용액이 높은 농도의 황산을 갖기 때문에, 생물학적 고형물이 혐기화되어 저장되는 동안 황화수소를 생성할 가능성이 있다.

**황산암모늄 마케팅.** 황산암모늄의 공급 구조는 세 가지 그룹이 포함된다: 제조 업체, 혼합기/유통 및 적용자/최종 사용자. 처리시설은 비료혼합에 통합되거나 그대로 판매하거나 혼합/대리점, 제조업체로 제품을 판매한다. 황산암모늄 마케팅에 있어 비료공급업체 및 농민들에게 가장 중요한 문제는 품질과 일관성이다.

비료/화학 업체는 일반적으로 품질과 일관성이 알려져 있지 않고 요구사항을 충족시키지 않는 한 황산암모늄을 받아들이지 않는다. 그러나, 제품의 품질은 질산암모늄(Sagberg, 2006) 및 암모늄 설페이트(ThermoEnergy, 2009)와 현재의 경험을 바탕으로 표준 사양보다 높을 것으로 예상된다. 그리고, 이 제품은 낮은 중금속 농도(<1 ppm으로 주로 공정에서 공업용 지방산의 품질에 기인)와 낮은 총 유기 탄소(TOC, 50 PPM)로 밝혀졌다. 일반적으로 TOC 내용물은 질산암모늄에 대해 엄격하게 규정되어 있고, 잠재적 폭발을 제한하기 위해 모니터링을 하지만 이는 황산암모늄이 가지는 요인은 아니다. 공정을 작동하는 과정에서의 자료에 근거하여, 제품의 TOC는 암모니아와 함께 생성물 용액으로 흡수되고, 소화 반류수로 인해 탈기되어 제거되는 대부분의 메틸아민이다.

## ≫ 질산암모늄

질산암모늄은 전 세계적으로 광범위하게 사용되는 중요한 비료이며, 건식 및 습식 형태 모두 시판되고 있다. 왜냐하면, 질산암모늄이 폭발물로 사용될 수가 있으므로 건조 암모늄에 대한 취급 및 구입은 오용을 예방하기 위해 엄격하게 통제된다. 이 규정은 "액체"형태엔 적용되지 않고 있으며, 액체 사용은 실질적으로 증가하고 있다. 그러나 대부분의 질산 용량은 "어쩔 수 없이" 내부사용을 위해 제조되었고, 그러므로 가격과 유효성은 불확실하다. 노르웨이의 경험에 근거하여, 비료 제조업자는 폐수처리공장에 질산을 공급하고 질산암모늄 제품을 취급한다. 그러나 이러한 구성은 비료제조업체의 더 광범위한 제어와 산 공급 및 질산암모늄의 구매로 인하여 황산암모늄 생산에 비해 더 낮은 가격 경쟁 환경을 초래한다.

<table>
<tr><td>**15-7**</td><td>**반류수에 포함된 질소의 생물학적 제거**</td></tr>
</table>

슬러지와 생물학적 고형물 처리에서 발생한 반류수는 대부분 주 공정 시설에서 처리된다. 일반적으로 반류수는 처리장 첫단[headworks(역주: 체거름 공정 유입구)]이나 1차 침전지의 유입구 또는 2차 처리공정(예, 1차 침전지 유출수 또는 RAS를 활성슬러지 반응조로 운반하는 채널)으로 반송되며, 이러한 반송 위치는 반류수 내의 영양염류, BOD 및 부유고형물질의 부하량과 처리시설의 배관구성에 따른 물질적 제약 및 주 액체 처리계와 연관된 처리공정에 영향을 주는 탈수공정의 위치에 따라 좌우된다.

소화 고형물의 탈수로부터 파생된 고농도의 질소를 함유한 반류수의 처리는 본 장의 주요 초점으로, 별도의 처리공정 또는 주 처리공정과의 통합처리공정에 의해 처리할 수 있다. 별도의 독립처리공정과 측류–본류의 통합처리공정에 대해 본 절에서 설명한다. 질소의 제거에 사용되는 생물학적 처리공정을 본 절에서 소개하고, 이후 이어지는 세 개의 절에서 보다 상세히 다루기로 한다.

### 》》 질소제거 공정

무기 질소는 일반적으로 세 가지 공정에 의해 생물학적으로 제거할 수 있다:

1. 질산화–탈질화
2. 아질산화–아질산–탈질화
3. 부분 아질산화–혐기성 암모늄 산화(탈암모니아화)

이러한 공정이 7장부터 10장에 걸쳐 설명되어 있지만, 높은 암모늄 농도를 포함하고 있는 반류수의 처리를 위한 응용 공정을 이 장에서 설명한다. 비교의 목적으로, 이들 각각의 공정에 관여하는 시설의 경로는 그림 15–9와 아래에 설명된다.

**질산화–탈질화.** 질산화–탈질화 공정은 그림 15–9(a)에서 나타낸 바와 같이, 암모늄이 먼저 아질산이온으로 산화되고(nitritation) 이후 질산이온으로 산화된다(nitratation). 암모니아 산화 박테리아(AOB)와 아질산 산화 박테리아(NOB)가 두 단계의 질산화 과정에 걸쳐 관여한다. 탈질공정에서 질산이온은 먼저 아질산이온으로 환원되고 이어 질소가스로 전환된다. 그림 15–9(a)와 같이, 산소는 암모니아에서 질산이온으로의 완전산화를 위해 반드시 주입해야 하며 탄소원은 이후 질산이온의 질소가스로의 환원을 완료하는 데 꼭 필요하다.

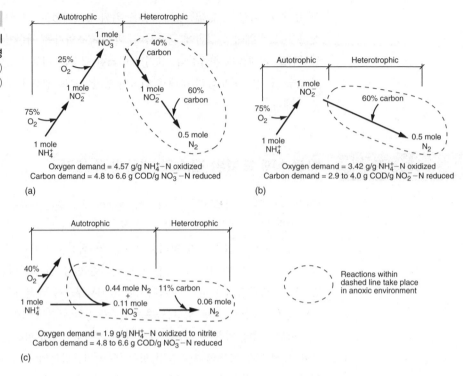

**그림 15-9**

암모늄 산화와 무기성 질소제거를 위한 생물학적 반응경로. (a) 질산화-탈질산화, (b) 아질산화-아질산-탈질화, (c) 탈암모니아화

**아질산화-아질산-탈질화.** 그림 15-9(b)에서 나타낸 바와 같이, 아질산화-아질산-탈질화 공정에서는, 먼저 암모늄이 아질산이온으로 산화된다(nitritation). 다음 단계로, 무산소 조건하에서 아질산이온은 질소가스로 환원된다(denitritation). 그림 15-9(b)에 나타낸 바와 같이 질산화-탈질산화의 단축 경로로써, 아질산이온의 질산이온으로의 산화 제한 또는 방지를 통해 25%의 화학양론적 산소요구량과 연관된 폭기 에너지를 줄일 수 있다. 이후 무산소 단계에서, 종속 영양 박테리아는 아질산이온을 질소가스로 전환시키기 위해 40% 정도 적은 분해성 유기 탄소를 필요로 한다. 반류수 처리를 위한 폭기 전력 및 탄소원 요구량을 감소시키는 것은 대체 고도 생물학적 처리공정개발의 주요 요인이 되어왔다.

**부분 아질산화-혐기성 암모늄 산화(deammonification).** 그림 15-9(c)에 나타낸 바와 같이, 탈암모니아화 공정에서는 암모늄의 일부가 아질산이온으로 산화된다(부분 아질산화). 다음 단계의 공정은, 암모니아와 아질산이온이 일괄적으로 혐기성 암모니아 산화 방지제(anammox)로 알려진 독립영양 박테리아의 특별한 그룹에 의해 무산소 조건에서 질소 가스 및 질산이온으로 변환된다(혐기성 암모늄 산화). 그림 15-9(c)에서 나타난 바와 같이, 탈암모니아화는 유기 탄소의 요구량을 줄일 수 있다.

**공정 설계 고려사항.** 세 가지의 질소제거 공정이 뚜렷한 차이가 남에도 불구하고, 통기, 화학, 열 제거와 탱크 용적의 필요 요건을 결정하기 위해서 사용되는 설계 방식에는 공통점이 있다. 15-11절에 반류수 공정의 세 가지 주요 유형의 공정설계에 통합된 부분

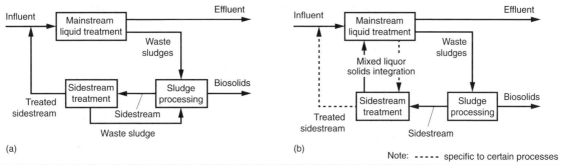

**그림 15-10**

생물학적 공정 정의. (a) 반류수 독립처리 및 (b) 반류수−주 공정 통합처리

이 표시되어 있다. 자체 공정의 특정 설계 요구사항에 대한 추가적인 정보는 15−8절부터 15−10절을 통해 공정에 대한 설명이 제공된다.

## 질소제거를 위한 독립처리공정

반류수 처리공정은 반류수 반응조에서 혼합액 부유물질이 주 공정과 2차 처리공정에서 분리된 경우 주 공정에서 분리된 것으로 간주한다[그림 15−10(a) 참조]. 그림 15−10(a)에 나타난 바와 같이, 반류수 처리공정에서 폐기되는 고형물은 고형물 처리계로 직접 운반되고, 혼합액 부유물질이 아닌 경우 주 공정 2차 공정에서 지속적 혹은 간헐적으로 반류수 공정으로 전송된다.

**별도의 반류수 독립처리의 장점과 단점.** 별도의 전용 반응조에서의 생물학적 처리는 두 가지 주요 장점을 제공한다. 첫째로, 반류수와 연관된 영양소 및 입자성 물질의 부하가 크게 줄어듦에 따라 주요 처리 설비의 성능에 크게 영향을 미칠 가능성이 감소된다. 둘째로, 전용 반응조에서의 처리는 아질산이온으로 최종 질산화 생성물을 제한할 수 있는 조건에서 운전할 수 있는 기회를 제공한다. 이 운전 모드의 결과 무기 질소제거를 위해 더 낮은 산소와 COD 요구량을 이끌어 낸다(15−9절). 또한, 고유한 특성과 추가로 무기 질소제거의 비용을 좀 더 줄이기 위해 이용될 수 있는 생화학 특성과 박테리아의 성장을 위한 이상적인 환경을 제공한다(15−10절).

별도의 반류수 독립처리공정은 또한, 처리장 유출수의 총 질소(TN) 농도나 부하가 별도처리에 의해 부분적인 감소를 이룰 수 있거나 측류−본류 통합처리(통합처리 시스템은 아래에 설명됨)를 통한 생물첨가법이 처리장 전체 운영 면에서 분명한 장점을 제공하지 않는 경우, 장점 또는 비용−효율적일 수도 있다. 별도의 반류수 처리 비용의 효율성은, 같은 TN의 제거를 달성할 수 있는 추가적인 2차 공정 업그레이드와 비교하여, 특정 시설의 고유한 부지 등 특이적 요인에 따라 달라진다. 예를 들어, 설비확장, 다양한 설비 옵션의 업그레이드 시공을 위해 사용가능한 공간을 들 수 있다.

역사적으로 많은 별도의 반류수 처리공정은 질산화만을 처리하도록 설계되었다. 이러한 경우들은 주 공정의 질산화 능력이 제한되어 있어 반류수내 암모니아 부하의 전체 또는 부분적인 질산화를 하는 것이 비용적인 면에서 가장 효과적인 대안이었다.

운영적인 측면에서, 별도의 반류수 처리 시스템은 운영의 모니터링 및 유지보수를 필요로 하는 추가적인 시설이라는 면에서 바람직하지 않을 수 있다. 또한, 일부 별도의 반류수 질산화-탈질 공정은 알칼리도, COD 등 두 가지 공급원을 추가로 필요로 한다. 만일 그 밖의 다른 별도의 질산화-탈질화 옵션들이 처리장 배출수의 요구되는 품질을 달성하기 위해 추가적인 화학약품을 사용하지 않는다고 하면, 이러한 화학약품의 소비는 단점이 될 수 있다.

**기타 처리공정의 영향.** 본류 2차 처리공정으로부터 반류수 혼합액 고형물의 분리에도 불구하고, 반류수 처리공정은 설비 내의 다른 공정 단위의 동작 조건에 의해 영향을 받을 수 있다. 예를 들어, 혐기성 소화조의 동작을 방해하거나 또는 기계적 성능의 문제가 후탈수 소화공정에서 발생하는 경우, 반류수의 질과 양이 변경될 때, 잠재적으로 반류수 처리공정의 작동 조건 및 성능적 교란을 초래하는 경우가 있다. 그러나 15-2절에서 논의한 바와 같이, 반류수 균등화 및 고형물 제거는 하류 공정에 미치는 영향을 최소화할 수 있다. 왜냐하면 반류수 처리공정으로부터의 유출물의 품질은 일반적으로 주 공정 2차 처리 유출수와 혼합할 정도로 충분하지 않기 때문에, 처리된 반류수는 본류 2차 공정으로 보내어 추가 처리한다.

## 》 측류-본류 통합처리 및 생물첨가법

주 처리공정(본류)의 2차 처리공정 MLSS와 반류수(측류) 처리공정의 MLSS가 서로 교환 처리되거나 일종의 생물첨가법을 유도하는 방식으로서 반류수 처리공정에서의 질산화균이 농축된 폐고형물 등이 주 처리 2차 처리공정으로 보내지는 경우, 반류수 처리공정은 "통합"처리로 정의된다. 통합처리 배열을 보여주는 예로서 그림 15-10(b)에 나타낸 바와 같이, 주 공정 반송 활성슬러지(RAS)의 일부가 반류수 처리 반응조로 공급되고 마찬가지로 반류수는 RAS 반응조에 공급된다. 통합 시스템은 또한 반류수 처리 반응조의 폐고형물이 주 공정의 2차 처리공정에 공급되는 형태의 임의의 공정들을 모두 포함한다.

**통합 반류수 처리의 장점 및 단점.** 측류-본류 통합처리의 주요 장점은 반류수 반응조의 질산화 세균이 풍부한 혼압액 고형물로 인해 주 공정의 질산화 강화 및 안정화를 이룰 수 있다는 것이다. 주 공정의 최적 구성은 주 공정의 배열, 운전조건 및 목표로 하는 처리장 유출수의 수질에 의한다. 화학약품의 주입 등과 관련된 운전비용 또한 공정선택 시 고려해야 한다. 측류-본류 통합처리의 단점은 2차 공정 혼합액에 추가로 불활성 고형물의 도입이다. 그러나, 반류수(측류)가 균등화되고 고형물의 대부분이 제거되거나 고형물 처리로 재순환되는 경우, 반류수에 의한 주 공정 고형물 균형에 대한 영향은 크게 감소된다.

**주 처리공정의 증대.** 질산화균이 풍부한 반류수 혼합액 고형물이 포함된 주 처리공정의 증대는 이론상으로 존재해 왔으나 아직 모든 공정에 대한 생물학적 증대의 영향을 예상하기 위해 사용되는 통합된 기계적 모델로 개발되지는 않았다. 일반적으로 주 공정 2

차 공정의 질산화 성능 강화를 위한 반류수 반응조에서의 질산화 미생물의 성장 효율은 유기물질이 성장하는 액상 환경(삼투압, 온도, pH, 이온 구성 및 이온 강도, 기질 농도)에 의해 크게 영향을 받을 수 있다. 반류수가 RAS 재포기 반응조로 유입되는 병합된 처리시설에서, 질산화 박테리아는 주 공정 2차 공정 같은 온도 및 주 공정 2차 공정의 액체상태와 거의 동일한 상태에서 RAS 재포기 반응조의 응집된 혼합액 부유물질 내에서 성장한다. 그러므로 질산화 세균 활성의 완전한 유지는 질산화 세균이 농축된 혼합액이 재포기 반응조로부터 활성슬러지 반응조로 이동됨에 따라 기대되어진다.

벌크액상 반류수 및 주 공정 환경의 차이가 상당한 공정의 구성에서, 반류수 반응조 운전조건은 특정한 형태의 질산화 유기물질의 성장 및 우점이 가능하다. 그러나 주 공정 환경에서 진행되면 주 공정 운전 상태에서 우점된 질산화 유기물질은 경쟁적으로 불리하다. 직관적으로, 반류수가 RAS 흐름에 의해 상당한 양이 희석되는 형태의 공정 배열과 비교하여 이러한 공정 배열에서의 생물첨가법의 효과는 낮은 결과를 보이게 되며 반류수와 주 공정의 혼합액 고형물의 교환이 보다 더 통합될 때만이 증가하게 된다. 그러나 이러한 효과의 정확한 정량화는 아직까지 넓은 운전조건 범위에서 완전하게 입증되지는 않았다.

**통합 반류수 처리의 생물첨가법 효과.** 반류수의 혼합액 고형물에 의한 생물첨가법 효과는 또한 주 공정으로의 질산화균 질량 방출률에 의해 영향을 받는다. 따라서 반류수 공정에서 질산화균의 질량감소로 이어지는 운전조건들은 잉여슬러지에서의 질량을 감소시킨다. 예를 들어, 반류수 공정에서의 보다 높은 운전온도는 질산화 세균의 감소율을 증가시킨다. 또한 질산화 세균의 감소율 증가는 반류수 공정의 SRT가 반류수 처리 수행에 요구되는 최소 SRT보다 커질 때 발생하게 된다. 고온 및 높은 SRT 운전조건의 반류수 공정에서, 이들 두 조건이 결합된 효과는 생물첨가법이 가능한 질산화 세균의 질량을 감소시킬 것이다. 반류수 처리조의 상기의 운전 관찰을 바탕으로 볼 때 (1) 주 공정과 실질적으로 비슷한 온도에서 (2) 주 공정과 유사한 크기의 벌크액상환경 및 (3) 낮은 SRT에서 반류수 처리 반응조를 운전함으로써 질산화균의 최적활동이 유지되며, 가장 큰 생물첨가법 효과를 볼 수 있다.

## 15-8 질산화 및 탈질 공정

일부 생물학적 처리공정은 처리 목적에 따라 암모늄 산화물의 최종생성물이 1차적으로 질산이온으로 된 후 질산이온의 일부 또는 전체가 탈질화되는 반류수 처리공정으로 개발되었다. 공정은 2가지의 카테고리로 분할된다. 15-7절에 나타낸 정의에 따라, 반류수 독립처리와 측류–본류 통합처리로 나뉜다. 두 처리공정 중 하나의 실행은 주 공정의 2차 처리공정의 형태, 운전조건, 처리장 유출수 수질 목표 및 경제성 고려 등에 의해 좌우된다. 이 절의 목적은 반류수 처리를 위한 질산화 및 탈질 공정의 응용을 고려하는 것이다.

## ≫ 기본적인 공정 고려사항

질산화−탈질 공정을 이해하기 위해서, (1) 공정 생물학, 동역학 및 화학양론, (2) 알칼리도 요구량, (3) 무기성 탄소의 중요성 그리고 (4) 분해 가능한 유기 탄소의 필요성을 고려함이 유용하다.

**공정 생물학, 동역학 및 화학양론.** 미생물학적으로, 암모늄이 아질산이온으로, 아질산이온이 질산이온으로의 산화와 관련된 기본적인 생화학 반응 화학양론 및 독립영양 성장 동역학의 미생물학은 7장의 7−9절에 나타나 있다. 반류수의 생물학적 처리공정에서 동역학 속도는 주 공정의 질산화 과정에서와 같은 환경조건의 영향을 받음에도 불구하고, 반류수 공정과 주 공정 환경에서 암모니아 산화 박테리아(AOB)와 아질산화 박테리아(NOB)의 성장 동역학 간의 차이는 반류수 공정 설계 및 운전을 위해 반드시 고려되어야 한다. 특히, 주요한 차이점으로 성장 및 사멸 온도, AOB와 NOB 개체 수에서 질산과 유리 암모니아의 저해 영향과 독립영양 미생물 성장률의 중탄산이온 농도에 대한 영향이 있다.

생물학적 탈질반응 화학양론 및 동역학은 7장의 7−10절에 설명되어 있다. 질산화−탈질 공정을 포함하는 적합한 화학양론 반응은 편의를 위해 아래에 반복하였다.

**질산화.** 주요한 질산화 반응은 다음과 같다.
암모늄이온의 아질산이온으로의 생물학적 전환

$$2NH_4^+ + 3O_2 \rightarrow 2NO_2^- + 4H^+ + 2H_2O \tag{7-88}$$

아질산이온의 질산이온으로의 생물학적 전환

$$2NO_2^- + O_2 \rightarrow 2NO_3^- \tag{7-89}$$

전체 산화 반응

$$NH_4^+ + 2O_2 \rightarrow NO_3^- + 2H^+ + H_2O \tag{7-90}$$

세포 조직이 무시되는 경우, 암모늄 산화 반응을 위해 필요한 알칼리도 요구량은 아래의 반응과 같으며 식 (7−90)을 재표기하였다.

$$NH_4^+ + 2HCO_3^- + 2O_2 \rightarrow NO_3^- + 2CO_2 + 3H_2O \tag{7-91}$$

암모늄이온이 질산이온으로 전체 산화되는 것을 포함하는 세포 질량 합성이 일어날 때 식 (7−91)은 식 (7−93)이 된다. 세포 질량 수율은 0.12 gVSS/gNH$_4$-N과 0.04 gVSS/gNO$_2$-N의 수율에 근거하며 이는 각각 아질산화 반응과 아질산−질산화 반응이다.

$$NH_4HCO_3 + 0.9852NaHCO_3 + 0.0991CO_2 + 1.8675O_2 \rightarrow$$
$$0.01982C_5H_7NO_2 + 0.9852NaNO_3 + 2.9232H_2O + 1.9852CO_2 \tag{7-93}$$

**탈질.** 생물학적 분해 가능한 유기물질의 양은 질산이온이 질소가스로의 환원을 위해 필요하며 이는 아래 식에 제시된 탄소원에 의존하며 이를 위해 폐수, 메탄올 또는 아세트산 내의 유기물질이 질산이온 감소를 위해 사용되었다.
폐수:

$$C_{10}H_{19}O_3N + 10NO_3^- \rightarrow 5N_2 + 10CO_2 + 3H_2O + NH_3 + 10OH^- \tag{7-110}$$

메탄올:

$$5CH_3OH + 6NO_3^- \rightarrow 3N_2 + 5CO_2 + 7H_2O + 6OH^- \tag{7-111}$$

아세트산:

$$5CH_3COOH + 8NO_3^- \rightarrow 4N_2 + 10CO_2 + 6H_2O + 8OH^- \tag{7-112}$$

위의 반응식은 세포 질량 합성을 포함하지 않는 탈질을 위해 실제 탄소 요구량을 반영하지 않았다. COD로 표현해보면, 생물학적 분해 가능한 COD의 미생물 수율을 포함하고 있는 질산성 질소로의 질량 비율은 식 (7-126)에 나타나 있다.

$$\frac{bsCOD}{NO_3\text{-}N} = \frac{2.86}{1 + 1.42Y_n} \tag{7-126}$$

여기서 2.86은 질산성 질소의 산소 당량(g $O_2$/g $NO_3$-N)을,
$Y_n$은 식 (7-121)에 정의된 순미생물 수율을 의미한다.

$$Y_n = \frac{Y}{1 + b(SRT)} \tag{7-121}$$

여기서 $b$는 종속영양 무산소 사멸 비율을 의미한다.

이러한 방정식에 근거해, 측정된 COD/N 비율은 차례대로 반응조의 SRT 및 $b$ 값과 반응조의 온도에 따른다. 독자는 더욱 세부적인 논의를 위해 질산화와 탈질화 반응에 대한 7-9절과 7-10절의 복습이 필요하다.

**알칼리도 필요량.** 알칼리도 필요량은 식 (7-91)과 식 (7-93)에 나타나 있다. 식 (7-91)에 의하면, 1몰의 암모늄이 질산화 동안 생성된 산을 중하하기 위해서 중탄산 2몰이 요구된다. 세포성장이 포함될 때[식 (7-93) 참조], 산중화를 위해 중탄산 1.98몰이 요구되며 1몰의 암모늄이 완전 질산화 과정 중 세포성장을 위해 0.099몰의 무기 탄소가 요구된다. 질산이온이 완전히 탈질되는 경우, 질산화가 회복되는 동안 50%의 알칼리도가 소모되며(7장의 7-10절 참조), 질산화 및 탈질화 된 암모니아성 질소(3.57 gCaCO$_3$/g NH$_4$-N)의 몰당 중탄산이온의 1몰의 순 알칼리도 저감을 야기한다.

혐기성 소화 및 ATAD 공정에서 파생된 반류수에서 알칼리도는 1차적으로 중탄산이온의 형태로 존재하며, 완전 질산화를 위해 필요로 하는 알칼리도 양의 절반만 제공하는 몰 기준 암모늄 농도와 일반적으로 동등하다. 알칼리도 요구량 유지는 외부 알칼리성 물질 첨가를 통해 이루어진다. 충분한 알칼리도를 가지는 다른 반류수의 유입으로 발생하는 반류수의 희석과 탈질을 통한 알칼리도 생성에 의한 것이 있다. 충분한 알칼리도가 존재하지 않는 상태에서, 반류수 암모니아성 질소의 화학양론 양은 이용 가능한 알칼리도를 부합하는 아질산 및 질산이온의 혼합으로 산화될 수 있다.

탈질을 강화하고 질소화를 위한 알칼리도를 생성하기 위한 COD 원의 첨가는 외부의 알칼리성 물질의 필요성을 제거할 수는 없다. 예를 들면, 철 또는 염화철이 struvite 형성을 제어하기 위해 소화조에 첨가되거나 파이프나 반류수가 흐르는 관의 struvite 형성을 제어하기 위해 반류수에 첨가되는 경우, 반류수의 알칼리도 감소는 위의 화학약품과

관련된 산도 때문에 발생할 수 있다. 그러므로 연속적인 반류수 처리에서, 추가적인 알칼리도의 첨가는 처리 목적에 따라 다르게 요구된다.

**무기성 탄소의 중요성.**  질산화 성장에 있어 무기 탄소의 역할은 유입수의 풍부한 유기 탄소의 분해로 인해 중탄산이온과 $CO_2$를 쉽게 이용할 수 있는 주 질산화 공정에서 주로 무시된다. 그러나 다른 반류수 반응조에서 잔류 무기성 탄소의 농도는 높은 독립영양 성장률 때문에 암모늄 제거율 및 제거효율에 영향을 미친다. 실 규모에서 높은 온도(30℃ 이상)로 운전되는 고비율 질산화−탈질 반류수 처리공정에서, 무기성 탄소 농도의 독립영양 성장률에 대한 영향은 종래의 Monod 동역학을 통해 정리되지는 않았지만, 간단하게 식 (15−8)에 정의된 기호 논리학적으로 나타내진다. 사멸률과 아레니우스 온도 함수와 함께 용존산소, 기질농도, 유리 암모니아 저해 및 질산저해에 대한 Monod 동역학 인자는 식 (15−8)에 포함되지 않는다.

$$\mu_n = \mu_m \frac{e^{[(HCO_3^- - k)/a]}}{e^{[(HCO_3^- - k)/a]} + 1} \tag{15-8}$$

여기서, $\mu_n$은 질산화 박테리아의 성장률(g new cells/g cells·d),

　　　　$\mu_m$ = 질산화 박테리아의 최대 비증식률(g new cells/g cells·d),

　　　　$HCO_3^-$는 중탄산이온 농도(mM),

　　　　$k$는 포화상수(mM),

　　　　$a$는 상수를 의미한다[Wett와 Bauch(2003)에 의하면 0.83으로 추정됨].

주 공정에서 포화 상수(k)의 값이 0.5 mM 또는 이보다 작은 값을 가지면, 다른 반류수 반응조의 따뜻하고 높은 성장률을 보이는 환경에서는 4 mM 정도로 추정된다(Wett and Rauch, 2003). 따라서 반류수의 생물학적 처리공정에 있어서, 반응조의 잔류 무기성 탄소 농도는 최적의 성능을 제공하는 반응조 운전 상태를 선택할 때 신중히 고려되어야 한다. 온도, pH 그리고 칼슘 농도와 같은 반응조 액체 상태에 의해서 농도 평형상태에서의 중탄산이온과 $CO_2$는 결정된다. 반응조의 pH가 7 이하로 감소하면, 더 많은 중탄산이온이 $CO_2$로 전환하며 이는 공기탈기를 통해 반응조에서 연속적으로 제거된다. 그러므로 반류수 생물학적 반응조에서 점점 산성 상태 조건에서, 제한된 질산화 미생물의 성장률은 무기 탄소 제한 때문에 발생할 수 있다.

**분해 가능한 유기 물질의 필요성.**  COD 첨가물(예, methanol, glycerol, 휘발성 지방산, municipal 폐수)에 따라 무산소 조건에서 측정된 슬러지의 수율은 대체로 0.28~0.4 gVSS/gCOD의 소모 범위에 있으며 이는 4.8~6.6 g/g의 질산성 질소에 대한 분해 가능한 COD 비율의 결과이다[식 (7−126) 참조]. 일반적인 높은 강도의 반류수에서, 분해 가능한 COD와 TKN 비는 1 미만이다. 따라서, 높은 탈질 효율을 요구하는 반류수 처리 시스템에서 분해 가능한 COD는 불충분하다. 주로 이용 가능한 유기성 탄소원의 COD 공급은 선택적이다. 그러나 시설(1차 슬러지, 2차 혼합슬러지의 내생사멸) 내에서 COD의 사용은 운전비용 증가를 야기하는 상업적인 COD 원의 구매를 필요로 한다.

**표 15-4**

반류수 처리를 위한 독립 및 병합 질산화-탈질 공정의 해설

| 공정 | 설명 |
| --- | --- |
| (a) BAR 및 R-D-N 공정 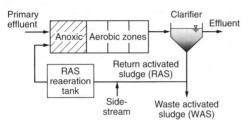 | BioAugmentation Reaeration (BAR) 또는 Regeneration-Denitrification-Nitrification (R-D-N) 공정은 반송 활성 슬러지 재포기 플러그 흐름에서의 반류수 질산화 작용으로 구성되어 있다. 일반적인 설계에서, 반류수는 반응조 탱크의 상부로 유입되는 RAS와 혼합된다. 무산소조는 수리학적 체류시간이 1시간으로 탱크의 상부로 유입이 되는데, 이는 RAS의 부분탈질을 촉진시키고 반류수와 관련된 악취를 억제하기 위한 방법이다. 다음 포기조는 대체로 완전 암모늄 산화를 위해 2시간의 수리학적 체류시간(HRT)을 가진다. 최종 무산소조는 반응조 탱크의 가장 마지막에 위치하며 필요한 경우 내생 탈질을 촉진하기 위해 1시간 동안의 수리학적 체류시간을 가진다. 공정 모델링은 재포기 반응조 체적 요구량을 개량하기 위해 이용한다. 전체 RAS 흐름의 추가로 인해 반류수의 암모니아성 질소 농도와 다른 물질은 50~100배 희석하며 질산화를 위한 혼합액 환경을 조성한다. 이는 주 활성슬러지 반응조의 환경과 유사하다. RAS의 알칼리도는 주로 반류수 암모늄 부하의 완전 질산화를 위해 요구되는 알칼리도를 충분히 만족한다. 이상적으로, 기계적인 혼합은 무산소조에서 일어나지만 거대 처리시설에서 거친 거품 포기는 탈질에 영향을 미치는 혼합 정도를 제공하는 경제적인 방법이라고 알려져 있다. |
| (b) InNitri® 공정 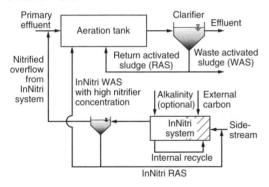 | InNitri® 공정은 질산화 세균이 풍부한 폐슬러지 주 공정의 생물학적응집을 주목적으로 하기 위해 개발되었다. InNitri 공정은 분리된 중력 정화 단계로 구성되어 있는 Modifide Ludzack-Ettinger (MLE)로 설계된다. 외부 탄소원은 탈질을 촉진하고 질산화 효율을 강화하는 알칼리도를 생성하기 위해 추가된다. 포기조에서 무산소조로의 내부 순환율은 총 무기성 질소제거효율(TIN)에 따른다. 외부 알칼리 주입은 처리 목적을 만족하기 위한 높은 탈질 효율이 요구될 때 추가될 수 있다. 혹은, InNitri 반응조는 높은 질산화 효율 달성을 위해 외부 알칼리도 추가를 필요로 하는 호기성 상태로 운전될 수 있다. 1차 또는 처리장의 유출수는 운전온도가 38℃를 넘지 않도록 하거나 특정 온도 범위를 유지하기 위해 반응조로 유입된다. 주 2차 공정으로 전달되는 질산화 세균의 질량을 최대화하기 위해 InNitri 반류수 반응조는 호기성 SRT를 3~5일로 운전하며 이는 안정된 반류수 공정을 제공하나 사멸로 인한 질산화 세균의 질량 손실을 제한한다. |

(계속)

| 표 15-4 (계속)

(c) ScanDeNi® 공정

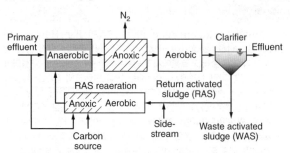

BAR/R-D-N 공정과 유사한 ScanDeNi® 공정은 RAS 재포기 반응조의 반류수 질소 부하를 질산화시킨다. 다른 공정과는 달리 후무산소 구역이 존재하며 외부 탄소원이 탈질 효율 증대를 위해 첨가된다. 재포기 반응조 내의 내부 순환이 없어 RAS는 완전 질산화를 위한 충분한 알칼리도를 가진다. 무산소 구역의 HRT 설계는 탈질율이 탄소원에 따라 다양하므로 선택된 외부 탄소의 영향을 받는다. ScanDeNi 공정은 반류수 암모늄 부하의 평균 질산화 및 탈질화의 제공과 생물학적인 제거가 수행되는 주 공정으로의 탈질화된 RAS를 제공을 위해 개발되었다.

(d) 연속 회분식 반응조(sequencing batch reactor, SBR)

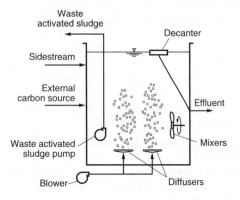

연속 회분식 반응조(SBR)는 분리된 반류수 처리를 위해 일반적으로 가장 많이 사용되는 방법이다. SBR 구성에서, 반류수는 무산소 구간의 SBR 사이클의 시작부분에서 반응 기간 동안 지속적으로 또는 급격한 속도로 주입된다. 간헐적인 포기는 정의된 시간 간격으로 적용되며 호기 및 무산소 구간이 질산화와 탈질화를 위해 제공된다. 일반적으로 총 포기 시간은 반응 기간의 2~3배이다. 높은 암모늄 제거효율이 필요한 경우, 외부 알칼리도 원이 제공되어야 한다. 높은 암모늄 및 무기성 질소제거효율이 필요한 경우, 외부 탄소원이나 1차 슬러지/WAS와 같은 처리시설의 탄소원이 탈질 또는 질산화를 위한 알칼리도 생성을 위해 추가된다. 1차 또는 처리장 유출수는 필요한 경우 온도를 조절하기 위해 SBR로 주입된다. 반응 기간의 마지막 구간에서, 부유물질은 침전되고(Settle period), 처리된 반류수는 주 처리시설로 옮겨가고(Decant period), 폐슬러지는 고형물 처리시설로 펌핑된다. 총 SRT는 일반적으로 10일 또는 그보다 높다.

## ≫ 처리공정

과거 20년에 걸쳐서, 반류수의 처리를 위해 많은 분리 및 통합 질산화–탈질 공정이 개발되거나 실행되었다. 주요한 공정은 다음과 같다.

BAR/R-D-N 공정
InNitri® 공정
ScanDeNi® 공정
연속 회분식 반응조

공정 흐름 계통도를 포함하는 공정에 대한 정보는 표 15-4에 요약하여 나타냈다.

표 15-4에 나타난 공정 구성의 추가로, 살수여과는 제한된 수의 시설에서 반류수 처리를 위해 사용되고 있다. 그러나 대체로 살수여과를 적용함으로써 주 공정이 살수여과에서 부유성장 활성슬러지 시스템으로 개선되었고, 이는 반류수 처리를 위한 살수 여상이 적용 가능하다는 결과를 나타낸다. 성능은 주로 부분적 질산화에 한정되어 있으며 희석 수원과 높은 내부 순환율은 수력학적 부하율 요구를 유지하기 위해 요구된다. 살수 여상은 본 장에서 더 고려되지는 않는다.

유동상 생물막 반응조와 회전 생물 접촉과 같은 같은 부착성장공정은 역사적으로 반류수의 질산화–탈질화를 위해 사용되지는 않았다. 그러나 반류수의 탈암모니화 효율이 있는 것으로 알려져 있다(15-10절). 유동층 반응조와 생물학적 호기성 여과 같은 병합 부착성장공정은 반류수 처리를 위해 실 규모에서 적용된 적은 없다. 그러나 추가 탄소원으로 메탄올을 사용하고 모래 담체로 질산-탈질화를 사용하는 병합 반응조의 연구가 성공적으로 증명되었다. 부착성장 시스템의 적용은 15-10절에 표현하였다.

마지막으로, 활성슬러지 반응조는 소화조 반류수의 성공적인 질산화를 위해 성공적으로 적용되었으나(Jeavons et al.,1998) 이러한 시스템은 현재 폐지되었다.

## 15-9  아질산화 및 아질산-탈질화 공정

1990년대의 아질산화-아질산-탈질화 공정의 발전은 에너지를 줄이는 것과 고강도 반류수 질소제거에 대한 화학 요구량의 필요성의 생각을 몰고 왔다. 실 규모의 아질산화-아질산-탈질화 공정은 이번 절에서 일반적인 설계정보와 함께 설명되어 있다. 통합 및 분리된 반류수-주 공정과 암모늄 산화 단계 동안 생성되는 아질산이온과 질산이온의 혼합물 또한 이 절에서 설명되어 있다.

### ▶▶ 기본적인 공정 고려사항

질산화-아질산화 공정을 이해하기 위해서 (1) 생물학적 경로, (2) 공정 생물학, 동역학 및 화학양론 반응, (3) 알칼리 필요조건, (4) 생분해유기 탄소의 필요성 그리고 (5) 아질산이온의 질산이온으로의 산화를 제한시키는 운전방법을 고려하는 것은 유용하다.

**생물학적 경로.**  그림 15-9(b)에 나타난 것과 같이, 질산이온의 아질산이온으로의 산화작용의 제한과 방지를 통한 짧은 순환의 질산화-탈질 경로는 화학양론적인 산소요구량과 관련된 25%의 포기 에너지를 감소시킨다. 무산소 단계 이후에, 종속영양박테리아는 질소가스(아질산-탈질화)로 아질산이온을 줄이기 위해 40% 이하의 분해 가능한 유기 탄소를 요구한다. 아질산이온 감소에 대한 유기 탄소 요구량을 비교하면, 질소의 산화 상태인 아질산이온(+3)은 질산이온(+5)보다 작다. 다음에 해당하는 화학양론 반응은 아래에서 주어진다.

**공정 생물학, 동역학 및 화학양론 반응.**  암모니아의 아질산이온으로 산화와 연관된 미생물학, 기본적 생화학 반응 그리고 독립영양성장의 동역학은 이번 절에서 제시되어진다. 생물학적 아질산화는 7장의 7-10절에서 논의되었다. 관련된 아질산-아질산-탈질화 공정의 화학양론 반응은 다음과 같다.

암모니아의 아질산(아질산화)으로 생물학적인 변화는

$$NH_4HCO_3 + 0.9852NaHCO_3 + 0.07425CO_2 + 1.4035O_2 \rightarrow$$
$$0.01485C_5H_7NO_2 + 0.9852NaNO_3 + 2.9406H_2O + 1.9852CO_2 \tag{7-92}$$

질소가스로 변화하는 아질산이온의 감소를 요구하는 생분해성 유기 화합물의 양은 탄소원에 의존하고 있다. 가령 도시폐수, 메탄올, 초산을 기초로 한 반응을 아래 제시하여 설명하였다.

폐수:

$$C_{10}H_{19}O_3N + 16.66NO_2^- + 0.33H_2O \rightarrow 10CO_2 + NH_3 + 8.33N_2 + 16.66OH^- \quad (15\text{-}9)$$

메탄올:

$$5CH_3OH + 10NO_2^- \rightarrow 5N_2 + 5CO_2 + 5H_2O + 10OH^- \quad (15\text{-}10)$$

초산:

$$5CH_3COOH + 13.33NO_2^- \rightarrow 10CO_2 + 3.33H_2O + 13.33OH^- \quad (15\text{-}11)$$

위에 제시된 식은 15-8절에 주어진 식 (7-110)에서 (7-112)의 질산이온 감소반응과 비교될 수 있다. 상응하는 식을 비교하면, 만약 아질산이온이 공정의 암모니아 산화단계 동안 질산이온으로 산화되는 것을 허용하지 않으면, 특별한 유기화합물의 질량은 많은 양의 무기질소를 감소시킬 수 있다는 것을 보여준다.

한편 탈질과 유사하게, 위 식은 아질산-탈질화에 대한 실제 탄소요구량을 반영하지 않는다. 그 이유는 반응은 세포합성질량에 대한 것은 설명하지 않기 때문이다. COD를 기초로 표현할 때, 아질산-탈질화에 대한 실제 생분해 COD 요구량은 바이오매스 수율의 효과를 고려하여 적용되고 아래와 같이 계산된다.

$$\frac{bsCOD}{NO_2\text{-}N} = \frac{1.71}{1 - 1.42Y_n} \quad (15\text{-}12)$$

여기서, 1.71 = 아질산이온의 산소당량(g $O_2$/g $NO_2$-N)

$Y_n$ = 실제 바이오매스 수율, 식 (7-121)에 의해 계산됨, 15-8절에 나타남.

**알칼리도 요구량.** 아질산이온으로 암모니아의 완벽한 산화가 이루어지는 동안 알칼리도의 분해는 아질산화 단계에서 일어난다. 따라서, 아질산화 공정의 산 중화에 대한 알칼리도의 수요는 완벽한 질산화를 실행하는 공정과 동일하다. 완벽한 암모니아 제거에 대한 알칼리도의 요구량은 외부 알칼리원이나 아질산이온 제거를 통한 알칼리도 발생을 통해서 제공되어야 한다. 다른 공정의 물(유입수, 1차 침전지 유출수, 최종 유출수)로 반류수를 희석하여 알칼리 요구량을 제공하는 것은 실행 가능한 옵션이 아니다. 희석과정은 어떠한 환경을 성장시키는데, 그 환경은 아질산이온의 질산이온으로의 산화를 제한하는 것이 어려운 환경이다. 15-8절에서 논의된 바와 같이, 독립영양성장률에서 중탄산이온의 충격과 반류수 처리공정의 상류에 화학약품(예, 철염)의 사용을 통한 알칼리도의 잠재적인 감소를 고려할 때, 알칼리도의 추가적인 보충은 아마도 처리 목적에 따라 요구될 것이다.

**분해 가능한 유기 물질의 필요.** 유기 탄소요구량의 감소에도 불구하고 일반적인 반류수에서 분해 가능한 유기 탄소의 양은 완벽한 아질산-탈질화를 이루기에는 불충분하다. 1차 고형물질과 같은 공정 내에서의 유기 탄소원이나 외부 유기 탄소원이 요구된다. 충분한 아질산-탈질화의 부재 시, 외부 알칼리원은 높은 아질산화 효율에 의해 필요할 것이고, 아질산이온으로의 암모니아의 산화가 불완전하게 발생할 것이다.

**표 15-5**

반류수 처리를 위한 아질산화–아질산–탈질화 공정의 해설

| 공정 | 설명 |
|---|---|
| (a) BABE® 공정 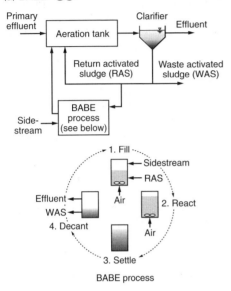 BABE process | BABE® (biological augmentation batch enhanced) 공정은 주 공정의 생물첨가법을 위해 질산화 균 농축 슬러지 원천을 제공하기 위해 설계된 통합된 반류수–주 공정이지만 아질산이온의 질산이온으로의 산화를 제한하는 조건에서 운전된다(Berends et al., 2005). BABE 반응조는 간헐적 포기로 운전되는 연속 회분식 반응조(SBR), 무산소 그리고 호기조로 대체되는 외부 정화장치를 포함하는 plug-flow 반응조 또는 MLE 배열의 plug-flow 반응조일 수 있다. 반응조의 배열에 관계없이, BABE 공정의 구별되는 특징은 반응조의 반송 활성슬러지(전체 RAS흐름의 10%)를 주 공정의 일부로의 첨가이다. 이는 주 공정의 BABE 반응조를 통합하고 BABE 반응조 온도를 25°C 이하로 유지하기 위해 제공되는 것이다. 반류수의 암모늄은 아질산이온과 질산이온의 혼합으로 산화되는데 이후 RAS 고형물질과 외부 탄소원 첨가로 인한 내호흡 탈질을 통해 제거된다. 유리 암모니아 저해 및 과도한 산소결핍은 BABE 반응조에서 아질산 산화 세균(NOB) 성장을 제한하는 1차 메커니즘에 의존한다. BABE 반응조로부터 생성된 폐슬러지는 주 처리공정으로 이동한다. BABE 공정에 요구되는 반응조 부피 및 RAS 유량(또는 하루 부피) 요구량은 전체 시설의 무기성 질소제거 목적에 따르며 일반적으로 공정 모델링을 통해 개발된다. |
| (b) 연속 회분식 반응조(SBR) 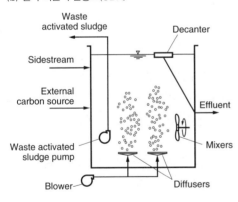 | pH 제어 또는 1 mg/L 이하 또는 거의 없는 상태로 조정된 DO 농도로 운전되는 간헐적 포기를 통해 SBR에서 질산화–탈질은 수행될 수 있다(Wett, 1998). 외부 탄소원 또는 1차 슬러지와 같은 처리시설의 탄소원은 탈질 증대를 위해 무산소 구간 동안 첨가된다. 반응 구간에서 SBR로의 지속적인 반류수의 투입은 대체로 실 규모 시스템에서 수행된다. 그러나 반류수에 대한 COD/N 비율이 거의 1에 가까워지면, 간헐적 주입 전략은 외부 탄소원 소모량을 최소화할 수 있는 이점이 있다. SBR은 대체로 생물학적 열 생성 때문에 30°C 이상의 온도로 운전되며 외부 혼합액을 이용한 냉각 또는 희석수의 첨가를 통해 반응조 온도를 38°C 이하로 유지한다. 총 슬러지 체류시간(SRT)은 5~10 d가 일반적이다. |

(계속)

| 표 15-5 (계속) |

| 공정 | 설명 |
|---|---|
| (c) SHARON® 공정 <br><br> | SHARON® (stable reactor system for high ammonia re moval over nitrite, 고농도 암모니아 제거를 위한 안정화 반응조) 공정은 연결된 공정으로 무산소-산소 지속 교반 반응조(CSTRs)로 구성되어 있으며 부유성 고형물의 체류는 없다. 공정은 35~38℃ 온도 범위에서 운전된다. 호기성 구간의 SRT 설계는 운전온도를 높이고 간헐적 포기를 통해 이 값을 제어하는 상태에 있는 1.5 d이다. 이는 암모니아 산화 박테리아의 성장을 가능하게 하지만 아질산 산화 박테리아 성장을 막는 유실 비율을 제공한다(Hellinga, 1998). 무산소 설계 SRT는 주로 0.75 d이다. 무산소 및 산소의 부피는 반류수 설계 유량과 개별 설계 SRT 값에 따른다. 유입 유량(희석되지 않거나 희석된 반류수)의 13배에 해당하는 내부 순환 유량은 아질산이온을 무산소 구간에 공급하기 위해 제공된다. 외부 탄소원은 무산소조에서의 탈질을 위해 공급되며 질산화를 도울 수 있게 알칼리도를 생성한다. 외부 알칼리도 원의 첨가는 목표로 하는 무기 질소제거효율을 위해 필요 할 수 있다. 생물학적 반응에 의해 생성된 열은 외부 혼합액 냉각에 의해 제거되며 이는 동절기 동안 열 손실이 일어나는 경우 열 추가를 위한 방법으로 사용될 수 있다. 높은 농도의 반류수는 암모니아 농도를 1500 mgN/L 또는 그 이하로 낮추기 위해 1차 또는 유출수를 통해 일반적으로 희석된다. |

**아질산이온 산화의 제한과 아질산이온 축적의 영향.** 아질산화-아질산-탈질화 공정에서 아질산 산화 세균의 성장을 제한하거나 방지하는 것은 4가지의 최초의 메커니즘을 통해 달성된다: (1) 2℃ 이상의 온도상태의 반응조에서의 낮은 호기 SRT (2) 낮은 용존 산소조건에서의 간헐적인 포기, (3) 유리 암모니아의 방해, 그리고 (4) 유리 아질산의 방해이다. 여기서 후자의 두 방해 영향은 반응조의 pH에 의존한다. 하나 이상의 이러한 아질산 산화세균 성장 제한 메커니즘의 역할은 표 15-5에 주어진 공정종류에서 논의된다. 암모늄과 아질산 산화 세균 성장 역학 그리고 아질산 산화 세균 성장 제한의 조건에 대한 자세한 설명은 7장 7-9절에 언급했다.

　높은 농도의 아질산이온 축적은 유리 아질산 방해를 통하여 암모늄 산화율 감소를 야기할 수 있다. 따라서 처리공정에서 아질산-탈질화의 내포는 매우 높은 강도의 반류수를 더 선호하거나 반류수는 1차 침전지나 공정 유출수와 희석되고, 과도한 희석의 제한은 아질산이온의 질산이온으로의 산화의 조절을 제한하는 반류수 반응조 조건을 유발시킬 수 있다. 여기서 높은 잔여 아질산이온의 농도는 반류수 반응조 유출수에서 보여진다. 유출수는 주 공정의 2차 침전지 단계에서 무산소 영역을 배출시킬 수 있고, 그것은 더욱이 아질산이온의 질산이온으로의 산화를 예방하고, 무기 질소제거에 대한 유기 탄소요구량을 최소화시킨다.

## ≫ 처리공정

분류된 반류수의 처리를 위하여 아질산화-탈질화 공정은 발전되었으며, 실제공정에서 시행되었다. 또한, 이 공정의 발전은 질소에서 아질산의 산화가 완전히 조절되지 않는 통

## 표 15-6

부분 아질산산화-혐기성 암모늄 산화(탈암모니아화) 공정에 대한 해설

| 공정 | 설명 |
|---|---|
| (a) ANITA™Mox-1단의 탈암모니아화 공정 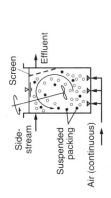 | ANITA™Mox는 1단의 탈암모니아화 이동층 생물막반응조(MBBR) 시스템이고, 온라인 반응조 암모늄과 질산 측정을 기준으로 0.5~1.5 mg/L 범위의 다양한 용존산소(DO) 설정 값에 따라 연속적으로 포기된다. DO 설정 값 조절은 아질산산화 세균(NOB) 성장을 제어하고 안정된 암모니아 제거율을 유지하기 위해 필요하다. 연속 포기로 인해, 기계적 혼합은 운전에서 동반고 그 낮은 암모니아 부하의 기간을 필요로 한다. 담체가 차지하는 반응기 부피의 물통분 한 담체의 혼합을 방지하기 위해 50%를 초과하지 않는다. 500 m²/m³ 혹은 그 이상의 특정 활성 비표면적을 가지는 AnoxKaldnes 플라스틱 담체가 이 공정에 사용되어 있다. |
| (b) DeAmmon® 이동층 생물막 반응조 공정 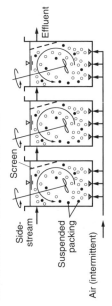 | DeAmmon은 반응조당 단일 또는 세 단계의 이동층 반응조 시스템으로 구성되어 있다(designed by Purac). 각 단계가 직렬로 작동되지만 배전수 연성 병렬동작을 할 수 있도록 제공된다. Kaldnes (AnoxKaldnes/Veolia) K1 담체는 생물막 지원에 일반적으로 사용되어 있다(500 m²/m³의 활성 표면적). 각 단계는 부분 아질산화 및 anammox 반응에 대한 호기 및 무산소 기간을 각각 제공하고, 지속적으로 기계식 믹서로 혼합한다. 무산소 및 호기의 지속기간은 암모늄 부하 시스템 및 제거율에 의존한다. 호기 및 무산소 기간은 각각 20~50 min 그리고 10~20 min이 일반적이다. 포기 기간 동안 3 mg/L의 DO 농도를 목표로 하지만, 더 높은 농도는 NOB 성장 가능성을 방지하고 anammox 저해를 제한하기 위해 회피된다. 일반적으로, 담체가 차지하는 반응기 부피의 물통은 반응기 부피에 걸쳐 담체의 충분한 혼합을 위해 50%를 초과하지 않는다. |
| (c) DEMON® 연속식 회분 반응조 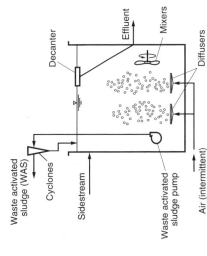 | DEMON® SBR는 부유성 성장 반응조로 pH 조절 또는 시간을 기반으로 한 간헐포기에 의해 anammox 반응에 대한 아질산이온으로 암모니아의 부분적 변환과 무산소 기간의 호기성 기간을 제공한다. 첨두 DO 농도는 각각의 호기성 단계에서 약 0.3 mg/L로 조절되고, NOB 성장에 대한 선택적 압력을 제공하고 anammox 세균을 위한 최적의 환경을 조성하기 위해 공기를 차단한 후 무산소 상태로 신속하게 전환될 수 있다. Anammox 활성에 대한 아질산이온의 영향을 최소화하기 위해, 각 주기에서 포기 주기는 일반적으로 약 10~15 min 이다(무산소 기간은 일반적으로 5~10 min). pH를 포기 주기를 제어하는 데 사용되는 경우, 0.01 또는 0.02 단위의 pH 간격이 적용된다. 중간 운전 pH는 일반적으로 공기의 CO₂ 탈기를 통해 무기 탄소 손실을 최소화하기 위해 6.8 이상으로 유지된다. SBR은 각 SBR 주기의 마지막에서 연속적으로 공급된다. SBR에서 성장하는 anammox 박테리아는 침 한 과립 형태이기 때문에 폐슬러지는 나머지 응집 고형물로부터 anammox 과립을 분리하기 위해 하이드로사이클론(hydrocyclones)을 통해 펌핑되고 반응조로 반송된다. 따라서, anammox 세균의 고형물 체류시간(SRT)은 40~50 d를 중심으로 유지되고 나머지 전류 고형물질암모니아 산화 세균(AOB) 중속 불활성 고형물의 SRT는 10 d 주위로 유지한다. 이는 부하조건 범위보다 안정된 성능의 안정적인 선택적 압력을 제조한다(Wett et al., 2010). |

(계속)

**| 표 15-6** (계속)

| 공정 | 설명 |
|---|---|
| (d) 회전생물막 반응조(RBCs) 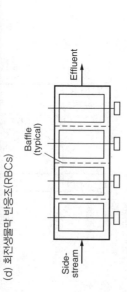 | 회전생물막 반응조(RBC)는 침출수 처리에 적용되었으며 지배적 질소제거 방법으로 탈암모니아화의 성장을 촉진하는 것으로 확인되었다(Seyfried et al., 2001). RBC의 탈암모니아화는 다양한 구성 및 담체의 재질에 따라 다르지만, 약 2.5 g N/m²·d, 4.8 g N/m²·d까지 탈암모니아화의 최고 침두 속도를 보였다. 일반적인 RBC 벌크액 DO 농도는 1 mg/L이다. 분해 가능한 유기 탄소가 풍부한 침출수의 경우 탄소의 생물학적 제거는 RBC 이전에 탈암모니아화가 요구된다. 탈암모니아화는 20°C 미만의 운전조건에서 안정됐고, 70%의 질소제거효율은 10°C 정도의 낮은 온도에서 보고되었다(Seyfried, 2002). 정보는 침두 깊이 또는 탈암모니아화 성능을 최적화하는 데 필요한 회전 속도에 즉시 사용할 수 있다. |
| (e) 1단 ANAMMOX® 공정 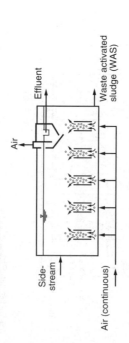 | 1단 ANAMMOX® 반응기(designed by Paques BV, The Netherlands)는 조기에 공기를 연속적 다층 상승권에 적용되는 에어 리프트에 기초하여 설계되었으며, 결과적으로 수직면을 통한 상향 액체-고체 운동과 기체유출 후의 액체-고형물 하향운동을 한다. AOB 및 anammox 개체군이 동일한 입자 내에서 상승속으로 증가하는 두꺼운 과립형 바이오매스의 유체역학적 조건을 선호한다. 이 공정의 발달 이후에, 슬러지 과립 설계를 단순화하여 상승관을 사용하지 않고도 안정한 것으로 나타났다. 반응기의 상부에 위치한 독점 기체-액체-고체 분리는 배출 공기 및 주 반응 구역으로 반송 과립 고형물을 위한 침전 구역으로부터의 액체-고체의 분리를 제공하고, 밀도 불활성 고형물을 제거하는 분류수의 전처리 반응기에서의 축적을 방지하는 것이 좋다. DO, 아질산 및 암모늄의 온라인 측정은 공정을 제어하기 위해 사용된다. |
| (f) Terra-N® 공정 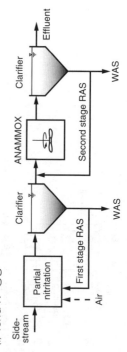 | Terra-N® MBBR 공정은 SÜD-Chemie/Clariant GmbH(민헨, 독일)에 의해 개발되었으며, 생물막 성장을 위한 지지 매질로 벤토나이트가 사용된다(TERRANA® 재료; 25~45 mm의 범위의 평균 입자 직경). 빠른 침강율과 벤토나이트 입자의 압축 때문에, 중력침전은 별크액으로부터 담체와 생물덩어를 분리하는 데 적용된다. 과정은 각 단계가 완전히 혼합된 반응기 중의 침전지로 구성된 두 단계 구성으로 설계되고(지속적으로 묘기 부분의 이질산 단계에 따라 아나목스 반응에 완전히 혼합한 무산소 단계), 또는 간헐 통기 단일 단계 SBR 등. SBR의 2단 구성 부분의 이질산화 단계에서, 바이오매스와 함께 10~12 g/L의 벤토나이트를 참가한다. 바이오매스 부숙상으로, 총 부유 물질 농도는 일반적으로 15~20 g/L이다. 2단으로 배치되는 anammox 단에서, anammox 세균의 과립을 지지하고 매질에 대한 필요성을 제거하거나, 벤토나이트에 첨가는 해로운 것은 아니다. 2단의 바이오매스 농도는 5~7 g/L으로 보고되고 있다(Clariant/SÜD. Chemie, 2012). |

(계속)

**표 15-6** (계속)

| 공정 | 설명 |
|---|---|

**(g) 2단 SHARON®–ANAMMOX® 과정**

탈암모니아화는 anammox 반응 뒤에 부분 아질산으로 이루어진 2단 시스템에서 달성될 수 있다. 1단에서, CSTR은 이질산 반류수 중 암모늄이 약 50%의 변환, 알칼리성 또는 유기탄소를 첨가하지 않고, 30°C 이상의 온도(SHARON® 개념에 기초하여), 약 1.5 d의 호기성 SRT에서 작동된다. 부분적 아질산 반류수가 제2단 ANAMMOX® 반응기로 공급된다(BV Paques 의해 저조, 네덜란드)의 상향 유동 구성에서 동작하고 높은 상향 표면 액체 유속 하에서 anammox 세균의 속도를 5~7%만큼 높은 고형물 농도와 반응기의 하부에서 슬러지 층이 발달할 수 있고, 100 m³/h에서 침전으로 조밀 과립을 형성한다. 낮은 밀도와 정착 속도와 응집된 입자는 세척된다. 두 반응기 사이의 고체 분리는 ANAMMOX® 반응기 슬러지 층에서 밀도 불활성 고체의 축적을 방지하는 것이 좋다. ANAMMOX® 반응기의 내부 액체 혼합은 슬러지 층에 의해 생성된 질소 가스 탱크의 중간 값이 지점 위해 독점 가스 수집 시스템을 통해 수집된 가스 리프트 메카니즘에 의해 제공되고, 중앙 상승관에 가스를 전달하고, 이는 반응기의 상단에 위치한 기체–액체 분리기로 액체 가스를 유도 리프트, 중앙 상승관에 가스를 증가시키고 반응기에 들어가는 부분의 아질산 반류수를 희석하기 위해 탱크 바닥에 되돌려진다.

합 반류수–주 처리공정 장치에서 이루어진다. 그러나 아질산은 암모늄 산화단계 동안 축적되는 대부분의 물질로 남아 있다. 주요 독립 공정과 통합 공정들은 아래와 같다.

> BABE® 공정
> 연속 회분식 반응조
> SHARON® 공정

공정 흐름도가 포함된 다음의 공정들의 간략한 정보는 표 15–5에 제공된다.

## 15-10     부분 아질산화와 혐기성 암모늄 산화(탈암모니아) 공정

부분 아질산화가 일어나고 anammox 박테리아의 성장과 강화를 지원하는 실시 공정에 의해 반류수의 무기성 질소제거에 필요한 포기 에너지와 약품 요구량을 보다 더 저감할 수 있다. Anammox 박테리아는 전자수용체로서 아질산을 사용하여 무산소 조건에서 암모늄을 산화할 수 있는 능력을 가진 독립영양 미생물이다. 순차적인 부분 아질산화와 혐기성 암모늄 산화("탈암모니아")를 수행하기 위해 설계된 공정들의 개발과 적용은 2001~2002년에 독일과 네덜란드에서 첫 실증 규모의 시스템이 시운전된 이후로 가속화되었다.

    탈암모니아 공정의 초기 개발에서, 연구자들은 부유성 바이오매스 또는 생물막 내에서 두 개의 1차 반응이 일어나는 단일 반응조 내에서 안정적인 탈암모니아가 달성될 수 있음을 발견했다(Kuai and Verstraete, 1998; Olav Sliekers et al., 2002; Siegrist et al., 1998; Seyfried et al., 2001). (1) 아질산이온을 거치는 완전 독립영양 질소제거(CAN-ON)와 (2) 산소–제한 독립영양 아질산화–아질산–탈질화(OLAND)라는 두 개의 초기 공정명은 특성 상표가 등록된 공정명이 일반화되면서 곧 사용되지 않았다. 이 절에 기술된 공정들은 표 15–6에 요약되어 있다.

### ≫ 기본적인 공정 고려사항

탈암모니아 공정들과 반류수로부터 무기성 질소를 제거하는 비용 저감 측면의 장점을 이해하기 위해서, anammox 박테리아의 생물학, 동역학과 화학양론 반응 및 호기성 암모늄 산화와의 그들의 공영양적 관계들에 대해 아래에 요약하였다.

**공정 생물학, 동역학 및 화학양론.** Anammox 미생물은 해수와 담수 환경, 토양, 침전물, 습지, 반류수 처리에 대한 논의에서 특히 흥미로운 폐수처리장에서 검출되었다(Kuenen, 2008; Van Hulle et al., 2010). 재래식 질산화/탈질산화 공정의 활성슬러지가 anammox 반응을 적용한 실험실, 파일럿과 실 규모 공정의 개시에 사용되었다(Fux et al., 2002; Third et al., 2005; van der Star et al., 2007).

    Anammox 박테리아의 생화학 및 성장 동역학은 7장과 8장에 제공되었다. 이들 장에 논의되고 아래에 요약된 바와 같이 anammox 박테리아는 호기성 질산화 미생물의 성장 속도의 약 10분의 1인 최대 비성장률을 가진다. 그러므로 긴 SRT가 모든 탈암모니아 공정의 설계에 있어서 주요 특징이다. 또한 그들의 성장을 제어하는 추가적인 환경 요인들을 아래에 요약하였다. 부분 아질산화와 anammox 반응에 대한 화학양론은 다음과 같다.

**부분 아질산화.** 만약 암모늄이 식 (7-92)에 주어진 화학양론 반응에 따라 부분적으로 아질산이온으로 산화(부분 아질산화)되면, anammox 반응에 필요한 암모늄과 아질산이온의 화학양론적 비율은 식 (15-13)에 나타난 것처럼 구할 수 있다. 아질산화 반응에 의해 생성된 산을 중탄산이온 알칼리로 중화하는 것도 토의 목적을 위해 부분 아질산화 화학양론에 포함된다.

$$2.34NH_4^+ + 1.87O_2 + 2.66HCO_3^- \rightarrow$$
$$0.02C_5H_7NO_2 + NH_4^+ + 1.32NO_2^- + 2.55CO_2 + 3.94H_2O \quad (15\text{-}13)$$

**Anammox 반응.** 산소가 없는 조건하에서 anammox 박테리아는 전자수용체로서 아질산이온을 사용하여 암모늄을 산화한다. 세포 합성을 포함해 주요 화학양론 반응은 식 (15-14)와 같다(Strous et al., 1998).

$$NH_4^+ + 1.32NO_2^- + 0.066HCO_3^- + 0.13H^+ \rightarrow$$
$$1.02N_2 + 0.26NO_3^- + 0.066CH_2O_{0.5}N_{0.15} + 2.03H_2O \quad (15\text{-}14)$$

Anammox 박테리아가 성장에 필요한 탄소원으로 무기성 탄소를 사용하고 전자수용체로서 아질산이온을 사용하기 때문에, 무기성 질소가 유기성 탄소물질의 첨가 없이 제거된다. 식 (15-14)에 나타난 바와 같이 질산이온이 반응 생성물이므로 무기성 질소의 완전한 제거를 위해서는 약간의 유기성 탄소가 필요하다. 2단계 탈암모니아 경로[그림 15-9(c) 참조]에 의해 제거된 암모니아성 질소 1 kg당 질산성 질소 0.11 kg이 생성된다. 결과적으로, 탈암모니아는 질산화−탈질산화 공정에서 질산이온을 질소 기초로의 종속영양 환원에 필요한 탄소요구량의 약 11%까지 유기성 탄소요구량을 감소시킨다. 탈암모니아에 대한 산소요구량 또한 2단계 호기성 독립영양 경로에 의한 암모늄의 질산이온으로의 완전 산화에 필요한 산소의 약 40%까지 감소시킨다.

**알칼리도 요구량.** 일반적인 고농도 반류수 내의 중탄산이온은 몰 기준으로 암모늄 농도와 같다. 위의 식 (15-13)과 (15-14)에 나타난 바와 같이 아질산이온으로의 암모늄 산화에 의해 생성된 산을 중화하고 독립영양 미생물이 성장하는 데 필요한 중탄산이온의 총량은 반류수 내의 이용 가능한 양을 초과한다. 반류수 반응조에서의 부분적이거나 완전한 질산이온 환원은 중탄산이온 알칼리도를 생성하는 반류수의 분해 가능한 COD에 따라 달라진다. 하지만 총괄 중탄산이온 화학양론적 요구량을 충족시키는 데 필요한 평형을 공급하기에는 그 양이 불충분하다. 실제로, 탈암모니아 공정들은 보통 외부 알칼리원 추가 없이 높은 암모늄 제거효율(80% 이상, 보통 90~95%)을 충분히 달성한다. 만약 염화제1철이나 염화제2철이 struvite 형성을 제어하기 위해 소화조나 다른 곳에 추가되면, 높은 무기성 질소제거효율이 요구될 경우, 철염의 추가로 인해 파괴된 알칼리를 보상하기 위해 탈암모니아 시스템에 알칼리도를 추가하는 것이 당연하거나 요구된다.

**고형물 체류시간.** Anammox 미생물은 호기성 질산화 박테리아의 속도의 10분의 1보다 낮은 최대 비성장률을 가진다(7장의 표 7-13 참조). 그러므로 생물학적 반응조 내에 이 미생물들을 유지하기 위해서 20 d 이상의 SRT가 요구된다. 다행히도 anammox 박테리아는 세포외 중합 물질을 과도한 양으로 생산한다(Cirpus et al., 2006). 이는 강한 결합 중합체와 과립 형성을 초래함으로써 부유성장 반응조 내에 anammox 박테리아가 농축되도록 한다. 과립형 바이오매스 형성은 고형물의 침전속도와 비중을 높임으로써 응집된 고형물로부터 과립을 분리할 수 있도록 한다. 이러한 특징은 공정 내에 쉽게 anamox 박테리아를 유지할 수 있는 공정 구성이 가능하도록 한다. 생물막 내에 anammox 박테리아의 통합 또한 그들의 성장에 도움이 되는 환경을 쉽게 한번에 만들어주고 충분한 표면적을 제공한다.

**탈암모니아 공정의 시행과 과제.** 따뜻한 반류수 온도가 anammox 미생물의 성장률을 높이는 장점이 있는 고농도 반류수를 위해 최초의 탈암모니아 공정이 개발되었다. 부유성장 연속 회분식 반응조의 경우, 각 포기 주기의 호기성 기간 동안 낮은 용존산소(DO) 농도(0.3 mg/L)를 유지하는 간헐 포기는 호기성 아질산 산화 박테리아의 성장을 제한하는 반면 호기성 암모니아 산화와 anammox 박테리아의 성장을 위한 조건을 제공하는 효과적인 방법인 것으로 증명되었다(Wett, 2007).

　　Anammox 미생물이 잘 자랄 수 있는 생물막 내 환경을 제공하는 낮은 용액 내 DO 농도로 부착성장 반응조를 운전함으로써 또한 생물막 내 아질산이온이 축적될 수 있다. 포기 시스템에 의해 야기된 유체역학적 조건이 고농도로 유지될 수 있는 과립형 슬러지를 생성하는 연속 포기식 가스리프트 반응조를 이용하여 단일 반응조 내에서 호기성 아질산 산화 박테리아의 성장을 제한하는 반면, 호기성 암모니아 산화와 anammox 박테리아의 성장이 유지된다는 것 또한 증명되었다(Olav Sliekers et al., 2003; Abma et al., 2010). DO 농도가 낮으면 과립형 슬러지 내 호기성과 무산소 영역은 호기성 암모니아 산화균과 anammox 성장에 필요한 환경을 제공한다.

　　Anammox 반응이 무기성 질소제거와 관련된 처리장 운전비용을 저감한다는 관점에서는 매력적이지만, 생물학적 반응조 시스템 내에 anammox 박테리아를 결합하는 것은 몇 가지 기술적인 과제가 있다. 첫 번째이면서 중요한 과제는 그들의 낮은 성장속도로 인하여 질산화-탈질산화 또는 아질산화-아질산-탈질화 시스템에 비해 긴 반응조 개시 기간이 요구되고 또한 anammox 활성이 급격히 떨어진 경우 긴 회복 기간이 필요하다. 그러나 anammox가 풍부한 바이오매스로 새로운 시설에 식종할 경우 개시가 촉진되는 것으로 증명되었다(Wett, 2006; Abma et al., 2007; Schneider et al., 2009; Christensson et al., 2011). 탈암모니아 처리장의 수가 증가하면서 이용 가능한 식종이 증가하고 있다. 촉진될 수 있는 개시 정도는 개시하는 처리장의 암모늄 부하량과 구할 수 있는 식종의 양에 따라 다르다.

　　Anammox 박테리아는 또한 활성의 비가역적 손실을 초래하는 아질산이온에 민감하다. 아질산이온 노출(농도와 노출시간 둘 다) 수준과 이에 상응하는 활성의 손실이 보고되었다(Fux et al., 2004; Wett et al., 2007). 이는 아질산이온의 독성이 농도와 노출시간 둘 모두와 함수 관계에 있음을 의미한다. 산소에 노출되는 것 또한 anammox 활성을 저해하지만 그 효과는 가역적이다. 마지막으로, anammox 미생물은 NOB와 아질산이온에 대해 경쟁한다. 그러므로 반응조 운전조건은 반드시 NOB 성장을 제한하거나 anam-mox 박테리아가 경쟁적 우위에 있는 환경을 제공하기 위해서 잘 제어되어야만 한다.

## 처리공정

탈암모니아를 위해 설계된 공정 형태는 다음을 포함한다.

> ANITA™Mox 유동층 생물막 반응조 공정
> DeAmmon® 유동층 생물막 반응조 공정
> DEMON® 부유성장 연속 회분식 반응조
> 회전생물막 반응조
> 1단 ANAMMOX® 공정
> Terra-N® 유동층 생물막 반응조 공정
> 2단 SHARON®-ANAMMOX® 공정

공정 계통도를 포함한 이들 공정들에 대한 요약된 정보는 표 15-6에 제공되어 있다.

## 15-11 생물학적 처리공정을 위한 공정 설계 고려사항

본 절에는 15-8~10절에 기술된 생물학적 시스템에 대한 공정 설계 고려사항들이 나타나 있다. 주된 설계 고려사항들은 (1) 반류수 특성 및 처리 목적, (2) 설계 부하량 및 부하 균등화, (3) 반류수 전처리, (4) 필요한 반응조 부피, (5) 포기 시스템 설계, (6) SRT 및 MLSS 농도, (7) 약품 첨가(탈질산화와 아질산-탈질화를 위한 유기성 탄소 요구량; 알칼리도), (8) 운전온도와 pH, 그리고 (9) 열 제거를 포함한다. 이들의 적용을 설명하기 위한 예제 문제는 설계 고려사항의 논의에 이어 제시되어 있다.

## 반류수의 특성 및 처리 목적

15-1절에 언급된 바와 같이 고농도 반류수의 특징은 반류수를 발생시키는 공정과 공정 운전조건에 따라 다르다. 그러므로 반류수 처리를 위한 공정을 설계할 때에는 구부피인 반류수의 특징은 측정되어야 한다. 고려되어야 할 반류수의 매개변수들은 표 15-7에 요약되어 있다. 질소성 산소요구량은 중요한 공정 설계 매개변수이므로 생분해 가능한 유기성 질소 농도를 산출하기 위해서 반류수 특성분석에 용존성과 총 TKN의 측정이 모두 포함되어야 한다. 그러나 반류수의 유기성 TKN의 대부분은 난분해성 용존성 유기질소(rDON)와 생물학적으로 불활성인 부유성 고형물과 관련된 질소로 구성될 것이다. 일반적으로 혐기성 소화에서 파생된 반류수 내의 용존성 유기성 TKN(용존성 TNK - $NH_4^+$-N)의 약 50%는 생분해 가능하다. 입자성 TKN 중에서 일반적으로 TKN의 10~15%는 호기성 조건에서 생분해 가능하다.

**표 15-7**

**반류수 처리 시스템 설계 시 고려할 매개변수**

| 매개변수 | 단위 | 비고 |
|---|---|---|
| 유량(평균, 최소, 최대) | m³/d | |
| 탈수 주기 | d/wk | |
| 탈수기 운영시간 | h/d | |
| 온도(평균, 최소, 최고) | °C | |
| 총 부유물 | mg/L | 전처리에 따라 변함 |
| 휘발성 부유물 | mg/L | 전처리에 따라 변함 |
| 알칼리도 | mg/L as $CaCO_3$ | |
| 총 $cBOD_5$[a] | mg/L | |
| 용존성 $cBOD_5$[a] | mg/L | 0.45 $\mu$m 여과지 통과 여액 |
| 암모니아성 질소 | mg N/L | 용존성 TKN의 90~95% |
| 용존성 TKN[b] | mg/L | 0.45 $\mu$m 여과지 통과 여액 |
| 총 TKN[c] | mg/L | |
| 용존성 $PO_4$-P | mg/L | |

[a] 1.5 g/g의 분해 가능한 COD와 cBOD5비는 분해 가능한 입자성과 용존성 COD 분율을 산출할 수 있을 것으로 추정될 수 있다.

[b] 용존성 TKN과 암모니아성 질소와의 차이는 용존성 유기 질소이며, 1차와 2차 슬러지의 혐기성 소화에서 파생된 반류수의 경우 일반적으로 50%가 생분해 가능한 것으로 여겨진다.

[c] 총 TKN과 용존성 TKN과의 차이는 입자성 TKN이며, 1차와 2차 슬러지의 혐기성 소화에서 파생된 반류수의 경우 대략 10~15%가 생분해 가능한 것으로 여겨진다.

만약 반류수가 새로운 처리 시스템의 가동으로 인해 장래에 발생된다면 실험실 또는 파일럿 규모의 슬러지 소화에 대한 연구가 반류수의 용존성 성분들이 소화 공정에서의 조건 및 슬러지와 바이오 고형물의 특성에 반영되도록 추천된다. 반류수의 TSS 농도는 실증 규모의 탈수공정에 예상되는 포획 효율 범위로 추정한다. 그러한 시험이 없는 경우에는 암모니아성 질소와 다른 성분들의 농도가 소화 공정 모델링을 기초로 하여 추정될 수 있다.

반류수 공정에 대한 처리 목적은 개별 시설에 따라 다르고 염양염류에 대한 시설의 허용 유출 농도 및 에너지와 약품 요구량과 관련된 비용에 따라 달라진다. 처리 옵션의 선택은 주 공정의 생물첨가법과 연관된 잠재적 이익에 따라 달라진다. 일반적으로, 고려되고 있는 독립 및 통합 공정들에 대해 수명주기 비용 평가를 통해 가장 비용 효율적인 옵션을 정한다.

## ⯮ 설계 부하량 및 부하 균등화

반류수의 질소와 분해 가능한 탄소의 질량 부하율은 공정 부피와 포기 및 약품 요구량에 영향을 미칠 것이다. SRT 제어를 위해 고형물 분리를 적용한 독립처리공정의 경우 고형물의 대부분이 생물학적으로 불활성이고 반응조 내에 축적되기 때문에 반류수 TSS 부하율 또한 설계에 영향을 줄 수가 있다. 그러므로 최대 산소요구량과 고형물 부하율은 일반적으로 반응조 설계에 사용된다.

**표 15-8**

생물학적 반류수 처리공정에 대한 전형적인 설계 및 운전 인자

| 공정 | 주요 설계 변수 | HRT, h 암모니아성 질소 부하율 (ALR), kg N/m³·d 메디아 부하율, g N/m²·d | SRT[a], d | 공정제어변수 |
|---|---|---|---|---|
| **질산화 및 탈질 공정** | | | | |
| BAR 및 R-D-N 공정 (반송슬러지 재포기조) | 전체 SRT | HRT = 2(호기)[조][b] 1~2(무산소조) | 8~15 (SS+MS, 전체) | DO, SRT |
| InNitri 및 짧은 SRT 공정 (2단) | HRT(재포기조), SRT, ALR | ALR = 0.4~0.5[c] | 3~5 (SS, 전체) | DO, 외부 알칼리도 및 COD 주입, 온도, SRT |
| ScanDeNi 공정 (반송슬러지 재포기조) | 전체 SRT, HRT(재포기조) | HRT = 1~2(호기)[b] 1~2(무산소조) | 8~15 (SS+MS, 전체) | DO, SRT, 외부탄소원 |
| 연속 회분식 반응조(SBR) | SRT, ALR | ALR = 0.3~0.4d | 10~15 (SS, 전체) | DO, 외부 알칼리도 및 COD 주입, 온도, SRT |
| **아질산화 및 탈아질산화 공정** | | | | |
| BABE 공정(SBR) | SRT(전체), ALR, 온도 | ALR = 0.4 | 4~8 (SS+MS, 전체) | BABE 반응조 유입 반송슬러지 유량, DO, 온도(25°C, 최대) |
| 연속 회분식 반응조(SBR) | SRT, ALR | ALR = 0.4~0.6[d] | 5~10(전체) | DO(<1 mg/L), 외부 알칼리도/COD 주입 |
| SHARON 공정 | SRT(호기, 무산소), 온도 | ALR < 0.7[e] | 1.5/0.75[e] (호기, 무산소) | 온도(35~38°C), 호기 SRT: 외부 COD 주입 |
| **부분 아질산화 및 혐기성 암모니아 산화 공정** | | | | |
| ANITA™Mox | 여재 표면적, ALR | ALR = 0.7~1.2[f] | > 20 | DO (0.5~1.5mg/L) |
| DeAmmon® | 여재 표면적, ALR | ALR = 0.6~0.8[g] | > 20 | DO, 호기-무산소 회전시간 |
| DEMON®SBR | SRT, ALR | ALR = 0.7~1.2[h] | 40~50 (Anammox 입자), 10~15(플록) | pH 간격(0.01~0.02 s.u.); DO (0.3 mg/L); SRT |
| 회전판 생물막 접촉조 | 여재 표면부하율 | 부하율 = 2.3~2.8g N/m²·d[i] | >20 | DO (1 mg/L) |
| 1단 ANAMMOX® | SRT, ALR, air-lift 포기장치 | ALR = 2.0 | > 20 | DO, SRT, 온도 |
| Terra-N® 2단 중간침전 포함 | Bentonite 농도, ALR, clarifier overflow rate | ALR = 1.2~2.1 (partial nitration stage)[j] 1.2~2.1 (Anammox stage)[j] | > 20 | DO |

(계속)

**| 표 15-8** (계속)

| 공정 | 주요 설계 변수 | HRT, h 암모니아성 질소 부하율 (ALR), kg N/m³·d 메디[아 부하율, g N/m²·d | SRT[a], d | 공정제어변수 |
|---|---|---|---|---|
| 1단 Terra-N® | Bentonite 농도, ALR | ALR = 0.25~0.7 (1.5)[k] | > 20 | DO |
| 2단 SHARON®-ANAMMOX® | SRT, ALR, 액체 상승속도 | ALR < 0.7 (SHARON); 3~10 (ANAMMOX) | 1.5 (SHARON, aerobic); > 20 (ANAMMOX) | Aerobic SRT, 온도 (SHARON), 액체 상승온도, SRT (ANAMMOX) |

[a]기호: SS = 변류수 반응조; MS = 주 공정 2차반응조; total = 호기성과 무산소 SRT의 합

[b]호기성과 무산소 수리학적 체류시간 및 RAS 재료기조 부피는 최저 운전온도에서 최대 RAS 유량(일반적으로 반송률 100%)을 기준으로 한다. HRT는 전형적이 값이다. 반응조 형태는 플러그 흐름이고 부피는 최소 운전온도에서 RAS 재포기조와 주 공정에서 요구되는 질산화 성능에 의존한다. 머멜링은 이 평가에서 일반적으로 사용되고 독립영양 성장률을 낮은 pH의 영향을 고려하고자 대략 0.5~0.6 d⁻¹ (20°C)로 조정된다.

[c]부하율은 호기/무산소 부피비가 2:1인 시스템 총 부피가 150 mg/L·h인 최대 OUR을 기준으로 한다.

[d]최대 암모늄 제거율은 6 h의 반응시간, 호기 66% 무산소 33%의 하루담 세 번의 8 h 주기, 150 mg/L·h인 최대 OUR을 기준으로 한다.

[e]최대 비속도는 호기/무산소 비가 2:1인 시스템 총 부피와 150 mg/L·h인 최대 OUR을 기준으로 한다. 호기와 무산소 SRT는 유입수 유량을 기준으로 하며, 애를 들어 희석수가 첨가될 경우 요구 부피는 희석된 반류수 유량을 기준으로 한다.

[f]부하율은 제벤텐 블락스틱 담체로 성장을 위한 유효 표면적에 의존한다. AnoxKaldnes BiofilmChip™M(담체의 유효표면적 1,200 m²/m³; 담체 충진부피 40%)에서 1.2 kg N/m³·d)가지의 제거율이 Christensson 등(2011)과 Lemaire 등(2011)에 의해 보고되었다.

[g]AnoxKaldnes K1 담체, 생물막을 위한 유효표면적 = 500 m²/m³ 담체; 유효표면적당 탈암모니아율 = 1.5~2 g N/m²·d (Plaza et al., 2011)

[h]증명된 부하율 범위. 설계 부하율은 일반적으로 0.7 kg N/m³·d이다.

[i]부하율은 매립 침출수 처리 RBC 시스템에 의해 증명된 평균 질소제거율과 일치한다.

[j]부하율은 개정된 반응조(Clariant/SÜD Chemie, 2012)에서 증명되었다. 부분 아질산화와 anammox 반응조의 부피는 일반적으로 갑다. 특히 침전조 설계, 침전조 표면월류율 및 전형적인 고형물 반송유량은 공급자에 의해 공개되지 않았다.

[k]부하율은 개정 반응조에 대해 증명되었다. 괄호 안의 값은 새로운 반응조에 대한 최대 설계부하율로서 공급자에 의해 제안되었다(Clariant/SÜD Chemie, 2012).

반응조 설계를 위한 반류수의 첨두 부하율은 바이오 고형물의 탈수공정의 운전에 따라 달라진다. 소형 처리장에서의 탈수 시설은 보통 5 또는 6 d/wk로 주간에 운전된다. 대형 시설에서 탈수 시설은 일반적으로 연속 운전된다. 바이오 고형물의 탈수가 간헐적인 경우 유량 및 부하 균등화의 적용이 처리공정의 부피와 첨두 산소요구량과 관련된 포기 에너지를 저감하기 위한 비용 효율적인 방법이다. 반류수 유량과 부하의 균등화는 앞의 15-2절에 논의되었다.

## 반류수 전처리

15-8~10절에 기술된 독립 반류수 처리공정 대부분은 처리 전에 반류수의 TSS 농도를 감소시키는 장점이 있다. 반류수의 TSS 대부분은 생물학적으로 불활성이므로 반류수 반응조 내에 축적될 것이다. 이로 인해 고형물-액체 분리 공정과 SRT를 요구되는 범위 내로 제어하는 능력에 부정적인 영향을 줄 수 있는 수준까지 고형물 농도를 잠재적으로 증가시킨다. 전처리의 필요성은 반류수 TSS에 대한 누적자료와 반류수 처리에 사용되거나 고려되고 있는 특정 공정에 따라 달라진다. 많은 반류수 공정에 대한 동역학적 공정 모델링은 충분한 TSS 자료가 이용 가능할 경우 현재 반류수에 대한 전처리의 필요성을 평가하는 효과적인 수단이다. 전처리 옵션들은 15-3절에서 검토하였다.

반류수 TSS의 평균 농도를 200 mg/L 이하로 줄이는 것은 대체로 충분하다. 하이드로사이클론을 이용하여 다른 부유 고형물로부터 anammox 과립을 분리하는 DEMON 탈암모니아 SBR의 경우 무거운 입자성 물질의 제거가 특히 중요하다. 왜냐하면 하이드로사이클론이 폐슬러지로부터 이러한 물질도 분리함으로써 반응조 내에 이들이 잔류하기 때문이다. 담체 유지를 위해 스크린을 사용하는 MBBR 시스템의 경우 잔해가 시간이 흐르면서 반응조 내에 축적되기 때문에 큰 불활성 잔해의 제거가 매우 중요하다.

SHARON 아질산화-아질산-탈질화 공정의 경우 고형물 체류가 일어나지 않기 때문에 반류수의 고형물 제거가 보통 요구되지 않는다. 하지만 반류수의 고형물 농도가 정기적으로 높으면(> 2000 mg/L) 고형물 제거는 포기 영역에서의 산소요구량을 줄이는 효과가 있다. 반류수-주 공정 통합 공정의 경우 반류수의 고형물이 주 공정에 미치는 영향을 평가하기 위해서 시설의 고형물에 대한 물질수지가 수행되어야 한다.

## 반류수 반응조 부피

필요한 최소 반응조 부피를 결정짓는 조건은 반류수 처리공정의 종류에 따라 변하고 처리 목적, 달성 가능한 최대 산소전달률과 생물학적 반응속도뿐만 아니라 고형물-액체 분리와 같은 다른 고려사항에 의해 좌우된다. 시간당 단위 반응조 부피당 질소 부하(kg N/m³·d) 또는 고정식 생물막 시스템에서의 시간당 활성 담체 표면의 단위 면적당 질소 부하(g N/m²·d)로 표현되는 시스템의 비질소 부하율을 이용하여 독립 반류수 반응조의 필요한 부피를 일반적으로 추정한다. 설계 시에는 일반적으로 최대 질소 부하율(kg N/d)이 선택된다. 주어진 공정의 종류에 대한 비부하율은 파일럿이나 데모 규모의 연구와 실증 규모의 운전 경험을 통해 흔히 개발된다. 15-8~10절에서 논의된 공정들에 대한 비부하율의 전형적인 값들은 표 15-8에 제공되었다.

SBR이나 외부정화를 가지는 부유성장공정에 대한 필요한 부피를 결정하기 위해서는 보다 상세한 분석이 요구된다. SBR의 경우 최소 부피는 포기 시스템과 반응단계의 호기 기간 동안 반류수에 의해(설계조건) 부과되는 첨두 산소요구량을 충족시키기에 충분한 산소를 공급할 수 있는 능력에 크게 좌우된다. 처리수로부터의 고형물 분리는 추가적인 설계 조건이다. 포기 시스템의 분석을 통해 결정된 반응조 부피는 처리된 반류수를 배출하는 동안 침전된 슬러지 계면이 동요되지 않도록 보장하고 게다가 요구 SRT의 유지를 보장할 수 있도록 충분해야만 한다. 무산소 반응이 분리단계에서 일어날 경우 필요 부피는 반응속도에 따라 달라지고 공정 모델링이나 파일럿 연구를 통해 결정된다.

반류수-주 공정 통합 공정의 경우 필요 반응조 부피를 결정하는 데 공정 모델링이 보통 사용된다. 부피는 요구되는 무기성 질소제거 수준과 반류수 질소 부하를 질산화와 탈질하는 반응조 또는 영역에서의 생물학적 동역학 속도에 영향을 주는 주 공정의 운전조건에 크게 영향을 받는다. 다양한 공정들에 대한 전형적인 부하율 또는 수리학적 체류시간 또한 표 15-8에 나타내었다.

시설의 주 공정이 반류수를 처리할 수 있는 충분한 용량을 가지고 있지 않고 시설의 유출수 수질의 악화가 수용할 수 없을 만큼 초래될 때에는 반류수 반응조 부피를 여러 반응조로 분할하여 설계하는 것이 요구될 것이다. 이는 시설 운전자에게 유지관리와 검사에 필요한 노력을 제할 수 있는 유연성을 제공한다. 공정 모델링은 이러한 운전계획을 평가하는 데 흔히 사용된다.

## ➤➤ 포기 시스템

포기 시스템의 설계에 있어서 산소요구량의 적용은 반류수 공정의 종류에 따라 다르다. 산소요구량은 탄소성 산소요구량과 암모늄의 질산이온이나 아질산이온으로의 산화에 대한 산소요구량으로 이루어진다. 일반적으로 질산화-탈질화와 아질산화-아질산-탈질화 공정에 대한 설계 산소요구량을 계산함에 있어서 암모늄은 각각 질산이온이나 아질산이온으로의 완전 전환되는 것으로 가정한다. 질산이온과 아질산이온으로 혼합 생성되는 공정에서 보수적인 설계 접근법은 암모늄이 질산이온으로 완전 산화되는 데 충분한 포기용량을 공급하도록 설계한다. 탈암모니화의 경우 질소성 산소요구량은 공정을 통해 암모늄이 완전히 제거되도록 암모늄의 아질산이온으로의 화학양론적 전환을 기초로 계산한다.

**연속 회분식 반응조의 포기량.** 호기와 무산소 상태의 교대로 동일 반응조에서 호기와 무산소 반응이 일어나는 연속 회분식 반응조의 경우 산소요구량의 순간적인 분배는 반응조 부피와 필요한 송풍기 용량에 영향을 준다. 예를 들면, 1.5 h/cycle의 침전, 배출과 휴지 시간을 포함하여 하루에 3주기로 운전되는 SBR에서 일일 총 반응시간은 19.5 h이다. 포기:무산소 시간비가 2:1인 상태로 반응시간 동안 간헐적 포기로 반응조가 운전된다면 총 포기시간은 13 h/d이다. 그러므로 최소 반응조 부피와 포기 시스템의 설계는 총 포기시간 동안에 걸쳐 충분한 일일 산소요구량에 기초한다. 반응기간 동안 연속적으로 유입되는지, 각 SBR 주기의 시작시점에 빠르게 유입되는지 또는 포기 주기의 무산소 상태 동안 간헐적으로 유입되는지 여부에 따라 포기와 무산소 기간에서의 탄소성 산소요구량을 할당한다. 공정 모델링은 설계를 위한 총 산소요구량의 평가에 자주 사용된다.

**포기 시스템 종류.** 포기에너지를 저감하기 위한 생물학적 고도처리공정의 개발이 부분적으로 증가하고 있기 때문에 미세와 극미세 기포형 공기분산시스템이 부유성장 반응조에서 흔히 사용된다. 더 콤팩트한 반응조 설계를 위해서 디퓨져의 종류에 적합한 최대 바닥범위가 적용된다. 150 mg/L·h의 설계 산소섭취율(OUR)이 미세 및 극미세 기포형 공기분산시스템에 일반적으로 사용된다. 일부 제조사들은 반응조의 예상 평균 운전온도보다 낮을 수 있는 디퓨져의 최대 폐수온도 한계(예, 30℃)를 가지기 때문에 디퓨져 선택 시 구성 재질을 고려해야 한다.

α와 오염계수(5장의 5-11절 참조)는 실험을 통해 개발되거나 공정 기술 또는 유사한 적용에 대한 경험에 기초한 디퓨져 업체에 의해 제공된다. 고순도 산소를 이용하는 것은 일반적이지 않지만, 독립과 반류수-주 공정 통합 시스템에 적용 가능하다. SRT, MLSS 농도와 반응속도와 같은 다른 운전조건에 따라 다르지만 고순도 산소는 상당히 높은 OUR을 충족시킴으로써 반응조 부피를 감소시킬 수 있다.

플라스틱 담체를 적용한 MBBR 시스템에서 스테인레스스틸 재질의 중간이나 조대 기포형 공기 디퓨져를 적용하는 것이 표준이며, 유지관리와 디퓨져 교체를 위해 반응조로부터 담체를 제거해야 하는 위험을 감소시킬 수 있다. 요구되는 용존산소 농도는 공정과 표 15-8에 나타난 전형적인 값에 따라 달라진다.

## ⟫ 슬러지 체류시간(SRT) 및 혼합액 부유물(MLSS)의 농도

설계 SRT는 반류수 공정의 종류에 따라 다르다. 15-8~10절에 기재된 공정에 적용되는 전형적인 SRT 범위는 표 15-8에 나타내었다. 고형물-액체 분리가 채택된 부유성장 독립 반응조의 경우 부유성 고형물의 농도는 고형물의 침전과 압축 특성에 따라 다르지만 보통 4,000 mg/L 이하(SBR의 경우 최고수위에서)로 유지된다. 따라서 부유성 고형물 농도를 저감시키는 반류수 전처리단계가 유리한지 여부를 결정하기 위해 반류수의 TSS 부하가 반응조 고형물 농도에 미치는 영향을 검사해야 한다.

## ⟫ 화학적 요구사항

특히 암모늄 또는 무기성 질소에 대한 높은 제거효율이 요구되면, 많은 질산화-탈질산화와 아질산화-아질산-탈질화 공정에서 알칼리와 더불어 유기성 탄소의 첨가가 자주 필요하다. 탈암모니아 공정에서는 약품 첨가가 일반적으로 필요하지 않지만, 어떤 경우에는 알칼리 첨가가 유익할 수 있다. 각 약품 종류별 주요 고려사항들이 다음에 요약되어 있다.

**알칼리도.** 암모늄 산화에 있어서 알칼리의 중요성과 화학양론적인 요구량은 15-8절에 논의되어 있다. 15-1과 15-8절에 기술된 바와 같이 고농도의 반류수는 암모늄의 완전 산화에 필요한 총알칼리도의 50% 이상을 보통 공급한다. 그러므로 외부 알칼리원이 첨가되거나 외부 유기 탄소원을 이용한 질산이온이나 아질산이온의 환원으로부터 알칼리도가 생성된다. 주 공정의 반송슬러지 일부가 반류수 반응조로 유입되는 반류수-주 공정 통합시스템에서 반송슬러지가 일칼리도 요구량의 일부를 공급함으로써 외부 알칼리도 필요량을 줄일 것이다. 반류수가 반송슬러지 재포기조에서 전체 반송슬러지 흐름에 희석되는 BAR/R-D-N/ScanDeNi 공법에서는 보통 반송슬러지의 알칼리도가 알칼리도 요구량을 충족시킨다.

**알칼리 첨가.** 독립 반류수 반응조에서의 높은 성장 조건인 따뜻한 상태에서 무기성 탄소는 주 공정 조건에서 그들의 성장률에 영향을 주지 않는 농도에서 독립영양 성장률에 영향을 줄 수 있다(15-8절에서의 논의 참조). 식 (15-8)에 나타난 바와 같이 중탄산이온 농도가 4 mole/L (200 mg/L as $CaCO_3$)로 추정되는 포화계수 값에 근접한다. 부수적으로, AOB 성장률이 감소함으로써 설계 반류수 부하율 또는 근접하게 운전되는 시스템에서의 암모늄 제거효율이 감소된다. 외부 알카리 첨가는 탈암모니아 파일럿 반응조에서 질소제거를 증가시키고 잔류 암모늄 농도를 감소시키는 것으로 나타났다(Yang et al., 2011). 알칼리 첨가를 통한 반응조 성능 개선은 알칼리 첨가 비용과 주 공정에서의 잔류 암모늄 처리와 관련된 비용(예, 포기에너지, 유기성 탄소 요구량)의 비교를 통한 경제성 분석에 따라 평가될 것이다.

**알칼리원.** 가성소다는 유효성과 취급의 용이성으로 인해 가장 일반적으로 사용되는 알칼리원이다. 수산화마그네슘과 탄산소듐 또한 사용될 수 있다. 석회는 제한된 용해도와 불용성 탄산칼슘의 형성 가능성으로 인해 일반적으로 사용되지 않는다. 알칼리원의 선택은 이들 화학약품들에 대한 지역시장조건에 따를 것이다.

**유기성 탄소.** 유기성 탄소요구량은 질산이온이나 아질산이온의 완전한 제거와 탄소원의 종류에 따라 설계한다. 상업적으로 가용한 탄소원에 대해서는 8-7절에 논의되어 있다. 비록 메탄올과 글리세롤이 반류수 처리에 가장 흔히 사용되는 탄소원이지만, 쉽게 생분해 가능한 어떠한 탄소원도 그것의 첨가로 인해 질산화 반응이 저해되지 않는 한 사용될 수 있다. 질산이온과 아질산이온 환원에 필요한 COD 요구량은 각각 식 (7-126)과 (15-12)로 추정할 수 있다. 이 두 식에서 필요한 겉보기 슬러지 수율 또한 추정될 수 있다. COD:N비는 파일럿 시험을 통해 설정할 수 있다.

외부탄소원의 구매, 저장 및 취급 비용으로 인해, 특히 탄소원이 유해물질로 규정된 경우(예, 메탄올), 폐수처리시설 내로부터의 유기성 탄소원이 선호될 것이다. 그맅이 제거된 1차와 2차 슬러지의 발효는 8-7절에 기술된 바와 같이 주 공정에서의 영양염류 제거 강화를 위해 휘발성 지방산 형태의 쉽게 생분해 가능한 COD를 생산하는 방법으로 인정된다. 하지만 rbCOD가 세정에 의해 희석되고 보통 잔류 1차 슬러지로부터 분리하는 때에는 독립 반류수 반응조에 1차 슬러지 발효액을 사용하기에는 실용적인 한계가 있다.

1차 슬러지와 1차와 2차 혼합 슬러지는 아질산이온과 질산이온 환원을 위한 탄소원으로 사용되었다(Wett et al., 1998; Bowden et al., 2012). 두 경우에서 가수분해와 발효를 통한 슬러지의 전처리는 아질산이온과 질산이온 제거를 위한 탄소 이용을 향상시킬 것이다. 스크린에 걸러지고 그맅이 제거된 슬러지는 또한 반류수 반응조 내로 불활성 물질과 잔해의 유입을 제한하기에 유리하다. 처리장 슬러지 일부를 반류수 공정으로 우회

**표 15−9**

**생물학적 반응에 대한 표준상태에서의 반응열**

| 반응 | 반응열(25℃, 1atm[a]) |
|---|---|
| 아질산화[b]: | |
| $NH_4HCO_3 + 1.5O_2 + HCO_3^- \rightarrow NO_2^- + 2CO_2 + 3H_2O$ | −14.3 MJ/kg-N |
| 질산화: | |
| $NH_4HCO_3 + 2O_2 + HCO_3^- \rightarrow NO_3^- + 2CO_2 + 3H_2O$ | −21.8 MJ/kg-N |
| 탈암모니아화[b]: | |
| $NH_4HCO_3 + 0.85O_2 + 0.11HCO_3^- \rightarrow 0.44N_2 + 0.11NO_3^- + 1.11CO_2 + 2.56H_2O$ | −18.6 MJ/kg-N |
| 탈아질화(외부 rbCOD): | |
| $COD + a\,NO_2^- + b\,CO_2 \rightarrow a\,HCO_3^- + 0.5b\,N_2 + c\,C_5H_7NO_2 + d\,H_2O$ | $= [-17.0 + (25.5 \times Y_H{}^c)]$ MJ/kg-COD[d] |
| 탈아질화(1차/2차 슬러지): | |
| $COD_{VSS} + e\,NO_2^- + f\,CO_2 \rightarrow e\,HCO_3^- + 0.5f\,N_2 + g\,NH_4HCO_3 + h\,H_2O$ | |
| 1차 슬러지: $C_{4.66}H_{7.2}N_{0.21}O_{2.06}$ | −23.9 MJ/kg-COD |
| 2차 슬러지: $C_5H_7NO_2$ | −21.8 MJ/kg-COD |
| 탈질(외부 rbCOD): | |
| $COD + i\,NO_3^- + j\,CO_2 \rightarrow i\,HCO_3^- + 0.5i\,N_2 + k\,C_5H_7NO_2 + k\,H_2O$ | $= [-13.6 + (20.7 \times Y_H{}^c)]$ MJ/kg-COD[d] |
| 탈아질화(1차/2차 슬러지): | |
| $COD_{VSS} + l\,NO_3^- + m\,CO_2 \rightarrow l\,HCO_3^- + 0.5l\,N_2 + n\,NH_4HCO_3 + o\,H_2O$ | |
| 1차 슬러지: $C_{4.66}H_{7.2}N_{0.21}O_{2.06}$ | −14.1 MJ/kg-COD |
| 2차 슬러지: $C_5H_7NO_2$ | −14.3 MJ/kg-COD |

[a] 반응열 값은 다음 식으로 계산되었다.

$$\Delta H° = \left( \sum_i \nu_i \overline{H}_{f,i}° \right)_{products} - \left( \sum_i \nu_i \overline{H}_{f,i}° \right)_{reactants}$$

여기서, $\nu_i$ = 화학양론 매개변수

$\overline{H}_{f,i}°$ = 표준상태(25℃ and 1 atm)에서의 $i$ 종의 표준 생성열

중탄산, 아질산과 질산의 표준 생성열은 액상 소듐염을 기준으로 한다(Green and Perry, 2007; Haynes, 2012). 생성열은 표준상태에서 일반적인 반류수 반응조 상태로 조정되지 않았다. 세포의 생성열은 −24 kJ/g-VSS (−2712 kJ/mole)인 고위발열량을 기준으로 −258 kJ/mole로 산출되었다. 1차 슬러지의 생성열은 −26 kJ/g-VSS (−2574 kJ/mole)인 고위발열량을 기준으로 −26 kJ/g-VSS로 산출되었다.

[b] 일반적인 반류수 반응조 운전조건에서의 낮은 독립영양 세포수율로 인하여 세포수율은 화학양론식과 반응열 계산에서 무시된다.

[c] $Y_H$는 순세포수율로 정의된다, mg VSS/mg COD.

[d] 식은 메탄올, 에탄올, 글리세롤과 아세트산의 반응열을 기준으로 한다.

시키는 것은 혐기성 소화조의 가스 발생량을 더욱 감소시키는 결과를 초래한다. 그러나 만약 슬러지가 질소제거를 위한 탄소원으로써 더 큰 경제적 가치를 가진다면 이러한 우회는 수용될 수 있을 것이다.

### ≫ 운전온도 및 pH

독립 반응기의 운전온도는 암모늄 산화율의 저해를 피하기 위해서 38℃를 넘지 말아야 한다. 온도의 최저값은 시스템의 공정과 요구 성능에 따라 달라진다. 일반적으로 독립 반류수 반응조는 반류수 온도와 생물학적 발열 때문에 20℃ 이하로 운전되지 않는다. 반류

수가 일부분 또는 전체 반송슬러지와 혼합되는 반류수-주 공정 통합 공정은 처리장 유입 온도의 계절적 변화로 인하여 넓은 온도범위에서 운전된다.

## ▶▶ 운전 pH

독립 반류수 반응조는 pH에 의한 독립영양 성장 제한을 방지하고 아질산이온이 높은 농도로 축적되는 조건에서 유리 아질산 저해를 제한하기 위해 보통 pH 6.8 이상으로 운전된다. 반류수-주 공정 통합 공정(BAR/R-D-N/ScanDeNi)의 반송슬러지 재포기조에서 pH는 보통 6.5 또는 그 이하로 떨어진다. 질산화 성능에 대한 낮은 pH의 영향은 보통 필요한 재포기조의 부피를 산정하거나 기존 조의 성능을 예측하기 위한 공정 모델링을 할 때 독립영양 최대 비성장률을 40~50% 감소시켜 설계하는 것으로 설명된다.

## ▶▶ 반응조 냉각을 위한 에너지 평형

질산화-탈질산화, 아질산화-아질산-탈질화와 탈암모니아와 관련된 생물학적 반응들은 발열반응이다. 혐기성 슬러지 소화에서 파생된 반류수의 높은 암모늄 농도와 온도로 인하여 생물학적 발열은 독립 반류수 반응조의 온도를 38℃ 이상으로 증가시킬 것이며, 이는 공정의 안정성과 성능을 악화시킨다. 그러므로 반류수 반응조 온도를 적정범위로 유지하기 위해 열 제거나 희석수의 첨가가 필요한지 여부를 결정하기 위한 다음의 정보들을 이용한 열평형이 요구된다.

1. 반류수의 유량과 구성성분의 농도
2. 반응조 입구에서의 반류수의 엔탈피
3. 생물학적 발열량
4. 증발냉각에 의한 열손실(포기와 개방형 반응조 표면에서의 공기 움직임에 의해 유도), 반응조 바닥과 벽을 통한 방사선과 태양 열전달 및 전도성 열전달
5. 반응조 온도에서의 처리된 반류수의 엔탈피
6. 기계적 에너지 유입(송풍기 압력 에너지, 기계식 혼합기)

주요 생물학적 반응과 관련된 반응열은 표 15-9와 같다. 표 15-9에 나타난 값들은 세포 증식을 고려한 것이다. 유입 및 처리된 반류수의 엔탈피는 그들 각각의 온도에서의 순수의 엔탈피에 근접한다.

독립 반류수 반응조는 기후조건과 요구되는 반응조 온도범위에 따라 덮개를 씌우거나 씌우지 않는다. 만약 열 제거가 매일 요구될 경우 설계 열부하를 최소화하거나 열 제거 필요성을 없앨 수 있는 증발 냉각을 촉진하기 위해 덮개를 씌우지 않는다. 열부하는 보통 주변환경으로의 열손실률이 가장 낮은 하계 기후조건과 낮은 풍속을 기초로 하여 설계한다. 13-9절에 나와 있는 혐기성 소화조의 열전달 계산은 덮개가 있는 콘크리트 반류수 반응조에 적용 가능하다. 소형 철제 반응조의 경우 Kumana와 Kothari(1982)에 의해 발표된 열전달계수 추정방식을 권장한다. Al-Shammiri(2002) 및 Bansal와 Xie(1998)에 의해 발표된 상관관계는 개방형 반응조 표면에서의 공기유동에 의한 증발 냉각을 추정하는 데 권장한다.

**예제 15−3**   **아질산−탈질화 및 탈암모니아화 공정에 대한 반응조 부피와 화학약품 요구량 산출** 예제 15−2에 표시된 시설에 대해 반류수 독립처리를 위한 (a) 아질산화−아질산−탈질화 SBR 및 (b) 탈암모니아화 SBR 공정의 반응조 부피와 화학약품 요구량을 계산하라. 아래의 설계 조건을 가정:

1. 평균 균등화된 반류수 유량 = 124 m³/d

2. 첨두 균등화된 반류수 유량 = 149 m³/d

3. 혹서기 조건에서 반응조 냉각을 위한 희석수 요구량

   a. 아질산화−아질산−탈질화 = 30 m³/d

   b. 탈암모니아화 = 15 m³/d

4. 균등화된 반류수 암모늄 농도 = 1000 g N/m³(모든 흐름에 유효)

5. 균등화된 반류수 TSS 농도 < 200 g/m³

6. 설계 최대 OUR = 150 g/m³·h

7. 탄소성 OUR = 아질산화−아질산−탈질화에 대한 질소성 OUR의 3%

8. 탄소성 OUR = 탈암모니아화에 대한 질소성 OUR의 6%

9. 외부 유기성 탄소원: 메탄올

   a. 농도 = 100%

   b. 비중 = 790 kg/m³

   c. COD/질량 = 1.5 g/g

10. 메탄올의 바이오매스 수율

11. 아질산화−아질산−탈질화와 탈암모니아화 SBR 기준: 일일 3주기이며, 각 주기의 구성은:

    a. 6 h 반응

    b. 1 h 침전

    c. 1 h 배출

**풀이 Part A.**
**아질산화−아질산−탈질화**
**SBR**

1. 아질산화−아질산−탈질화 반응조 부피를 결정하라.

   a. 설계 산소요구량을 결정하라.

      설계 산소요구량 = 질소성 산소요구량 = 탄소성 산소요구량(최대부하에서)

      질소성 산소요구량 = (149 m³/d) (1 kg N/m³) (3.43 kg O₂/kg N)

      = 511 kg O₂/d

      탈소성 산소요구량 = (0.03) (511 kg O₂/d) = 15 kg O₂/d

      총 산소요구량 = 511 kg O₂ /d + 15 kg O₂/d = 526 kg O₂/d

   b. 호기성 반응시간을 결정하라.

      총 호기시간/일 = (3 cycles/d) (6-h react/cycle) (0.66-h aerobic/h react)

      = 12-h aerobic/d

c. 포기 기간 동안의 AOR을 결정하라.

각 포기 기간 동안의 AOR = (526 kg $O_2$/d)/(12 h/d) = 43.8 kg $O_2$/h

d. 필요한 반응조 부피를 결정하라.

위에서 계산된 산소요구량을 이용하여, 최소 수위에서의 반응조 부피는:

$$최소 \ 수위에서의 \ 반응조 \ 부피 = \frac{설계}{Design \ OUR}$$

$$= \frac{(43.8 \ kg \ O_2/h)}{(150 \ g \ O_2/m^3 \cdot h)} \times \frac{10^3 \ g}{1 \ kg}$$

$$= 292 \ m^3$$

최대 반응조 부피는 최소 수위에서의 반응조 부피에 주기당 최대 수리학적 부하를 위해 필요한 추가 부피의 합이다.

$$최대 \ 수리학적 \ 부하/주기 = \frac{(Maximum \ hydraulic \ load/d)}{(Number \ of \ cycles/d)}$$

$$= \frac{(최대 \ 반류수 \ 유량) + (최대 \ 희석수)}{(주기 \ 수/일)}$$

$$= \frac{[(149 \ m^3/d) + (30 \ m^3/d)]}{(3 \ cycles/d)}$$

$$= 60 \ m^3/cycle$$

최대 수위에서의 반응조 부피 = 292 m³ + 60 m³ = 352 m³

2. 메탄올 요구량을 결정하라. 암모늄은 아질산으로 100% 산화되고 아질산은 $N_2$로 100% 환원되는 것으로 가정하라.

a. 아질산–탈질화를 위한 COD 요구량을 결정하라. 식 (15–12)를 이용하고 바이오매스수율 = 0.28 g VSS/g COD이라고 가정,

COD/N = 1.71/(1 − 1.42 × 0.28) = 2.85 kg COD/kg $NO_2$ N

b. 연간 암모늄 부하를 계산하라.

연간 암모늄 부하 = (1000 g N/m³) (124 m³/d) (365 d/y)

$$= (1 \ kg \ N/m^3) \ (124 \ m^3/d) \ (365 \ d/y)$$

$$= 45,260 \ kg \ N/y$$

c. 메탄올 소비량을 계산하라.

문제 설명에서, 메탄올의 COD = 1.5 kg COD/kg-methanol.

평균 연간 메탄올 소비량

= (45,260 kg N/y) [(2.85 kg COD/kg N)/(1.5 kg COD/kg methanol)]

= 85,994 kg methanol/y

메탄올의 비중 = 790 kg/m³, 그러므로 연간 메탄올 소비량은:

연간 메탄올 소비량, m³/y = (85,994 kg methanol/y)(1/790 kg/m³)

$$= 109 \ m^3/y$$

**풀이 Part B.**
**탈암모니아화 SBR**

1. 탈암모니아화 반응조 부피를 결정하라.

    a. 설계 산소요구량을 결정하라. 식 (15-13)으로부터, 완전 탈암모니아화를 위한 산소요구량 = 1.87 kg $O_2$/kg $NH_4$ N.

    최대 질소성 산소요구량 = (149 m³/d) (1000 g N/m³) (1.87 kg $O_2$/kg N)

    $$= 279 \text{ kg } O_2/d$$

    최대 탄소성 산소요구량 = 질소성 산소요구량의 6%

    최대 탄소성 산소요구량 = (0.06) (279 kg $O_2$/d) = 17 kg $O_2$/d

    최대 총 산소요구량 = 273 kg $O_2$/d + 17 kg $O_2$/d = 290 kg $O_2$/d

    b. 호기성 반응의 시간을 결정하라.

    총 호기시간/일 = (3 cycles/d) (6-h react/cycle) (0.66-h aerobic/h react)

    $$= 12\text{-h aerobic/d}$$

    c. 포기 기간 동안의 AOR을 결정하라.

    각 포기 기간 동안의 AOR = 290 kg $O_2$/d ÷ 12 h/d = 24 kg $O_2$/h

    d. 반응조 부피요구량을 결정하라.

    (c)단계에서 얻은 산소요구량을 이용하여, 최소 수위에서의 반응조 부피는 다음과 같이 계산된다.

    $$\text{최소 수위에서의 반응조 부피} = \frac{\text{설계}}{\text{Design OUR}}$$

    $$= \frac{(24 \text{ kg } O_2/h)(10^3 \text{ g/1 kg})}{(150 \text{ g } O_2/m^3 \cdot h)}$$

    $$= 160 \text{ m}^3$$

    최대 반응조 부피는 최소 수위에서의 반응조 부피에 주기당 최대 수리학적 부하를 위해 필요한 추가 부피의 합이다.

    $$\text{최대 수리학적 부하/주기} = \frac{(\text{Maximum hydraulic load/d})}{(\text{Number of cycles/d})}$$

    $$= \frac{(\text{최대 반류수 유량}) + (\text{최대 희석수})}{(\text{주기 수/일})}$$

    $$= \frac{[(149 \text{ m}^3/d) + (15 \text{ m}^3/d)]}{(3 \text{ cycles/d})}$$

    $$= 55 \text{ m}^3/\text{cycle}$$

    최대 수위에서의 반응조 부피 = 160 m³ + 55 m³ = 215 m³, 또는 아질산화-아질산-탈질화의 부피 요구량의 61%

2. 메탄올 요구량을 결정하라. 식 (15-14)에 나타난 것처럼 탈암모니아화 공정은 외부 탄소원이 필요하지 않다. 그러므로 메탄올 요구량 = 0 m³/y

 비록 탈암모니아화는 외부 탄소원을 필요로 하지 않지만, anammox 반응으로부터 생성된 질산이온은 동등한 무기성 질소제거효율을 얻기 위해서 탄소원과 같이 감소되어야만 한다. 위에 있는 계산에서 포기시스템의 최대 OUR가 설계 반응조 부피를 제어하는 것

으로 가정되었으며, 이는 재래식 소화조 반류수에서 일반적이다. 반류수 TSS가 지속적이고 상당하게 높고 저감되지 않는 경우에 있어서, 불활성 부유고형물의 축적은 반응조 MLSS 농도를 증가시키고 더 큰 반응조 부피를 요구할 수 있다. 이런 상황에서는 반류수 TSS의 저감이 비용효과적일 것이다.

## 문제 및 토의과제

15-1   병합된 1차와 폐활성 고형물질의 알칼리성의 안정화는 현재 폐수처리시설에서 실시되고 있다. 그러나 단일 단계의 중온 혐기성 소화 공정의 이 시스템은 교체될 계획이다. 원심분리는 바이오 고형물의 탈수에 선택되었다. 파일럿 연구 자료가 없을 때, 매일의 반류수 부피와 특성의 예비 추정치는 주 공정의 영양염류 제거 공정에서 반송되는 영양염류와 고형물 부하의 평가에 필요하다. 다음 자료와 가정을 사용하여 소화와 탈수공정에서 제안된 농축 슬러지 부하의 용해성 TKN, 총 TKN, 용해성 정인산이온 및 총 부유물질의 평균과 피크로 미래의 매일 반류수 부피와 특성을 추정하라. 정인산이온의 농도의 계산에서 인산이온의 침전은 없다고 가정하라. 반류수 흐름의 원심분리기 세척수의 기여는 무시할 수 있다.

농축 결합된 원 슬러지 자료

| 매개변수 | 단위 | 값 |
|---|---|---|
| 매일 부피, 평균−최대 2주 | m³/d | 530~700 |
| 총 고형물 농도(모든 유량에 적용) | % | 4.5 |
| 휘발성 분율 | % | 78 |
| 휘발성 분율의 질소 함량 | % | 6.5 |
| 휘발성 분율의 인 함량 | % | 1.5 |
| 비중 | | 1.02 |

단일 단계의 중온 소화 성능 기준

| 매개변수 | 단위 | 값 |
|---|---|---|
| 온도 | °C | 35 |
| 최소 소화 SRT에서의 휘발성 고형물의 분해 효율 | % | 45 |
| 평균 소화 SRT에서의 휘발성 고형물의 분해 효율 | % | 50 |
| 분해된 휘발성 고형물의 질소 함량 | % | 6.5 |
| 분해된 휘발성 고형물의 인 함량 | % | 1.5 |

바이오 고형물의 탈수 성능 기준(모든 슬러지 부하율에 적용)

| 매개변수 | 단위 | 값 |
|---|---|---|
| 케이크 고형물 농도 | % | 22 |
| 고형물의 포집 효율 | % | 95 |

15-2   1차와 폐활성 슬러지의 소화는 일주일에 6일 그리고 하루에 8시간 탈수된다. 반류수 흐름의 평균, 암모니아성 질소의 농도와 용해성 정인산이온의 농도는 아래에 보여진다:

| 매개변수 | 단위 | 값 |
|---|---|---|
| 바이오 고형물의 탈수 동안의 유량 | m³/h | 83 |
| 암모니아성 질소의 농도 | mg/L | 1050 |
| 정인산 인의 농도 | mg/L | 190 |
| 탈수하지 않는 최대 기간 | d | 2 |

주어진 정보를 이용하라, (a) 주 공정에서의 일정한 유량으로 연속 반송되는 균등한 흐름을 위해 반류수의 전체 균등화를 위해 요구되는 탱크의 부피를 계산하라. 그리고 (b) 만약 오후 10시와 오전 6시 사이의 주당 7일 주 공정에서 반송되는 균등한 반류수의 요구 부피를 계산하라.

**15-3** 문제 15-2에 기재된 반류수는 주 공정의 1차 침전지의 입구에서 배출된다. 염화철은 주 탱크의 유출수의 정인산이온 농도 감소는 평균 2 kg/kg의 Fe/P 질량비의 1차 침전지에 적용된다. 주어진 자료를 이용하라,

a. 반류수에 기여하는 주 탱크 유입수에서 정인산 인의 침전에 필요한 농축 염화철 수용액의 부피를 추정하라. 염화철 수용액의 물리적 성질의 자료는 아래에 있다:

| 매개변수 | 단위 | 값 |
|---|---|---|
| $FeCl_3$ 농도, 중량 퍼센트 | % | 37 |
| 농축 용액의 비중 | | 1.4 |

b. 반류수의 struvite 결정화 공정의 구현이 고려되고 있다. 균등화 탱크의 침전 동안 인의 손실은 무시한다고 가정한다. 결정화조 유출수 내의 대상 용해성 정인산 인의 농도 15 mg/L와 결정화물은 100% 회수된다. 잠재적으로 이 공정에서 수확할 수 있는 struvite의 평균 매일 질량을 추정하라. 수화물 염의 형태의 공기-건조 생성물을 계산에서 추정하라.

**15-4** 문제 15-2에서 설명한 반류수에 대해, SBR의 탈암모니아화에 따라 struvite의 결정화 구성의 공정이 주 공정의 배출 전의 전처리로 제안되었다. 문제 15-3 (b)에서 제공된 struvite 결정화의 기준을 이용하라.

a. Struvite 결정화조 유출수의 암모니아성 질소 농도를 계산하라.

b. 탈암모니아 SBR 부피 요구량을 추정하라. 다음의 조건을 적용하라.

  i. 문제 15-2(a)에서 계산된 것처럼 반류수의 흐름은 균일하다. 그리고 이 균일한 흐름은 설계 기준이 된다.

  ii. 에너지 균형은 균등 탱크에서 오는 충분한 열 손실을 보여준다. Struvite 결정화조와 SBR은 피크 여름 조건 동안 38℃ 이하의 SBR 온도를 유지할 수 있을 것이다. 따라서 희석이 필요하지 않다.

  iii. 미세 버블 확산기가 사용되어지고 150 mg/Lh의 최대 OUR을 충족시킬 수 있다.

  iv. 탄소성 OUR은 질소성 OUR의 8%가 될 것으로 추정한다.

  v. 간헐적 폭기는 호기성 66%, 무산소 34%로 구성된 각 폭기 주기 시간에 적용된다.

  vi. 이 SBR의 하루 주기는 6시간 반응, 1시간 침전과 1시간 옮겨 부음의 주기로 구성되어 있다.

  vii. 설계 기준으로서 암모니아 제거효율은 100%로 가정한다.

**15-5** 1차 및 폐활성 슬러지의 중온 혐기성 소화에서 파생된 반류수는 600 m³/d의 균등한 하루 부피를 생산하고 900 mg N/L의 암모늄의 농도를 유지한다. 세 가지 생물학적 처리 옵션

의 경우, 이질산화-탈질, 아질산화-아질산-탈질화와 탈암모니아화이다.

a. 다음 성능 조건을 이용하여 MJ/day의 세가지 공정에 의해 생성된 일일 생물학적 열을 계산하여라.

    i. 모든 공정에서 암모니아성 질소의 제거효율 = 95%

    ii. 탈질 및 아질산-탈질화의 질소산화물 질소제거효율 = 95%

    iii. 반류수의 분해 가능한 탄소의 anammox 반응으로 생성된 질산의 탈질은 중요하지 않다. 따라서 이 반응은 열 계산에서 제외될 수 있다.

    iv. 실제 슬러지 수율, $Y_H$ = 0.2 g VSS/g COD 및 탈질과 아질산-탈질화에 적용할 수 있다.

b. 세 가지 공정에서 발생하는 생물학적 열이 38°C의 최대 한계를 넘어 반응기의 온도를 증가시키기에 충분한지 결정한다. 만약 온도가 38°C를 초과하면, 제거 또는 물 첨가해 희석을 통한 흡수를 하여 각 공정의 생물학적 열 분율을 결정한다. 균등한 반류수의 피크 온도는 35°C이다.

15-6   문제 15-5에 기재된 반류수와 공정 성능 기준에 대해 일일 기계적 혼합과 이 질산화-탈질, 아질산화-아질산-탈질화와 탈암모니아화 또는 모든 세 공정(강사의 선호)에 대한 폭기 에너지 소비를 계산하라. 아래 정보를 이용하여 계산하라.

반류수 특성

| 매개변수 | 단위 | 값 |
| --- | --- | --- |
| 설계의 균등한 유량 | m³/d | 600 |
| 암모니아성 질소 농도 | mg/L | 900 |
| 분해 가능한 COD 농도[a] | mg/L | 200 |

[a] 신속하고 복잡한 생분해성 COD의 합.

설계를 위해 연속 회분식 반응조를 선택한다. SBR은 각 SBR 주기의 반응 기간 동안 지속적으로 공급된다. 다음 운영 및 설계 조건은 모든 세 가지 공정에 적용된다.

| 매개변수 | 단위 | 값 |
| --- | --- | --- |
| 일당 SBR 주기의 수 | – | 3 |
| 한 주기당 침전 시간 | h/cycle | 1 |
| 한 주기당 배출 시간 | h/cycle | 1 |
| 반응시간의 호기 분율 | % | 66 |
| 반응조 평균 온도 | °C | 34 |
| 한 주기당 휴지 시간 | h/cycle | 0 |
| 설계에 대한 최대 OUR | mg/L·h | 150 |
| 최대 반응조 물 깊이 | m | 7 |
| SBR 설계에 대한 암모니아 및 분해 가능한 COD 제거효율 | % | 100 |
| 실제 암모니아 제거효율 | % | 90 |
| 실제 분해 가능한 COD 제거효율 | % | 95 |
| 실제 종속영양 수율, $Y_H$ | gVSS/gCOD | 0.2 |

상부가 개방된 콘크리트 반응조의 열 손실 분석에 기반하여 다음의 일일 평균 희석수 요구량은 각 공정에 대해 추정되었다.

| 공정 | 단위 | 값 |
|---|---|---|
| 질산화–탈질 | m³/d | 200 |
| 아질산화–아질산–탈질화 | m³/d | 100 |
| 탈암모니아화 | m³/d | 0 |

미세 버블 막 디스크 확산기와 잠수정 혼합기는 설계에서 선택된다.

| 매개변수 | 단위 | 값 |
|---|---|---|
| 기계 혼합 강도(질산화–탈질)[a] | W/m³ | 4 |
| 기계 혼합 강도(아질산화–아질산–탈질화)[a] | W/m³ | 4 |
| 기계 혼합 강도(아질산–탈질화)[a] | W/m³ | 6 |
| 혼합기 총 효율(전기 + 기계) | % | 84 |
| 운전 DO 농도(질산화–탈질) | mg/L | 2.0 |
| 운전 DO 농도(아질산화–아질산–탈질화) | mg/L | 0.5 |
| 운전 DO 농도(탈암모니아화) | mg/L | 0.3 |
| 알파 인자, $\alpha$ | — | 0.5 |
| 오염 인자, $F$ | — | 0.85 |
| 베타 인자, $\beta$ | — | 0.95 |
| 온도 보정 인자, $\theta$ | — | 1.024 |
| 수면의 기압 | kPa | 99.97 |
| 산기석 표면에서 바닥까지의 거리 | m | 0.25 |
| 압력 강하(송풍기 입구) | kPa | 1.7 |
| 압력 강하(배관, 밸브, 확산기) | kPa | 12 |
| 표준 산소 전달 효율, SOTE[b] | %/m | 6 |
| 평균 대기 온도 | ℃ | 20 |
| 송풍기 기계 효율 | % | 75 |
| 송풍기 모터 전기 효율 | % | 90 |

[a] 최대 액체 레벨에서 강도를 혼합한다. 잠수 혼합기는 오직 무산소 기간과 운전될 동안만 운전된다. 액체의 깊이에 상관없이 일정한 속도로 혼합기는 운전된다.

[b] 침수된 확산기의 미터당 SOTE. 단순하게, 깊이와 선형 관계를 가정한다.

15-7 폐수처리시설은 서비스 인구 증가 전망을 수용하기 위해 용량의 확장 증설이 필요하다. 다음 공정 설비에 추가될 것이다.

  i. 1차 침전 탱크

  ii. 1차 슬러지의 중력 농축

  iii. 폐활성 슬러지의 농축을 위한 용존 공기 부상

  iv. 결합된 1차와 폐활성 슬러지의 중온 혐기성 소화

  v. 소화슬러지 탈수를 위한 스크류 압축기

아래에 주어진 공장 정보를 이용하라:

a. 중력 농축 월류와 용존 공기 부상 subnatant에 대한 흐름과 부유물질의 농도를 계산하라.

b. pressate 흐름과 용해성 TKN, 총 부유물질과 용해성 인의 농도를 계산하라.

c. pressate 용해성 TKN과 1차 유출수의 TKN의 용해성 인과 2차 공정의 TP 부하의 기여 퍼센트를 계산하라.

미래의 공장 유입수 유량과 특성:

| 매개변수 | 단위 | 값 |
|---|---|---|
| 일일 평균 유량 | m³/d | 26,500 |
| COD | mg/L | 580 |
| 탄소성 BOD | mg/L | 275 |
| 총 부유물질 | mg/L | 290 |
| 휘발성 부유물질 | mg/L | 226 |
| TKN | mg/L | 40 |
| 암모니아성 질소 | mg/L | 23 |
| 총 인 | mg/L | 7 |
| 용해성 인 | mg/L | 3.6 |
| 입자상 TKN/VSS 비 | — | 0.04 |
| 입자상 P/VSS 비 | — | 0.015 |
| 입자상 COD/VSS 비 | — | 1.6 |

미래의 고형물질 제거, 농축 및 소화 성능 기준:

| 매개변수 | 단위 | 값 |
|---|---|---|
| 중력 농축 TSS 포집 효율 | % | 93 |
| 농축 1차 슬러지 고형물 함량 | % | 6 |
| DAF TSS 포집 효율 | % | 95 |
| 농축 폐활성 슬러지 고형물 함량 | % | 5 |
| 1차 침전지 TSS 제거효율 | % | 60 |
| 1차 침전지 아래로 흐르는 고형물 함량 | % | 1 |
| 1차 침전지 cBOD 제거효율 | % | 30 |
| 스크류 압축기 TSS 포집 효율 | % | 95 |
| 소화슬러지 케이크 고형물 함량 | % | 25 |
| 소화조 휘발성 고형물 파괴 | % | 50 |
| 소화된 VSS의 질소량 | % | 6 |
| 소화된 VSS의 인량 | % | 1.8 |

미래의 2차 공정 성능과 고형물 생산:

| 매개변수 | 단위 | 값 |
|---|---|---|
| SRT | d | 12 |
| cBOD 제거효율 | % | 98 |
| 실제 수율 | gVSS/gBOD | 0.55 |
| 폐활성 슬러지 TSS의 휘발성분 함량 | % | 80 |
| 폐활성 슬러지 MLSS의 농도 | mg/L | 7500 |
| 폐활성 슬러지 VSS의 질소 함량 | % | 9.5 |

| 폐활성 슬러지 VSS의 인 함량 | % | 2 |
|---|---|---|
| 처리된 여과 유출수의 TSS 농도 | mg/L | < 2 |

**15-8** 15-8절 식 (7-96)과 15-9절 식 (15-11)을 이용하여 질산화-탈질에서 아질산화-아질산-탈질화로 반류수 처리공정의 전환과 함께 저장될 수 있는 메탄올의 양을 추정하라. 제거된 NOx-N 킬로그램 당 저장된 메탄올의 킬로그램으로 결과를 표현하라.

**15-9** 문제 15-2에 기재된 반류수, $CaCO_3$으로서 3,750 mg/L의 반류수 알칼리도를 가정한다. 오직 질산화를 수행하는 별도의 반응조에서 반류수의 암모니아성 질소의 완전한 질산화에서 요구되는 소다회($Na_2CO_3$) 주입률을 추정하라. 반류수 처리공정이 질산화-탈질에서 아질산화-아질산-탈질화로 변경되는 경우 소다회 주입 요구량의 변화를 설명하라.

## 참고문헌

Abma, W., C. E. Schultz, J. W. Mulder, M. C. M. van Loosdrecht, W. R. L. van der Star, M. Strous, and T. Tokutomi (2007) "The Advance of Anammox," *Water 21*, **36**, 2, 36 – 37.

Abma, W. R., W. Driessen, R. Haarhuis, and M. C. M. van Loosdrecht (2010) "Upgrading of Sewage Treatment Plant by Sustainable and Cost-Effective Separate Treatment of Industrial Wastewater," *Water Sci. Technol.*, **61**, 7, 1715 – 1722.

AI-Shammiri, M. (2002) "Evaporation Rate as a Function of Water Salinity," *Desalination*, **150**, 2, 189 – 203.

Bansal, P. K., and G. Xie (1998) "A Unified Empirical Correlation for Evaporation of Water at Low Air Velocities," *Int. Comm. Heat Mass Transfer*, **25**, 2, 183 – 190.

Baur, R., N. Cullen, and B. Laney (2011) "Nutrient Recovery: One Million Pounds Recovered-With Benefits," *Proceedings of the Water Environment Federation 84th Annual Conference and Exposition*, San Diego, CA.

Berends, D., S. Salem, H. van der Roest, and M. C. M. van Loosdrecht (2005) "Boosting Nitrification with the BABE Technology," *Water Sci. Technol.*, **52**, 4, 63 – 70.

Berg, U., M. Schwotzer, P. Weidler, and R. Nüesch (2006) "Calcium Silicate Hydrate Triggered Phosphorus Recovery – An Efficient Way to Tap the Potential of Waste- and Process Waters as Key Resource," *Proceedings of the Water Environment Federation 79th Annual Conference and Exposition*, Dallas, TX.

Bowden, G., D. Lippman, B. Dingman, and E. Casares (2012) "Case Study in Optimizing the Use of Existing Infrastructure and Plant Carbon Sources to Reduce the Effluent Total Nitrogen: Upgrade of the Tapia Water Reclamation Facility," *Proceedings of the Water Environment Federation 85th Annual Conference and Exposition*, New Orleans, LA.

Christensson, M., S. Ekström, R. Lemaire, E. Le Vaillant, E. Bundggaard, J. Chauzy, L. Stålhandske, Z. Hong, and M. Ekenberg (2011) "ANITA™Mox – A Biofarm Solution for Fast Start-Up of Deammonifying MBBRs," *Proceedings of the Water Environment Federation 84th Annual Conference and Exposition*, San Diego, CA.

Cirpus, I. E. Y., W. Geerts, J. H. M. Hermans, H. J. M. Op den Campa, M. Strous, J. G. Kuenen, and M. S. M. Jetten (2006) "Challenging Protein Purification from Anammox Bacteria," *Int. J. Biol. Macromol.*, **39**, 1 – 3, 88 – 94.

Clariant/SÜD Chemie (2012) Terra-N® performance data, facilities list and operating conditions provided to author by personal correspondence.

Cordell, D., J-O. Drangert, and S. White (2009) "The story of phosphorus: Global food security and food for thought," *Global Env. Change*, **19**, 2, 292 – 305.

Corrado, M. (2009) "Reducing Struvite Formation Potential in Anaerobic Digesters by Controlled Release of Phosphate from Waste Activated Sludge," M.S. Thesis, Univ. of Wisconsin, Madison, WI.

Donnert, D., and M. Salecker (1999) "Elimination of Phosphorus from Waste Water by Crystallisation," *Env. Technol.*, **20**, 7, 735 – 742.

du Preez, J., B. Norddahl, and K. Christensen (2005) "The BIOREK® Concept: A Hybrid Membrane Bioreactor Concept for Very Strong Wastewater," *Desalination*, **183**, 1 – 3, 407 – 415.

Dwyer, J., D. Starrenburg, S. Tait, K. Barr, D. Batstone, and P. Lant (2008) "Decreasing activated sludge thermal hydrolysis temperature reduces product colour, without decreasing degradability," *Water Res.*, **42**, 18, 4699 – 4709.

Fux, C., M. Boehler, P. Huber, I. Brunner, and H. Siegrist (2002) "Biological Treatment of Ammonium–Rich Wastewater by Partial Nitritation and Subsequent Anaerobic Ammonium Oxidation (ANAMMOX) in a Pilot Plant," *J. Biotech.*, **99**, 3, 295 – 306.

Fux, C., V. Marchesi, I. Brunner, and H. Siegrist (2004) "Anaerobic Ammonium Oxidation of Ammonium–Rich Waste Streams in Fixed–Bed Reactors," *Water Sci. Technol.*, **49**, 11 – 12, 77 – 82.

Fux C., S. Velten, V. Carozzi, D. Solley, and J. Keller (2006) "Efficient and Stable Nitritation and Denitritation of Ammonium–Rich Sludge Dewatering Liquor Using an SBR with Continuous Loading," *Water Res.*, **40**, 14, 2765 – 2775.

Giesen, A. (2009) "P Recovery with the Crystalactor® Process," Presentation in *BALTIC 21 Phosphorus Recycling and Good Agricultural Management Practice*, September 28 – 30, 2009, Berlin, Germany.

Gopalakrishnan, K., J. Anderson, L. Carrio, K. Abraham, and B. Stinson (2000) "Design and Operational Considerations for Ammonia Removal from Centrate by Steam Stripping," *Proceedings of the Water Environment Federation 73rd Annual Conference and Exposition*, Los Angeles, CA.

Green, D. W., and R. H. *Perry (2007) Perry's Chemical Engineers' Handbook, 8th ed.*, McGraw–Hill, New York.

Haynes, W. M. (2012) *CRC Handbook of Chemistry and Physics*, 93rd ed., Taylor & Francis, Inc., Florence, KY.

Hellinga, C., A. A. J. C. Schellen, J. W. Mulder, M. C. M. van Loosdrecht, and J. J. Heijnen (1998) "The SHARON Process: An Innovative Method for Nitrogen Removal from Ammonium–Rich Wastewater," *Water Sci. Technol.*, **37**, 9, 135 – 142.

Jeavons, J., L. Stokes, J. Upton, and M. Bingley (1998) "Successful Sidestream Nitrification of Digested Sludge Liquors," *Water Sci. Technol.*, **38**, 3, 111 – 118.

Kemp, P., M. Simon, and S. Brown (2007) "Ammonium/Ammonia Removal from a Stream," U.S. Patent 7270796.

Kuai, L., and W. Verstraete (1998) "Ammonium Removal by the Oxygen–Limited Autotrophic Nitrification–Denitrification System," *Appl. Env. Microbiol.*, **64**, 11, 4500 – 4506.

Kuenen, J. G. (2008) "Timeline: Anammox Bacteria: From Discovery to Application," *Nature Rev. Microb.*, **6**, 4, 320 – 326.

Kumana, J. D., and S. P. Kothari (1982) "Predict storage–Tank Heat Transfer Precisely," *Chem. Eng.-New York*, **89**, 6, 127 – 132.

Laurich, F. (2004) "Combined Quantity Management and Biological Treatment of Sludge Liquor at Hamburg's Wastewater Treatment Plants—First Experience in Operation with the Store and Treat Process," *Water Sci. Technol.*, **50**, 7, 49 – 52.

Le Corre, K. S., E. Valsami–Jones, P. Hobbs, and S. A. Parsons (2005) "Impact of calcium on struvite crystal size, shape and purity," *J. Crystal Growth*, **283**, 3 – 4, 514 – 522.

Lemaire, R., I. Liviano, S. Esktröm, C. Roselius, J. Chauzy, D. Thornberg, C. Thirsing, and S. Deleris (2011) "1–Stage Deammonification MBBR Process for Reject Water Sidestream Treatment: Investigation of Start–Up Strategy and Carriers Design," *Proceedings of the Water Environment Federation, Nutrient Recovery and Management 2011 Conference*, Miami, FL.

Membrana (2007) "Successful Ammonia Removal from Wastewater Using Liqui–Cel® Membrane Contactors at a European Manufacturing Facility," Technical Brief no. 43, revision 2, www.membrana.com or www.liqui–cel.com.

Moerman W. H. M. (2011) "Full Scale Phosphate Recovery: Process Control Affecting Pellet Growth and Struvite Purity," *Proceedings of the Water Environment Federation, Nutrient Recovery and Management 2011 Conference*, Miami, FL.

Nawa, Y. (2009) "P-Recovery in Japan - the PHOSNIX Process," Poster from *BALTIC 21 Phosphorus Recycling and Good Agricultural Management Practice*, Berlin, Germany.

Nieminen, J. (2010) "Phosphorus Recovery and Recycling from Municipal Wastewater Sludge," M. S. Thesis, Aalto Univ., Finland.

Olav Sliekers, A., N. Derwort, J. L. Campos Gomez, M. Strous, J. G. Kuenen, and M. S. M. Jetten (2002) "Completely Autotrophic Nitrogen Removal Over Nitrite in One Single Reactor," *Water Res.*, **36**, 10, 2475 - 2482.

Olav Sliekers, A., K. A. Third, W. Abma, J. G. Kuenen, and M. S. M Jetten (2003) "CANON and Anammox in a Gas-Lift Reactor," *FEMS Microbiol. Let.*, **218**, 2, 339 - 344.

Organics Limited (2009) "Thermally-Driven Ammonia Strippers: Ammonia Stripping with Waste Heat," Data Sheet ODSP09, www.organics.com.

Piekema, P., and A. Giesen (2001) "Phosphate recovery by the crystallization process: experience and developments, " *Proceedings of the Second International Conference on Recovery of Phosphate from Sewage and Animal Wastes*, Noordwijkerhout, The Netherlands.

Plaza, E., S. Stridh, J. Örnmark, L. Kanders, and J. Trela (2011) "Swedish Experience of the Deammonification Process in a Biofilm System," *Proceedings of the Water Environment Federation, Nutrient Recovery and Management 2011 Conference*, Miami, FL.

Sagberg, P., P. Ryrfors, and K. G. Berg (2006) "10 Years of Operation of an Integrated Nutrient Removal Treatment: Ups and Downs. Background and Water Treatment," *Water Sci. Technol.*, **53**, 12, 83 - 90.

Schauer, P., R. Baur, J. Barnard, and A. Britton (2011) "Increasing Revenue While Reducing Nuisance Struvite Precipitation: Pilot Scale Testing of the WASSTRIP Process," *Proceedings of the Water Environment Federation, Nutrient Recovery and Management 2011 Conference*, Miami, FL.

Schneider Y., M. Beier, and K. Rosenwinkel (2009) "Impact of Seeding on the Start-up of the Deammonification Process with Different Sludge Systems," *Proceedings of the Second IWA Specialized Conference on Nutrient Management in Wastewater Treatment Processes*, Krakow, Poland.

Seyfried, C., A. Hippen, C. Helmer, S. Kunst, and K. H. Rosenwinkel (2001) "One-Stage Deammonification: Nitrogen Elimination at Low Costs," Water Sci. Technol.: *Water Supply*, **1**,1, 71 - 80.

Seyfried, C. (2002) "Deammonification: A Cost-Effective Treatment Process for Nitrogen-Rich Wastewaters," *Proceedings of the Water Environment Federation 75th Annual Conference and Exposition*, Chicago, IL.

Siegrist, H., S. Reithaar, and P. Lais (1998) "Nitrogen Loss in a Nitrifying Rotating Contactor Treating Ammonium Rich Leachate Without Organic Carbon," *Water Sci. Technol.*, **37**, 4 - 5, 589 - 591.

Strous, M., J. J. Heijnen, J. G. Kuenen, and M. S. M. Jetten (1998) "The Sequencing Batch Reactor as a Powerful Tool for the Study of Slowly Growing Anaerobic Ammonium-Oxidizing Microorganisms," *Appl. Microbiol. Biotechnol.*, **50**, 5, 589 - 596.

Teichgräber, B., and A. Stein (1994) "Nitrogen Elimination from Sludge Treatment Reject Water: Comparison of Steam Stripping and Denitrification Processes," *Water Sci. Technol.*, **30**, 6, 41 - 51.

ThermoEnergy (2009) "Ammonium Recovery Process (ARP) Ammonium Sulfate Purity Study, 26th Ward ARP Project," Report Issued to the New York City Department of Environmental Protection, Worcester, MA.

Third, K. A., J. Paxman, M. Schmid, M. Stous, M. S. M. Jetten, and R. Cord-Ruwisch (2005) "Enrichment of Anammox from Activated Sludge and its Application in the Canon Process," *Microbial Ecol.*, **49**, 2, 236 - 244.

U.S. EPA (1987) *Design Information Report-Sidestreams in Wastewater Treatment Plants*, EPA-68-03-3208, EPA/600/J-87/004, Water Engineering Research Laboratory, U.S. Environmental Protection Agency, Cincinnati, OH (see also *J. WPCF*, **59**, 1, 54 - 61).

van der Star, W., W. Abma, D. Blommers, J. W. Mulder, T. Tokutomi, M. Strous, C. Picioreanu, and M. van Loosdrecht (2007) "Startup of Reactors for Anoxic Ammonium Oxidation: Experiences from the First Full-Scale Anammox Reactor in Rotterdam," *Water*

*Res.*, **41**, 18, 4149 – 4163.

van Hulle, S. W. H., H. J. P. Vandeweyer, B. D. Meesschaert, P. A. Vanrolleghem, P. Dejans, and A. Dumoulin (2010) "Engineering Aspects and Practical Application of Autotrophic Nitrogen Removal from Nitrogen Rich Streams," *Chem. Eng. J.*, **162**, 1, 1 – 20.

van Kauwenbergh, S. (2010) "World Phosphate Rock Reserves and Resources," Technical Bulletin T–75 International Fertilizer Development Center, Muscle Shoals, AL.

Vitse, F., M. Cooper, and G. G. Botte (2005) On the use of ammonia electrolysis for hydrogen production, *J. Power Sources*, **142**, 1 – 2, 18 – 26.

Wett, B., R. Rostek, W. Rauch, and K. Ingerle (1998) "pH–Controlled Reject–Water–Treatment," *Water Sci. Technol.*, **37**, 12, 165 – 172.

Wett, B., and W. Rauch (2003) "The Role of Inorganic Carbon Limitation in Biological Nitrogen Removal of Extremely Ammonia Concentrated Wastewater," *Water Res.*, **37**, 5, 1100 – 1110.

Wett, B. (2006) "Solved Upscaling Problems for Implementing Deammonification of Rejection Water," *Water Sci. Technol.*, **53**, 12, 121 – 128.

Wett, B. (2007) "Development and Implementation of a Robust Deammonification Process," *Water Sci. Technol.*, **56**, 7, 81 – 88.

Wett, B., I. Takacs, S. Murthy, M. Hell, G. Bowden, A. Deur, and M. O'Shaughnessy (2007) "Key Parameters for Control of DEMON Deammonification Process," *Water Pract.*, **1**, 5, 1 – 11.

Wett, B., M. Hell, G. Nyhuis, T. Puempel, I. Takacs, and S. Murthy (2010) "Syntrophy of Aerobic and Anaerobic Ammonia Oxidizers," *Water Sci. Technol.*, **61**, 8, 1915 – 1922.

Yang, J., L. Zhang, Y. Fukuzaki, D. Hira, and K. Furukawa (2011) "The Positive Effect of Inorganic Carbon on Anammox Process" *Proceedings of the Water Environment Federation, Nutrient Recovery and Management 2011 Conference*, Miami, FL.

## 용어정의

| 용어 | 정의 |
|---|---|
| 흡수 | 원자, 이온, 분자 및 기타 성분이 하나의 상에서 이동되어 다른 상으로 균일하게 분산되는 공정(흡착 참조) |
| 흡착 | 원자, 이온, 분자 및 기타 성분이 하나의 상에서 이동되어 다른 상의 표면에 축적되는 공정(흡수 참조) |
| 공기 탈기 | 충진탑에서 공기와 액체를 역방향으로 통과시켜 액체 내에 있는 휘발성 및 준휘발성(Semi-volatile) 오염물질 제거 |
| 완충 지역 | 시설에서 배출되는 악취의 영향을 감소시키는 역할을 하는 시설의 주변지역. 악취의 영향을 줄이기 위해 완충지역 주변에 때로 나무를 심는다. |
| 촉매 소각 | 백금 및 팔라듐과 같은 촉매의 도움으로 VOCs을 산화하는 데 사용되는 제어 공정 |
| 화학적 세정탑 | 공기, 물 및 화학물질 사이의 접촉을 위해 사용되는 반응기로 악취가 나는 물질의 산화 또는 포집을 위해 사용 |
| 생물여과 | 생물학적으로 악취를 제거하기 위해 사용되는 개방형 혹은 폐쇄형 충진상 여과지. 개방형 생물여과에서 처리되는 가스는 여상을 통해 상향이동 처리된다. 폐쇄형 생물여과에서 처리되는 가스는 충진물을 통해 처리된다. |
| 생물살수여상 | 수분이 충진물 위에 연속적으로 또는 간헐적으로 공급되는 것을 제외하면 생물여과와 유사하다. 처리수는 순환되고 영양염류가 종종 첨가된다. |
| 소화조 가스 | 슬러지가 혐기성 소화되어 생산된 가스. 또한 종종 바이오 가스라고도 한다. 소화조 가스는 일반적으로 60% 이상의 메탄가스를 포함하고 연료원으로 사용될 수 있다. |
| 가스 탈기 | VOCs와 같은 휘발성 성분과 악취 성분을 액상에서 기상으로 이동시키기 위하여 공기 또는 기타 가스를 인위적으로 도입하는 것 |
| 지구온난화지수 | 어떤 기체가 대기에서 열을 가두어 두는 능력을 이산화탄소의 그 능력과 비교하여 나타낸 상대적 지수 |
| 온실가스 | 지구온난화에 기여하는 것으로 규명된 가스 |
| 물질전달 | 균일한 한 상에서 다른 상으로의 물질이동. 포기, 탈기, 흡착이 물질전달의 예 |
| 기계적 포기장치 | 물과 공기의 혼합을 촉진시키기 위하여 물을 교반하는 장치 |
| 혼합 | 혼합물을 뒤섞고, 고형물의 현탁상태를 유지하며, 기체이전 및 화학반응을 촉진하기 위한 목적으로 액체-고체 혼합 용액을 교반하는 것 |
| 한계악취 | 인간의 후각에 의해 검출될 수 있는 악취의 농도 |
| 배출가스 | 공정으로부터의 배출가스; 배출가스는 냄새가 나거나 온실가스와 VOCs를 함유할 수 있다. |
| 탈기탑 | VOCs가 액상에서 기상으로 이동하는 데 사용되는 폐쇄형 수직반응조 |
| 고온 산화 | 높은 온도에서 VOCs를 산화하는 데 사용되는 공정 |
| 기체상흡착 | 탄화수소 및 다른 화합물들이 활성탄, 실리카 겔 또는 알루미나와 같은 재료들의 표면에 선택적으로 흡착되는 공정 |
| 휘발성 유기화합물 | 총 유기탄소를 의미하는 뜻으로 널리 사용되는 용어; 대기질의 맥락에서 이 용어는 비메탄 탄화수소 전체를 의미한다. |
| 휘발 | 수면에서 대기로의 VOCs 방출 |

폐수처리 결과로 다양한 대기배출물이 배출되는데, 그중 상당수는 악취 및/또는 대기오염물질을 함유한다. 실외로 대기오염물질을 배출하는 행위는 국가 혹은 지역 환경기관 또는 미국 환경보호국(US EPA)의 승인을 필요로 한다. 대기배출허용요건의 범위는 대기오염물질의 특성, 배출의 양, 시설 주변의 대기질, 기존의 대기오염물질 배출량 및 배출원, 주 정부의 대기배출 허용요건, 관리기관 및 연방 규정에 의해 위임된 배출제어 규정과 같은 다수의 요소를 근거로 정해진다. 관리기관은 주, 지역, 시, 군 단위에 둘 수 있다. 대기배출허용은 일반적으로 연방 및 주정부 수준에서 이루어지지만, 기관이 다를 수 있다. 여기서 "주"는 주, 지역, 시, 군에 있으면서 대기오염방지법(CAA)에서 대기배출허용을 시행하는 관할권을 가지고 있는 미국 EPA가 아닌 다른 기관을 의미한다. 이 장에서

논의될 내용은 다음과 같다. (1) 배출물의 종류, (2) 규제요건, (3) 악취관리, (4) 휘발성 유기탄소배출의 제어, (5) 가스와 고형들의 연소 배출물 그리고 (6) 온실가스의 배출.

## 16-1 배출물의 종류

폐수처리시설에서 나오는 것으로 CAA의 규제가 적용되는 전형적인 대기 배출물은 표 16-1에 수록되어 있다. 일부 주에서는 추가적으로 다음 부류의 화합물들(예, 악취 및 온실가스들)이 이들 시설에서 측정되어야 한다고 요구한다. 예를 들어, 미국 EPA에 의해 최근 발표된 규정은 온실가스를 배출하는 모든 배출원에서 총 배출물을 산정하고 규제치와 비교토록 요구한다. 폐수처리시설 내에서 특정 공정은 그 배출물(즉, 비화석 연료기원)의 특성이 "생물학적인 근원에 기인한" 것이기 때문에 규정에서 면제된다. 온실가스의 배출은 16-6에서 추가로 논의된다. 악취 관리에서 배출원은 폐수처리시설의 운전을 위해 특히 중요한 것으로 16-3에서 자세히 설명되어 있다.

## 16-2 규제요건들

CAA는 연방 및 주정부 규정의 기초가 되며, 이것은 연방법령집 40장 C조, 대기 제도에 성문화되어 있다. CAA와 개정안은 연방 차원에서 대기허용계획을 수립하고 주와 지역의 단속을 위한 규제체계를 제공한다. 허가권한은 연방, 주, 또는 지역에서 가질 수 있다. 대기오염물질의 배출은 일반적으로 세 가지 범주로 분류된다; 기준오염물질, 비기준오염물질 및 유해대기오염물질(HAPs). 기준오염물질은 관계된 대기질 기준을 가지고 있다. 여기 설명된 것처럼 주요 대기질 규정은 광범위한 범위를 포함하고 있다.

### 》》 주변 대기질과 달성도

미국 EPA는 공중보건 및 공공의 안녕을 위해 국가 대기질 기준(National Ambient Air Quality Standards, NAAQS)을 수립하였다. 첫 번째 기준은 인지 가능한 인체반응에 기초한 것이며, 주민이 민감해 하는 부분에 대하여 적절히 안전 범위를 제공하는 수준에서 설정되었다. 두 번째 기준은 구조물, 식물, 가축과 같은 관심사들의 공공 이익을 이루기 위한 것이다. 또한 주는 연방기준보다 더 엄격한 주변 대기질 기준을 세울 수 있고, 폐기된 연방기준을 유지할 수도 있다.

    CAA는 미국 EPA와 주에게 특정 지역(대기질 관리지역 혹은 그 일부)에 대하여 주변 대기질기준 준수여부를 확인하도록 요구한다. 그 지역은 NAAQS의 모니터링 자료에 근거하여 "달성" "미달성"으로 지정되거나 혹은 주위 모니터링 자료가 불충분하면 "분류할 수 없음"으로 정한다. "분류할 수 없음" 구역은 일반적으로 "달성"지역으로 간주된다. 기존 혹은 새로운 배출원 지역의 달성도가 공사 전 배출허용제도의 적용여부를 결정한다.

표 16-1

**폐수처리시설과 관련된 대표적인 대기오염물질**

| 대기오염물질 | 배출원 |
|---|---|
| **기준오염물질** | |
| 일산화탄소(CO) | 불완전 연소, 유기물질의 부분 산화 |
| 이산화질소($NO_2$) | 연소공정 |
| 이산화황($SO_2$) | 연소공정 |
| 총 부유입자상물질(TSP) | 연소공정, 직물처리, 골재처리, 다른 배출원 |
| 최대 10미크론의 직경을 갖는 호흡 가능 입자물질($PM_{10}$) | 연소공정, 직물운반, 골재처리, 다른 배출원 |
| 최대 2.5미크론의 직경을 갖는 미세미립자 물질($PM_{2.5}$) | 연소공정, 직물운반, 골재처리, 다른 배출원 |
| 오존($O_3$) | 전구물질로서 질소산화물과 VOC의 광화학적 산화반응을 통해 지표면에서 생성 |
| 질소산화물($NO_x$) | 연소공정 |
| 휘발성유기화합물(VOC) | 연소공정, 유기물질 저장 및 사용, 다른 공정 배출원 |
| 납(Pb) | 연소공정 |
| **비기준오염물질** | |
| 황화수소($H_2S$) | 공정원, 황화합물의 혐기성 환원 |
| 메탄($CH_4$) | 혐기성소화, 연소공정 |
| 이산화탄소($CO_2$) | 연소공정, 혐기성소화 |
| 암모니아($NH_3$) | 고체처리/ 폴리머분해 |
| 아산화질소($N_2O$) | 생물학적 질소제거 시스템 |
| **유해대기오염물질(HAPs)** | |
| 톨루엔, 벤젠, 자일렌 등 | 산업체로부터 유입되는 성분 |
| 메탄올 | 영양소제거시스템 |
| 트리메틸아민 및 디메틸아민 | 고체처리/폴리머분해 |
| 이황화탄소 및 황화카르보닐 | 황산화물로부터 환원된 황화합물 |
| 포름알데히드 및 헥산 | 열병합발전/보일러/가열공정 등에서 나오는 연소 부산물 |
| 염소($Cl_2$) | 염소화공정 |
| 수은, 기타 중금속, 다환 유기화합물 | 폐수 슬러지 소각로 |

## 》》 공사 전 및 운영 중 허용제도

새로운 배출원들과 대기오염 배출물(정해진 값 이상)이 나오는 기존 배출원들의 변경/재건축은 대기허용 요건을 적용받게 된다. 대기허용제도는 표 16-2에 수록되어 있다. 미달성된 신규 배출원 평가(nonattainment new source review, NNSR)제도와 심각한 악화 방지(prevention of significant deterioration, PSD) 제도의 적용은 사업의 성격, 사업을 하는 근처 대기질, 연간 배출량에 따라 달라진다. 두 제도 모두 주요 사업에 적용되는 공사 전 승인제도이며, 두 제도 모두 공사 전 승인이 이루어질 때까지 시공을 할 수 없다. 주요 배출원 또는 주요 변경기준이 충족되면 NNSR는 미달성 오염물질(그리고 전구체오염물질)에 적용될 수 있는 반면에, PSD는 달성 오염물질에 적용될 수 있다. NNSR이 적용되면, 기술적으로 실현 가능하면서 최소 배출률 달성(the lowest achievable emission

| 표 16-2 | 요건들 | 규정, 규칙 및 기술들 |
|---|---|---|
| 허용제도와 제어 기술 | 공사 전 및 운영 중 허용 | 미달성 신규 배출원 검토(NNSR or NANSR) |
| | | 심각한 악화 방지(PSD) |
| | | 표제 V 운영 중 허용 |
| | | 경미한 배출원 허용 제도 |
| | 고정배출원 제어 허용 | 새로운 배출원 성능 기준(NSPS per 40 CFR Part 60) |
| | | 유해대기오염물질에 대한 국가 배출기준 (NESHAPs per 40 CFRP arts 61 and 63) |
| | | 합리적으로 이용 가능한 제어 기술(RACT) |

rate, LAER) 제어 기술이 비용에 관계없이 사업 설계에 포함되어야 한다.

PSD가 적용되면, 최고 가용 제어 기술(the best available control technology, BACT)이 사업설계에 포함되어야 한다. 비용, 에너지 소요 및 기타 환경영향/편익 등의 요소들이 BACT 분석의 일부분이 된다. 미국 EPA는 주의 해당 기관에 NNSR 및 PSD 사업을 승인할 수 있는 권한을 위임할 수 있다. 또한, U.S. EPA의 요구사항들(예, 주 이행 계획의 승인)을 충족하는 주 규제를 승인할 수 있다. PSD 제도에서, 더 엄격한 대기질의 보호는 "1급" 지역에서 이루어지며 국립공원, 야생지역, 기타 지정된 지역들이 여기에 해당된다. 사업이 건설 중 배출허용을 만족할 수 있도록 시야와 생태에 미치는 영향이 최소화되어야 한다.

1990년에 이루어진 CAA 개정은 표제 V 운전 중 허용 제도를 추가하였는데 이것은 단일 연방정부 강제 허용제도를 통해 시설에 대한 특정 요건 강화가 이루어진 주요 시설들에 대한 주 및 연방정부의 허락 절차를 수립한 것이다. 이들 요건들은 배출제한, 작업의 표준화, 모니터링 사항, 기록사항 및 제출/알림 사항들을 포함한다. 적용되는 요건은 규정 또는 공사 전 승인조건에 기초할 수 있다. 표제 V 허용에 관한 제도는 일반적으로 주정부 수준에서 관리된다. 경미한 배출원 허용제도는 표제 V 가동 중 허가의 대상이 되지 않는 배출원에 적용된다. 이들 요건들은 주정부 기관에 의해 설정된다.

## 》 고정배출원 제어 기술 요건들

고정배출원의 배출제어 기술요건들이 표 16-2에 수록되어 있다. NNSR 및 PSD 공사 전 제어 기술의 요건들과는 달리, 신규 배출원 이행기준(new source performance standard, NSPS), 유해대기오염물질에 대한 국가 배출 기준(national emission standards hazardous air pollution, NESHAPs)과 같은 규정은 장비의 기능과 분류에 기초하여 적용된다. NSPS는 신규 배출원, 변경된 배출원, 혹은 배출원 형태에 따른 특정 적용기준에 맞게 재시공된 배출원에 적용된다. NESHAP 요건들은 주요 HAPs 배출원에 주로 적용되지만, 일부 요건들은 HAPs의 "면 배출원"(경미한 배출원)에 적용할 수 있다. 적정 이용 가능 제어 기술(reasonably available control technology, RACT)이란 대체로 주 규정에 명시된 제어 기술 사항들을 말하는데, 이들은 최소 수준의 배출 기준을 확립하기 위한 것이다. RACT 요건들은 배출원에 소급하여 적용될 수 있으며 일반적으로 달성지역보다 미달성 지역에서 더 엄격하다.

## 16-3 악취 관리

기존 폐수처리장이나 신설 시설로부터 발생할 수 있는 잠재적 악취는 사람들의 주된 관심거리이다. 악취 제어는 폐수수집, 처리, 배출시설 운전 및 설계의 주된 관심의 대상이 되고 있다. 특히, 이 시설들이 대중에게 영향을 미칠 경우는 더욱 그러하다. 많은 경우에 있어서, 잠재적인 악취로 인하여 시설 설치 계획이 취소되기도 하였다. 몇몇 주에서는 현재 악취 위반 때문에 폐수관리 업체들이 법적 제재를 받거나 벌금을 내기도 한다. 폐수처리 운영에 있어서 악취의 중요성을 비추어 볼 때, 다음과 같은 주제가 다루어진다. (1) 발생되는 악취의 형태, (2) 악취의 원천, (3) 악취의 측정, (4) 악취 가스의 이동, (5) 악취 조절 대책, (6) 악취 조절 방법 그리고 (7) 악취 조절시설의 설계 등이다.

### ▶ 악취 종류

인간에게 있어서 저농도 악취의 중요성은 몸에 해를 준다기보다는 주로 정신적인 스트레스와 관계가 있다. 폐수처리시설에서 발생하는 악취의 주된 형태는 표 16-3에 정리되어 있다. 대부분 악취 나는 화합물은 일반적으로 황이나 질소를 함유한다. 황을 포함하는 유기물의 악취 특성은 썩은 유기물질로 인한 냄새이다. 표 16-3에 나타나 있듯이 황화수소 악취는 썩은 달걀 냄새와 같은 것으로 폐수처리시설에서 흔히 나타날 수 있다. 2장에서 언급하였듯이 이들 물질들은 기체 크로마토그래피로 악취와 관계되는 특정 물질을 충분히 알아낼 수 있다. 불행하게도 폐수 차집, 처리 그리고 처분 시설에서 발생하는 악취의 양을 알아낼 수는 없다. 그 이유는 많은 화합물들이 함께 섞여 있기 때문이다. 이들 화합물에 노출되는 정도에 따라 다르겠지만, 황화수소와 같은 화합물이 높은 농도일 경우는 치명적일 수 있다.

### ▶ 악취 발생원

폐수처리시설에서의 주된 악취 발생원과 상대적 악취 잠재력을 표 16-4에 나타내었다. 이들 발생원으로부터 악취를 줄이는 것이 악취 관리의 관심이다.

**폐수집수 시스템.** 폐수집수 시스템으로부터 악취 유출의 잠재력은 높은 편이다. 폐수집수 시스템으로부터 발생하는 악취 화합물의 근원은 다음과 같다. (1) 혐기성 상태에서 질소와 황을 함유하고 있는 유기물질의 생물학적 변환 그리고 (2) 산업폐수 중에 악취를 유발하는 화합물이 함유된 것이나 악취를 유발시킬 수 있는 물질들이 폐수와 반응하여 악취를 발생시키기도 한다. 폐수에서 배출되는 악취 가스들은 공기배출 밸브, 환기구, 맨홀, 그리고 가정 환기구 등에서 축적되거나 배출될 수 있다.

**표 16 – 3**

폐수처리와 관련된 악취물질들의 특성과 한계악취 (threshold)

| 악취 화합물 | 화학구조 | 분자량 | 한계농도, ppm$_v$[a] | 특성 |
|---|---|---|---|---|
| 암모니아 | $NH_3$ | 17.0 | 46.8 | 역겨운 매운 냄새 |
| 염소 | $Cl_2$ | 71.0 | 0.314 | 질식할 듯한 냄새 |
| 염화페놀 | $ClC_6H_4OH$ | 128.5 | 0.00018 | 의약품 냄새 |
| 크로틸 머캅탄 | $CH_3-CH=CH-CH_2-SH$ | 90.19 | 0.000029 | 스컹크 냄새 |
| 이메틸 황화합물 | $CH_3-S-CH_3$ | 62 | 0.0001 | 썩은 양배추 냄새 |
| 이페닐 황화합물 | $(C_6H_5)_2S$ | 186 | 0.0047 | 불쾌한 냄새 |
| 에틸 머캅탄 | $CH_3CH_2-SH$ | 62 | 0.00019 | 썩은 양배추 냄새 |
| 에틸 황화합물 | $(C_2H_5)_2SH$ | 91.9 | 0.000025 | 메스꺼운 냄새 |
| 황화수소 | $H_2S$ | 34 | 0.00047 | 썩은 달걀 냄새 |
| 인돌 | $C_8H_6NH$ | 117 | 0.0001 | 역한 메스꺼운 냄새 |
| 메틸 아민 | $CH_3NH_2$ | 31 | 21.0 | 생선 썩은 냄새 |
| 메틸 머캅탄 | $CH_3SH$ | 48 | 0.0021 | 썩은 양배추 냄새 |
| 스카톨 | $C_9H_9N$ | 131 | 0.019 | 메스꺼운 냄새 |
| 이산화황 | $SO_2$ | 64.07 | 0.009 | 역겨운 냄새 |
| 티오크레졸 | $CH_3-C_6H_4-SH$ | 124 | 0.000062 | 고약한 스컹크 냄새 |
| 삼메틸 아민 | $(CH_3)_3N$ | 59 | 0.0004 | 역겨운 생선 냄새 |

[a] 부피로 백만분의 일($10-6$)

**표 16-4**

폐수관리체계에서의 악취관리 발생원[a]

| 위치 | 발생원 및 원인 | 악취 잠재력 |
|---|---|---|
| 폐수 집수계통 | | |
| 공기 배출 밸브 | 폐수로부터 방출된 악취의 축적 | 높음 |
| 배변구 | 폐수로부터 방출된 악취의 축적 | 높음 |
| 맨홀 | 폐수로부터 방출된 악취의 축적 | 높음 |
| 산업폐수 배출구 | 폐수집수 시스템에서 배출되는 악취 화합물 | |
| 생하수 펌프시설 | 정화조, 생하수, 스컴, 퇴적물 | 높음 |
| 폐수처리시설 | | |
| 유입부 | 수리시설과 전환점의 난류로 인한 악취 발생 | 높음 |
| 스크린 시설 | 스크린으로부터 부패하기 쉬운 물질 제거 | 높음 |
| 전포기 | 폐수 수집계통으로부터 생성된 악취 화합물의 방출 | 높음 |
| 그맅 제거 | 그맅으로부터 제거된 유기물질 | 높음 |
| 유량 조정조 | 스컴이나 고형물 퇴적으로 인한 유량 조정조 표면 | 높음 |
| 정화조 투입부 | 이송된 정화조 폐액을 투입할 때 발생하는 악취 화합물 | 높음 |
| 반류수 반송[b] | 탈수여액, 역세척수 등의 반송류에 함유된 악취 | 높음 |
| 1차 침전조 | 유출웨어와 트로프/난류로 인해 악취가스 발생. 웨어나 배플에 걸린 스컴이나 부유물/썩기 쉬운 화합물. 부유물/부패조건 | 높음/중간 |

(계속)

| 표 16-4 (계속)

| 위치 | 발생원 및 원인 | 악취 잠재력 |
|------|---------------|-------------|
| 고정상 막공정 (살수여상 또는 RBC) | 생물막/불충분한 산소, 과도한 유기물 부하로 인한 살수여상 여재의 막힘. 난류로 인해 악취 물질 방출 | 중간/높음 |
| 포기조 | 혼합액/부패한 반송슬러지, 냄새나는 반류수, 높은 유기물 부하, 혼합불량, 불충분한 산소, 고형물 적체 | 낮음/중간 |
| 2차 침전조 | 부유물질/과다 고형물 체류 | 낮음/중간 |
| 슬러지와 바이오 고형물 처리시설 | | |
| 농축조, 고형물 체류조 | 웨어와 트러프에 걸린 부유고형물/긴 체류시간, 고형물 적체 및 온도 상승으로 스컴과 고형물의 부패, 난류로 인해 악취 배출 | 높음/중간 |
| 호기성 소화조 | 불충분한 혼합 | 낮음/중간 |
| 혐기성 소화조 | 황화수소 방출, 황산화물 과다 함유 고형물 | 중간/높음 |
| 슬러지 저류조 | 혼합 부족, 스컴층 형성 | 중간/높음 |
| 기계적 탈수기 | 고형물케이크, 쉽게 썩는 물질, 화학물질 첨가, 암모니아 방출 | 중간/높음 |
| 슬러지 배출시설 | 저류조로부터 운송시설까지의 바이오 고형물로부터 악취 방출 | 높음 |
| 퇴비화 시설 | 퇴비화 고형물, 불충분한 공기공급, 불충분한 환기 | 높음 |
| 알칼리 안정화조 | 석회와의 반응에 의한 암모니아 방출, 안정화된 고형물 | 중간 |
| 소각 | 공기배출, 낮은 소각온도 | 낮음 |
| 슬러지 건조상 | 건조고형물/불충분한 안정화로 인한 썩기 쉬운 유기물 과다 유입 | 중간/높음 |

[a] WEF (1995)의 일부에서 발췌

[b] 반류수는 소화액 상징수, 탈수 반송흐름 또는 역세척수를 포함할 수 있다.

**폐수처리시설들.** 폐수처리시설로부터 악취 발생과 유출에 대한 잠재력을 고려할 때, 흔히 액체와 고체 처리시설로 분리하여 생각할 수 있다. 1차 처리과정, 특히 혐기성 조건이 발생할 수 있는 긴 집수 시스템을 갖는 처리장에서 악취 발생에 대하여 가장 높은 잠재력을 가진다(그림 16-1 참조). 여과 시설의 역세척 및 슬러지의 반송 시설과 바이오 고형물 처리시설을 포함한 측류수 배출도 종종 악취의 주요 원천이 된다. 특히, 이러한 시설들에서 나오는 악취들은 제어구조물이나 혼합조에서 자유롭게 배출된다.

**그림 16-1**

**전처리 시설에서의 악취관리에 대한 전형적인 예.** (a) 악취 방지 시설이 설치된 건물내부에 막대 스크린 설치, (b) 폐쇄형 그릴 처리시설

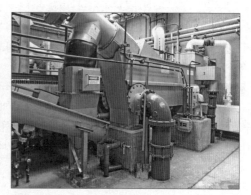

(a)                    (b)

**슬러지와 바이오 고형물 처리시설.** 일반적으로 폐수처리시설에서 주요 악취 발생 시설은 슬러지 농축시설, 혐기성 소화조, 슬러지 배출시설 등이다. 악취 발생의 가장 높은 잠재력은 안정화되지 않은 슬러지를 취급할 때(예를 들어, 뒤집고, 뿌리고, 또는 보관할 때) 발생한다.

고형물 처리과정에서 악취를 유발시키는 주요 원인과 처리장 설계에 있어서 고려해야 하는 중요한 항목 중 하나는 전단(shear)이다. 전단은 전단력에 의한 고형물을 자르거나 찢는 것이다. 고형물들이 전단에 의해 탈수 또는 이동 장비에 의해 혼합된다고 할 때, 입자 크기가 감소함에 따라 악취 발생량은 증가한다. 탈수 시설의 고형물은 전단되면서 악취를 유발한다. 주된 과정은 단백질성 바이오고분자물질의 방출로부터 나타난다. 이런 단백질이 일단 발생되면 수많은 악취 화합물들(대부분이 메르캅탄)이 방출되면서 분해된다. 액체 내의 단백질 양이 증가하면 탈수가 어려워진다. 용해 단백질은 고분자를 주입하여 "응집"하지만, 합성 고분자와 단백질은 분해될 수 있다. 합성 고분자들은 분해될 때 메틸아민을 발생시킬 수 있다(Novak, 2001; Murthy, 2001).

트리메틸아민(TMA)은 혐기성으로 슬러지를 소화시킬 때 액상에 존재한다. 이 물질은 암모니아와 같이 pH 9 이하에서 용해될 수 있지만, pH 9 이상에서는 가스 상태로 존재하기 때문에 대기로 방출될 수 있다. 악취 제어를 위해 소화슬러지에 석회를 첨가하는 것은 오히려 TMA를 가스 상태로 변환시켜 악취를 발생시킬 수도 있다(Novak, 2001; Murthy, 2001). 몇 군데의 처리장에서는 탈수슬러지를 토양으로 주입할 수 없는데, 그 이유는 악취가 발생하기 때문이다. 그래서 처리공정이나 처분을 평가하는 데 있어서 악취 발생과 제어에 대한 평가는 대단히 신중을 기해야 한다.

## ›› 악취 측정

인간 후각 체계에 의한 악취의 감각(감각 기관)적 측정은 폐수처리시설로부터 나오는 악취를 감지하기 위해 종종 사용된다. 인간 후각 체계에 의한 악취의 감지 및 기기 분석법은 2장에 설명되어 있다. 악취의 영향을 평가하는 여러 가지 다른 방법들이 있지만, 폐수처리시설에서의 주요 방식은 공기희석관능법(dilution-to-threshold, D/T)이다. D/T 비율은 악취 나는 주변 공기를 감지 불가능하게 하기 위해 필요한 맑은 공기의 희석배수이다. D/T 값이 높을수록 악취가 감지 불가능하게 하기 위해 필요한 맑은 공기의 양이 많아진다. 악취 판정위원에 의해 결정되는 D/T 값은 외부 악취 효과를 평가하는 규제 기준으로도 사용된다. 전형적인 D/T 값은 1에서 50까지 다양하며 5개의 중앙값을 가진다. D/T 영향을 측정하는 장소는 관리 관할권에 의해 변하지만, 일반적으로 악취를 맡을 수 있는 장소, 예를 들어 부지 경계선, 거주지, 동네, 공원 등에서이다. 뒤에서 논의되는 모델링은 특정 발생원 D/T 값을 사용하여 측정 지역에서의 D/T 값을 예상하기 위해 사용된다.

악취의 측정과 함께 두 가지 어려움이 있다. 첫 번째 어려움은 감지 한계가 개인 간에 차이가 있다는 것이고, 두 번째 어려움은 황화수소나 메틸메르캅탄과 같은 악취 나는 화합물은 함께 혼합되려는 경향이 있다는 것이다. 첫 번째 어려움은 악취 측정을 위해 ASTM E679-04와 같은 표준화된 방법을 사용함으로써 극복할 수 있는데, 이 방법은 특정 장치가 시험을 위한 대상물에 다른 D/T 혼합물들을 넣는다. 두 번째 어려움은 개별 악취의 영향이 합해질 수 없는 것처럼, 악취 판정위원을 통해서만 극복될 수 있다. 서로 다른 악취가 나는 화합물에 대한 한계악취 정도의 일반적 확률 분포는 문헌에서 보고된 것과 같이 그림 16-2에서 설명되어 있다. 그림 16-2에서 보여주듯이, 한계악취 임계값의 범위는 일곱 자릿수까지 변한다.

## ▶▶ 악취 분산 모델링

악취 분산 모델링은 악취가 나는 장소에서 배출원으로부터의 영향을 평가하기 위해 사용되고 악취 관리 시설의 유형 및 크기가 알려져야 한다. 일반적으로, 악취 분산 모델은 일정한 기간 동안 운영되고, 측정지역에서 주어진 D/T 값을 초과할 가능성이 평가된다. 모델에 대한 입력 값은 배출원으로부터 얻어져야 하고, 대개 이러한 샘플들이 악취 판정위원들에게 분석을 위해 보내져야 한다. 모델 실행 시간은 악취를 맡은 자가 악취에 노출된 총시간과 같다. 평균 노출 시간은 3분에서 60분 사이이다. 관리 관할권 혹은 관리국에 따

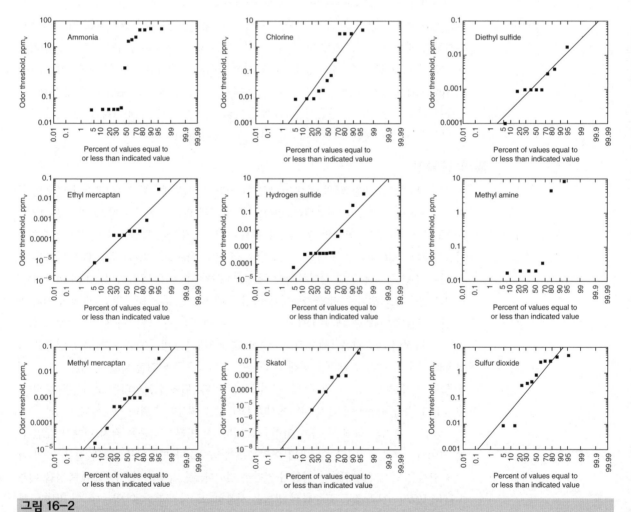

**그림 16-2**

여러 가지 악취 화합물에 대하여 문헌상에 보고된 악취 한계 값의 로그확률 그래프

라서는 측정 장소에서의 악취 D/T 값이 설정된 규제 D/T 값보다(예, 5) 낮아야 하며 그때의 낮을 확률이 98%에서 100%이여야 한다.

## 폐수처리시설에서 악취 이동

무풍과 저기압 혼합과 같은 정적인 기상 상태하에서, 처리장에서 발생하는 악취는 대기보다 훨씬 밀도가 높기 때문에 발생원(예를 들어, 슬러지 농축시설, 슬러지 보관 라군)에서 확산하는 경향이 있다. 주변 기후 상태에 따라서, 아무리 발생원으로부터 멀리 떨어져 있어도 고농도 악취가 감지될 수 있다. (1) 정온한 기상 상태에서 저녁 무렵이나 이른 아침에 폐수처리시설로부터 악취가 발생하거나, (2) 고농도 악취가 흩어지지 않고 저녁 무렵이나 새벽바람을 타고 멀리까지 이동하는 경우가 가끔 발생한다. 어떤 경우에는, 발생원으로부터 25 km 떨어진 곳에서도 감지되기도 한다. 이런 이동 현상은 Wilson(1975)에 의하여 명명된 것으로 puff 이동이라고 한다. 대기분산 모델링을 이용하면 이러한 정온상태가 오래 지속될지 여부를 예측할 수 있다. 악취 puff 효과를 완화시키기 위해 사용되는 가장 일반적인 방법은 난류를 유발시켜 농축된 악취 구름을 차단하거나 분산시킬 수 있는 장벽을 설치하거나 또는 발생원으로부터 최소한의 풍속을 유지하기 위해 바람 발생기를 사용하는 것이다.

## 악취 관리 전략

악취를 관리하거나 제어하는 데 사용하는 전략들이 아래에서 설명된다. 악취 가스를 처리하고 제어하기 위해 이용되는 몇몇 방법들에 관한 개요가 다음절에서 설명된다. 처리시설에서 발생하는 심각한 악취문제를 해결하기 위한 접근방법은 다음과 같다 (1) 악취문제를 일으키는 처리시설과 집수 시스템으로 배출되는 악취유발 폐수 제어, (2) 폐수 집수 계통에서 발생하는 악취 제어, (3) 폐수처리시설에서 발생하는 악취 제어, (4) 악취 처리시설과 악취보관시설의 설치, (5) 액체 상태로 만들기 위한 화학약품 투입, (6) 악취 가리움제(masking agents)와 중화제 사용, (7) 악취를 흩어 버릴 수 있는 시설의 설치, (8) 완충지역 설치 등이다.

**폐수 집수 시스템으로의 배출 제어.** 폐수 집수 시스템으로 악취 화합물을 포함하고 있는 폐수 배출의 방지 또는 제어는 다음과 같이 완성할 수 있다. (1) 좀 더 강력한 폐수 배출 기준과 악취 기준 채택, (2) 산업폐수의 전처리, (3) 폐수의 일시 배출(slug discharge)을 없애기 위해 배출원에서 유량조정조의 제공 등이다.

**폐수 집수 시스템에서의 악취 제어.** 폐수 집수 시스템에서 액체 상태로부터의 악취 유출은 다음과 같이 제한할 수 있다. (1) 그림 16-3과 같은 폐수 집수 시스템에서 신선한 공기, 순산소나 과산화수소수를 임계지점에 첨가함으로서 호기성 상태 유지, (2) 소독이나 pH 조절을 통하여 혐기성 미생물 성장을 제어, (3) 화학물질 투입으로 냄새 화합물을 침전시키거나 산화시킴, (4) 난류에 의한 악취 유출을 최소화하기 위한 폐수의 집수시스템 설계, (5) 선정된 위치에서 배출 가스를 처리하는 방안 등이 있다.

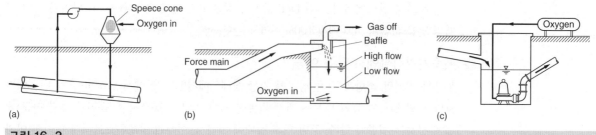

**그림 16-3**

악취 제어를 위한 폐수차집계통에서 상업용 산소의 일반적인 사용. (a) 측류 산소 첨가와 중력하수관으로 폐수 재유입, (b) 수리적 낙하로 산소 유입, (c) 간선에서 이상(two-phase)흐름으로 산소 유입(Speece et. al., 1990)

**폐수처리시설에서의 악취 제어.**  폐수처리장에서 악취 발생을 최소화하기 위해서는 다음과 같은 사항을 설계할 때부터 고려해야 한다. 침지된 유입구와 웨어의 사용, 유입 파이프와 채널 내에서의 갑작스런 물 높이 변화방지, 난류를 야기시키는 물리적 조건 제거, 적당한 공정 부하량, 악취 발생원의 억제, 배출 가스의 처리, 그리고 적절한 시설 관리 등에 주의하여야 처리시설에서 통상적으로 나는 악취를 최소화할 수 있다. 그러나 악취는 언제든지 발생할 수 있다는 것을 인식해야 한다. 악취가 날 때는 이를 제어하기 위해 즉각적인 방법을 취하는 것이 중요한데, 이러한 방법에는 운영방법을 바꾸든지, 염소, 과산화수소수, 석회 또는 오존 등과 같은 화학약품을 첨가하는 방법들이 있다.

설계와 운영에 변화를 주어 시행할 수 있는 것은 다음과 같다. (1) 수위 조절을 통해 자유낙하로 인한 난류 억제, (2) 처리공정의 과부하 감소, (3) 생물학적 처리공정에서 포기율 증가, (4) 예비시설의 운영을 통한 처리용량 제고, (5) 슬러지 양과 고형물 유입유출량 관리 철저, (6) 슬러지와 스컴에 대한 펌핑 횟수 증가, (7) 슬러지 농축기에 염소 처리된 희석수의 주입, (8) 에어로졸 방출 제어, (9) 스크린 협잡물과 그릴제거 횟수 증가, (10) 악취 축적물을 더 자주 청소, (11) 악취가스의 봉쇄, 환기 그리고 처리 등이다.

**악취봉쇄.**  악취 봉쇄시설은 악취의 처리와 처분을 위하여 가스를 취급할 수 있는 장치 및 기구와 덮개, 환기시설 설치를 말한다. 개발된 주변지역의 처리시설은 상부를 밀폐할 수 있으며 조대스크린 및 그릴장치[그림 16-1(a)와 (b)], 1차 침전지[그림 16-4(a)와 (b)], 살수여상[그림 16-4(c)], (d) 생물학적 처리공정[그림 16-4(d)], (e) 슬러지 혐기성 처리조[그림 16-4(e)], 슬러지 농축기[그림 16-4(f)], 슬러지 처리 및 배출시설은 뚜껑을 덮는다. 뚜껑을 설치할 경우 수집된 가스를 반드시 처리해야 한다. 처리하는 특별한 방법은 악취 화합물의 특성에 따라 달라질 수 있다. 악취를 처리하는 방법은 표 16-5에 요약하였다

**악취 제어를 위해 폐수에 첨가하는 화학물질.**  악취는 액체 상태에서 다양한 화학약품을 주입하여 (1) 화학적 산화, (2) 화학적 침전, (3) pH 조절 등을 통해 제거할 수 있다. 폐수에 첨가하는 일반적인 산화제에는 산소, 공기, 염소, 차아염소산소듐, 과망간산칼륨, 과산화수소, 그리고 오존 등이 있다. 이러한 화합물 모두는 황화수소와 다른 악취 화합물을 산화시킬 수 있는 반면에, 악취 유발 가스가 존재하는 화학 기질에 따라서 그들의 사

**그림 16-4**

**폐수처리장에서 전형적인 악취 봉쇄시설.** (a)와 (b) 1차 침전조 덮개, (c) 덮개가 씌워진 살수여상, (d) 살수여상 생물처리 중 덮개가 씌워진 고형물 접촉부분, (e) 덮개가 씌워진 1차 슬러지 발효조, (f) 밀폐된 슬러지 농축조 내부 모습

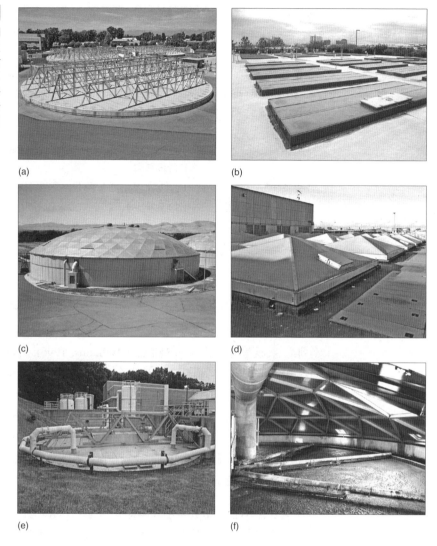

용법은 복잡하다. 악취물질을 제거하기 위한 화학약품의 요구량은 벤치 또는 파일럿 규모의 실험을 통해 결정된다.

악취 화합물은 약품침전에 의해서도 저감할 수 있다. 예를 들면, $FeCl_2$와 $FeSO_4$는 황화수소의 황 이온을 $FeS$로 침전시키는 데 사용된다. 산화반응에 의한 화학약품의 요구량은 벤치 또는 파일럿 규모의 실험을 통해 결정된다. 황화수소의 배출은 또한 폐수의 pH를 조절함으로써 제어할 수 있다. 폐수의 pH를 증가시키면, 박테리아 활성도가 감소하여 평형상태를 이동시켜 황이온이 $HS^-$로 존재하게 된다. 폐수에 화학물질을 첨가하여 악취를 제어하는 대부분의 방법에서 생성된 또 다른 잔류물도 궁극적으로 처리되어야만 한다. $NaOH$을 첨가하는 충격(shock) 처리방법은 하수관 등에 붙어있는 미생물막을 제거하는 데 사용된다. 높은 pH 역시 $S^{2-}$의 생성을 감소한다. 화학물질 첨가에 대한 자세한 내용은 Rafson(1988)을 참고한다.

표 16-5

폐수처리시설로부터 발생하는 악취 제어와 공정 선택

| 발생원 | 제어 방법들 |
|---|---|
| 폐수관거 | 와류발생과 휘발 유발 구조 제기, 기존의 출입구(예, 맨홀)각 부분 밀봉 |
| 관거 부속시설 | 시설의 덮개 설치 및 격리 |
| 중간 펌프장 | 시설 단위공정으로부터 환기, 수조 크기를 줄이기 위해서 속도 가변 펌프 사용 |
| 막대 거름대(bar racks) | 시설의 덮개설치, 막대 거름대를 통한 수두를 감소시킴 |
| 분쇄기 | 시설의 덮개설치, 분쇄기 밀봉 |
| 수로 | 시설의 덮개설치, 대체 측정 장비 사용 |
| 침사지 | 시설의 덮개설치, 가능하면 덮개를 덮되 수평류 흐름 침사지에서 와류가 발생하지 않도록 함 |
| 유량 조정조 | 시설의 덮개 설치, 수중 혼합기 사용 및 공기 흐름을 줄일 것 |
| 1차 침전지, 2차 침전지 | 시설의 덮개설치[그림 16-4(a)와 (b) 참조], 넘치는 웨어를 잠기는 웨어로 교체 |
| 생물학적 처리 | 시설의 덮개설치, 수중 혼합기 사용 및 공기 흐름을 줄일 것 |
| 이송수로 | 밀폐된 이송수로 사용 |

**악취 가리움제의 사용과 중화.** 경우에 따라서는 화학물질들이 바깥으로 방출된 악취를 가리기 위하여 폐수에 첨가되기도 한다. 가리움제 화학물질들은 바닐라 향, 귤 향기, 파인애플 향, 꽃향기 등을 주로 사용한다(Williams, 1996). 가리움제 화합물을 폐수에 충분하게 사용하게 되면 악취를 저감시킬 수 있다. 그러나 가리움제 화합물들은 악취를 중화시키거나 바꿀 수는 없다. 증기 상태에서 악취 가스와 혼합될 수 있는 화학물질들을 중화시킴으로써 혼합된 가스들의 악취 강도를 낮추거나 악취 화합물을 제거할 수 있다. 악취를 가리고 중화시키는 것이 악취문제를 단시간에 해결할 수 있는 가시적인 방법이라 할지라도, 악취 관리에서 중요한 것은 오랜 시간이 걸리더라도 악취의 발생원을 찾아 적절한 수단을 강구하는 것이다.

**악취 확산을 위한 난류유도용 구조물과 시설의 사용.** 수많은 폐수처리장에서 대기 난류를 유도하기 위하여 사용된 물리적 시설들은 가스 상태의 악취 저감을 목적으로 건설되었다. 그림 16-5의 높은 벽[3.7 m (12 ft)]은 슬러지 저장 라군을 둘러싸고 있다. 실제로, 정적인 상태일 때 라군에서 발생하는 악취들은 장벽에 의해 유도된 국부적인 난류에

**그림 16-5**

슬러지 저장 라군 주위에 있는 높은 장벽은 공기의 난류와 혼합을 유도하여, 처리장 밖으로 농축된 악취의 방출을 제한한다. (a) 슬러지 저장조의 공중에서의 모습(좌표 N 38.439, W121.480), (b) 높은 장벽 모습

(a)

(b)

의해 저장 라군으로부터 멀리 이동함으로써 희석된다. 나무 역시 유도되는 난류(회오리 바람의 생성과 같은)와 혼합에 의해 악취를 희석하는 데 흔히 사용된다. 뿐만 아니라 나무들은 호흡활동으로 공기를 정화하는 것으로 알려져 있다.

**완충지역 이용.**  악취가 나는 지역에서 악취를 저감하기 위하여 완충지역을 이용하기도 한다. 표 16-6에는 규제 기관에서 사용되는 일반적인 완충지역 거리를 나타내고 있다. 완충지역을 이용한다면, 악취 발생원의 형태와 크기, 기상학적 조건, 확산특성 등을 알아내는 악취 연구가 수행되어야 한다. 악취를 감소시키기 위해 완충지역 주변에 빠르게 성장하는 나무들을 주로 심는다.

## ≫ 악취 처리방법

폐수관리에 전형적으로 적용되는 악취 처리방법의 일반적인 분류법들은 표 16-7에 나타나 있다. 악취 처리방법은 폐수 흐름 내의 악취 발생 화합물을 처리하거나 악취가 나는 공기를 처리하도록 설계되어야 한다. 악취가 나는 공기를 처리하기 위한 방법은 표 16-7에 표시하였다. 위에서 언급한대로, 폐수처리시설로부터 악취 가스의 방출을 조절하기 위해서는 폐수처리 단위시설에 덮개를 씌우는 것이 보편적인 방법이다.

악취들을 처리하는 데 사용되는 기본적인 방법들은 (1) 화학 세정기, (2) 활성탄 흡착, (3) 기체상 생물학적 처리공정(예를 들어, 퇴비여상), (4) 재래식 생물학적 처리공정에 의한 처리 그리고 (5) 열처리 등이다. 악취를 처리하거나 조절하는 특정한 방법은 지역 조건에 따라 달라질 수 있다. 그러나 악취 조절방법들은 비싸기 때문에 악취 발생을 제거하기 위한 시설비용은 반드시 평가되어야 한다. 그리고 악취 조절시설을 채택하기 전에 여러 방안의 비용을 비교해야 한다.

**화학 세정기(Chemical Scrubbers).**  화학 세정기의 기본 설계 목적은 악취 화합물을 산화시키기 위하여 화학약품, 물 그리고 공기를 접촉시키기 위함이다. 그림 16-6에 나타낸 대로, 습식화학 세정기의 기본 형태는 단일 역방향 충진탑, 역방향 분사식 흡수탑, 분사식 흡수탑, 교차류식 화학 세정기가 있다. 그림 16-7에서 보여 주는 것처럼 대부분의 단층 세정기들은 차아염소산소듐, 과망간산칼륨, 과산화수소와 같은 세정용 액체를 순환하여 사용한다. 염소가스는 취급하기 어렵고 안전상의 이유로 폐수처리시설에서 세정에 흔히 사용되지 않는다. 가스상에서 $H_2S$ 농도가 높은 세정기에서는 NaOH가 주로 사용된다.

**황화수소와의 화학세정 반응.**  염소, 차아염소산소듐, 과망간산칼륨, 그리고 과산화수소와 황화수소의 반응식들은 다음과 같다.

염소와의 반응

$$H_2S + 4Cl_2 + 4H_2O \rightarrow H_2SO_4 + 8HCl \qquad (16\text{-}1)$$
(34.06)(4 × 70.91)

$$H_2S + Cl_2 \rightarrow S°{\downarrow} + 2HCl \qquad (16\text{-}2)$$
(34.06) (70.91)

**표 16-6**

**폐수관리 시스템에서 악취 가스 처리시설에 사용되는 방법들[a]**

| 방법 | 특징과 적용 |
|---|---|
| **물리적 방법** | |
| 활성탄 흡착 | 악취를 제거하기 위해서 활성탄 흡착탑을 통과시키며, 활성탄 재생을 통하여 비용을 절감시킬 수 있다. 자세한 내용은 11장에 서술되어 있다. |
| 모래, 토양, 퇴비흡착 | 악취 가스가 모래, 토양 그리고 퇴비를 통과하게 된다. 펌프장에서 나온 악취 가스는 토양 주변으로 나가거나 혹은 모래나 토양으로 배출시킬 때에는 특별히 설계된 층으로 배출되어야 한다. 처리장치로부터 모여진 악취 가스는 퇴비로 배출되기도 한다. |
| 연소 | 가스상 악취는 650°C~815°C 범위 온도로 연소함으로써 제거될 수 있다. 가스들은 고형물 처리시설 혹은 소각로와 연계하여 연소될 수 있다. |
| 봉쇄 | 악취 가스가 처리장치로 향하거나 포집되도록 덮개, 집수 뚜껑, 공기 조절 장비를 설치한다. |
| 악취 없는 공기로 희석 | 신선한 공기와 혼합시켜 악취 단위 값을 낮추기도 한다. 다른 방법으로는 높은 굴뚝으로 배출시켜 대기와 희석시키거나 확산시켜 악취 가스를 배출시키기도 한다. |
| 가리움제 | 악취 가스를 배출하는 시설물 주위에 향기 물질을 살포하여 악취를 완화시킨다. 어떤 경우에는 가리움제의 강한 냄새로 인하여 오히려 역효과를 낼 수도 있다. |
| 산소 주입 | 혐기성 조건이 발생하지 못하도록 하수에 산소를 주입시킨다. |
| 세정탑 | 악취 나는 가스를 특별히 제작된 세정탑을 통과시켜 악취를 제거한다. 몇몇 화학제 또는 생물학적 첨가제를 사용하기도 한다. |
| 열적산화 | 악취물질을 800~1400°C의 고온으로 소각시키거나 촉매를 사용하여 중온인 400~800°C 온도로 소각시킨다. |
| 난류 유도 시설들 | 높은 담장을 설치하거나 나무를 심기도 하고, 프로펠러를 이용하여 분산시키기도 한다. |
| 화학적 산화 | 폐수에 함유되어 있는 악취 화합물을 산화시키는 것은 악취 제어를 위한 가장 일반적인 방법이다. 사용되는 물질들은 염소가스, 오존, 과산화수소수 그리고 과망간산칼륨 등이다. 염소 가스는 생물의 점액층을 파괴하는 데 사용된다. |
| 화학적 침전 | 화학적 침전은 철과 같은 금속염으로 황을 침전시키는 것이다. |
| 여러 가지 알칼리로 세정 | 악취물질들을 제거하기 위해서 특별히 설계된 화학 세정탑을 통과시켜 악취를 제거한다. 만일 $CO_2$ 농도가 높으면 비용이 커질 수 있다. |
| **생물학적 방법** | |
| 활성슬러지 포기조 | 악취 가스가 활성슬러지 포기조에 사용되는 공기와 혼합시킴으로써 제거하기도 한다. |
| 생물 전환 | 폐수에서 생물학적 공정들은 산화를 통하여 악취 성분을 변환시킴으로써 악취를 저감할 수 있다. |
| 생물 탈기탑 | 악취 화합물을 탈기하기 위하여 특별한 탑이 설계되어 이용될 수 있다. 일반적으로 이 탑은 여러 형태의 플라스틱 충진물로 채워져 있으며 그 위에서 미생물 성장이 잘 이루어지도록 되어 있다. |
| 퇴비여상 | 악취 가스들이 생물학적으로 활성화된 퇴비층을 통과하므로 제거될 수 있다. |
| 모래와 토양여과 | 악취 가스들이 생물학적으로 활성화된 토양이나 모래층을 통과하므로 제거될 수 있다. |
| 살수여상 | 악취화합물을 제거하기 위해 악취 가스들이 생물학적으로 활성화된 살수여상 층을 통과할 수 있다. |

[a] U.S. EPA (1985)에서 일부 발췌.

차아염소산소듐과의 반응

$$H_2S + 4NaOCl + 2NaOH \rightarrow Na_2SO_4 + 2H_2O + 4NaCl \qquad (16\text{-}3)$$
$$(34.06) \quad (4 \times 74.45)$$

$$H_2S + NaOCl \rightarrow S°\downarrow + NaCl + H_2O \qquad (16\text{-}4)$$
$$(34.06) \quad (74.45)$$

**표 16-7**

악취 봉쇄를 위한 처리시설 들로부터의 최소 완충거리

a, b

| 처리시설 | 완충거리(m) | |
|---|---|---|
| | ft | m |
| 침전조 | 400 | 125 |
| 살수여상 여과조 | 400 | 125 |
| 포기조 | 500 | 150 |
| 포기 라군조 | 1000 | 300 |
| 슬러지 소화조(혐기, 호기) | 500 | 150 |
| 슬러지 취급 장소 | 1000 | 300 |
| 개방형 건조상 | 500 | 150 |
| 폐쇄형 건조상 | 400 | 125 |
| 슬러지 저장 탱크 | 1000 | 300 |
| 슬러지 농축조 | 1000 | 300 |
| 진공여과 | 500 | 150 |
| 습식공기산화 | 1500 | 450 |
| 배출수 충진상 | 800 | 250 |
| 2차 처리수 여과상 | | |
| 개방형 | 500 | 150 |
| 밀폐형 | 200 | 75 |
| 고도처리(3차 처리수 여과상) | | |
| 개방형 | 300 | 100 |
| 밀폐형 | 200 | 75 |
| 탈질 | 300 | 100 |
| 라군조 | 500 | 150 |
| 토양 처분 | 500 | 150 |

ᵃ 출처: 뉴욕주 환경보호과
ᵇ 실제로 필요한 완충거리는 지역조건에 따라 다름

과망간산칼륨과의 반응

$$3H_2S + 2KMnO_4 \rightarrow 3S + 2KOH + 2MnO_2 + 2H_2O \text{ (산성 pH)} \qquad (16\text{-}5)$$
(3 × 34.06) (2 × 142.04)

$$3H_2S + 8KMnO_4 \rightarrow 3K_2SO_4 + 2KOH + 8MnO_2 + 2H_2O \text{ (염기성 pH)} \qquad (16\text{-}6)$$
(3 × 34.06) (8 × 142.04)

과산화수소와의 반응

$$H_2S + H_2O_2 \rightarrow S°{\downarrow} + 2H_2O \text{ (pH} < 8.5) \qquad (16\text{-}7)$$
(34.06)    (34.0)

식 (16-3)에 주어진 반응식에서, 1 mg/L의 황화수소당 8.74 mg/L의 차아염소산소듐이 필요하다. 만약, 황화수소가 황으로 표현될 때는 9.29 mg/L가 필요하다. 식 (16-3)에 의하면, 반응에서 소비되는 알칼리도를 보정하기 위해서 황화수소 mg/L당 2.35 mg/L의

**그림 16-6**

악취 제어를 위한 전형적인 습식 세정기. (a) 역류식 충진탑, (b) 분사식 흡수탑, (c) 교차류식 세정기

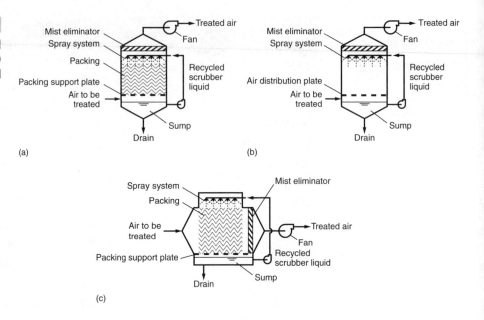

(a)

(b)

(c)

**그림 16-7**

그림 16-4(c)에 나타난 살수 여상에서 악취를 처리하기 위해 사용된 전형적인 차아염소산 세정기

NaOH가 요구된다. 실제로, 식 (16-3)에 주어진 반응식에서 차아염소산소듐은 황화수소 mg/L당 8~10 mg/L 정도가 요구된다. 식 (16-4)에 대해서는 황화수소 mg/L당 차아염소산소듐은 2.19 mg/L가 필요하다.

과망간산칼륨이 사용될 때는 식 (16-5)와 식 (16-6)에 주어진 반응식의 여러 가지 조합으로 이루어진다. 폐수의 화학적 조건에 따라 다르지만 발생할 수 있는 반응생성물들은 황, 황산, 티온산염, 이티온산염, 황화망간을 포함하고 있다. 화학양론적으로 식 (16-5)와 식 (16-6)에 의하여 황화수소를 산화시키려면 각각 2.8 및 11.1 mg/L의 과망간산칼륨이 필요하다. 그러나 실제로 현장에서 사용할 때는 황화수소 mg/L당 과망간산칼륨은 6~7 mg/L가량이 사용된다. 과망간산칼륨은 가격 때문에 소규모 처리장에서 일반적으로 사용된다(U.S. EPA, 1985; WEF, 1995)

식 (16-7)에 주어진 반응식에서, 황화수소로 표현된 황화물 mg/L당 1.0 mg/L의 과산화수소수가 요구된다. 실제로는 황화수소 mg/L당 요구되는 투입량은 1~4 mg/L로 변할 수 있다. 왜냐하면, 식 (16-1)부터 식 (16-7)까지 정의된 반응이 복합적이기 때문이다. 특히 몇 개의 반응이 함께 일어날 때는 정확한 투입량을 파악하기 위해서 몇 번에 걸친 실험을 수행하여야 한다.

다른 가스 농도가 낮을 때 산화될 수 있는 악취 가스를 제거하기 위해서 차아염소산염을 사용할 수도 있다. 표 16-8에는 단단 세정기의 효율을 나타내고 있다. 세정기로부터 배출되는 가스에 함유되어 있는 악취 화합물의 농도가 요구 농도보다 높을 경우에는 그림 16-8과 같이 다단 세정기를 설치해야 한다. 그림 16-8과 같이 삼단 세정기의 경우, 전처리로서 pH를 높일 필요가 있는데, 그 이유는 황화수소와 같은 악취물질의 일부분이 두 번째 그리고 세 번째 단계에서 염소로 처리되기 전에 감소되어야 하기 때문이다. 세 단계 중 첫 번째 단계에서 일어나는 반응식은 다음과 같다.

$$H_2S + 2NaOH \rightarrow Na_2S + 2H_2O \tag{16-8}$$

침전으로 인한 운전상의 문제를 감소하기 위해서는 물의 경도를 50 mg/L (CaCO$_3$ 환산 값)이하로 유지할 필요가 있다.

**암모니아와 아민 화합물의 화학 세정**  고형물 처리와 석회 안정화 공정 같은 고농도의 암모니아와 아민류 화합물이 배출될 가능성이 높은 현장에서는 여분의 탑이 더 필요하다. 암모니아와 아민 화합물은 황산과 산/염기 반응을 통하여 제거될 수 있다. 일반적으로 재순환 황산용액의 pH는 4~6 정도이다. 다음과 같은 반응이 일어난다.

$$2NH_3 + H_2SO_4 \rightarrow (NH_4)_2SO_4 \tag{16-9}$$

고형 황산암모늄염을 함유하고 있는 이미 사용된 세정액의 일부는 세정기에서 배출된다. 폐기한 세정액은 처리장 앞부분으로 다시 보내지고, 남아 있는 세정액은 탑으로 다시 보내 순환시키는데, 황산용액을 적절히 첨가하여 세정액의 pH를 적절히 유지토록 한다.

**표 16-8**

**몇 가지 악취 가스 제거를 위한 차아염소산염 습식세정기의 효율[a]**

| 가스 | 예상 제거 효율, % | |
| --- | --- | --- |
| | 범위 | 대표 값 |
| 황화수소 | 90~99 | 98 |
| 암모니아 | 90~99 | 98 |
| 이산화황 | 90~96 | 95 |
| 머캅탄(Mercaptans) | 85~92 | 90 |
| 다른 산화 화합물 | 70~90 | 85 |

[a] U.S. EPA(1985)에서 일부 발췌.

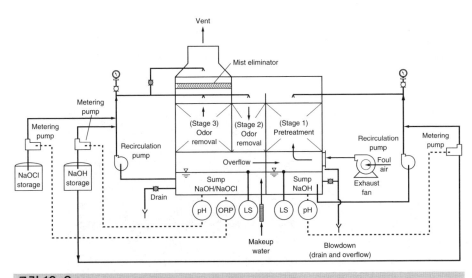

**그림 16-8**

3단 악취 제어 공정 흐름도(Lo/Pro System, Inc.)

**활성탄 흡착탑.** 활성탄 흡착탑은 그림 16-9와 같이 일반적인 악취물질을 처리하기 위하여 사용된다. 서로 다른 구성성분 또는 혼합물들의 흡착 속도는 흡착되는 구성성분이나 화합물의 특성(비극성 또는 극성)에 관계가 있다. 악취물질의 제거는 악취 가스에 함유되어 있는 탄화수소의 농도와 관계가 있다. 일반적으로 황화수소와 같은 극성을 띤 물질이 제거되기 전에 탄화수소는 먼저 흡착된다. 그래서 활성탄이 효율적으로 사용되었는지를 알기 위해서는 처리되는 악취 가스들의 구성성분을 확인해야만 한다. 활성탄의 사용기간은 한계를 가지고 있기 때문에 악취를 계속적으로 제거하기 위해서는 활성탄을 재생시키거나 교체해야 한다. 활성탄 수명을 연장하기 위해서는, 활성탄 흡착 전에 습식 세정기를 가진 2단계 공정을 사용하고 있다.

**증기상 생물학적 처리공정들.** 증기상 내에 존재하는 악취 가스 처리에 사용되는 2가지 기본적인 생물학적 처리공정은 (1) 생물여과, (2) 생물살수여상 등이 있다(Eweis et al., 1998). 폐수 집수 및 처리시설에서의 악취 관리 분야에서 중요한 초기 연구자 중 한 사람인 Pomeroy(1957)에 의해서 미생물 성장을 이용한 악취 처리가 특허로 등록된 바 있다.

**생물여과(Biofilters).** 생물여과는 충진상 여과이다. 그림 16-10(a)와 같은 개방형 생물여과에서는 여과상에 상향류로 악취 가스를 처리하고, 그림 16-10(b)와 같이 밀폐형 생물여과는 기체를 불어 넣거나 충진물질을 통하여 강제로 끌어내는 방법을 택하고 있다. 생물여과상을 통과하는 가스는 두 가지 과정을 동시에 거치게 되는데, 흡수(흡수와 흡착)와 생물전환이다. 악취 가스는 생물여과 충진물 표면과 습기가 있는 표면 생물막층에 흡착된다. 기본적으로 충진물질에 부착된 박테리아, 방선균과 곰팡이와 같은 미생물들은 처리능력을 개선시킨다. 습도와 온도는 미생물 활동을 최적화시키는 주요한 환경 조건이다(Williams and Miller, 1992a, 1992b; Yang and Allen, 1994; Eweis et al., 1998). 퇴비 생물여과가 보통 사용되지만, 이들 시설을 설치하는 데 넓은 표면적(차지 공간)이 필요한 것이 단점이다.

**생물살수여상(Biotrickling Filters)** 생물살수여상은 충진재 위에 간헐적으로 또는 연속적으로 액체(예를 들어, 처리된 유출수)를 공급하는(일반적으로 뿌려줌) 것을 제외하

---

**그림 16-9**

**악취 제어를 위한 활성탄 사용.** (a) 전형적인 하향류 활성탄 반응조 모식도, 그리고 (b) 여러 개의 활성탄 악취 제어 반응조 전경

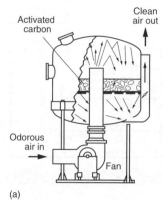

(a)

(b)

**그림 16-10**

전형적인 충진형 생물여과. (a)
개방형, (b) 폐쇄형

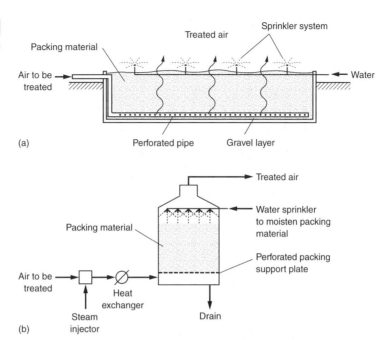

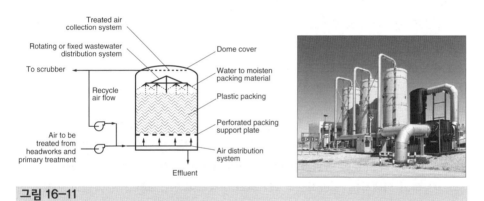

**그림 16-11**

악취제어를 위해 사용된 전형적인 덮개형 생물학적 탈기탑 (a) 모식도 (b) 다중 생물학적 탈기탑 전경

고 생물여과와 근본적으로 같다(그림 16-11 참조). 액체는 재순환되고 가끔 영양분을 보충한다. 물이 여과 밖으로 빠져 나가는 기체로 손실되기 때문에, 물을 보충해 주어야 한다. 마찬가지로 순환수에 염이 축적되기 때문에 하향류가 필요하다. 퇴비는 살수여상 생물막을 위하여는 적절한 충진물이 아니다. 왜냐하면, 물이 퇴비 안에 축적되고 여과상 안에서 공기 흐름을 제한하기 때문이다. 충진 재료로는 Pall rings, Raschig rings, 암석, 그리고 입상활성탄이 사용된다(Eweis et al., 1998; see also Sec. 11–8, Gas Stripping, in Chap. 11).

**재래식 생물학적 처리공정들.** 호기성 상태에서 액체에 용존되어 있는 황화수소와 이와 비슷한 악취 화합물을 산화시키기 위한 미생물 활동은 액체를 기반으로 하는 시스템 내의 악취 처리를 위한 처리방법이다. 폐수처리에 사용되는 액체 상태의 전통적인 두 가지 처리방법은 활성슬러지 방법과 살수여상 방법이다. 활성슬러지 공정에서는 악취 화합물들이 공기 공급 장치로 유입되거나 별도의 공급관을 통하여 포기조로 유입된다. 이런 악취처리 방법에서 고려해야 하는 것은 황화수소를 함유하는 공기가 습기를 가지고 있기 때문에 송풍기나 공기 공급관이 쉽게 부식된다는 것이다. 기체 상태의 악취 화합물들이 액체 상태로 전달되는 능력도 고려해야 한다.

과거에 사용되는 개방된 살수여상의 주된 문제는 악취 화합물을 함유하는 공기를 살수여상으로 이동시키는 방법과 처리되지 않은 악취 화합물들이 대기로 방출되지 않게 조절하는 것이다. 이런 문제를 해결하기 위한 가장 좋은 방법은 악취가 배출되지 않게 덮개를 덮어서 밀폐시키는 것이다[그림 16-4(c) 참조].

**열 처리.** 세 가지 열처리 방법은 (1) 열 산화, (2) 촉매 산화, (3) 회복과 재생 열 산화이다.

**산화공정.** 메탄과 $H_2S$의 산화는 세 가지 열처리의 기본원리를 설명하기 위해 사용될 수 있다.

$$CH_4(gas) + 2O_2(gas) \rightarrow CO_2(gas) + 2H_2O(vapor) + heat \tag{16-10}$$

$$H_2S(gas) + 2O_2(gas) \rightarrow H_2SO_4(vapor) \tag{16-11}$$

연소될 가스가 연소공정을 지속하기에 충분한 열을 낼 수 없다면 유류, 천연가스 그리고 프로판 등 외부 연료원을 이용하여야 한다. 폐수 내에 연소 가능한 악취 화합물의 농도가 낮기 때문에, 열 산화 지속가능성이 거의 없고, 따라서 악취 제거에 필요한 연소온도를 유지하기 위해 많은 양의 연료가 필요하다.

**열 산화.** 농도가 높은 악취 가스는 열 산화가 보통 적용된다. 악취 가스의 불꽃연소는 상대적으로 초기의 열 연소 기술이다[그림 16-12(a) 참조]. 연소 시설 설계에 따라서는 기체의 흐름 변화 때문에 불완전한 연소가 이루어진다. 악취 제어를 위한 이러한 방법이 지속가능하기 위해서는, 일반적으로 폐가스의 연료값이 연소되는 전체 가스의 50%를 함유해야 한다.

**촉매 산화.** 촉매 산화는 촉매를 이용하되 310~425℃에서 일어나는 불꽃이 없는 산화공정이다[그림 16-12(b) 참조]. 일반적인 촉매는 플래티늄, 팔라듐, 루비듐을 보통 사용한다. 완전 열 산화와 비교하여 온도의 낮춤은 에너지 요구량을 상당히 감소시킨다. 하지만 촉매가 오염될 수 있기 때문에 산화되는 가스는 입자상의 물질 또는 잔류를 초래할 구성성분을 포함하지 않아야 한다. VOCs의 열처리에 사용되는 물리시설에 대한 자세한 정보는 16-4절에 나타나 있다.

**회복과 재생 열 산화공정.** 이것은 완전산화를 이루기 위하여 연소실로 보내기 전 악취가스를 예열하는 공정이다. 연소가 일어나는 온도 범위는 425~760℉ (800~1400℉)이다. 이 회복 및 재생 열 산화공정은 특히 큰 시설에서 유입 공기를 예열함으로써 연료소비량을 줄이기 위해 사용된다. 회복 산화기에서, 배출공기에서 회수한 열을 유입공기로

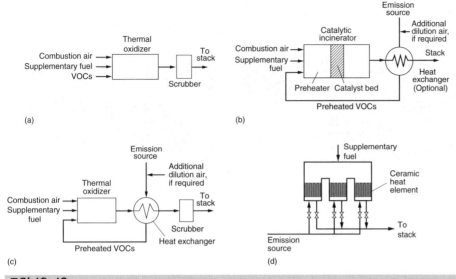

**그림 16-12**

**VOCs의 열적 처리공정 모식도.** (a) 열 산화, (b) 촉매 산화, (c) 회수 열 산화 그리고 (d) 재생 열 산화

전달하기 위해 벽두께가 얇은 관을 사용한다[그림 16-12(c) 참조]. 재생 산화기에서 세라믹 충진 물질은 뜨거운 배출기체에서 열을 포집하여 유입공기에 전달하기 위해서 사용된다. 최상의 열 재생을 유지하기 위해서 배출 또는 유입공기는 충진 물질을 순환함으로써 유입공기가 항상 가장 뜨거운 충진 물질을 통과한다. 재생 산화기에는 일반적으로 3개의 충진층이 사용된다[그림 16-12(d) 참조].

## ▶▶ 악취 제어시설의 선택과 설계

다음 단계는 악취 제어와 처리시설의 설계와 선택이다.

1. 처리될 가스의 특성과 양을 결정한다.
2. 처리된 가스에 대한 배출 조건을 정의한다.
3. 기후나 대기조건을 평가한다.
4. 평가되어야 하는 하나 이상의 악취 제어와 처리 기술을 선택한다.
5. 설계 표준과 실행을 결정하기 위해 모형실험을 수행한다.
6. 전 과정 경제 분석을 수행한다.

많은 화학적인 악취 제어 기술들은 주어진 기준을 만족하도록 설계되고, 완전한 기계 장치로 공급된다. 화학 세정기 분석과 생물여과의 설계는 다음에서 언급한다.

## ▶▶ 화학 세정기 설계 고려사항

대부분의 화학 세정기는 그림 16-13과 같이 완전 일체형으로 공급된다. 화학 세정기를 위한 전형적인 설계 요소는 표 16-9에서 주어진 바와 같다. 악취의 화학 세정을 위해 화학물질의 필요량의 계산은 예제 16-1에서 설명된다.

**그림 16-13**

전형적인 독립형 화학적 악취 탈기장치

(a)

(b)

**표 16-9**

화학 세정을 위한 전형적인 설계요소[a]

| 항목 | 단위 | 설계값 |
|---|---|---|
| 충전 깊이 | m | 1.8~3 |
| 가스 체류 시간 | s | 1.3~2.0 |
| 집진액체 유량 | kg H₂O/kg air flow 또는 | 1.5~2.5 |
|  | L/sec per m³/sec air flow | 2~3 |
| 보충수 유량 | L/sec per kg sulfide at pH 11 | 0.075 |
|  | L/sec per kg sulfide at pH 12.5 | 0.004 |
| pH | 단위 없음 | 11~12.5 |
| 온도 | ℃ | 15~40 |
| 알칼리 사용량 | kg NaOH/kg sulfide | 2~3 |

[a] WEF(1995), Devinny et al.(1999)에서 일부 발췌

**예제 16-1**

**악취 세정을 위한 화학물질 요구량** 차아염소산소듐을 사용하여 폐가스 흐름으로부터 황화수소가 세정될 수 있다. 다음 조건에 따라 화학약품(즉, 차아염소산소듐과 알칼리제)과 물의 요구량을 계산한다.

1. 폐가스 유량 = 1,000 m³/분
2. 폐가스의 황화수소 농도 = 20 ppm$_v$ (20℃)
3. 공기 비중 = 0.0118 kN/m³ (20℃)
4. 공기 밀도 = 1.024 kg/m³ (20℃) (부록 B-3 참조)
5. 세정기의 액체/공기 비 = 1.75
6. 50% NaOH 용액의 밀도 = 1.52 kg/L

**풀이** 1. 20℃의 온도와 식 (2-44)를 사용하여 1기압 20℃의 기체 1몰에 의하여 차지하게 되는 부피를 계산한다.

$$V = \frac{nRT}{P}$$

$$V = \frac{(1\ \text{mole})(0.082057\ \text{atm·L/mole·K})[(273.15\ +\ 20)\text{K}]}{1.0\ \text{atm}}$$

= 24.055 L. 그러므로, 24.1 L를 사용한다.

2. 차아염소산소듐의 요구량을 계산한다.

 a. 식 (2–45)를 이용하여 $H_2S$의 농도를 ppm$_v$에서 $g/m^3$로 환산한다.

$$20\ \text{ppm}_v = \left(\frac{20\ m^3}{10^6\ m^3}\right)\left[\frac{(34.8\ \text{g/mole}\ H_2S)}{(24.1\ \times\ 10^{-3}\ m^3/\text{mole of}\ H_2S)}\right]$$

 $H_2S$ 농도 $= 28.3 \times 10^{-3}\ g/m^3$

 b. 하루에 처리해야 할 $H_2S$의 양을 계산한다.

 $(1000\ m^3/min) \times (28.3 \times 10^{-3}\ g/m^3)(1440\ min/d)(1\ kg/10^3\ g) = 40.8\ kg/d$

 c. 차아염소산소듐 투입량을 예측한다. 식 (16–3)을 이용하여 황화물 mg/L당 8.74 mg/L의 차아염소산소듐이 필요하다. 따라서 하루에 필요한 양은 다음과 같다.

 $NaOCl_2 = (40.8\ \text{kg/일}) \times (8.74) = 356.6\ kg/d$

3. 세정탑에 필요한 물을 계산한다.

 a. 공기 유량을 계산한다.

 $(1000\ m^3/min)(1.204\ kg/m^3) = 1204\ kg/min$

 b. 소요되는 물의 유량을 계산한다.

 $(1204\ kg/min)(1.75) = 2107\ kg/min = 2.1\ m^3/min$

4. 반응에서 소비되는 알칼리도를 대신하기 위하여 첨가되는 NaOH의 양을 계산한다.

 a. 반응으로부터 주어진 식 (16–3)에서 $H_2S$ mg/L당 NaOH 소요량은 2.35 mg/L이다.

 b. NaOH 소요량을 계산한다.

 $NaOH = (40.8\ kg/d)(2.35) = 95.9\ kg/d$

 c. 순도가 50%일 때 NaOH 부피를 계산한다.

 $NaOH = (1.52\ kg/L)(0.50) = 0.76\ kg/L$

 $NaOH의\ 부피 = \dfrac{(95.9\ kg/d)}{(0.76\ kg/L)} = 126.2\ L/d$

**참조** 운전 경험과 실증 플랜트 연구결과에 근거하여 실제 적용되며 세정탑에서 물 소요량은 세정 공급지에 의하여 결정된다. 만약 충분한 알칼리도가 있다면 NaOH를 첨가할 필요가 없다.

## ≫ 악취 제어 생물여과 설계 고려사항

생물여과에 대한 중요한 설계 고려사항들에는 (1) 충진재의 형태와 구성, (2) 기체 분산을 위한 시설, (3) 생물여과의 습도 유지, (4) 온도 조절이 있다. 이들에 대해서는 아래에 설명하였다. 설계와 운전 기준들은 상기 주제에 대해 설명하였다. 더 자세한 생물여과에 대한 내용은 van Lith(1989), Allen and Yang(1991, 1992), WEF(1995), Eweis et al., (1998), Devinny et al. (1999), and WE(2004)에서 볼 수 있다.

**충진 물질.**  생물여과에 사용되는 충진물의 필요조건은 (1) 충분한 공극과 일정한 입자크기, (2) 큰 표면적과 더불어 중요한 pH 완충능력, (3) 미세 생물의 개체수 증가를 위한 능력이다(WEF, 1955). 생물여과에 사용되는 충진재는 퇴비, 토탄(peat)과 여러 가지 합성 여재를 포함한다. 비록 흙과 모래가 과거에 사용되었지만 과대한 수두손실과 막힘 문제 때문에 오늘날에는 잘 사용되지 않는다(Bohn and Bohn, 1988). 퇴비 그리고 토탄 생물여과의 공극을 유지하기 위해 사용되는 용적(bulking)물질에는 펄라이트(perlite), 스티로폼 펠릿, 나무칩, 그리고 다양한 세라믹과 플라스틱 물질들이 있다. 퇴비 생물여과를 만드는 방법은 다음과 같다(Schroesder, 2001):

　　퇴비: 체적의 50%
　　용적재(bulking agent): 체적의 50%
　　충진물 1 g당 1 meq CaCO$_3$(무게로)

충진물의 최적 물리적 특성은 pH 범위가 7과 8 사이, 공기가 채워진 상태에서 공극은 40에서 80%, 유기물 함량은 35에서 55%이다(Williams and Miller, 1992a, 1992b). 퇴비가 사용될 때 는 생물학적 전환 때문에 발생하는 손실을 고려하여 퇴비가 정기적으로 추가되어야 한다. 여상의 깊이는 최고 1.8 m가 사용되었다. 왜냐하면 대부분의 제거가 충진여상의 맨 처음 20%에서 일어나기 때문에 더 깊은 충진여상은 사용하지 않는 것이 좋다.

**기체 분산.**  생물여과의 중요한 설계 특징은 처리해야 할 기체를 유입시킨다는 것이다. 가장 보편적으로 사용되는 기체 분산 시스템은 (1) 구멍이 많은 파이프, (2) 조립형 하부장치, (3) 강제환기장치(plenum)이다. 구멍이 많은 파이프는 보통 퇴비 아래 자갈층 위에 놓인다(그림 16-14 참조). 구멍이 있는 파이프가 사용될 때 파이프가 저장고의 역할을 하지 않고, 균등하게 분산할 수 있도록 파이프 크기를 결정하는 것이 중요하다. 여러 가지 형태의 조립형 하부장치가 퇴비 충진층을 통하여 가스가 위로 올라갈 수 있도록 하며 배수가 잘 되도록 하기 위해 이용될 수 있다. 공기 강제환기장치는 퇴비 충진탑을 통하여 공기압을 동일하게 하고 균등한 상향류 흐름을 만들기 위하여 사용한다. 공기 강제환기장치의 높이는 200에서 500 mm가 일반적이다.

**습도 조절.**  생물여과를 성공적으로 운전하기 위한 가장 중요한 항목은 여과층 내의 적절한 습도를 유지하는 일이다. 만일 습도가 너무 낮으면 생물학적 활동이 감소될 것이다. 만일 습도가 너무 높으면 공기의 흐름이 제한되고 혐기화될 것이다. 또한 습기 또는 습도가 더해지지 않으면 생물여과는 마르는 경향이 있다. 최적 습도는 약 50에서 65% 사이이며 다음과 같이 정의한다.

**그림 16-14**

**충진층 생물여과 도해.** (a) 개방형, (b) 트렌치형

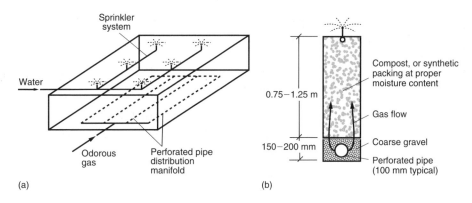

$$수분 함량, \% = \left( \frac{물의\ 질량}{물의\ 질량\ +\ 건조\ 충진제의\ 질량} \right) \times 100 \qquad (16\text{-}12)$$

습기는 물을 충진층의 꼭대기에서 더해줌으로써 또는 가습실에서 유입기체를 가습시킴으로써 공급될 수 있다. 생물여과로 들어오고 있는 기체의 상대 습도는 생물여과의 운전 온도에서 100%이여야 한다(Eweis et al., 1998). 살수여상에서 액체 적용률은 0.75에서 1.25 m³/m² · d이다.

**온도 조절.** 생물여과 운전 온도는 15~45°C이지만 최적 온도 범위는 25~35°C이다. 추운 기후에서는 생물여과는 보온이 필요하고 유입기체는 가온해야 한다. 유입기체가 적절하지 않게 높으면 생물여과로 유입되기 전에 식혀야 한다. 비교적 온도가 일정하게 유지되는 한 높은 온도(예, 45~60°C)에서 운전은 가능하다.

**생물여과 설계 및 운전 변수들.** 생물여과 크기는 충진탑 내에서 기체 체류시간, 공기의 단위 부하율, 제거 용량에 기초한다. 문헌에서 접하는 용어와 벌크여재의 성능을 설명하기 위해 이용되는 관계가 표 16-10에 나타나 있다. 접촉조의 용적과 기체 유량과의 관계를 정의하기 위하여 사용되는 공상체류시간(empty bed residence time, EBRT)은[식 (16-13) 참조] 활성탄 시스템 분석에 사용하는 식 (11-62)와 유사하다. 실제 체류시간은 공극률 a에 의하여 결정된다[식 (16-14) 참조]. 표면부하율과 용적부하율은 벌크여재의 운전을 정의하기 위하여 사용된다. 식 (16-20)에 주어진 제거능은 다른 악취 통제 시스템을 비교하기 위하여 사용된다.

폐수처리장의 악취 체류시간은 15초에서 60초 정도이며 20 mg/L 이상의 $H_2S$에 대한 표면 부하율은 120 m³/m² · min 이상이다. 제거율은 실험적으로 결정되고, 부하율(예를 들어, mg $H_2S$/m³ · h)의 요소로 보고된다. 본질적으로 임계 부하율과 제거율은 거의 일치하는 것으로 황화수소와 다른 화합물에 대해 관찰하였다(그림 16-15 참조).

Yang과 Allen이 1994년에 다음과 같이 보고하였다. 퇴비여과를 이용할 경우, 부하율과 제거율이 거의 일치하였으며 최고 130 g S/m³ · h까지의 부하율에서 제거율도 130 g S/m³ · h을 나타내었다. 따라서 $H_2S$는 생물여과를 통과할 경우 쉽게 제거될 수 있는 것으로 나타났다.

**표 16-10**

충진 여과상(bulk media filter)의 분석과 설계에 사용되는 변수[a]

| 변수 | | 정의 |
|---|---|---|
| 공상체류시간 $$EBRT = \frac{V_f}{Q} \qquad (16\text{-}13)$$ 여과에서 실제 체류시간 $$RT = \frac{V_f \times \alpha}{Q} \qquad (16\text{-}14)$$ 표면부하율 $$SLR = \frac{Q}{A_f} \qquad (16\text{-}15)$$ 표면 질량부하율 $$SLR_m = \frac{Q \times C_o}{A_f} \qquad (16\text{-}16)$$ 체적 부하율 $$VLR = \frac{Q}{V_f} \qquad (16\text{-}17)$$ 부피 질량 부하율 $$VLR_m = \frac{Q \times C_o}{V_f} \qquad (16\text{-}18)$$ 제거효율 $$RE = \frac{C_o - C_e}{C_o} \times 100 \qquad (16\text{-}19)$$ 제거능 $$EC = \frac{Q(C_o - C_e)}{V_f} \qquad (16\text{-}20)$$ | | EBRT = 공상체류시간, h $V_f$ = 여과상의 총 체적, $m^3$ $Q$ = 유량 $m^3/h$ RT = 체류시간, h, min, sec $a$ = 여과상의 공극률 SLR = 표면부하율($m^3/m^2 \cdot h$) $A_f$ = 여과상의 표면적, $m^2$ VLR = 체적부하율, $m^3/m^3 \cdot h$ RE = 제거효율 % $C_o$ = 유입가스, $g/m^3$ EC = 제거능, $g/m^3 \cdot h$ $C_e$ = 유출가스농도(mg/L) |

[a] Eweis et al. (1998); Devinny et al. (1999)에서 일부 발췌

생물여과의 전형적인 설계기준은 표 16-11에 나타내었으며, 전형적인 생물여과는 그림 16-16에 나타내었다. 어떤 주(state)는 부하율, 생물여과 배출률, 악취시료채취 절차, 경계선 제한을 포함하는 생물여과 설계를 규제하기도 한다. 생물여과 표면에서 전형적인 악취 제거 한계는 초기농도의 50분의 1로 한정한다[2장의 식 (2-52) 참조](Finn and Sencer, 1997). $H_2S$의 제거를 위한 생물여과 설계는 예제 16-2에서 설명된다.

**그림 16-15**

전형적인 악취 제거능 대 적용 부하

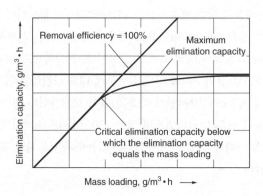

**표 16-11**

생물여과에 대한 전형적인 설계 요소[a]

| 항목 | 단위 | 생물여과 형태 생물여과 | 살수여상 |
|---|---|---|---|
| 산소농도 | 산소/산화가능 가스 | 100 | 100 |
| 습도 | | | |
| 퇴비 여과 습도 | % | 50~65 | 50~65 |
| 합성 여재 습도 | % | 55~65 | 55~65 |
| 적정 온도 | °C | 15~35 | 15~35 |
| pH | 단위 없음 | 6~8 | 6~8 |
| 공극률 | % | 35~50 | 35~50 |
| 가스 체류시간 | sec | 30~60 | 30~60 |
| 여재 깊이 | m | 1~1.25 | 1~1.25 |
| 유입 악취가스 농도 | $g/m^3$ | 0.01~0.5 | 0.01~0.5 |
| 표면 부하율 | $m^3/m^2 \cdot h$ | 10~100[b] | 10~100[b] |
| 체적 부하율 | $m^3/m^3 \cdot h$ | 10~100 | 10~100 |
| 액체 적용률 | $m^3/m^2 \cdot d$ | | 0.75~1.25 |
| 제거능 | | | |
| $H_2S$ | $g/m^3 \cdot h$ | 80~130 | 80~130 |
| 다른 악취가스 | $g/m^3 \cdot h$ | 20~100 | 20~100 |
| 최대 역류압 | mm $H_2O$ | 50~100 | 50~100 |

[a] van Lith (1989), Yang and Allen (1994), WEF (1995), and Devinny et al. (1999)에서 일부 발췌
[b] 화합물과 농도에 따라 다르나 최고 500 $m^3/m^2 \cdot h$의 표면부하율이 보고되었다.

**그림 16-16**

악취 제어를 위한 전형적인 충진상 생물여과. (a) 퇴비 생물여과 (b) 자갈식 생물여과

(a)

(b)

**예제 16-2**

**악취 제어를 위한 생물여과 설계** 표 16-11에서 주어진 설계 지침을 사용하여 100 $m^3$의 공기를 세정하는 데 필요한 퇴비 생물여과조의 크기를 결정하시오. 또한 여과상의 처리결과로 생성되는 산을 중화하는 데 필요한 완충물질의 양을 계산하시오. 시간당 12회의 공기교체가 필요한 것을 가정하고 여상의 공극률은 40%로 가정하라. 만약 다른 악취 화합물과 더불어 공기중에 40 ppm $H_2S$가 섞여 있다면 이 체적은 충분한가? 표 16-11에 주어진 최대제거속도(제거능)대비 안전계수는 2를 적용하여, 제거속도를 65 gS/$m^3 \cdot$ h로 한다. 공기온도는 20°C이다.

**풀이**

1. 세정되는 공기량을 예측한다.

   유량 = 체적/시간

   유량 = (100 m³)(12번/h) = 1200 m³/h

2. 표 16-11로부터 표면부하율을 선택한다. 90 m³/m² · h를 사용한다.

3. 표 16-11로부터 여과상 깊이를 선택한다. 1.0 m를 사용한다.

4. 여과상에 필요한 면적을 계산한다.

   면적 = 가스유량/표면부하율

   면적 = (1200 m³/h)/(90 m³/m² · h) = 13.3 m²

5. 식 (16-13)를 사용하여 공상체류시간을 점검한다.

   $$\text{EBRT} = \frac{V_f}{Q} = \frac{(13.3 \text{ m}^2)(1 \text{ m})}{(1200 \text{ m}^3/\text{h})}$$

   $$= 0.011 \text{ h} = 39.9 \text{ s (OK } 39.9 \text{ s} > 30 \text{ s)}$$

6. 5단계에서 결정한 생물여과상 체적이 $H_2S$를 처리하기 위해서 적절한지 결정한다.

   a. 식 (2-45)를 사용하여 $H_2S$의 농도를 g/m³로 결정한다. 예제 16-1로부터 20℃ 1기압 1몰의 가스가 차지하는 부피를 결정한다. 이와 같이, $H_2S$의 농도는 0.057 g/m³이다.

   $$\text{g/m}^3 = \left(\frac{40 \text{ L}^3}{10^6 \text{ L}^3}\right)\left[\frac{(34.08 \text{ g/mole } H_2S)}{(24.1 \times 10^{-3} \text{ m}^3/\text{mole of } H_2S)}\right]$$

   $$= 0.057 \text{ g/m}^3$$

   b. $S^{2-}$의 부하량을 g S/h로 결정한다.

   $$M_s = \left(\frac{1200 \text{ m}^3}{\text{h}}\right)\left(\frac{0.057 \text{ g } H_2S}{\text{m}^3}\right)\left(\frac{32 \text{ g } S^{2-}}{34.08 \text{ g } H_2S}\right)$$

   $$= 64.2 \text{ g } S^{2-}/\text{h}$$

   c. 65 g S/m³ · h의 제거능을 가정하여 필요한 체적을 결정한다.

   $$V = \frac{(64.2 \text{ g S/h})}{(65 \text{ g S/m}^3\cdot\text{h})} = 0.99 \text{ m}^3$$

   여과상 체적(13.3 m³)은 요구체적보다 훨씬 크기 때문에 $H_2S$ 제거는 큰 문제가 되지 않는다.

7. 여과상 내에서 처리 결과로 생성되는 산을 중화하기 위하여 필요한 완충 화합물의 양을 결정한다.

   a. 매년 처리해야 할 $H_2S$의 양을 kg으로 결정한다.

   $$H_2S, \text{ kg/year} = \frac{(1200 \text{ m}^3/\text{h})(0.057 \text{ g/m}^3)(24 \text{ h/d})(365 \text{ d/y})}{(10^3 \text{ g/1 kg})}$$

   $$= 599.2 \text{ kg/y}$$

   b. 필요한 완충화합물의 양을 결정한다. 다음 식들을 적용한다.

$$H_2S + Ca(OH)_2 + 2O_2 \rightarrow Ca_2SO_4 + 2H_2O$$

34.06    74.08

이와 같이, $H_2S$ kg당 약 2.18 kg의 $Ca(OH)_2$(74.08/34.06)가 충진상에 필요하다. 퇴비생물여과조의 사용기간이 2년이라면, 총 2457 kg의 $Ca(OH)_2$가 여과상에 투입되어야 한다. 전형적으로 1.25~1.5배 가량이 첨가된다. 완충화합물은 퇴비 및 팽창제와 함께 혼합된다.

**참조**    6단계에서 수행한 계산 결과를 근거로 하면 퇴비와 토양여과가 $H_2S$를 제거하는 데 왜 효과적인가 하는 것이 명확해진다.

## 16-4    휘발성 유기탄소 배출의 제어

2장에 수록되어 있는 바와 같은 특정 유기물질들은 폐수처리에서 많은 관심을 받고 있으며 휘발성 유기물질로 분류되어진다. 일부 폐수처리장에서는 Trichloroethylene (TCE)과 1,2-dibromo-3-chloropropane (DBCP)과 같은 휘발성 유기물질들이 폐수 속에서 검출되었다. 폐수 집수시설과 처리장들에서 발생하는 화합물들의 임의 배출에 관심이 쏠리고 있는데 그 이유는 (1) 이러한 화합물들은 증기상태일 때 이동성이 더하여 주위 환경으로 더 쉽게 배출되고 (2) 공기 중에 있는 이러한 화합물들은 심각한 공중보건위험을 불러일으킬 수 있으며 (3) 지면상 오존이 형성되도록 유도하는 반응성 탄화수소를 공기 중에 증가시키는 데 이들이 일조하고 있기 때문이다. 이러한 이유로 선정된 휘발성 유기물질들의 물리적 특성들, 이들 화합물들의 배출을 좌우하는 메커니즘(기구)들, 이들 화합물들이 가장 일반적으로 배출되는 장소들, 이들 화합물들이 대기 중으로 배출될 때 제어하는 방법들에 대하여 이 장에서 다룰 것이다.

### ≫ 선택된 VOCs의 물리적 특성

선택된 유기화합물질들의 물리적 특성들이 표 16-12에 제시되어 있다. 끓는점이 100°C 혹은 그 이하이거나 아니면 증기압이 25°C에서 1 mmHg보다 큰 유기화합물들이 일반적으로 휘발성 유기화합물로 여겨진다. 예를 들어 클로로에텐(비닐클로라이드)은 끓는점이 −13.9°C이고 증기압이 20°C에서 2548 mmHg인데 이것은 극도의 휘발성 유기화합물인 예이다.

### ≫ VOCs 배출

집수시설과 처리장에서 나오는 VOCs는 집수시설과 처리장에서 일하는 노동자들의 건강 측면에서 특별한 관심의 대상이다. 폐수집수와 처리시설들에서 나오는 VOCs을 조절할 수 있는 주요 메커니즘들은 (1) 휘발과 (2) 탈기이다. 이들의 메커니즘과 VOCs가 배출되는 주요 장소들에 대하여 다음 절에서 설명하기로 한다.

## 표 16–12

### 휘발성, 준휘발성(Semi-VOCs) 유기화합물의 물리적 특성[a,b]

| 화합물 | mw | mp, °C | bp, °C | vp, mmHg | vd | sg | sol, mg/L | Cs, g/m³ | H, m³ · atm/ mole | logK$_{ow}$ |
|---|---|---|---|---|---|---|---|---|---|---|
| Benzen | 78.11 | 5.5 | 80.1 | 76 | 2.77 | 0.8786 | 1780 | 319 | $5.49 \times 10^{-3}$ | 2.1206 |
| Chlorobenzene | 112.56 | −45 | 132 | 8.8 | 3.88 | 1.1066 | 500 | 54 | $3.70 \times 10^{-3}$ | 2.18~3.79 |
| o-Dichlorobenzene | 147.01 | 18 | 180.5 | 1.60 | 5.07 | 1.036 | 150 | N/A | $1.7 \times 10^{-3}$ | 3.3997 |
| Ethylbenzene | 106.17 | −94.97 | 136.2 | 7 | 3.66 | 0.867 | 152 | 40 | $8.43 \times 10^{-3}$ | 3.13 |
| 1,2-Dibromoethane | 187.87 | 9.8 | 131.3 | 10.25 | 0.105 | 2.18 | 2699 | 93.61 | $6.29 \times 10^{-4}$ | N/A |
| 1,1-Dichlorothane | 98.96 | −97.4 | 57.3 | 297 | 3.42 | 1.176 | 7840 | 160.93 | $5.1 \times 10^{-3}$ | N/A |
| 1,2-Dichlorothane | 98.96 | −35.4 | 83.5 | 6.1 | 3.4 | 1.25 | 8690 | 350 | $1.14 \times 10^{-3}$ | 1.4502 |
| 1,1,2,2-Tetrachloroethane | 167.85 | −36 | 146.2 | 14.74 | 5.79 | 1.595 | 2800 | 13.10 | $4.2 \times 10^{-3}$ | 2.389 |
| 1,1,1-Trichloroethane | 133.41 | −32 | 74 | 100 | 4.63 | 1.35 | 4400 | 715.9 | $3.6 \times 10^{-3}$ | 2.17 |
| 1,1,2-Trichloroethane | 133.4 | −36.5 | 133.8 | 19 | N/A | N/A | 4400 | 13.86 | $7.69 \times 10^{-4}$ | N/A |
| Chloroethene | 62.5 | −153 | −13.9 | 2548 | 2.15 | 0.912 | 6000 | 8521 | $6.4 \times 10^{-2}$ | N/A |
| 1,1-Dichloroethene | 96.94 | −122.1 | 31.9 | 500 | 3.3 | 1.21 | 5000 | 2640 | $1.51 \times 10^{-2}$ | N/A |
| c-1, 2-Dichloroethene | 96.95 | −80.5 | 60.3 | 200 | 3.34 | 1.284 | 800 | 104.39 | $4.05 \times 10^{-3}$ | N/A |
| t-1, 2-Dichloroethene | 96.95 | −50 | 48 | 269 | 3.34 | 1.26 | 6300 | 1428 | $4.05 \times 10^{-3}$ | N/A |
| Tetrachloroethene | 165.83 | −22.5 | 121 | 15.6 | N/A | 1.63 | 160 | 126 | $2.85 \times 10^{-2}$ | 2.5289 |
| Trichloroethene | 131.5 | −87 | 86.7 | 60 | 4.45 | 1.46 | 1100 | 415 | $1.17 \times 10^{-2}$ | 2.4200 |
| Bromodichloromethane | 163.8 | −57.1 | 90 | N/A | N/A | 1.971 | N/A | N/A | $2.12 \times 10^{-3}$ | N/A |
| Chloromethane | 208.29 | <−20 | 120 | 50 | N/A | 2.451 | N/A | N/A | $8.4 \times 10^{-4}$ | N/A |
| Dichloromethane | 84.93 | −97 | 39.8 | 349 | 2.93 | 1.327 | 20000 | 1702 | $3.04 \times 10^{-3}$ | N/A |
| Tetrachloromethane | 153.82 | −23 | 76.7 | 90 | 5.3 | 1.59 | 800 | 754 | $2.86 \times 10^{-2}$ | 2.7300 |
| Tribromomethane | 252.77 | 8.3 | 149 | 5.6 | 8.7 | 2.86 | 3130 | 7.62 | $5.84 \times 10^{-4}$ | N/A |
| Trichloromethane | 119.38 | −64 | 62 | 160 | 4.12 | 1.49 | 7840 | 1027 | $3.10 \times 10^{-3}$ | 1.8998 |
| 1,2-Dichlorpropane | 112.99 | −100.5 | 96.4 | 41.2 | 3.5 | 1.156 | 2600 | 25.49 | $2.75 \times 10^{-3}$ | N/A |
| 2,3-Dichloropropane | 110.98 | −81.7 | 94 | 135 | 3.8 | 1.211 | insol. | 110 | N/A | N/A |
| t-1,3-Dichloropropane | 110.97 | N/A | 112 | 99.6 | N/A | 1.224 | 515 | 110 | N/A | N/A |
| Toluene | 92.1 | −95.1 | 110.8 | 22 | 3.14 | 0.867 | 515 | 110 | $6.44 \times 10^{-3}$ | 2.2095 |

[a] Lang(1987) 자료 인용

[b] 모든 값은 20°C 측정값

참고: mw = 분자량, mp = 녹는점, bp = 끓는점, vp = 증기압, vd = 공기에 대한 증기밀도, s$_g$ = 비중, Sol = 용해도, C$_s$ = 포화농도, H = 헨리상수, log K$_{ow}$ = 옥탄올–물 분배계수의 로그값

**휘발.** 하수의 표면으로부터 대기 중으로 VOCs가 방출되는 것을 휘발이라고 한다. 휘발성 유기화합물은 기체와 액체상 사이로 분배되어 평형상태에 도달할 때 비로소 공기 중으로 방출된다(Roberts et al., 1984). 이 두 상 간에 어떤 성분의 물질전달(이동)은 각 상 안에서의 농도와 평형농도와의 차이의 함수이다. 따라서 두 상 간의 성분 이동량은 한 상에서의 농도와 평형농도와의 차이가 클수록 커지게 된다. 왜냐하면 대기 중의 VOCs의

농도는 매우 낮으므로 VOCs의 배출은 항상 하수에서 대기 중으로 일어나게 된다. 그러나 폐수처리장 내에서 진행되는 흐름의 동역학적 특성 때문에 평형상태는 거의 이루어지지 않으며 VOCs는 휘발되거나 혹은 생물학적으로 분해된다.

**탈기.**  VOCs의 탈기는 기체(보통 공기)가 일시적으로 폐수에 포집되었다든지 또는 처리 목적을 달성하기 위하여 일부러 유입시킬 때 일어난다. 기체가 폐수 안으로 유입되어졌을 때, VOCs는 폐수로부터 기체로 이동된다. 두 부분 사이에 전달 제어력은 아래에 서술한 바와 같다. 이 때문에 오염된 폐수가 오염이 안 된 공기와 접했을 때, 탈기가 가장 효율적으로 이루어진다. 폐수처리에서 가장 탈기를 많이 이용하는 곳은 포기식 침사지, 포기식 미생물 처리공정, 그리고 포기식 이동수로이다. 탈기를 위하여 특별히 설계된 시설들(예, 탈기탑들)에 대하여는 11장의 11-10절과 15장의 15-5절에서 설명된다.

**표 16-13**

**폐수처리시설에서 VOCs 발생원과 대기로의 배출 체계 및 제어**

| 발생원 | 방출방법 | 추천 제어 전략 |
|---|---|---|
| 가정, 상업, 산업체 배출 | 액상 폐기물 내 소량의 VOCs의 배출 | VOCs를 도시오수관거로 배출하는 것을 제한하도록 하는 능동적 오염원 관리 프로그램의 제도화 |
| 하수관 | 난류를 일으키는 흐름에 의해 표면 휘발이 많아짐 | 맨홀을 밀봉. 난류가 만들어져 휘발이 더욱 일어나도록 되어 있는 구조물 제거 |
| 하수도 부속물 | 접합부 등에서 교란에 의한 휘발, 낙차공이나 접합부 등에서 휘발되고 공기로 배출 | 기존의 부속물들을 분리하거나 복개 |
| 펌프장 | 유입수 유입부에서 휘발되고 대기로 배출 | 수조에서 VOCs 처리장치로 가스 환기<br>수조 크기를 줄이기 위한 가변속도 펌프 사용 |
| 바랙 | 교란에 의한 휘발 | 장치 복개, 바랙을 통할 때 수두손실 줄이기 |
| 파쇄기 | 교란에 의한 휘발 | 장치 복개, 직렬 폐쇄형 분쇄기 사용 |
| 파샬플룸 | 교란에 의한 휘발 | 장치 복개, 다른 측정 장치 사용 |
| 침사지 | 재래식 수평류식 침사지에서 교란에 의한 휘발, 포기식 침사지에서 휘발과 탈기<br>와류형 침사지에서 휘발 | 포기식 및 와류형 침사지 복개<br>수평류식 침사지에서 난류 줄이기와 필요하면 복개 |
| 유량 조정조 | 국부적인 교란에 의한 표면으로부터 휘발, 산기관이 사용될 경우는 공기로 배출됨 | 장치 복개, 침지형 믹서 사용, 폭기양 줄임 |
| 1차·2차 침전지 | 표면에서 휘발, 월류웨어, 유출수로 다른 방출지점에서 휘발 및 공기로 배출 | 탱크 복개, 방울이 생기는 월류웨어를 침지형 라운더(launder)로 교체 |
| 생물학적 처리 | 산기식 활성슬러지법에서 탈기, 표면 포기기를 가진 활성슬러지법에서 휘발, 국부적인 교란에 의한 표면으로부터 휘발 증대 | 장치 복개, 활성슬러지 시스템에서 침지형 믹서 사용, 폭기율 줄임 |
| 이송용 수로 | 국부적인 교란에 의한 증대된 표면으로부터 휘발 증대, 포기식 이송용 수로에서 휘발과 공기배출 | 폐쇄형 이송수로 사용 |
| 소화조 가스 | 소화조 가스의 제어되지 않는 방출, 불완전연소 또는 소각된 소화조 가스의 방출 | 제어형 열소각, 연소, 소화조 가스 화염연소 |

**VOCs 배출 위치.** 하수관거나 처리시설로부터 VOCs가 배출되는 주요 장소는 표 16-13과 같다. 주어진 장소에서 VOCs의 제거 정도는 현지 상태에 따라 다를 것이다. 물질 이동은 다음 절에서 다루어질 것이다.

## ❯❯ VOCs 물질 전달 속도

VOCs의 물질전달에 관하여 실용적으로 사용되는 모델은 다음 식과 같다(Roverts et al., 1984, Thibodeaux, 1979):

$$r_{VOC} = -(K_L a)_{VOC}(C - C_s) \qquad (16\text{-}21)$$

　여기서, $r_{VOC}$ = VOC 물질전달속도, $mg/m^3 \cdot h$

　　　　$(K_L a)_{VOC}$ = 총괄 VOC 물질전달계수, 1/h

　　　　　　$C$ = 액체 중의 VOC 농도, $mg/m^3$

　　　　　　$C_S$ = 액체 중의 VOC 포화 농도, $mg/m^3$

화학적 처리와 분석적인 필요성 때문에, $K_L a_{VOC}$는 $K_L a_{O_2}$를 측정하는 것보다 훨씬 더 어렵다. 따라서 실제적 방법은 $K_L a_{VOC}$와 $K_L a_{O_2}$를 서로 연관하는 것이다. 다음 식은 물속에서 VOC와 산소 확산 보정계수의 함수로서 물질전달 보정계수와 관련이 있다:

$$(K_L a)_{VOC} = (K_L a)_{O_2}\left(\frac{D_{VOC}}{D_{O_2}}\right)^n \qquad (16\text{-}22)$$

　여기서, $(K_L a)_{VOC}$ = 시스템 물질전달 보정계수, $T^{-1}(1/h)$

　　　　$(K_L a)_{O_2}$ = 시스템 산소 물질전달 보정계수, $T^{-1}(1/h)$

　　　　　$D_{VOC}$ = 물에서 VOC의 확산 보정계수, $L^2 T^{-1}(cm^2/s)$

　　　　　$D_{O_2}$ = 물에서 산소의 확산 보정계수, $L^2 T^{-1}(cm^2/s)$

　　　　　　$n$ = 계수

각각의 성분에 대한 확산 보정계수는 Schwarzenbach et al.(1993) 또는 다른 핸드북으로부터 얻을 수 있으며, 문헌에 보고된 값에는 가끔 상당한 차이가 있다는 것을 염두에 두어야 한다. $K_L a_{VOC}$ 대 $K_L a_{O_2}$ 사이의 관계에 대하여 다양한 실험결과를 근거로 식 (16-22)가 일반적으로 적용될 수 있는 것을 보여주고 $n$에 대한 값은 기체/액체 이동이 표면 포기, 산기관 포기, 또는 충진칼럼 공기 탈기기 여부 그리고 기체 전달 장치의 동력세기에 따라 변한다는 것을 알 수 있다.(Roberts Dandliker, 1983; Matter-Muller et. al., 1981; Hsieh et. al., 1993; Libra, 1993; and Bielefeldt and Stensel, 1999). 100 $W/m^3$ 이하의 실제 동력 세기에 대해서, $n$의 적절한 값은 충진컬럼과 기계식 포기에서 0.50이고 산기관 포기에서는 1.0이다. 보다 높은 동력 세기에서는, Hsieh et al. (1993)의 논문에서 다루고 있다. $K_L a_{VOC}$ 역시 하수에서와 같이 수돗물에서도 중요시된다는 것을 알 수 있을 것이다(Eielefeldt and Stensel, 1999).

## ❯❯ 표면포기와 산기식 포기 공정에서 VOCs의 물질전달

활성슬러지 공정에서 사용되는 완전혼합 반응조로부터 빠져나오는 VOCs의 양은 포기방식에 따라 다르다(예, 표면포기 혹은 산기식 포기).

**표면포기식 완전혼합 반응조.** 완전혼합 반응조에서 VOCs를 제거할 때의 물질수지 방정식은 다음과 같으며, VOCs 화합물 제거 메커니즘에 생물학적 분해나 고형물 흡착외의 다른 제거 메커니즘은 없다고 가정한다.

**1.** 일반적 표현

$$\begin{matrix} \text{시스템} & & \text{시스템} & & \text{시스템 경계면} & & \text{탈기에 의해 시스} \\ \text{경계 내에서} & = & \text{경계 내로의} & - & \text{밖으로의 VOC} & + & \text{템 경계면을 통해} \\ \text{VOC의 축적률} & & \text{VOC 유입률} & & \text{유출률} & & \text{제거된 VOC 양} \end{matrix} \quad (16\text{-}23)$$

**2.** 단순 표현

$$\text{축적} = \text{유입} - \text{유출} + \text{탈기에 의한 감소} \quad (16\text{-}24)$$

**3.** 수식 표현

$$\frac{dC}{dt}V = QC_i - QC_e + r_{\text{voc}}V \quad (16\text{-}25)$$

여기서, $dC/dt$ = 반응조 내에서의 VOC의 농도 변화율

$\quad\quad\quad V$ = 완전혼합반응조의 VOC의 부피, $L^3 (m^3)$

$\quad\quad\quad Q$ = 유량, $L^3T^{-1}(m^3/s)$

$\quad\quad\quad C_i$ = 반응조로 유입되는 VOC의 농도, $ML^{-3} (mg/m^3)$

$\quad\quad\quad C_e$ = 반응조 밖으로 유출되는 VOC의 농도, $ML^{-3} (mg/m^3)$

$\quad\quad\quad r_{\text{voc}}$ = VOC 물질전달률, $ML^{-3}T^{-1}(mg/m^3 \cdot h)$

식 (16−21)에서 유도된 $r_{\text{voc}}$를 대입하고 $V/Q$ 대신 $\tau$를 대입하면 다음 식이 된다.

$$\frac{dC}{dt} = \frac{C_i - C_e}{\tau} + [-(K_La)_{\text{VOC}}(C_e - C_s)] \quad (16\text{-}26)$$

정상상태이고 $C_S$가 0이라고 가정하면, 표면포기기에 의해 제거될 수 있는 VOC의 양은 다음 식과 같이 된다.

$$1 - \frac{C_e}{C_i} = 1 - [1 + (K_La)\tau]^{-1} \quad (16\text{-}27)$$

만약 상당한 양의 VOC가 흡수되거나, 생물분해된다면, 위의 식으로부터 얻어진 결과는 실제보다 큰 값을 나타낼 것이다. 위의 분석방법은 웨어나 낙차공에서 VOC가 방출되는 양을 추정하는 데도 사용되며 이때 시간은 30초로 가정한다.

**산기식 완전혼합 반응조.** 산기식 포기방법을 이용한 완전혼합 반응조에 대하여 식 (16−24)는 VOC 화합물에 대한 물질수지로부터 유도된다. 정상상태에서, 유입 VOC는 유출 VOC와 같고, 이에 대한 물질수지식은 다음과 같다.

유입량(액체 상태) = 유출량(액체상태) + 유출량(기체 상태)

$$QC_i = QC_e + Q_gC_{g,e} \quad (16\text{-}28)$$

$\quad$ 여기서, $Q$ = 액체 유량, $L^3T^{-1}(m^3/s)$

$$C_i = \text{유입수에서의 VOC 농도, ML}^{-3}\,(\text{mg/m}^3)$$

$$C_e = \text{유출수에서의 VOC 농도, ML}^{-3}\,(\text{mg/m}^3)$$

$$Q_g = \text{기체 유량, L}^3\text{T}^{-1}\,(\text{m}^3/\text{s})$$

$$C_{g,e} = \text{유출 기체에서의 VOC 농도, ML}^{-3}\,(\text{mg/m}^3)$$

기체를 액체에 불어넣음으로써 제거되는 VOC에 대한 일반적인 표현은 다음과 같다 (Bielefeldt and Stensel, 1999).

$$Q_g C_{g,e} = Q_g H_u C_e (1 - e^{-\phi}) \tag{16-29}$$

여기서 $H_u$ = 헨리법칙상수, 무차원

$\phi$ = 아래와 같이 정의되는 VOC 포화계수

$$\phi = \frac{(K_L a)_{\text{VOC}} V}{H_u Q_g} \tag{16-30}$$

식 (16-29)는 다음과 같이 재정리할 수 있다.

$$Q(C_i - C_e) = H_u C_e (1 - e^{-\phi}) \tag{16-31}$$

$C_e/C_i$에 대해 식 (16-31)을 풀면 다음과 같은 식이 된다.

$$\frac{C_e}{C_i} = \left[ 1 + \frac{Q_g}{Q} H_u (1 - e^{-\phi}) \right]^{-1} \tag{16-32}$$

제거율로 표현하면 다음과 같다.

$$1 - \frac{C_e}{C_i} = 1 - \left[ 1 + \frac{Q_g}{Q} H_u (1 - e^{-\phi}) \right]^{-1} \tag{16-33}$$

예제 16-3은 위 식을 응용한 예를 보여준다.

---

**예제 16-3**

**활성슬러지공정에서 TCE (Trichloroethene)의 탈기** 산기식 포기장치를 갖춘 완전혼합 활성슬러지에서 TCE가 탈기되는 양을 계산하라. 다음 조건들을 가정하라.

1. 폐수 유량 = 4000 m³/d
2. 포기조 부피 = 1000 m³
3. 포기조 깊이 = 6 m
4. 공기 유량 = 50 m³/min(표준상태에서)
5. 산소전달률, $(K_L a)_{\text{O}_2}$ = 6.2/h
6. $H_{\text{TCE}}$ = $1.17 \times 10^{-2}$ m³ · atm/mol(표 16-10 참조)
7. $n = 10$
8. 온도 = 20°C
9. 산소확산계수 = $2.11 \times 10^{-5}$ cm²/s
10. TCE 확산계수 ≒ $1.0 \times 10^{-5}$ cm²/s

**풀이** 1. 포기조 중간 깊이에서 공기 유량을 계산하라. 여기서 포기조 중간 깊이는 평균 기포 크기를 대표한다. 보편적인 기체법칙을 사용하여 깊이(3 m)에서 공기 유량을 구하면

$$Q_g = (50 \text{ m}^3/\text{min})\frac{(10.33 \text{ m})}{(10.33 \text{ m} + 3 \text{ m})} = 38.7 \text{ m}^3/\text{min}$$

참고: 10.33 = 물 1 m에 해당하는 표준 대기압

2. 기액(공기/액체)비를 계산하라.

$$Q = \frac{(4000 \text{ m}^3/\text{d})}{(1440 \text{ min/d})} = 2.78 \text{ m}^3/\text{min}$$

$$\frac{Q_g}{Q} = \frac{(38.7 \text{ m}^3/\text{min})}{(2.78 \text{ m}^3/\text{min})} = 13.9$$

3. 식 (16-22)를 사용하여 TCE 물질전달계수를 구하라.

$$(K_L a)_{\text{VOC}} = (K_L a)_{O_2}\left(\frac{D_{\text{VOC}}}{D_{O_2}}\right)^n = (6.2/\text{h})\left[\frac{(1.0 \times 10^{-5} \text{ cm}^2/\text{s})}{(2.11 \times 10^{-5} \text{ cm}^2/\text{s})}\right]^{1.0}$$

$$(K_L a)_{\text{VOC}} = 2.94 \text{ /h} = 0.049/\text{min}$$

4. 식 (2-51)을 이용하여 헨리상수 무차원 값을 계산하라.

$$H_u = \frac{H}{RT}$$

$$H_u = \frac{0.0117}{0.000082057 \times (273 + 20)} = 0.487$$

5. 식 (16-30)을 이용하여 포화계수 $\phi$를 계산하라.

$$\phi = \frac{(K_L a)_{\text{VOC}}V}{H_u Q_g}$$

$$\phi = \frac{(0.049/\text{min})(1000 \text{ m}^3)}{(0.228 \times 38.7 \text{ m}^3/\text{min})} = 5.55$$

6. 식 (16-33)을 이용하여 액상에서 제거되는 TCE 분율을 계산하라.

$$1 - \frac{C_e}{C_i} = 1 - \left[1 + \frac{Q_g}{Q}(H_u)(1 - e^{-\phi})\right]^{-1}$$

$$1 - \frac{C_e}{C_i} = 1 - [1 + 13.9(0.487)(1 - e^{-5.55})]^{-1}$$

$$1 - \frac{C_e}{C_i} = 1 - 0.13 = 0.87 \text{ or } 87\%$$

**참고** 예제에서 보여준 계산은 두수공(headwork)과 최초침전지에서 확산과 난류에 의해 혹은 폭기조에서 흡착과 생분해에 의해 유입수 내에 TCE 농도가 감소되지 않는다는 가정하에 이루어진 것이다.

## ⟫ VOCs 제어 전략

앞에서 언급한 바와 같이 휘발과 탈기는 폐수처리시설로부터 VOCs를 제거하는 기본 수단이다. 일반적으로 개방된 표면에서 VOCs가 배출되는 양은 난류가 생기는 지점이나 탈기에 의해 제거되는 VOCs의 양에 비하여 매우 낮은 것으로 알려졌다. 따라서 표 16-13에 나타난 바와 같이 VOCs의 배출을 조절하는 기본 전략은 (1) 발생원 조절, (2) 난류가 생기는 지역의 감소, (3) 여러 가지 처리시설의 복개 등이다. 처리시설의 복개에 관련된 세 가지의 주요한 문제점은 (1) VOCs를 포함한 배출가스의 처리, (2) 기계부분의 부식, 그리고 (3) 장비 유지를 위해 작업인원이 출입할 수 있는 제한된 공간의 제공이다.

## ⟫ 배출가스 처리

복개된 처리시설로부터 나오는 VOCs를 포함한 배출가스는 대기 중에 배출되기 전에 처리되어야만 할 것이다. 배출가스 처리에 대한 몇 가지 방법으로는 (1) 입상활성탄이나 다른 VOC를 선택적으로 흡착하는 수지에 의한 증기상 흡착, (2) 열소각, (3) 촉매소각, (4) 화염기(flare) 내에서 소각, (5) 생물여과, (6) 보일러나 히터 내에서 소각(U.S. EPA, 1986; WEF 1997) 등이 있다(그림 16-17 참조). 이러한 방법들의 적용은 처리될 공기의 양과 공기 중에 포함되어 있는 VOCs의 형태와 농도에 따라 달라진다. 배출가스 처리공정 중 처음에 소개한 4개의 방법에 대한 세부적인 설명은 다음에 다루어질 것이다. 생물여과는 16-3절에서 논의된 악취 관리에서 이미 다루어졌다. 보일러 또는 히터의 사용은 공장 시설중 연소 공정 처리를 하는 곳에서만 사용된다.

**증기상 흡착(Vapor-phase adsorption).**  흡착공정이란 탄화수소와 다른 화합물들이 활성탄, 실리카겔, 또는 알루미나 등과 같은 물질의 표면에 선택적으로 흡착되는 것을 말한다. 사용되는 흡착제 중에서 활성탄이 가장 널리 사용된다. 주어진 VOC에 대한 흡착제의 흡착능력은 일정한 온도하에서 흡착된 VOC의 양과 평형압력(또는 농도)과의 관계를 나타내는 등온흡착선에 의해 표시된다. 일반적으로 흡착능력은 흡착되는 VOC의 분자량이 클수록 증가한다. 또한 일반적으로 불포화화합물이 포화화합물보다 훨씬 더 잘 흡착되고, 고리화합물은 사슬구조의 화합물보다 더 쉽게 흡착된다. 흡착여재의 세심한 평가에서 흡착되는 화합물들은 흡착제와 반응하지 않는다는 가정이 확실시 되어야 한다. 또한 흡착능력은 온도가 낮을수록, 농도가 높을수록 더 증대된다. 증기압이 낮은 VOC는

### 그림 16-17

VOCs를 포함한 배출가스 처리 공정(Eckenfelder, 2000)

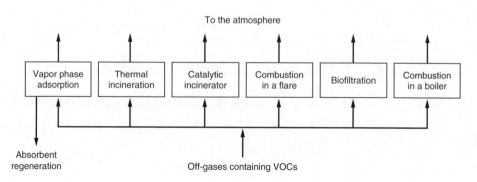

증기압이 높은 VOC보다 더 잘 흡착된다(U.S. EPA, 1986).

**VOC 흡착공정 단계.** VOC 흡착공정은 다음의 두 단계가 수반된다. (1) 다층 상(bed)에서 연속적 흡착(그림 16-18 참조), (2) 흡착제의 회분식 재생. 연속되는 배출류 제어를 위하여 나머지가 재생되고 있는 동안 최소한 한 개의 흡착상은 흡착상태로 공정 안에 남아있도록 하여야 한다. 일반적인 회분식 운전에서는 VOCs를 함유한 배출가스는 활성탄상을 통과하며 VOCs는 활성탄 표면에 흡착하게 된다. 활성탄 상의 흡착능력 한계에 가까워짐에 따라, VOCs의 일부가 유출측에 나타나게 되어 활성탄 상의 파과점이 가까이 온 것을 알 수 있다. 이때 가스의 방향이 재생된 흡착제를 가진 다른 활성탄상으로 바뀌게 되어 공정은 지속된다. 동시에 포화된 활성탄은 뜨거운 공기(그림 16-18, A모드 참조)나 뜨거운 불활성 기체(그림 16-18, B모드 참조), 저압의 증기, 또는 진공과 가스의 혼합물을 통과시켜 재생시킨다. 흡착은 재생 가능한 공정이므로 여재에 흡착된 VOCs는 흡착 동안 방출된 열과 동일한 열에 의해서 탈기될 수 있다. 항상 소량의 VOCs는 활성탄 상에 남아있게 되는데, 그 이유는 완전히 탈착시키는 것이 기술적으로 어려우며 경제적으로 비현실적이기 때문이다. 뜨거운 공기와 뜨거운 불활성 기체로 재생하는 방법에 대한 설명은 다음과 같다.

**열기에 의한 재생.** 뜨거운 공기에 의한 재생은 VOCs가 불에 타지 않거나 점화온도가 높아서 탄소 내 화재의 우려가 없는 경우에 사용된다. 산화기 내의 뜨거운 가스의 일부가 주변 공기와 섞여 기체를 180°C (350°F) 이하로 식혀준다. 재생가스는 GAC 흡착상을 통하여 위 방향으로 흐른다(또는 흡착흐름의 반대 방향). 탄소상의 온도가 올라가면서, 탈착된 유기물질은 재생가스 흐름으로 전달된다. 탈착된 VOCs를 포함하는 재생 가스는 곧바로 열 산화기로 보내져서, VOCs가 산화된다. 요구되는 충분한 시간 동안 탄소상을 재생에 필요한 온도하에 놓으면, 재생은 끝나게 된다. 그 후 탄소상은 뜨거운 재생가스를

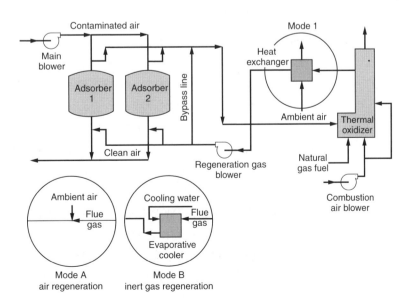

**그림 16-18**

배가스 내에 있는 VOCs 처리를 위한 탄소 흡착 및 재생공정

차단하고 주위공기를 계속 통과시킴으로써 대략 주위 온도로 냉각되게 된다. 재생과 냉각에 걸리는 시간은 활성탄소층 내의 탄소 의 양과 탄소에 걸리는 예상부하에 따라 미리 결정된다.

**불활성 가스 재생.** VOCs가 포함된 배출가스가 산소 존재하에 고온에서 화재의 위험이 있는 케톤과 알데히드와 같은 화합물을 포함하고 있으면 불활성기체를 이용한 재생방법이 사용된다. 상대적으로써 불활성 가스는 열산화기로부터 나온 뜨거운 가스의 일부분을 증발 냉각기를 통과시킴으로써 얻어진다. 이러한 방법을 이용하면, 재생가스의 산소농도를 부피의 2~5%로 유지할 수 있다. 탈착된 VOCs는 재생가스와 함께 열산화기로 이동된다. 적정량의 보조 공기가 산화기로 주입된다. 이와 같이 공기를 주입하여 VOCs를 완전 연소시키고 산화기 내의 잉여 산소량을 바람직한 범위 내로 제한한다(예를 들면 부피비 2~5%). 탄소상이 주어진 시간 동안 필요한 온도에 다다르면 재생은 끝나며, VOCs는 더 이상 탄소층으로부터 탈착되지 않는다. 활성탄 층의 냉각은 증발냉각기로 유입되는 수량을 증가시키고 재생가스의 온도를 105~120°C (220~250°F)로 낮추어줌으로써 이루어진다.

**열소각.** 열소각[그림 16-12(a) 참조]은 VOCs를 고온에서 산화시키는 데 사용된다. 열소각로의 설계 시 가장 중요한 인자는 소각온도와 체류시간으로써, 이 설계 인자는 소각로 내에서의 VOC 파괴효율을 결정하기 때문이다. 또한 주어진 소각온도와 체류시간에서도 분해효율은 소각로 안에서의 난류의 정도, 즉 배출류와 뜨거운 소각가스와의 혼합 정도에 영향을 받는다. 또한 할로겐이 붙어있는 유기물은 치환되지 않은 유기물보다 산화되기 어려워서, 배출류 안에 할로겐 혼합물이 있을 때는 완전 산화를 위하여 더 높은 온도와 더 긴 체류시간이 필요하다. 열소각에 의해 처리되는 배출류의 농도가 낮으면, 필요 소각온도를 유지하기 위해 보조 연료가 필요하게 된다. 보조 연료의 양은 소각로로부터 나오는 뜨거운 가스 내의 폐열을 회수하면 줄일 수 있다. 또한 소각의 부산물(예, HCl, $H_2SO_4$, HF)에 따라 산성가스 세정기가 필요할 수도 있다.

**촉매산화.** 촉매산화에서[그림 16-12(b) 참조], 배출류 내의 VOC는 촉매의 작용으로 산화된다. 촉매란 주어진 온도하에서 반응시 자신은 크게 변화하지 않으면서 반응속도를 촉진시키는 물질을 말한다. VOCs 산화에 사용되는 촉매는 백금과 파라디움이 있으며, 염소화합물을 포함한 배출류에 사용되는 금속산화제와 같은 다른 물질도 사용된다. 산화기 내의 촉매상은 금속제 매트, 벌집모양 도자기제, 또는 기타 도자기제 구조를 이루어 촉매의 표면적이 최대가 되도록 설계되어 있다. 촉매는 구형 또는 펠렛형으로도 될 수 있다. 필요하면 배출류는 촉매상을 통과하기 전에 천연가스를 이용한 예열기에서 미리 가열할 수도 있다.

촉매산화기의 성능은 (1) 운전온도, (2) 공간속도(체류시간의 역수), (3) VOC 성분과 농도, (4) 촉매의 성질, (5) 배출류 중의 촉매억제제나 방해제의 유무와 같은 여러 인자에 의해 영향을 받는다. 촉매소각로의 설계에서 중요한 인자는 촉매상 유입구에서의 운전온도와 공간속도이다. 특정 분해효율에 대한 운전온도는 배출류 내의 VOC의 농도와 성분에 따라 변하고, 사용된 촉매의 형태에 따라서도 변하게 된다. 소각로에서와 마찬가지로 산성가스 세정기가 필요할 수도 있다.

**화염기 내 연소(Combustion in a Flare).** 폐 소화조 가스 처분에 많이 쓰이는 화염기는 배출가스류에서 발견되는 대부분의 VOCs를 분해하는 데 쓰일 수 있다. 화염기는 유출류의 VOC 농도, 불활성 기체농도, 유량 등이 변하는 것을 일정하게 해주기 위해 설계되고 운전될 수 있다. 증기 보조식, 공기 보조식, 또는 압력식 화염기 등과 여러 가지 다른 종류의 화염기들이 있다. 증기 보조식 화염기는 폐가스가 다량으로 방출될 때 사용된다. 공기 보조식 화염기는 보통 중간 정도의 폐가스 유량에 쓰인다. 압력식 화염기는 가스량이 소량일 경우에 사용된다.

## 16-5 가스와 고형물의 연소 배출물

다양한 형태의 연료들이 폐수처리시설에서 사용되는데, 이 연료는 외부에서 공급되는 에너지를 보충하고 기기를 가동하기 위한 열과 전기를 생산하기 위한 것이다. 13, 14장에서 설명한 바와 같이, 폐수처리시설에서 발생된 가스 및 고형물의 일부 또는 모두는 폐수처리시설 내에서 연료로 사용될 수 있다. 폐수처리장에서 사용되는 연료원, 연소시스템과 그 배출물 그리고 과잉 소화조 가스의 화염연소가 이 절에서 논의된다.

### ≫ 연료들

폐수처리장의 가동에 사용되는 연료는 다양한 등급의 연료유(연료용 기름), 천연가스 및 소화조 가스이다. 사용될 연료의 형태는 처리시설에 사용된 연소시스템에 따라 달라진다. 특정 오염물질의 배출은 연료의 품질과 연소시스템의 형태와 조건에 따라 달라질 것이다. 폐수처리장에서 사용되는 전형적인 연료는 표 16-14에 나와 있다.

**표 16-14**
**폐수처리장에서 일반적으로 사용하는 연료**

| 연료 유형 | 특성 |
|---|---|
| No.2 연료유[a] | 90% 회수를 위해 640°F의 증류 온도를 갖는 증류 연료유. 이것은 가정용 난방 또는 중간 용량의 상업/산업용 버너 장치의 분무형 버너에서 사용되고 있다. |
| No.4 연료유[a] | 증류 연료유와 잔류 연료유 저장물의 혼합에 의해 만들어진 증류 연료유. 이것은 산업 체공장과 예열 시설을 갖추지 않은 상업버너설비에 광범위하게 사용되고 있다. 또한 저속 및 중속 디젤 엔진에 사용되는 No. 4 디젤 연료가 이에 속한다. |
| 천연가스[b] | 정제 이전의 천연가스의 전형적인 조성은 70에서 90%의 메탄, 20%의 에탄, 프로판 및 부탄, 8% 이산화탄소이다. 황 함량은 일반적으로 낮지만, 처리되지 않은 천연가스는 높은 황 함량을 가질 수 있다. |
| 소화조 가스 | 일반적으로 50에서 65%의 메탄이 포함되어 있다. 소화조 가스 중의 실록산은 연소 시스템에 좋지 않을 수 있다. 사용하는 데 필요한 정제 수준은 연소시스템의 종류에 따라 다르다. 황산화물의 배출은 소화조 가스 중의 황 함량에 따라 다르다. |

[a] 미국에너지 정보국으로부터.

[b] 천연가스공급협회(naturalgas.org)로 부터의 대표적 성분함량.

## ⟫ 폐수처리장에서 사용되는 연소시스템

폐수처리장에서 주요 연소시스템은 보일러와 전기 발전기들이다. 어떤 경우에는 고형물을 처리시설 내에서 소각한다(14장 14-4절 참조). 과잉의 소화조 가스를 연소시키기 위하여 화염기가 사용된다.

**보일러.** 폐수처리시설에서 사용되는 보일러는 열수 또는 증기를 생산하기 위하여 연료유, 천연가스, 소화조 가스 혹은 이들 연료의 조합을 이용한다[그림 16-19(a) 참조]. 보일러를 사용하는 주요 목적은 혐기성 소화조의 온도를 유지하기 위하여 열을 제공하거나 건물에 온수와 열을 제공하기 위해서이다. 더욱이 보일러는 슬러지 건조 및 여러 공정에서 나온 생물 고형물을 열적으로 처리하는 데 이용할 스팀을 생산하는 데 사용된다. 스팀 보일러의 사용은 특히 작은 폐수처리장에서는 흔하지 않은 일인데, 이는 보일러 공급수가 추가적으로 처리되어야 하기 때문이다. 원하는 온도로 물을 가열하도록 연료의 연소를 조절하고, 열수와 증기는 여러 목적을 위해 순환된다.

**왕복 엔진.** 내연 왕복 엔진은 전기 생산을 위해 가장 일반적으로 사용된다[그림 16-19(b) 참조]. 왕복 엔진은 펌프, 가스 압축 또는 냉각기를 작동시키기 위해 사용될 수 있다. 왕복 엔진은 불꽃 점화와 압축 점화로 분류된다. 디젤 연료는 압축 점화 엔진에 사용될 수 있거나 또는 압축점화를 위한 소량의 디젤과 함께 천연가스를 사용할 수 있도록 엔진을 장치할 수 있다. 질소 산화물($NO_x$) 배출은 연소 온도뿐만 아니라, 연료 속에 있는 질소(일반적으로 액체 연료와 관계)와 관련 있으며, 배출 허용 기준을 초과하면, $NO_x$ 제거가 필요할 수도 있다. 입자상 물질 및 일산화탄소($CO$)의 배출은 일반적으로 연료의 불완전 연소와 관련 있다.

**가스 터빈.** 가스 터빈에서, 압축 연료와 공기는 연소실에서 연소되고, 팽창된 고온의 배기가스가 터빈을 회전하는 데 사용된다. 가스 터빈은 일반적으로 왕복 엔진보다 훨씬 높은 온도에서 운전되기 때문에 $NO_x$의 배출이 제어되어야 한다. 폐수처리시설에서 열병합 발전(CHP) 시스템의 사용과 더불어 가스 터빈의 사용이 증가된다[17장 그림 17-8(d) 참조]. 터빈 배기가스 속에 있는 과잉 에너지를 제거하는 열 교환기를 이용하여 증기가

**그림 16-19**

**폐수처리시설에서 일반적으로 사용되는 연소 시스템.** (a) 열회수 보일러, (b) 내연 기관

(a)

(b)

생성된다. 이러한 방식으로 생산된 증기는 난방용 보일러 증기를 대체하기 위해 사용되거나 기타의 전기를 생산하기 위한 증기 터빈에 사용될 수 있다.

## 연소원과 관련된 배출물

연소원과 관련된 주요 배출물은 NOx, CO, 입자상 물질(PM) 및 이산화황($SO_2$)이다. VOCs는 일반적으로 연료의 불완전 연소로 소량 배출되며 주요 연소 장비를 사용하는 경우에만 염두에 두게 된다. 또한, 연소 배출물에는 포름알데히드와 같은 소량의 유해 대기오염물질(HAPs)과 연료에 포함되어 있던 임의의 금속이 들어 있을 수 있다.

천연가스 및 소화조 가스와 같은 연료용 가스는 연소 온도가 850°C (1560°F) 이상일 때 이산화탄소($CO_2$)로 완전히 산화되고, 연소 시간은 0.3초 이상이다. 낮은 연소 온도와 짧은 연소 시간, 그리고 연료와 공기의 불완전 혼합이 연료의 불완전산화를 일으켜 CO의 생성을 야기한다. 일산화탄소의 배출은 운전 조건의 조절 또는 후연소-촉매 산화 시스템의 사용에 의해 제어된다. VOC의 배출은 본질적으로 불완전 연소의 결과로서, 연료의 미연소 탄화수소의 배출이다.

1200°C 이상의 연소 온도에서 연소 공기를 포함한 질소 가스의 산화는 질소 산화물을 형성한다. 연료 연소에 의한 입자상 물질의 배출물에는 유기 및 무기물 일부가 들어 있다. 입자상 물질의 유기물 부분은 다환 유기물 등의 불완전 연소의 부산물을 함유한다. 무기물 부분은 금속뿐만 아니라 산성 박무(mist)를 포함한다. 이산화황의 배출은 연료에 함유된 황의 산화 반응의 결과로 발생한다. 액체 및 기체 연료는 원소 및 유기물 부분 모두에서 황을 포함한다.

**배출 계수.** 배출 계수는 오염물질의 배출과 관련된 특정 반응에 의해 대기 중에 배출되는 오염물질의 양을 설명하기 위해 사용되는 대표 값이다(U.S. EPA, 1995). 오염물질 배출량은 식 (16-34)를 사용하여 계산한다:

$$E = (A)(EF)(1 - ER/100) \tag{16-34}$$

여기서, $E$ = 배출량

$\quad A$ = 반응률, 예) 연료 소비율

$\quad EF$ = 주어진 반응에 대한 배출 계수

$\quad ER$ = 주어진 반응에 대한 전체 배출 저감 효율, %

반응률은 연소 시스템에서 배출량이 검토될 때 연료 소비율을 나타내는 총칭이다. 예를 들어, 오염물질을 분해 또는 포착하는 장치가 없는 경우, 총 배출 감소 효율(ER)은 0이다. 따라서 배출 감소가 없으면 식 (16-34)는 단순한 연료 소비율 및 배출 계수의 곱이 된다. 위에서 언급한 바와 같이, 배출 계수는 특정 배출물 생성 반응에 사용할 수 있다. 미국 EPA에서는 AP42에 배출 계수를 대기오염물질 배출 계수 편집본에 수록하고 있다 (U.S. EPA, 1995). 연료유 및 천연가스 연소에서 기준 오염물질들에 대한 배출 계수는 표 16-15에 작성되어 있다. 전체 배출 저감효율은 제거효율과 사이클론, 세정기, 촉매 환원 시스템 등의 제어 시스템에 의한 포집효율의 곱이다. 특히 주의해야 할 것은 AP42에서

표 16-15

폐수처리시설에서 일반적으로 사용되는 연료에서 배출되는 기준 오염 물질에 대한 배출 계수[a]

| 분류 | 단위 | CO | NOx | SO$_2^b$ | PM(여과성) | PM(응결성) | 납 |
|---|---|---|---|---|---|---|---|
| **106 GJ/h (100 MBtu/h)보다 큰 보일러** | | | | | | | |
| 제어되지 않은 천연가스[c] | kg/m³ | 1344 | 3040 | 9.6 | 30.4 | 91.2 | 0.08 |
| | (lb/10⁶ft³) | (84) | (190) | (0.6) | (1.9) | (5.7) | (0.0005) |
| 제어된 저 NOx 버너 | kg/m³ | 1344 | 2240 | 9.6 | 30.4 | 91.2 | 0.08 |
| | (lb/10⁶ft³) | (84) | (140) | (0.6) | (1.9) | (5.7) | (0.0005) |
| 제어된 연도 가스 재순환 | kg/m³ | 1344 | 1600 | 9.6 | 30.4 | 91.2 | 0.08 |
| | (lb/10⁶ft³) | (84) | (100) | (0.6) | (1.9) | (5.7) | (0.0005) |
| No. 2 연료유 | kg/m³ | 0.60 | 2.88 | 17.0S | 0.24 | 0.16 | |
| | (lb/10³gal) | (5) | (24) | (142S) | (2) | (1.3) | |
| No. 2 연료유, 저 NOx 버너 | kg/m³ | 0.60 | 1.20 | 17.0S | 0.24 | 0.16 | |
| 연도 가스 재순환 | (lb/10³gal) | (5) | (10) | (142S) | (2) | (1.3) | |
| No. 4 연료유, 정상 발화 | kg/m³ | 0.60 | 5.63 | 18.0S | 0.24 | 0.16 | |
| | (lb/10³gal) | (5) | (47) | (150S) | (2) | (1.3) | |
| No. 4 연료유, 접선 발화 | kg/m³ | 0.60 | 3.83 | 18.0S | 0.24 | 0.16 | |
| | (lb/10³gal) | (5) | (32) | (150S) | (2) | (1.3) | |
| **106 GJ/h (100 MBtu/h)보다 작은 보일러** | | | | | | | |
| 제어되지 않은 천연가스 | kg/m³ | 1344 | 1600 | 9.6 | 30.4 | 91.2 | 0.08 |
| | (lb/10⁶ft³) | (84) | (100) | (0.6) | (1.9) | (5.7) | (0.0005) |
| 제어된 저 NOx 버너 | kg/m³ | 1344 | 800 | 9.6 | 30.4 | 91.2 | 0.08 |
| | (lb/10⁶ft³) | (84) | (50) | (0.6) | (1.9) | (5.7) | (0.0005) |
| 제어된 연도 가스 재순환 | kg/m³ | 1344 | 512 | 9.6 | 30.4 | 91.2 | 0.08 |
| | (lb/10⁶ft³) | (84) | (32) | (0.6) | (1.9) | (5.7) | (0.0005) |
| No. 4 연료유, 오일 연소 | kg/m³ | 0.60 | 2.40 | 18.0S | 0.84 | 0.16 | |
| | (lb/10³gal) | (5) | (20) | (150S) | (7) | (1.3) | |
| **가스 터빈** | | | | | | | |
| 제어되지 않은 천연가스 | kg/GJ | 0.19 | 0.74 | 2.19S | 0.0042 | 0.011 | |
| | (lb/MMBtu) | (0.082) | (0.32) | (0.94S) | (0.0019) | (0.0047) | |
| 수증기 주입 | kg/GJ | 0.070 | 0.30 | 2.19S | 0.0042 | 0.011 | |
| | (lb/MMBtu) | (0.030) | (0.13) | (0.94S) | (0.0019) | (0.0047) | |
| 약한 예혼합 | kg/GJ | 0.035 | 0.23 | 2.19S | 0.0042 | 0.011 | |
| | (lb/MMBtu) | (0.015) | (0.099) | (0.94S) | (0.0019) | (0.0047) | |
| 제어되지 않은 소화조 가스 | kg/GJ | 0.040 | 0.37 | 2.19S | 0.0042 | 0.011 | |
| | (lb/MMBtu) | (0.017) | (0.16) | (0.94S) | (0.0019) | (0.0047) | |
| **천연가스 직화식 왕복 기관** | | | | | | | |
| 4 행정, 약한 연소, 90~105% 부하 | kg/GJ | 0.737 | 9.49 | (5.58 × 10⁻⁴) | (7.71 × 10⁻⁵) | (9.91 × 10⁻³) | |
| | (lb/MMBtu) | (0.317) | (4.08) | | | | |
| 4 행정, 약한 연소, <90% 부하 | kg/GJ | 1.30 | 1.97 | (5.58 × 10⁻⁴) | (7.71 × 10⁻⁵) | (9.91 × 10⁻³) | |
| | (lb/MMBtu) | (0.557) | (0.847) | | | | |

(계속)

| 표 16–15 (계속)

| 분류 | 단위 | CO | NOx | SO$_2^b$ | PM(여과성) | PM(응결성) | 납 |
|---|---|---|---|---|---|---|---|
| **대형 디젤(> 600hp)과 이중 연료 왕복 엔진** | | | | | | | |
| 제어되지 않은 대형 디젤 엔진 | kg/GJ | 2.0 | 7.4 | 2.35S$_1$ | 0.14 | 0.018 | |
| | (lb/MMBtu) | (0.85) | (3.2) | (1.01S$_1$) | (0.062) | (0.0077) | |
| 제어된 대형 디젤 엔진 | kg/GJ | 2.0 | 4.4 | 2.35S$_1$ | | | |
| | (lb/MMBtu) | (0.85) | (1.9) | (1.01S$_1$) | | | |
| 이중연료엔진[d] | kg/GJ | 2.70 | 6.3 | 0.12S$_1$ + 2.08S$_2$ | | | |
| | (lb/MMBtu) | (1.16) | (2.7) | (0.05SS$_1$ + 0.895S$_2$) | | | |

[a] From U.S. EPA (1998, 1999).
[b] S = 연료유의 황 함유량 퍼센트
[c] Values for post New Source Performance Standard (NSPS).
[d] S$_1$ = 연료유의 황 함유량 퍼센트, S$_2$ = 천연가스의 황 함유량 퍼센트

배출 계수를 기초로 한 추정치는 일반적으로 실제보다 적게 잡았다는 것이다. 보다 정확한 추정을 위해, 장비 공급 업체의 배출 데이터를 참조해야 한다.

**질소산화물 제어.** NOx 배출 제어는 연소 온도 및 체류 시간 제어, 촉매 환원 시스템을 사용하는 방법이 있다. 연소 온도 및 체류 시간은 공기와 연료비 조절 또는 물 혹은 증기를 주입함으로써 제어될 수 있다. 후자는 가스 터빈 시스템에 주로 사용된다. 특히 주의해야 할 것은 희석 공기의 사용은 CO의 방출을 초래할 수 있고, NOx 및 CO 방출을 최소화하기 위해 운전 조건이 조절되어야 한다는 것이다. 촉매 환원 시스템에는 암모니아 또는 요소를 사용하는 선택적 촉매 환원 반응과 비선택적 촉매 환원 반응이 있다. 비선택적 촉매 환원은 4% 이하의 배기 산소 수준을 갖는 연소 시스템에 적용 가능하다. 선택적 촉매 환원에서, 질소 산화물, 암모니아(또는 요소) 및 산소는 촉매 존재하에 반응하여 질소 가스($N_2$) 및 물($H_2O$)을 형성한다. 선택적 촉매 환원은 왕복 엔진과 가스 터빈에서 사용된다.

### 》 소화조 가스의 화염연소

슬러지의 혐기성 소화에서 발생하는 가스(소화조 가스)는 일반적으로 55~65% 메탄을 함유하고 열과 전기를 생성하는 연료원으로 사용될 수 있다. 폐수처리시설에서 모든 소화조 가스를 이용하지 않는 경우에는 여분의 가스가 적절히 태워져야 한다(그림 16–20).

메탄 가스의 연소는 다음과 같이 표현된다.

$$CH_4 + 2O_2 \rightarrow CO_2 + 2H_2O \tag{16-35}$$

공기는 약 21%의 산소를 포함하고 메탄 1 mole을 완전히 산화하는 데 산소 2 mole이 필요하다. 그러므로 메탄을 완전 연소시키는 공기와 메탄의 이론비는 약 9.5이다. 60%

**그림 16-20**

**잉여 소화조 가스의 연소를 위한 연돌.** (a) 지면 효과 화염기, (b) 개방형 공기 화염기

메탄을 함유한 소화조 가스의 경우, 이론적인 공기와 소화 가스의 비는 5.7이다. 실제로는 잘 제어되는 화염연소 시스템과 과잉의 공기가 소화조 가스의 효과적인 연소를 위해 필요하다. 소화조 가스의 화염연소로 표 16-1에서 설명된 배출물들이 나온다.

　　내부 연소시스템과 유사하게, 소화조 가스 화염연소에 의한 배출물은 연소의 완전성 및 연소 온도에 의해 결정된다. 소화조 가스에 대한 공기비는 소화조 가스의 질에 따라 조절되어야 하지만 일반적으로 화학양론적으로 필요한 공기 요구량 이외에 150~200%의 과잉공기는 NOx의 생성을 최소화하면서 메탄의 충분한 산화에 필요하다(IEA Bioenergy, 2000). CO 또는 NOx의 배출을 최소화하기 위해 화염기 온도는 850~1200℃ 사이에서 조절되어야 한다. 화염기 시스템의 기술 사양은 연방 법규 CFR 40, 60.18 및 60.31을 충족해야 한다.

---

**예제 16 – 4**　**천연가스 직화식 보일러에서 NOₓ 배출량 계산** U.S. EPA's AP42에 수록된 대기 배출 계수를 사용하여, 천연가스 직화식 보일러의 NOx 배출량을 계산하라. 다음 데이터를 사용하여 계산하라.

| 항목 | 단위 | 기준 |
|---|---|---|
| 보일러 열 입력률 | 52,753 MJ/h<br>(50.0 MMBtu/h) | 공급 업체 또는 제조사 |
| 보일러 연료 | 천연가스 | |
| 천연가스 열 함량 | 39.1 MJ/m³<br>(1050 MMBtu/MMscf) | U.S. EPA AP42[a], 부록 A |
| 보일러 가동 | 8760 h/y | |
| 배출 계수 | 1600 kg/m³<br>(100 lb/MMscf) | U.S. EPA AP42[a], 1.4.5,<br>제어되지 않은 소형 보일러 |

[a] AP42절의 최신 버전에서 찾을 수 있음: http://www.epa.gov/ttnchie1/ap42/.

**풀이**    1.  연간 연소한 연료량을 계산한다. 연료량은 주어진 식에 의해 계산한다.

연료량 = (보일러 열입력률/연료 열용량) × 연간 가동 시간

$$= (52{,}735 \text{ MJ/h}) / (39.1 \text{ MJ/m}^3) \times 8760 \text{ h/y}$$

$$= 11.82 \times 10^6 \text{ m}^3\text{/y 천연가스 소모량}$$

2.  U.S. EPA AP42(표 16−15)에서 찾은 배출 계수를 사용하여, 예상 배출량을 산정한다.

배출량 = 연료 소비량 × 배출 계수

$$\text{배출량} = (11.82 \times 10^6 \text{ m}^3\text{/y}) \times (1600 \text{ kg/m}^3) \times (1 \text{ tonne/ } 10^3 \text{ kg})$$

$$= 18.9 \text{ ton NOx 배출량/y}$$

**참고**    표 16−15와 같이, 저 NOx 버너의 배출 계수는 제어되지 않은 소형 천연가스 보일러의 절반인 800 kg/$10^3$ m$^3$ (50 lb/106 ft$^3$)이고, 배출 계수는 연도 가스 재순환의 1/3 이하인 512 kg/$10^3$ m$^3$ (32 lb/$10^6$ ft$^3$)이다.

---

## 16-6    온실가스의 배출

온실가스(greenhouse gases, GHG) 배출을 입증하고 예상되는 영향을 인지하며, 온실가스를 감소하고 제거하는 것은 폐수관리의 중요한 요소가 되고 있다. 온실가스 배출량 평가는 미래 자본 투자를 위한 우선 순위를 설정하는 과정에서도 중요하다. 폐수처리시설을 계획할 때, 온실가스 배출의 감소는 종종 경제−사회−환경 통합 균형(triple bottom line, TBL) 방식의 환경 평가 형태로 고려된다(18장 참조). 최근까지 측정을 위한 표준 의정서(protocol)가 없고 그 방법이 평가 결과에 영향을 줄 수 있기 때문에 먼저 온실가스 측정 체제 및 의정서를 검토하는 것이 유용하다. 체제 및 의정서를 검토한 후, 폐수처리장의 온실가스 배출 감소에 대하여 논의한다.

### ≫ 온실가스 감축을 위한 체제

1992년 6월 리우데자네이루에서 첫 번째로 서명된 기후 변화에 관한 유엔기후변화협약(UNFCCC)은 기후 변화가 가져 오는 문제에 대한 최초의 주요한 세계적 인식이었다. 1997년 채택된 교토 의정서는 온실가스 배출을 줄이기 위한 실천으로 선진국에 대한 구속력 있는 목표를 설정한 최초의 국제 협약이다. 교토 의정서에 이은, 기후변화에 관한 정부 간 패널(Intergovernmental Panel on Climate Change, IPCC)은 국가 온실가스 인벤토리 가이드 라인을 발표했다(2006년 최신 업데이트됨). 그 후, 작은 규모에서의 온실가스 배출량을 측정하기 위해 개발된 의정서는 일반적으로 교토 의정서에서 지정된 온실가스에 보조를 맞춘 것이다. 미국의 경우, 미국 EPA는 2008년 온실가스 규칙 의무 보고서(Mandatory Reporting of Greenhouse Gases Rule, 74FR 56260)를 발표했다.

## ⟫ 평가 의정서들

"온실가스 의정서와 기업 회계 및 표준보고"란 제목의 의정서가 세계 자원 연구소(World Resources Institute, WRI)와 지속 가능 발전을 위한 세계 경제인 회의(World Business Council for Sustainable Development, WBCSD)에 의해 개발되었는데 이것이 온실가스 의정서로 단순히 언급되고 있으며, IPCC 가이드 라인에 부합하고 특정 사업에서 온실가스 배출량을 정량화하는 표준 의정서로서 널리 사용되고 있다(WRI 및 WBCSD, 2004). 미국의 지방 정부 운영(Local Government Operations, LGO) 의정서는 캘리포니아 대기 자원위원회(California Air Resources Board, ARB)와 공동으로 지속 가능을 위한 ICLEI와 지자체, 기후 등록소 및 수십 명의 이해당사자들과 협력하여 온실가스 의정서에 기초하여 개발되었다(ARF 등, 2010). LGO 의정서에는 물 및 폐수처리시설을 포함한 정부 소유 시설에서의 온실가스 배출량 산정 절차가 명시되어 있다. 폐수처리장에서 GHG 배출을 계산하는 절차는 예제 16-4에 나타나있다. 이러한 의정서는 최신 과학 연구 결과를 반영하기 위해 업데이트되고 있음을 주목하고, 관련 의정서의 최신 간행물을 참조해야 한다.

**온실가스.** 교토 의정서에 기초하여, 다음과 같은 여섯 개의 온실가스가 주로 평가에서 고려된다: 이산화탄소($CO_2$), 메탄($CH_4$), 아산화질소($N_2O$), 수소불화탄소(HFCs), 과불화탄소(PFCs), 육불화황($SF_6$). 각각의 온실가스가 대기 중에서 온난화에 미치는 영향이 다른 수준을 갖기 때문에, GHG의 양은 각 온실가스에 대해 계산된 지구 온난화 지수(global warming potentials, GWP)를 사용하며 일반적으로 이산화탄소의 등가(equivalent)로 환산된 값으로 보고된다(표 16-16 참조). 폐수처리시설에서, HFCs, PFCs의 배출량은 일반적으로 무시할 수 있으므로 주로 $CO_2$, $CH_4$, $N_2O$만 평가한다.

**온실가스의 분류.** 일반적으로, GHG 배출량은 세 가지 영역으로 분류된다.

영역 1: 모든 직접 GHG 배출량
영역 2: 구입하거나 취득한 전기, 스팀, 열 또는 냉각 기기의 사용으로 인한 간접 배출
영역 3: 영역 2에 포함되지 않은 다른 모든 간접 배출

**표 16-16**

**폐수처리장에서 일반적으로 사용되는 연료[a]**

| 온실가스 | 지구 온난화 지수 |
|---|---|
| 이산화탄소($CO_2$) | 1 |
| 메탄($CH_4$) | 21 |
| 아산화질소($N_2O$) | 310 |
| 수소불화탄소(HFCs) | 12~11,700 |
| 과불화탄소(PFCs) | 6500~9200 |
| 육불화황($SF_6$) | 23,900 |

[a] LGO 의정서(2010). HFCs와 PFCs에 대한 GWP 값은 특정 화학 화합물에 따라 다름

LGO 의정서에서, 영역 3이 선택적인 것으로 규정된 반면 영역 1과 2는 필수적으로 보고 되어야 하는 것으로 되어 있다. LGO 의정서에서는 또한 바이오매스(또는 소화조 가스를 포함한 바이오매스 기반의 연료)의 연소에서 나오는 $CO_2$ 배출량은 정량화는 하지만, 영 역 1 배출량에 포함시키지 않고 "생물기원(biogenic)" 배출량으로 따로 보고하도록 권고 한다(LGOP, 2008).

영국 표준 협회(British Standards Institution, BSI)에 의해 준비된 PAS 2050 의 정서는, 온실가스 배출의 평가를 위해 사용될 수 있는 또 다른 접근법이다(BSI, 2011). PAS 2050 의정서는 전 과정 평가에 기초하고 있으며 WRI/WBSCD 의정서에 있는 영 역 3의 범위를 포함한다.

**아산화질소 배출.** 아산화질소의 지구 온난화 지수(이산화탄소의 약 310배의 효과) 때 문에, 폐수처리시설에서 아산화질소의 배출량은 잠재적으로 다른 온실가스의 배출과 대 비하여 매우 중요하다. 현재, 위에 기술된 의정서들은 폐수처리시설로부터 나오는 아산 화질소 배출량은 공장에 부하되는 질소량 혹은 수역 인구, 처리의 형태, 그리고 들어오 는 물의 형태에 근거한 대략적인 추정치를 사용한다. 배출은 시설에서 직접 배출로 간주 되어 영역 1 항목에 포함하고 있다. 7장에서 설명한대로, 폐수처리시설에서 아산화질소 배출 메커니즘은 가동 조건에 따라 매우 달라지는데 정확하게 추정하기가 어렵다. 의정 서를 기반으로, 폐수처리시설에서 나오는 아산화질소 배출량은 전체 온실가스 배출량의 1/3, 또는 그 이상이 될 수 있다.

| 예제 16-5 | **폐수처리장에서 온실가스 배출량 계산** 폐수처리장에서 나오는 온실가스 배출량을 계산 하라. 처리장은 BOD 제거 및 질산화/탈질을 위해 설계되고, 유출수는 하구로 배출된다. 처리장은 주거 및 상업용/산업용 시설 사용자 모두에게 제공된다. 처리장에 대해 계산하 는 데 필요하여 수집된 데이터는 다음과 같다. 영역 1 및 영역 2 배출량과 별도의 생물 기원 배출량도 보고되어 있다.

| 항목 | 단위 | 값 |
|---|---|---|
| 에너지 사용 | | |
| 전기 | kWh/y | 14,100,000 |
| 천연가스 | m³/y | 17,300 |
| 연료유 #2 | m³/y | 390 |
| 소화조 가스 생산 | m³/y | 1,047,900 |
| 사용된 소화조 가스 | m³/y | 755,000 |
| 연소된 소화조 가스 | m³/y | 290,500 |
| 배출된 소화조 가스 | m³/y | 2,400 |

(계속)

(계속)

| 항목 | 단위 | 값 |
|---|---|---|
| 처리장 성능 | | |
| 연간 평균 유량 | $m^3/d$ | 100,000 |
| 평균 유입 암모늄 농도 | mg/L | 18 |
| 평균 유입 총 질소 농도 | mg/L | 32 |
| 평균 유출 암모늄 농도 | mg/L | 1.5 |
| 평균 유출 총 질소 농도 | mg/L | 8.3 |
| 다른 필요 정보 | | |
| 인구 | persons | 430,000 |
| 소화조 가스의 메탄 함량 | % | 60 |
| 소화조 가스의 이산화탄소 함량 | % | 35 |
| 천연가스의 에너지 함량 | $GJ/m^3$ | 0.0383 |
| 연료유 #2의 에너지 함량 | $GJ/m^3$ | 38.47 |
| 소화조 가스의 에너지 함량 | $GJ/m^3$ | 0.0224 |
| 배출 계수 | | |
| 전기 | $g\ CO_2e/kW\ h$ | 720 |
| 천연가스 | | |
| $CO_2$ | g/GJ | 50,253 |
| $CH_4$ | g/GJ | 0.948 |
| $N_2O$ | g/GJ | 0.0948 |
| 연료유 #2 | | |
| $CO_2$ | g/GJ | 70,100 |
| $CH_4$ | g/GJ | 2.844 |
| $N_2O$ | g/GJ | 0.569 |
| 소화조 가스 | | |
| $CO_2$ | g/GJ | 49,353 |
| $CH_4$ | g/GJ | 3.033 |
| $N_2O$ | g/GJ | 0.597 |

**풀이**

1. 천연가스와 연료유의 고정연소로부터 나오는 배출물 및 소화조 가스의 탈루성 배출물, 그리고 폐수처리공정과 관련된 배출물들을 포함한 영역 1 배출물들을 계산하라:

   a. 천연가스에서의 배출량

   $CO_2$ 배출량 = (천연가스 사용량, $m^3/y$)(에너지 함량, $GJ/m^3$)(배출 계수)

   $= (17,300\ m^3/y)(0.0383\ GJ/m^3)(50,253\ g/GJ)(1\ tonne/10^6\ g)$

   $= (33,297,135\ g/y)(1\ tonne/10^6\ g)$

   $= 33.3\ tonne/y$

   $CH_4$ 배출량 = (천연가스 사용량, $m^3/y$)(에너지 함량, $GJ/m^3$)(배출 계수)

   $= (17,300\ m^3/y)(0.0383\ GJ/m^3)(0.948\ g\ CH4/GJ)(1\ tonne/10^6\ g)$

   $= (628.1\ g\ CH4/y)(1\ tonne/10^6\ g)$

   $= 0.000628\ tonne\ CH_4/y$

$$N_2O \text{ 배출량} = \text{(천연가스 사용량, m}^3\text{/y)(에너지 함량, GJ/m}^3\text{)(배출 계수)}$$

$$= (17{,}300 \text{ m}^3\text{/y})(0.0383 \text{ GJ/m}^3)(0.0948 \text{ g N}_2\text{O/GJ})(1 \text{ tonne/10}^6 \text{ g})$$

$$= (62.81 \text{ g/y})(1 \text{ tonne/10}^6 \text{ g})$$

$$= 0.0000628 \text{ tonne N}_2\text{O/y}$$

$$\text{총 배출량} = (\text{CO}_2 \text{ 배출량})\text{GWP}_{\text{CO}_2} + (\text{CH}_4 \text{ 배출량})\text{GWP}_{\text{CH}_4} + (\text{N}_2\text{O 배출량})\text{GWP}_{\text{N}_{2}\text{O}}$$

$$= 33.3 \times 1.0 + 0.000628 \times 21 + 0.0000628 \times 310$$

$$= 33.3 \text{ tonne CO}_2 \text{ e/y}$$

b. 연료유 #2에서의 배출량

$$\text{CO}_2 \text{ 배출량} = \text{(연료유 사용량, m}^3\text{/y)(에너지 함량, GJ/m}^3\text{)(배출 계수)}$$

$$= (390 \text{ m}^3\text{/y})(38.47 \text{ GJ/m}^3)(70{,}100 \text{ g CO}_2\text{/GJ})(1 \text{ tonne/10}^6 \text{ g})$$

$$= (1{,}051{,}731{,}330 \text{ g/y})(1 \text{ tonne/10}^6 \text{ g})$$

$$= 1051.7 \text{ tonne/y}$$

$$\text{CH}_4 \text{ 배출량} = \text{(연료유 사용량, m}^3\text{/y)(에너지 함량, GJ/m}^3\text{)(배출 계수)}$$

$$= (390 \text{ m}^3\text{/y})(38.47 \text{ GJ/m}^3)(2.844 \text{ g CH}_4\text{/GJ})(1 \text{ tonne/10}^6 \text{ g})$$

$$= (42{,}669.4 \text{ g CH}_4\text{/y})(1 \text{ tonne/10}^6 \text{ g})$$

$$= 0.0427 \text{ tonne CH}_4\text{/y}$$

$$\text{N}_2\text{O 배출량} = \text{(연료유 사용량, m}^3\text{/y)(에너지 함량, GJ/m}^3\text{)(배출 계수, kg-N}_2\text{O/GJ)}$$

$$= (390 \text{ m}^3\text{/y})(38.47 \text{ GJ/m}^3)(0.569 \text{ g N}_2\text{O/GJ})(1 \text{ tonne/10}^6 \text{ g})$$

$$= (8536.9 \text{ g N}_2\text{O/y})(1 \text{ tonne/10}^6 \text{ g})$$

$$= 0.00854 \text{ tonne N}_2\text{O/y}$$

$$\text{총 배출량} = (\text{CO}_2 \text{ 배출량})\text{GWP}_{\text{CO}_2} + (\text{CH}_4 \text{ 배출량})\text{GWP}_{\text{CH}_4} + (\text{N}_2\text{O 배출량})\text{GWP}_{\text{N}_{2}\text{O}}$$

$$= 1050.7 \times 1.0 + 0.0427 \times 21 + 0.00854 \times 310$$

$$= 1054.2 \text{ tonne CO}_2 \text{ e/y}$$

c. 소화조 가스 사용으로부터의 배출량. 소화조 가스 연소로 인한 $CO_2$ 배출은 "생물기원"으로 간주함에 주의하라. 생물기원 배출은 종종 온실가스 배출의 일부로서 보고하도록 요구되지 않지만 별도로 보고할 필요가 있다.

$$\text{CO}_2 \text{ 배출량} = \text{(소화조 가스 사용량, m}^3\text{/y)(에너지 함량, GJ/m}^3\text{)(배출 계수)}$$

$$= (755{,}000 \text{ m}^3\text{/y})(0.0224 \text{ GJ/m}^3)(49{,}353 \text{ g CO}_2\text{/GJ})(1 \text{ tonne/10}^6 \text{ g})$$

$$= (834{,}657{,}936 \text{ g/y})(1 \text{ tonne/10}^6 \text{ g})$$

$$= 834.7 \text{ tonne/y}$$

$$\text{CH}_4 \text{ 배출량} = \text{(소화조 가스 사용량, m}^3\text{/y)(에너지 함량, GJ/m}^3\text{)(배출 계수)}$$

$$= (755{,}000 \text{ m}^3\text{/y})(0.0224 \text{ GJ/m}^3)(3.033 \text{ g CH}_4\text{/GJ})(1 \text{ tonne/10}^6 \text{ g})$$

$$= (51{,}294 \text{ g CH}_4\text{/y})(1 \text{ tonne/10}^6 \text{ g})$$

$$= 0.0513 \text{ tonne CH}_4\text{/y}$$

$$\text{N}_2\text{O 배출량} = \text{(소화조 가스 사용량, m}^3\text{/y)(에너지 함량, GJ/m}^3\text{)(배출 계수)}$$

$$= (755,000 \text{ m}^3/\text{y})(0.0224 \text{ GJ/m}^3)(0.597 \text{ g N}_2\text{O/GJ})(1 \text{ tonne}/10^6 \text{ g})$$

$$= (10,096 \text{ g N}_2\text{O/y})(1 \text{ tonne}/10^6 \text{ g})$$

$$= 0.0101 \text{ tonne N}_2\text{O/y}$$

총 배출량 $= (\text{CH}_4 \text{ 배출량})\text{GWP}_{\text{CH}_4} + (\text{N}_2\text{O 배출량})\text{GWP}_{\text{N}_2\text{O}}$

$$= 0.0513 \times 21 + 0.0101 \times 310$$

$$= 4.21 \text{ tonne CO}_2 \text{ e/y}$$

생물기원 배출량 $= (\text{CO}_2 \text{ 배출량})\text{GWP}_{\text{CO}_2}$

$$= 834.7 \times 1.0$$

$$= 834.7 \text{ tonne CO}_2 \text{ e/y}$$

d. 소화조 가스 화염기에서의 배출량. LOG 의정서에서는, 소화조 가스 화염기는 불완전 연소에 의하여 소화조 가스 중의 메탄가스 1%를 남겨 두고 있는 것으로 가정하며, 아산화질소 배출량은 소화조 가스 화염기로부터 추정되지 않는다. 이 예제는 LOG 의정서에 의해 채택된 접근법을 따른다. 소화조 가스 연소와 비슷하게 $\text{CO}_2$ 배출은 "생물기원"으로 간주한다.

$\text{CO}_2$ 배출량 $= (\text{소화조 가스 화염 연소량, m}^3/\text{y})(\text{에너지 함량, GJ/m}^3)(\text{배출 계수})$

$$= (290,500 \text{ m}^3/\text{y})(0.0224 \text{ GJ/m}^3)(49,353 \text{ g CO}_2/\text{GJ})(1 \text{ tonne}/10^6 \text{ g})$$

$$= (321,149,841.6 \text{ g/y})(1 \text{ tonne}/10^6 \text{ g})$$

$$= 321.15 \text{ tonne/y(생물기원)}$$

$\text{CH}_4$ 배출량 $= (\text{소화조 가스 화염 연소량, m}^3/\text{y})(\text{메탄 함량}) \times (\text{불완전연소})(\text{메탄의 질량, g/m}^3)$

$$= (290,500 \text{ m}^3/\text{y})(0.60)(0.01)(656 \text{ g/m}^3)(1 \text{ tonne}/10^6 \text{ g})$$

$$= (1,143,408 \text{ g CH}_4/\text{y})(1 \text{ tonne}/10^6 \text{ g})$$

$$= 1.143 \text{ tonne CH}_4/\text{y}$$

총 배출량 $= (\text{CH}_4 \text{ 배출량})\text{GWP}_{\text{CH}_4}$

$$= 1.143 \times 21$$

$$= 24.0 \text{ tonne CO}_2 \text{ e/y}$$

생물기원 배출량 $= (\text{CO}_2 \text{ 배출량})\text{GWP}_{\text{CO}_2}$

$$= 321.15 \times 1.0$$

$$= 321.2 \text{ tonne CO}_2 \text{ e/y}$$

e. 배기된 소화조 가스 배출량. 대기로 배출된 소화조 가스 배기량의 60%는 메탄으로 영역 1 배출로 보고된다. 이산화탄소(35%)는 온실가스 인벤토리에 포함되지 않는다.

$\text{CH}_4$ 배출량 $= (\text{배기된 소화조 가스 양, m}^3/\text{y})(\text{메탄 함량})(\text{메탄의 질량, g/m}^3)$

$$= (2400 \text{ m}^3/\text{y})(0.60)(656 \text{ g/m}^3)(1 \text{ tonne}/10^6 \text{ g})$$

$$= (944,640 \text{ g-CH}_4/\text{y})(1 \text{ tonne}/10^6 \text{ g})$$

$$= 0.945 \text{ tonne} - \text{CH}_4/\text{y}$$

$$총 \ 배출량 = (CH_4 \ 배출량)GWP_{CH_4}$$
$$= 0.945 \times 21$$
$$= 19.8 \ tonne \ CO_2 \ e/y$$

f. 질산화/탈질화 공정이 있는 WWTP에서의 공정 중 $N_2O$ 배출을 계산하라. LGO 의정서에서, 질산화/탈질화 공정이 있는 WWTP에서의 공정 중 $N_2O$ 배출은 배출 계수 7 g-$N_2O$/person/y를 이용하여 계산된다. 주어진 데이터를 이용하여, 배출량은 다음과 같이 계산된다.

$$공정 \ 중 \ N_2O \ 배출 = [(P_{total} \times F_{ind-com})EF_{nit/denit}(1 \ tonne/10^6 \ g)]GWP_{N_2O}$$
$$= [(430,000 \times 1.25) \times 7 \times 10^{-6}] \times 310$$
$$= 1166.4 \ tonne \ CO_2 \ e/y$$

여기서, $P_{total}$ = 처리시설을 이용하는 전체 인구

$\qquad F_{ind-com}$ = 하수 시스템으로 유입되는 산업 및 상업 공동 배출물 계수

$\qquad$ = 1.25 for WWTPs

$\qquad EF_{nit/denit}$ = 배출 계수 = 7 g-$N_2O$/person · y

$\qquad GWP_{N_2O}$ = $N_2O$ 지구온난화 지수 = 310

g. 유출수에서의 $N_2O$ 배출량을 계산하라.

LGO 의정서에서, 폐수 유출에서의 공정 중 $N_2O$ 배출은 측정된 총 평균 질소 배출을 기준으로 계산된다. 유출수 배출에서의 $N_2O$ 배출 계수는 0.005 kg $N_2O$-N/kg-N(유출수에서 배출된)이다. 주어진 데이터를 이용하여, $N_2O$ 배출량은 다음과 같이 계산된다.

$$공정 \ 중 \ N_2O \ 배출 = (N \ load)(EF_{effluent})(365.25)(44/28)(10^{-6})GWP_{N_2O}$$
$$= [(8.3 \ g \ N/m^3)(100,000 \ m^3/d)](0.005 \ kg\text{-}N_2O\text{-}N/kg\text{-}N)$$
$$(365.25 \ d/y)(44 \ g\text{-}CO_2/28 \ g\text{-}N)(1 \ tonne/10^6)(310)$$
$$= (2,381,952 \ g/y)(1 \ tonne/10^6 \ g)(310)$$
$$= 738.4 \ tonne \ CO_2e/y$$

h. 영역 1 배출량 요약

$$총 \ 영역 \ 1 \ 배출량 = 33.3 + 1054.2 + 4.21 + 24.0 + 19.8 + 1166.4 + 738.4$$
$$= 3040 \ tonne \ CO_2 \ e/y$$
$$생물기원 \ 배출량 = 834.7 + 321.2 = 1156 \ tonne \ CO_2e/y$$

2. 영역 2 배출량 계산

전기와 관련된 배출량:

$$CO_2 \ 배출량 = (전기 \ 사용량, \ kWh/y)(배출 \ 계수, \ g \ CO_2e/kWh)$$
$$= 14,100,000 \times 720 \ g/y$$
$$= (10,152,000,000 \ g/y)(1 \ tonne/10^6)$$
$$= 10,152 \ tonne/y$$

3. 총 배출량 및 생물기원 배출량 요약

총 배출량 = 영역 1 배출량 + 영역 2 배출량

= 3040 + 10,152 = 13192 tonne $CO_2e/y$

총 생물기원 배출량 = 1156 tonne $CO_2$ e/y

**참조** 이 예에 나타난 계산은 SI 단위로 제시된 LGO 의정서를 기본으로 한 것이다. 이것은 영역 1 배출량의 약 2/3가 아산화질소 배출에 기인하고 있음에 유의해야 하고, 이는 총 배출량의 약 14%에 해당한다.

## ≫ 폐수처리시설에서의 온실가스 감축 기회

폐수처리시설에서 온실가스 감축을 위한 기회는 표 16-17에 요약되어 있다. 온실가스 감축 기회의 대부분이 에너지 사용의 감소에 직접적으로 연관되며, 17장에서 추가 논의된다. 또 다른 기회는 더 적은 온실가스를 배출하는 에너지원으로 바꾸는 것이다. 온실가스 감축을 위한 기회의 예는 다음의 세부 항에서 간략하게 설명된다. 다양한 옵션이 있다는 것에 주목해야 하는데, 대부분 특정 위치에서 에너지 절약 및 온실가스 배출 감소를 달성했다. 이는 온실가스 감축을 위한 옵션이 평가되기 전에 기존 조건들에 대한 철저한 평가가 이루어져야 한다는 것에 주목하는 것도 중요하다. 기존의 조건들과 온실가스 감축을 위한 기회들을 평가하기 위해서는 미국 EPA, WEF에서 나온 최신 및 기타 출판물들을 참고해야 한다.

**용존 산소 제어.** 전형적인 재래식 이차 처리시설에서 활성 슬러지 반응기의 포기는 가장 중요한 공정 요소이다. 이는 전체 공정 관련 에너지의 거의 절반을 사용하기 때문이다(4장 및 17장 참조). 용존 산소의 조절이 에너지 사용을 줄일 뿐만 아니라, 또한 성능을 향상시킬 수 있다. 온라인으로 자동화된 DO 제어 분석기의 사용은 일반적인 관행이 되었다. 그 밖의 공정 개선은 DO 제어를 향상시키는 것과 송풍기와 산기관의 개선을 포함하여 에너지 효율과 연관된 것이다(5장 참조).

**처리공정의 변환** 처리공정을 선택하거나, 공정 개선 및 변경 계획을 할 때에는 처리 목적을 달성하기 위해 더 적은 에너지를 필요로 하는 처리공정을 고려하여야 한다. 예를 들어, 질산화 및 탈질화로 질소제거 공정을(7, 8, 15장 참조) 조절함으로써 질소를 제거하기 위한 산소 요구량이 25%까지 감소될 수 있다. 폐수와 처리시설 내에 있는 폐에너지로부터 에너지의 생성과 회수는 온실가스 감축의 중요한 고려사항이며, 폐수의 성분(예, 소화조 가스 형태로)에서 회수된 에너지는 생물기원으로 간주하여 영역 1, 영역 2의 배출물에 포함시키지 않는다. 화석 연료원의 화학물질 사용과 관련된 온실가스 배출은 일반적으로 영역 3으로 간주된다. 그러나 탈질을 위해 화석 연료에서 만들어낸 메탄올의 사용으로 발생한 $CO_2$ 배출은 공정상 발생 영역 1 배출량으로 계산할 수 있다(ICLEI, 2012).

**아산화질소 배출 관리.** 아산화질소 배출량은 처리 과정 및 수역에서 나오는 실제 배출량이 반영되지 않을 수 있다는 가정과 함께 계산되고, 그것은 폐수처리시설에서의 총 온

**표 16 – 17**

**폐수처리시설에 대한 온실가스 감축 옵션에서 고려사항**

| 단위 공정 | 설명 |
|---|---|
| 일반 | • 낮은 온실가스 배출 에너지원 선택(소화조 가스 또는 천연가스 vs. 연료유) |
| | • 폐수처리장 내에서 폐에너지 회수(17장 참조) |
| 주입구/예비 처리 | • 펌프 효율 개선 |
| | • 유량 균등화 |
| 일차처리 | • 고형물 제거 개선 |
| 이차처리 및 | • 고효율 산소 전달 산기관 사용 |
| 측류처리 | • 에너지 고효율 송풍기 사용 |
| | • 공기 요구량의 전 범위에 걸쳐 높은 고효율로 작동할 수 있는 송풍기 또는 송풍기 조합 선택 |
| | • 활성 슬러지 무산소/혐기성 영역에서 에너지 고효율 혼합 시스템의 사용 |
| | • DO 모니터링과 폭기 제어 |
| | • $NH_4$-N 모니터링과 폭기 제어 |
| | • 적은 산소를 필요로 하는 생물 공정 선택(질산화/탈질화, 부분 질산화/탈암모니아화)(7,8,9,15장 참조) |
| | • $N_2O$의 생성을 최소화하기 위한 공정 구성 및 제어(7장 참조) |
| 슬러지 처리 및 | • 슬러지 농축 및 탈수 최적화 |
| 바이오 고형물 | • 불명확하고 미연소된 메탄 배출물 제거 |
| 이용/처분 | • 소화조 가스의 완전한 활용 |
| | • 소화조 가스 생산 개선(13장 참조) |
| | • 슬러지 건조 예열을 위한 폐열 이용(14장 참조) |
| | • 슬러지 소각 시스템으로부터 열 회수(14장 참조) |
| | • 소화조 가스 및 생물고형물로부터 현장 에너지와 열 생산(14, 17장 참조) |
| 소독 | • 자외선 소독을 위한 고출력 램프 사용 |
| 고도처리 | • 저에너지 요구 막 시스템 사용 |
| | • 막 처리 시스템에서 잔여 압력으로부터 에너지 회수 |

실가스 배출량의 상당 부분에 해당한다. 가동 혹은 제어 상태인지에 따라, 생물학적처리 공정에서 나오는 아산화질소 배출량이 크게 증가할 수 있다. 생물학적처리 중 아산화질소의 생성은 7장의 7–12절에서 설명된다.

**소화조 가스의 사용.** 보일러와 발전을 위해 소화조 가스의 사용은 많은 폐수처리시설에서 일반적으로 이루어지고 있음에도 불구하고, 혐기성 슬러지 소화를 가진 모든 시설이 소화조 가스 모두를 이용하지는 않는다. 메탄은 이산화탄소보다 21배 높은 지구 온난화 지수이며, 대기 중에 미연소 소화조 가스를 방출할 수 있는 주요 온실가스 배출원 중 하나이다. 소화조 가스의 간단한 화염연소로 온실가스 배출은 21배 감소되고, 화염기에서 배출된 $CO_2$는 생물 공급원으로부터 방출된 것이기 때문에 온실가스 배출 인벤토리에 포함시키지 않고 별도로 "생물기원" 배출량으로 계산한다. 연료원으로 소화조 가스 이용을 극대화함으로써 다른 공급원에서 나오는 전기 및 연료 사용에 따른 온실가스 배출량의 일부를 피할 수 있다. 소화조 가스 및 에너지 사용의 관리는 17장에서 추가로 논의한다.

## 문제 및 토의과제

**16-1** $CaCO_3$ 값으로 10.87 mg/L의 알칼리도를 가지는 염소로 얼마의 $H_2S$ mg/L를 제거할 수 있는지 확인하라.

**16-2** 황화수소 $H_2S$의 산화에 필요한 과산화수소($H_2O_2$)의 양을 계산하라.

**16-3** 다음 과망간산이온($MnO_4^-$)의 반쪽 반응을 이용하여, 유량이 각각 1500, 2000, 1800, 2200 $m^3$/min인 오염된 공기 내에는 $H_2S$ 100 $ppm_v$가 함유되어 있는데 이를 산화시키기 위해 하루에 필요한 과망간산이온의 양을 계산하라(유량은 강사에 의해 선택).

$$MnO_4^- + 4H^+ + 3e^- \rightarrow MnO_2(s) + 2H_2O$$

**16-4** 소화조 상등액에서의 150 mg/L의 $H_2S$을 제거하기 위해 요구되는 황화철(FeSO$_4$) 양을 계산하라. $H_2S$의 황 이온은 교환 반응으로 황화철로 변환된다고 가정한다.

**16-5** 네 가지 다른 오염공기가 샘플링되어 그 결과를 아래에 요약했다. 이러한 오염공기 중 하나(강사에 의해 선택)에 대하여 화학물질 필요량을 계산하라. 차아염소산소듐과 수산화소듐이 화학 세정기에서 사용된다.

| 항목 | 단위 | 공장 | | | |
|---|---|---|---|---|---|
| | | 1 | 2 | 3 | 4 |
| 오염공기 유량 | m³/min | 1000 | 2500 | 3200 | 1800 |
| $H_2S$ 농도 | ppm$_v$ | 75 | 45 | 65 | 35 |
| 기액비 | kg/kg | 1.85 | 2.0 | 2.1 | 1.9 |
| 온도 | ℃ | 28 | 33 | 30 | 25 |
| 50% NaOH 용액 밀도 | kg/L | 1.52 | 1.52 | 1.52 | 1.52 |

**16-6** 표 16–11에 주어진 설계 기준을 사용하여, 각각의 유량 1500, 880, 2100, 2300 $m^3$/min(강사에 의해 선택)의 오염 공기 내에 있는 $H_2S$ 65 $ppm_v$을 제거하기에 필요한 필터용 퇴비의 크기를 계산하라. 또한, 필터 안에서 처리의 결과로 생성된 산을 중화하는 데 필요한 완충물질의 양을 계산하라. 충진상의 공극률은 43%로 가정한다. 오염 공기의 온도는 20℃이다.

**16-7** 미국 EPA의 AP42에서 수록된 대기 배출 계수를 사용하여, 이중연료(duel-fuel) 왕복 엔진에서 나오는 CO, NOx, SO$_2$(강사에 의해 선택)의 배출량을 계산하라. 배출량을 가정하는 데 사용되는 데이터는 아래와 같으며 배출 계수는 표 16–15에 나타나 있다.

| 항목 | 단위 |
|---|---|
| 엔진 정격 마력 | 2386 kW (3200bhp) |
| 연료 | 연료유 #2, 천연가스 |
| 연료유 #2 열 함량 | 38.47 GJ/m³ |
| 천연가스 열 함량 | 0.0383 GJ/m³ |
| 연료유의 평균 부하 | 35% |
| 엔진 가동 | 8640 h/y |

**16-8** 예제 16-4에서, 소화조 가스의 일부분은 화염연소되어 배출되었다. 예제 16-4의 모든 미사용 소화조 가스는 천연가스의 소비를 줄이기 위해 이용되는 상황임을 고려하고, 처리장에 있는 장비가 천연가스 및 소화조 가스로의 사용으로 전환할 수 있다고 가정하여 다음을

계산하라: (a) 연간 줄여지는 천연가스 소비량, (b) 총 온실가스 배출 감소량

# 참고문헌

Allen, E. R., and Y. Yang (1991) "Biofiltration Control of Hydrogen Sulfide Emissions," *Proceedings of the 84th Annual Meeting of the Air and Waste Management Association*, Vancouver, BC, Canada.

Allen, E. R., and Y. Yang (1992) "Operational Parameters for the Control of Hydrogen Sulfide Emissions Using Biofiltration," *Proceedings of the 85th Annual Meeting of the Air and Waste Management Association*, Kansas City, MO.

ARB, CCAR, ICLEI, and the Climate Registry (2010) *Local Government Operations Protocol for the Quantification and Reporting of Greenhouse Gas Emissions Inventories*, Version 1.1, California Air Resources Board, California Climate Action Registry, ICLEI – Local Governments for Sustainability, and the Climate Registry, Sacramento, CA.

Bielefeldt, A. R., and H. D. Stensel (1999) "Treating VOC–Contaminated Gases in Activated Sludge: Mechanistic Model to Evaluate Design and Performance," *Environ. Sci. Technol.*, **33**, 18, 3234 – 3240.

Bohn, H. L., and R. K. Bohn (1988) "Soil Beds Weed Out Air Pollutants," *Chem. Engnr.*, **95**, 6, 73 – 76.

BSI (2011) *Specification for the Assessment of the Life Cycle Greenhouse Gas Emissions of Good and Services*, PAS 2050:2011, British Standards Institution, London.

Crites, R. W., and G. Tchobanoglous (1998) *Small and Decentralized Wastewater Management Systems*, McGraw-Hill, New York.

Devinny, J S., M. A. Deshusses, and T. S. Webster (1999) *Biofiltration For Air Pollution Control*, Lewis Publishers, Boca Raton, FL.

Eweis, J. B., S. J. Ergas, D. P. Y. Chang, and E. D. Schroeder (1998) *Bioremediation Principles*, McGraw-Hill, Boston, MA.

Finn, L., and R. Spencer (1997) "Managing Biofilters for Consistent Odor and VOC Treatment," *BioCycle*, **38**, 1, 40 – 44.

Hsieh, C., K. S. Ro, and M. K. Stenstrom (1993) "Estimating Emissions of 20 VOCs II, Diffused Aeration," *J. Environ. Engr.*, **119**, 6, 1099 – 1118.

ICLEI (2012) *U.S. Community Protocol for Accounting and Reporting of Greenhouse Gas Emissions*, V1.0, ICLEI – Local Government for Sustainability USA, Oakland, CA.

IEA Bioenergy (2000) *Biogas Flares: State of the Art and Market Review*, Topic Report of the IEA Bioenergy Agreement Task 24 – Biological Conversion of Municipal Solid Waste, *AEA Technology Environment*, Culham, Abingdon, Oxfordshire, UK.

Libra, J. A. (1993) "Stripping of Organic Compounds in an Aerated Stirred Tank Reactor," Fortschc.-ber. VD1 Rhhe 15, Nr. 102, VDI–Verlag, Düsseldorf, Germany.

Matter-Muller, C., W. Gujer, and W. Giger (1981) "Transfer of Volatile Substances from Water to the Atmosphere," *Water Res.*, **15**, 11, 1271 – 1279.

Murthy, S. (2001) Personal communication.

Novak, J. T. (2001) Personal communication.

Pomeroy, R. D. (1957) "Deodorizing Gas Streams by the Use of Microbiological Growths," U.S. Patent No. 2,793,096.

Rafson, H. J. (ed.) (1998) *Odor and VOC Control Handbook*, McGraw-Hill, New York.

Roberts, P. V., and P.G. Dandliker (1983) "Mass Transfer of Volatile Organic Contaminants from Aqueous Solution to the Atmosphere During Surface Aeration," *Environ. Sci. Technol.*, **17**, 8, 484 – 489.

Roberts, P. V., C. Munz, P. G. Dandliker, and C. Matter-Muller (1984) *Volatilization of Organic Pollutants in Wastewater Treatment-Model Studies*, EPA-600/S2-84-047.

Schroeder, E. D. (2001) Personal Communication, Department of Civil and Environmental Engineering, University of California at Davis, Davis, CA.

Schwarzenbach, R. P., P. M. Gschwend, and D. M. Imboden (1993) *Environ. Org. Chem.*, Wiley, New York.

Tchobanoglous, G., and E. D. Schroeder (1985) *Water Quality: Characteristics, Modeling,*

*Modification*, Addison-Wesley Publishing Company, Reading, MA.

Thibodeaux, L. J. (1979) *Chemodynamics: Environmental Movement of Chemicals in Air, Water, and Soil*, Wiley, New York.

U.S. EPA (1985) *Design Manual, Odor and Corrosion Control in Sanitary Sewerage Systems and Treatment Plants*, EPA/625/1 – 85/018, U.S. Environmental Protection, Agency Washington, DC.

U.S. EPA (1986) *Handbook: Control Technologies for Hazardous Air Pollutants*, EPA/625/6 – 86/014, U.S. Environmental Protection Agency, Research Triangie Park, NC.

U.S. EPA (1995) *Compilation of Air Pollutant Emission Factors*, AP-42, 5th ed., U.S. Environmental Protection Agency, Research Triangle Park, NC.

U.S. EPA (1998) *Compilation of Air Pollutant Emission Factors*, AP 42, 5th ed., Vol. I, Chap. 1: External Combustion Sources, Sec 1.4, Natural Gas Combustion, U.S. Environmental Protection Agency, Research Triangle Park, NC.

U.S. EPA (1999) *Compilation of Air Pollutant Emission Factors*, AP 42, 5th ed., Vol. I, Chap. 1: External Combustion Sources, Sec 1.3, Fuel Oil Combustion, U.S. Environmental Protection Agency, Research Triangle Park, NC.

U.S. EPA (2010) *Evaluation of Energy Conservation Measures for Wastewater Treatment Facilities*, EPA 832-R-10-005, Office of Wastewater Management, U.S. Environmental Protection Agency, Washington, DC.

van Lith, C. (1989) "Design Criteria for Biofilters," Proceedings of the 82th Annual Meeting of the Air and Waste management Association, Anaheim, CA.

WEF (1995) *Odor Control in Wastewater Treatment Plants*, WEF Manual of Practice No. 22, Water Environment Federation, Alexandria, VA.

WEF (1997) *Biofiltration: Controlling Air Emissions through Innovative Technology*, Project 92–VOC–1, Water Environment Federation, Alexandria, VA.

WEF (2004) *Control of Odors and Emissions from Wastewater Treatment Plants*, WEF Manual of Practice No. 25, Water Environment Federation, Alexandria, VA.

Williams, D. G. (1996) *The Chemistry of Essential Oils*, Michelle Press, Dorset, England.

Williams, T. O., and F. C. Miller (1992a) "Odor Control Using Biofilters," *BioCycle*, **33**, 10, 72 – 77.

Williams, T. O., and F. C. Miller (1992b) "Biofilters and Facilities Operations," *BioCycle*, **33**, 11, 75 – 79.

Wilson, G. (1975) Odors: Their Detection and Measurement, EUTEK Process Development and Engineering, Sacramento, CA.

Yang, Y., and E. R. Allen (1994) "Biofiltration Control of Hydrogen Sulfide: Design and Operational Parameters," *J. AWWA*, **44**, 7, 863 – 868.

WASTEWATER ENGINEERING Treatment and Resource Recovery

# 17

# 하수관리에서의 에너지 고려사항
*Energy Considerations in Wastewater Management*

# 용어정의

| 용어 | 정의 |
|---|---|
| 바이오가스(biogas) | 유기물의 혐기성 처리에서 생성된 가스를 일컫는 일반 용어. 슬러지의 혐기성 소화에서 생성된 바이오가스는 일반적으로 60~65%의 메탄과 약 30%의 이산화탄소로 구성. 이 용어는 소화가스를 대신하여 사용됨 |
| 봄 열량계(bomb calorimeter) | 시료의 무게를 알고 있을 때 연소에너지와 방출에너지를 측정하는 장치 |
| 카르노 사이클(carnot cycle) | 내부의 열전달이 없는 두 개의 등온과정과 두 개의 등엔트로피 과정으로 구성된 가역적 동력 사이클 |
| 성능계수(coefficient of performance, COP) | 열펌프 등과 같은 에너지 회수공정에서 에너지 투입량에 대한 추출된 에너지의 비율 |
| 대류(convection) | 기체나 액체의 이동으로 전달된 열 |
| 열병합발전 (combined heat and power, CHP) | 전기와 열을 동시에 생산하는 시스템 |
| 발전 효율(electrical efficiency) | 총 에너지 주입량에 대한 전기 전환 에너지의 백분율 |
| 엔탈피(enthalpy) | 압력과 부피를 곱한 값과 내부에너지의 합으로 표현된 시스템의 열역학적 상태량 |
| 발열반응(exothermic reaction) | 분자로부터 에너지가 방출되는 화학반응 |
| 연료전지(fuel cell) | 수소와 산소의 반응으로 전기를 생성하는 장치. 하수처리시설에서 바이오가스 내 메탄은 수소 생성에 이용될 수 있음. 또한 회수 가능한 열에너지는 연료전지로 생성될 수 있음 |
| 열교환기(heat exchanger) | 외부 전력과 냉매를 통해 열을 추출할수 있는 장치 |
| 히트펌프(heat pump) | 외부 전력원의 에너지와 냉매를 이용하여 다른 대상으로 열을 전달하는 데 이용하는 장치 |
| 고위발열량( higher heating value, HHV) | 어떤 물질의 단위질량당 완전 연소로 방출된 에너지의 총량. 증발 잠열은 HHV로 계산됨 |
| 통합자원회수 (integrated resource recovery, IRR) | 하수, 고형 폐기물, 기타 폐기물 등과 같은 다양한 폐기물 흐름을 통합 관리하여 에너지와 물 및 다른 자원들을 회수하는 관리 방법 |
| 잠열(latent heat) | 화학물질이 상변화(예, 액체에서 기체)하는 동안에 방출되거나 흡수된 열 |
| 저위발열량(lower heating value, LHV) | 어떤 물질의 단위질량당 완전 연소로 방출된 에너지 총량으로 연소로 형성된 수증기의 증발 잠열은 제외 |

과거에는 화석연료와 전기의 비용이 비교적 값싸고 안정적인 이유로 폐수처리시설의 설계와 운전에서 에너지의 사용, 회수 및 관리의 중요성이 일반적으로 강조되지 않았다. 현재는 에너지 비용의 증가와 더불어 미래 화석연료 공급에 대한 불확실성과 온실가스배출의 영향에 대한 인식의 증가로 인해 효율적인 에너지 관리에 대한 개인과 공공기관의 관심은 더 커지고 있다. 폐수처리시설을 운전함에 있어 에너지의 중요성을 인식하고, 앞으로는 처리시설 내에 포함된 다양한 에너지원으로부터 에너지를 이용 및 회수해야 할 것이며 이 장은 에너지의 회수와 이용에 초점을 맞추고 있다. 이 장에서 살펴볼 주제는 (1) 에너지 관리의 필요성, (2) 폐수 내 에너지, (3) 열평형의 기초, (4) 처리시설에서의 에너지 사용량, (5) 화학적 에너지의 회수 및 이용, (6) 열에너지의 회수 및 이용, (7) 수리학적 위치 에너지의 회수 및 이용, (8) 에너지 관리 그리고 (9) 폐수처리공정 개선을 위한 미래의 가능성을 포함하고 있다. 영양염류의 회수는 14장과 15장에서 다루어져 있다.

## 17-1 에너지 관리에 영향을 미치는 요소들

폐수처리에서 에너지를 보다 효율적으로 관리할 수 있는 주된 원동력은 다음과 같다.

1. 에너지 비용 절감의 가능성
2. 에너지 공급에 대한 안정성 개선 신뢰성
3. 국가 및 지방정부에서 제시한 온실가스 감축 목표 등의 지속 가능성에 대한 배려

### ❱❱ 에너지 비용 절감의 가능성

4장에서 논의된 바와 같이 폐수처리시설의 운전은 다양한 반응을 일으키기 위해 에너지 자원이 이용된다. 따라서 인건비 다음으로 폐수처리시설의 운전에서 두 번째로 큰 비용을 지출하는 에너지 소비를 효율적으로 관리하기 위한 에너지 요구량 평가는 매우 중요하다. 에너지 비용 절감의 예로는 에너지 효율이 좋은 장비의 사용, 에너지 사용 최적화를 위한 공정의 제어 및 가격 협상을 포함한 에너지 공급원의 선택이 있다.

### ❱❱ 에너지 공급의 신뢰성

폐수처리시설에 안정적 에너지 공급에 대한 신뢰성은 정전으로 인한 전원 공급장치의 차단이나 자연재해 발생으로 인한 에너지 공급 차단과 같은 예측 불가능한 상황이 발생할 수 있기 때문에 매우 중요한 고려사항이다. 일반적으로, 폐수처리시설은 에너지 공급이 차단된 동안에 처리시설의 중요 장치를 운전하기 위한 비상용 발전기가 설치되어 있으나, 비상전원장치를 통해 전체 처리공정을 모두 운전할 수 있는 처리장은 거의 없는 실정이다. 최근에는 폐수처리를 하기 위한 에너지 필요량에 비해 폐수 내에 포함된 이론적 에너지량이 더 많다고 알려져 있다. 유입되는 폐수에 포함된 에너지를 효율적으로 회수할 수 있다면 폐수처리시설은 에너지 판매 시설도 될 수 있다. 시설 내에서 이용 가능할 만큼의 충분한 에너지를 생산하게 된다면 정전상태에서도 운전 가능하며 처리시설의 신뢰성은 크게 개선될 것이다. 그러나 이 장에서 언급하고 있는 바와 같이 에너지 회수 공정

에 내재된 비효율성(inherent inefficiencies)이 큰 문제가 되고 있다. 혐기성 소화공정의 이용과 바이오가스의 연소를 예로 들면 기존 폐수처리시설의 일반적인 에너지 요구량에 비해 1/3 이하의 에너지를 회수한다. 이 장에서 언급되고 있는 에너지 회수 및 이용을 위한 일부 기술들은 폐수처리 분야에서는 비교적 새로운 것이나, 대부분은 이미 다양한 형태로 산업과 상업적 적용이 이루어져 왔다.

>> **지속 가능성에 대한 배려**

외부공급원에서 구입하는 에너지 비용 감소의 필요성과 더불어, 온실가스(GHG) 배출량 감소는 폐수처리공정의 결정과 장비 선택에 영향을 미치는 중요한 요소가 되고 있다. 4-1절에서 논의된 바와 같이 현존하는 많은 처리시설들은 1970년대와 1980년대에 지어진 시설로, 점점 엄격히 규제된 배출수 허용기준에 직면하여 개량이 필요한 실정이다. 처리시설 개량 계획을 수립함에 있어서 온실가스 배출량 감소(16장 참조)는 계획수립의 목표로서 빈번하게 부각되어 왔다. 시설개량에 필요한 자금제공을 판단할 때는 즉각적인 비용 절감에 초점이 맞추어져 있음에도 불구하고, 유사한 대안들 중 추가적으로 온실가스 배출량 감축 목표를 기술하고 여타의 환경적 영향을 언급한 대안이 우선적으로 선택된다. 폐수처리시설을 어떤 지역의 에너지 관리 체계의 필수적인 요소로 인정한다면 음식 폐기물이나 그리스(grease)와 같은 여러 가지 유기성 폐기물을 폐수처리장으로 운반해서 에너지 생산량을 증가시킬 수 있을 것이다(14장).

## 17-2 폐수 내 에너지

폐수 내 포함된 에너지는 (1) 화학적 에너지 (2) 열에너지 및 (3) 수리학적 에너지를 포함한다. 화학적 에너지는 유기성 분자 내에 포함된 에너지로 화학 반응에 의해 방출된다. 열에너지는 폐수가 갖고 있는 열이다. 폐수의 수리학적 에너지는 고도로 인해 생기는 위치수두와 압력수두 에너지 및 속도수두 형태로 폐수 흐름에 내장된 동력학적 에너지의 합이다. 폐수 내 에너지의 3가지 형태는 아래에서 보다 자세히 논의하고 있다.

>> **화학적 에너지**

폐수에는 유기 및 무기 분자가 포함되어 있으며 이들 성분의 발열 반응으로 분자 내에 포함된 화학적 에너지가 방출된다. 암모니아를 포함하는 몇몇 무기화합물에도 뽑아낼 수 있는 화학적 에너지를 포함하고 있지만, 폐수에 포함된 대부분의 화학적 에너지는 COD로 측정되는 유기화합물에 포함되어 있다. 폐수처리를 하는 동안 일부 화학적 에너지는 전처리 및 일차 처리를 거치면서 슬러지의 형태로 물에서 제거된다. 생물학적 처리공정에서 화학적 에너지의 일부는 바이오매스 및 이산화탄소와 메탄 등의 반응 생성물로 전환되거나 미생물의 대사작용을 통해 열로 배출된다. 슬러지 처리공정에서는 화학적 에너지의 일부를 에너지원으로 이용하거나 메탄가스 형태로 회수할 수 있다.

**폐수 성분의 에너지 함량.** 2장과 14장에서 설명한 폐수의 에너지 함량은 폐수 내 유기성분을 원소 분석하여 Channiwala(1992)의 식을 개선한 DuLon의 경험식을 이용하여 산정할 수 있다. 여기서는 편의를 위해 2장의 내용을 다시 서술하였다.

$$\text{HHV (MJ/kg)} = 34.91\,C + 117.83\,H - 10.34\,O - 1.51\,N + 10.05\,S - 2.11A \quad \text{(2-66)}$$

여기서, C, H, O, N, S 및 A는 탄소, 수소, 산소, 질소, 황 및 기타 성분에 대한 각각의 무게 분율이다. 고위발열량(higher heating value, HHV)은 물질의 단위 질량당 완전 연소되어 방출되는 에너지의 총량으로서 연소에 의해 생긴 수증기의 잠열을 포함한 값이다. 실제 연소시스템에서 연소 온도는 100℃ 이상이고, 물은 증발열을 흡수하여 기화될 것이다. 물질의 단위 질량당 완전 연소되어 나타난 에너지의 총량에서 물이 증발되기 위해 필요한 열을 감안한 것이 저위발열량(lower heating value, LHV)이다. 예를 들어, 자연적인 가스의 LHV는 일반적으로 HHV에 비해 10% 정도 낮다. 식 (2-66)은 에너지 함량을 산정하는 데 활용할 수 있으며, 한편 폐수 시료 내 화학적 에너지의 실험적 데이터는 봄 열량계를 이용하여 얻을 수 있다.

간단한 분자에 대한 화학적 에너지는 반응의 엔탈피에 기초하여 계산될 수 있다. 반응의 엔탈피는 "반응물의 형성엔탈피 합과 모든 생성물의 형성엔탈피 합의 차이"라는 Hess의 법칙으로 정의된다.

$$H_{\text{reaction}} = \sum H^{o}_{f\,\text{products}} - \sum H^{o}_{f\,\text{reactants}} \quad \text{(17-1)}$$

여기서, $H_{\text{reaction}}$ = 반응엔탈피

$H^{0}_{f}$ = 형성엔탈피

반응엔탈피가 음의 값일 경우 반응은 발열반응이다. 폐수 내에서 흔히 발견되는 화합물들의 형성엔탈피는 표 17-1에 나타냈으며, 보다 자세한 정보는 참고문헌 chemical engineering에서 찾아볼 수 있다. 반응열의 계산은 예제 17-1에서 설명하였다.

| 예제 17-1 | **반응엔탈피의 계산** 메탄 산화에 대한 반응엔탈피를 계산하여라. |

25℃에서 반응물과 생성물의 형성엔탈피는 다음과 같다.

| | |
|---|---|
| $CH_{4(g)}$ | −74.6 kJ/mole |
| $O_{2(g)}$ | 0 kJ/mole |
| $CO_{2(g)}$ | −393.5 kJ/mole |
| $H_2O_{(l)}$ | −285.8 kJ/mole |

**풀이**

1. 메탄 산화는 다음과 같이 표현된다.

   $$CH_4 + 2O_2 \rightarrow CO_2 + 2H_2O$$

2. 식 (17-1)을 이용한 메탄 산화의 엔탈피 결정.

   $$H_{\text{reaction}} = \sum H^{o}_{f\,\text{products}} - \sum H^{o}_{f\,\text{reactants}}$$

   $$H_{\text{reaction}} = [(H^{o}_{f\text{CO}_2}) + 2(H^{o}_{f\text{H}_2\text{O}})] - [(H^{o}_{f\text{CH}_4}) + 2(H^{o}_{f\text{O}_2})]$$

$$= [(-393.5) + 2(-285.8)] - [(-74.6) + 2(0)]$$

$$= -890.5 \text{ kJ/mole}$$

**참조** 반응엔탈피는 25°C에서 계산되었기 때문에 물은 액체 상태이고 계산된 값은 25°C에서 HHV이다. 1기압, 25°C에서의 메탄 1몰의 부피는 약 24 L이다. 소화조 가스에서 메탄이 차지하는 부피를 65%로 가정하면, 1 m³의 소화조 가스에는 약 27몰의 메탄이 포함되어 있다. 그러므로 소화조 가스에서 HHV는 890 (kJ/mole) × 27 (mole/m³) = 24,112 kJ/m³(약 647 Btu/ft³)로 산정된다. 고정형 연소 시스템은 보다 높은 온도로 운영되므로 저위발열량 산정에 물의 증발잠열은 반드시 고려되어야 한다.

폐수 내 보다 크고 복잡한 분자들에 대해서는 식 (17-1)을 활용하여 이론값을 계산하기가 어려운데 수많은 반응물에 대한 형성엔탈피 값을 활용할 수 없기 때문이다. 따라서 폐수의 COD 값과 화학적 에너지양 사이의 상관관계를 찾으려는 많은 연구가 있었으며, 처리되지 않은 생활하수의 경우 14.7~17.48 kJ/gCOD의 범위 값을 갖는다고 보고되었다 (Shiraz and Bagley, 2004; Heidrich et al., 2011). 그러나 Heidrich et al. (2011)은 g

**표 17-1**

**25°C에서 폐수에 포함된 화합물들의 형성엔탈피**

| 물질 | 상태[b] | $\Delta H_f^0$, kJ/mole | 물질 | 상태[b] | $\Delta H_f^0$, kJ/mole |
|------|--------|------|------|--------|------|
| $Ca^{2+}$ | aq | -542.8 | $H_2O$ | g | -241.8 |
| $CaCO_3$ | s | -1206.87 | HS | aq | -17.6 |
| $Ca(OH)_2$ | s | -986.6 | $H_2S$ | g | -20.6 |
| $CaSO_4$ | s | -1434.5 | $H_2S$ | aq | -39.3 |
| $CH_4$ | g | -74.6 | $H_2SO_4$ | l | -814 |
| $CH_3CH_3$ | g | -84.67 | $Mg^{2+}$ | aq | -466.9 |
| $CH_3COOH$ | aq | -488.4 | $Mg(OH)_2$ | s | -924.5 |
| $CH_3COO^-$ | aq | -486.0 | $Na^+$ | aq | -240.1 |
| $C_6H_{12}O_6$ | s | -1275 | $NH_3$ | g | -45.9 |
| $Cl_2$ | g | 0 | $NH_3$ | aq | -80.83 |
| $Cl_2$ | aq | -23.4 | $NH_4^+$ | aq | -132.5 |
| $Cl^-$ | aq | -167.20 | $NO_2^-$ | aq | -104.6 |
| $CO_2$ | g | -393.51 | $NO_3^-$ | aq | -207.4 |
| $CO_2$ | aq | -412.92 | $O_2$ | g | 0 |
| $CO_3^{2-}$ | aq | -677.10 | $O_2$ | aq | -11.71 |
| $HCO_3^-$ | aq | -692.0 | $OH^-$ | aq | -230.0 |
| $H_2CO_3$ | aq | -699.0 | $S_2^-$ | aq | 30.1 |
| $H_2O$ | l | -285.8 | $SO_4^{2-}$ | aq | -909.3 |

[a] From Sawyer et al. (2003).

[b] g = gas, aq = aqueous solution, l = liquid.

COD당 에너지양은 이보다 더 다양하다고 설명하였다. 일차 슬러지에 포함된 일반적인 에너지 함량은 23,000~29,000 kJ/kg dry solids로 보고되었다(14장 표 14-17 참조). 일차 슬러지에 포함된 에너지의 산정은 예제 17-2에 설명되어 있다.

| | |
|---|---|
| **예제 17-2** | **1차 침전조에서 제거된 슬러지의 화학적 에너지**  폐수처리시설의 유량은 1000 m³/d이다. 폐수의 평균 TSS 농도는 720 g/m³이다. 표 14-17에 제시된 1차 슬러지의 일반적인 에너지 함량을 이용하여 1차 침전조에서 제거되는 화학적 에너지의 양을 산정하여라. 고형물 제거율은 50%로 가정한다. |

**풀이**

1. TSS 부하량 계산

   TSS 부하량 = 1000 m³/d × 720 g/m³ = 720,000 g/d = 720 kg/d

2. 1차 침전조로부터 제거된 화학적 에너지양 산정

   제거된 TSS = (720 kg/d) × 0.5 = 360 kg/d

   1차 슬러지의 화학적 에너지는 23,000~29,000 kJ/kg이며 26,000 kJ/kg으로 가정하면,

   제거된 화학적 에너지 = (360 kg/d) × 26,000 kJ/kg = 9,360,000 kJ/d = 9.36 GJ/d

**참조** 이 장의 다음 절에서 설명하는 바와 같이 회수할 수 있거나 이용된 에너지의 양은 고형물 처리공정, 에너지의 회수 및 에너지의 사용 효율에 의해 결정된다. 시료의 준비 과정에서 용존 및 휘발성 유기화합물의 손실이 발생되고, 시료마다의 측정값은 높은 변동성을 갖는다고 보고된 것에 주목해야 한다(Shiraz and Bagley, 2004; Heidrich et al., 2011).

**암모니아의 에너지 함량.**  15-5절에서 설명한 바와 같이 암모니아의 고온 산화는 발열 반응이며 따라서 암모니아를 연소하면 에너지가 방출될 것이다. 1기압 25°C에서의 형성열을 기반으로 한 열평형은 다음과 같다.

$$NH_3 + 0.75\ O_2 \rightarrow N_2 + 1.5\ H_2O \qquad \Delta H° = -317\ kJ/mole \qquad (17\text{-}2)$$

$$NH_3 + O_2 \rightarrow 0.5\ N_2O + 1.5\ H_2O \qquad \Delta H° = -276\ kJ/mole \qquad (17\text{-}3)$$

$$NH_3 + 1.25\ O_2 \rightarrow NO + 1.5\ H_2O \qquad \Delta H° = -227\ kJ/mole \qquad (17\text{-}4)$$

무수 암모니아는 과거에 연료로 이용되었으며, 현재는 유망한 대체에너지원으로서 집중 연구되고 있다. 비록 열 함량은 메탄(802.6 kJ/mole 또는 50,163 kJ/kg)보다 확실히 낮기는 하지만 고농도의 질소를 포함한 폐수로부터 암모니아를 회수하고 다른 연료원을 보조하는 에너지로의 사용은 높은 잠재성을 가진다.

**폐수처리 시의 화학적 에너지 분포.** 전통적인 폐수처리시설에서 화학적 에너지의 분포와 거동은 그림 17-1에 개념적으로 설명되었다. 화학적 에너지의 전환은 액상 폐수의 생물학적 처리와 슬러지 처리공정의 주요 2가지 공정에서 주로 발생한다. 서로 다른 폐수는 그 성상이 각각 다르고 처리공정에 따른 에너지 분포도 다양하게 변하지만, 화학적 에너지의 상당량은 생물학적 처리공정으로 보내지는 점에 주목해야 한다. 이렇게 생물학적 공정으로 보내진 에너지는 $CO_2$, $H_2O$, $N_2$, $N_2O$, 열 및 다른 부산물로 변환되며 이들은 에너지원으로의 이용이 불가능하다.

발열반응으로 발생된 열은 자가발열 고온 호기성 소화(autothermal aerobic digestion, ATAD)와 고농축된 유기물과 질소화합물을 산화/환원하는 측류수처리공정 등에서 중요하다. 이러한 공정들에서 운전온도를 적정하게 유지하기 위해 단위공정의 냉각이나 처리수의 희석이 필요한지(15장 참조)를 판단하기 위해서는 열수지 분석이 반드시 선행되어야 한다. 그러나 일반적인 생활하수의 경우 생화학적 반응을 통해 만들어지는 열은 열균형을 이루기에는 불충분하다.

화학적 에너지의 일부는 바이오매스에 저류되는데 이는 슬러지 공정에 의해 바이오가스나 합성 가스 등과 같은 에너지원으로 전환이 가능하다(13, 14장 참조). 재래식 처리시스템에서는 고형물 처리공정에 도달한 화학적 에너지의 일부분만 회수 가능하다. 역사적으로 볼 때 폐수처리 시스템의 설계는 화학적 에너지가 에너지 회수공정으로 최대한 흐르도록 의도되지는 않았다.

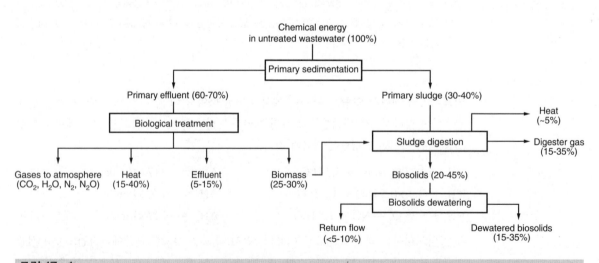

### 그림 17-1

활성슬러지공정과 혐기성 소화조를 운영하는 하수처리시설에서 화학적 에너지의 거동. 처리 기술과 폐수성상이 다양하여 퍼센트는 범위로 나타냄.

## ❱❱ 열에너지

폐수 내 열에너지는 온도의 형태로 존재한다. 액체나 기체의 온도가 $T_1$에서 $T_2$로 변할 때, 전환되는 열에너지는 다음과 같다

$$Q = mc\Delta T \tag{17-5}$$

여기서, $Q$ = 폐수유입량에 의한 열함량의 변화, kJ/h

$\qquad m$ = 물의 물질 흐름량, kg/h

$\qquad c$ = 물질의 비열, kJ/kg · ℃

$\qquad \Delta T$ = 온도 변화, ℃

열에너지는 폐수처리수 등의 액상이나 연료의 연소공정(e.g., 엔진 발전기, 보일러, 소각로) 등의 단위공정에서 배출되는 가열 공기로부터 회수될 수 있다. 이렇게 회수된 잉여 열은 처리시설 내에서 소화조 가열, 고형물 건조, 온수 공급 및 실내 난방 등의 여러 가지 용도로 활용하는 것이 일반적이다. 또한 처리장에서 생산된 열의 양이 충분할 경우에는 시설 외부의 사용자들에게도 제공이 가능하다.

폐수의 온도가 공기온도 또는 처리시설 내 다른 수류의 온도와 확연한 차이를 보일 때, 열은 다른 목적으로 사용 가능한 형태로 전환될 수 있다. 폐수에 가해진(혹은 손실된) 열량의 근사치는 주어진 온도에서 폐수의 비열이 물의 비열과 같다는 가정으로 도출할 수 있다(2장 참조). 물의 비열 $c_w$는 20℃에서 4.1816 kJ/kg·℃이고, 0에서 100℃의 온도 범위에서 비열의 차이는 1%도 되지 않는다. 예를 들어 폐수의 온도가 21에서 23℃로 상승하고 유량이 160,000 L/h일 경우, 폐수에 가해진 열은 다음과 같다.

$$Q = mc_w\Delta T$$
$$= 160,000 \times 4.18 \times 2$$
$$= 1,337,600 \text{ kJ/h}$$

## ❱❱ 수리학적 에너지

화학적 에너지와 열에너지 외에도 폐수 유체에는 위치수두($h_e$, 유출수에 대한 유입수 자유수면의 상대위치), 압력수두($h_p$, 역삼투압 공정에서와 같이 가압된 경우) 및 속도수두($h_v$, 움직이는 유체와 관계된 동역학적 에너지)와 같은 에너지를 포함하고 있다. 이들의 에너지 형태는 일반적으로 베르누이 식에 의해 산정된다. 이 식에서는 3개의 각 항이 길이의 차원으로 나타난다. kJ이나 다른 적절한 단위로 표현된 에너지는 해당되는 유체 질량을 감안함으로써 얻어진다. W, kJ/h 또는 기타 적절한 단위로 표현된 전력은 단위시간당 에너지이다.

**위치수두, $h_e$.** 대부분의 재래식 폐수처리시설은 초입부에서부터 배출부까지 중력흐름에 의해 흐르도록 설계된다. 전력요구량을 최소화하기 위해 수리종단도는 처리공정의 종단에서 잉여 수두가 최소화되도록 설정된다. 다수의 폐수처리시설은 배출수계에 인접한 곳에 위치하기 때문에 시설은 흔히 배출구에서 최소의 수두를 갖도록 설계된다.

**압력수두, $h_p$.** 역삼투압 공정 등과 같은 몇몇의 폐수처리공정은 가압식으로 운전된다. 압력수두는 p/γ로 표현되며, 여기서 γ는 유체의 비중이다. 역삼투압 공정에서의 에너지 회수에 대해서는 11장의 11−7절에서 서술하였다.

**속도수두, $h_v$.** 폐수는 처리장을 통과하여 움직이기 때문에 $v^2/2g$로 표현되는 동역학적 에너지를 포함하고 있다. 일반적으로 속도수두는 수리학적 에너지에 기여하는 양이 비교적 적다.

**총 유체 수두의 결정.** 총 수두, $H_t$가 (−)인 유체에서 (+)로 전환된다면(e.g., 펌프, 팬, 혹은 터빈 내에서) 두 지점 사이에서 에너지 보전법칙이 적용되며 다음과 같이 표현된다.

$$(h_e + h_p + h_v)_1 \pm H_t = (h_e + h_p + h_v)_2 + \text{losses} \tag{17-6}$$

식 (17−6)에서 손실량은 회수 불가능한 형태의 에너지(e.g., 열 혹은 소음)로 전환된 수두를 나타낸다. 비압축성 액체에 대한 일반적인 표현으로 재작성하면 다음과 같다.

$$\pm H_t = (p_2/\gamma - p_1/\gamma) + (v_2^2/2g - v_1^2/2g) + (z_2 - z_1) + h_L \tag{17-7}$$

여기서, $H_t$ = 유체에서 전달 혹은 받아들인 총 수두, m (ft)

$\quad P_1, P_2$ = 압력, kN/m² (lb$_f$/in.²)

$\qquad \gamma$ = 물의 비중, kN/m³ (lb/ft³)

$\qquad v$ = 유속, m/s (fb/s)

$\qquad g$ = 중력 가속도, 9.81 m/s² (32.2 ft/s²)

$\quad z_1, z_2$ = 가정된 기준면에서의 높이, m (ft)

$\qquad h_L$ = 수두손실, m (ft)

**유체의 위치에너지를 다른 형태의 에너지로 전환.** 식 (17−7)로부터 주어진 유체에너지는 다음 주어진 식을 이용하여 전력으로 환산할 수 있다.

$$P_e = \rho Q g H_t \eta_t \eta_e \tag{17-8}$$

여기서, $P_e$ = 전력, W

$\qquad \rho$ = 폐수의 밀도, kg/m³

$\qquad Q$ = 유량, m³/s

$\qquad g$ = 중력 가속도, 9.81 m/s²

$\qquad \eta_t$ = 분율로 표현된 기계장치의 효율[e.g., 펠턴수차, 역펌프(reverse pump), 펌프 등], 무차원

$\qquad \eta_e$ = 분율로 표현된 전기 전환 장치의 효율, 무차원

전력 생성 시스템의 능률 계수는 17−7절에 다루어진다. 식 (17−7)과 (17−8)의 적용은 예제 17−3에 제시되었다.

| 예제 17-3 | **폐수 흐름의 수리학적 에너지 산정.** 폐수처리시설은 해안가 근처에 위치하며 평균 해수면보다 3 m 높은 지점에 유출수가 배출되고, 평균 유출유량은 4 ML/d이다. 처리된 유출수는 염소 접촉 탱크로부터 0.5 m/s의 유속으로 배출된다. 유출수에 포함된 에너지를 계산하여라. 수차 발전기가 해수면에 위치했을 때 실제 전기 에너지생성량을 결정하여라. 터빈 발전기의 총 효율은 40%이고, 폐수의 수온은 20°C로 가정한다. |

**풀이**

1. 위치에너지와 속도에너지 결정

   a. 위치에너지

   $$(z_2 - z_1) = [0 - 3\text{ m})] = -3\text{ m}$$

   b. 속도에너지

   $$(v_2^2/2g - v_1^2/2g) = 0 - (0.5\text{ m/s})^2/2g = -0.0127\text{ m}$$

2. 식 (17-7)을 이용한 역학적 위치에너지 계산(손실은 무시)

   $$H_t = (z_2 - z_1) + (v_2^2/2g - v_1^2/2g) = -3\text{ m} + (-0.0127)\text{ m} = -3.0127\text{ m}$$

   음의 값을 가지므로 에너지는 생성 가능하다.

3. 식 (17-8)을 이용한 터빈 발전기로 생성된 전기 에너지 계산(효율계수는 $\eta$로 합치고, 다른 손실은 무시)

   $$
   \begin{aligned}
   P_e &= \rho Q g H_t \eta \\
   &= (1000\text{ kg/m}^3)(4000\text{ m}^3/\text{d})(9.81\text{ m/s}^2)(3.0127\text{ m})(0.40) \\
   &= 47.3 \times 10^6\text{ kg·m}^2/\text{s}^2·\text{d} \\
   &= 47.3\text{ MJ/d}
   \end{aligned}
   $$

**참조**   방류수역에 따라 전력생산이 가능한 수리학적 에너지는 조수, 계절 또는 수위에 변화를 주는 다른 요소에 의해 달라진다. 수리학적 에너지의 회수는 17-7절에서 더 논의되고 있다.

## 17-3   열수지의 기초

이 절에서는 폐수처리에 이용된 다양한 형태의 에너지와 폐수처리시설에서의 에너지 이용 관리를 소개할 것이다. 여기에 포함된 문제들을 이해하기 위해서 열수지(heat balance) 작성의 기본 개념을 살펴보는 것은 매우 유용할 것이다.

### ≫ 열수지의 개념

열수지의 개념은 엔탈피는 보존된다는 열역학 제1법칙에 기초한다. 수학적으로 접근하면 1장에서 설명된 물질수지의 계산과 유사하다. 주어진 시스템의 계에 대해서 일반적인 열수지 분석은 다음과 같다.

1. 일반적 서술

| 시스템 경계 내에 열의 축적속도 (1) | = | 시스템 경계 밖으로 나가는 열의 흐름량 (2) | − | 시스템 경계 안으로 들어오는 열의 흐름량 (3) | + | 시스템 경계 내에 열의 생성량 (4) | (17-9) |

2. 단순화한 서술

축적 = 유입 − 유출 + 생성 $\qquad$ (17-10)

3. 기호를 사용한 표현(그림 17-2). 물질의 흐름양과 비열의 변화는 없다고 가정

$$\Delta H = mcT_o + Q_1 - mcT_e - Q_2 + Q_r \qquad (17\text{-}11)$$

여기서, $\Delta H$ = 시스템 경계 내에서의 엔탈피 변화

$\qquad m$ = 물질 유입량

$\qquad c$ = 물질의 비열

$\qquad T$ = 온도

$\qquad Q_1, Q_2$ = 시스템 경계에서 얻거나 잃은 열(예를 들면, 기계적 혼합을 통해 얻는 에 너지 혹은 반응조 벽을 통해 손실되는 열)

$\qquad Q_r$ = 시스템 경계 내로 생성/흡수된 열(예들 들면, 화학적 반응 및 기화열로 인해 생성되거나 흡수된 열)

## ≫ 열수지의 작성

열수지의 작성은 물질수지의 작성과 유사하며, 시스템 경계 내로 들어오고 나가거나 혹은 방출되거나 섭취되는 모든 열에 대해서 반드시 고려해야 한다. 그러나 대부분의 경우에 화합물이 갖고 있는 내부에너지는 그것이 열에너지로 시스템에 전해지는 경우가 아니면 무시된다. 열수지 작성을 위해서는 아래에 주어진 절차를 따라야 하며, 그 과정을 숙지해야 한다.

1. 시스템 혹은 공정에 대하여 간략도 또는 공정도를 작성한다.
2. 시스템 혹은 제어부피의 경계를 그려서 열수지가 적용되는 한계를 정의한다. 많은 경우에 있어서 열수지의 계산을 간략하게 할 수 있기 때문에 시스템 경계의 적절

**그림 17-2**

열수지의 개념도

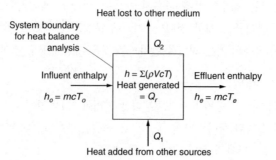

한 선택은 매우 중요하다.

3. 간략도 또는 공정도 위에 열수지 작성에 필요한 모든 적절한 자료 값과 가정을 나열한다.

4. 공정에서 일어나는 생물학적 또는 화학적 반응에 대한 모든 속도 표현식을 나열한다.

5. 수치계산의 기초가 될 편리한 기준을 선정한다.

6. 수지식을 푼다.

열수지 계산의 적용은 예제 17–4에 나와 있다.

---

**예제 17 – 4** | **열수지 계산** 다음의 공정 자료를 활용하여 혐기성 소화조에 대한 열수지를 평가하여라. 소화조의 온도를 유지하기 위해 요구되는 추가적인 열은 얼마인가? 반응조의 슬러지는 완전혼합되며 온도와 비열은 일정하다고 가정한다. 소화조 가스의 열은 무시한다.

| 공정 정보 | 단위 | 값 |
|---|---|---|
| 슬러지 유입 유량 | m³/d | 100 |
| 슬러지 유입 온도 | °C | 10 |
| 소화조 내 슬러지 부피 | m³ | 2000 |
| 소화조의 수온 | °C | 32 |
| 소화조 내 슬러지의 비열 | kJ/kg · °C | 4.2 |
| 전도에 의한 손실 열[a] | kJ/d | $1.9 \times 10^6$ |
| 슬러지 혼합에 가해진 열 | kJ/d | negligible |

[a] 전도에 의한 열 손실은 소화조의 설계방법에 따라 다르지만 지표면의 상하부 접촉면, 바닥과 천장의 소화조 벽을 통해 일어난다.

**풀이**

1. 열수지 작성

   열의 축적/손실 = (유입 슬러지 내 열) + (슬러지 혼합 시 가해진 열) − (유출 슬러지내 열) − (벽을 통한 전도성 손실 열)

2. 식 (17–3)에 의한 수식 표현

   $$\Delta H = mcT_o + Q_1 - mcT_e - Q_2 + Q_r$$

3. 주어진 자료의 이용 및 물의 비중을 1.0으로 가정하여 $\Delta H$를 푼다.

   $$\Delta H = (100\,\text{m}^3/\text{d})(10^3\,\text{kg/m}^3)(4.2\,\text{kJ/kg})(10\,°\text{C}) + 0 - (100\,\text{m}^3/\text{d})(10^3\,\text{kg/m}^3)$$
   $$(4.2\,\text{kJ/kg})(32\,°\text{C}) - (1.9 \times 10^6\,\text{kJ/d}) + 0$$
   $$= 4.2 \times 10^6 - 13.44 \times 10^6 - 1.9 \times 10^6\,\text{kJ/d}$$
   $$= -11.14 \times 10^6\,\text{kJ/d}$$

   열수지가 유지되기 위해서는 소화조에 $11.14 \times 10^6$ kJ/d 또는 11.14 GJ/d의 열이 반드시 더해져야 한다.

> **참조** 소화조 가스 내 열은 단순화하기 위해서 계산에 포함되지 않았다. 본 예제에서는 또한 전도성 손실열을 비록 한 가지 수치로 가정하였지만 소화조 탱크에 의한 손실열의 평가는 소화조의 전반적인 열수지를 계산함에 있어 매우 중요한 부분이다(13장 참조).

일반적인 지자체의 폐수처리에서 수처리 과정의 전반적인 열수지는 생물학적 처리를 위해 온도를 유지해야 하므로 매우 중요하다. 그러나 종종 혼합액의 온도가 유입 원수보다 높게 확인된다. 상승된 온도는 일반적으로 17-5절과 15장의 15-6절에서 설명한 바와 같이 발열반응을 하는 유기물과 질소의 생물학적 산화에 기인한다. 폭기 시설도 높은 온도의 압축 공기를 생물반응조에 투입함으로써 생물반응조의 열수지에 기여한다. 개방된 활성슬러지 탱크에서 혼합은 열을 더해 줄 수 있지만(폭기 시스템을 가동한 경우), 습윤공기를 반응조로부터 배출함으로써 증발 냉각으로 인한 열의 배출에도 기여한다. 측류수 처리공정에서는 질소의 환원과 산화로부터 생성된 열이 중요하며 반류수 희석에 의한 열수지 또는 열 제거 기작은 운전온도를 유지하기 위해 반드시 평가되어야 한다(15-11절 참조). 유입원수와 처리수에 포함된 과잉열은 17-6절에 설명한 바와 같이 유익한 목적으로 회수 가능하다.

## 17-4 폐수처리시설의 에너지 소비

폐수에 포함된 에너지의 이용 및 회수에 대한 가능성 평가를 위해 사용한 열수지의 기본적인 내용은 앞 절에 소개되었다. 폐수처리시설에서 추출된 에너지를 효율적으로 이용하기 위해서는 폐수처리시설의 에너지 소비를 검토하는 것이 유용하다. 폐수처리시설에서의 에너지 비용은 전체 운전 및 유지관리 비용 중 15~40%를 차지하며(WEF, 2009) 이는 인건비 다음 두 번째로 높은 비용이라는 측면에서도 폐수처리시설에서 에너지 소비의 검토는 중요하다. 이 절에서 설명할 주제는 (1) 에너지원의 종류, (2) 폐수처리장의 에너지 소비, (3) 여러 가지 처리공정에서의 에너지 소비 및 (4) 고도 처리 및 새로운 폐수처리 기술이다.

### 》 폐수처리시설에서 이용된 에너지원의 종류

폐수처리시설 운전에 요구되는 에너지는 매우 다양한 에너지원으로부터 공급될 수 있으나 대개는 전기를 이용한다. 전기는 송풍기용 모터, 펌프 및 구동부를 가진 기타 시설을 운전하는 데 이용된다. 또한 전기는 계측 제어 장치, 조명 및 건물의 냉난방시스템에 이용된다. 연료유와 천연가스는 열을 가열하기 위한 보일러에서 주로 이용되고, 또한 전기 생산용 고정연소시스템(stationary combustion system)의 운전을 위해서도 사용된다. 비상 발전기는 일반적으로 연료유로 운전된다. 연소시스템에서 발생된 열 또한 에너지원으로 이용할 수 있다(열병합발전, combined heat and power, CHP). 어떤 경우에는 펌프나 송풍기를 가동하기 위해 2종류의 연료가 호환되는 엔진을 사용한다. 소화가스는 일반적으로 보일러 및 전기 생성을 위한 고정연소시스템에서 모두 이용된다. 풍력 및 태양광 전력 시스템도 폐수처리장에서 이용되고 있으나 일반적으로 전력 생산량은 미미하다. 현장에서 생성된 전력의 이용과 태양, 풍력 및 조수 등과 같은 신재생 에너지의 이용은 많은 폐수처리시설에서 그 채용을 고려하거나 시행되고 있다(U.S. EPA, 2006a). 그러나 총 에너지 소비량에 대한 신재생 에너지원의 기여는 값싸고 안정된 가격의 전기에 비해 미미하다.

## ≫ 폐수처리장의 에너지 소비

1장에서 설명한 바와 같이, 현재 거의 모든 공공폐수처리장들은 2차 혹은 높은 수준의 처리를 하고 있다. 엄격해진 처리수질 기준을 만족하기 위해서는 일반적으로 처리수 부피당 전력량이 보다 많이 요구된다. 영양염류제거를 위한 생물학적 처리와 여과시설이 있는 처리장은 재래식 활성슬러지 공정에 비해 폭기, 펌핑 및 고형물 처리를 위해 30~50% 정도 더 많은 전기를 사용한다(EPRI, 1994). 또한 11장에 설명된 고도처리공정을 가진 폐수재이용시설은 운전하는 데 상당히 많은 에너지를 요구한다.

## ≫ 개별 처리공정에서 에너지 소비

폐수처리 시스템의 에너지 요구량은 처리량, 유입원수의 성상 및 적용된 처리공정에 의해 결정된다. 공공폐수처리시설에서 전기 에너지를 필요로 하는 처리공정 및 기기는 표 17-2에 나타내었다. 모터로 움직이는 여러 가지 형태의 전동기기가 단위조작 및 단위공정에 활용되는데 펌프, 송풍기, 교반기, 슬러지 수집기 및 원심탈수기 등이다. 재래식 2차 처리에서 대부분의 전기는 다음의 경우에 사용된다. (1) 활성슬러지 공법에서 폭기를 위한 송풍기용 에너지 또는 살수여상 공법에서 유입수 펌핑 및 유출수의 재순환을 위해 요

**표 17-2**
**폐수처리에서 일반적으로 이용되는 전기모터 구동 장비**

| 공정 혹은 조작 | 일반적으로 이용되는 전기모터 구동 장치 |
|---|---|
| 펌핑 및 전처리 | 전염소처리용 약품주입장치, 유입 펌프, 스크린, 체분리물 압착기, 연마기와 분쇄기, 전폭기(preaeration)용 송풍기와 산기식 침사지, 그릿컬렉터, 그릿펌프, 공기 양수펌프 |
| 1차 처리 | 응집기, 침전조 전동기, 슬러지 및 스컴 펌프, 수로(channel) 폭기용 송풍기 |
| 2차(생물학적)처리 | 수로 및 활성슬러지 폭기용 송풍기, 기계식 포기기, 살수여상 펌프, 살수여상 분배장치, 침전조 전동기, 반송 및 폐활성슬러지 펌프 |
| 소독 | 약품 주입장치, 증발기, 배기 팬, 중화시설, 혼화기, 인젝터 수류펌프, UV 램프 |
| 폐수고도처리 | 질산화조 송풍기, 기계식 포기기, 혼화기, 살수여상펌프, 심층여과 펌프, 공기 역세척 송풍기, 막 여과용 펌프 |
| 고형물 처리 | 펌프, 연마기, 농축조 전동기, 약품 주입장치, 혐기성 소화조와 혼합조용 혼화기, 호기성 소화조 내 포기기, 원심탈수기, 벨트 프레스, 열건조 전동기, 소각로 전동기, 컨베이어 |
| 부속 시스템 | |
| 냄새 제어 | 냄새 제어 팬, 약품공급기 |
| 공정수 | 펌프 |
| 공기 주입 | 압축기 |

구되는 에너지, (2) 폐수, 액상 슬러지, 바이오 고형물 및 공정 용수의 이송을 위한 펌핑 시스템 및 (3) 바이오 고형물과 잔류물의 처리, 탈수 및 건조 시설.

개별 처리공정의 일반적인 에너지 요구량은 표 17–3에 정리하였다. 폐수처리를 위

**표 17–3**

폐수처리시설의 다양한 처리공정에 대한 일반적 에너지 소비량[a]

| 기술 | 에너지 소비량[b] | |
|---|---|---|
| | kWh/10³ gal | kWh/m³ |
| **재래식 2차 폐수처리시설[c]** | **0.38~0.67** | **0.10~0.18** |
| 폐수유입 펌프 | 0.12~0.17 | 0.032~0.045 |
| 스크린 | 0.001~0.002 | 0.0003~0.0005 |
| 그릴 제거 | 0.01~0.05 | 0.003~0.013 |
| 살수여상 | 0.23~0.35 | 0.061~0.093 |
| 살수여상–고형물 접촉 | 0.35 | 0.093 |
| BOD 제거를 위한 활성슬러지 | 0.53~4.1 | 0.14 |
| 질산화/탈질화를 위한 활성슬러지 | 0.87~0.88 | 0.23 |
| 분리막 생물반응조 | 1.9~3.8 | 0.5~1.0[d] |
| 슬러지 반송 펌프 | 0.03~0.05 | 0.008~0.013 |
| 2차 침전조 | 0.013~0.015 | 0.003~0.004 |
| 용존공기 부상법 | 0.12~0.15 | 0.03~0.04 |
| 3차 여과(심층여과) | 0.1~0.3 | 0.03~0.08 |
| 3차 여과(표면여과) | | |
| 염소처리(차아염소산 나트륨) | 0.001~0.003 | 0.0003~0.0008 |
| UV 소독 | 0.05~0.2 | 0.01~0.05 |
| MF/UF | 0.75~1.1 | 0.2~0.3 |
| 역삼투압법(에너지 회수 제외) | 1.9~2.5 | 0.5~0.65 |
| 역삼투압법(에너지 회수) | 1.7~2.3 | 0.46~0.6 |
| 전기투석(800~1200 mg/L의 TDS 범위) | 4.2~8.4 | 1.1~2.2 |
| $O_3$나 $H_2O_2$를 이용한 UV 광분해(고도산화)[e] | 0.2~0.4 | 0.05~0.1 |
| 슬러지 펌프 | 0.003 | 0.0008 |
| 중력농축 | 0.001~0.006 | 0.0003~0.0016 |
| 호기성 소화 | 0.48~1.2 | 0.13~0.32 |
| 중온 혐기성 소화(1차 슬러지와 폐활성 슬러지)[f] | 0.35~0.6 | 0.093~0.16 |
| 열 가수분해 전처리에 의한 중온 혐기성 소화 (1차 슬러지와 폐활성 슬러지)[f] | 0.58~0.6 | 0.015~0.02 |
| 슬러지 탈수(원심탈수기) | 0.02~0.05 | 0.005~0.013 |
| 슬러지 탈수(벨트 여과 압착기) | 0.002~0.005 | 0.0005~0.0013 |

[a] Burton (1996)에서 부분 발췌.

[b] 처리된 폐수의 단위 부피당 에너지 요구량

[c] 처리를 위한 수송은 포함되지 않음. Global Water Research Coalition (2008).

[d] Krzeminski et al. (2012).

[e] RO의 침투.

[f] 전력과 가열 요구량을 포함한 에너지 회수는 계산되지 않음.

해 요구되는 전력량은 매우 광범위하지만 대부분의 처리시설에서는 일반적으로 950 MJ/10³ m³과 2,900 MJ/10³ m³ 사이(1,000~3,000 kWh/Mgal)에 나타난다(AWWARF, 2007). 전기 소비량은 시설의 크기, 유입수 및 유출수의 성상, 유입수 및 유출수의 펌핑 요구량, 냄새 제어를 위한 에너지 요구량 및 적용된 처리시스템의 종류에 따라 다양하다. 그러나 일반적으로 부피당 에너지 소비는 처리시설이 클수록 낮은 경향을 보이며, 활성 슬러지 공법이 살수여상보다 많은 에너지를 요구하는 경향을 보인다(그림 17-3 참조). 재래식 활성슬러지 공법에서 일반적인 에너지 소비 백분율은 그림 17-4에 나타내었다.

폐수를 수집하고 처리 시스템을 운전하기 위한 요구조건은 폐수 부하량(3장의 그림 3-6 참조)과 관련이 있다. 폐수처리시설의 일일 전기사용량 곡선을 작성하면 이 곡선은 그림 3-6에 나타낸 유량 및 부하량 곡선과 유사한 형태를 보일 것이다. 그러므로 폐수처리시설에서 최대 에너지 요구량은 지역 내에서 최대 에너지 소모량이 발생하는 정오에서 초저녁 사이에 발생할 것이다.

**그림 17-3**

다른 형태의 처리공정별 유량에 따른 전기 에너지 소비량 비교

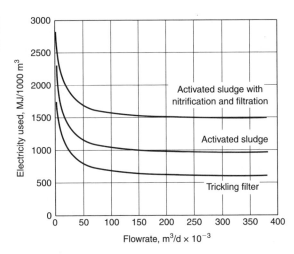

**그림 17-4**

활성슬러지 공정에 적용된 일반적인 폐수처리시설에서 에너지 소비율 분포

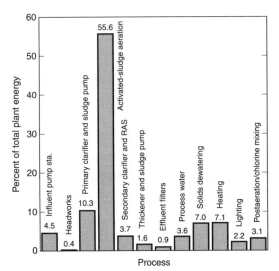

## ≫ 새로운 고도 폐수처리 기술

폐수처리에 새로운 기술들이 도입되면서 에너지 소비량은 변화할 것이며, 특히 재래식 폐수처리수를 재이용수로 이용하기 위해 추가적인 처리가 필요한 곳에서 두드러질 것이다. 표 17-3에 나타난 바와 같이, 높은 수준의 처리 혹은 새로운 기술들은 분리막 처리, UV 소독 및 고도산화를 예로 들 수 있으며 이러한 기술들은 운전을 위해 보다 많은 전기에너지를 요구한다.

## 17-5     에너지 회계감사와 벤치마킹

에너지 회계감사는 에너지 절약 정도를 파악하기 위해 이용되는 절차 및 방법론이다. 에너지 회계감사의 수행은 에너지 효율을 개선하기 위해 기존시설의 비효율적인 운전 방식을 확인하는 첫 단계로서 중요하다. 에너지 회계감사의 수준은 주요 장치만 개괄적으로 살피는 사전 "검토" 수준에서 각 단위공정에 사용된 에너지를 평가한 상세 공정 회계감사 수준까지 다양하게 수행될 수 있다(EPRI, 1994). 에너지 회계감사에서 일반적으로 초기에 수행해야 할 일 중에 하나는 유입수의 펌핑, 생물반응조의 포기, 살수여상의 펌핑 시스템 및 슬러지 처리조 등과 같은 단위 공정의 정확한 에너지 소비량을 파악하는 것이다. 에너지 회계감사를 수행하기 위해 이용된 전형적인 절차는 표 17-4에 나타내었다. 공통적인 에너지 회계감사요건은 표 17-5에 나타난 바와 같다.

## ≫ 에너지 사용의 벤치마킹

폐수처리시설에서 에너지 사용의 벤치마킹은 에너지 사용과 절약 정도를 파악하기 위한 기본적이며 필수적인 도구이다. 에너지 벤치마킹은 에너지 소비량의 감소 가능성을 평가하고 새롭게 채택된 공정이나 기술 및 에너지 절약 방안에 대해 에너지 효율의 증감을 확인하는 기초 자료를 제공한다. 폐수처리시설의 에너지 사용량 벤치마킹에는 소위 "표준" 폐수처리장에 대한 에너지 소비량의 비교가 포함된다. 에너지 소비량은 설계 유량, 유입 부하량, 처리 과정, 운전 모드 및 처리 기술에 영향을 받으며 시설에 따라 매우 다양하게 나타나기 때문에 특성이 서로 다른 처리시설들을 비교할 수 있도록 반드시 표준화해야 한다. 예를 들어 물리적 특성이 동일한 두 개의 처리장에서 처리유량은 같으나 BOD 부하량이 다른 경우, 유량에 대한 벤치마크 결과는 서로 다르겠지만 BOD 부하량에 대한 결과는 보다 유사한 결과를 보일 수도 있다.

## ≫ 벤치마킹 규약

AWWARF(2007)가 발표한 규약에서 에너지 소비에 가장 크게 영향을 주는 인자들은 미국의 266개 폐수처리시설에 대한 운전 데이터 분석을 토대로 규명되었다. 폐수처리시설의 에너지 벤치마킹을 위해 다중선형 대수 회귀를 이용하여 경험식을 도출하였다. 이 방법은 U.S. EPA Energy Star에서 건물의 등급(U.S. EPA, 2007)을 평가하기 위해 사용된 다중변수 벤치마크 지수법(multi-parameter benchmark score method)을 약간 수정한 것이다.

| 표 17-4<br>에너지 회계감사의 전형적인 절차 | 1. 에너지 및(혹은) GHG 감소 목표 수립<br>2. 설문지에 아래 사항을 포함하여 데이터 수집<br> • 에너지 요구량<br> • 공정 설명<br> • 운전 인자<br> • 배출수 목표 수질<br> • 전력 소비등급, 크기, 가동 개수 등을 포함한 기기 목록<br> • 에너지와 관련된 기타 중요 정보<br>3. 에너지 회계감사 현장 조사 수행(외관 검사)<br>4. 다음의 에너지 소모량 평가<br> • 단위공정<br> • 시스템(2차 처리, 소화 등)<br> • 구조물<br>5. 에너지 절약 대책(ECMs) 방안 수립<br> • 단위공정별<br> • 시스템/전체 공정별<br> • 구조물별<br> • 기관별(에너지의 규제 변화를 포함)<br>6. 경제성 분석 실시<br> • 투자비용, 운영비용(인건비 포함)<br> • 생애주기비용[(투자비용 + 운영비용)/기대수명]<br> • 단순 투자 회수기간(투자비용/년 이율)<br> • 혼합 투자 회수기간[(투자비용 + 운영비용)/연간 에너지 감소 비용]<br> • 순현재가치<br> • 내부수익률<br> • 연간 에너지 절감액(예, 투자비용/kWh 및 투자비용/MT $CO_2$(e)억제)<br> • 경제, 사회적, 환경적 가치(TBL) 평가<br>7. 운전개선방안, 공정개선방안 및 자본증식계획개선방안과 관련된 상세한 에너지 로드맵 보고서 작성 |
|---|---|

AWWARF의 규약에서는 (1) 일 평균 유량, (2) 설계 유량, (3) 유입수 BOD 농도, (4) 유출수 BOD 농도, (5) 고정 담체/부유 담체 및 (6) 재래식 처리/생물학적 영양염류 제거가 폐수처리시설의 에너지 소모에 영향을 주는 6가지 핵심 변수로 확인하였다. 폐수처리시설의 에너지 소비량 모델은 다중선형 대수 회기 분석을 이용하여 다음과 같이 개발되었다.

$$\ln(E_s) = 15.8741 \qquad\qquad (17\text{-}12)$$
$$+ 0.8944 \times \ln(\text{평균유입유량 Mgal/d})$$
$$+ 0.4510 \times \ln(\text{유입 BOD mg/L})$$
$$- 0.1943 \times \ln(\text{유출 BOD mg/L})$$

**표 17-5**

**몇몇 폐수처리장의 에너지 절감을 위한 회계감사 권고 사항 요약[a]**

1. 운전유량 변화에 대응하기 위해 펌프와 송풍기는 변속 가능한 것으로 설치
2. 호기조에 용존산소 점검 및 제어 장치 설치
3. 정기적 펌프 점검 및 비효율 펌프 수선 또는 교체
4. 시간최대 전력 수요를 감소시키기 위한 비상 발전기 운용
5. 비상 발전기 교체시 CHP 설치
6. 전기부하 점검용 장치설치
7. 역률(power factor) 개선용 축전기 설치
8. 장기적인 저부하 조건에서는 축소 반응조 운전
9. 펌프 작동 축소 또는 변경
10. 가능한 한 악취 제어 및 환기 면적 감소
11. 자주 드나들지 않는 곳에 동작 인식 조명 설치
12. 종일 드나들지 않는 곳에 냉/난방 제어
13. 과다 설계된 모터 교체
14. 특정운전을 비 첨두기간으로 변경

[a] Adapted in part from Burton (1996).

$$- 0.4280 \times \ln(\text{평균유입유량/설계유입유량} \times 100)$$
$$- 0.3256 \times (\text{살수여상 Yes-1, No-0})$$
$$+ 0.1774 \times (\text{영양염류 제거 Yes-1, No-0})$$

여기서, $E_s$ = 모델로부터 산정된 원천 에너지 소비량, kBtu/y(아래에 정의됨)

이 모델은 미국의 폐수처리장을 대상으로 개발되었기 때문에, 모델의 개발에 사용한 단위는 미국단위이다. 현재 이 모델의 SI단위 버전은 이용할 수 없다.

**성능평가.** 식 (17-12)로 산정된 값은 특정한 시설에 대한 에너지 사용량을 평가한 것이다. 특정 시설에서 평가된 성능을 타 시설과 비교하기 위해서는 완벽한 데이터 세트를 통해 얻어진 성능 평균치에 대한 예측 성능치가 활용된다. 식 (17-12)를 이용하여 예측할 수 있는 $\ln(E_s)$ 값의 범위는 약 16~19.6이며 그림 17-5에서 17.8은 중앙값(mean value, 50번째 백분위수)을 나타낸다. 그러므로 조정계수(adjustment factor) $F_{adj}$는 다음 주어진 식에 따라 각각의 에너지 소비량 계수를 표준화하는 데 이용된다.

$$F_{adj} = \ln(E_s) \,/\, 17.8 \tag{17-13}$$

요컨대 조정계수를 알면 분포곡선상에서 어떤 시설의 벤치마크 지수를 산정할 수 있다.

**에너지 사용량 데이터를 원천 에너지 소모량으로의 환산.** 원천 에너지 소모량은 시설 운전을 위해 요구되는 원료 에너지의 양으로 정의된다(U.S.EPA, 2011). 이에 반해 폐수 처리시설에서 얻어진 에너지 사용량 데이터는 시설을 운전할 때 현장에서 측정된 에너지량이다. 두 값의 차이는 생산, 이송 및 전달되는 동안 발생하는 에너지 손실에 기인한 것

**그림 17-5**

폐수처리시설 에너지 소비량에 대한 벤치마킹지수 도표 (AWWARF, 2007)

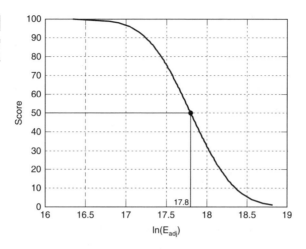

이다. 일관적 비교를 위해 실제 에너지 소모량과 원천 에너지 소모량 사이의 환산계수(원천 에너지 계수, $F_s$)는 전국 시설의 평균값을 통해서 산정되었으며 표 17-6에 나타내었다. 환산계수 산정에 있어서 주목할 점은 태양광 발전 등과 같은 신재생 에너지원으로부터 현장에서 생산된 에너지는 원천 에너지 소모량에 포함되지 않는다. 표 17-6에 소화가스의 환산계수가 참조로 포함되어 있으며, 이 값을 이용하는 방법은 예제 17-5에 설명하였다. 실제 원천 에너지 소모량 $E_{as}$의 계산은 아래와 같다.

$$E_{as} = \sum E_u \cdot F_s \qquad (17\text{-}14)$$

여기서, $E_{as}$ = 실제 원천 에너지 소모량

$E_u$ = 운전 장소에서 측정된 에너지 소모량

$F_s$ = 원천 에너지 계수

원천 에너지 계수는 모든 에너지 소모량을 원천 에너지 소모량으로 환산하며 단위 또한 kBtu/y로 변환된다. 총 원천 에너지 소모량(total source energy use)을 결정하기 위해서는 다양한 에너지원으로부터의 에너지 소모량을 모두 더해야 한다.

**조정된 에너지 소모량의 계산.** 조정계수는 조정된 에너지 소비량 계수(로그 값으로 규정화한 에너지 소모량)를 계산할 때 사용된다.

**표 17-6**

폐수처리시설에 대한 에너지 소모량의 상대평가에 이용된 원천 에너지 계수[a]

| 에너지원 | US 단위 | | SI 단위 | |
|---|---|---|---|---|
| | 단위 | 값 | 단위 | 값 |
| 전기 | kBtu/kWh | 11.1 | kBtu/kWh | 11.1 |
| 천연가스 | kBtu/therm | 102.5 | kBtu/MJ | 0.97 |
| 석유 | kBtu/gal | 141 | kBtu/L | 37.25 |
| 프로판 | kBtu/gal | 91 | kBtu/L | 24.04 |
| 소화가스 | kBtu/ft$^3$ | 0.6 | kBtu/m$^3$ | 21.2 |

[a] Adapted from AWWARF (2007).

$$\ln(E_{adj}) = \ln(E_{as}) / F_{adj} \qquad (17\text{-}15)$$

조정된 에너지 소비량 계수는 유입폐수의 성상과 처리수준이 서로 다른 시설들을 비교할 수 있게 한다. 벤치마크 지수는 그림 17-5를 이용하거나 AWWARF 보고서(AWWARF, 2007)를 통해 구할 수 있다. 벤치마크 지수는 다른 처리시설과 비교 가능하도록 표준화된 에너지 소모량의 백분위수와 일치한다. 벤치마킹은 예제 17-5에 설명하였다.

---

**예제 17-5**

**폐수처리시설에서 에너지 소모량 상대평가.** BNR 활성슬러지 공법이 어떤 지역사회 폐수를 처리하기 위해 이용된다. 아래에 주어진 처리시설 자료를 활용하여 원천 에너지 사용량을 계산하고 실제 에너지 소모량과 비교한 후 벤치마크 지수를 산정하시오. 시설 내 소화가스로 생성된 에너지를 원천 에너지 사용량에 포함한다면 벤치마크 지수는 어떻게 변하는가?

| 항목 | 단위 | 값 |
|---|---|---|
| 에너지 소모량 | | |
| 　전기 | kWh/y | 14,100,000 |
| 　천연가스 | m³/y | 17,300 |
| 　석유 #2 | m³/y | 390 |
| 　소화가스 생산량 | m³/y | 1,047,900 |
| 　소화가스 사용량 | m³/y | 755,000 |
| 　소화가스 연소량 | m³/y | 290,500 |
| 　소화가스 배출량 | m³/y | 2400 |
| 시설의 운전조건 | | |
| 　연평균 유입유량 | m³/d | 100,000 |
| 　유입수의 평균 BOD 농도 | mg/L | 180 |
| 　유입수의 평균 암모니아 농도 | mg/L | 18 |
| 　유입수의 평균 T-N 농도 | mg/L | 32 |
| 　유출수의 평균 BOD 농도 | mg/L | 4 |
| 　유출수의 평균 암모니아 농도 | mg/L | 1.5 |
| 　유출수의 평균 T-N 농도 | mg/L | 8.3 |
| 기타 | | |
| 　설계 유량 | m³/d | 180,000 |
| 　폐수 공급 인구 | persons | 430,000 |

**풀이**

1. 식 (17-12)와 주어진 자료를 이용한 원천 에너지 소모량 계산.

$$\ln(E_s \text{ kBtu/y}) = 15.8741$$
$$+ 0.8944 \times \ln\{[100{,}000 \text{ (m}^3/\text{d)}]/[3785 \text{ (m}^3/\text{Mgal)}]\}$$
$$+ 0.4510 \times \ln(180)$$
$$- 0.1943 \times \ln(4)$$

$$- 0.3256 \times (0)$$
$$+ 0.1774 \times (1)$$
$$= 15.8741 + 2.9284 + 2.3420 - 0.2694 - 1.7194 - 0 + 0.1774$$
$$= 19.33$$

2. 과정 1에서 산정된 값을 식 (17-13)을 이용하여 조정계수 계산

   조정계수 = 19.33 / 17.8 = 1.086

3. 폐수처리시설의 에너지 소모량 자료와 표 17-6의 원천 에너지 계수를 이용하여 원천 에너지 소모량의 계산

   a. 식 (17-14)를 이용한 외부 에너지원(소화가스로 생성된 에너지는 포함하지 않음)의 실제 원천 에너지 소모량 계산

   $$E_{as} \text{ (소화가스 제외)} = (14{,}100{,}000 \text{ kWH/y})(11.1 \text{ kBtu/kWH})$$
   $$+ (17{,}300 \text{ m}^3\text{/y})(35.31 \text{ ft}^3\text{/1 m}^3)(1.025 \text{ kBtu/ft}^3)$$
   $$+ (390 \text{ m}^3\text{/y})(264.2 \text{ gal/1 m}^3)(141 \text{ kBtu/gal})$$
   $$= 156{,}510{,}000 + 626{,}135 + 14{,}528{,}358$$
   $$= 171{,}664{,}493 \text{ kBtu/y}$$

   b. 시설 내 소화가스에서 생성된 에너지를 포함한 원천 에너지 소모량 계산

   $$\text{소화조 가스에너지} = (755{,}000 \text{ m}^3\text{/y})(35.31 \text{ ft}^3\text{/1 m}^3)(0.6 \text{ kBtu/ft}^3)$$
   $$= 15{,}995{,}430 \text{ kBtu/y}$$
   $$E_{as} \text{ (소화가스 포함)} = 171{,}664{,}493 \text{ kBtu/y} + 15{,}995{,}430 \text{ kBtu/y}$$
   $$= 187{,}659{,}923 \text{ kBtu/y}$$

4. 식 (17-15)와 과정 2에서 산정된 조정계수를 이용하여 과정 3에서 계산된 원천 에너지 소모량을 조정에너지 소모량으로 환산

   a. 소화가스를 포함하지 않은 $\ln(E_{adj})$의 계산

   $$\ln(E_{adj}) = \ln(171{,}664{,}493 \text{ kBtu/y}) / 1.086 = 18.96 / 1.086$$
   $$= 17.46$$

   b. 소화가스를 포함한 $\ln(E_{adj})$의 계산

   $$\ln(E_{adj}) = \ln(187{,}659{,}923 \text{ kBtu/y}) / 1.086 = 19.05 / 1.086$$
   $$= 17.54$$

5. 그림 17-5를 이용한 소화가스의 사용여부에 따른 벤치마크 지수

   소화가스로부터 생성된 에너지를 포함하지 않은 지수 = 78

   소화가스로부터 생성된 에너지를 포함한 지수 = 72

**참조**  본 예제에서 폐수처리시설의 에너지 사용량에 대한 표준화된 백분율 지수는 규약에 따라 소화조의 가스로부터 발생된 에너지를 포함하지 않을 때 78로서 모델식을 개발하기 위해

조사된 처리시설의 평균 지수보다는 조금 높다. 소화조 가스로부터 생성된 에너지를 포함할 때의 벤치마크 지수는 72로 낮아진다. 즉 이 시설에서 발생된 소화가스를 이용하지 않고(즉 모두 태운다.) 외부 에너지원만을 소모하는 경우 벤치마킹 78위 점수를 얻게 된다. 따라서 시설 내 소화조의 가스로부터 생성된 에너지의 사용은 벤치마크 지수를 크게 높여 줄 것이다.

## 17-6      화학적 에너지의 회수 및 이용

화학적 에너지의 회수 및 이용은 화학적 에너지가 포함된 폐수 성분을 연료로 전환하여 이롭게 이용하는 것이다. 어떤 경우에는 이용되기 전에 연료의 전처리가 필요하다. 폐수 처리시설에서 행해진 화학적 에너지의 회수는 주로 혐기성 슬러지 소화를 통해 슬러지로부터 생성된 소화가스(바이오가스)의 형태로 이루어졌으며, 소화가스는 다른 에너지원의 보조 연료로서 보일러나 다른 연소시스템에 이용되고 있다. 건조된 바이오 고형물은 슬러지를 소각하는 에너지원으로 이용되고 있다.

### ≫ 폐수에서 파생된 연료

폐수 성분에서 파생된 연료의 형태는 (1) 기체연료, (2) 고체연료 및 (3) 액체연료/기름으로 분류할 수 있다. 기체연료는 혐기 소화조에서 생성된 바이오가스와 가스화로 생성된 합성가스이다. 고체연료에는 1차 슬러지, 2차 잉여 슬러지와 안정화된 바이오 고형물이 있다. 액체연료와 기름은 폐수내 고형물 성분으로 생산할 수는 있지만 폐수 성분에서 액체연료와 기름을 생산하고 이용하는 것이 일반적이지는 않다.

폐수내 화학적 에너지는 일반적으로 물리/화학적 처리나 생물학적 처리공정에 의해 고형물 성분에서 추출된다. 혐기성 처리공정(10장 참조)에서 일부 용존 유기물이 생물학적 기작에 의해 메탄으로 전환되긴 하지만 혐기성 처리공정을 도시하수의 수처리 목적으로 사용하는 일은 흔하지 않다. 호기성 생물 처리를 하는 재래식 도시하수처리시설에서는 용존된 화학적 에너지의 일부분만 바이오매스에 동화되고 바이오매스는 다시 고형물 처리를 위해 수거된 후 혐기소화에 의해 바이오가스로 전환된다.

**바이오가스.** 폐수의 고형물 성분으로부터 에너지를 회수하기 위해 주로 이용된 일반적인 방법은 혐기성 소화를 통한 메탄의 생성이다(13장 참조). 생물학적 혐기성 공정을 통한 소화가스의 일반적인 생성량은 소모된 휘발성 고형물 kg당 0.75에서 1.12 $m^3$ (12~18 $ft^3$/lb VSS) 사이로 다양하다. 일반적으로 소화가스에는 55~70%의 메탄, 30~40%의 $CO_2$와 소량의 $N_2$, $H_2$, $H_2S$, 수증기 및 기타 가스가 포함되어 있다. 일반적인 소화가스의 에너지 함량 HHV는 22~24 $MJ/m^3$ (600~650 $Btu/ft^3$)사이의 범위이다. 소화가스에서 메탄가스의 함량과 $CO_2$ 함량은 소화조의 pH에 의해 주로 결정된다. 10장에서 설명한 바와 같이 이론적 바이오가스 생성 반응은 다음과 같다.

$$C_vH_wO_xN_yS_z + \left(v - \frac{w}{4} - \frac{x}{2} + \frac{3y}{4} + \frac{z}{2}\right)H_2O \rightarrow \tag{10-4}$$

$$\left(\frac{v}{2} + \frac{w}{8} - \frac{x}{4} - \frac{3y}{8} - \frac{z}{4}\right)CH_4 + \left(\frac{v}{2} - \frac{w}{8} + \frac{x}{4} + \frac{3y}{8} + \frac{z}{4}\right)CO_2 + yNH_3 + zH_2S$$

식 (10-4)에 나타난 바와 같이 혐기성 소화 과정에서는 암모니아와 황화수소가 생성되며 기타 휘발성 화합물들도 만들어진다. 이들 성분 화합물 중 일부는 연소시스템에 유해하기 때문에 모아진 바이오가스를 연소시스템에 이용하기 전 가스 정제가 요구된다. 정제된 바이오가스는 왕복기관, 가스터빈, 마이크로터빈이나 연료전지를 이용하여 전기 생성에 이용될 수 있다. 보일러에 이용될 바이오 가스는 일반적으로 가스 정제가 요구되지 않는다. 바이오가스 이송과 저장 시스템은 공기와 바이오가스의 우발적인 혼합으로 인한 폭발을 예방하기 위해 반드시 정압을 유지해야 된다.

**합성가스.** 합성가스는 가스화공정으로 생성된 혼합가스로서 주로 CO, $H_2$, $CO_2$와 $CH_4$로 이루어지며(14장 참조), 저위발열량(LHV)은 4~15 MJ/m³ 사이로 폐수에 적용된 일반적인 범위는 4.5~5.5 MJ/m³이다. 합성가스의 에너지 함량은 매우 다양하며 가스화 공법과 주입된 공기, 수분의 양 등과 같은 운전조건에 따라 달라진다. 합성가스를 생산하는 단위공정은 14장의 14-9절에 설명되어 있다.

합성가스는 즉시 산화될 수 있고 내연시스템에서는 정제 후 이용되는 2단계 시스템으로 활용된다. 정제된 합성가스는 Fisher-Tropsch (FT) 촉매 공정을 이용하여 액체 연료로 가공될 수 있으며 액체연료는 내연기관 발전기와 보일러 혹은 연료전지에 이용될 수 있다. 액체연료는 또한 다양한 화합물 생산에 이용된다(Valkenburg et al., 2008). 합성가스의 생성률은 가스화공정, 주입된 고형물의 성상과 운전조건에 따라 매우 광범위하게 달라지므로 합성가스 생성률에 대한 정보는 매우 제한적이다. 독일의 Balingen에 설치된 유동상 가스화공정 실증시설에서는 건조 고형물 함량이 32%인 탈수 슬러지 1,000 kg을 건조하여 고형물 함량이 80%인 건조 슬러지 400 kg을 생산하고 이를 활용하여 510 m³의 합성가스와 160 kg의 입자상 광물을 생산하였다(WERF, 2008).

**고체연료.** 폐수내 고형물 함량은 주로 유기화합물이다. 폐수에서 분리된 바이오 고형물이나 슬러지는 수분함량에 따라 외부연료 주입 없이 소각이 가능하다. 슬러지와 바이오 고형물의 일반적인 발열량은 14장의 표 14-17에 나타나 있고 이론적 발열량은 화학조성을 알고 있다면 식 (2-66)을 통해 산정할 수 있다(17-2절 참조).

**액체연료와 기름.** 폐수에 존재하는 고형물 성분으로부터 액체 연료와 기름을 생산할 수 있는 기술들이 있다. 예를 들어 합성가스는 Fisher-Tropsch (FT)공정을 통해 액체 연료로 전환이 가능하며 고형물 성분을 열분해(pyrolysis)하면 숯(char)과 기름이 생성된다. 그러나 폐수내 고형물 성분들로부터의 기름과 액체연료의 생산은 실증시설로 이행된 실적이 없다.

## ⨠ 엔진과 터빈으로 기체연료에서 에너지 회수

왕복기관, 가스터빈과 마이크로터빈은 폐수에서 만들어진 기체연료의 연소로부터 전기를 생성하는 핵심기술이다. 실증시설에 적용 실적은 적지만 펌프와 송풍기는 기체연료를 동력으로 하는 엔진을 통해 직접 운전을 할 수 있다. 엔진과 터빈을 이용한 일반적인 에너지 회수 시스템은 그림 17-6에 나타난 바와 같이 가스 생성공정, 가스저장조, 컴프레서, 가스정제, 엔진/터빈, 배가스 제어(16장 참조)와 잉여 열 회수 시스템이 포함된다. 또한 연료전지도 바이오가스로부터 전기를 생성하지만 그 기작은 엔진과 터빈을 이용할 때와는 다르다. 그러므로 연료전지는 이 절에서 설명하지 않는다.

이러한 연소공정에서 나타난 배기열은 온수를 만들어 건물의 보온, 혐기 소화조의 가열 또는 열수 공급용으로 활용되며 이는 17-6절에서 자세히 설명되었다. 보일러와 엔진에서 바이오가스를 이용함으로써 배출되는 연돌의 배가스는 대기오염을 최소화하기 위한 엄격한 규제대상이다. 보일러와 엔진에서의 배가스는 16장의 16-5절에 설명되었다.

**가스의 전처리 요구사항.** 전력과 열을 생성하기 위한 장치에 영향을 주는 바이오가스와 합성가스의 성분은 황화수소($H_2S$), 실록산(siloxane), 이산화탄소($CO_2$)와 수증기($H_2O$)가 있다. 합성가스에는 제거해야 하는 부유성 고형물도 포함되어 있다. 황화수소($H_2S$)는 냄새를 띄며 높은 부식성을 갖는 가스이다. $H_2S$는 비교적 낮은 농도에서도 인간의 건강에 유해하다. 미국의 국립산업안전보건연구원(National Institute for Occupational Safety and health, NIOSH)에서 이용하고 있는 $H_2S$에 대한 IDLH (Immediately Dangerous to Life or Health) 수치는 100 ppm이다(CDC, 1994). 혐기 소화조에서 생성

| | |
|---|---|
| **그림 17-6**<br><br>슬러지의 혐기성 소화로 발생한 바이오가스의 일반적인 회수 및 이용 공정도. (a) 공정도, (b) 달걀형 혐기 소화조, (c) 두 개의 연료를 이용하는 왕복기관, (d) 열 회수 보일러 | 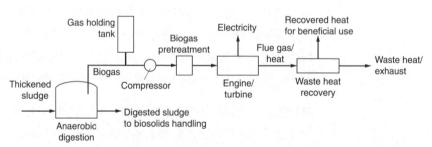<br>(a) |

(b)　　　　　(c)　　　　　(d)

된 바이오가스의 $H_2S$는 종종 100 ppm을 초과한다. 실록산은 연소시스템에 악영향을 준다고 알려져 있다. 바이오가스의 이송관과 컴프레서에서는 물의 응축현상이 나타나고 황화수소에 의해 부식이 진행된다. 이러한 악영향을 최소화하기 위해 소화가스는 종종 연소되기 전에 정제된다. 바이오가스를 천연가스(때론 바이오메탄)로 판매할 때는 이산화탄소를 제거해야 하는데, 폐수처리시설에서는 바이오가스를 판매하지 않고 시설 내에서 이용하므로 $CO_2$의 제거는 거의 하지 않는다. 처리시설에서 바이오가스를 천연가스와 혼합할 때는 바이오가스의 $CO_2$를 제거하여 바이오가스의 열량을 천연가스와 동등한 값으로 높이는 대신 천연가스를 공기와 혼합하여 그 열량을 바이오가스 수준으로 낮추는 방법이 일반적으로 활용되고 있다. 천연가스에 공기를 추가하여도 폭발할 정도는 아니기 때문에 천연가스/공기 혼합공정에서 산소를 제거할 필요는 없다.

바이오가스와 합성가스의 일반적인 처리 시스템은 그림 17-7에 나타내었다. 소화가스와 합성가스에 이용되는 가스정제 기술의 종류는 표 17-7에 나타난 바와 같다. 각각의 가스혼합물의 설명과 처리방법은 13장의 13-9절에서 자세히 설명하였다. 많은 경우에 이러한 가스 정제 공정 모두가 필요하지는 않으며 최종 이용을 위한 가스의 품질 조건에 맞춰 정제 공정이 결정된다.

**전체 시스템의 효율.** 전체 시스템의 효율은 열효율로도 알려져 있으며 주입된 에너지 총량당 출력 에너지 총량(일, 열 혹은 전기)의 비율로 정의된다. 열 회수를 하지 않는 발전기의 전체 시스템 효율은 주입된 연료에너지당 생성된 전력량이다. CHP 시스템에서 전체 시스템 효율은 출력 전력과 이용 가능한 순 배출열의 합을 후속 열 회수공정에 연료로 주입된 총 에너지양으로 나눈 것이다. 연료전지와 내연기관의 일반적인 열효율은 표 17-8에 나타내었다. 표 17-8에 나타난 바와 같이 모든 열효율은 CHP를 적용할 때 확실히 향상되었다. 폐열의 회수는 17-6절에서 자세히 설명하였다. 장비 공급 업체는 특정 장비에 대해 예상된 열효율을 제공해야 하는데, 에너지 배출량 데이터가 정확하지 않을 때는 표 17-8의 열효율 데이터를 활용하여 연료소비량에 기반한 에너지 배출량의 예비 평가를 할 수 있다. 소화가스를 엔진과 보일러에 이용한 경우, 소화가스의 실제 열 함량은 출력 에너지량을 정확히 예측할 수 있도록 측정되어야 한다.

**그림 17-7**

일반적인 가스 정제 공정도.
(a) 혐기 소화조의 바이오가스,
(b) 가스화공정에서의 합성가스

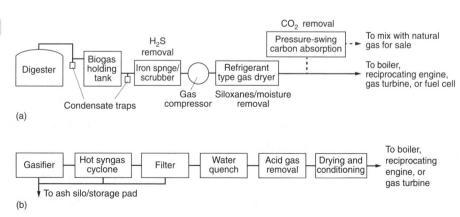

**표 17 – 7**

소화가스의 주요 성분 및 처리 방법[a]

| 가스 화합물 | 소화가스 내 일반적인 농도, mg/L[b] | 처리방법 |
|---|---|---|
| 황화수소($H_2S$) | 1000~2000 | 흡착<br>스크러버<br>소화조에 화학약품 투입 |
| 실록산(실리카 내) | 0.3~11 | 냉각/건조<br>스크러버<br>흡착(활성탄, 특허매질) |
| 수증기($H_2O$) | 포화 | 고형물 건조제<br>액체흡수<br>냉각/건조 |
| 이산화탄소($CO_2$) | 30 ~ 35% | 스크러버. $CO_2$는 기체연료의 질을 천연가스 수준으로 높일 때만 제거하며 그 적용은 제한적임. |

[a] Compiled from various sources.

[b] Unless otherwise noted.

**표 17 – 8**

소화가스와 합성가스에서 에너지 회수를 위해 이용된 장치

| 장치 | 일반적인 효율[a], % | CHP를 이용한 일반적인 효율, % | 가스정제 조건 | 일반적인 전력, kW | 에너지의 전환 |
|---|---|---|---|---|---|
| 왕복기관 | 25~50 | 70~80 | 실록산 | 20~6000 | 전기, 기계동력, 폐열 |
| 가스터빈 (simple cycle) | 25~40 | 70~80 | 실록산, $H_2S$ | 1000~250,000 | 전기, 기계동력, 폐열 |
| 가스터빈 (combined cycle) | 40~60 | 70~80 | 실록산, $H_2S$ | 1000~250,000 | 전기, 기계동력, 증기 생산을 위한 잔류열(전기생산) |
| 마이크로터빈 | 25~35 | 70~85 | 실록산, $H_2S$ | 30~250 | 전기, 기계동력, 폐열 |
| 스터링 기관 | ~30 | ~80 | 필요치 않음 | | 전기, 기계동력, 폐열 |
| 연료전지 | 40~60 | 70~85 | 실록산, $H_2S$, $H_2O$ | 200~3000 | 전기, 폐열 |
| 보일러 | 80~90+ | – | 일반적으로 필요치 않음 | | 증기, 온수 |

[a] 제조업체 평가의 효율, 열 회수는 포함되지 않음.

**왕복기관 발전기.** 왕복기관과 가스터빈은 소화가스 형태로 회수된 화학적 에너지를 이용하여 폐수처리시설 현장에서 전기를 생산하는 데 폭넓게 이용되고 있다[그림 17-8(a)와 (c) 참조]. 불꽃 점화식 엔진(otto-cycle engines)과 압축 점화식 엔진(diesel-cycle engines) 두 가지가 바이오가스용으로 이용되어 왔다. 압축 점화식 엔진을 이용할 경우, 보조 연료유가 점화를 위해 첨가되어야 한다. 왕복기관의 일반적인 전력량 범위는 20 kW~6 MW이다(표 17-8 참조).

**가스터빈.** 폐수처리시설에서 이용된 가스터빈의 용량은 1~250 MW의 범위로 매우 폭넓다[그림 17-8(d) 참조]. 가스터빈의 전기효율은 30~40%로 왕복기관에 비해 조금 낮

**그림 17-8**

폐수처리시설에서 생성된 바이오가스를 이용한 일반적인 장치. (a) 대형 이중연료 왕복기관, (b) (a)와 연결된 발전기, (c) 대체 이중연료 기관, (d) 가스터빈 발전기

(a)

(b)

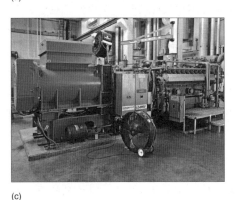
(c)

(d)

다. 표 17-8에 나타난 바와 같이, 가스터빈의 전체 열효율은 CHP용으로 이용할 때 왕복기관과 비슷한 범위를 갖는데, 이는 가스터빈의 배기가스는 높은 온도를 갖고 있어 보일러와 다양한 열 회수공정에 이용될 수 있기 때문이다. 그러나 왕복기관은 가스터빈보다 폭넓은 운전범위를 가지며 에너지 출력이 주간 전력 수요변동에 따라 더 쉽게 조정될 수 있어서 폐수처리시설에서 주로 이용된다.

**마이크로터빈.** 마이크로터빈은 작은 가스터빈으로 대개 터빈 공급업체에서 일괄로 가공해서 출시한다. 폐수처리시설에서 사용되는 마이크로터빈의 일반적은 전력량은 30~250 kW 범위이다. 대개의 마이크로터빈에서는 재순환 사이클을 이용하여 배기가스의 열을 연소가스 예열에 이용한다. 남은 열은 온수를 생산하기 위해 회수되거나 다른 열 회수 장치에 연결된다. 마이크로터빈은 특정 전기 부하를 보조하기 위해 분산 배치하는 데 적합하고 큰 전기 부하를 감당하기 위해 병렬로 배치되기도 한다.

**스털링 엔진.** 스털링 엔진은 외연기관이며 내연기관과 달리 가스정제 없이 다양한 연료가 사용될 수 있다. 전기효율은 약 30%이며, 열 회수공정에 포함될 경우 전체 시스템 효율은 80%까지 나타난다.

## ❱❱ 보일러를 이용한 기체연료로부터의 에너지 회수

보일러는 온수나 증기를 생산하여 증기터빈을 가동하거나 실내 난방 및 온수 공급을 위

해 폐수처리시설에서 이용된다. 폐수처리공정에서 난방이 필요한 곳은 혐기성 소화조의 난방과 건물 실내 난방 및 슬러지 전처리와 슬러지 건조 등 다양한 고형물 제어 공정을 포함한다(13장과 14장 참조). 보일러는 관리동 및 제어 사무실의 난방과 온수공급에도 이용된다. 일반적인 가스의 전처리는 바이오가스나 합성가스를 보일러에만 사용할 때는 포함되지 않으며, 폐열의 에너지를 회수할 수 있다고 해도 보일러의 열효율을 극대화하도록 계획해야 한다(그림 17-9 참조).

**보일러의 종류.** 폐수처리시설에서 일반적으로 사용하는 보일러는 건물과 처리공정의 난방 및 온수 공급을 위한 온수 보일러이다. 보일러의 증기는 열 가수분해(thermal hydrolysis) 등과 같은 슬러지와 바이오 고형물 처리공정에서 높은 온도의 열원을 필요로 할 때 사용된다. 보일러는 일반적으로 연관 보일러(fire tube type)와 수관 보일러(water tube type)로 구분할 수 있다. 연관 보일러는 관을 통해 고온의 가스가 흐름으로써 관 주변의 물에 열을 가하여 온수와 증기를 생성한다. 연관 보일러는 소형으로 낮은 압력의 증기(17 bar 혹은 250 $lb_f/in.^2$ 이하)를 생성하는 데 적합하다. 수관 보일러는 뜨거운 연소가스로 채워진 연소실(combustion chamber)에 위치한 관에 물이 흐른다. 관 속의 물은 가열되고 증기 드럼(steam drum)에서 증기가 생성된다. 수관 보일러는 높은 압력의 증기(17 bar 혹은 250 $lb_f/in.^2$ 이상)를 생성하는 데 적합하다.

**보일러의 열효율.** 보일러의 크기와 종류의 선택은 이송된 열의 품질과 양 및 보일러에 이용된 연료의 종류에 의해 결정된다. 이중연료 보일러나 가스보일러에서는 바이오가스를 이용할 수 있다. 때때로 "열효율"이란 단어는 더 구체적으로는 열 교환 효율을 일컫는 말이지만 복사 및 대류로 인한 열 손실을 고려하지 않는 것을 알아야 한다. 대신 "보일러 효율"이란 단어는 복사 및 대류로 인한 열 손실을 고려한 열효율을 이른다. 제조업체 사양에 따른 일반적 보일러의 열효율은 80% 이상이며, 배가스의 온도, 연료의 종류, 과잉 공기량, 주위 온도 및 열 손실에 영향을 받는다. 콘덴싱보일러(condensing boiler)는 보

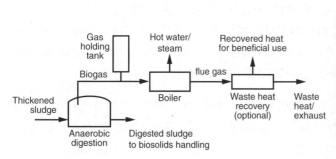
(a)

(b)

**그림 17-9**

이중연료 보일러(dual-fuel boiler)에서 바이오가스를 이용한 에너지 회수 시스템. (a) 공정도와 (b) 보일러의 전경

일러에 급수되는 찬물의 예열장치를 갖춘 형식의 보일러이다. 급수를 예열함으로써 전반적인 효율은 90% 이상으로 향상될 수 있다(표 17-8 참조). 보일러에서 그을음이나 스케일링의 발생은 열효율 감소로 이어진다. 정기적인 청소와 유지관리는 보일러의 열효율을 유지하기 위해 필요하다.

## 고체연료에서 에너지 회수

고형물 성분의 고온산화(예로, 소각)는 슬러지 최종처분 규제에 따른 재이용 방안으로 중대형 규모의 처리장에서 대표적으로 이용되는 공정이다(14장). 슬러지를 소각할 때 안정화된 이후의 바이오 고형물을 대상으로 하기도 하지만, 고온산화에서 에너지 회수를 극대화하기 위해서는 안정화 공정(solid stabilization process)을 거치지 않은 고형물 성분을 직접 이용한다. 고체연료에서 에너지를 회수하는 시스템은 일반적으로 슬러지/바이오 고형물의 농축, 탈수, 건조, 고온산화 및 에너지 회수 시스템을 포함한다. 소각에서 발생한 열의 일부는 유입 슬러지와 주입공기의 예열에 이용된다(그림 17-10 참조). 배가스에는 분진과 기타 오염물질을 포함하고 있어 대기오염 기준을 만족시킬 수 있도록 오염 방지 장치가 반드시 설치되어야 한다.

에너지 수지를 결정하기 위해 가장 중요한 두 가지 요소는 탈수된 케이크의 고형물 함량과 휘발성 고형물 함량이다. 일반적으로 탈수된 케이크의 고형물 함량은 방출 에너지와 증발 냉각이 균형을 이루는 22~28% 이상 되어야 한다. 또한 고형물 함량은 연소 온도를 조절하는 중요한 운전 요소이다. 높은 온도에서는 질소산화물이 배출되고 재(ash)에서 아말감(amalgam)이 형성되는 반면, 낮은 온도에서는 불완전 연소 및 분진의 배출량 증가로 이어진다(16장 16-5절 참조). 종합적 열수지는 고형물의 발열량과 건조, 가스화 및 에너지 회수 시스템의 전체 효율에 따라 다양하게 변한다. 소화되지 않은 슬러지는 일반적으로 높은 휘발성 함량을 가지고 있으므로 낮은 고형물 함량에서도 보조연료의 사용을 배제할 수 있다. 혐기성에서 소화된 바이오 고형물은 휘발성 물질의 일부가 소비되거나 바이오가스로 전환되었기 때문에 단위 건조 물질당 발열량이 낮다. 처리시스템 내에서 화학약품이 첨가된 소화 슬러지는 일반적으로 화학적 침전공정 없이 소화된 슬러지보다 발열량이 낮다(Barber, 2007). 소화된 바이오 고형물의 발열량은 낮기 때문에, 에너지 중립적인 건조 및 가스화 공정을 이루기 위해서는 더 높은 고형물 함량이 요구된다.

**그림 17-10**

슬러지와 바이오 고형물의 연소로 화학적 에너지를 회수하는 일반적 공정도

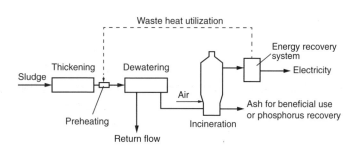

**슬러지와 바이오 고형물의 연소.** 고형물, 반고체 슬러지(semi-solid sludge) 및 바이오 고형물의 연소는 토지이용 그리고/혹은 매립 처분이 경제적이지 않은 일부 국가에서 시행되고 있다. 바이오 고형물을 연소하기 위한 연소기의 주요 형태에는 다단로 소각로, 유동상 및 전기 적외선(electric infrared)이 있다. 폐수의 고형물로부터 에너지 회수를 위해 이용된 장치는 표 17-9에 요약하였다.

**연소의 화학양론.** 슬러지와 바이오 고형물의 완전 연소에 대한 화학양론식은 14장의 14-4절에서 설명되었으며, 여기서는 편의를 위해 다시 나타내었다.

$$C_aO_bH_cN_d + (a + 0.25c - 0.5b)O_2 \rightarrow aCO_2 + 0.5cH_2O + 0.5dN_2 \tag{14-3}$$

건조 공기의 무게 중 23.15%를 산소가 차지한다면, 완전 산화되는 데 필요한 공기의 양은 계산된 산소요구량의 약 4.3배이다. 더불어, 충분한 난기류와 연소실의 혼합을 유도하기 위해 과잉공기가 필요하다. 건조 슬러지와 바이오 고형물의 소각을 위해서는 일반적으로 약 50%의 과잉공기가 필요하다. 과잉공기는 또한 연소 온도에도 영향을 주는데 공기와 연료의 비율은 연소 효율을 극대화하고, 질산화물, 일산화탄소, 휘발성 유기화합물 및 다른 잠재적인 유해화합물 등의 오염물 배출을 최소화하기 위해 반드시 조절되어야 한다(14장과 16장 참조).

| 표 17-9<br>폐수의 고형물로부터의 에너지 회수용 장치[a] | 장치 | 배출[b] | 비고 |
|---|---|---|---|
| | 유동상 소각로 | 폐열 | • 탈수 슬러지의 소각에 폭넓게 이용<br>• 일반적인 고형물 요구 함량 20~35% |
| | 다단로 소각로 | 폐열 | • 탈수 슬러지의 소각에 폭넓게 이용<br>• 일반적인 고형물 요구 함량 20~35% |
| | 유동층 기화기 | 합성가스, 폐열 | • 균일한 제품<br>• 높은 고형물 함량 요구(>85%)<br>• 700~900°C의 운전온도 |
| | 고정층 상승기류 기화기 | 합성가스, 폐열 | • 비교적 낮은 고형물 함량으로 가능(70~80%)<br>• 비교적 높은 합성가스 내 타르 함량<br>• 약 1000°C의 운전온도 |
| | 고정층 하강기류 기화기 | 합성가스, 폐열 | • 높은 고형물 함량 요구(>80%)<br>• 비교적 낮은 합성가스 내 타르 함량<br>• 900~1000°C의 운전온도<br>• 비전환 탄소 4~7% |
| | 분류층 기화기 | 합성가스, 폐열 | • 비교적 낮은 고형물 함량도 가능<br>• 낮은 타르와 $CO_2$<br>• 낮은 $CH_4$ |

[a] DOE(2002) 및 McKendry(2002)에서 부분 발췌.
[b] 열수지에 따라 폐열은 전기와 증기나 온수생성을 위한 터빈을 운전하는 데 이용될 수 있음.

**연소에 의한 방출 열.** 고형물의 연소에 의해 방출된 열의 일부는 고형물의 온도를 상승하기 위해 연소 생성물에 저장되고, 일부는 대류, 전도 및 복사에 의해 연소시스템 벽면으로 전달된다. 슬러지와 바이오 고형물은 탈수 및 건조공정에 따라 상당한 양의 수분이 포함될 수 있는데 이 수분은 연소실에서 증발잠열을 흡수한 상태로 증발한다. 14장에서 설명한 바와 같이, 최종온도로 연소시스템을 유지하기 위해 필요한 열은 다음과 같다.

$$Q = \sum (Q_S) + Q_e + Q_L = \sum C_P W_S (T_2 - T_1) + W_W \lambda + Q_L \qquad (14\text{-}4)$$

여기서, $Q$ = 총 열, kJ (Btu)

$\quad Q_s$ = 재(ash) 내 현열, kJ (Btu)

$\quad Q_e$ = 잠열, kJ (Btu)

$\quad Q_L$ = 손실 열, kJ (Btu)

$\quad C_p$ = 연돌가스와 재 내 각 물질의 비열, kJ/kg · °C (Btu/lb · °F)

$\quad W_s$ = 각 물질의 질량, kg (lb)

$T_1, T_2$ = 초기 및 최종 온도

$\quad W_w$ = 물의 질량, kg (lb)

$\quad \lambda$ = 증발 잠열, kJ/kg (Btu/lb)

식 (2-66)으로 계산된 연소된 물질의 열 함량과 필요한 열량을 비교해 보면, 추가적인 에너지 요구량 또는 회수/이용될 수 있는 과잉열을 계산해 낼 수 있다. 예제 17-6에 바이오 고형물의 연소에 관한 열수지를 나타내었다.

---

**예제 17-6**

**바이오 고형물의 연소에 관한 열수지 계산** 다음과 같은 특성의 탈수된 바이오 고형물이 소각로에서 연소된다. 아래에 주어진 소각로의 운전조건과 공정 관련 자료를 이용하여 공기요구량을 결정하고 열수지를 작성하여라. 주입공기의 예열에 사용된 연돌가스의 열 함량을 구하여라. 계산을 간단히 하기 위해 아래에 나열된 모든 가연성 물질은 $CO_2$, $H_2O$, $N_2$와 $SO_2$로 산화된다고 가정하고, 열수지 계산에 $SO_2$는 무시하여라.

바이오 고형물의 구성성분과 원소분석

| 원소 | 총 무게 백분율 |
|---|---|
| 가연성 | |
| 탄소 | 14.2 |
| 수소 | 1.0 |
| 산소 | 5.2 |
| 질소 | 0.3 |
| 황 | 0.4 |
| 비가연성 | 8.9 |
| 수분 | 10 |
| 합계 | 100 |

운전조건

| 항목 | 단위 | 값 |
|---|---|---|
| 대기 온도 | ℃ | 20 |
| 20℃에서의 상대습도 | % | 50 |
| 목표 연소 온도 | ℃ | 850 |
| 손실 열 | 주입된 열의 % | 0.5 |

열역학적 특성

| 구성요소 | 단위 | 값 |
|---|---|---|
| 물의 비열 | kJ/kg·℃ | 4.19 |
| 바이오 고형물의 비열 | kJ/kg·℃ | 1.26 |
| 건조 공기의 비열 | kJ/kg·℃ | 1.01 |
| 수증기의 비열 | kJ/kg·℃ | 1.88 |
| 재의 비열 | kJ/kg·℃ | 1.05 |
| 물의 증발 잠열 | kJ/kg | 2257 |

20℃ 및 50% 습도에서 공기의 구성성분

| 가스 | 백분율 |
|---|---|
| $N_2$ | 77.1 |
| $O_2$ | 20.7 |
| $CO_2$ | 0.04 |
| $H_2O$ | 1.17 |
| 기타 가스(계산에서 제외) | 1.00 |

이상기체의 엔탈피, kJ/mole

| | 20℃ | 850℃ |
|---|---|---|
| $N_2$ | 8.53 | 34.2 |
| $O_2$ | 8.54 | 35.7 |
| $CO_2$ | 9.18 | 49.6 |
| $H_2O$ | 9.74 | 41.1 |

**풀이**  1. 공기요구량 산정

 a. 연소생성물은 $CO_2$, $H_2O$, $N_2$와 $SO_2$만으로 가정하여 슬러지가 완전히 산화되는 화학양론적 요구량 산정. 산소의 몰수와 바이오 고형물 kg당 필요한 공기의 kg을 결정하기 위한 계산표 작성

| 구성요소 | 무게 분율 | 원자량, kg/mole | 단위 원자량[a], mole/kg | $O_2$ 요구량[b], mole | 연소반응과 생성물 | 형성된 생산가스 |
|---|---|---|---|---|---|---|
| 탄소 | 0.142 | 0.012 | 11.83 | 11.83 | $C + O_2 \rightarrow CO_2$ | 11.83 |
| 수소 | 0.010 | 0.001 | 10.00 | 2.50 | $4H + O_2 \rightarrow 2H_2O$ | 5.0 |
| 산소 | 0.052 | 0.016 | 3.25 | -1.63 | $2O \rightarrow O_2$ | 0 |

(계속)

| 구성<br>요소 | 무게<br>분율 | 원자량,<br>kg/mole | 단위 원자량[a],<br>mole/kg | $O_2$ 요구량[b],<br>mole | 연소반응과<br>생성물 | 형성된<br>생산가스 |
|---|---|---|---|---|---|---|
| 질소 | 0.003 | 0.014 | 0.214 | – | $2N \rightarrow N_2$ | 0.11 |
| 황 | 0.004 | 0.0321 | 0.125 | 0.062 | $S + O_2 \rightarrow SO_2$ | 0.12 |
| 물 | 0.70 | 0.018 | | | $H_2O$(수증기) | 38.9 |
| 비가<br>연성 | 0.086 | | | | | |
| 합계 | 1.00 | | | 12.83 | | 56.0 |

[a] 단위 원자량 = 무게 분율/원자량.

[b] 필요한 몰수 = 단위 원자량 × 연소반응으로 산화된 원자당 $O_2$의 몰수. 산소의 경우, 바이오 고형물에 포함된 산소로 인해 절약된 $O_2$를 기록하고 음의 값으로 표시함.

위의 계산으로부터 1 kg의 바이오 고형물은 산소 12.8몰을 필요로 함. 20°C에서 50%의 습도를 갖는 공기 중 산소는 20.7%의 부피를 차지하고, 몰 분율과 부피 분율이 같다고 가정하면 요구되는 공기의 몰수는 다음과 같음.

공기 요구량 = 12.8/0.207 = 62.0몰 공기/kg 바이오 고형물

b. 1 kg 바이오 고형물의 연소로부터 생성된 가스량 산정. 1몰의 C는 1몰의 $CO_2$로 전환됨. 위의 표에서 형성된 $CO_2$는 11.8몰/kg 바이오 고형물(완전 연소로 가정). 마찬가지로, 수소는 $H_2O$, 질소는 $N_2$ 및 황은 $SO_2$로 계산되며 계산표에 요약됨. 바이오 고형물의 수분 함량은 수증기가 됨.

2. 바이오 고형물의 단위 질량당 과잉공기의 양적 변화에 따른 열수지 작성. 과잉공기는 0, 50 및 100%로 고려하고 결과를 요약하여 계산표를 작성. $SO_2$는 계산에서 무시

   a. 공기의 유량 산정

   과정 1에서 화학양론적 공기 요구량은 62.0몰/kg 바이오 고형물

   과잉공기 50%일 때: 62.0 × 1.5 = 9.3 몰/kg 바이오 고형물

   b. 가해진 공기의 열함량 산정.

   문제 설명에서 주어진 공기의 구성요소와 엔탈피 데이터로부터 과잉공기가 없는 조건의 20°C에서 가해진 공기의 열함량

   H = [(8.53 × 0.771 + 8.54 × 0.207 + 9.18 × 0.0004 + 9.74 × 0.0117 (kJ/mole)] × 62.0

   공기의 열 함량/kg 바이오 고형물 = 524 kJ/kg 바이오 고형물 = 0.524 MJ/kg 바이오 고형물

   과잉공기 50 및 100%의 열 함량 계산결과는 계산표에 요약됨.

   c. 20°C에서 바이오 고형물의 열 함량 산정.

   바이오 고형물의 고형물 함량은 30%이고, 건조된 바이오 고형물의 비열은 문제 설명에 주어짐. 그러므로 고형물의 열 함량은 0.30 × 1.26 × 20 = 7.56 kJ/kg 바이오 고형물임. 바이오 고형물의 수분 함량은 70%임. 그러므로 수분의 열 함량은 0.70 × 4.19 × 20 = 58.7 kJ/kg 바이오 고형물임. 총 열 함량은 7.6 +

58.7 = 66.3 kJ/kg 바이오 고형물 = 0.066 MJ/kg 바이오 고형물임.

d. 과잉공기 0, 50 및 100%에 대한 연돌가스의 성분 함량을 산정하고, 850°C에서의 열 함량을 계산한다. 과잉공기 0%에 대한 계산을 예로 듦.

i. 가스의 성분 함량 산정.

$N_2$: (바이오 고형물 내 N에서 발생된 $N_2$) + (공기 내 $N_2$) = 0.11(몰/kg 바이오 고형물) + 62.0(몰 공기/kg 바이오 고형물) × 0.771 = 47.9몰/kg 바이오 고형물

$O_2$: 과잉공기는 없으며 공기 내 모든 산소가 이용됨. 바이오 고형물 1 kg은 12.8몰(= 62 × 0.207)의 산소를 이용

$CO_2$: 11.8(몰/kg 바이오 고형물) + 62.0(몰 공기/kg 바이오 고형물) × 0.0004 = 11.9 몰/kg 바이오 고형물

$H_2O$: [5.00 + 38.9(몰/kg 바이오 고형물)] + 62.0(몰 공기/kg 바이오 고형물) × 0.011 = 44.6(몰/kg 바이오 고형물)

비슷한 과정으로 과잉공기에 대한 연돌가스의 성분 함량이 계산되며 결과는 계산표에 요약됨.

ii. 문제설명에 주어진 데이터를 이용한 열 함량 계산

$N_2$: 47.9 × 34.2 = 1638 kJ/kg 바이오 고형물

$O_2$: 0 × 35.7 = 0 kJ/kg 바이오 고형물

$CO_2$: 11.9 × 49.6 = 587 kJ/kg 바이오 고형물

$H_2O$: 44.6 × 41.1 = 1832 kJ/kg 바이오 고형물

합계 = 1638 + 0 + 587 + 1832 = 4057 kJ/kg 바이오 고형물 = 4.057 MJ/kg 바이오 고형물

e. 재에 남은 열 함량 계산.

완전연소 및 재 = 비가연성으로 가정. 열 함량은 0.089 × 1.05 × 850 = 79.4 kJ/kg 바이오 고형물 = 0.079 MJ/kg 바이오 고형물

f. 완전 연소를 가정했을 때 바이오 고형물의 연소 열 산정.

식 (2-66) 및 문제 설명에 주어진 원소 분석을 이용한 고형물의 열 함량 평가:

HHV (MJ/kg) = 34.91 C + 117.83 H − 10.34 O − 1.51 N + 10.05 S − 2.11A

$$\begin{aligned} \text{HHV (MJ/kg)} &= 34.91 \times 0.142 + 117.83 \times 0.010 - 10.34 \times 0.052 \\ &\quad -1.51 \times 0.003 + 10.05 \times 0.004 - 2.11 \times 0.089 \\ &= 5.446 \text{ MJ/kg-biosolids)} \end{aligned}$$

g. 바이오 고형물 내 수분 증발에 의한 증발 냉각과 바이오 고형물의 연소로 형성된 수분량 평가.

1 kg의 바이오 고형물은 43.9몰의 수분을 형성. 증발잠열은 2257 kg/kg임. 그러므로 바이오 고형물의 kg당 증발잠열은

[(43.9 × 18)/1000] × 2257 = 1783 kJ/kg-biosolids = 1.783 MJ/kg-biosolids.

h. 손실 열 평가. 주입된 총 열량의 0.5%로 가정.

주입된 총 열량 = (바이오 고형물의 열) + (주입 공기의 열) + (연소 열) − (증발에 의한 손실 열). 위의 f 과정에서 계산된 연소열은 HHV이기 때문에 증발잠열은 주입된 총 열량에서 빼야 함.

총 손실 열 = (0.524 + 0.066 + 5.446 + 1.783) × 0.005 = 0.021 MJ/kg$^2$바이오 고형물

3. 운전온도 850℃를 유지하는 공기량 산정을 위한 열수지 평가.

아래의 표에서 화학양론적 공기량 조건에서 에너지 수지는 간신히 양의 값으로 나타났고 과잉공기 조건에서는 음의 값이 나타남. 만일 열수지가 공기량에 대해 선형적 관계라면 과잉공기 4.3%에서 열수지는 정확히 0이 된다.

| | 단위[a] | 화학양론적 공기량 | 50% 과잉 공기 | 100% 과잉 공기 |
|---|---|---|---|---|
| 공기량 | 몰/kg 바이오 고형물 | 60.3 | 90.4 | |
| 연돌가스 성분 | | | | 120.5 |
| N$_2$ | 몰/kg 바이오 고형물 | 46.6 | 69.8 | 93.0 |
| O$_2$ | 몰/kg 바이오 고형물 | 0 | 6.2 | 12.5 |
| CO$_2$ | 몰/kg 바이오 고형물 | 11.4 | 11.5 | 11.5 |
| H$_2$O | 몰/kg 바이오 고형물 | 45.1 | 45.5 | 45.9 |
| 20℃ 주입된 공기의 열 함량 | MJ/kg 바이오 고형물 | 0.524 | 0.786 | 1.05 |
| 20℃ 바이오 고형물의 열 함량 | MJ/kg 바이오 고형물 | 0.066 | 0.066 | 0.066 |
| 850℃ 연돌가스의 열 함량 | MJ/kg 바이오 고형물 | 4.057 | 5.119 | 6.180 |
| 850℃ 재의 열 함량 | MJ/kg 바이오 고형물 | 0.079 | 0.079 | 0.079 |
| 연소로 방출된 에너지 | MJ/kg 바이오 고형물 | 5.446 | 5.446 | 5.446 |
| 수분 증발에 의한 손실 열 | MJ/kg 바이오 고형물 | 1.783 | 1.783 | 1.783 |
| 시스템 손실 열 | MJ/kg 바이오 고형물 | 0.021 | 0.023 | 0.024 |
| 순 에너지 수지 | | 0.095 | −0.7 | −1.5 |

[a] 단위는 습윤상태의 바이오 고형물 kg당임.

주: 표에 계산된 값들은 반올림한 것으로 일부 산정 값은 실제 계산 결과와 정확히 일치하지 않을 수도 있음.

4. 자가 지속 연소(self-sustained combustion)가 가능한 수분 함량 산정. 과정 3에서 바이오 고형물 내 화학성분의 연소로 발생된 열은 열수지 유지를 간신히 만족한다. 그러므로 본 예제의 30% 고형물과 70% 수분 함량의 경우는 지속적 연소의 한계 조건이다. 71%의 수분 함량 조건에서 열수지는 −0.12 MJ/kg 바이오 고형물이다. 여기서 화학양론적 공기량 조건에서 연돌가스 내 열 함량은 약 4.1 MJ/kg 바이오 고형물이라는 점이 중요함. 연돌가스 내 열은 바이오 고형물과 주입 공기를 예열하거나 전기 그리고/혹은 온수를 생성하는 데 이용될 수 있다.

**참조** 본 예제에서 가정한 탈수 슬러지의 고형물 함량은 재래식 원심탈수기의 일반적인 고형물 함량의 최고치 수준이다. 본 예제에서 사용된 계산들은 이상적인 조건이 가정되었기

에 실제 연소시스템의 완전한 견본이 될 수는 없지만 탈수/건조에 필요한 조건 및 과잉공기 요구량과 운전온도 등의 소각로 운전조건의 예비 평가를 수행하는 데 도움을 줄 수 있다. 바이오 고형물의 소각 시설에서 보조연료의 사용량 절감을 위해 주입 공기는 종종 배가스로 예열된다. 일반적인 소각시설에서 보조연료를 쓰지 않고 지속적인 연소에 필요한 고형물 함량의 한계치는 26~28%이나 기타의 목적으로 이용될 수 있는 과잉에너지는 많이 만들어지지 않는다. 시설의 초기 운전기간에 반응조의 온도를 올리기 위한 보조연료는 반드시 사용되어야 한다.

## ❱❱ 합성가스로부터 에너지 회수

합성가스로부터 에너지를 이용하는 방법에는 두 가지가 있다. 하나는 합성가스를 정제한 후 종종 2단 가스화(two-stage gasification)라고 일컫는 재래식 보일러 및 엔진발전기에 이용하는 것이다. 다른 방법은 일체형 가스화(close-coupled gasification)라고 하는 고온 산화실에 합성가스를 직접 이용하는 것이다.

**2단 가스화.** 그림 17-11(a)에 나타난 바와 같이 2단 가스화 시스템은 건조 바이오 고형물의 기화에 의해 생성된 합성가스를 정제하고 정제된 합성가스는 내부 연소기관의 에너지원으로 이용된다. 정제한 합성가스는 황, 실옥산과 엔진에 손상을 줄 수 있는 타르 등의 기타 오염물질을 제거해야 한다. 합성가스의 정제과정은 생물고형물에 적용할 만큼 충분히 개발되지 않았으며 현재 개발 과정에 있다. 그러나 석탄산업에서는 합성가스의 정제가 상업적으로 실용화되었으며 보다 큰 규모이다.

**일체형 가스화.** 그림 17-11(b)에 나타난 바와 같이 일체형 가스화 시스템은 합성가스의 정제가 필요하지 않는 대신에 합성가스는 열산화된다. 합성가스의 산화로 고온의(약

**그림 17-11**

가스화에 의한 화학적 에너지의 회수 및 이용. (a) 2단 가스화, (b) 일체형 가스화

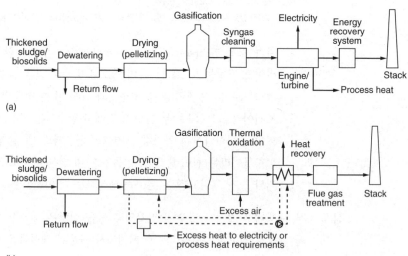

980℃) 배가스가 만들어지고 이 배가스가 열 회수에 이용된다. 연돌가스에서 회수된 에너지는 바이오 고형물을 원하는 수준으로 건조하기 위한 에너지원으로 사용할 수 있으며, 이에 따라 화석연료(예, 천연가스 혹은 석유)의 필요성을 없애거나 최소화할 수 있다. 또한 고온의 연돌가스는 보일러와 증기터빈 혹은 ORC (organic Rankine cycle)엔진을 이용하여 전기를 생성하는 에너지원으로 활용할 수 있다. 일체형 가스화를 이용한 전기 생산은 다른 형태의 바이오매스에 일반적으로 실용화되었으나 건조에 필요한 에너지 요구량이 많은 바이오 고형물은 경제적이지 않기 때문에 이 시스템을 바이오 고형물에 활용하는 것은 일반화되지 않았다.

## 》》 연료전지를 이용한 에너지 회수

폐수처리시설에 사용되는 연료전지시스템은 혐기소화에서 발생된 메탄가스를 활용한다. 연료전지시스템에서 메탄가스는 식 (17-16)과 (17-17)에 나타낸 바와 같이 수소 생성에 이용된다.

$$CH_4 + 2H_2O \rightarrow CO + 3H_2 \tag{17-16}$$
$$2H_2O + CO \rightarrow H_2 + CO_2 \tag{17-17}$$

수소가스는 연료전지시스템의 음극부(anode)에 주입되고 여기서 방출된 전자와 수소이온은 연료전지의 양극부(cathode)로 이동된다. 연료전지의 양극부에서 수소 이온은 산소와 반응하여 물을 생성한다[그림 17-12(a) 참조].

　연료전지는 일반적으로 연료원의 불순물에 민감하며 소화가스를 연료전지로 보내기 전에 최소한 황화수소($H_2S$)와 할로겐화합물의 제거를 위한 전처리가 필요하다. 또한 연료전지시스템은 실록산이 검출되어서는 안 된다. 정제가스는 식 (17-16)과 (17-17)에 나타난 반응과 같이 증기와 혼합되며 연료전지 스택에 도입된다. 증기는 연료전지에서 순환되어 수소 이온($H^+$) 및 산소와 양극부에서 반응하여 열과 물을 생성한다. 연료전지에서 발생된 전기는 직류(DC)이며, AC회로에 이용하기 위해 교류로 전환된다. 일반적인 공정도는 그림 17-12(b)에 나타내었다.

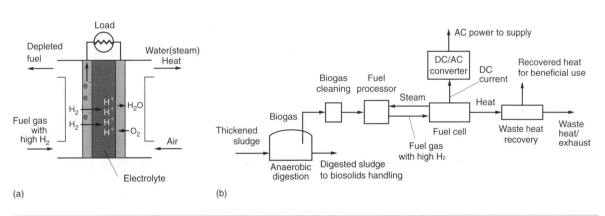

**그림 17-12**

**연료전지 에너지 회수 시스템.** (a) 연료전지의 모식도(U.S. EPA, 2006b), (b) 폐수처리시설에 이용된 연료전지시스템의 일반적인 공정도 사용되거나 연구된 수많은 연료전지 중 3가지 형태, 즉 인산 연료전지(phosphoric acid fuel cell, PAFC), 용융 탄산염 연료전지(molten carbonate fuel cells, MCFC) 및 고체산화물 연료전지(solid-oxide fuel cells, SOFC)는 폐수처리시설에의 적용 가능성이 높다(U.S. EPA, 2006b). 3가지 형태의 연료전지 중 PAFC는 연료원의 불순물에 내성이 강하다는 장점이 있다. 예로 인산 연료전지는 뉴욕시 환경보전국(New York City Department of Environmental Protection)에서 운영하는 4개의 폐수처리시설에 설치되었다(Carrio, 2011). 연료전지시스템에서 생성된 폐열은 다른 용도(열병합발전)로 회수될 수 있다. 3가지 종류의 연료전지를 비교하여 표 17-10에 나타내었다. 연료전지의 전체 시스템효율은 부가적인 열 회수를 안할 경우 대개 40~60%이다. 열 회수를 포함하면 전체 시스템 효율은 70에서 85%로 증가된다.

## 17-7　열에너지의 회수 및 이용

열에너지의 회수 및 이용은 열원에서 열수용체로 열에너지가 전달되는 것도 포함한다. 열 회수 시스템에서는 열에너지가 하나의 매개체(medium)에서 다른 매개체로 전달되면서 가끔 추가적인 에너지를 더해주어 이용지점까지 전달되며, 회수된 에너지는 실내 난방, 혐기 소화조의 보온 혹은 전력생성 등과 같은 의도된 목적에 이용하기 위해 전달된다.

### 》》 열의 공급원

폐수처리시설에서 열에너지의 주요 공급원은 17-5절에 설명된 바와 같이 연소공정에서 배출된 열과 폐수에 포함된 현열(sensible heat)이다. 엔진발전기와 보일러에서 발생된 과잉열은 건물의 난방, 혐기 소화조 혹은 온수 공급을 위한 열수로 이용된다. 일부 폐수처리장에서는 전열교환기(heat recovery ventilation systems) 내 배기흐름에 남은 열과 처리된 폐수유출수에 포함된 열 등 저품질의 열도 회수하여 여러 가지 용도로 활용하고 있다.

**표 17-10**

**폐수처리시설에서 사용된 연료전지시스템[a]**

| 시스템 | 일반적 전력 배출량, kW | 효율, % | 장점 | 단점 |
|---|---|---|---|---|
| 알칼리성 (AFC) | 10~100 | 60 | • 알칼리성 전해질에서 빠른 양극부 반응으로 높은 성능<br>• 저렴한 부재 | • 연료와 공기 내 $CO_2$에 민감<br>• 고농도의 전해질 관리 요구 |
| 인산 (PAFC) | 100~400 | 40 | • 운전온도가 높아서 열병합발전에 적합<br>• 연료의 불순물에 강한 내성 | • 값비싼 촉매(Pt)<br>• 긴 초기운전 시간<br>• 낮은 전류와 전력 |
| 용융 탄삼염 (MCFC) | 300~3000 | 45~50 | • PAFC에 비해 높은 효율<br>• 연료 유연성<br>• 다양한 촉매의 이용 가능<br>• 운전온도가 높아서 열병합발전에 적합 | • 고온 부식 및 전지구성요소의 고장에 취약<br>• 긴 초기운전 시간<br>• 낮은 전력밀도 |

[a] DOE(2011)에서 발췌.

**열병합발전시스템(CHP system).** 열병합발전시스템(CHP system or cogeneration system)은 전기와 이용 가능한 열 두 가지가 생성된다. 대개 열에너지는 온수 또는 증기로 전환되어 실내 난방, 소화조 보온, 건조 및 다른 목적에 이용된다. 전체 시스템 효율의 일반적인 범위는 표 17-8에 나타낸 바와 같이 CHP시스템을 포함하지 않는 내연기관에서는 엔진 종류와 운전조건에 따라 25~50% 사이로 나타난 반면, CHP시스템을 포함할 경우에는 70~85%의 범위로 커진다.

**저급 폐열.** 저급 폐열은 연소공정에서 직접 배출된 열 또는 다른 에너지 회수 시스템에 의해 열원으로부터 열이 회수된 이후의 나머지 열로서 고온의 열수(80~90℃)나 증기를 직접적으로 생성하는 데는 부족하다. 저급 폐열의 온도는 적용코자 하는 열 회수 시스템에 따라 다르지만 30℃ 이하(예, 폐수 유출수)에서 230℃의 높은 온도(예, 열 회수 장치의 배기)까지 나타날 수 있다(DOE, 2008). ORC (organic Rankine cycle)엔진과 열펌프 같은 장치들이 저급 폐열에서 에너지를 회수하는 데 이용된다.

**다른 형태의 열원.** 소화된 슬러지, 생물반응조에서 배출되는 공기 및 건물 배기에도 열을 포함하고 있으며 이들은 유입 슬러지나 공기의 예열에 이용될 수 있다. 측류수 공정의 온도는 측류수가 보통의 폐수보다 높은 온도를 가지는 경향이 있어서 과잉열의 잠재적 공급원이 될 수 있으며, 고농도의 질소를 포함하고 있어서 이 질소의 산화와 환원반응에서 생기는 열은 측류수의 희석 또는 열교환기를 통한 열의 제거에 필요한 만큼 충분하다(15장 참조). 그러나 열 회수 장비와 회수된 열을 수요처 또는 사용지점까지 이송하는 장비의 설치비용을 감안할 때 비용절감효과가 뚜렷하지 않으므로 특정 처리시설에서의 열 회수와 이용에 대한 타당성을 반드시 평가해야 한다.

## ❱❱ 열의 수요

폐수처리시설에서의 난방 수요처는 주로 슬러지와 바이오 고형물의 처리, 건물 난방 그리고 다양한 용도로 쓰이는 온수의 생성이다. 고형물 처리에서의 난방 수요는 운전 온도를 유지하기 위한 혐기 소화조와 슬러지 및 바이오 고형물의 건조에 필요하다. 비교적 새롭게 개발되어서 하수에 적용된 저온살균(pasteurization)법에 의한 유출수 소독에도 상당량의 열을 필요로 한다(12장의 12-10절 참조).

**건물의 냉난방.** 일반적으로 HVAC (heating, ventilation, air conditioning)로 불리는 난방, 환기 및 공기정화에 요구되는 조건들은 건축물의 설계과정에서 결정되며, 건물들의 실내조건을 유지하기 위해 전용 HVAC 시스템이 설치된다. 높은 수준의 평가에서 난방수요는 에너지관련 공개 자료를 이용하여 산정될 수 있다. 보다 자세한 난방수요의 산정은 대개 미기상학적 에너지 모델(microclimate-specific model)을 이용하여 이루어진다. 주요한 난방 요구사항은 반드시 확인되어야 하며 에너지 회수 여부는 주요 시설에의 열 공급을 위한 설계과정에서 고려되어야 한다. 특정한 열 수요를 위해서 별개의 소규모 에너지 회수 시스템을 생각할 수 있다. 드문 경우지만 폐수처리시설의 과잉열은 특정 건물 등의 외부시설로 판매되거나, 지역난방시스템으로 통합될 수 있다. 그러나 대개의 경우 지역 난방시스템으로 에너지를 주입하기에는 열의 품질이나 양이 불충분하므로 회수된 열의 사용은 배관의 길이가 보다 짧아도 되는 처리시설 내로 제한된다.

**소화조의 난방.** 재래식 중온(mesophilic) 혐기성 소화에서 소화조의 난방은 가장 중요한 열 수요처이다. 슬러지 처리공정에서의 열 수요는 고온(thermophilic) 혐기성 소화일 경우 가파르게 증가할 것이며, 슬러지의 전처리를 위한 열적 가수분해(thermal hydrolysis)가 적용될 경우에도 마찬가지다. 유입 슬러지를 운전 온도까지 가열하는 것이 가장 큰 에너지 수요이며, 소화조의 온도 유지에는 소화조의 벽면과 바닥, 천장 등에서 발생된 손실 열의 크기에 따라 추가적인 에너지를 필요로 할 수 있다(13장 예제 13-7 참조).

**건조.** 슬러지와 생물고형물의 건조는 에너지 다소비형 조작으로 하수처리시설의 에너지 수요를 큰 폭으로 증가시킨다. 열 수요량은 유입 슬러지/바이오 고형물의 온도와 초기 및 최종 수분함량에 기반하여 결정된다. 열전달률은 식 (14-6)과 (14-7)에 표현된 바와 같이 열전달계수, 열원의 접촉 면적 및 슬러지와 가열 매개체(heating medium)의 온도 차에 의해 산정된다(14장의 14-3절 참조). 적용된 열 회수 시스템에 따라 건조에 필요한 열량은 건조된 슬러지를 연소하여 공급할 수 있다. 예제 17-6에서 슬러지 건조공정의 열 수지를 나타내었다.

| 예제 17-7 | **슬러지 건조공정의 열수지 산정.** 서로 다른 두 가지 슬러지와 혐기적으로 소화된 바이오 고형물은 건조 후 소각되는데 이때 발생된 소각열은 슬러지 건조공정에 이용된다. 슬러지와 바이오 고형물의 열함량을 아래에 나타내었다. 슬러지 처리공정에서 슬러지의 수분 1 kg을 제거하기 위한 열 요구량은 3.5 MJ이며, 건조된 슬러지 케이크의 슬러지 함량은 90%로 가정하여라. 위의 고형물 열함량으로 건조가 가능한 초기 수분 함량을 결정하여라. 연소공정에서 슬러지 건조공정으로 열이 전달되면서 발생하는 손실열은 열 요구량 (3.5 MJ/kg)에 포함된다고 가정하여라.

물의 증발 잠열은 2.257 MJ/kg이다.

| 고형물의 종류 | 열 함량, MJ/kG |
|---|---|
| 1차 슬러지 | 11.6 |
| 잉여 활성슬러지 | 14.0 |
| 혐기적으로 소화된 바이오 고형물 | 16.3 |

**풀이** 1. 1000 kg의 건조 슬러지를 얻기 위한 습윤 케이크의 질량 산정. 고형물 함량을 15~35%로 본다.

고형물 함량 15%인 경우, 습윤 케이크의 질량은

습윤 케이크 = (1000 kg)/0.15 = 6666.7 kg

고형물 함량 15~35% 사이의 습윤 케이크의 질량산정을 위한 스프레드시트를 작성한다.

2. 습윤 케이크의 초기 고형물 함량에서 90%로 건조할 때 증발되는 수분의 양과 열 요구량 산정.

90% 고형물 함량 습윤 케이크의 질량 = (1000 kg)/0.90 = 1111.1 kg

15%의 습윤 케이크에서 증발되는 수분의 양은

증발되는 물 = 6666.7 − 1111.1 = 5555.6 kg

증발을 위한 열 요구량 = 5555.6 × 3.5 = 19,444 MJ

마찬가지로, 고형물 함량 범위에서 증발되는 수분의 양과 증발에 필요한 열 요구량 산정.

3. 90% 고형물의 소각으로부터 발생되는 열 산정.

1차 슬러지의 경우, 1000 kg 건조 고형물에서는 1000 × 11.6 = 11,600 MJ이 발생하게 된다.

나머지 수분(10% 혹은 111.1 kg)은 증발됨.

증발 잠열은 111.1 × 2.257 = 250.8 MJ

90% 고형물 케이크의 연소로 발생된 열 = 11,600 − 250.8 = 11,349 MJ

4. 고형물 함량 범위에서 세 가지 형태의 슬러지에 대해 순 열수지를 산정하고 결과를 도식화한다.

15% 고형물 함량의 1차 슬러지의 열수지

발생된 순 열 = 11,349 MJ − 19,444 MJ = −8905 MJ

마찬가지로, 열수지를 계산하고 1차 슬러지, 폐활성슬러지 및 소화 슬러지에 대해 그 결과를 도식화한다. 그 결과는 다음의 도표로 나타남.

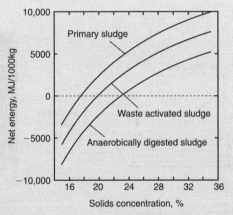

스프레드시트 프로그램의 함수 계산을 이용하면 순 에너지가 '0'인 고형물 함량을 구할 수 있으며 1차 슬러지, 폐활성슬러지 및 소화 슬러지에 대해 각각 20.0, 19.8 및 17.6%로 나타남.

**참조** 초기 고형물 농도와 고형물의 소각효율 및 건조공정에 따라 다르지만 생성된 소각 열은 보조연료 없이 건조공정을 운전하는 데 충분할 것이다. 열 효율에 대한 상세 계산과정은 본 예제에 포함되지 않았지만 단순 계산과정은 예비 평가에 종종 이용된다.

## ❯❯ 폐열의 회수 및 이용을 위한 장치

열 회수의 적절한 적용은 열에너지의 함량과 배출 형태(예, 전기, 온수, 열기, 냉수, 냉기)에 따라 결정된다. 열을 회수 및 이용하기 위해 하수처리시설에서 사용되는 장치는 열교환기, 히트펌프 및 열 흡수식냉동기가 포함된다. ORC (Organic Rankine cycle)엔진도 폐열에서 에너지를 회수하여 전기를 생성하는 데 이용되어 왔다.

**열교환기.** 열교환기는 온도가 서로 다른 유체를 분리하는 전도성 재료를 통해 하나의 열원(고온의 유체)으로부터 다른 것(저온의 유체)으로 열을 전달하는 장치이다. 열교환기는 폐수처리시설에서 폭넓게 이용되고 있으며, 특히 슬러지를 안정화하고 소화가스를 생성하는 혐기 소화조에 주로 이용된다. 엔진 발전기의 냉각수 통로(water jacket)에서 배출된 열은 소화조의 보온 및 건물의 난방에 종종 이용된다. 폐수처리시설에 설치된 열교환기의 종류는 다양하다. 일반적인 열교환기의 종류에는 (1) 코일형 열교환기, (2) 판형 열교환기, (3) 다관형 열교환기[shell-and-tube heat exchangers, 그림 17-13(a) 참조]와 (4) 나선형 열교환기[그림 17-13(b) 참조]가 있다.

다관형 열교환기의 단순 모식도는 그림 17-14에 나타내었다. 단순 모형에서 열교환기의 구성은 병류[cocurrent, 그림 17-14(a) 참조]와 향류[counter current, 그림 17-14(b) 참조]로 구별할 수 있다. 다관형 열교환기의 총괄 열전달은 다음과 같이 표현할 수 있다.

$$Q = UAF\Delta T \tag{17-18}$$

여기서, $Q$ = 총 열전달부하량, MJ/h (Btu/h)

### 그림 17-13

**폐수처리시설에서 이용된 일반적인 열교환기.** (a) 엔진의 배기에서 열을 회수하기 위한 다관형 열교환기의 모식도, (b) 다관형 열교환기의 전경, (c) 슬러지 가열을 위한 나선형 열교환기의 모식도 및 (d) 나선형 열교환기의 내부 모습

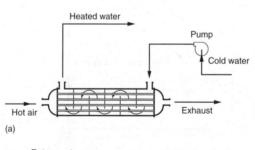

(a)

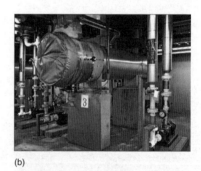

(b)

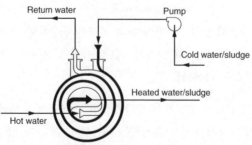

(c)

(d)

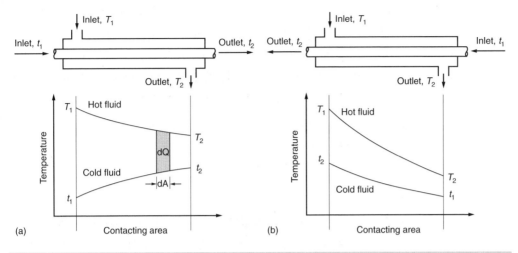

**그림 17-14**

**열교환기와 온도구배에 대한 단순 모식도.** (a) 병류형과 (b) 향류형

$$U = \text{열전달 계수, MJ/m}^2 \cdot \text{h} \cdot {}^\circ\text{C (Btu/ft} \cdot \text{h} \cdot {}^\circ\text{F)}$$

$$A = \text{표면적, m}^2 \text{ (ft}^2)$$

$$F = \text{열교환기 내 특정한 흐름 방식에 따른 보정계수, 무차원}$$

$$\Delta T = \text{평균 온도차, } {}^\circ\text{C (}{}^\circ\text{F)}$$

**열전달계수.**  열전달계수는 사용된 재료의 열전도성에 따라 결정되고, 열의 대류저항
은 이보다 적은 영향을 준다(Holman, 2009). 열교환기에 대한 정밀한 분석은 참조자료
chemical engineering(Green and Perry, 2007)에서 살펴볼 수 있다. 다양한 재료에 대
한 열전달계수의 일반적인 범위는 표 17-11에 나타나있다. 열교환기의 여러 가지 배열
방식에 따른 보정계수 F는 Holman(2009), Kuppan(2000) 등과 같은 열교환기와 관련된
문헌을 통해 살펴볼 수 있다.

**표 17-11**

다양한 재료에 대한 일반적
인 열전달계수[a]

| 열교환기의 형태 및 재질 | 열전달계수, U<br>W/m$^2$·K |
|---|---|
| 복수기 | 1100~5600 |
| 급가열수기 | 1100~8500 |
| 물 대 물 열교환기 | 850~1700 |
| 핀관 열교환기, 관 내 물, 관 횡단 공기 | 25~55 |
| 물 대 기름 열교환기 | 110~350 |
| 핀관 열교환기, 관 내 증기, 관 상부 공기 | 28~280 |
| 암모니아 응축기, 관 내 물 | 850~1400 |
| 알콜 응축기, 관 내 물 | 255~680 |
| 가스 대 가스 열교환기 | 10~40 |

[a] Hewitt(1992)에서 발췌.

**온도차.** 뜨거운 유체와 차가운 유체 사이의 온도차는 열교환기를 통과하면서 점차 변한다. 병류의 이중관식 열교환기에서 두 유체의 온도 분포는 그림 17-14(a)에 나타내었다. 미소면적 dA에 열량 dQ가 전달되며, 열교환기를 통해 전달된 총 열량은 미소면적에 전달된 열량을 적분한 값이다. 전체 에너지 전달에 관해 풀면, 이중관식 열교환기에 대한 식 (17-18)에 나타난 평균 온도차 $\Delta T_{LM}$은 다음과 같이 나타낼 수 있다.

$$\Delta T_{LM} = \frac{(T_2 - t_2) - (T_1 - t_1)}{\ln[(T_2 - t_2)/(T_1 - t_1)]} \tag{17-19}$$

여기서, $T_1, T_2$ = 뜨거운 유체의 온도, °C

$t_1, t_2$ = 차가운 유체의 온도, °C

식 (17-19)에 나타난 온도차는 대수평균온도차(*log mean temperature difference*, LMTD)라고 불린다. 이 식은 또한 향류에도 적용이 가능하다[그림 17-14(b) 참조]. LMTD를 배열 구조가 다른 열교환기의 열전달 계산을 위해 이용할 때 보정계수 F는 평균 온도차를 산정하는 데 이용된다. 그러므로 모든 열전달식은 앞서 나타낸 식 (17-18)로 표현된다.

**오염 고려사항.** 열교환기를 선택할 때, 설계자는 열전달을 방해하는 오염계수를 반드시 산정해야 한다. 오염계수는 특히 유체가 밀폐 루프 내에 있지 않거나 청정하지 않은 유체일 경우에 중요한 설계인자이다. 일반적으로 열교환기의 선택은 비용과 제조사에서 제공하는 열교환기 제품의 사양에 의해 결정된다. 열이 회수됨으로써 나타난 유체의 특성에는 유체의 종류, 온도, 유체 내 함유성분과 원하는 열 회수량이 포함되며 이들을 종합하여 제조사와 협의하게 된다. 열 회수의 적용 가능성과 열교환기의 형태를 결정하는 중요한 정보에는 열전달 조건, 투자비용, 물리적 크기, 열교환기를 통한 압력강하량과 청소의 편의성이 포함된다. 열전달 조건을 만족하는 열교환기의 설계는 압력강하와 물리적 크기 제한에 대한 비용의 상대적 가중치에 의해 결정된다(Holman, 2009). 식 (17-18)과 표 17-11의 이용은 설계를 위한 자세한 정보를 수집하기 전 예비평가를 수행하는 데 유용하다.

**히트펌프.** 히트펌프는 냉매를 사용하여 일반적으로 낮은 온도의 열원에서 얻은 열을 높은 온도의 다른 장소로 전달하는 장치이다(DOE, 2003). 개략도는 그림 17-15에 나타낸 바와 같다. 간단히 말하면, 저온-저압의 냉매는 열원을 이용하여 증발된다. 증발된 냉매는 에너지(전기)를 요구하는 압축기를 통해 고압-고온의 증기로 압축된다. 이것은 또 다른 열교환기인 응축기로 이동해서 냉매가 액체로 응축되는 동안 발생하는 증발잠열을 난방매체(heating medium)에 방열한다. 액체로 응축된 냉매는 여전히 비교적 높은 온도를 유지한다. 팽창밸브에서 냉매의 온도와 압력은 낮아진다. 저압, 저온의 냉매는 첫 번째 단계로 돌아가 폐수의 유출수로부터 열을 흡수하기 위해 증발된다. 매체에 전달된 열은 건물이나 물 및 소화조의 가열에 이용되거나 기타의 목적으로 이용된다.

폐수를 열원으로 사용할 경우, 폐수에 적합한 열교환기를 통해 열을 흡수하기 위해 보통 프로필렌 글리콜(propylene glycol)과 같은 중간 매체를 사용하며, 글리콜은 히트펌프를 작동시키는 데 사용된다. 히트펌프 내 열교환기의 오염을 방지하기 위해서 중간

**그림 17-15**

히트펌프 시스템의 모식도

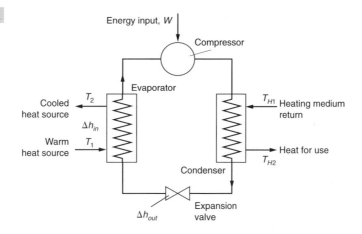

단계가 권장된다. 난방용 히트펌프의 사용은 온도차에 민감한 수계로 배출되는 유출수의 온도를 낮추어 주는 부가적인 이익을 제공한다. 폐수처리시설에서 히트펌프 사용의 가장 일반적인 용도는 실내 난방 및 환기를 위한 예열이다.

히트펌프의 원리는 매체를 냉각하기 위한 역방향으로도 사용될 수 있다. 냉장고는 히트펌프의 냉각 순환을 보여주는 예이다. 온대 기후 조건에서 폐수는 실내 냉방을 위해 히트펌프의 열흡수원(냉방을 위한 열 배출)으로 사용될 수 있다. 대규모 시스템에서는 가열 및 냉각 순환을 모두 사용하여 히트펌프 시스템을 일 년 내내 사용할 수 있다. 도쿄에 설치된 지역난방 시스템은 이에 대한 하나의 일례이다(Funamizu et al., 2001). 이는 히트펌프 시스템을 난방에만 사용할지 아니면 난방과 냉방 모두를 사용할지를 결정하는 중요한 설계 고려사항이다.

**열수지.** 그림 17-15에 따르면, 유출수에서 전달되는 열 $\Delta h_{in}$, J/s는 다음과 같다.

$$\Delta h_{in} = m_o C_o(T_1 - T_2) \tag{17-20}$$

여기서, $m_0$ = 유출수의 물질 흐름량, kg/s

   $C_0$ = 열원의 비열, J/kg · °C

   $T_1$ = 히트펌프로 들어가는 열원의 온도, °C

   $T_2$ = 히트펌프에서 나오는 열원의 온도, °C

히트펌프에서 난방수로 전해지는 열 $\Delta h_{out}$은 다음과 같다.

$$\Delta h_{out} = m_H C_H(T_{H2} - T_{H1}) \tag{17-21}$$

여기서, $m_H$ = 난방매체의 물질 흐름량, kg/s

   $T_{H1}$ = 히트펌프로 들어가는 난방매체의 온도, °C

   $C_H$ = 난방매체의 비열, J/kg · °C

   $T_{H2}$ = 히트펌프에서 나오는 난방매체의 온도, °C

이송관을 통한 손실 열 $h_c$는 다음과 같다.

$$h_c = h_f + h_a = gm_e H(2cL) + UA\Delta T \tag{17-22}$$

여기서, $h_f$ = 마찰수두손실로 인한 손실 에너지, J/s

$\quad\quad h_a$ = 관을 통한 손실 열, J/s

$\quad\quad g$ = 중력가속도, m/s²

$\quad\quad H$ = 단위 관 길이당 손실수두, m/m

$\quad\quad c$ = 단위 관 길이당 마찰손실, m/m

$\quad\quad L$ = 히트펌프와 열전달지점 사이의 거리, m

$\quad\quad$ 다른 용어는 이전에 정의됨[식 (17-18) 참조].

냉매를 압축하는 데 사용된 전기가 $W_1$ (J/s)이며 압축기 효율이 $E_c$라면, 에너지수지는 다음과 같다.

$$m_o C_o(T_1 - T_2) + E_c W = m_H C_H(T_{H2} - T_{H1}) + h_c \tag{17-23}$$

여기서, $E_c$ = 압축기 효율, 무차원

$\quad\quad W$ = 에너지 주입량, J/s

**성능 계수.** 성능 계수(coefficient of performance, COP)는 히트펌프의 성능을 정량화하기 위해 사용되는 표현으로서 단위 에너지 주입량당 전달되는 열량이다.

$$COP = h_h/h_w \tag{17-24}$$

여기서, COP = 성능 계수, 무차원

$\quad\quad h_h$ = 히트펌프에서 배출된 열, Joule (or J/s)

$\quad\quad h_w$ = 히트펌프로 주입된 에너지, Joule (or J/s)

앞서 나타난 용어를 이용하면 COP를 다음과 같이 정리할 수 있다.

$$COP = \frac{m_H C_H(T_{H2} - T_{H1})}{W} = E_c W + C_o(T_2 - T_1) - h_c/W \text{ (use the same format as the term before)} \tag{17-25}$$

특정한 적용을 통해 달성 가능한 COP의 수준은 기후 조건 및 적용 형태에 따라 달라진다. 따라서 서로 다른 곳에 적용된 COP 수치의 직접적인 비교는 의미 있는 정보를 제공할 수는 없지만, 대안을 결정하기 위한 COP의 산정은 의사결정과정에 유용할 것이다. 중부 캐나다와 같이 비교적 추운 기후에서는 폐수 유출수에서 열을 회수하여 폐수처리시설 내 작은 건물을 가온하는 데 필요한 충분한 에너지를 제공할 수 있으며, 일반적인 COP는 3~4의 범위로 펌프동력과 유체의 온도에 의해 결정된다. 보다 온난한 지역에서는 난방과 냉방 모두를 위한 히트펌프의 사용으로 에너지 절약에 큰 기여를 할 수 있다. 어떤 경우에서는 냉방(즉, 폐수 유출수를 열 흡수원으로 이용)을 하면서 높은 COP 수치를 달성할 수 있다.

**냉방과 냉장을 위한 폐열의 이용.** 일련의 열교환기를 통과한 이후의 엔진 발전기 배기열과 같은 저급 폐열은 열 흡수식 냉각기를 운전하는 데 활용되거나 냉방과 냉장을 제공하는 다른 기술들에 이용될 수 있다(그림 17-16 참조). 흡수식 냉각기에서 브롬화 리튬

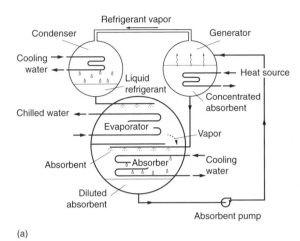

(a)　　　　　　　　　　　　　　　(b)

**그림 17-16**

**저등급 열을 이용한 냉각기.** (a) 발전기, 응축기, 증발기와 흡수재로 구성된 냉각기의 모식도와 (b) 일반적인 냉각기 사진(필라델피아 수도과 제공)

은 일반적으로 기화된 물(냉매)을 흡수함으로써 진공상태를 만드는 데 사용된다. 브롬화 리튬 용액에 흡수된 물은 낮은 등급의 열에 의해 기화되며 농축된 브롬화 리튬용액은 재순환된다. 수증기는 응축기로 보내지고, 진공환경으로 반송된 후 저온에서 끓으며 증발냉각(evaporative cooling)을 통해 물을 차갑게 만든다. 흡수식 냉각기에 적합한 에너지원의 품질은 냉각기의 유형에 따라 달라지지만 적절한 열원은 일반적으로 70~130°C 사이이다.

흡수식 냉각기 또는 다른 냉각 장치 및 냉장시스템의 성능은 히트펌프와 유사한 방법인 COP로 정량화할 수 있다. COP의 범위는 에너지원과 냉각조건에 의해 결정된다. 뜨거운 물을 열원으로 사용할 경우, COP 수치는 4.0이거나 이보다 높게 나타난다. 냉각기의 설계는 열원의 등급, 냉수의 온도, 냉각수의 온도 및 기타 대상지점의 특정 조건을 반영하기 때문에 냉각기 제조사와 협의되어야 하며, 크기 및 운전조건의 결정에는 컴퓨터 모델링이 이용된다.

**ORC 기관.** ORC 기관은 유기성 냉매를 사용하여 전력을 생성하는 발전기이다. ORC 기관의 기작은 히트펌프와 유사하며, 팽창밸브를 대신해서 발전기가 사용된다. ORC는 67°C (150°F)의 폐열에서도 전기 생성이 가능하며, 효율은 일반적으로 10~20%이다 (DOE, 2008).

### ≫ 열에너지 회수 시스템의 설계 고려사항

폐열의 특성 평가는 열에너지 회수의 가능성과 에너지 회수 시스템을 결정하는 중요한 단계이다. 결정되어야 할 주요 인자는 다음과 같다(DOE, 2008):

**1.** 열의 양
**2.** 열의 온도/품질

   **3.** 시스템의 구성

   **4.** 허용된 최소 온도

   **5.** 운전 일정, 유용성 및 기타 실행계획

   **6.** 위의 인자들의 일별 및 계절별 변화

**연소시스템에서 열 회수.** 엔진 발전기의 배기열 등과 같은 연소시스템에서 발생된 폐열은 온수나 증기를 생성하는 데 충분한 온도를 갖고 있다. 소화가스를 이용하여 전력을 생산하는 하수처리시설에서는 CHP시스템을 통해 폐열을 다른 목적으로 이용하는 시스템을 설계하는 것이 일반적이다(13장 참조).

   바이오 고형물의 소각시스템에서 CHP 기술의 적용 가능성과 선정은 처리하고자 하는 바이오 고형물의 양과 생성된 고온의 배가스 내 과잉 에너지의 양에 의존한다. 적합한 유형의 CHP 선정에 영향을 줄 수 있는 또 다른 인자는 시설의 크기와 에너지 회수 목표이다. 전기생성에 목표를 둔 중소규모의 시설은 생성된 연도가스로부터 에너지를 회수하기 위해 약 10~20%의 발전효율을 갖는 ORC 같은 기술을 이용할 수 있다. 유사한 목표를 가진 대규모 시설은 약 15~38%의 발전효율을 갖는 고압증기터빈을 선택할 수 있다. 경제적 및 운영상의 문제점들은 CHP시스템의 추가가 실용적인지, 시스템의 적절한 크기와 종류를 어떻게 해야 하는지를 결정하기 위해 반드시 평가되어야 한다.

**폐수에서 에너지 회수.** 폐수의 온도는 일반적으로 상수보다는 높으며, 폐수온도의 변화는 1년 내내 주변 기온보다는 작다(그림 17–17 참조). 폐수의 열은 추운 계절에 유익한 용도로 쓰기 위한 안정적 열에너지원이며, 따뜻한 계절에는 열 흡수원(heat sink)으로 사용할 수도 있다. 폐수처리시설의 크기에 따라 열에너지는 처리시설 내 난방조건을 충족하기 위하여 사용되거나 지역 냉/난방시스템에 통합되어 이용될 수 있다. 폐수에서 사용 가능한 열은 작기 때문에 폐수에서의 열을 추출하는 데 히트펌프가 사용된다(Pallio, 1977). 열의 이용 가능성에 따라 폐수처리시설 내 특정 건물의 난방을 고려하거나 모든 처리시설을 위한 중앙난방시스템으로 통합할 수 있다. 폐수에서 열 회수를 위한 평가는

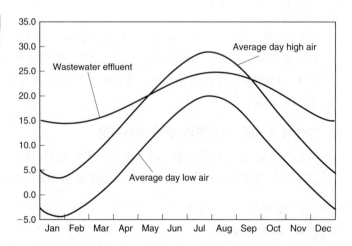

**그림 17–17**

북동부 미국에서 폐수온도와 기온의 계절적 변화

예제 17-7에 설명하였다. 폐수원수로부터의 열 회수는 폐수관망 내 또는 하수처리공정의 초기 단계에서도 고려해 볼 수 있다. 폐수원수에서 에너지를 회수할 때는 낮아진 폐수 온도에 대한 처리 성능의 영향을 반드시 평가해야 한다(Wanner et al., 2005).

북미 지역에서 공조기의 난방이나 냉방 능력은 종종 냉동 톤(ton of refrigeration)으로 측정된다. 일 냉동 톤은 약 12,000 Btu/h 혹은 3.517 kW이다. 마찬가지로, 열 추출을 위한 전력 요구량은 종종 냉동 톤당 제동마력(brake horse power, bhp)으로 표현된다. 일 마력(hp)은 약 0.745 kW이다. 그러므로 히트펌프의 전력요구량이 1.0 bhp/ton으로 평가 되었다면, 3.517 kW의 열을 추출하기 위해서는 0.745 kW의 전력이 필요하다.

| 예제 17-8 | **유출수에서 열을 회수하기 위한 히트펌프** 물 대 물 히트펌프는 폐수처리시설에서 건물의 난방을 위해 사용된다. 열원은 처리된 유출수이다. 유출수의 최저 온도는 12°C이며, 다관형 열교환기에서 유출수의 온도 감소는 4°C로 가정하여라. 40% 프로필렌글리콜 혼합물은 유출수에서 열을 추출하기 위한 중간 열전달 매체로 사용되며, 히트펌프에 들어오는 온도는 8°C이고 나오는 유체는 5°C의 온도를 갖게 된다. 건물의 난방 수요 첨두 값은 360 kW로 평가되었다. |

히트펌프 공급업체와 협의하여 히트펌프는 유출수로부터 300 kW의 열을 추출하기 위해 배출 열 kW당 0.222 kW의 전력이 투입되는 히트펌프를 선정하였다.

1. 히트펌프의 COP 및 열 배출량과 전력 주입량을 kW로 계산하여라. 계산을 간단히 하기 위해서 압축기 효율을 1로 가정하여라.

2. 각각 14, 11 및 15 kW인 세 개의 순환펌프가 유출수를 열교환기로 이송하고 글리콜을 히트펌프 시스템의 양방향으로 펌핑하는 데 이용된다. 펌프동력을 포함한 전체시스템의 COP를 계산하여라.

3. 폐수에서 추출되는 에너지와 가정된 온도 감소량을 이용하여 히트펌프 시스템으로 이송되어야 할 폐수 유량을 결정하여라.

**풀이**  1. 식 (17-24)를 이용한 히트펌프의 COP 계산

전력 투입량 = 배출열 1 kW당 0.222 kW

$$COP = \frac{1.0}{0.222} = 4.5$$

열매체로 전달되는 손실 열은 무시하고 식 (17-25)를 이용하면

$$4.5 = \frac{W + m_o C_o (T_1 - T_2)}{W} = \frac{W + 300}{W}$$

전력 투입량 = $W$ = 86 kW

식 (17-23)을 이용

총 생산 전력량 = 300 kW + 86 kW = 386 kW

2. 전체 시스템의 COP 계산

$$COP = \frac{386\,kW}{(86\,kW + 14\,kW + 11\,kW + 15\,kW)}$$
$$= 3.06$$

3. 히트펌프 시스템으로 이송되는 폐수의 유량 계산

300 kW = 300 kJ/s

물의 비열 = 4.2 kJ/kg·°C

가정된 물의 밀도 = 1.0

$$\text{요구되는 폐수 유량},\ m^3/s = \frac{(300\,kJ/s)}{(4.2\,kJ/kg\cdot°C)(1000\,kg/m^3)(4°C)}$$
$$= \frac{300}{4.2\cdot1000\cdot4} = 0.0179\ m^3/s = 1.07\ m^3/min$$

**참조**  히트펌프로 추출된 열을 넓은 지역이나 폐수처리시설 외부에 사용할 경우(예를 들면 지역 난방시스템)에는 폐수와 가열된 물 혹은 글리콜을 이송(펌프)하는 데 필요한 부가적 에너지가 매우 커질 수 있다.

## 17-8 수리학적 위치에너지의 회수 및 이용

수리학적 위치에너지의 이용은 수리학적 위치에너지를 전기로 전환하는 것과 유수의 압력수두를 처리공정 내 다른 곳으로 전달하는 것을 포함한다. 이 절의 목적은 (1) 수리학적 위치수두에서 에너지를 회수하는 데 이용된 장치의 종류, (2) 폐수처리시설에 도입된 수리학적 에너지 회수의 응용 및 (3) 수리학적 에너지 회수 시스템의 선정 및 설계를 위한 고려사항을 소개하는 것이다.

### ▶▶ 수리학적 위치에너지 회수 장치의 종류

전력생성을 위한 수차(hydraulic turbine)는 수처리공정의 본류에서 수리학적 위치에너지를 회수하기 위해 이용되는 주요 기계이다. 유수의 압력수두 또는 동역학적 에너지를 이용하는 장치는 공정의 에너지 요구량을 감소하기 위해 대개 에너지소모량이 많은 특정한 단위 공정으로 집약된다. 수리학적 위치에너지에서 생성된 전력은 전력망에서 끌어온 전기를 보충하기 위해 처리시설 내 전원 분배시스템으로 보내거나 전력망에 직접 연결하여 전력회사에 판매할 수 있다.

**수차.**  수차는 물의 흐름에 의해 회전하며 수차의 움직임은 이웃한 발전기로 전달되어 전기를 생산한다. 전기 생산용 수차는 근본적으로 펌프와는 반대 개념이다. 전기모터가 물을 유동시키기 위해 전기를 소모하는 것에 비해 수차에 연결된 발전기는 전기를 생산한다. 수차의 유형은 동류 펌프와 같이 유량과 수두특성에 의해 달라진다. 대부분의 폐수

처리장에 적용되는 수두와 유량의 범위는 수차발전기의 용량을 소형(<5 MW 미만)이나 초소형(<250 kW 미만) 범위로 한정한다.

수차의 두 가지 종류에는 (1) 반동수차(reaction turbine)와 (2) 충동수차(impulse turbine)가 있다. 반동수차에서 수압은 터빈을 회전시키기 위해 수차날개(runner blades) 면에 가해진다. 반경류(radial or Francis) 수차와 축형(Kaplan and propeller) 수차는 일반적인 반동수차이다. 충동수차에서 수차로 들어오는 물은 충분한 속도(동역학적 에너지)를 갖고 있으며, 물이 빠른 속도로 날개 주변의 버킷과 충돌하면서 수차가 회전하게 된다. 일반적인 충동수차에는 펠턴(Pelton)수차[그림 17-18(a)와 (b) 참조], 터고(Turgo) 수차 및 직교류(cross-flow)수차가 있다(ESHA, 2004). 충동수차는 배가스를 대기로 배출하며, 피압관 또는 유효낙차를 포획하는 수차를 걸쳐서 수압의 연속성이 유지되어야 하는 곳에서의 에너지 회수에는 적합하지 않은 장치이다. 다양한 종류의 수차에 대한 적용범위를 그림 17-19에 도식적으로 나타내었다. Pelton과 Turgo수차는 저유량-고수두 조건에 적합하다. 축류 Kaplan-type의 수차는 폐수처리시설 유출수의 일반적인 흐름조건인 저수두-고유량 조건에 적합하다. 직교류 수차는 소규모에 가장 일반적으로 적용되며 낮은 수두에 적합하다.

**압력수두 전달 장치.** 나노여과와 역삼투압 시스템에 사용된 유압식 과급기(hydraulic turbochargers)와 동력회수 장치(pressure exchanger)는 유수로부터 공정의 다른 부분에 수리학적 위치에너지를 전달함으로써 에너지 요구량을 감소시키는 데 이용하는 장치의 예이다. 유압식 과급기는 분리막 모듈의 유입부 선단압력을 증가시키는 것으로 농축수의

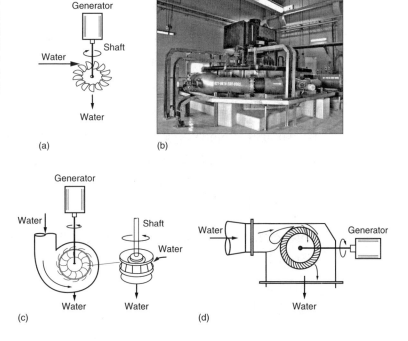

**그림 17-18**

**수차의 예.** (a) 펠턴수차의 모식도, (b) Jordan에서 전력생성을 위해 폐수원수에 이용된 펠턴수차의 전경, (c) Francis 수차의 모식도 및 (d) 직교류수차의 모식도. (BHA, 2005에서 발췌.)

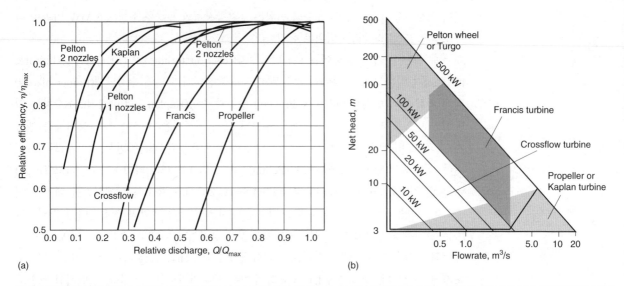

그림 17-19

**수차의 선정을 위한 지침.** (a) 수차의 다양한 종류에 따른 일반적인 효율 및 (b) 순 수두와 유량에 대한 수차의 운전범위. (BHA, 2005와 ESHA, 2009에서 발췌.)

수두를 이용한다. 분리막 처리시스템에서 에너지 회수 장치의 사용은 11장 11-6절에 자세히 설명되어 있다.

## ≫ 수리학적 에너지 회수 장치의 적용

폐수처리시설에서 수리학적 위치에너지를 회수하기 위해 적용된 두 가지 일반적인 방법은 (1) 폐수처리시설의 유입/유출수에서 수리학적 위치에너지 회수와 (2) 고압 분리막 처리공정에서의 잔류 수두의 회수이다.

**수리학적 위치수두와 순 수두의 회수.** 수차발전기를 통해 전기 에너지로 전환되는 수리학적 에너지를 앞에서 다음과 같이 정의하였다.

$$P_e = \rho Q g \Delta H \eta_t \eta_e \tag{17-8}$$

일반적인 수차의 효율은 그림 17-19(a)에 나타나 있다. 일반적으로 새 발전기의 발전효율은 90~95% 사이이다. 실제 적용을 위해서는 추가적인 효율인자를 고려해볼 필요가 있다. 예를 들어, 수차와 발전기를 결합하여 전력이 생성되는 곳에서는 전체 전력생성시스템의 효율을 산정하는 데 수압관 효율(penstock efficiency)과 전환 효율 등의 다른 인자들도 반드시 고려하여야 한다.

**수차의 선정.** 수차의 종류, 기하학적 모양 및 크기를 결정하는 주요 기준은 아래와 같다 (ESHA, 2004).

1. 유효 낙차
2. 유량의 범위

**3.** 방류수위의 변화

**4.** 비용

**5.** 이용 가능한 공간과 접근성

일반적으로 충동수차는 고수두-저유량에 적합하고, 반동수차는 저수두-고유량에 적합하다.

**폐수용 수차의 설계 고려사항.** 수차를 폐수원수에 사용할 경우, 수차는 큰 부스러기를 제거하는 전처리시설의 하류에 위치하며 폐수는 주 처리시설에 유입되기 직전에 수압관(penstock)을 통해 수차로 흐른다. 펠턴수차는 작은 부스러기로 인한 손상을 받지 않아 폐수원수 적용에 장점을 가지고 있다. 그러나 펠턴수차는 상당한 정도의 동력학적 수두를 필요로 하기 때문에 일반적인 폐수처리시설에는 적절하지 않다.

처리된 유출수를 수계로 배출하기 전 수리학적 에너지를 회수하기 위해서는 Francis와 Kaplan 수차와 같은 저수두 반동수차 혹은 소규모용 직교류수차를 활용하는 것이 충동수차보다 더 적합하다. 처리공정의 끝단에서 폐수 유출수는 최소의 동역학적 에너지를 갖고 있기 때문에 수차는 수두가 극대화되는 배출지점 근처에 위치해야 한다. 수차의 종류를 선정하기 위한 일반적인 지침은 그림 17-19에 나타나 있다. 이 지침은 적절한 수차를 결정하기 위해 유량 범위와 유효 낙차에 대한 이해가 중요하다. 주요 형태의 수차에 대해 순 수두 $H_n$의 적용 범위를 표 17-12에 나타내었다.

폐수처리시설의 유출수 흐름에서 수리학적 수두의 회수는 수력발전시설에 이용되는 수차의 일반적 범위에는 적합하지 않을 것이다. 예제 17-9에서는 유효 낙차 7 m를 갖는 대규모 하수처리시설(432 ML/d)에서의 에너지 회수에 대해 설명하였다.

**예제 17-9**    **폐수 배출 지점에서의 전력생성**    유출수 배출지점에 위치한 수력발전 장치에 의해 생성될 수 있는 전력을 다음 조건에 대해 산정하여라. 또한 주어진 조건에 가장 적합한 수차의 종류를 선정하여라.

| 인자 | 단위 | 값 |
|---|---|---|
| 유효낙차 | m | 7 |
| 유량 | m³/s | 5 |
| 수압관 효율 | % | 0.92 |
| 터빈 효율 | % | 0.8 |
| 발전기 효율 | % | 0.92 |
| 전환 효율 | % | 0.95 |

**풀이**    1. 식 (17-8)을 이용하여 생성 가능한 전력 산정

$$P_e = (1000)(5)(9.81)(7)(0.8)(0.92) = 2.53 \times 10^5 \text{ W} = 253 \text{ kW}$$

2. 터빈의 종류 선정

그림 17-19(b)에서 유량과 유효낙차를 고려하면 Kaplan이나 propeller 수차를 이용할 수 있음.

참조   수차를 거꾸로 된 펌프로 생각하고 적합한 펌프를 발전기와 결합한다고 생각해야 한다. 역방향 펌프는 수력발전용으로 설계된 수차만큼 효율적이지는 않겠지만, 폐수처리시설에서 볼 수 있는 유량과 수두 범위에 적합한 수차를 찾는 것은 어려울지도 모르기 때문이다. 플라이휠(flywheels)은 전기 시스템과 연결이 차단될 때 수차의 공회전(freewheeling)을 방지하는 데 종종 이용된다는 것에도 주목하라.

| 표 17-12 | 수차의 종류 | 순 수두의 범위, $H_n$, m |
|---|---|---|
| 주요 수차의 종류에 적용되는 순 수두의 일반적 범위[a] | Kaplan and propeller | 2~40 |
| | Francis | 25~350 |
| | Pelton | 50~1300 |
| | Crossflow | 2~250 |

[a] EHSA (2004)에서 발췌

## ≫ 처리공정에서 잔류압력수두의 이용

산업적 및 직/간접적 음용수 재이용에 적용되는 역삼투압공정(reverse osmosis)은 다른 공정에서 제거하기 어려운 용존성 물질을 제거하기 위한 단위공정으로 적합하다. 음용수 재이용을 위해 적용되는 RO 장치에 일반적으로 가해지는 유입수의 압력은 12~18 bar의 범위를 가지며 농축수는 10~16 bar의 범위를 유지한다. 배출지점이나 농축수 저장조로의 농축수 이송에는 높은 수두를 요구하지 않기 때문에 잔류 압력은 종종 에너지로 회수/이용된다. 잔류압력에서 에너지 회수를 위해 이용된 장치는 앞서 11-6절에서 설명하였다. 일반적으로 RO 단위공정에서의 에너지 회수는 경제적인 면에서 대규모 처리시설일수록 실행 가능성이 큰 것으로 생각되는데, 처리수량이 클수록 에너지 절감액은 비례적으로 커지는 반면 에너지 회수 장치에 드는 추가 비용은 장치의 크기에 비례적으로 증가하지 않기 때문이다.

## 17-9   에너지 관리

에너지 관리의 중요한 고려사항에는 앞 절에서 논의한 바와 같이 이용 가능한 에너지 사용의 극대화, 폐수처리시설에서 에너지 소비 감소, 폐자원을 이용한 자체 에너지 생산량 증대 및 태양력이나 풍력 등과 같은 신재생에너지의 사용이 있다. 더불어 아래의 내용을 포함한 에너지 관리의 목표는 다양한 시각에서 평가되어야 한다.

1. 에너지 효율 제고 및 총 에너지소비량 관리
2. 에너지 첨두 요구량 조절
3. 에너지 가격의 변동성 관리
4. 에너지의 신뢰성 제고

이러한 에너지 관리의 목표들과 더불어 온실가스의 감소도 폐수처리시설에서 하나의 관리 목표가 되고 있다. 온실가스 배출량 산정은 16장의 16-6절에서 설명하였다. 이 절에서 논의할 주제는 (1) 에너지 감소를 위한 공정의 최적화 및 개선, (2) 에너지 생산량 증대를 위한 공정의 개선, (3) 첨두유량의 관리와 (4) 에너지원의 선정을 포함하고 있다. 이 절에서 다루는 주제들은 에너지 관리를 개선하기 위해 무엇을 해야 하는지를 설명하는 것이며, 에너지 관리의 모든 경우를 포함하는 것이 아님을 유의해야 한다. 에너지 관리에 관한 추가적인 정보는 WEF (2009)와 U.S.EPA (2008, 2010, 2012)를 포함한 다양한 자료에서 찾아볼 수 있다.

## 》》 에너지 절감을 위한 공정의 최적화 및 개선

기존의 폐수처리시설에서 에너지 효율을 개선하는 방안은 17-4절에 설명된 에너지 회계감사를 통해 확인할 수 있었다. 일반적으로 에너지 회계감사를 통한 평가는 공정의 최적화 및 개선을 포함한다. 에너지 절감을 위한 공정의 최적화 및 개선에 관한 예시는 표 17-13에 요약되었다. 에너지 절감은 기존 공정의 운전 조건 변경이나 공정 및 장치의 개선을 통해 이루어질 수 있다. 운전조건의 변경을 통한 에너지 절감은 한계가 있기는 하지만 투자비가 거의 필요하지 않다. 공정의 개선과 고효율 장치의 사용은 에너지 관리를 크게 개선할 수 있지만, 상당한 설비 투자비용이 필요하다. 생애주기비용분석은 어떤 변화를 통해 발생되는 에너지 절감액이 그 변화를 위해 투자된 비용을 정당화해줄 수 있는지

**표 17-13**

에너지 소비 관리를 위한 공정의 최적화 및 개선의 예시

| 운전의 개선 | 예상 효과 | 쟁점 |
|---|---|---|
| 차집관거 펌프 제어 | 에너지 요구량 감소 첨두시간 | 펌프의 개선이 필요 |
| 유량 조정조를 통한 폐수부하량 분배 | 에너지 소비 감소 | |
| 활성슬러지의 DO 조절 | 전력 소비 감소<br>공정의 성능 신뢰도 상승 | 일반적으로 DO 및 다른 인자들에 대한 온라인 모니터링 장치 요구<br>모니터링 수준 증가<br>온라인 분석장치가 오동작시 공정 이상 발생 가능 |
| 질산화를 아질산화 혹은 동시 질산화-탈질화 (SND)로 전환 | 산소요구량 감소 | 아질산화를 위해서는 정밀한 공정제어가 요구 |
| 에너지효율이 높은 산기기 사용 | 공기 유량 감소 | 공기 유량의 분배 상태 확인 필요 |
| 에너지효율이 높은 송풍기 사용 | 에너지 요구량 감소 | 일부 고효율 송풍기는 압력수두의 제한으로 깊은 반응조에 적합하지 않음 |
| 고효율 UV램프의 사용 | 에너지 요구량 감소 | |
| RO공정에서 에너지 회수 | 에너지 요구량 감소 | |
| 비첨두 시간에 바이오 고형물 탈수 진행 | 첨두시간 에너지 소비 감소 | |

를 판단하기 위해 최종 선별된 항목에 대해 수행되어야 한다. 공정개선을 통한 에너지 절감을 설명하기 위해 대용량 펌프와 활성슬러지 포기시스템에서의 에너지 절감 방안을 아래에 설명하였다.

**폐수처리시설의 주요 펌프.** 많은 폐수처리장은 폐수처리장의 초입에 도달하는 폐수원수가 충분한 수두를 갖고 후속하는 수처리공정에 중력흐름으로 통과할 수 있도록 원폐수의 양수가 필요하다. 종종 메인하수펌프(*main sewage pumps*, MSPs)라 일컫는 이러한 펌프는 일반적으로 폐수처리시설에서 가장 큰 용량의 펌프이다. MSPs는 유량의 일변화뿐 아니라 우기 시 유량까지 넓은 범위의 유량을 제어할 수 있어야 한다. 영양염류를 제거하기 위해 설계된 폐수처리시설은 일반적으로 혼합액 또는 슬러지(WAS)의 반송유량이 상당히 크다. MBR 시스템에서 반송유량은 높은 MLSS 농도를 유지하기 위해 종종 폐수 유입유량의 6배 크기를 갖는다(8장 참조). 이러한 메인펌프들의 에너지효율은 폐수처리시설의 전체 에너지효율에 상당한 영향을 미친다.

양수시스템의 전체 효율은 다음과 같이 정의된다.

$$E = E_p \times E_m \times E_c \tag{17-26}$$

여기서, $E$ = 전체 효율

$E_p$ = 펌프효율

$E_m$ = 모터효율

$E_c$ = 제어효율

식 (17-26)에 나타난 세 개의 요소에 대한 각각의 상대효율은 표 17-14에 나타내었다. 펌프와 모터의 효율은 선정된 특정 제품에 따라 달라지는 반면, 제어효율은 이용된 제어장치의 종류에 따라 달라진다. 같은 원리가 아래에서 설명되고 있는 송풍기의 제어에도 적용된다.

**가변주파수 구동장치.** 유량제어 효율은 어떤 형태의 제어기를 쓰느냐에 따라 달라지는데, 가변주파수 구동장치(variable frequency drive)의 사용은 표 17-14에 제시된 제어효율 범위의 끝을 더 높여줌으로써 가장 에너지 효율적이다. VFDs는 교류전류의 주파수를 변조하여 모터의 회전속도를 바꾼다. VFD를 사용하면 펌프의 운전에서 성능곡선이 바뀌어도 동일한 시스템 곡선을 따라 운전을 계속할 수 있다[그림 17-20(a) 참조]. 인위적 밸브의 개폐와 우회(bypass)제어는 전력 유입량이 유지되는 동안에 시스템 곡선에 변

| 표 17-14 | 펌프 시스템 구성 요소 | 범위, % | 대표값, % |
|---|---|---|---|
| 폐수처리용 펌프 시스템과 대표 효율[a] | 펌프 | 30~75 | 60 |
| | 유량조절장치 | 20~98 | 60 |
| | 모터 | 85~95 | 90 |
| | 전체 효율 | 5~80 | |

[a] U.S. EPA (2010)에서 발췌.

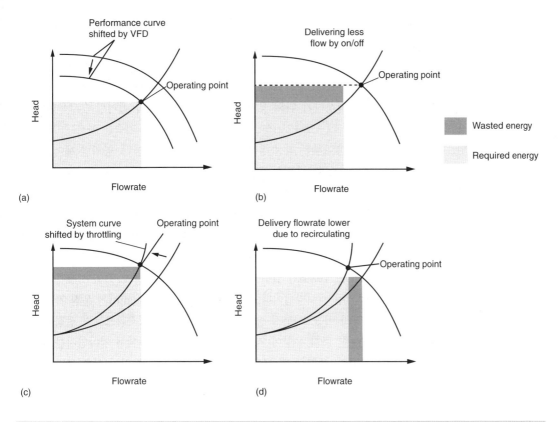

**그림 17-20**

**여러 가지 제어기법에 따른 펌프의 효율.** (a) VFD 제어, (b) 간헐적 양수로 인한 에너지 손실, (c) 밸브 개폐로 인한 에너지 손실, 그리고 (d) 재순환에 의한 에너지 손실. (U.S. DOE, 2006에서 발췌)

화가 생겨 결과적으로는 펌프의 실제 이송유량이 감소하게 된다[그림 17-20(b~d)] 참조). 멈춤/시작 제어는 사용하지 않는다(U.S. EPA, 2010).

**활성슬러지 공정에서의 포기량 제어.** 활성슬러지 공정의 포기와 관련된 에너지 요구량은 (1) 실제 산소요구량에 대응한 포기량 조절, (2) 에너지 효율이 높고 크기가 적절한 송풍기 사용, (3) 설치된 장소 및 여타 조건에서 산소 전달효율이 가장 높은 산기기의 사용 및 (4) 활성슬러지 공정에 유입되는 유기물 부하량 조절을 통해 관리할 수 있다. 공기 공급 시스템의 비효율적인 배관에서 생기는 에너지 손실의 최소화도 전체 에너지 요구량에 기여할 수 있지만, 다른 인자들과 비교했을 때 그 기여도는 일반적으로 미미한 수준이다 (WEF/ASCE 2010).

BNR공정의 호기조에서 과도한 DO농도는 에너지를 낭비할 뿐만 아니라 무산소조나 혐기조에 DO가 전달되는 결과를 가져올 수 있다. 과도한 DO는 또한 탈질에 쓰여야 할 유기탄소가 생물학적으로 산화되는 결과로 이어진다. 탈산소화조(deoxygenation zone)는 종종 무산소조와 혐기조로 DO가 이송되는 것을 방지하는 역할을 한다.

**송풍기.** 북미에서 사용된 송풍기의 일반적인 종류에는 단단원심송풍기(single stage centrifugal), 다단원심송풍기(multi stage centrifugal), 회전식용적형송풍기(rotary lobe positive displacement)와 고속단단터보송풍기(high speed single stage turbo blowers)가 있다(그림 17-21과 5장 5-11절의 그림 5-72 참조). 고속터보송풍기는 비교적 새로운 기술로서, 빠른 속도를 달성하기 위해 공기 베어링이나 마그네틱 베어링을 사용한다. 송풍기의 종류와 효율의 비교는 표 17-15에 요약하였다. 송풍기의 기술은 빠르게 발전하고 있으며 터보송풍기의 적용여부는 최신 정보를 통해 결정하여야 한다. 공기량 제어 장치에는 흡입 흡진기(inlet dampers), 흡입부와 송풍기 사이에 흡입안내익(inlet guide vanes)과 토출 흡진기(outlet dampers)가 있다. 흡입안내익은 원심송풍기에서 일반적으로 활용되는데 에너지 효율은 흡진기 또는 교축(throttling)보다 높다. 흡입안내익은 송풍기로 들어가는 공기흐름을 소용돌이로 만들어 송풍기의 부하를 낮추고, 공기량을 최고값의 80~100 % 사이로 조절하는 데 효과적이다. 공기량을 제어하는 다른 방법에는 팬 속도를 조정하는 방법인데, VFD (DOE, 1989)가 일반적이다. 펌프와 유사하게 VFD의 사용은 에너지 측면에서 효과적인 공기량 제어방법이다. 턴-다운비(turn-down ratio)는 운전 가능한 최저 유량대비 최대 유량의 비율로, 특정 송풍기에 대해 반드시 평가함으로써 선정된 송풍기와 VFD가 담당 가능한 공기 유량이 저부하와 고부하 두 조건에서 얼마인지를 제시할 수 있다(U.S. EPA, 2010). 예를 들면 고효율 정속송풍기는 VFD 없이 기초 공기량을 충당하기 위해 사용될 수 있으며, 이와 크기가 같거나 보다 작은 크기의 다른 송풍기들은 VFD를 갖춘 채 추가 설치되어 필요한 범위의 공기 유량을 제공할 수 있다.

**그림 17-21**

**활성슬러지공정에 적용된 송풍기의 예.** (a) 1120 kW (1500 hp)의 전동기로 운전되는 대규모 원심송풍기의 전경, (b) 가변 흡입안내익이 장착된 단단원심송풍기의 전경, (c) 고속터보송풍기의 모식도(APG Neuros에서 발췌) 및 (d) 소음장치가 포함된 고속터보송풍기의 전경

(a)

(b)

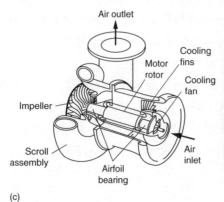

(c)

(d)

**표 17-15**
송풍기의 종류 및 일반적인 효율ᵃ

| 송풍기의 종류 | 토출압력 범위 | 송풍기의 공칭 효율 | 공칭 턴-다운 비 |
|---|---|---|---|
| | Bar | % | 정격유량의 %ᵇ |
| 용적형, VFD | 0.55~1.03 | 45~65 | 50 |
| 혼용 용적형, VFD | 0.20~1.5 | 70~80 | 25 |
| 원심, 다단, 교축 | 0.55 | 60~70 | 60 |
| 원심, 다단, 흡입안내익 | 0.55 | 60~70 | 60 |
| 원심, 다단, VFD | 0.55 | 60~70 | 50 |
| 원심, 단단, 내장기어ᶜ | 0.83 | 75~80 | 45 |
| 원심, 단단, 기어 없음<br>(고속 터보) | 1.03 | 75~80 | 45~50 |

ᵃ U.S. EPA (2010)에서 발췌
ᵇ 송풍기 압력에 따라 변하는 값
ᶜ 이중 날개 시스템에 의한 정속, 토출확산익과 흡입안내익

**포기 산기기.** 다양한 산기관의 산소전달 효율은 5장 5-11절에서 설명하였다. 대부분의 활성슬러지공법 시설들은 1970년대와 1980년대 초반에 설계 및 건설되었고 미세기포 산기기 또는 표면 포기장치를 적용하였다. 설계용량과 설계수명이 다한 이러한 시설들은 산소전달효율이 높은 포기장치로 교체하면 대부분의 경우에 에너지를 절약할 수 있다. 시설을 개량할 때에는 공기 배관, 공기 유량계 및 DO 계측 및 제어시스템도 함께 살펴보고 개선하는 것이 중요하다.

**예제 17-10**

**DO조절을 통한 에너지 감소** 8장의 예제 8-3에 나타난 바와 같이 완전혼합 활성슬러지공정을 이용하여 22,700 m³/d의 1차 처리수를 질산화 없이 COD를 제거하고자 한다. 이때 DO 농도 설정값을 3.5 mg/L에서 2.0 mg/L로 조절할 경우 감소된 전력요구량을 산정하여라.
예제 8-3에서 추출한 다음의 설계자료 및 에너지요구량 산정을 위해 필요한 추가적인 자료를 이용하여라.

| 인자 | 단위 | 값 |
|---|---|---|
| 요구된 산소전달률, $OTR_f$ | kg/h | 111.3 |
| 알파계수, $\alpha$ | – | 0.50 |
| 오염계수, $F$ | – | 0.90 |
| 베타계수, $\beta$ | – | 0.95 |
| 12°C에서의 표면포화용존산소농도, $C_{st}$ | mg/L | 10.78 |
| 표준온도(20°C)에서의 표면포화용존산소농도, $C^*_{s20}$ | mg/L | 9.09 |
| 압력보정계수, $P_b/P_s$ | | 0.94 |
| 정상상태에서의 DO 포화농도, $C^*_{\infty20}$ | | 10.64 |

(계속)

(계속)

| 인자 | 단위 | 값 |
|---|---|---|
| 경험적 온도보정계수, $\theta$ | | 1.024 |
| 혼합액의 온도 | ℃ | 12 |
| 대기온도 | ℃ | 15 |
| 공기 내 산소 | kg/kg air | 0.232 |
| 산소전달효율, OTE | % | 25 |
| 보편기체상수 | kJ/kmole | 8.314 |
| 송풍기 흡입부 절대압력 | kPa | 101.3 |
| 송풍기 토출부 절대압력 | kPa | 121.5 |

계산을 간소화하기 위해 양쪽 DO농도에서 산소전달효율은 25%로 같다고 가정한다.

**풀이**   1. 식 (5-70)을 이용, 3.5 mg/L의 DO 농도에서 SOTR의 산정

$$SOTR = \left[\frac{OTR_f}{(\alpha)(F)}\right]\left[\frac{C^*_{\infty 20}}{(\beta)(C_{st}/C^*_{s20})(P_b/P_s)(C^*_{\infty 20}) - C}\right][(1.024)^{20-T}]$$

위에 주어진 데이터를 이용하여 SOTR을 계산

$$SOTR = \left[\frac{(111.3 \text{ kg/h})}{(0.50)(0.90)}\right]\left\{\frac{10.64}{\left[0.95\left(\frac{10.78}{9.09}\right)(0.94)(10.64) - 3.5\right]}\right\}(1.024^{20-12}) = 409.6 \text{ kg/h}$$

2. kg/min의 단위로 공기 유량 산정

$$공기 유량, \text{kg/min} = \frac{(SOTR \text{ kg/h})}{[(E)(60 \text{ min/h})(0.232 \text{ kg O}_2/\text{kg air})]}$$

$$= \frac{409.6}{(0.25)(60)(0.232)} = 117.7 \text{ kg/min}$$

3. 5장의 식 (5-77a)를 이용한 추정된 전력요구량 산정

$$P_w = \frac{wRT_1}{28.97\,n\,e}\left[\left(\frac{p_2}{p_1}\right)^n - 1\right]$$

위에 주어진 데이터를 이용하여 $P_w$를 계산

$$P_w, \text{kW} = \frac{(117.7/60)(8.314)(273.15 + 15)}{28.97(0.283)(0.85)}\left[\left(\frac{121.5}{101.3}\right)^{0.283} - 1\right]$$

$$= 35.6 \text{ kW}$$

4. DO = 2.0 mg/L에 대해 1에서 3의 과정을 반복

$$SOTR = \left[\frac{(111.3 \text{ kg/h})}{(0.50)(0.90)}\right]\left\{\frac{10.64}{\left[0.95\left(\frac{10.78}{9.09}\right)(0.94)(10.64) - 2.0\right]}\right\}(1.024^{20-12}) = 343.3 \text{ kg/h}$$

$$공기 유량, kg/min = \frac{(SOTR\ kg/h)}{[(OTE)(60\ min/h)(0.232\ kg\ O_2/kg\ air)]}$$

$$= \frac{343.3}{(0.25)(60)(0.232)} = 98.6\ kg/min$$

$$P_w, kW = \frac{(98.6/60)8.314 \cdot (273.15 + 15)}{28.97 \cdot 0.283 \cdot 0.85}\left[\left(\frac{121.5}{101.3}\right)^{0.283} - 1\right]$$

$$= 29.8\ kW$$

5. 3.5 mg/L와 2.0 mg/L의 DO 설정값에서 에너지요구량 비교

   3번과 4번 과정에서 포기를 위한 에너지요구량은 DO 설정값을 3.5에서 2.0 mg/L로 줄면서 35.6에서 29.8 kW로 감소하였다. 에너지요구량 감소율은 16.2%이다.

**참조**  식 (5-77)을 통한 에너지요구량 평가는 단단원심송풍기를 대상으로 하고, 공기량은 VFD에 의해 제어된 것으로 가정하였다. 공기량 조절방법을 교축(throttling)이나 다른 방법으로 이용할 경우 공기량은 감소해도 에너지 소비량은 줄지 않기 때문에 산출된 에너지감소량은 인정받기 어렵다.

## ❱❱ 에너지 생산량 증가를 위한 공정개선

에너지 생산량의 증가는 생물학적 2차 처리로 넘어가기 전에 폐수로부터 유기물을 더 많이 제거해서 혐기성 소화에 이용하고, 혐기 소화조에서는 휘발성 고형물을 더 많이 분해함으로써 이룰 수 있다. 최근 몇 년 동안 폐수처리시설에서의 에너지 생산량을 제고하기 위한 다른 출처의 폐기물을 이용한 연구가 진행되었다. 음식폐기물, 지방, 기름 및 그리스와 축산폐수 등의 폐기물에 의한 에너지 생산량 증가가 폐수처리장에서 활용될 수 있다. 에너지 생산규모에 따라 폐수처리시설에서 소비되는 에너지보다 더 많은 양의 에너지를 생산할 수 있다(net energy positive). 태양열과 풍력 등과 같이 시설 내에서 생산된 신재생에너지의 사용은 비교적 작은 규모로 적용되었으나 이러한 에너지원들의 기여도는 폐수처리시설의 총 에너지요구량과 비교했을 때 비교적 미미하다.

**폐수의 유기물 제거 향상.** 폐수의 유기물을 더 많이 제거할 수 있는 효율적인 방법 중 하나는 1차 처리수를 여과하는 것이다. 최근의 연구에서 1차 처리수에 남아 있는 TSS는 70%까지 제거가 가능한 것으로 나타났다. 1차 처리수의 여과에 대해서는 5장의 5-9절에 설명되어 있다. 폐수원수에서 상당한 분율의 COD와 TSS를 제거하기 위해 실험되고 검증된 또 다른 기술로는 공기방울을 폴리머(polymer)로 코팅한 하전공기부상법(charged bubble flotation)으로 5장의 5-9절에 설명되어 있다. 호기성 산화 공정 이전에 폐수의 유기물을 제거하는 다양한 신기술들이 수년 내에 개발될 것으로 예상된다. 1차 처리에서 유기물의 제거는 화학적 1차처리(chemically enhanced primary treatment, CEPT)에 의해 향상될 수 있으나 슬러지 내 무기성 침전물 증가로 혐기성 소화에 의한

바이오가스의 생산 효율이 낮아질 수 있기 때문에 에너지 회수율 제고를 위한 CEPT의 효율성 평가에 주의를 기울여야 한다. 유기물 제거 향상을 위한 다른 설계 고려사항에는 UV소독에 의한 철의 영향(철염이 응집제로 이용될 때)과 BNR 공정에서의 탈질을 위한 탄소요구량이 포함된다.

**소화가스의 생산량 증대를 위한 공정 개선.** 기존의 혐기성 소화조는 대개 그 유지, 운전에 있어 바이오가스의 생산량을 극대화하기 어렵다고 인식되어 왔다. 일반적인 두 가지 문제점은 소화조의 불충분한 난방과 불충분한 혼합이다. 가스 배관과 저장시설에서 바이오가스가 누출되면서 에너지 손실도 생긴다. 기존 혐기 소화조의 운전조건과 바이오가스의 포집조건을 개선함으로써 이용 가능한 에너지의 양을 증가시킬 수 있다. 이러한 운전과 유지관리의 문제점과 더불어 고형물 부하량의 증가와 혐기조의 성능 극대화를 위한 방법은 13장의 13-9절에 자세히 설명되어 있다.

**다른 출처의 폐기물 이용.** 혐기성 소화조는 대개 여러 개의 반응조로 설계되지만, 모든 탱크가 초기에 설치되는 것은 아니며 나중 단계의 추가 설치를 위한 부지공간이 계상되어 있다. 소화조를 확장하는 단계에서조차도 혐기성 소화조는 종종 설계용량 이하로 운전된다. 이렇게 대부분의 혐기성 소화조에서 이용 가능한 초과용량을 소화가스의 생산량 증가 목적으로 이용할 수 있다. 바이오가스의 생산량 증가는 기존의 혐기성 소화공정에 대한 최소한의 개량만으로 달성 가능하다는 사실에 근거하여 음식폐기물, 지방 및 그리스를 이용한 바이오가스의 생산량 증대 연구가 최근에 광범위하게 이루어졌다. 바이오가스의 생산량 증가를 위한 음식폐기물, 지방과 그리스의 사용은 10장과 13장에 설명되어 있다.

**신재생 에너지원의 이용.** 풍력과 태양열 등의 신재생 에너지원을 사용하려는 생각은 많은 건물들에 일상화되었지만 폐수처리시설에서는 공간제약의 이유로 적용실적이 비교적 미약하다. 건물이나 시설이 LEED (leaders in energy and environmental design)프로그램과 같은 지속성에 대한 자격증획득을 추진하는 것이 일반적이지만 처리장에서는 대개 이러한 신재생 에너지원들이 총 에너지 요구량의 작은 부분만을 충족시킬 수 있었다. 폐수처리시설에서 일반적인 신재생 에너지 활용은 조명을 위한 태양열 전지판과 온수 생산을 위한 태양열 에너지의 사용이 있다.

## ≫ 첨두유량의 관리(최대 에너지 사용)

폐수처리시설 등의 많은 전력을 소비하는 건축물의 전기 이용요금 책정에는 일반적으로 장비의 최대 에너지 요구량에 기반을 둔 수요전력 요금(demand charge)과 에너지 소비량에 기반을 둔 전력량 요금(energy charge)이 있다. 대부분의 경우에 에너지 가격은 첨두수요 시간에 다르게 책정된다. 몇몇 지역에서는 전기요금 책정에 현물시장이 적용되었다. 에너지 비용감소 측면에서 에너지 관리를 고려할 때 효율적인 대책 중 하나는 더 낮은 에너지 요금이 적용되는 시간에 전기를 쓰도록 하는 것이다. 예로서 비첨두 시간에만 슬러지 탈수를 진행하는 것이다.

유량 균등조는 최대전력요구 시간대(최고 비싼 전력비용)에 처리시설로 들어오는 폐수의 일부를 비첨두 시간에 처리할 수 있게 하는 효과적인 방법이다. 첨두유량관리는 최대전력요구 시간대에 전력 사용량을 감소시켜줄 뿐만 아니라 일정한 유량과 부하량이 처리공정에 유입될 수 있게 함으로써 전기로 구동되는 대부분의 장치에 대한 에너지 효율을 증가시켜준다. 반류수를 유량 균등화하여 비첨두시간에 처리하는 것도 첨두수요를 감소시킬 것이다. 반류수의 균등화는 15장에서 설명하였다.

폐수처리장의 에너지 소비관리에 수요관리(demand-side management)의 개념을 채택할 때 에너지절감 가능성이 커진다. 전력업체는 전통적인 공급계획(supply-side planning)과 첨두수요를 줄이기 위한 수요관리의 통합을 오랜 시간 동안 중요하게 인식하고 있다. 수요관리의 목표는 에너지효율 개선과 장비의 운영 관리를 통해 전력부하 특성(일별 시간대에 이용된 에너지양)을 변경하는 것이다. 수요관리측면에서 인식해야 할 또 하나는 부하량이 지속적으로 증가할 것이라는 것으로 새로운 가정하수와 산업폐수 및 처리 기준에 부합하기 위한 시스템 확장으로 인해 지속적으로 부하량이 증가할 것이라는 것이다.

## 에너지원의 선정

폐수처리 관리 기관들은 일반적으로 전력공급업체와 연료공급업체(천연가스, 석유 및 기타 연료)에 가격 결정을 위한 계약을 체결한다. 전력요금은 기본요금에 사용요금을 더해서 결정하게 되는데 고정요율이나 변동요율이 적용된다. 변동요율이 적용될 경우 유량 균등화를 통한 첨두유량 관리로 상당한 전력비용 절감을 예상할 수 있는데 포기를 위한 전력소비를 비첨두시간 또는 전력비용이 더 낮은 시간대로 전환할 수 있기 때문이다.

연료비의 계약구조는 폐수처리시설에 이용 가능한 기계적 장치의 설계와 선정에 영향을 미친다. 예를 들어 고정비용으로 천연가스를 20년 동안 계약하게 된다면 전기 모터 대신에 천연가스를 연료로 하는 직접구현모터(direct drive motors)를 선정하게 된다. 고정비용으로의 계약은 가격 예측이 어려운 전력 구매와는 대조적이다.

## 17-10 | 폐수처리공정에 대한 미래의 대안

폐수 내에 있는 중요한 에너지원들에 대해서는 앞선 17–2절에서 규명하고 설명하였다. 이용 가능한 에너지원에서 에너지를 회수 및 이용하기 위해 최근 이용되는 방법들은 17–5절부터 17–7절에 걸쳐서 설명하였다. 이 절의 목적은 (1) 다양한 에너지원에서 추가적인 에너지의 회수, (2) 색다른 생물학적 처리 기술의 도입을 통한 에너지 소비 감소 및 (3) 대체폐수처리공정의 도입을 통한 에너지 소비감소를 가능하게 하기 위해 개발되고 있는 몇 가지 혁신적인 기술들을 간략하게 설명하는 것이다. 개선된 장비의 사용을 통한 에너지 감소는 에너지 관리를 다루었던 앞 절에서 설명하였다.

## 입자성 유기물의 에너지 회수 개선

현재 재래식 1차 침전조에서 TSS는 약 50%, COD는 30에서 40% 정도 제거된다. 침전으로 제거되지 않은 TSS와 COD는 반드시 후속하는 생물학적 처리공정에서 처리해야 한다. 모든 입자성 COD가 생물학적 처리공정 전에 제거된다면, 제거된 물질에서 추가적인 에너지를 회수할 수 있으며 탄소성 유기물의 산화를 위해 필요한 에너지의 양은 감소될 수 있다.

TSS 및 입자성 COD는 심층여과, 표면여과 혹은 막 여과를 통해 제거할 수 있다. 1차 처리수 여과(primary effluent filtration, PEF)는 1970년도 후반부터 연구되어 왔다 (Mastsumoto et al., 1980, 1982). 1차 침전조와 조합된 PEF를 이용할 때 TSS와 COD의 제거율은 각각 90%와 60%에 가깝게 나타난다. PEF 공정은 폭넓게 적용되지 않았는데 그 공정이 처음 연구되었던 당시에는 에너지 가격이 $0.03/kWh 미만으로 저렴했으며 에너지 회수 그 자체도 큰 관심사항이 아니었기 때문이다. 에너지 회수에 대한 최근의 높은 관심과 에너지 소비를 줄이기 위한 욕구 및 새로운 여과기술들이 다양하게 개발되면서 PEF에 대한 관심이 다시 높아지고 있다. PEF의 가장 큰 장점은 별도의 폐슬러지 흐름이 생기지 않는다는 것으로, 여과에 의해 연속적 또는 간헐적으로 제거된 고형물은 일차 슬러지와 혼합할 수 있기 때문이다. PEF나 CEPT공정에서 발생된 1차 슬러지는 혐기성 소화를 통해 손쉽게 바이오가스로 전환할 수 있다. 다른 대안으로 1차 슬러지는 발효조에 유도되어 휘발성 지방산을 생성함으로써 인 제거에 활용될 수 있다(8장의 8-8절 참조).

## ▶▶ 생물학적 처리에서 에너지 소비의 감소

7장과 더불어 15장에서 보다 폭넓게 다루어진 바와 같이 에너지와 화학약품의 소비를 줄일 수 있는 새로운 생물학적 공정이, 특히 질소제거와 관련되어 개발되고 있다. 예를 들어 아질산화/아질산-탈질화의 이용과 부분 아질산화와 탈암모니아화 공정들은 산소와 탄소요구량 모두를 감소하기 위해 이용될 수 있다. 아질산화/아질산-탈질화를 통한 질소제거는 재래식 질산화/탈질공정보다 산소는 25%, 외부탄소원은 40% 낮게 요구된다. 부분 아질산화와 탈암모니아화는 재래식 질산화/탈질공정보다 산소요구량은 60% 낮고, 외부탄소원은 거의 90%까지 낮게 요구된다(15장 참조).

부분 아질산화와 탈암모니아화가 측류수 처리에 이용되고 주처리공정이 영양염류 제거공정으로 설계되었을 때 측류수 처리공정에서는 외부탄소원이 불필요하게 될 수 있으며, 잔류 질산염이 주처리공정에서 처리되면서 측류수 처리공정에 대한 약품 주입시스템을 간소화할 것이다. 이 공정은 주로 높은 암모늄 농도를 갖는 반송수의 처리에 적용되며, 상온에서 본류 폐수처리의 적용에 대한 연구가 진행되고 있다(Al-Omari et al., 2012).

## ▶▶ 대안적 처리공정을 이용한 에너지 소비량 감소

미래의 폐수처리공정도에는 보다 효율적으로 에너지 사용량을 줄이고 폐수 내 에너지원을 활용하기 위해 대안적 생물처리공정 또는 생물처리공정이 없는 처리공정이 도입될 것이다. 대안적 접근 예를 그림 17-22에 나타내었다. 처리기술의 발달로 인하여 수많은 대안 공정이 나타날 것으로 예상된다.

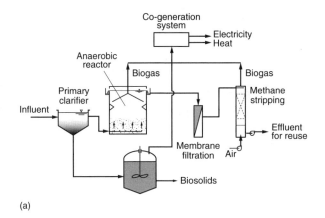

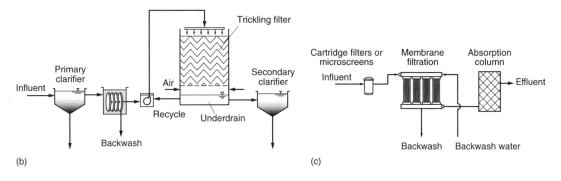

## 그림 17-22

**기존폐수처리공정의 대안적 공정도.** (a) 상온에서의 혐기성 처리(McCarty, 2011에서 발췌.), (b) 여과된 폐수의 살수여상 처리 및 (c) 막 흡수 공정

**상온에서의 혐기성 처리.** 10장에서 자세히 설명된 혐기성 공정은 bCOD의 제거를 위한 포기가 필요하지 않기 때문에 호기성 공정에 비해 일반적으로 에너지를 적게 소비한다. 혐기성 공정은 메탄을 포함한 바이오가스를 생성하는데 메탄은 회수되어 난방열과 전력생성을 위해 이용될 수 있다. 미래에는 폐수를 상온에서 혐기성으로 처리하는 기술이 개발될 것으로 예상된다(McCarty, 2011).

**여과된 폐수처리를 위한 살수여상의 이용.** 폐수처리 대안 공정의 또 다른 예로는 위에 설명된 바와 같이 섬유스크린(cloth screen)으로 일차처리를 한 후 여과 단계를 거치는 공정을 포함한다. 1차 처리수는 단단형의 살수여상에 직접 적용되거나 영양염류제거를 위한 이단형의 살수여상에 적용될 수 있다. 살수여상 다음에서는 침전조가 필요하지 않을 수 있으며, 적은 양의 잔류고형물 제거에는 고율 여과 공정을 활용할 수 있다(Koltz, 1985)

**막 흡수 공정.** 생물학적 처리를 적용하지 않는 폐수처리공정도 개발될 것으로 예상된다. 위에 설명된 바와 같이 1차 처리된 폐수는 다양한 종류의 막으로 더 처리할 수 있다. 막을 통과하는 모든 잔류유기물은 흡착을 통해 제거될 수 있다. 흡착된 유기물은 최종적으로 소화되거나 열적으로 처리될 수 있다(Adams et al., 2011).

## ≫ 장래의 전망

대안적 폐수처리공정들에 대해 고려할 때 핵심은 현재 이용 가능하거나 개발 중에 있는 기술이 폐수의 성상을 변화시켜 주어진 처리공정에 최적화할 수 있도록 해야 하며, 폐수 내에 존재하는 에너지의 회수 및 사용이 극대화할 수 있어야 한다는 것이다.

## 문제 및 토의과제

**17-1**  폐수슬러지와 음식폐기물의 통합소화에 관해 검증된 최근 논문(2005년 이후) 세 편을 읽고, 가스 생산량 증가를 위해 발견한 중요 사항을 요약하라. 읽은 내용을 바탕으로 통합소화의 적용을 위해 극복해야 할 사항에 대해 설명하라.

**17-2**  폐수처리시설에 대해 다음에 주어진 요약 정보를 활용하여 17-4절에 설명된 AWWARF 기법으로 이 처리시설의 벤치마크 점수를 산정하라. 천연가스의 소비를 상쇄하기 위해 바이오가스를 30, 60, 100% 사용(값은 강사가 선정)할 때의 벤치마크 점수를 계산하라. 천연가스의 LHV는 35 MJ/m³, 소화가스의 LHV는 22 MJ/m³으로 가정하여라.

| 인자 | 단위 | 값 |
|---|---|---|
| 유량(연평균/설계 용량) | $10^3$ m³/d | 24/30 |
| 유입 BOD | mg/L | 120 |
| 유입 암모늄 | mg N/L | 24 |
| 유입 T-N | mg N/L | 36 |
| 유출 BOD | mg/L | 6.2 |
| 유출 암모늄 | mg N/L | 2.1 |
| 유출 T-N | mg N/L | 5.5 |
| 에너지 사용 | | |
| 전기 | kWh/y | 3,600,000 |
| 바이오가스 생성 | m³/y | 605,000 |
| 이용된 바이오가스 | m³/y | 0 |
| 천연가스 | m³/y | 372,700 |

**17-3**  예제 17-5에 제시된 폐수처리시설의 데이터를 활용하여, 모든 바이오가스는 전기를 생성하는 데 이용되고 천연가스가 사용되지 않을 만큼 열을 회수하는 조건에서 벤치마킹 점수를 계산하여라. CHP의 일반적인 에너지 효율은 표 17-8에 나타난 값으로 가정한다.

**17-4**  폐수처리시설에 들어오는 폐수원수의 평균 유량은 7500 m³/d, 속도는 1.5 m/s, 압력수두는 2.5 bar이다. 유입되는 폐수원수를 이용하여 전기를 생성하는 데 이용할 수 있는 수차를 선정하고, 전력생산량을 평가하여라. 첨두인자는 그림 3-14를 이용하여 결정하고, 첨두유량을 기준으로 크기가 선정된 터빈의 평균유량에 대한 평균 효율은 그림 17-19를 통해 결정하여라. 폐수원수를 수차에 이용할 때 나타날 수 있는 운전상의 문제점을 설명하여라.

**17-5**  고형물 성분이 다음과 같은 슬러지의 소각에 대한 열수지를 계산하여라. 예제 17-6에 나타난 절차를 이용하여라.

| 성분 | 시료의 성분 함량, % by wt | | |
|---|---|---|---|
| | 1 | 2 | 3 |
| 가연성 | | | |
| 탄소 | 13.3 | 18.9 | 15.0 |
| 수소 | 0.9 | 1.3 | 1.2 |
| 산소 | 4.9 | 6.9 | 5.3 |
| 질소 | 0.3 | 0.4 | 0.3 |
| 황 | 0.4 | 0.5 | 0.4 |
| 불활성 | 8.3 | 11.9 | 7.8 |
| 물 | 72 | 60 | 70 |
| 합계 | 100 | 100 | 100 |

**17-6** 아래 표에 요약된 자료를 기반으로 히트펌프 및 전체 시스템의 성능계수를 결정하고, 난방 요구량을 만족하기 위한 폐수의 유량을 결정하시오.

| 인자 | 단위 | 값 |
|---|---|---|
| 난방 요구량 | kW | (1) 200 |
| (값은 강사가 선정) | | (2) 240 |
| | | (3) 280 |
| 히트펌프의 전기 주입량 | kW per kW output | 0.24 |
| 폐수의 온도 | ℃ | 15 |
| 열교환기를 통한 온도 감소량 | ℃ | 5 |
| 펌프의 총 전력 요구량 | kW | (1) 40 |
| (값은 강사가 선정) | | (2) 45 |
| | | (3) 50 |

**17-7** 위의 예제 17-6에서, 작은 상업지역에 열을 공급하기 위해 폐수처리수를 대신해 차집관거의 폐수원수에서 열을 추출할 경우 이점과 잠재적 문제점에 대하여 설명하여라.

**17-8** 예제 17-10과 8장의 예제 8-3에 대하여 설계용량으로 운전된 처리공정이 1차 침전조와 활성슬러지공정 사이에 1차 처리수 여과장치 설치를 통해 개량되었으며, 활성슬러지공정에 대한 BOD 부하량이 20, 30 혹은 40%(값은 강사가 선정) 감소되었다. 질산화공정이 없는 조건에서 동일한 COD 제거율을 얻기 위해 필요한 공기량과 포기 전력소비량을 계산하여라. 설정된 DO 농도는 2.0 mg/L로 가정하여라.

**17-9** 예제 8-3의 폐수처리시설은 BOD를 제거하기 위해 설계되었으며 현재 설계용량 대비 60%로 운전되고 있다. 지자체는 서비스 지역에 대한 현재의 인구증가율이 처리시설의 설계 및 건설 당시에 추정된 인구증가율보다 낮다고 여기고 있다. 지자체에서는 통합 자원 회수 체계를 연구 중이며 당신에게 각 가정에서 음식폐기물 분쇄기를 사용할 경우 에너지가 절감되는지에 대해서 묻고 있다. 음식폐기물 분쇄기를 설치하면 600, 1,000 혹은 1,200 kg/d(값은 강사가 선정)의 bCOD 부하량이 증가하며 이 중 75%는 1차 슬러지로 제거되고 20%는 활성슬러지공정에서 처리될 것이다. 1차 슬러지는 혐기성 소화조로 이송하여 바이오가스를 생성한다.

      a. 설계용량 대비 60% 부하량에서 포기에 필요한 전력량 산정

      b. 음식폐기물 분쇄기를 이용했을 때 포기에 필요한 전력 증가량 산정

      c. 음식폐기물 분쇄기가 적용됐을 때 바이오가스 생산 증가량 산정(혐기 소화조의 용량은 충분하다고 가정).

      d. 엔진 효율 45% 및 발전기 효율을 93%로 가정할 때 음식폐기물 분쇄기 적용이 전체 에너지를 절감할 수 있는지 결정

    계산을 간소화하기 위해, WAS를 통한 바이오매스와 바이오가스의 증가량은 무시하고, 열 회수를 통한 에너지 절감량도 계산에서 무시한다.

**17-10** 폐수 펌프장은 스크린을 거친 폐수원수 20,000 m³/d를 습식 웰(wet well)에서 포기 침사지로 이송하는 데 이용되고 있다. 펌프장에는 세 대의 펌프가 있다. 두 대의 펌프는 연속적으로 이용되며 한 대의 펌프는 비상대비용으로 on/off를 조절할 수 있다. 에너지를 절감할 수 있는 펌프시스템으로의 변환방법을 제시하고, 어떻게 에너지 절감이 이루어지는지 설명하라.

## 참고문헌

Adams, R. M., H. L. Leverenz, and G. Tchobanoglous (2011) "Re-Orienting Municipal Wastewater Management System for Energy Reduction and Energy Production," *Proceedings of the WEF 83rd ACE,* Los Angeles, CA.

Al-Omari, A., M. Han, B. Wett, N. Dockett, B. Stinson, S. Okogi, C. Bott, and S. Murthy (2012) "Main-Stream Deammonification Evaluation at Blue Plains Advanced Wastewater Treatment Plant (AWTP)," *Proceedings of the WEF 84th AEC,* New Orleans, LA.

AWWARF (2007) *Energy Index Development for Benchmarking Water and Wastewater Utilities,* AWWA Research Foundation, Denver, CO.

Barber, W. P. F. (2007) "Observing the Effects of Digestion and Chemical Dosing on the Calorific Value of Sewage Sludge," *Proceedings of the IWA Specialist Conference: Moving Forward Wastewater Biosolids Sustainability,* Moncton, Canada.

BHA (2005) *A Guide to UK Mini-Hydro Developments,* The British Hydropower Association, Dorset, UK.

Burton, F. L. (1996) *Water and Wastewater Industries: Characteristics and Energy Management Opportunities,* CEC Report 106941, Electric Power Research Institute, St Louis, MO.

Carrio, L. (2011) "Combined Heat and Power at NYCDEP Wastewater Treatment Plants," U.S. Environmental Protection Agency Combined Heat and Power Partnership Webinar, *Strengthening Critical Infrastructure: Combined Heat and Power at Wastewater Treatment Facilities,* U.S. Environmental Protection Agency, Washington, DC.

CDC (1994) *Chemical Listing and Documentation of Revised IDLH Values,* Center for Disease Control, Washington, DC.

Channiwala, S. A. (1992) *On Biomass Gasification Process and Technology Development-Some Analytical and Experimental Investigations,* Ph.D. Thesis, Indian Institute of Technology, Department of Mechanical Engineering, Bombay (Munbai), India.

DOE (1989) *Improving Fan System Performance: A Sourcebook for Industry,* U.S. Department of Energy, Washington, DC.

DOE (2002) *Benchmarking Biomass Gasification Technologies for fuels, Chemicals and Hydrogen Production,* U.S. Department of Energy National Energy Technology Laboratory, Morgantown, WV.

DOE (2003) *Industrial Heat Pumps for Steam and Fuel Savings,* U.S. Department of Energy, Industrial Technology Program, Energy Efficiency and Renewable Energy, Washington, DC.

DOE (2006) *Improving Pumping System Performance: A Sourcebook for Industry,* 2nd Ed., U.S. Department of Energy, Washington, DC.

DOE (2008) *Waste Heat Recovery: Technology and Opportunities in U.S. Industry,* U.S. Department of Energy, Industrial Technologies Program, Washington, DC.

DOE (2011) *Comparison of Fuel Cell Technologies,* Department of Energy, Energy Efficiency and Renewable Energy Fuel Cell Technologies Program, Washington, DC.

EPRI (1994) *Energy Audit Manual for Water and Wastewater Facilities,* Electric Power Research Institute, St. Louis, MO.

ESHA (2004) *Guide on How to Develop a Small Hydropower Plant,* European Small Hydropower Association, Brussels.

ESHA (2009) "Guide on How to Develop a Small Hydropower Plant: Information from the European Small Hydro Association (ESHA)," *Energize,* June, 16–20.

Funamizu, N., M. Iida, Y. Sakakura, and T. Takakuwa (2001) "Reuse of Heat Energy in Wastewater: Implementation Examples in Japan," *Water Sci. Technol.,* **43**, 10, 277–285.

Green, D., and R. Perry (2007) *Perry's Chemical Engineers' Handbook,* 8th Ed., McGraw-Hill, New York.

Heidrich, E. S., T. P. Curtis, and J. Dolfing (2011) "Determination of the Internal Chemical Energy of Wastewater," *Environ. Sci. Technol.,* **45**, 2, 827–832.

Hewitt, G. F. (1992) *Handbook of Heat Exchanger Design,* Begell House, Inc., New York.

Holman, J. P. (2009) *Heat Transfer*, Tenth Ed., McGraw-Hill, New York.

Koltz, J. K., (1985) *Treatment of an Altered Waste by Trickling Filters,* M.Sc Thesis, University of California at Davis, Davis, CA.

Krzeminski, P., J. H. J. M. van der Graaf, and J. B. van Lier (2012) "Specific Energy Consumption of Membrane Bioreactor (MBR) for Sewage Treatment," *Water Sci. Technol.,* **65**, 2, 380–392.

Kuppan, T. (2000) *Heat Exchanger Design Handbook,* CRC Press, Boca Raton, FL.

Matsumoto, M. R., T. M. Galeziewski, G. Tchobanoglous, and D. S. Ross (1980) "Pulsed Bed Filtration of Primary Effluent," Proceedings of the Research Symposium, 53rd Annual Water Pollution Control Federation Conference, 1–21, Las Vegas, NV.

Matsumoto, M. R., T. M. Galeziewski, G. Tchobanoglous, and D. S. Ross (1982) "Filtration of Primary Effluent," J. WPCF, 54, 12, 1581–1591.

McCarty, P. L., J. Bae, and J. Kim (2011) "Domestic Wastewater Treatment as Net Energy Producer – Can This be Achieved?" *Environ. Sci. Technol.,* **45**, 17, 7099–7106.

McKendry, P. (2002) "Energy Production from Biomass (Part 3): Gasification Technologies," *Bioresource Technol.,* **83**, 1, 55–63.

NYSERDA (2010) *Water and Wastewater Energy Management: Best Practices Handbook,* New York State Energy Research and Development Authority, Albany, NY.

Pallio, F. S. (1977) "Energy Conservation and Heat Recovery in Wastewater Treatment Plants," *Water Sewage Works,* **12**, 2, 62–65.

Sawyer, C. N., P. L. McCarty, and G. F. Parkin (2003) *Chemistry for Environmental Engineering and Science,* 5th Ed., McGraw-Hill, New York.

Shizas, I., and D. M. Bagley (2004) "Experimental Determination of Energy Content of Unknown Organics in Municipal Wastewater Streams," *J. Energy Eng.*, **130**, 2, 45–53.

U.S. EPA (2006a) *Auxiliary and Supplemental Power Fact Sheet: Fuel Cells,* EPA832-F-05–012, Office of Water, U.S. Environmental Protection Agency, Washington, DC.

U.S. EPA (2006b) *Auxiliary and Supplemental Power Fact Sheet: Viable Sources,* EPA832-F-05–009, Office of Water, U.S. Environmental Protection Agency, Washington, DC.

U.S. EPA (2007) *ENERGY STAR® Performance Ratings Technical Methodology for Wastewater Treatment Plant*, U.S. Environmental Protection Agency (www.energystar.gov), Washington, DC.

U.S. EPA (2008) *Ensuring a Sustainable Future: An Energy Management Guidebook for Wastewater and Water Utilities,* U.S. Environmental Protection Agency, Washington, DC.

U.S. EPA (2010) *Evaluation of Energy Conservation Measures for Wastewater Treatment Facilities,* EPA 832-R-10–005, Office of Wastewater Management, U.S. Environmental Protection Agency, Washington, DC.

U.S. EPA (2011) *ENERGY STAR Performance Ratings Methodology for Incorporating Source Energy Use*, Air and Radiation, U.S. Environmental Protection Agency, Washington, DC.

U.S. EPA (2012) *Energy Management System Manual Wastewater Treatment Utility: A Supplement to the EPA Energy Management Guidebook for Drinking Water and Wastewater Utilities (2008),* U.S. Environmental Protection Agency, Washington, DC.

Valkenburg, C., M. A. Gerber, C. W. Walton, S. B. Jones, B. L. Thompson, and D. J. Stevens (2008) *Municipal Solid Waste (MSW) to Liquid Fuels Synthesis, Volume 1: Availability of Feedstock and Technology,* Pacific Northwest National Laboratory, Prepared for U.S. Department of Energy, Washington, DC.

Wanner, O., V. Panagiotidis, P. Clavadetscher, and H. Siegrist (2005) "Effect of Heat Recovery from Raw Wastewater on Nitrification and Nitrogen Removal in Activated Sludge Plants," *Water Res.,* **39**, 19, 4725–4734.

WEF (2009) *Energy Conservation in Water and Wastewater Treatment Facilities,* WEF Manual of Practice, No. 32, Prepared by the Energy Conservation in Water and Wastewater Treatment Task Force of the Water Environment Federation, Water Environment Federation, Alexandria, VA.

WEF/ASCE (2010) *Design of Municipal Wastewater Treatment Plants,* 5th Ed., WEF Manual of Practice No. 8, ASCE Manuals and reports on Engineering Practice No. 76, Water Environment Federation, Alexandria, VA.

WERF (2008) *State of Science Report: Energy and Resource Recovery from Sludge,* Prepared for the Global Water Research Coalition, Water Environment Research Foundation, Alexandria, VA.

# 18

# 폐수관리: 미래의 도전과 기회

*Wastewater Management: Future Challenges and Opportunities*

## 용어정의

| 용어 | 정의 |
|---|---|
| 기후 변화(climate change) | 온도, 강수량, 풍량 등이 오랜 기간 동안 상당히 많이 바뀌는 현상(수십 년 이상) |
| 분산형(위성) 처리 시스템 [decentralized (satellite) treatment system] | 하수가 재이용 지점 근처에 있을 때 사용된다. 분산형 처리시설은 일반적으로 고형물 처리시설을 가지고 있지 않다. 고형물은 수집 시스템에 의해 하류에 있는 중앙 처리장으로 보내진다. 세 가지 종류의 분산형 시스템: (1) 차단형 (2) 추출형 (3) 상류형 |
| 직접 음용수 재이용 | 정화된 물을 정수장 하류의 상수 급수 관망에 직접 인입하거나 또는 정수처리장의 상류부에 원수로 직접 공급 |
| 히스토그램 | 일정 범위의 다른 조건에서 사건이 일어나는 주기를 그래프로 나타냄 |
| 간접 음용수 재이용 | 정화된 물과 상수원수의 적정 혼합, 상수원수용 저수지 또는 지하수의 대수층과 혼합, 희석, 동화시켜 음용수 처리의 효율을 도모하는 재이용법 |
| 선형관계 | 두 가지 변수의 선형적 상관관계 |
| 저영향 설계 | 지표수와 지하수를 보호하고, 수생자원 및 생태계의 원형 보존, 그리고 자연과의 조화를 이룬 설계를 통한 하천의 물리적 본성을 보존하는 설계 방법 |
| 자연 재해 | 갑작스럽게 홍수, 태풍, 폭염, 가뭄이 사람과 재산에 피해를 주는 현상 |
| 미국오염물질배출규제제도 | 미국오염물질배출규제제도(National Pollution Elimination Discharge System, NPDES)는 각 점 오염원 배출시설이 반드시 지켜야 할 일정한 기술적 최소치를 기준으로 설정되었다. |
| Pareto 분석 | 전체에 상당한 영향력을 갖는 제한된 수의 업무(tasks) 또는 변수(variables)를 선정하는 통계적 의사 결정 기술 |
| 파일럿 시설 연구 | 벤치 규모보다 큰 규모의 현장시설에서 수행하는 연구이며 이를 바탕으로 특정 환경조건의 폐수처리시설에서 공정이 적합한지 확인하고 실규모 설계를 위해 사용할 수 있는 데이터를 구함 |
| 실태적 인구통계 | 경제, 이주 패턴 그리고 출생, 사망, 질병 등의 통계치를 바탕으로 하는 인구조사 연구 |
| 음용수 재이용, 직접 | 직접 음용수 재이용 참고 |
| 음용수 재이용, 간접 | 간접 음용수 재이용 참고 |
| 민영화 | 정부기관이 공적 기능을 수행하기 위한 시설 및 서비스를 민간 부문에서 소유하고 운영하는 제도 |
| 위성 처리 시스템 | 분산형 처리 시스템 참고 |
| 지속 가능성 | 현재 시스템의 이익 용량을 훼손하지 않고 미래에도 유사한 이익이 유지될 수 있도록 최적화하는 원리 |
| 경제-사회-환경 통합 균형 | 이익(경제), 사람(사회적 책임), 지구(환경 지속성) 3가지가 균등하게 고려되는 프로젝트 분석법 |
| 통제할 수 없는 사건 | 토네이도나 태풍처럼 인간이 통제할 수 없는 사건 |
| 의도하지 않은 결과 | 특정 행동에 대하여 예상하지 못하고 의도하지도 않았던 결과 |
| 변동성 | 우연의 법칙에 의해서 모든 물리적, 화학적, 생물학적 처리공정은 달성할 수 있는 성능에 대해 어느 정도의 변동성을 나타낸다. 변동성은 생물학적 처리에 내재된 고유한 특성이다. |
| 우천 하수량 | 비 또는 눈이 온 결과로 발생하는 지표 유출량 |

이전 장에서 폐수처리시설의 일반적 설계에 포함되는 개념과 요소에 대해서 설명하였다. 이 단원의 목적은 미래의 폐수관리를 위해 도전과 기회의 관점에서 다양한 개념과 설계 요소를 고려하는 것이다. 언급된 주제는 (1) 몇 가지 중요한 향후 과제와 지속 가능성에 대한 일반적인 논의, (2) 범세계적이고 통제할 수 없는 사건의 영향, (3) 공정의 최적화를 통해 기존 처리시설의 성능 개선, (4) 공정 변경을 통한 기존 처리시설의 성능 개선, (5) 우천 하수량 관리를 포함하고 있다. 기존 시설의 개선뿐 아니라 새로운 시설의 설계는 이러한 도전과 이슈의 관점에서 수행되어야 하기 때문에 중대한 미래의 도전과 지속 가능성 이슈, 그리고 범세계적이면서 통제할 수 없는 사건의 영향을 먼저 설명한다.

## 18-1    미래의 도전과 기회

20세기에서 폐수처리의 주요 관심사항은 침전성 및 부유성 고형물, 생물학적 산소요구량(BOD)으로 표현되는 유기물, 총 부유물질(TSS), 병원성 미생물에 초점이 맞춰졌다. (1장 참조) 20세기 후반에는, 영양물질 제거 및 냄새 문제가 이슈가 되었고, 제한 조건에서의 정화된 물의 비음용적 재사용이 세계의 많은 지역에서 일반적으로 실행되었다(Asano et al., 2007). 21세기에는, 다수의 환경문제와 사건으로 인해 폐수를 인식하는 패러다임이 바뀌게 되었다. 21세기에 폐수는 더 이상 처분이 필요한 폐기물로 인식되지 않고, "에너지, 자원 및 음용수로 재생 가능한 원천"으로 간주된다(Tchobanolous 2010; Tchobanoglous et al., 2011). 폐수에 대한 이런 시각 속에서 미래에 점점 중요해질 다음과 같은 여러 가지 도전과 기회의 문제를 생각해 볼 필요가 있다; (1) 자산관리, (2) 에너지와 자원회수를 위한 폐수처리시설(WWTPs)의 설계 필요성, (3) 음용수 제조에 적합한 처리수 생산의 필요성, (4) 분산형 처리시스템의 도입, (5) 통합적 폐수관리, (6) 저영향 개발의 사용, (7) 경제-사회-환경 통합 균형의 사용. 아래에 언급되는 문제점들은 4장에서 설명한 미량 유기물 및 찌꺼기 처리시설에 적용되는 보다 엄격한 배출 기준을 충족하기 위한 필요를 넘어서는 것임을 유의하여야 한다. 범세계적이고 통제되지 않는 사건이 미래의 폐수관리에 미치는 영향은 다음 절에 설명되어 있다.

### ≫ 자산관리

노화된 시설과 수리 및 교체에 필요한 재정 감소로 인해 폐수처리 당국자들은 소비자들에게 최대 가치를 더해 줄 수 있는 미래의 투자 우선순위 결정 기술을 다양하게 모색하고 있다. 여러 가지 형태 중 자산관리 기법은 현재 연구 및 적용되고 있는 기술의 하나다. 미국 EPA는 자산관리에 대하여 "고객이 원하는 서비스 수준을 제공하면서 소유와 유지에 필요한 비용을 최소화하여 시설 자산을 관리하는 것"으로 정의하고 있다(U.S.EPA, 2012a). 미국 EPA는 후속 보고서(U.S.EPA, 2012b)를 통해, 폐수처리장에서의 자산관리 기반 결정의 구현은 미래의 수명주기 비용의 20~30%를 절감할 수 있는 잠재력을 가지고 있으며, 잘 규정된 전략과 절차로 운영비용을 절감하고 업무를 보다 효율적으로 수행할 수 있음을 반복적으로 보여주고 있다.

**자산관리의 목적**    자산관리의 주요한 목적은 전략적 의사 결정을 지원하기 위해 조직적인 방법으로 충분한 정보를 추려내는 것이다. 폐수처리 기관들은 몇 가지 형태의 자산관리를 수행해왔지만, 1990년대 후반부터는 자산 수명 주기의 모든 측면을 이해하고 보고하도록 장려하였다. 초기의 개념적 필요에서 완벽한 실행에 이르기까지, 자산의 소유자들은 신규 및 교체 자산의 설계, 운영 및 유지 보수를 지원하기 위해 입증된 기술과 사용 가능한 기술을 다양하게 도출할 수 있다. 이러한 기술의 적용은 소유자가 일정한 범위의 성능을 분석하여 전략적 의사 결정을 지원하기 위한 데이터의 수집 및 분석에 의존하고 있다.

**자산관리의 적용**   현재까지 자산관리는 상하수도 산업이 더 세밀하게 규제되고 있는 영국, 호주, 뉴질랜드에서 더 폭넓게 개발되고 구현되었다. 이들 국가들로부터 획득한 경험으로 볼 때, 더 발달된 자산관리 기술을 적용하는 것은 비록 실제적 이익환수까지는 수년이 걸리긴 해도 매우 현실적인 이점을 가져다준다는 것이다. 미국은 자산관리를 법적으로 요구하고 있지 않으나, WEF, AWWA, AMWA (Association of Metropolitan Water Agencies)를 포함한 많은 기관들은 자산관리의 사용을 촉진하는 주도적 역할을 담당하고 있다. 미국의 EPA는 개개 법인이나 소유자들의 규제준수 항목으로서 자산관리 도입을 공식적으로 요청하고, 원리와 방법에 대한 융합 교육을 계속하고 있다.

**자산 관리 방법론.**   자산관리의 많은 기술과 기법들이 있지만 여기서 그들 모두를 충분히 토론하는 것은 부적합하다. 많은 문헌들이 지침을 제공하고 있지만, 근본적인 핵심은 자산으로부터 요구되는 성능을 이해하고 이들 자산을 비용 효율적으로 운영/관리할 수 있어야 한다는 것이다. 일반적으로 자산관리 기술은 다음과 같은 6가지를 포함하고 있다. (1) 자산 목록의 개발, (2) 자산의 상태 평가, (3) 제공되는 서비스의 수준 평가, (4) 성능 유지에 필요한 임계 자산 식별, (5) 전체 수명주기의 비용 결정, (6) 최적의 장기적 전략 결정. 자산관리를 잘 사용하고 있는 기관은 시설의 잔여 수명과 상태를 보다 잘 이해하고 최적의 유지 보수 방법을 알고 있다. 이러한 수준의 정보는 자산관리를 활용하는 기관에게도 유익한 것으로 입증될 수 있는데, 사업 관리가 매우 잘되고 있다는 평가를 받기 때문이다. 자산관리에 관한 정보는 고객이나 금융기관 또는 당해 기관의 내부 조직에게 재정적 지출을 정당화할 때도 필요하다.

**자산관리의 분파.**   현행 자산관리의 주안점은 대부분 기존 시설과 관련되어 있지만, 모든 자산의 수명주기가 기초 및 설계 단계에서 이루어지는 의사 결정에 의해 중요한 영향을 받는 것이 명백하다. 설계자들은 운영/관리와 연관된 기준을 고려하여 자산의 최적 성능을 결정할 수 있다. 이렇게 상호 연관된 여러 요인들을 잘 조합하면 유지 보수 및 에너지 비용을 감소시켜, 예상 서비스 수준을 제공하면서도 최종 사용자가 최대의 이익을 얻을 수 있게 할 것이다.

자산관리의 원리는 시설관리를 위한 가장 효과적인 방법이라고 여겨지지만, 미국 내에는 적절한 자산관리 방법을 개발함에 있어 여전히 초보적인 단계에 있는 기관이 많이 있다. 그러나 더 진보된 자산관리의 방법을 채택하고 있는 기관들은 재무관리와 성능수준의 양 측면 모두에서 혜택을 보고 있다. 그러므로 시설 관리의 모든 측면, 즉 요구조건을 추려내는 것부터 최종 처분까지의 모든 단계에서 자산관리가 고려되어야 한다.

## ❯❯ 에너지와 자원 회수를 위한 설계

폐수의 화학적 및 열 에너지 함량은 앞의 2, 14, 17장에서 설명하였다. 앞에서 설명한 바와 같이 폐수처리장은 잠재적으로 에너지를 생성할 수 있고, 특히 음식물쓰레기와 지방, 기름, 그리스와 같은 외부에너지원이 포함되어 있을 경우 더 그렇다. 미래의 과제는 폐수로부터의 에너지를 여하히 효율적으로 얻느냐 하는 것이다. 예를 들면 음식물쓰레기는 주방에서 분쇄 후 하수관거를 통해 처리시설로 운송될 수도 있고, 5장의 5~9절에 설명한 바와 같이 스크린에 의하여 상류부 어딘가에서 차단된 후, 폐수로부터 걸러질 수도 있다. 폐수에서 분리된 고형물은 혐기성 소화장치에 직접 유입될 수 있다. 또한 기존의 호기성 처리공정은 상온에서 짧은 수리학적 체류시간으로 운전되는 혐기성 처리공정으로 대체될 수 있다(McCarty, 2011). 폐수로부터 회수된 에너지는 스크린에 걸린 찌꺼기의 건조뿐만 아니라, 특히 바이오 고형물(biosolid)의 처리공정에 적용될 수 있다. 여기서 중요한 개념은 에너지의 회수율을 높이기 위해 폐수의 특성을 어떻게 변경할 수 있느냐에 대한 생각이다.

미래에는 폐수에서의 자원 회수와 에너지 회수가 동시에 발생하게 될 것이다. 질소 및 인의 배출 기준이 점점 엄격해지면서 최근까지 질소와 인의 제거가 최대의 관심을 모으고 있다. 이들 성분들을 단순히 제거하는 것이 아니라 자원으로서 회수하는 방법은 반류수에서 보다 경제적으로 실현 가능하다. 생물학적 인의 제거는 8장의 8~8절에 언급하고 있다. Struvite 형태의 질소와 인의 회수는 6장의 6-5절 그리고 15장의 15-4절에서 언급하고 있다. 황산암모늄 형태로 질소를 회수하는 것은 15장의 15-5절에서 언급하고 있다. 소각 후 비산재(fly ash)로부터의 자원 회수는 14장의 14-4절에서 언급하고 있다. 질소, 인, 포타슘 등을 소변에서 회수하는 방법(3장의 표 3-15 참조)을 포함한 영양물질의 회수는 유럽과 호주에서 상당히 주목을 받고 있는 자원 회수의 방법이다. 분명히, 폐수로부터 에너지와 먹는 물을 회수하는 것과 더불어 최적의 비용 및 에너지 효율적인 자원회수 방법을 찾는 것이 미래의 큰 도전 과제가 될 것이다.

## ≫ 음용수로서 재이용을 위한 폐수처리장의 설계

인구의 증가, 도시화, 기후 변화에 의해 공공용수의 공급이 어려워지고 대도시의 수돗물 공급이 어려워지고 있다. 그래서 기존 및 새로운 수자원 공급 방안이 추가적으로 고안되어야 한다. 이러한 것을 이루기 위한 한 가지 방법은 물의 재사용량을 늘리는 것이며, 특히 먹는 물로 직간접적 재이용(indirect potable reuse, IPR 또는 direct potable reuse, DPR)의 수단을 통해 도시용수원을 확보해야 한다(Leverenz et al., 2011; Tchobanoglous et al., 2011). 고도처리공정(그림 18-1)의 개발 및 실규모 운전 결과, 생활하수를 처리하여 음용수로 직접 재사용하는 것은 현재 실행 가능한 대안이라고 여겨지고 있다(NRC, 2012). 앞으로의 과제는 생산된 폐수처리수가 먹는 물의 생산에 적합하도록 폐수처리장을 여하히 설계 및 개선하느냐 하는 것이다. 표 18-1은 재사용과 관련된 기술적인 문제를 서술한 것이다.

음용수로서 재사용을 위한 폐수처리장을 고려할 때 핵심질문은 "미래의 폐수처리장은 어떤 모습이어야 할까?"이다. IPR 및 DPR을 위해 기존 처리공정 흐름도를 검토할 때, 직접 재사용(DPR)을 위해 물을 정화하는 것은 후차적이라는 결론에 도달할 수 있다. 대개 특정 화합물을 제거하기 위해 추가적인 단위공정들을 기존 2차 처리공정 흐름도의 마지막 부분에 붙여 놓는다. 그러나 미래의 어느 시점에서는 최고 수준의 성능과 신뢰성을 얻기 위해 도시 기반시설을 완전히 다시 생각할 필요가 있을 것이다. 상하수도 시스템에 있어서, 고도 기반시설의 모델은 분산화, 원격 관리, 자원 회수, 배출원 별 폐수관리, 고유특성에 최적화된

Orange County 급수 지역
(Fountain Valley, CA)의
고도정수처리시설. (a) 2.65
× 10⁵ m³/d 고도정수처리시설
의 모식도, (b) 정밀여과막, (c)
카트리지필터, (d) RO 모듈,
(e) UV 고도산화 반응조

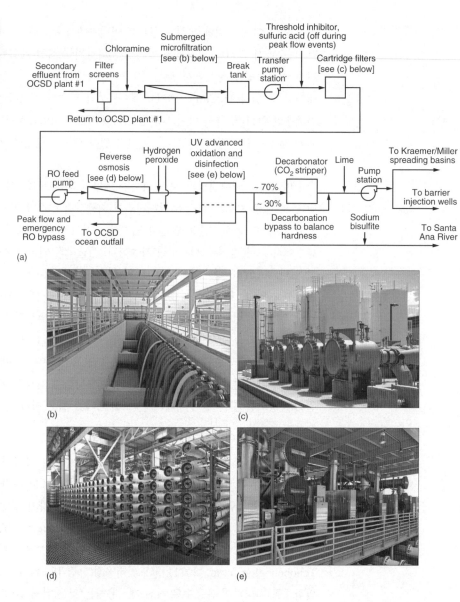

수질 적용 등을 포함하게 될 것이다. 필요한 것은 통합 물 관리 시스템을 개발하는 것이며,
그 시스템하에서 새로운 폐수처리장은 깨끗한 물의 생산과 더불어 에너지 및 자원 회수의
측면에서 최적화된 처리성능을 갖도록 계획 및 설계된다.

### 》 분산형 폐수처리

대부분의 집수 및 처리 시스템에서 폐수는 하수관망을 통해 집중 처리시설에 이송된다. 이
처리시설은 방류수의 처분이 가능하도록 하수 관망의 최하단에 위치하게 된다. 집중식 하수
관망은 이렇게 먼 곳에 위치한 처리장으로 폐수를 보내도록 배치되어 있어서 도시지역에
서의 폐수 재이용은 이중 관망(purple pipe)의 부족으로 제한을 받고 있다. 이러한 경우에
재생된 물을 저장하고 이용 장소까지 이송하기 위한 기반시설의 비용 때문에 물의 재이
용은 비경제적이다. 중앙 처리장에서 재생된 물을 수송하는 기존 방식의 대안이 상류지역

**표 18-1**

음용수로 재사용하는 것과 관련된 기술적인 문제

| 고려사항 | 문제점 |
|---|---|
| 배출원 관리 | • 제거가 어려울 수 있는 성분 규명(사용기술에 따라 달라짐)<br>• 선정된 성분에 대해 기본 출처와 농도 확인<br>• DPR이 운영될 장소에서 기존 배출원 관리 프로그램의 개선점을 정함 |
| 유입수 모니터링 | • 구성성분, 변수 및 모니터링 의견을 포함하는 유입수 모니터링 시스템 개발<br>• 조기 성분검출에 사용될 수 있는 여러 유입수 모니터링 체계들의 가능한 이점 조사<br>• 다양한 유입수 특성에 맞춰서 유입수 모니터링 데이터를 처리 공정 변경에 어떻게 사용할 수 있을지 고려함 |
| 유량 조정 | • 신뢰성을 높이고 미량 성분제거를 위해 이차 처리공정 내의 어디(inline 또는 offline)에 어떤 유형이 최적인지를 결정<br>• 유량 균등조의 최적 사이즈를 결정<br>• 생물학적 및 기타 전처리 공정의 성능과 신뢰성에 대한 유량 균등화의 이점을 정량화 |
| 폐수처리 | • 전체 시스템의 전반적인 신뢰성 제고에 기존 처리공정(1차, 2차, 3차)의 최적화가 갖는 장점을 정량화<br>• DPR에 사용되는 멤브레인 시스템의 성능에 완전질산화 또는 질산화-탈질화가 갖는 장점을 정량화 |
| 처리성능 모니터링 | • 각 단위 공정의 처리 성능에 대한 신뢰성을 입증하고 최종 공정의 수질을 실증할 수 있는 모니터링 체계를 결정 |
| 분석/모니터링 기준 | • 모니터링이 필요한 성분과 변수를 선정. 분석방법, 검출한계, 품질보증/품질관리 방법 및 모니터링 주기가 포함됨<br>• 공정설계와 관련하여 모니터링 시스템이 어떻게 설계되어야 할 것인가를 결정<br>• 대안적 완충 설계를 하면서 이용할 적정 모니터링 시스템 개발 |
| 고도폐수처리<br>(물의 정화) | • 역삼투막을 채택한 처리공정들에 대한 기초 자료 개발. OCWD가 벤치마킹될 수 있다(그림 18-1 참조).<br>• 탈염여부에 따라 정수처리용으로 사용할 처리 시스템 개발<br>• 이단(여분) 역삼투막의 장점을 정량화 |
| 설계된 저장용 버퍼 | • 저장용 버퍼의 기술적, 경제적 타당성을 평가하기 위한 기존의 분석, 검출 및 모니터링 능력에 기반하여 용량 결정 지침 개발<br>• 설계된 저장용 버퍼 구현의 안정성과 경제적 타당성에 미치는 기존의 모니터링 응답시간의 영향을 특성화 |
| 무기물 성분 균형 | • 마그네슘과 칼슘 등의 위치특이성 요인을 고려할 때 용수 내 미네랄 함량의 균형 조절이 갖는 장점 정리<br>• 기반 시설과 대중의 사회적 수용에 미치는 다양한 수질 화학물의 잠재적인 영향 정리<br>• 수질의 균형 조절에 사용되는 화학물질의 명세서 정리 |
| 혼합 | • 이용 가능한 수자원과 처리된 물의 수질에 따라서 어느 정도의 혼합이 필요한지에 대한 지침 개발<br>• 설계된 버퍼, 공공위생, 사회적 수용 및 법률적 수용 측면에서 혼합 비율에 대한 의의와 중요성 조사<br>• 처리수가 음용수 급수시스템에 미치는 잠재적인 영향(부식문제나 수질문제 등) 조사 |
| 비상 시설 | • 전력 손실 또는 기타 긴급 상황 시의 대기 전원시스템<br>• 공정의 고장사고 시 요구되는 모든 교체부품 및 구성 요소의 이용 가능성<br>• 처리 라인을 오프라인으로 빼서 관리해 줄 수 있는 공정의 여유분<br>• 수질기준을 만족하지 못하는 사고 시 바이패스 또는 처리대상 외의 물을 배출시킬 수 있는 시설 |
| 파일럿 시험 | • 제안된 실제규모 시스템을 대표할 수 있도록 파일럿 시스템의 설계, 운영 및 모니터링 계획에 대해 조언 및 의견을 줄 수 있는 검토위원회 가동<br>• AWT 파일럿 장치로 "원수"를 유입하고 기초 데이터를 수집하기 위한 모니터링 실시 요강 개발; 실험 방법과 기간(예: 6개월~1년)<br>• 결과를 제안된 수원에 대한 신뢰성 평가에 사용할 수 있는 파일럿 연구의 설계안 마련 |

Tchobanoglous et al., (2011)에서 발췌.

**그림 18-2**

**그림 18-2**

네 가지 종류의 분산형 물 재이용 시스템의 개략도. (a) 차집형, 폐수는 집중식 하수도 관망에 배출되기 전에 차집, (b) 추출형(관거 채굴), 폐수는 집중식 하수도 관망에서 추출(펌프)하여 지역 재순환, (c) 상류식, 고립된 지역에서의 처리 및 재사용 방식으로 고형물은 집중식 하수도 관망에 배출됨, (d) 가정용 독립 시스템

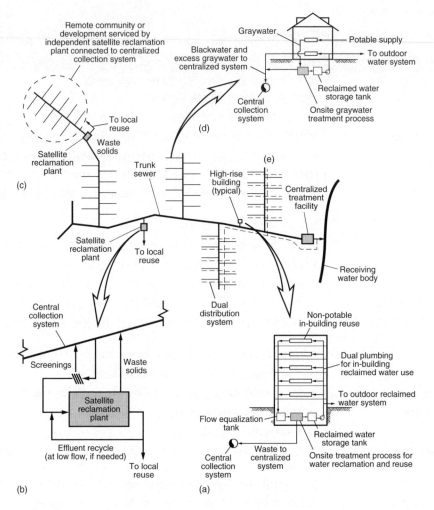

에서의 분산형(위성) 처리 개념이며, 국지적으로 물을 재이용하고 폐수 내 고형물을 회수한다.

분산형 처리 시스템은 폐수의 발생 지점 또는 그 근처에서 폐수를 처리하고 다시 사용한다(그림 18-2 참조). 분산형 처리 시스템은 일반적으로 고형물 처리시설을 가지고 있지 않으며 고형물은 하류에 위치한 집중식 처리시설에서 처리될 수 있도록 다시 돌려보내진다. 개별 분산형 시스템은 물을 재생하여 조경용수, 화장실 용수, 냉각용수 등으로 재사용될 수 있다. 분산형 시스템의 사용은 기존의 하수관망이 고형물을 수송하고 유량을 감축할 수 있다는 가정하에 가능하다. 분산형 시스템은 도시지역에서는 일반적으로 지나치게 고가인 대규모 이중 배관 시스템을 필요 없게 하고, 미래의 성장계획을 충족하기 위한 기존 처리시설의 확대 필요성을 감소시킨다. 분산형 폐수처리 시스템의 두 가지 주목할 만한 예는 그림 18-3에서 보는 바와 같이 캘리포니아의 LA 지역에 있다. LA시와 County of LA의 상류쪽 처리시설에서 처리해야 할 협잡물과 생물학적 고형물을 인근해안에 위치한 대형처리장으로 배출하고, 이 대형처리장에서는 처리수를 바다로 방류한

## 그림 18-3

**LA시와 LA군 지역의 독립 및 중앙 처리 시스템 모식도.** 상류 처리장의 고형물은 하류의 주 처리장에서 처리된다.

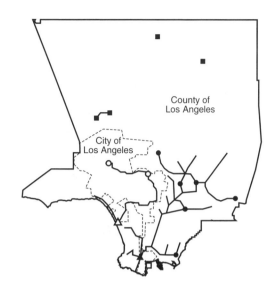

Legend

City of Los Angeles
△ Regional facility
○ Satellite reclamation facility
□ Distributed facility

County Sanitation Districts of Los Angeles County
▲ Regional facility
● Satellite reclamation facility
■ Distributed facility

County of Los Angeles

City of Los Angeles

다. 분산형 폐수처리의 도입은 폐수의 관리와 재사용에 대한 새로운 접근법을 필요로 할 것이다(Tchobanoglous and Leverenz, 2013).

### 》 저영향 개발(LID)

LID는 우수 관리에 적용되는 개념이다. 우천 시 폐수량 관리 측면에서 LID의 목표는 강우 유출수를 발생지점 또는 인근에서 제어하는 것이다. 공학적으로 설계된 시스템과 식물이 식재된 자연 시스템이 지표 유출수를 여과하고 침투를 통해 지역의 지하수를 보충

## 그림 18-4

**우천 시 유량의 영향을 제한하기 위해 고안된 전형적인 예.** (a) 습지대, (b) 처리장 주변, (c) 폐수처리장 내 개방된 지역, (d) 도로 유출수 차단

(a)

(b)

(c)

(d)

하기 위해 이용된다(그림 18-4). 빗물 탱크, 옥탑 정원, 레인 가든(rain garden), 투수성 포장, 잔디 습지 등이 LID전략에 속한다. 지표유출수의 일부를 저류하거나 침투시켜 우수관망 혹은 합류식관망으로의 유입을 상당히 저감할 수 있다.

LID의 효과는 지역 사회의 특성과 강우사상의 크기에 따라 달라진다. 예를 들어 샌프란시스코시는 원래부터 LID를 고려해 왔기 때문에 유량 감소 관점에서 LID의 영향은 상대적으로 작다(약 2~5% 정도). 그러나 다른 도시에서의 유량 감소는 20% 정도로 보고된다. 최근의 기록적인(극심한) 강우사상에서의 LID의 영향은 평가하기가 쉽지 않다. 미래의 과제는 폐수관리에 LID를 효과적으로 도입하느냐는 것이다. 몇몇 주목할 만한 사례가 미국의 EPA에 의해 검토되었다(2010).

## ➢ 경제-사회-환경 통합 균형(Triple Bottom Lino)

경제-사회-환경 통합 균형은 하나의 분석방법으로서 엔지니어가 최고로 지속 가능한 해답을 찾고자 할 때 재정적 손익(bottom line)과 더불어 사회와 환경적 손익을 적극적으로 고려하도록 한다(그림 18-5 참조). 개념은 매우 좋지만 실제로 이 방법을 일률적으로 적용하는 것은 어렵다고 판명되었다. 어떤 프로젝트의 재정적 측면에 대한 손익을 평가하는 것은 사회적 및 환경적 손익 계산보다 더 쉬운 것으로 판명되었다. 실제로, 사회적 및 환경적 손익계산을 효과적으로 실행하기 위해서는 이득과 손해에 합당하게 경제적 가치가 부여되어야 한다. 만약 경제적 가치를 부여할 수 없다면, 어떤 프로젝트 분석과 연계된 문제들에 대한 일상적인 고려를 넘어서는 프로젝트 적용에 대해서는 실제적 영향이 거의 없을지라도 사회와 환경적 문제가 고려되어야 한다. 앞으로의 과제의 향방은 경제-사회-환경 통합 균형 해석에 내재된 개념을 프로젝트의 기획, 설계 및 구현에 여하히 잘 적용하느냐이다.

**그림 18-5**

경제-사회-환경 통합 균형 분석방법(the triple bottom line method of analysis)에서 요소별 상호관계

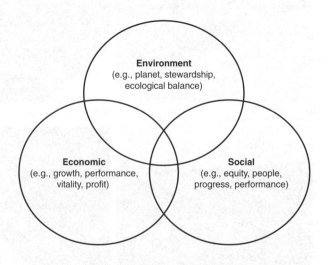

## 18-2 인구 수, 기후 변화와 해수면 상승, 통제할 수 없는 사건, 그리고 의도하지 않은 결과의 영향

3장 및 4장에서 언급된 바와 같이 폐수처리에서 식별 가능한 다양한 원인 이외에도 전 지구적이면서 지역적인 수많은 고려 사항들이 하수처리장의 설계 및 가동에 지속적으로 영향을 준다. 이들의 범주를 다음과 같이 4가지로 나눌 수 있다. (1) 인구 수의 영향, (2) 해수면 상승과 기후 변화의 영향, (3) 통제할 수 없는 사건의 영향 (4) 의도하지 않은 결과의 영향. 이 주제들을 다루는 것은 앞 절에서 언급한 도전과 지속성 문제에 부응하는 데 특별히 중요하다.

### 》 인구 수의 영향

인구 수는 도시의 확장 및 연안지역을 따라서 진행되는 도시화의 영향 등 다양한 방법으로 기존 시설과 미래의 폐수처리장에 계속적으로 영향을 미칠 것이다.

**도시확장 및 고밀도 주택의 영향.** 20세기 초반까지, 폐수처리장은 일반적으로 배출 수역의 도시로부터 멀리 떨어진 곳에 위치하였고 중력에 의해서 흘러든 폐수는 처리 된 후 인근의 수역으로 방류되었다. 경우에 따라서는 양수(pumping)가 쓰이기도 했다. 50~100년 동안에 발생한 일은 도시가 확장되어 초기 폐수처리장 주위를 둘러쌓은 것이 었다(그림 18-6). 폐수처리장 경계지역에서 일어나는 도시화는 종종 폐수처리장에 대 한 수많은 민원, 즉 냄새, 소음, 넘치는 새들, 볼품없는 풍경, 빈번한 트럭왕래 등등을 야 기해 왔다. 그래서 주민들의 민원을 처리하기 위해서 많은 수단들을 동원해야 했다. 아 마 대부분의 조정안이 처리시설에 덮개를 하고 악취처리시설을 설치하는 것이었다(그림 18-7). 트럭의 출입을 근무시간 외로 조정하는 방법이 많은 곳에서 사용되고 있다. 앞으 로 나아가기 위해서는 새로운 폐수처리장의 건설과 기존 처리장의 성능개선에 대한 주민 들의 관심과 제기된 문제점들에 세심한 주의를 기울여야 한다.

(a)         (b)

### 그림 18-6

**도시화가 폐수처리시설에 미치는 영향.** (a) 새크라멘토 내륙지역, CA(좌표 38.439 N, 121.480 W, 고도 10 km에서의 전망), (b) LA의 연안지역(좌표 33.923 N, 118.429 W, 고도 2.75 km에서의 전망)

(a)

(b)

**그림 18-7**

**기존 및 신형 폐수처리장에 적용된 대표적인 악취 제어시설.** (a) 덮개가 있는 1차 침전지, (b) 덮개형 1차 침전지 악취 발생을 제어하기 위한 여과지

도시화가 진행되면서 예측된 인구 증가를 수용할 수 있는 고밀도 주택이 필요할 것이며, 이는 다음에 서술한 바와 같이 특히 해안선에 따라 집중될 것이다. 비록 고밀도 주택은 기반시설에 대한 많은 문제를 야기하지만, 분산형 폐수처리장과 지역적 폐수 재이용을 저렴한 비용으로 수행할 수 있는 새로운 기회도 제공해 준다. 앞 절에서 언급한 것처럼 고밀도 도시지역에 위치한 폐수처리장은 그림 18-2와 같이 차집형 또는 추출형일 것이다. 많은 경우에 있어서 대형 아파트 건물에 있는 추출형 처리시설을 통합하여 사용하면 더욱 효과적일 것이다. 이러한 방법은 뉴욕시에서 시행되고 있다(뉴욕시 Battery Park 지역에 있는 아파트 빌딩이 전통적인 예임). 미래의 과제는 고밀도 주택단지와 폐수처리장이 함께 자리 잡을 수 있도록 합리적이고 경제적인 계획안을 개발하는 것이다.

**연안지역의 도시화.** 최근 미국에 거주하는 인구의 약 50%가 해안에서 80 km 이내의 지역에 살고 있으며, 전 세계적으로도 같은 비율이 적용된다. 세계적으로 2025~2030년까지 60%의 인구가 연안 근처에 살고 있을 것으로 예상된다. 시골지역에서 연안지역으로의 인구 이동이 수자원 관리 측면에 미치는 영향은 매우 심각하다. 예를 들면 내륙지방에서 물을 취수하여 연안의 인구 중심지역으로 이송하고, 그것을 정화하여 한 번 사용한 후 바다에 버리는 일이 오랜 기간 지속될 수는 없는 것이다. 명확한 것은, 연안 근처에 많은 인구가 밀집되는 것이 가능하기 위해서는 폐수를 반드시 재활용해야 된다는 것이다.

비록 폐수처리수의 농업이용이 수십 년간 이뤄지고 있지만, 이는 물류 및 경제적 한계에 도달하고 있다. 일반적으로 재이용수를 이용한 농업용 관개는 대부분의 도시에서 실현 가능성이 떨어지는데, 이는 재이용수의 발생 지역과(예, 해안도시) 주요한 농업수요지역(시골)이 멀리 떨어져 있기 때문이다. 또한 재이용수를 농업지역에 이송하기 위해 별도의 배관을 구축하는 비용과 겨울철 저수시설을 제공해야 할 필요성은 농업용수로의 재활용을 어렵게 하는 큰 장애물이다. 따라서 만약에 많은 양의 폐수가 재이용되어야 한다면 기존의 급배수관망을 활용하여 정화된 물을 직접 재활용(DPR)하거나 간접 재활용(IPR)을 도입하는 것이다(그림 18-8). 미래에는 DPR이 물의 경영 포트폴리오에서 매우 중요해지는 것을 피할 수 없으므로, 상수 및 폐수처리 관련 기관들은 DPR이 현실화될

**그림 18-8**

폐수 처리수의 음용수 직접재이용과 간접재이용의 개념도. 굵은 실선은 간접 재이용 시스템에서 활용되는 환경적 버퍼를 인공설계 저류지 버퍼가 대신하는 시스템을 나타냄. 굵은 점선은 인공설계 저류지 버퍼가 사용되지 않은 DPR 시스템을 나타냄.(출처: Tchobanoglous et al., 2011.)

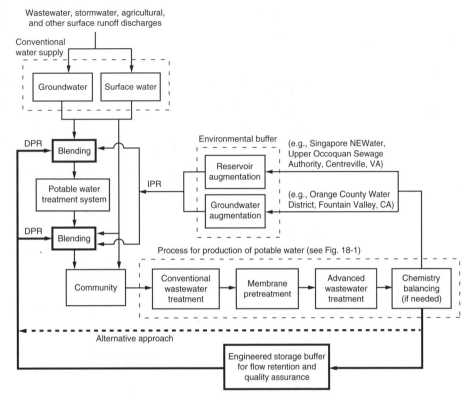

수 있도록 필요한 정보를 개발하는 것이 매우 중요하다(Haarhoff and van der Merwe, 1995; Leverenz et al., 2011; Tchobanglous et al., 2011).

## 》 기후 변화와 해수면 상승의 영향

기후 변화와 해수면의 상승은 폐수처리시설에 이미 영향을 미치고 있으며, 앞으로는 더 큰 영향이 있을 거라 예상해야 하며 폐수관리시설의 계획, 설계 및 구현에 반드시 고려되어야 한다. 기후 변화와 해수면 상승의 영향에 관한 여러 예들은 아래에서 살펴보았다.

**기후 변화.**  기후 변화의 즉각적인 영향은 기온 상승, 증발량 증가, 이른 융설, 증가 또는 감소된 강우사상 등이다. 비록 강우의 횟수가 여러 지역에서 감소하였지만 강우강도는 증가했다. 기후 변화가 물 분야에 미치는 영향이 가장 엄중하지만, 극치 강우(extreme rainfall)가 폐수관리 시스템에 미치는 영향도 다음과 같은 이유로 중요하다; (1) 기존 하수관거의 허용치를 초과하는 극치 홍수, (2) 양수 비용의 증가, (3) 처리되지 않은 강우 유출수의 배출, (4) 하수관거 기반시설의 파손, (5) 폐수처리장의 범람, (6) 저류 용량이 제한된 하수관거시스템과 연결된 폐수처리장에서 생물학적 처리공정의 미생물 유실, (7) 소독 시설의 용량을 넘는 유입량. 강우량의 극치 증가로 첨두용량 및/혹은 하수관거의 저류능력을 크게 증가시킬 필요가 있다. 그러한 강우사상은 미래에도 계속될 것으로 예상되므로, 이러한 변화에 적응하는 최선의 방법을 찾는 노력이 시작되어야 한다. 기온 상승도 중요한 관심 사항인데, 관거 내의 폐수가 점차 따뜻해질수록 유출수 온도에 대한 수질 오염총량(TMDL) 값이 초과될 수 있기 때문이다. 기후 변화에 대응하기 위한 상하수도 기반 시설의 잠재적 비용에 관한 논의는 NACWA에서 찾을 수 있다(2009).

**해수면 상승.** 기후 변화의 영향과 더불어 해수면 상승은 연안 또는 그 근처에 있는 많은 시설에 영향을 미치고 있다. 해수면 상승이 미치는 중요한 영향은 연안, 감조하천(tidal river), 강 하구에 잦은 홍수를 일으킨다는 것이다. 파도가 범람하면 범람지역에 위치한 폐수처리장의 처리수 배출이 종종 차단되고 이는 미처리 폐수의 방출로 이어진다. 저지대에서의 국부적 홍수도 방조문(tide-gate)을 열 수 없는 이유로 악화된다. 해수면 상승은 또한 수압에 따른 해수의 침투 수위를 증가시키기 때문에 연안지역의 시설 설계는 이러한 현상을 고려해야 한다. 대응수단으로 고려되는 것에는 제방과 방파제의 건설, 범람하기 쉬운 장비의 설치고도 높이기, 강우의 토출위치 변화, 기존의 중력식 토구에로 처리수 펌핑, 불명수량을 줄일 수 있도록 하수관거 개량, 그리고 폐수관리 시설의 재배치가 포함된다.

## ≫ 통제할 수 없는 사건의 영향

18-1절에서 언급한 미래에 대한 도전과제 및 앞에서 언급한 인구 수, 기후 변화, 해수면의 상승에 의한 영향뿐만 아니라, 폐수처리장은 자연 재해 및 화학 약품과 소모품의 가격이라는 통제할 수 없는 사건에 의해 영향을 받기 쉽다.

**자연 재해.** 자연 재해는 태풍, 홍수, 사이클론, 지진, 국지전 등 자연 현상에 의해 발생하는 갑작스런 사고로 인명과 광범위한 재산 손실을 야기한다. 폐수관리시설에 미치는 영향에 대해 쉽게 떠오르는 자연 재해는 2005년에 발생하여 Louisiana주 New Orleans 시의 폐수관리시설에 피해를 입힌 태풍 Katrina; 2011년 뉴질랜드를 강타한 지진; 그리고 2012년 미국의 동부 해안을 강타한 초강력 태풍 Sandy가 있다. Katrina의 영향은 범람한 조수가 홍수 방지용 제방을 파괴함으로써 확대되었다. Katrina와 Sandy로부터 얻은 교훈은 새로운 시설의 건설 또는 기존 시설의 업그레이딩에 관련된 자연재해를 생각할 때는 상상할 수 없는 것을 생각해야 한다는 것이다.

**화학약품 비용.** 화학약품 비용의 영향은 특히 상대적으로 작은 폐수처리장에서 제어하기 어려우며, 조심스럽게 고려되어야 한다. 많은 지자체에서 화학약품의 비용 증가를 이유로 처리공정들을 방치하였다. 일반적으로 화학약품 비용은 작은 지방자치단체가 통제할 수 없기 때문에 화학약품을 최소로 요구하는 공정으로 설계하는 것이 중요하다.

## ≫ 의도하지 않은 결과의 영향

의도하지 않은 결과는 특정 행위를 통해 의도하지 않았거나 예상하지 못한 결과들이다. 폐수관리를 위한 자원과 비용이 더 엄격한 제한을 받을수록 앞에서 고려된 모든 요인들을 뛰어넘는 의도하지 않은 결과들이 예측되어야 한다. 환경공학 분야에는 의도하지 않은 결과 법칙의 기념비가 널려 있다. 아래에 몇 가지 예가 나와 있다.

**처리장 부지 산정.** 이전에 언급한 것처럼 연안지역에 폐수처리장을 배치함으로써 발생

된 의도하지 않은 결과가 그 대표적인 예이다. 폐수처리장이 처음에 설치되었을 때, 해수면의 상승과 그로 인해 조수범람의 영향이 증폭될 것이라는 후속적 전개 상황을 거의 또는 전혀 생각하지 못했다(그림 18-9). 의도하지 않은 결과를 완화하기 위해서는 고가의 제방과 방파제 건설 그리고/또는 지하수위를 낮추기 위한 습정(well point) 설치 또는 믿기 어려운 비용이 수반되는 하나 이상의 처리장 재배치 사업까지를 필요로 할 것이다.

**빗물 저류지의 위치.** 예상하지 못한 결과의 또 다른 예는 샌프란시스코 주변에 위치한 빗물 저류지(storage basin)와 관련이 있다. 저류지가 설계 및 시공되었을 때는 집중 강우로 저류지의 저장용량이 초과되었을 때만 물이 빠져나갈 수 있도록 배출위어가 갖추어져 있었다(그림 18-10). 하지만 현재는 해수면의 상승과 그 영향으로 저류지 물이 배출되는 진창에 수로가 형성되고, 범람한 조수로 인해 바닷물이 위어를 넘어 저류지에 유입된다. 황산염농도가 높은 바닷물에 의해 과도한 황화수소 부식이 일어났다. 이러한 상황을 극복하기 위해서는, 위어를 높이고 과잉 유량을 퍼낼 수 있는 펌프가 필요하게 되었다. 여기서 다시, 설계자들은 해수면의 상승으로 인한 잠재적 영향 또는 조수범람의 영향이 증폭될 것이라는 후속적 전개 상황을 고려하지 않았다.

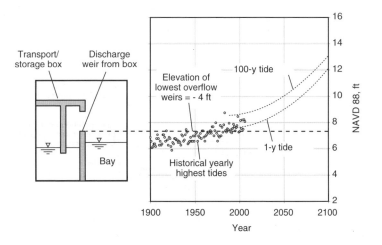

**절수.** 21세기에 대부분의 상수 및 폐수관리기관은 절수를 목표로 삼았다. 절수는 LEED (Leadership in Energy and Environmental Design) 인가의 핵심 요소이다. LEED는 간단히 말해서 건물에 대한 평가 시스템으로 에너지 절약, 절수, 물의 재사용 및 빗물 이용 등의 척도에 따라 점수를 누적시킬 수 있다. 3장에 언급한 바와 같이 절수는 폐수의 유량과 성분농도에 중대한 영향을 미친다. 과거에는 1인당 폐수량이 450 L/capita · d (120 gal/capita · d) 이상인 것이 일반적이었다. 그러나 그렇게 멀지 않은 미래에는 1인당 폐수량이 150 L/capita · d (40 gal/capita · d) 이하로 줄 것으로 가정하는 것이 합리적이다. 이러한 폐수량 감소는 악취 발생, 유지류 축적 및 황화수소에 의한 부식의 측면에서 하수도 관망에 상당한 영향을 미칠 것이다.

대부분의 하수관망은 380~450 L/capita · d (100~150 L/capita · d)의 유량에서 자기 세정(self cleaning)이 가능하도록 설계되어 있다. 저유량에서는 폐수의 고형물과 유지류가 관거에 축적된 후 혐기성 분해된다. 일반적으로 국부적 악취 발생은 그렇게 중요한 문제는 아니었다. 하지만 지표수의 마찰에 의한 황화수소의 이송은 하류 시설에서의 부식속도가 크게 증가하는 결과로 이어진다. 몇몇의 도시에서는 부식속도가 예전의 전통적인 부식속도에 비해 8배 정도 증가했다. 흐름을 막는 유지류의 축적은 감소된 하수량과 관련된 또 다른 중요 문제점이다.

장래 기후 변화로 인한 강수량 감소와 가뭄 조건에서 황화수소 부식과 유지류 축적 문제는 계속해서 증가하면서 하수관망의 유지관리 문제를 악화시킬 것이다. 그동안 제시된 한 가지 해결책은 파이프 안에 파이프를 두는 것이다(그림 18-11). 그림과 같이 더 작은 직경의 플라스틱 파이프가 기존 하수관의 안쪽에 설치된다. 해결책들과 무관하게 절수는 계속될 것이고 하수관망의 운전 및 유지관리상 수많은 의도하지 않은 결과를 만들어 낼 것이다. 실행 가능한 해결책들의 개발은 하수관리 기관들을 크게 변화시킬 것이다.

**처리장의 수리.** 에너지 비용이 $0.02~0.03 /kWh인 과거에는 처리장에서의 수두손실을 최소화하기 위한 관심이나 노력이 거의 없었다. 예를 들면 그림 18-12에 나타냈듯이 1차 침전지에서의 위어를 넘어 집수박스까지 떨어지는 물의 자유낙하는 1 m (3.25 ft) 이상이다. 이러한 큰 수두손실은 자유 수맥을 갖는 위어 방정식을 사용한 결과이다. 보다 미세한 분석을 이용하면 자유낙하는 아마도 50% 이상 줄일 수 있으며, 많은 지역에서의 에너지 비용이 현재 $0.15/kWh에 달하고 최대수요 기간에는 더 높은 만큼 상당한 에너

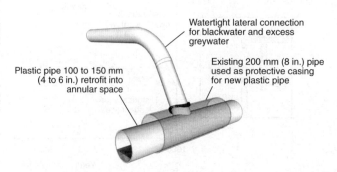

**그림 18-11**

주거지역에서의 줄어든 폐수량을 고려한 배관 내 다른 배관의 사용

Watertight lateral connection for blackwater and excess greywater

Existing 200 mm (8 in.) pipe used as protective casing for new plastic pipe

Plastic pipe 100 to 150 mm (4 to 6 in.) retrofit into annular space

**그림 18-12**

1차 침전지 배출박스의 과도한 수두손실의 예

(a)

(b)

지 비용을 절약할 수 있게 된다. 미래에는 에너지의 효과적 이용을 달성하기 위해 처리장 수리에 대한 모든 면을 재검토하는 것이 중요하다.

## 18-3 공정 최적화와 운영 변화를 통한 처리장 효율의 향상

처리공정을 적절하게 제어하는 것은 운전요원이 항상 고려해야 할 일차적인 의무이다. 과거에 훌륭한 제어와 운전은 유출수 수질지표들의 평균값이 규제당국에 의해서 설정된 한계치, 대표적으로 NPDES에서 제시한 수질기준을 초과하지 않는 것이었다. 21세기에 들어 기존 폐수처리장들의 운영과 관련된 난제는 강화된 방류수 수질기준을 만족하고, 4장의 4-2절에 언급된 새로운 배출 규제 항목을 만족하며, 자원의 사용량을 최소화하고, 18-1 및 18-2절에서 언급한 몇몇 난제들에 대처하기 위해서 처리효율을 향상시켜야 한다는 것이다.

많은 2차 처리시설들은 최근에 생물학적 영양물질 제거 및 물 재이용 시설로 전환되었다. 몇몇 처리장들은 먹는 물의 제조에 적합한 유출수의 생산이 요구되기도 한다. 많은 경우에 시설 확장을 위한 재정 조달의 어려움 때문에 설계용량을 초과한 상태로 처리장이 운영되고 있다. 동시에 더 강조되어야 할 사항은 운영의 신뢰성이며, 몇몇 처리장에서는 비록 수질기준을 미약하게 위반하는 수준이지만 법정에 소환되거나 벌금이 부과되기도 한다. 마지막으로 처리효율 향상과 투자 및 운영비용 절감의 필요성 때문에 민영화가 폐수처리 분야에도 도입되었으며, 그 결과 공공 및 민간 운영 기업 간에 가격경쟁을 일으키고 있다.

### ❯❯ 공정 최적화

이 책의 전반을 통해 다루어진 사회적, 경제적, 기술적 변화의 결과로서 하수처리장 운전 요원은 운전상 많은 도전에 직면한다. 이런 도전들은 종종 공정변수와 운영과정의 최적화, 시설의 현대화 그리고 기존 장비와 공정의 개선을 통해 해결할 수 있다. 이러한 개선을 이루어내기 위해서는 대개 직관적인 접근방법보다는 정교한 도구와 프로토콜의 사용이 요구된다. 시설의 평가와 성능의 최적화에 있어서 처리시설 운전자료의 분석이 첫 번째 단계이다. 다음과 같은 몇 가지 방법들을 쓰면 이러한 분석을 단순화할 수 있다. (1) 히스토그램, (2) 선형관계(linear correlation), (3) 온라인 공정 감시, (4) 컴퓨터 모델 및 (5) 실증규모 시험. 각각의 방법들은 표 18-2와 아래 본문에 설명되어있다. 공정 변화를 통한 처리시설의 최적화는 다음 절에서 다룬다.

**히스토그램의 사용.** 히스토그램(histograms)은 동일한 변수에 대해 서로 다른 값의 범위를 갖고 일어나는 사건의 발생빈도를 도식적으로 나타낸 것이다. 예를 들면 1년 동안 2차 처리수의 TSS가 0~9.99 mg/L, 10~19.9 mg/L, 20~29.9 mg/L 및 30 mg/L 이상에 각각 포함된 횟수들이다. 히스토그램은 유출수 TSS와 같이 부적당한 값의 발생빈도가 높을 때 특히 유용하다. 발생빈도와 변수의 임계특성에 따라서는 공정의 운영이나 공정의 시설 개선에 큰 변화를 주어야만 수정이 가능할 수도 있다. 부적당한 값이 간헐적으로 발생한다는 것은 바람직한 결과 값을 산출하기 위해서는 단지 운전 및 유지관리 실무에서 소소한 조정만 해도 바람직한 결과를 얻을 수 있음을 의미한다.

히스토그램의 다른 적용은 부적당한 사건을 회피하기 위해서 수행해야만 하는 일의 우선순위를 매기는 것이다. 이러한 종류의 히스토그램을 Pareto chart라 일컫는데, 하나의 큰 문제를 야기하는 여러 개의 작은 문제들에 대한 상대적인 기여도를 표시하는 그래프이다. Pareto chart는 이탈리아 경제학자 Vilfredo Pareto(1848~1923)가 세계 부의 80%를 20%의 사람들이 소유하고 있다는 유명한 관찰결과를 밝힌 뒤에 명명되었다. 이 원칙은 많은 상황에 유효하고 공정가동에도 동일하게 취급되는데, 80%의 문제가 20%의 원인 때문에 일어나는 것이다. Pareto 분석은 공정상의 주요 어려움을 일으키는 이러한 20%의 원인을 규명하는 데 활용된다. 분석은 아래의 4가지 과정을 포함한다.

1. 특정 문제의 원인 규명
2. 각 원인의 발생빈도 결정

**표 18-2**

**공정의 성능평가에 이용되는 방법**

| 방법 | 설명 |
| --- | --- |
| 히스토그램 | 폐수의 특성, 유량, 화학약품과 전력의 비용 등 변수들의 발생빈도를 표시하는 그래프 |
| 선형관계 | 유량 및 수질 인자들에 대한 과거 기록으로부터 데이터를 평가하는 데 사용하는 통계적인 방법 |
| 온라인 공정 감시 | 유량, 용존산소농도, 잔류염소농도, 조내 수위와 같은 중요한 운전인자들을 관측하고 그 자료의 기록에 장비들을 활용한다. 이런 모니터링을 통해 얻은 데이터는 운전 경향의 확인에 사용되고 문제가 발생하기 전에 공정을 변경할 수 있다. |
| 컴퓨터 모델 | 컴퓨터 모델링은 기존의 공정 운영을 모사하고, 운전 전략을 바꾸거나 새로운 장비 또는 공정을 추가하는 등의 변화가 주는 영향을 파악하기 위한 유용한 방법이다. |
| 실증규모 시험 | 실증규모 시험은 새로운 기술이나 대안 기술의 성능평가 및 실물크기 시설의 설계 인자를 개발하는 데 유용하다. |

**3.** 전체 건수에 대한 개별 원인의 비율 계산

**4.** 내림차순으로 백분율 정리

기계와 전기계장의 고장 등 특정 원인에 의해 반응조가 넘치는 현상에 대한 분석에 Pareto chart를 사용한 예가 그림 18-13에 설명되어 있다.

**선형관계의 활용.**  만일 두 변수의 관계가 선형이면 선형관계(linear *correlation*)가 존재한다고 말한다. 상관성의 크기는 상관계수에 의해 규정되는데 −1에서 +1까지 변할 수 있다. 선형관계는 공정 최적화가 필요한 인자와 그 인자에 영향을 미치는 다른 변수들과의 관계를 평가하기 위해 종종 사용된다. 공정 제어에 사용되는 많은 모델들은 선형관계인데, 잘 이해할 수 있고 분석 및 해를 구하는 과정이 간단하기 때문이다. 보통 선형관계는 다음과 같이 쓸 수 있다.

$$y = a_0 + a_1 x_1 \qquad\qquad (18\text{-}1)$$

여기서 $y$ = 최적화되어야 할 변수

$a_0, a_1$ = 계수

$x_1$ = 변수

계수 $a_1$이 0이 아닐 확률값이 커질수록 변수 $x_1$이 $y$인자에 미치는 영향이 커진다. 이 확률은 다양한 통계 소프트웨어를 사용해서 계산할 수 있다. 계수 $a_1$이 0이 되지 않을 95%의 확률이란 대개 변수 $x_1$이 최적화된 $y$인자에 영향을 미친다는 것을 나타낸다고 여겨진다. 계수 $a_1$의 부호는 변수가 최적화된 인자에 영향을 미치는 방향을 결정하는 데 사용된다. 최적화된 인자와 변수 사이에 상관성이 부족하다는 것이 관련성이 전혀 없다는 것을 의미하는 것이 아님을 아는 것도 중요하다. 몇몇의 경우에는 적정 관계라는 것이 단순한 선형관계보다 더 복잡할 수 있으며(예를 들면, UV소독은 12-9절에 언급한 대로 log 관계) 또는 상관적 영향이 검토 범위 내에서 최소이기도 했다.

**온라인 공정감시의 활용.**  1950년대 이래, 많은 산업들은 계속적 공정 개선을 위해서 다양한 통계 분석을 사용해왔다. 반면, 폐수처리 산업에서의 통계적 공정관리는 사용되지

**그림 18-13**

전체 고장건수에 대한 다양한 원인의 상대적 기여도 설명에 활용되는 Pareto 도면

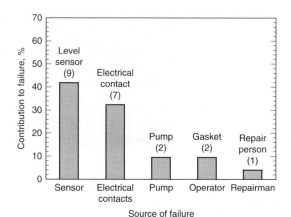

못했는데, 그 이유는 유출수의 수질 특성이 대부분 정규분포(즉, 벨 모양)가 아니기 때문이다. 따라서 도시폐수 처리공정에 적용되는 통계적 공정관리 방법들은 다른 산업에 이용되는 것에 비해서 더 정교해야 한다.

과거 자료의 전통적 분석에는 임의 시료채취(grab sampling) 및 복합 시료채취(composite sampling)를 통해 얻어진 데이터의 분석을 포함하는데, 그런 데이터들은 대개 처리공정들의 역동적인 요소들을 충분히 반영하지 못한다. 하지만 온라인 장비들은 공정의 역동성을 더 잘 대표하는 정보를 제공해 줄 수 있다. 공정제어를 위한 용존산소(DO)의 온라인 모니터링이 그림 18-14에 예시되었다. DO 값이 2 mg/L의 목표치에서 크게 변화하는 것은 많은 시간 동안 폐수가 과포기된다는 것을 나타낸다. 자동 DO 제어 시스템을 설치하면 과포기뿐 아니라 과소포기도 방지할 수 있으며, 그 결과 포기 에너지를 절약하고 공정제어를 향상시킬 수 있다.

생물학적으로 영양물질을 제거하고 탈질을 위한 외부 탄소원이 추가되는 폐수처리장에서는 온라인 암모늄 분석기와 질산염 분석기의 사용이 증가하였다. 경우에 따라서는 분석기가 공정제어 알고리즘과 연동되는 외부 탄소원의 주입량을 제어하기 위해서도 사용된다. 몇몇 처리장에서는 온라인으로 인(P)을 분석하는 장치를 활용하여 화학적 인 제거공정에서의 약품 투입량을 제어한다.

**컴퓨터 모델의 사용.** 처리공정에 대한 컴퓨터 모델링은 공정의 동적특성 이해와 운전인자를 최적화하는 것이 가능하기 때문에 시설개선을 이루기 위한 효과적 도구이다. 운전모드의 변경이 처리성능에 미치는 영향도 분석할 수 있다. 예를 들면 활성슬러지 공정에 대한 컴퓨터 모델링과 침전지에 대한 수리학적 모델링의 결과는 재래식 처리장(즉, BOD와 TSS 제거용)으로 설계된 기존의 활성슬러지 시설을 영양염류 제거공정으로 전환 가능한지와, 또는 설계치보다 더 큰 유량의 처리가 가능한지를 평가하는 데 활용될 수 있다. 컴퓨터 모델링은 또한 포기조와 침전지에 배플 설치, 여상의 담체 크기 변경 등등의 개선 방안을 평가하는 데도 유용하다. 많은 경우에 컴퓨터 모델링은 물리적 모델링을 단순화할 수 있다. 활성슬러지 공정설계에서 모델링의 이용은 8장의 8-5절에 언급되어

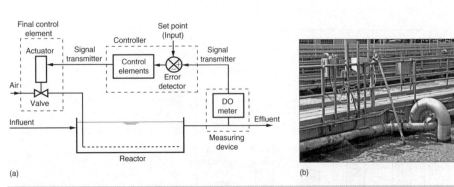

(a)                              (b)

**그림 18-14**

**활성슬러지의 생물학적 처리공정에서의 용존산소 제어.** (a) 산소제어 루프의 일반적인 구조와 구성요소, (b) 활성슬러지 포기조에서 용존산소를 관찰하기 위해 설치된 온라인 계측기

있다.

신뢰할 수 있는 결과를 제공하기 위해, 컴퓨터 모델은 모델에 포함된 계수들을 위해 선택된 값을 증명하는 검증작업을 필요로 한다. 이러한 계수들은 대부분 폐수의 특성이나 특정 공정의 설계방법에 따라 달라진다. 검증작업은 모델의 결과가 온라인 수질 및 유량 모니터, 종합 시료채취장치 그리고 다른 데이터 수집장치를 통해서 모아진 처리장의 성능데이터와 일치할 때까지 계수 값을 수정한다. 때때로 모델검증의 질적 향상을 위해 대상 공정과 장비가 극한의 조건에서 작동될 필요가 있다. 이러한 실험을 **스트레스 테스트**(*stress testing*)라 하며, 처리장의 신뢰성을 지키기 위해서는 신중히 계획하고 실행해야 한다. 예로서, 부실하게 계획된 체르노빌(Chernobyl) 핵발전소의 스트레스 테스트가 인류 역사상 최악의 핵 재난을 야기했다.

**실증 규모 실험의 사용**   실제 규모의 처리공정은 제안된 개선사항들을 평가하기 위한 궁극적인 도구이다[그림 18–15(a) 참조]. 최근에는 제안된 개선사항들을 실제 규모로 적용하기 전에 실험실(벤치) 규모나 실증 규모의 실험이 보다 많이 사용되고 있다. 실증 규모 실험은 앞서 4장 4–2절에 언급되어 있고, 실험실 규모의 생물학적 반응조는 그림 18–15(b)에 보여주고 있다. 실증 규모의 장치는 다양한 조건에 따라 운영 가능하며, 유출수의 수질 및 기타의 변수들을 신구(old and new) 운전모드에서 비교할 수 있다. 이러한 실증 규모의 실험은 제안된 공정 개선사항의 장점에 대하여 가장 정확한 정보를 제공할 뿐 아니라, 운전 직원에게 신공정에 대한 운영 교육 기회를 제공하기도 한다.

## ≫ 운전 변화를 통한 처리장의 효율 개선

경우에 따라서는 공정 변경은 비용이 거의 들지 않거나 무료로 할 수 있다. 처리시설의 운영 시 직면하는 일반적인 문제 중 몇 가지는 폐수원수의 특성 변화, 유량과 부하량의 변화, 각 공정들의 최대 허용량까지 이용하려는 유지관리, 그리고 처리수와 처리장 잔류물을 엄격한 허용 기준 또는 재사용 기준 이내로 충족시키기 위한 질적 제어 관리 등에 연관되어 있다. 처리장의 성능 문제를 해결하기 위해 사용할 수 있는 운전 변화의 예들을

### 그림 18–15

**실제 규모 및 벤치 규모 실증시설.** (a) 첫 번째 줄 위에 보이는 역삼투압 모듈은 다른 종류의 RO 막들을 기존의 막 모듈과 나란히 비교하는 실험용으로 사용된다. (b) 실험실 규모 반응조는 25°C로 설정된 항온실에서 anammox 공정을 연구하기 위해 사용된다.

(a)                              (b)

표 18-3에 나타내었다. 하나의 예는 활성슬러지 처리장에서 저유량 유입기간에 과포기를 줄이거나 에너지 비용을 아끼기 위해서 포기시스템의 전원을 꺼버리는 경우이다.

보다 포괄적인 접근이 요구되는 곳에서는 처리공정 내 임계 요소의 허용값을 결정하기 위해 용량 평가(capacity evaluation)가 필요할 수 있다. 예를 들면 1차 침전지에 단락류가 생길 수 있으며, 이로 인해 침전성 물질이 생물학적 처리공정으로 넘어가서 과부하 조건을 야기하거나 처리비용이 커지게 된다. 공정 구성요소에 대한 스트레스 테스트는 중요 구성요소의 가동 용량의 한계치를 결정하기 위해서 필요할 수 있다. 다른 경우로 수리학적 흐름 패턴(부록 H와 I 참조)을 문서화하기 위한 추적자 실험(tracer testing) 또는 포기효율을 결정하기 위한 용존산소 이전속도 측정이 활용될 수 있다. 이러한 종류의 실험들은 물리적 시설이 새롭게 필요한지를 결정할 때도 활용된다.

## 18-4 공정 변경을 통한 처리장의 성능 개선

많은 경우에 18-1 및 18-2절에 제시한 수많은 문제들 중 일부에 대처하기 위해서는 기존 처리공정의 개선이 필요하다. 폐수처리장의 개선에는 다수의 요인을 포함할 수도 있지만 단지 몇 개만의 요인을 포함할 수도 있다. 처리장을 개선 결정을 내리는 데 필요한

**표 18-3**

**처리장의 효율 향상을 위해 사용될 수 있는 운전 변화의 예**

| 문제점 | 가능한 개선 방법 | 참고 |
|---|---|---|
| **처리장 일반** | | |
| 개방형 반응조와 수로의 악취 | 자유낙하와 물이 튀는 현상을 없애기 위해 수위를 제어하여 난류 저감 | |
| | 유입수에 약품(염소, 염화제2철 또는 과산화수소) 투입 | 6-2, 6-3 |
| | 공정 부하의 변경 | |
| 넓은 범위의 유입유량 변화 | 불명수를 찾기 위해 하수관거에 I/I조사 실시 | |
| 침전지와 염소접촉조에서의 단락류 | 추적자 실험 실시 | 12-6 |
| | 스트레스 테스트 실시 | |
| **처리장 유입부** | | |
| 냄새나는 그릴 | 깨끗한 그릴을 얻기 위해서 포기침사지의 공기 주입량 조절 | |
| | 탈수그릴에 석회 첨가 | |
| 처리장 유입부의 악취와 곤충 | 침사조와 체분리물 저장조에 덮개 설치 | 16-3 |
| | 탈수그릴과 체분리물에 석회 첨가 | |
| 그릴 제거 불량 | 수로와 침사지의 수리학적 특성 분석 | 5-5 |
| | 침사지로의 유량 분배 조절 | |
| | 단락류 방지를 위한 임시적 배플 설치 | |
| | 포기침사지의 공기량 조절 | |
| 수로 내 그릴 축적 | 수로의 유속을 수정 또는 조절 | |

(계속)

| **표 18-3** (계속) |

| 문제점 | 가능한 개선 방법 | 참고 |
|---|---|---|
| **1차 침전지** | | |
| 고형물 제거 불량 | 단락류 및 설치 배플의 조정 여부 점검 | |
| | 유량 분배 개선 | 5-6 |
| | 유입수에 약품 투입 | 6-3 |
| | 다른 공정에서의 반송 유량 감소 | 15-2 |
| 1차 슬러지의 고형물농도가 낮음 | 슬러지 인출 속도 조절/타이머 설치 | |
| | 슬러지블랭킷의 깊이 증가 | |
| **포기조** | | |
| 낮은 DO | 반응조 내 DO 종단도 측정 및 공기 주입량 조절 | |
| | 산소 전달 시험 수행 | 5-11 |
| | 산기기 오염여부 조사/오염된 산기기 세척 | |
| | 재래식 플러그 흐름 운영을 단계주입으로 변경(가능하면) | |
| | 폐수의 특성 검사(rbCOD와 nbCOD) | 8-2 |
| 높은 DO | 유량과 부하가 작은 기간에 포기장치를 끔 | |
| | 송풍기 또는 기계적 포기장치의 운전제어를 위해 타이머 설치 | |
| 혼합액 내 사상성 미생물 | 미생물종 확인을 위해 혼합액을 현미경 관찰 | 8-3 |
| | 슬러지 폐기량 증가 | |
| | 반송 슬러지의 염소 처리 | |
| 질산화 발생 | SRT 점검 | |
| 질산화 안됨 | SRT, 알칼리도 및 온도 점검 | |
| 낮은 pH | 질산화가 발생하는지 점검 | 8-6 |
| | 알칼리도 첨가 | 8-6 |
| 거품 발생 | 거품의 특성 규명 | 8-3 |
| | MLSS 농도 변화 | 8-5 |
| | 분사수에 거품제거제 투입 | |
| *Nocardia* 거품 발생 | 묽은 염소용액을 거품에 살수 | |
| | 하수관거에 기름 및 유지류 배출 저감 | |
| **살수여상** | | |
| BOD 제거 불량 | 살수부하 감소 | 9-2 |
| 첨두 유량에서 고형물 유실 | 반송률 저감 | |
| **생물학적 질소제거 공정** | | |
| 제거율 불량 | rbCOD, MLSS 및 온도 점검/유입기질 변경 | |
| | 외부탄소 주입량 증가 | |
| **최종 침전지** | | |
| 슬러지 팽화 | 용존산소 농도 증가 | |
| | F/M비 증가 | |
| | 슬러지 반송률 및 폐활성슬러지의 인출 속도 변경 | |
| | 유입수의 염소소독 | |

(계속)

| 표 18-3 (계속)

| 문제점 | 가능한 개선 방법 | 참고 |
|---|---|---|
| | 반송슬러지의 염소소독 | |
| 슬러지 부상 | 침전지 내 슬러지 블랭킷의 깊이 감소를 위해 슬러지 반송률 증가 | |
| | 최종침전지에 대한 상태점(state point) 분석 실시 | 8-10 |
| 고형물 분리 불량 | 상태점(state point) 분석 실시 | 8-10 |
| **소독** | | |
| 유출수 내 높은 대장균 수 | 염소의 혼합 개선 | 12-6 |
| | 단락류 발생 상황 파악을 위한 추적자 실험 실시 | 12-6 |
| | 부분 질산화 여부 점검 | 8-6 |
| **고형물 처리** | | |
| 용존공기부상 농축조로부터 농도가 낮은 고형물 발생 | 공기-고형물 비 점검 | |
| | 고형물 부하율 감소 | |
| | 폴리머 주입/주입량 증가 | |
| 혐기소화조의 성능 불량 | 고형물의 주입 주기 변화 | 13-9 |
| | 주입 고형물의 농도 증가 | |
| | 혼합이 적절한지 점검 | |
| | 슬러지와 그릴 퇴적물 제거 | |
| | SRT 증가 | |
| 호기소화조의 성능 불량 | 온도 점검/SRT 조정 | 13-9 |
| | 주입 고형물의 농도 증가 | |
| | 혼합이 적절한지 점검 | |
| | DO 증가 | |
| | pH 점검/알칼리도 조절 | |
| 비료화 운전조에서 냄새발생 | 공기주입량 또는 혼합주기를 조정하여 포기량 증가 | 14-5 |
| 비료의 품질 저하 | 물질수지 분석/주입 성분 조절 | 14-5 |
| 비료 혼합물에 과도한 수분 | 개량제 또는 팽화제 주입으로 비료 혼합물 변화 | 14-5 |
| | 슬러지 탈수 성능 개선 | |
| 반송류의 처리 | 낮 시간이 지난 후 또는 포기 용량에 여유가 생기는 저녁시간에 반송수를 더 균등하게 유입할 수 있도록 유량 균등조 이용 | 15-2 |
| | 반송류의 처리를 위한 별도의 시설 설치 고려 | 15-3 |
| | 영양염류의 회수 고려 | 15-4, 15-5 |

모든 요소를 확인하고 토론하는 것이 이 책의 범위에 포함되는 것은 아니다. 다만 기존 처리시설의 개선을 요구하는 몇 가지 일반 요소는 다음과 같다.

1. 처리장의 성능 개선
2. 약품, 에너지 및 유지보수 비용의 절감
3. 더 엄격한 배출 기준의 충족
4. 인구 증가에 따른 추가적인 처리 용량의 필요성 충족
5. 음용수 재사용을 위한 새로운 성분의 제거 기준 만족

**6.** 에너지 및 자원 회수에 대한 새로운 목표 달성

이러한 요소들은 이 책을 통해서 이미 언급했기 때문에 더 이상 언급하지 않을 것이지만, 이 절에 제시된 자료 이해를 위한 기본으로 제시되었다. 기존 처리시설의 개선에 관련된 다양한 이슈들은 다음 두 가지 분류로 나눠진다. (1) 액체와 고형물 처리를 위한 물리적 시설의 업그레이드, (2) 새로운 성분 제거기준 만족을 위한 공정 변경안.

## 》》 물리적 시설의 업그레이드

대부분의 처리장들은 처리목표 달성에 필요한 모든 필수요소들을 포함한다. 그러나 몇 가지 다른 사례를 보면, 어떤 공정들은 용량의 활용도가 낮거나 아니면 과부하되고, 수리학적 병목 현상이 존재하여 효과적이고 효율적인 운영을 방해하며, 시설 설계가 부적절하여 처리장의 운영 및 유지관리에 영향을 미친다. 액체처리시설 및 고형물처리시설의 업그레이드와 관련된 몇 가지 공통적인 문제들을 아래에 언급하였다.

**수처리시설의 업그레이드.**  기존 시설의 업그레이드는 기존의 운전상 문제점들을 경감하기 위해 필요할 수 있다. 한 가지 예를 들면 스크린공정에서 파쇄된 체분리물이나 머리카락이 월류하는 것인데, 이들은 멤브레인 필터에 막힘을 야기한다. 따라서 체분리물이 통과하여 필터가 막히는 문제를 줄이기 위해서는 조대형 봉 시렁(bar rack)이나 분쇄기의 대체품이 필요하다. 악취의 방출을 막기 위한 1차 침전지의 덮개 설치와 악취 제어 시설을 설치하는 것은 일반적인 처리장의 개선 방법이다(그림 18-7 참조). 또 다른 예는 우천 하수량을 수용하기 위해 균등조와 측류수 처리시설을 설치하는 것이다. 폐수처리를 위한 물리적인 시설(수처리시설)의 개선에 관련된 문제들을 표 18-4에 정리하였다.

처리공정에서 임계 요소의 용량을 평가하기 위한 실규모의 테스트 프로그램이 필요한 경우도 있다. 예를 들어, 1차 침전지에 단회로가 존재하면 침전 가능한 고형물이 생물학적 처리공정으로 월류되고, 이로 인해 과부하가 발생하거나 처리비용이 증가하게 된다. 주요 공정의 용량 한계를 결정하기 위해 스트레스 테스트가 필요할 수도 있다. 다른 경우에는, 수리학적 흐름특성을 이해하기 위한 추적자 실험과 포기효율을 측정하기 위한 용존산소전달률을 측정하는 경우도 있다.

**고형물 처리시설의 업그레이드.**  비록 처리장의 설계와 운영의 주안점이 처리수의 재이용과 처분에 대한 기준 때문에 액체 처리시설에 집중되어 있지만, 고형물 처리시설도 에너지와 자원 회수의 잠재성 때문에 관심이 늘어나고 있다. 고형물 처리는 대개 운영의 어려움, 점점 더 엄격해지는 재사용에 대한 기준, 그리고 선택이 제한적인 처분 방법 때문에 많은 처리장에서 가장 성가신 문젯거리다. 업그레이드 방법에 대한 예들이 표 18-5에 언급되어 있다. 농축 및 탈수와 같은 고형물 처리시설들에서 반송되는 유량과 부하량이 빈번한 문제를 일으키고 있다. 하지만 이 책에서 소개된 몇 가지 새로운 기술들은 고형물 처리시설의 설계와 운영의 개선에 이용될 수 있다(13, 14장 참조). 반송유량의 분산처리는 15장에 언급되어 있다.

**표 18-4**

처리장 효율 향상을 위한 물리적 수처리시설의 업그레이드

| 문제점 | 개선책/업그레이드 방법 | 참고 |
|---|---|---|
| **처리장 일반** | | |
| 악취 | 구조물에 덮개 설치 | 16-3 |
| | 악취 포집 및 제거 시스템 설치 | |
| | 자유낙하 지점과 예리한 굴곡부를 없애서 난류 저감 | |
| | 약품주입 시설 설치 | |
| 넓은 범위의 유입유량 변화 | 상류쪽에 유량균등조 설치 | 3-7 |
| | 펌프에 변속 드라이브 설치 | |
| | 적은 유량을 위해 작은 용량의 펌프 설치 | |
| 유량 제어/분배 | 유량 분배 개선 | |
| | 측정기 설치 | |
| 슬러지 처리시설에서의 반송유량에 의한 생물공정의 혼란 | 유량 저장조/균등조 설치 | 15-2 |
| | 측류수 처리시설 설치 | 15-3 |
| | 운전 변화/부하 저감을 위해 고형물 처리시설 업그레이드 | |
| **처리장 유입부** | | |
| 체분리물 제거 불량 | 체분리물의 이월 방지를 위해 스크린을 수정하거나 대체 | 5-1 |
| | 미세 스크린 설치 | |
| | 분쇄기 교체 | |
| 냄새나고 젖은 체분리물 | 체분리물 압축기 설치 | 5-2 |
| | 스크린을 매서레이터(macerator)로 대체 | |
| | 스크리닝 장비를 밀폐하고 통풍설비 설치 | 16-3 |
| 냄새나는 그맅 | 그맅 세척기 설치 | |
| | 그맅 장비를 밀폐하고 통풍설비 설치 | 16-3 |
| 그맅 제거 불량 | 단락류 방지를 위해 영구적인 배플 설치 | |
| | 그맅 제거 장비를 교체/업그레이드 | 5-5 |
| **1차 침전지** | | |
| 1차 침전지에서 고형물 제거 불량 | 화학적 처리 및 응집 시설 추가 | 6-2, 6-3 |
| | 고율 침전지 설치 | 5-7 |
| | 유출 웨어에 배플 설치 | |
| **포기조** | | |
| 낮은 DO | DO 관찰을 위해 DO 프로브 설치 | |
| | 산기장치를 미세 공극 산기기로 교체 | 5-11 |
| | 산기기의 배치를 격자식으로 변경 | |
| 높은 DO | 원심 송풍기의 용량을 줄일 수 있도록 변속 드라이브 설치 | 5-11 |
| | 원심 송풍기의 용량을 줄일 수 있도록 흡입안내익을 설치 | |
| | 용적형 송풍기에 변속 드라이브 설치 | |
| | 기계적 포기장치에 이속 전동기 및 타이머 설치 | |
| | 자동 DO 제어 시스템 설치 | |

(계속)

**| 표 18-4** (계속)

| 문제점 | 개선책/업그레이드 방법 | 참고 |
|---|---|---|
| 플러그 흐름 포기조 내에 불균형한 DO 분포 | 단계 주입공정으로 변경 | 8-9 |
| | DO 제어 시스템 설치 | |
| 고형물 축적 | 교반 용량 증설 | 5-3 |
| nocardia 거품형성 | 선택조 설치 | 8-4 |
| **살수여상** | | |
| 암석여상의 막힘과 연못화 | 플라스틱 여재 사용 | 9-2 |
| 악취 및 BOD 제거 불량 | 자연 통풍구조 개선 및 환기 시스템 설치로 공기량 증가 | 9-2 |
| **생물학적 처리 시스템** | | |
| 반응조와 고액분리 장치의 용량 부족 | 화학적 처리 추가 | 6-2, 6-3 |
| | 생물학적 처리 시스템의 부하량 감소를 위해 고율 침전지 추가 | 5-7 |
| | 막형 생물반응조 도입 | 8-12 |
| 고유량으로 고형물 유실 | 유량 균등조 설치 | 3-7 |
| | 초과 유량을 위해 고율 침전지 추가 | 5-7 |
| | 접촉안정화 공정 이용 | |
| **2차 침전지** | | |
| 2차 침전지에서 불충분한 고액분리 | 유량 분배 시스템 수정 | 8-11 |
| | 중앙주입식 원형 침전치의 수정 | 8-11 |
| | 중앙주입웰에 응집기능 추가 | 8-11 |
| | 유출 웨어에 배플 설치 | |
| | 튜브 또는 경사판 침전지 추가 | 5-4 |
| | 유출 웨어의 구조 수정 | |
| | 원활한 고형물 배출을 위해 슬러지 수집기 수정 | |
| **소독** | | |
| 불충분한 염소 소독 | 염소 혼합기 설치/교체 | 12-6 |
| | 염소 접촉조의 단락류 방지를 위해 배플 설치/수정 | |
| | 염소의 잔류농도 제어시스템 설치 | |
| TSS의 유출 | 소독 전에 심층 여과기 설치 | |
| 과도한 잔류염소 | 잔류염소 분석기 및 자동제어 시스템 설치 | 12-6 |
| | 탈염소 시설 설치 | |
| | UV 소독으로 대체 | |

## ≫ 추가로 신설될 수 있는 방류수 수질기준을 충족시키기 위한 업그레이드

1, 4, 8, 13 및 15장 그리고 이 장의 앞 절에서 언급한 것처럼 방류수 내 성분 제거에 대한 기준이 최근에 바뀌고 있으며, 더 많은 과학적 정보가 만들어지고 폐수처리수와 바이오 고형물의 재사용이 점점 중요해짐에 따라 앞으로도 계속해서 변할 것이다. 현재와 미래의 많은 문제점들과 이를 해결할 수 있는 개선 방안들을 표 18-6에 정리하였다.

## 표 18-5

### 처리장 효율 향상을 위한 물리적 고형물 처리시설의 업그레이드

| 문제점 | 개선책/업그레이드 방법 | 참고 |
|---|---|---|
| **농축** | | 13-6 |
| 고형물 농도가 낮은 1차 슬러지 | 중력 농축기 추가 | |
| | 동시 침전-농축기 추가 | |
| 폐활성 슬러지의 불충분한 중력농축 | 대체 농축기 사용(용존공기부상법 또는 원심분리법) | |
| **알카리 안정화** | | 13-8 |
| 탈수 슬러지의 악취 및 곤충 문제 | 석회 안정화 추가 | |
| **혐기 소화** | | 13-9 |
| 과도한 수리학적 부하량 | 소화 전에 슬러지 농축기능 추가 | |
| 혼합 불량 | 소화조의 혼합시스템 개선 | |
| | 계란 모양 소화조 설치 | |
| 1차 및 생물학적 혼합슬러지의 소화 불량 | 소화조 분리 설치 | |
| 고형물의 분해 불량 | 이상 혐기소화 공정설치 | |
| **호기 소화** | | 13-10 |
| 불충분한 병원균 제거 | 농축기능 추가 또는 호기 소화조의 용량을 늘려서 SRT 증가 | |
| 부적절한 혼합 | 혼합에너지 증가 | |
| **퇴비화** | | |
| 퇴비 생산품에 과도한 양의 플라스틱 및 불활성 물질 | 처리장 유입부 쪽에 미세 스크린 설치 | 5-1 |
| | 슬러지 스크린 설치 | 13-5 |
| **탈수와 건조** | | 14-2, 14-3 |
| 탈수슬러지 케이크에 과도한 수분 | 슬러지 농축기 설치 | |
| | 고효율 원심탈수기 설치 | |
| | 여과 압착기 설치 | |
| | 태양열 건조상 설치 | |
| | 열 건조기 설치 | |
| **슬러지 라군과 건조상** | | |
| 악취 | 난류 유도 구조물 설치 | 16-3 |
| **바이오 고형물의 토지 주입** | | 14-10 |
| 곤충의 과도한 유도 | 선주입 처리 방법 또는 바이오 고형물의 주입방법 변형 | |
| 과도한 병원균의 농도 | A등급 바이오 고형물의 경우, 규정되어 있는 6개의 처리법 대안 중 1개를 사용 | |
| | B등급 바이오 고형물의 경우, 규정된 3개의 모니터링 대안과 처리법 대안 사용 | |

**표 18-6**

성분제거에 대한 새로운 기준 만족을 위한 잠재적 공정 개선 방안

| 문제점 | 개선책/업그레이드 방법 | 참고 |
|---|---|---|
| TSS 배출 기준 | 고액분리 대체시설 조사 | 5-9 |
| | 침강성 향상을 위한 약품처리 | 6-2, 6-3 |
| | 최종침전지에 경사판 또는 관 형식의 침전지 추가 | 5-7 |
| | 심층여과 추가 | 11-5 |
| | 표면여과 추가 | 11-6 |
| | 막 분리 추가 | 8-12, 11-7 |
| BOD/COD 기준 | 대체 처리시설 조사 | |
| | 화학적 처리 추가 | 6-6 |
| | 질산화 | 7-9, 8-6 |
| | 호기성 생물처리공정 결합 | 9-3 |
| | 막형 생물반응조 | 8-12 |
| | 흡착 | 11-9 |
| | 고도 산화 | 6-8 |
| 질소/인 제거 | 대체 제거 시설 조사 | |
| | 인 제거를 위해 화학적 처리 | 6-4 |
| | 활성슬러지 선택조 | 8-4 |
| | 부유성장 공정 | |
| | 질산화 | 8-6 |
| | 질소 제거 | 8-7 |
| | 인 제거 | 6-4, 8-8 |
| | 부착성장 공정 | 9-7 |
| | 소화조 상등액의 암모니아 탈기 | 15-5 |
| | 질소제거를 위한 이온교환 | 11-11 |
| 새로운 소독 기준 | 심층여과지 추가(소독 전에) | 11-5, 11-6 |
| | 염소의 혼합 및 확산 개선 | 12-6 |
| | 탈염소 시스템 설치 | 12-5 |
| | 염소소독을 UV소독으로 대체 | 12-9 |
| VOC 배출 기준 | 고도처리 대체시스템 조사 | |
| | 흡착 | 16-4 |
| | 공기탈기법 | 16-4 |
| | 고도 산화 | 6-8 |
| 용수 재사용을 위한 잔류 고형물 제거 | 고도처리 대체시스템 조사 | |
| | 심층여과 | 11-5 |
| | 표면여과 | 11-6 |
| | 정밀여과 | 11-7 |
| | 활성탄 흡착 | 11-9 |
| | 이온교환 | 11-11 |
| | 고도 산화 | 6-8 |

(계속)

| 표 18–6 (계속)

| 문제점 | 개선책/업그레이드 방법 | 참고 |
|---|---|---|
| 미량 성분의 제거 | 대체 처리 시스템 조사 | |
| | 화학적 침전 및 산화 | 6-6, 6-8 |
| | 정밀여과 및/또는 RO | 11-7 |
| | 정밀여과 및/또는 RO 처리 후 UV 산화 | 6-8, 11-7 |
| A등급 토지주입을 위한 503 바이오 고형물 규제 | 추가적 병원균 제거(PFRP)를 위해 아래를 포함한 대체 공정 조사 | 14-5 |
| | 고온 호기성소화 | 13-9 |
| | 퇴비화 | 14-5 |
| | 열 건조 | 14-3 |
| | 열 처리 | 14-3 |
| B등급 토지주입을 위한 503 바이오 고형물 규제 | 대부분의 병원균 제거(PSRP)를 위해 아래를 포함한 대체 공정 조사 | |
| | 석회 안정 | 13-8 |
| | 혐기성소화 | 13-9 |
| | 호기성소화 | 13-10 |
| | 퇴비화 | 14-5 |
| | 공기 건조 | 14-3 |

## 18-5 우천 하수량의 관리

우천 시 하수량의 관리는 오늘날 상당한 관심을 받아 왔지만 미래에는 폐수관리의 측면에서 오히려 더 많은 관심을 받을 것으로 예상된다. 분리식 하수관거 월류수(sanitary sewer overflow, SSOs)는 현재 Clean Water Act에 의해 규제받고 있으며 미국 환경청은 SSOs가 불법 배출이므로 없어져야 한다는 입장을 취하고 있다. 하지만 아무리 하수관망의 운영과 유지관리가 잘 될지라도 의도치 않은 방류가 우발적으로 거의 모든 시스템에서 발생한다는 인식이 널리 퍼져 있다. 현재까지 SSOs의 관리 통제를 위한 국가정책의 개발과 도입 노력은 성공적이지 못했다.

### ▶▶ SSO 정책의 문제점

1994년에 SSOs에 관련된 기술적이고도 정책적 문제를 생각하기 위해 stakeholder process가 가동되었다. SSOs 규제에 관한 국가적인 일관성을 평가하고 하수관망의 운영과 유지관리에 관련된 정책적 문제뿐만 아니라 공중보건과 환경에 미치는 SSOs의 관련 영향을 규정하기 위해 SSO 분과의원회가 조직되었다. SSO 분과위원회의 노력은 1999년까지 계속 유지되었고, 몇 가지 기본 원칙들은 제안된 NPDES 허용 기준들에서 확인되었다. 2001년에 이러한 기본 원칙들을 더 발전시키려는 의도로 Notice of Proposed Rulemaking (NPRM)에 EPA 장관이 서명하였으나 관련 규정을 제정하려는 노력은 더 이상 진행되지 않았다.

## ▶▶ SSO 지침

2005년에 EPA는 기본 원칙에 관련된 초기 규정(original rule)에서 의도하는 모든 것이 포함되어 있는 지침서를 발행하였는데, 이것은 CMOM(용량, 관리, 운영 및 유지-Capacity, Management, Operations, Maintenance)으로 알려지게 됐다. 각 EPA 지역 사무소는 NPDES 허가과정을 통해서 CMOM 원칙의 도입을 요구하였다. 2010년까지 EPA에 의해 수 많은 공청회가 열렸는데, EPA는 모아진 대중의 의견을 토대로 NPDES 규제를 도시하수관망과 SSOs와 연관시켜 수정해야 하는지 수정하면 어떻게 해야 하는지를 고민하였다. 현재 EPA는 모아진 의견의 요약서를 만들고 있다.

## ▶▶ 우수 관리방안

우수 처리 시스템과 공정들은 여러 면에서 재래식 폐수처리공정과 유사하게 설계된다. 우수 처리와 재래식 폐수처리의 주요 차이점은 재래식 폐수처리공정들의 연속운전(24 h/d, 365 d/y)에 비해 우수량은 매우 가변적이고 간헐적이라는 것이다. 연속적인 ON/OFF, 우기-건기 순환 그리고 유량과 부하량의 폭넓은 가변성 등 가혹한 조건을 견딜 수 있도록 우수 처리공정들은 단순하고 견고하고 신뢰성 있게 설계되어야 한다. 어떤 기술, 시스템 또는 공정이 우수 처리에 적합한지를 평가할 때 설계자는 앞에서 열거한 매우 가변적인 운전조건에 견딜 수 있는지를 확인해야 한다. 표 18-7에는 다수의 처리기술에 대해 토론되어 있다. 표 18-7에 기재된 처리기술들은 우천 시 다양한 운전조건하에서 만족스럽게 실행되었다. 미래의 과제는 논의된 처리기술 및 여타의 기술들을 기존의 폐수관리 프로그램에 여하히 통합하느냐 하는 것이다.

---

**표 18-7**

**대표적인 우수 처리공정**

| 단위 공정 | 설명 |
|---|---|
| 체분리와 소독 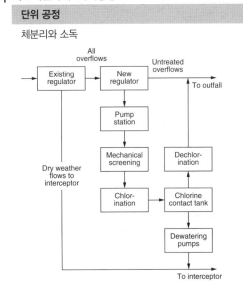 | 체분리와 소독 공정의 결합은 CSOs의 두 가지 중요한 성분—부유성 고형물과 병원균—을 제어하기 위한 것이다. 스크리닝 장비는 반복되는 습윤-건조과정을 견딜 수 있도록 선정해야 하고 구동부가 수표면 아래에 있지 않은 스크린이 바람직하다. 스크린의 개구부 크기는 약 12~20 mm (0.5~0.75 in)에서 3~4 mm (0.1~0.15 in)의 범위를 갖는다. 체분리물은 일반적으로 컨테이너에 보관하였다가 강우가 끝난 후 처분하지만, 축축하게 한 후 하수관거에 주입하여 하류에 위치한 폐수처리장으로 보내기도 한다. 소독은 일반적으로 차아염소산이온 소독의 검증된 특성 때문에 차아염소산소듐을 사용하고 강우사상에 맞추어 자동으로 가동되는 장비를 이용한다. 차아염소산의 접촉시간은 일반적으로 15분 정도이지만 유도 교반기(induction mixer)로 높은 농도의 차아염소산을 체거른 물에 주입할 때는 5분 정도로 짧게 한다. 필요하다면, 소독이 끝난 후 액상의 아황산수소소듐을 주입하여 탈염소한다. |

(계속)

| 표 18–7 (계속)

| 단위 공정 | 설명 |
|---|---|
| 저류/처리<br>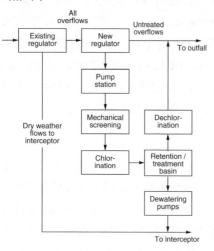 | 저류/처리 시설은 CSO의 영향을 줄이기 위해서 중력침강(5장 참조)과 오프라인 저류조를 조합하여 사용한다. 단위공정들은 일반적으로 다음을 포함한다: 유입수 체분리(부유물질의 포획과 조대 물질 제거를 위해), 중력침전, 차아염소산 소독 및 아황산수소소듐을 이용한 탈염소(필요시). 유도 교반기를 이용한 고율 소독공정도 관례적으로 이용된다. 고율 소독은 소독 효율을 향상시키는데 이것은 침전과 동시에 소독을 하는 경우에 매우 중요하다. 부수적인 공정으로는 일반적으로 저류조의 배수와 수세시스템 및 악취 제어를 포함한다. 플러싱 게이트가 설치된 배수와 수세시스템은 자동화되어 있어서 인력을 감소시키며 전도 버킷(tipping bucket)은 매 강우사상 후 탱크바닥에 침전된 고형물을 닦아내기 위해 사용된다. 3~6 m (10~20 ft) 범위의 측면수심과 180~240 m/d (4500~6000 gal/ft²d) 정도의 표면부하율(SORs)은 첨두설계유량에서의 저류조 크기를 결정할 때 함께 사용된다. 이러한 높은 SORs는 우수의 일시적인 특성 때문으로 강우 시 첨두 유량의 설비가 활성화 는 시간은 단 몇 분간이며, 대부분의 강우에서 실제 SOR은 훨씬 작은 값이다. 중력 침전으로 오염물질이 제거된 것과 더불어 유입수량의 일부는 강우사상이 지난 후에도 저류조에 남아 있다. 연간 기준으로 억류된 유량에 의해 얻어진 제거효율은 작은 강우가 만연해 있기 때문에 중요하며, 작은 강우에서는 대부분이 저류조에 억류될 수 있다. 약품처리가 동반된 저류/처리는 우수 처리에 대한 이머징 기술로서, 고형물제거 효율을 높이기 위해 응집제(대개는 금속염)와 응결제(폴리머)가 주입된다. 약품처리가 동반된 저류/처리가 사용될 때는 고율 소독이 별도의 접촉조에서 이루어진다. |
| 선회류 고액분리<br>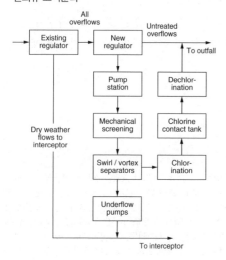 | 선회류(swirl/vortex) 처리공정은 중력과 회전의 힘을 혼합하여 고액분리능을 강화하기 위해 사용한다. 흐름은 특정한 모양을 가진 원형조에 접선방향으로 도입되어 나선형 유로를 길게 그리면서 흐를 수 있게 한다. 회전 운동이 일어나는 동안, 나선형 유로를 따라 이동하는 고형물에 중력이 작용하여 고형물 분리에 주요한 역할을 한다. 가라앉은 고형물은 장치의 바닥에서 농축되고 슬러리 형태로 하수관거(차집거) 또는 폐수처리장으로 이송된다. 선회류 장치에는 부유물질을 잡기 위해 일체형 스크린 및/또는 배플이 설치된다. 공정구성상 일체형 스크린이 포함되지 않은 경우 일반적으로 별도의 체분리 공정이 선회류 장치 전에 설치된다. 선회류 처리하는 동안 종종 차아염소산소듐을 이용한 고율 소독이 동시에 진행되며, 이어서 액체 아황산수소소듐을 주입하여 탈염소(필요시)한다. 강우사상 이후 장치에 남아있는 물의 배수설비는 대개 제공되지만, 자동화된 수세시스템과 악취제어 시스템은 드물게 설치된다.<br><br>선회류 처리에 일반적으로 사용되는 장치는 세 가지 형태의 기하학적 구성을 갖는다: 공공영역에 있는 미국 EPA에서 개발한 것 하나와, 개인회사에서 개발한 두 가지 구성이 있다. 미국 EPA 디자인의 자세한 형상은 EPA-R2-72-008에서 찾을 수 있다. 각각의 선회류 장치는 위에서 언급한 기본 원칙에 의해 운전된다.<br><br>선회류 기술을 사용하여 처리될 우수 특유의 입자 침강속도를 구체화하는 것은 필수적이다. 적절한 표면부하율(SOR)의 설정에는 침전관(settling column) 실험의 이용이 적극적으로 권장된다. 일반적으로 1차 침전지 정도의 제거효율(TSS 제거율 50% 이상)을 얻기 위한 표면부하율은 300~400 m/d (7,500~10,000 gal/ft² · d) 정도이다. 600~1,200 m/d (15,000~30,000 gal/ft² · d)의 더 높은 표면부하율은 대개 부유성 오염물과 더 무거운 고형물(grit) 제거만을 위해 사용될 수 있다.<br><br>약품처리가 동반된 선회류 처리는 우수 처리에 대한 이머징 기술로서, 고형물제거 효율을 높이기 위해 응집제(대개는 금속염)와 응결제(폴리머)가 주입된다. 약품처리가 동반된 선회류 처리가 사용될 때는 고율 소독이 별도의 접촉조에서 이루어진다. |

(계속)

**| 표 18-7** (계속)

| 단위 공정 | 설명 |
|---|---|

밸러스트 응집

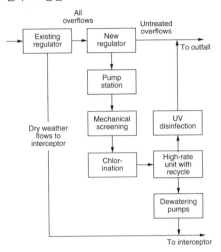

밸러스트 응집은 고형물의 침전 특성을 개선하기 위해 반송된 메디아와 약품첨가를 이용하는 물리화학적 방법이다. 응집된 고형물 입자를 서로 결합시켜 비중을 키우면, 표면부하율(SORs)이 재래식 침전지보다 훨씬 큰 0.8~3.25 m/min (20~80 gal/ft$^2$ · d)에서도 효과적인 고형물 분리가 가능하다. 부속의 단위 공정은 미세 스크리닝[6 mm (0.25 in) 이하의 개구부를 갖는 스크린]과 그릴 제거공정을 포함한다. 우수 처리를 위해서는 별도의 그릴 제거공정이 포함되는데 그릴 입자에 의한 밸러스트의 오염을 경감시키기 위해 더 높은 활성화 주기와 부피를 갖는다. 고형물 분리효율을 증진시키기 위해 응집제(금속염)와 응결제(폴리머)가 투입되기 때문에, 밸러스트 응집 다음에는 소독과 탈염소화(필요시)가 제공된다. 밸러스트 응집은 높은 품질의 유출수를 생성하므로 차아염소산소듐 소독 대신 UV소독을 쓸 수 있다. 우수 처리에 사용하는 경우 밸러스트 응집공정에는 자동 종료절차를 내장하여 시스템의 일부를 배수하고 밸러스트를 공정의 유입수 쪽으로 반송한다. 우수 처리에 성공적으로 이용된 두 가지 밸러스트 응집과정이 있다. 한 가지는 공정으로부터 반송된 슬러지를 밸러스트로 활용하고, 다른 하나는 액체사이클론(hydrocyclone)을 이용하여 회수되는 미세한 "극세사(microsand)"를 사용한다. 두 공정은 모두 유입수에 응집제를 투여하며 급속혼화 후, 폴리머 및 밸러스트를 추가하여 고형물의 크기와 비중을 증가시킨다. 물의 흐름이 일련의 혼합구역을 통과할수록 혼합 강도를 낮춰서 입자가 응결되도록 한다. 고액 분리는 대개 유효표면적을 키우기 위해 경사판 또는 관형 침전지가 설치된 원형침전지에서 일어난다. 두 공정 사이에는 많은 기능적 유사점이 있지만 적용에 앞서 두 공정의 장단점을 신중하게 판단하여야 한다.

저류조

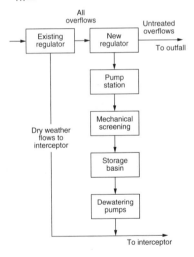

저류조는 강우 중이나 강우사상 이후 짧게, 과잉의 강우수량을 일시적으로 저류하기 위해 사용하며, 폐수처리장 또는 분산형 처리지역에 설치할 수 있다. 이러한 저류조는 이송 및/또는 처리용량이 부족할 때 채워지고, 여유가 생겼을 때 배수된다. 저류조의 용량은 일반적으로 설계 강우사상에 대응할 잉여(또는 유출수) 수량으로 결정하며, 하수관거 모델을 활용하여 연간의 실적을 평가한다. 부수적인 공정으로는 일반적으로 저류조의 배수와 수세시스템 및 악취 제어를 포함한다. 유입스크린은 일반적으로 저류조에 큰 물질(막대기, 벽돌 등)이 유입되는 것을 방지하기 위해 설치된다. 이 스크린의 목적은 처리가 아니고 범람을 방지하기 위한 것이므로, 스크린의 개구부는 25~75 mm (1~3 in)로 상대적으로 크게 하여 처리해야 할 체분리물의 양을 줄인다.

(계속)

| 표 18-7 (계속)

| 단위 공정 | 설명 |
|---|---|
| 터널 저류<br><br> | 터널 저류는 저류조와 마찬가지로 강우 중이나 강우사상 이후 짧게, 과잉의 우수량을 일시적으로 저류하기 위해 사용된다. 터널 저류는 종종 폐수처리장에서 처리해야 할 첨두유량을 경감시키는데, 이는 일반적으로 하수관거시스템의 기능이다. 터널의 용량은 일반적으로 설계 강우사상에 대응한 잉여(또는 유출수) 수량으로 결정하며, 하수관거 모델을 활용하여 연간의 실적을 평가한다. 부수적인 공정으로는 일반적으로 터널의 배수시스템과 악취 제어를 포함한다. 저류 터널은 일반적으로 자기세정(self-cleansing)되도록 설계하지만, 느린 유속이 예상될 때는 수세시스템을 포함할 수 있다. 터널로 유입되는 큰 물질들을 막는 수단으로 조대형 bar rack 또는 배플을 배열할 수 있고, 터널의 하류단에는 배수용 펌프장으로 큰 물질(막대기, 돌 등)이 유입되지 않도록 대개 25~75 mm (1~3 in)의 개구부를 가진 스크린을 설치한다. |

## 문제 및 토의과제

**18.1** 폐수처리시설의 자산관리에 대한 논문 3편을 읽고, 논문에서 설명하고 있는 자산관리 적용의 장점과 잠재적인 위험요인들에 대해 논하시오.

**18.2** 60,000명의 인구를 가진 도시의 외곽에 대규모 개발 계획이 있고, 인구는 향후 10년간 20,000명이 증가할 것으로 예상된다. 현재 이 도시는 하나의 폐수처리시설을 가지고 있는데 처리장의 처리용량에 거의 도달해 있다. 당신이 살고 있는 지역의 지리적 특성과 기후조건에 근거하여 생각할 수 있는 분산형 폐수관리 시스템에 대해 잠재적인 장단점을 논하시오.

**18.3** 강우사상의 강도가 계속해서 증가한다고 가정할 때, 얕은 2차 침전지[측면수심 3 m (10ft)]를 갖고 있는 처리장에서 고형물의 잠재적 유실을 완화하기 위해 당신은 무슨 조치를 취할 것인가?

**18.4** 합류식 폐수관거를 폐수와 우수로 분리하는 분류식 관거로 전환할 때의 장단점을 논하시오.

**18.5** 폐수와 우수의 분류식 관거를 합류식 관거를 전환할 때의 장단점을 논하시오.

**18.6** 문제 18.4와 18.5에서 제안된 각 행위에 대해 우수관리 측면에서 장점과 단점들을 논하시오.

## 참고문헌

Asano, T., F. L. Burton, H. Leverenz, R. Tsuchihashi, and G. Tchobanoglous (2007) *Water Reuse: Issues, Technologies, and Applications*, McGraw-Hill, New York.

Haarhoff, J., and B. van der Merwe (1995) "Twenty-Five Years of Wastewater Reclamation in Windhoek, Namibia," in A. Angelakis, T. Asano, E. Diamadopoulos, and G. Tchobanoglous (eds.), *Proc. 2nd International Symposium on Wastewater Reclamation and Reuse*, 29-40.

Leverenz, H. L., G. Tchobanoglous, and T. Asano (2011) "Direct Potable Reuse: A Future Imperative," *J. Water Reuse and Desal.*, 1, 1, 2 – 10.

McCarty, P. L. (2011) *Back to the Future—Towards Sustainability in Water Resources.* Presented at 84th Annual Water Environment Federation Technical Exhibition And Conference, Los Angeles, CA.

NACWA (2009) *Confronting Climate Change: An Early Analysis of Water and Wastewater Adaptation Costs*, National Association of Clean Water Agencies and Association of the Metropolitan Water Agencies, Washington, DC.

NRC (2012) *Water Reuse: Potential for Expanding the Nation's Water Supply Through Reuse of Municipal Wastewater*, National Research Council, National Academies Press, Washington, DC.

Tchobanoglous, G. (2010) *Wastewater Management in the Twenty-First Century.* Presented at the College of Engineering Distinguished Speaker Series. University of Miami, Miami, FL.

Tchobanoglous, G., H. Leverenz, M. H. Nellor, and J. Crook (2011) *Direct Potable Reuse: A Path Forward*, WateReuse Research and WateReuse California, Washington, DC.

Tchobanoglous, G., and H. Leverenz (2013) The Rationale for Decentralization of Wastewater Infrastructure, Chap. 8, in T.A. Larson, K.M. Udert, and J. Lienert (eds.) *Wastewater Treatment: Source Separation and Decentralisation*, IWA Publishing, London.

U.S. EPA (1994) *Water Quality Standards Handbook*, 2nd ed., EPA−823−B−94−005a, U.S. Environmental Protection Agency, Washington, DC.

U.S. EPA (2010) *Green Infrastructure Case Studies: Municipal policies for Managing Stormwater with Green Infrastructure*, EPA−841−F−10−004, Office of Wetlands, Oceans and Watersheds, U.S. Environmental Protection Agency, Washington, DC.

U.S. EPA (2012a) website: http://www.epa.gov/owm/assetmanage/, accessed in August 2012.

U.S. EPA (2012b) website: http://www.epa.gov/owm/assetmanage/assets_training.htm, accessed in August 2012.

## Conversion Factors

### Table A–1

Unit conversion factors, SI units to U.S. customary units and U.S. customary units to SI units

| SI unit name | Symbol | To convert, multiply in direction shown by arrows → | ← | Symbol | U.S. customary unit name |
|---|---|---|---|---|---|
| **Acceleration** | | | | | |
| meters per second squared | m/s$^2$ | 3.2808 | 0.3048 | ft/s$^2$ | feet per second squared |
| meters per second squared | m/s$^2$ | 39.3701 | 0.0254 | in./s$^2$ | inches per second squared |
| **Area** | | | | | |
| hectare (10,000 m$^2$) | ha | 2.4711 | 0.4047 | ac | acre |
| square centimeter | cm$^2$ | 0.1550 | 6.4516 | in.$^2$ | square inch |
| square kilometer | km$^2$ | 0.3861 | 2.5900 | mi$^2$ | square mile |
| square kilometer | km$^2$ | 247.1054 | $4.047 \times 10^{-2}$ | ac | acre |
| square meter | m$^2$ | 10.7639 | $9.2903 \times 10^{-2}$ | ft$^2$ | square foot |
| square meter | m$^2$ | 1.1960 | 0.8361 | yd$^2$ | square yard |
| **Energy** | | | | | |
| kilojoule | kJ | 0.9478 | 1.0551 | Btu | British thermal unit |
| joule | J | $2.7778 \times 10^{-7}$ | $3.6 \times 10^6$ | kW·h | kilowatt-hour |
| joule | J | 0.7376 | 1.356 | ft·lb$_f$ | foot-pound (force) |
| joule | J | 1.0000 | 1.0000 | W·s | watt-second |
| joule | J | 0.2388 | 4.1876 | cal | calorie |
| kilojoule | kJ | $2.7778 \times 10^{-4}$ | 3600 | kW·h | kilowatt-hour |
| kilojoule | kJ | 0.2778 | 3.600 | W·h | watt-hour |
| megajoule | kJ | 0.3725 | 2.6845 | hp·h | horsepower-hour |
| **Force** | | | | | |
| newton | N | 0.2248 | 4.4482 | lb$_f$ | pound force |
| **Flowrate** | | | | | |
| cubic hectometers per day | hm$^3$ | 264.1720 | $3.7854 \times 10^3$ | Mgal/d | million gallons per day |
| cubic meters per day | m$^3$/d | 264.1720 | $3.785 \times 10^{-3}$ | gal/d | gallons per day |
| cubic meters per day | m$^3$/d | $2.6417 \times 10^{-4}$ | $3.7854 \times 10^3$ | Mgal/d | million gallons per day |

(continued)

| **Table A-1** (Continued)

| | | To convert, multiply in direction shown by arrows | | | |
|---|---|---|---|---|---|
| SI unit name | Symbol | → | ← | Symbol | U.S. customary unit name |
| cubic meters per second | $m^3/s$ | 35.3147 | $2.8317 \times 10^{-2}$ | $ft^3/s$ | cubic feet per second |
| cubic meters per second | $m^3/s$ | 22.8245 | $4.3813 \times 10^{-2}$ | Mgal/d | million gallons per day |
| cubic meters per second | $m^3/s$ | 15850.3 | $6.3090 \times 10^{-5}$ | gal/min | gallons per minute |
| liters per second | L/s | 22,824.5 | $4.3813 \times 10^{-2}$ | gal/d | gallons per day |
| liters per second | L/s | $2.2825 \times 10^{-2}$ | 43.8126 | Mgal/d | million gallons per day |
| liters per second | L/s | 15.8508 | $6.3090 \times 10^{-2}$ | gal/min | gallons per minute |
| **Length** | | | | | |
| centimeter | cm | 0.3937 | 2.540 | in. | inch |
| kilometer | km | 0.6214 | 1.6093 | mi | mile |
| meter | m | 39.3701 | $2.54 \times 10^{-2}$ | in. | inch |
| meter | m | 3.2808 | 0.3048 | ft | foot |
| meter | m | 1.0936 | 0.9144 | yd | yard |
| millimeter | mm | 0.03937 | 25.4 | in. | inch |
| **Mass** | | | | | |
| gram | g | 0.0353 | 28.3495 | oz | ounce |
| gram | g | 0.0022 | $4.5359 \times 10^{2}$ | lb | pound |
| kilogram | kg | 2.2046 | 0.45359 | lb | pound |
| megagram ($10^3$ kg) | Mg | 1.1023 | 0.9072 | ton | ton (short: 2000 lb) |
| megagram ($10^3$ kg) | Mg | 0.9842 | 1.0160 | ton | ton (long: 2240) |
| **Power** | | | | | |
| kilowatt | kW | 0.9478 | 1.0551 | Btu/s | British thermal units per second |
| kilowatt | kW | 1.3410 | 0.7457 | hp | horsepower |
| watt | W | 0.7376 | 1.3558 | $ft\text{-}lb_f/s$ | foot-pounds (force) per second |
| **Pressure (force/area)** | | | | | |
| Pascal (newtons per square meter) | Pa ($N/m^2$) | $1.4504 \times 10^{-4}$ | $6.8948 \times 10^{3}$ | $lb_f/in.^2$ | pounds (force) per square inch |
| Pascal (newtons per square meter) | Pa ($N/m^2$) | $2.0885 \times 10^{-2}$ | 47.8803 | $lb_f/ft^2$ | pounds (force) per square foot |
| Pascal (newtons per square meter) | Pa ($N/m^2$) | $2.9613 \times 10^{-4}$ | $3.3768 \times 10^{3}$ | in. Hg | inches of mercury (60°F) |
| Pascal (newtons per square meter) | Pa ($N/m^2$) | $4.0187 \times 10^{-3}$ | $2.4884 \times 10^{2}$ | in. $H_2O$ | inches of water (60°F) |
| kilopascal (kilonewtons per square meter) | kPa ($kN/m^2$) | 0.1450 | 6.8948 | $lb_f/in.^2$ | pounds (force) per square inch |
| kilopascal (kilonewtons per square meter) | kPa ($kN/m^2$) | 0.0099 | $1.0133 \times 10^{2}$ | atm | atmosphere (standard) |

(continued)

| **Table A-1** (*Continued*)

| SI unit name | Symbol | To convert, multiply in direction shown by arrows | | Symbol | U.S. customary unit name |
|---|---|---|---|---|---|
| | | → | ← | | |
| **Temperature** | | | | | |
| degree Celsius (centigrade) | °C | 1.8(°C) + 32 | 0.0555(°F) − 32 | °F | degree Fahrenheit |
| degree kelvin | K | 1.8(K) − 459.67 | 0.0555(°F) + 459.67 | °F | degree Fahrenheit |
| **Velocity** | | | | | |
| kilometers per second | km/s | 2.2369 | 0.44704 | mi/h | miles per hour |
| meters per second | m/s | 3.2808 | 0.3048 | ft/s | feet per second |
| **Volume** | | | | | |
| cubic centimeter | $cm^3$ | 0.0610 | 16.3781 | $in.^3$ | cubic inch |
| cubic hectometer (100 m × 100 m × 100 m) | $hm^3$ | $8.1071 \times 10^2$ | $1.2335 \times 10^{-3}$ | ac·ft | acre·foot |
| cubic hectometer | $hm^3$ | 264.1720 | $3.7854 \times 10^3$ | Mgal | million gallons |
| cubic meter | $m^3$ | 35.3147 | $2.8317 \times 10^{-2}$ | $ft^3$ | cubic foot |
| cubic meter | $m^3$ | 1.3079 | 0.7646 | $yd^3$ | cubic yard |
| cubic meter | $m^3$ | 264.1720 | $3.7854 \times 10^{-3}$ | gal | gallon |
| cubic meter | $m^3$ | $8.1071 \times 10^{-4}$ | $1.2335 \times 10^3$ | ac·ft | acre·foot |
| liter | L | 0.2642 | 3.7854 | gal | gallon |
| liter | L | 0.0353 | 28.3168 | $ft^3$ | cubic foot |
| liter | L | 33.8150 | $2.9573 \times 10^{-2}$ | oz | ounce (U.S. fluid) |

**Table A-2**

Conversion factors for commonly used wastewater treatment plant design parameters

| SI units | To convert, multiply in direction shown by arrows | | U.S. units |
|---|---|---|---|
| | → | ← | |
| $g/m^3$ | 8.3454 | 0.1198 | lb/Mgal |
| ha | 2.4711 | 0.4047 | ac |
| $hm^3$ | 264.1720 | $3.785 \times 10^3$ | Mgal |
| kg | 2.2046 | 0.4536 | lb |
| kg/ha | 0.8922 | 1.1209 | lb/ac |
| $kg/kW \cdot h$ | 1.6440 | 0.6083 | $lb/hp \cdot h$ |
| $kg/m^2$ | 0.2048 | 4.8824 | $lb/ft^2$ |
| $kg/m^3$ | 8345.4 | $1.1983 \times 10^{-4}$ | lb/Mgal |
| $kg/m^3 \cdot d$ | 62.4280 | 0.0160 | $lb/10^3 ft^3 \cdot d$ |
| $kg/m^3 \cdot h$ | 0.0624 | 16.0185 | $lb/ft^3 \cdot h$ |
| kJ | 0.9478 | 1.0551 | Btu |
| kJ/kg | 0.4299 | 2.3260 | Btu/lb |
| kPa (gage) | 0.1450 | 6.8948 | $lb_f/in.^2$ (gage) |
| kPa Hg (60 °F) | 0.2961 | 3.3768 | in. Hg (60 °F) |
| $kW/m^3$ | 5.0763 | 0.197 | $hp/10^3 gal$ |
| $kW/10^3 m^3$ | 0.0380 | 26.3342 | $hp/10^3 ft^3$ |
| L | 0.2642 | 3.7854 | gal |
| L | 0.0353 | 28.3168 | $ft^3$ |
| $L/m^2 \cdot d$ | $2.4542 \times 10^{-2}$ | 40.7458 | $gal/ft^2 \cdot d$ |
| $L/m^2 \cdot h$ | 0.5890 | 1.6978 | $gal/ft^2 \cdot d$ |
| $L/m^2 \cdot min$ | 0.0245 | 40.7458 | $gal/ft^2 \cdot min$ |
| $m^3/m^2 \cdot min$ | 24.5424 | $4.0746 \times 19^{-2}$ | $gal/ft^2 \cdot min$ |
| $L/m^2 \cdot min$ | 35.3420 | 0.0283 | $gal/ft^2 \cdot d$ |
| m | 3.2808 | 0.3048 | ft |
| m/h | 3.2808 | 0.3048 | ft/h |
| m/h | 0.0547 | 18.2880 | ft/min |
| m/h | 0.4090 | 2.4448 | $gal/ft^2 \cdot min$ |
| $m^2/10^3 m^3 \cdot d$ | 0.0025 | 407.4611 | $ft^2/Mgal \cdot d$ |
| $m^3$ | 1.3079 | 0.7646 | $yd^3$ |
| $m^3/capita$ | 35.3147 | 0.0283 | $ft^3/capita$ |
| $m^3/d$ | 264.1720 | $3.785 \times 10^{-3}$ | gal/d |
| $m^3/d$ | $2.6417 \times 10^{-4}$ | $3.7854 \times 10^3$ | Mgal/d |
| $m^3/h$ | 0.5886 | 1.6990 | $ft^3/min$ |
| $m^3/ha \cdot d$ | 106.9064 | 0.0094 | $gal/ac \cdot d$ |
| $m^3/kg$ | 16.0185 | 0.0624 | $ft^3/lb$ |
| $m^3/m \cdot d$ | 80.5196 | 0.0124 | $gal/ft \cdot d$ |
| $m^3/m \cdot min$ | 10.7639 | 0.0929 | $ft^3/ft \cdot min$ |

(continued)

**Table A–2**

(*Continued*)

| | To convert, multiply in direction shown by arrows | | |
|---|---|---|---|
| **SI units** | $\rightarrow$ | $\leftarrow$ | **U.S. units** |
| $m^3/m^2 \cdot d$ | 24.5424 | 0.0407 | $gal/ft^2 \cdot d$ |
| $m^3/m^2 \cdot d$ | 0.0170 | 58.6740 | $gal/ft^2 \cdot min$ |
| $m^3/m^2 \cdot d$ | 1.0691 | 0.9354 | $Mgal/ac \cdot d$ |
| $m^3/m^2 \cdot h$ | 3.2808 | 0.3048 | $ft^3/ft^2 \cdot h$ |
| $m^3/m^2 \cdot h$ | 589.0173 | 0.0017 | $gal/ft^2 \cdot d$ |
| $m^3/m^3$ | 0.1337 | 7.4805 | $ft^3/gal$ |
| $m^3/10^3\ m^3$ | 133.6805 | $7.4805 \times 10^{-3}$ | $ft^3/Mgal$ |
| $m^3/m^3 \cdot min$ | 133.6805 | $7.4805 \times 10^{-3}$ | $ft^3/10^3\ gal \cdot min$ |
| $m^3/m^3 \cdot min$ | 1,000.0 | 0.001 | $ft^3/10^3\ ft^3 \cdot min$ |
| $Mg/ha$ | 0.4461 | 2.2417 | $ton/ac$ |
| $mm$ | $3.9370 \times 10^{-2}$ | 25.4 | in. |
| $ML/d$ | 0.2642 | 3.785 | $Mgal/d$ |
| $ML/d$ | 0.4087 | 2.4466 | $ft^3/s$ |

**Table A–3**

Abbreviations for SI units

| **Abbreviation** | **SI unit** |
|---|---|
| °C | degree Celsius |
| cm | centimeter |
| g | gram |
| $g/m^2$ | gram per square meter |
| $g/m^3$ | gram per cubic meter ($= mg/L$) |
| ha | hectare ($= 100\ m \times 100\ m$) |
| $hm^3$ | cubic hectometer ($= 100\ m \times 100\ m \times 100\ m$) |
| J | Joule |
| K | Kelvin |
| kg | kilogram |
| $kg/capita \cdot d$ | kilogram per capita per day |
| kg/ha | kilogram per hectare |
| $kg/m^3$ | kilogram per cubic meter |
| kJ | kilojoule |
| kJ/kg | kilojoule per kilogram |
| $kJ/kW \cdot h$ | kilojoule per kilowatt-hour |
| km | kilometer ($= 1000\ m$) |
| $km^2$ | square kilometer |
| km/h | kilometer per hour |
| km/L | kilometer per liter |
| $kN/m^2$ | kiloNewton per square meter |

(*continued*

**Table A–3**

(*Continued*)

| Abbreviation | SI unit |
|---|---|
| kPa | kiloPascal |
| ks | kilosecond |
| kW | kilowatt |
| L | liter |
| L/s | liters per second |
| m | meter |
| $m^2$ | square meter |
| $m^3$ | cubic meter |
| mm | millimeter |
| m/s | meter per second |
| mg/L | milligram per liter ($= g/m^3$) |
| $m^3/s$ | cubic meter per second |
| MJ | megajoule |
| N | Newton |
| $N/m^2$ | Newton per square meter |
| Pa | Pascal (usually reported as kilopascal, kPa) |
| W | Watt |

**Table A–4**

Abbreviations for US customary units

| Abbreviation | US Customary Units |
|---|---|
| ac | acre |
| ac-ft | acre foot |
| Btu | British thermal unit |
| $Btu/ft^3$ | British thermal unit per cubic foot |
| d | day |
| ft | foot |
| $ft^2$ | square foot |
| $ft^3$ | cubic foot |
| ft/min | feet per minute |
| ft/s | feet per second |
| $ft^3/min$ | cubic feet per minute |
| $ft^3/s$ | cubic feet per second |
| °F | degree Fahrenheit |
| gal | gallon |
| $gal/ft^2 \cdot d$ | gallon per square foot per day |
| $gal/ft^2 \cdot min$ | gallon per square foot per minute |
| gal/min | gallon per minute |

(continued

**Table A–4**

(*Continued*)

| Abbreviation | US Customary Units |
|---|---|
| h | hour |
| hp | horsepower |
| hp-h | horsepower-hour |
| in. | inch |
| kWh | kilowatt-hour |
| $lb_f$ | pound (force) |
| $lb_m$ | pound (mass) |
| lb/ac | pound per acre |
| lb/ac·d | pound per acre per day |
| lb/capita·d | pound per capita per day |
| $lb/ft^2$ | pound per square foot |
| $lb/ft^3$ | pound per cubic foot |
| $lb/in^2$ | pound per square inch |
| $lb/yd^3$ | pound per cubic yard |
| Mgal/d | million gallons per day |
| mi | mile |
| $mi^2$ | square mile |
| mi/h | mile per hour |
| min | minute |
| mo | month |
| ppb | part per billion |
| ppm | part per million |
| s | second |
| ton (2000 lbm) | ton (2000 pounds mass) |
| wk | week |
| y | year |
| yd | yard |
| $yd^2$ | square yard |
| $yd^3$ | cubic yard |

## B–1 PHYSICAL PROPERTIES OF SELECTED GASES

**Table B–1**

Molecular weight, specific weight, and density of gases found in wastewater at standard conditions (0°C, 1 atm)[a]

| Gas | Formula | Molecular weight | Specific weight, lb/ft³ | Density, g/L, |
|-----|---------|------------------|-------------------------|----------------|
| Air | – | 28.97 | 0.0808 | 1.2928 |
| Ammonia | $NH_3$ | 17.03 | 0.0482 | 0.7708 |
| Carbon dioxide | $CO_2$ | 44.00 | 0.1235 | 1.9768 |
| Carbon monoxide | $CO$ | 28.00 | 0.0781 | 1.2501 |
| Hydrogen | $H_2$ | 2.016 | 0.0056 | 0.0898 |
| Hydrogen sulfide | $H_2S$ | 34.08 | 0.0961 | 1.5392 |
| Methane | $CH_4$ | 16.03 | 0.0448 | 0.7167 |
| Nitrogen | $N_2$ | 28.02 | 0.0782 | 1.2507 |
| Oxygen | $O_2$ | 32.00 | 0.0892 | 1.4289 |

[a] Adapted from Perry, R. H., D. W. Green, and J. O. Maloney: Perry's (eds) (1984) *Chemical Engineers' Handbook*, 6th ed., McGraw-Hill Book Company, New York.

## B–2 COMPOSITION OF DRY AIR

**Table B–2**

Composition of dry air at 0°C and 1.0 atmosphere[a]

| Gas | Formula | Percent by volume[b,c] | Percent by weight |
|-----|---------|------------------------|-------------------|
| Nitrogen | $N_2$ | 78.03 | 75.47 |
| Oxygen | $O_2$ | 20.99 | 23.18 |
| Argon | Ar | 0.94 | 1.30 |
| Carbon dioxide | $CO_2$ | 0.03 | 0.05 |
| Other[d] | – | 0.01 | – |

[a] Note: Values reported in the literature vary depending on the standard conditions.

[b] Adapted from North American Combustion Handbook, 2nd ed., North American Mfg., Co., Cleveland, OH.

[c] For ordinary purposes air is assumed to be composed of 79 percent $N_2$ and 21 percent $O_2$ by volume.

[d] Hydrogen, Neon, Helium, Krypton, Xenon.

Note: Molecular weight of air = $(0.7803 \times 28.02) + (0.2099 \times 32.00) + (0.0094 \times 39.95) + (0.0003 \times 44.00) = 28.97$ (see Table B–1 above).

## B-3 DENSITY OF AIR AT OTHER TEMPERATURES

### In SI units

The following relationship can be used to compute the density of air, $\rho_a$, at other temperatures at atmospheric pressure.

$$\rho_a = \frac{PM}{RT}$$

where $P$ = atmospheric pressure, $1.0132^5 \times 10^5$ N/m$^2$
    $M$ = molecular weight of air (see Table B-1), 28.97 g/g mole
    $R$ = universal gas constant, 8314 N · m/(mole air · K)
    $T$ = temperature, K (273.15 + °C)

For example, at 20°C, the density of air is:

$$\rho_{a,20°C} = \frac{(1.01325 \times 10^5 \text{ N/m}^2)(28.97 \text{ g/mole air})}{[8314 \text{ N·m/(mole air·K)}][(273.15 + 20)\text{K}]}$$

$$= 1.204 \times 10^3 \text{ g/m}^3 = 1.204 \text{ kg/m}^3$$

### In U.S. customary units

The following relationship can be used to compute the specific weight of air, $\gamma_a$, at other temperatures at atmospheric pressure.

$$\gamma_a = \frac{P(144 \text{ in}^2/\text{ft}^2)M}{RT}$$

where $P$ = atmospheric pressure, 14.7 lb/in$^2$
    $M$ = molecular weight of air (see Table B–1), 28.97 lb/lb mole air
    $R$ = universal gas constant, 1544 ft · lb/(lb mole air · °R)
    $T$ = temperature, °R (460 + °F)

For example, at 68°F, the specific weight of air is:

$$\gamma_a = \frac{(14.7 \text{ lb/in}^2)(144 \text{ in}^2/\text{ft}^2)(28.97 \text{ lb/lb mole air})}{[1544 \text{ ft·lb/(lb mole air·°R)}][(460 + 68)°\text{R}]} = 0.0752 \text{ lb/ft}^3$$

## B-4 CHANGE IN ATMOSPHERIC PRESSURE WITH ELEVATION

### In SI units

The following relationship can be used to compute the change in atmospheric pressure with elevation.

$$\frac{P_b}{P_s} = \exp\left[-\frac{gM(z_b - z_a)}{RT}\right]$$

where $P_b$ = pressure at elevation $z_b$, N/m$^2$
    $P_s$ = atmospheric pressure at sea level, $1.01325 \times 10^5$ N/m$^2$
    $g$ = acceleration due to gravity, 9.81 m/s$^2$
    $M$ = molecular weight of air (see Table B-1), 28.97 g/mole air
    $z_b$ = elevation $b$, m

$z_a$ = elevation $b$, ft

$R$ = universal gas constant, 8314 N $\cdot$ m/(mole air $\cdot$ K)

$T$ = temperature, K (273.15 + °C)

## In U.S. customary units

The following relationship can be used to compute the change in atmospheric pressur with elevation.

$$\frac{P_b}{P_s} = \exp\left[ -\frac{gM(z_b - z_a)}{g_c RT} \right]$$

where  $P_b$ = pressure at elevation $z_b$, lb/in²

$P_s$ = atmospheric pressure at sea level, lb/in²

$g$  = acceleration due to gravity, 32.2 ft/s²

$M$ = molecular weight of air (see Table B–1), 28.97 lb$_m$/lb mole air

$z_b$ = elevation $b$, ft

$z_a$ = elevation b, ft

$g_c$ = 32.2 ft $\cdot$ lb$_m$/lb $\cdot$ s²

$R$ = universal gas constant, 1544 ft $\cdot$ lb/(lb mole air $\cdot$ °R)

$T$ = temperature, °R (460 + °F)

The principal physical properties of water are summarized in SI units in Table C–1 and in U.S. customary units in Table C–2. They are described briefly below (Vennard and Street, 1975; Webber, 1971).

## C–1  SPECIFIC WEIGHT

The specific weight of a fluid, $\gamma$, is its weight per unit volume. In SI units, specific weight is expressed in kilonewtons per cubic meter (kN/m³). The relationship between $\gamma$, $\rho$, and the acceleration due to gravity $g$ is $\gamma = \rho g$.

## C–2  DENSITY

The density of a fluid, $\rho$, is its mass per unit volume. In SI units density is expressed in kilograms per cubic meter (kg/m³). For water, $\rho$ is 1000 kg/m³ at 4°C. There is a slight decrease in density with increasing temperature.

## C–3  MODULUS OF ELASTICITY

For most practical purposes, liquids may be regarded as incompressible. The bulk modulus of elasticity, $E$, is given by

$$E = \frac{\Delta p}{(\Delta V/V)}$$

where $\Delta p$ is the increase in pressure, which when applied to a volume $V$, results in a decrease in volume $\Delta V$. In SI units, the modulus of elasticity is expressed in kilonewtons per meter squared (kN/m²).

## C–4  DYNAMIC VISCOSITY

The viscosity of a fluid, $\mu$, is a measure of its resistance to tangential or shear stress. In SI units, the dynamic viscosity is expressed in Newton seconds per square meter (N·s/m²).

## C–5  KINEMATIC VISCOSITY

In many problems concerning fluid motion, the viscosity appears with the density in the form $\mu/\rho$, and it is convenient to use a single term, $\nu$, known as the kinematic viscosity. In SI units, the kinematic viscosity is expressed in meters squared per second (m²/s). The kinematic viscosity of a liquid diminishes with increasing temperature.

## C–6 **SURFACE TENSION**

The surface tension of a fluid, $\sigma$, is the physical property that enables a drop of water to be held in suspension at a tap, a glass to be filled with liquid slightly above the brim and yet not spill, or a needle to float on the surface of a liquid. The surface-tension force across any imaginary line at a free surface is proportional to the length of the line and acts in a direction perpendicular to it. In SI units, surface tension per unit length is expressed in Newtons per meter (N/m). There is a slight decrease in surface tension with increasing temperature.

## C–7 **VAPOR PRESSURE**

Liquid molecules that possess sufficient kinetic energy are projected out of the main body of a liquid at its free surface and become vapor. In a system open to the atmosphere, the vapor pressure, $p_v$, is the partial pressure exerted by the liquid vapor in the atmosphere. In a closed system, the vapor molecules are in equilibrium with the liquid; the pressure exerted by the vapor molecules is known as the saturated vapor pressure. In SI units, vapor pressure is expressed in kilonewtons per square meter (kN/m$^2$).

## **REFERENCES**

Vennard, J.K., and R.L. Street (1975) *Elementary Fluid Mechanics*, 5th ed., Wiley, New York.

Webber, N.B. (1971) *Fluid Mechanics for Civil Engineers*, SI ed., Chapman and Hall, London.

## Table C-1

Physical properties of water (SI units)[a]

| Temp-erature, °C | Specific weight, $\gamma$, kN/m³ | Density[b], $\rho$, kg/m³ | Modulus of elasticity[b], $E/10^6$, kN/m² | Dynamic viscosity, $\mu \times 10^3$, N·s/m² | Kinematic viscosity, $\nu \times 10^6$, m²/s | Surface tension[c], $\sigma$, N/m | Vapor pressure, $p_v$, kN/m² |
|---|---|---|---|---|---|---|---|
| 0 | 9.805 | 999.8 | 1.98 | 1.781 | 1.785 | 0.0765 | 0.61 |
| 5 | 9.807 | 1000.0 | 2.05 | 1.518 | 1.519 | 0.0749 | 0.87 |
| 10 | 9.804 | 999.7 | 2.10 | 1.307 | 1.306 | 0.0742 | 1.23 |
| 15 | 9.798 | 999.1 | 2.15 | 1.139 | 1.139 | 0.0735 | 1.70 |
| 20 | 9.789 | 998.2 | 2.17 | 1.002 | 1.003 | 0.0728 | 2.34 |
| 25 | 9.777 | 997.0 | 2.22 | 0.890 | 0.893 | 0.0720 | 3.17 |
| 30 | 9.764 | 995.7 | 2.25 | 0.798 | 0.800 | 0.0712 | 4.24 |
| 40 | 9.730 | 992.2 | 2.28 | 0.653 | 0.658 | 0.0696 | 7.38 |
| 50 | 9.689 | 988.0 | 2.29 | 0.547 | 0.553 | 0.0679 | 12.33 |
| 60 | 9.642 | 983.2 | 2.28 | 0.466 | 0.474 | 0.0662 | 19.92 |
| 70 | 9.589 | 977.8 | 2.25 | 0.404 | 0.413 | 0.0644 | 31.16 |
| 80 | 9.530 | 971.8 | 2.20 | 0.354 | 0.364 | 0.0626 | 47.34 |
| 90 | 9.466 | 965.3 | 2.14 | 0.315 | 0.326 | 0.0608 | 70.10 |
| 100 | 9.399 | 958.4 | 2.07 | 0.282 | 0.294 | 0.0589 | 101.33 |

[a] Adapted from Vennard and Street (1975).

[b] At atmospheric pressure.

[c] In contact with the air.

## Table C–2

Physical properties of water (U.S. customary units)[a]

| Temperature, °F | Specific weight, $\gamma$, lb/ft$^3$ | Density[b], $\rho$, slug/ft$^3$ | Modulus of elasticity[b], $E/10^3$, lb$_f$/in.$^2$ | Dynamic viscosity, $\mu \times 10^5$, lb·s/ft$^2$ | Kinematic viscosity, $\nu \times 10^5$, ft$^2$/s | Surface tension[c], $\sigma$, lb/ft | Vapor pressure, $p_v$, lb$_f$/in.$^2$ |
|---|---|---|---|---|---|---|---|
| 32 | 62.42 | 1.940 | 287 | 3.746 | 1.931 | 0.00518 | 0.09 |
| 40 | 62.43 | 1.940 | 296 | 3.229 | 1.664 | 0.00614 | 0.12 |
| 50 | 62.41 | 1.940 | 305 | 2.735 | 1.410 | 0.00509 | 0.18 |
| 60 | 62.37 | 1.938 | 313 | 2.359 | 1.217 | 0.00504 | 0.26 |
| 70 | 62.30 | 1.936 | 319 | 2.050 | 1.059 | 0.00498 | 0.36 |
| 80 | 62.21 | 1.934 | 324 | 1.799 | 0.930 | 0.00492 | 0.51 |
| 90 | 62.11 | 1.931 | 328 | 1.595 | 0.826 | 0.00486 | 0.70 |
| 100 | 62.00 | 1.927 | 331 | 1.424 | 0.739 | 0.00480 | 0.95 |
| 110 | 61.86 | 1.923 | 332 | 1.284 | 0.667 | 0.00473 | 1.27 |
| 120 | 61.71 | 1.918 | 332 | 1.168 | 0.609 | 0.00467 | 1.69 |
| 130 | 61.55 | 1.913 | 331 | 1.069 | 0.558 | 0.00460 | 2.22 |
| 140 | 61.38 | 1.908 | 330 | 0.981 | 0.514 | 0.00454 | 2.89 |
| 150 | 61.20 | 1.902 | 328 | 0.905 | 0.476 | 0.00447 | 3.72 |
| 160 | 61.00 | 1.896 | 326 | 0.838 | 0.442 | 0.00441 | 4.74 |
| 170 | 60.80 | 1.890 | 322 | 0.780 | 0.413 | 0.00434 | 5.99 |
| 180 | 60.58 | 1.883 | 318 | 0.726 | 0.385 | 0.00427 | 7.51 |
| 190 | 60.36 | 1.876 | 313 | 0.678 | 0.362 | 0.00420 | 9.34 |
| 200 | 60.12 | 1.868 | 308 | 0.637 | 0.341 | 0.00413 | 11.52 |
| 212 | 59.83 | 1.860 | 300 | 0.593 | 0.319 | 0.00404 | 14.70 |

[a] Adapted from Vennard and Street (1975).
[b] At atmospheric pressure.
[c] In contact with the air.

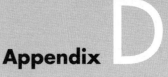
The statistical analysis of wastewater flowrate and constituent concentration data involves the determination of statistical parameters used to quantify a series of measurements. Commonly used statistical parameters and graphical techniques for the analysis of wastewater management data are reviewed below.

## D–1  COMMON STATISTICAL PARAMETERS

Commonly used statistical measures include the mean, median, mode, standard deviation, and coefficient of variation, based on the assumption that the data are distributed normally. Although the terms just cited are the most commonly used statistical measures, two additional statistical measures are needed to quantify the nature of a given distribution. The two additional measures are the coefficient of skewness, and coefficient of kurtosis. If a distribution is highly skewed, as determined by the coefficient of skewness, normal statistics cannot be used. For most wastewater data that are skewed, it has been found that the log of the value is normally distributed. Where the log of the values is normally distributed, the distribution is said to be log normal. The common statistical measures used for the analysis of wastewater management data (Eqs. D–1 through D–9) are summarized in Table D–1.

## D–2  GRAPHICAL ANALYSIS OF DATA

Graphical analysis of wastewater management data is used to determine the nature of the distribution. For most practical purposes, the type of the distribution can be determined by plotting the data on both arithmetic- and logarithmic-probability paper and noting whether the data can be fitted with a straight line. The three steps involved in the use of arithmetic, and logarithmic-probability paper are as follows.

1. Arrange the measurements in a data set in order of increasing magnitude and assign a rank serial number.
2. Compute a corresponding plotting position for each data point using Eqs. (D–10) and (D–11).

$$\text{Plotting position (\%)} = \left( \frac{m}{n + 1} \right) \times 100 \tag{D–10}$$

where $m$ = rank serial number
$n$ = number of observations

The term $(n + 1)$ is used to correct for a-small-sample bias. The plotting position represents the percent or frequency of observations that are equal to or less than the indicated value. Another expression often used to define the plotting position is known as Blom's transformation:

$$\text{Plotting position (\%)} = \frac{m - 3/8}{n + 1/4} \times 100 \tag{D–11}$$

3. Plot the data on arithmetic- and logarithmic-probability paper. The probability scale is labeled "Percent of values equal to or less than the indicated value."

## Table D-1

Statistical parameters used for the analysis of wastewater management data[a]

| Parameter | Definition |
|---|---|
| **Mean value** $$\bar{x} = \frac{\sum f_i x_i}{n} \qquad \text{(D–1)}$$ | **Terms** $\bar{x}$ = mean value $f_i$ = frequency (for ungrouped data $f_i = 1$) $x_i$ = the mid-point of the ith data range (For ungrouped data $x_i$ = the ith observation) $n$ = number of observations (Note $\sum f_i = n$) $s$ = standard deviation $C_v$ = coefficient of variation, percent $\alpha_3$ = coefficient of skewness $\alpha_4$ = coefficient of kurtosis $M_g$ = geometric mean $s_g$ = geometric standard deviation $P_{15.9}$ and $P_{84.1}$ = values from arithmetic or logarithmic probability plots at indicated percent values, corresponding to one standard deviation |
| **Standard Deviation** $$s = \sqrt{\frac{\sum f_i(x_i - \bar{x})^2}{n - 1}} \qquad \text{(D–2)}$$ | |
| **Coefficient of variation** $$C_v = \frac{100\,s}{\bar{x}} \qquad \text{(D–3)}$$ | |
| **Coefficient of skewness** $$\alpha_3 = \frac{\sum f_i(x_i - \bar{x})^3/(n - 1)}{s^3} \qquad \text{(D–4)}$$ | **Median value** If a series of observations are arranged in order of increasing value, the middlemost observation, or the arithmetic mean of the two middlemost observations, in a series is known as the median. |
| **Coefficient of kurtosis** $$\alpha_4 = \frac{\sum f_i(x_i - \bar{x})^4/(n - 1)}{s^4} \qquad \text{(D–5)}$$ | **Mode** The value occurring with the greatest frequency in a set of observations is known as the mode. If a continuous graph of the frequency distribution is drawn, the mode is the value of the high point, or hump, of the curve. In a symmetrical set of observations, the mean, median, and mode will be the same value. The mode can be estimated with the following expression. Mode = $3(\text{median}) - 2(\bar{x})$. |
| **Geometric mean** $$\log M_g = \frac{\sum f_i(\log x_i)}{n} \qquad \text{(D–6)}$$ | |
| **Geometric standard deviation** $$\log s_g = \sqrt{\frac{\sum f_i(\log^2 x_g)}{n - 1}} \qquad \text{(D–7)}$$ | **Coefficient of skewness** When a frequency distribution is asymmetrical, it is usually defined as being a skewed distribution. |
| **Using probability paper** $$s = P_{84.1} - \bar{x} \text{ or } P_{15.9} + \bar{x} \qquad \text{(D–8)}$$ $$s_g = \frac{P_{84.1}}{M_g} = \frac{M_g}{P_{15.9}} \qquad \text{(D–9)}$$ | **Coefficient of kurtosis** Used to define the peakedness of the distribution. The value of the kurtosis for a normal distribution is 3. A peaked curve will have a value greater than 3 whereas a flatter curve it will have a value less than 3. |

[a] Adapted from Metcalf & Eddy (1991) and Crites and Tchobanoglous (1998).

If the data, plotted on arithmetic-probability paper, can be fit with a straight line, then the data are assumed to be normally distributed. Significant departure from a straight line can be taken as an indication of skewness. If the data are skewed, logarithmic probability paper can be used. The implication here is that the logarithm of the observed values is normally distributed. On logarithmic-probability paper, the straight line of best fit passes through the geometric mean, $M_g$, and through the intersection of $M_g \times s_g$ at a value of 84.1 percent and $M_g/s_g$ at a value of 15.9 percent. The geometric standard deviation, $s_g$, can be determined using Eq. D–9 given in Table D–1. The use of arithmetic- and logarithmic-probability paper is illustrated in Example D–1.

**EXAMPLE D–1  Statistical Analysis of Wastewater Flowrate Data.** Using the following weekly flowrate data obtained from an industrial discharger for a calendar quarter of operation, determine the statistical characteristics and predict the maximum weekly flowrate that will occur during a full year's operation.

| Week No. | Flowrate, m³/wk | Week No. | Flowrate, m³/wk |
|---|---|---|---|
| 1 | 2900 | 8 | 3675 |
| 2 | 3040 | 9 | 3810 |
| 3 | 3540 | 10 | 3450 |
| 4 | 3360 | 11 | 3265 |
| 5 | 3770 | 12 | 3180 |
| 6 | 4080 | 13 | 3135 |
| 7 | 4015 | | |

**Solution**

1. Plot the flowrate data using the log/probability method.
   a. Set up a data analysis table with three columns as described below.
      i. In column 1, enter the rank serial number starting with number 1
      ii. In column 2, arrange the flowrate data in ascending order
      iii. In column 3, enter the probability plotting position

| Rank serial no., m | Flowrate, m³/wk | Plotting position,[a] % |
|---|---|---|
| 1 | 2900 | 7.1 |
| 2 | 3040 | 14.3 |
| 3 | 3135 | 21.4 |
| 4 | 3180 | 28.6 |
| 5 | 3265 | 35.7 |
| 6 | 3360 | 42.9 |
| 7 | 3450 | 50.0 |
| 8 | 3540 | 57.1 |
| 9 | 3675 | 64.3 |
| 10 | 3770 | 71.4 |
| 11 | 3810 | 78.6 |
| 12 | 4015 | 85.7 |
| 13 | 4080 | 92.9 |

[a] Plotting position = [m/(n + 1)]100.

b. Plot the weekly flowrates expressed in m³/wk versus the plotting position. The resulting plots are presented below. Because the data fall on a straight line on both plots, the flowrate data can be described adequately by either distribution. This fact can be taken as indication that the distribution is not skewed significantly and that normal statistics can be applied.

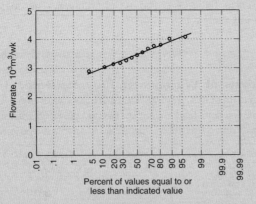

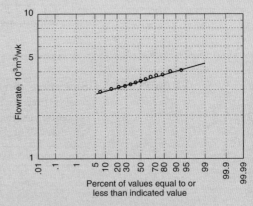

2. Determine the statistical characteristics of the flowrate data.

a. Set up a data analysis table to obtain the quantities needed to determine the statistical characteristics.

| Flowrate, m³/wk | $(x - \bar{x})$ | $(x - \bar{x})^2$ | $\dfrac{(x - \bar{x})^3}{10^{-6}}$ | $\dfrac{(x - \bar{x})^4}{10^{-9}}$ |
|---|---|---|---|---|
| 2900 | −578 | 334,084 | −193 | 11,161 |
| 3040 | −438 | 191,844 | −84 | 3680 |
| 3135 | −343 | 117,649 | −40 | 1384 |
| 3180 | −298 | 88,804 | −26 | 789 |
| 3265 | −213 | 45,369 | −9.6 | 206 |
| 3360 | −118 | 13,924 | −1.6 | 19.4 |
| 3450 | −28 | 784 | −0.02 | 0.06 |
| 3540 | 62 | 3844 | 0.24 | 1.48 |
| 3675 | 197 | 38,809 | 7.6 | 151 |
| 3770 | 292 | 85,264 | 25 | 727 |
| 3810 | 332 | 110,224 | 37 | 1215 |
| 4015 | 537 | 288,369 | 155 | 8316 |
| 4080 | 602 | 362,404 | 218 | 13,134 |
| 45,220 | | 1,681,372 | 88.62 | 40,784 |

b. Determine the statistical characteristics using the parameters given in Table D–1.

i. Mean

$$\bar{x} = \frac{\sum x}{n}$$

$$\bar{x} = \frac{45,220}{13} = 3478 \text{ m}^3/\text{wk}$$

ii. Median (the middle-most value)

Median = 3450 m³/wk (see data table above)

iii. Mode

Mode = 3(Median) − 2($\bar{x}$) = 3(3450) − 2(3478) = 3394 m³/wk

iv. Standard deviation

$$s = \sqrt{\frac{\sum(x - \bar{x})^2}{n - 1}}$$

$$s = \sqrt{\frac{1{,}681{,}372}{12}} = 374.3 \text{ m}^3/\text{wk}$$

v. Coefficient of variation

$$C_V = \frac{100s}{\bar{x}}$$

$$C_V = \frac{100(374.3)}{3478} = 10.8\%$$

vi. Coefficient of skewness

$$\alpha_3 = \frac{[\sum(x - \bar{x})^3/(n - 1)]}{s^3}$$

$$\alpha_3 = \frac{(88.62 \times 10^6/12)}{(374.3)^3} = 0.141$$

vii. Coefficient of kurtosis

$$\alpha_4 = \frac{[\sum(x - \bar{x})^4/(n - 1)]}{s^4}$$

$$\alpha_4 = \frac{(40{,}784 \times 10^9/12)}{(374.3)^4} = 1.73$$

Reviewing the statistical characteristics, it can be seen that the distribution is somewhat skewed ($\alpha_3$ = 0.141 versus 0 for a normal distribution) and is considerably flatter than a normal distribution would be ($\alpha_4$ = 1.73 versus 3.0 for a normal distribution).

3. Determine the probable annual maximum weekly flowrate.

a. Determine the probability factor:

$$\text{Peak week} = \frac{m}{n + 1} = \frac{52}{52 + 1} = 0.981$$

b. Determine the flowrate from the figure given in Step 1b at the 98.1 percentile:

Peak weekly flowrate = 4500 m³/wk

**Comment**  The statistical analysis of data is important in establishing the design conditions for wastewater treatment plants. The application of statistical analysis to the selection of design flowrates and mass loadings rates is considered in the Sec. 3–6 in Chap. 3.

# Dissolved Oxygen Concentration in Water as a Function of Temperature, Salinity, and Barometric Pressure

**Appendix E**

## Table E-1

The air solubility of oxygen in mglL as functions of temperature and elevation in meters for 0–1800 m[a]

| Temp., °C | Elevation above sea level, m | | | | | | | | | |
|---|---|---|---|---|---|---|---|---|---|---|
| | 0 | 200 | 400 | 600 | 800 | 1,000 | 1,200 | 1,400 | 1,600 | 1,800 |
| 0 | 14.621 | 14.276 | 13.94 | 13.612 | 13.291 | 12.978 | 12.672 | 12.373 | 12.081 | 11.796 |
| 1 | 14.216 | 13.881 | 13.554 | 13.234 | 12.922 | 12.617 | 12.32 | 12.029 | 11.745 | 11.468 |
| 2 | 13.829 | 13.503 | 13.185 | 12.874 | 12.57 | 12.273 | 11.984 | 11.701 | 11.425 | 11.155 |
| 3 | 13.46 | 13.142 | 12.832 | 12.53 | 12.234 | 11.945 | 11.663 | 11.387 | 11.118 | 10.856 |
| 4 | 13.107 | 12.798 | 12.496 | 12.201 | 11.912 | 11.631 | 11.356 | 11.088 | 10.826 | 10.57 |
| 5 | 12.77 | 12.468 | 12.174 | 11.886 | 11.605 | 11.331 | 11.063 | 10.801 | 10.546 | 10.296 |
| 6 | 12.447 | 12.174 | 11.866 | 11.585 | 11.311 | 11.044 | 10.782 | 10.527 | 10.278 | 10.035 |
| 7 | 12.138 | 11.851 | 11.571 | 11.297 | 11.03 | 10.769 | 10.514 | 10.265 | 10.022 | 9.784 |
| 8 | 11.843 | 11.562 | 11.289 | 11.021 | 10.76 | 10.505 | 10.256 | 10.013 | 9.776 | 9.544 |
| 9 | 11.559 | 11.285 | 11.018 | 10.757 | 10.502 | 10.253 | 10.01 | 9.772 | 9.54 | 9.314 |
| 10 | 11.288 | 11.02 | 10.759 | 10.504 | 10.254 | 10.011 | 9.773 | 9.541 | 9.315 | 9.093 |
| 11 | 11.027 | 10.765 | 10.51 | 10.26 | 10.017 | 9.779 | 9.546 | 9.319 | 9.098 | 8.881 |
| 12 | 10.777 | 10.521 | 10.271 | 10.027 | 9.789 | 9.556 | 9.329 | 9.107 | 8.89 | 8.678 |
| 13 | 10.536 | 10.286 | 10.041 | 9.803 | 9.569 | 9.342 | 9.119 | 8.902 | 8.69 | 8.483 |
| 14 | 10.306 | 10.06 | 9.821 | 9.587 | 9.359 | 9.136 | 8.918 | 8.705 | 8.498 | 8.295 |
| 15 | 10.084 | 9.843 | 9.609 | 9.38 | 9.156 | 8.938 | 8.724 | 8.516 | 8.313 | 8.114 |
| 16 | 9.87 | 9.635 | 9.405 | 9.18 | 8.961 | 8.747 | 8.538 | 8.334 | 8.135 | 7.94 |
| 17 | 9.665 | 9.434 | 9.209 | 8.988 | 8.774 | 8.564 | 8.359 | 8.159 | 7.963 | 7.772 |
| 18 | 9.467 | 9.24 | 9.019 | 8.804 | 8.593 | 8.387 | 8.186 | 7.99 | 7.798 | 7.611 |
| 19 | 9.276 | 9.054 | 8.837 | 8.625 | 8.418 | 8.216 | 8.019 | 7.827 | 7.639 | 7.455 |
| 20 | 9.092 | 8.874 | 8.661 | 8.453 | 8.25 | 8.052 | 7.858 | 7.669 | 7.485 | 7.304 |
| 21 | 8.914 | 8.7 | 8.491 | 8.287 | 8.088 | 7.893 | 7.703 | 7.518 | 7.336 | 7.159 |
| 22 | 8.743 | 8.533 | 8.328 | 8.127 | 7.931 | 7.74 | 7.553 | 7.371 | 7.193 | 7.019 |
| 23 | 8.578 | 8.371 | 8.169 | 7.972 | 7.78 | 7.592 | 7.408 | 7.229 | 7.054 | 6.883 |
| 24 | 8.418 | 8.214 | 8.016 | 7.822 | 7.633 | 7.449 | 7.268 | 7.092 | 6.92 | 6.752 |
| 25 | 8.263 | 8.063 | 7.868 | 7.678 | 7.491 | 7.31 | 7.132 | 6.959 | 6.79 | 6.625 |
| 26 | 8.113 | 7.917 | 7.725 | 7.537 | 7.354 | 7.175 | 7.001 | 6.83 | 6.664 | 6.501 |
| 27 | 7.968 | 7.775 | 7.586 | 7.401 | 7.221 | 7.045 | 6.873 | 6.706 | 6.542 | 6.382 |
| 28 | 7.827 | 7.637 | 7.451 | 7.269 | 7.092 | 6.919 | 6.75 | 6.584 | 6.423 | 6.266 |
| 29 | 7.691 | 7.503 | 7.32 | 7.141 | 6.967 | 6.796 | 6.63 | 6.467 | 6.308 | 6.153 |
| 30 | 7.559 | 7.374 | 7.193 | 7.017 | 6.845 | 6.677 | 6.513 | 6.353 | 6.196 | 6.043 |
| 31 | 7.43 | 7.248 | 7.07 | 6.896 | 6.727 | 6.561 | 6.399 | 6.241 | 6.087 | 5.937 |
| 32 | 7.305 | 7.125 | 6.95 | 6.779 | 6.612 | 6.448 | 6.289 | 6.133 | 5.981 | 5.833 |
| 33 | 7.183 | 7.006 | 6.833 | 6.665 | 6.5 | 6.339 | 6.181 | 6.028 | 5.878 | 5.731 |
| 34 | 7.065 | 6.89 | 6.72 | 6.553 | 6.39 | 6.232 | 6.077 | 5.925 | 5.777 | 5.633 |
| 35 | 6.949 | 6.777 | 6.609 | 6.445 | 6.284 | 6.127 | 5.974 | 5.825 | 5.679 | 5.536 |
| 36 | 6.837 | 6.667 | 6.501 | 6.338 | 6.18 | 6.025 | 5.874 | 5.727 | 5.583 | 5.442 |
| 37 | 6.727 | 6.559 | 6.395 | 6.235 | 6.078 | 5.926 | 5.776 | 5.631 | 5.489 | 5.35 |
| 38 | 6.62 | 6.454 | 6.292 | 6.134 | 5.979 | 5.828 | 5.681 | 5.537 | 5.396 | 5.259 |
| 39 | 6.515 | 6.351 | 6.191 | 6.035 | 5.882 | 5.733 | 5.587 | 5.445 | 5.306 | 5.171 |
| 40 | 6.412 | 6.25 | 6.092 | 5.937 | 5.787 | 5.639 | 5.495 | 5.355 | 5.218 | 5.084 |

[a] From Colt, J. (2012) *Dissolved Gas Concentration in Water: Computation as Functions of Temperature, Salinity and Pressure*, 2nd ed., Elsevier, Boston, MA.

## Table E-2

Standard air saturation concentration of oxygen as a function of temperature and salinity in mg/L. 0–40 g/kg (Seawater. 1 atm moist air)[a]

| Temp., °C | Salinity, g/kg | | | | | | | | |
|---|---|---|---|---|---|---|---|---|---|
| | 0.0 | 5.0 | 10.0 | 15.0 | 20.0 | 25.0 | 30.0 | 35.0 | 40.0 |
| 0 | 14.621 | 14.120 | 13.635 | 13.167 | 12.714 | 12.276 | 11.854 | 11.445 | 11.050 |
| 1 | 14.216 | 13.733 | 13.266 | 12.815 | 12.378 | 11.956 | 11.548 | 11.153 | 10.772 |
| 2 | 13.829 | 13.364 | 12.914 | 12.478 | 12.057 | 11.649 | 11.255 | 10.875 | 10.506 |
| 3 | 13.460 | 13.011 | 12.577 | 12.156 | 11.750 | 11.356 | 10.976 | 10.608 | 10.252 |
| 4 | 13.107 | 12.674 | 12.255 | 11.849 | 11.456 | 11.076 | 10.708 | 10.352 | 10.008 |
| 5 | 12.770 | 12.352 | 11.946 | 11.554 | 11.174 | 10.807 | 10.451 | 10.107 | 9.774 |
| 6 | 12.447 | 12.043 | 11.652 | 11.272 | 10.905 | 10.550 | 10.205 | 9.872 | 9.550 |
| 7 | 12.138 | 11.748 | 11.369 | 11.002 | 10.647 | 10.303 | 9.970 | 9.647 | 9.335 |
| 8 | 11.843 | 11.465 | 11.098 | 10.743 | 10.399 | 10.066 | 9.743 | 9.431 | 9.128 |
| 9 | 11.559 | 11.194 | 10.839 | 10.495 | 10.162 | 9.839 | 9.526 | 9.223 | 8.930 |
| 10 | 11.288 | 10.933 | 10.590 | 10.257 | 9.934 | 9.621 | 9.318 | 9.024 | 8.739 |
| 11 | 11.027 | 10.684 | 10.351 | 10.028 | 9.715 | 9.411 | 9.117 | 8.832 | 8.556 |
| 12 | 10.777 | 10.444 | 10.121 | 9.808 | 9.505 | 9.210 | 8.925 | 8.648 | 8.379 |
| 13 | 10.536 | 10.214 | 9.901 | 9.597 | 9.302 | 9.016 | 8.739 | 8.470 | 8.209 |
| 14 | 10.306 | 9.993 | 9.689 | 9.394 | 9.108 | 8.830 | 8.561 | 8.299 | 8.046 |
| 15 | 10.084 | 9.780 | 9.485 | 9.198 | 8.920 | 8.651 | 8.389 | 8.135 | 7.888 |
| 16 | 9.870 | 9.575 | 9.289 | 9.010 | 8.740 | 8.478 | 8.223 | 7.976 | 7.736 |
| 17 | 9.665 | 9.378 | 9.099 | 8.829 | 8.566 | 8.311 | 8.064 | 7.823 | 7.590 |
| 18 | 9.467 | 9.188 | 8.917 | 8.654 | 8.399 | 8.151 | 7.910 | 7.676 | 7.448 |
| 19 | 9.276 | 9.005 | 8.742 | 8.486 | 8.237 | 7.996 | 7.761 | 7.533 | 7.312 |
| 20 | 9.092 | 8.828 | 8.572 | 8.323 | 8.081 | 7.846 | 7.617 | 7.395 | 7.180 |
| 21 | 8.914 | 8.658 | 8.408 | 8.166 | 7.930 | 7.701 | 7.479 | 7.262 | 7.052 |
| 22 | 8.743 | 8.493 | 8.250 | 8.014 | 7.785 | 7.561 | 7.344 | 7.134 | 6.929 |
| 23 | 8.578 | 8.334 | 8.098 | 7.868 | 7.644 | 7.426 | 7.215 | 7.009 | 6.809 |
| 24 | 8.418 | 8.181 | 7.950 | 7.726 | 7.507 | 7.295 | 7.089 | 6.888 | 6.693 |
| 25 | 8.263 | 8.032 | 7.807 | 7.588 | 7.375 | 7.168 | 6.967 | 6.771 | 6.581 |
| 26 | 8.113 | 7.888 | 7.668 | 7.455 | 7.247 | 7.045 | 6.849 | 6.658 | 6.472 |
| 27 | 7.968 | 7.748 | 7.534 | 7.326 | 7.123 | 6.926 | 6.734 | 6.548 | 6.366 |
| 28 | 7.827 | 7.613 | 7.404 | 7.201 | 7.003 | 6.811 | 6.623 | 6.441 | 6.263 |
| 29 | 7.691 | 7.482 | 7.278 | 7.079 | 6.886 | 6.698 | 6.515 | 6.337 | 6.164 |
| 30 | 7.559 | 7.354 | 7.155 | 6.961 | 6.773 | 6.589 | 6.410 | 6.236 | 6.066 |
| 31 | 7.430 | 7.230 | 7.036 | 6.847 | 6.662 | 6.483 | 6.308 | 6.138 | 5.972 |
| 32 | 7.305 | 7.110 | 6.920 | 6.735 | 6.555 | 6.379 | 6.208 | 6.042 | 5.880 |
| 33 | 7.183 | 6.993 | 6.807 | 6.626 | 6.450 | 6.279 | 6.111 | 5.949 | 5.790 |
| 34 | 7.065 | 6.879 | 6.697 | 6.521 | 6.348 | 6.180 | 6.017 | 5.857 | 5.702 |
| 35 | 6.949 | 6.768 | 6.590 | 6.417 | 6.249 | 6.085 | 5.925 | 5.769 | 5.617 |
| 36 | 6.837 | 6.659 | 6.486 | 6.316 | 6.152 | 5.991 | 5.834 | 5.682 | 5.533 |
| 37 | 6.727 | 6.553 | 6.383 | 6.218 | 6.057 | 5.899 | 5.746 | 5.597 | 5.451 |
| 38 | 6.620 | 6.450 | 6.284 | 6.122 | 5.964 | 5.810 | 5.660 | 5.514 | 5.371 |
| 39 | 6.515 | 6.348 | 6.186 | 6.027 | 5.873 | 5.722 | 5.575 | 5.432 | 5.292 |
| 40 | 6.412 | 6.249 | 6.090 | 5.935 | 5.784 | 5.636 | 5.492 | 5.352 | 5.215 |

[a] From Colt, J. (2012) *Dissolved Gas Concentration in Water: Computation as Functions of Temperature, Salinity and Pressure*, 2nd ed., Elsevier, Boston, MA.

# Carbonate Equilibrium

# Appendix F

The chemical species that comprise the carbonate system include gaseous carbon dioxide [$(CO_2)g$], aqueous carbon dioxide [$(CO_2)aq$], carbonic acid [$H_2CO_3$], bicarbonate [$HCO_3^-$], carbonate [$CO_2^{-2}$], and solids containing carbonates. In waters exposed to the atmosphere, the equilibrium concentration of dissolved $CO_2$ is a function of the liquid phase $CO_2$ mole fraction and the partial pressure of $CO_2$ in the atmosphere. Henry's law (see Chap. 2) is applicable to the $CO_2$ equilibrium between air and water; thus

$$x_g = \frac{P_T}{H} p_g \qquad (F-1)$$

where $x_g$ = mole fraction of gas in water, mole gas/mole water

$$= \frac{\text{mole gas}\,(n_g)}{\text{mole gas}\,(n_g) + \text{mole water}\,(n_w)}$$

$P_T$ = total pressure, usually 1.0 atm

$H$ = Henry's law constant, $\dfrac{\text{atm (mole gas/mole air)}}{\text{(mole gas/mole water)}}$

$p_g$ = mole fraction of gas in air, mole gas/mole of air (Note: The mole fraction of a gas is proportional to the volume fraction.)

The concentration of aqueous carbon dioxide is determined using Eq (F–1). At sea level, where the average atmospheric pressure is 1 atm, or 101.325 kPa, carbon dioxide comprises approximately 0.03 percent of the atmosphere by volume (see Appendix B). Values of the Henry's law constant for $CO_2$ as a function of temperature are given in Table F–1. The values in Table F–1 were computed using Eq. (2–48) and the data given in Table 2–7 in Chap. 2.

**Table F–1**

Henry's Law constant for $CO_2$ as a function of temperature

| T, °C | H, atm |
|-------|--------|
| 0 | 794 |
| 10 | 1073 |
| 20 | 1420 |
| 30 | 1847 |
| 40 | 2361 |
| 50 | 2972 |
| 60 | 3691 |

Aqueous carbon dioxide [$(CO_2)aq$] reacts reversibly with water to form carbonic acid.

$$(CO_2)aq + H_2O \rightleftarrows H_2CO_3 \qquad (F-2)$$

The corresponding equilibrium expression is

$$\frac{[H_2CO_3]}{[CO_2]} = K_m \tag{F-3}$$

The value of $K_m$ at 25°C is $1.58 \times 10^{-3}$. Note that $K_m$ is unitless. Because of the difficulty of differentiating between $(CO_2)_{aq}$ and $H_2CO_3$ in solution and the observation that very little $H_2CO_3$ is ever present in natural waters, an effective carbonic acid value $(H_2CO_3^*)$ is used which is defined as:

$$H_2CO_3^* \rightleftarrows (CO_2)_{aq} + H_2CO_3 \tag{F-4}$$

Because carbonic acid is a diprotic acid it will dissociate in two steps - first to bicarbonate and then to carbonate. The first dissociation of carbonic acid to bicarbonate can be represented as

$$H_2CO_3^* \rightleftarrows H^+ + HCO_3^- \tag{F-5}$$

The corresponding equilibrium relationship is defined as

$$\frac{[H^+][HCO_3^-]}{[H_2CO_3^*]} = K_{a1} \tag{F-6}$$

The value of first acid dissociation constant $K_{a1}$ at 25°C is $4.467 \times 10^{-7}$ mole/L. Values of $K_{a1}$ at other temperatures are given in Table F–2, which is repeated here from Table 6–16 in Chap. 6.

The second dissociation of carbonic acid is from bicarbonate to carbonate as given below

$$HCO_3^- \rightleftarrows H^+ + CO_3^{2-} \tag{F-7}$$

The corresponding equilibrium relationship is defined as:

$$\frac{[H^+][CO_3^{2-}]}{[HCO_3^-]} = K_{a2} \tag{F-8}$$

The value of the second acid dissociation constant $K_{a2}$ at 25°C is $4.477 \times 10^{-11}$ mole/L. Values of $K_{a2}$ at other temperatures are given in Table F–2.

**Table F–2**

Carbonate equilibrium constants as function of temperature[a]

| Temperature, °C | Equilibrium constant[b] | |
|---|---|---|
| | $K_{a1} \times 10^7$ | $K_{a2} \times 10^{11}$ |
| 5 | 3.020 | 2.754 |
| 10 | 3.467 | 3.236 |
| 15 | 3.802 | 3.715 |
| 20 | 4.169 | 4.169 |
| 25 | 4.467 | 4.477 |
| 30 | 4.677 | 5.129 |
| 40 | 5.012 | 6.026 |

[a] Adapted from Table 6–20 in Chap. 6.
[b] The reported values have been multiplied by the indicated exponents.
Thus, the value $K_{a2}$ at 20°C is equal to $4.169 \times 10^{-11}$.

The distribution of carbonate species as function of pH is illustrated on Fig. F–1.

### Figure F–1

Log concentration versus pH diagram for a $10^{-3}$ molar solution of carbonate at 25°C. By sliding the constituent curves up or down, pH values can be obtained at different concentration values. (LD)

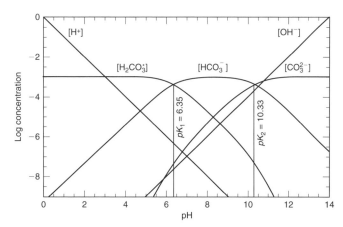

To illustrate the use of the data presented in Tables F–1 and F–2, it will be helpful to estimate the pH of a water, assuming the atmosphere above the water contains 0.03 percent $CO_2$ by volume (see Appendix B), the bicarbonate ($HCO_3^-$) concentration in the water is 610 mg/L, and the temperature of the water is 20°C.

1.  Use Eq. (F–1) to determine concentration of $H_2CO_3$ in the water. The value of Henry's constant from Table F–1 is 1420 atm, thus

    $$x_{H_2CO_3} = \frac{P_T}{H}p_g = \frac{(1\ \text{atm})(0.00030)}{1420\ \text{atm}} = 2.113 \times 10^{-7}$$

    Because one liter of water contains 55.6 mole [1000 g/(18 g/mole)], the mole fraction of $H_2CO_3$ is equal to:

    $$x_{H_2CO_3} = \frac{\text{mole gas}\,(n_g)}{\text{mole gas}\,(n_g) + \text{mole water}\,(n_w)}$$

    $$2.113 \times 10^{-7} = \frac{[H_2CO_3]}{[H_2CO_3] + 55.6\ \text{mole/L}}$$

    Because the number of moles of dissolved gas in a liter of water is much less than the number of moles of water,

    $$[H_2CO_3] \approx (2.113 \times 10^{-7})(55.6\ \text{mole/L}) \approx 11.75 \times 10^{-6}\ \text{mole/L}$$

2.  Use Eq. (F–6) to determine the pH of the water. The value of $K_{a1}$ at 20°C from Table F–2 is $4.169 \times 10^{-7}$, thus

    $$[H^+] = \frac{K_{a1}[H_2CO_3^*]}{[HCO_3^-]}$$

    Substitute known values and solve for $[H^+]$

    $$[H^+] = \frac{(4.169 \times 10^{-7})(11.75 \times 10^{-6}\ \text{mole/L})}{[(610\ \text{mg/L})/61,000\ \text{mg/mole}]} = 4.90 \times 10^{-10}$$

    $$pH = -\log[H^+] = -\log[4.90 \times 10^{-10}] = 9.31$$

    From Fig. F–1, the amount of carbonate present is essentially non-measurable.

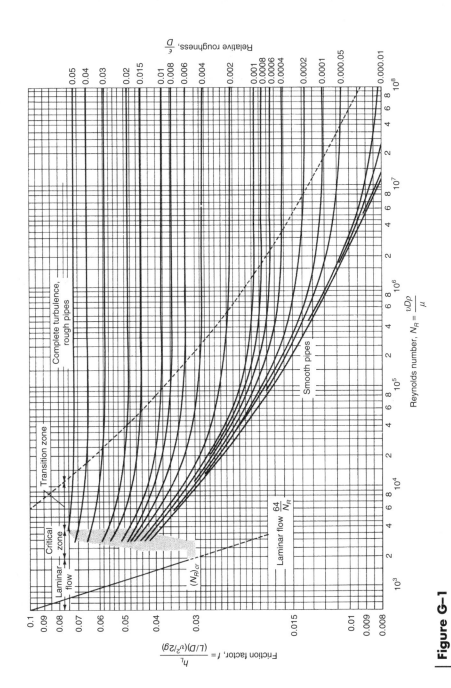

## Figure G–1

Moody diagram for friction factor in pipes versus Reynolds number and relative roughness. [From Moody, L.F. (1944) Friction Factors for Pipe Flow, Transactions American Society of Civil Engineers vol. 66, p. 671.]

### Figure G–2

Moody diagram for relative roughness as a function of diameter for pipes constructed of various materials. [Adapted from Moody, L.F. (1944) Friction Factors for Pipe Flow, Transactions American Society of Civil Engineers vol. 66, p. 671.]

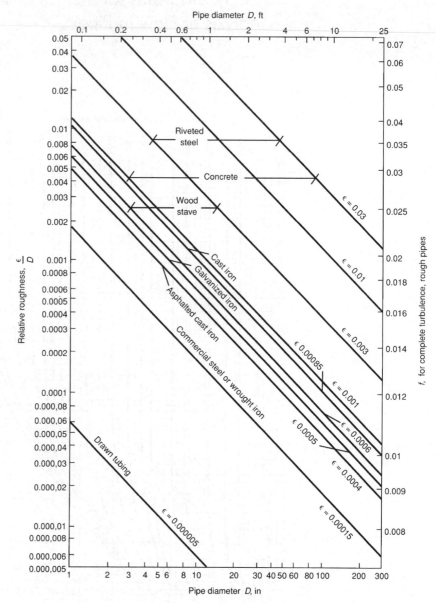

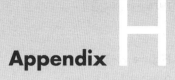

# Analysis of Nonideal Flow in Reactors using Tracers

## Appendix H

The analysis of reactor hydraulic performance using tracers is considered in this appendix. Important applications of tracer studies include the assessment of: (1) short circuiting in sedimentation tanks and biological reactors, (2) the effective contact time in chlorine contact basins, (3) hydraulic approach conditions in UV reactors, and (4) patterns in constructed wetlands and other natural treatment systems. Tracer studies are also of critical importance in assessing the degree of success that has been achieved with corrective measures. Topics considered in this appendix include: (1) factors leading to nonideal flow in reactors, (2) important characteristics of tracers, (3) analysis of tracer response curves, and (4) practical interpretation of tracer measurements. The types of tracers used and the conduct of tracer tests are discussed in Sec. 12-3 in Chap. 12. The discussion of nonideal flow in this section will also serve as an introduction to the modeling of nonideal flow considered in Appendix I.

## H–1  FACTORS LEADING TO NONIDEAL FLOW IN REACTORS

Nonideal flow occurs when a portion of the flow which enters the reactor during a given time period arrives at the outlet, in less than the theoretical detention time, ahead of the bulk flow which entered the reactor during the same time period. The theoretical detention time, $\tau$, is defined as V/Q, where V is the volume and Q is the flowrate in consistent units. Nonideal flow is often identified as short circuiting. Factors leading to nonideal flow in reactors include:

1. Temperature differences. In complete-mix and plug-flow reactors, nonideal flow (short circuiting) can be caused by density currents due to temperature differences. When the water entering the reactor is colder or warmer than the water in the tank, a portion of the water can travel to the outlet along the bottom of or across the top of the reactor without mixing completely [see Fig. H–1(a)].

2. Wind driven circulation patterns. In shallow reactors, wind circulation patterns can be set up that will transport a portion of the incoming water to the outlet in a fraction of the actual detention time [see Fig. H–1(b)].

3. Inadequate mixing. Without sufficient energy input, portions of the reactor contents may not mix with the incoming water [see Fig. H–1(c)].

4. Poor design. Depending on the design of the inlet and outlet of the reactor relative to the reactor aspect ratio, dead zones may develop within the reactor which will not mix with the incoming water.

5. Axial dispersion in plug-flow reactors [see Fig. H–1(d)]. In plug-flow reactors the forward movement of the tracer is due to advection and dispersion. *Advection* is the term used to describe the movement of dissolved or colloidal material with the current velocity. For example, in a tubular plug-flow reactor (e.g., a pipeline), the early arrival of the tracer at the outlet can be reasoned partially by remembering that the velocity distribution in the pipeline will be parabolic. *Dispersion* is the term used to describe the axial and longitudinal transport of material brought about by velocity differences and dispersion. The distinction between molecular diffusion and dispersion is considered further in Appendix I.

## Figure H–1

Definition sketch for short circuiting caused by (a) density currents caused by temperature differences, (b) wind circulation patterns, (c) inadequate mixing, (d) fluid advection and dispersion.

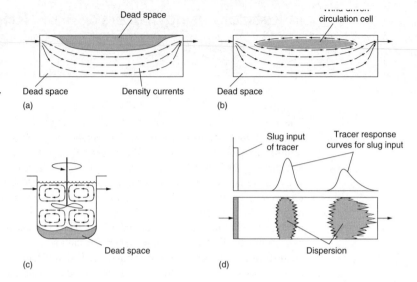

Ultimately, the inefficient use of the reactor volume due to short circuiting resulting from any of the factors described above, can result in reduced treatment performance. The subject of short circuiting in a series of complete-mix reactors was examined extensively in an early paper by MacMullin and Weber (1935); Fitch (1956) and Morrill (1932) examined the effects of short circuiting on the performance of sedimentation tanks.

## H–2  TYPES OF TRACERS

Over the years, a number of tracers have been used to evaluate the hydraulic performance of reactors. Important characteristics for a tracer include (adapted in part from Denbigh and Turner, 1984):

1.  The tracer should not affect the flow (should have essentially the same density as water when diluted).
2.  The tracer must be conservative so that a mass balance can be performed.
3.  It must be possible to inject the tracer over a short time period.
4.  The tracer should be able to be analyzed conveniently.
5.  The molecular diffusivity of the tracer should be low.
6.  The tracer should not be adsorbed onto or react with the exposed reactor surfaces.
7.  The tracer should not be adsorbed onto or react with the particles in wastewater.

Dyes and chemicals that have been used successfully in tracer studies at wastewater treatment plants are discussed in Sec. 12–6 in Chap. 12. In addition to the tracers considered in Sec. 12-3, lithium chloride is used commonly for the study of natural systems. Sodium chloride, used extensively in the past, has a tendency to form density currents unless mixed completely. Sulfur hexafluoride gas (SF$_6$) is used most commonly for tracing the movement of groundwater.

## H–3 ANALYSIS OF TRACER RESPONSE CURVES

Because of the complexity of the hydraulic response of full-scale reactors, tracer response curves are used to analyze the hydraulics of reactors. Typical examples of tracer response curves are shown on Fig. H–2. Tracer response curves, measured using a short-term and continuous injection of tracer, are known as C (concentration versus time) and F (fraction of tracer remaining in the reactor versus time) curves, respectively. The fraction remaining is based on the volume of water displaced from the reactor by the step input of tracer. The terms used to characterize tracer response curves, the analysis of concentration versus time, and the development of residence time distribution (RTD) curves are described below.

### Terms Used to Characterize Tracer Response Curves

Over the years, a number of different symbols and numerical values, as reported in Table H–1, have been used to characterize output tracer curves. The relationship of the terms in Table H–1 and a typical tracer response curve are illustrated on Fig. H–3.

### Concentration Versus Time Tracer Response Curves

As noted previously, tracer response curves measured using a short-term or continuous injection of tracer are known as "C" curves (concentration versus time). To characterize C curves, such as those shown on Fig. H–3, the mean value is given by the centroid of the distribution. For C curves, the theoretical mean residence time is determined as follows.

$$\bar{t}_c = \frac{\int_0^\infty tC(t)dt}{\int_0^\infty C(t)dt} \tag{H–1}$$

where $\bar{t}_c$ = mean residence time derived from tracer curve, T

$t$ = time, T

$C(t)$ = tracer concentration at time $t$, ML$^{-3}$

The variance, $\sigma_c^2$ used to define the spread of the distribution, is defined as

$$\sigma_c^2 = \frac{\int_0^\infty (t - \bar{t})^2 C(t)dt}{\int_0^\infty C(t)dt} = \frac{\int_0^\infty t^2 C(t)dt}{\int_0^\infty C(t)dt} - (\bar{t}_c)^2 \tag{H–2}$$

### Figure H–2

Typical tracer response curves: (a) two different types of circular clarifiers (adapted from Dague and Baumann, 1961) and (b) open channel UV disinfection system (courtesy of Andy Salveson).

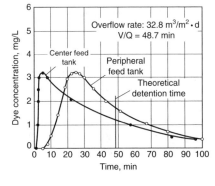

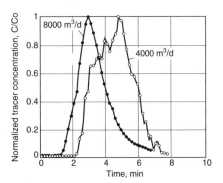

**Table H–1**

Various terms used to describe the hydraulic performance of reactors used for wastewater treatment[a]

| Term | Definition |
|---|---|
| $\tau$ | Theoretical hydraulic residence time (V, volume/Q, flowrate) |
| $t_i$ | Time at which tracer first appears |
| $t_p$ | Time at which the peak concentration of the tracer is observed (mode) |
| $t_g$ | Mean time to reach centroid of the RTD curve |
| $t_{10}, t_{50}, t_{90}$ | Time at which 10, 50, and 90 percent of the tracer had passed through the reactor |
| $t_{90}/t_{10}$ | Morrill Dispersion Index, MDI |
| 1/MDI | Volumetric efficiency as defined by Morrill (1932) |
| $t_i/\tau$ | Index of short circuiting. In an ideal plug-flow reactor, the ratio is one, and approaches zero with increased mixing |
| $t_p/\tau$ | Index of modal retention time. Ratio will approach 1 in a plug-flow reactor, and 0 in a complete-mix reactor. For values of the ratio greater than or less than 1.0 the flow distribution in the reactor is not uniform |
| $t_g/\tau$ | Index of average retention time. A value of one would indicate that full use is being made of the volume. A value of the ratio greater than or less than 1.0 indicates the flow distribution is not uniform |
| $t_{50}/\tau$ | Index of mean retention time. The ratio $t_{50}/\tau$, is a measure of the skew of the RTD curve. In an effective plug-flow reactor, the RTD curve is very similar to a normal or Gaussian distribution (U.S. EPA, 1986). A value of $t_{50}/\tau$, less than 1.0 corresponds to an RTD curve that is skewed to the left. Similarly, for values greater than 1.0 the RTD curve is skewed to the right |
| $t/\tau = \theta$ | Normalized time, used in the development of the normalized RTD curve |

[a] Adapted, in part, from Morrill (1932) and U.S. EPA (1986).

It will be recognized that the integral term in the denominator in Eqs. (H–1) and (H–2) corresponds to the area under the concentration versus time curve. It will also be recognized that the mean and variance are equal to the *first* and *second moments* of the distribution about the y axis.

**Figure H–3**

Definition sketch for the parameters used in the analysis of concentration versus time tracer response curves.

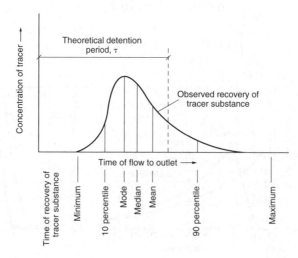

If the concentration versus time tracer response curve is defined by a series of discrete time step measurements, the theoretical mean residence time is typically approximated as

$$\bar{t}_{\Delta c} \approx \frac{\sum t_i C_i \Delta t_i}{\sum C_i \Delta t_i} \tag{H–3}$$

where $\bar{t}_{\Delta c}$ = mean detention time based on discrete time step measurements
$\quad\quad t_i$ = time at $i$th measurement, T
$\quad\quad C_i$ = concentration at ith measurement, $ML^{-3}$
$\quad\quad \Delta t_i$ = time increment about $C_i$, T

The variance for a concentration versus time tracer response curve, defined by a series of discrete time step measurements, is defined as

$$\sigma^2_{\Delta c} \approx \frac{\sum t_i^2 C_i \Delta t_i}{\sum C_i \Delta t_i} - (\bar{t}_{\Delta c})^2 \tag{H–4}$$

Where $\sigma^2_{\Delta C}$ = variance based on discrete time measurements, $T^2$. The application of Eqs. (H–3) and (H–4) is illustrated in Example 12–8 in Chap. 12. Additional details on the analysis of tracer response curves may be found in Levenspiel (1998).

### Residence Time Distribution (RTD) Curves

To standardize the analysis of output concentration versus time curves a single reactor for a pulse input of tracer, such as shown on Figs. H–2 and H–3, the output concentration measurements are often normalized by dividing the measured concentration values by an appropriate function such that the area under the normalized curve is equal to one. The normalized curves are known, more formally, as *residence time distribution (RTD) curves* (see Fig. H–4). When a pulse addition of tracer is used, the area under the normalized curve is known as an E curve (also known as the exit age curve). The most important characteristic of an E curve is that the area under the curve is equal to one, as defined by the following integral.

$$\int_0^\infty E(\bar{t}_{\Delta c})\, dt = 1 \tag{H–5}$$

## Figure H–4

Normalized residence time distribution curves. The curve on the bottom is known as the exit age curve, identified as the "*E* curve." The curve on top is the cumulative residence time curve, identified as the "*F* curve."

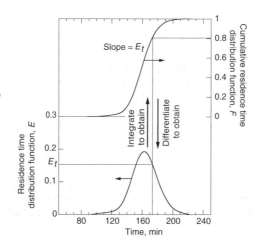

where $E(t)$ is the residence time distribution function. The $E(t)$ value is related to the $C(t)$ value as follows:

$$E(t) = \frac{C(t)}{\int_0^\infty C(t)dt} \qquad \text{(H–6)}$$

As in Eqs. (H–1) and (H–2), the integral term in the denominator in Eqs. (H–6) corresponds to the area under the concentration versus time curve. Applying Eq. (H–6) to the expression, obtained previously, for the complete-mix reactor, the exit age curve $E(t)$ for a complete-mix reactor is obtained as follows:

$$E(t) = \frac{C(t)}{\int_0^\infty C(t)\,dt} = \frac{C_o e^{-t/\tau}}{\int_0^\infty C_o e^{-t/\tau}\,dt} = \frac{e^{-t/\tau}}{\tau} \qquad \text{(H–7)}$$

and the corresponding value based on normalized time, $\theta = t/\tau$, is

$$E(\theta) = \tau E(t) = e^{-\theta} \qquad \text{(H–8)}$$

The mean residence time for the $E(t)$ curve, given by Eq. (H–8), can be derived by applying Eq. (H–23); the resulting expression is given by

$$t_m = \frac{\int_0^\infty tE(t)dt}{\int_0^\infty E(t)dt} = \int_0^\infty tE(t)dt \qquad \text{(H–9)}$$

In a similar manner when a step input is used, the normalized concentration curve is known as the cumulative residence time distribution curve and is designated as the F curve. The F curve is defined as

$$F(t) = \int_0^t E(t)dt = 1 - e^{-t/\tau} \qquad \text{(H–10)}$$

where $F(t)$ is the cumulative residence time distribution function. As shown on Fig. H–4, the $F(t)$ curve is the integral of the $E(t)$ curve while the $E(t)$ curve is the derivative of the $F(t)$ curve. In effect, $F(t)$ represents the amount of tracer that has been in the reactor for less than the time t. The development of E and F RTD curves is illustrated in Example H–1. Additional details on the analysis of E and F curves may be found in Denbigh and Turner (1984), Fogler (2005), Levenspiel (1998), and in the chemical engineering literature.

**EXAMPLE H–1**   **Development of Residence Time Distribution (RTD) Curves from Concentration versus Time Tracer Curves**   Use the concentration versus time tracer data given in Example 12–8 in Chap. 12 to develop E and F residence time distribution (RTD) curves for the chlorine contact basin. Using the E curve, compute the residence time and compare to the value obtained in Example 12–8. Plot the resulting E and F curves.

**Solution**

1.   Using the values for time and concentration from Example 12–8, set up a computation table to calculate $E(t)$ values. The computation table is shown below. The $E(t)$ values are calculated by finding the sum of the $C \times \Delta t$ values, which corresponds to

the area under the C (concentration) curve, and dividing the original concentrations by the sum as illustrated below.

Area under C curve = $\Sigma C \Delta t$

$$E(t) = \frac{C}{\Sigma C \Delta t}$$

a.  For each time interval, multiply the concentration by the time step ($t = 8$ min) and obtain the sum of the multiplied values. As shown in the computation table, the sum (which is the approximate area under the curve) is 817.778 $\mu$g/L-min.

b.  Calculate the $E(t)$ values by dividing the original concentration values by the area under the curve.

c.  Confirm that the $E(t)$ values are correct by multiplying each one by the time step, and calculating the sum. According to Eq. (H–6) written in summation form, the sum should be 1.00.

$$\Sigma E(t) \Delta t = \Sigma \left( \frac{C \Delta t}{\Sigma C \Delta t} \right) = \Sigma \left( \frac{C}{\Sigma C} \right) = 1$$

| Time, $t$, min | Conc., $C$, $\mu$g/L | $C \times \Delta t$ $\mu$g/L·min | $E(t)$, min$^{-1}$ | $E(t) \times \Delta t$, unitless | $t \times E(t) \times \Delta t$, min |
|---|---|---|---|---|---|
| 88 | 0.000 | 0.000 | 0.00000 | 0.00000 | 0.000 |
| 96 | 0.056 | 0.445 | 0.00007 | 0.00054 | 0.077 |
| 104 | 0.333 | 2.666 | 0.00041 | 0.00326 | 0.333 |
| 112 | 0.556 | 4.445 | 0.00068 | 0.00544 | 0.627 |
| 120 | 0.833 | 6.666 | 0.00102 | 0.00815 | 0.960 |
| 128 | 1.278 | 10.222 | 0.00156 | 0.01250 | 1.638 |
| 136 | 3.722 | 29.778 | 0.00455 | 0.03641 | 5.005 |
| 144 | 9.333 | 74.666 | 0.01141 | 0.09130 | 13.133 |
| 152 | 16.167 | 129.336 | 0.01977 | 0.15816 | 24.077 |
| 160 | 20.778 | 166.224 | 0.02541 | 0.20326 | 32.512 |
| 168 | 19.944 | 159.552 | 0.02439 | 0.19510 | 32.794 |
| 176 | 14.111 | 112.888 | 0.01726 | 0.13804 | 24.358 |
| 184 | 8.056 | 64.445 | 0.00985 | 0.07880 | 14.573 |
| 192 | 4.333 | 34.666 | 0.00530 | 0.04239 | 8.141 |
| 200 | 1.556 | 12.445 | 0.00190 | 0.01522 | 3.040 |
| 208 | 0.889 | 7.111 | 0.00109 | 0.00870 | 1.830 |
| 216 | 0.278 | 2.222 | 0.00034 | 0.00272 | 0.518 |
| 224 | 0.000 | 0.000 | 0.00000 | 0.00000 | 0.000 |
| Total | 102.222 | 817.778 | - | 1.0000 | 163.616 |

$^a$ ppb = parts per billion

2.  Determine the mean residence time using the following summation form of Eq. (H–28).

$$\bar{t} = \Sigma (t) E(t) \Delta t$$

The required computation is presented in the final column of the computation table given above. As shown, the computed mean residence time (163.6 min) is essentially the same as the value (163.4 min) determined in Example 12–8 in Chap.12.

3. Develop the F RTD curve. The values for plotting the F curve are obtained by summing cumulatively the $E(t)\Delta t$ values to obtain the coordinates of the F curve.

| Time $t$, min | $E(t)$, min$^{-1}$ | $E(t) \times \Delta t$, unitless | Cumulative total, $F$, unitless |
|---|---|---|---|
| 88 | 0.00000 | 0.00000 | 0.0000 |
| 96 | 0.00007 | 0.00054 | 0.0005 |
| 104 | 0.00041 | 0.00326 | 0.0038 |
| 112 | 0.00068 | 0.00544 | 0.0092 |
| 120 | 0.00102 | 0.00815 | 0.0174 |
| 128 | 0.00156 | 0.01250 | 0.0299 |
| 136 | 0.00455 | 0.03641 | 0.0663 |
| 144 | 0.01141 | 0.09130 | 0.1576 |
| 152 | 0.01977 | 0.15816 | 0.3158 |
| 160 | 0.02541 | 0.20326 | 0.5191 |
| 168 | 0.02439 | 0.19510 | 0.7142 |
| 176 | 0.01726 | 0.13804 | 0.8522 |
| 184 | 0.00985 | 0.07880 | 0.931 |
| 192 | 0.00530 | 0.04239 | 0.9734 |
| 200 | 0.00190 | 0.01522 | 0.9886 |
| 208 | 0.00109 | 0.00870 | 0.9973 |
| 216 | 0.00034 | 0.00272 | 1.0000 |
| 224 | 0.00000 | 0.00000 | 1.0000 |
| Total | | 1.0000 | |

4. Plot the resulting E and F curves. The plot of the $E$ (column 3) and $F$ (column 4) curves using the values determined above is shown below:

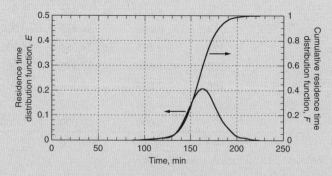

**Comment** The use of normalized RTD curves to obtain coefficients of dispersion is included in the discussion of the Hydraulic Characteristics of Nonideal Reactors. Additional details may be found in Denbigh and Turner (1984) and Levenspiel (1998).

### Practical Interpretation of Tracer Measurements

In 1932, based on his studies of sedimentation basins, Morrill (1932) suggested that the ratio of the 90 percentile to the 10 percentile value from the cumulative tracer curve could be used as a measure of the dispersion index, and that the inverse of the dispersion index is a measure of the volumetric efficiency (Morrill, 1932). The dispersion index as proposed by Morrill is given by

$$\text{Morrill Dispersion Index, MDI} = \frac{P_{90}}{P_{10}} \qquad \text{(H–11)}$$

where $P_{90}$ = 90 percentile value from log-probability plot

$\qquad P_{10}$ = 10 percentile value from log-probability plot

The percentile values are obtained from a log-probability plot of the time (log scale) versus the cumulative percentage of the total tracer which has passed out of the basin (on probability scale). The value of the MDI for an ideal plug-flow reactor is 1.0 and about 22 for a complete-mix reactor. A plug-flow reactor with an MDI value of 2.0 or less is considered by the U.S. EPA to be an effective plug-flow reactor (U.S. EPA, 1986). The volumetric efficiency is given by the following expression:

$$\text{Volumetric efficiency, \%} = \frac{1}{\text{MDI}} \times 100 \qquad \text{(H–12)}$$

The determination of the Morrill dispersion index and the volumetric efficiency for the analysis of the flow pattern in a chlorine contact basin is illustrated in Example 12–8 in Chap. 12.

## REFERENCES

Denbigh, K.G., and J.C.R. Turner (1984) *Chemical Reactor Theory: An Introduction*, 2nd ed., Cambridge, New York.

Fitch, E.B. (1956) "Effect of Flow Path Effect on Sedimentation," *Sewage and Industrial Wastes*, **28**, 1, 1–9.

Folger, H.S. (2005) *Elements of Chemical Reaction Engineering*, 4th ed., Prentice Hall, Upper Saddle River, NJ.

Levenspiel, O. (1998) *Chemical Reaction Engineering*, 3rd ed., John Wiley & Sons, Inc., New York.

MacMullin, R.B., and M. Weber, Jr. (1935) "The Theory of Short-Circuiting in Continuous Mixing Vessels in Series and Kinetics of Chemical Reactions in such Systems," *J. Am. Inst. Chem. Engrs.*, **31**, 409–458.

Morrill, A.B. (1932) "Sedimentation Basin Research and Design," *J. AWWA,* **24**, 9, 1442–1463.

U.S. EPA (1986) *Design Manual, Municipal Wastewater Disinfection*, EPA/625/1-86/021, U.S. Environmental Protection Agency, Cincinanati, OH.

# Modeling Nonideal Flow in Reactors

# Appendix I

The hydraulic characteristics of nonideal reactors can be modeled by taking dispersion into consideration. For example, if dispersion becomes infinite, the plug-flow reactor with axial dispersion is equivalent to a complete-mix reactor. Both the plug-flow reactor with axial dispersion and complete-mix reactors in series are considered in the following discussion. However, before considering nonideal flow in reactors it will be helpful to examine the distinction between the diffusion and dispersion as applied to the analysis of reactors used for wastewater treatment.

## I–1  THE DISTINCTION BETWEEN MOLECULAR DIFFUSION AND DISPERSION

In addition to short-circuiting caused by the use of improper design of reactor inlets and outlets, inadequate mixing, thermal and density currents, and diffusion and dispersion can also result in nonideal flow. The distinction between the diffusion and dispersion is as follows.

### DIFFUSION

Under quiescent flow conditions (i.e., no flow), the mass transfer of material is brought about by *molecular diffusion*, in which dissolved constituents and/or small particles move randomly. This random motion is known as *Brownian Motion*. Further, it should be noted that molecular diffusion can occur under either laminar of turbulent flow conditions, as it does not depend on the bulk movement of a liquid. The transfer of mass by molecular diffusion in stationary systems can be represented by the following expression, known as Fick's first law:

$$r = -D_m \frac{\partial C}{\partial x} \tag{I–1}$$

where  $r$ = rate of mass transfer per unit area per unit time, $ML^{-2}T^{-1}$

$D_m$ = coefficient of molecular diffusion in the $x$ direction, $L^2T^{-1}$

$C$ = concentration of constituent being transferred, $ML^{-3}$

In the chemical engineering literature the symbol "J" is used to denote mass transfer in concentration units whereas the symbol "N" is used to denote the transfer of mass expressed as moles. The negative sign in Eq. (I–1) is used to denote the fact that diffusion takes place in the direction of decreasing concentration (Shaw, 1966). Adolf Fick (1829–1901), a physician and physiologist, derived the first, and second, laws of diffusion in the 1850s by direct analogy to the equations used to describe the conduction of heat in solids as proposed by Fourier (Crank, 1957). Determination of numerical values for the coefficient of molecular diffusion is illustrated in Sec. 1–10 in Chap. 1.

## DISPERSION

The transfer of a constituent from a higher concentration to a lower concentration (e.g., blending) brought about by eddies formed by turbulent flow or by the shearing forces between fluid layers is termed *dispersion*. Under this definition eddies can vary in size from microscale to macroscale to large circulation patterns in the oceans. While microscale transport can only be brought about by molecular diffusion, macroscale transport is brought about by both molecular diffusion and dispersion (Crittenden et al., 2012). Under turbulent flow conditions, the longitudinal spreading of a tracer is caused by dispersion, in which case the coefficient of molecular diffusion term, $D_m$, in Eq. (I–1) is replaced by the "coefficient of dispersion", $D$.

While the magnitude of the molecular diffusion depends primarily on the chemical and fluid properties, turbulent or eddy diffusion and dispersion depend primarily on the flow regime. Typical observed ranges for the coefficient of molecular diffusion and dispersion are reported in Table I–1. In all cases, it is important to remember that regardless of whether the coefficient of molecular diffusion or the coefficient of turbulent or eddy diffusion, or dispersion is operative, the driving force for mass transfer is the concentration gradient.

## I–2  PLUG-FLOW REACTOR WITH AXIAL DISPERSION

In the following analysis only the one-dimensional problem is considered. However, it should be noted that all dispersion problems are three dimensional, with the dispersion coefficient varying with direction and the degree of turbulence. Using the relationship given above [Eq. (I–1)] and referring to Fig. I–1(c), the one-dimensional materials mass balance for the transport of a conservative dye tracer by advection and dispersion is:

Accumulation = inflow − outflow

$$\frac{\partial C}{\partial t}A\Delta x = \left(vAC - AD\frac{\Delta C}{\Delta x}\right)\bigg|_x - \left(vAC - AD\frac{\Delta C}{\Delta x}\right)\bigg|_{x+\Delta x} \tag{I–3}$$

where $\partial C/\partial t$ = change in concentration with time, $ML^{-3}T^{-1}$, (g/m$^3$·s)

$A$ = cross-sectional area in $x$ direction, $L^2$, (m$^2$)

$\Delta x$ = differential distance, L, m

$C$ = constituent concentration, $ML^{-3}$, (g/m$^3$)

$D$ = coefficient of axial dispersion, $L^2T^{-1}$, (m$^2$/s)

$v$ = average velocity in $x$ direction, $LT^{-1}$, (m/s)

In Eq. (I–3) the term $vAC$ represents the transport of mass due to advection and the term $AD(\Delta C/\Delta x)$ represents the transport brought about by dispersion. Taking the limit of Eq. (I–3) as $\Delta x$ approaches zero results in the following two expressions:

$$\frac{\partial C}{\partial t} = -D\frac{\partial^2 C}{\partial x^2} - v\frac{\partial C}{\partial x} \tag{I–4}$$

**Table I–1**

Typical range of values for molecular diffusion and dispersion[a]

| Coefficient | Symbol | Range of values, cm²/s |
|---|---|---|
| Molecular diffusion | $D_m$ | $10^{-10} - 10^{-7}$ |
| Dispersion | $D$ | $10^{-3} - 10^{0}$ |

[a] Adapted from Schnoor (1996), Shaw (1966), and Thibodeaux et al. (2012).

### Figure I–1

Views of plug-flow reactors and definition sketch: (a) and (b) views of plug-flow activated sludge process reactors and (c) definition sketch for the hydraulic analysis of a plug-flow reactor with (1) advection only and (2) with advection and axial dispersion.

(a)                                      (b)

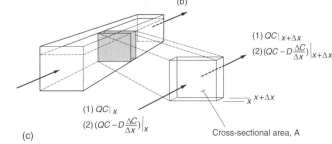

(c)

$$\frac{\partial C}{\partial t} = -D\frac{\partial^2 C}{\partial x^2} - \frac{\partial C}{\partial \tau}$$ (I–5)

In Eq. (I–5) the hydraulic detention time $\partial\tau$ has been substituted for the term $\partial x/v$. Equation (I–5) has been solved for small amounts of axial dispersion (see below). The solution for a unit pulse input leading to symmetrical output tracer response curves for small amounts of axial dispersion is given by Levenspiel (1998):

$$C_\theta = \frac{1}{2\sqrt{\pi(D/vL)}}\exp\left[-\frac{(1-\theta)^2}{4(D/vL)}\right]$$ (I–6)

where $C_\theta$ = normalized tracer response, $C/C_o$, unitless
$\quad\theta$ = normalized time, $t/\tau$, unitless
$\quad t$ = time, T, (s)
$\quad\tau$ = theoretical detention time, V/Q, T, (s)
$\quad D$ = coefficient of axial dispersion, $L^2T^{-1}$, (m²/s)
$\quad v$ = fluid velocity, $LT^{-1}$, (m/s)
$\quad L$ = characteristic length, L, (m)

The solution given by Eq. (I–6) is for what is known as a *closed system* in which it is assumed that there is no dispersion upstream or downstream of the boundaries of the reactor (e.g., a reactor with inlet and outlet weirs). A large reactor, such as a rectangular sedimentation basin, fed by a small diameter pipe, is an example of a closed system. If a tracer were added to the flow in the small diameter pipe, the tracer would be transported by advection with little or no dispersion. The same situation exists in the discharge pipe from the reactor. Nevertheless, for small amounts of dispersion, Eq. (I–6) can be used to approximate the performance of an open or closed reactor, regardless of the boundary conditions.

It will be noted that Eq. (I–6) has the same general form as the equation for the normal probability distribution. Thus, the corresponding mean and variance are

$$\bar{\theta} = \frac{\bar{t}_c}{\tau} = 1 \tag{I-7}$$

$$\sigma_\theta^2 = \frac{\sigma_c^2}{\tau^2} = 2\frac{D}{vL} \tag{I-8}$$

where $\bar{\theta}$ = normalized mean detention time, $\bar{t}_c/\tau$, unitless
$\bar{t}_c$ = mean detention (or residence) time derived from C curve [see Eq. (H–1), Appendix H], T, (s)
$\tau$ = theoretical detention (or residence) time, T, (s)
$\sigma_\theta^2$ = variance of normalized tracer response C curve, $T^2$, $(s^2)$
$\sigma_c^2$ = variance derived from C curve [see Eq. (H–2), Appendix H], $T^2$, $(s^2)$

Defining the exact extent of axial dispersion is difficult. To provide an estimate of dispersion, the following unitless dispersion number has been defined:

$$d = \frac{D}{vL} = \frac{Dt}{L^2} \tag{I-9}$$

where $d$ = dispersion number, unitless
$D$ = coefficient of axial dispersion, $L^2T^{-1}$, $(m^2/s)$
$v$ = fluid velocity, $LT^{-1}$, (m/s)
$L$ = characteristic length, L, (m)
$t$ = travel time $(L/v)$, T, (s)

Normalized effluent concentration versus time curves, obtained using Eq. (I–6), for a plug-flow reactor with limited axial dispersion for various values of the dispersion number are shown on Fig. I–2.

When dispersion is large, the output curve becomes increasingly nonsymmetrical, and the problem becomes sensitive to the boundary conditions. In environmental problems, a wide variety of entrance and exit conditions are encountered, but most can be considered approximately open; that is, the flow characteristics do not change greatly as the boundaries are crossed. The solution to Eq. (I–5) for a unit pulse input in an *open system* with larger amounts of dispersion is as follows (Fogler, 2005; Levenspiel, 1998):

$$C_\theta = \frac{1}{2\sqrt{\pi\theta(D/vL)}} \exp\left[-\frac{(1-\theta)^2}{4\theta(D/vL)}\right] \tag{I-10}$$

**Figure I-2**

Typical concentration versus time tracer response curves for a plug flow reactor with small amounts of axial dispersion subject to a pulse (slug) input of tracer.

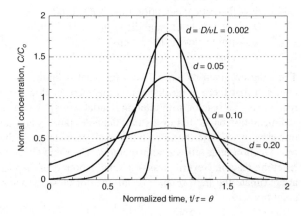

The corresponding mean and variance are:

$$\bar{\theta} = \frac{\bar{t}_c}{\tau} = 1 + 2\frac{D}{vL} \tag{I-11}$$

$$\sigma_\theta^2 = \frac{\sigma_c^2}{\tau^2} = 2\frac{D}{vL} + 8\left(\frac{D}{vL}\right)^2 \tag{I-12}$$

where the terms are as defined previously for Eqs. (I–7), (I–8) and (I–9).

The mean as given by Eq. (I–11) is greater than the hydraulic detention time because of the forward movement of the tracer due to dispersion. Effluent concentration versus time curves, obtained using Eq. (I–12), for a plug-flow reactor with significant axial dispersion for various dispersion factors are shown on Fig. I–3. A more detailed discussion of closed and open reactors may be found in Fogler (2005) and Levenspiel (1998).

In the literature, the inverse of Eq (I–9), as given below, is often identified as the Peclet number of longitudinal dispersion (Kramer and Westererp, 1963).

$$P_e = \frac{vL}{D} = \frac{1}{d} \tag{I-13}$$

In effect, the Peclet number represents the ratio of the mass transport brought about by advection and dispersion. If the Peclet number is significantly greater than one, advection is the dominant factor in mass transport. If the Peclet number is significantly less than one, dispersion is the dominant factor in mass transport. Although beyond the scope of this presentation, it can also be shown that the number of complete-mix reactors in series required to simulate a plug-flow reactor with axial dispersion is approximately equal to the Peclet number divided by 2. Thus, for a dispersion factor of 0.025, the Peclet number is equal to 40 and the corresponding number of reactors in series needed to simulate the dispersion in a plug-flow reactor is equal to 20. This relationship will be illustrated in the following discussion dealing with complete-mix reactors in series. The Peclet number is also used to define transverse diffusion in packed bed plug-flow reactors (Denbigh and Turner, 1984).

For practical purposes, the following dispersion values can be used to assess the degree of axial dispersion in wastewater treatment facilities.

| | |
|---|---|
| No dispersion | $d = 0$ (ideal plug-flow) |
| Low dispersion | $d = {<}0.05$ |
| Moderate dispersion | $d = 0.05$ to $0.25$ |
| High dispersion | $d = {>}0.25$ |
| | $d \rightarrow \infty$ (complete-mix) |

**Figure I–3**

Typical concentration versus time tracer response curves for a plug flow reactor with large amounts of axial dispersion subject to a pulse (slug) input of tracer.

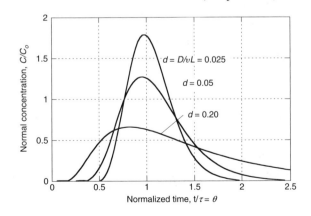

Typical dispersion numbers determined for actual treatment facilities are given in Table I–2. The considerable range in the dispersion numbers reported in Table I–2 for individual treatment processes is due, most often, to one or more of the following factors (Arceivala and Asolekar, 2007):

1. The scale of the mixing phenomenon
2. Geometry (i.e., aspect ratio) of the unit
3. Power input per unit volume (i.e., mechanical and pneumatic)
4. Type and disposition of the inlets and outlets of the treatment units
5. Inflow velocity and its fluctuations
6. Density and temperature differences between the inflow and the contents of the reactor.

Because of the wide range of dispersion numbers that can result for individual treatment processes, special attention must be devoted to the factors cited above in the design of treatment facilities. Determination of the dispersion number and the coefficient of dispersion using the tracer response curves is illustrated in Example I–1.

Evaluation of the coefficient of axial dispersion $D$ for existing facilities is done experimentally using the results of tracer tests, as discussed previously. Because the systems encountered in wastewater treatment are large, experimental work is often difficult and expensive, and is, unfortunately, usually after the fact. To take into account axial dispersion in the design of treatment facilities both scaled models and empirical relationships have been developed for a variety of treatment units including oxidation ponds (Polprasert and Bhattasrai, 1992) and chlorine contact basins (Crittenden et al., 2012). An approximate value of $D$ for water for large Reynolds numbers is (Davies, 1972)

$$D = 1.01\nu N_R^{0.875} \qquad (I-14)$$

where $D$ = coefficient of dispersion, $L^2T^{-1}$, (m²/s)
   $\nu$ = kinematic viscosity, $L^2T^{-1}$, m²/s (see Appendix C)
   $N_R$ = Reynolds number, unitless
   = $4\nu R/\nu$
   $\nu$ = velocity in open channel, $LT^{-1}$, (m/s)
   $R$ = hydraulic radius = area/wetted perimeter, L, (m)

**Table I-2**

Typical dispersion numbers for various wastewater treatment facilities [a]

| Treatment facility | Range of values for dispersion number |
|---|---|
| Rectangular sedimentation tanks | 0.2–2.0 |
| Activated sludge aeration reactors | |
| Long plug-flow | 0.1–1.0 |
| Complete-mix | 3.0–4.0+ |
| Oxidation ditch activated sludge process | 3.0–4.0+ |
| Waste stabilization ponds | |
| Single ponds | 1.0–4.0+ |
| Multiple cells in series | 0.1–1.0 |
| Mechanically aerated lagoons | |
| Long rectangular shaped | 1.0–4.0+ |
| Square shaped | 3.0–4.0+ |
| Chlorine contact basins | 0.02–0.004 |

[a] Adapted from Arceivala and Asolekar (2007).

Values for $N_R$ found in open channel flow in wastewater treatment plants are typically in the range from $10^3$ to $10^4$. The corresponding values for $D$ range from 0.0004 to 0.003 m²/s (4 to 30 cm²/s).

**EXAMPLE I–1**  **Determination of the Dispersion Number and the Coefficient of Dispersion from Concentration versus Time Tracer Response Curves**  Use the concentration versus time tracer data given in Example 12-8 in Chap. 12 to determine the dispersion number and the coefficient of dispersion for the chlorine contact basin described in Example 12–8. Compare the value of the coefficient of dispersion computed, using the tracer data, to the value computed using Eq. (I–14). Assume the following data are applicable:

1.  The flowrate at the time when the tracer test was conducted = 240,000 m³/d
2.  Number of chlorine contact basin = 4
3.  Number of channels per contact basins = 13
4.  Channel dimensions
    a.  Length = 36.6 m
    b.  Width = 3.0 m
    c.  Depth = 4.9 m
5.  Temperature = 20°C

**Solution**

1.  From Example 12-8, the mean value and variance for the tracer response C curve are:
    a.  Mean, $\tau_{\Delta c}$ = 2.7 h
    b.  Variance, $\sigma^2_{\Delta c}$ = 280.5 min²
2.  Determine the theoretical detention time for the chlorine contact basin using the given data.

$$\tau = \frac{4 \times 13 \times (36.6 \text{ m} \times 3.0 \text{ m} \times 4.9 \text{ m})}{(240,000 \text{ m}^3/\text{d})}$$

3.  Determine the normalized mean detention time using Eq. (I–7). Use the approximate value of $\bar{t}_{\Delta c}$ for $\bar{t}_c$.

$$\bar{\theta}_{\Delta c} = \frac{\bar{t}_{\Delta c}}{\tau} \approx \frac{2.7}{2.8} \approx 0.96 \approx 1.0$$

4.  Determine the dispersion number using Eq. (I–8). Use the approximate value of $\sigma^2_{\Delta c}$ for $\sigma^2_c$.

$$\sigma^2_{\Delta c} = \frac{\sigma^2_{\Delta c}}{\tau^2} \approx 2\frac{D}{vL} = 2d$$

$$d \approx \frac{1}{2}\frac{\sigma^2_{\Delta c}}{\tau^2} \approx \frac{1}{2}\frac{280.5 \text{ min}^2}{(167.9 \text{ min})^2} = 0.00498$$

5.  Using Eq. (I–9), determine the coefficient of dispersion.

$$D = d \times v \times L$$

$$v = \frac{Q}{A} = \frac{(240,000 \text{ m}^3/\text{d})}{(4 \times 13 \times 3.0 \text{ m} \times 4.9 \text{ m})} = 314.0 \text{ m/d} = 0.00363 \text{ m/s}$$

$$D = (0.00498)(0.00363 \text{ m/s})(36.6 \text{ m}) = 6.62 \times 10^{-4} \text{ m}^2/\text{s}$$

6. Compare the value of the coefficient of dispersion computed in Step 5 with the value computed using Eq. (I–14).

$$D = 1.01\nu N_R^{0.875}$$

a. Compute the Reynolds number

$$N_R = 4\nu R/\nu$$
$$\nu = 1.002 \times 10^{-6} \text{ m}^2/\text{s}$$

$$N_R = \frac{(4)(0.00363 \text{ m/s})\,[(3.0 \text{ m} \times 4.9 \text{ m})/(2 \times 4.9 \text{ m} + 3.0 \text{ m})]}{(1.002 \times 10^{-6} \text{ m}^2/\text{s})} = 1664$$

b. Compute the coefficient of dispersion

$$D = (1.01)(1.002 \times 10^{-6})(1664)^{0.875} = 6.66 \times 10^{-4} \text{ m}^2/\text{s}$$

**Comment**     Based on the computed value of the dispersion number (0.00498), the chlorine contact basin would be classified as having low dispersion (i.e., $d = < 0.05$). The coefficient of dispersion determined using the results of the tracer study and Eq. (I–14) are remarkably close, given the nature of such measurements.

## I–3 COMPLETE-MIX REACTORS IN SERIES

When varying amounts of axial dispersion are encountered, the flow is sometimes identified as *arbitrary flow*. The output from a plug-flow reactor with axial dispersion (arbitrary flow) is often modeled using a number of complete-mix reactors in series, as outlined below. In some situations, the use of a series of complete-mix reactors may have certain advantages with respect to treatment. To understand the hydraulic characteristics of reactors in series (see Fig. I–4), assume that a pulse input (i.e., a slug) of tracer is injected into the first reactor in a series of equally sized reactors so that the resulting instantaneous concentration of tracer in the first reactor is $C_o$. The total volume of all the reactors is $V$, the volume of an individual reactor is $V_i$, and the hydraulic residence time $V_i/Q$ is $\tau_i$. The effluent concentration from the first reactor as is given by the following equation [see Eq. (1–13) in Chap. 1].

$$C_1 = C_o e^{-t/\tau_i} \qquad (\text{I–15})$$

Writing a materials balance for the second reactor results in the following:
        Accumulation = inflow − outflow

$$\frac{dC_2}{dt} = \frac{1}{\tau_i}C_1 - \frac{1}{\tau_i}C_2 \qquad (\text{I–16})$$

### Figure I–4

Definition sketch for the analysis of complete-reactors in series.

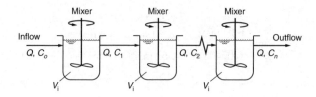

Rearranging the terms in Eq. (I–16) and substituting Eq. (I–15) for $C_1$ results in

$$\frac{dC_2}{dt} + \frac{C_2}{\tau_i} = \frac{C_o}{\tau_i}e^{-t/\tau_i} \tag{I–17}$$

The general non-steady-state solution for Eq. (I–17) is obtained by first noting that Eq. (I–17) has the form of the standard first-order linear differential equation. The solution procedure outlined in Eqs. (I–18) through (I–23) involves the use of an integrating factor. It should be noted that Eq. (I–17) can also be solved using the separation of variables method. The solution to Eq. (I–17) is included here because these types of equations are encountered frequently in the field of environmental engineering and in this text. The first step in the solution is to rewrite Eq. (I–17) in the form

$$C_2' + \frac{C_2}{\tau_i} = \frac{C_o}{\tau_i}e^{-t/\tau_i} \tag{I–18}$$

where $C_2'$ is used to denote the derivative $dC_2/dt$. In the next step, both sides of the expression are multiplied by the integrating factor $e^{\beta t}$, where $\beta = (1/\tau_i)$.

$$e^{\beta t}(C_2' + \beta C_2) = e^{\beta t}(\beta C_o e^{-\beta t}) = \beta C_o \tag{I–19}$$

The left hand side of the above expression can be written as a differential as follows:

$$(C_2 e^{\beta t})' = \beta C_o \tag{I–20}$$

The differential sign is removed by integrating the above expression

$$C_2 e^{\beta t} = \beta C_o \int dt \tag{I–21}$$

Integration of Eq. (I–21) yields

$$C_2 e^{\beta t} = \beta C_o t + K \text{ (constant of integration)} \tag{I–22}$$

Dividing by $e^{\beta t}$ yields

$$C_2 = \beta C_o t e^{-\beta t} + K e^{-\beta t} \tag{I–23}$$

But when $t = 0$, $C_2 = 0$ and K is equal to 0. Thus,

$$C_2 = C_o \frac{t}{\tau_i} e^{-t/\tau_i} \tag{I–24}$$

Following the same solution procedure, the generalized expression for the effluent concentration for the $i$th reactor is

$$C_i = \frac{C_o}{(i-1)!} \left(\frac{t}{\tau_i}\right)^{i-1} e^{-t/\tau_i} \tag{I–25}$$

The effluent concentration from each of four complete-mix reactors in series is shown on Fig. I–5.

The corresponding expression based on the overall hydraulic residence time $\tau$, where $\tau$ is equal to $n\tau_i$ is

$$C_i = \frac{C_o}{(i-1)!} \left(\frac{nt}{\tau}\right)^{i-1} e^{-nt/\tau} \tag{I–26}$$

## Figure I-5

Effluent concentration curves for each of four complete-mix reactors in series subject to a slug input of tracer into the first reactor of the series.

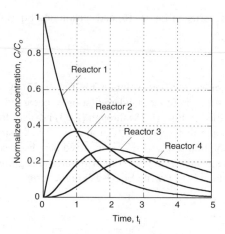

### Fraction Remaining

Equation (I–25) can also be used to obtain the fraction of tracer remaining in a series of complete-mix reactors at any time $t$. The fraction of tracer remaining, $F$, at time $t$, is equal to

$$F = \frac{C_1 + C_2 + \cdots + C_n}{C_o} \tag{I-27}$$

Using Eq. (I–25) to obtain the individual effluent concentrations, the fraction remaining in four equal sized reactors in series is given by

$$F_{4R} = \frac{C_o e^{-4t/\tau} + C_o(4t/\tau)\,e^{-4t/\tau} + (C_o/2)\,(4t/\tau)^2 e^{-4t/\tau} + (C_o/6)\,(4t/\tau)^3 e^{-4t/\tau}}{C_o}$$

$$F_{4R} = \left[1 + (4t/\tau) + \frac{(4t/\tau)^2}{2} + \frac{(4t/\tau)^3}{6}\right]e^{-4t/\tau} \tag{I-28}$$

The fraction of a tracer remaining in a series of 2, 4, 6 and 75 complete-mix reactors in series is given on Fig. I–6.

### Comparison of Nonideal Plug-Flow Reactor and Complete-Mix Reactors in Series

In many cases it will be useful to model the performance of plug-flow reactors with axial dispersion, as discussed previously, with a series of complete-mix reactors in series. To obtain

## Figure I-6

Fraction of tracer remaining in a system comprised of reactors in series.

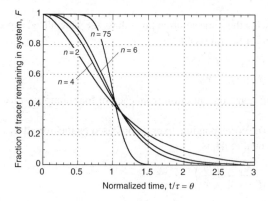

## Figure I–7

Effluent tracer concentration curves for reactors in series, subject to a slug input of tracer into the first reactor of the series. Concentration values greater than one occur because the same amount of tracer is placed in the first reactor in each series of reactors.

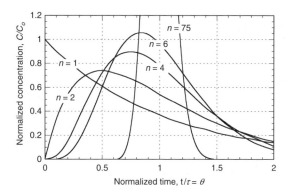

the normalized residence time distribution (RTD) curve for n reactors in series, Eq. (I–26) can be written as follows by noting that the total volume is $nV_i$ and $\tau = n\tau_i$:

$$E(\theta) = \frac{C_n}{C_o/n} = \frac{n}{(n-1)!}(n\theta)^{n-1}e^{-n\theta} \tag{I–29}$$

In effect, in Eq. (I–29) it is assumed that the same amount of tracer is always added to the first reactor in series. Effluent residence time distribution curves, obtained using Eq. (I–57), for 1, 2, 4, 6, and 75 reactors in series are shown on Fig. I–7. It is interesting to note that a model comprised of four complete-mix reactors in series is often used to describe the hydraulic characteristics of constructed wetlands. As shown on Fig. I–7, the concentration increases as the number of reactors in series increases because the same amount of tracer is used regardless of the number of reactors in series. It should also be noted that the F curves shown on Fig. I–6 can also be obtained by integrating the E curves given on Fig. I–7.

A comparison of the residence time distribution curves obtained for a plug-flow reactor, with a dispersion number of 0.05, and to the residence time distribution curves obtained for six, eight and ten complete-mix reactors in series is shown on Fig. I–8. As shown, all three of the complete-mix reactors in series can be used, for practical purposes, to simulate a plug-flow reactor with a dispersion factor of 0.05. As noted previously, the number of reactors in series needed to simulate a plug-flow reactor with dispersion is approximately equal to the Peclet number divided by 2. Thus, for a dispersion factor of 0.05, the Peclet number is equal to 20 and the corresponding number of reactors in series needed to simulate the dispersion in a plug-flow reactor is equal to 10. As shown on Fig. I–8, the response curves computed using ten reactors in series and Eq. (I–10) with a dispersion number, $d = 0.05$ are essentially the same.

## Figure I–8

Comparison of effluent response curves for a plug-flow reactor with a dispersion factor of 0.05 and reactor systems comprised of six, eight, and ten reactors in series subject to a pulse input of tracer.

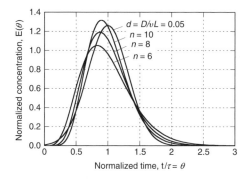

# REFERENCES

Arceivala, S.J., and S.R. Asolekar (2007) *Wastewater Treatment for Pollution Control and Reuse*, 3rd ed.,Tata McGraw-Hill Publishing Company Limited, New Delhi, India.

Crank, J. (1957) *The Mathematics of Diffusion*, Oxford University Press, London.

Crittenden, J.C., R.R. Trussell, D.W. Hand, K.J. Howe, and G. Tchobanoglous (2012) *Water Treatment: Principles and Design*, 3rd ed., John Wiley & Sons, Inc, New York.

Davies, J.T. (1972) *Turbulence Phenomena*, Academic Press, New York.

Denbigh, K.G., and J.C.R. Turner (1984) *Chemical Reactor Theory: An Introduction*, 2nd ed., Cambridge, New York.

Folger, H.S. (2005) *Elements of Chemical Reaction Engineering*, 4th ed., Prentice Hall, Upper Saddle River, NJ.

Kramer, H., and K.R. Wsetererp (1963) *Elements of Chemical Reactor Design and Operation*, Academic press, Inc., New York.

Levenspiel, O. (1998) *Chemical Reaction Engineering*, 3rd ed., John Wiley & Sons, Inc., New York.

Polprasert C., and K.K. Bhattarai (1985) Dispersion Model for Waste Stabilization Ponds, *J. Environ. Eng. Div.*, *ASCE*, **11**, EE1, 45–58.

Schnoor, J.L. (1996) *Environmental Modeling*, A Wiley-Interscience Publication, John Wiley & Sons, Inc., New York.

Shaw, D.J (1966) *Introduction to Colloid and Surface Chemistry*, Butterworth, London.

Thibodeaux, L.J., J.L. Schnoor, and A.J.B. Zehnder (2012) *Environmental Chemodynamics: Movement of Chemicals in Air, Water, and Soil,* Wiley Interscience, New York.

# 한국어

## 폐수처리공학 II

정가 40,000원

Wastewater Engineering: Treatment and Resource Recovery, 5/e

| | |
|---|---|
| 발 행 | 2020년 9월 10일 초판 2쇄 |
| 저 자 | Metcalf & Eddy |
| 역 자 | 신항식 · 강석태 · 김상현 · 김정환 · 김종오 · 배병욱 |
| | 송영채 · 유규선 · 이병헌 · 이병희 · 이용운 · 이원태 |
| | 이준호 · 이채영 · 임경호 · 장 암 · 전항배 · 정종태 |
| | 홍용석 · 고광백 · 김영관 · 윤주환 · 백병천 |
| 발행인 | 정우용 |
| 발행처 | 도서출판 동 화 기 술 |

경기도 파주시 광인사길 201(문발동, 파주출판도시)

Tel (031)955-4211~6    donghwapub@nate.com

Fax (031)955-4217    www.donghwapub.co.kr

(등록) 1977년 12월 19일/9-16호

Translation Copyright ⓒ 2016 by Dong Hwa Technology Publishing Co.

Printed in Korea

ISBN 978-89-425-9051-3